国外计算机科学教材系列

数 值 分 析

（第十版）

Numerical Analysis
Tenth Edition

Richard L. Burden

[美]　　J. Douglas Faires　　著

Annette M. Burden

赵廷刚　赵廷靖　薛　艳　等译

电子工業出版社
Publishing House of Electronics Industry
北京·BEIJING

内 容 简 介

本书介绍了现代数值分析中的重要概念与方法，包括线性和非线性方程与方程组的求解、数值微分和积分、插值、最小二乘、常微分方程与偏微分方程的求解、特征值与奇异值的计算、随机数与压缩方法，以及优化技术。全书穿插介绍了收敛、复杂度、条件、压缩以及正交这几个数值分析中最重要的概念。此外，书中含有一些算法的 MATLAB 实现代码，并且每章都配有大量难度适宜的习题和编程问题，便于读者学习、巩固和提高。

本书内容新颖，讲解细致，实用性强，可作为高等院校数学、计算机科学等专业本科生或研究生的教材，也可作为工业和教育领域相关工作人员的参考书。

Numerical Analysis, Tenth Edition
Richard L. Burden   J. Douglas Faires   Annette M. Burden
Copyright © 2016 Cengage Learning.
Original edition published by Cengage Learning. All Rights reserved.
本书原版由圣智学习出版公司出版。版权所有，盗印必究。
Publishing House of Electronics Industry is authorized by Cengage Learning to publish and distribute exclusively this simplified Chinese edition. This edition is authorized for sale in the People's Republic of China only (excluding Hong Kong, Macao SAR and Taiwan). Unauthorized export of this edition is a violation of the Copyright Act. No part of this publication may be reproduced or distributed by any means, or stored in a database or retrieval system, without the prior written permission of the publisher.
本书中文简体字翻译由圣智学习出版公司授权电子工业出版社独家出版发行。此版本仅限在中华人民共和国境内（不包括中国香港、澳门特别行政区及中国台湾）销售。未经授权的本书出口将被视为违反版权法的行为。未经出版者预先书面许可，不得以任何方式复制或发行本书的任何部分。
978-1-305-25366-7
Cengage Learning Asia Pte. Ltd.
151 Lorong Chuan, #02-08 New Tech Park, Singapore 556741
本书封面贴有 Cengage Learning 防伪标签，无标签者不得销售。
版权贸易合同登记号 图字：01-2017-5721

图书在版编目(CIP)数据

数值分析：第十版 /（美）理查德·L. 伯登（Richard L. Burden）等著；赵廷刚等译.
北京：电子工业出版社，2022.1
书名原文：Numerical Analysis, Tenth Edition
国外计算机科学教材系列
ISBN 978-7-121-42617-9

Ⅰ. ①数⋯ Ⅱ. ①理⋯ ②赵⋯ Ⅲ. ①数值分析 Ⅳ. ①O241

中国版本图书馆 CIP 数据核字(2022)第 015186 号

责任编辑：徐　萍
印　　刷：北京七彩京通数码快印有限公司
装　　订：北京七彩京通数码快印有限公司
出版发行：电子工业出版社
　　　　　北京市海淀区万寿路 173 信箱　　邮编：100036
开　　本：787×1092　1/16　印张：48.75　字数：1373 千字
版　　次：2022 年 1 月第 1 版（原著第 10 版）
印　　次：2024 年 7 月第 2 次印刷
定　　价：188.00 元

凡所购买电子工业出版社图书有缺损问题，请向购买书店调换。若书店售缺，请与本社发行部联系，联系及邮购电话：(010)88254888，88258888。
质量投诉请发邮件至 zlts@phei.com.cn，盗版侵权举报请发邮件至 dbqq@phei.com.cn。
本书咨询联系方式：fengxiaobei@phei.com.cn。

译 者 序

数值分析是计算科学的重要专业基础课，这门课讲解的是如何运用计算机有效地求解各类科学计算问题。尽管已经有很多优秀的专著和教材，但 Richard L. Burden、J. Douglas Faires 和 Annette M. Burden 的这本数值分析教材却独具特色，其内容丰富、讲解深入浅出、算法分析详尽。尤其是该书每节后都有大量精心设计并完整测试过的习题(全书习题总数超过 2500 道)以供读者使用，这些特点使得它在美国高校非常流行，至今已经出版了 10 个版本。

数值分析是与计算机算法紧密相关的学科。在学习这门课时，身边有一台计算机并安装一个或若干编程软件是必不可少的，你可以随时将算法编写成计算机代码并观察执行的结果。正如原著中提到的，这些编程软件包括 Maple、MATLAB、Mathematica、C、Pascal、FORTRAN、Java 等。原著提供了算法的所有代码，可供读者免费使用。另外，译者推荐近期比较流行的编程语言——Python，它是一款简洁且免费的编程软件。

需要提醒读者注意的是，数学符号"圆括号内用逗号隔开的两个数字"有两种截然不同的数学含义：二维平面上的一个点或者实直线上的一个开区间。例如 $(1, 2)$，它可能是二维平面上 x 坐标为 1 且 y 坐标为 2 的点，也可能是满足大于 1 且小于 2 的所有实数，具体为哪种含义，请根据上下文判断，以免阅读时造成混乱。

参与本书翻译工作的有赵廷刚老师(山东理工大学数学与统计学院，第 1~5 章及课后习题部分)，赵廷靖老师(陇东学院电气工程学院，第 8~12 章)，吴茵老师(甘肃民族师范学院数学系，第 6 章、第 7 章)，薛艳老师(山东理工大学)对本书的译稿进行了仔细的校对与统稿。本书的翻译得到了国家自然科学基金项目"分数次多项式谱方法及其在分数阶微分方程中的应用研究"(No. 11661048)的资助。

译 者
2021 年于山东理工大学

前 言①

关于本书

本书是为数值逼近技术的理论和应用系列课程编写的教材。它主要是为至少已完成第一年的普通高等微积分课程的数学、理科和工科专业的低年级学生所设计的。熟悉矩阵代数和微分方程的基本知识是很有用的，但并不必先修这些课程，因为本教材对这些内容进行了适当的介绍。

《数值分析》先前的各种版本已被广泛使用。有时我们强调的是作为逼近技术基础的数学分析，而不是方法本身，有时情况则相反。对于工科和计算机科学专业的低年级研究生以及国际大学第一年所开设的数值分析入门课程，本书也可作为主要的参考资料。我们致力于使本书适用于各种层次的读者且不降低以下的最初目标：

介绍现代逼近方法；解释怎样、为什么以及何时可用这些方法；提供进一步研究数值分析和科学计算的基础。

本书包含足以用于一学年的学习材料，但我们希望各位读者将本书用作一个学期的教材。在这一学期的课程中，学生应学会辨别需要用数值技术来求解的问题的类型，并明白运用数值方法时所产生的误差传播的例子。学生能精确地逼近那些不能准确求解的问题的解，学会那些用于估计逼近方法的误差界的典型技巧。本书中那些一学期的课程没有讲到的内容可作为参考。无论是一学期的课程还是一学年的课程，都与本书的初衷一致。

本书中几乎每个概念都有实例说明。该版本包含了超过2500道课堂测试过的习题，这些习题的内容覆盖了从方法与算法的基本应用到理论的推广与延伸。此外，习题中还包含了从工程、物理、计算机、生物到经济和社会科学等众多领域大量的应用问题。这些选取的应用问题清晰而明确地阐释了数值技术怎样才能应用于现实世界，并且通常必须用这些数值技术来求解现实世界的问题。

目前已经开发出许多可以进行符号数学计算的软件包，这些软件包统称为计算机代数系统（CAS）。其中在学术界最为流行的有3个：Maple、Mathematica 和 MATLAB。对于普通的使用者而言，这些软件包的学生版价格比较合理。此外，还有一个免费的资源 Sage。

虽然这些软件包在价格和性能上存在差异，但它们都能实现标准的代数和微积分运算。

在本书的例子和习题中，绝大多数问题都能够找到准确值，从而可以方便地测度逼近方法性能的好坏。此外，大量数值技术的误差分析都要估计某个函数的高阶导数或高阶偏导数的界，这是一个冗长乏味的工作，即便掌握了微积分方法，也不会改善很多。在这种情形下，有效使用一个符号计算的软件包，对于逼近技术的研究将非常有用，因为精确解通常可以通

---

① 本书翻译版的一些字体、正斜体、图示符号保留英文原版的写作风格，特此说明。——编者注

过符号计算方便地得到。各阶导数也能用符号计算迅速得到，通过简单的观察分析也许就能给出合理的估计。

算法与编程

在本书的第一版中，我们引入的特色在当时看来是富有创意性的，但也有一些争议。在这个版本里，我们不再将逼近技术用具体的程序语言（主要使用的是 FORTRAN）呈现，取而代之的是用伪代码给出算法，依照这些伪代码使用不同的语言可以编写成结构化的程序。从第二版开始，本书就为读者提供了用户手册，用以说明具体语言编写的程序，而且这些程序的数目在后来的版本中逐次增加。对于经常使用的编程语言和 CAS 工作表，现在我们都有相应的程序代码在网上共享。

针对每一个算法，都有用 FORTRAN、Pascal、C 和 Java 编写好的程序。另外，我们也使用了 Maple、Mathematica 和 MATLAB 编写程序代码。这些代码的集合能够保证绝大多数普通计算系统的使用者学习。

每个程序都用一个与本书内容密切相关的示例问题来说明。这样在你选择的语言中初次运行程序就能看到输入和输出的格式。对程序进行较小的修改就能解决其他类似的问题。程序输入和输出的格式尽可能与每个编程系统相同，这样指导教师在使用程序讨论问题时则无须考虑单个学生使用的编程系统。

为方便使用，程序的设计只要求在最小配置的计算机上运行，并以 ASCII 码格式书写。这样这些程序就可以用任何编译器或字处理软件来生成标准的 ASCII 文件（通常也称为"纯文本"文件）。程序文件中也包含了扩展的 README 文件，因此可根据编程系统的独特特征来独立地处理。

对大多数编程系统，它们都需要某个合适的软件，如 Pascal、FORTRAN 和 C 都需要相应的编译器，而 Maple、Mathematica 和 MATLAB 则需要某个计算机代数系统。Java 的实现是个例外。你只需要运行程序的系统软件，而 Java 可以在各种网站上自由下载。得到 Java 的最好方法是使用一个搜索引擎根据名字来搜索，然后选择一个下载地址，按照网站指导来获取即可。

本版的更新

从本书第一版出版至今已经近 40 年了，这几十年间数值技术取得了极大的进展，同时计算机设备的性能也得到了迅猛提高。本书的其他版本里，我们都相继增加了一些新技术，以便保证内容更为前沿。为了延续这种趋势，新版本做了一系列重大改变。

- 我们改写了书中的一些例子，在问题的解给出之前，更多地强调了问题本身。一些例子中增加了额外步骤，以便更清楚地说明迭代程序第一步的计算要求。
- 为了更便于指导教师布置课外作业，各章的习题被分成计算型、应用型和理论型等类型。在几乎所有的计算型习题中，都使用了奇偶成对编号的方式。因为所有奇数编号的问题在书后都有答案，如果偶数编号的问题被布置成课外作业，那么学生可以先做奇数编号的习题并核对他们的答案，然后再做偶数编号的作业。
- 书中增加了许多应用型习题。
- 为便于指导教师在线课程的使用，每个章节后还增加了讨论问题。

- 为便于在线指导学习，对本书的部分内容进行了重新组织。
- 在补充阅读材料里还增加了 PPT。
- 本书还更新了引用的参考文献，增加了一些新发表的论文和专著。

本书的每一句话都经过了仔细检查，以确保能够最好地表达我们想要描述的内容。

补充材料[①]

1. *Student Program Examples* 包含了供学生使用的用于求解书中问题的 Maple、MATLAB 和 C 程序代码，它们的安排与书中的章节对应。这些系统中的命令也给予了说明。命令用非常短的程序段(没有进行扩展)给出，用以说明如何求解习题中的问题。

2. *Student Lectures* 包含了各章内容的深入阐析。这些讲稿的编写主要用于学习者在线学习，但对传统选课学习的学生也很有用。

3. *Student Study Guide* 包含了大量问题的利用程序代码计算出的解。该指南的前两章是用 PDF 格式编写的，读者可以据此预先判断本书是否足够有用。完整的指南只能通过联系出版商 Cengage Learning Customer & Sales Support 或者在网上(http://www.cengagebrain.com)订购。

4. *Algorithm Programs* 是用 Maple、MATLAB、Mathematica、C、Pascal、FORTRAN 和 Java 语言写成的本书所有算法的完整程序。这些程序是为熟悉编程语言的学生提供的。

5. *Instructor PowerPoints* 用 PDF 格式编写，可供指导教师在传统课程和在线指导中使用。需要者请联系作者获取密码。

6. *Instructor's Manual* 提供了书中所有习题的答案和解答。在新版本中为了确保程序对不同编程语言的兼容性，我们又重新使用本书的相关程序运行，生成的计算结果写入了该手册。需要者请联系作者获取密码。

7. *Instructor Sample Tests* 仅供指导教师使用。需要者请联系作者获取密码。

8. 勘误表。

课程建议

本书的结构设计使指导教师可以灵活地选择授课内容：是偏重理论还是更倾向于应用。依照这些目标，对本书中没有提供证明的结果和用以表明某些方法具有重要意义的应用，我们都给出了详细的参考文献。书中尽可能引用那些在学校图书馆可以查阅到的参考资料，并在本版中更新了相关的文献。我们也引用了那些预设读者可以查阅到的原始研究论文。所有的参考资料都在书中合适的位置被引用，图书委员会(Library of Congress)要求的参考资料信息都包含在内，从而易于图书资料的搜索定位。

下面的流程图显示了各章学习的先后顺序。对于流程图中给出的大多数可能的学习顺序，本书作者在美国扬斯敦州立大学都进行了教学实践。

[①] 一些教辅资源的申请方式请参见前言后的"教辅材料申请表"。一些补充资源或其获取方式也可登录华信教育资源网 (www.hxedu.com)下载。

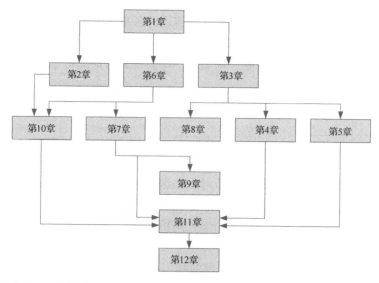

新版本的内容也可以作为没学过数值分析的大学本科生的数值线性代数课程的教材。该课程应包含本书的第 1、6、7 和 9 章这 4 章的内容。

致谢

从学生和同事那里，我们很幸运地得到了本书早期版本的很多评论与建议，我们很认真地考虑了这些评论与建议，并试图采纳所有与本书理念相一致的建议。我们特别感谢抽出时间来和我们联系，并且告诉我们在后续版本中可以怎样进行改进的所有人。

我们特别感谢：

Douglas Carter，

John Carroll，都柏林大学

Yavuz Duman，T. C. Istanbul Kultur 大学

Neil Goldman，

Christopher Harrison，

Teryn Jones，扬斯敦州立大学

Aleksandar Samardzic，Belgrade 大学

Mikhail M. Shvartsman，圣托马斯大学

Dennis C. Smolarski，圣塔克拉拉大学

Dale Smith，Comcast

我们非常感谢 Barbara T. Faires，没有她提供的材料，这次更新版本是不可能完成的。在最困难的日子里，她的关心给予了我们很大的鼓励。

正如我们在本书以前各版本中所经历的，我们得到了扬斯敦州立大学学生的帮助。在这一版中，Teryn Jones 是我们的得力助手，他的主要工作是 Java 编程。我们要感谢俄亥俄州立大学电气工程系的博士生 Edward R. Burden，他检查了本书中的所有应用问题及新增内容。我们也对扬斯敦州立大学的院系同事和行政部门表示感谢，感谢他们所提供的机会和便利，使本书的出版顺利完成。

我们还要感谢对数值方法的历史做出过重大贡献的人。Herman H. Goldstine 写过一本优

秀的书籍，名为 *A History of Numerical Analysis from the 16th Through 19th Century*[Golds]。另外一个杰出的数学历史知识资源是苏格兰圣安德鲁斯大学(University of St. Andrews)的 MacTutor 数学史档案(MacTutor History of Mathematics)，它由 John J. O'Connor 和 Edmund F. Robertson 创设。

这个在线数据库中包含了令人难以置信的巨大资源，我们从中找到了许多可靠的信息。最后，感谢维基百科的所有贡献者，是他们将很多专业知识添加到该网站，让其他人从他们的知识中获益。

最后，我们感谢这些年来使用和采纳《数值分析》各版本的教师与读者。十分欣慰的是听到如此多的学生和新教师采用本书作为教材，作为学习数值方法的开始。我们希望这一版保持此趋势，并增加学生学习数值分析的乐趣。如果你有任何有利于本书下一版的改进建议，我们将对此十分感谢。你可以通过下面的电子邮件地址与我们联系。

Richard L. Burden
rlburden@ysu.edu
Annette M. Burden
amburden@ysu.edu

Supplements Request Form (教辅材料申请表)

Lecturer's Details（教师信息）			
Name: (姓名)		**Title:** (职务)	
Department: (系科)		ool/University: (学院/大学)	
Official E-mail: (学校邮箱)		**Lecturer's Address / Post Code:** (教师通信地址/邮编)	
Tel: (电话)			
Mobile: (手机)			

Adoption Details（教材信息）　　原版□　　翻译版□　　影印版□

Title: (英文书名) **Edition:** (版次) **Author:** (作者)	
Local Publisher: (中国出版社)	

Enrolment: (学生人数)		**Semester:** (学期起止日期时间)	

Contact Person & Phone/E-mail/Subject:
(系科/学院教学负责人电话/邮件/研究方向)
(我公司要求在此处标明系科/学院教学负责人电话/电话和传真号码并在此加盖公章.)

教材购买由 我□　教研组□　其他人□[姓名：　　　　　] 决定。

Please fax or post the complete form to（请将此表格传真至）：

CENGAGE LEARNING BEIJING
ATTN : Higher Education Division
TEL: (86) 10-82862096/ 95 / 97
FAX : (86) 10-82862089
EMAIL: asia.infochina@cengage.com
www. cengageasia.com
ADD: 北京市海淀区科学院南路 2 号
融科资讯中心 C 座南楼 12 层 1201 室　100190

VERIFICATION FORM / CENGAGE LEARNING

目　　录

第1章 数学基础与误差分析

引言

在化学课程的开始，我们就能看到理想气体定律：

$$PV = NRT$$

它描述了理想气体的压力 P、体积 V、温度 T 和摩尔数 N 之间的关系。在这个方程中，R 是一个依赖于测量系统的常量。

假定为验证这个定律做了两个实验，它们都采用同样的气体。在第一个实验中：

$$P = 1.00 \text{ atm} \qquad V = 0.100 \text{ m}^3$$
$$N = 0.00420 \text{ mol} \qquad R = 0.08206$$

根据理想气体定律，可以计算出气体的温度为

$$T = \frac{PV}{NR} = \frac{(1.00)(0.100)}{(0.00420)(0.08206)} = 290.15 \text{ K} = 17°C$$

然而，当我们测量气体的温度时发现真实的温度是 15°C。

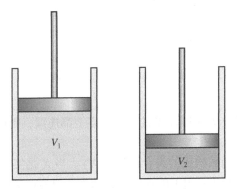

接下来采用相同的 R 值和 N 值来重复这个实验，这次将压力增加 2 倍，同时体积减小一半。因为乘积 PV 不变，所以按照理想气体定律计算出的温度还是 17°C。但此时我们再测量，会发现真实的温度是 19°C。

显然，理想气体定律值得怀疑。但是在得出理想气体定律对这种情况不成立的结论之前，应该仔细检查数据，看看这一实验结果是否是由误差造成的。如果是这样，或许能决定实验结果需要精确到何种程度，才能确保这种幅度的误差不会发生。

计算中所涉及的误差分析是数值分析的一个重要问题，本书将在 1.2 节中介绍该内容，并且在 1.2 节的习题 26 中讨论了这个问题的一个特殊应用。

本章包含了一元函数微积分中一些内容的简要回顾，这些知识在其后各章中会经常用到，而且对数值技术的理解和分析也非常重要，但是深入讨论它们会偏离本书的主题。此外，本章还介绍了收敛性、误差分析、数的机器表示和一些分类及最小化计算误差的技巧。

1.1　微积分回顾

极限与连续性

函数的极限与连续性概念是微积分研究的基石，它们也构成了数值分析的基础。

定义 1.1　定义在实数集 X 上的函数 f 在点 x_0 处有**极限** L，记作

$$\lim_{x \to x_0} f(x) = L$$

若对任意给定的实数 $\varepsilon > 0$，都存在实数 $\delta > 0$ 满足

$$|f(x) - L| < \varepsilon，只要 x \in X 且 0 < |x - x_0| < \delta$$

（见图 1.1。）

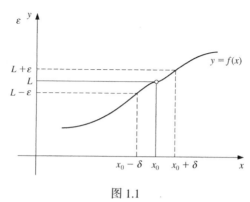

图 1.1

定义 1.2　设函数 f 定义在实数集 X 上，$x_0 \in X$。如果

$$\lim_{x \to x_0} f(x) = f(x_0)$$

那么 f 在 x_0 处**连续**。如果函数 f 在集合 X 的每一个点上都连续，则称它**在集合 X 上连续**。

所有在集合 X 上连续的函数构成的集合记为 $C(X)$。当 X 是实数轴上的一个区间时，记号中的括号略去。例如，所有闭区间 $[a,b]$ 上的连续函数的集合记为 $C[a,b]$。所有实数的集合记为 $\mathbb{R}$，它也可以用区间 $(-\infty, +\infty)$ 表示，因此在每个实数上都连续的函数构成的集合记为 $C(\mathbb{R})$ 或者 $C(-\infty, +\infty)$。

实数序列的极限和复数的极限可以类似地定义。

定义 1.3　设 $\{x_n\}_{n=1}^{\infty}$ 是一个无穷的实数序列。如果对任意的 $\varepsilon > 0$，都存在一个正整数 $N(\varepsilon)$ 满足只要 $n > N(\varepsilon)$ 就有 $|x_n - x| < \varepsilon$，则这个序列有**极限** x（**收敛于** x）。记号

$$\lim_{n \to \infty} x_n = x \text{ 或者 } x_n \to x \quad \text{当 } n \to \infty \text{ 时}$$

意味着序列 $\{x_n\}_{n=1}^{\infty}$ 收敛于 x。

定理 1.4　若 f 定义在实数集 X 上并且 $x_0 \in X$，则下面的结论是等价的：

　　a.　f 在 x_0 处连续；

　　b.　对任意在 X 中收敛于 x_0 的序列 $\{x_n\}_{n=1}^{\infty}$，都有 $\lim_{n \to \infty} f(x_n) = f(x_0)$。

当我们讨论数值方法时通常都假定所考虑的函数是连续的，因为这是行为可预测的最小要求。对于不连续函数，函数值会从我们感兴趣的点上跳跃过去，这将给试图逼近问题的解带来困难。

可微性

一般而言，对函数的更复杂的假设将导致更好的逼近结果。例如，具有光滑图像的函数往往比锯齿状的函数更可预测。光滑性条件依赖于导数概念。

定义 1.5　设函数 f 定义在包含 x_0 的开区间上。如果

$$f'(x_0) = \lim_{x \to x_0} \frac{f(x) - f(x_0)}{x - x_0}$$

存在，则称函数 f 在 x_0 处**可微**。数 $f'(x_0)$ 称作 f 在 x_0 处的**导数**。若函数 f 在集合 X 的每一点都可微，则称函数 f 在集合 X 上**可微**。　　■

如图 1.2 所示，函数 f 在 x_0 处的导数是 f 的图像在点 $(x_0, f(x_0))$ 处切线的斜率。

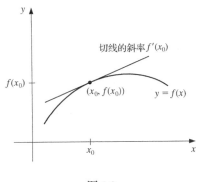

图 1.2

定理 1.6　若函数 f 在 x_0 处是可微的，则 f 在 x_0 处是连续的。　　■

下面几个定理在推导误差估计时非常重要。这些定理的证明在标准的微积分教材中都可以找到。

定义在集合 X 上具有 n 阶连续导数的全体函数构成的集合记为 $C^n(X)$，在集合 X 上具有任意阶连续导数的全体函数构成的集合记为 $C^\infty(X)$。多项式、有理函数、三角函数、指数函数以及对数函数都是 $C^\infty(X)$，其中 X 是函数的定义域。当 X 是实数轴上的一个区间时，记号中的括号略去。

定理 1.7[Rolle(罗尔)定理]　假设 $f \in C[a,b]$ 并且 f 在 (a,b) 上可微。如果 $f(a) = f(b)$，则在 (a,b) 内存在一点 c，使得 $f'(c) = 0$。（见图 1.3。）　　■

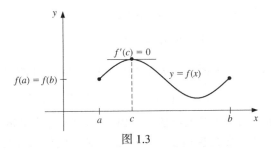

图 1.3

定理 1.8(中值定理)   假设 $f \in C[a,b]$ 并且 f 在 (a,b) 上可微，则在 (a,b) 内存在一点 c，使得 $f'(c) = \dfrac{f(b) - f(a)}{b - a}$。（见图 1.4。） ∎

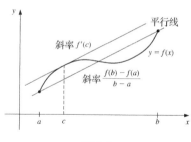

图 1.4

定理 1.9(极值定理)   设 $f \in C[a,b]$，则存在 $c_1, c_2 \in [a,b]$。使得对所有 $x \in [a,b]$，不等式 $f(c_1) \leqslant f(x) \leqslant f(c_2)$ 成立。另外，若再假设 f 在 (a,b) 上可微，则 c_1, c_2 要么是区间 $[a,b]$ 的端点，要么这两点处的导数 f' 为 0。（见图 1.5。） ∎

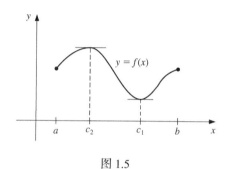

图 1.5

例 1   求函数

$$f(x) = 2 - e^x + 2x$$

在区间 (a) $[0,1]$ 和 (b) $[1,2]$ 上的最小值和最大值。

解   微分 $f(x)$ 得到

$$f'(x) = -e^x + 2$$

$f'(x) = 0$，即 $-e^x + 2 = 0$，进而 $e^x = 2$。方程两边取自然对数得到

$$\ln(e^x) = \ln(2) \qquad 即 \qquad x = \ln(2) \approx 0.69314718056$$

(a) 考虑区间 $[0,1]$。函数的极值仅可能在 $f(0), f(\ln(2))$ 或者 $f(1)$ 之中。计算得

$$f(0) = 2 - e^0 + 2(0) = 1$$

$$f(\ln(2)) = 2 - e^{\ln(2)} + 2\ln(2) = 2\ln(2) \approx 1.38629436112$$

$$f(1) = 2 - e + 2(1) = 4 - e \approx 1.28171817154$$

于是，函数 $f(x)$ 在区间 $[0,1]$ 的最小值为 $f(0) = 1$，最大值为 $f(\ln(2)) = 2\ln(2)$。

(b) 考虑区间 $[1,2]$。因为在此区间上 $f'(x) \neq 0$，因此极值只在区间端点处得到。这样，

$f(2) = 2 - e^2 + 2(2) = 6 - e^2 \approx -1.3890560983$ 函数在区间 $[1,2]$ 的最小值是 $6 - e^2$ ，最大值是 1。

我们注意到

$$\max_{0 \leqslant x \leqslant 2} |f(x)| = |6 - e^2| \approx 1.3890560983$$

下面的定理在普通的微积分教材中不常出现，它的证明只需将 Rolle 定理连续应用到 $f, f', \cdots$ 以及 $f^{(n-1)}$ 即可。这个结果的证明留作习题（习题 26）。

定理 1.10（广义的 Rolle 定理）　假设 $f \in C[a,b]$ 并在 (a,b) 上 n 次可微。如果在 $n+1$ 个不同的点 $a \leqslant x_0 < x_1 < \cdots < x_n \leqslant b$ 上都有 $f(x) = 0$ ，则存在 $c \in (x_0, x_n)$ 满足 $f^{(n)}(c) = 0$ 。

我们将频繁地用到介值定理。介值定理的证明超出了一般微积分课程的范围，但在大多数分析教材中都能找到（例如，[Fu]，p.67）。

定理 1.11（介值定理）　假设 $f \in C[a,b]$ 且 K 是介于 $f(a)$ 和 $f(b)$ 之间的一个数，则存在 $c \in (a,b)$ 满足 $f(c) = K$ 。

图 1.6 展示了由介值定理保证的中间值的一种取法。在该例子中，还有两种其他可能的选取方法。

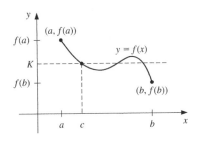

图 1.6

例 2　验证方程 $x^5 - 2x^3 + 3x^2 - 1 = 0$ 在区间 $[0,1]$ 内有一个解。

解　考虑函数 $f(x) = x^5 - 2x^3 + 3x^2 - 1$ 。函数 f 在区间 $[0,1]$ 连续，另外，

$$f(0) = -1 < 0 \quad \text{且} \quad 0 < 1 = f(1)$$

因此，由介值定理可知存在数 c ，$0 < c < 1$ ，满足 $c^5 - 2c^3 + 3c^2 - 1 = 0$ 。

例 2 表明，介值定理可以用来确定问题的解是否存在。但是，它却没有给出找到问题的解的有效方法。这个问题将在第 2 章中讨论。

积分

微积分中另一个被广泛使用的基本概念是 Riemann（黎曼）积分。

定义 1.12　函数 f 在区间 $[a, b]$ 上的 **Riemann 积分**是下面的极限，假设它存在：

$$\int_a^b f(x)\, dx = \lim_{\max \Delta x_i \to 0} \sum_{i=1}^n f(z_i)\, \Delta x_i$$

其中数 $x_0, x_1, \cdots, x_n$ 满足 $a = x_0 \leqslant x_1 \leqslant \cdots \leqslant x_n = b$ ，对每个 $i = 1, 2, \cdots, n$ ，$\Delta x_i = x_i - x_{i-1}$ ，z_i 是区间 $[x_{i-1}, x_i]$ 中任意选取的数。

在区间 $[a,b]$ 上的连续函数 f 必然在 $[a,b]$ 上 Riemman 可积，从而允许我们等距地选择 $[a,b]$ 中的 x_i ，为了方便计算，选择 $z_i = x_i$ ，$i = 1, 2, \cdots, n$ 。在这种情形下，

$$\int_a^b f(x)\,\mathrm{d}x = \lim_{n\to\infty} \frac{b-a}{n} \sum_{i=1}^n f(x_i)$$

其中 $x_i = a+i(b-a)/n$，如图 1.7 所示。

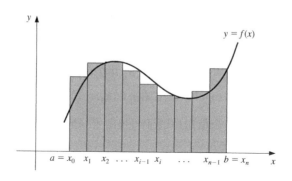

图 1.7

在后面的数值分析中还需要另外两个结果。第一个就是通常的积分中值定理的推广。

定理 1.13(带权的积分中值定理) 假设 $f \in C[a,b]$，g 在 $[a,b]$ 上的 Riemann 积分存在，并且 $g(x)$ 在 $[a,b]$ 上不变号，则在 (a,b) 上存在数 c，使得

$$\int_a^b f(x)g(x)\,\mathrm{d}x = f(c) \int_a^b g(x)\,\mathrm{d}x \qquad \blacksquare$$

当 $g(x) \equiv 1$ 时，定理 1.13 就是通常的积分中值定理。该定理给出了函数 f 在区间 $[a,b]$ 上的**平均值**为(见图 1.8)

$$f(c) = \frac{1}{b-a} \int_a^b f(x)\,\mathrm{d}x$$

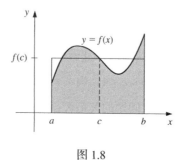

图 1.8

定理 1.13 的证明不在普通的基本微积分课程中给出，但可以在大多数分析教材(例如，[Fu]，p.162)中找到。

Taylor(泰勒)多项式与级数

我们最后重温微积分的一个关于 Taylor 多项式的定理，它在数值分析中的应用非常广泛。

定理 1.14(Taylor 定理) 假设 $f \in C^n[a,b]$，$f^{(n+1)}$ 在 $[a,b]$ 上存在，$x_0 \in [a,b]$。对每个 $x \in [a,b]$，存在一个介于 x_0 和 x 之间的数 $\xi(x)$，满足

$$f(x) = P_n(x) + R_n(x)$$

其中，

$$P_n(x) = f(x_0) + f'(x_0)(x - x_0) + \frac{f''(x_0)}{2!}(x - x_0)^2 + \cdots + \frac{f^{(n)}(x_0)}{n!}(x - x_0)^n$$

$$= \sum_{k=0}^{n} \frac{f^{(k)}(x_0)}{k!}(x - x_0)^k$$

且

$$R_n(x) = \frac{f^{(n+1)}(\xi(x))}{(n+1)!}(x - x_0)^{n+1} \qquad \blacksquare$$

上面定理中的 $P_n(x)$ 称作 f 在 x_0 处的 **n 阶 Taylor 多项式**，$R_n(x)$ 称作与 $P_n(x)$ 相关的**余项**（或**截断误差**）。因为余项 $R_n(x)$ 中的 $\xi(x)$ 依赖于 x（这在 $P_n(x)$ 中用于求值），所以 $R_n(x)$ 是变量 x 的函数。但是，我们不能期望得到 $\xi(x)$ 的显式表达式。Taylor 定理仅保证了介于 x_0 和 x 之间这样一个函数的存在性。实际上，数值方法中常见的问题之一就是试图确定当 x 位于某个具体的区间上时函数 $f^{(n+1)}(\xi(x))$ 值的界。

当 $n \to \infty$ 时，Taylor 多项式 $P_n(x)$ 取极限得到的无穷级数称为 f 在 x_0 处的 **Taylor 级数**。在 $x_0 = 0$ 的情况下，Taylor 多项式通常称为 **Maclaurin（麦克劳林）多项式**，相应的 Taylor 级数通常称为 **Maclaurin 级数**。

在 Taylor 多项式中的**截断误差**项通常是指用一个截断的有限和来逼近无穷级数产生的误差。

例 3　设 $f(x) = \cos x$ 且 $x_0 = 0$。确定：

(a) f 在 x_0 处的二阶 Taylor 多项式；

(b) f 在 x_0 处的三阶 Taylor 多项式。

解　因为 $f \in C^\infty(\mathbb{R})$，所以可对所用的 $n \geqslant 0$ 使用 Taylor 定理。又因为

$$f'(x) = -\sin x, \ f''(x) = -\cos x, \ f'''(x) = \sin x, \ f^{(4)}(x) = \cos x$$

所以

$$f(0) = 1, \ f'(0) = 0, \ f''(0) = -1, \ f'''(0) = 0$$

(a) 对 $n = 2$ 和 $x_0 = 0$，我们有

$$\cos x = f(0) + f'(0)x + \frac{f''(0)}{2!}x^2 + \frac{f'''(\xi(x))}{3!}x^3$$

$$= 1 - \frac{1}{2}x^2 + \frac{1}{6}x^3 \sin \xi(x)$$

其中，$\xi(x)$ 是介于 0 和 x 之间的一个数（通常状况下未知）。（见图 1.9。）

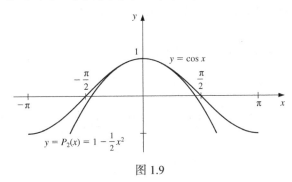

图 1.9

当 $x = 0.01$ 时，上式化为

$$\cos 0.01 = 1 - \frac{1}{2}(0.01)^2 + \frac{1}{6}(0.01)^3 \sin \xi(0.01) = 0.99995 + \frac{10^{-6}}{6}\sin \xi(0.01)$$

因此，这个由 Taylor 多项式给出的 $\cos 0.01$ 的近似值是 0.99995。与这个逼近相关的截断误差或者余项为

$$\frac{10^{-6}}{6}\sin\xi(0.01) = 0.1\overline{6} \times 10^{-6}\sin\xi(0.01)$$

其中，数字上面的横线表示该数字无限循环。虽然没有办法确定 $\sin\xi(0.01)$，但我们知道正弦函数的所有值都在区间 $[-1,1]$ 中，因此用 0.99995 来近似 $\cos 0.01$ 产生的误差限于

$$|\cos 0.01 - 0.99995| = 0.1\overline{6} \times 10^{-6}|\sin\xi(0.01)| \leqslant 0.1\overline{6} \times 10^{-6}$$

从而，近似值 0.99995 与 $\cos 0.01$ 至少有前 5 位数字是一致的，并且

$$0.9999483 < 0.99995 - 1.\overline{6} \times 10^{-6} \leqslant \cos 0.01$$

$$\leqslant 0.99995 + 1.\overline{6} \times 10^{-6} < 0.9999517$$

误差界比实际误差大很多。这是由我们使用 $|\sin\xi(x)|$ 的估计式比较粗略造成的。从习题 27 中可以看到，对所有 x 来说 $|\sin x| \leqslant |x|$ 都成立。又因为 $0 \leqslant \xi < 0.01$，于是我们能够得到 $|\sin\xi(x)| \leqslant 0.01$ 的结论。利用这个结论产生的误差界是 $0.1\overline{6} \times 10^{-8}$。

(b) 因为 $f'''(0) = 0$，所以 $x_0 = 0$ 处带余项的三阶 Taylor 多项式为

$$\cos x = 1 - \frac{1}{2}x^2 + \frac{1}{24}x^4\cos\tilde{\xi}(x)$$

其中，$0 < \tilde{\xi}(x) < 0.01$。可以看出逼近多项式仍然相同，近似值仍然是 0.99995，但此时我们有更好的精度表示。因为对所有 x 都有 $|\cos\tilde{\xi}(x)| \leqslant 1$，从而可得

$$\left|\frac{1}{24}x^4\cos\tilde{\xi}(x)\right| \leqslant \frac{1}{24}(0.01)^4(1) \approx 4.2 \times 10^{-10}$$

因此

$$|\cos 0.01 - 0.99995| \leqslant 4.2 \times 10^{-10}$$

且

$$0.99994999958 = 0.99995 - 4.2 \times 10^{-10}$$

$$\leqslant \cos 0.01 \leqslant 0.99995 + 4.2 \times 10^{-10} = 0.99995000042 \quad \blacksquare$$

例 3 说明了数值分析的两个目标：

(i) 找到给定问题解的一个近似；

(ii) 确定近似的精度的界。

例子中的 Taylor 多项式对上述目标 (i) 给出了相同的答案，而对于目标 (ii)，三阶 Taylor 多项式比二阶 Taylor 多项式更好。

我们也能用 Taylor 多项式来近似计算定积分。

说明 可以利用例 3 中求出的三阶 Taylor 多项式及其对应的余项来逼近 $\int_0^{0.1}\cos x\,\mathrm{d}x$。我们有

$$\int_0^{0.1}\cos x\,\mathrm{d}x = \int_0^{0.1}\left(1 - \frac{1}{2}x^2\right)\mathrm{d}x + \frac{1}{24}\int_0^{0.1}x^4\cos\tilde{\xi}(x)\,\mathrm{d}x$$

$$= \left[x - \frac{1}{6}x^3\right]_0^{0.1} + \frac{1}{24}\int_0^{0.1}x^4\cos\tilde{\xi}(x)\,\mathrm{d}x$$

$$= 0.1 - \frac{1}{6}(0.1)^3 + \frac{1}{24}\int_0^{0.1}x^4\cos\tilde{\xi}(x)\,\mathrm{d}x$$

因此，

$$\int_0^{0.1} \cos x \, dx \approx 0.1 - \frac{1}{6}(0.1)^3 = 0.0998\overline{3}$$

利用 Taylor 多项式余项的积分和不等式 $|\cos\tilde{\xi}(x)| \leqslant 1$（对于所有 x）可以确定上述逼近的一个误差界：

$$\frac{1}{24}\left|\int_0^{0.1} x^4 \cos\tilde{\xi}(x) \, dx\right| \leqslant \frac{1}{24}\int_0^{0.1} x^4 |\cos\tilde{\xi}(x)| \, dx$$

$$\leqslant \frac{1}{24}\int_0^{0.1} x^4 \, dx = \frac{(0.1)^5}{120} = 8.\overline{3} \times 10^{-8}$$

这个积分的真实值是

$$\int_0^{0.1} \cos x \, dx = \sin x \Big]_0^{0.1} = \sin 0.1 \approx 0.099833416647$$

因此，这个逼近的实际误差是 8.3314×10^{-8}，它在误差界之内。 ∎

习题 1.1

1. 证明下面的方程在给定的区间里至少有一个解：

　　a. $x\cos x - 2x^2 + 3x - 1 = 0$，[0.2,0.3]和[1.2,1.3]

　　b. $(x-2)^2 - \ln x = 0$，[1,2]和[e,4]

　　c. $2x\cos(2x) - (x-2)^2 = 0$，[2,3]和[3,4]

　　d. $x - (\ln x)^x = 0$，[4,5]

2. 证明下面的方程在给定的区间里至少有一个解：

　　a. $\sqrt{x} - \cos x = 0$，[0,1]

　　b. $e^x - x^2 + 3x - 2 = 0$，[0,1]

　　c. $-3\tan(2x) + x = 0$，[0,1]

　　d. $\ln x - x^2 + \frac{5}{2}x - 1 = 0$，$\left[\frac{1}{2}, 1\right]$

3. 求出下面的方程包含解的区间：

　　a. $x - 2^{-x} = 0$

　　b. $2x\cos(2x) - (x+1)^2 = 0$

　　c. $3x - e^x = 0$

　　d. $x + 1 - 2\sin(\pi x) = 0$

4. 求出下面的方程包含解的区间：

　　a. $x - 3^{-x} = 0$

　　b. $4x^2 - e^x = 0$

　　c. $x^3 - 2x^2 - 4x + 2 = 0$

　　d. $x^3 + 4.001x^2 + 4.002x + 1.101 = 0$

5. 对下面的函数及给定的区间求 $\max\limits_{a \leqslant x \leqslant b} |f(x)|$：

　　a. $f(x) = (2 - e^x + 2x)/3$，[0,1]

　　b. $f(x) = (4x - 3)/(x^2 - 2x)$，[0.5,1]

　　c. $f(x) = 2x\cos(2x) - (x-2)^2$，[2,4]

　　d. $f(x) = 1 + e^{-\cos(x-1)}$，[1,2]

6. 对下面的函数及给定的区间求 $\max\limits_{a\le x\le b}|f(x)|$：

    a. $f(x)=2x/(x^2+1)$，$[0,2]$

    b. $f(x)=x^2\sqrt{(4-x)}$，$[0,4]$

    c. $f(x)=x^3-4x+2$，$[1,2]$

    d. $f(x)=x\sqrt{(3-x^2)}$，$[0,1]$

7. 证明下面的函数在给定的区间内至少有一个点使得 $f'(x)$ 为 0：

    a. $f(x)=1-e^x+(e-1)\sin((\pi/2)x)$，$[0,1]$

    b. $f(x)=(x-1)\tan x+x\sin\pi x$，$[0,1]$

    c. $f(x)=x\sin\pi x-(x-2)\ln x$，$[1,2]$

    d. $f(x)=(x-2)\sin x\ln(x+2)$，$[-1,3]$

8. 假设 $f(x)\in C[a,b]$ 且 $f'(x)$ 在 (a,b) 内存在。如果对所有区间 (a,b) 内的 x，都有 $f'(x)\ne 0$，则区间 $[a,b]$ 内至多只有一个 p 使得 $f(p)=0$。

9. 令 $f(x)=x^3$。

    a. 求出 $x_0=0$ 处的二阶 Taylor 多项式 $P_2(x)$。

    b. 求出 $R_2(0.5)$ 并给出用 $P_2(0.5)$ 近似 $f(0.5)$ 的实际误差。

    c. 取 $x_0=1$，重新考虑问题 (a)。

    d. 利用问题 (c) 中得到的多项式来计算问题 (b)。

10. 求 $x_0=0$ 处函数 $f(x)=\sqrt{x+1}$ 的三阶 Taylor 多项式 $P_3(x)$，并用 $P_3(x)$ 来分别近似计算 $\sqrt{0.5}$、$\sqrt{0.75}$、$\sqrt{1.25}$ 和 $\sqrt{1.5}$，最后分别给出它们的实际误差。

11. 求 $x_0=0$ 处函数 $f(x)=e^x\cos x$ 的二阶 Taylor 多项式 $P_2(x)$。

    a. 用 $P_2(0.5)$ 近似 $f(0.5)$。用误差公式找出误差 $|f(0.5)-P_2(0.5)|$ 的一个上界，并将它与实际误差进行比较。

    b. 考虑在区间 $[0,1]$ 上用 $P_2(x)$ 逼近 $f(x)$ 的误差 $|f(x)-P_2(x)|$，给出一个误差界。

    c. 用 $\int_0^1 P_2(x)\mathrm{d}x$ 来近似计算 $\int_0^1 f(x)\mathrm{d}x$。

    d. 用公式 $\int_0^1 |R_2(x)\mathrm{d}x|$ 给出问题 (c) 的误差的一个上界，并将此界与实际误差进行比较。

12. 取 $x_0=\pi/6$，重新考虑习题 11。

13. 求 $x_0=1$ 处函数 $f(x)=(x-1)\ln x$ 的三阶 Taylor 多项式 $P_3(x)$。

    a. 用 $P_3(0.5)$ 近似 $f(0.5)$。用误差公式找出误差 $|f(0.5)-P_3(0.5)|$ 的一个上界，并将它与实际误差进行比较。

    b. 考虑在区间 $[0.5,1.5]$ 上用 $P_3(x)$ 逼近 $f(x)$ 的误差 $|f(x)-P_3(x)|$，给出一个误差界。

    c. 用 $\int_{0.5}^{1.5} P_3(x)\mathrm{d}x$ 来近似计算 $\int_{0.5}^{1.5} f(x)\mathrm{d}x$。

    d. 用公式 $\int_{0.5}^{1.5} |R_3(x)\mathrm{d}x|$ 给出问题 (c) 的误差的一个上界，并将此界与实际误差进行比较。

14. 设函数 $f(x)=2x\cos(2x)-(x-2)^2$ 和 $x_0=0$。

    a. 求出三阶 Taylor 多项式 $P_3(x)$ 并用它来近似 $f(0.4)$。

    b. 利用 Taylor 定理中的误差公式给出误差 $|f(0.4)-P_3(0.4)|$ 的一个上界，并计算实际误差。

    c. 求出四阶 Taylor 多项式 $P_4(x)$ 并用它来近似 $f(0.4)$。

    d. 利用 Taylor 定理中的误差公式给出误差 $|f(0.4)-P_4(0.4)|$ 的一个上界，并计算实际误差。

15. 求 $x_0 = 0$ 处函数 $f(x) = xe^{x^2}$ 的四阶 Taylor 多项式 $P_4(x)$。

　　a. 对 $0 \leqslant x \leqslant 0.4$，给出误差 $|f(x) - P_4(x)|$ 的一个上界。

　　b. 考虑用 $\int_0^{0.4} P_4(x)dx$ 来近似计算 $\int_0^{0.4} f(x)dx$。

　　c. 给出问题 (b) 中误差的一个上界。

　　d. 用 $P_4'(0.2)$ 来近似计算 $f'(0.2)$，并给出误差。

16. 使用 Taylor 多项式的误差项来估计近似计算产生的误差：用 $\sin x \approx x$ 来近似计算 $\sin 1°$。

17. 利用 $\pi/4$ 处的 Taylor 多项式来近似计算 $\cos 42°$，要求精确到 10^{-6}。

18. 设 $f(x) = (1-x)^{-1}$ 且 $x_0 = 0$。求 $f(x)$ 在 x_0 处的 n 阶 Taylor 多项式 $P_n(x)$。在区间 $[0, 0.5]$ 上用 $P_n(x)$ 逼近 $f(x)$，求出误差小于 10^{-6} 的最小的 n。

19. 设 $f(x) = e^x$ 且 $x_0 = 0$。求 $f(x)$ 在 x_0 处的 n 阶 Taylor 多项式 $P_n(x)$。在区间 $[0, 0.5]$ 上用 $P_n(x)$ 逼近 $f(x)$，求出误差小于 10^{-6} 的最小的 n。

20. 求出函数 $f(x) = \arctan x$ 的 n 阶 Maclaurin 多项式 $P_n(x)$。

21. 在区间 $\left[-\dfrac{1}{2}, \dfrac{1}{2} \right]$ 上用多项式 $P_2(x) = 1 - \dfrac{1}{2}x^2$ 来逼近函数 $f(x) = \cos x$。给出最大误差的一个界。

22. 利用介值定理 1.11 和 Rolle 定理 1.7 证明：无论常数 k 取什么值，函数 $f(x) = x^3 + 2x + k$ 的图像穿过 x 轴仅一次。

23. 用 e^x 的 Maclaurin 多项式给出 e 的近似值 2.5。这个近似中的误差界是 $E = \dfrac{1}{6}$。给出一个关于 E 的误差界。

24. **误差函数**定义如下：

$$\operatorname{erf}(x) = \frac{2}{\sqrt{\pi}} \int_0^x e^{-t^2}\, dt$$

它是标准正态分布(期望为 0，标准差为 $\sqrt{2}/2$ 的正态分布)事件发生的概率。被积函数的原函数不能用初等函数表示出来，因此必须用近似方法来求积分。

　　a. 对 e^{-x^2} 的 Maclaurin 级数求积分可以得到

$$\operatorname{erf}(x) = \frac{2}{\sqrt{\pi}} \sum_{k=0}^{\infty} \frac{(-1)^k x^{2k+1}}{(2k+1)k!}$$

　　b. 误差函数还可以用下式表示：

$$\operatorname{erf}(x) = \frac{2}{\sqrt{\pi}} e^{-x^2} \sum_{k=0}^{\infty} \frac{2^k x^{2k+1}}{1 \cdot 3 \cdot 5 \cdots (2k+1)}$$

　　证明两个级数对 $k = 1, 2, 3, 4$ 是一致的。[提示：用 e^{-x^2} 的 Maclaurin 级数。]

　　c. 用问题 (a) 中的级数来近似计算 $\operatorname{erf}(1)$：要求误差不超过 10^{-7}。

　　d. 用问题 (b) 中的级数来近似计算 $\operatorname{erf}(1)$：要求所取项数与 (c) 中相同。

　　e. 解释为什么用 (b) 中级数近似计算 $\operatorname{erf}(x)$ 会产生困难。

理论型习题

25. 函数 f 在 x_0 处的 n 阶 Taylor 多项式有时被看作 f 在 x_0 附近最佳的 n 次多项式逼近。

　　a. 解释为什么这种描述是准确的。

　　b. 求一个二次多项式，它是 f 在 $x_0 = 1$ 附近的最佳逼近，即满足：在 $x_0 = 1$ 处的切线方程为 $y = 4x - 1$，且 $f''(1) = 6$。

26. 通过下面几步的证明，来证明广义的 Rolle 定理(定理 1.10)。

    a. 利用 Rolle 定理证明，在 $[a,b]$ 内存在 $n-1$ 个数 z_i ，$a < z_1 < \cdots < z_{n-1} < b$ ，使得 $f'(z_i) = 0$ 。

    b. 利用 Rolle 定理证明，在 $[a,b]$ 内存在 $n-2$ 个数 w_i ，$z_1 < w_1 < z_2 < w_2 \cdots < w_{n-2} < z_{n-1} < b$ ，使得 $f''(w_i) = 0$ 。

    c. 继续如 (a) 和 (b) 的证明过程，证明对每个 $j = 1, 2, \cdots, n-1$ ，在 $[a,b]$ 内存在 $n-j$ 个数使得 $f^{(j)}$ 为 0。

    d. 证明 (c) 蕴含定理的结论。

27. 例 3 中提出：对所有的 x ，$|\sin x| \leqslant |x|$ 成立。通过下面几步来证明这个结论。

    a. 证明对所有的 $x \geqslant 0$ ，函数 $f(x) = x - \sin x$ 是非减函数，这蕴含 $\sin x \leqslant x$ ，而等式只在 $x = 0$ 时成立。

    b. 利用正弦函数是奇函数的事实来证明结论。

28. 函数 $f : [a,b] \to \mathbb{R}$ ，如果对所有 $x, y \in [a,b]$ ，都有 $|f(x) - f(y)| \leqslant L|x - y|$ 成立，则称它在区间 $[a,b]$ 上满足具有 Lipschitz 常数 L 的 **Lipschitz 条件**。

    a. 证明：如果函数 f 在区间 $[a,b]$ 上满足具有 Lipschitz 常数 L 的 Lipschitz 条件，则 $f \in C[a,b]$ 。

    b. 证明：如果 f 在区间 $[a,b]$ 上的一阶导数有界 L ，则 f 在区间 $[a,b]$ 上满足具有 Lipschitz 常数 L 的 Lipschitz 条件。

    c. 给出一个函数的例子，该函数在一个闭区间上连续但在该区间上不满足 Lipschitz 条件。

29. 假设 $f \in C[a,b]$ 且 x_1 和 x_2 在区间 $[a,b]$ 内。

    a. 证明存在介于 x_1 和 x_2 之间的一个数 ξ ，满足

$$f(\xi) = \frac{f(x_1) + f(x_2)}{2} = \frac{1}{2}f(x_1) + \frac{1}{2}f(x_2)$$

    b. 假设 c_1 和 c_2 是两个正常数。证明存在介于 x_1 和 x_2 之间的一个数 ξ ，满足

$$f(\xi) = \frac{c_1 f(x_1) + c_2 f(x_2)}{c_1 + c_2}$$

    c. 举例说明当 c_1 和 c_2 异号且 $c_1 \neq -c_2$ 时，上述 (b) 中的结论不成立。

30. 令 $f \in C[a,b]$ 且 p 在开区间 (a,b) 中。

    a. 假设 $f(p) \neq 0$ 。证明存在一个数 $\delta > 0$ ，使得对所有区间 $[p - \delta, p + \delta]$ 中的 x ，满足 $f(x) \neq 0$ ，并且区间 $[p - \delta, p + \delta]$ 是 $[a,b]$ 的子集。

    b. 假设 $f(p) = 0$ 且 $k > 0$ 给定。证明存在一个数 $\delta > 0$ ，使得对所有区间 $[p - \delta, p + \delta]$ 中的 x ，满足 $|f(x)| \leqslant k$ ，并且区间 $[p - \delta, p + \delta]$ 是 $[a,b]$ 的子集。

讨论问题

1. 用你自己的语言描述 Lipschitz 条件，并举出几个满足 Lipschitz 条件的函数的例子或不满足 Lipschitz 条件的函数的例子。

1.2　舍入误差与计算机算术

　　计算器或者计算机中运行的算术与代数和微积分课程中的算术是不同的。你可能一直期望着有绝对正确的陈述，例如，$2 + 2 = 4$ ，$4 \times 8 = 32$ 和 $(\sqrt{3})^2 = 3$ 。然而，在计算机算术里，我们能够得到精确的结果如 $2 + 2 = 4$ ，$4 \times 8 = 32$ ，但却没有 $(\sqrt{3})^2 = 3$ 。要理解这是为什么，则必须研究有限位数字算术的世界。

　　在传统的数学世界里，允许出现无限位数的数字。在传统的算术中，定义 $\sqrt{3}$ 就是唯一的一个

正数，它与自身的乘积等于整数 3。但在计算机的世界里，每个可以表示的数只有固定的有限位。这意味着，只有有理数——甚至不是它的全部——才能被精确地表示。因为 $\sqrt{3}$ 不是有理数，所以只能有一个近似的表示。虽然这个近似表示的平方与 3 非常接近(在大多数情况下是可以接受的)，但这个表示的平方确实不能精确等于 3。于是，大多数情况下机器算术是令人满意的，这种差异不被人注意和关心。然而，有些时候这种差异会导致严重问题。

用计算器或计算机来进行实数运算时产生的误差叫作**舍入误差**。它的产生是因为在机器算术里运算的数字只有有限位数，计算的结果也只是实际结果的近似表示。在计算机里，只有实数系统里一个相对比较小的子集被用于表示所有的实数。这个子集只包含有理数，包括正有理数和负有理数，并且存储它们的小数部分和指数部分。

二进制机器数

1985 年，IEEE(电气与电子工程师学会)发布了一个报告，名为**二进制浮点运算标准 754-1985**。该报告于 2008 年更新为 **IEEE 754-2008**。报告里给出了二进制和十进制浮点数标准、数据交换格式、舍入算术运算以及异常处理。具体格式有单精度、双精度和扩展精度，这些标准被微机制造商采用，用于浮点运算硬件的制造。

64 位二进制数被用于实数表示。第 1 位是符号指示器，记为 s。接下来是 11 位的指数 c，叫作**首数**，最后是 52 位的二进制小数 f，叫作**尾数**。指数的基是 2。

因为 52 位的二进制数对应于 16 位或 17 位十进制数，因此可以假设这个系统所表示的数是至少具有 16 位精度的十进制数字。二进制数字的 11 位指数给出的范围是 $0 \sim 2^{11}-1 = 2047$。然而，仅使用正整数的指数将不足以表示具有小值的数字。为了确保绝对值较小的数也能够同样表示出来，从首数中减去 1023，因此指数的范围实际上是 $-1023 \sim 1024$。

为了节约存储空间，并能对每个浮点数给出一个唯一的表示，采用了标准化系统。利用这套系统，一个浮点数具有下面的形式：

$$(-1)^s 2^{c-1023}(1 + f)$$

说明　考虑机器数：

0 10000000011 1011001000100000000000000000000000000000000000000000

最左边的位是 $s = 0$，这表明这个数是一个正数。接下来的 11 位，10000000011，给出了这个数字的首数，它等价于十进制数：

$$c = 1 \cdot 2^{10} + 0 \cdot 2^9 + \cdots + 0 \cdot 2^2 + 1 \cdot 2^1 + 1 \cdot 2^0 = 1024 + 2 + 1 = 1027$$

因此，这个数的指数部分为 $2^{1027-1023} = 2^4$。最后的 52 位是尾数，具体为

$$f = 1 \cdot \left(\frac{1}{2}\right)^1 + 1 \cdot \left(\frac{1}{2}\right)^3 + 1 \cdot \left(\frac{1}{2}\right)^4 + 1 \cdot \left(\frac{1}{2}\right)^5 + 1 \cdot \left(\frac{1}{2}\right)^8 + 1 \cdot \left(\frac{1}{2}\right)^{12}$$

所以，这个机器数准确地表示了十进制数：

$$(-1)^s 2^{c-1023}(1 + f) = (-1)^0 \cdot 2^{1027-1023}\left(1 + \left(\frac{1}{2} + \frac{1}{8} + \frac{1}{16} + \frac{1}{32} + \frac{1}{256} + \frac{1}{4096}\right)\right)$$

$$= 27.56640625$$

然而，下一个最小的机器数是

0 10000000011 1011001000011111111111111111111111111111111111111111

下一个最大的机器数是

0 10000000011 1011100100010000000000000000000000000000000000000001

这意味着原机器数不仅仅代表了 27.56640625,而且还代表了介于 27.56640625 和紧挨着的最小机器数之间的一半实数,还有介于 27.56640625 和紧挨着最大机器数之间的另一半实数。简言之,它代表了下面区间的任意实数:

$$[27.5664062499999982236431605997495353221893310546875,$$

$$27.5664062500000017763568394002504646778106689453125)$$

这个系统能够表示的最小的标准化正数是取 $s=0$,$c=1$ 和 $f=0$ 的情形,它等价于

$$2^{-1022} \cdot (1+0) \approx 0.22251 \times 10^{-307}$$

这个系统能够表示的最大的标准化正数是取 $s=0$,$c=2046$ 和 $f=1-2^{-52}$ 的情形,它等价于

$$2^{1023} \cdot (2-2^{-52}) \approx 0.17977 \times 10^{309}$$

计算中出现的数字如果小于

$$2^{-1022} \cdot (1+0)$$

结果就会**下溢**,通常它被置为 0。计算中如果出现大于

$$2^{1023} \cdot (2-2^{-52})$$

的数字就会**溢出**,通常会终止计算(除非程序设计监测到这种情况发生了)。注意,数 0 有两种表示:当 $s=0$,$c=0$ 和 $f=0$ 时的正 0 与当 $s=1$,$c=0$ 和 $f=0$ 时的负 0。

十进制机器数

使用二进制数字,当用有限的机器数来表示所有的实数时,发生在计算中的困难往往被隐蔽。为了检查这些问题,我们将用熟悉的十进制数表示来代替二进制数表示。具体来说,我们假设机器数是用标准化的十进制浮点型来表示的:

$$\pm 0.d_1 d_2 \ldots d_k \times 10^n, \quad 1 \leqslant d_1 \leqslant 9, \quad 0 \leqslant d_i \leqslant 9 \ , \quad \text{对每个} \ i=2, \cdots, k$$

这种形式的数字称为 k 位十进制机器数。

在机器数值范围内的任何正实数都能化为下面的标准型:

$$y = 0.d_1 d_2 \ldots d_k d_{k+1} d_{k+2} \ldots \times 10^n$$

y 的浮点型记为 $fl(y)$,可以通过在其十进制数中从第 k 位舍去尾数得到。这种舍去有两种方法:一种称为**截断法**,就是简单地截去数字 $d_{k+1} d_{k+2} \cdots$,这种方法产生的浮点型为

$$fl(y) = 0.d_1 d_2 \ldots d_k \times 10^n$$

另一种称为**舍入法**,就是先给 y 加上 $5 \times 10^{n-(k+1)}$,然后将其和截断,这样得到的浮点型为

$$fl(y) = 0.\delta_1 \delta_2 \ldots \delta_k \times 10^n$$

对于舍入法,当 $d_{k+1} \geqslant 5$ 时,我们给 d_k 加 1 后得到 $fl(y)$,即向上舍入。而当 $d_{k+1} < 5$ 时,我们只是简单地截断后面的数字而保留前 k 位,即向下舍入。如果是向下舍入,则对每个 $i=1,2,\cdots,k$,$\delta_i = d_i$ 都成立。然而,如果是向上舍入,数字则有可能改变。

例1 分别使用(a)截断法和(b)舍入法来确定无理数 π 的五位值。

解 无理数 π 有无限的十进制展开式 $\pi = 3.14159265\ldots$,改写成十进制标准型有

$$\pi = 0.314159265 \ldots \times 10^1$$

(a)使用截断法得到的 π 的五位浮点型为

$$fl(\pi) = 0.31415 \times 10^1 = 3.1415$$

(b)π 的十进制展开式的第六位是 9，因此使用舍入法得到的 π 的五位浮点型为

$$fl(\pi) = (0.31415 + 0.00001) \times 10^1 = 3.1416$$ ∎

下面的定义描述了测量近似误差的 3 种方法。

定义 1.15　假设 p^* 是 p 的一个近似。**实际误差**是 $p-p^*$，**绝对误差**是 $|p-p^*|$，而当 $p \neq 0$ 时，**相对误差**为 $\dfrac{|p-p^*|}{|p|}$。 ∎

下面的例子中考虑了用 p^* 表示 p 所产生的实际误差、绝对误差和相对误差。

例 2　考虑下面情形中用 p^* 近似 p 所产生的实际误差、绝对误差和相对误差。
(a)$p = 0.3000 \times 10^1$ 和 $p^* = 0.3100 \times 10^1$；
(b)$p = 0.3000 \times 10^{-3}$ 和 $p^* = 0.3100 \times 10^{-3}$；
(c)$p = 0.3000 \times 10^4$ 和 $p^* = 0.3100 \times 10^4$。

解
(a)因为 $p = 0.3000 \times 10^1$ 和 $p^* = 0.3100 \times 10^1$，则实际误差是 -0.1，绝对误差是 0.1，相对误差是 $0.333\overline{3} \times 10^{-1}$。
(b)因为 $p = 0.3000 \times 10^{-3}$ 和 $p^* = 0.3100 \times 10^{-3}$，则实际误差是 -0.1×10^{-4}，绝对误差是 0.1×10^{-4}，相对误差是 $0.333\overline{3} \times 10^{-1}$。
(c)因为 $p = 0.3000 \times 10^4$ 和 $p^* = 0.3100 \times 10^4$，则实际误差是 -0.1×10^3，绝对误差是 0.1×10^3，相对误差是 $0.333\overline{3} \times 10^{-1}$。

这个例子说明，虽然产生了相同的相对误差，但绝对误差却变化很大。作为精度的一种测量，绝对误差常常产生误导，而相对误差显得更有意义，因为相对误差考虑了数值本身的大小。 ∎

一个误差界是比绝对误差大的非负数。有时它可以利用微积分方法求某个函数的最大绝对值而得到。通常状况下我们希望得到与实际误差尽可能接近的误差界。

下面的定义使用相对误差给出了近似值精度的有效数字的度量。

定义 1.16　如果 t 是满足下式的最大的非负整数，则数 p^* 称为将 p 近似到 s 位有效数字：

$$\frac{|p-p^*|}{|p|} \leqslant 5 \times 10^{-t}$$ ∎

表 1.1 给出了一个具 4 位有效数字的例子，其中 p 取不同的值，$|p-p^*|$ 的最小上界记为 $\max|p-p^*|$。从表中可以看出，有效数字具有连续特征。

表 1.1

p	0.1	0.5	100	1000	5000	9990	10000
$\max\|p-p^*\|$	0.00005	0.00025	0.05	0.5	2.5	4.995	5

回到数的机器表示，我们看到数 y 的浮点表示 $fl(y)$ 具有相对误差：

$$\left| \frac{y - fl(y)}{y} \right|$$

如果 k 是十进制数：

$$y = 0.d_1d_2\ldots d_k d_{k+1}\ldots \times 10^n$$

用截断法得到它的机器数表示，则

$$\left|\frac{y - fl(y)}{y}\right| = \left|\frac{0.d_1d_2\ldots d_k d_{k+1}\ldots \times 10^n - 0.d_1d_2\ldots d_k \times 10^n}{0.d_1d_2\ldots \times 10^n}\right|$$

$$= \left|\frac{0.d_{k+1}d_{k+2}\ldots \times 10^{n-k}}{0.d_1d_2\ldots \times 10^n}\right| = \left|\frac{0.d_{k+1}d_{k+2}\ldots}{0.d_1d_2\ldots}\right| \times 10^{-k}$$

由于 $d_1 \neq 0$，分母的最小值是 0.1。分子有上界 1，于是可得

$$\left|\frac{y - fl(y)}{y}\right| \leqslant \frac{1}{0.1} \times 10^{-k} = 10^{-k+1}$$

采用类似的方法，可以得出使用 k 位舍入法得到的机器数表示有相对误差界 $0.5 \times 10^{-k+1}$（见习题 28）。

使用 k 位算术（包括截断法与舍入法）得到的机器数表示的相对误差界与被表示的数无关。这是因为机器数是沿着实直线分布的。由于尾数的指数表示形式，十进制机器数中相同的数用于表示区间 $[0.1,1]$、$[1,10]$ 和 $[10,100]$。实际上，由于机器的限制，位于区间 $[10^n, 10^{n+1}]$ 的十进制机器数都是常数。

有限位算术

由于数的不精确表示，计算机内的算术是不精确的。这些算术包括对二进制数字的移位、逻辑操作和运算。因为这些运算的实际技术与现在所讲的内容并不切合，所以我们将设计自己的近似的计算机算术。虽然我们的算术并不能给出问题的精确描述，但是它对于解释实际发生的问题已经足够了。（对于真正实际参与运算的解释，读者可以参考介绍计算机专业方向知识的教材，如 [Ma]，*Computer System Architecture*。）

假设实数 x 和 y 的浮点表示分别为 $fl(x)$ 和 $fl(y)$，符号 $\oplus \ominus \otimes \oslash$ 分别表示机器的加、减、乘、除运算。我们的有限位算术由下面的关系给出：

$$x \oplus y = fl(fl(x) + fl(y)), \quad x \otimes y = fl(fl(x) \times fl(y))$$

$$x \ominus y = fl(fl(x) - fl(y)), \quad x \oslash y = fl(fl(x) \div fl(y))$$

该算术本质上是：先对数字 x 和 y 进行有限位浮点表示，然后进行通常的算术运算，最后将其结果再进行有限位浮点表示。

例 3 假设 $x = \dfrac{5}{7}$ 和 $y = \dfrac{1}{3}$。用五位数字截断法来计算 $x+y$、$x-y$、$x \times y$ 和 $x \div y$。

解 注意到

$$x = \frac{5}{7} = 0.\overline{714285} \quad \text{和} \quad y = \frac{1}{3} = 0.\overline{3}$$

这意味着它们的五位数字截断值为

$$fl(x) = 0.71428 \times 10^0 \quad \text{和} \quad fl(y) = 0.33333 \times 10^0$$

于是

$$x \oplus y = fl(fl(x) + fl(y)) = fl\left(0.71428 \times 10^0 + 0.33333 \times 10^0\right)$$

$$= fl\left(1.04761 \times 10^0\right) = 0.10476 \times 10^1$$

真实值是 $x + y = \dfrac{5}{7} + \dfrac{1}{3} = \dfrac{22}{21}$，从而有

$$\text{绝对误差} = \left| \frac{22}{21} - 0.10476 \times 10^1 \right| = 0.190 \times 10^{-4}$$

和

$$\text{相对误差} = \left| \frac{0.190 \times 10^{-4}}{22/21} \right| = 0.182 \times 10^{-4}$$

表 1.2 列出了这些值和其他运算的值。

表 1.2

运算	结果	实际值	绝对误差	相对误差
$x \oplus y$	0.10476×10^1	22/21	0.190×10^{-4}	0.182×10^{-4}
$x \ominus y$	0.38095×10^0	8/21	0.238×10^{-5}	0.625×10^{-5}
$x \otimes y$	0.23809×10^0	5/21	0.524×10^{-5}	0.220×10^{-4}
$x \oplus y$	0.21428×10^1	15/7	0.571×10^{-4}	0.267×10^{-4}

例 3 中各种运算的最大相对误差是 0.267×10^{-4}，因此产生了令人满意的五位数字结果。但在下一个例子中，情况却并非如此。

例 4   假设 $x = \dfrac{5}{7}$ 和 $y = \dfrac{1}{3}$，并且还假设

$$u = 0.714251, \quad v = 98765.9, \quad w = 0.111111 \times 10^{-4}$$

满足

$$fl(u) = 0.71425 \times 10^0, \quad fl(v) = 0.98765 \times 10^5, \quad fl(w) = 0.11111 \times 10^{-4}$$

确定 $x \ominus u$，$(x \ominus u) \oplus w$，$(x \ominus u) \otimes v$ 和 $u \oplus v$ 的五位数字截断值。

解   这些数字的选择是为了说明有限位数字算术中可能出现的问题。由于 x 和 u 几乎相同，所以它们的差异是很小的。$x \ominus u$ 的绝对误差是

$$|(x - u) - (x \ominus u)| = |(x - u) - (fl(fl(x) - fl(u)))|$$

$$= \left| \left(\frac{5}{7} - 0.714251 \right) - \left(fl \left(0.71428 \times 10^0 - 0.71425 \times 10^0 \right) \right) \right|$$

$$= \left| 0.347143 \times 10^{-4} - fl \left(0.00003 \times 10^0 \right) \right| = 0.47143 \times 10^{-5}$$

这个近似的绝对误差较小而相对误差较大：

$$\left| \frac{0.47143 \times 10^{-5}}{0.347143 \times 10^{-4}} \right| \leqslant 0.136$$

随后的两种运算——被小数 w 除的除法运算和被大数 v 乘的乘法运算，放大了绝对误差，但不改变相对误差。大数 v 与小数 u 的和产生了大的绝对误差而不是大的相对误差。这些计算结果在表 1.3 中给出。

表 1.3

运算	结果	实际值	绝对误差	相对误差
$x \ominus u$	0.30000×10^{-4}	0.34714×10^{-4}	0.471×10^{-5}	0.136
$(x \ominus u) \oplus w$	0.27000×10^1	0.31242×10^1	0.424	0.136
$(x \ominus u) \otimes v$	0.29629×10^1	0.34285×10^1	0.465	0.136
$u \oplus v$	0.98765×10^5	0.98766×10^5	0.161×10^1	0.163×10^{-4}

最普通的产生误差的运算之一是两个几乎相等的数相减，这样会损失有效数字。假设两个几乎相等的数 x 和 y，且 $x > y$，它们有 k 位数字的表示如下：

$$fl(x) = 0.d_1 d_2 \ldots d_p \alpha_{p+1} \alpha_{p+2} \ldots \alpha_k \times 10^n$$

和

$$fl(y) = 0.d_1 d_2 \ldots d_p \beta_{p+1} \beta_{p+2} \ldots \beta_k \times 10^n$$

则 $x-y$ 的浮点表示为

$$fl(fl(x) - fl(y)) = 0.\sigma_{p+1}\sigma_{p+2}\ldots\sigma_k \times 10^{n-p}$$

其中,

$$0.\sigma_{p+1}\sigma_{p+2}\ldots\sigma_k = 0.\alpha_{p+1}\alpha_{p+2}\ldots\alpha_k - 0.\beta_{p+1}\beta_{p+2}\ldots\beta_k$$

用于表示 $x-y$ 的浮点数至多有 $k-p$ 位有效数字。然而,在大多数计算工具里,$x-y$ 将被设置为 k 位,后面的 p 位数字要么置为 0,要么随机给出。包含 $x-y$ 的后续的计算都将卷入只有 $k-p$ 位有效数字的问题,因为整个计算结果不会比它最不精确的部分更精确。

当使用有限位数字表示进行运算时,将会产生误差,而使用很小的数字作为除数的除法运算(或等价地,用很大的数字作为因数的乘法运算)将会放大这些误差。例如,假设数 z 有一个有限位数的近似 $z + \delta$,其中引入的数 δ 是由表示或前面计算产生的误差。现在除以 $\varepsilon = 10^{-n} (n > 0)$,则有

$$\frac{z}{\varepsilon} \approx fl\left(\frac{fl(z)}{fl(\varepsilon)}\right) = (z + \delta) \times 10^n$$

这个近似中的绝对误差是 $|\delta| \times 10^n$,它是原误差 δ 的 10^n 倍。

例 5 设 $p = 0.54617$ 和 $q = 0.54601$。用四位数字 (a) 舍入法和 (b) 截断法来近似表示 $p-q$,并确定它们的绝对误差和相对误差。

解 $r = p-q$ 的精确值是 $r = 0.00016$。

(a) 假设使用四位数字舍入法来进行减法运算。将 p 和 q 舍入到四位数字分别得到 $p^* = 0.5462$ 和 $q^* = 0.5460$,$r^* = p^* - q^* = 0.0002$ 是 r 的四位数字近似。因为

$$\frac{|r - r^*|}{|r|} = \frac{|0.00016 - 0.0002|}{|0.00016|} = 0.25$$

此结果只有一位有效数字,而 p^* 和 q^* 分别有四位和五位有效数字。

(b) 如果使用截断法,p、q 和 r 分别用四位数字近似为 $p^* = 0.5461$、$q^* = 0.5460$ 和 $r^* = p^* - q^* = 0.0001$,于是

$$\frac{|r - r^*|}{|r|} = \frac{|0.00016 - 0.0001|}{|0.00016|} = 0.375$$

这时得到的结果仍然只有一位有效数字的精度。∎

舍入误差产生的精度损失通常可以通过重构计算公式来避免,下面的例子就很好地说明了这一点。

说明 当 $a \neq 0$ 时,二次方程 $ax^2 + bx + c = 0$ 的根是

$$x_1 = \frac{-b + \sqrt{b^2 - 4ac}}{2a} \quad \text{和} \quad x_2 = \frac{-b - \sqrt{b^2 - 4ac}}{2a} \tag{1.1}$$

将上述公式用于二次方程 $x^2 + 62.10x + 1 = 0$ 的求解,该方程的两个根近似为

$$x_1 = -0.01610723 \quad \text{和} \quad x_2 = -62.08390$$

在计算中我们仍然使用四位数字的舍入法。在这个方程中，b^2 远远大于 $4ac$，我们在计算 x_1 时又一次遇到了两个几乎相等的数的减法运算。因为

$$\sqrt{b^2 - 4ac} = \sqrt{(62.10)^2 - (4.000)(1.000)(1.000)}$$
$$= \sqrt{3856 - 4.000} = \sqrt{3852} = 62.06$$

从而得到

$$fl(x_1) = \frac{-62.10 + 62.06}{2.000} = \frac{-0.04000}{2.000} = -0.02000$$

对于 $x_1 = -0.01611$，这是一个很差的近似，因为相对误差较大，为

$$\frac{|-0.01611 + 0.02000|}{|-0.01611|} \approx 2.4 \times 10^{-1}$$

另一方面，第二个根 x_2 的计算中遇到的是两个几乎相等的数 $-b$ 和 $-\sqrt{b^2 - 4ac}$ 的加法。这次不会出现上述问题，因为

$$fl(x_2) = \frac{-62.10 - 62.06}{2.000} = \frac{-124.2}{2.000} = -62.10$$

它的相对误差很小，为

$$\frac{|-62.08 + 62.10|}{|-62.08|} \approx 3.2 \times 10^{-4}$$

为了得到 x_1 的更精确的四位数字舍入近似，我们利用分子有理化方法把原计算公式改变为

$$x_1 = \frac{-b + \sqrt{b^2 - 4ac}}{2a} \left(\frac{-b - \sqrt{b^2 - 4ac}}{-b - \sqrt{b^2 - 4ac}} \right) = \frac{b^2 - (b^2 - 4ac)}{2a(-b - \sqrt{b^2 - 4ac})}$$

该公式化简为

$$x_1 = \frac{-2c}{b + \sqrt{b^2 - 4ac}} \tag{1.2}$$

使用式 (1.2) 得到

$$fl(x_1) = \frac{-2.000}{62.10 + 62.06} = \frac{-2.000}{124.2} = -0.01610$$

这次得到了较小的相对误差 6.2×10^{-4}。

有理化技巧也可以用来给出求 x_2 的另外一个公式，结果如下：

$$x_2 = \frac{-2c}{b - \sqrt{b^2 - 4ac}} \tag{1.3}$$

当 b 是一个负数时使用这个公式。然而，在本例中我们将会看到错误地使用上述公式来求 x_2 不仅产生了两个几乎相等的数相减的问题，而且也产生了除以很小的数（是这两个数的差）的问题。这两个问题的产生使得计算结果非常不精确：

$$fl(x_2) = \frac{-2c}{b - \sqrt{b^2 - 4ac}} = \frac{-2.000}{62.10 - 62.06} = \frac{-2.000}{0.04000} = -50.00$$

相对误差有 1.9×10^{-1} 之大。　　　　　　　　　　　　　　　　　　　　　　　　■

● 教训：计算之前要深思！

嵌套的算术

舍入误差产生的精度损失也可以通过重新安排计算公式来缩减，下面的例子说明了这点。

例 6 用三位数字算术来计算 $f(x) = x^3 - 6.1x^2 + 3.2x + 1.5$ 在 $x = 4.71$ 处的值。

解 表 1.4 给出了计算的中间结果。

表 1.4

	x	x^2	x^3	$6.1x^2$	$3.2x$
精确值	4.71	22.1841	104.487111	135.32301	15.072
三位数字(截断法)	4.71	22.1	104	134	15.0
三位数字(舍入法)	4.71	22.2	105	135	15.1

为了说明整个运算，让我们分析用三位数字舍入法来计算 x^3。首先计算

$$x^2 = 4.71^2 = 22.1841 \quad 舍入为 22.2$$

接下来用 x^2 的这个近似值计算

$$x^3 = x^2 \cdot x = 22.2 \cdot 4.71 = 104.562 \quad 舍入为 105$$

和

$$6.1x^2 = 6.1(22.2) = 135.42 \quad 舍入为 135$$

以及

$$3.2x = 3.2(4.71) = 15.072 \quad 舍入为 15.1$$

求值的精确结果为：

精确：$f(4.71) = 104.487111 - 135.32301 + 15.072 + 1.5 = -14.263899$

在有限位算术中，使用加法的方式将影响最终的计算结果。假设我们从左到右相加，利用截断法得到

三位数字(截断法)：$f(4.71) = ((104. - 134.) + 15.0) + 1.5 = -13.5$

而使用舍入法得到

三位数字(舍入法)：$f(4.71) = ((105. - 135.) + 15.1) + 1.5 = -13.4$

(读者应该仔细验算，确保有限位算术的这些结果是正确的。)注意三位数字截断法只保留了前三位数字而不存在四舍五入，这与三位数字舍入法的值有明显的不同。

三位数字截断法和舍入法产生的相对误差分别为

截断法：$\left| \dfrac{-14.263899 + 13.5}{-14.263899} \right| \approx 0.05$, 舍入法：$\left| \dfrac{-14.263899 + 13.4}{-14.263899} \right| \approx 0.06$ ∎

说明 计算例 6 中 $f(x)$ 的另外一种方法采用了嵌套方式，即将其改写为

$$f(x) = x^3 - 6.1x^2 + 3.2x + 1.5 = ((x - 6.1)x + 3.2)x + 1.5$$

现在使用三位数字截断法得到

$$f(4.71) = ((4.71 - 6.1)4.71 + 3.2)4.71 + 1.5 = ((-1.39)(4.71) + 3.2)4.71 + 1.5$$

$$= (-6.54 + 3.2)4.71 + 1.5 = (-3.34)4.71 + 1.5 = -15.7 + 1.5 = -14.2$$

类似地，利用三位数字舍入法得到的结果是 -14.3。新的方法得到的相对误差为

三位数字(截断法)：$\left| \dfrac{-14.263899 + 14.2}{-14.263899} \right| \approx 0.0045$

三位数字(取整法)：$\left| \dfrac{-14.263899 + 14.3}{-14.263899} \right| \approx 0.0025$

嵌套的使用缩减了相对误差。对截断法产生的近似而言，新的相对误差不到原相对误差的

10%。相对于舍入法产生的近似而言改进更明显，相对误差的缩小超过了 95%。　　■

多项式在求值时应该一直使用嵌套的形式，因为使用这种形式使得算术运算的次数达到了最少。在上例中误差的减小是因为计算公式的改变，使得原来的 4 次乘法运算和 3 次加法运算变为 2 次乘法运算和 3 次加法运算。缩小舍入误差的方法之一就是缩减运算的次数。

习题 1.2

1. 用 $p*$ 来近似 p，计算它们的绝对误差和相对误差。

    a. $p=\pi, p^*=22/7$　　　　　　b. $p=\pi, p^*=3.1416$

    c. $p=e, p^*=2.718$　　　　　　　d. $p=\sqrt{2}, p^*=1.414$

2. 用 $p*$ 来近似 p，计算它们的绝对误差和相对误差。

    a. $p=e^{10}, p^*=22000$　　　　　b. $p=10^{\pi}, p^*=1400$

    c. $p=8!, p^*=39900$　　　　　　d. $p=9!, p^*=\sqrt{18\pi}(9/e)^9$

3. 假设用 $p*$ 来近似 p，要求相对误差不超过 10^{-3}。对每个 p 求出 $p*$ 所在的最大区间。

    a. 150　　　　　　　　　　　　b. 900

    c. 1500　　　　　　　　　　　　d. 90

4. 假设用 $p*$ 来近似 p，要求相对误差不超过 10^{-4}。对每个 p 求出 $p*$ 所在的最大区间。

    a. π　　　　　　　　　　　　　b. e

    c. $\sqrt{2}$　　　　　　　　　　　　d. $\sqrt[3]{7}$

5. 完成下列计算：(i) 精确计算，(ii) 三位数字截断法，(iii) 三位数字舍入法，(iv) 计算 (ii) 和 (iii) 中的相对误差。

    a. $\dfrac{4}{5}+\dfrac{1}{3}$　　　　　　　　　b. $\dfrac{4}{5}\cdot\dfrac{1}{3}$

    c. $\left(\dfrac{1}{3}-\dfrac{3}{11}\right)+\dfrac{3}{20}$　　　　d. $\left(\dfrac{1}{3}+\dfrac{3}{11}\right)-\dfrac{3}{20}$

6. 用三位舍入法完成下面的计算。取至少五位数字来计算绝对误差和相对误差。

    a. $133+0.921$　　　　　　　　b. $133-0.499$

    c. $(121-0.327)-119$　　　　　d. $(121-119)-0.327$

7. 用三位舍入法完成下面的计算。取至少五位数字来计算绝对误差和相对误差。

    a. $\dfrac{\dfrac{13}{14}-\dfrac{6}{7}}{2e-5.4}$　　　　　　b. $-10\pi+6e-\dfrac{3}{62}$

    c. $\left(\dfrac{2}{9}\right)\cdot\left(\dfrac{9}{7}\right)$　　　　　　d. $\dfrac{\sqrt{13}+\sqrt{11}}{\sqrt{13}-\sqrt{11}}$

8. 用四位数字舍入法重新计算习题 7。

9. 用三位数字截断法重新计算习题 7。

10. 用四位数字截断法重新计算习题 7。

11. 反正切函数的 Maclaurin 级数的前三个非零项是 $x-(1/3)x^3+(1/5)x^5$。在下面给出的近似公式中用这个多项式来代替反正切函数，给出 π 的近似，并计算绝对误差和相对误差。

    a. $4\left[\arctan\left(\dfrac{1}{2}\right)+\arctan\left(\dfrac{1}{3}\right)\right]$　　　　b. $16\arctan\left(\dfrac{1}{5}\right)-4\arctan\left(\dfrac{1}{239}\right)$

12. 数 e 可以定义为 $e=\sum\limits_{n=0}^{\infty}(1/n!)$，其中当 $n\neq 0$ 时 $n!=n(n-1)\cdots 2\cdot 1$ 且 $0!=1$。用下面的表达式给出 e 的近

似，计算它们的绝对误差和相对误差。

a. $\displaystyle\sum_{n=0}^{5}\frac{1}{n!}$ 　　　　　　　　　　　　b. $\displaystyle\sum_{n=0}^{10}\frac{1}{n!}$

13. 令

$$f(x)=\frac{x\cos x-\sin x}{x-\sin x}$$

a. 求出 $\lim_{x\to 0}f(x)$。

b. 使用四位舍入法来计算 $f(0.1)$。

c. 用对应的三阶 Maclaurin 多项式来代替每个三角函数，重新计算(b)。

d. 实际值为 $f(0.1)=-1.99899998$，求出(b)和(c)中得到的近似值的相对误差。

14. 令

$$f(x)=\frac{\mathrm{e}^x-\mathrm{e}^{-x}}{x}$$

a. 求出 $\lim_{x\to 0}(\mathrm{e}^x-\mathrm{e}^{-x})/x$。

b. 使用三位舍入法来计算 $f(0.1)$。

c. 用对应的三阶 Maclaurin 多项式来代替每个指数函数，重新计算(b)。

d. 实际值为 $f(0.1)=2.003335000$，求出(b)和(c)中得到的近似值的相对误差。

15. 使用四位舍入法和式(1.1)、式(1.2)、式(1.3)求出下列二次方程的根的最精确近似。计算绝对误差和相对误差。

a. $\dfrac{1}{3}x^2-\dfrac{123}{4}x+\dfrac{1}{6}=0$

b. $\dfrac{1}{3}x^2+\dfrac{123}{4}x-\dfrac{1}{6}=0$

c. $1.002x^2-11.01x+0.01265=0$

d. $1.002x^2+11.01x+0.01265=0$

16. 使用四位舍入法和式(1.1)、式(1.2)、式(1.3)求出下列二次方程的根的最精确近似。计算绝对误差和相对误差。

a. $x^2-\sqrt{7}x+\sqrt{2}=0$

b. $\pi x^2+13x+1=0$

c. $x^2+x-\mathrm{e}=0$

d. $x^2-\sqrt{35}x-2=0$

17. 使用四位截断法重新计算习题 15。

18. 使用四位截断法重新计算习题 16。

19. 用 64 位长的实格式求出下面浮点机器数的十进制数。

a. 0 10000001010 1001001100000000000000000000000000000000000000000000

b. 1 10000001010 1001001100000000000000000000000000000000000000000000

c. 0 01111111111 0101001100000000000000000000000000000000000000000000

d. 0 01111111111 0101001100000000000000000000000000000000000000000001

20. 对应于习题 19 给出的数，求出下一个最大和最小的十进制机器数。

21. 假设直线上的两点 (x_0, y_0) 和 (x_1, y_1) 满足 $y_1 \neq y_0$。有两个公式可以求直线上的 x 截距：

$$x = \frac{x_0 y_1 - x_1 y_0}{y_1 - y_0} \quad \text{和} \quad x = x_0 - \frac{(x_1 - x_0) y_0}{y_1 - y_0}$$

a. 证明两个公式是正确的。

b. 利用数据 $(x_0, y_0) = (1.31, 3.24)$ 和 $(x_1, y_1) = (1.93, 4.76)$，通过上面两个公式并使用三位数字舍入法来计算 x 截距。两个公式哪个更好？为什么？

22. 函数 $f(x) = e^x$ 的 n 阶 Taylor 多项式为 $\sum_{i=0}^{n} (x^i / i!)$。通过下面两种方法用九阶 Taylor 多项式和三位数字截断法来求出 e^{-5} 的近似。

a. $e^{-5} \approx \sum_{i=0}^{9} \frac{(-5)^i}{i!} = \sum_{i=0}^{9} \frac{(-1)^i 5^i}{i!}$

b. $e^{-5} = \frac{1}{e^5} \approx \frac{1}{\sum_{i=0}^{9} \frac{5^i}{i!}}$

c. 数 e^{-5} 的近似到三位数字的值是 6.74×10^{-3}。公式 (a) 和公式 (b) 哪一个给出的结果更精确？为什么？

23. 有二元线性方程组：

$$ax + by = e$$
$$cx + dy = f$$

其中 a、b、c、d、e、f 已给定，可以使用下面方法求出 x 和 y：

$$\text{设 } m = \frac{c}{a}, \qquad \text{假设：} a \neq 0;$$
$$d_1 = d - mb;$$
$$f_1 = f - me;$$
$$y = \frac{f_1}{d_1};$$
$$x = \frac{(e - by)}{a}$$

用四位数字舍入法解下列方程组：

a. $1.130x - 6.990y = 14.20$　　$1.013x - 6.099y = 14.22$

b. $8.110x + 12.20y = -0.1370$　　$-18.11x + 112.2y = -0.1376$

24. 用四位数字截断法重新计算习题 23。

25. a. 说明例 6 描述的多项式嵌套技术也能用于下面多项式的求值：

$$f(x) = 1.01e^{4x} - 4.62e^{3x} - 3.11e^{2x} + 12.2e^x - 1.99$$

b. 函数 f 由 (a) 给出，计算 $f(1.53)$，使用三位数字舍入法，假设 $e^{1.53} = 4.62$ 并已知公式 $e^{nx} = (e^x)^n$。

c. 使用嵌套技术重做 (b)。

d. 将 (b) 和 (c) 中的计算结果与实际的三位数字结果 $f(1.53) = -7.61$ 进行对比。

应用型习题

26. 本章开篇中描述了一个实验，它涉及气体在压力下的温度。在这个应用中，我们给出 $P = 1.00$ atm，$V = 0.100$ m^3，$N = 0.00420$ mol，$R = 0.08206$。利用理想气体定律可以解出 T：

$$T = \frac{PV}{NR} = \frac{(1.00)(0.100)}{(0.00420)(0.08206)} = 290.15 \text{ K} = 17°C$$

实验中发现，在这些条件下 T 是 15℃。当压力加倍而体积减半时，温度 T 是 19℃。假设所有的值在实验范围内是精确的，说明两组实验数字都在理想气体定律的误差限范围之内。

理论型习题

27. 二项式公式

$$\binom{m}{k} = \frac{m!}{k!\,(m-k)!}$$

描述了从 m 个元素中选出 k 个的选法数目。

a. 假设十进制机器数有下面的形式：

$$\pm 0.d_1 d_2 d_3 d_4 \times 10^n, \qquad 1 \leqslant d_1 \leqslant 9,\ 0 \leqslant d_i \leqslant 9$$

$$若\, i = 2, 3, 4 \quad 且 \quad |n| \leqslant 15$$

确定对所有的 k，二项式系数 $\binom{m}{k}$ 都能计算的最大的 m 值，要求通过上述公式来计算但不能发生溢出现象。

b. 证明二项式 $\binom{m}{k}$ 也能用下式计算：

$$\binom{m}{k} = \left(\frac{m}{k}\right)\left(\frac{m-1}{k-1}\right)\cdots\left(\frac{m-k+1}{1}\right)$$

c. 求用(b)中公式计算二项式系数 $\binom{m}{3}$ 而不发生溢出的 m 的最大值。

d. 使用(b)中公式和四位数字截断法计算：从 52 张牌中抽出 5 张的所有可能的组合数。计算实际值和相对误差。

28. 假设 $fl(y)$ 是 y 的 k 位数字舍入近似。证明

$$\left|\frac{y - fl(y)}{y}\right| \leqslant 0.5 \times 10^{-k+1}$$

［提示：如果 $d_{k+1} < 5$，则 $fl(y) = 0.d_1 d_2 \cdots d_k \times 10^n$。如果 $d_{k+1} \geqslant 5$，则 $fl(y) = 0.d_1 d_2 \cdots d_k \times 10^n + 10^{n-k}$。］

29. 设函数 $f \in C[a,b]$ 且导数在 (a,b) 上存在。假设要计算 (a,b) 上一点 x_0 处函数 f 的值。事实上，我们并没有计算实际值 $f(x_0)$，而是计算了它的近似值 $\tilde{f}(x_0)$，它是函数 f 在 $x_0 + \epsilon$ 处的值，即 $\tilde{f}(x_0) = f(x_0 + \epsilon)$。

a. 假设 $f(x_0) \neq 0$，用中值定理 1.8 估计绝对误差 $|f(x_0) - \tilde{f}(x_0)|$ 和相对误差 $|f(x_0) - \tilde{f}(x_0)|/|f(x_0)|$。

b. 如果 $\epsilon = 5 \times 10^{-6}$ 且 $x_0 = 1$，求下列情形下的绝对误差界和相对误差界。

    i. $f(x) = e^x$

    ii. $f(x) = \sin x$

c. 对 $\epsilon = (5 \times 10^{-6}) x_0$ 和 $x_0 = 10$，重新计算(b)。

讨论问题

1. 讨论传统算术和计算机中的算术之间的差别。为什么认识这种差别非常重要？

2. 给出几个因为使用了有限位算术而导致灾难性误差的现实例子，解释是哪里出了问题。

3. 讨论几种不同的舍入数的方法。

4. 讨论一个数的常规记法和它的十进制浮点型标准形式之间的差异，给出几个例子。

1.3　算法和收敛性

本书通篇都将讨论涉及一系列运算的逼近过程，我们称之为**算法**。一个**算法**就是精确描述的、由有限步组成的按照特定顺序执行的过程。算法的目标是通过执行一个过程而求解一个问题或者逼近一个问题的解。

我们用**伪代码**来描述一个算法。这些伪代码具体指明了要提供的输入形式以及希望得到的输出形式。不是所有的数值过程对任意选取的输入都能得到满意的输出。为了避免无限循环，与数值技术无关的停止技术也同时在算法中使用。

以下两个标点符号在算法中经常使用：

- 点号(.)表明一个步骤的结束。
- 分号(;)用来分离一个步骤中的两个任务。

缩进排版用来表示一个语句群可以作为一个整体来处理。

算法中的循环技术可能是由循环次数控制的，如

$$\text{For}\quad i = 1, 2, \cdots, n$$
$$\text{Set}\quad x_i = a + i \cdot h$$

也可能是由循环条件控制的，如

$$\text{While } i < N \text{ do Steps 3–6.}$$

考虑到条件式的执行，我们使用标准的

$$\text{If} \cdots \text{then} \qquad \text{或} \qquad \text{If} \cdots \text{then}$$
$$\text{else}$$

结构。

算法中的步骤是按照结构化的程序规则来书写的。它们的编排有利于把伪代码翻译成任何合适的科学应用程序语言，其编译的困难最小。

算法在语句后面缀以文字来解释说明。为了区分这些解释说明，我们把它们用括号括起来表示。

注：有时某个嵌套语句很难确定何时停止，我们将在右边用一句注释(如 End Step 14)或者在语句下面进行说明。例如，例 1 中 Step 5 后面的注释。

说明　给定 N 和数 $x_1, x_2, \cdots, x_N$，下面的算法用于计算 $x_1 + x_2 + \cdots + x_N = \sum\limits_{i=1}^{N} x_i$。

输入　$N, x_1, x_2, \cdots, x_n$。

输出　$\text{SUM} = \sum\limits_{i=1}^{N} x_1$。

Step 1　Set $SUM = 0$.　（初始化累加器）

Step 2　For $i = 1, 2, \cdots, N$ do
　　　　　set $SUM = SUM + x_i$.　（增加下一项）

Step 3　OUTPUT (SUM);
　　　　STOP. ■

例 1　函数 $f(x) = \ln x$ 在点 $x_0 = 1$ 处展开成 N 阶 Taylor 多项式：

$$P_N(x) = \sum_{i=1}^{N} \frac{(-1)^{i+1}}{i} (x-1)^i$$

数 $\ln 1.5$ 的十进制八位有效数字的值是 0.40546511。不用 Taylor 多项式的余项公式，构造一个算法来确定满足下面误差要求的最小的 N：

$$|\ln 1.5 - P_N(1.5)| < 10^{-5}$$

解 从微积分知识中可知，如果交错级数收敛 $\sum_{n=1}^{\infty} a_n$ 到 A，并且它的通项的绝对值单调递减，则 A 和它的前 N 项部分和 $A_n = \sum_{n=1}^{n} a_n$ 之间的距离不超过第 $N+1$ 项的绝对值，即

$$|A - A_N| \leqslant |a_{N+1}|$$

下面的算法使用上面的界的估计。

输入 值 x，误差限为 TOL，迭代的最大次数 M。

输出 多项式的次数 N 或者失败信息。

Step 1   Set $N = 1$;
         $y = x - 1$;
         $SUM = 0$;
         $POWER = y$;
         $TERM = y$;
         $SIGN = -1$. （用来改变符号）

Step 2   While $N \leqslant M$ do Steps 3–5.

   Step 3   Set $SIGN = -SIGN$; （改变符号）
           $SUM = SUM + SIGN \cdot TERM$; （累加项）
           $POWER = POWER \cdot y$;
           $TERM = POWER/(N+1)$. （计算下一项）
   Step 4   If $|TERM| < TOL$ then （测试精度）
           OUTPUT (N);
           STOP. （算法成功）

   Step 5   Set $N = N + 1$. （准备下一次迭代（ Step 2结束））

Step 6 OUTPUT ('Method Failed'); （算法失败）
       STOP.

问题的输入是 $x = 1.5$，$TOL = 10^{-5}$，以及可能的 $M = 15$。M 的选取由我们愿意执行的迭代次数决定，它给出了执行的迭代次数的一个上界，因为我们知道当要求的精度过高时，算法很有可能失败。究竟输出结果是 N 的一个值还是失败信息，具体依赖于计算设备的精度。∎

刻画算法

我们将在整本书中考虑大量的逼近问题，其中很多问题都需要确定逼近方法产生的结果的可依赖的精确度。因为逼近方法是用不同途径推导的，我们需要根据一些条件对精度进行分类。这些条件并不是对所有特定的问题都适合。

我们使用的标准之一是：当初始数据的变化很小时，算法产生的最终结果的变化也很小。一个算法如果满足该标准，则称为是**稳定**的，否则称为是**不稳定**的。有些算法对满足某些条件的初始数据是稳定的，则该算法称为是**条件稳定**的。只要可能，我们都会对算法的稳定性进行描述。

为了进一步考虑舍入误差的增长以及它与算法稳定性的联系这个主题，假设在算法实施的某个阶段引入了大小为 $E_0 > 0$ 的误差，在其后的第 n 次运算中的误差记为 E_n。通常在实践中经常遇到的两种情形定义如下。

定义 1.17　假设在算法实施的某个阶段引入了大小为 $E_0 > 0$ 的误差，在其后的第 n 次运算中的误差记为 E_n。

- 如果 $E_n \approx CnE_0$，其中 C 是与 n 无关的常数，则称此误差的增长是**线性**的。
- 如果 $E_n \approx C^n E_0$，其中 $C>1$ 是与 n 无关的常数，则称此误差的增长是**指数**的。　　■

通常状况下误差的线性增长是不可避免的，当 C 和 E_0 都很小时，结果一般是可接受的。应该尽量避免误差的指数增长，因为即使 n 相对较小，但 C^n 项都会变得非常大。无论初始数据 E_0 有多小，这都会导致令人无法接受的不精确性。因此，如果一个算法的误差是线性增长的，则该算法就是稳定的，误差指数增长的算法是不稳定的。（见图 1.10。）

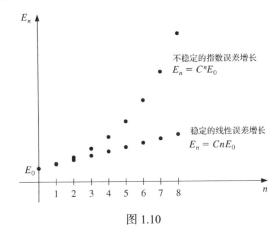

图 1.10

说明　对任意常数 c_1 和 c_2，

$$p_n = c_1 \left(\frac{1}{3}\right)^n + c_2 3^n \tag{1.4}$$

是下面递推方程的一个解，

$$p_n = \frac{10}{3} p_{n-1} - p_{n-2}, \quad n = 2, 3, \ldots$$

这可以通过下面的推导得到：

$$\frac{10}{3} p_{n-1} - p_{n-2} = \frac{10}{3} \left[c_1 \left(\frac{1}{3}\right)^{n-1} + c_2 3^{n-1} \right] - \left[c_1 \left(\frac{1}{3}\right)^{n-2} + c_2 3^{n-2} \right]$$

$$= c_1 \left(\frac{1}{3}\right)^{n-2} \left[\frac{10}{3} \cdot \frac{1}{3} - 1 \right] + c_2 3^{n-2} \left[\frac{10}{3} \cdot 3 - 1 \right]$$

$$= c_1 \left(\frac{1}{3}\right)^{n-2} \left(\frac{1}{9}\right) + c_2 3^{n-2}(9) = c_1 \left(\frac{1}{3}\right)^n + c_2 3^n = p_n$$

假设我们给出 $p_0=1$ 和 $p_1=\frac{1}{3}$，用这些值和方程 (1.4) 可以唯一确定两个常数的值 $c_1=1$ 和 $c_2=0$。

从而对所有的 n，$p_n = \left(\dfrac{1}{3}\right)^n$。

如果使用五位数字舍入法来计算方程(1.4)给出的通项，则此时 $\hat{p}_0 = 1.0000$ 和 $\hat{p}_1 = 0.33333$，而常数修改为 $\hat{c}_1 = 1.0000$ 和 $\hat{c}_2 = -0.12500 \times 10^{-5}$。于是方程产生的序列 $\{\hat{p}_n\}_{n=0}^{\infty}$ 表示为

$$\hat{p}_n = 1.0000 \left(\frac{1}{3}\right)^n - 0.12500 \times 10^{-5}(3)^n$$

其舍入误差为

$$p_n - \hat{p}_n = 0.12500 \times 10^{-5}(3^n)$$

因为误差随 n 呈**指数**增长，所以这个过程是不稳定的，它表现为在前面几项之后的计算结果很不精确，表 1.5 给出了这些结果。

表 1.5

n	计算值 $\hat{p}_n$	精确值 p_n	相对误差
0	0.10000×10^{1}	0.10000×10^{1}	
1	0.33333×10^{0}	0.33333×10^{0}	
2	0.11110×10^{0}	0.11111×10^{0}	9×10^{-5}
3	0.37000×10^{-1}	0.37037×10^{-1}	1×10^{-3}
4	0.12230×10^{-1}	0.12346×10^{-1}	9×10^{-3}
5	0.37660×10^{-2}	0.41152×10^{-2}	8×10^{-2}
6	0.32300×10^{-3}	0.13717×10^{-2}	8×10^{-1}
7	-0.26893×10^{-2}	0.45725×10^{-3}	7×10^{0}
8	-0.92872×10^{-2}	0.15242×10^{-3}	6×10^{1}

下面考虑递归方程：

$$p_n = 2p_{n-1} - p_{n-2}, \quad n = 2, 3, \ldots$$

它的解是 $p_n = c_1 + c_2 n$，这里 c_1 和 c_2 是任意常数，这是因为

$$2p_{n-1} - p_{n-2} = 2(c_1 + c_2(n-1)) - (c_1 + c_2(n-2))$$
$$= c_1(2-1) + c_2(2n - 2 - n + 2) = c_1 + c_2 n = p_n$$

如果取 $p_0 = 1$ 和 $p_1 = 1/3$，则递归方程的解中的两个常数可以被唯一确定，即 $c_1 = 1$ 和 $c_2 = -2/3$。这表明 $p_n = 1 - (2/3)n$。

再考虑使用五位数字舍入法来计算方程给出的通项。此时 $\hat{p}_0 = 1.0000$ 和 $\hat{p}_1 = 0.33333$，而两个常数的五位数字舍入法为 $\hat{c}_1 = 1.0000$ 和 $\hat{c}_2 = -0.66667$，于是

$$\hat{p}_n = 1.0000 - 0.66667n$$

其舍入误差为

$$p_n - \hat{p}_n = \left(0.66667 - \frac{2}{3}\right)n$$

因为误差随 n 呈**线性**增长，所以这个过程是稳定的，这种情形见表 1.6。

表 1.6

n	计算值 $\hat{p}_n$	精确值 P_n	相对误差
0	0.10000×10^1	0.10000×10^1	
1	0.33333×10^0	0.33333×10^0	
2	-0.33330×10^0	-0.33333×10^0	9×10^{-5}
3	-0.10000×10^1	-0.0000×10^1	0
4	-0.16667×10^1	-0.16667×10^1	0
5	-0.23334×10^1	-0.23333×10^1	4×10^{-5}
6	-0.30000×10^1	-0.30000×10^1	0
7	-0.36667×10^1	-0.36667×10^1	0
8	-0.43334×10^1	-0.43333×10^1	2×10^{-5}

舍入误差的影响可以通过使用更多位数的数值算法来减弱，诸如很多计算机都可以执行的双精度和多精度算法。使用双精度算法的缺点是计算机耗时将大大增加，同时并不能完全消除舍入误差的影响。

估计舍入误差的另一个方法是使用区间算法（即在计算的每一步都保留误差可能的最大值和最小值），从而在计算结束时得到一个包含实际值的区间。遗憾的是，为了能合理地执行算法，我们需要的区间通常是很小的。

收敛率

迭代技术将产生一个数列，这在算法中经常使用。本节将简短地讨论描述迭代技术收敛速度的术语。通常，我们偏爱那些收敛速度尽可能快的方法。下面的定义用于比较序列的收敛率。

定义 1.18　假设 $\{\beta_n\}_{n=1}^{\infty}$ 是一个收敛于零的数列，而数列 $\{\alpha_n\}_{n=1}^{\infty}$ 收敛于数 α。如果存在一个正常数 K，使得

$$|\alpha_n - \alpha| \leqslant K|\beta_n|, \text{ 对于较大的} n$$

于是就称数列 $\{\alpha_n\}_{n=1}^{\infty}$ 以**收敛率** $O(\beta_n)$ 收敛到数 α（这个表示读作"大 $O\beta_n$"），也记为 $\alpha_n = \alpha + O(\beta_n)$。∎

虽然定义 1.18 允许数列 $\{\alpha_n\}_{n=1}^{\infty}$ 和任意数列 $\{\beta_n\}_{n=1}^{\infty}$ 进行比较，但几乎所有的实际情况中我们都使用

$$\beta_n = \frac{1}{n^p}$$

其中，p 是某个大于零的常数。当出现 $\alpha_n = \alpha + O(1/n^p)$ 时，我们通常对比较大的 p 值感兴趣。

例 2　假设对 $n \geqslant 1$，有

$$\alpha_n = \frac{n+1}{n^2} \quad \text{和} \quad \hat{\alpha}_n = \frac{n+3}{n^3}$$

虽然 $\lim_{n \to \infty} \alpha_n = 0$ 和 $\lim_{n \to \infty} \hat{\alpha}_n = 0$，但 $\{\hat{\alpha}_n\}$ 的收敛速度比 $\{\alpha_n\}$ 的收敛速度要快很多。用五位数字舍入法计算得到的结果列于表 1.7 中。试确定两个数列的收敛率。

表 1.7

n	1	2	3	4	5	6	7
α_n	2.00000	0.75000	0.44444	0.31250	0.24000	0.19444	0.16327
$\hat{\alpha}_n$	4.00000	0.62500	0.22222	0.10938	0.064000	0.041667	0.029155

解　定义数列 $\beta_n = 1/n$ 和 $\hat{\beta}_n = 1/n^2$，因此

$$|\alpha_n - 0| = \frac{n+1}{n^2} \leqslant \frac{n+n}{n^2} = 2 \cdot \frac{1}{n} = 2\beta_n$$

和

$$|\hat{\alpha}_n - 0| = \frac{n+3}{n^3} \leqslant \frac{n+3n}{n^3} = 4 \cdot \frac{1}{n^2} = 4\hat{\beta}_n$$

因此，数列 $\{\alpha_n\}$ 收敛于零的收敛率类似于 $\{1/n\}$ 收敛于零的收敛率，而 $\{\hat{\alpha}_n\}$ 收敛于零的速度要快得多，它是 $\{1/n^2\}$。我们将其记作

$$\alpha_n = 0 + O\left(\frac{1}{n}\right) \quad 和 \quad \hat{\alpha}_n = 0 + O\left(\frac{1}{n^2}\right) \qquad ■$$

我们也用大 O 符号来描述函数的收敛率。

定义 1.19 假设 $\lim_{h\to 0} G(h) = 0$ 和 $\lim_{h\to 0} F(h) = L$。如果存在一个正常数 K 使得对充分小的 h 有

$$|F(h) - L| \leqslant K|G(h)|, \quad 对充分小的 h$$

则记为 $F(h) = L + O(G(h))$。 ■

用于比较的函数形式通常为 $G(h) = h^p$，其中 $p > 0$。我们对 $F(h) = L + O(h^p)$ 中 p 的最大值比较感兴趣。

例 3 用 $h = 0$ 处的三阶 Taylor 多项式证明 $\cos h + \frac{1}{2}h^2 = 1 + O(h^4)$。

解 根据 1.1 节的例 3(b)，我们知道有下面等式：

$$\cos h = 1 - \frac{1}{2}h^2 + \frac{1}{24}h^4 \cos \tilde{\xi}(h)$$

其中 $\tilde{\xi}(h)$ 是介于 0 和 h 之间的数。这意味着

$$\cos h + \frac{1}{2}h^2 = 1 + \frac{1}{24}h^4 \cos \tilde{\xi}(h)$$

于是

$$\left|\left(\cos h + \frac{1}{2}h^2\right) - 1\right| = \left|\frac{1}{24}\cos \tilde{\xi}(h)\right| h^4 \leqslant \frac{1}{24}h^4$$

当 $h \to 0$ 时，$\cos h + 1/2h^2$ 收敛到 1，其收敛速度和 h^4 一样快，因此

$$\cos h + \frac{1}{2}h^2 = 1 + O(h^4) \qquad ■$$

习题 1.3

1. 用三位数字截断法计算下面的和式。对每个小题，哪个方法更精确？为什么？

   a. 先用 $\frac{1}{1} + \frac{1}{4} + \cdots + \frac{1}{100}$，后用 $\frac{1}{100} + \frac{1}{81} + \cdots + \frac{1}{1}$ 来求 $\sum_{i=1}^{10}(1/i^2)$；

   b. 先用 $\frac{1}{1} + \frac{1}{8} + \frac{1}{27} + \cdots + \frac{1}{1000}$，后用 $\frac{1}{1000} + \frac{1}{729} + \cdots + \frac{1}{1}$ 来求 $\sum_{i=1}^{10}(1/i^3)$。

2. 数 e 可以定义为 $e = \sum_{n=0}^{\infty}(1/n!)$，其中当 $n \neq 0$ 时，$n! = n(n-1)\cdots 2 \cdot 1$ 而 $0! = 1$。用四位数字截断法来计算下面的 e 的近似值，并确定绝对误差和相对误差。

   a. $e \approx \sum_{n=0}^{5} \frac{1}{n!}$ \qquad\qquad b. $e \approx \sum_{j=0}^{5} \frac{1}{(5-j)!}$

　　c. $e \approx \sum\limits_{n=0}^{10} \dfrac{1}{n!}$　　　　　　d. $e \approx \sum\limits_{j=0}^{10} \dfrac{1}{(10-j)!}$

3. 反正切函数的 Maclaurin 级数在 $-1 < x \leqslant 1$ 内是收敛的，可由下式给出：

$$\arctan x = \lim_{n \to \infty} P_n(x) = \lim_{n \to \infty} \sum_{i=1}^{n} (-1)^{i+1} \frac{x^{2i-1}}{2i-1}$$

　　a. 利用结论 $\tan \pi/4 = 1$，确定使得 $|4P_n(1) - \pi| < 10^{-3}$ 成立的求和项数 n。

　　b. C++程序语言要求 π 的值精确到 10^{-10}。需要求和多少项才能得到这个精度呢？

4. 习题 3 描述了一种求 π 的近似值的方法，这个方法效率很差。我们可以通过下面的步骤极大地改进这个方法。由于公式 $\pi/4 = \arctan\dfrac{1}{2} + \arctan\dfrac{1}{3}$ 成立，所以可以先利用反正切函数的级数展开计算 $\dfrac{1}{2}$ 和 $\dfrac{1}{3}$ 处的反正切函数值，再利用前面的公式。为了确保 π 的近似值的误差不超过 10^{-3}，试确定需要求和的项数。

5. 近似计算 π 的另一个公式可以由等式 $\pi/4 = 4\arctan\dfrac{1}{5} - \arctan\dfrac{1}{239}$ 得到。为了确保 π 的近似值的误差不超过 10^{-3}，试确定需要求和的项数。

6. 求下面数列当 $n \to \infty$ 时的收敛率。

　　a. $\lim\limits_{n \to \infty} \sin\dfrac{1}{n} = 0$　　　　　　b. $\lim\limits_{n \to \infty} \sin\dfrac{1}{n^2} = 0$

　　c. $\lim\limits_{n \to \infty} \left(\sin\dfrac{1}{n}\right)^2 = 0$　　　　d. $\lim\limits_{n \to \infty} [\ln(n+1) - \ln(n)] = 0$

7. 求下面数列当 $h \to 0$ 时的收敛率。

　　a. $\lim\limits_{h \to 0} \dfrac{\sin h}{h} = 1$　　　　　　b. $\lim\limits_{h \to 0} \dfrac{1 - \cos h}{h} = 0$

　　c. $\lim\limits_{h \to 0} \dfrac{\sin h - h\cos h}{h} = 0$　　d. $\lim\limits_{h \to 0} \dfrac{1 - e^h}{h} = -1$

理论型习题

8. 假设 $0 < q < p$ 且 $\alpha_n = \alpha + O(n^{-p})$。

　　a. 证明 $\alpha_n = \alpha + O(n^{-q})$。

　　b. 用表列出当 $n = 5, 10, 100$ 和 1000 时 $1/n, 1/n^2, 1/n^3$ 和 $1/n^4$ 的值，并讨论这些数列当 n 增大时它们的收敛率。

9. 假设 $0 < q < p$ 且 $F(h) = L + O(h^p)$。

　　a. 证明 $F(h) = L + O(h^q)$。

　　b. 用表列出当 $n = 0.5, 0.1, 0.01$ 和 0.001 时 h, h^2, h^3 和 h^4 的值，并讨论这些次幂当 h 趋于零时它们的收敛率。

10. 假设当 x 趋于零时，

$$F_1(x) = L_1 + O(x^\alpha) \quad \text{和} \quad F_2(x) = L_2 + O(x^\beta)$$

　　令 c_1 和 c_2 是非零常数，并记

$$F(x) = c_1 F_1(x) + c_2 F_2(x) \quad \text{和} \quad G(x) = F_1(c_1 x) + F_2(c_2 x)$$

　　证明如果 $\gamma = \text{minimum}\,\{\alpha, \beta\}$，则当 x 趋于零时有

　　a. $F(x) = c_1 L_1 + c_2 L_2 + O(x^\gamma)$

　　b. $G(x) = L_1 + L_2 + O(x^\gamma)$

11. 由关系式 $F_0 = 1$，$F_1 = 1$ 和 $F_{n+2} = F_n + F_{n+1}$，$n \geqslant 0$ 定义的数列 $\{F_n\}$ 称为 Fibonacci(斐波那契)数列。考虑数列 $\{x_n\}$，其中 $x_n = F_{n+1}/F_n$。假设 $\lim_{n \to \infty} x_n = x$ 存在，证明 $x = (1 + \sqrt{5})/2$，此数称为黄金比率。

12. 证明 Fibonacci 数列满足下面的方程：

$$F_n \equiv \tilde{F}_n = \frac{1}{\sqrt{5}} \left[\left(\frac{1+\sqrt{5}}{2} \right)^n - \left(\frac{1-\sqrt{5}}{2} \right)^n \right]$$

13. 说明下面算法的输出。与第 27 页的说明相比这个算法如何？

   输入　$n, x_1, x_2, \cdots, x_n$

   输出　SUM

   Step 1　Set SUM $= x_1$.
   Step 2　For $i = 2, 3, \cdots, n$ do Step 3.
   　　　　Step 3　SUM $=$ SUM $+ x_i$.
   Step 4　OUTPUT SUM;
   　　　　STOP.

14. 比较下面的 3 个算法。什么时候(a)中的算法是正确的？

   a.　输入　$n, x_1, x_2, \cdots, x_n$

   　　输出　PRODUCT.

   　　Step 1　Set PRODUCT $= 0$.
   　　Step 2　For $i = 1, 2, \cdots, n$ do
   　　　　　　Set PRODUCT $=$ PRODUCT $* x_i$.
   　　Step 3　OUTPUT PRODUCT;
   　　　　　　STOP.

   b.　输入　$n, x_1, x_2, \cdots, x_n$

   　　输出　PRODUCT.

   　　Step 1　Set PRODUCT $= 1$.
   　　Step 2　For $i = 1, 2, \cdots, n$ do
   　　　　　　Set PRODUCT $=$ PRODUCT $* x_i$.
   　　Step 3　OUTPUT PRODUCT;
   　　　　　　STOP.

   c.　输入　$n, x_1, x_2, \cdots, x_n$

   　　输出　PRODUCT.

   　　Step 1　Set PRODUCT $= 1$.
   　　Step 2　For $i = 1, 2, \cdots, n$ do
   　　　　　　if $x_i = 0$ then set PRODUCT $= 0$;
   　　　　　　　　　OUTPUT PRODUCT;
   　　　　　　　　　STOP
   　　　　　　else set PRODUCT $=$ PRODUCT $* x_i$.
   　　Step 3　OUTPUT PRODUCT;
   　　　　　　STOP.

15. a. 下面的和式的计算需要多少次加法和乘法运算？

$$\sum_{i=1}^{n} \sum_{j=1}^{i} a_i b_j$$

   b. 将(a)中的和式改写成等价的形式，使得计算所需的运算次数减少。

讨论问题

1. 写一个算法来逆序求有限和式 $\sum_{i=1}^{n} x_i$。

2. 编写一个算法，它的输入是：一个整数 $n \geq 1$，数 $x_0, x_1, \cdots, x_n$ 以及数 x，其输出是乘积 $(x-x_0)(x-x_1)\cdots(x-x_n)$。

3. 设 $P(x) = a_n x^n + a_{n-1}x^{n-1} + \cdots + a_1 x + a_0$ 是一个多项式且数 x_0 给定。用嵌套乘法构造一个算法来计算 $P(x_0)$ 的值。

4. 求二次方程 $ax^2 + bx + c = 0$ 的两个根 x_1 和 x_2，1.2 节中式(1.2)和式(1.3)给出了两种不同的方法。设计一个算法，它的输入是 a, b 和 c，它的输出是 x_1 和 x_2，该算法求出了二次方程的两个根(可能是两个相等的实根，也可能是两个共轭复根)，它对每个根都使用了最好的公式。

5. 假设对 $x<1$ 下式成立：

$$\frac{1-2x}{1-x+x^2} + \frac{2x-4x^3}{1-x^2+x^4} + \frac{4x^3-8x^7}{1-x^4+x^8} + \cdots = \frac{1+2x}{1+x+x^2}$$

取 $x = 0.25$。编写一个算法，计算方程左端求和的最少项数，使得左右两端之差的绝对值小于 10^{-6}。

6. 下面(a)和(b)中的两个算法都在计算什么？

    a.   输入　a_0, a_1, x_0, x_1

        输出　S.

        Step 1　For $i = 0, 1$ do set $s_i = a_i$.
        Step 2　For $i = 0, 1$ do
                for $j = 0, 1$ do
                        for $i \neq j$ set $s_i = \frac{(x-x_j)}{(x_i-x_j)} * s_i$.
        Step 3　Set $S = s_0 + s_1$.
        Step 4　OUTPUT S;
                STOP.

    b.   输入　$a_0, a_1, a_2, x_0, x_1, x_2$.

        输出　S.

        Step 1　For $i = 0, \cdots, 2$ do set $s_i = a_i$.
        Step 2　For $i = 0, 1, 2$ do
                for $j = 0, 1$ do
                        if $i \neq j$ then set $s_i = \frac{(x-x_j)}{(x_i-x_j)} * s_i$.
        Step 3　Set $S = s_0 + s_1 + s_2$.
        Step 4　OUTPUT S;
                STOP.

    c.   将算法推广到输入为 $n, a_0, \cdots, a_n, x_0, \cdots, x_n$。$S$ 的输出值是什么？

1.4　数值软件

用于近似求问题的数值解的计算机软件包有很多种，我们的网站

https://sites.google.com/site/numericalanalysis1burden

为本书提供了用 C、FORTRAN、Maple、Mathematica、MATLAB、Pascal 甚至是 Java 语言编写的程序。这些程序可以用来求解本书的例题和习题，通常情况下计算结果都是较为满意的。对这些程序进行相应的修改，可以用来求解其他问题。无论如何，这些程序都是具有"**特殊目的**"的。我们用"特殊目的"这个术语来区分那些标准的数学软件库中使用的程序。后者称为"**通用目的**"的程序。

通用目的软件包程序与本书提供的算法和程序在目的上是完全不同的。通用目的软件包考虑了如何消除由机器舍入、溢出和下溢等引起的误差的方法，它们同时也描述了要求某种特设精度

的输入范围。这些都是依赖于机器的特征，故而通用目的软件包程序用参数描述了用于计算的机器浮点运算特征。

说明 为了进一步说明通用目的软件包程序和本书提供的软件包程序之间的差别，让我们考虑计算 n 维向量 $x = (x_1, x_2, \cdots, x_n)^t$ 的欧几里得范数的一个算法。在许多大的程序里都需要求向量的欧几里得范数，它的定义如下：

$$||x||_2 = \left[\sum_{i=1}^{n} x_i^2\right]^{1/2}$$

该范数给出了从向量 x 到零向量 0 之间的距离的一种度量。例如，对向量 $x = (2, 1, 3, -2, -1)^t$ 有

$$||x||_2 = [2^2 + 1^2 + 3^2 + (-2)^2 + (-1)^2]^{1/2} = \sqrt{19}$$

所以它与零向量 $0 = (0,0,0,0,0)^t$ 之间的距离是 $\sqrt{19} \approx 4.36$。

对这个问题我们将在下面给出一个算法。该算法不包括依赖于计算机的参数，也不提供精度保证，但它将"总是"给出精确结果。

输入 $n, x_1, x_2, \cdots, x_n$。

输出 $NORM$。

Step 1   Set $SUM = 0$.

Step 2   For $i = 1, 2, \cdots, n$ set $SUM = SUM + x_i^2$.

Step 3   Set $NORM = SUM^{1/2}$.

Step 4   OUTPUT ($NORM$);
          STOP.

■

上述算法是很容易理解和编程的。但是，有多种原因会导致程序并不能得到足够精确的结果。例如，某些数字的值太大或太小，以至于不能用计算机浮点系统精确地表示。也可能由于执行运算的顺序不能产生最精确的结果，或者标准的求平方根的程序对此问题并不太适合，等等。这些类型的问题留给那些编写通用目的软件包的算法设计者来考虑。这些程序通常用作求解更大问题的子程序，因此设计者必须通盘考虑，而我们这里并不需要。

通用目的算法

让我们来考虑为通用目的软件包编程计算欧几里得范数的一个算法。首先，考虑这样一种有可能发生的情形：虽然向量的某个分量 x_i 在机器数的范围内，但该分量的平方却不在机器数的范围内，这可能出现 $|x_i|$ 太小导致 x_i^2 下溢或者 $|x_i|$ 太大导致 x_i^2 溢出的情况。也有可能所有的这些项都在机器数的范围内，但在某次累加的过程中发生了溢出。

精确性判据依赖于执行运算的机器，因此机器依赖的参数必须包含在算法中。考虑我们在一个假想的基于十进制的计算机上工作，该计算机有 $t(\geq 4)$ 位数字精度、最小指数 $emin$ 和最大指数 $emax$。于是该计算机上的浮点数字集合由 0 和下面形式的数构成：

$$x = f \cdot 10^e，\text{其中 } f = \pm(f_1 10^{-1} + f_2 10^{-2} + \cdots + f_t 10^{-t})$$

而 $1 \leq f_1 \leq 9$，$0 \leq f_i \leq 9$，$i = 2, \cdots, t$ 且 $emin \leq e \leq emax$。这些限制意味着在这台机器上能够表示的

最小的正数是 $\sigma = 10^{emin-1}$，因此任何计算过程中满足 $|x| < \sigma$ 的数 x 都会发生下溢，结果是 x 被置为 0。这台机器上能够表示的最大的正数是 $\lambda = (1-10^{-t})10^{emax}$，任何计算过程中满足 $|x| > \lambda$ 的数 x 都会发生溢出。当下溢发生时，程序将继续运行，通常状况下并不会引起精度的重大损失。但如果溢出发生了，程序会以失败而终止。

假设算法把计算机器的浮点特征用 5 个参数来刻画：N，s，S，y 和 Y。符号 N 表示能够满足至少 $t/2$ 位数字精度的加法运算的元素数目。这意味着算法仅对长度 $n \le N$ 的向量 $x = (x_1, x_2, \cdots, x_n)^t$ 求出它的范数。为了解决运算中可能出现的溢出和下溢问题，非零的浮点数被分成 3 类：

- 绝对值很小的数 x，这些数满足 $0 < |x| < y$；
- 中等大小的数 x，其中 $y \le |x| < Y$；
- 绝对值很大的数 x，其中 $Y \le |x|$。

参数 y 和 Y 的选取使得中等大小的数在进行平方和加法运算过程中不会产生下溢和溢出问题。对绝对值很小的数进行平方运算会产生下溢。当 x^2 下溢时，可以使用一个远远大于 1 的比例因子 S 通过计算 $(Sx)^2$ 来避免下溢。绝对值较大的数相加或求平方可能引起溢出，所以在这种情况下，即使当 x^2 产生溢出时，使用一个远小于 1 的正比例因子 s 就可保证 $(sx)^2$ 在计算平方以及相加时不会产生溢出。

为了避免不必要的比例因子，在选择 y 和 Y 时要使得中等大小的数的范围尽可能大。下面给出的算法是对[Brow,W], p.471 中所描述的算法的改进。它结合了给向量的分量加比例因子的过程，即给绝对值很小的分量加比例因子直至遇到中等大小的向量分量时为止。然后，将前面计算出的相加结果消去比例因子，并对分量绝对值较小的和中等大小的数继续求平方和相加运算，直至遇到一个绝对值很大的分量时为止。一旦一个绝对值很大的分量出现，算法就对以前的计算结果乘以比例因子，且对剩余的项也同时乘以比例因子并继续求平方和相加运算。

算法假设在从很小的数向中等大小的数转换时，没有乘比例因子的很小的数与中等大小的数相比是可以忽略的。类似地，在从中等大小的数向绝对值很大的数转换时，没有乘比例因子的中等大小的数相比之下是可以忽略的。因此，只有那些真正可以忽略的数才被执行运算的机器当作 0 处置，这是比例因子的选择必须满足的条件。描述机器特性的 5 个参数 $(t, \sigma, \lambda, emin$ 和 $emax)$ 和算法的 5 个参数 $(N, s, S, y$ 和 $Y)$ 之间的典型关系在算法之后给出。

算法使用 3 个标记符来指明求和过程中的不同阶段。在算法的第 3 步中给出这些标记符的初始值。在遇到中等大小的分量或绝对值很大的分量之前，FLAG 1 是 1，然后它变为 0。当绝对值很小的数相加时，FLAG 2 是 0，当第一次遇到中等大小的数时它变为 1，当发现绝对值很大的数时再变回 0。FLAG 3 初始时值为 0，当第一次遇到大数时它变为 1。Step 3 还引入了标记符 DONE，其值在计算完成之前为 0，在计算完成时变为 1。

输入 $N, s, S, y, Y, \lambda, n, x_1, x_2, \cdots, x_n$。

输出 $NORM$ 或适当的错误信息。

Step 1   If $n \le 0$ then OUTPUT ('The integer n must be positive.');
                 STOP.

Step 2   If $n \ge N$ then OUTPUT ('The integer n is too large.');
                 STOP.

Step 3   Set $SUM = 0$;
$\qquad$ $FLAG1 = 1$;   （对小数求和）
$\qquad$ $FLAG2 = 0$;
$\qquad$ $FLAG3 = 0$;
$\qquad$ $DONE = 0$;
$\qquad$ $i = 1$.

Step 4   While $(i \leqslant n$ and $FLAG1 = 1)$ do Step 5.

$\qquad$ Step 5   If $|x_i| < y$ then set $SUM = SUM + (Sx_i)^2$;
$\qquad\qquad$ $i = i + 1$
$\qquad\qquad$ else set $FLAG1 = 0$.   （遇到了不小的数）

Step 6   If $i > n$ then set $NORM = (SUM)^{1/2}/S$;
$\qquad$ $DONE = 1$
$\qquad$ else set $SUM = (SUM/S)/S$;   （对大数乘以比例因子）
$\qquad$ $FLAG2 = 1$.

Step 7   While $(i \leqslant n$ and $FLAG2 = 1)$ do Step 8.   （将中等大小的数相加）
$\qquad$ Step 8   If $|x_i| < Y$ then set $SUM = SUM + x_i^2$;
$\qquad\qquad$ $i = i + 1$
$\qquad\qquad$ else set $FLAG2 = 0$.   （遇到了绝对值很大的数）

Step 9   If $DONE = 0$ then
$\qquad$ if $i > n$ then set $NORM = (SUM)^{1/2}$;
$\qquad\qquad$ $DONE = 1$
$\qquad\qquad$ else set $SUM = ((SUM)s)s$;   （对绝对值很大的数乘以比例因子）
$\qquad\qquad$ $FLAG3 = 1$.

Step 10   While $(i \leqslant n$ and $FLAG3 = 1)$ do Step 11.

$\qquad$ Step 11   Set $SUM = SUM + (sx_i)^2$;   （将绝对值很大的数相加）
$\qquad\qquad$ $i = i + 1$.

Step 12   If $DONE = 0$ then
$\qquad$ if $SUM^{1/2} < \lambda s$ then set $NORM = (SUM)^{1/2}/s$;
$\qquad\qquad$ $DONE = 1$
$\qquad\qquad$ else set $SUM = \lambda$.   （模太大）

Step 13   If $DONE = 1$ then OUTPUT ('Norm is', $NORM$)
$\qquad\qquad$ else OUTPUT ('Norm $\geqslant$', $NORM$, 'overflow occurred').

Step 14   STOP.

机器特征参数 t, σ, λ, $emin$, $emax$ 和算法的 5 个参数 $(N, s, S, y$ 和 $Y)$ 之间的关系被取为（见 [Brow,W]，p.471）：

$N = 10^{e_N}$ 这里 $e_N = \lfloor (t-2)/2 \rfloor$，即小于或等于 $(t-2)/2$ 的最大整数；

$s = 10^{e_s}$，这里 $e_s = \lfloor -(emax + e_N)/2 \rfloor$；

$S = 10^{e_S}$，这里 $e_S = \lceil (1 - emin)/2 \rceil$，即大于或等于 $(1 - emin)/2$ 的最小整数；

$y = 10^{e_y}$，这里 $e_y = \lceil (emin + t - 2)/2 \rceil$；

$Y = 10^{e_Y}$，这里 $e_Y = \lfloor (emax - e_N)/2 \rfloor$。

与本节前面给出的算法相比，这个算法固有的可靠性大大增加，而复杂性也同时大大增加。在大多数情况下，特殊目的的算法和通用目的的算法给出的结果是相等的。通用目的的算法的优点在于它能够提供给出相对正确结果的保证。

市面上有多种形式的通用数值软件。大部分早期的软件是为大型主机编写的，关于这方面的好的参考资料是由 Wayne Cowell[Co]编辑的 *Sources and Development of Mathematical Software*（《数学软件的资源与开发》）。

现今个人计算机的功能已变得足够强大，标准的数值软件也适用于这些机器。尽管有一些软件包是用 C、C++和 FORTRAN 90 这些语言写成的，但是大部分数值软件都是用 FORTRAN 语言编写的。

用于矩阵计算的 ALGOL 程序出现于 1971 年（见[WR]），此后，主要以 ALGOL 程序为基础的 FORTRAN 子程序包被开发成 EISPACK 程序。这些程序被写进手册并由 Springer、Verlag 作为计算机科学系列丛书[Sm, B]的讲稿和[Gar]的一部分出版。FORTRAN 子程序用于计算各种类型矩阵的特征值和特征向量。

LINPACK 是分析和求解线性方程组及线性最小二乘问题的 FORTRAN 子程序库。这个软件包的文档包含在[DBMS]中，对于 LINPACK、EISPACK 和 BLAS（Basic Linear Algebra Subprograms, 基本线性代数子程序）的循序渐进介绍在[CV]中给出。

在 1992 年首次问世的 LAPACK 包是一个 FORTRAN 子程序库。它通过将 LINPACK 和 EISPACK 中的算法集整合成一个统一的更新软件包而代替了 LINPACK 和 EISPACK。这种软件已进行了重新调整，以对向量处理机和其他高效或共享存储的多处理机能达到更高效率。LAPACK 的 3.0 版本在深度和广度方面进行了扩展，且这种版本对于 FORTRAN、FORTRAN 90、C、C++和 Java 都是可以得到的。C 和 Java 仅用于语言界面或用于 LAPACK 的 FORTRAN 库函数的转换。BLAS 软件包并不是 LAPACK 的一部分，但是 BLAS 的代码与 LAPACK 捆绑发行。

求解特定类型问题的其他软件包可在公共软件中获得。作为 netlib 的替代，也可使用 Xnetlib 去搜索数据库并获得软件。更多的信息可在文章 *Sofware Distribution Using Netlib*（Dongarra, Roman and Wade[DRW]）中找到。

这些软件包是高效的、精确的和可靠的。它们经过了全面的测试，且文档容易得到。虽然这些软件包是可移植的，然而通过完整阅读这些软件包文档来了解机器依赖性也很不错。对于可能导致错误和失败的几乎所有的特殊情况，软件都进行了测试。在每一章的结尾，将讨论一些适当的通用目的软件包。

商用的软件包也代表了数值方法的当前水平。它们的内容往往以公共软件包为基础，但是在函数库中包括了每一种问题的求解方法。

IMSL（International Mathematical and Statistical Libraries，国际数学与统计程序库）分别由数值数学、统计学和特殊函数中的 MATH、STAT 和 SFUN 程序库组成。这些程序库包含 900 多个子程序，这些子程序最初用 FORTRAN 77 写成，现在有 C、FORTRAN90 和 Java 的版本。这些子程序解决了大部分常见的数值分析问题。这些函数库可从商业软件 Visual Numerics 中找到。

提交给用户的这种软件包是经过编译的并配有详细的文档。对于每一个子程序给出了范例程序以及背景参考资料信息。IMSL 包含的各种方法可用于：线性方程组，特征系统分析，插值和逼近，积分和微分，微分方程，变换，非线性方程，最优化，基本的矩阵/向量运算。程序库还含有扩展的统计子程序。

数值算法小组（Numerical Algorithms Group NAG）自 1970 年在英国诞生至今，已提供了一个含 1000 多个 FORTRAN 77 子程序的程序库、一个含大约 400 个 C 子程序的程序库、一个含 200 多个 FORTRAN 90 子程序的程序库和一个用于并行机和工作站集群或个人计算机的 MPI FORTRAN 数据程序库。对 NAG 程序库的有用介绍可参见[Ph]。NAG 程序库包含有完成大部分标准数值分析任务的子程序，它们类似于 IMSL 中的程序。NAG 程序库也含有一些统计子程序和一个绘图子程序集。

IMSL 和 NAG 软件包是为希望从一个程序内调用高质量的 FORTRAN 子程序的数学家、科学家或工程师设计的。商用软件包中附带的说明文档解释了使用程序库中的程序所需要的典型驱动程序。下面 3 个软件包的使用环境是独立的。当将其激活时，用户键入命令驱动软件包求解问题。然而，每个软件包只允许在命令语言范围内编程。

MATLAB 是一个矩阵实验室，它最初是由 Cleve Moler[Mo]在 1980 年发布的 FORTRAN 程序。该实验室主要是以 EISPACK 和 LINPACK 子程序为基础，同时又整合了非线性方程组、数值积分、三次样条函数、曲线拟合、最优化、常微分方程和绘图工具等功能。MATLAB 目前是由 C 和汇编语言编写的，它的 PC 版本需要一个数值协处理器。它的基本结构是执行矩阵运算，例如求解一个矩阵的特征值，该矩阵可从命令行键入或通过函数调用从外部文件输入。MATLAB 是一个功能强大的自包容系统，尤其对应用线性代数课程的指导特别有用。

第二个软件包是 GAUSS，是由 Lee E. Ediefson 和 Samuel D. Jones 在 1985 年研制的数学和统计系统。它根本上是以 EISPACK 和 LINPACK 为基础的，并主要用汇编语言编写代码。和 MATLAB 的情况一样，积分/微分、非线性方程组、快速傅里叶变换和绘图功能是可用的。GAUSS 的目标定位并不是倾向于线性代数的教学而是数据的统计分析。这个软件包也使用了数值协处理器，必须有数值协处理器才能使用它。

第三个软件包是 Maple，是由 Waterloo 大学的 Symbolic Computational Group 在 1980 年研制的计算机代数系统。最初的 Maple 系统的设计在 B. W. Char、K. O. Geddes、W. M. Gentlemen 和 G. H. Gonner[CGGG]的论文里提出。

用 C 语言写成的 Maple 具有以符号方式处理信息的能力。这种符号处理方式允许用户获得精确答案而不是数值的结果。Maple 可以对积分、微分方程和线性方程组等数学问题给出精确答案。它含有一个编程结构，允许文本及命令存储于工作表中。然后工作表可以被装入 Maple 并执行命令。

同样流行的 Mathematica 于 1988 年发布，它类似于 Maple。

大量的被归类为超级计算机的 PC 软件包都是可以得到的。可是，不应将这些软件包同这里列举的通用目的软件包混淆起来。如果读者对这些软件包中的任何一个感兴趣，建议阅读 B. Simon 和 R. M. Wilson[SW]编写的 *Supercalculators on the PC*。

关于软件和软件库的更多资料信息可以在 Cody 和 Waite[CW]的书中、Kockler[Ko]的书中及 Dongarra 和 Walker[DW]发布于 1995 年的文章里找到。关于浮点运算的更多资料信息可以在 Chaitini-Chatelin 和 Frayse[CF]的书中及在 Goldberg[Co]的文章里找到。

描述在并行计算机中进行数值方法应用的书籍见参考文献 Schendell[Sche]、Philips and Freeman[PF]及 Golub and Ortega[GO]。

讨论问题

1. 讨论某些用于数值计算的软件包之间的差异。

关键概念

极限	连续性	可微性
Rolle 定理	极值定理	广义的 Rolle 定理
介值定理	积分	Riemann（黎曼）积分
带权的积分中值定理	Taylor（泰勒）定理	有限位数字表示

| 有限位数字算术 | 舍入误差 | 算法 |
| 收敛性 | 稳定性 | 数值软件 |

本章回顾

我们来回顾一下第 1 章，并说明后面章节中需要用到的技能。

在 1.1 节中，我们应该能够使用 Rolle 定理、介值定理和极值定理。用它们：

i. 确定一个方程在给定的某个区间是否至少有一个解；

ii. 对给定的方程找到包含一个解的区间；

iii. 在某个给定的区间上证明 $f'(x) = 0$；

iv. 在某个给定的区间上求函数的最大值。

你也应该能够利用 Taylor 定理求出某个给定的函数 f 在点 x_0 处的 n 阶 Taylor 多项式 $P_n(x)$。此外，你还应该能够利用极值定理来求余项（误差）的最大值。学生应当意识到当我们计算余项 $R_n(x)$ 的一个上界时，通常都是找最小的误差上界。这通过寻求合适区间上一个特殊导数的最大绝对值来得到。

在 1.2 节中，你应该能够将数转化为十进制 k 位机器数字形式。你还应该能完全按要求使用舍入法和截断法算术。在用 p^* 近似 p 时，应该能够计算实际误差、绝对误差和相对误差。当相对误差在给定的误差限范围内时，应该能够确定 p 的近似值 p^* 所在的最大区间。学生应该清醒地意识到在执行有限位算术时，参与计算的数字在任何其他运算之前都必须先舍入或截断。

在 1.3 节中，只要可能，在保证绝对误差在允许的范围内，你应该能够确定一个需要求和的级数的项数 n。当处理交错级数时，在任何项截断的级数其误差都小于下一项的绝对值。只要可能，你也应该能够确定一个数列的收敛率。此外还应该能够跟踪算法的每一步而得出其输出。

1.4 节强调了通用目的的软件包的算法与本书提供的算法之间的差别。这一节的主要用意是揭示一个事实：通用目的软件包考虑了缩减由机器舍入、下溢和溢出所造成的误差的方法。它们也描述了产生特定精度的输入范围。

第 2 章　一元方程的解

引言

　　通常情况下，假设人口的增长连续地依赖于时间并且与当下人口数呈正比，于是在短期内可以建立人口增长的数学模型。设 $N(t)$ 表示 t 时刻的人口数，λ（常数）表示人口的出生率，则人口满足微分方程：

$$\frac{\mathrm{d}N(t)}{\mathrm{d}t} = \lambda N(t)$$

它的解是 $N(t) = N_0 \mathrm{e}^{\lambda t}$，其中 N_0 是初始人口数。

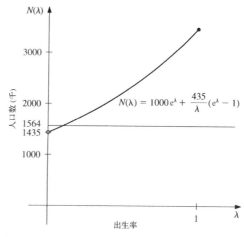

　　上述指数模型只有当群体被孤立而没有迁移时才能成立。如果允许按照一个常比率移入人口，则微分方程变为

$$\frac{\mathrm{d}N(t)}{\mathrm{d}t} = \lambda N(t) + v$$

它的解是

$$N(t) = N_0 \mathrm{e}^{\lambda t} + \frac{v}{\lambda}(\mathrm{e}^{\lambda t} - 1)$$

　　假设初始时刻群体有 $N(0) = 1\,000\,000$ 个独立个体，在第一年内有 $435\,000$ 个个体移入这个群体，而在这一年的年末群体人口总数为 $N(1) = 1\,564\,000$，我们需要求出方程中的 λ：

$$1\,564\,000 = 1\,000\,000\,\mathrm{e}^{\lambda} + \frac{435\,000}{\lambda}(\mathrm{e}^{\lambda} - 1)$$

在这个方程中不可能解出 λ 的显式表达式，但本章所讨论的数值方法能够用来求出满足任意精度要求的近似解。这个特殊问题的解将在 2.3 节的习题 22 中讨论。

2.1　二分法

　　本章考虑了数值逼近中最基本的问题之一，即**求根问题**。给定一个函数 f，求根问题是指寻求形如 $f(x) = 0$ 的方程的**根**或**解**。该方程的根也叫函数 f 的**零点**。

　　方程的近似求根问题至少可以追溯到公元前 1700 年。在 Yale Babylonian Collection 展出的那个时期的一个楔形文字表中，以六十进制的形式给出了 $\sqrt{2}$ 的一个近似值为 1.414222，这个结果的精确度在 10^{-5} 之内。这个近似值可以用 2.2 节习题 19 描述的方法得到。

二分法

　　求根问题的第一个方法是基于介值定理的，叫作二分法（bisection method）或二分搜索法（binary search method）。

　　假设 f 是一个定义在区间 $[a, b]$ 上的连续函数，且 $f(a)$ 和 $f(b)$ 的符号相反。根据介值定理，在 (a, b) 上存在一个数 p，使得 $f(p) = 0$。虽然当区间 (a, b) 内存在多个根时下面的求解过程仍然可行，但为了简化问题，我们假设在这个区间内的根是唯一的。这个方法要求将 $[a, b]$ 的子区间反复减半，并在每一步找出含有根 p 的那一半。

　　为开始求根，令 $a_1 = a$ 和 $b_1 = b$，且取 p_1 为区间 $[a, b]$ 的中点，即

$$p_1 = a_1 + \frac{b_1 - a_1}{2} = \frac{a_1 + b_1}{2}$$

- 如果 $f(p_1) = 0$，则 $p = p_1$，我们就找到了根。
- 如果 $f(p_1) \neq 0$，则 $f(p_1)$ 必与 $f(a_1)$ 和 $f(b_1)$ 其中之一同号。
  - ◇ 如果 $f(p_1)$ 与 $f(a_1)$ 同号，则 $p \in (p_1, b_1)$。令 $a_2 = p_1$ 和 $b_2 = b_1$。
  - ◇ 如果 $f(p_1)$ 与 $f(a_1)$ 异号，则 $p \in (a_1, p_1)$。令 $a_2 = a_1$ 和 $b_2 = p_1$。

然后对区间 $[a_2, b_2]$ 重复这个过程。这样就得到了由算法 2.1 所描述的方法（见图 2.1）。

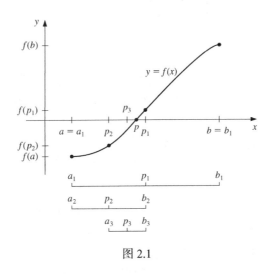

图 2.1

算法 2.1（二分法）

　　目标：给定区间 $[a, b]$ 上的连续函数 f，求解方程 $f(x) = 0$，其中 $f(a)$ 和 $f(b)$ 异号。

　　输入　端点 a, b；最大误差 TOL；最大迭代次数 N_0。

　　输出　近似解或失败信息。

Step 1　Set $i = 1$;
　　　　　　$FA = f(a)$.

Step 2　While $i \leqslant N_0$ do Steps 3–6.

Step 3   Set $p = a + (b-a)/2$; (计算 p_i)
              $FP = f(p)$.
Step 4   If $FP = 0$ or $(b-a)/2 < TOL$ then
              OUTPUT (p); (计算成功)
              STOP.
Step 5   Set $i = i + 1$.
Step 6   If $FA \cdot FP > 0$ then set $a = p$; (计算 a_i, b_i)
              $FA = FP$
              else set $b = p$. (FA 并不改变)

Step 7   OUTPUT ('Method failed after N_0 iterations, $N_0 =$', N_0);
              (算法失败)
              STOP.   ■

其他的停机程序也可用在算法 2.1 的 Step 4 或者本章的任何迭代方法中。例如，可以选择一个精度，要求 $\epsilon > 0$，产生 $p_1, \cdots, p_N$ 直到满足下面的条件之一：

$$|p_N - p_{N-1}| < \epsilon \tag{2.1}$$

$$\frac{|p_N - p_{N-1}|}{|p_N|} < \epsilon, \quad p_N \neq 0, \quad 或 \tag{2.2}$$

$$|f(p_N)| < \epsilon \tag{2.3}$$

遗憾的是，使用上面任何一个停机标准都会出现一些困难。例如，存在这样的序列 $(p_n)_{n=0}^{\infty}$，差 $p_n - p_{n-1}$ 收敛于零而序列本身发散（见习题 19）。也可能 $f(p_n)$ 与零很接近而 p_n 与 p 相差很大（见习题 20）。当对 f 和 p 没有其他附加的认识时，不等式(2.2)是当前使用的最好的停机标准，因为它最接近测试的相对误差。

当用计算机进行近似计算时，一个好的做法是设置一个迭代次数的上界。这将消除程序进入无限循环的可能。当序列发散或者程序员编程错误时，都会出现无限循环的情况。对此在算法 2.1 的 Step 2 中设置了界 N_0，当 $i > N_0$ 时，程序终止。

注意：为了启动二分法算法，必须找到一个使 $f(a) \cdot f(b) < 0$ 的区间 $[a,b]$。在每一步中，包含 f 零点的区间长度被缩减一半。因此，选择尽可能小的初始区间 $[a,b]$ 就有其优越性。例如，若取 $f(x) = 2x^3 - x^2 + x - 1$，则有

$$f(-4) \cdot f(4) < 0 \quad 且 \quad f(0) \cdot f(1) < 0$$

于是二分法算法可在 $[-4, 4]$ 和 $[0, 1]$ 的任意一个上使用。在达到相同的计算精度下，二分法算法从区间 $[0, 1]$ 上开始比从 $[-4, 4]$ 上开始要少迭代 3 次。

下面的例子用于说明二分法算法。该例中迭代终止的标准是相对误差界小于 0.0001。这由下式保证：

$$\frac{|p - p_n|}{\min\{|a_n|, |b_n|\}} < 10^{-4}$$

例 1   证明 $f(x) = x^3 + 4x^2 - 10 = 0$ 在区间 $[1,2]$ 内有一个根，并用二分法确定该根的一个近似值，使得其精度在 10^{-4} 以内。

解   由于 $f(1) = -5$ 和 $f(2) = 14$，介值定理 1.11 就保证了该连续函数在区间 $[1,2]$ 内有一个根。对于二分法的第一次迭代，我们利用了函数在区间 $[1,2]$ 的中点处有 $f(1.5) = 2.375 > 0$ 的事实。

这表明在第二次迭代时应该选择区间[1,1.5]。然后我们发现 $f(1.25) = -1.796875$，于是下一个选取的区间为[1.25,1.5]，它的中点是 1.375。以此类推，计算的值在表 2.1 中列出。

在 13 次迭代之后，$p_{13} = 1.365112305$ 逼近根 p 的误差为

$$|p - p_{13}| < |b_{14} - a_{14}| = |1.365234375 - 1.365112305| = 0.000122070$$

因为 $|a_{14}| < |p|$，所以

$$\frac{|p - p_{13}|}{|p|} < \frac{|b_{14} - a_{14}|}{|a_{14}|} \leqslant 9.0 \times 10^{-5}$$

表 2.1

n	a_n	b_n	p_n	$f(p_n)$
1	1.0	2.0	1.5	2.375
2	1.0	1.5	1.25	−1.79687
3	1.25	1.5	1.375	0.16211
4	1.25	1.375	1.3125	−0.84839
5	1.3125	1.375	1.34375	−0.35098
6	1.34375	1.375	1.359375	−0.09641
7	1.359375	1.375	1.3671875	0.03236
8	1.359375	1.3671875	1.36328125	−0.03215
9	1.36328125	1.3671875	1.365234375	0.000072
10	1.36328125	1.365234375	1.364257813	−0.01605
11	1.364257813	1.365234375	1.364746094	−0.00799
12	1.364746094	1.365234375	1.364990235	−0.00396
13	1.364990235	1.365234375	1.365112305	−0.00194

于是就达到了精度要求 10^{-4}。精确到小数点后 9 位的 p 的准确值是 $p = 1.365230013$。注意到 p_9 比最后的 p_{13} 近似更接近于 p。因为 $|f(p_9)| < |f(p_{13})|$，读者可能怀疑这是否为真，在给出正确答案之前我不能肯定这一点。 ∎

二分法虽然在概念上非常清晰，但却存在重大缺陷。它收敛较慢（即在 $|p - p_N|$ 足够小之前 N 可能变得相当大），一个好的中间近似解也可能被无意地丢弃掉。可是，这个方法有一个重要的特点，即它总是收敛于一个解。为此这个方法经常用作某些算法（本章中将要讨论的更加有效的方法）的开始。

定理 2.1 假设 $f \in C[a,b]$ 且 $f(a) \cdot f(b) < 0$，则二分法产生出逼近 f 的零点 p 的序列 $\{p_n\}_{n=1}^{\infty}$，且 $|p_n - p| \leqslant \dfrac{b-a}{2^n}$，当 $n \geqslant 1$ 时

证明 对每个 $n \geqslant 1$，有

$$b_n - a_n = \frac{1}{2^{n-1}}(b - a) \quad \text{且} \quad p \in (a_n, b_n)$$

因为对所有的 $n \geqslant 1$，都有 $p_n = \dfrac{1}{2}(a_n + b_n)$，于是产生

$$|p_n - p| \leqslant \frac{1}{2}(b_n - a_n) = \frac{b-a}{2^n}$$

由于

$$|p_n - p| \leqslant (b-a)\frac{1}{2^n}$$

所以序列 $\{p_n\}_{n=1}^{\infty}$ 收敛于 p，且其收敛率为 $O\left(\dfrac{1}{2^n}\right)$，即

$$p_n = p + O\left(\frac{1}{2^n}\right)$$

定理 2.1 仅给出了近似误差的界，且这个界可能是相当保守的。认识到这一点很重要。例如，

将定理应用到例 1 的问题中得到的这个界仅保证

$$|p - p_9| \leqslant \frac{2-1}{2^9} \approx 2 \times 10^{-3}$$

但实际误差比这个要小得多：

$$|p - p_9| = |1.365230013 - 1.365234375| \approx 4.4 \times 10^{-6}$$

例 2　用二分法近似解方程 $f(x) = x^3 + 4x^2 - 10 = 0$，试确定当满足精度 10^{-3} 要求时所需的迭代步数，其中区间左右端点分别取 $a_1 = 1$ 和 $b_1 = 2$。

解　我们将使用对数来寻求满足

$$|p_N - p| \leqslant 2^{-N}(b-a) = 2^{-N} < 10^{-3}$$

的一个整数 N。用任意底数的对数都合适，但是因为精度要求要用以 10 为底的幂给出，所以应使用以 10 为底的对数。因为 $2^{-N} < 10^{-3}$ 意味着 $\log_{10} 2^{-N} < \log_{10} 10^{-3} = -3$，所以有

$$-N \log_{10} 2 < -3 \quad 且 \quad N > \frac{3}{\log_{10} 2} \approx 9.96$$

因此，10 次迭代就可保证近似计算的精度在 10^{-3} 之内。

表 2.1 表明近似值 $p_9 = 1.365234375$ 已经精确到 10^{-4}。再次重申，记住这点是很重要的：误差分析仅给出了迭代次数的界。在许多情况下这个界比实际需要的迭代次数要大得多。　■

二分法关于迭代次数的界，是假设使用无限位数字算术来完成计算的。当在计算机上执行此算法时，我们必须考虑舍入误差的影响。例如，区间 $[a_n, b_n]$ 的中点的计算应该根据以下方程得到：

$$p_n = a_n + \frac{b_n - a_n}{2} \quad 代替 \quad p_n = \frac{a_n + b_n}{2}$$

第一个方程将一个小的修正值 $(b_n - a_n)/2$ 加到已知的值 a_n 上。当 $b_n - a_n$ 接近机器的最大精度时，这个修正值就可能有误差，但是这个误差可能不会对计算出的 p_n 值产生重大影响。然而，当 $(a_n + b_n)/2$ 接近机器的最大精度时，由此得出的中点值甚至有可能不在区间 $[a_n, b_n]$ 内。

最后说明一下，为了确定哪一个子区间 $[a_n, b_n]$ 包含了 f 的根，最好利用**符号**（signum）函数，它的定义如下：

$$\mathrm{sgn}(x) = \begin{cases} -1, & 若 x < 0, \\ 0, & 若 x = 0, \\ 1, & 若 x > 0. \end{cases}$$

用判别式

$$\mathrm{sgn}\,(f(a_n))\,\mathrm{sgn}\,(f(p_n)) < 0 \quad 代替 \quad f(a_n)f(p_n) < 0$$

可以得到相同的结果，然而这样做可以避免计算 $f(a_n)$ 与 $f(p_n)$ 的乘法时可能发生的下溢或者溢出。

习题 2.1

1. 对方程 $f(x) = \sqrt{x} - \cos x = 0$ 在区间 [0,1] 上使用二分法求近似根 p_3。

2. 设 $f(x) = 3(x+1)\left(x - \frac{1}{2}\right)(x-1) = 0$，在下列区间上使用二分法求近似根 p_3。

　　a. $[-2, 1.5]$ 　　　　　　b. $[-1.25, 2.5]$

3. 考虑方程 $x^3 - 7x^2 + 14x - 6 = 0$。在下列区间上使用二分法求近似根，要求精度在 10^{-2} 以内。

　　a. $[0,1]$ 　　　　　　b. $[1, 3.2]$ 　　　　　　c. $[3.2, 4]$

4. 考虑方程 $x^4 - 2x^3 - 4x^2 + 4x + 4 = 0$。在下列区间上使用二分法求近似根，要求精度在 10^{-2} 以内。

     a. $[-2,-1]$ b. $[0,2]$ c. $[2,3]$ d. $[-1,0]$

5. 对下列问题用二分法求近似解，要求精度在 10^{-5} 以内。

    a. $x-2^{-x}=0$ ，其中 $0 \leqslant x \leqslant 1$

    b. $e^x-x^2+3x-2=0$ ，其中 $0 \leqslant x \leqslant 1$

    c. $2x\cos(2x)-(x+1)^2=0$ ，其中 $-3 \leqslant x \leqslant -2$ 和 $-1 \leqslant x \leqslant 0$

    d. $x\cos x-2x^2+3x-1=0$ ，其中 $0.2 \leqslant x \leqslant 0.3$ 和 $1.2 \leqslant x \leqslant 1.3$

6. 对下列问题用二分法求近似解，要求精度在 10^{-5} 以内。

    a. $3x-e^x=0$ ，其中 $1 \leqslant x \leqslant 2$

    b. $2x+3\cos x-e^x=0$ ，其中 $0 \leqslant x \leqslant 1$

    c. $x^2-4x+4-\ln x=0$ ，其中 $1 \leqslant x \leqslant 2$ 和 $2 \leqslant x \leqslant 4$

    d. $x+1-2\sin \pi x=0$ ，其中 $0 \leqslant x \leqslant 0.5$ 和 $0.5 \leqslant x \leqslant 1$

7. a. 绘制 $y=x$ 和 $y=2\sin x$ 的图形。

    b. 使用二分法求方程 $x=2\sin x$ 的第一个正根 x 的一个近似值，要求精度在 10^{-5} 之内。

8. a. 绘制 $y=x$ 和 $y=\tan x$ 的图形。

    b. 使用二分法求方程 $x=\tan x$ 的第一个正根 x 的一个近似值，要求精度在 10^{-5} 之内。

9. a. 绘制 $y=e^x-2$ 和 $y=\cos(e^x-2)$ 的图形。

    b. 使用二分法在区间 $[0.5,1.5]$ 上求方程 $e^x-2=\cos(e^x-2)$ 的根的一个近似值，要求精度在 10^{-5} 之内。

10. a. 绘制 $y=x^2-1$ 和 $y=e^{1-x^2}$ 的图形。

    b. 使用二分法求方程 $x^2-1=e^{1-x^2}$ 在区间 $[-2,0]$ 上的根的一个近似值，要求精度在 10^{-3} 之内。

11. 设 $f(x)=(x+2)(x+1)x(x-1)^3(x-2)$ 。将二分法应用到下列区间时，它收敛到 f 的哪一个零点？

    a. $[-3,2.5]$ b. $[-2.5,3]$ c. $[-1.75,1.5]$ d. $[-1.5,1.75]$

12. 设 $f(x)=(x+2)(x+1)^2x(x-1)^3(x-2)$ 。将二分法应用到下列区间时，它收敛到 f 的哪一个零点？

    a. $[-1.5,2.5]$ b. $[-0.5,2.4]$ c. $[-0.5,3]$ d. $[-3,-0.5]$

13. 用二分法求出 $\sqrt[3]{25}$ 的一个近似值，要求精确到 10^{-4} 。[提示：考虑 $f(x)=x^3-25$ 。]

14. 用二分法求出 $\sqrt{3}$ 的一个近似值，要求精确到 10^{-4} 。[提示：考虑 $f(x)=x^2-3$ 。]

应用型习题

15. 有一个长为 L 的水槽，其截面是半径为 r 的半圆形（见附图）。当注水到与顶部的距离为 h 时，水的体积 V 是

$$V=L\left[0.5\pi r^2-r^2\arcsin(h/r)-h(r^2-h^2)^{1/2}\right]$$

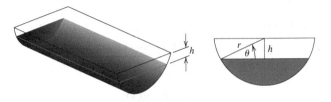

    假设 $L=10$ ft ，$r=1$ ft ，$V=12.4$ ft^3 ，求出槽中水的深度，精确到 0.01 ft 。

16. 一质点在一平滑的斜面上，开始时处于静止状态。斜面的倾斜角 θ 以常速度

$$\frac{\mathrm{d}\theta}{\mathrm{d}t}=\omega<0$$

    变化。在第 t 秒末，该质点的位置由下式给出：

$$x(t) = -\frac{g}{2\omega^2}\left(\frac{e^{wt} - e^{-wt}}{2} - \sin\omega t\right)$$

假设在 1s 内该质点移动了 1.7 ft，并假设 $g = 32.17$ ft/s^2。在精度 10^{-5} 之内，求出角度 θ 变化的速率 ω。

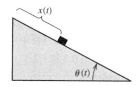

理论型习题

17. 利用定理 2.1，求出满足精度 10^{-4} 的近似解的迭代次数的界，其中方程为 $x^3 - x - 1 = 0$，区间取为 [1,2]，并给出该区间内满足相同精度的方程的一个近似解。

18. 利用定理 2.1，求出满足精度 10^{-3} 的近似解的迭代次数的界，其中方程为 $x^3 + x - 4 = 0$，区间取为 [1,4]，并给出该区间内满足相同精度的方程的一个近似解。

19. 设 $\{p_n\}$ 是一个数列，且 $p_n = \sum_{k=1}^{n}\frac{1}{k}$。证明：尽管 $\lim_{n\to\infty}(p_n - p_{n-1}) = 0$ 收敛，但 $\{p_n\}$ 却发散。

20. 设 $f(x) = (x-1)^{10}$，$p = 1$ 且 $p_n = 1 + 1/n$。证明：只要 $n > 1$，就有 $|f(p_n)| < 10^{-3}$。但 $|p - p_n| < 10^{-3}$ 却要求 $n > 1000$。

21. 由 $f(x) = \sin\pi x$ 定义的函数在每个整数点上都是零。证明：当 $-1 < a < 0$ 且 $2 < b < 3$ 时，二分法收敛到

　　a. 0，若 $a+b < 2$　　　　　b. 2，若 $a+b > 2$　　　　　c. 1，若 $a+b = 2$

讨论问题

1. 试求一个函数 f，当对该函数使用二分法时得到的序列是收敛的，但极限值不是 f 的零点。

2. 试求一个函数 f，当对该函数使用二分法时得到的序列收敛到 f 的零点，但 f 在该点不连续。

3. 二分法是否敏感地依赖于开始值？为什么？

2.2　不动点迭代

某函数的一个不动点是这样一个数，当函数作用到该数上时，函数值不会改变。

定义 2.2　给定一个函数 g，当数 p 满足 $g(p) = p$ 时，就称 p 是 g 的一个**不动点**。　　　　■

本节将讨论求不动点问题的解以及不动点问题和要解决的求根问题之间的关系。求根问题和求不动点问题在下述意义下是等价的：

- 给定一个求根问题 $f(p) = 0$，可用多种方式定义具有不动点 p 的函数 g，例如

$$g(x) = x - f(x) \quad \text{或者} \quad g(x) = x + 3f(x)$$

- 反之，如果函数 g 有一个不动点 p，则下式定义的函数有一个零点 p。

$$f(x) = x - g(x)$$

虽然我们要求解的问题以求根的形式出现，但是不动点的形式更易于分析，且某些不动点的选取会导出非常有效的求根方法。

首先需要适应这类新问题，决定什么时候一个函数具有不动点以及如何在规定的精度内近似求出不动点。

例 1 确定函数 $g(x) = x^2 - 2$ 的所有不动点。

解 函数 g 的一个不动点 p 应该满足

$$p = g(p) = p^2 - 2, \ 这意味着 \ 0 = p^2 - p - 2 = (p+1)(p-2)$$

函数 g 的不动点恰恰出现在 $y = g(x)$ 与 $y = x$ 的图像的交点处，所以 g 有两个不动点，一个在 $p = -1$ 处，另一个在 $p = 2$ 处，如图 2.2 所示。 ∎

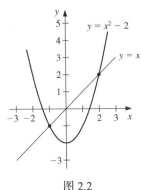

图 2.2

下面的定理给出了保证不动点存在且唯一的充分条件。

定理 2.3 (i) 如果 $g \in C[a,b]$ 且对所有 $x \in [a,b]$ 都有 $g(x) \in [a,b]$，则 g 在 $[a,b]$ 内至少有一个不动点。

(ii) 另外，如果 $g'(x)$ 在 (a,b) 内存在，且存在一个正常数 $k < 1$ 使得

$$|g'(x)| \leqslant k, \ 对于所有的 \ x \in (a,b)$$

则在区间 $[a,b]$ 内有且只有一个不动点（见图 2.3）。

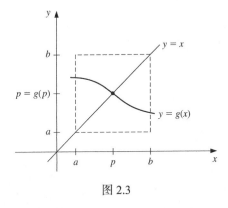

图 2.3

证明 (i) 如果 $g(a) = a$ 或者 $g(b) = b$，则 g 在区间端点有不动点。否则，必有 $g(a) > a$ 和 $g(b) < b$。于是函数 $h(x) = g(x) - x$ 在区间 $[a,b]$ 上连续且有

$$h(a) = g(a) - a > 0 \quad 且 \quad h(b) = g(b) - b < 0$$

由介值定理可知，存在 $p \in (a,b)$ 使得 $h(p) = 0$。这意味着数 p 是 g 的一个不动点，因为

$$0 = h(p) = g(p) - p \ 意味着 \ g(p) = p$$

(ii) 另外，假设 $|g'(x)| \leqslant k < 1$，p 和 q 是在区间 $[a,b]$ 上的两个不动点。如果 $p \neq q$，则由中值定理可知，存在一个数 ξ 介于 p 和 q 之间（当然在区间 $[a,b]$ 内），满足

$$\frac{g(p) - g(q)}{p - q} = g'(\xi)$$

于是，

$$|p - q| = |g(p) - g(q)| = |g'(\xi)||p - q| \leqslant k|p - q| < |p - q|$$

这就产生了矛盾。这个矛盾来源于唯一的假设 $p \neq q$。因此，$p = q$，即在区间 $[a, b]$ 内的不动点唯一。■

例 2 证明函数 $g(x) = (x^2 - 1)/3$ 在区间 $[-1, 1]$ 内有唯一的不动点。

证明 对属于区间 $[-1, 1]$ 的 x，函数 $g(x)$ 的最大值和最小值仅可能当 x 是区间的端点或者函数的导数为零的点时取得。因为 $g'(x) = 2x/3$，函数 g 又是连续的，且 $g'(x)$ 在 $[-1, 1]$ 上存在，因而函数 $g(x)$ 的最大值和最小值仅可能在 $x = -1$，$x = 0$ 或 $x = 1$ 上取得。但是 $g(-1) = 0$，$g(1) = 0$ 和 $g(0) = -1/3$，因此 $g(x)$ 在 $[-1, 1]$ 的最大值出现在点 $x = -1$ 和 $x = 1$ 上，最小值发生在点 $x = 0$ 上。

而且

$$|g'(x)| = \left|\frac{2x}{3}\right| \leqslant \frac{2}{3}, \quad \text{对于所有的 } x \in (-1, 1)$$

从而 g 满足定理 2.3 的所有假设，它在 $[-1, 1]$ 上有唯一的不动点。■

对于例 2 中的函数，位于区间 $[-1, 1]$ 的唯一的不动点 p 可由代数方法确定。如果

$$p = g(p) = \frac{p^2 - 1}{3}, \quad \text{则} \quad p^2 - 3p - 1 = 0$$

通过二次多项式的零点公式，如图 2.4 的左图所示，可以得到

$$p = \frac{1}{2}(3 - \sqrt{13})$$

注意，g 在区间 $[3, 4]$ 上也有唯一的不动点 $p = \frac{1}{2}(3 + \sqrt{13})$。但是 $g(4) = 5$ 且 $g'(4) = \frac{8}{3} > 1$，所以 g 在区间 $[3, 4]$ 上并不满足定理 2.3 的所有假设。这说明定理 2.3 的假设只是保证不动点存在且唯一的充分条件，而不是必要条件（见图 2.4 的右图）。

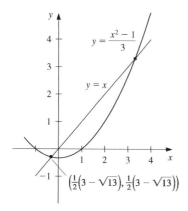 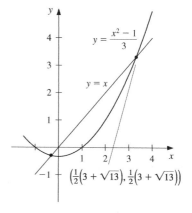

图 2.4

例 3 考虑区间 $[0, 1]$ 上的函数 $g(x) = 3^{-x}$ 的不动点问题。说明定理 2.3 在保证唯一性时失效，即使该问题确实存在唯一的不动点。

解 因为区间 $[0, 1]$ 上 $g'(x) = -3^{-x} \ln 3 < 0$，所以函数 g 在 $[0, 1]$ 上严格单调递减。于是

$$g(1) = \frac{1}{3} \leqslant g(x) \leqslant 1 = g(0), \qquad 0 \leqslant x \leqslant 1$$

因此，当 $x \in [0,1]$ 时，有 $g(x) \in [0,1]$。定理 2.3 的第一部分保证了在区间 $[0,1]$ 上至少有一个不动点。然而，

$$g'(0) = -\ln 3 = -1.098612289$$

故在 $(0,1)$ 上 $|g'(x) \nleqslant 1|$，定理 2.3 不能用来保证唯一性。但是 g 总是递减的，从图 2.5 可以清楚地看到它的不动点必然是唯一的。 ■

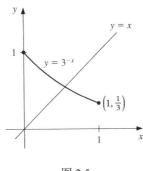

图 2.5

不动点迭代

我们不能显式地确定出例 3 中的不动点，因为没有办法从方程 $p = g(p) = 3^{-p}$ 中解出 p。但是我们却能求出这个不动点的满足任意给定精确度的近似值，现在就来看看如何去做。

为了逼近函数 g 的不动点，我们先选取一个初始近似值 p_0，之后对每个 $n \geqslant 1$，利用 $p_n = g(p_{n-1})$ 产生一个数列 $\{p_n\}_{n=0}^{\infty}$。如果这个数列收敛到 p，并且 g 是连续的，则

$$p = \lim_{n \to \infty} p_n = \lim_{n \to \infty} g(p_{n-1}) = g\left(\lim_{n \to \infty} p_{n-1}\right) = g(p)$$

$x = g(x)$ 的一个解就这样得到了。这种方法叫作**不动点迭代**或者**泛函迭代**。迭代过程在图 2.6 中说明，算法 2.2 给出了详细步骤。

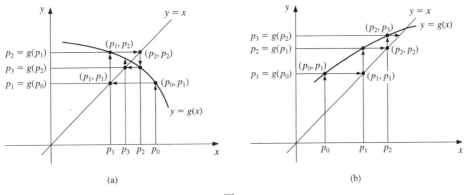

图 2.6

算法 2.2（不动点迭代）

给定初始近似值 p_0，求 $p = g(p)$ 的解。

输入 初始近似值 p_0；精度要求 TOL；最大迭代次数 N_0。

输出 近似解 p 或者失败信息。

Step 1 Set $i = 1$.

Step 2 While $i \leqslant N_0$ do Steps 3–6.

    Step 3 Set $p = g(p_0)$. （计算 p_i）

    Step 4 If $|p - p_0| < TOL$ then
        OUTPUT (p); （算法成功）
        STOP.

    Step 5 Set $i = i + 1$.

    Step 6 Set $p_0 = p$. （计算 p_0）

Step 7 OUTPUT ('The method failed after N_0 iterations, $N_0 =$', N_0);
    （算法失败）
    STOP. ■

下面用例子来说明泛函迭代的若干特征。

说明 方程 $x^3 + 4x^2 - 10 = 0$ 在[1,2]内有唯一的根。使用简单的代数运算，就有很多种方法将该方程变为不动点的形式 $x = g(x)$。例如，为了得到下面(c)中使用的函数 g，可以对方程 $x^3 + 4x^2 - 10 = 0$ 进行如下运算：

$$4x^2 = 10 - x^3, \ \text{所以} \ x^2 = \frac{1}{4}(10 - x^3) \ \text{且} \ x = \pm\frac{1}{2}(10 - x^3)^{1/2}$$

为了得到正解，只取上式中的正号，即 $g_3(x)$。尽管如何推导出下面这些函数并不重要，但是应该保证每一个函数的不动点实际上就是原方程 $x^3 + 4x^2 - 10 = 0$ 的一个解。

(a) $x = g_1(x) = x - x^3 - 4x^2 + 10$
    (b) $x = g_2(x) = \left(\dfrac{10}{x} - 4x\right)^{1/2}$

(c) $x = g_3(x) = \dfrac{1}{2}(10 - x^3)^{1/2}$
    (d) $x = g_4(x) = \left(\dfrac{10}{4+x}\right)^{1/2}$

(e) $x = g_5(x) = x - \dfrac{x^3 + 4x^2 - 10}{3x^2 + 8x}$

取初始值 $p_0 = 1.5$，上面5种 g 的不同选择导出的不动点迭代的结果在表2.2中列出。

表 2.2

n	(a)	(b)	(c)	(d)	(e)
0	1.5	1.5	1.5	1.5	1.5
1	-0.875	0.8165	1.286953768	1.348399725	1.373333333
2	6.732	2.9969	1.402540804	1.367376372	1.365262015
3	-469.7	$(-8.65)^{1/2}$	1.345458374	1.364957015	1.365230014
4	1.03×10^8		1.375170253	1.365264748	1.365230013
5			1.360094193	1.365225594	
6			1.367846968	1.365230576	
7			1.363887004	1.365229942	
8			1.365916734	1.365230022	
9			1.364878217	1.365230012	
10			1.365410062	1.365230014	
15			1.365223680	1.365230013	
20			1.365230236		
25			1.365230006		
30			1.365230013		

在2.1节的例1中已经指出，方程的真实根是1.365230013。跟二分法算法相比，从该例的计

算结果可以看出，选择(d)和(e)得出的结果极其精确（二分法要达到这个精度需要 27 次迭代）。值得关注的有趣现象是：选择(a)导致迭代结果发散，而选择(b)的结果中产生了负数的平方根，结果变得不确定。　　　　　　　　　　　　　　　　　　　　　　　　　　　　　　　■

虽然对同一个求根问题给出了多种不同的不动点问题，但它们作为求根问题的近似解法却有极大的不同。我们的目的就是要回答下面的问题：

- 问题：对一个给定的求根问题，怎样才能找到一个对应的不动点问题，它产生的数列能既可靠又快速地收敛到求根问题的一个解？

下面的定理及其推论给出了解答上述问题的一些线索：什么是我们想要的，或许是更重要的，什么是必须避免的。

定理 2.4（不动点定理）　　设 $g \in C[a,b]$ 且满足对所有属于 $[a,b]$ 的 x，有 $g(x) \in [a,b]$。另外又假设在 (a,b) 上存在 g'，并且存在一个常数 $0 < k < 1$，使得

$$|g'(x)| \leqslant k, \text{对于所有的} x \in (a,b)$$

则对任意属于 $[a,b]$ 的 p_0，由式

$$p_n = g(p_{n-1}), \quad n \geqslant 1$$

产生的数列收敛到属于 $[a,b]$ 的唯一的不动点 p。

证明　　由定理 2.3 可知在 $[a,b]$ 上存在唯一满足 $g(p) = p$ 的 p。因为 g 将区间 $[a,b]$ 映射到它自身，数列 $\{p_n\}_{n=0}^{\infty}$ 对所有的 $n \geqslant 0$ 都有意义，并且对所有 n，$p_n \in [a,b]$。利用题设条件 $|g'(x)| \leqslant k$ 和中值定理 1.8，对每个 n，都有

$$|p_n - p| = |g(p_{n-1}) - g(p)| = |g'(\xi_n)||p_{n-1} - p| \leqslant k|p_{n-1} - p|$$

其中 $\xi_n \in (a,b)$。递推地使用上面不等式可以得到

$$|p_n - p| \leqslant k|p_{n-1} - p| \leqslant k^2|p_{n-2} - p| \leqslant \cdots \leqslant k^n|p_0 - p| \tag{2.4}$$

因为 $0 < k < 1$，有极限 $\lim_{n \to \infty} k^n = 0$ 且

$$\lim_{n \to \infty} |p_n - p| \leqslant \lim_{n \to \infty} k^n|p_0 - p| = 0$$

因此，$\{p_n\}_{n=0}^{\infty}$ 收敛到 p。　　　　　　　　　　　　　　　　　　　　　　　　　　　■

推论 2.5　　如果 g 满足定理 2.4 的所有假设，则用 p_n 来近似 p 产生的误差，其上界由下式给出：

$$|p_n - p| \leqslant k^n \max\{p_0 - a, b - p_0\} \tag{2.5}$$

和

$$|p_n - p| \leqslant \frac{k^n}{1-k}|p_1 - p_0|, \text{对于所有的} n \geqslant 1 \tag{2.6}$$

证明　　由于 $p \in [a,b]$，第一个界由不等式(2.4)得出：

$$|p_n - p| \leqslant k^n|p_0 - p| \leqslant k^n \max\{p_0 - a, b - p_0\}$$

对 $n \geqslant 1$，由定理 2.4 的证明过程可以得出

$$|p_{n+1} - p_n| = |g(p_n) - g(p_{n-1})| \leqslant k|p_n - p_{n-1}| \leqslant \cdots \leqslant k^n|p_1 - p_0|$$

因此，对 $m > n \geqslant 1$，有

$$|p_m - p_n| = |p_m - p_{m-1} + p_{m-1} - \cdots + p_{n+1} - p_n|$$

$$\leqslant |p_m - p_{m-1}| + |p_{m-1} - p_{m-2}| + \cdots + |p_{n+1} - p_n|$$

$$\leqslant k^{m-1}|p_1 - p_0| + k^{m-2}|p_1 - p_0| + \cdots + k^n|p_1 - p_0|$$

$$= k^n|p_1 - p_0|\left(1 + k + k^2 + \cdots + k^{m-n-1}\right)$$

由定理 2.3，$\lim_{m \to \infty} p_m = p$，所以

$$|p - p_n| = \lim_{m \to \infty}|p_m - p_n| \leqslant \lim_{m \to \infty} k^n|p_1 - p_0|\sum_{i=0}^{m-n-1} k^i \leqslant k^n|p_1 - p_0|\sum_{i=0}^{\infty} k^i$$

而 $\sum_{i=0}^{\infty} k^i$ 是公比为 k 且 $0 < k < 1$ 的等比（几何）数列，该数列收敛到 $1/(1-k)$，于是就产生了第二个估计：

$$|p - p_n| \leqslant \frac{k^n}{1-k}|p_1 - p_0| \qquad \blacksquare$$

推论中的两个不等式都与一阶导数的界 k 有关，而这也是与数列 $\{p_n\}_{n=0}^{\infty}$ 的收敛率相关的数。收敛率依赖于因子 k^n。当 k 的值越小时，收敛速度越快。可是，当 k 接近于 1 时，收敛速度将变得非常慢。

说明

让我们根据定理 2.4 及其推论 2.5 来重新考虑前面描述的不同的不动点格式。

(a)对 $g_1(x) = x - x^3 - 4x^2 + 10$，有 $g_1(1) = 6$ 和 $g_1(2) = -12$，于是 g_1 不能将 $[1,2]$ 映射到它自身。
而且 $g_1'(x) = 1 - 3x^2 - 8x$，故对所有属于 $[1,2]$ 的 x，$|g_1'(x)| > 1$。虽然定理 2.4 没有能保证这种 g 的选择必然失败，但却没有理由期望它收敛。

(b)考虑 $g_2(x) = [(10/x) - 4x]^{1/2}$，我们也能知道 g_2 并没有将 $[1,2]$ 映射到 $[1,2]$。当取 $p_0 = 1.5$ 时，不能确定数列 $\{p_n\}_{n=0}^{\infty}$ 有定义。而且当 $p \approx 1.365$ 时，因为 $|g_2'(p)| \approx 3.4$，所以不存在包含 p 的使得 $|g_2'(x)| < 1$ 成立的区间，故没有理由期望该方法是收敛的。

(c)对于函数 $g_3(x) = \frac{1}{2}(10 - x^3)^{1/2}$，因为

$$在[1,2]上\ g_3'(x) = -\frac{3}{4}x^2(10 - x^3)^{-1/2} < 0$$

所以 g_3 在 $[1,2]$ 上严格单调递减。又因为 $|g_3'(2)| \approx 2.12$，从而条件 $|g_3'(x)| \leqslant k < 1$ 在 $[1,2]$ 上并不成立。让我们来更细致地研究数列 $\{p_n\}_{n=0}^{\infty}$。这次取 $p_0 = 1.5$，用区间 $[1,1.5]$ 代替区间 $[1,2]$。在这个区间上，$g_3'(x) < 0$ 仍然成立，并且 g_3 严格单调递减，但这次，对所有的 $x \in [1,1.5]$，有

$$1 < 1.28 \approx g_3(1.5) \leqslant g_3(x) \leqslant g_3(1) = 1.5$$

这表明 g_3 将区间 $[1,1.5]$ 映射到它自身。而且在这个区间上不等式 $|g_3'(x)| \leqslant |g_3'(1.5)| \approx 0.66$ 也是成立的，因此定理 2.4 能够确保收敛性，而且我们已经观察到了。

(d)对于函数 $g_4(x) = (10/(4 + x))^{1/2}$，有

$$|g_4'(x)| = \left|\frac{-5}{\sqrt{10}(4+x)^{3/2}}\right| \leqslant \frac{5}{\sqrt{10}(5)^{3/2}} < 0.15, 对于所有的\ x \in [1,2]$$

量 $g_4'(x)$ 的界比量 $g_3'(x)$ 的界（在(c)中的）要小很多，这可以解释为什么用 g_4 的收敛速度更快。

(e)和其他几种选取相比，由

$$g_5(x) = x - \frac{x^3 + 4x^2 - 10}{3x^2 + 8x}$$

定义的数列能更快速地收敛。在下节中，我们将看到这种选取的来源，并明白为什么它是如此有效。

■

由上述可以看出，考虑下面问题：

● 问题：对一个给定的求根问题，怎样才能找到一个不动点问题，使它产生的数列能既可靠又快速地收敛到求根问题的一个解？

该问题的回答可能是：

● 回答：从求根问题得到一个不动点问题，该不动点问题应该满足定理 2.4 的条件，并且在不动点附近的一阶导数应尽可能小。

下节将更为详细地进行分析。

习题 2.2

1. 使用代数方法证明当 $f(p) = 0$ 时下面的每一个函数恰有一个不动点 p，其中 $f(x) = x^4 + 2x^2 - x - 3$。

   a. $g_1(x) = (3 + x - 2x^2)^{1/4}$

   b. $g_2(x) = \left(\dfrac{x + 3 - x^4}{2}\right)^{1/2}$

   c. $g_3(x) = \left(\dfrac{x + 3}{x^2 + 2}\right)^{1/2}$

   d. $g_4(x) = \dfrac{3x^4 + 2x^2 + 3}{4x^3 + 4x - 1}$

2. a. 如果可能，对习题 1 中定义的每个函数 g 执行 4 次迭代。取 $p_0 = 1$ 和 $p_{n+1} = g(p_n)$，$n = 0, 1, 2, 3$。

   b. 你认为哪一个函数对问题的解逼近得最好？

3. 令 $f(x) = x^3 - 2x + 1$。为了解 $f(x) = 0$，下面提出了 4 种不动点迭代。推导每个不动点方法并计算 p_1，p_2，p_3，p_4。哪一个看起来更合适？

   a. $x = \dfrac{1}{2}(x^3 + 1)$，$p_0 = \dfrac{1}{2}$

   b. $x = \dfrac{2}{x} - \dfrac{1}{x^2}$，$p_0 = \dfrac{1}{2}$

   c. $x = \sqrt{2 - \dfrac{1}{x}}$，$p_0 = \dfrac{1}{2}$

   d. $x = -\sqrt[3]{1 - 2x}$，$p_0 = \dfrac{1}{2}$

4. 令 $f(x) = x^4 + 3x^2 - 2$。为了解 $f(x) = 0$，下面提出了 4 种不动点迭代。推导每个不动点方法并计算 p_1, p_2, p_3 和 p_4。哪一个看起来更合适？

   a. $x = \sqrt{\dfrac{2 - x^4}{3}}$，$p_0 = 1$

   b. $x = \sqrt[4]{2 - 3x^2}$，$p_0 = 1$

   c. $x = \dfrac{2 - x^4}{3x}$，$p_0 = 1$

   d. $x = \sqrt[3]{\dfrac{2 - 3x^2}{x}}$，$p_0 = 1$

5. 下面提出了 4 种计算 $21^{1/3}$ 的方法。假设 $p_0 = 1$，按照其明显的收敛速度给它们排序。

   a. $p_n = \dfrac{20 p_{n-1} + 21 / p_{n-1}^2}{21}$

   b. $p_n = p_{n-1} - \dfrac{p_{n-1}^3 - 21}{3 p_{n-1}^2}$

   c. $p_n = p_{n-1} - \dfrac{p_{n-1}^4 - 21 p_{n-1}}{p_{n-1}^2 - 21}$

   d. $p_n = \left(\dfrac{21}{p_{n-1}}\right)^{1/2}$

6. 下面提出了 4 种计算 $7^{1/5}$ 的方法。假设 $p_0 = 1$，按照其明显的收敛速度给它们排序。

a. $p_n = p_{n-1} \left(1 + \dfrac{7 - p_{n-1}^5}{p_{n-1}^2} \right)^3$ b. $p_n = p_{n-1} - \dfrac{p_{n-1}^5 - 7}{p_{n-1}^2}$

c. $p_n = p_{n-1} - \dfrac{p_{n-1}^5 - 7}{5 p_{n-1}^4}$ d. $p_n = p_{n-1} - \dfrac{p_{n-1}^5 - 7}{12}$

7. 给出一个求方程 $x^4 - 3x^2 - 3 = 0$ 在区间 $[1,2]$ 上的根的不动点迭代方法，要求精度在 10^{-2} 以内，并取 $p_0 = 1$。

8. 给出一个求方程 $x^3 - x - 1 = 0$ 在区间 $[1,2]$ 上的根的不动点迭代方法，要求精度在 10^{-2} 以内，并取 $p_0 = 1$。

9. 用定理 2.3 证明函数 $g(x) = \pi + 0.5\sin(x/2)$ 在区间 $[0,2\pi]$ 上有唯一的不动点。使用不动点迭代法来求出不动点的近似解，要求精确到 10^{-2}。利用推论 2.5 来估计为达到 10^{-2} 的精度所需的迭代次数，并将理论上的估计值和实际需要的次数进行比较。

10. 用定理 2.3 证明函数 $g(x) = 2^{-x}$ 在区间 $\left[\dfrac{1}{3}, 1 \right]$ 上有唯一的不动点。使用不动点迭代法来求出不动点的近似解，要求精确到 10^{-4}。利用推论 2.5 来估计为达到 10^{-4} 的精度所需的迭代次数，并将理论上的估计值和实际需要的次数进行比较。

11. 使用不动点迭代法求 $\sqrt{3}$ 的近似值，要求精确到 10^{-4}。将你的结果和所需要的迭代次数同 2.1 节习题 14 的答案进行比较。

12. 使用不动点迭代法求 $\sqrt[3]{25}$ 的近似值，要求精确到 10^{-4}。将你的结果和所需要的迭代次数同 2.1 节习题 13 的答案进行比较。

13. 对下面每一个方程，确定不动点迭代法收敛的区间 $[a,b]$。估计为得到精度 10^{-5} 的近似解所需的迭代次数并进行计算。

a. $x = \dfrac{2 - \mathrm{e}^x + x^2}{3}$ b. $x = \dfrac{5}{x^2} + 2$

c. $x = (\mathrm{e}^x / 3)^{1/2}$ d. $x = 5^{-x}$

e. $x = 6^{-x}$ f. $x = 0.5(\sin x + \cos x)$

14. 对下面每一个方程，利用所给的区间，或者通过确定不动点迭代法收敛的区间 $[a,b]$，估计为得到精度 10^{-5} 的近似解所需的迭代次数并进行计算。

a. $2 + \sin x - x = 0$ 利用区间 $[2,3]$ b. $x^3 - 2x - 5 = 0$ 利用区间 $[2,3]$

c. $3x^2 - \mathrm{e}^x = 0$ d. $x - \cos x = 0$

15. 对一个适当的迭代函数 g，使用不动点迭代法求 $f(x) = x^2 + 10\cos x$ 的所有零点，要求精确到 10^{-4}。

16. 对于 $x = \tan x$，x 在区间 $[4,5]$ 内，使用不动点迭代法来确定精确到 10^{-4} 的解。

17. 对于 $x = 2\sin \pi x + x = 0$，x 在区间 $[1,2]$ 内，使用不动点迭代法来确定精确到 10^{-2} 的解。利用 $p_0 = 1$。

应用型习题

18. 在空中垂直下落的物体受空气阻力和重力的作用。假设质量为 m 的物体从高度 s_0 处下落，t 秒后物体的高度是

$$s(t) = s_0 - \frac{mg}{k}t + \frac{m^2 g}{k^2}(1 - \mathrm{e}^{-kt/m})$$

其中 $g = 32.17\ \text{ft/s}^2$，k 表示空气阻力的阻尼系数，单位为 lb-s/ft。假设 $s_0 = 300\ \text{ft}$，$m = 0.25\ \text{lb}$ 和 $k = 0.1\ \text{lb-s/ft}$。求这个 $\dfrac{1}{4}$ 磅重的物体到达地面所需的时间，要求精确到 0.01s。

理论型习题

19. 设 $g \in C^1[a,b]$，p 在 (a,b) 内满足 $g(p) = p$ 且 $|g'(p)| > 1$。证明存在 $\delta > 0$，使得当 $0 < |p_0 - p| < \delta$ 时，

$|p_0 - p| < |p_1 - p|$ 成立。这样，无论初始值 p_0 离 p 多近，下一次迭代 p_1 就会更远，所以只要 $p_0 \neq p$，不动点迭代就不收敛。

20. 设 A 是一个给定的正常数且 $g(x) = 2x - Ax^2$。

  a. 证明如果不动点迭代收敛到非零极限，则极限就是 $p = 1/A$，于是一个数的倒数能仅用减法和乘法得到。

  b. 求一个关于 $1/A$ 的区间使得不动点迭代收敛，假设 p_0 在这个区间内。

21. 找一个在区间 $[0,1]$ 上定义的函数 g，它不满足定理 2.3 的所有假设，但却在 $[0,1]$ 内仍然存在唯一的不动点。

22. a. 证明把定理 2.3 中条件 $|g'(x)| \leqslant k$ 换成对所有 $x \in (a,b)$，$g'(x) \leqslant k$，结论仍然成立。[提示：只有唯一性与此有关。]

  b. 说明把定理 2.4 中条件 $|g'(x)| \leqslant k$ 换成 $g'(x) \leqslant k$，结论可能不成立。[提示：考虑反例 $g(x) = 1 - x^2$，x 属于 $[0,1]$。]

23. a. 利用定理 2.4 证明：只要 $x_0 > \sqrt{2}$，数列

$$x_n = \frac{1}{2}x_{n-1} + \frac{1}{x_{n-1}}, \quad n \geqslant 1$$

  收敛到 $\sqrt{2}$。

  b. 利用事实：当 $x_0 \neq \sqrt{2}$ 时有 $0 < (x_0 - \sqrt{2})^2$，证明：如果 $0 < x_0 < \sqrt{2}$，则 $x_1 > \sqrt{2}$。

  c. 利用(a)和(b)中的结果证明(a)中数列当 $x_0 > 0$ 时收敛到 $\sqrt{2}$。

24. a. 证明：如果 A 是任意给定的正数，当 $x_0 > 0$ 时，数列

$$x_n = \frac{1}{2}x_{n-1} + \frac{A}{2x_{n-1}}, \quad n \geqslant 1$$

  收敛到 $\sqrt{A}$。

  b. 如果 $x_0 < 0$，情况会怎么样？

25. 将定理 2.4 中的假设"存在一个正整数 $k < 1$ 使得 $|g'(x)| \leqslant k$"换成"g 在 $[a,b]$ 上满足 Lipschitz 条件，其中 Lipschitz 常数 $L < 1$"（见 1.1 节习题 28），证明定理的结论仍然成立。

26. 假设 g 有不动点 p 且在某包含不动点的区间 (c,d) 上连续可微。证明：如果 $|g'(p)| < 1$，则存在 $\delta > 0$，当 $|p_0 - p| \leqslant \delta$ 时，不动点迭代收敛。

讨论问题

1. 对混沌理论和不动点迭代的相关性给出一个概括性观点。作为参考，请浏览下面链接：

http://pages.cs.wisc.edu/~goadl/cs412/examples/chaosNR.pdf
和

http://www.cut-the-knot.org/blue/chaos.shtml.
给你阅读的材料写一个摘要。

2.3　Newton 法及其扩展

  Newton（牛顿）法[或 Newton-Raphson 牛顿-拉夫逊法]是解求根问题的最著名、最强健的数值方法之一。有许多种方式来介绍 Newton 法。

Newton 法

  如果只想要一个算法，我们就能像通常的微积分所做的那样使用几何图形描述。另外一种推

导 Newton 法的方法就是考虑比其他任何一种泛函迭代都更快收敛的方法，像在 2.4 节所做的那样。第三种介绍 Newton 法的方法是基于 Taylor 多项式的，这在下一节中讨论。我们这里使用的推导方法不仅能得出方法本身，而且还能给出近似误差的界。

假设 $f \in C^2[a,b]$，并设 $p_0 \in [a,b]$ 是 p 的一个近似且满足 $f'(p_0) \neq 0$ 和 $|p - p_0|$ "很小"。考虑 $f(x)$ 在 p_0 的一阶 Taylor 多项式展开并在 $x = p$ 处求值：

$$f(p) = f(p_0) + (p - p_0)f'(p_0) + \frac{(p - p_0)^2}{2}f''(\xi(p))$$

其中，$\xi(p)$ 介于 p 和 p_0 间。因为 $f(p) = 0$，于是上述方程变为

$$0 = f(p_0) + (p - p_0)f'(p_0) + \frac{(p - p_0)^2}{2}f''(\xi(p))$$

在 Newton 法的推导中，假设 $|p - p_0|$ 很小，则包含 $(p - p_0)^2$ 的项更小，所以

$$0 \approx f(p_0) + (p - p_0)f'(p_0)$$

从中解出 p：

$$p \approx p_0 - \frac{f(p_0)}{f'(p_0)} \equiv p_1$$

这样就得到了 Newton 法，它从一个初始近似 p_0 开始，通过下面的关系产生一个数列 $\{p_n\}_{n=0}^{\infty}$：

$$p_n = p_{n-1} - \frac{f(p_{n-1})}{f'(p_{n-1})}, \qquad n \geq 1 \tag{2.7}$$

图 2.7 绘出了如何逐次使用切线来得到近似值（见习题 31）。从初始近似值 p_0 开始，近似值 p_1 是函数 f 的图像在 $(p_0, f(p_0))$ 处的切线与 x 轴的交点。而近似值 p_2 是函数 f 的图像在 $(p_1, f(p_1))$ 处的切线与 x 轴的交点，等等。算法 2.3 实现了该过程。

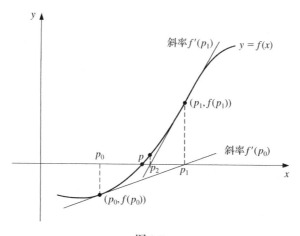

图 2.7

算法 2.3（Newton 法）

给定初始近似值 p_0，求 $f(x) = 0$ 的解。

输入 初始近似值 p_0；精度要求 TOL；最大迭代次数 N_0。

输出 近似解 p 或者失败信息。

Step 1　Set $i = 1$.

Step 2　While $i \leq N_0$ do Steps 3–6.

Step 3　Set $p = p_0 - f(p_0)/f'(p_0)$.　（计算 p_i ）

Step 4　If $|p - p_0| < TOL$ then
　　　　OUTPUT (p);　（算法成功）
　　　　STOP.

Step 5　Set $i = i + 1$.

Step 6　Set $p_0 = p$.　（更新 p_0 ）

Step 7　OUTPUT ('The method failed after N_0 iterations, $N_0 =$', N_0);
　　　　（算法失败）
　　　　STOP.　　　　　　　　　　　　　　　　　　　　　　　■

二分法中的停机条件在 Newton 法中也可以使用，即选取精度 $\varepsilon > 0$ 并计算出 $p_1, \cdots, p_N$ ，直到满足

$$|p_N - p_{N-1}| < \varepsilon \tag{2.8}$$

$$\frac{|p_N - p_{N-1}|}{|p_N|} < \varepsilon, \quad p_N \neq 0 \tag{2.9}$$

或者

$$|f(p_N)| < \varepsilon \tag{2.10}$$

为止。形如式(2.8)的不等式用在了算法 2.3 的 Step 4。值得注意的是不等式(2.8)、式(2.9)和式(2.10)都没有给出实际误差 $|p_N-p|$ 的准确信息。（参见 2.1 节的习题 19 和习题 20。）

Newton 法是泛函迭代法 $p_n = g(p_{n-1})$ 的一种，其中

$$g(p_{n-1}) = p_{n-1} - \frac{f(p_{n-1})}{f'(p_{n-1})}, \qquad n \geq 1 \tag{2.11}$$

事实上，这就是那个给出快速收敛的泛函迭代，如 2.2 节中表 2.2 的列(e)所示。

从方程(2.7)中可以看出，当有某个 n 使得 $f'(p_{n-1}) = 0$ 时，Newton 法将不能继续。实际上我们将会看到，当在 p 附近 f' 有界并远离 0 时，该方法有更高的效率。

例 1　考虑函数 $f(x) = \cos x - x = 0$ 。使用两种方法求 f 的一个近似根：(a)不动点迭代法；(b)Newton 法。

解　(a)这个求根问题的解也是不动点问题 $x = \cos x$ 的一个解，从图 2.8 中可以看出不动点在区间 $[0, \pi/2]$ 内只有一个不动点 p 。

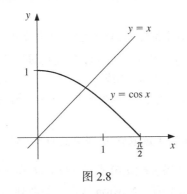

图 2.8

当初始值取 $p_0 = \pi/4$ 时，表 2.3 列出了不动点迭代的结果。我们能得出的最好结果是 $p \approx 0.74$ 。

(b)将 Newton 法用于该问题，需要使 $f'(x) = -\sin x - 1$。选取同样的初始值 $p_0 = \pi/4$，则有

$$p_1 = p_0 - \frac{p_0}{f'(p_0)}$$

$$= \frac{\pi}{4} - \frac{\cos(\pi/4) - \pi/4}{-\sin(\pi/4) - 1}$$

$$= \frac{\pi}{4} - \frac{\sqrt{2}/2 - \pi/4}{-\sqrt{2}/2 - 1}$$

$$= 0.7395361337$$

$$p_2 = p_1 - \frac{\cos(p_1) - p_1}{-\sin(p_1) - 1}$$

$$= 0.7390851781$$

继续通过下式生成数列：

$$p_n = p_{n-1} - \frac{f(p_{n-1})}{f'(p_{n-1})} = p_{n-1} - \frac{\cos p_{n-1} - p_{n-1}}{-\sin p_{n-1} - 1}$$

近似结果在表 2.4 中列出。当 $n=3$ 时就能得到很精确的近似值。因为 p_3 和 p_4 是相同的，因此可以合理地期望得到的结果的精确度达到列出的位数。

表 2.3

n	p_n
0	0.7853981635
1	0.7071067810
2	0.7602445972
3	0.7246674808
4	0.7487198858
5	0.7325608446
6	0.7434642113
7	0.7361282565

表 2.4

n	p_n
0	0.7853981635
1	0.7395361337
2	0.7390851781
3	0.7390851332
4	0.7390851332

■

Newton 法的收敛性

例 1 表明 Newton 法用很少的几次迭代就能得到极其精确的近似。在这个例子里，Newton 法的一次迭代比不动点方法的七次迭代获得的精度还高。现在让我们来仔细分析一下 Newton 法，从而揭示为什么该方法那样高效。

本节开始时使用了 Taylor 级数来推导 Newton 法，当时指出选择较为精确的初始值近似是很重要的。其中的关键假设是：跟 $|p - p_0|$ 相比，包含 $(p - p_0)^2$ 的项应足够小，以至于可以忽略。显然，这只有当 p_0 是 p 的一个好的近似时才成立。如果 p_0 不够靠近真实根，就有理由怀疑 Newton 法是否会收敛到这个根。然而，在一些例子中，即使初始近似不好，Newton 法仍然收敛。（习题 15 和习题 16 说明了这种可能性。）

下面的 Newton 法收敛定理说明了选取 p_0 在理论上的重要性。

定理 2.6 设 $f \in C^2[a,b]$。如果 $p \in (a,b)$ 满足 $f(p)=0$ 和 $f'(p) \neq 0$，则存在一个 $\delta > 0$，使得对任何初始近似值 $p_0 \in [p-\delta, p+\delta]$，Newton 法产生的数列 $\{p_n\}_{n=1}^{\infty}$ 都收敛到 p。

证明 下面的证明是将 Newton 法看作泛函迭代格式 $p_n = g(p_{n-1})$，$n \geq 1$，这里

$$g(x) = x - \frac{f(x)}{f'(x)}$$

令 k 属于 $(0,1)$ 。首先寻找一个区间 $[p-\delta, p+\delta]$ ，g 将这个区间映射到自身，并对所有的 $x \in (p-\delta, p+\delta)$ ，有 $|g'(x)| \leqslant k$ 。

因为 f' 是连续的且有 $f'(p) \neq 0$ ，由 1.1 节中习题 30(a) 可知，存在 $\delta_1 > 0$ ，使得对所有 $x \in [p-\delta_1, p+\delta_1] \subseteq [a,b]$ ，有 $f'(x) \neq 0$ 。于是，g 在 $[p-\delta_1, p+\delta_1]$ 上有定义且连续。另外，对所有 $x \in [p-\delta_1, p+\delta_1] \subseteq [a,b]$ ，有

$$g'(x) = 1 - \frac{f'(x)f'(x) - f(x)f''(x)}{[f'(x)]^2} = \frac{f(x)f''(x)}{[f'(x)]^2}$$

因为 $f \in C^2[a,b]$ ，从而可以推知 $g \in C^1[p-\delta_1, p+\delta_1]$ 。

依据假设，$f(p) = 0$ ，故

$$g'(p) = \frac{f(p)f''(p)}{[f'(p)]^2} = 0$$

由于 g' 是连续的，且 $0 < k < 1$ ，故由 1.1 节中习题 30(b) 可知存在 δ ，$0 < \delta < \delta_1$ ，下式成立：

$$|g'(x)| \leqslant k, \ \text{对所有的} \ x \in [p-\delta, p+\delta]$$

最后剩下证明 g 映射 $[p-\delta, p+\delta]$ 到 $[p-\delta, p+\delta]$ 。如果 $x \in [p-\delta, p+\delta]$ ，由中值定理可知存在介于 x 和 p 之间的数 ξ ，使得 $|g(x) - g(p)| = |g'(\xi)||x-p|$ 成立。于是

$$|g(x) - p| = |g(x) - g(p)| = |g'(\xi)||x-p| \leqslant k|x-p| < |x-p|$$

因为 $x \in [p-\delta, p+\delta]$ ，即 $|x-p| < \delta$ ，从而 $|g(x) - p| < \delta$ 。因此 g 映射 $[p-\delta, p+\delta]$ 到 $[p-\delta, p+\delta]$ 。

于是不动点定理 2.4 的所有假设条件都已经满足，所以由下式定义的数列 $\{p_n\}_{n=1}^{\infty}$ 对任意 $p_0 \in [p-\delta, p+\delta]$ ，都收敛到 p 。

$$p_n = g(p_{n-1}) = p_{n-1} - \frac{f(p_{n-1})}{f'(p_{n-1})}, \qquad n \geqslant 1 \qquad \blacksquare$$

定理 2.6 说明了在合理的假设下，如果选取的初始近似值足够精确，Newton 法就收敛。这个定理也暗含随着迭代过程的继续，k 的导数的界 g 递减到 0，即该方法快速收敛。这个结论在 Newton 法的理论中非常重要，但在实践中却很少用到，原因是定理没能告诉我们如何确定 δ 。

在实际应用中，选定一个初始近似值后，由 Newton 法依次产生近似值。通常情况下，这个过程产生的数列或者快速收敛于根，或者明显地不可能收敛。

割线法

尽管 Newton 法是极其强健的方法，但是它有一个主要的缺陷：在每次近似计算时，需要知道 f 的导数值。而计算 $f'(x)$ 的值比计算 $f(x)$ 的值常常更困难，需要更多的算术运算。

为了克服 Newton 法中导数求值的困难，我们介绍该方法的一个变形。根据定义：

$$f'(p_{n-1}) = \lim_{x \to p_{n-1}} \frac{f(x) - f(p_{n-1})}{x - p_{n-1}}$$

如果 p_{n-2} 与 p_{n-1} 充分靠近，则

$$f'(p_{n-1}) \approx \frac{f(p_{n-2}) - f(p_{n-1})}{p_{n-2} - p_{n-1}} = \frac{f(p_{n-1}) - f(p_{n-2})}{p_{n-1} - p_{n-2}}$$

用它来进行 $f'(p_{n-1})$ 的近似，代入 Newton 法公式得

$$p_n = p_{n-1} - \frac{f(p_{n-1})(p_{n-1} - p_{n-2})}{f(p_{n-1}) - f(p_{n-2})} \tag{2.12}$$

这个方法叫作割线法（Secant Method），在算法 2.4 中进行了描述（见图 2.9）。这个方法从两个近似初始值 p_0 和 p_1 开始，近似值 p_2 是连接两点 $(p_0, f(p_0))$ 和 $(p_1, f(p_1))$ 所得直线和 x 轴的交点。近似值 p_3 是连接两点 $(p_1, f(p_1))$ 和 $(p_2, f(p_2))$ 所得直线和 x 轴的交点，等等。值得注意的是，割线法当 p_2 的值计算出之后每个步骤只需进行一次函数求值。相比之下，Newton 法的每个步骤同时要计算函数值和它的导数值。

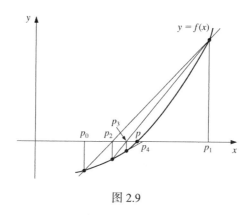

图 2.9

算法 2.4（割线法）

给定初始近似值 p_0 和 p_1，求 $f(x) = 0$ 的解。

输入 初始近似值 p_0, p_1；精度要求 TOL；最大迭代次数 N_0。

输出 近似解 p 或者失败信息。

Step 1 Set $i = 2$;
 $\quad\quad q_0 = f(p_0)$;
 $\quad\quad q_1 = f(p_1)$.

Step 2 While $i \leqslant N_0$ do Steps 3–6.

    Step 3 Set $p = p_1 - q_1(p_1 - p_0)/(q_1 - q_0)$. （计算 p_i）

    Step 4 If $|p - p_1| < TOL$ then
         OUTPUT (p); （算法成功）
         STOP.

    Step 5 Set $i = i + 1$.

    Step 6 Set $p_0 = p_1$; （更新 p_0, q_0, p_1, q_1）
         $q_0 = q_1$;
         $p_1 = p$;
         $q_1 = f(p)$.

Step 7 OUTPUT ('The method failed after N_0 iterations, $N_0 =$', N_0);
 （算法失败）
 STOP.

下面的例子重新考虑了例 1 中的问题，当时使用 Newton 法，初始近似值为 $p_0 = \pi/4$。

例2　用割线法求 $x = \cos x$ 的解，并对比例 1 中用 Newton 法得到的结果。

解　在例 1 中，我们取初始近似值为 $p_0 = \pi/4$，并且对比了不动点迭代和 Newton 法。对割线法，我们需要两个初始近似值。假设取 $p_0 = 0.5$ 和 $p_1 = \pi/4$：

$$p_2 = p_1 - \frac{(p_1 - p_0)(\cos p_1 - p_1)}{(\cos p_1 - p_1) - (\cos p_2 - p_2)}$$

$$= \frac{\pi}{4} - \frac{(\pi/4 - 0.5)(\cos(\pi/4) - \pi/4)}{(\cos(\pi/4) - \pi/4) - (\cos 0.5 - 0.5)}$$

$$= 0.7363841388$$

后面的近似值由下面的公式产生：

$$p_n = p_{n-1} - \frac{(p_{n-1} - p_{n-2})(\cos p_{n-1} - p_{n-1})}{(\cos p_{n-1} - p_{n-1}) - (\cos p_{n-2} - p_{n-2})}, \qquad n \geq 2$$

这些结果在表 2.5 中给出。值得注意的是，虽然 p_2 的计算公式显示了重复的计算，但是一旦 $f(p_0)$ 和 $f(p_1)$ 被计算出来就无须重新计算了。

表 2.5

割线法		Newton	
n	p_n	n	p_n
0	0.5	0	0.7853981635
1	0.7853981635	1	0.7395361337
2	0.7363841388	2	0.7390851781
3	0.7390581392	3	0.7390851332
4	0.7390851493	4	0.7390851332
5	0.7390851332		

对比表 2.5 中割线法的结果和 Newton 法的结果，可以看到割线法给出的近似值 p_5 已经有 10 位精确数字，而 Newton 法这个精度的近似值是 p_3。对这个例子而言，割线法的收敛比其他泛函迭代法都更迅速，但比 Newton 法稍微慢一些。一般情形也是这样（见 2.4 节的习题 14）。

因为 Newton 法或者割线法要求好的初始近似值从而产生快速的收敛，所以它们通常用于改进其他方法得到的近似值，诸如二分法。

试位法

在二分法中每一对相邻的迭代近似值都包含方程的根 p，也就是说，对每个正整数 n，有一个根位于 a_n 和 b_n 之间。这说明对每个 n，二分法迭代满足

$$|p_n - p| < \frac{1}{2}|a_n - b_n|$$

这个公式给出了近似值的一个容易计算的误差界。

Newton 法和割线法都不能包含根。在例 1 中，用 Newton 法来求方程 $f(x) = \cos x - x$ 的根，得到的近似值是 0.7390851332。表 2.5 显示根既不包含在 p_1 和 p_0 之间，也不包含在 p_1 和 p_2 之间。割线法近似求解这个问题的结果也在表 2.5 中给出。在这种情况下，根包含在 p_0 和 p_1 之间，但不包含在 p_3 和 p_4 之间。

试位法（也称为 Regula Falsi）以和割线法同样的方式产生近似解，但是它增加了一个检验程序以保证相邻的迭代之间包含根。虽然它不是通常推荐的方法，但是试位法说明了如何把根的包含组合到算法中去。

首先，选择初始近似值 p_0 和 p_1 满足 $f(p_0) \cdot f(p_1) < 0$。近似值 p_2 的选取和割线法一样，是两点 $(p_0, f(p_0))$ 和 $(p_1 f(p_1))$ 连线与 x 轴的交点。为了确定是哪一条割线用于求 p_3，考虑 $f(p_2) \cdot f(p_1)$，或更准确地说，考虑 $\mathrm{sgn}\, f(p_2) \cdot \mathrm{sgn}\, f(p_1)$。

- 如果 $\mathrm{sgn}\, f(p_2) \cdot \mathrm{sgn}\, f(p_1) < 0$，则根包含在 p_1 和 p_2 之间。于是取 p_3 为两点 $(p_1, f(p_1))$ 和 $(p_2, f(p_2))$ 连线与 x 轴的交点。
- 否则，则取 p_3 为两点 $(p_0, f(p_0))$ 和 $(p_2, f(p_2))$ 连线与 x 轴的交点，然后交换 p_0 和 p_1 的下标。

类似地，一旦找到了 p_3，则 $f(p_3) \cdot f(p_2)$ 的符号决定了是用 p_2 和 p_3 还是用 p_3 和 p_1 来计算 p_4。如果是后一种情形，则将 p_2 和 p_1 重新标号。重新标号保证了根包含在相邻的两次迭代之中。这个过程在算法 2.5 中给出了描述，图 2.10 展示了这个方法和割线法的不同。在图 2.10 中，前三次迭代近似都是相同的，但第四次迭代近似就不同了。

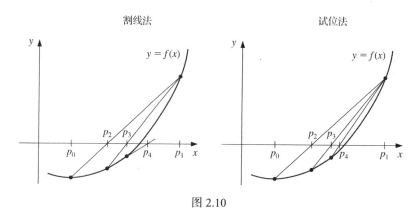

图 2.10

算法 2.5（试位法）

给定区间 $[p_0, p_1]$ 上的连续函数 f，这里 $f(p_0)$ 与 $f(p_1)$ 异号，求解 $f(x) = 0$。

输入　初始近似值 p, p_1；精度要求 TOL；最大迭代次数 N_0。

输出　近似解 p 或者失败信息。

Step 1　Set $i = 2$;
　　　　　$q_0 = f(p_0)$;
　　　　　$q_1 = f(p_1)$.

Step 2　While $i \leqslant N_0$ do Steps 3–7.

　　Step 3　Set $p = p_1 - q_1(p_1 - p_0)/(q_1 - q_0)$.　（计算 p_i）

　　Step 4　If $|p - p_1| < TOL$ then
　　　　　　OUTPUT (p);　（算法成功）
　　　　　　STOP.

　　Step 5　Set $i = i + 1$;
　　　　　　$q = f(p)$.

　　Step 6　If $q \cdot q_1 < 0$ then set $p_0 = p_1$;
　　　　　　　　　　　　　　　$q_0 = q_1$.

Step 7 Set $p_1 = p$;
$q_1 = q$.

Step 8 OUTPUT ('Method failed after N_0 iterations, $N_0 =$', N_0);
（算法失败）
STOP. ∎

例 3 用试位法求方程 $x = \cos x$ 的近似解，并比较例 1 中不动点迭代法和 Newton 法的计算结果，以及例 2 中割线法的计算结果。

解 为了能更合理地进行比较，我们使用和例 2 中割线法同样的初始近似值，即 $p_0 = 0.5$ 和 $p_1 = \pi / 4$。为了便于比较，表 2.6 同时列出了使用 3 种方法（试位法、Newton 法和割线法）近似求解方程 $f(x) = \cos x - x$ 的结果。可以看出试位法和割线法在直到 p_3 的迭代中，近似结果都是一样的。最后，在得到与割线法同样精度的近似值时，试位法却多用了一次迭代。

表 2.6

n	试位法 p_n	割线法 p_n	Newton法 p_n
0	0.5	0.5	0.7853981635
1	0.7853981635	0.7853981635	0.7395361337
2	0.7363841388	0.7363841388	0.7390851781
3	0.7390581392	0.7390581392	0.7390851332
4	0.7390848638	0.7390851493	0.7390851332
5	0.7390851305	0.7390851332	
6	0.7390851332		

因为有额外的符号检查步骤，试位法通常比割线法需要更多的计算，正如割线法对 Newton 法做的简化一样，这种简化的代价就是比 Newton 法需要更多的迭代次数。关于这些方法的优劣，可通过更多的例子来了解，见习题 13 和习题 14。

习题 2.3

1. 设 $f(x) = x^2 - 6$ 和 $p_0 = 1$，用 Newton 法求 p_2。

2. 设 $f(x) = -x^3 - \cos x$ 和 $p_0 = -1$，用 Newton 法求 p_2。能用 $p_0 = 0$ 吗？

3. 设 $f(x) = x^2 - 6$ 取 $p_0 = 3$ 和 $p_1 = 2$，求 p_3。

   a. 用割线法。

   b. 用试位法。

   c. 哪一个更接近 $\sqrt{6}$，(a)还是(b)？

4. 设 $f(x) = -x^3 - \cos x$ 取 $p_0 = -1$ 和 $p_1 = 0$，求 p_3。

   a. 用割线法。　　　　　　　　　　b. 用试位法。

5. 采用 Newton 法求解下面的问题，要求精度在 10^{-4} 以内。

   a. $x^3 - 2x^2 - 5 = 5$, $[1,4]$　　　　b. $x^3 + 3x^2 - 1 = 0$, $[-3,-2]$

   c. $x - \cos x = 0$, $[0,\pi/2]$　　　　d. $x - 0.8 - 0.2\sin x = 0$, $[0,\pi/2]$

6. 采用 Newton 法求解下面的问题，要求精度在 10^{-5} 以内。

   a. $e^x + 2^{-x} + 2\cos x - 6 = 0$, $1 \leqslant x \leqslant 2$

   b. $\ln(x-1) + \cos(x-1) = 0$, $1.3 \leqslant x \leqslant 2$

   c. $2x\cos 2x - (x-2)^2 = 0$, $2 \leqslant x \leqslant 3$ 和 $3 \leqslant x \leqslant 4$

   d. $(x-2)^2 - \ln x = 0$, $1 \leqslant x \leqslant 2$ 和 $e \leqslant x \leqslant 4$

   e. $e^x - 3x^2 = 0$, $0 \leqslant x \leqslant 1$ 和 $3 \leqslant x \leqslant 5$

　　f.　$\sin x - e^{-x} = 0$,　　$0 \leqslant x \leqslant 1$,　　$3 \leqslant x \leqslant 4$ 和 $6 \leqslant x \leqslant 7$

7. 用割线法重做习题 5。

8. 用割线法重做习题 6。

9. 用试位法重做习题 5。

10. 用试位法重做习题 6。

11. 用本节介绍的 3 种方法求解下列问题，要求精度在 10^{-5} 以内。

　　a.　$3x - e^x = 0$,　　$1 \leqslant x \leqslant 2$　　　　　　　b.　$2x + 3\cos x - e^x = 0$,　　$1 \leqslant x \leqslant 2$

12. 用本节介绍的 3 种方法求解下列问题，要求精度在 10^{-7} 以内。

　　a.　$x^2 - 4x + 4 - \ln x = 0$,　　$1 \leqslant x \leqslant 2$ 和 $2 \leqslant x \leqslant 4$

　　b.　$x + 1 - 2\sin \pi x = 0$,　　$0 \leqslant x \leqslant 1/2$ 和 $1/2 \leqslant x \leqslant 1$

13. 四次多项式

$$f(x) = 230x^4 + 18x^3 + 9x^2 - 221x - 9$$

有两个实根，一个位于 $[-1,0]$，另一个位于 $[0,1]$。试用下面的方法近似求这两个零点，要求精度在 10^{-6} 以内。

　　a. 试位法

　　b. 割线法

　　c. Newton 法

在(a)和(b)中用区间的两个端点作为初始近似值，在(c)中用区间的中点作为初始近似值。

14. 函数 $f(x) = \tan \pi x - 6$ 有一个零点位于 $(1/\pi)\arctan 6 \approx 0.447431543$。令 $p_0 = 0$ 和 $p_1 = 0.48$ 为两个初始近似值。用下面的 3 种方法迭代 10 次来得到根的近似值。问哪一个是最成功的？为什么？

　　a. 二分法　　　　　　　　b. 试位法　　　　　　　　c. 割线法

15. 方程 $4x^2 - e^x - e^{-x} = 0$ 有两个正解 x_1 和 x_2。取下面不同的初始近似值 p_0，用 Newton 法近似求解方程，要求精度在 10^{-5} 以内。

　　a.　$p_0 = -10$　　　　　　b.　$p_0 = -5$　　　　　　c.　$p_0 = -3$

　　d.　$p_0 = -1$　　　　　　e.　$p_0 = 0$　　　　　　　f.　$p_0 = 1$

　　g.　$p_0 = 3$　　　　　　　h.　$p_0 = 5$　　　　　　　i.　$p_0 = 10$

16. 方程 $x^2 - 10\cos x = 0$ 有两个解 ± 1.3793646。取下面不同的初始近似值 p_0，用 Newton 法近似求解方程，要求精度在 10^{-5} 以内。

　　a.　$p_0 = -100$　　　　　　b.　$p_0 = -50$　　　　　　c.　$p_0 = -25$

　　d.　$p_0 = 25$　　　　　　　e.　$p_0 = 50$　　　　　　　f.　$p_0 = 100$

17. 由关系式 $f(x) = \ln(x^2 + 1) - e^{0.4x}\cos \pi x$ 给出的函数有无限个零点。

　　a. 确定唯一的负零点，要求精度在 10^{-6} 以内。

　　b. 确定 4 个最小的正零点，要求精度在 10^{-6} 以内。

　　c. 为找出 n 的第 f 个正零点，确定一个合理的初始近似值。[提示：近似绘制 f 的草图。]

　　d. 利用(c)的结果，确定 f 的最小的第 25 个正零点。

18. 用 Newton 法解方程：

$$0 = \frac{1}{2} + \frac{1}{4}x^2 - x\sin x - \frac{1}{2}\cos 2x, \quad \text{其中} \ p_0 = \frac{\pi}{2}$$

当精度达到 10^{-5} 时 Newton 法停止迭代。解释结果为什么不寻常。再试一试取 $p_0 = 5\pi$ 和 $p_0 = 10\pi$ 来解方程。

应用型习题

19. 使用 Newton 法近似（精度要求在 10^{-4} 以内）求一点 x，该点在 $y = x^2$ 的曲线上距离点 $(1,0)$ 最近。
    [提示：求 $[d(x)]^2$ 的最小值，其中 $d(x)$ 表示点 (x, x^2) 到 $(1,0)$ 的距离。]

20. 使用 Newton 法近似（精度要求在 10^{-4} 以内）求一点 x，该点在 $y = 1/x$ 的曲线上距离点 $(2,1)$ 最近。

21. 两数的和是 20。如果将每一个数与它的平方根相加，得到的两个和的乘积是 155.55。确定这两个数，精度要求在 10^{-4} 以内。

22. 求 λ 的一个近似值，要求精度在 10^{-4} 以内，它满足人口方程：

$$1\,564\,000 = 1\,000\,000\,e^{\lambda} + \frac{435\,000}{\lambda}(e^{\lambda} - 1)$$

    该方程在本章的引言中讨论过。假设这一年的迁入率是一个常数：每年 435 000 人，利用上面计算出的值来预测第二年年底的人口数量。

23. 抵押贷款问题：在一个固定时期抵押贷款要求的还款数总额由下式给出：

$$A = \frac{P}{i}[1 - (1 + i)^{-n}]$$

    上式称为**普通年金方程**(ordinary annuity equation)。在这个方程中，A 是抵押贷款的总额，P 是每次还贷数量，i 是每期利率，n 是还款周期。假设有一个总额为\$135 000 的 30 年期住房贷款，贷方每月的还贷额最多是\$1000。问贷方能够支付的最大利率是多少？

24. **期初应付年金方程**(annuity due equation)为

$$A = \frac{P}{i}[(1 + i)^n - 1]$$

    它表示定期存款账户的累积金额。在上述方程中，A 表示账户中的资金总额，P 表示定期存款额，i 表示 n 个存款期间的每期利率。一个工程师想在 20 年内退休时储蓄账户上的数额达到\$750 000，而为了达到这个目标他每月可存\$1500。为了实现他的储蓄目标，最小利率应该是多少？假定利率是月复利的。

25. Logisitic 人口增长模型由以下形式的方程给出：

$$P(t) = \frac{P_L}{1 - ce^{-kt}}$$

    其中 P_L, c 和 $k > 0$ 是常数，$P(t)$ 是 t 时刻的人口数。P_L 表示人口的极限值，即 $\lim_{t \to \infty} P(t) = P_L$。利用第 3 章首页的表中所列的 1950 年、1960 年及 1970 年的调查数据，确定 Logisitic 人口增长模型中的常数 P_L, c 和 k。利用 Logisitic 人口增长模型来预测 1980 年和 2010 年的美国人口，假设 $t = 0$ 是指 1950 年。比较一下 1980 年的预测值与实际值。

26. Gompertz 人口增长模型由以下形式的方程给出：

$$P(t) = P_L e^{-ce^{-kt}}$$

    其中 P_L, c 和 $k > 0$ 是常数，$P(t)$ 是 t 时刻的人口数。用 Gompertz 人口增长模型代替 Logistic 人口增长模型，重新计算习题 25。

27. 在回力网球比赛中选手 A 使选手 B 不能得分（以 21：0 获胜）的概率为

$$P = \frac{1+p}{2}\left(\frac{p}{1 - p + p^2}\right)^{21}$$

    其中 p 表示选手 A 赢得任何特定的对抗赛的概率（与谁发球无关）（见[Keller,J], p.267）。确定 p 的最小值以保证选手 A 在至少一半的比赛中使选手 B 不得分，要求精确到 10^{-3}。

28. 患者用的药在血液中产生的浓度由 $c(t) = Ate^{-t/3}$ mg/mL 给出（在注射了 A 单位以后的 t 小时）。该药的最大安全浓度是 1mg/mL。

    a. 应该注射多大的量来达到最大的安全浓度？什么时候达到这个最大的安全浓度？

    b. 在浓度下降到 0.25 mg/mL 后，要给患者第二次注射一定量的该药物。确定何时应进行第二次注射，精确到分钟。

    c. 假设连续注射的浓度是可加的，又假设开始注射的 75%的药量仍在第二次注射时起作用，什么时候可以进行第三次注射？

29. 在设计全地形车时，需要考虑当它试图越过两类障碍物时失败的情况。一种失败称为**搁阻失败**（hang-up failure），是指当车辆试图越过障碍物时车辆底部触地。另一种失败称为**前部受阻失败**（nose-in failure），是指当车辆下到一个沟底时车辆前部触地。

根据文献[Bek]，附图表示了与车辆的前部受阻失败的情形。在该文献中，车辆能够通过的最大角度 α 满足方程

$$A\sin\alpha\cos\alpha + B\sin^2\alpha - C\cos\alpha - E\sin\alpha = 0$$

其中，β 是搁阻失败不发生的最大角度。而

$$A = l\sin\beta_1, \quad B = l\cos\beta_1, \quad C = (h+0.5D)\sin\beta_1 - 0.5D\tan\beta_1,$$

$$E = (h+0.5D)\cos\beta_1 - 0.5D$$

    a. 当 $l=89$ in，$h=49$ in，$D=55$ in 和 $\beta_1=11.5°$ 时，角度 α 大约是 33°。验证这个结果。

    b. 当 l,h 和 β_1 同(a)中取值一样，$D=30$ in 时，求 α。

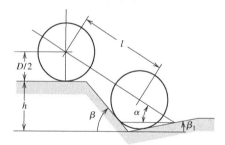

理论型习题

30. 割线法中的迭代方程可以写成更简单的形式：

$$p_n = \frac{f(p_{n-1})p_{n-2} - f(p_{n-2})p_{n-1}}{f(p_{n-1}) - f(p_{n-2})}$$

解释为什么通常状况下这个迭代方程比算法 2.4 中给出的精度低。

31. Newton 法的图形描述为：假设 $f'(x)$ 在 $[a,b]$ 上存在，且在 $[a,b]$ 上 $f'(x)\neq 0$。又假设存在 $p\in[a,b]$ 使得 $f(p)=0$。假设有任意的 $p_0\in[a,b]$。p_1 是 f 在点 $(p_0,f(p_0))$ 处的切线与 x 轴的交点。对每个 $n\geq 1$，p_n 是 f 在点 $(p_{n-1},f(p_{n-1}))$ 处的切线与 x 轴的交点。推导这里描述的方法的公式。

32. 推导 Newton 法的误差公式：

$$|p - p_{n+}| \leqslant \frac{M}{2|f'(p_n)|}|p - p_n|^2$$

假设定理 2.6 的假设都成立，而 $|f'(p_n)|\neq 0$ 且 $M=\max|f''(x)|$。[提示：像本节开始时推导 Newton 法那样，采用 Taylor 多项式。]

讨论问题

1. 对任意给定的初始近似值 x_0，Newton 法都收敛吗？如果是这样，那么收敛率是什么？收敛阶(order)是什么？当 p 是 $f(x)$ 的重根时，Newton 法还收敛吗？

2. 如果初始近似值与根的距离较远，Newton 法可能不收敛，或者收敛到错误的根。试举一两个例子来说明这种情况，并给出为什么会发生这种情况的合理解释。

3. 函数 $f(x) = 0.5x^3 - 6x^2 + 21.5x - 22$ 有一个零点 $x = 4$。考虑初始近似值为 $p(0) = 5$ 的 Newton 法和初始近似值为 $p_0 = 5, p_1 = 4.5$ 的割线法，对照它们的计算结果。

4. 函数 $f(x) = x^{(1/3)}$ 有一个零点 $x = 0$。考虑初始近似值为 $x = 1$ 的 Newton 法和初始近似值为 $p_0 = 5$，（$p_1 = 0.5$）的割线法，对照它们的计算结果。

2.4 迭代法的误差分析

本节将讨论泛函迭代格式的收敛阶，以及作为得到快速收敛的一种工具，重新揭示 Newton 法。此外还将考虑在特定环境下加速 Newton 法收敛的方法。当然，我们首先需要一个测量数列收敛速度的方法。

收敛阶

定义 2.7 假设 $\{p_n\}_{n=0}^{\infty}$ 是一个收敛到 p 的数列，且对所有的 n，都有 $p_n \neq p$。若存在正常数 λ 和 α，使得

$$\lim_{n \to \infty} \frac{|p_{n+1} - p|}{|p_n - p|^{\alpha}} = \lambda$$

则称 $\{p_n\}_{n=0}^{\infty}$ 以阶 α 收敛到 p，且**渐近误差常数**为 λ。 ■

具有形式 $\{p_n\}_{n=0}^{\infty}$ 的迭代方法，如果数列 $p_n = g(p_{n-1})$ 以阶 α 收敛到解 $p = g(p)$，则称迭代方法为 α 阶方法。

通常状况下，收敛阶高的数列比收敛阶低的数列收敛得更快。渐近误差常数影响数列的收敛速度，但不影响收敛阶。下面两种情形应给予特别关注：

(i) 如果 $\alpha = 1$（且 $\lambda < 1$），则数列是**线性收敛**的。

(ii) 如果 $\alpha = 2$，则数列是**二阶收敛**的。

下面的说明比较了线性收敛和二阶收敛的数列。这也说明了为什么我们要寻找高阶收敛的方法。

说明 假设 $\{p_n\}_{n=0}^{\infty}$ 线性收敛于 0，且

$$\lim_{n \to \infty} \frac{|p_{n+1}|}{|p_n|} = 0.5$$

而 $\{\tilde{p}_n\}_{n=0}^{\infty}$ 二阶收敛于 0 且有相同的渐近误差常数，

$$\lim_{n \to \infty} \frac{|\tilde{p}_{n+1}|}{|\tilde{p}_n|^2} = 0.5$$

为了简化，假设对每个 n 都有

$$\frac{|p_{n+1}|}{|p_n|} \approx 0.5 \quad \text{和} \quad \frac{|\tilde{p}_{n+1}|}{|\tilde{p}_n|^2} \approx 0.5$$

对线性收敛的格式意味着

$$|p_n - 0| = |p_n| \approx 0.5|p_{n-1}| \approx (0.5)^2|p_{n-2}| \approx \cdots \approx (0.5)^n|p_0|$$

然而，对二阶收敛的格式则有

$$|\tilde{p}_n - 0| = |\tilde{p}_n| \approx 0.5|\tilde{p}_{n-1}|^2 \approx (0.5)[0.5|\tilde{p}_{n-2}|^2]^2 = (0.5)^3|\tilde{p}_{n-2}|^4$$

$$\approx (0.5)^3[(0.5)|\tilde{p}_{n-3}|^2]^4 = (0.5)^7|\tilde{p}_{n-3}|^8$$

$$\approx \cdots \approx (0.5)^{2^n - 1}|\tilde{p}_0|^{2^n}$$

表 2.7 给出了当 $|p_0|=|\tilde{p}_0|=1$ 时数列收敛于 0 的相对速度。

表 2.7

n	线性收敛 数列 $\{p_n\}_{n=0}^{\infty}$ $(0.5)^n$	二阶收敛 数列 $\{\tilde{p}_n\}_{n=0}^{\infty}$ $(0.5)^{2^n-1}$
1	5.0000×10^{-1}	5.0000×10^{-1}
2	2.5000×10^{-1}	1.2500×10^{-1}
3	1.2500×10^{-1}	7.8125×10^{-3}
4	6.2500×10^{-2}	3.0518×10^{-5}
5	3.1250×10^{-2}	4.6566×10^{-10}
6	1.5625×10^{-2}	1.0842×10^{-19}
7	7.8125×10^{-3}	5.8775×10^{-39}

二阶收敛的数列在第七项时就到达了 10^{-38}，要达到同样的精度线性收敛的序列至少需要 126 项。∎

二阶收敛的数列通常比仅仅线性收敛的数列的收敛速度快很多，但是下面的定理说明任意的不动点方法产生的收敛数列仅仅是线性收敛的。

定理 2.8 设 $g \in C[a,b]$ 且对所有 $x \in [a,b]$ 满足 $g(x) \in [a,b]$。另外，假设 g' 在 (a,b) 上连续，且存在正常数 $k<1$，使得

$$|g'(x)| \leqslant k, \quad \text{对所有 } x \in (a,b)$$

如果 $g'(p) \neq 0$，则对任意 $[a,b]$ 中的 $p_0 \neq p$，数列

$$p_n = g(p_{n-1}), \qquad n \geqslant 1$$

仅线性收敛到 $[a,b]$ 中的唯一不动点 p。

证明 从 2.2 节中的不动点定理 2.4 可知数列收敛到 p。因为 g' 在 (a,b) 上存在，所以可对 g 使用中值定理，对任意 n，得到

$$p_{n+1} - p = g(p_n) - g(p) = g'(\xi_n)(p_n - p)$$

其中 ξ_n 介于 p_n 和 p 之间。因为 $\{p_n\}_{n=0}^{\infty}$ 收敛到 p，所以 $\{\xi_n\}_{n=0}^{\infty}$ 也收敛到 p。又因为 g' 在 (a,b) 上连续，所以

$$\lim_{n \to \infty} g'(\xi_n) = g'(p)$$

于是，

$$\lim_{n \to \infty} \frac{p_{n+1} - p}{p_n - p} = \lim_{n \to \infty} g'(\xi_n) = g'(p) \text{ 和 } \lim_{n \to \infty} \frac{|p_{n+1} - p|}{|p_n - p|} = |g'(p)|$$

因此，如果 $g'(p) \neq 0$，不动点迭代线性收敛，其渐近误差常数为 $|g'(p)|$。∎

定理 2.8 蕴含着只有当 $g'(p)=0$ 时，形如 $g(p)=p$ 的不动点迭代才是高阶收敛的。下面的结论描述了能保证我们寻找二阶收敛的其他条件。

定理 2.9 设 p 是方程 $x=g(x)$ 的解。假设 $g'(p)=0$，g'' 连续且在包含 p 的某个开区间 I 上成立 $|g''(x)|<M$。于是存在 $\delta>0$，使得 $p_0 \in [p-\delta, p+\delta]$，由式 $p_n=g(p_{n-1})$（当 $n \geqslant 1$）定义的数列至少二阶收敛到 p。而且，对充分大的 n，有

$$|p_{n+1} - p| < \frac{M}{2}|p_n - p|^2$$

证明　在 $(0,1)$ 内选取 k，并取 $\delta > 0$，使得在包含 I 的区间 $[p-\delta, p+\delta]$ 上，有 $|g'(x)| \leqslant k$ 且 g'' 是连续的。因为 $|g'(x)| \leqslant k < 1$，所以根据 2.3 节定理 2.6 的证明中使用的方法可知，数列 $\{p_n\}_{n=0}^{\infty}$ 的每一项都包含在 $[p-\delta, p+\delta]$ 内。将 $g(x)$ 在 $x \in [p-\delta, p+\delta]$ 处展开为线性 Taylor 多项式：

$$g(x) = g(p) + g'(p)(x-p) + \frac{g''(\xi)}{2}(x-p)^2$$

其中 ξ 位于 x 和 p 之间。利用假设 $g(p) = p$ 和 $g'(p) = 0$ 可得

$$g(x) = p + \frac{g''(\xi)}{2}(x-p)^2$$

尤其是当 $x = p_n$ 时，

$$p_{n+1} = g(p_n) = p + \frac{g''(\xi_n)}{2}(p_n-p)^2$$

其中 ξ_n 位于 p_n 和 p 之间，于是

$$p_{n+1} - p = \frac{g''(\xi_n)}{2}(p_n-p)^2$$

由于在 $[p-\delta, p+\delta]$ 上 $|g'(x)| \leqslant k < 1$ 且 g 映射 $[p-\delta, p+\delta]$ 到它自身，由不动点定理可知 $\{p_n\}_{n=0}^{\infty}$ 收敛到 p。而对每个 n，ξ_n 介于 p 和 p_n 之间，从而 $\{\xi_n\}_{n=0}^{\infty}$ 也收敛到 p，且有

$$\lim_{n \to \infty} \frac{|p_{n+1}-p|}{|p_n-p|^2} = \frac{|g''(p)|}{2}$$

这说明如果 $g''(p) \neq 0$，则数列 $\{p_n\}_{n=0}^{\infty}$ 是二阶收敛的，而如果 $g''(p) = 0$，则它是更高阶收敛的。

因为 g'' 在区间 $[p-\delta, p+\delta]$ 上是连续的且严格地以 M 为界，所以对充分大的 n 值有

$$|p_{n+1} - p| < \frac{M}{2}|p_n-p|^2 \qquad\qquad ■$$

定理 2.8 和定理 2.9 告诉我们，寻找二阶收敛的不动点迭代方法应该指向那些在不动点处导数为零的函数，即

● 若一个不动点迭代方法是二阶收敛的，必须同时满足 $g(p) = p$ 和 $g'(p) = 0$。

若要构造与求根问题 $f(x) = 0$ 相对应的不动点问题，最容易的方法是从 x 中加上或减去 $f(x)$ 的倍数。考虑数列

$$p_n = g(p_{n-1}), \qquad n \geqslant 1$$

其中 g 具有形式

$$g(x) = x - \phi(x)f(x)$$

式中，ϕ 是一个待定的可微函数。

为了使由 g 导出的迭代格式是二阶收敛的，必须有 $g'(p) = 0$ 和 $f(p) = 0$。因为

$$g'(x) = 1 - \phi'(x)f(x) - f'(x)\phi(x)$$

且 $f(p) = 0$，因此有

$$g'(p) = 1 - \phi'(p)f(p) - f'(p)\phi(p) = 1 - \phi'(p) \cdot 0 - f'(p)\phi(p) = 1 - f'(p)\phi(p)$$

从而当且仅当 $\phi(p) = 1/f'(p)$ 时 $g'(p) = 0$。

如果取 $\phi(x) = 1/f'(x)$，则能够保证 $\phi(p) = 1/f'(p)$ 并得到二阶收敛的格式：

$$p_n = g(p_{n-1}) = p_{n-1} - \frac{f(p_{n-1})}{f'(p_{n-1})}$$

当然，这就是 Newton 法。

● 如果 $f(p) = 0$ 且 $f'(p) \neq 0$，则从充分靠近 p 的值开始，Newton 法至少是二阶收敛的。

重根情形

在上述讨论中，一般总是限定当 p 是 $f(x) = 0$ 的解时，$f'(p) \neq 0$。特殊情形下，当 $f'(p) = 0$ 和 $f(p) = 0$ 同时发生时，Newton 法和割线法通常都会出现问题。为了更详细地考察这些问题，我们先给出下面的定义。

定义 2.10 若 p 是方程 $f(x) = 0$ 的一个解，如果对 $x \neq p$，有 $f(x) = (x-p)^m q(x)$，且 $\lim_{x \to p} q(x) \neq 0$，则 p 是 f 的一个 m 重零点。 ■

本质上讲，$q(x)$ 代表了 $f(x)$ 中同 f 取零值无关的那一部分。下面的结论给出了判别函数单重或多重零点的方法。

定理 2.11 函数 $f \in C^1[a,b]$，点 p 在 (a,b) 上是 f 的单重零点，当且仅当 $f(p) = 0$ 但 $f'(p) \neq 0$。

证明 如果 p 是 f 的单重零点，则 $f(p) = 0$ 和 $f(x) = (x-p)q(x)$，这里 $\lim_{x \to p} q(x) \neq 0$。因为 $f \in C^1[a,b]$，所以

$$f'(p) = \lim_{x \to p} f'(x) = \lim_{x \to p} [q(x) + (x-p)q'(x)] = \lim_{x \to p} q(x) \neq 0$$

反之，如果 $f(p) = 0$ 但 $f'(p) \neq 0$，则将 f 在 p 点展开为零阶 Taylor 多项式，有

$$f(x) = f(p) + f'(\xi(x))(x-p) = (x-p)f'(\xi(x))$$

其中，$\xi(x)$ 介于 x 和 p 之间。因为 $f \in C^1[a,b]$，所以

$$\lim_{x \to p} f'(\xi(x)) = f'\left(\lim_{x \to p} \xi(x)\right) = f'(p) \neq 0$$

令 $q = f' \circ \xi$，则有 $f(x) = (x-p)q(x)$，这里 $\lim_{x \to p} q(x) \neq 0$。从而 f 具有单重零点 p。 ■

下面的结论是对定理 2.11 的推广，证明作为习题留给读者完成（习题 12）。

定理 2.12 函数 $f \in C^m[a,b]$，点 p 在 (a,b) 上是 f 的 m 重零点，当且仅当

$$0 = f(p) = f'(p) = f''(p) = \cdots = f^{(m-1)}(p), \ \text{而} \ f^{(m)}(p) \neq 0$$ ■

定理 2.12 的结论说明只要 p 是单重零点，就存在包含 p 的一个区间，使得对任何该区间的数作为初始近似值 p_0，Newton 法都能二阶收敛到 p。下面的例子表明，如果零点不是单重的，Newton 法可能达不到二阶收敛。

例 1 设 $f(x) = e^x - x - 1$。(a)证明 f 有一个二重零点 $x = 0$；(b)取初始近似值 $p_0 = 1$。证明 Newton 法收敛到这个零点，但不是二阶的。

解 (a)我们有

$$f(x) = e^x - x - 1, \qquad f'(x) = e^x - 1, \qquad f''(x) = e^x$$

所以

$$f(0) = e^0 - 0 - 1 = 0, \qquad f'(0) = e^0 - 1 = 0, \qquad f''(0) = e^0 = 1$$

由定理 2.12 可得出 f 有一个二重零点 $x = 0$。

(b)将 Newton 法应用于 f 和 $p_0 = 1$，产生的前两项分别是

$$p_1 = p_0 - \frac{f(p_0)}{f'(p_0)} = 1 - \frac{e-2}{e-1} \approx 0.58198$$

和

$$p_2 = p_1 - \frac{f(p_1)}{f'(p_1)} \approx 0.58198 - \frac{0.20760}{0.78957} \approx 0.31906$$

由 Newton 法产生的数列的前若干项在表 2.8 中列出。显然数列收敛到 0 但不是二阶的。f 的曲线在图 2.11 中绘出。

表 2.8

n	p_n
0	1.0
1	0.58198
2	0.31906
3	0.16800
4	0.08635
5	0.04380
6	0.02206
7	0.01107
8	0.005545
9	2.7750×10^{-3}
10	1.3881×10^{-3}
11	6.9411×10^{-4}
12	3.4703×10^{-4}
13	1.7416×10^{-5}
14	8.8041×10^{-5}
15	4.2610×10^{-5}
16	1.9142×10^{-6}

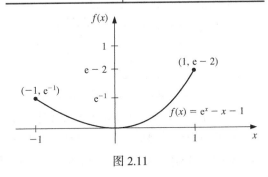

图 2.11

处理多重根问题的一个方法是定义

$$\mu(x) = \frac{f(x)}{f'(x)}$$

如果 p 是 f 的 m 重根，而 $f(x) = (x-p)^m q(x)$，则

$$\mu(x) = \frac{(x-p)^m q(x)}{m(x-p)^{m-1} q(x) + (x-p)^m q'(x)}$$

$$= (x-p) \frac{q(x)}{m q(x) + (x-p) q'(x)}$$

也有一个零点 p。然而，由于 $q(p) \neq 0$，所以

$$\frac{q(p)}{mq(p) + (p-p)q'(p)} = \frac{1}{m} \neq 0$$

进而 p 是 $\mu(x)$ 的单重零点，所以可以将 Newton 法应用于 $\mu(x)$ 产生

$$g(x) = x - \frac{\mu(x)}{\mu'(x)} = x - \frac{f(x)/f'(x)}{\{[f'(x)]^2 - [f(x)][f''(x)]\}/[f'(x)]^2}$$

它可以简化为

$$g(x) = x - \frac{f(x)f'(x)}{[f'(x)]^2 - f(x)f''(x)} \tag{2.13}$$

无论 f 的零点是多少重的，只要 g 满足要求的连续性条件，则应用于 g 的泛函迭代是二阶收敛的。理论上，该方法的唯一缺陷是增加了额外的 $f''(x)$ 计算和迭代过程中的更多运算。然而，实践中重根可能会导致严重的舍入误差问题，因为方程(2.13)的分母中包含了两个都非常接近于 0 的数之差。

例 2 在例 1 中已经证明了 $f(x) = e^x - x - 1$ 有一个二重零点 $x = 0$，取 $p_0 = 1$ 的 Newton 法收敛于 0 但不是二阶收敛。说明方程(2.13)给出的修正的 Newton 法改进了收敛率。

解 由修正的 Newton 法可以得到

$$p_1 = p_0 - \frac{f(p_0)f'(p_0)}{f'(p_0)^2 - f(p_0)f''(p_0)} = 1 - \frac{(e-2)(e-1)}{(e-1)^2 - (e-2)e} \approx -2.3421061 \times 10^{-1}$$

此数值跟 Newton 法第一次迭代的值 0.58918 相比更接近于 0。表 2.9 列出了二重零点 $x = 0$ 的前 5 个近似值。表中结果都是使用 10 位数字精度计算得到的。表中最后两个数字的精度改进不大，主要是因为使用了 10 位数字精度，这时分子和分母都接近于 0，有效数字严重损失。

表 2.9

n	p_n
1	$-2.3421061 \times 10^{-1}$
2	$-8.4582788 \times 10^{-3}$
3	$-1.1889524 \times 10^{-5}$
4	$-6.8638230 \times 10^{-6}$
5	$-2.8085217 \times 10^{-7}$

下面将说明：即使在单重根的情形下，修正的 Newton 法也是二阶收敛的。

说明 在 2.2 节中，我们知道 $f(x) = x^3 + 4x^2 - 10 = 0$ 的一个零点是 $p = 1.36523001$。这里将对比 Newton 法和修正的 Newton 法[式(2.13)]的收敛性。设从 Newton 法得到

(i) $p_n = p_{n-1} - \dfrac{p_{n-1}^3 + 4p_{n-1}^2 - 10}{3p_{n-1}^2 + 8p_{n-1}}$

从式(2.13)给出的修正的 Newton 法得到

(ii) $p_n = p_{n-1} - \dfrac{(p_{n-1}^3 + 4p_{n-1}^2 - 10)(3p_{n-1}^2 + 8p_{n-1})}{(3p_{n-1}^2 + 8p_{n-1})^2 - (p_{n-1}^3 + 4p_{n-1}^2 - 10)(6p_{n-1} + 8)}$

取 $p_0 = 1.5$，可以得出

Newton 法：

$$p_1 = 1.37333333, \quad p_2 = 1.36526201, \quad p_3 = 1.36523001$$

修正的 Newton 法：

$$p_1 = 1.35689898, \quad p_2 = 1.36519585, \quad p_3 = 1.36523001$$

这两种方法都迅速收敛到实际的零点，该零点由它们的 p_3 给出。再次指出，在单重根的情形下，原 Newton 方法需要更少的计算量。∎

习题 2.4

1. 使用 Newton 法求下列问题的解，要求精度在 10^{-5} 之内。

   a. $x^2 - 2xe^{-x} + e^{-2x} = 0$, 对 $0 \leqslant x \leqslant 1$

   b. $\cos(x + \sqrt{2}) + x(x/2 + \sqrt{2}) = 0$, $-2 \leqslant x \leqslant -1$

   c. $x^3 - 3x^2(2^{-x}) + 3x(4^{-x}) - 8^{-x} = 0$, $0 \leqslant x \leqslant 1$

   d. $e^{6x} + 3(\ln 2)^2 e^{2x} - (\ln 8)e^{4x} - (\ln 2)^3 = 0$, $-1 \leqslant x \leqslant 0$

2. 使用 Newton 法求下列问题的解，要求精度在 10^{-5} 之内。

   a. $1 - 4x\cos x + 2x^2 + \cos 2x = 0$, $0 \leqslant x \leqslant 1$

   b. $x^2 + 6x^5 + 9x^4 - 2x^3 - 6x^2 + 1 = 0$, $-3 \leqslant x \leqslant -2$

   c. $\sin 3x + 3e^{-2x}\sin x - 3e^{-x}\sin 2x - e^{-3x} = 0$, $3 \leqslant x \leqslant 4$

   d. $e^{3x} - 27x^6 + 27x^4 e^x - 9x^2 e^{2x} = 0$, $3 \leqslant x \leqslant 5$

3. 使用由方程(2.13)给出的修正的 Newton 法重做习题 1。跟习题 1 进行比较，在速度或精度上是否有所改进？

4. 使用由方程(2.13)给出的修正的 Newton 法重做习题 2。跟习题 2 进行比较，在速度或精度上是否有所改进？

5. 使用 Newton 法和方程(2.13)给出的修正的 Newton 法求下面问题的解，要求精度在 10^{-5} 之内。

$$e^{6x} + 1.441e^{2x} - 2.079e^{4x} - 0.3330 = 0, \qquad -1 \leqslant x \leqslant 0$$

该问题与习题 1(d)中的问题相同，只不过将习题 1(d)中方程的系数替换为它们的四位数字近似。将计算结果与习题 1(d)和习题 2(d)的结果进行比较。

理论型习题

6. 证明下列数列线性收敛到 $p = 0$。在 $|p_n - p| \leqslant 5 \times 10^{-2}$ 之前 n 必须为多大？

   a. $p_n = \dfrac{1}{n}$, $n \geqslant 1$

   b. $p_n = \dfrac{1}{n^2}$, $n \geqslant 1$

7. a. 证明对任意的正整数 k，由式 $p_n = 1/n^k$ 定义的数列线性收敛到 $p = 0$。

   b. 给定整数对 k 和 m，确定整数 N 使得 $1/N^k < 10^{-m}$。

8. a. 证明数列 $p_n = 10^{-2n}$ 二阶收敛于 0。

   b. 无论指数 $k > 1$ 有多大，数列 $p_n = 10^{-n^k}$ 都不能二阶收敛于 0。

9. a. 构造一个 3 阶收敛于 0 的数列。

   b. 设 $\alpha > 1$，构造一个 α 阶收敛于 0 的数列。

10. 假设 p 是 f 的 m 重零点，其中 $f^{(m)}$ 在一个包含 p 的开区间上连续。证明下面的不动点迭代方法有 $g'(p) = 0$：

$$g(x) = x - \frac{mf(x)}{f'(x)}$$

11. 证明二分法算法 2.1 给出的数列线性收敛于 0。

12. 假设 f 具有 m 阶连续导数。修改定理 2.11 的证明过程，证明 f 有一个 m 重零点 p，当且仅当

$$0 = f(p) = f'(p) = \cdots = f^{(m-1)}(p), \ \text{而} \ f^{(m)}(p) \neq 0$$

13. 求解 $f(x) = 0$ 的迭代法由不动点方法 $g(x) = x$ 给出，其中

$$p_n = g(p_{n-1}) = p_{n-1} - \frac{f(p_{n-1})}{f'(p_{n-1})} - \frac{f''(p_{n-1})}{2f'(p_{n-1})} \left[\frac{f(p_{n-1})}{f'(p_{n-1})} \right]^2, \quad n = 1, 2, 3, \ldots$$

它满足 $g'(p) = g''(p) = 0$。它一般将产生三阶 $(\alpha = 3)$ 收敛。扩展例 1 的分析来比较二阶收敛和三阶收敛。

14. 证明（例如，见[DaB],pp.228–229）：如果将割线法应用到求方程 $f(x) = 0$ 的解 p，得到的数列 $\{p_n\}_{n=0}^{\infty}$ 是收敛的，那么存在一个常数 C，使得对充分大的 n，$|p_{n+1} - p| \approx C|p_n - p||p_{n-1} - p|$ 成立。又设 $\{p_n\}$ 收敛到 p 的收敛阶是 α，证明 $\alpha = (1 + \sqrt{5})/2$。（注：这意味着割线法的收敛阶大约是 1.62。）

讨论问题

1. 由迭代法产生的数列的收敛速度也叫迭代法的收敛率。收敛率有许多种类型：线性的、超线性的、次线性的、对数的、二阶的、三阶的等。这些收敛率的缺陷是它们不能刻画下面数列的收敛：这些数列很快收敛但收敛"速度"是变化的。选择一个收敛率，描述它是如何加速的。

2. 对函数 $f(x) = x^2(x-1)$，讨论 Newton 法什么时候线性收敛，什么时候二阶收敛。

3. 阅读网页 http://www.uark.edu/misc/arnold/public_html/4363/OrderConv.pdf 上的文档，并用你自己的语言解释渐近误差常数的含义。

4. 收敛率和收敛阶的差异是什么？它们之间有关系吗？有没有可能两个数列有相同的收敛率但收敛阶却不同？或者相反？

2.5 加速收敛

定理 2.8 表明，很少会有二阶收敛那样的好结果。下面将考虑 Aitken Δ^2 方法，它用于加快线性收敛的数列的收敛速度，而不管它的来源和应用。

Aitken Δ^2 方法

假设 $\{p_n\}_{n=0}^{\infty}$ 是线性收敛的数列，它的极限为 p。为了构造一个比数列 $\{p_n\}_{n=0}^{\infty}$ 更快速收敛到 p 的数列 $\{\hat{p}_n\}_{n=0}^{\infty}$。假设 $p_n - p$，$p_{n+1} - p$，$p_{n+2} - p$ 的符号相同，且当 n 充分大时有

$$\frac{p_{n+1} - p}{p_n - p} \approx \frac{p_{n+2} - p}{p_{n+1} - p}$$

于是有

$$(p_{n+1} - p)^2 \approx (p_{n+2} - p)(p_n - p)$$

所以

$$p_{n+1}^2 - 2p_{n+1}p + p^2 \approx p_{n+2}p_n - (p_n + p_{n+2})p + p^2$$

和

$$(p_{n+2} + p_n - 2p_{n+1})p \approx p_{n+2}p_n - p_{n+1}^2$$

解出 p 得到

$$p \approx \frac{p_{n+2}p_n - p_{n+1}^2}{p_{n+2} - 2p_{n+1} + p_n}$$

在分子上加上一项 p_n^2，减去一项 $2p_np_{n+1}$，并进行适当组合，得到

$$p \approx \frac{p_np_{n+2} - 2p_np_{n+1} + p_n^2 - p_{n+1}^2 + 2p_np_{n+1} - p_n^2}{p_{n+2} - 2p_{n+1} + p_n}$$

$$= \frac{p_n(p_{n+2} - 2p_{n+1} + p_n) - (p_{n+1}^2 - 2p_np_{n+1} + p_n^2)}{p_{n+2} - 2p_{n+1} + p_n}$$

$$= p_n - \frac{(p_{n+1} - p_n)^2}{p_{n+2} - 2p_{n+1} + p_n}$$

定义数列 $\{\hat{p}_n\}_{n=0}^{\infty}$ 为

$$\hat{p}_n = p_n - \frac{(p_{n+1} - p_n)^2}{p_{n+2} - 2p_{n+1} + p_n} \tag{2.14}$$

Aitken （埃特金）Δ^2 方法基于假设数列 $\{\hat{p}_n\}_{n=0}^{\infty}$ 比原数列 $\{p_n\}_{n=0}^{\infty}$ 能更快速地收敛于 p。

例 1 设 $p_n = \cos(1/n)$，则数列 $\{p_n\}_{n=1}^{\infty}$ 线性收敛于 $p = 1$。确定由 Aitken Δ^2 方法给出的数列的前 5 项。

解 为了确定由 Aitken Δ^2 方法给出的数列的项 $\hat{p}_n$，需要用到原数列的 p_n, p_{n+1} 和 p_{n+2} 三项。因此，为了确定 $\hat{p}_5$，需要用到数列 p_n 的前七项。这在表 2.10 中给出。显然数列 $\{\hat{p}_n\}_{n=1}^{\infty}$ 比 $\{p_n\}_{n=1}^{\infty}$ 更快速地收敛到 $p = 1$。

表 2.10

n	p_n	$\hat{p}_n$
1	0.54030	0.96178
2	0.87758	0.98213
3	0.94496	0.98979
4	0.96891	0.99342
5	0.98007	0.99541
6	0.98614	
7	0.98981	

与该方法相关的记号 Δ 的来源由下面的定义给出。

定义 2.13 给定一个数列 $\{p_n\}_{n=0}^{\infty}$，**向前差分** Δp_n（读作"delta p_n"）定义如下：

$$\Delta p_n = p_{n+1} - p_n, \qquad n \geqslant 0$$

算子 Δ 的高次幂由下式递归地定义：

$$\Delta^k p_n = \Delta(\Delta^{k-1} p_n), \qquad k \geqslant 2$$

上述定义蕴含

$$\Delta^2 p_n = \Delta(p_{n+1} - p_n) = \Delta p_{n+1} - \Delta p_n = (p_{n+2} - p_{n+1}) - (p_{n+1} - p_n)$$

所以，$\Delta^2 p_n = p_{n+2} - 2p_{n+1} + p_n$，式(2.14)给出的 $\hat{p}_n$ 的公式可以重新写成

$$\hat{p}_n = p_n - \frac{(\Delta p_n)^2}{\Delta^2 p_n}, \qquad n \geqslant 0 \tag{2.15}$$

至此，在 Aitken Δ^2 方法的讨论中，我们已经说明了数列 $\{\hat{p}_n\}_{n=0}^{\infty}$ 比原数列 $\{p_n\}_{n=0}^{\infty}$ 更快速地收

敛到 p，但我们并没有给出术语"更快速地收敛"的具体含义是什么。定理 2.14 解释并澄清了这个术语。这个定理的证明作为习题留给读者完成（见习题 16）。

定理 2.14　假设 $\{p_n\}_{n=0}^{\infty}$ 是一个数列，它线性地收敛于 p，并满足

$$\lim_{n\to\infty} \frac{p_{n+1} - p}{p_n - p} < 1$$

又设 $\{\hat{p}_n\}_{n=0}^{\infty}$ 是 Aitken Δ^2 方法生成的数列，则

$$\lim_{n\to\infty} \frac{\hat{p}_n - p}{p_n - p} = 0$$

这意味着数列 $\{\hat{p}_n\}_{n=0}^{\infty}$ 比 $\{p_n\}_{n=0}^{\infty}$ 更快速地收敛于 p。　■

Steffensen 方法

设有一个由不动点迭代产生的线性收敛的数列，对该数列应用 Aitken Δ^2 方法修正，能将它加速到二阶收敛。这个过程称为 Steffensen 方法，它与直接将 Aitken Δ^2 方法用于不动点迭代产生的线性收敛的数列略有不同。Aitken Δ^2 方法构造数列的各项依次为：

$$p_0, \quad p_1 = g(p_0), \quad p_2 = g(p_1), \quad \hat{p}_0 = \{\Delta^2\}(p_0)$$

$$p_3 = g(p_2), \quad \hat{p}_1 = \{\Delta^2\}(p_1), \ldots$$

其中，$\{\Delta^2\}$ 显示用到了方程(2.15)。Steffensen 方法构造的数列的前四项 p_0, p_1, p_2 和 $\hat{p}_0$ 是一样的。然而，从这一步开始，假设 $\hat{p}_0$ 比 p_2 能更好地近似 p，代替 p_2，将不动点迭代用于 $\hat{p}_0$。用这些记号，上述方法产生的数列为

$$p_0^{(0)}, \quad p_1^{(0)} = g(p_0^{(0)}), \quad p_2^{(0)} = g(p_1^{(0)}), \quad p_0^{(1)} = \{\Delta^2\}(p_0^{(0)}), \quad p_1^{(1)} = g(p_0^{(1)}), \ldots$$

Steffensen 方法的数列每个第三项由式(2.15)产生，其余的项由不动点迭代产生。这个过程在算法 2.6 中描述。

算法 2.6（Steffensen 方法）

　　给定初始近似值 $p = g(p)$，求解 p_0。

　　输入　初始近似值 p_0；精度要求 TOL；最大迭代次数 N_0。

　　输出　近似解 p 或者失败信息。

Step 1　Set $i = 1$.

Step 2　While $i \leqslant N_0$ do Steps 3–6.

　　　Step 3　Set $p_1 = g(p_0)$;　（计算 $p_1^{(i-1)}$）

　　　　　　　$p_2 = g(p_1)$;　（计算 $p_2^{(i-1)}$）

　　　　　　　$p = p_0 - (p_1 - p_0)^2/(p_2 - 2p_1 + p_0)$.　（计算 $p_0^{(i)}$）

　　　Step 4　If $|p - p_0| < TOL$ then
　　　　　　　OUTPUT (p);　（算法成功）
　　　　　　　STOP.

　　　Step 5　Set $i = i + 1$.

　　　Step 6　Set $p_0 = p$.　（更新 p_0）

Step 7　OUTPUT ('Method failed after N_0 iterations, $N_0 =$', N_0);
　　　　（算法失败）
　　　　STOP.

注意，$\Delta^2 p_n$ 可能为 0，这意味着在下次迭代中分母为 0。如果这种情形发生了，我们就终止程序并选择 $p_2^{(n-1)}$ 作为最好的近似。

说明 为了使用 Steffensen 方法求解方程 $x^3 + 4x^2 - 10 = 0$，令 $x^3 + 4x^2 = 10$，除以 $x+4$ 并解出 x。这就产生了不动点方法：

$$g(x) = \left(\frac{10}{x+4}\right)^{1/2}$$

在 2.2 节中，我们考虑了这个不动点迭代方法，结果呈现在表 2.2 的(d)列中。

取 $p_0 = 1.5$，应用 Steffensen 方法得到的结果列在表 2.11 中。迭代近似值 $p_0^{(2)} = 1.365230013$ 有九位数字的精确度。在这个例子中，Steffensen 方法和 Newton 法给出了同样精度的结果。这些结果可以在 2.4 节结束时的说明中看到。

表 2.11

k	$p_0^{(k)}$	$p_1^{(k)}$	$p_2^{(k)}$
0	$p_0^{(0)}$	$p_1^{(0)} = g(p_0^{(0)})$	$p_2^{(0)} = g(p_1^{(0)})$
1	$p_0^{(1)} = p_0^{(0)} - \dfrac{(p_1^{(0)} - p_0^{(0)})^2}{p_2^{(0)} - 2p_1^{(0)} + p_0^{(0)}}$	$p_1^{(1)} = g(p_0^{(1)})$	$p_2^{(1)} = g(p_1^{(1)})$
2	$p_0^{(2)} = p_0^{(1)} - \dfrac{(p_1^{(1)} - p_0^{(1)})^2}{p_2^{(1)} - 2p_2^{(1)} + p_0^{(1)}}$		

以上内容产生下面的表

0	1.5	1.348399725	1.367376372
1	1.365265224	1.355225534	1.365230583
2	1.365230013		

从上面的说明可知，Steffensen 方法在并不用计算导数值的情况下给出了二阶收敛，定理 2.14 叙述了这个结论。该定理的证明可参阅[He2],pp.90–92 或[IK],pp.103–107。

定理 2.15 假设 $x = g(x)$ 有一个解 p 满足 $g'(p) \neq 1$。如果存在 $\delta > 0$ 使得 $g \in C^3[p-\delta, p+\delta]$，则 Steffensen 方法对任意 $p_0 \in [p-\delta, p+\delta]$ 都是二阶收敛的。 ∎

习题 2.5

1. 下面的数列都是线性收敛的。使用 Aitken Δ^2 方法给出数列 $\{\hat{p}_n\}$ 的前五项。

   a. $p_0 = 0.5, p_n = (2 - e^{p_{n-1}} + p_{n-1}^2)/3, n \geqslant 1$

   b. $p_0 = 0.75, p_n = (e^{p_{n-1}}/3)^{1/2}, n \geqslant 1$

   c. $p_0 = 0.5, p_n = 3^{-p_{n-1}}, n \geqslant 1$

   d. $p_0 = 0.5, p_n = \cos p_{n-1}, n \geqslant 1$

2. 考虑函数 $f(x) = e^{6x} + 3(\ln 2)^2 e^{2x} - (\ln 8)e^{4x} - (\ln 2)^3$。取初始近似值为 $p_0 = 0$，使用 Newton 法近似求 f 的零点。算法迭代直到满足 $|p_{n+1} - p_n| < 0.0002$ 时终止。构造数列 $\{\hat{p}_n\}$。问收敛是否被改进？

3. 设 $g(x) = \cos(x-1)$ 且 $p_0^{(0)} = 2$。用 Steffensen 方法求 $p_0^{(1)}$。

4. 设 $g(x) = 1 + (\sin x)^2$ 且 $p_0^{(0)} = 1$。用 Steffensen 方法求 $p_0^{(1)}$ 和 $p_0^{(2)}$。

5. 将 Steffensen 方法用于函数 $g(x)$，用 $p_0^{(0)} = 1$ 和 $p_2^{(0)} = 3$ 得到 $p_0^{(1)} = 0.75$。$p_1^{(0)}$ 是什么？

6. 将 Steffensen 方法用于函数 $g(x)$，用 $p_0^{(0)} = 1$ 和 $p_1^{(0)} = \sqrt{2}$ 得到 $p_0^{(1)} = 2.7802$。$p_2^{(0)}$ 是什么？

7. 用 Steffensen 方法求方程 $x^3 - x - 1 = 0$ 位于 $[1,2]$ 的根，要求精度在 10^{-4} 以内。将这些结果与 2.2 节

习题 8 的结果进行比较。

8. 用 Steffensen 方法求方程 $x - 2^{-x} = 0$ 位于 $[0,1]$ 的根，要求精度在 10^{-4} 以内。将这些结果与 2.2 节习题 10 的结果进行比较。

9. 用 Steffensen 方法近似计算 $p_0 = 2$，初始近似值取为 $\sqrt{3}$，要求精度在 10^{-4} 以内。将这些结果与 2.2 节习题 11、2.1 节习题 14 的结果进行比较。

10. 用 Steffensen 方法近似计算 $\sqrt[3]{25}$，初始近似值取为 $p_0 = 3$，要求精度在 10^{-4} 以内。将这些结果与 2.2 节习题 12、2.1 节习题 13 的结果进行比较。

11. 用 Steffensen 方法近似求下列方程的解，要求精度在 10^{-5} 以内。

    a. $x = (2 - e^x + x^2)/3$，其中 g 是 2.2 节习题 13(a)中的函数。

    b. $x = 0.5(\sin x + \cos x)$，其中 g 是 2.2 节习题 13(f)中的函数。

    c. $x = (e^x/3)^{1/2}$，其中 g 是 2.2 节习题 13(c)中的函数。

    d. $x = 5^{-x}$，其中 g 是 2.2 节习题 13(d)中的函数。

12. 用 Steffensen 方法近似求下列方程的解，要求精度在 10^{-5} 以内。

    a. $2 + \sin x - x = 0$，其中 g 是 2.2 节习题 14(a)中的函数。

    b. $x^3 - 2x - 5 = 0$，其中 g 是 2.2 节习题 14(b)中的函数。

    c. $3x^2 - e^x = 0$，其中 g 是 2.2 节习题 14(c)中的函数。

    d. $x - \cos x = 0$，其中 g 是 2.2 节习题 14(d)中的函数。

理论型习题

13. 下面的数列收敛到 0。使用 Aitken Δ^2 方法计算 $\{\hat{p}_n\}$ 直到满足 $|\hat{p}_n| \leqslant 5 \times 10^{-2}$。

    a. $p_n = \dfrac{1}{n}$，$n \geqslant 1$ b. $p_n = \dfrac{1}{n^2}$，$n \geqslant 1$

14. 如果一个数列 $\{p_n\}$ 满足

$$\lim_{n \to \infty} \frac{|p_{n+1} - p|}{|p_n - p|} = 0$$

则称它为**超线性收敛**到 p。

    a. 证明如果对 $\alpha > 1$，$p_n \to p$ 的阶为 α，则 $\{p_n\}$ 超线性收敛于 p。

    b. 证明 $p_n = \dfrac{1}{n^n}$ 超线性收敛于 0，但对任何 $\alpha > 1$，不以阶 α 收敛于 0。

15. 假设 $\{p_n\}$ 超线性收敛于 p。证明：

$$\lim_{n \to \infty} \frac{|p_{n+1} - p_n|}{|p_n - p|} = 1$$

16. 证明定理 2.14。[提示：令 $\delta_n = (p_{n+1} - p)/(p_n - p) - \lambda$，证明 $\lim_{n \to \infty} \delta_n = 0$。然后用 δ_n, δ_{n+1} 和 λ 表示 $(\hat{p}_{n+1} - p)/(p_n - p)$。]

17. 设 $P_n(x)$ 是 $f(x) = e^x$ 在 $x_0 = 0$ 处展开的 n 阶 Taylor 多项式。

    a. 对固定的 x，证明 $p_n = P_n(x)$ 满足定理 2.14 的假设。

    b. 设 $x = 1$，用 Aitken Δ^2 方法产生数列 $\hat{p}_0, \cdots, \hat{p}_8$。

    c. 在这种情况下 Aitken Δ^2 方法能加速收敛吗？

讨论问题

1. 在网页 http://ijes.info/3/242543201.pdf 上阅读 Noreen Jamil 写的短文 "*A Comparison of Iterative Methods for the Solution of Non-Linear Systems*"，并查阅相关文献。最后根据你的阅读写一篇摘要。

2. 二分法有时与 Newton 法或割线法配合使用。当二分法找到一个包含根的足够小的区间时，Newton

法或割线法的初始近似值就能确定。另一个方法就是用 Brent 方法。请描述该方法。该方法能否加速收敛？如果能，为什么？

2.6　多项式的零点与 Müller 方法

一个 n 次多项式具有如下形式：

$$P(x) = a_n x^n + a_{n-1} x^{n-1} + \cdots + a_1 x + a_0$$

其中，a_i 是常数，叫作 P 的系数且 $a_n \neq 0$。零函数[对所有 x，$P(x)=0$]也是一个多项式，但它没有次数。

代数多项式

定理 2.16（**代数学基本定理**）　如果 $P(x)$ 是一个次数为 $n \geq 1$ 的实或复系数多项式，则 $P(x)=0$ 至少有一个根（可能是复数）。　　　　■

虽然代数学基本定理是学习初等函数的基础，但是通常它的证明需要复变函数理论的知识。为了系统学习证明该定理所需的知识，读者可参阅[SaS,p.155.]。

例 1　求多项式 $P(x) = x^3 - 5x^2 + 17x - 13$ 的所有零点。

解　易于验证 $P(1) = 1 - 5 + 17 - 13 = 0$，故 $x = 1$ 是 P 的一个零点且 $(x-1)$ 是该多项式的一个因式。用 $x-1$ 除 $P(x)$ 得到

$$P(x) = (x - 1)(x^2 - 4x + 13)$$

为了确定 $x^2 - 4x + 13$ 的零点，我们使用标准的二次多项式的求根公式，得到两个复根：

$$\frac{-(-4) \pm \sqrt{(-4)^2 - 4(1)(13)}}{2(1)} = \frac{4 \pm \sqrt{-36}}{2} = 2 \pm 3\mathrm{i}$$

因此，三次多项式 $P(x)$ 有 3 个零点，$x_1 = 1, x_2 = 2 - 3\mathrm{i}$ 和 $x_2 = 2 + 3\mathrm{i}$。　　　　■

在上例中，我们发现该三次多项式有 3 个不同的零点。代数学基本定理的一个重要结果是下面的推论。推论说明上面的事实总是成立的，只要多项式的零点是不同的，则零点的数目与多项式的次数一致。

推论 2.17　如果 $P(x)$ 是一个次数为 $n \geq 1$ 的实或复系数多项式，则存在唯一的一组常数（可能是复数）$x_1, x_2, \cdots, x_k$ 和唯一的一组正整数 $m_1, m_2, \cdots, m_k$，使得 $\sum_{i=1}^{k} m_i = n$，且

$$P(x) = a_n (x - x_1)^{m_1} (x - x_2)^{m_2} \cdots (x - x_k)^{m_k}$$

　　　　■

由推论 2.17 可知，多项式零点构成的集合是唯一的，且对每一个零点 x_i，按它的重数 m_i 计数，则 n 次多项式恰有 n 个零点。

代数学基本定理的下面一个推论在本节和后面的章节中经常用到。

推论 2.18　设 $P(x)$ 和 $Q(x)$ 是两个次数不超过 n 的多项式。如果 $x_1, x_2, \cdots, x_k$ 是不同的数，$k > n$ 且对 $i = 1, 2, \cdots, k$ 成立 $P(x_i) = Q(x_i)$，则对所有 x 都有 $P(x) = Q(x)$。　　　　■

上述结果蕴含两个次数小于或等于 n 的多项式，如果在 $n+1$ 个不同的点上的函数值相等，则这两个多项式相同。这个结论将多次被使用，尤其是在第 3 章和第 8 章。

Horner（霍纳）方法

在用 Newton 法求多项式 $P(x)$ 的近似零点时，我们需要计算 $P(x)$ 和 $P'(x)$ 在某些点上的值。因为 $P(x)$ 和 $P'(x)$ 都是多项式，计算的有效性要求这些函数的求值应使用 1.2 节讨论过的嵌套方式。Horner 方法就是这种嵌套的方式，它在对任意 n 次多项式的求值时仅需 n 次乘法运算和 n 次加法运算。

定理 2.19（Horner 方法） 设

$$P(x) = a_n x^n + a_{n-1}x^{n-1} + \cdots + a_1 x + a_0$$

定义 $b_n = a_n$ 和

$$b_k = a_k + b_{k+1}x_0, \quad k = n-1, n-2, \cdots, 1, 0$$

则有 $b_0 = P(x_0)$。进一步，如果

$$Q(x) = b_n x^{n-1} + b_{n-1}x^{n-2} + \cdots + b_2 x + b_1$$

则

$$P(x) = (x - x_0)Q(x) + b_0$$

证明 根据 $Q(x)$ 的定义，有

$$
\begin{aligned}
(x - x_0)Q(x) + b_0 &= (x - x_0)(b_n x^{n-1} + \cdots + b_2 x + b_1) + b_0 \\
&= (b_n x^n + b_{n-1}x^{n-1} + \cdots + b_2 x^2 + b_1 x) \\
&\quad - (b_n x_0 x^{n-1} + \cdots + b_2 x_0 x + b_1 x_0) + b_0 \\
&= b_n x^n + (b_{n-1} - b_n x_0)x^{n-1} + \cdots + (b_1 - b_2 x_0)x + (b_0 - b_1 x_0)
\end{aligned}
$$

利用假设，$b_n = a_n$ 且 $b_k - b_{k+1}x_0 = a_k$，所以

$$(x - x_0)Q(x) + b_0 = P(x) \quad \text{和} \quad b_0 = P(x_0)$$

∎

例 2 使用 Horner 方法求 $P(x) = 2x^4 - 3x^2 + 3x - 4$ 在 $x_0 = -2$ 的值。

解 当采用 Horner 方法手工计算时，首先要构造一个表，它通常被冠以"综合除法"的名称。对这个问题，相应的综合除法表如下：

	x^4 的系数	x^3 的系数	x^2 的系数	x 的系数	常数项
$x_0 = -2$	$a_4 = 2$	$a_3 = 0$	$a_2 = -3$	$a_1 = 3$	$a_0 = -4$
		$b_4 x_0 = -4$	$b_3 x_0 = 8$	$b_2 x_0 = -10$	$b_1 x_0 = 14$
	$b_4 = 2$	$b_3 = -4$	$b_2 = 5$	$b_1 = -7$	$b_0 = 10$

所以，

$$P(x) = (x + 2)(2x^3 - 4x^2 + 5x - 7) + 10$$

∎

使用 Horner 方法（或综合除法）的另外一个优点是：因为

$$P(x) = (x - x_0)Q(x) + b_0$$

其中，

$$Q(x) = b_n x^{n-1} + b_{n-1}x^{n-2} + \cdots + b_2 x + b_1$$

对 x 求导数得到

$$P'(x) = Q(x) + (x - x_0)Q'(x) \quad \text{和} \quad P'(x_0) = Q(x_0) \tag{2.16}$$

当用 Newton-Raphson 方法求多项式的近似零点时，$P(x)$ 和 $P'(x)$ 可以用同样的方法来计算。

例3 用 Newton 法求多项式

$$P(x) = 2x^4 - 3x^2 + 3x - 4$$

的一个根，初始近似值取为 $x_0 = -2$，并用综合除法求每次迭代 x_n 处 $P(x_n)$ 和 $P'(x_n)$ 的值。

解   初始近似值 $x_0 = -2$，用例 1 的方法求得 $P(-2)$ 的值如下：

$$
\begin{array}{r|rrrrr}
x_0 = -2 & 2 & 0 & -3 & 3 & -4 \\
         &   & -4 & 8 & -10 & 14 \\
\hline
         & 2 & -4 & 5 & -7 & 10 \quad = P(-2)
\end{array}
$$

由定理 2.19 和式（2.16），得到

$$Q(x) = 2x^3 - 4x^2 + 5x - 7 \quad \text{和} \quad P'(-2) = Q(-2)$$

于是，通过类似于求 $Q(-2)$ 值的方法可以求出 $P'(-2)$ 的值：

$$
\begin{array}{r|rrrr}
x_0 = -2 & 2 & -4 & 5 & -7 \\
         &   & -4 & 16 & -42 \\
\hline
         & 2 & -8 & 21 & -49 \quad = Q(-2) = P'(-2)
\end{array}
$$

和

$$x_1 = x_0 - \frac{P(x_0)}{P'(x_0)} = x_0 - \frac{P(x_0)}{Q(x_0)} = -2 - \frac{10}{-49} \approx -1.796$$

重复这个过程计算 x_2，有

$$
\begin{array}{r|rrrrr}
-1.796 & 2 & 0 & -3 & 3 & -4 \\
       &   & -3.592 & 6.451 & -6.197 & 5.742 \\
\hline
       & 2 & -3.592 & 3.451 & -3.197 & 1.742 \quad = P(x_1) \\
       &   & -3.592 & 12.902 & -29.368 & \\
\hline
       & 2 & -7.184 & 16.353 & -32.565 \quad = Q(x_1) \quad = P'(x_1)
\end{array}
$$

于是，$P(-1.796) = 1.742, P'(-1.796) = Q(-1.796) = -32.565$，而

$$x_2 = -1.796 - \frac{1.742}{-32.565} \approx -1.7425$$

类似地，$x_3 = -1.73897$，而实际的有五位数字精度的零点是 -1.73896。

可以看到，用于求近似值的多项式 $Q(x)$ 在迭代之间互相使用。

算法 2.7 使用 Horner 方法计算 $P(x_0)$ 和 $P'(x_0)$。

算法 2.7（Horner 方法）

计算多项式

$$P(x) = a_n x^n + a_{n-1} x^{n-1} + \cdots + a_1 x + a_0 = (x - x_0)Q(x) + b_0$$

及其导数在 x_0 处的值。

输入   次数 n；系数 $a_0, a_1, \cdots, a_n$；x_0。

输出 $y = P(x_0); z = P'(x_0)$。

Step 1   Set $y = a_n$; （为了求 P，计算 b_n）
$z = a_n$. （为了求 Q，计算 b_{n-1}）

Step 2   For $j = n - 1, n - 2, \cdots, 1$
                 set $y = x_0 y + a_j$; （为了求P, 计算b_j ）
                 $z = x_0 z + y.$ （为了求Q, 计算b_{j-1} ）

Step 3   Set $y = x_0 y + a_0.$ （为了求P, 计算b_0 ）

Step 4   OUTPUT (y, z);
                STOP. ∎

如果 Newton 法中的第 N 次迭代 x_N 是 P 的一个近似零点, 则

$$P(x) = (x - x_N)Q(x) + b_0 = (x - x_N)Q(x) + P(x_N) \approx (x - x_N)Q(x)$$

因此, $x - x_N$ 近似地是 $P(x)$ 的一个因式。令 $\hat{x}_1 = x_N$ 是 P 的近似零点, 且 $Q_1(x) \equiv Q(x)$ 是下式的因式:

$$P(x) \approx (x - \hat{x}_1)Q_1(x)$$

将 Newton 法应用到多项式 $Q_1(x)$ 可以求出多项式 P 的第二个零点的近似值。

如果 $P(x)$ 是一个 n 次多项式, 它有 n 个实零点。重复地应用上述过程将最终得到 P 的 $(n-2)$ 个近似零点和一个近似二次因式 $Q_{n-2}(x)$。此时可以对 $Q_{n-2}(x) = 0$ 用二次多项式求根公式得到 P 的最后两个近似零点。虽然用这个方法能够找到所有零点的近似值, 但由于该方法基于近似值的重复近似, 所以会导致不精确的结果。

上面描述的程序叫**压缩(deflation)** 程序。压缩程序的不精确归因于这个事实: 当我们得到 $P(x)$ 的近似零点时, Newton 法用于缩减后的多项式 $Q_k(x)$, 该多项式满足

$$P(x) \approx (x - \hat{x}_1)(x - \hat{x}_2) \cdots (x - \hat{x}_k)Q_k(x)$$

多项式 Q_k 的一个近似零点 $\hat{x}_{k+1}$ 虽然是缩减后的方程 $Q_k(x) = 0$ 的近似根, 但一般情形下不是 $P(x) = 0$ 的根的好的近似, 而且随着 k 的增加不精确性也增加。消除这个困难的一个方法就是用缩减后的方程来求 P 的零点的近似值 $\hat{x}_2, \hat{x}_3, \cdots, \hat{x}_k$, 然后通过将 Newton 法用于原来的多项式 $P(x)$ 进行改进这些近似值的精度。

复零点: Müller 方法

当面对复零点时, 应用割线法、试位法或者 Newton 法求多项式的零点都存在问题: 即使多项式的所有系数都是实数, 多项式也很可能有复根。如果初始近似值是实数, 后面所有的近似都将是实数。克服这个困难的方法之一是选择初始近似值是复数, 而后面所有的计算都使用复数算术。另一个可选的解决方法是以下面的定理为基础的。

定理 2.20   如果 $z = a + bi$ 是实系数多项式 $P(x)$ 的一个 m 重复零点, 则 $\bar{z} = a - bi$ 也是多项式 $P(x)$ 的 m 重复零点, 并且 $(x^2 - 2ax + a^2 + b^2)^m$ 是 $P(x)$ 的一个因式。 ∎

可以设计一个包含二次多项式的综合除法来近似分解一个多项式, 使得其中一个因式是一个二次多项式, 这个二次多项式的复根是原多项式的根的近似值。这个方法的细节详见本书第二版 [BFR]。这里不再对此过多论述, 下面将讨论由 D. E. Müller[Mu]首先提出的一个方法, 它可用于任何求根问题, 尤其对多项式的近似求根非常有用。

割线法从两个初始近似值 p_0 和 p_1 出发, 利用两点 $(p_0, f(p_0))$ 和 $(p_1, f(p_1))$ 的连线和 x 轴的交点来确定下一个近似值 p_2 （见图 2.12(a) ）。Müller 方法从 3 个初始近似值 p_0, p_1 和 p_2 出发, 利用过 3 点 $(p_0, f(p_0)), (p_1, f(p_1))$ 和 $(p_2, f(p_2))$ 的连线和 x 轴的交点来确定下一个近似值 p_3 （见图 2.12(b) ）。

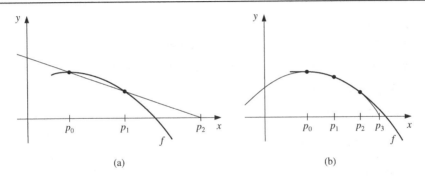

图 2.12

我们从下面的二次多项式开始来推导 Müller 方法:

$$P(x) = a(x - p_2)^2 + b(x - p_2) + c$$

它通过 3 点 $(p_0, f(p_0)), (p_1, f(p_1))$ 和 $(p_2, f(p_2))$。常数 a, b 和 c 能用下面 3 个条件

$$f(p_0) = a(p_0 - p_2)^2 + b(p_0 - p_2) + c \tag{2.17}$$

$$f(p_1) = a(p_1 - p_2)^2 + b(p_1 - p_2) + c \tag{2.18}$$

$$f(p_2) = a \cdot 0^2 + b \cdot 0 + c = c \tag{2.19}$$

来确定。解之得

$$c = f(p_2) \tag{2.20}$$

$$b = \frac{(p_0 - p_2)^2 [f(p_1) - f(p_2)] - (p_1 - p_2)^2 [f(p_0) - f(p_2)]}{(p_0 - p_2)(p_1 - p_2)(p_0 - p_1)} \tag{2.21}$$

$$a = \frac{(p_1 - p_2)[f(p_0) - f(p_2)] - (p_0 - p_2)[f(p_1) - f(p_2)]}{(p_0 - p_2)(p_1 - p_2)(p_0 - p_1)} \tag{2.22}$$

为了得到 p_3，因为它是 P 的一个零点，所以对 $P(x) = 0$ 应用二次多项式的求根公式。但是因为两个非常接近的数相减会导致严重的舍入误差问题，因此我们选择 1.2 节中的式(1.2) 和式(1.3):

$$p_3 - p_2 = \frac{-2c}{b \pm \sqrt{b^2 - 4ac}}$$

依据上式中符号的不同，这个公式给出了两种可能的 p_3。在 Müller 方法中，选取与 b 相同的符号来计算。按这种方法来选取会使分母的绝对值达到最大，而 p_3 是 P 离 p_2 最近的零点。这样

$$p_3 = p_2 - \frac{2c}{b + \operatorname{sgn}(b)\sqrt{b^2 - 4ac}}$$

其中，a, b 和 c 由式(2.20)～式(2.22)给出。

一旦 p_3 被确定，接下来就是用 p_1, p_2 和 p_3 来代替 p_0, p_1 和 p_2，然后重复前面的计算得到下一个近似值 p_4。这个方法一直继续下去直到得到满意的结果。方法的每一步中都会遇到根式 $\sqrt{b^2 - 4ac}$，所以当 $b^2 - 4ac < 0$ 时它能给出复根的近似值。算法 2.8 描述了整个方法的实现。

算法 2.8（Müller 方法）

给定 3 个初始近似值 p_0, p_1 和 p_2，求方程 $f(x) = 0$ 的一个解。

输入 初始近似值 p_0, p_1, p_2；精度要求 *TOL*；最大迭代次数 N_0。

输出 近似解 p 或失败信息。

Step 1 Set $h_1 = p_1 - p_0$;
$h_2 = p_2 - p_1$;
$\delta_1 = (f(p_1) - f(p_0))/h_1$;
$\delta_2 = (f(p_2) - f(p_1))/h_2$;
$d = (\delta_2 - \delta_1)/(h_2 + h_1)$;
$i = 3$.

Step 2 While $i \leqslant N_0$ do Steps 3–7.

Step 3 $b = \delta_2 + h_2 d$;
$D = (b^2 - 4f(p_2)d)^{1/2}$. （注：可能需要复数算术运算）

Step 4 If $|b - D| < |b + D|$ then set $E = b + D$
else set $E = b - D$.

Step 5 Set $h = -2f(p_2)/E$;
$p = p_2 + h$.

Step 6 If $|h| < TOL$ then
OUTPUT (p); （算法成功）
STOP.

Step 7 Set $p_0 = p_1$; （准备下一次迭代）
$p_1 = p_2$;
$p_2 = p$;
$h_1 = p_1 - p_0$;
$h_2 = p_2 - p_1$;
$\delta_1 = (f(p_1) - f(p_0))/h_1$;
$\delta_2 = (f(p_2) - f(p_1))/h_2$;
$d = (\delta_2 - \delta_1)/(h_2 + h_1)$;
$i = i + 1$.

Step 8 OUTPUT ('Method failed after N_0 iterations, $N_0 =$', N_0);
（算法失败）
STOP.

说明 考虑多项式 $f(x) = x^4 - 3x^3 + x^2 + x + 1$，它的部分曲线见图 2.13。

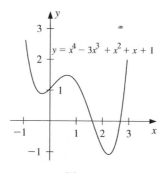

图 2.13

取 3 组不同的初始近似值，精度要求为 $TOL=10^{-5}$，用算法 2.8 来求 f 的近似零点。第一组初始近似值为 $p_0 = 0.5, p_1 = -0.5$ 和 $p_2 = 0$。因为通过这 3 点的抛物线与 x 轴不相交，所以有复根。表 2.12 列出了算法计算 f 的复根的相应近似值。

表 2.12

	$p_0 = 0.5,\ \ p_1 = -0.5,\ \ p_2 = 0$	
i	p_i	$f(p_i)$
3	$-0.100000 + 0.888819i$	$-0.01120000 + 3.014875548i$
4	$-0.492146 + 0.447031i$	$-0.1691201 - 0.7367331502i$
5	$-0.352226 + 0.484132i$	$-0.1786004 + 0.0181872213i$
6	$-0.340229 + 0.443036i$	$0.01197670 - 0.0105562185i$
7	$-0.339095 + 0.446656i$	$-0.0010550 + 0.000387261i$
8	$-0.339093 + 0.446630i$	$0.000000 + 0.000000i$
9	$-0.339093 + 0.446630i$	$0.000000 + 0.000000i$

表 2.13 列出了算法计算 f 的两个实零点的近似值。其中最小的一个根使用的初始近似值为 $p_0 = 0.5, p_1 = 1.0$ 和 $p_2 = 1.5$，最大的一个根使用的初始近似值为 $p_0 = 1.5, p_1 = 2.0$ 和 $p_2 = 2.5$。

表 2.13

$p_0 = 0.5,$	$p_1 = 1.0,$	$p_2 = 1.5$	$p_0 = 1.5,$	$p_1 = 2.0,$	$p_2 = 2.5$
i	p_i	$f(p_i)$	i	p_i	$f(p_i)$
3	1.40637	-0.04851	3	2.24733	-0.24507
4	1.38878	0.00174	4	2.28652	-0.01446
5	1.38939	0.00000	5	2.28878	-0.00012
6	1.38939	0.00000	6	2.28880	0.00000
			7	2.28879	0.00000

表中所列数值已经精确到所列的数字位数。　　　　　　　　　　　　　■

以上表明：对各种不同的初始近似值，Müller 方法都能得到多项式的根的近似值。事实上，虽然可以构造出不收敛的例子，但一般来说对任何选取的初始近似值，Müller 方法都能收敛到多项式的根。例如，假设对某个 i 有 $f(p_i) = f(p_{i+1}) = f(p_{i+2}) \neq 0$，这时的二次多项式退化成一个常数，它与 x 轴并不相交。但通常情形不是这样，使用 Müller 方法的通用目的软件包对一个根只要求一个初始近似值，它甚至可能将这个近似值作为可选项。

习题 2.6

1. 用 Newton 法求出下列多项式的所有实根，精度要求在 10^{-4} 之内。

   a. $f(x) = x^3 - 2x^2 - 5$

   b. $f(x) = x^3 + 3x^2 - 1$

   c. $f(x) = x^3 - x - 1$

   d. $f(x) = x^4 + 2x^2 - x - 3$

   e. $f(x) = x^3 + 4.001x^2 + 4.002x + 1.101$

   f. $f(x) = x^5 - x^4 + 2x^3 - 3x^2 + x - 4$

2. 求下列每个多项式的所有实根，精度要求在 10^{-5} 之内。首先用 Newton 法求出所有的实根，然后将原多项式缩减为低次多项式，再求它的所有复根。

   a. $f(x) = x^4 + 5x^3 - 9x^2 - 85x - 136$

   b. $f(x) = x^4 - 2x^3 - 12x^2 + 16x - 40$

   c. $f(x) = x^4 + x^3 + 3x^2 + 2x + 2$

    d. $f(x) = x^5 + 11x^4 - 21x^3 - 10x^2 - 21x - 5$

    e. $f(x) = 16x^4 + 88x^3 + 159x^2 + 76x - 240$

    f. $f(x) = x^4 - 4x^2 - 3x + 5$

    g. $f(x) = x^4 - 2x^3 - 4x^2 + 4x + 4$

    h. $f(x) = x^3 - 7x^2 + 14x - 6$

3. 用 Müller 方法重做习题 1。

4. 用 Müller 方法重做习题 2。

5. 绘制下列函数 f 的曲线草图，利用这些信息，通过使用 Newton 法来求出它们的零点和临界点 (critical point)，精度要求在 10^{-3} 以内。

    a. $f(x) = x^3 - 9x^2 + 12$ b. $f(x) = x^4 - 2x^3 - 5x^2 + 12x - 5$

6. 函数 $f(x) = 10x^3 - 8.3x^2 + 2.295x - 0.21141 = 0$ 有一个零点 $x = 0.29$。试用 Newton 法并取初始近似值为 $x_0 = 0.28$ 来近似求这个根。解释发生了什么。

7. 使用下面的 5 种方法求方程

$$600x^4 - 550x^3 + 200x^2 - 20x - 1 = 0$$

位于区间 $[0.1, 1]$ 内的解，精度要求在 10^{-4} 以内。

    a. 二分法   c. 割线法   e. Müller 方法

    b. Newton 法   d. 试位法

应用型习题

8. 两个梯子交叉靠在一个宽为 W 的胡同的两面墙上。每个梯子从一面墙的底部靠在对面墙的某点。两个梯子相交点距离地面的高度为 H。假设两个梯子的长度是 $x_1 = 20\,\text{ft}$ 和 $x_2 = 30\,\text{ft}$，又设 $H = 8\,\text{ft}$，求 W。

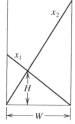

9. 要构造一个容积为 $1000\ \text{cm}^3$ 的直立圆柱形容器。容器的圆形顶部和底部的半径必须比容器的半径多出 $0.25\ \text{cm}$，这样多出的部分可用于侧面的封装。用于容器侧面的一块材料也必须比容器的周长要长 $0.25\ \text{cm}$ 以用于封装。求出构造这个容器所需材料的最小面积，要求精确到 10^{-4}。

10. 在 1224 年，Pisa 的 Leonardo，即著名的 Fibonacci，当着皇帝 Frederick 二世的面回答了 Palermo 的 John 提出的一个具有挑战性的数学问题：找出方程 $x^3 + 2x^2 + 10x = 20$ 的根。他首先证明了这个方程没有有理根，也没有 Euclid 无理根，即没有形如 $a \pm \sqrt{b}$，$\sqrt{a} \pm \sqrt{b}$，$\sqrt{a \pm \sqrt{b}}$ 和 $\sqrt{\sqrt{a} \pm \sqrt{b}}$ 的根，其中 a 和 b 是有理数。然后他近似求出了唯一的实根，可能使用了包含圆和抛物线相交的 Omar Khayyam 代数方法。他的答案以六十位进制给出如下：

$$1 + 22\left(\frac{1}{60}\right) + 7\left(\frac{1}{60}\right)^2 + 42\left(\frac{1}{60}\right)^3 + 33\left(\frac{1}{60}\right)^4 + 4\left(\frac{1}{60}\right)^5 + 40\left(\frac{1}{60}\right)^6$$

他的近似解的精确度如何？

讨论问题

1. 讨论将试位法和 Müller 方法结合产生新的加速收敛的方法的可能性。将它与 Brent 方法对比。
2. Müller 方法和逆二次插值是否有差异？如果有，讨论之。

2.7　数值软件

给定一个具体的函数 f 以及一个精度限，一个有效的程序应该能够产生方程 $f(x) = 0$ 的一个或多个解的近似值，每一个近似值的绝对误差或相对误差都在给定的精度限之内，并且得到结果所需的时间较为合理。如果程序不能满足这些条件，它至少应该对为什么不能成功做出有意义的解释，并指出如何克服失败。

IMSL 有一个执行具有缩减步骤的 Müller 方法的子程序。这个程序包里还包含了 R. P. Brent 设计的程序：该程序将线性插值、类似于 Müller 方法的逆二次插值和二分法结合起来。Laguerre 方法也可用于求实多项式的零点。另外一个求实多项式零点的程序使用了 Jenkins-Traub 方法，该方法也可以用来求复多项式的零点。

NAG 函数库有一个子程序，它将二分法、线性插值和外推法结合起来，用于近似求给定区间上一个函数的零点。NAG 同时也提供了近似求实多项式和复多项式的所有零点的子程序，这些子程序都使用修正的 Laguerre 方法。

netlib 函数库中有一个由 T. J. Dekker 开发的子程序，它合并了二分法和割线法来近似求函数在区间上的零点。它要求具体给定一个包含零点的区间，运行结果输出一个宽度小于精度限的包含零点的区间。另一个子程序将二分法、插值和外推法结合起来，用于近似求函数在区间上的零点。

值得注意的是，无论方法多么丰富多样，专业编写的软件包主要都是以本章讨论的原理和方法为基础的。通过阅读软件包自带的用户手册，你应该能够使用这些软件包，并较好地理解相关参数以及程序运行所得的结果。

关于非线性方程的求解，有 3 本书是非常经典的，它们是 Traub[Tr]、Ostrowski[Os] 和 Householder[Ho]。此外，对于当前许多流行使用的求根方法，Brent 的书 [Bre] 是它们的基础。

讨论问题

1. 讨论某些数值求解方程 $f(x) = 0$ 的软件包之间的差异。
2. 对比本章学过的至少两种方法的收敛率。
3. 对比 Cauchy 和 Müller 两种方法。

关键概念

二分法	不动点迭代	Newton 法
割线法	试位法	Aitken Δ^2 方法
Steffensen 方法	Müller 方法	Horner 方法
误差的度量	收敛率	

本章总结

下面回顾一下本章讲述的方法和技巧。

本章中，我们考虑了近似求解方程 $f(x) = 0$ 的问题，其中 f 是一个给定的连续函数。所有的方法都是从一个初始近似值开始的，如果这个方法是成功的，它将产生一个收敛到方程根的数列。如果 $[a,b]$ 是一个区间，其左右端点的函数值 $f(a)$ 和 $f(b)$ 异号，则二分法和试位法都收敛。但是，我们发现这些方法的收敛速度很慢。我们也了解到使用割线法或 Newton 法在一般情况下都能得到更快的收敛速度。可是，割线法需要两个好的初始近似值，Newton 法需要一个好的初始近似值。我们还发现像二分法和试位法这样能够保证根位于两次迭代之间的方法可以用作割线法或 Newton 法的开始方法。

此外，即使没有特别好的初始近似值，Müller 方法也能给出快速的收敛数列。Müller 方法不如 Newton 法那样高效，因为它在零点附近的收敛阶大约是 $\alpha = 1.84$，而 Newton 法是二阶收敛的，即 $\alpha = 2$。但 Müller 方法却比割线法好，割线法的收敛阶大约是 $\alpha = 1.62$，同时 Müller 方法还有一个优点是能用于近似计算复根。

一个多项式的近似根一旦被确定后，就可以用 Newton 法或 Müller 方法来缩减方程。在确定了缩减后的方程的一个近似根之后，用这个近似根作为初始值对原多项式使用 Müller 方法或 Newton 法，这个过程将保证所求根的近似值是原方程的解，而不是缩减后的近似方程的解。笔者推荐使用 Müller 方法求多项式的所有零点，包括实零点和复零点。Müller 方法也可用于近似计算任意连续函数的零点。

其他高阶方法也可用于求多项式的根。如果对这个主题特别感兴趣的话，笔者建议考虑 Laguerre 方法，它具有三阶收敛且可近似求复根（完整的讨论见[Ho, pp.176–179]）。笔者还推荐 Jenkins-Traub 方法（见[JT]）和 Brent 方法（见[Bre]）。

另外一个非常有趣的方法是 Cauchy 方法，它类似于 Müller 方法，但避免了对某个 i，$f(x_i) = f(x_{i+1}) = f(x_{i+2})$ 方法失败的问题。对这个方法的有趣讨论以及 Müller 方法的更多细节，笔者推荐参阅[YG]的 4.10 节、4.11 节和 5.4 节。

第3章 插值和多项式逼近

引言

美国每隔 10 年进行一次人口普查。下表中列出了从 1960 年到 2010 年美国的人口数(以千人为单位),数据同时也在图中绘出。

年份	1960	1970	1980	1990	2000	2010
人口数(千人)	179 323	203 302	226 542	249 633	281 422	308 746

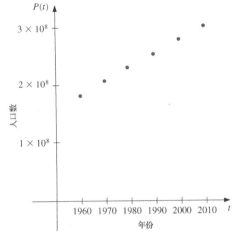

在观察这些数据时,我们也许会问,是否可以利用这些数据对某年,如 1975 年甚至是 2020 年的人口数给出一个合理的估计呢?这种类型的预测通常用拟合这些数据的一个函数来给出。这个过程叫**插值**,它是本章的主题。在整个这一章中都会考虑这个人口问题,而在 3.1 节的习题 19、3.3 节的习题 17 和 3.5 节的习题 24 中也将讨论这个问题。

3.1 插值和 Lagrange 多项式

将实数集映射到它自身的函数类中,最有用也是最著名的一个子类是代数多项式,它是具有如下形式的函数集合:

$$P_n(x) = a_n x^n + a_{n-1} x^{n-1} + \cdots + a_1 x + a_0$$

其中,n 是一个非负整数,$a_0, \cdots, a_n$ 是实常数。代数多项式之所以重要的一个主要原因是它们一致地逼近连续函数。具体的含义是:给定一个有界闭区间上的连续函数,存在一个多项式能和该函数任意"接近"。这个结果精确地表示为下面的 Weierstrass 逼近定理(见图 3.1)。

定理 3.1(Weierstrass 逼近定理) 假设 f 在 $[a,b]$ 上有定义且连续,则对任意 $\epsilon > 0$,存在一个多项式 $P(x)$,它具有下面的属性:

$$|f(x) - P(x)| < \epsilon, \text{ 对于所有} [a,b] \text{ 中的 } x \qquad \blacksquare$$

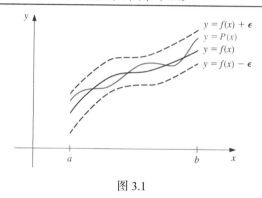

图 3.1

这个定理的证明在大多数实分析的基础教材中都能找到(例如，见[Bart]，pp.165–172)。

在函数逼近中考虑多项式类的另一个重要原因是：多项式的导数和不定积分也是多项式，且易于计算。综合上述理由，多项式常用于逼近连续函数。

本书 1.1 节介绍了 Taylor 多项式，它是数值分析的重要基石之一。在这种想法之下，你可能认为多项式插值会大量利用这些函数。可是，情形并非如此。Taylor 多项式与相对应的函数在特定的点附近会尽可能一致，但它们的精度也仅限于在这点附近。一个好的近似多项式需要在整个区间提供一个相对精确的近似，而 Taylor 多项式通常做不到这一点。例如，假若计算在 $x_0 = 0$ 处函数 $f(x) = e^x$ 的前六个 Taylor 多项式。因为 $f(x)$ 的各阶导数都是 e^x，它在 $x_0 = 0$ 处的值都是 1，所以这些 Taylor 多项式是

$$P_0(x) = 1, \quad P_1(x) = 1 + x, \quad P_2(x) = 1 + x + \frac{x^2}{2}, \quad P_3(x) = 1 + x + \frac{x^2}{2} + \frac{x^3}{6},$$

$$P_4(x) = 1 + x + \frac{x^2}{2} + \frac{x^3}{6} + \frac{x^4}{24}, \qquad P_5(x) = 1 + x + \frac{x^2}{2} + \frac{x^3}{6} + \frac{x^4}{24} + \frac{x^5}{120}$$

这些多项式的图像在图 3.2 中绘出。(注意：即便对高次多项式，当远离原点时误差也会逐渐变得很大。)

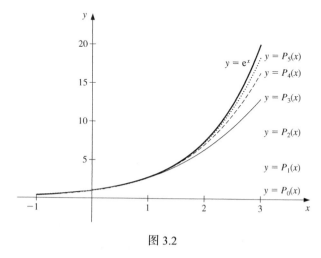

图 3.2

虽然如果使用高次 Taylor 多项式对于 $f(x) = e^x$ 可以获得较好的逼近，但这并不是对所有函数都正确的。作为一个极端的例子，考虑使用 $f(x) = 1/x$ 在 $x_0 = 1$ 处的不同次数的 Taylor 多项式来近似 $f(3) = 1/3$。因为

$$f(x) = x^{-1}, \ f'(x) = -x^{-2}, \ f''(x) = (-1)^2 2 \cdot x^{-3}$$

一般情形下，

$$f^{(k)}(x) = (-1)^k k! x^{-k-1}$$

Taylor 多项式为

$$P_n(x) = \sum_{k=0}^{n} \frac{f^{(k)}(1)}{k!} (x-1)^k = \sum_{k=0}^{n} (-1)^k (x-1)^k$$

用 $P_n(3)$ 来逼近 $f(3) = 1/3$，随着 n 值的增加，我们计算得到的值列于表 3.1 中，从表中可以看到戏剧性的结论：逼近明显失败。当用 $P_n(3)$ 来近似 $f(3) = 1/3$ 时，随着 n 值的增加，近似值变得越来越不精确。

表 3.1

n	0	1	2	3	4	5	6	7
$P_n(3)$	1	-1	3	-5	11	-21	43	-85

　　对于 Taylor 多项式，所有用于逼近的信息都集中在一个单点 x_0 上，所以通常状况下当远离这点 x_0 时这些多项式给出的近似值都是不精确的。这限制了 Taylor 多项式逼近只是对那些足够靠近 x_0 的数才有意义。对于一般的计算问题，使用包含多个点的信息的方法将会更有效。我们将在本章的其他部分来讨论这些问题。数值分析中 Taylor 多项式主要用于推导数值方法和误差估计，而不是逼近问题。

Lagrange（拉格朗日）插值多项式

　　考虑问题：确定一个一次多项式，使得它通过两个不同点的 (x_0, y_0) 和 (x_1, y_1)。这实际上就是一个多项式插值问题，即用一个一次多项式来逼近一个函数 f，使得满足 $f(x_0) = y_0$ 和 $f(x_1) = y_1$，或者说一次近似多项式在给定的点上与函数 f 的值相同。在给定端点的区间内使用这个多项式作为近似，称为**多项式插值（polynomial interpolation）**。

　　定义函数

$$L_0(x) = \frac{x - x_1}{x_0 - x_1} \ \text{和} \ L_1(x) = \frac{x - x_0}{x_1 - x_0}$$

通过 (x_0, y_0) 和 (x_1, y_1) 的线性 Lagrange 插值多项式是

$$P(x) = L_0(x) f(x_0) + L_1(x) f(x_1) = \frac{x - x_1}{x_0 - x_1} f(x_0) + \frac{x - x_0}{x_1 - x_0} f(x_1)$$

我们注意到

$$L_0(x_0) = 1, \quad L_0(x_1) = 0, \quad L_1(x_0) = 0, \ \text{和} \ L_1(x_1) = 1$$

这意味着

$$P(x_0) = 1 \cdot f(x_0) + 0 \cdot f(x_1) = f(x_0) = y_0$$

和

$$P(x_1) = 0 \cdot f(x_0) + 1 \cdot f(x_1) = f(x_1) = y_1$$

于是，P 是通过点 (x_0, y_0) 和 (x_1, y_1) 的次数不超过 1 的唯一的多项式。

　　例 1　求通过 $(2, 4)$ 和 $(5, 1)$ 的线性 Lagrange 插值多项式。

　　解　这种情形下，

$$L_0(x) = \frac{x-5}{2-5} = -\frac{1}{3}(x-5) \quad \text{和} \quad L_1(x) = \frac{x-2}{5-2} = \frac{1}{3}(x-2)$$

于是

$$P(x) = -\frac{1}{3}(x-5) \cdot 4 + \frac{1}{3}(x-2) \cdot 1 = -\frac{4}{3}x + \frac{20}{3} + \frac{1}{3}x - \frac{2}{3} = -x + 6$$

$y = P(x)$ 的曲线如图 3.3 所示。 ■

为了推广线性插值的概念，考虑构造一个次数不超过 n 的多项式，使它通过 $n+1$ 个点(见图 3.4)。

$$(x_0, f(x_0)), \ (x_1, f(x_1)), \cdots, (x_n, f(x_n))$$

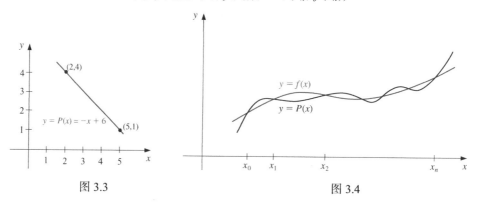

图 3.3　　　　　　　　　　　　　　　　　　图 3.4

在这种情况下，对每个 $k = 0, 1, \cdots, n$，首先构造一个函数 $L_{n,k}(x)$ 满足两个属性：①当 $i \neq k$ 时 $L_{n,k}(x_i) = 0$；②$L_{n,k}(x_k) = 1$。为了满足对每个 $i \neq k$，$L_{n,k}(x_i) = 0$，这就要求 $L_{n,k}(x)$ 的分子包含下面的项：

$$(x - x_0)(x - x_1) \cdots (x - x_{k-1})(x - x_{k+1}) \cdots (x - x_n)$$

而为了使得 $L_{n,k}(x_k) = 1$ 成立，$L_{n,k}(x)$ 的分母在 $x = x_k$ 处的值必须和分子在该点处的值相同。因此，

$$L_{n,k}(x) = \frac{(x - x_0) \cdots (x - x_{k-1})(x - x_{k+1}) \cdots (x - x_n)}{(x_k - x_0) \cdots (x_k - x_{k-1})(x_k - x_{k+1}) \cdots (x_k - x_n)}$$

一个典型的 $L_{n,k}$ (当 n 是偶数时)曲线如图 3.5 所示。

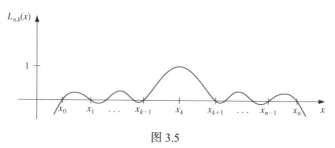

图 3.5

一旦 $L_{n,k}$ 的形式已知，插值多项式是很容易给出的。这个多项式称为 **n 次 Lagrange 插值多项式**，它的定义在下面的定理中给出。

定理 3.2 如果 $x_0, x_1, \cdots, x_n$ 是 $n+1$ 个不同的数，f 是一个函数并已知它在这些点上的值，则存在唯一的一个次数不超过 n 的多项式 $P(x)$ 满足

$$f(x_k) = P(x_k), \quad \text{对每个 } k = 0, 1, \cdots, n$$

这个多项式由下式给出：

$$P(x) = f(x_0)L_{n,0}(x) + \cdots + f(x_n)L_{n,n}(x) = \sum_{k=0}^{n} f(x_k)L_{n,k}(x) \tag{3.1}$$

其中，对每个 $k = 0,1,\cdots,n$ ，有

$$L_{n,k}(x) = \frac{(x - x_0)(x - x_1)\cdots(x - x_{k-1})(x - x_{k+1})\cdots(x - x_n)}{(x_k - x_0)(x_k - x_1)\cdots(x_k - x_{k-1})(x_k - x_{k+1})\cdots(x_k - x_n)} \tag{3.2}$$

$$= \prod_{\substack{i=0 \\ i \neq k}}^{n} \frac{(x - x_i)}{(x_k - x_i)} \qquad\blacksquare$$

当它的次数明确而不致发生混淆时，我们将 $L_{n,k}(x)$ 简记为 $L_k(x)$ 。

例 2　(a)利用数(称为节点) $x_0 = 2$ 、 $x_1 = 2.75$ 和 $x_2 = 4$ ，求 $f(x) = 1/x$ 的二次 Lagrange 插值多项式。

(b)用这个多项式来近似 $f(3) = 1/3$ 。

解　(a)首先来确定多项式 $L_0(x)$ 、 $L_1(x)$ 和 $L_2(x)$ 。它们以嵌套的形式表示为

$$L_0(x) = \frac{(x - 2.75)(x - 4)}{(2 - 2.75)(2 - 4)} = \frac{2}{3}(x - 2.75)(x - 4),$$

$$L_1(x) = \frac{(x - 2)(x - 4)}{(2.75 - 2)(2.75 - 4)} = -\frac{16}{15}(x - 2)(x - 4)$$

$$L_2(x) = \frac{(x - 2)(x - 2.75)}{(4 - 2)(4 - 2.75)} = \frac{2}{5}(x - 2)(x - 2.75)$$

又因为 $f(x_0) = f(2) = 1/2$ 、 $f(x_1) = f(2.75) = 4/11$ 和 $f(x_2) = f(4) = 1/4$ ，所以

$$P(x) = \sum_{k=0}^{2} f(x_k)L_k(x)$$

$$= \frac{1}{3}(x - 2.75)(x - 4) - \frac{64}{165}(x - 2)(x - 4) + \frac{1}{10}(x - 2)(x - 2.75)$$

$$= \frac{1}{22}x^2 - \frac{35}{88}x + \frac{49}{44}$$

(b) $f(3) = 1/3$ 的近似值为(见图 3.6)

$$f(3) \approx P(3) = \frac{9}{22} - \frac{105}{88} + \frac{49}{44} = \frac{29}{88} \approx 0.32955$$

回顾本章 3.1 节(见表 3.1)，我们发现任何在 $x_0 = 1$ 处展开的 Taylor 多项式都不能合理地近似 $f(x) = 1/x$ 在 $x = 3$ 的值。　　　　　　　　　　　　　　　　　　　　　　　　　　　　　　　■

下一步就是要计算插值多项式逼近函数的余项或误差界。

定理 3.3　假设 $x_0, x_1, \cdots, x_n$ 是区间 $[a,b]$ 中的不同的数，且 $f \in C^{n+1}[a,b]$ ，则对每个属于 $[a,b]$ 中的 x ，存在一个介于 $\min\{x_0, x_1, \cdots, x_n\}$ 和 $\max\{x_0, x_1, \cdots, x_n\}$ 之间(因此也是在区间 (a,b) 内)的数 $\xi(x)$ (一般未知)，使得

$$f(x) = P(x) + \frac{f^{(n+1)}(\xi(x))}{(n+1)!}(x - x_0)(x - x_1)\cdots(x - x_n) \tag{3.3}$$

其中 $P(x)$ 是由式(3.1)给出的插值多项式。

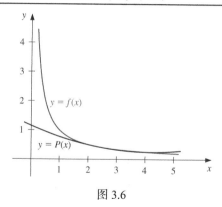

图 3.6

证明 首先我们注意到，对任意 $x = x_k$，如果 $k = 0, 1, \cdots, n$，则 $f(x_k) = P(x_k)$，只需在 (a, b) 内任取 $\xi(x_k)$ 使式 (3.3) 均成立。

其次，对任意 $k = 0, 1, \cdots, n$，如果 $x \neq x_k$，在 $[a, b]$ 上定义关于变量 t 的函数 g 如下：

$$g(t) = f(t) - P(t) - [f(x) - P(x)] \frac{(t - x_0)(t - x_1) \cdots (t - x_n)}{(x - x_0)(x - x_1) \cdots (x - x_n)}$$

$$= f(t) - P(t) - [f(x) - P(x)] \prod_{i=0}^{n} \frac{(t - x_i)}{(x - x_i)}$$

因为 $f \in C^{n+1}[a, b]$，$P \in C^{\infty}[a, b]$，则有 $g \in C^{n+1}[a, b]$。对 $t = x_k$，有

$$g(x_k) = f(x_k) - P(x_k) - [f(x) - P(x)] \prod_{i=0}^{n} \frac{(x_k - x_i)}{(x - x_i)} = 0 - [f(x) - P(x)] \cdot 0 = 0$$

而且

$$g(x) = f(x) - P(x) - [f(x) - P(x)] \prod_{i=0}^{n} \frac{(x - x_i)}{(x - x_i)} = f(x) - P(x) - [f(x) - P(x)] = 0$$

因此，$g \in C^{n+1}[a, b]$ 且 g 有 $n + 2$ 个不同的零点 $x, x_0, x_1, \cdots, x_n$。由广义的 Rolle 定理 1.11 可知，存在数 ξ 属于 (a, b)，使得 $g^{(n+1)}(\xi) = 0$。所以

$$0 = g^{(n+1)}(\xi) = f^{(n+1)}(\xi) - P^{(n+1)}(\xi) - [f(x) - P(x)] \frac{\mathrm{d}^{n+1}}{\mathrm{d}t^{n+1}} \left[\prod_{i=0}^{n} \frac{(t - x_i)}{(x - x_i)} \right]_{t = \xi} \tag{3.4}$$

可是，$P(x)$ 是一个次数不超过 n 的多项式，所以它的第 $(n+1)$ 阶导数 $P^{(n+1)}(x)$ 恒等于零。另外，$\prod_{i=0}^{n} [(t - x_i) / (x - x_i)]$ 是一个 $(n+1)$ 次多项式，故

$$\prod_{i=0}^{n} \frac{(t - x_i)}{(x - x_i)} = \left[\frac{1}{\prod_{i=0}^{n}(x - x_i)} \right] t^{n+1} + (\text{关于 } t \text{ 的低次项})$$

进一步有

$$\frac{\mathrm{d}^{n+1}}{\mathrm{d}t^{n+1}} \prod_{i=0}^{n} \frac{(t - x_i)}{(x - x_i)} = \frac{(n + 1)!}{\prod_{i=0}^{n}(x - x_i)}$$

于是式 (3.4) 变为

$$0 = f^{(n+1)}(\xi) - 0 - [f(x) - P(x)] \frac{(n + 1)!}{\prod_{i=0}^{n}(x - x_i)}$$

从中解出 $f(x)$，有

$$f(x) = P(x) + \frac{f^{(n+1)}(\xi)}{(n+1)!} \prod_{i=0}^{n} (x - x_i)$$

　　因为 Lagrange 多项式被广泛用于推导数值微分和数值积分的各种方法，所以定理 3.3 中的误差公式是一个非常重要的理论结果。这些方法的误差界都是用 Lagrange 误差公式来推导的。

　　值得注意的是，Lagrange 多项式的误差公式与 Taylor 多项式的误差公式非常类似。关于点 x_0 的 n 次 Taylor 多项式集中了关于 x_0 的所有已知信息，其误差形式为

$$\frac{f^{(n+1)}(\xi(x))}{(n+1)!} (x - x_0)^{n+1}$$

而 n 次 Lagrange 多项式则使用了所有不同点 $x_0, x_1, \cdots, x_n$ 的信息 $(x-x_0)^n$，在它的误差公式中包含了 $n+1$ 项 $(x-x_0),(x-x_1),\cdots,(x-x_n)$ 的乘积：

$$\frac{f^{(n+1)}(\xi(x))}{(n+1)!} (x - x_0)(x - x_1) \cdots (x - x_n)$$

　　例 3　在例 2 中，对函数 $f(x) = 1/x$，我们已经给出了在区间 $[2,4]$ 上使用节点 $x_0 = 2$、$x_1 = 2.75$ 和 $x_2 = 4$ 的二次 Lagrange 多项式。使用该多项式作为函数 $f(x)$ 在 $x \in [2,4]$ 的逼近，确定误差形式及最大误差。

　　解　因为 $f(x) = x^{-1}$，则有

$$f'(x) = -x^{-2}, \quad f''(x) = 2x^{-3}, \quad f'''(x) = -6x^{-4}$$

于是，二次 Lagrange 多项式的误差有如下形式：

$$\frac{f'''(\xi(x))}{3!} (x-x_0)(x-x_1)(x-x_2) = -(\xi(x))^{-4}(x-2)(x-2.75)(x-4), \quad \xi(x) \text{ 属于 } (2,4)$$

项 $(\xi(x))^{-4}$ 在区间上的最大值是 $2^{-4} = 1/16$。现在需要确定多项式在区间上的绝对值的最大值：

$$g(x) = (x-2)(x-2.75)(x-4) = x^3 - \frac{35}{4}x^2 + \frac{49}{2}x - 22$$

因为

$$D_x \left(x^3 - \frac{35}{4}x^2 + \frac{49}{2}x - 22 \right) = 3x^2 - \frac{35}{2}x + \frac{49}{2} = \frac{1}{2}(3x-7)(2x-7)$$

临界点为

$$x = \frac{7}{3}, \ g\left(\frac{7}{3}\right) = \frac{25}{108} \quad \text{和} \quad x = \frac{7}{2}, \ g\left(\frac{7}{2}\right) = -\frac{9}{16}$$

因此，最大误差为

$$\frac{f'''(\xi(x))}{3!} |(x-x_0)(x-x_1)(x-x_2)| \leq \frac{1}{16} \left| -\frac{9}{16} \right| = \frac{9}{256} \approx 0.03515625$$

　　下面的例子说明如何利用误差公式来准备一张数据的表格，保证具体的插值误差在给定的误差限之内。

　　例 4　对于函数 $f(x) = e^x$，x 属于 $[0,1]$，假设要准备一张该函数的表格。假设每个数的位数是 $d \geq 8$，x 的相邻两个数之差，即步长是 h。问对所有属于 $[0,1]$ 的 x，步长 h 是多少时才能保证线性插值给出的绝对误差不超过 10^{-6}？

　　解　设 $x_0, x_1, \cdots$ 是函数 f 在其上估值的点，x 属于区间 $[0,1]$，并设 j 使得 $x_j \leq x \leq x_{j+1}$。由式 (3.3)

可知线性插值的误差是

$$|f(x) - P(x)| = \left| \frac{f^{(2)}(\xi)}{2!}(x - x_j)(x - x_{j+1}) \right| = \frac{|f^{(2)}(\xi)|}{2}|(x - x_j)||(x - x_{j+1})|$$

步长是 h, 意味着 $x_j = jh$, $x_{j+1} = (j+1)h$, 即有

$$|f(x) - P(x)| \leqslant \frac{|f^{(2)}(\xi)|}{2!}|(x - jh)(x - (j+1)h)|$$

于是

$$|f(x) - P(x)| \leqslant \frac{\max_{\xi \in [0,1]} \mathrm{e}^{\xi}}{2} \max_{x_j \leqslant x \leqslant x_{j+1}} |(x - jh)(x - (j+1)h)|$$

$$\leqslant \frac{\mathrm{e}}{2} \max_{x_j \leqslant x \leqslant x_{j+1}} |(x - jh)(x - (j+1)h)|$$

考虑函数 $g(x) = (x - jh)(x - (j+1)h)$, 其中 $jh \leqslant x \leqslant (j+1)h$。因为

$$g'(x) = (x - (j+1)h) + (x - jh) = 2\left(x - jh - \frac{h}{2}\right)$$

函数 g 的唯一临界点是 $x = jh + h/2$, 其上的值为 $g(jh + h/2) = (h/2)^2 = h^2/4$。

因为 $g(jh) = 0$ 且 $g((j+1)h) = 0$, 所以 $|g'(x)|$ 在 $[jh, (j+1)h]$ 的最大值只可能在临界点处取得, 这意味着(见习题21)

$$|f(x) - P(x)| \leqslant \frac{\mathrm{e}}{2} \max_{x_j \leqslant x \leqslant x_{j+1}} |g(x)| \leqslant \frac{\mathrm{e}}{2} \cdot \frac{h^2}{4} = \frac{\mathrm{e}h^2}{8}$$

因此, 为确保线性插值的误差小于 10^{-6}, 只要 h 的选取满足

$$\frac{\mathrm{e}h^2}{8} \leqslant 10^{-6} \qquad \text{这意味着} \qquad h < 1.72 \times 10^{-3}$$

因为 $n = (1 - 0)/h$ 必须是一个整数, 所以合理的步长可取为 $h = 0.001$。　　　　　　　■

习题 3.1

1. 对给定的函数 $f(x)$, 设 $x_0 = 0$、$x_1 = 0.6$ 和 $x_2 = 0.9$。构造一次和二次插值多项式来近似求 $f(0.45)$ 并给出绝对误差。

   a. $f(x) = \cos x$ 　　　　　　　　b. $f(x) = \sqrt{1 + x}$

   c. $f(x) = \ln(x + 1)$ 　　　　　　d. $f(x) = \tan x$

2. 对给定的函数 $f(x)$, 设 $x_0 = 1$、$x_1 = 1.25$ 和 $x_2 = 1.6$。构造一次和二次插值多项式来近似求 $f(1.4)$ 并给出绝对误差。

   a. $f(x) = \sin \pi x$ 　　　　　　b. $f(x) = \sqrt[3]{x - 1}$

   c. $f(x) = \log_{10}(3x - 1)$ 　　　d. $f(x) = \mathrm{e}^{2x} - x$

3. 利用定理 3.3 确定习题 1 中逼近的误差界。

4. 利用定理 3.3 确定习题 2 中逼近的误差界。

5. 选择合适的一次、二次和三次 Lagrange 插值多项式来近似下面的值:

   a. $f(8.4)$, 假设 $f(8.1) = 16.94410$, $f(8.3) = 17.56492$, $f(8.6) = 18.50515$, $f(8.7) = 18.82091$

   b. $f\left(-\dfrac{1}{3}\right)$, 假设 $f(-0.75) = -0.07181250$, $f(-0.5) = -0.02475000$, $f(-0.25) = 0.33493750$,

   　　$f(0) = 1.10100000$

   c. $f(0.25)$, 假设 $f(0.1) = 0.62049958$, $f(0.2) = -0.28398668$, $f(0.3) = 0.0060095$, $f(0.4) = 0.24842440$

    d.　$f(0.9)$，假设 $f(0.6) = -0.17694460, f(0.7) = 0.01375227, f(0.8) = 0.22363362, f(1.0) = 0.65809197$

6.　选择合适的一次、二次和三次 Lagrange 插值多项式来近似下面的值：

    a.　$f(0.43)$，假设 $f(0) = 1, f(0.25) = 1.64872, f(0.5) = 2.71828, f(0.75) = 4.48169$

    b.　$f(0)$，假设 $f(-0.5) = 1.93750, f(-0.25) = 1.33203, f(0.25) = 0.800781, f(0.5) = 0.687500$

    c.　$f(0.18)$，假设 $f(0.1) = -0.29004986, f(0.2) = -0.56079734, f(0.3) = -0.81401972, f(0.4) = -1.0526302$

    d.　$f(0.25)$，假设 $f(-1) = 0.86199480, f(-0.5) = 0.95802009, f(0) = 1.0986123, f(0.5) = 1.2943767$

7.　习题 5 中的数据是由下列函数产生的。利用误差公式求出误差界，并对 $n = 1$ 和 $n = 2$ 两种情形比较误差界与实际误差。

    a.　$f(x) = x \ln x$ b.　$f(x) = x^3 + 4.001x^2 + 4.002x + 1.101$

    c.　$f(x) = x \cos x - 2x^2 + 3x - 1$ d.　$f(x) = \sin(e^x - 2)$

8.　习题 6 中的数据是由下列函数产生的。利用误差公式求出误差界，并对 $n = 1$ 和 $n = 2$ 两种情形比较误差界与实际误差。

    a.　$f(x) = e^{2x}$ b.　$f(x) = x^4 - x^3 + x^2 - x + 1$

    c.　$f(x) = x^2 \cos x - 3x$ d.　$f(x) = \ln(e^x + 2)$

9.　设 $P_3(x)$ 是对数据 $(0,0)$、$(0.5, y)$、$(1,3)$ 和 $(2,2)$ 的插值多项式。在 x^3 中 $P_3(x)$ 的系数是 6，求 y。

10.　设 $f(x) = \sqrt{x - x^2}$。$P_2(x)$ 是在 $x_0 = 0$、x_1 和 $x_2 = 1$ 上的插值多项式。对于 $f(0.5) - P_2(0.5) = -0.25$，求属于 $(0, 1)$ 的 x_1 的最大值。

11.　利用下面给出的值和四位数字舍入算术构造三次 Lagrange 插值多项式来近似 $f(1.09)$。被逼近的函数是 $f(x) = \log_{10}(\tan x)$。用这些已知条件给出逼近的误差界。

$$f(1.00) = 0.1924, \quad f(1.05) = 0.2414, \quad f(1.10) = 0.2933, \quad f(1.15) = 0.3492$$

12.　利用下面给出的数值通过四位数字截断算术构造次数小于或等于 3 的 Lagrange 插值多项式来近似 $\cos 0.750$，并求出近似的误差界。

$\cos 0.698 = 0.7661, \qquad \cos 0.733 = 0.7432, \qquad \cos 0.768 = 0.7193, \qquad \cos 0.803 = 0.6946$

$\cos 0.750$ 的实际值是 0.7317（四位数字）。解释实际误差和误差界的差异。

13.　对下面函数构造 Lagrange 插值多项式并求出在区间 $[x_0, x_n]$ 上的绝对误差界。

    a.　$f(x) = e^{2x} \cos 3x, \quad x_0 = 0, x_1 = 0.3, x_2 = 0.6, n = 2$

    b.　$f(x) = \sin(\ln x), \quad x_0 = 2.0, x_1 = 2.4, x_2 = 2.6, n = 2$

    c.　$f(x) = \ln x, \quad x_0 = 1, x_1 = 1.1, x_2 = 1.3, x_3 = 1.4, n = 3$

    d.　$f(x) = \cos x + \sin x, \quad x_0 = 0, x_1 = 0.25, x_2 = 0.5, x_3 = 1.0, n = 3$

14.　对下面函数构造 Lagrange 插值多项式并求出在区间 $[x_0, x_n]$ 上的绝对误差界。

    a.　$f(x) = e^{-2x} \sin 3x, \quad x_0 = 0, x_1 = \frac{\pi}{6}, x_2 = \frac{\pi}{4}, n = 2$

    b.　$f(x) = \log_{10} x, \quad x_0 = 3.0, x_1 = 3.2, x_2 = 3.5, n = 2$

    c.　$f(x) = e^x + e^{-x}, \quad x_0 = -0.3, x_1 = 0, x_2 = 0.3, n = 2$

    d.　$f(x) = \cos(2 \ln(3x)), \quad x_0 = 0, x_1 = 0.3, x_2 = 0.5, x_3 = 1.0, n = 3$

15.　设 $f(x) = e^x, \quad 0 \le x \le 2$。

    a.　用线性插值近似 $f(0.25)$，其中 $x_0 = 0$ 和 $x_1 = 0.5$。

    b.　用线性插值近似 $f(0.75)$，其中 $x_0 = 0.5$ 和 $x_1 = 1$。

c. 用二次插值多项式近似 $f(0.25)$ 和 $f(0.75)$，其中 $x_0 = 0$、$x_1 = 1$ 和 $x_2 = 2$。

d. 哪一个近似较好？为什么？

16. 设 $f(x) = e^{-x} \cos x$，$0 \leqslant x \leqslant 1$。

    a. 用线性插值近似 $f(0.25)$，其中 $x_0 = 0$ 和 $x_1 = 0.5$。

    b. 用线性插值近似 $f(0.75)$，其中 $x_0 = 0.5$ 和 $x_1 = 1$。

    c. 用二次插值多项式近似 $f(0.25)$ 和 $f(0.75)$，其中 $x_0 = 0$、$x_1 = 0.5$ 和 $x_2 = 1.0$。

    d. 哪一个近似较好？为什么？

17. 假设需要构造一个八位数字的以 10 为底的常用对数函数表，从 $x = 1$ 到 $x = 10$ 使用线性插值，精度在 10^{-6} 之内。确定这个表格中使用的步长的界。步长选取何值时能确保 $x = 10$ 也包含在这个表中？

18. 在 1.1 节的习题 24 中，使用 Maclaurin 级数的积分来近似 $\text{erf}(1)$，其中 $\text{erf}(x)$ 是标准分布误差函数，由下式给出：

$$\text{erf}(x) = \frac{2}{\sqrt{\pi}} \int_0^x e^{-t^2} dt$$

    a. 使用 Maclaurin 级数来构造 $\text{erf}(x)$ 的一个表，要求 $\text{erf}(x_i)$ 的精度在 10^{-4} 以内，其中，$x_i = 0.2i$，$i = 0,1,\cdots,5$。

    b. 分别用线性插值和二次插值来给出 $\text{erf}\left(\frac{1}{3}\right)$ 的近似值。哪一种方法看起来最可靠？

应用型习题

19. a. 本章引言的表格中列出了美国从 1960 年到 2010 年的人口数。用 Lagrange 插值求在 1950 年、1975 年、2014 年和 2020 年的人口数的近似值。

    b. 1950 年的人口数大约是 150 697 360，2014 年的人口数大约是 317 298 000。你认为你得到的 1975 年和 2020 年的人口数字精确性如何？

20. 人们怀疑在成熟的栎树叶子里有大量的单宁酸能够抑制尺蠖蛾的生长。尺蠖蛾幼虫在一定的年限内对栎树损害很大。下面的表格给出了两例幼虫在出生后 28 天内的平均重量。第一样例幼虫饲养在嫩栎树叶上，而第二样例幼虫则饲养在同一棵树的成熟树叶上。

    a. 用 Lagrange 插值近似每一样例的平均重量曲线。

    b. 通过确定插值多项式的最大值，对每个样例求出近似的最大平均重量。

天数	0	6	10	13	17	20	28
样例 1 平均重量	6.67	17.33	42.67	37.33	30.10	29.31	28.74
样例 2 平均重量	6.67	16.11	18.89	15.00	10.56	9.44	8.89

理论型习题

21. 证明 $\displaystyle\max_{x_j \leqslant x \leqslant x_{j+1}} |g(x)| = h^2/4$，其中 $g(x) = (x - jh)(x - (j+1)h)$。

22. 依照定理 3.3 的证明过程证明 Taylor 定理 1.14。[提示：令

$$g(t) = f(t) - P(t) - [f(x) - P(x)] \cdot \frac{(t - x_0)^{n+1}}{(x - x_0)^{n+1}}$$

其中 P 是 n 次 Taylor 多项式，并使用广义的 Rolle 定理 1.10。]

23. 对 $f \in C[0,1]$，n 次 Bernstein 多项式由下式给出：

$$B_n(x) = \sum_{k=0}^{n} \binom{n}{k} f\left(\frac{k}{n}\right) x^k (1-x)^{n-k}$$

其中 $\begin{pmatrix} n \\ k \end{pmatrix}$ 表示 $n!/k!(n-k)!$。因为对每个 $\lim\limits_{n\to\infty} B_n(x) = f(x)$，$x \in [0,1]$ 都成立，所以这些多项式可用来构造 Weierstrass 逼近定理 3.1（见[Bart]）的证明。

a. 对下面函数求 $B_3(x)$。

　　i.　$f(x) = x$　　　　ii.　$f(x) = 1$

b. 证明：对每个 $k \leqslant n$，

$$\begin{pmatrix} n-1 \\ k-1 \end{pmatrix} = \left(\frac{k}{n}\right)\begin{pmatrix} n \\ k \end{pmatrix}$$

c. 利用 (b) 中结果和根据 (a) 中的 (ii) 得出的结论

$$1 = \sum_{k=0}^{n} \begin{pmatrix} n \\ k \end{pmatrix} x^k (1-x)^{n-k}, \quad \text{对每个 } n$$

证明对 $f(x) = x^2$，有

$$B_n(x) = \left(\frac{n-1}{n}\right) x^2 + \frac{1}{n}x$$

d. 用 (c) 估计使 $|B_n(x) - x^2| \leqslant 10^{-6}$ 对所有 $[0,1]$ 内的 x 都成立的 n 值。

讨论问题

1. 假定用 Lagrange 多项式来拟合两组给定的数据。这两组数据除一个点上有小的扰动外，其余的完全相同。虽然扰动是很小的，虽然扰动是很小的，但 Lagrange 插值多项式的变化却很大。解释为什么会发生这种差异。

2. 如果我们决定通过增加插值节点来提高插值多项式的次数，是否有更简单的方法能够利用前面的插值多项式来得到高次插值多项式，还是说必须从头开始？

3.2　数据逼近和 Neville 方法

在前一节里，我们给出了 Lagrange 插值多项式的显式表达式和用它来逼近给定区间上的函数时的误差。人们经常用这些多项式来插值列表数据。在这种情形下，多项式的显式表达式其实并不需要，而只需要多项式在一些具体点上的值。同时，所考虑函数的大多数函数值可能是未知的，所以显式的误差公式也就不能使用了。现在来介绍在这种情形下插值的实际应用。

示例　表 3.2 列出了一个函数 f 在若干点上的函数值。用这些数据和不同的 Lagrange 插值多项式可以得到 $f(1.5)$ 的不同的近似。我们将比较这些不同的近似并确定近似的精度。

表 3.2	
x	$f(x)$
1.0	0.7651977
1.3	0.6200860
1.6	0.4554022
1.9	0.2818186
2.2	0.1103623

因为 1.5 介于 1.3 和 1.6 之间，所以最合适的线性插值多项式应该使用点 $x_0 = 1.3$ 和 $x_1 = 1.6$。插值多项式在 1.5 处的值是

$$\begin{aligned}
P_1(1.5) &= \frac{(1.5 - 1.6)}{(1.3 - 1.6)} f(1.3) + \frac{(1.5 - 1.3)}{(1.6 - 1.3)} f(1.6) \\
&= \frac{(1.5 - 1.6)}{(1.3 - 1.6)}(0.6200860) + \frac{(1.5 - 1.3)}{(1.6 - 1.3)}(0.4554022) = 0.5102968
\end{aligned}$$

可以合理地使用两个二次插值多项式。其中一个是取 $x_0 = 1.3$，$x_1 = 1.6$ 和 $x_2 = 1.9$，它产生的结果为

$$P_2(1.5) = \frac{(1.5-1.6)(1.5-1.9)}{(1.3-1.6)(1.3-1.9)}(0.6200860) + \frac{(1.5-1.3)(1.5-1.9)}{(1.6-1.3)(1.6-1.9)}(0.4554022)$$

$$+ \frac{(1.5-1.3)(1.5-1.6)}{(1.9-1.3)(1.9-1.6)}(0.2818186) = 0.5112857$$

另一个取插值节点为 $x_0 = 1.0$，$x_1 = 1.3$ 和 $x_2 = 1.6$，这时得到的结果为 $\hat{P}_2(1.5) = 0.5124715$。

对于三次多项式插值，也有两种合理的选择。其中一个是以 $x_0 = 1.3, x_1 = 1.6, x_2 = 1.9$ 和 $x_3 = 2.2$ 为插值节点的，它的近似结果为 $P_3(1.5) = 0.5118302$。另一个是以 $x_0 = 1.0, x_1 = 1.3, x_2 = 1.6$ 和 $x_3 = 1.9$ 为插值节点的，它的近似结果为 $\hat{P}_3(1.5) = 0.5118127$。

四次 Lagrange 插值多项式要用到表中的所有数据，其插值节点为 $x_0 = 1.0$，$x_1 = 1.3$，$x_2 = 1.6$，$x_3 = 1.9$ 和 $x_4 = 2.2$，近似结果为 $P_4(1.5) = 0.5118200$。

因为 $P_3(1.5)$，$\hat{P}_3(1.5)$ 和 $P_4(1.5)$ 都在 2×10^{-5} 范围内，我们希望这就是这些近似的精度。我们还希望 $P_4(1.5)$ 是最精确的近似，因为它使用了最多的已知数据(全部数据)。

实际上我们近似的函数是次数为零的第一类 Bessel 函数，它在 1.5 处的已知值为 0.5118277。因此，近似的真正精度为

$$|P_1(1.5) - f(1.5)| \approx 1.53 \times 10^{-3},$$

$$|P_2(1.5) - f(1.5)| \approx 5.42 \times 10^{-4},$$

$$|\hat{P}_2(1.5) - f(1.5)| \approx 6.44 \times 10^{-4},$$

$$|P_3(1.5) - f(1.5)| \approx 2.5 \times 10^{-6},$$

$$|\hat{P}_3(1.5) - f(1.5)| \approx 1.50 \times 10^{-5},$$

$$|P_4(1.5) - f(1.5)| \approx 7.7 \times 10^{-6}$$

虽然 $P_3(1.5)$ 是最精确的近似，但如果并不知道 $f(1.5)$ 的真实值，我们将认为 $P_4(1.5)$ 是最好的近似，因为它包含了关于该函数的最多的数据。定理 3.3 中导出的 Lagrange 误差项在这里不能使用，因为我们完全不知道 f 的四阶导数。遗憾的是，一般情况都是这样。 ∎

Neville 方法

应用 Lagrange 插值的困难之一是误差公式难以使用，这样就无法预先确定满足精度要求所需的多项式的次数，直到计算完成。通常如前面示例中所做的那样，通过计算不同的插值多项式并比较近似结果，直到近似值的相同数字的位数足够多。然而，在用第二个多项式进行计算时的计算量并不能有效利用到计算第三个多项式中，从而减少计算量。类似地，即使第三个近似多项式已经得到，也不能减少第四个多项式近似计算的计算量。现在我们要用另一种方式来推导这些近似多项式，它们的计算可以利用到前面的计算结果。因为它有效地减少了计算量，因此具有更多的优点。

定义 3.4 设 f 是定义在 $x_0, x_1, x_2, \cdots, x_n$ 上的一个函数，并假设 $m_1, m_2, \cdots, m_k$ 是 k 个不同的整数且对每个 i 满足 $0 \leqslant m_i \leqslant n$。在 k 个点 $x_{m_1}, x_{m_2}, \cdots, x_{m_k}$ 上等于 $f(x)$ 的 Lagrange 多项式记为 $P_{m_1,m_2,\cdots,m_k}(x)$。 ∎

例 1 假设 $x_0 = 1$，$x_1 = 2$，$x_2 = 3$，$x_3 = 4$，$x_4 = 6$ 和 $f(x) = e^x$。确定插值多项式 $P_{1,2,4}(x)$ 并用这个多项式来近似 $f(5)$。

解 这是在点 $x_1 = 2$，$x_2 = 3$ 和 $x_4 = 6$ 上与 $f(x)$ 相等的 Lagrange 多项式。因此

$$P_{1,2,4}(x) = \frac{(x-3)(x-6)}{(2-3)(2-6)}e^2 + \frac{(x-2)(x-6)}{(3-2)(3-6)}e^3 + \frac{(x-2)(x-3)}{(6-2)(6-3)}e^6$$

于是

$$f(5) \approx P(5) = \frac{(5-3)(5-6)}{(2-3)(2-6)} e^2 + \frac{(5-2)(5-6)}{(3-2)(3-6)} e^3 + \frac{(5-2)(5-3)}{(6-2)(6-3)} e^6$$

$$= -\frac{1}{2} e^2 + e^3 + \frac{1}{2} e^6 \approx 218.105$$

下面的定理描述了如何递归地生成 Lagrange 多项式逼近。

定理 3.5　设 f 在点 $x_0, x_1, \cdots, x_k$ 上有定义，且 x_j 和 x_i 是这个集合里两个不同的点。则

$$P(x) = \frac{(x-x_j) P_{0,1,\cdots,j-1,j+1,\cdots,k}(x) - (x-x_i) P_{0,1,\cdots,i-1,i+1,\cdots,k}(x)}{(x_i - x_j)}$$

是 f 在 $k+1$ 个点 $x_0, x_1, \cdots, x_k$ 上的第 k 个 Lagrange 插值多项式。

证明　为了标记方便，令 $Q \equiv P_{0,1,\cdots,i-1,i+1,\cdots,k}$ 和 $\hat{Q} \equiv P_{0,1,\cdots,j-1,j+1,\cdots,k}$。因为 $Q(x)$ 和 $\hat{Q}(x)$ 都是次数小于等于 $k-1$ 的多项式，所以 $P(x)$ 至多是一个 k 次多项式。

首先，利用 $\hat{Q}(x_i) = f(x_i)$ 可以推出：

$$P(x_i) = \frac{(x_i - x_j)\hat{Q}(x_i) - (x_i - x_i)Q(x_i)}{x_i - x_j} = \frac{(x_i - x_j)}{(x_i - x_j)} f(x_i) = f(x_i)$$

类似地，因为 $Q(x_j) = f(x_j)$，所以可以得出 $P(x_j) = f(x_j)$。

另外，如果 $0 \le r \le k$ 且 r 既不是 i 也不是 j，则 $Q(x_r) = \hat{Q}(x_r) = f(x_r)$。所以

$$P(x_r) = \frac{(x_r - x_j)\hat{Q}(x_r) - (x_r - x_i)Q(x_r)}{x_i - x_j} = \frac{(x_i - x_j)}{(x_i - x_j)} f(x_r) = f(x_r)$$

但是，由定义，$P_{0,1,\cdots,k}(x)$ 是 f 在节点 $x_0, x_1, \cdots, x_k$ 上唯一的次数不超过 k 的插值多项式。于是，$P \equiv P_{0,1,\cdots,k}$。

定理 3.5 意味着插值多项式可以递归地生成。例如，我们有

$$P_{0,1} = \frac{1}{x_1 - x_0}[(x-x_0)P_1 + (x-x_1)P_0], \quad P_{1,2} = \frac{1}{x_2 - x_1}[(x-x_1)P_2 + (x-x_2)P_1],$$

$$P_{0,1,2} = \frac{1}{x_2 - x_0}[(x-x_0)P_{1,2} + (x-x_2)P_{0,1}]$$

等等。它们由表 3.3 所示的方式生成，其中每一行完成后开始下一行。

利用定理 3.5 的结论递归地生成插值多项式的程序叫作 **Neville 方法**。因为用于表示元素的下标数目会不断增多，从而表 3.3 中使用的符号 P 是很不方便的。事实上，一列的构造只需要两个下标。表中向下相应于增加了一个相邻的节点 x_i，而向右则相应于增加插值多项式的次数。由于表中点的出现都是相继进入的，所以只需要记录一个开始点和用于构造逼近的点的数目就可以了。

表 3.3

x_0	P_0				
x_1	P_1	$P_{0,1}$			
x_2	P_2	$P_{1,2}$	$P_{0,1,2}$		
x_3	P_3	$P_{2,3}$	$P_{1,2,3}$	$P_{0,1,2,3}$	
x_4	P_4	$P_{3,4}$	$P_{2,3,4}$	$P_{1,2,3,4}$	$P_{0,1,2,3,4}$

为了避免多重下标，我们用 $Q_{i,j}(x)$（$0 \le j \le i$）表示在 $(j+1)$ 个节点 $x_{i-j}, x_{i-j+1}, \cdots, x_{i-1}, x_i$ 上次数为 j 的插值多项式，即

$$Q_{i,j} = P_{i-j,i-j+1,\cdots,i-1,i}$$

利用上述记号 Q 给出表 3.4。

表 3.4

x_0	$P_0 = Q_{0,0}$				
x_1	$P_1 = Q_{1,0}$	$P_{0,1} = Q_{1,1}$			
x_2	$P_2 = Q_{2,0}$	$P_{1,2} = Q_{2,1}$	$P_{0,1,2} = Q_{2,2}$		
x_3	$P_3 = Q_{3,0}$	$P_{2,3} = Q_{3,1}$	$P_{1,2,3} = Q_{3,2}$	$P_{0,1,2,3} = Q_{3,3}$	
x_4	$P_4 = Q_{4,0}$	$P_{3,4} = Q_{4,1}$	$P_{2,3,4} = Q_{4,2}$	$P_{1,2,3,4} = Q_{4,3}$	$P_{0,1,2,3,4} = Q_{4,4}$

例 2 用本节开始的例子中相同的数据(见表 3.5)来计算点 $x = 1.5$ 处不同插值多项式的近似值。对这些数据使用 Neville 方法来递归地构造一个表,如表 3.4 所示。

解 令 $x_0 = 1.0$,$x_1 = 1.3$,$x_2 = 1.6$,$x_3 = 1.9$ 和 $x_4 = 2.2$,则 $Q_{0,0} = f(1.0)$,$Q_{1,0} = f(1.3)$,$Q_{2,0} = f(1.6)$,$Q_{3,0} = f(1.9)$ 和 $Q_{4,0} = f(2.2)$。这是 5 个次数为零的多项式,它们近似 $f(1.5)$,并且与表 3.5 中给出的数据相同。

计算一次多项式逼近 $Q_{1,1}(1.5)$ 得到

表 3.5

x	$f(x)$
1.0	0.7651977
1.3	0.6200860
1.6	0.4554022
1.9	0.2818186
2.2	0.1103623

$$Q_{1,1}(1.5) = \frac{(x - x_0)Q_{1,0} - (x - x_1)Q_{0,0}}{x_1 - x_0}$$
$$= \frac{(1.5 - 1.0)Q_{1,0} - (1.5 - 1.3)Q_{0,0}}{1.3 - 1.0}$$
$$= \frac{0.5(0.6200860) - 0.2(0.7651977)}{0.3} = 0.5233449$$

类似地,

$$Q_{2,1}(1.5) = \frac{(1.5 - 1.3)(0.4554022) - (1.5 - 1.6)(0.6200860)}{1.6 - 1.3} = 0.5102968,$$

$$Q_{3,1}(1.5) = 0.5132634, \qquad Q_{4,1}(1.5) = 0.5104270$$

被期望最好的线性逼近是 $Q_{2,1}$,因为 1.5 介于 $x_1 = 1.3$ 和 $x_2 = 1.6$ 之间。

类似地,用高次多项式的逼近由下式给出:

$$Q_{2,2}(1.5) = \frac{(1.5 - 1.0)(0.5102968) - (1.5 - 1.6)(0.5233449)}{1.6 - 1.0} = 0.5124715,$$

$$Q_{3,2}(1.5) = 0.5112857, \qquad Q_{4,2}(1.5) = 0.5137361$$

采用同样的方法可以生成其他高阶多项式逼近,结果列于表 3.6 中。

表 3.6

1.0	0.7651977				
1.3	0.6200860	0.5233449			
1.6	0.4554022	0.5102968	0.5124715		
1.9	0.2818186	0.5132634	0.5112857	0.5118127	
2.2	0.1103623	0.5104270	0.5137361	0.5118302	0.5118200

如果最后 $Q_{4,4}$ 的近似不够精确,则将选择另外的节点(如 x_5)加入表的列中并计算新增的一行元素:

$$x_5 \quad Q_{5,0} \quad Q_{5,1} \quad Q_{5,2} \quad Q_{5,3} \quad Q_{5,4} \quad Q_{5,5}$$

于是,可以对照 $Q_{4,4}$,$Q_{5,4}$ 和 $Q_{5,5}$ 并进一步确定精度。

例 2 中的被逼近函数是零次第一类 Bessel 函数,它在 2.5 处的函数值是 –0.0483838,近似 $f(1.5)$ 的下一行是

| 2.5 | – 0.0483838 | 0.4807699 | 0.5301984 | 0.5119070 | 0.5118430 | 0.5118277 |

最后的新数值(0.5118277)具有 7 位精确的数字。

例 3　表 3.7 给出了 $f(x) = \ln x$ 的一些函数值(精确到所给位数)。利用 Neville 方法和四位数字舍入算术来近似 $f(2.1) = \ln 2.1$，并完成 Neville 表。

表 3.7		
i	x_i	$\ln x_i$
0	2.0	0.6931
1	2.2	0.7885
2	2.3	0.8329

解　因为 $x - x_0 = 0.1$，$x - x_1 = -0.1$ 和 $x - x_2 = -0.2$，且已经给出 $Q_{0,0} = 0.6931$，$Q_{1,0} = 0.7885$ 和 $Q_{2,0} = 0.8329$，于是有

$$Q_{1,1} = \frac{1}{0.2}[(0.1)0.7885 - (-0.1)0.6931] = \frac{0.1482}{0.2} = 0.7410$$

和

$$Q_{2,1} = \frac{1}{0.1}[(-0.1)0.8329 - (-0.2)0.7885] = \frac{0.07441}{0.1} = 0.7441$$

从这些数据我们最后能够得到：

$$Q_{2,1} = \frac{1}{0.3}[(0.1)0.7441 - (-0.2)0.7410] = \frac{0.2276}{0.3} = 0.7420$$

我们在表 3.8 中列出了这些数值。 ∎

在前面的例子中，我们实际上有 $f(2.1) = \ln 2.1 = 0.7419$，具有四位精确数字，所以绝对误差为

$$|f(2.1) - P_2(2.1)| = |0.7419 - 0.7420| = 10^{-4}$$

表 3.8				
i	x_i	$x - x_i$	Q_{i0}	Q_{i1}	Q_{i2}
0	2.0	0.1	0.6931		
1	2.2	-0.1	0.7885	0.7410	
2	2.3	-0.2	0.8329	0.7441	0.7420

然而，因为 $f'(x) = 1/x$，$f''(x) = -1/x^2$ 和 $f'''(x) = 2/x^3$，所以利用定理 3.3 中的 Lagrange 误差公式(3.3)可以得到误差界：

$$|f(2.1) - P_2(2.1)| = \left| \frac{f'''(\xi(2.1))}{3!}(x - x_0)(x - x_1)(x - x_2) \right|$$

$$= \left| \frac{1}{3(\xi(2.1))^3}(0.1)(-0.1)(-0.2) \right| \leq \frac{0.002}{3(2)^3} = 8.\overline{3} \times 10^{-5}$$

注意到实际误差 10^{-4} 超过了误差界 $8.\overline{3} \times 10^{-5}$。这个明显的矛盾是有限位数字计算的结果。我们用了四位数字舍入算法，而 Lagrange 误差公式(3.3)却假定了无限位数算法。这导致了实际误差超过了理论的误差估计。

● 请记住：你不能期望得出比算术位数给出的精度更精确的结果。

算法 3.1 用来逐行构造 Neville 方法的表中元素。

算法 3.1　（Neville 迭代插值）

对函数 f，计算插值多项式 P 在 x 的 $n+1$ 个不同的点 $x_0, \cdots, x_n$ 上的值。

输入　数 $x, x_0, x_1, \cdots, x_n$；值 $f(x_0), f(x_1), \cdots, f(x_n)$ (作为 Q 的第一列 $Q_{0,0}, Q_{1,0}, \cdots, Q_{n,0}$)。

输出　表 Q，其中 $P(x) = Q_{n,n}$。

Step 1　For $i = 1, 2, \cdots, n$
　　　　　for $j = 1, 2, \cdots, i$

$$\text{set } Q_{i,j} = \frac{(x - x_{i-j})Q_{i,j-1} - (x - x_i)Q_{i-1,j-1}}{x_i - x_{i-j}}.$$

Step 2　OUTPUT (Q);
　　　　　STOP.　　　　　　　　　　　　　　　　　　　　　　　■

习题 3.2

1. 用 Neville 方法计算一次、二次和三次 Lagrange 插值多项式逼近，并计算下列近似值：

   a. $f(8.4)$，其中 $f(8.1) = 16.94410$，$f(8.3) = 17.56492$，$f(8.6) = 18.50515$，$f(8.7) = 18.82091$

   b. $f\left(-\dfrac{1}{3}\right)$，其中 $f(-0.75) = -0.07181250$，$f(-0.5) = -0.02475000$，$f(-0.25) = 0.33493750$，$f(0) = 1.10100000$

   c. $f(0.25)$，其中 $f(0.1) = 0.62049958$，$f(0.2) = -0.28398668$，$f(0.3) = 0.00660095$，$f(0.4) = 0.24842440$

   d. $f(0.9)$，其中 $f(0.6) = -0.17694460$，$f(0.7) = 0.01375227$，$f(0.8) = 0.22363362$，$f(1.0) = 0.65809197$

2. 使用 Neville 方法计算一次、二次和三次 Lagrange 插值多项式逼近，并计算下列近似值：

   a. $f(0.43)$，其中 $f(0) = 1$，$f(0.25) = 1.64872$，$f(0.5) = 2.71828$，$f(0.75) = 4.48169$

   b. $f(0)$，其中 $f(-0.5) = 1.93750$，$f(-0.25) = 1.33203$，$f(0.25) = 0.800781$，$f(0.5) = 0.687500$

   c. $f(0.18)$，其中 $f(0.1) = -0.29004986$，$f(0.2) = -0.56079734$，$f(0.3) = -0.81401972$，$f(0.4) = -1.0526302$

   d. $f(0.25)$，其中 $f(-1) = 0.86199480$，$f(-0.5) = 0.95802009$，$f(0) = 1.0986123$，$f(0.5) = 1.2943767$

3. 使用 Neville 方法根据下列函数及其值，近似计算 $\sqrt{3}$。

   a. $f(x) = 3^x$ 及它在点 $x_0 = -2$，$x_1 = -1$，$x_2 = 0$，$x_3 = 1$ 和 $x_4 = 2$ 的函数值。

   b. $f(x) = \sqrt{x}$ 及它在点 $x_0 = 0$，$x_1 = 1$，$x_2 = 2$，$x_3 = 4$ 和 $x_4 = 5$ 的函数值。

   c. 比较上面 (a) 和 (b) 中近似的精确度。

4. 设 $P_3(x)$ 是数据 $(0,0)$，$(0.5,y)$，$(1,3)$ 和 $(2,2)$ 的插值多项式。求 y，使得 $P_3(x)$ 中 x^3 的系数为 6。

5. Neville 方法被用于近似求 $f(0.4)$，并得出了下表。

$x_0 = 0$	$P_0 = 1$			
$x_1 = 0.25$	$P_1 = 2$	$P_{01} = 2.6$		
$x_2 = 0.5$	P_2	$P_{1,2}$	$P_{0,1,2}$	
$x_3 = 0.75$	$P_3 = 8$	$P_{2,3} = 2.4$	$P_{1,2,3} = 2.96$	$P_{0,1,2,3} = 3.016$

   试确定 $P_2 = f(0.5)$。

6. Neville 方法被用于近似求 $f(0.5)$，并得出了下表。

$x_0 = 0$	$P_0 = 0$		
$x_1 = 0.4$	$P_1 = 2.8$	$P_{0,1} = 3.5$	
$x_2 = 0.7$	P_2	$P_{1,2}$	$P_{0,1,2} = \frac{27}{7}$

   试确定 $P_2 = f(0.7)$。

7. 假设对 $x_j = j$，有 $j = 0,1,2,3$，并且已知

   $$P_{0,1}(x) = 2x + 1, \qquad P_{0,2}(x) = x + 1, \qquad P_{1,2,3}(2.5) = 3$$

   求 $P_{0,1,2,3}(2.5)$。

8. 假设对 $x_j = j$，有 $j = 0,1,2,3$，并且已知

   $$P_{0,1}(x) = x + 1, \qquad P_{1,2}(x) = 3x - 1, \qquad P_{1,2,3}(1.5) = 4$$

   求 $P_{0,1,2,3}(1.5)$。

9. 通过 Neville 方法利用数据 $f(-2)$，$f(-1)$，$f(1)$ 和 $f(2)$ 来近似 $f(0)$。假设 $f(-1)$ 被少算了 2 而 $f(1)$

被多算了 3。确定这样近似计算的 $f(0)$ 和原插值多项式计算之间的误差。

10. 通过 Neville 方法利用数据 $f(-2)$，$f(-1)$，$f(1)$ 和 $f(2)$ 来近似 $f(0)$。假设 $f(-1)$ 被多算了 2 而 $f(1)$ 被少算了 3。确定这样近似计算的 $f(0)$ 和原插值多项式计算之间的误差。

理论型习题

11. 构造一个插值序列 y_n 来逼近 $f(1+\sqrt{10})$，其中 $f(x)=(1+x^2)^{-1}$，$-5\leqslant x\leqslant 5$。方法如下：对每个 $n=1,2,\cdots,10$，令 $h=10/n$，$y_n=P_n(1+\sqrt{10})$，其中 $P_n(x)$ 是 $f(x)$ 在节点 $x_0^{(n)},x_1^{(n)},\cdots,x_n^{(n)}$ 上的插值多项式，而对每个 $j=0,1,2,\cdots,n$，$x_j^{(n)}=-5+jh$。试问这样产生的序列 $\{y_n\}$ 是否收敛到 $f(1+\sqrt{10})$？

   逆插值 假设 $f\in C^1[a,b]$，在 $[a,b]$ 上 $f'(x)\neq 0$，且在 $[a,b]$ 内有一个零点 p。令 $x_0,\cdots,x_n$ 是区间 $[a,b]$ 内 $n+1$ 个不同的数且对 $k=0,1,\cdots,n$ 满足 $f(x_k)=y_k$。为了近似计算 p，在节点 $y_0,\cdots,y_n$ 上构造 f^{-1} 的 n 次插值多项式。因为 $y_k=f(x_k)$ 且 $0=f(p)$，从而可以知道 $p=f^{-1}(0)$ 和 $f^{-1}(y_k)=x_k$。使用迭代的插值来逼近 $f^{-1}(0)$ 称为迭代的逆插值。

12. 利用迭代的逆插值来求方程 $x-\mathrm{e}^{-x}=0$ 的解的一个近似，使用下面的数据：

x	0.3	0.4	0.5	0.6
e^{-x}	0.740818	0.670320	0.606531	0.548812

13. 构造用于逆插值的一个算法。

讨论问题

1. 可靠性：可靠性是什么？它是如何被测量的？阅读网上文章 http://www.slideshare.net/analisedecurvas/reliability-what-is-is-and-how-is-it-measured。概括所读的内容并叙述如何用 Neville 方法测量误差。

2. Neville 方法能否用于一些一般而非在具体的点上来求插值多项式？

3.3 差商

前一节利用迭代插值，讨论了在一些指定点上逐次产生高次多项式逼近。这一节介绍差商，它用于逐次产生多项式本身。

差商

假设 $P_n(x)$ 是第 n 个插值多项式，它与函数 f 在不同点 $x_0,x_1,\cdots,x_n$ 上的值相同。虽然这个多项式是唯一的，但在某些确定情况下，它的其他形式的代数表示也是很有用的。经常用 f 关于点 $x_0,x_1,\cdots,x_n$ 的差商来表示 $P_n(x)$，即有形式

$$P_n(x) = a_0 + a_1(x-x_0) + a_2(x-x_0)(x-x_1) + \cdots + a_n(x-x_0)\cdots(x-x_{n-1}) \tag{3.5}$$

其中，$a_0,a_1,\cdots,a_n$ 是待定的常数。为了确定第一个常数 a_0，因为 $P_n(x)$ 写成了方程 (3.5) 的形式，于是对 $P_n(x)$ 在 x_0 处求值就只剩下了常数项 a_0，即

$$a_0 = P_n(x_0) = f(x_0)$$

类似地，对 $P(x)$ 在 x_1 处求值，则 $P_n(x_1)$ 的表达中非零项只有常数和线性项，即

$$f(x_0) + a_1(x_1-x_0) = P_n(x_1) = f(x_1)$$

因此有

$$a_1 = \frac{f(x_1)-f(x_0)}{x_1-x_0} \tag{3.6}$$

现在引入差商记号，它与节 2.5 中用到的 Aitken Δ^2 符号相关。函数 f 关于 x_i 的零阶差商记为

$f[x_i]$，就是 f 在点 x_i 处的值：

$$f[x_i] = f(x_i) \tag{3.7}$$

其他阶差商递归地定义。函数 f 关于 x_i 和 x_{i+1} 的一阶差商记为 $f[x_i, x_{i+1}]$，定义如下：

$$f[x_i, x_{i+1}] = \frac{f[x_{i+1}] - f[x_i]}{x_{i+1} - x_i} \tag{3.8}$$

二阶差商 $f[x_i, x_{i+1}, x_{i+2}]$ 定义为

$$f[x_i, x_{i+1}, x_{i+2}] = \frac{f[x_{i+1}, x_{i+2}] - f[x_i, x_{i+1}]}{x_{i+2} - x_i}$$

类似地，在定义了 $(k-1)$ 阶差商之后，有

$$f[x_i, x_{i+1}, x_{i+2}, \cdots, x_{i+k-1}] \quad \text{和} \quad f[x_{i+1}, x_{i+2}, \cdots, x_{i+k-1}, x_{i+k}]$$

已经确定，这时关于 $x_i, x_{i+1}, x_{i+2}, \cdots, x_{i+k}$ 的 k 阶差商是

$$f[x_i, x_{i+1}, \cdots, x_{i+k-1}, x_{i+k}] = \frac{f[x_{i+1}, x_{i+2}, \cdots, x_{i+k}] - f[x_i, x_{i+1}, \cdots, x_{i+k-1}]}{x_{i+k} - x_i} \tag{3.9}$$

这个过程在定义了单个的 n 阶差商

$$f[x_0, x_1, \cdots, x_n] = \frac{f[x_1, x_2, \cdots, x_n] - f[x_0, x_1, \cdots, x_{n-1}]}{x_n - x_0}$$

之后结束。因为有方程 (3.6)，我们可以写出 $a_1 = f[x_0, x_1]$，再因为 a_0 能写成 $a_0 = f(x_0) = f[x_0]$，因此方程 (3.5) 中的插值多项式是

$$P_n(x) = f[x_0] + f[x_0, x_1](x - x_0) + a_2(x - x_0)(x - x_1)$$
$$+ \cdots + a_n(x - x_0)(x - x_1) \cdots (x - x_{n-1})$$

类似于 a_0 和 a_1 的表示，我们需要求的常数是

$$a_k = f[x_0, x_1, x_2, \cdots, x_k], \quad \text{对每个 } k = 0, 1, \cdots, n$$

于是 $P_n(x)$ 就可以写成 Newton 差商的形式：

$$P_n(x) = f[x_0] + \sum_{k=1}^{n} f[x_0, x_1, \cdots, x_k](x - x_0) \cdots (x - x_{k-1}) \tag{3.10}$$

本节习题 23 表明，差商 $f[x_0, x_1, \cdots, x_k]$ 的值与数 $x_0, x_1, \cdots, x_n$ 的顺序无关。

在表 3.9 中我们给出了差商的计算过程。两个四阶差商和一个五阶差商也能通过这些数据确定出来。

表 3.9

x	$f(x)$	一阶差商	二阶差商	三阶差商
x_0	$f[x_0]$			
		$f[x_0, x_1] = \dfrac{f[x_1] - f[x_0]}{x_1 - x_0}$		
x_1	$f[x_1]$		$f[x_0, x_1, x_2] = \dfrac{f[x_1, x_2] - f[x_0, x_1]}{x_2 - x_0}$	
		$f[x_1, x_2] = \dfrac{f[x_2] - f[x_1]}{x_2 - x_1}$		$f[x_0, x_1, x_2, x_3] = \dfrac{f[x_1, x_2, x_3] - f[x_0, x_1, x_2]}{x_3 - x_0}$
x_2	$f[x_2]$		$f[x_1, x_2, x_3] = \dfrac{f[x_2, x_3] - f[x_1, x_2]}{x_3 - x_1}$	
		$f[x_2, x_3] = \dfrac{f[x_3] - f[x_2]}{x_3 - x_2}$		$f[x_1, x_2, x_3, x_4] = \dfrac{f[x_2, x_3, x_4] - f[x_1, x_2, x_3]}{x_4 - x_1}$
x_3	$f[x_3]$		$f[x_2, x_3, x_4] = \dfrac{f[x_3, x_4] - f[x_2, x_3]}{x_4 - x_2}$	
		$f[x_3, x_4] = \dfrac{f[x_4] - f[x_3]}{x_4 - x_3}$		$f[x_2, x_3, x_4, x_5] = \dfrac{f[x_3, x_4, x_5] - f[x_2, x_3, x_4]}{x_5 - x_2}$
x_4	$f[x_4]$		$f[x_3, x_4, x_5] = \dfrac{f[x_4, x_5] - f[x_3, x_4]}{x_5 - x_3}$	
		$f[x_4, x_5] = \dfrac{f[x_5] - f[x_4]}{x_5 - x_4}$		
x_5	$f[x_5]$			

算法 3.2 Newton 差商公式

用于计算插值多项式 P 的差商系数，其中 $x_0, x_1, \cdots, x_n$ 是 $(n+1)$ 个不同的插值节点，被插值函数是 f。

输入 $x_0, x_1, \cdots, x_n$；函数值 $f(x_0), f(x_1), \cdots, f(x_n)$（即 $F_{0,0}, F_{1,0}, \cdots, F_{n,0}$）。

输出 $F_{0,0}, F_{1,1}, \cdots, F_{n,n}$，其中

$$P_n(x) = F_{0,0} + \sum_{i=1}^{n} F_{i,i} \prod_{j=0}^{i-1} (x - x_j). \ (F_{i,i} \text{ 是 } f[x_0, x_1, \cdots, x_i])$$

Step 1 For $i = 1, 2, \cdots, n$

For $j = 1, 2, \cdots, i$

set $F_{i,j} = \dfrac{F_{i,j-1} - F_{i-1,j-1}}{x_i - x_{i-j}}$. $(F_{i,j} = f[x_{i-j}, \cdots, x_i].)$

Step 2 OUTPUT $(F_{0,0}, F_{1,1}, \cdots, F_{n,n})$;
STOP.

■

算法 3.2 中的输出形式可以被修改以产生所有的差商，见例 1。

例 1 对 3.2 节例 1 中的数据（这里重新列在表 3.10 中）完成差商表，并利用所有这些数据构造插值多项式。

解 包含两个数 x_0 和 x_1 的一阶差商是

表 3.10

x	$f(x)$
1.0	0.7651977
1.3	0.6200860
1.6	0.4554022
1.9	0.2818186
2.2	0.1103623

$$f[x_0, x_1] = \frac{f[x_1] - f[x_0]}{x_1 - x_0} = \frac{0.6200860 - 0.7651977}{1.3 - 1.0} = -0.4837057$$

其余的一阶差商可以用类似的方法来计算，我们将计算结果列于表 3.11 的第 4 列中。

表 3.11

i	x_i	$f[x_i]$	$f[x_{i-1}, x_i]$	$f[x_{i-2}, x_{i-1}, x_i]$	$f[x_{i-3}, \cdots, x_i]$	$f[x_{i-4}, \cdots, x_i]$
0	1.0	0.7651977				
			−0.4837057			
1	1.3	0.6200860		−0.1087339		
			−0.5489460		0.0658784	
2	1.6	0.4554022		−0.0494433		0.0018251
			−0.5786120		0.0680685	
3	1.9	0.2818186		0.0118183		
			−0.5715210			
4	2.2	0.1103623				

包含 3 个数 x_0，x_1 和 x_2 的二阶差商是

$$f[x_0, x_1, x_2] = \frac{f[x_1, x_2] - f[x_0, x_1]}{x_2 - x_0} = \frac{-0.5489460 - (-0.4837057)}{1.6 - 1.0} = -0.1087339$$

其余的二阶差商结果列于表 3.11 的第 5 列中。包含 4 个数 x_0，x_1，x_2 和 x_3 的三阶差商和包含所有数据点的四阶差商分别是

$$f[x_0, x_1, x_2, x_3] = \frac{f[x_1, x_2, x_3] - f[x_0, x_1, x_2]}{x_3 - x_0} = \frac{-0.0494433 - (-0.1087339)}{1.9 - 1.0}$$

$$= 0.0658784$$

和

$$f[x_0, x_1, x_2, x_3, x_4] = \frac{f[x_1, x_2, x_3, x_4] - f[x_0, x_1, x_2, x_3]}{x_4 - x_0} = \frac{0.0680685 - 0.0658784}{2.2 - 1.0}$$

$$= 0.0018251$$

所有的差商值都列于表 3.11 中。

Newton 向前差商型插值多项式的系数位于表中的对角线上。这个多项式是

$$P_4(x) = 0.7651977 - 0.4837057(x - 1.0) - 0.1087339(x - 1.0)(x - 1.3)$$

$$+ 0.0658784(x - 1.0)(x - 1.3)(x - 1.6)$$

$$+ 0.0018251(x - 1.0)(x - 1.3)(x - 1.6)(x - 1.9)$$

注意到值 $P_4(1.5) = 0.5118200$ 和表 3.6 中的结果(3.2 节中的例 2)相同,这是因为插值多项式是相同的。■

将平均值定理 1.8 用于方程(3.8),当时 $i = 0$,

$$f[x_0, x_1] = \frac{f(x_1) - f(x_0)}{x_1 - x_0}$$

这意味着当 f' 存在时,必有介于 x_0 和 x_1 之间的某个 ξ,使得 $f[x_0, x_1] = f'(\xi)$ 成立。下面的定理给出了这一事实的一般性结论。

定理 3.6 假设 $f \in C^n[a,b]$,$x_0, x_1, \cdots, x_n$ 是位于区间 $[a,b]$ 的不同的数,则在区间 (a,b) 内存在一个数 ξ,使得下式成立:

$$f[x_0, x_1, \cdots, x_n] = \frac{f^{(n)}(\xi)}{n!}$$

证明 令

$$g(x) = f(x) - P_n(x)$$

因为对每个 $i = 0, 1, \cdots, n$,$f(x_i) = P_n(x_i)$,所以函数 g 在 $[a,b]$ 内有 $n+1$ 个不同的零点。由广义的 Rolle 定理 1.10 可知,在 (a,b) 内存在一个数 ξ,使得 $g^{(n)}(\xi) = 0$,即

$$0 = f^{(n)}(\xi) - P_n^{(n)}(\xi)$$

又因为 $P_n(x)$ 是一个 n 次多项式,它的首系数为 $f[x_0, x_1, \cdots, x_n]$,所以对所有的 x,下式成立:

$$P_n^{(n)}(x) = n! f[x_0, x_1, \cdots, x_n]$$

从而

$$f[x_0, x_1, \cdots, x_n] = \frac{f^{(n)}(\xi)}{n!}$$

■

当插值节点为等距的情形时,Newton 差商公式可以表示成更简单的形式。在这种情形下,引入记号:对 $i = 0, 1, \cdots, n-1$,$h = x_{i+1} - x_i$ 和 $x = x_0 + sh$。此时差 $x - x_i$ 为 $x - x_i = (s-i)h$。于是,式(3.10)变为

$$P_n(x) = P_n(x_0 + sh) = f[x_0] + shf[x_0, x_1] + s(s-1)h^2 f[x_0, x_1, x_2]$$

$$+ \cdots + s(s-1)\cdots(s-n+1)h^n f[x_0, x_1, \cdots, x_n]$$

$$= f[x_0] + \sum_{k=1}^{n} s(s-1)\cdots(s-k+1)h^k f[x_0, x_1, \cdots, x_k]$$

利用二项式系数的记号

$$\binom{s}{k} = \frac{s(s-1)\cdots(s-k+1)}{k!}$$

我们能将 $P_n(x)$ 表示成更紧凑的形式:

$$P_n(x) = P_n(x_0 + sh) = f[x_0] + \sum_{k=1}^{n} \binom{s}{k} k! h^k f[x_0, x_i, \cdots, x_k] \tag{3.11}$$

向前差分

Newton 向前差分公式也可以利用 Aitken Δ^2 方法中介绍的向前差分符号 Δ 来构造。利用这个符号，就有

$$f[x_0, x_1] = \frac{f(x_1) - f(x_0)}{x_1 - x_0} = \frac{1}{h}(f(x_1) - f(x_0)) = \frac{1}{h}\Delta f(x_0)$$

$$f[x_0, x_1, x_2] = \frac{1}{2h}\left[\frac{\Delta f(x_1) - \Delta f(x_0)}{h}\right] = \frac{1}{2h^2}\Delta^2 f(x_0)$$

一般情形下，

$$f[x_0, x_1, \cdots, x_k] = \frac{1}{k! h^k}\Delta^k f(x_0)$$

因为 $f[x_0] = f(x_0)$，式 (3.11) 具有下面的形式。

Newton 向前差分公式：

$$P_n(x) = f(x_0) + \sum_{k=1}^{n} \binom{s}{k} \Delta^k f(x_0) \tag{3.12}$$

向后差分

如果将插值节点从后向前重排为 $x_n, x_{n-1}, \cdots, x_0$，则可以将插值公式重写为

$$P_n(x) = f[x_n] + f[x_n, x_{n-1}](x - x_n) + f[x_n, x_{n-1}, x_{n-2}](x - x_n)(x - x_{n-1})$$
$$+ \cdots + f[x_n, \cdots, x_0](x - x_n)(x - x_{n-1})\cdots(x - x_1)$$

另外，如果这些节点还是等距分布的，即 $x = x_n + sh$ 和 $x = x_i + (s+n-i)h$，则

$$P_n(x) = P_n(x_n + sh)$$
$$= f[x_n] + shf[x_n, x_{n-1}] + s(s+1)h^2 f[x_n, x_{n-1}, x_{n-2}] + \cdots$$
$$+ s(s+1)\cdots(s+n-1)h^n f[x_n, \cdots, x_0]$$

这个公式称为 **Newton 向后差分公式**，它是一个普遍应用的公式。为了进一步讨论这个公式，我们需要下面的定义。

定义 3.7　给定一个数列 $\{p_n\}_{n=0}^{\infty}$，定义向后差分 ∇p_n（读作 nabla p_n）如下：

$$\nabla p_n = p_n - p_{n-1}, \qquad n \geqslant 1$$

高阶向后差分递归地定义为

$$\nabla^k p_n = \nabla(\nabla^{k-1} p_n), \qquad k \geqslant 2$$

定义 3.7 蕴含了

$$f[x_n, x_{n-1}] = \frac{1}{h}\nabla f(x_n), \quad f[x_n, x_{n-1}, x_{n-2}] = \frac{1}{2h^2}\nabla^2 f(x_n)$$

通常，

$$f[x_n, x_{n-1}, \cdots, x_{n-k}] = \frac{1}{k! h^k}\nabla^k f(x_n)$$

因而

$$P_n(x) = f[x_n] + s\nabla f(x_n) + \frac{s(s+1)}{2}\nabla^2 f(x_n) + \cdots + \frac{s(s+1)\cdots(s+n-1)}{n!}\nabla^n f(x_n)$$

如果将二项式系数记号扩展到包括所有的实数 s, 令

$$\binom{-s}{k} = \frac{-s(-s-1)\cdots(-s-k+1)}{k!} = (-1)^k \frac{s(s+1)\cdots(s+k-1)}{k!}$$

则

$$P_n(x) = f[x_n] + (-1)^1\binom{-s}{1}\nabla f(x_n) + (-1)^2\binom{-s}{2}\nabla^2 f(x_n) + \cdots + (-1)^n\binom{-s}{n}\nabla^n f(x_n)$$

这样就有了下面的结果。

Newton 向后差分公式:

$$P_n(x) = f[x_n] + \sum_{k=1}^{n}(-1)^k\binom{-s}{k}\nabla^k f(x_n) \tag{3.13}$$

说明   差商表 3.12 对应于例 1 中的数据。

表 3.12

		一阶差商	二阶差商	三阶差商	四阶差商
1.0	0.7651977				
		−0.4837057			
1.3	0.6200860		−0.1087339		
		−0.5489460		0.0658784	
1.6	0.4554022		−0.0494433		0.0018251
		−0.5786120		0.0680685	
1.9	0.2818186		0.0118183		
		−0.5715210			
2.2	0.1103623				

虽然使用这五个数据点的四次插值多项式只有一个, 但是我们将组织这些数据点以便得到一次、二次和三次的最佳插值多项式逼近。对给定的 x 值, 这将给予我们四阶精度的感受。

如果要找 $f(1.1)$ 的一个近似, 对节点的合理选取将是 $x_0 = 1.0$, $x_1 = 1.3$, $x_2 = 1.6$, $x_3 = 1.9$ 和 $x_4 = 2.2$, 因为这种选取最先使用了最接近于 $x = 1.1$ 的数据, 同时也用到了四阶差商。这暗含了 $h = 0.3$ 和 $s = \frac{1}{3}$, 所以用 Newton 向前差商公式及表 3.12 中下画线为实线的差商就可以得到:

$$P_4(1.1) = P_4\left(1.0 + \frac{1}{3}(0.3)\right)$$

$$= 0.7651977 + \frac{1}{3}(0.3)(-0.4837057) + \frac{1}{3}\left(-\frac{2}{3}\right)(0.3)^2(-0.1087339)$$

$$+ \frac{1}{3}\left(-\frac{2}{3}\right)\left(-\frac{5}{3}\right)(0.3)^3(0.0658784)$$

$$+ \frac{1}{3}\left(-\frac{2}{3}\right)\left(-\frac{5}{3}\right)\left(-\frac{8}{3}\right)(0.3)^4(0.0018251)$$

$$= 0.7196460$$

若 x 靠近于表中值的末端，例如 $x = 2.0$，为了逼近这个点处的值，我们又一次想最先使用最靠近 x 的数据点。这要求使用 Newton 向后差商公式且 $s = -\dfrac{2}{3}$，以及表 3.12 中下画波浪线的差商。注意到下面公式中用了四阶差商：

$$P_4(2.0) = P_4\left(2.2 - \frac{2}{3}(0.3)\right)$$

$$= 0.1103623 - \frac{2}{3}(0.3)(-0.5715210) - \frac{2}{3}\left(\frac{1}{3}\right)(0.3)^2(0.0118183)$$

$$- \frac{2}{3}\left(\frac{1}{3}\right)\left(\frac{4}{3}\right)(0.3)^3(0.0680685) - \frac{2}{3}\left(\frac{1}{3}\right)\left(\frac{4}{3}\right)\left(\frac{7}{3}\right)(0.3)^4(0.0018251)$$

$$= 0.2238754 \hspace{3cm} \blacksquare$$

中心差分

当 x 位于数据表的中间附近时，Newton 向前差分公式和 Newton 向后差分公式都不适合近似 $f(x)$，因为两种公式都没有其始点 x_0 接近于 x 的高阶差分。有一类差商公式可用于这种情形，它们都具有最大化优势的位置。这些方法称为**中心差分公式**。我们将只考虑一个中心差分公式，即 Stirling 方法。

对于中心差分公式，我们先选取距离被近似的点最近的数据点为 x_0，依次将 x_0 下方的那些数据点标记为 $x_1, x_2, \cdots$，将上方的那些数据点标记为 $x_{-1}, x_{-2}, \cdots$。利用这些约定，当 $n = 2m+1$ 是奇数时，**Stirling** 公式由下式给出：

$$
\begin{aligned}
P_n(x) = P_{2m+1}(x) &= f[x_0] + \frac{sh}{2}(f[x_{-1}, x_0] + f[x_0, x_1]) + s^2 h^2 f[x_{-1}, x_0, x_1] \\
&+ \frac{s(s^2-1)h^3}{2}f[x_{-2}, x_{-1}, x_0, x_1] + f[x_{-1}, x_0, x_1, x_2]) \\
&+ \cdots + s^2(s^2-1)(s^2-4)\cdots(s^2-(m-1)^2)h^{2m}f[x_{-m}, \cdots, x_m] \\
&+ \frac{s(s^2-1)\cdots(s^2-m^2)h^{2m+1}}{2}(f[x_{-m-1}, \cdots, x_m] + f[x_{-m}, \cdots, x_{m+1}])
\end{aligned}
\tag{3.14}
$$

当 $n = 2m$ 是偶数时，只需将上述公式的最后一行删去即可使用。这个公式使用的元素在表 3.13 中用下画线标出。

表 3.13

x	$f(x)$	一阶差商	二阶差商	三阶差商	四阶差商
x_{-2}	$f[x_{-2}]$				
		$f[x_{-2}, x_{-1}]$			
x_{-1}	$f[x_{-1}]$		$f[x_{-2}, x_{-1}, x_0]$		
		$f[x_{-1}, x_0]$		$f[x_{-2}, x_{-1}, x_0, x_1]$	
x_0	$f[x_0]$		$f[x_{-1}, x_0, x_1]$		$f[x_{-2}, x_{-1}, x_0, x_1, x_2]$
		$f[x_0, x_1]$		$f[x_{-1}, x_0, x_1, x_2]$	
x_1	$f[x_1]$		$f[x_0, x_1, x_2]$		
		$f[x_1, x_2]$			
x_2	$f[x_2]$				

例 2 考虑前节例子中给出的数据表。利用 Stirling 公式来求 $f(1.5)$ 的近似值，其中 $x_0 = 1.6$。

解 为了利用 Stirling 公式，我们使用差商表 3.14 中带下画线的元素。

表 3.14

x	$f(x)$	一阶差商	二阶差商	三阶差商	四阶差商
1.0	0.7651977				
		-0.4837057			
1.3	0.6200860		-0.1087339		
		-0.5489460		0.0658784	
1.6	0.4554022		-0.0494433		0.0018251
		-0.5786120		0.0680685	
1.9	0.2818186		0.0118183		
		-0.5715210			
2.2	0.1103623				

取 $h = 0.3$，$x_0 = 1.6$ 和 $s = -\dfrac{1}{3}$，公式变成

$$f(1.5) \approx P_4\left(1.6 + \left(-\frac{1}{3}\right)(0.3)\right)$$

$$= 0.4554022 + \left(-\frac{1}{3}\right)\left(\frac{0.3}{2}\right)((-0.5489460) + (-0.5786120))$$

$$+ \left(-\frac{1}{3}\right)^2(0.3)^2(-0.0494433)$$

$$+ \frac{1}{2}\left(-\frac{1}{3}\right)\left(\left(-\frac{1}{3}\right)^2 - 1\right)(0.3)^3(0.0658784 + 0.0680685)$$

$$+ \left(-\frac{1}{3}\right)^2\left(\left(-\frac{1}{3}\right)^2 - 1\right)(0.3)^4(0.0018251) = 0.5118200$$

在计算机普遍使用之前，大多数数值分析课本都有关于差商方法的丰富描述。如果需要这方面主题的更全面的信息，Hildebrand[Hild]的著作将是一本特别好的参考书。

习题 3.3

1. 对下列数据利用式 (3.10) 或者算法 3.2 构造次数分别是一次、二次和三次的插值多项式，并用这些多项式来求近似特殊值。

   a. $f(8.4)$，其中 $f(8.1) = 16.94410, f(8.3) = 17.56492, f(8.6) = 18.50515, f(8.7) = 18.82091$

   b. $f(0.9)$，其中 $f(0.6) = -0.17694460, f(0.7) = 0.01375227, f(0.8) = 0.22363362, f(1.0) = 0.65809197$

2. 对下列数据利用式 (3.10) 或者算法 3.2 构造次数分别是一次、二次和三次的插值多项式，并用这些多项式来求近似特殊值。

   a. $f(0.43)$，其中 $f(0) = 1, f(0.25) = 1.64872, f(0.5) = 2.71828, f(0.75) = 4.48169$

   b. $f(0)$，其中 $f(-0.5) = 1.93750, f(-0.25) = 1.33203, f(0.25) = 0.800781, f(0.5) = 0.687500$

3. 对下列数据利用 Newton 向前差分公式构造次数分别是一次、二次和三次的插值多项式，并用这些多项式来求近似特殊值。

   a. $f\left(-\dfrac{1}{3}\right)$，其中 $f(-0.75) = -0.07181250, f(-0.5) = -0.02475000, f(-0.25) = 0.33493750, f(0) = 1.10100000$

   b. $f(0.25)$，其中 $f(0.1) = -0.62049958, f(0.2) = -0.28398668, f(0.3) = 0.00660095, f(0.4) = 0.24842440$

4. 对下列数据利用 Newton 向前差分公式构造次数分别是一次、二次和三次的插值多项式，并用这些多项式来求近似特殊值。

   a. $f(0.43)$，其中 $f(0) = 1, f(0.25) = 1.64872, f(0.5) = 2.71828, f(0.75) = 4.48169$

   b. $f(0.18)$，其中 $f(0.1) = -0.29004986, f(0.2) = -0.56079734, f(0.3) = -0.81401972, f(0.4) = -1.0526302$

5. 对下列数据利用 Newton 向后差分公式构造次数分别是一次、二次和三次的插值多项式，并用这些多项式来求近似特殊值。

   a. $f(-1/3)$，其中 $f(-0.75) = -0.07181250, f(-0.5) = -0.02475000, f(-0.25) = 0.33493750, f(0) = 1.10100000$

   b. $f(0.25)$，其中 $f(0.1) = -0.62049958, f(0.2) = -0.28398668, f(0.3) = 0.00660095, f(0.4) = 0.24842440$

6. 对下列数据利用 Newton 向后差分公式构造次数分别是一次、二次和三次的插值多项式，并用这些多项式来求近似特殊值。

   a. $f(0.43)$，其中 $f(0) = 1, f(0.25) = 1.64872, f(0.5) = 2.71828, f(0.75) = 4.48169$

   b. $f(0.25)$，其中 $f(-1) = 0.86199480, f(-0.5) = 0.95802009, f(0) = 1.0986123, f(0.5) = 1.2943767$

7. a. 对于下表中给出的非等距点，利用算法 3.2 构造三次插值多项式。

x	$f(x)$
−0.1	5.30000
0.0	2.00000
0.2	3.19000
0.3	1.00000

   b. 将 $f(0.35) = 0.97260$ 加入到表中，构造四次插值多项式。

8. a. 对于下表中给出的非等距点，利用算法 3.2 构造四次插值多项式。

x	$f(x)$
0.0	−6.00000
0.1	−5.89483
0.3	−5.65014
0.6	−5.17788
1.0	−4.28172

   b. 将 $f(1.1) = -3.99583$ 加入到表中，构造五次插值多项式。

9. a. 用下表中的数据和 Newton 向前差分公式来求 $f(0.05)$ 的近似值。

x	0.0	0.2	0.4	0.6	0.8
$f(x)$	1.00000	1.22140	1.49182	1.82212	2.22554

   b. 用 Newton 向后差分公式来求 $f(0.65)$ 的近似值。

   c. 用 Stirling 公式来求 $f(0.43)$ 的近似值。

10. a. 使用下表中的数据和 Newton 向前差分公式来求 $f(-0.05)$ 的近似值。

x	−1.2	−0.9	−0.6	−0.3	0.0
$f(x)$	0.18232	−0.105083	−0.51036	−1.20397	−3.12145

    b. 用 Newton 向后差分公式来求 $f(-0.2)$ 的近似值。

    c. 用 Stirling 公式来求 $f(-0.43)$ 的近似值。

11. 对一个未知次数的多项式 $P(x)$ 给出下面的数据：

x	0	1	2
$P(x)$	2	−1	4

    如果所有的三阶向前差分都是 1，确定 $P(x)$ 中 x^2 项的系数。

12. 对一个未知次数的多项式 $P(x)$ 给出下面的数据:

x	0	1	2	3
$P(x)$	4	9	15	18

如果所有的四阶向前差分都是 1，确定 $P(x)$ 中 x^3 项的系数。

13. Newton 向前差分公式被用来求 $f(0.3)$ 的近似值，使用下列数据:

x	0.0	0.2	0.4	0.6
$f(x)$	15.0	21.0	30.0	51.0

假设 $f(0.4)$ 被少算了 10，而 $f(0.6)$ 又被多算了 5。问 $f(0.3)$ 的近似值改变了多少?

14. 对于一个函数 f，Newton 向前差分公式给出的插值多项式为

$$P_3(x) = 1 + 4x + 4x(x - 0.25) + \frac{16}{3}x(x - 0.25)(x - 0.5)$$

其插值节点是 $x_0 = 0, x_1 = 0.25, x_2 = 0.5$ 和 $x_3 = 0.75$，求 $f(0.75)$。

15. 一个四次多项式 $P(x)$ 满足 $\Delta^4 P(0) = 24$，$\Delta^3 P(0) = 6$ 和 $\Delta^2 P(0) = 0$，其中 $\Delta P(x) = P(x+1) - P(x)$，求 $\Delta^2 P(10)$。

16. 对于一个函数 f，向前差商如下表所示:

$x_0 = 0.0$	$f[x_0]$		
		$f[x_0, x_1]$	
$x_1 = 0.4$	$f[x_1]$		$f[x_0, x_1, x_2] = \frac{50}{7}$
		$f[x_1, x_2] = 10$	
$x_2 = 0.7$	$f[x_2] = 6$		

确定表中未知的元素。

应用型习题

17. a. 本章的引言中给出的表列出了从 1960 年到 2010 年的美国人口。使用合适的差商来近似 1950 年、1975 年、2014 年及 2020 年的美国人口数。

    b. 1950 年的美国人口大约是 150 697 360，而 2014 年的美国人口估计是 317 298 000。你认为你对 1975 年和 2020 年的人口数字的估计有多精确?

18. 在肯塔基赛马有记录以来跑得最快的是 1973 年的一匹名叫 Secretariat 的马，它跑完 $1\frac{1}{4}$ 英里的赛道只花了 $1:59\frac{2}{5}$ (1 分 59.4 秒)，在 $\frac{1}{4}$ 英里、$\frac{1}{2}$ 英里以及 1 英里的位置花的时间分别是 $0:25\frac{1}{5}$，$0:49\frac{1}{5}$ 和 $1:36\frac{2}{5}$。

    a. 用插值法预测在 $\frac{3}{4}$ 英里处所花的时间。将结果与实际时间 1:13 进行对比。

    b. 用插值多项式的导数来估计 Secretariat 在竞赛终点处的速度。

理论型习题

19. 说明下面数据的插值多项式的次数是三。

x	−2	−1	0	1	2	3
$f(x)$	1	4	11	16	13	−4

20. a. 说明三次多项式

$$P(x) = 3 - 2(x + 1) + 0(x + 1)(x) + (x + 1)(x)(x - 1)$$

和

$$Q(x) = -1 + 4(x + 2) - 3(x + 2)(x + 1) + (x + 2)(x + 1)(x)$$

都插值了数据

x	-2	-1	0	1	2
$f(x)$	-1	3	1	-1	3

b. 为什么(a)不违反插值多项式的唯一性?

21. 给定

$$P_n(x) = f[x_0] + f[x_0, x_1](x - x_0) + a_2(x - x_0)(x - x_1)$$
$$+ a_3(x - x_0)(x - x_1)(x - x_2) + \cdots$$
$$+ a_n(x - x_0)(x - x_1)\cdots(x - x_{n-1})$$

用 $P_n(x_2)$ 来解释 $a_2 = f[x_0, x_1, x_2]$。

22. 证明:对某个 $\xi(x)$,下式成立:

$$f[x_0, x_1, \cdots, x_n, x] = \frac{f^{(n+1)}(\xi(x))}{(n+1)!}$$

[提示:由式(3.3)有

$$f(x) = P_n(x) + \frac{f^{(n+1)}(\xi(x))}{(n+1)!}(x - x_0)\cdots(x - x_n)$$

考虑在节点 $x_0, x_1, \cdots, x_n$ 处 x 上的 $n + 1$ 次插值多项式,有

$$f(x) = P_{n+1}(x) = P_n(x) + f[x_0, x_1, \cdots, x_n, x](x - x_0)\cdots(x - x_n)$$

23. 设 $i_0, i_1, \cdots, i_n$ 是整数 $0, 1, \cdots, n$ 的一个重排。证明: $f[x_{i_0}, x_{i_1}, \cdots, x_{i_n}] = f[x_0, x_1, \cdots, x_n]$。[提示:考虑在数据 $\{x_0, x_1, \cdots, x_n\} = \{x_{i_0}, x_{i_1}, \cdots, x_{i_n}\}$ 上的 n 次 Lagrange 插值多项式的首系数。]

讨论问题

1. 对照并比较你在本章中学到的几种差商方法。

2. 为了得到一个更高次的插值多项式,可以加入一对新的数据,使用差商方法和 Lagrange 方法哪个更容易?

3. Lagrange 多项式被用于推导多项式插值的误差公式。问任何一个差商公式能否用于推导这种误差?为什么?

3.4 Hermite 插值

密切多项式是 Taylor 多项式和 Lagrange 多项式的推广。假设在区间 $[a,b]$ 内给定 $n + 1$ 个不同的数 $x_0, x_1, \cdots, x_n$,以及非负整数 $m_0, m_1, \cdots, m_n$,其中 $m = \max\{m_0, m_1, \cdots, m_n\}$。对每个 $i = 0, \cdots, n$,在点 x_i 上逼近函数 $f \in C^m[a,b]$ 的密切多项式是一个次数最小的多项式,它在每个插值点 x_i 上与函数 f 的值相等,并且它在这些点上的直到第 m_i 阶导数也与该函数的相应阶导数相等。因为需要满足的条件个数为 $\sum\limits_{i=0}^{n} m_i + (n+1)$,而每个次数为 M 的多项式有 $M + 1$ 个系数能用于满足那些条件,所以这个密切多项式的次数最多是

$$M = \sum_{i=0}^{n} m_i + n$$

定义 3.8 令 $x_0, x_1, \cdots, x_n$ 是区间 $[a,b]$ 内 $n + 1$ 个不同的点。对每个 $i = 0, 1, \cdots, n$,m_i 是一个非负

整数。记 $m = \max_{0 \leqslant i \leqslant n} m_i$ ，并假设 $f \in C^m[a,b]$ 。逼近函数 f 的密切多项式是满足下面条件

$$\frac{\mathrm{d}^k P(x_i)}{\mathrm{d}x^k} = \frac{\mathrm{d}^k f(x_i)}{\mathrm{d}x^k}, \quad 对于每个 \ i = 0, 1, \cdots, n \quad 和 \quad k = 0, 1, \cdots, m_i$$

的次数最少的多项式 $P(x)$ 。 ∎

注意到当 $n = 0$ 时，逼近 f 的密切多项式就是 f 在 x_0 处的 m_0 次 Taylor 多项式。对每个 i ，当 $m_i = 0$ 时，密切多项式就是 f 在 $x_0, x_1, \cdots, x_n$ 上的 n 次 Lagrange 插值多项式。

Hermite（埃尔米特）多项式

当对每个 $i = 0, 1, \cdots, n$ ， $m_i = 1$ 时的情形就是 **Hermite 多项式**。对一个给定的函数 f ，这些多项式在 $x_0, x_1, \cdots, x_n$ 上与 f 的值相同，而且它们的一阶导数值也与 f 的一阶导数在这些点上的值相同。正因为如此，这些多项式与该函数在点 $(x_i, f(x_i))$ 处有 "相同的形状" —— 多项式的切线与函数的切线相同。我们对密切多项式的讨论就限制于这种情况，这里首先给出一个精确刻画 Hermite 多项式的定理。

定理 3.9 如果 $f \in C^1[a,b]$ 和 $x_0, \cdots, x_n \in [a,b]$ 是互不相同的数。在点 $x_0, \cdots, x_n$ 上与 f 和 f' 都相同的次数最小的唯一的多项式是 Hermite 多项式，其次数最多是 $2n + 1$ ，并由下式给出：

$$H_{2n+1}(x) = \sum_{j=0}^{n} f(x_j) H_{n,j}(x) + \sum_{j=0}^{n} f'(x_j) \hat{H}_{n,j}(x)$$

其中，若用 $L_{n,j}(x)$ 表示第 j 个 n 次 Lagrange 插值多项式，则有

$$H_{n,j}(x) = [1 - 2(x - x_j) L'_{n,j}(x_j)] L_{n,j}^2(x) \quad 和 \quad \hat{H}_{n,j}(x) = (x - x_j) L_{n,j}^2(x)$$

而且，对属于区间 (a,b) 的某个 $\xi(x)$ （一般情形下是未知的），如果 $f \in C^{2n+2}[a,b]$ ，则下式成立：

$$f(x) = H_{2n+1}(x) + \frac{(x - x_0)^2 \ldots (x - x_n)^2}{(2n + 2)!} f^{(2n+2)}(\xi(x))$$

证明 首先，回顾

$$L_{n,j}(x_i) = \begin{cases} 0, & 若 \ i \neq j \\ 1, & 若 \ i = j \end{cases}$$

因此，当 $i \neq j$ 时，

$$H_{n,j}(x_i) = 0 \quad 和 \quad \hat{H}_{n,j}(x_i) = 0$$

于是，对每个 i ，

$$H_{n,i}(x_i) = [1 - 2(x_i - x_i) L'_{n,i}(x_i)] \cdot 1 = 1 \quad 和 \quad \hat{H}_{n,i}(x_i) = (x_i - x_i) \cdot 1^2 = 0$$

从而有

$$H_{2n+1}(x_i) = \sum_{\substack{j=0 \\ j \neq i}}^{n} f(x_j) \cdot 0 + f(x_i) \cdot 1 + \sum_{j=0}^{n} f'(x_j) \cdot 0 = f(x_i)$$

所以 H_{2n+1} 在 $x_0, x_1, \cdots, x_n$ 处和 f 相等。

为了证明 H'_{2n+1} 和 f' 在这些点处相等，首先注意到 $L_{n,j}(x)$ 是 $H'_{n,j}(x)$ 的一个因子，于是当 $i \neq j$ 时， $H'_{n,j}(x_i) = 0$ 。此外，当 $i = j$ 时，有 $L_{n,i}(x_i) = 1$ ，故

$$H'_{n,i}(x_i) = -2L'_{n,i}(x_i) \cdot L^2_{n,i}(x_i) + [1 - 2(x_i - x_i)L'_{n,i}(x_i)]2L_{n,i}(x_i)L'_{n,i}(x_i)$$

$$= -2L'_{n,i}(x_i) + 2L'_{n,i}(x_i) = 0$$

从而，对所有的 i 和 j，$H'_{n,j}(x_i) = 0$ 成立。

最后，

$$\hat{H}'_{n,j}(x_i) = L^2_{n,j}(x_i) + (x_i - x_j)2L_{n,j}(x_i)L'_{n,j}(x_i)$$

$$= L_{n,j}(x_i)[L_{n,j}(x_i) + 2(x_i - x_j)L'_{n,j}(x_i)]$$

所以当 $i \neq j$ 时，$\hat{H}'_{n,j}(x_i) = 0$ 且 $\hat{H}'_{n,i}(x_i) = 1$。综上所述，得到

$$H'_{2n+1}(x_i) = \sum_{j=0}^{n} f(x_j) \cdot 0 + \sum_{\substack{j=0 \\ j \neq i}}^{n} f'(x_j) \cdot 0 + f'(x_i) \cdot 1 = f'(x_i)$$

因此，在点 $x_0, x_1, \cdots, x_n$ 处 H_{2n+1} 与 f 相等，同时 H'_{2n+1} 与 f' 相等。

这个多项式的唯一性以及误差公式的推导留作习题 11。　■

例 1　根据表 3.15 中列出的数据，利用 Hermite 多项式来求 $f(1.5)$ 的近似值。

表 3.15

k	x_k	$f(x_k)$	$f'(x_k)$
0	1.3	0.6200860	−0.5220232
1	1.6	0.4554022	−0.5698959
2	1.9	0.2818186	−0.5811571

解　首先计算 Lagrange 多项式及其导数。这样就得到

$$L_{2,0}(x) = \frac{(x - x_1)(x - x_2)}{(x_0 - x_1)(x_0 - x_2)} = \frac{50}{9}x^2 - \frac{175}{9}x + \frac{152}{9}, \qquad L'_{2,0}(x) = \frac{100}{9}x - \frac{175}{9};$$

$$L_{2,1}(x) = \frac{(x - x_0)(x - x_2)}{(x_1 - x_0)(x_1 - x_2)} = \frac{-100}{9}x^2 + \frac{320}{9}x - \frac{247}{9}, \quad L'_{2,1}(x) = \frac{-200}{9}x + \frac{320}{9};$$

$$L_{2,2} = \frac{(x - x_0)(x - x_1)}{(x_2 - x_0)(x_2 - x_1)} = \frac{50}{9}x^2 - \frac{145}{9}x + \frac{104}{9}, \qquad L'_{2,2}(x) = \frac{100}{9}x - \frac{145}{9}$$

于是，多项式 $H_{2,j}(x)$ 和 $\hat{H}_{2,j}(x)$ 就是

$$H_{2,0}(x) = [1 - 2(x - 1.3)(-5)]\left(\frac{50}{9}x^2 - \frac{175}{9}x + \frac{152}{9}\right)^2$$

$$= (10x - 12)\left(\frac{50}{9}x^2 - \frac{175}{9}x + \frac{152}{9}\right)^2,$$

$$H_{2,1}(x) = 1 \cdot \left(\frac{-100}{9}x^2 + \frac{320}{9}x - \frac{247}{9}\right)^2,$$

$$H_{2,2}(x) = 10(2 - x)\left(\frac{50}{9}x^2 - \frac{145}{9}x + \frac{104}{9}\right)^2,$$

$$\hat{H}_{2,0}(x) = (x - 1.3)\left(\frac{50}{9}x^2 - \frac{175}{9}x + \frac{152}{9}\right)^2,$$

$$\hat{H}_{2,1}(x) = (x - 1.6)\left(\frac{-100}{9}x^2 + \frac{320}{9}x - \frac{247}{9}\right)^2,$$

$$\hat{H}_{2,2}(x) = (x - 1.9)\left(\frac{50}{9}x^2 - \frac{145}{9}x + \frac{104}{9}\right)^2$$

最后，

$$H_5(x) = 0.6200860H_{2,0}(x) + 0.4554022H_{2,1}(x) + 0.2818186H_{2,2}(x)$$
$$- 0.5220232\hat{H}_{2,0}(x) - 0.5698959\hat{H}_{2,1}(x) - 0.5811571\hat{H}_{2,2}(x)$$

和

$$H_5(1.5) = 0.6200860\left(\frac{4}{27}\right) + 0.4554022\left(\frac{64}{81}\right) + 0.2818186\left(\frac{5}{81}\right)$$
$$- 0.5220232\left(\frac{4}{405}\right) - 0.5698959\left(\frac{-32}{405}\right) - 0.5811571\left(\frac{-2}{405}\right) = 0.5118277$$

这个结果与表中所列的位数一样精确。   ∎

虽然定理 3.9 提供了 Hermite 多项式的一个完整描述，但从例 1 中我们看出，仍然需要确定 Lagrange 多项式以及它的导数并求值，这使得该方法即使对小 n 的值计算起来也很烦琐。

使用差商的 Hermite 多项式

还有一种求 Hermite 多项式的方法，它基于在点 $x_0, x_1, \cdots, x_n$ 处的 Newton 插值的差商公式 (3.10)，即

$$P_n(x) = f[x_0] + \sum_{k=1}^{n} f[x_0, x_1, \cdots, x_k](x - x_0)\cdots(x - x_{k-1})$$

该方法用到了函数 f 的 n 阶差商和 n 阶导数之间的联系，参见节 3.3 的定理 3.6。

假设给出了互不相同的点 $x_0, x_1, \cdots, x_n$ 以及这些点处的函数值 f 和导数值 f'。利用下式定义新的数列 $z_0, z_1, \cdots, z_{2n+1}$：

$$z_{2i} = z_{2i+1} = x_i, \ \text{对每个} \ i = 0, 1, \cdots, n$$

并使用数 $z_0, z_1, \cdots, z_{2n+1}$ 来构造形如表 3.9 的差商表。

对每个 i，因为 $z_{2i} = z_{2i+1} = x_i$，所以不能用差商公式来定义 $f[z_{2i}, z_{2i+1}]$。然而，根据定理 3.6，如果假设替换 $f[z_{2i}, z_{2i+1}] = f'(z_{2i}) = f'(x_i)$ 在这种情形下是合理的，这样可以利用元素

$$f'(x_0), f'(x_1), \cdots, f'(x_n)$$

来替换未定义的一阶差商

$$f[z_0, z_1], f[z_2, z_3], \cdots, f[z_{2n}, z_{2n+1}]$$

其余的差商按通常方法计算，并将这些恰当的差商用于 Newton 插值的差商公式。表 3.16 显示了如何计算前三列差商元素，它们是用来计算关于点 x_0，x_1 和 x_2 的 Hermite 多项式的 $H_5(x)$ 的。表中剩余的元素按照表 3.9 中的同样方法来计算。于是，Hermite 多项式由下式给出：

$$H_{2n+1}(x) = f[z_0] + \sum_{k=1}^{2n+1} f[z_0, \cdots, z_k](x - z_0)(x - z_1)\cdots(x - z_{k-1})$$

该结论的证明可以在[Pow],p56 中找到。

表 3.16

z	$f(z)$	一阶差商	二阶差商
$z_0 = x_0$	$f[z_0] = f(x_0)$		
		$f[z_0, z_1] = f'(x_0)$	
$z_1 = x_0$	$f[z_1] = f(x_0)$		$f[z_0, z_1, z_2] = \dfrac{f[z_1, z_2] - f[z_0, z_1]}{z_2 - z_0}$
		$f[z_1, z_2] = \dfrac{f[z_2] - f[z_1]}{z_2 - z_1}$	
$z_2 = x_1$	$f[z_2] = f(x_1)$		$f[z_1, z_2, z_3] = \dfrac{f[z_2, z_3] - f[z_1, z_2]}{z_3 - z_1}$
		$f[z_2, z_3] = f'(x_1)$	
$z_3 = x_1$	$f[z_3] = f(x_1)$		$f[z_2, z_3, z_4] = \dfrac{f[z_3, z_4] - f[z_2, z_3]}{z_4 - z_2}$
		$f[z_3, z_4] = \dfrac{f[z_4] - f[z_3]}{z_4 - z_3}$	
$z_4 = x_2$	$f[z_4] = f(x_2)$		$f[z_3, z_4, z_5] = \dfrac{f[z_4, z_5] - f[z_3, z_4]}{z_5 - z_3}$
		$f[z_4, z_5] = f'(x_2)$	
$z_5 = x_2$	$f[z_5] = f(x_2)$		

例 2　用例 1 中给出的数据，使用差商方法来确定 Hermite 多项式，并给出 $x = 1.5$ 的近似值。

解　表 3.17 中前 3 列带下画线的数字就是例 1 中给出的数据。表 3.17 中其余的数字由标准的差商公式 (3.9) 计算得出。

例如，第 3 列第二个数字用到了第 2 列中第二个（第 1 列中第一个 1.3 后面对应的数字）和该列中第三个（第 1 列中第一个 1.6 后面对应的数字）数字，即

$$\frac{0.4554022 - 0.6200860}{1.6 - 1.3} = -0.5489460$$

对于第 4 列的第一个数字，用第 3 列的第二个数字和第一个数字来计算，即

$$\frac{-0.5489460 - (-0.5220232)}{1.6 - 1.3} = -0.0897427$$

Hermite 多项式在 1.5 处的值为

$$
\begin{aligned}
H_5(1.5) &= f[1.3] + f'(1.3)(1.5 - 1.3) + f[1.3, 1.3, 1.6](1.5 - 1.3)^2 \\
&\quad + f[1.3, 1.3, 1.6, 1.6](1.5 - 1.3)^2(1.5 - 1.6) \\
&\quad + f[1.3, 1.3, 1.6, 1.6, 1.9](1.5 - 1.3)^2(1.5 - 1.6)^2 \\
&\quad + f[1.3, 1.3, 1.6, 1.6, 1.9, 1.9](1.5 - 1.3)^2(1.5 - 1.6)^2(1.5 - 1.9) \\
&= 0.6200860 + (-0.5220232)(0.2) + (-0.0897427)(0.2)^2 \\
&\quad + 0.0663657(0.2)^2(-0.1) + 0.0026663(0.2)^2(-0.1)^2 \\
&\quad + (-0.0027738)(0.2)^2(-0.1)^2(-0.4) \\
&= 0.5118277
\end{aligned}
$$
∎

算法 3.3 中用到的技巧可以推广到求其他类型的密切多项式。这个程序的详细讨论可在 [Pow]，pp.53–57 中找到。

表 3.17

1.3	0.6200860					
		-0.5220232				
1.3	0.6200860		-0.0897427			
		-0.5489460		0.0663657		
1.6	0.4554022		-0.0698330		0.0026663	
		-0.5698959		0.0679655		-0.0027738
1.6	0.4554022		-0.0290537		0.0010020	
		-0.5786120		0.0685667		
1.9	0.2818186		-0.0084837			
		-0.5811571				
1.9	0.2818186					

算法 3.3　Hermite 插值

对于给定的函数 f 和 $(n+1)$ 个不同的点 $x_0,\cdots,x_n$，算法用于产生 Hermite 插值多项式 $H(x)$ 的系数。

输入　数 $x_0,x_1,\cdots,x_n$；值 $f(x_0),\cdots,f(x_n)$ 和 $f'(x_0),\cdots,f'(x_n)$。

输出　数 $Q_{0,0},Q_{1,1},\cdots,Q_{2n+1,2n+1}$，其中

$$H(x) = Q_{0,0} + Q_{1,1}(x - x_0) + Q_{2,2}(x - x_0)^2 + Q_{3,3}(x - x_0)^2(x - x_1)$$
$$+ Q_{4,4}(x - x_0)^2(x - x_1)^2 + \cdots$$
$$+ Q_{2n+1,2n+1}(x - x_0)^2(x - x_1)^2 \cdots (x - x_{n-1})^2(x - x_n).$$

Step 1　For $i = 0, 1, \cdots, n$ do Steps 2 and 3.

Step 2　Set $z_{2i} = x_i$;
$z_{2i+1} = x_i$;
$Q_{2i,0} = f(x_i)$;
$Q_{2i+1,0} = f(x_i)$;
$Q_{2i+1,1} = f'(x_i)$.

Step 3　If $i \neq 0$ then set

$$Q_{2i,1} = \frac{Q_{2i,0} - Q_{2i-1,0}}{z_{2i} - z_{2i-1}}.$$

Step 4　For $i = 2, 3, \cdots, 2n + 1$

for $j = 2, 3, \cdots, i$ set $Q_{i,j} = \dfrac{Q_{i,j-1} - Q_{i-1,j-1}}{z_i - z_{i-j}}$.

Step 5　OUTPUT $(Q_{0,0}, Q_{1,1}, \cdots, Q_{2n+1,2n+1})$;
STOP.　　　　■

习题 3.4

1. 利用定理 3.9 或算法 3.3，对下列数据构造近似多项式。

a.

x	$f(x)$	$f'(x)$
8.3	17.56492	3.116256
8.6	18.50515	3.151762

b.

x	$f(x)$	$f'(x)$
0.8	0.22363362	2.1691753
1.0	0.65809197	2.0466965

c.

x	$f(x)$	$f'(x)$
-0.5	-0.0247500	0.7510000
-0.25	0.3349375	2.1890000
0	1.1010000	4.0020000

d.

x	$f(x)$	$f'(x)$
0.1	-0.62049958	3.58502082
0.2	-0.28398668	3.14033271
0.3	0.00660095	2.66668043
0.4	0.24842440	2.16529366

2. 利用定理 3.9 或算法 3.3，对下列数据构造近似多项式。

a.

x	$f(x)$	$f'(x)$
0	1.00000	2.00000
0.5	2.71828	5.43656

b.

x	$f(x)$	$f'(x)$
−0.25	1.33203	0.437500
0.25	0.800781	−0.625000

c.

x	$f(x)$	$f'(x)$
0.1	−0.29004996	−2.8019975
0.2	−0.56079734	−2.6159201
0.3	−0.81401972	−2.9734038

d.

x	$f(x)$	$f'(x)$
−1	0.86199480	0.15536240
−0.5	0.95802009	0.23269654
0	1.0986123	0.33333333
0.5	1.2943767	0.45186776

3. 习题 1 中的数据由下面列出的函数产生。利用习题 1 中构造出的多项式来近似 x 处函数 $f(x)$ 的值，并计算绝对误差。

　　a. $f(x) = x \ln x$；近似 $f(8.4)$。

　　b. $f(x) = \sin(e^x - 2)$；近似 $f(0.9)$。

　　c. $f(x) = x^3 + 4.001x^2 + 4.002x + 1.101$；近似 $f(-1/3)$。

　　d. $f(x) = x \cos x - 2x^2 + 3x - 1$；近似 $f(0.25)$。

4. 习题 2 中的数据由下面列出的函数产生。利用习题 2 中构造出的多项式来近似 x 处函数 $f(x)$ 的值，并计算绝对误差。

　　a. $f(x) = e^{2x}$；近似 $f(0.43)$。

　　b. $f(x) = x^4 - x^3 + x^2 - x + 1$；近似 $f(0)$。

　　c. $f(x) = x^2 \cos x - 3x$；近似 $f(0.18)$。

　　d. $f(x) = \ln(e^x + 2)$；近似 $f(0.25)$。

5. a. 利用下面表中的数值和 5 位舍入算术来构造 Hermite 插值多项式并近似 $\sin 0.34$。

x	$\sin x$	$D_x \sin x = \cos x$
0.30	0.29552	0.95534
0.32	0.31457	0.94924
0.35	0.34290	0.93937

　　b. 确定(a)中近似的误差界并与实际误差进行比较。

　　c. 在表中增加数据 $\sin 0.33 = 0.32404$ 和 $\cos 0.33 = 0.94604$，并重新计算。

6. 设 $f(x) = 3xe^x - e^{2x}$。

　　a. 使用次数最多是 3 的 Hermite 插值多项式来近似 $f(1.03)$，其中利用点 $x_0 = 1$ 和 $x_1 = 1.05$。比较实际误差和误差界。

　　b. 使用次数最多是 5 的 Hermite 插值多项式来重做(a)，其中利用点 $x_0 = 1$，$x_1 = 1.05$ 和 $x_2 = 1.07$。

7. 下面表中列出的数据是由函数 $f(x) = e^{0.1x^2}$ 产生的。利用 $H_5(1.25)$ 和 $H_3(1.25)$ 来近似 $f(1.25)$，其中 H_5 使用了点 $x_0 = 1$，$x_1 = 2$ 和 $x_2 = 3$，而 H_3 使用了点 $\bar{x}_0 = 1$ 和 $\bar{x}_1 = 1.5$。求出这些近似的误差界。

x	$f(x) = e^{0.1x^2}$	$f'(x) = 0.2xe^{0.1x^2}$
$x_0 = \bar{x}_0 = 1$	1.105170918	0.2210341836
$\bar{x}_1 = 1.5$	1.252322716	0.3756968148
$x_1 = 2$	1.491824698	0.5967298792
$x_2 = 3$	2.459603111	1.475761867

应用型习题

8. 一个棒球投手从他的投手丘投向捕手一记快球。虽然从投手丘到本垒板的距离是 66.6 英尺（1 英尺 = 0.348 米），但通常球只飞行 55.5 英尺。假设球的初始速度是 95 英里（1 英里 = 1609.344 米）每小时，在本垒板的终点速度是 92 英里每小时。对下列数据构造一个 Hermite 插值多项式。

时间 t（秒）	0	0.4
距离 d（英尺）	0	55.5
速度（英里每小时）	95	92

a. 用 Hermite 多项式的导数来估计棒球在 $t = 0.2s$ 时的速度。

b. 棒球的最大速度在 $t = 0$ 时吗？或者 Hermite 多项式的导数有一个最大值超过了 95 英里每小时？如果是后者，这是合理的吗？[提示：将速度单位英里每小时转换成英尺每秒来解这个问题，然后再转换回来给出解答。]

9. 在一些时间点上对一辆沿直线公路行驶的汽车进行测速，将这些测得的数据列于下表中，其中时间单位是秒，距离单位是英尺，速度单位是英尺每秒。

时间	0	3	5	8	13
距离	0	225	383	623	993
速度	75	77	80	74	72

a. 使用 Hermite 插值来预测汽车在 $t = 10$ 时的位置和速度。

b. 使用 Hermite 多项式的导数来确定该车在行驶路段上是否超过了 55 英里每小时的限速。如果超过了，第一次超速是在什么时间和位置？

c. 这辆车测算的最大速度是多少？

理论型习题

10. 设 $z_0 = x_0, z_1 = x_0, z_2 = x_1$ 及 $z_3 = x_1$，构造下面的差商表。

$z_0 = x_0$	$f[z_0] = f(x_0)$			
		$f[z_0, z_1] = f'(x_0)$		
$z_1 = x_0$	$f[z_1] = f(x_0)$		$f[z_0, z_1, z_2]$	
		$f[z_1, z_2]$		$f[z_0, z_1, z_2, z_3]$
$z_2 = x_1$	$f[z_2] = f(x_1)$		$f[z_1, z_2, z_3]$	
		$f[z_2, z_3] = f'(x_1)$		
$z_3 = x_1$	$f[z_3] = f(x_1)$			

请证明：三次 Hermite 多项式 $H_3(x)$ 也可以写成 $f[z_0] + f[z_0, z_1](x - x_0) + f[z_0, z_1, z_2](x - x_0)^2 + f[z_0, z_1, z_2, z_3](x - x_0)^2(x - x_1)$。

11. a. 证明多项式 $H_{2n+1}(x)$（满足条件：其函数值与导数值在点 $x_0, \cdots, x_n$ 处分别与 f 和 f' 相等的次数最少的多项式）是唯一的。[提示：假设 $P(x)$ 是另一个满足相同条件的多项式，在点 $x_0, x_1, \cdots, x_n$ 处检查 $D = H_{2n+1} - P$ 和 D'。]

b. 推导定理 3.9 中的误差项。[提示：使用与推导 Lagrange 误差公式定理 3.3 相同的方法，定义

$$g(t) = f(t) - H_{2n+1}(t) - \frac{(t - x_0)^2 \cdots (t - x_n)^2}{(x - x_0)^2 \cdots (x - x_n)^2}[f(x) - H_{2n+1}(x)]$$

并利用 $g'(t)$ 在 $[a,b]$ 内有 $(2n+2)$ 个不同的零点这一事实。]

讨论问题

1. 多项式插值的问题之一是虽然在插值点上它们相等，但插值曲线的形状并不是一直能很好地与被插曲线吻合。解决该问题的方法之一是使用的插值多项式在这些点上吻合被插曲线的同时让其导数也吻合。用你自己的语言来描述这是怎么做到的。

2. 在本节中介绍了两种不同的求 Hermite 多项式的方法。解释这两种方法的用途。

3. 探讨计算 Hermite 插值多项式的差商方法的推导过程。[提示：查看 Powell 的参考书]。

3.5　三次样条插值[①]

前一节主要关注用单个多项式在闭区间上逼近任意函数。可是，高次多项式能剧烈地振动，

---

① 本节中定理的证明依赖于第 6 章的结论。

这意味着在区间的一小部分上一个微小的扰动会引起整个范围内很大的振动。在本节末尾的图 3.14 中，我们将看到这种情形的一个典型例子。

一个替代的方法是将所逼近的区间分成一系列子区间，并在每个子区间上构造不同的多项式来逼近。这就称为**分段多项式逼近**。

分段多项式逼近

最简单的分段多项式逼近是**分段线性**插值，它由依次连接数据点集合

$$\{(x_0, f(x_0)), (x_1, f(x_1)), \cdots, (x_n, f(x_n))\}$$

的一系列线段组成，见图 3.7。

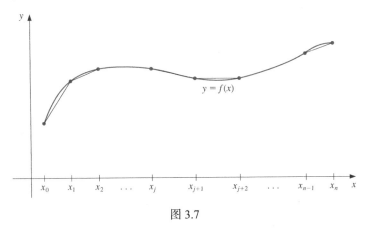

图 3.7

线性函数逼近的一个缺点是插值函数在子区间的端点处可能失去了可微性。这一点从几何的角度看意味着插值函数"不光滑"。从物理条件出发通常会要求光滑性，于是插值函数必须是连续可微的。

另一种方法是使用分段的 Hermite 多项式。例如，若 f 和 f' 在每个点 $x_0 < x_1 < \cdots < x_n$ 处的值都是已知的，则在每个子区间 $[x_0, x_1]$, $[x_1, x_2]$, $\cdots$, $[x_{n-1}, x_n]$ 上都能使用三次 Hermite 多项式逼近，从而得到一个在整个区间 $[x_0, x_n]$ 上的有连续导数的分段多项式逼近。

在给定区间上确定适当的三次 Hermite 多项式只是简单地在那个区间上计算 $H_3(x)$。因为用于确定 H_3 的 Lagrange 多项式是一次的，因此计算起来并不困难。可是，对一般的插值问题使用分段 Hermite 多项式，我们需要预先知道被逼近函数的导数值，这通常是不可能的。

这节的剩余部分主要考虑用分段多项式来做逼近，但不要求知道具体的导数值，除非是在被逼近区间（而不是子区间）的端点。

在整个区间 $[x_0, x_n]$ 上可微的分段多项式函数，其最简单的形式是通过在所有相邻的节点对上依次拟合一个二次多项式得到。具体来说，在 $[x_0, x_1]$ 上构造一个二次多项式使它在插值节点 x_0 和 x_1 上与被插函数相等，在 $[x_1, x_2]$ 上构造另一个二次多项式使它在插值节点 x_1 和 x_2 上与被插函数相等，依次类推。一个二次多项式有 3 个任意常数——常数项、一次项 x 的系数和二次项 x^2 的系数——而在每个子区间的端点上只有两个条件被要求用以拟合数据。因此，具有灵活性可以允许选取的二次多项式插值满足在区间 $[x_0, x_n]$ 上有连续的导数。但困难随之而来，因为我们需要具体给出插值函数在端点 x_0 和 x_n 需要满足的条件，然而没有足够多的常数来保证这些条件被满足。（见习题 3.4。）

三次样条

最普遍使用的分段多项式逼近是在每个相继的节点对之间使用三次多项式，即所谓的**三次样条插值**。一个一般的三次多项式包括 4 个常数，这就使得三次样条方法在插值中具有充分的灵活性：它不仅能保证插值在整个区间上是连续可微的，而且还具有连续的二阶导数。然而，三次样条的构造不能保证插值多项式的导数与被插函数的导数有相同的值，甚至在插值节点上也不能。（见图 3.8。）

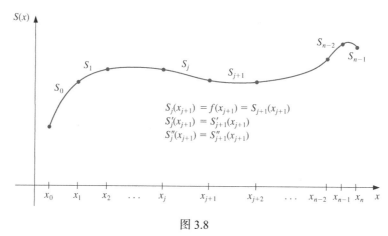

图 3.8

定义 3.10 给定在区间 $[a,b]$ 上定义的函数 f 和一组插值节点 $a = x_0 < x_1 < \cdots < x_n = b$ ，f 的一个**三次样条插值** S 是满足下列条件的一个函数：

(a) 对每个 $j = 0,1,\cdots,n-1$ ，$S(x)$ 在子区间 $[x_j, x_{j+1}]$ 上是一个三次多项式，记作 $S_j(x)$ ；

(b) 对每个 $j = 0,1,\cdots,n-1$ ，$S_j(x_j) = f(x_j)$ 且 $S_j(x_{j+1}) = f(x_{j+1})$ ；

(c) 对每个 $j = 0,1,\cdots,n-2$ ，$S_{j+1}(x_{j+1}) = S_j(x_{j+1})$ ；（由 (b) 可以推出）

(d) 对每个 $j = 0,1,\cdots,n-2$ ，$S'_{j+1}(x_{j+1}) = S'_j(x_{j+1})$ ；

(e) 对每个 $j = 0,1,\cdots,n-2$ ，$S''_{j+1}(x_{j+1}) = S''_j(x_{j+1})$ ；

(f) 下面的两组边界条件之一被满足：

(i) $S''(x_0) = S''(x_n) = 0$（自然边界或自由边界）

(ii) $S'(x_0) = f'(x_0)$ 和 $S'(x_n) = f'(x_n)$（紧固边界）

自然样条在它的端点上没有强加方向条件，所以插值曲线在通过两端的插值节点后呈直线。即，当样条通过插值节点后，如果不加其他的限制而具有的自然形状，这也是该名字的由来（见图 3.9）。

图 3.9

虽然三次样条插值的边界条件还有其他的定义，但 (f) 给出的条件对我们的讨论来说已经足够。选取了自然边界条件之后定义的样条叫**自然样条**，它的图形近似为穿过数据点 $\{(x_0, f(x_0)), (x_1, f(x_1)), \cdots, (x_n, f(x_n))\}$ 的一根长的弹性杆子。

一般情况下，紧固边界条件会产生更精确的近似，因为它利用了函数更多的信息。但是，要使这种边界条件成立，必须知道在端点处函数的导数值，或者这些值的较为精确的近似。

例 1 构造一个通过 3 个点 $(1,2)$ ，$(2,3)$ 和 $(3,5)$ 的自然三次样条。

解 这个样条由两个三次多项式构成。第一个定义在区间 $[1,2]$ 上，记作

$$S_0(x) = a_0 + b_0(x-1) + c_0(x-1)^2 + d_0(x-1)^3$$

另外一个定义在[2,3]上，记为

$$S_1(x) = a_1 + b_1(x-2) + c_1(x-2)^2 + d_1(x-2)^3$$

这里有 8 个常数需要确定，相应地要求应该有 8 个条件。样条必须满足在插值节点上相等，这是 4 个条件，即

$$2 = f(1) = a_0, \quad 3 = f(2) = a_0 + b_0 + c_0 + d_0, \quad 3 = f(2) = a_1,$$
$$5 = f(3) = a_1 + b_1 + c_1 + d_1$$

因为样条在内节点上导数值相等，即 $S_0'(2) = S_1'(2)$ 和 $S_0''(2) = S_1''(2)$，这是两个条件。它们产生

$$S_0'(2) = S_1'(2): \quad b_0 + 2c_0 + 3d_0 = b_1 \quad 和 \quad S_0''(2) = S_1''(2): \quad 2c_0 + 6d_0 = 2c_1$$

最后两个关系来源于自然边界条件：

$$S_0''(1) = 0: \quad 2c_0 = 0 \quad 和 \quad S_1''(3) = 0: \quad 2c_1 + 6d_1 = 0$$

求解由这些方程构成的方程组得到样条为

$$S(x) = \begin{cases} 2 + \frac{3}{4}(x-1) + \frac{1}{4}(x-1)^3, & x \in [1, 2] \\ 3 + \frac{3}{2}(x-2) + \frac{3}{4}(x-2)^2 - \frac{1}{4}(x-2)^3, & x \in [2, 3] \end{cases} \qquad ∎$$

三次样条的构造

像前面的例子那样，将一个区间分成 n 个子区间，在这个区间上定义的样条要求确定 $4n$ 个常数。对一个给定的函数 f，为了构造它的三次样条插值，必须将定义中的条件用于三次多项式：

$$S_j(x) = a_j + b_j(x - x_j) + c_j(x - x_j)^2 + d_j(x - x_j)^3$$

其中，$j = 0,1,\cdots,n-1$。因为 $S_j(x_j) = a_j = f(x_j)$，由条件 (c) 可以得到

$$a_{j+1} = S_{j+1}(x_{j+1}) = S_j(x_{j+1}) = a_j + b_j(x_{j+1} - x_j) + c_j(x_{j+1} - x_j)^2 + d_j(x_{j+1} - x_j)^3$$

其中，$j = 0,1,\cdots,n-2$。

由于 $x_{j+1} - x_j$ 项多次重复出现，所以为了简便起见引入下面的记号：

$$h_j = x_{j+1} - x_j$$

其中，$j = 0,1,\cdots,n-1$。如果再定义 $a_n = f(x_n)$，那么方程

$$a_{j+1} = a_j + b_j h_j + c_j h_j^2 + d_j h_j^3 \tag{3.15}$$

对每个 $j = 0,1,\cdots,n-1$ 都成立。

用类似的方式定义 $b_n = S'(x_n)$，可以得到

$$S_j'(x) = b_j + 2c_j(x - x_j) + 3d_j(x - x_j)^2$$

这意味着对每个 $S_j'(x_j) = b_j$，有 $j = 0,1,\cdots,n-1$。再使用条件 (d) 就能得到

$$b_{j+1} = b_j + 2c_j h_j + 3d_j h_j^2 \tag{3.16}$$

其中，$j = 0,1,\cdots,n-1$。

S_j 的系数之间的其他关系可通过定义 $c_n = S''(x_n)/2$ 并运用条件 (e) 得到。这样，对每个 $j = 0,1,\cdots,n-1$，有

$$c_{j+1} = c_j + 3d_j h_j \tag{3.17}$$

对每个 d_j，从方程 (3.17) 中求解出 $j = 0,1,\cdots,n-1$ 并将这些值代入方程 (3.15) 和方程 (3.16)，得到新

的方程:

$$a_{j+1} = a_j + b_j h_j + \frac{h_j^2}{3}(2c_j + c_{j+1}) \tag{3.18}$$

和

$$b_{j+1} = b_j + h_j(c_j + c_{j+1}) \tag{3.19}$$

最后，与系数相关的条件通过求解形如式(3.18)的方程得到，首先得到 b_j:

$$b_j = \frac{1}{h_j}(a_{j+1} - a_j) - \frac{h_j}{3}(2c_j + c_{j+1}) \tag{3.20}$$

接下来，通过下标的递推得到 b_{j-1}，即

$$b_{j-1} = \frac{1}{h_{j-1}}(a_j - a_{j-1}) - \frac{h_{j-1}}{3}(2c_{j-1} + c_j)$$

将这些值代入方程(3.19)，并将下标减 1，得到下面的线性方程组:

$$h_{j-1}c_{j-1} + 2(h_{j-1} + h_j)c_j + h_j c_{j+1} = \frac{3}{h_j}(a_{j+1} - a_j) - \frac{3}{h_{j-1}}(a_j - a_{j-1}) \tag{3.21}$$

其中，$j = 0,1,\cdots,n-1$。这个方程组只有 $\{c_j\}_{j=0}^n$ 是未知元。$\{h_j\}_{j=0}^{n-1}$ 及 $\{a_j\}_{j=0}^n$ 的值分别由节点 $\{x_j\}_{j=0}^n$ 之间的距离以及这些节点上的函数值 f 给出。因此，一旦得到 $\{c_j\}_{j=0}^n$ 的值，剩下的常数 $\{b_j\}_{j=0}^{n-1}$ 和 $\{d_j\}_{j=0}^{n-1}$ 就能很容易通过方程(3.20)和方程(3.17)计算得出。三次样条多项式 $\{S_j(x)\}_{j=0}^{n-1}$ 就能构造出来。

于是构造三次样条的主要问题是，是否能够利用方程组(3.21)确定 $\{c_j\}_{j=0}^n$ 的值，如果是，那么进一步的问题是这些值是否唯一。下面的定理表明，无论使用定义 (f) 中的两种边界条件的任何一种，答案都是肯定的。这些定理的证明需要用到线性代数的知识，我们将在第 6 章讨论。

自然样条

定理 3.11   如果 f 定义在 $a = x_0 < x_1 < \cdots < x_n = b$ 上，则 f 具有唯一的在节点 $x_0, x_1, \cdots, x_n$ 上的自然样条插值 S，即满足自然边界条件 $S''(a) = 0$ 和 $S''(b) = 0$ 的样条插值是唯一的。

证明   在这种情形下的边界条件蕴含 $c_n = S''(x_n)/2 = 0$ 和

$$0 = S''(x_0) = 2c_0 + 6d_0(x_0 - x_0)$$

于是 $c_0 = 0$。两个方程 $c_0 = 0$ 和 $c_n = 0$ 与方程组(3.21)中的方程一起构成了线性代数方程组 $A\mathbf{x} = \mathbf{b}$，其中 A 是 $(n+1) \times (n+1)$ 的矩阵

$$A = \begin{bmatrix} 1 & 0 & 0 & \cdots & & & 0 \\ h_0 & 2(h_0 + h_1) & h_1 & & & & \\ 0 & h_1 & 2(h_1 + h_2) & h_2 & & & \\ \vdots & & & & & & 0 \\ & & & & h_{n-2} & 2(h_{n-2} + h_{n-1}) & h_{n-1} \\ 0 & \cdots & & 0 & 0 & 0 & 1 \end{bmatrix}$$

向量 $\mathbf{b}$ 和 $\mathbf{x}$ 分别为

$$\mathbf{b} = \begin{bmatrix} 0 \\ \frac{3}{h_1}(a_2 - a_1) - \frac{3}{h_0}(a_1 - a_0) \\ \vdots \\ \frac{3}{h_{n-1}}(a_n - a_{n-1}) - \frac{3}{h_{n-2}}(a_{n-1} - a_{n-2}) \\ 0 \end{bmatrix} \quad 和 \quad \mathbf{x} = \begin{bmatrix} c_0 \\ c_1 \\ \vdots \\ c_n \end{bmatrix}$$

矩阵 A 是严格对角占优的，也就是说，对每行而言对角元素的绝对值都超过了该行其他元素绝对值的和。6.6 节的定理 6.21 告诉我们，具有这种性质的线性代数方程组具有唯一解 $c_0, c_1, \cdots, c_n$。 ■

具有边界条件 $S''(x_0) = S''(x_n) = 0$ 的三次样条插值问题的解可使用算法 3.4 得到。

算法 3.4 自然三次样条

该算法用于构造三次样条插值 S，对于定义在 $x_0 < x_1 < \cdots < x_n$ 上且满足 $S''(x_0) = S''(x_n) = 0$ 的函数 f：

输入 $n; x_0, x_1, \cdots, x_n; a_0 = f(x_0), a_1 = f(x_1), \cdots, a_n = f(x_n)$

输出 $a_j, \ b_j, \ c_j, \ d_j, \quad j = 0, 1, \cdots, n-1$

（说明：$S(x) = S_j(x) = a_j + b_j(x - x_j) + c_j(x - x_j)^2 + d_j(x - x_j)^3, \quad x_j \leq x \leq x_{j+1}$）

Step 1   For $i = 0, 1, \cdots, n-1$ set $h_i = x_{i+1} - x_i$.

Step 2   For $i = 1, 2, \cdots, n-1$ set

$$\alpha_i = \frac{3}{h_i}(a_{i+1} - a_i) - \frac{3}{h_{i-1}}(a_i - a_{i-1}).$$

Step 3   Set $l_0 = 1$; （Step 3～5 和 Step 6 的一部分用算法 6.7 所描述的方法来求解三对角线性方程组）

$\mu_0 = 0$;

$z_0 = 0$.

Step 4   For $i = 1, 2, \cdots, n-1$

set $l_i = 2(x_{i+1} - x_{i-1}) - h_{i-1}\mu_{i-1}$;

$\mu_i = h_i / l_i$;

$z_i = (\alpha_i - h_{i-1}z_{i-1}) / l_i$.

Step 5   Set $l_n = 1$;

$z_n = 0$;

$c_n = 0$.

Step 6   For $j = n-1, n-2, \cdots, 0$

set $c_j = z_j - \mu_j c_{j+1}$;

$b_j = (a_{j+1} - a_j)/h_j - h_j(c_{j+1} + 2c_j)/3$;

$d_j = (c_{j+1} - c_j)/(3h_j)$.

Step 7   OUTPUT $(a_j, b_j, c_j, d_j$ for $j = 0, 1, \cdots, n-1)$;

STOP. ■

例 2 在本章的开始，我们给出了近似指数函数 $f(x) = e^x$ 的一些 Taylor 多项式。使用数据点 $(0,1)$、$(1,e)$、$(2,e^2)$ 和 $(3,e^3)$ 来构造近似 $f(x) = e^x$ 的自然样条 $S(x)$。

解 我们有 $n = 3$，$h_0 = h_1 = h_2 = 1$，$a_0 = 1$，$a_1 = e$，$a_2 = e^2$ 和 $a_3 = e^3$。于是，定理 3.11 中的矩阵 A 和向量 $\mathbf{b}$ 以及 $\mathbf{x}$ 具有如下形式：

$$A = \begin{bmatrix} 1 & 0 & 0 & 0 \\ 1 & 4 & 1 & 0 \\ 0 & 1 & 4 & 1 \\ 0 & 0 & 0 & 1 \end{bmatrix}, \quad \mathbf{b} = \begin{bmatrix} 0 \\ 3(e^2 - 2e + 1) \\ 3(e^3 - 2e^2 + e) \\ 0 \end{bmatrix}, \quad \mathbf{x} = \begin{bmatrix} c_0 \\ c_1 \\ c_2 \\ c_3 \end{bmatrix}$$

向量矩阵方程 $A\mathbf{x} = \mathbf{b}$ 等价于方程组

$$c_0 = 0,$$
$$c_0 + 4c_1 + c_2 = 3(e^2 - 2e + 1),$$
$$c_1 + 4c_2 + c_3 = 3(e^3 - 2e^2 + e),$$
$$c_3 = 0$$

该方程组有解 $c_0 = c_3 = 0$，并具有五位数字精度：

$$c_1 = \frac{1}{5}(-e^3 + 6e^2 - 9e + 4) \approx 0.75685, \qquad c_2 = \frac{1}{5}(4e^3 - 9e^2 + 6e - 1) \approx 5.83007$$

求解可得剩余的常数为

$$b_0 = \frac{1}{h_0}(a_1 - a_0) - \frac{h_0}{3}(c_1 + 2c_0)$$

$$= (e - 1) - \frac{1}{15}(-e^3 + 6e^2 - 9e + 4) \approx 1.46600$$

$$b_1 = \frac{1}{h_1}(a_2 - a_1) - \frac{h_1}{3}(c_2 + 2c_1)$$

$$= (e^2 - e) - \frac{1}{15}(2e^3 + 3e^2 - 12e + 7) \approx 2.22285$$

$$b_2 = \frac{1}{h_2}(a_3 - a_2) - \frac{h_2}{3}(c_3 + 2c_2)$$

$$= (e^3 - e^2) - \frac{1}{15}(8e^3 - 18e^2 + 12e - 2) \approx 8.80977$$

$$d_0 = \frac{1}{3h_0}(c_1 - c_0) = \frac{1}{15}(-e^3 + 6e^2 - 9e + 4) \approx 0.25228$$

$$d_1 = \frac{1}{3h_1}(c_2 - c_1) = \frac{1}{3}(e^3 - 3e^2 + 3e - 1) \approx 1.69107$$

$$d_2 = \frac{1}{3h_2}(c_3 - c_1) = \frac{1}{15}(-4e^3 + 9e^2 - 6e + 1) \approx -1.94336$$

所求的三次自然样条由下面的分段函数描述：

$$S(x) = \begin{cases} 1 + 1.46600x + 0.25228x^3, & x \in [0, 1] \\ 2.71828 + 2.22285(x-1) + 0.75685(x-1)^2 + 1.69107(x-1)^3, & x \in [1, 2] \\ 7.38906 + 8.80977(x-2) + 5.83007(x-2)^2 - 1.94336(x-2)^3, & x \in [2, 3] \end{cases}$$

该样条及其近似的函数 $f(x) = e^x$ 在图 3.10 中绘出。 ∎

一旦确定了某个函数的一个样条近似，我们就能用它来近似该函数的其他属性。下面的示例考虑了使用前面例子中求出的样条来求积分。

示例 为了近似函数 $f(x) = e^x$ 在区间[0,3]上的积分，该积分值为

$$\int_0^3 e^x \, dx = e^3 - 1 \approx 20.08553692 - 1 = 19.08553692$$

我们可以分段使用在该区间上近似了函数 f 的样条来积分，从而产生

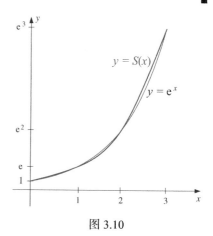

图 3.10

$$\int_0^3 S(x) = \int_0^1 1 + 1.46600x + 0.25228x^3 \, \mathrm{d}x$$

$$+ \int_1^2 2.71828 + 2.22285(x-1) + 0.75685(x-1)^2$$

$$+ 1.69107(x-1)^3 \, \mathrm{d}x$$

$$+ \int_2^3 7.38906 + 8.80977(x-2) + 5.83007(x-2)^2$$

$$- 1.94336(x-2)^3 \, \mathrm{d}x$$

积分并把这些值加起来得到

$$\int_0^3 S(x) = \left[x + 1.46600\frac{x^2}{2} + 0.25228\frac{x^4}{4} \right]_0^1$$

$$+ \left[2.71828(x-1) + 2.22285\frac{(x-1)^2}{2} + 0.75685\frac{(x-1)^3}{3} + 1.69107\frac{(x-1)^4}{4} \right]_1^2$$

$$+ \left[7.38906(x-2) + 8.80977\frac{(x-2)^2}{2} + 5.83007\frac{(x-2)^3}{3} - 1.94336\frac{(x-2)^4}{4} \right]_2^3$$

$$= (1 + 2.71828 + 7.38906) + \frac{1}{2}(1.46600 + 2.22285 + 8.80977)$$

$$+ \frac{1}{3}(0.75685 + 5.83007) + \frac{1}{4}(0.25228 + 1.69107 - 1.94336)$$

$$= 19.55229$$

由于该例中节点是等距分布的, 积分的近似就简化为

$$\int_0^3 S(x) \, \mathrm{d}x = (a_0 + a_1 + a_2) + \frac{1}{2}(b_0 + b_1 + b_2) + \frac{1}{3}(c_0 + c_1 + c_2) + \frac{1}{4}(d_0 + d_1 + d_2) \quad (3.22) \blacksquare$$

紧固样条

例 3 在例 1 中, 我们求出了通过点 $(1,2)$, $(2,3)$ 和 $(3,5)$ 的一个自然样条 f。构造一个紧固样条 s, 使其通过这些点的同时满足 $s'(1) = 2$ 和 $s'(3) = 1$。

解 设

$$s_0(x) = a_0 + b_0(x-1) + c_0(x-1)^2 + d_0(x-1)^3$$

是区间 $[1,2]$ 上的三次多项式, 而区间 $[2,3]$ 上的三次多项式设为

$$s_1(x) = a_1 + b_1(x-2) + c_1(x-2)^2 + d_1(x-2)^3$$

那么确定 8 个常数的大多数条件都与例 1 中相同。这些条件是

$$2 = f(1) = a_0, \quad 3 = f(2) = a_0 + b_0 + c_0 + d_0, \quad 3 = f(2) = a_1,$$

$$5 = f(3) = a_1 + b_1 + c_1 + d_1$$

$$s_0'(2) = s_1'(2): \quad b_0 + 2c_0 + 3d_0 = b_1 \quad 和 \quad s_0''(2) = s_1''(2): \quad 2c_0 + 6d_0 = 2c_1$$

但是，边界条件现在为

$$s_0'(1) = 2: \quad b_0 = 2 \quad 和 \quad s_1'(3) = 1: \quad b_1 + 2c_1 + 3d_1 = 1$$

解这个方程组就能得到所求的样条如下：

$$s(x) = \begin{cases} 2 + 2(x-1) - \frac{5}{2}(x-1)^2 + \frac{3}{2}(x-1)^3, x \in [1,2] \\ 3 + \frac{3}{2}(x-2) + 2(x-2)^2 - \frac{3}{2}(x-2)^3, x \in [2,3] \end{cases}$$

对一般的紧固边界条件，我们也有类似于自然边界条件的定理 3.11 的结论。

定理 3.12   如果 f 定义在 $a = x_0 < x_1 < \cdots < x_n = b$ 上并且在 a 和 b 处可微，则 f 有唯一的关于节点 $x_0, x_1, \cdots, x_n$ 的紧固样条插值 S，也就是说，一个满足紧固边界条件 $S'(a) = f'(a)$ 和 $S'(b) = f'(b)$ 的样条插值。

证明   因为 $f'(a) = S'(a) = S'(x_0) = b_0$，当 $j = 0$ 时方程(3.20)意味着

$$f'(a) = \frac{1}{h_0}(a_1 - a_0) - \frac{h_0}{3}(2c_0 + c_1)$$

于是就有

$$2h_0 c_0 + h_0 c_1 = \frac{3}{h_0}(a_1 - a_0) - 3f'(a)$$

类似地

$$f'(b) = b_n = b_{n-1} + h_{n-1}(c_{n-1} + c_n)$$

故当 $j = n - 1$ 时方程(3.20)产生

$$f'(b) = \frac{a_n - a_{n-1}}{h_{n-1}} - \frac{h_{n-1}}{3}(2c_{n-1} + c_n) + h_{n-1}(c_{n-1} + c_n)$$

$$= \frac{a_n - a_{n-1}}{h_{n-1}} + \frac{h_{n-1}}{3}(c_{n-1} + 2c_n)$$

和

$$h_{n-1}c_{n-1} + 2h_{n-1}c_n = 3f'(b) - \frac{3}{h_{n-1}}(a_n - a_{n-1})$$

方程(3.21)和方程

$$2h_0 c_0 + h_0 c_1 = \frac{3}{h_0}(a_1 - a_0) - 3f'(a)$$

及

$$h_{n-1}c_{n-1} + 2h_{n-1}c_n = 3f'(b) - \frac{3}{h_{n-1}}(a_n - a_{n-1})$$

一起确定了线性方程组 $A\mathbf{x} = \mathbf{b}$，其中，

$$
A = \begin{bmatrix}
2h_0 & h_0 & & 0 & \cdots\cdots\cdots\cdots\cdots\cdots & & 0 \\
h_0 & 2(h_0 + h_1) & h_1 & & & & \\
0 & h_1 & 2(h_1 + h_2) & h_2 & & & 0 \\
& & & \ddots & & & \\
& & & h_{n-2} & 2(h_{n-2} + h_{n-1}) & \cdots & h_{n-1} \\
0 & \cdots\cdots\cdots\cdots\cdots\cdots & & 0 & & h_{n-1} & 2h_{n-1}
\end{bmatrix},
$$

$$
\mathbf{b} = \begin{bmatrix}
\frac{3}{h_0}(a_1 - a_0) - 3f'(a) \\
\frac{3}{h_1}(a_2 - a_1) - \frac{3}{h_0}(a_1 - a_0) \\
\vdots \\
\frac{3}{h_{n-1}}(a_n - a_{n-1}) - \frac{3}{h_{n-2}}(a_{n-1} - a_{n-2}) \\
3f'(b) - \frac{3}{h_{n-1}}(a_n - a_{n-1})
\end{bmatrix}, \qquad
\mathbf{x} = \begin{bmatrix}
c_0 \\
c_1 \\
\vdots \\
c_n
\end{bmatrix}.
$$

这里的矩阵 A 是严格对角占优的，因此它满足 6.6 节中定理 6.21 的条件，从而，线性方程组有唯一解 $c_0, c_1, \cdots, c_n$。　■

带有边界条件 $S'(x_0) = f'(x_0)$ 和 $S'(x_n) = f'(x_n)$ 的三次样条插值问题的解可以用算法 3.5 得到。

算法 3.5　紧固三次样条

该算法用于构造三次样条插值 f，对于定义在 $x_0 < x_1 < \cdots < x_n$ 上并满足 $S'(x_0) = f'(x_0)$ 和 $S'(x_n) = f'(x_n)$ 的函数 f：

输入　$n; x_0, x_1, \cdots, x_n; a_0 = f(x_0), a_1 = f(x_1), \cdots, a_n = f(x_n)$ ；　$FPO = f'(x_0)$ ；　$FPN = f'(x_n)$ 。

输出　a_j, b_j, c_j, d_j, $\quad j = 0, 1, \cdots, n-1$

（说明：$S(x) = S_j(x) = a_j + b_j(x - x_j) + c_j(x - x_j)^2 + d_j(x - x_j)^3$，$\quad x_j \leqslant x \leqslant x_{j+1}$）

Step 1　For $i = 0, 1, \cdots, n-1$ set $h_i = x_{i+1} - x_i$.

Step 2　Set $\alpha_0 = 3(a_1 - a_0)/h_0 - 3FPO$;
　　　　　　$\alpha_n = 3FPN - 3(a_n - a_{n-1})/h_{n-1}$.

Step 3　For $i = 1, 2, \cdots, n-1$

$$
\text{set } \alpha_i = \frac{3}{h_i}(a_{i+1} - a_i) - \frac{3}{h_{i-1}}(a_i - a_{i-1}).
$$

Step 4　Set $l_0 = 2h_0$;　　（Steps 4～6和Step 7的一部分是用算法6.7所
　　　　　　　　　　　　　　　描述的方法来求解三对角线性方程组）

　　　　　　$\mu_0 = 0.5$;
　　　　　　$z_0 = \alpha_0 / l_0$.

Step 5　For $i = 1, 2, \cdots, n-1$
　　　　　　set $l_i = 2(x_{i+1} - x_{i-1}) - h_{i-1}\mu_{i-1}$;
　　　　　　　　$\mu_i = h_i / l_i$;
　　　　　　　　$z_i = (\alpha_i - h_{i-1}z_{i-1})/l_i$.

Step 6　Set $l_n = h_{n-1}(2 - \mu_{n-1})$;
　　　　　　$z_n = (\alpha_n - h_{n-1}z_{n-1})/l_n$;
　　　　　　$c_n = z_n$.

Step 7　For $j = n - 1, n - 2, \cdots, 0$
　　　　set $c_j = z_j - \mu_j c_{j+1}$;
　　　　　$b_j = (a_{j+1} - a_j)/h_j - h_j(c_{j+1} + 2c_j)/3$;
　　　　　$d_j = (c_{j+1} - c_j)/(3h_j)$.

Step 8　OUTPUT $(a_j, b_j, c_j, d_j$ for $j = 0, 1, \cdots, n - 1)$;
　　　　STOP.

■

例 4　例 2 中用一个自然样条和数据点 $(0,1)$，$(1,e)$，$(2,e^2)$ 和 $(3,e^3)$ 构造了新的近似函数 $S(x)$。用这些数据求紧固样条 $s(x)$，因为 $f'(x) = e^x$，所以 $f'(0) = 1$ 和 $f'(3) = e^3$。

解　像例 2 一样，我们有 $n = 3$，$h_0 = h_1 = h_2 = 1$，$a_0 = 0$，$a_1 = e$，$a_2 = e^2$ 和 $a_3 = e^3$。这些值和导数值 $f'(0) = 1$ 和 $f'(3) = e^3$ 一起，就能给出矩阵 A 和向量 $\mathbf{b}$ 以及 $\mathbf{x}$，形式如下：

$$A = \begin{bmatrix} 2 & 1 & 0 & 0 \\ 1 & 4 & 1 & 0 \\ 0 & 1 & 4 & 1 \\ 0 & 0 & 1 & 2 \end{bmatrix}, \qquad \mathbf{b} = \begin{bmatrix} 3(e - 2) \\ 3(e^2 - 2e + 1) \\ 3(e^3 - 2e^2 + e) \\ 3e^2 \end{bmatrix}, \qquad \mathbf{x} = \begin{bmatrix} c_0 \\ c_1 \\ c_2 \\ c_3 \end{bmatrix}$$

向量矩阵方程 $A\mathbf{x} = \mathbf{b}$ 等价于下面的方程组：

$$2c_0 + c_1 = 3(e - 2),$$
$$c_0 + 4c_1 + c_2 = 3(e^2 - 2e + 1),$$
$$c_1 + 4c_2 + c_3 = 3(e^3 - 2e^2 + e),$$
$$c_2 + 2c_3 = 3e^2$$

解关于 c_0，c_1，c_2 和 c_3 的方程组，得到五位数字精度有：

$$c_0 = \frac{1}{15}(2e^3 - 12e^2 + 42e - 59) = 0.44468,$$

$$c_1 = \frac{1}{15}(-4e^3 + 24e^2 - 39e + 28) = 1.26548,$$

$$c_2 = \frac{1}{15}(14e^3 - 39e^2 + 24e - 8) = 3.35087,$$

$$c_3 = \frac{1}{15}(-7e^3 + 42e^2 - 12e + 4) = 9.40815$$

用例 2 中同样的方式解剩余的常数得到

$$b_0 = 1.00000, \quad b_1 = 2.71016, \quad b_2 = 7.32652$$

和

$$d_0 = 0.27360, \quad d_1 = 0.69513, \quad d_2 = 2.01909$$

这样就得到紧固样条为

$$s(x) = \begin{cases} 1 + x + 0.44468x^2 + 0.27360x^3, & 0 \leqslant x < 1, \\ 2.71828 + 2.71016(x-1) + 1.26548(x-1)^2 + 0.69513(x-1)^3, & 1 \leqslant x < 2, \\ 7.38906 + 7.32652(x-2) + 3.35087(x-2)^2 + 2.01909(x-2)^3, & 2 \leqslant x \leqslant 3 \end{cases}$$

紧固样条的图形与 $f(x) = e^x$ 的图形非常类似，几乎看不到差别。

■

我们也能用紧固样条来近似 f 在区间 $[0,3]$ 上的积分。这个积分的精确值是

$$\int_0^3 e^x \, dx = e^3 - 1 \approx 20.08554 - 1 = 19.08554$$

因为数据点是等距分布的，所以分段积分紧固样条得到与式(3.22)相同的公式，即

$$\int_0^3 s(x)\,\mathrm{d}x = (a_0 + a_1 + a_2) + \frac{1}{2}(b_0 + b_1 + b_2)$$

$$+ \frac{1}{3}(c_0 + c_1 + c_2) + \frac{1}{4}(d_0 + d_1 + d_2)$$

因此，积分的近似值为

$$\int_0^3 s(x)\,\mathrm{d}x = (1 + 2.71828 + 7.38906) + \frac{1}{2}(1 + 2.71016 + 7.32652)$$

$$+ \frac{1}{3}(0.44468 + 1.26548 + 3.35087) + \frac{1}{4}(0.27360 + 0.69513 + 2.01909)$$

$$= 19.05965$$

用紧固样条和自然样条求积分的近似值，其绝对误差分别为

$$自然：|19.08554 - 19.55229| = 0.46675$$

$$紧固：|19.08554 - 19.05965| = 0.02589$$

从积分的角度看，紧固样条大大优于自然样条。这应该并不令人感到惊奇，因为紧固样条使用了精确的边界条件。相比之下，自然样条在这里是很不精确的，因为 $f''(x) = \mathrm{e}^x$，所以

$$0 = S''(x) \approx f''(0) = \mathrm{e}^1 = 1 \quad 和 \quad 0 = S''(3) \approx f''(3) = \mathrm{e}^3 \approx 20$$

图 3.11

下一个示例使用样条来近似一个没有给定的函数表示的曲线。

　　示例　图 3.11 所示是一只飞行的红毛鸭子。为了近似鸭子的上侧曲线，我们已经沿曲线选定了一些点并希望近似曲线通过这些点。表 3.18 列出了这样 21 个数据点的坐标，图 3.12 中是叠加了坐标网格的图形。值得注意的是，在曲线变化比较剧烈的地方我们使用了更多的点。

表 3.18

x	0.9	1.3	1.9	2.1	2.6	3.0	3.9	4.4	4.7	5.0	6.0	7.0	8.0	9.2	10.5	11.3	11.6	12.0	12.6	13.0	13.3
$f(x)$	1.3	1.5	1.85	2.1	2.6	2.7	2.4	2.15	2.05	2.1	2.25	2.3	2.25	1.95	1.4	0.9	0.7	0.6	0.5	0.4	0.25

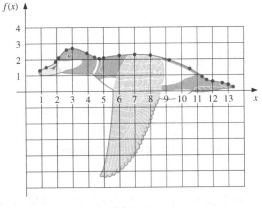

图 3.12

使用算法 3.4 对这些数据生成自然样条，得到的系数在表 3.19 中列出。这个样条曲线几乎和原曲线相同，见图 3.13。

表 3.19

j	x_j	a_j	b_j	c_j	d_j
0	0.9	1.3	0.54	0.00	−0.25
1	1.3	1.5	0.42	−0.30	0.95
2	1.9	1.85	1.09	1.41	−2.96
3	2.1	2.1	1.29	−0.37	−0.45
4	2.6	2.6	0.59	−1.04	0.45
5	3.0	2.7	−0.02	−0.50	0.17
6	3.9	2.4	−0.50	−0.03	0.08
7	4.4	2.15	−0.48	0.08	1.31
8	4.7	2.05	−0.07	1.27	−1.58
9	5.0	2.1	0.26	−0.16	0.04
10	6.0	2.25	0.08	−0.03	0.00
11	7.0	2.3	0.01	−0.04	−0.02
12	8.0	2.25	−0.14	−0.11	0.02
13	9.2	1.95	−0.34	−0.05	−0.01
14	10.5	1.4	−0.53	−0.10	−0.02
15	11.3	0.9	−0.73	−0.15	1.21
16	11.6	0.7	−0.49	0.94	−0.84
17	12.0	0.6	−0.14	−0.06	0.04
18	12.6	0.5	−0.18	0.00	−0.45
19	13.0	0.4	−0.39	−0.54	0.60
20	13.3	0.25			

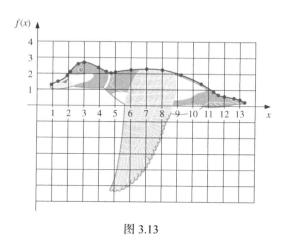

图 3.13

为了便于对比，图 3.14 画出了用 Lagrange 插值多项式来拟合表 3.18 中的数据得到的曲线。这种情形下的插值多项式是次数为 20 的多项式，它剧烈振荡。它产生的近似曲线是非常奇怪的，根本就不是鸭子的背影曲线。

如要使用紧固样条来近似这个曲线，我们必须知道端点处的导数值或者它的近似。即便这些近似值可以得到，我们也并不期望有太多的改进，因为自然样条已经很好地吻合了鸭子上部侧影的曲线。■

构造一个三次样条来近似红毛鸭子的下部侧影曲线将会更加困难，因为这部分曲线不能表示成一个关于 x 的函数，而且曲线在某些点处并不光滑。这些问题可以通过在曲线的不同部分使用不同的样条函数来近似而解决，而更为有效的近似这类曲线的方法将在下一节中介绍。

当被逼近函数在区间端点的导数值已知或者能够近似得到时，一般情形下人们更愿意使用具

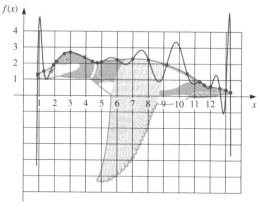

图 3.14

有紧固边界条件的三次样条插值逼近。当两个端点附近的节点是等距分布时，利用 4.1 节和 4.2 节中给出的任何一个公式都能得到近似表达式，但当节点不是等距分布时，问题变得相当困难。

在本节的最后，我们给出带紧固边界条件的三次样条插值的误差公式。这个结论的证明可以在[Schul],pp.57–58 中找到。

定理 3.13　设 $f \in C^4[a,b]$ 且满足 $\max_{a \le x \le b} |f^4(x)| = M$。如果 S 是 f 关于节点 $a = x_0 < x_1 < \cdots < x_n = b$ 的唯一的三次紧固样条插值，则对所有 $[a,b]$ 中的 x 下式成立：

$$|f(x) - S(x)| \leq \frac{5M}{384} \max_{0 \leq j \leq n-1} (x_{j+1} - x_j)^4 \qquad \blacksquare$$

类似的四阶误差公式对自然边界条件也是成立的，但它描述起来更加困难。（见[BD]，pp.827–835。）

除非函数 f 在两个端点处恰好满足或差不多满足 $f''(x_0) = f''(x_n) = 0$，否则一般情况下自然边界条件得到的结果比紧固边界条件得到的结果在区间$[x_0, x_n]$的端点附近的精度会差一些。自然边界条件不需要知道 f 的导数值，另外一种同样不需要知道导数值的方法是非扭条件（见[Deb2]，pp.55–56），这个条件要求 $S'''(x)$ 在 x_1 和 x_{n-1} 处是连续的。

习题 3.5

1. 求一个三次自然样条插值 S，它通过了数据点 $f(0) = 0, f(1) = 1$ 和 $f(2) = 2$。

2. 求一个三次紧固样条插值 s，它通过了数据点 $f(0) = 0, f(1) = 1$ 和 $f(2) = 2$，并满足 $s'(0) = s'(2) = 1$。

3. 对下面数据构造三次自然样条。

   a.
x	$f(x)$
8.3	17.56492
8.6	18.50515

   b.
x	$f(x)$
0.8	0.22363362
1.0	0.65809197

   c.
x	$f(x)$
-0.5	-0.0247500
-0.25	0.3349375
0	1.1010000

   d.
x	$f(x)$
0.1	-0.62049958
0.2	-0.28398668
0.3	0.00660095
0.4	0.24842440

4. 对下面数据构造三次自然样条。

   a.
x	$f(x)$
0	1.00000
0.5	2.71828

   b.
x	$f(x)$
$-0, 25$	1.33203
0.25	0.800781

   c.
x	$f(x)$
0.1	-0.29004996
0.2	-0.56079734
0.3	-0.81401972

   d.
x	$f(x)$
-1	0.86199480
-0.5	0.95802009
0	1.0986123
0.5	1.2943767

5. 习题 3 中的数据由下列函数生成。利用习题 3 中构造的三次样条来近似给定点 x 处的 $f(x)$ 和 $f'(x)$，并计算实际误差。

   a. $f(x) = x \ln x$，近似 $f(8.4)$ 和 $f'(8.4)$。

   b. $f(x) = \sin(e^x - 2)$，近似 $f(0.9)$ 和 $f'(0.9)$。

   c. $f(x) = x^3 + 4.001x^2 + 4.002x + 1.101$，近似 $f\left(-\frac{1}{3}\right)$ 和 $f'\left(-\frac{1}{3}\right)$。

   d. $f(x) = x \cos x - 2x^2 + 3x - 1$，近似 $f(0.25)$ 和 $f'(0.25)$。

6. 习题 4 中的数据由下列函数生成。利用习题 4 中构造的三次样条来近似给定点 x 处的 $f(x)$ 和 $f'(x)$，并计算实际误差。

   a. $f(x) = e^{2x}$，近似 $f(0.43)$ 和 $f'(0.43)$。

   b. $f(x) = x^4 - x^3 + x^2 - x + 1$，近似 $f(0)$ 和 $f'(0)$。

   c. $f(x) = x^2 \cos x - 3x$，近似 $f(0.18)$ 和 $f'(0.18)$。

   d. $f(x) = \ln(e^x + 2)$，近似 $f(0.25)$ 和 $f'(0.25)$。

7. 利用习题 3 中给出的数据和下面列出的值构造三次紧固样条插值。

   a. $f'(8.3) = 1.116256$ 和 $f'(8.6) = 1.151762$。

   b. $f'(0.8) = 2.1691753$ 和 $f'(1.0) = 2.0466965$。

c. $f'(-0.5) = 0.7510000$ 和 $f'(0) = 4.0020000$。

d. $f'(0.1) = 3.58502082$ 和 $f'(0.4) = 2.16529366$。

8. 利用习题3中给出的数据和下面列出的值构造三次紧固样条插值。

a. $f'(0) = 2$ 和 $f'(0.5) = 5.43656$。

b. $f'(-0.25) = 0.437500$ 和 $f'(0.25) = -0.625000$。

c. $f'(0.1) = -2.8004996$ 和 $f'(0) = -2.9734038$。

d. $f'(-1) = 0.15536240$ 和 $f'(0.5) = 0.45186276$。

9. 利用习题7中构造的三次紧固样重做习题5。

10. 利用习题8中构造的三次紧固样重做习题6。

11. 在区间[0,2]上的一个三次自然样条 S 定义如下：

$$S(x) = \begin{cases} S_0(x) = 1 + 2x - x^3, & 若 \ 0 \leqslant x < 1 \\ S_1(x) = 2 + b(x-1) + c(x-1)^2 + d(x-1)^3, & 若 \ 1 \leqslant x \leqslant 2 \end{cases}$$

求 b，c 和 d。

12. 一个三次自然样条 S 定义如下：

$$S(x) = \begin{cases} S_0(x) = 1 + B(x-1) - D(x-1)^3, & 若 \ 1 \leqslant x < 2 \\ S_1(x) = 1 + b(x-2) - \frac{3}{4}(x-2)^2 + d(x-2)^3, & 若 \ 2 \leqslant x \leqslant 3 \end{cases}$$

如果 S 插值了数据点 $(1,1)$，$(2,1)$ 和 $(3,0)$，求 B，D，b 和 d。

13. 一个三次紧固样条 s 在[1,3]上插值了函数 f，其表达式为

$$s(x) = \begin{cases} s_0(x) = 3(x-1) + 2(x-1)^2 - (x-1)^3, & 若 \ 1 \leqslant x < 2 \\ s_1(x) = a + b(x-2) + c(x-2)^2 + d(x-2)^3, & 若 \ 2 \leqslant x \leqslant 3 \end{cases}$$

给定 $f'(1) = f'(3)$，求 a，b，c 和 d。

14. 插值函数 s 的一个三次紧固样条 f 定义为

$$s(x) = \begin{cases} s_0(x) = 1 + Bx + 2x^2 - 2x^3, & 若 \ 0 \leqslant x < 1 \\ s_1(x) = 1 + b(x-1) - 4(x-1)^2 + 7(x-1)^3, & 若 \ 1 \leqslant x \leqslant 2 \end{cases}$$

求 $f'(0)$ 和 $f'(2)$。

15. 给定区间[0,0.1]的一个划分为 $x_0 = 0$，$x_1 = 0.05$ 和 $x_2 = 0.1$，求函数 $f(x) = e^{2x}$ 的分段线性插值 F。用 $\int_0^{0.1} F(x)dx$ 来近似 $\int_0^{0.1} e^{2x}dx$，并与实际值进行对比。

16. 给定区间[0,0.5]的一个划分为 $x_0 = 0$，$x_1 = 0.3$ 和 $x_2 = 0.5$，求函数 $f(x) = \sin 3x$ 的分段线性插值 F。用 $\int_0^{0.5} F(x)dx$ 来近似 $\int_0^{0.5} \sin 3x \, dx$，并与实际值进行对比。

17. 使用函数 $f(x)$ 在点 $x = 0, 0.25, 0.5, 0.75$ 和 1.0 上的值，构造一个三次自然样条插值来逼近函数 $f(x) = \cos \pi x$。在[0,1]上积分该样条，并将结果与 $\int_0^1 \cos \pi x \, dx = 0$ 进行对比。使用该样条的导数来近似 $f'(0.5)$ 和 $f''(0.5)$。比较近似值与实际值。

18. 使用函数 $f(x)$ 在点 $x = 0, 0.25, 0.75$ 和 1.0 上的值，构造一个三次自然样条插值来逼近函数 $f(x) = e^{-x}$。在[0,1]上积分该样条，并将结果与 $\int_0^1 e^{-x}dx = 1 - 1/e$ 进行对比。使用该样条的导数来近似 $f'(0.5)$ 和 $f''(0.5)$。比较近似值与实际值。

19. 重做习题17，但要使用三次紧固样条代替三次自然样条，其中 $f'(0) = f'(1) = 0$。

20. 重做习题 18，但要使用三次紧固样条代替三次自然样条，其中 $f'(0) = -1$，$f'(1) = -e^{-1}$。

21. 给定区间 $[0, 0.1]$ 的一个划分 $x_0 = 0$，$x_1 = 0.05$，$x_2 = 0.1$ 以及函数 $f(x) = e^{2x}$：

    a. 求一个带有紧固边界条件的三次样条 s，它插值了函数 f。

    b. 通过计算积分 $\int_0^{0.1} s(x)\,dx$，求积分 $\int_0^{0.1} e^{2x}\,dx$ 的一个近似。

    c. 用定理 3.13 估计 $\max_{0 \leq x \leq 0.1} |f(x) - s(x)|$ 和
$$\left| \int_0^{0.1} f(x)\,dx - \int_0^{0.1} s(x)\,dx \right|$$

    d. 求带有自然边界条件的三次样条 S 并比较 $S(0.02)$，$s(0.02)$ 和 $e^{0.04} = 1.04081077$。

22. 给定区间 $[0, 0.5]$ 的一个划分 $x_0 = 0$，$x_1 = 0.3$，$x_2 = 0.5$ 以及函数 $f(x) = \sin 3x$：

    a. 求一个带有紧固边界条件的三次样条 s，它插值了函数 f。

    b. 通过计算积分 $\int_0^{0.5} s(x)\,dx$，求积分 $\int_0^{0.5} \sin 3x\,dx$ 的一个近似，并比较计算结果与实际值。

应用型习题

23. 在若干时刻上，有人测量了一个沿直线行驶的汽车的距离和速度。测量到的数据列于下表，其中时间单位是秒，距离单位是英尺，速度单位是英尺每秒。

时间	0	3	5	8	13
距离	0	225	383	623	993
速度	75	77	80	74	72

    a. 使用三次紧固样条来预测汽车在 $t = 10$ 时的位置和速度。

    b. 利用该样条的导数来确定汽车在该路段是否曾经超过 55 英里每秒的限速，如果是，汽车的第一次超速发生在什么时间和地点？

    c. 汽车被预测到的最大速度是多少？

24. a. 本章的引言中有一个表，它列出了从 1960 年到 2010 年的美国人口数。使用三次自然样条插值来近似在 1950 年、1975 年、2014 年和 2020 年的美国人口数。

    b. 1950 年的人口数大约是 150 697 360，2014 年的人口数大约是 317 298 000，你认为你的 1975 年和 2020 年的近似人口数有多精确？

25. 人们猜测在成熟的橡树叶子中鞣酸的高含量会抑制冬季蛾幼虫的生长。冬季蛾幼虫在几年后对这些树的损害极大。下表列出了两个样品蛾幼虫在它们出生的前 28 天内某些天的平均重量。第一个样品来自新长出的橡树叶子，而第二个样品来自同一棵树上成熟的叶子。

    a. 用三次自然样条来逼近每个样品的平均重量曲线。

    b. 利用上面样条函数的最大值，求出每个样品的最大平均重量。

天	0	6	10	13	17	20	28
样品 1 的平均重量　(mg)	6.67	17.33	42.67	37.33	30.10	29.31	28.74
样品 2 的平均重量 (mg)	6.67	16.11	18.89	15.00	10.56	9.44	8.89

26. 2014 肯塔基德比(赛马)由一匹名叫 California Chrome 的马赢得了冠军，它在 2:03.66 (2 分 3.66 秒) 的时间内跑完了 5/4 英里。它在 1/4 英里、1/2 英里以及 1 英里处的用时分别是 0:23.04，0:47.37 和 1:37.45。

    a. 利用这些数值和起始时间构造近似 California Chrome 竞赛的三次自然样条。

    b. 利用这个样条预测赛马在 3/4 英里处的时间，并将它与实际值 1:11.80 进行比较。

27. 下页图中狗狗的上部侧面曲线用 3 次紧固样条插值来近似。曲线置于网格坐标之中并在下方表格中给出数据。使用算法 3.5 来计算 3 个三次紧固样条。

28. 重做习题 27，利用算法 3.4 来计算 3 个三次自然样条。

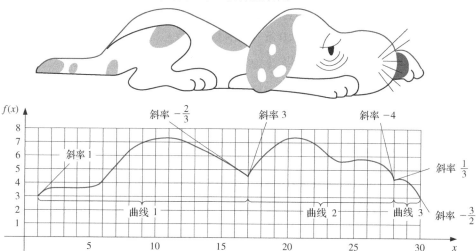

	曲线 1				曲线 2				曲线 3		
i	x_i	$f(x_i)$	$f'(x_i)$	i	x_i	$f(x_i)$	$f'(x_i)$	i	x_i	$f(x_i)$	$f'(x_i)$
0	1	3.0	1.0	0	17	4.5	3.0	0	27.7	4.1	0.33
1	2	3.7		1	20	7.0		1	28	4.3	
2	5	3.9		2	23	6.1		2	29	4.1	
3	6	4.2		3	24	5.6		3	30	3.0	−1.5
4	7	5.7		4	25	5.8					
5	8	6.6		5	27	5.2					
6	10	7.1		6	27.7	4.1	−4.0				
7	13	6.7									
8	17	4.5	−0.67								

理论型习题

29. 假设 $f(x)$ 是一个三次多项式。证明 $f(x)$ 就是它本身的三次紧固样条，但不是它的三次自然样条。

30. 假设数据点 $\{x_i, f(x_i)\}_{i=1}^n$ 在一条直线上。关于 f 的三次自然样条和三次紧固样条有什么特点？[提示：从习题 1 和习题 2 的结果中寻找线索。]

31. 改进算法 3.4 和算法 3.5，使得算法的输出中包含样条在节点处的一阶导数和二阶导数。

32. 改进算法 3.4 和算法 3.5，使得算法的输出中包含样条在区间 $[x_0, x_n]$ 上的积分。

33. 设 $f \in C^2[a,b]$，并且节点 $a = x_0 < x_1 < \cdots < x_n = b$ 给定。类似于定理 3.13 的结果，推导分段线性插值函数 F 的误差估计。用这个估计求出习题 15 的误差界。

34. 设 f 定义在 $[a,b]$ 上，并且给定节点 $a = x_0 < x_1 < x_2 = b$。一个二次样条插值函数 S 由下面两个二次多项式构成：

$$S_0(x) = a_0 + b_0(x - x_0) + c_0(x - x_0)^2，在 [x_0, x_1] 上$$

和

$$S_1(x) = a_1 + b_1(x - x_1) + c_1(x - x_1)^2，在 [x_1, x_2] 上$$

它们满足

i. $S(x_0) = f(x_0)$，$S(x_1) = f(x_1)$ 和 $S(x_2) = f(x_2)$；

ii. $S \in C^1[x_0, x_2]$。

证明：条件 (i) 和 (ii) 导出包含 6 个未知量 a_0，b_0，c_0，a_1，b_1，c_1 的 5 个方程。于是这里产生的问题是强加什么条件使得解唯一。条件 $S \in C^2[x_0, x_2]$ 能导出有意义的解吗？

35. 求二次样条 s，它插值了数据 $f(0) = 0$，$f(1) = 1$ 和 $f(2) = 2$，并满足条件 $s'(0) = 2$。

讨论问题

1. 本节讨论了分段线性插值和三次样条插值，而二次样条插值只出现在一个习题中。高次样条插值也能够计算。对比二次样条插值和三次样条插值的用法。
2. 调查所谓的非扭插值，它是三次自然样条插值和三次紧固样条插值的另一种选择。

3.6　参数曲线

本章介绍的技术里还没有一个能够用于生成如图 3.15 所示的曲线，这是因为这种类型的曲线不能表示成关于一个坐标变量的一个函数。本节中将介绍如何表示一个一般的曲线，它用一个参数同时表示 x 坐标变量和 y 坐标变量。任何一本好的关于计算机图形学的书都会介绍如何使用这种技术来表示一般的空间曲线和曲面(例如，见[FVFH])。

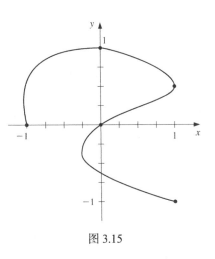

图 3.15

用以确定一个多项式或者分段多项式(与给定顺序的点组 $(x_0, y_0), (x_1, y_1), \cdots, (x_n, y_n)$ 相连接的)的简易的参数化技术是用一个区间 $[t_0, t_n]$ 上取值的参数 t，对 $t_0 < t_1 < \cdots < t_n$ 和每个 $i = 0, 1, \cdots, n$，构造近似函数，满足

$$x_i = x(t_i) \text{ 和 } y_i = y(t_i), \quad \text{对每个 } i = 0, 1, \cdots, n$$

下面的例子说明了这种技术，其中两个近似函数都使用了 Lagrange 插值多项式。

例 1　构造一对 Lagrange 插值多项式，用它们来近似图 3.15 所示的曲线，数据点标在图中曲线上。

解　参数有多种灵活的选择，这里选取点 $\{t_i\}_{i=0}^4$ 等距地分布在[0,1]内。这些数据在表 3.20 中给出。这产生了下面的插值多项式：

$$x(t) = \left(\left(\left(64t - \tfrac{352}{3}\right)t + 60\right)t - \tfrac{14}{3}\right)t - 1 \text{ 和 } y(t) = \left(\left(\left(-\tfrac{64}{3}t + 48\right)t - \tfrac{116}{3}\right)t + 11\right)t$$

这些参数曲线产生的图形用灰线绘制在图 3.16 中。虽然它穿过了要求的所有点，并且曲线的形状与原曲线基本一致，但它是原曲线相当粗糙的近似。更精确的近似需要增加另外一些节点，这也同时导致了计算量的增加。

表 3.20

i	0	1	2	3	4
t_i	0	0.25	0.5	0.75	1
x_i	−1	0	1	0	1
y_i	0	1	0.5	0	−1

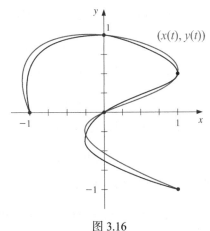

图 3.16

参数化的 Hermite 插值曲线与样条插值曲线可以用类似的方法得到, 但这也要求更大的计算成本。

计算机图形学的应用要求能够迅速地生成光滑曲线, 同时要求生成的曲线能够更快更容易地修改。无论是出于审美的原因还是计算的要求, 改变这些曲线的一部分应当不影响或者很少影响曲线的其他部分。这种要求意味着插值多项式以及样条都不能使用, 因为改变这些曲线的一部分将会影响到整个曲线。

计算机图形学中所用的曲线一般选用分段三次 Hermite 多项式的形式。三次 Hermite 多项式的每一部分完全由该部分所在区间的端点处的函数值和导数值决定。这样做的好处是, 当曲线的一部分改变时, 其余多数部分还是相同的, 仅有与该部分相邻的曲线需要修正以保证曲线在端点处的光滑性。计算能够迅速完成, 而曲线每次只能修改一段。

Hermite 插值的问题是需要具体给出曲线在每段端点处的导数值。假设曲线有 $n+1$ 个数据点 $(x(t_0), y(t_0)), \cdots, (x(t_n), y(t_n))$, 我们希望参数化该曲线并能刻画较为复杂的特性。于是我们必须对每个 $i = 0, 1, \cdots, n$, 给出 $x'(t_i)$ 和 $y'(t_i)$ 的值。这并没有初看起来那样困难, 因为每部分曲线的生成都是独立的。我们只需保证每一部分端点处的导数和相邻部分的值匹配。于是, 本质上我们能将问题简化为: 确定两个以 t 为参数的三次 Hermite 多项式, 这里 $t_0 = 0$ 和 $t_1 = 1$, 给出端点处的函数值 $(x(0), y(0))$ 和 $(x(1), y(1))$, 以及导数值 dy/dx(在 $t = 0$ 处)和 dy/dx(在 $t = 1$ 处)。

注意, 这里具体给出了 6 个条件, 而两个多项式 $x(t)$ 和 $y(t)$ 都有 4 个参数, 总共 8 个未知参数。这样就可以更灵活地选择两个满足条件的三次 Hermite 多项式, 因为确定 $x(t)$ 和 $y(t)$ 的自然形式需要 4 个导数 $x'(0)$, $x'(1)$, $y'(0)$ 和 $y'(1)$ 的值。而关于 x 和 y 的显式的 Hermite 曲线只要求两个商的值:

$$\frac{dy}{dx}(t = 0) = \frac{y'(0)}{x'(0)} \quad \text{和} \quad \frac{dy}{dx}(t = 1) = \frac{y'(1)}{x'(1)}$$

给 $x'(0)$ 和 $y'(0)$ 同时乘以一个普通的比例因子, 曲线在点 $(x(0), y(0))$ 处的切线并不会改变, 但曲线的形状却改变了。比例因子越大, 在 $(x(0), y(0))$ 点附近曲线越靠近它的切线。在另一个端点 $(x(1), y(1))$ 处的情形也类似。

在计算机图形学的交互模式中, 为了进一步简化程序, 在端点处的导数值使用第二个点来确定, 该点称为引导点, 它位于想要的切线上。引导点距离节点越远, 在这点附近曲线越靠近切线。

在图 3.17 中, 节点位于 (x_0, y_0) 和 (x_1, y_1), (x_0, y_0) 的引导点是 $(x_0 + \alpha_0, y_0 + \beta_0)$, (x_1, y_1) 的引导点是 $(x_1 - \alpha_1, y_1 - \beta_1)$。三次 Hermite 多项式 $x(t)$ 在区间 [0,1] 上满足:

$$x(0) = x_0, \quad x(1) = x_1, \quad x'(0) = \alpha_0, \quad x'(1) = \alpha_1$$

满足这些条件的三次多项式是唯一的, 它是

$$x(t) = [2(x_0 - x_1) + (\alpha_0 + \alpha_1)]t^3 + [3(x_1 - x_0) - (\alpha_1 + 2\alpha_0)]t^2 + \alpha_0 t + x_0 \tag{3.23}$$

用类似的方法, 可以得到满足条件

$$y(0) = y_0, \quad y(1) = y_1, \quad y'(0) = \beta_0, \quad y'(1) = \beta_1$$

的三次多项式是唯一的, 它是

$$y(t) = [2(y_0 - y_1) + (\beta_0 + \beta_1)]t^3 + [3(y_1 - y_0) - (\beta_1 + 2\beta_0)]t^2 + \beta_0 t + y_0 \tag{3.24}$$

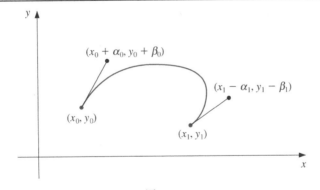

图 3.17

例 2   确定由方程(3.23)和方程(3.24)生成的参数曲线的图形，其中端点为 $(x_0, y_0) = (0, 0)$ 和 $(x_1, y_1) = (1, 0)$，相应的引导点如图 3.18 所示，是 $(1, 1)$ 和 $(0, 1)$。

解   端点信息包含 $x_0 = 0$，$x_1 = 1$，$y_0 = 0$ 和 $y_1 = 0$，引导点在 $(1, 1)$ 和 $(0, 1)$，这意味着 $\alpha_0 = 1$，$\alpha_1 = 1$，$\beta_0 = 1$ 和 $\beta_1 = -1$。可以分别计算出在 $(0, 0)$ 和 $(1, 0)$ 处引导线的斜率为

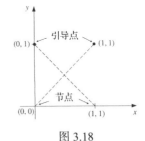

图 3.18

$$\frac{\beta_0}{\alpha_0} = \frac{1}{1} = 1 \quad \text{和} \quad \frac{\beta_1}{\alpha_1} = \frac{-1}{1} = -1$$

利用方程(3.23)和方程(3.24)可以计算出，对 $t \in [0, 1]$，

$$x(t) = [2(0 - 1) + (1 + 1)]t^3 + [3(0 - 0) - (1 + 2 \cdot 1)]t^2 + 1 \cdot t + 0 = t$$

和

$$y(t) = [2(0 - 0) + (1 + (-1))]t^3 + [3(0 - 0) - (-1 + 2 \cdot 1)]t^2 + 1 \cdot t + 0 = -t^2 + t$$

这个曲线的图形在图 3.19(a)中绘出，图中还给出了其他可能的情形，它们都是由方程(3.23)和方程(3.24)给出的曲线，节点都是 $(0,0)$ 和 $(1,0)$，并且它们在这两点的斜率分别都是 1 和 -1。 ■

在交互图形模式下确定一个曲线的标准程序，其第一步是使用鼠标或者触摸板等输入设备在画板上放置一些节点和引导点，并产生第一张近似曲线。这些也能手工完成，但大多数图形系统都允许用户使用输入设备在屏幕上手工绘制曲线，你可以为你的手绘曲线选择合适的节点和引导点。

接下来这些节点和引导点就能被用来生成优美的曲线了。因为计算量是很小的，所以曲线能够马上被确定，并且改变也能被立即看到。而且，所有计算曲线需要的数据都包含到节点和引导点的坐标中，因此对用户来说不需要知道任何分析知识。

流行的图形程序为它们的手绘图形表示法使用了略微不同的系统。三次 Hermite 多项式被描述成 Bézier（贝塞尔）多项式，它在计算端点处的导数值时加入了一个比例因子 3。这样就将参数方程修改为

$$x(t) = [2(x_0 - x_1) + 3(\alpha_0 + \alpha_1)]t^3 + [3(x_1 - x_0) - 3(\alpha_1 + 2\alpha_0)]t^2 + 3\alpha_0 t + x_0 \tag{3.25}$$

$$y(t) = [2(y_0 - y_1) + 3(\beta_0 + \beta_1)]t^3 + [3(y_1 - y_0) - 3(\beta_1 + 2\beta_0)]t^2 + 3\beta_0 t + y_0 \tag{3.26}$$

其中 $0 \leqslant t \leqslant 1$，当然这种修改对用户来说是透明的。

算法 3.6 基于方程(3.25)和方程(3.26)，构造了一族 Bézier 曲线。

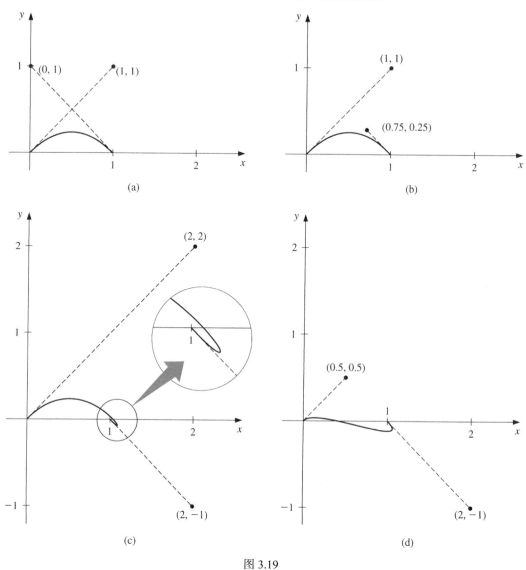

图 3.19

算法 3.6   Bézier（贝塞尔）曲线

用于构造参数形式的三次 Bézier 曲线 $C_0, \cdots, C_{n-1}$，其中 C_i 由下式表示：

$$(x_i(t), y_i(t)) = (a_0^{(i)} + a_1^{(i)}t + a_2^{(i)}t^2 + a_3^{(i)}t^3, \ b_0^{(i)} + b_1^{(i)}t + b_2^{(i)}t^2 + b_3^{(i)}t^3), \quad 0 \leqslant t \leqslant 1$$

对每个 $i = 0, 1, \cdots, n-1$，它们由左端点 (x_i, y_i)、左引导点 (x_i^+, y_i^+)、右端点 (x_{i+1}, y_{i+1}) 和右引导点 (x_{i+1}^-, y_{i+1}^-) 确定。

输入 $n; (x_0, y_0), \cdots, (x_n, y_n); (x_0^+, y_0^+), \cdots, (x_{n-1}^+, y_{n-1}^+); (x_1^-, y_1^-), \cdots, (x_n^-, y_n^-)$

输出   {系数 $a_0^{(i)}, a_1^{(i)}, a_2^{(i)}, a_3^{(i)}, b_0^{(i)}, b_1^{(i)}, b_2^{(i)}, b_3^{(i)}, 0 \leqslant i \leqslant n-1$}

Step 1   For each $i = 0, 1, \cdots, n-1$ do Steps 2 and 3.

Step 2　Set $a_0^{(i)} = x_i$;

$\qquad b_0^{(i)} = y_i$;

$\qquad a_1^{(i)} = 3(x_i^+ - x_i)$;

$\qquad b_1^{(i)} = 3(y_i^+ - y_i)$;

$\qquad a_2^{(i)} = 3(x_i + x_{i+1}^- - 2x_i^+)$;

$\qquad b_2^{(i)} = 3(y_i + y_{i+1}^- - 2y_i^+)$;

$\qquad a_3^{(i)} = x_{i+1} - x_i + 3x_i^+ - 3x_{i+1}^-$;

$\qquad b_3^{(i)} = y_{i+1} - y_i + 3y_i^+ - 3y_{i+1}^-$;

Step 3　OUTPUT $(a_0^{(i)}, a_1^{(i)}, a_2^{(i)}, a_3^{(i)}, b_0^{(i)}, b_1^{(i)}, b_2^{(i)}, b_3^{(i)})$.

Step 4　STOP.　∎

通过增加第三个分量 z_0 和 z_1 作为节点，$z_0 + \gamma_0$ 和 $z_1 - \gamma_1$ 作为引导点，可以用类似的方式来生成三维曲线。更困难的问题是如何在二维的计算机屏幕上显示一个三维曲线，因为所关心的三维曲线被投影到二维后失去了它的第三个维度。很多不同的投影技术被开发应用，但这个主题包含在计算机图形学的范围内。需要进一步了解这个主题及其能被用于曲面表示的方法，可参考计算机图形学的书籍，如[FVFH]。

习题 3.6

1. 设 $(x_0, y_0) = (0, 0)$ 和 $(x_1, y_1) = (5, 2)$ 是一条曲线的两个端点。用下面给出的引导点来构造参数化的三次 Hermite 曲线 $(x(t), y(t))$ 并绘出近似曲线。

   a. $(1,1)$ 和 $(6,1)$
   c. $(1,1)$ 和 $(6，3)$

   b. $(0.5,0.5)$ 和 $(5.5,1.5)$
   d. $(2,2)$ 和 $(7,0)$

2. 用三次 Bézier 多项式重做习题 1。

3. 用下面给出的节点和引导点来构造并绘制三次 Bézier 多项式。

   a. 起点 $(1,1)$ 和它的引导点 $(1.5,1.25)$，到点 $(6,2)$ 和它的引导点 $(7,3)$

   b. 起点 $(1,1)$ 和它的引导点 $(1.25,1.5)$，到点 $(6,2)$ 和它的引导点 $(5,3)$

   c. 起点 $(0,0)$ 和它的引导点 $(0.5,0.5)$，到点 $(4,6)$ 和它的入引导点 $(3.5,7)$ 与出引导点 $(4.5,5)$，到点 $(6,1)$ 和它的引导点 $(7,2)$

   d. 起点 $(0,0)$ 和它的引导点 $(0.5,0.5)$，到点 $(2,1)$ 和它的入引导点 $(3,1)$ 与出引导点 $(3,1)$，到点 $(4,0)$ 和它的入引导点 $(5,1)$ 与出引导点 $(3,-1)$，到点 $(6,-1)$ 和它的引导点 $(6.5,-0.25)$

4. 使用下表中的数据和算法 3.6 来近似字母 N 的形状。

i	x_i	y_i	α_i	β_i	α_i'	β_i'
0	3	6	3.3	6.5		
1	2	2	2.8	3.0	2.5	2.5
2	6	6	5.8	5.0	5.0	5.8
3	5	2	5.5	2.2	4.5	2.5
4	6.5	3			6.4	2.8

理论型习题

5. 假设一个三次 Bézier 多项式通过了点 (u_0, v_0) 和 (u_3, v_3)，它们的引导点分别是 (u_1, v_1) 和 (u_2, v_2)。

   a. 在下面假设下推导 $u(t)$ 和 $v(t)$ 的参数方程：

   $$u(0) = u_0, \quad u(1) = u_3, \quad u'(0) = u_1 - u_0, \quad u'(1) = u_3 - u_2$$

和

$$v(0) = v_0, \quad v(1) = v_3, \quad v'(0) = v_1 - v_0, \quad v'(1) = v_3 - v_2$$

    b. 设对 $i = 0, 1, 2, 3$，$f(i/3) = u_i$ 且 $g(i/3) = v_i$。证明：f 的关于 t 的三次 Bernstein 多项式就是 $u(t)$，g 的关于 t 的三次 Bernstein 多项式就是 $v(t)$（参见 3.1 节习题 23。）。

讨论问题

    1. 调查本节中的方法在图形软件包中的应用。

3.7　数值软件

    插值程序包含在 IMSL 库中，该库以 Carl de Boor[Deb]的书 *A Practical Guide to Splines* 为基础并使用了三次样条插值。那里也包括了最小化振荡并保持凹度的样条。利用双三次样条的二维插值方法也包含在其中。

    NAG 库包含了多项式插值、Hermite 插值、三次样条插值以及分段三次 Hermite 插值的子程序，也包括了二变量函数插值的子程序。

    Netlib 库包含了计算各种边界条件下的三次样条插值的子程序。有软件包可以计算一组离散数据点的 Newton 差商系数，也有大量的子程序可以计算分段 Hermite 多项式。

讨论问题

    1. 插值多项式的逼近效果受不良数据的影响。换句话说，一个插值点上的误差会影响整个插值多项式。样条的使用可以限制这种错误数据点的不良影响，讨论这是怎样实现的。

    2. 三次样条具有下面的性质：(a)它们插值了给定数据；(b)它们在内部点上的零阶、一阶以及二阶导数都是连续的；(c)它们满足某些边界条件。讨论边界条件的选取。

关键概念

插值	Lagrange 多项式
Weierstrass 逼近定理	Neville 方法
差商	Newton 差商公式
向前差分	向后差分
Stirling 公式	向前差分算子
向后差分算子	Hermite 插值
密切多项式	三次样条插值
分段多项式逼近	自然边界条件
紧固边界条件	三次样条
三次自然样条	三次紧固样条
参数曲线	Bézier 曲线
误差公式	

本章总结

    在本章中，我们考虑了用多项式和分段多项式来逼近一个函数。我们发现函数能够被确定，通过一个给定的方程，或者通过平面中一些预定的点，函数的图形将通过这些点。在每一种情形下都会预先给定一个节点集合 $x_0, x_1, \cdots, x_n$ ，或者要求更多的信息，如函数的各种导数值。我们需要找到一个近似函数，它满足由这些数据给出的若干条件。

插值多项式 $P(x)$ 是一个有着最低次数的多项式，对一个函数 f，它满足

$$P(x_i) = f(x_i), \quad \text{对每个} \quad i = 0, 1, \cdots, n$$

我们也发现虽然这些多项式是唯一的，但也能取各种不同的形式。当 n 比较小时，Lagrange 公式是最常用于插值数据表的，它也常用于推导导数和积分的近似公式。Neville 方法用于计算在同一点 x 处的几个插值多项式。我们也看到 Newton 形式的多项式更适合于计算，它也被广泛地用于推导解微分方程的公式。然而，多项式插值有着天生的缺陷，就是它的振荡性，尤其是当节点数目较大时。在这种情形下，其他的方法用起来可能更好。

Hermite 多项式在节点上同时插值了函数和它的导数，它应该能够非常精确但同时要求有关于被插值函数的更多信息。当插值节点的数目非常大时，Hermite 多项式也展现出了振荡性的弱点。

最普遍使用的插值形式是分段多项式插值。如果函数和它的导数值已知，推荐使用分段三次 Hermite 插值。实际上，当函数是一个微分方程的解时，人们更喜欢使用这种方法。我们注意到仅知道函数值时，三次自然样条插值也能使用，它迫使样条在两个末端的二阶导数为零。其他的三次样条都要求有更多的信息，例如，三次紧固样条需要知道区间端点处函数的导数值。

我们在 3.3 节中也提到，差商方法的处理是简短的，因为它的结果在后面的内容中没有用到多少。大多数关于数值分析的老教材都用较大篇幅讨论了差商方法。如果需要一个更全面的理解，Hildebrand 的书[Hild]是很好的参考。

最后要说明的是，其他的插值方法也普遍使用，如三角多项式插值，尤其是第 8 章中讨论的快速傅里叶变换，当假定数据来源于周期函数时被大量使用。

如果数据被怀疑是不精确的，则应该使用某种光滑技术，或者推荐使用某种形式的最小二乘拟合。多项式、三角多项式函数、有理函数以及样条都能用于数据的最小二乘拟合。我们将在第 8 章中讨论这些内容。

与本章中的方法有关的参考资料是 Powell 所著的书[Pow]以及 Davis 的书[Da]。关于样条的重要论文有 Schoenberg 的[Scho]，有关样条的重要专著有 Schultz[Schul],De Boor[Deb2],Dierckx[Di] 和 Schumaker[Schum]，等等。

第4章　数值微分与积分

引言

将一块平的铝板挤压成侧边缘线为正弦波的形状，就能制作成一片波纹面的屋顶。

现需要一片波纹面的板子，它 4ft 长，每个波形的高度是 1in，从中心线向两边，每个波形的周期大约是 2π in。求最初时平铝板的长度，就归结为求函数 $f(x) = \sin x$ 给出的曲线在 $x = 0$ in 和 $x = 48$ in 之间的弧长问题。利用微积分知识，可以知道这个长度是

$$L = \int_0^{48} \sqrt{1 + (f'(x))^2}\, dx = \int_0^{48} \sqrt{1 + (\cos x)^2}\, dx$$

因此，问题又转化为估计这个积分的值。虽然正弦函数是最普通的数学函数之一，但这个积分却是一个第二类椭圆积分，它没有显式的表达式。这一章中给出的方法就是用来近似求解这类问题的。上述这个具体问题将在 4.4 节中的习题 21、4.5 节中的习题 15 和 4.7 节中的习题 10 中出现。

在第 3 章的引言中我们提到过使用代数多项式来逼近任意一组数据的理由是：对任意的闭区间上的连续函数存在一个多项式，它在区间内的每一点都能任意接近这个函数。而且，多项式的导数和积分都很容易得到。那么，人们自然就会想到用函数的近似多项式来推导求近似导数和积分的方法。

4.1　数值微分

函数 f 在 x_0 处的导数是

$$f'(x_0) = \lim_{h \to 0} \frac{f(x_0 + h) - f(x_0)}{h}$$

从这个公式马上可以得到一个计算近似导数 $f'(x_0)$ 的方法：对较小的 h，简单地计算

$$\frac{f(x_0 + h) - f(x_0)}{h}$$

虽然这是最简单的方法，然而因为舍入误差而并不很成功，但它却可以成为推导计算近似导数的出发点。

为了逼近 $f'(x_0)$，首先假设 $x_0 \in (a,b)$，而 $f \in C^2[a,b]$，并且对某些充分小的 $h \neq 0$，$x_1 = x_0 + h$ 并保证 $x_1 \in [a,b]$。我们构造函数 f 的一次 Lagrange 插值多项式 $P_{0,1}(x)$，它由点 x_0 和 x_1 确定，并带有误差项的表示为

$$f(x) = P_{0,1}(x) + \frac{(x - x_0)(x - x_1)}{2!} f''(\xi(x))$$

$$= \frac{f(x_0)(x - x_0 - h)}{-h} + \frac{f(x_0 + h)(x - x_0)}{h} + \frac{(x - x_0)(x - x_0 - h)}{2} f''(\xi(x))$$

其中 $\xi(x)$ 介于 x_0 和 x_1 之间。对上式求导得到

$$f'(x) = \frac{f(x_0 + h) - f(x_0)}{h} + D_x \left[\frac{(x - x_0)(x - x_0 - h)}{2} f''(\xi(x)) \right]$$

$$= \frac{f(x_0 + h) - f(x_0)}{h} + \frac{2(x - x_0) - h}{2} f''(\xi(x))$$

$$+ \frac{(x - x_0)(x - x_0 - h)}{2} D_x(f''(\xi(x)))$$

舍去包含 $\xi(x)$ 的项就得到

$$f'(x) \approx \frac{f(x_0 + h) - f(x_0)}{h}$$

由于没有关于项 $D_x f''(\xi(x))$ 的信息，这给我们带来了困难，使得我们无法估计截断误差。但是，当 x 就是 x_0 时，项 $D_x f''(\xi(x))$ 的系数是 0，因此公式就简化为

$$f'(x_0) = \frac{f(x_0 + h) - f(x_0)}{h} - \frac{h}{2} f''(\xi) \tag{4.1}$$

对于较小的 h，差商 $[f(x_0 + h) - f(x_0)] / h$ 能用来近似计算 $f'(x_0)$，其误差限为 $M|h|/2$，而 M 是当 x 介于 x_0 和 $x_0 + h$ 之间时函数 $|f''(x)|$ 的上界。如果 $h > 0$（见图 4.1），该公式称为**向前差分公式**；而如果 $h < 0$，则称为**向后差分公式**。

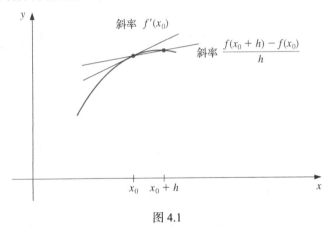

图 4.1

例 1　用向前差分公式来近似计算函数 $f(x) = \ln x$ 在点 $x_0 = 1.8$ 处的导数，分别取 $h = 0.1$，$h = 0.05$ 和 $h = 0.01$，并确定近似误差的界。

解　向前差分公式

$$\frac{f(1.8 + h) - f(1.8)}{h}$$

当 $h = 0.1$ 时得到

$$\frac{\ln 1.9 - \ln 1.8}{0.1} = \frac{0.64185389 - 0.58778667}{0.1} = 0.5406722$$

因为 $f''(x) = -1/x^2$ 且 $1.8 < \xi < 1.9$，所以这个近似误差的一个界是

$$\frac{|h f''(\xi)|}{2} = \frac{|h|}{2\xi^2} < \frac{0.1}{2(1.8)^2} = 0.0154321$$

当 $h = 0.05$ 和 $h = 0.01$ 时的近似值和误差界能够类似地求得，这些结果列于表 4.1 中。

表 4.1

h	$f(1.8+h)$	$\dfrac{f(1.8+h)-f(1.8)}{h}$	$\dfrac{\lvert h\rvert}{2(1.8)^2}$
0.1	0.64185389	0.5406722	0.0154321
0.05	0.61518564	0.5479795	0.0077160
0.01	0.59332685	0.5540180	0.0015432

因为 $f'(x)=1/x$，$f'(1.8)$ 的准确值是 $0.55\overline{5}$，在这种情形下误差界已经非常接近于真实的近似误差了。　　　　　　　　　　　　　　　　　　　　　　　　　　　　　　　　　　　　■

为了得到一般的近似求导数的公式，假设 $\{x_0,x_1,\cdots,x_n\}$ 是 $(n+1)$ 个不同的点，它们位于区间 I 内，并设 $f\in C^{n+1}(I)$。从前面给出的定理 3.3 可得出

$$f(x)=\sum_{k=0}^{n}f(x_k)L_k(x)+\frac{(x-x_0)\cdots(x-x_n)}{(n+1)!}f^{(n+1)}(\xi(x))$$

其中，$\xi(x)$ 位于 I，$L_k(x)$ 是第 k 个 Lagrange 插值多项式，被插值函数为 f，插值节点为 $x_0,x_1,\cdots,x_n$。对这个公式求导数产生

$$f'(x)=\sum_{k=0}^{n}f(x_k)L_k'(x)+D_x\left[\frac{(x-x_0)\cdots(x-x_n)}{(n+1!)}\right]f^{(n+1)}(\xi(x))$$

$$+\frac{(x-x_0)\cdots(x-x_n)}{(n+1)!}D_x[f^{(n+1)}(\xi(x))]$$

当 x 不属于 x_j 时，我们将面临估计截断误差的困难。而当 x 是 x_j 的其中之一时，$D_x[f^{(n+1)}(\xi(x))]$ 项前面的因子为 0，公式变成

$$f'(x_j)=\sum_{k=0}^{n}f(x_k)L_k'(x_j)+\frac{f^{(n+1)}(\xi(x_j))}{(n+1)!}\prod_{\substack{k=0\\k\neq j}}^{n}(x_j-x_k) \tag{4.2}$$

该公式称为近似计算 $f'(x_j)$ 的 **(n+1)点公式**。

一般来说，在式 (4.2) 中使用更多的点会产生更高的精度，但函数求值次数与舍入误差的增大并不建议这样做。最普遍使用的是三点或五点公式。

我们首先来推导非常有用的三点公式及其误差。因为

$$L_0(x)=\frac{(x-x_1)(x-x_2)}{(x_0-x_1)(x_0-x_2)}, \quad 因此有 \ L_0'(x)=\frac{2x-x_1-x_2}{(x_0-x_1)(x_0-x_2)}$$

类似地，

$$L_1'(x)=\frac{2x-x_0-x_2}{(x_1-x_0)(x_1-x_2)} \quad 和 \quad L_2'(x)=\frac{2x-x_0-x_1}{(x_2-x_0)(x_2-x_1)}$$

因此，从式 (4.2) 可以得出

$$f'(x_j)=f(x_0)\left[\frac{2x_j-x_1-x_2}{(x_0-x_1)(x_0-x_2)}\right]+f(x_1)\left[\frac{2x_j-x_0-x_2}{(x_1-x_0)(x_1-x_2)}\right]$$

$$+f(x_2)\left[\frac{2x_j-x_0-x_1}{(x_2-x_0)(x_2-x_1)}\right]+\frac{1}{6}f^{(3)}(\xi_j)\prod_{\substack{k=0\\k\neq j}}^{2}(x_j-x_k) \tag{4.3}$$

其中 $j=0,1,2$，而记号 ξ_j 表明这些点与 x_j 有关。

三点公式

如果节点是等距分布的，从式(4.3)中得到的公式非常有用，具体来说是
$$x_1 = x_0 + h \text{ 和 } x_2 = x_0 + 2h, \text{ 对有些 } h \neq 0 \text{ 的情况}$$
本节的其余部分中都假设节点是等距分布的。

在式(4.3)中取 $x_j = x_0, x_1 = x_0 + h$ 和 $x_2 = x_0 + 2h$，得到
$$f'(x_0) = \frac{1}{h}\left[-\frac{3}{2}f(x_0) + 2f(x_1) - \frac{1}{2}f(x_2)\right] + \frac{h^2}{3}f^{(3)}(\xi_0)$$

对 $x_j = x_1$，同样会得到
$$f'(x_1) = \frac{1}{h}\left[-\frac{1}{2}f(x_0) + \frac{1}{2}f(x_2)\right] - \frac{h^2}{6}f^{(3)}(\xi_1)$$

以及对 $x_j = x_2$，有
$$f'(x_2) = \frac{1}{h}\left[\frac{1}{2}f(x_0) - 2f(x_1) + \frac{3}{2}f(x_2)\right] + \frac{h^2}{3}f^{(3)}(\xi_2)$$

因为 $x_1 = x_0 + h$ 和 $x_2 = x_0 + 2h$，这些公式也能表示成
$$f'(x_0) = \frac{1}{h}\left[-\frac{3}{2}f(x_0) + 2f(x_0 + h) - \frac{1}{2}f(x_0 + 2h)\right] + \frac{h^2}{3}f^{(3)}(\xi_0)$$
$$f'(x_0 + h) = \frac{1}{h}\left[-\frac{1}{2}f(x_0) + \frac{1}{2}f(x_0 + 2h)\right] - \frac{h^2}{6}f^{(3)}(\xi_1)$$
$$f'(x_0 + 2h) = \frac{1}{h}\left[\frac{1}{2}f(x_0) - 2f(x_0 + h) + \frac{3}{2}f(x_0 + 2h)\right] + \frac{h^2}{3}f^{(3)}(\xi_2)$$

为了方便起见，在中间的表达式中使用 x_0 替换 $x_0 + h$，就得到另外一个近似计算 $f'(x_0)$ 的公式。类似地，在第三个表达式中用 x_0 替换 $x_0 + 2h$，会得到第三个公式。这样就有 3 个近似计算 $f'(x_0)$ 的公式了，它们是
$$f'(x_0) = \frac{1}{2h}[-3f(x_0) + 4f(x_0 + h) - f(x_0 + 2h)] + \frac{h^2}{3}f^{(3)}(\xi_0)$$
$$f'(x_0) = \frac{1}{2h}[-f(x_0 - h) + f(x_0 + h)] - \frac{h^2}{6}f^{(3)}(\xi_1)$$
$$f'(x_0) = \frac{1}{2h}[f(x_0 - 2h) - 4f(x_0 - h) + 3f(x_0)] + \frac{h^2}{3}f^{(3)}(\xi_2)$$

最后指出，上面这些公式的最后一个也可以通过在第一个公式里将 h 替换成 $-h$ 得到，因此它们实际上是两个公式。

三点端点公式

● $$f'(x_0) = \frac{1}{2h}[-3f(x_0) + 4f(x_0 + h) - f(x_0 + 2h)] + \frac{h^2}{3}f^{(3)}(\xi_0) \qquad (4.4)$$
其中 ξ_0 位于 x_0 和 $x_0 + 2h$ 之间。

三点中点公式

● $$f'(x_0) = \frac{1}{2h}[f(x_0 + h) - f(x_0 - h)] - \frac{h^2}{6}f^{(3)}(\xi_1) \qquad (4.5)$$
其中 ξ_1 位于 $x_0 - h$ 和 $x_0 + h$ 之间。

虽然式(4.4)和式(4.5)的误差都是 $O(h^2)$,但式(4.5)的误差几乎是式(4.4)的误差的一半,这是因为式(4.5)使用的数据点分别位于 x_0 的两侧,而式(4.4)只用了一侧的数据。值得注意的是式(4.5)只需计算两个点上函数 f 的值,而式(4.4)却需要计算 3 个点上的值。图 4.2 给出了式(4.5)产生的近似的示意。无论如何,在近似计算区间端点附近的值时式(4.4)非常有用,因为 f 在区间之外的信息不一定可用。

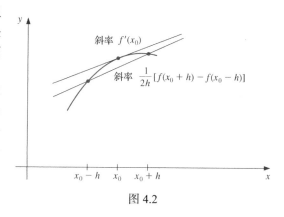

图 4.2

五点公式

式(4.4)和式(4.5)给出的方法叫作三点公式[尽管式(4.5)中没有出现第三个点 $f(x_0)$]。类似地,还有五点公式,它包含了另外两个点上函数的求值。这些公式的误差项是 $O(h^4)$ 。最普遍的用于近似求导数的五点公式是其所求的导数位于中点。

五点中点公式

● $$f'(x_0) = \frac{1}{12h}[f(x_0 - 2h) - 8f(x_0 - h) + 8f(x_0 + h) - f(x_0 + 2h)] + \frac{h^4}{30}f^{(5)}(\xi) \qquad (4.6)$$

其中 ξ 位于 $x_0 - 2h$ 和 $x_0 + 2h$ 之间。

这个公式的推导见 4.2 节。另一个五点公式用来求端点处导数的近似值。

五点端点公式

● $$f'(x_0) = \frac{1}{12h}[-25f(x_0) + 48f(x_0 + h) - 36f(x_0 + 2h) \qquad (4.7)$$
$$+ 16f(x_0 + 3h) - 3f(x_0 + 4h)] + \frac{h^4}{5}f^{(5)}(\xi)$$

其中 ξ 位于 x_0 和 $x_0 + 4h$ 之间。

当 $h > 0$ 时这个公式近似左端点的导数值,而 $h < 0$ 时这个公式则近似右端点的导数值。五点端点公式对于 3.5 节中的三次紧固样条插值特别有用。

例 2 函数 $f(x) = xe^x$ 的值在表 4.2 中给出。使用所有可用的三点公式和五点公式来近似求 $f'(2.0)$ 的值。

解 表中所给数据允许 4 种不同的三点近似。我们能够使用端点公式(4.4)取 $h = 0.1$ 或者 $h = -0.1$,也能够使用中点公式(4.5)而取 $h = 0.1$ 或 $h = 0.2$ 。

使用端点公式(4.4)并取 $h = 0.1$ 产生

$$\frac{1}{0.2}[-3f(2.0) + 4f(2.1) - f(2.2) = 5[-3(14.778112) + 4(17.148957) - 19.855030)]$$

$$= 22.032310$$

取 $h = -0.1$ 产生 22.054525。

使用中点公式(4.5)并取 $h = 0.1$ 得到

表 4.2

x	$f(x)$
1.8	10.889365
1.9	12.703199
2.0	14.778112
2.1	17.148957
2.2	19.855030

$$\frac{1}{0.2}[f(2.1) - f(1.9)] = 5(17.148957 - 12.7703199) = 22.228790$$

取 $h = 0.2$ 得到 22.414163。

表中所给数据只允许构建一个五点公式，那就是五点中点公式(4.6)并取 $h = 0.1$。这个公式给出的结果是

$$\frac{1}{1.2}[f(1.8) - 8f(1.9) + 8f(2.1) - f(2.2)] = \frac{1}{1.2}[10.889365 - 8(12.703199)$$
$$+ 8(17.148957) - 19.855030]$$
$$= 22.166999$$

如果没有其他信息，我们将认为取 $h = 0.1$ 的五点中点公式得到的结果是最精确的，并期望真实值是介于两个中点公式的近似值之间的，也就是说，在区间[22.166, 22.229]内。

这个例子中的真实值是 $f'(2.0) = (2 + 1)e^2 = 22.167168$，因此实际的误差如下：

三点端点公式 ($h = 0.1$)： 1.35×10^{-1};

三点端点公式 ($h = -0.1$)： 1.13×10^{-1};

三点中点公式 ($h = 0.1$)： -6.16×10^{-2};

三点中点公式 ($h = 0.2$)： -2.47×10^{-1};

三点中点公式 ($h = 0.1$)： 1.69×10^{-4}

我们也能推导出一些求高阶导数的方法来，它们仅用在一些给定点处的函数值来近似函数的高阶导数。但是，由于推导过程太冗长，这里只给出一个具有代表性的程序。

将函数 f 在点 x_0 处展开成三阶 Taylor 级数并在点 $x_0 + h$ 和 $x_0 - h$ 处求值，这样就得到

$$f(x_0 + h) = f(x_0) + f'(x_0)h + \frac{1}{2}f''(x_0)h^2 + \frac{1}{6}f'''(x_0)h^3 + \frac{1}{24}f^{(4)}(\xi_1)h^4$$

和

$$f(x_0 - h) = f(x_0) - f'(x_0)h + \frac{1}{2}f''(x_0)h^2 - \frac{1}{6}f'''(x_0)h^3 + \frac{1}{24}f^{(4)}(\xi_{-1})h^4$$

其中 $x_0 - h < \xi_{-1} < x_0 < \xi_1 < x_0 + h$。

如果将这两个方程加起来，关于 $f'(x_0)$ 和 $-f'''(x_0)$ 的项可以相互抵消，从而得到

$$f(x_0 + h) + f(x_0 - h) = 2f(x_0) + f''(x_0)h^2 + \frac{1}{24}[f^{(4)}(\xi_1) + f^{(4)}(\xi_{-1})]h^4$$

从上面的方程中解出 $f''(x_0)$，就得到

$$f''(x_0) = \frac{1}{h^2}[f(x_0 - h) - 2f(x_0) + f(x_0 + h)] - \frac{h^2}{24}[f^{(4)}(\xi_1) + f^{(4)}(\xi_{-1})] \tag{4.8}$$

假设 $f^{(4)}$ 在区间 $[x_0 - h, x_0 + h]$ 上连续。因为 $\frac{1}{2}[f^{(4)}(\xi_1) + f^{(4)}(\xi_{-1})]$ 介于 $f^{(4)}(\xi_1)$ 和 $f^{(4)}(\xi_{-1})$ 之间，于是由中值定理可知，存在 ξ，它介于 ξ_1 和 ξ_{-1} 之间，因此也在区间 $(x_0 - h, x_0 + h)$ 内，并满足

$$f^{(4)}(\xi) = \frac{1}{2}\left[f^{(4)}(\xi_1) + f^{(4)}(\xi_{-1})\right]$$

这样就可以将式(4.8)重写为最终的形式。

二阶导数的中点公式

●
$$f''(x_0) = \frac{1}{h^2}[f(x_0 - h) - 2f(x_0) + f(x_0 + h)] - \frac{h^2}{12}f^{(4)}(\xi) \tag{4.9}$$

其中 ξ 满足 $x_0 - h < \xi < x_0 + h$。

如果 $f^{(4)}$ 在 $[x_0 - h, x_0 + h]$ 上是连续的并且有界，则逼近误差是 $O(h^2)$。

例 3 在例 2 中，我们使用表 4.3 的数据近似计算了函数 $f(x) = xe^x$ 在点 $x = 2.0$ 处的一阶导数值。使用这些数据和式 (4.9) 来近似计算二阶导数 $f''(2.0)$。

表 4.3	
x	$f(x)$
1.8	10.889365
1.9	12.703199
2.0	14.778112
2.1	17.148957
2.2	19.855030

解 表中数据允许采用两种近似 $f''(2.0)$ 的方式。用式 (4.9) 并取 $h = 0.1$，得到

$$\frac{1}{0.01}[f(1.9) - 2f(2.0) + f(2.1)] = 100[12.703199 - 2(14.778112) + 17.148957]$$

$$= 29.593200$$

利用式 (4.9)，并取 $h = 0.2$，得到

$$\frac{1}{0.04}[f(1.8) - 2f(2.0) + f(2.2)] = 25[10.889365 - 2(14.778112) + 19.855030]$$

$$= 29.704275$$

因为 $f''(x) = (x+2)e^x$，所以精确值是 $f''(2.0) = 29.556224$，从而实际误差分别是 -3.70×10^{-2} 和 -1.48×10^{-1}。   ■

舍入误差的不稳定性

在近似求导数时特别重要的是需要注意舍入误差的影响。为了说明这个问题，让我们来更仔细地检查三点中点公式 (4.5)：

$$f'(x_0) = \frac{1}{2h}[f(x_0 + h) - f(x_0 - h)] - \frac{h^2}{6}f^{(3)}(\xi_1)$$

假设在求两个函数值 $f(x_0 + h)$ 和 $f(x_0 - h)$ 时，我们引入了舍入误差 $e(x_0 + h)$ 和 $e(x_0 - h)$。于是我们的计算实际上是用了值 $\tilde{f}(x_0 + h)$ 和 $\tilde{f}(x_0 - h)$，它们和真实值 $f(x_0 + h)$ 和 $f(x_0 - h)$ 的关系为

$$f(x_0 + h) = \tilde{f}(x_0 + h) + e(x_0 + h) \quad 和 \quad f(x_0 - h) = \tilde{f}(x_0 - h) + e(x_0 - h)$$

在近似计算中的总误差为

$$f'(x_0) - \frac{\tilde{f}(x_0 + h) - \tilde{f}(x_0 - h)}{2h} = \frac{e(x_0 + h) - e(x_0 - h)}{2h} - \frac{h^2}{6}f^{(3)}(\xi_1)$$

它包含两部分：舍入误差（第一部分）和截断误差。如果假设舍入误差 $e(x_0 \pm h)$ 不超过某个界 $\varepsilon > 0$，而且 f 的三阶导数也有界 $M > 0$，则

$$\left| f'(x_0) - \frac{\tilde{f}(x_0 + h) - \tilde{f}(x_0 - h)}{2h} \right| \leq \frac{\varepsilon}{h} + \frac{h^2}{6}M$$

为了缩减截断误差 $h^2M/6$，我们只需减小 h。但是当 h 减小时，舍入误差 ε/h 却增加了。因此，在实践中 h 取得太小并没有多少好处，原因是这种情形下舍入误差将影响整个计算。

示 例　考虑用表 4.4 中的数值来近似计算 $f'(0.900)$，其中 $f(x) = \sin x$。真实值是 $\cos 0.900 = 0.62161$。

表 4.5 列出了下式取不同的 h 值时得到的近似结果。

$$f'(0.900) \approx \frac{f(0.900 + h) - f(0.900 - h)}{2h}$$

表 4.4

x	$\sin x$	x	$\sin x$
0.800	0.71736	0.901	0.78395
0.850	0.75128	0.902	0.78457
0.880	0.77074	0.905	0.78643
0.890	0.77707	0.910	0.78950
0.895	0.78021	0.920	0.79560
0.898	0.78208	0.950	0.81342
0.899	0.78270	1.000	0.84147

表 4.5

h	$f'(0.900)$ 的近似结果	误差
0.001	0.62500	0.00339
0.002	0.62250	0.00089
0.005	0.62200	0.00039
0.010	0.62150	−0.00011
0.020	0.62150	−0.00011
0.050	0.62140	−0.00021
0.100	0.62055	−0.00106

h 的最优选择出现在 0.005 和 0.05 之间。我们也能用微积分的知识来证明（见习题 29）：误差

$$e(h) = \frac{\varepsilon}{h} + \frac{h^2}{6} M$$

的最小值出现在点 $h = \sqrt[3]{3\varepsilon / M}$ 处，其中

$$M = \max_{x \in [0.800, 1.00]} |f'''(x)| = \max_{x \in [0.800, 1.00]} |\cos x| = \cos 0.8 \approx 0.69671$$

因为给出的 f 的值有五位数字精度，因此我们假设舍入误差的界为 $\varepsilon = 5 \times 10^{-6}$。于是，$h$ 的最优选择大约为

$$h = \sqrt[3]{\frac{3(0.000005)}{0.69671}} \approx 0.028$$

这和表 4.6 中给出的结果一致。

在实践中，我们不能计算 h 的一个最优值然后把它用于求近似导数，因为我们并不知道函数的三阶导数。但是我们必须认识到缩减步长并不总是能改进计算精度。　■

虽然只考虑了三点公式 (4.5) 的舍入误差问题，但是类似的困难对所有的微分公式都存在，困难的根源来自需要除以 h 的幂。正如 1.2 节所讨论的那样（见例 3），除以一个很小的数会放大舍入误差，这种运算如果可能的话应该尽量避免。在进行数值微分时，我们无法完全避免这种问题，但高阶方法会极大地缩减难度。

作为近似方法，数值微分是不稳定的，因为为了缩减截断误差而减小步长 h 会导致舍入误差的增长。这是我们遇到的第一类不稳定的方法，如果可能的话这些方法应该避免使用。然而，除了被用于计算的目标外，这些方法还被用于求常微分方程和偏微分方程的数值解。

习题 4.1

1. 用向前差分公式和向后差分公式来确定下表中缺失的数据。

a.

x	$f(x)$	$f'(x)$
0.5	0.4794	
0.6	0.5646	
0.7	0.6442	

b.

x	$f(x)$	$f'(x)$
0.0	0.00000	
0.2	0.74140	
0.4	1.3718	

2. 用向前差分公式和向后差分公式来确定下表中缺失的数据。

a.

x	$f(x)$	$f'(x)$
-0.3	1.9507	
-0.1	2.0421	
-0.1	2.0601	

b.

x	$f(x)$	$f'(x)$
1.0	1.0000	
1.2	1.2625	
1.4	1.6595	

3. 习题 1 中的数据取自下面的函数。计算习题 1 的实际误差，并用误差公式给出误差界。

   a. $f(x) = \sin x$　　　　　　　　b. $f(x) = e^x - 2x^2 + 3x - 1$

4. 习题 2 中的数据取自下面的函数。计算习题 2 的实际误差，并用误差公式给出误差界。

   a. $f(x) = 2\cos 2x - x$　　　　　　b. $f(x) = x^2 \ln x + 1$

5. 用最精确的三点公式来计算下面表格中缺失的数据。

a.

x	$f(x)$	$f'(x)$
1.1	9.025013	
1.2	11.02318	
1.3	13.46374	
1.4	16.44465	

b.

x	$f(x)$	$f'(x)$
8.1	16.94410	
8.3	17.56492	
8.5	18.19056	
8.7	18.82091	

c.

x	$f(x)$	$f'(x)$
2.9	-4.827866	
3.0	-4.240058	
3.1	-3.496909	
3.2	-2.596792	

d.

x	$f(x)$	$f'(x)$
2.0	3.6887983	
2.1	3.6905701	
2.2	3.6688192	
2.3	3.6245909	

6. 用最精确的三点公式来计算下面表格中缺失的数据。

a.

x	$f(x)$	$f'(x)$
-0.3	-0.27652	
-0.2	-0.25074	
-0.1	-0.16134	
0	0	

b.

x	$f(x)$	$f'(x)$
7.4	-68.3193	
7.6	-71.6982	
7.8	-75.1576	
8.0	-78.6974	

c.

x	$f(x)$	$f'(x)$
1.1	1.52918	
1.2	1.64024	
1.3	1.70470	
1.4	1.71277	

d.

x	$f(x)$	$f'(x)$
-2.7	0.054797	
-2.5	0.11342	
-2.3	0.65536	
-2.1	0.98472	

7. 习题 5 中的数据取自下面的函数。计算习题 5 的实际误差，并用误差公式给出误差界。

   a. $f(x) = e^{2x}$　　　　　　　　　b. $f(x) = x \ln x$

   c. $f(x) = x\cos x - x^2 \sin x$　　　d. $f(x) = 2(\ln x)^2 + 3\sin x$

8. 习题 6 中的数据取自下面的函数。计算习题 6 的实际误差，并用误差公式给出误差界。

   a. $f(x) = e^{2x} - \cos 2x$　　　　　b. $f(x) = \ln(x+2) - (x+1)^2$

   c. $f(x) = x\sin x + x^2 \cos x$　　　d. $f(x) = (\cos 3x)^2 - e^{2x}$

9. 利用本节中给出的公式，尽可能精确地求出下表中缺失的数据。

a.

x	$f(x)$	$f'(x)$
2.1	-1.709847	
2.2	-1.373823	
2.3	-1.119214	
2.4	-0.9160143	
2.5	-0.7470223	
2.6	-0.6015966	

b.

x	$f(x)$	$f'(x)$
-3.0	9.367879	
-2.8	8.233241	
-2.6	7.180350	
-2.4	6.209329	
-2.2	5.320305	
-2.0	4.513417	

10. 利用本节中给出的公式，尽可能精确地求出下表中缺失的数据。

a.

x	$f(x)$	$f'(x)$
1.05	-1.709847	
1.10	-1.373823	
1.15	-1.119214	
1.20	-0.9160143	
1.25	-0.7470223	
1.30	-0.6015966	

b.

x	$f(x)$	$f'(x)$
-3.0	16.08554	
-2.8	12.64465	
-2.6	9.863738	
-2.4	7.623176	
-2.2	5.825013	
-2.0	4.389056	

11. 习题 9 中的数据取自下面的函数。计算习题 9 的实际误差，并用误差公式和 Maple 给出误差界。

   a. $f(x) = \tan x$　　　　　　　　b. $f(x) = e^{x/3} + x^2$

12. 习题 10 中的数据取自下面的函数。计算习题 10 的实际误差，并用误差公式和 Maple 给出误差界。

    a. $f(x) = \tan 2x$ b. $f(x) = e^{-x} - 1 + x$

13. 已知 f 的前五个导数在区间[1,5]上的界分别为 2,3,6,12 和 23。利用下面的数据尽可能精确地求 $f'(3)$ 并给出误差界。

x	1	2	3	4	5
$f(x)$	2.4142	2.6734	2.8974	3.0976	3.2804

14. 重做习题 13，替换条件为：f 的三阶导数在[1,5]内的上界为 4。

15. 用四位数字舍入算术重做习题 1，与习题 3 中的误差进行对比。

16. 用四位数字舍入算术重做习题 5，与习题 7 中的误差进行对比。

17. 用四位数字舍入算术重做习题 9，与习题 11 中的误差进行对比。

18. 考虑下表中的数据：

x	0.2	0.4	0.6	0.8	1.0
$f(x)$	0.9798652	0.9177710	0.808038	0.6386093	0.3843735

    a. 使用本节中给出的所有适合的公式来近似 $f'(0.4)$ 和 $f''(0.4)$。

    b. 使用本节中给出的所有适合的公式来近似 $f'(0.6)$ 和 $f''(0.6)$。

19. 令 $f(x) = \cos \pi x$。用式(4.9)和 $f(x)$ 在点 $x = 0.25,\ 0.5$ 和 0.75 的值来近似计算 $f''(0.5)$。将这个结果与精确值、3.5 节习题 15 中的结果进行比较。解释该方法为什么对这个具体问题精度非常好，并求出误差界。

20. 令 $f(x) = 3xe^x - \cos x$。用下面表中给出的数据和式(4.9)来近似计算 $f''(1.3)$，分别取 $h = 0.1$ 和 $h = 0.01$。

x	1.20	1.29	1.30	1.31	1.40
$f(x)$	11.59006	13.78176	14.04276	14.30741	16.86187

将你的结果与 $f''(1.3)$ 进行比较。

21. 考虑下表中给出的数据：

x	0.2	0.4	0.6	0.8	1.0
$f(x)$	0.9798652	0.9177710	0.8080348	0.6386093	0.3843735

    a. 用式(4.7)来近似计算 $f'(0.2)$。

    b. 用式(4.7)来近似计算 $f'(1.0)$。

    c. 用式(4.6)来近似计算 $f'(0.6)$。

应用型习题

22. 在一个外加电压为 $\mathcal{E}(t)$，电感为 L 的电路里，Kirchhoff 第一定律给出如下关系：

$$\mathcal{E}(t) = L\frac{\mathrm{d}i}{\mathrm{d}t} + Ri$$

    其中 R 代表电路的电阻，i 表示电路中的电流。假设对若干时刻 t 测量了电流得到下表：

t	1.00	1.01	1.02	1.03	1.0
i	3.10	3.12	3.14	3.18	3.24

    其中时间 t 的单位是秒(s)，电流 i 的单位是安培(A)，电感 L 是常数 0.98 亨利(H)，电阻是 0.142 欧姆(Ω)。近似求时间 $t = 1.00\mathrm{s}, 1.01\mathrm{s}, 1.02\mathrm{s}, 1.03\mathrm{s}$ 和 $1.04\mathrm{s}$ 时的电压 $\mathcal{E}(t)$。

23. 在 3.4 节的习题 9 中给出了一组描述直线行驶的汽车的数据。原题目中要求 $t = 10\mathrm{s}$ 时汽车的位置和速度。试用下表中给出的时间和位置数据来估计每个时刻汽车的速度。

时间（s）	0	3	5	8	10	13
距离（ft）	0	225	383	623	742	993

理论型习题

24. 推导一个截断误差为 $O(h^4)$ 的五点公式来近似计算 $f'(x_0)$，它用到了函数值 $f(x_0 - h)$，$f(x_0)$，$f(x_0 + h)$，$f(x_0 + 2h)$ 和 $f(x_0 + 3h)$。[提示：考虑表达式 $Af(x_0 - h) + Bf(x_0 + h) + Cf(x_0 + 2h) + Df(x_0 + 3h)$，用四阶 Taylor 多项式展开来选取合适的 A, B, C 和 D。]

25. 利用习题 24 中推导出的公式和习题 21 中的数据来近似计算 $f'(0.4)$ 和 $f'(0.8)$。

26. a. 按照例 4 中的思路，分析下面公式的舍入误差：

$$f'(x_0) = \frac{f(x_0 + h) - f(x_0)}{h} - \frac{h}{2}f''(\xi_0)$$

b. 对例 2 中给出的函数找出最优的 $h > 0$。

27. 所有学过微积分的学生都知道函数 f 在 x 点的导数定义为

$$f'(x) = \lim_{h \to 0} \frac{f(x + h) - f(x)}{h}$$

选取你熟悉的函数 f，非零数 x，用计算机或者计算器，利用下式对 $n = 1, 2, \cdots, 20$ 得到 $f'(x)$ 的近似值 $f'_n(x)$：

$$f'_n(x) = \frac{f(x + 10^{-n}) - f(x)}{10^{-n}}$$

解释发生了什么。

28. 通过将函数 f 在点 x_0 处展开成四阶 Taylor 多项式并计算点 $x_0 \pm h$ 和 $x_0 \pm 2h$ 处的值，推导出一个近似计算 $f'''(x_0)$ 的方法，它的误差项是 h^2 阶的。

29. 考虑函数

$$e(h) = \frac{\varepsilon}{h} + \frac{h^2}{6}M$$

其中 M 是某个函数的三阶导数的界。证明 $e(h)$ 在 $\sqrt[3]{3\varepsilon / M}$ 处达到最小值。

讨论问题

1. 本节中探讨了一类近似求导数的公式。对比这些公式及其它们的误差公式。你怎么判断应该使用哪个公式？

2. 通过将一个函数 f 在 x_0 处展开成四阶 Taylor 多项式并在 $x_0 + 2h$ 求值的方法，推导一个近似计算 $f'(x_0)$ 的方法，它的误差项是 h^2 阶的。

4.2 Richardson 外推法

Richardson（理查森）外推法的目标是使用低阶方法产生高精度的结果。虽然该方法的命名是根据 L. F. Richardson 和 J. A. Gaunt[RG] 在 1927 年发表的一篇论文，但隐藏在这个方法背后的思想却更古老。一篇关于外推方法的历史及其应用的有趣的文章可参见 [Joy]。

只要知道近似方法有一个可以预测的误差项，外推方法就可以使用。通常要考虑时间步长 h，假设对每一个数 $h \neq 0$，我们有一个公式 $N_1(h)$，它近似了一个未知的常数 M，并且其误差项可以表示为

$$M - N_1(h) = K_1 h + K_2 h^2 + K_3 h^3 + \cdots$$

其中 $K_1, K_2, K_3, \cdots$ 是一些未知的常数。

截断误差是 $O(h)$，所以除非 $K_1, K_2, K_3, \cdots$ 这些常数的大小差别很大，一般都有

$$M - N_1(0.1) \approx 0.1 K_1, \quad M - N_1(0.01) \approx 0.01 K_1$$

即 $M - N_1(h) \approx K_1 h$。

外推的目标是用一种合适的方式处理这些不太精确的 $O(h)$ 近似从而得到一个高阶截断误差。

例如,假设对 M,我们能够合并 $N_1(h)$ 公式而产生一个 $O(h^2)$ 的近似公式 $N_2(h)$,即

$$M - N_2(h) = \hat{K}_2 h^2 + \hat{K}_3 h^3 + \cdots$$

而常数 $\hat{K}_2, \hat{K}_3, \cdots$ 也是未知的,于是将有

$$M - N_2(0.1) \approx 0.01 \hat{K}_2, \quad M - N_2(0.01) \approx 0.0001 \hat{K}_2$$

等等。如果常数 K_1 和 $\hat{K}_2$ 大小大致相当,则公式 $N_2(h)$ 显然比公式 $N_1(h)$ 的近似要好得多。外推还可以继续通过合并 $N_2(h)$ 近似得到 $O(h^3)$ 的截断误差,以此类推。

为了更具体地看出我们是如何得出外推公式的,考虑近似了 M 的 $O(h)$ 公式:

$$M = N_1(h) + K_1 h + K_2 h^2 + K_3 h^3 + \cdots \tag{4.10}$$

假设上面的公式对所有正的 h 总是成立,因此我们用它的一半来替换参数 h,就会产生第二个 $O(h)$ 的近似公式:

$$M = N_1\left(\frac{h}{2}\right) + K_1 \frac{h}{2} + K_2 \frac{h^2}{4} + K_3 \frac{h^3}{8} + \cdots \tag{4.11}$$

把式 (4.11) 乘以 2 减去式 (4.10),就会消去包含 K_1 的项得到

$$M = N_1\left(\frac{h}{2}\right) + \left[N_1\left(\frac{h}{2}\right) - N_1(h)\right] + K_2\left(\frac{h^2}{2} - h^2\right) + K_3\left(\frac{h^3}{4} - h^3\right) + \cdots \tag{4.12}$$

定义

$$N_2(h) = N_1\left(\frac{h}{2}\right) + \left[N_1\left(\frac{h}{2}\right) - N_1(h)\right]$$

于是式 (4.12) 就是 M 的一个 $O(h^2)$ 近似:

$$M = N_2(h) - \frac{K_2}{2} h^2 - \frac{3 K_3}{4} h^3 - \cdots \tag{4.13}$$

例 1 在 4.1 节的例 1 中,我们用了 $h = 0.1$ 和 $h = 0.05$ 的向前差分公式来求 $f'(1.8)$ 的近似值,其中 $f(x) = \ln(x)$。设这个公式的截断误差是 $O(h)$,对这些值使用外推方法看是否能够得到更好的近似结果。

解 在 4.1 节的例 1 中,我们发现

对 $h = 0.1$: $f'(1.8) \approx 0.5406722$;对 $h = 0.05$: $f'(1.8) \approx 0.5479795$

这意味着

$$N_1(0.1) = 0.5406722 \text{ 和 } N_1(0.05) = 0.5479795$$

外推这些结果给出了下面的近似:

$$N_2(0.1) = N_1(0.05) + (N_1(0.05) - N_1(0.1)) = 0.5479795 + (0.5479795 - 0.5406722)$$
$$= 0.555287$$

当取 $h = 0.1$ 和 $h = 0.05$ 时,其结果对应的精度分别为 1.5×10^{-2} 和 7.7×10^{-3}。因为 $f'(1.8) = 1/1.8 = 0.5\overline{5}$,所以外推值的精度是 2.7×10^{-4}。∎

如果一个公式的截断误差有如下形式:

$$\sum_{j=1}^{m-1} K_j h^{\alpha_j} + O(h^{\alpha_m})$$

其中，K_j 是一组常数，而且 $\alpha_1 < \alpha_2 < \alpha_3 < \cdots < \alpha_m$，则外推就能应用。如果公式的截断误差只包含 h 的偶次幂，即有如下形式：

$$M = N_1(h) + K_1 h^2 + K_2 h^4 + K_3 h^6 + \cdots \tag{4.14}$$

则使用外推的效果会更好，因为外推技术会产生截断误差 $O(h^2)$，$O(h^4)$，$O(h^6)$，$\cdots$，且本质上并不增加计算量，而普通情形下的截断误差则是 $O(h)$，$O(h^2)$，$O(h^3)$，$\cdots$。

假设近似公式有方程(4.14)的形式，用 $h/2$ 代替 h 就会产生 $O(h^2)$ 的近似公式：

$$M = N_1\left(\frac{h}{2}\right) + K_1 \frac{h^2}{4} + K_2 \frac{h^4}{16} + K_3 \frac{h^6}{64} + \cdots$$

上面的方程乘以 4 再减去方程(4.14)，就消去了 h^2 项，得到

$$3M = \left[4N_1\left(\frac{h}{2}\right) - N_1(h)\right] + K_2\left(\frac{h^4}{4} - h^4\right) + K_3\left(\frac{h^6}{16} - h^6\right) + \cdots$$

除以 3 之后就得到 $O(h^4)$ 的公式：

$$M = \frac{1}{3}\left[4N_1\left(\frac{h}{2}\right) - N_1(h)\right] + \frac{K_2}{3}\left(\frac{h^4}{4} - h^4\right) + \frac{K_3}{3}\left(\frac{h^6}{16} - h^6\right) + \cdots$$

定义

$$N_2(h) = \frac{1}{3}\left[4N_1\left(\frac{h}{2}\right) - N_1(h)\right] = N_1\left(\frac{h}{2}\right) + \frac{1}{3}\left[N_1\left(\frac{h}{2}\right) - N_1(h)\right]$$

这样产生的具有 $O(h^4)$ 的截断误差的公式为

$$M = N_2(h) - K_2 \frac{h^4}{4} - K_3 \frac{5h^6}{16} + \cdots \tag{4.15}$$

现在用 $h/2$ 代替方程(4.15)中的 h，得到第二个 $O(h^4)$ 的公式：

$$M = N_2\left(\frac{h}{2}\right) - K_2 \frac{h^4}{64} - K_3 \frac{5h^6}{1024} - \cdots$$

上面的方程乘以 16 再减去方程(4.15)，就消去了 h^4 项，得到

$$15M = \left[16N_2\left(\frac{h}{2}\right) - N_2(h)\right] + K_3 \frac{15h^6}{64} + \cdots$$

除以 15 之后就得到新的 $O(h^6)$ 的公式：

$$M = \frac{1}{15}\left[16N_2\left(\frac{h}{2}\right) - N_2(h)\right] + K_3 \frac{h^6}{64} + \cdots$$

现在就有了 $O(h^6)$ 的近似公式：

$$N_3(h) = \frac{1}{15}\left[16N_2\left(\frac{h}{2}\right) - N_2(h)\right] = N_2\left(\frac{h}{2}\right) + \frac{1}{15}\left[N_2\left(\frac{h}{2}\right) - N_2(h)\right]$$

依次类推，对每个 $j = 2, 3, \cdots$，$O(h^{2j})$ 的近似公式为

$$N_j(h) = N_{j-1}\left(\frac{h}{2}\right) + \frac{N_{j-1}(h/2) - N_{j-1}(h)}{4^{j-1} - 1}$$

如果

$$M = N_1(h) + K_1 h^2 + K_2 h^4 + K_3 h^6 + \cdots \tag{4.16}$$

表 4.6 显示了产生的近似阶数，为谨慎起见，假设真实结果的精度和对角线上后面的两个元素的精

度一致，这样，精度就在 $|N_3(h)-N_4(h)|$ 之内。

表 4.6

$O(h^2)$	$O(h^4)$	$O(h^6)$	$O(h^8)$
1：$N_1(h)$			
2：$N_1\left(\dfrac{h}{2}\right)$	3：$N_2(h)$		
4：$N_1\left(\dfrac{h}{4}\right)$	5：$N_2\left(\dfrac{h}{2}\right)$	6：$N_3(h)$	
7：$N_1\left(\dfrac{h}{8}\right)$	8：$N_2\left(\dfrac{h}{4}\right)$	9：$N_3\left(\dfrac{h}{2}\right)$	10：$N_4(h)$

例 2　使用 Taylor 定理能够得到近似计算 $f'(x_0)$ 的中心差分公式 (4.5) 带误差项的表达式：

$$f'(x_0) = \frac{1}{2h}[f(x_0+h) - f(x_0-h)] - \frac{h^2}{6}f'''(x_0) - \frac{h^4}{120}f^{(5)}(x_0) - \cdots$$

取 $f(x) = x\mathrm{e}^x$，$h = 0.2$，推导阶为 $O(h^2),O(h^4)$ 和 $O(h^6)$ 的近似计算公式，并计算 $f'(2.0)$。

解　虽然常数 $K_1 = -f'''(x_0)/6$，$K_2 = -f^{(5)}(x_0)/120$，…的值不太可能知道，但这些并不重要。为了应用外推技术，我们只需要知道存在这些常数即可。

我们有 $O(h^2)$ 的近似：

$$f'(x_0) = N_1(h) - \frac{h^2}{6}f'''(x_0) - \frac{h^4}{120}f^{(5)}(x_0) - \cdots \tag{4.17}$$

其中

$$N_1(h) = \frac{1}{2h}[f(x_0+h) - f(x_0-h)]$$

这可以给出第一个 $O(h^2)$ 近似：

$$N_1(0.2) = \frac{1}{0.4}[f(2.2) - f(1.8)] = 2.5(19.855030 - 10.889365) = 22.414160$$

和

$$N_1(0.1) = \frac{1}{0.2}[f(2.1) - f(1.9)] = 5(17.148957 - 12.703199) = 22.228786$$

合并这两个结果就能产生第一个 $O(h^4)$ 近似：

$$N_2(0.2) = N_1(0.1) + \frac{1}{3}(N_1(0.1) - N_1(0.2)) = 22.228786 + \frac{1}{3}(22.228786 - 22.414160)$$

$$= 22.166995$$

为了得到 $O(h^6)$ 的近似，需要另一个 $O(h^4)$ 近似，这要求我们去寻找第三个 $O(h^2)$ 近似：

$$N_1(0.05) = \frac{1}{0.1}[f(2.05) - f(1.95)] = 10(15.924197 - 13.705941) = 22.182564$$

现在就可以得到另外一个 $O(h^4)$ 近似：

$$N_2(0.1) = N_1(0.05) + \frac{1}{3}(N_1(0.05) - N_1(0.1))$$

$$= 22.182564 + \frac{1}{3}(22.182564 - 22.228786)$$

$$= 22.167157$$

最后要求的 $O(h^6)$ 的近似为

$$N_3(0.2) = N_2(0.1) + \frac{1}{15}(N_2(0.1) - N_1(0.2))$$

$$= 22.167157 + \frac{1}{15}(22.167157 - 22.166995)$$

$$= 22.167168$$

我们能够期望最终的近似结果精确到值 22.167，因为 $N_2(0.2)$ 和 $N_3(0.2)$ 都给出了这个相同的值。实际上，$N_3(0.2)$ 已经精确到所有列出的数字。 ■

外推表中除了第一列外其他列都是通过简单的平均过程得到的，因此外推技术是以最小的计算成本来产生高阶近似。然而，随着 k 值的增加，$N_1(h/2^k)$ 的舍入误差也通常会增加，因为数值微分的不稳定性是与步长 $h/2^k$ 相联系的。而且，高阶公式越来越依赖于表中靠近它的左边的元素，这也是为什么我们推荐大家对比表 4.6 中对角线上后面的两个元素来确保精度的原因。

在 4.1 节中，我们讨论了近似计算 $f'(x_0)$ 的三点公式和五点公式，它们需要用到函数 f 的不同点上的值。三点公式是通过求导数 f 的 Lagrange 插值多项式而推导出来的，五点公式也可以用类似的方法得到，但推导过程较为冗长烦琐。使用外推可以较为容易地导出这些公式，我们接下来予以说明。

示例 如果将函数 f 在点 x_0 处展开成四阶 Taylor 多项式，则有

$$f(x) = f(x_0) + f'(x_0)(x - x_0) + \frac{1}{2}f''(x_0)(x - x_0)^2 + \frac{1}{6}f'''(x_0)(x - x_0)^3$$
$$+ \frac{1}{24}f^{(4)}(x_0)(x - x_0)^4 + \frac{1}{120}f^{(5)}(\xi)(x - x_0)^5$$

其中 ξ 介于 x 和 x_0 之间。分别在 $x_0 + h$ 和 $x_0 - h$ 处求值得到

$$f(x_0 + h) = f(x_0) + f'(x_0)h + \frac{1}{2}f''(x_0)h^2 + \frac{1}{6}f'''(x_0)h^3$$
$$+ \frac{1}{24}f^{(4)}(x_0)h^4 + \frac{1}{120}f^{(5)}(\xi_1)h^5 \tag{4.18}$$

和

$$f(x_0 - h) = f(x_0) - f'(x_0)h + \frac{1}{2}f''(x_0)h^2 - \frac{1}{6}f'''(x_0)h^3$$
$$+ \frac{1}{24}f^{(4)}(x_0)h^4 - \frac{1}{120}f^{(5)}(\xi_2)h^5 \tag{4.19}$$

其中 $x_0 - h < \xi_2 < x_0 < \xi_1 < x_0 + h$。

从方程 (4.18) 中减去方程 (4.19) 得到 $f'(x_0)$ 的一个新的近似计算公式：

$$f(x_0 + h) - f(x_0 - h) = 2hf'(x_0) + \frac{h^3}{3}f'''(x_0) + \frac{h^5}{120}[f^{(5)}(\xi_1) + f^{(5)}(\xi_2)] \tag{4.20}$$

从中可以解出

$$f'(x_0) = \frac{1}{2h}[f(x_0 + h) - f(x_0 - h)] - \frac{h^2}{6}f'''(x_0) - \frac{h^4}{240}[f^{(5)}(\xi_1) + f^{(5)}(\xi_2)]$$

如果 $f^{(5)}$ 在区间 $[x_0 - h, x_0 + h]$ 上连续，由中值定理 1.11 就可以得出存在 $\tilde{\xi}$ 位于 $(x_0 - h, x_0 + h)$，使得

$$f^{(5)}(\tilde{\xi}) = \frac{1}{2}\left[f^{(5)}(\xi_1) + f^{(5)}(\xi_2)\right]$$

于是，我们就有了 $O(h^2)$ 的近似

$$f'(x_0) = \frac{1}{2h}[f(x_0+h) - f(x_0-h)] - \frac{h^2}{6}f'''(x_0) - \frac{h^4}{120}f^{(5)}(\tilde{\xi}) \tag{4.21}$$

虽然近似公式(4.21)和前面的式(4.5)给出的三点公式是一样的，但是现在未知点却出现在 $f^{(5)}$ 而不是 f''' 中。外推技术利用了这个优点，首先将式(4.21)中的 h 换成 $2h$ 得到下面的新公式：

$$f'(x_0) = \frac{1}{4h}[f(x_0+2h) - f(x_0-2h)] - \frac{4h^2}{6}f'''(x_0) - \frac{16h^4}{120}f^{(5)}(\hat{\xi}) \tag{4.22}$$

其中 $\hat{\xi}$ 介于 $x_0 - 2h$ 和 $x_0 + 2h$ 之间。

将式(4.21)乘以 4 减去式(4.22)后得到

$$3f'(x_0) = \frac{2}{h}[f(x_0+h) - f(x_0-h)] - \frac{1}{4h}[f(x_0+2h) - f(x_0-2h)]$$

$$- \frac{h^4}{30}f^{(5)}(\tilde{\xi}) + \frac{2h^4}{15}f^{(5)}(\hat{\xi})$$

即使 $f^{(5)}$ 在 $[x_0-2h, x_0+2h]$ 上是连续的，中值定理 1.11 在这里也不能使用，因为这里包含了不同的项 $f^{(5)}$。然而，其他方法可以证明项 $f^{(5)}(\tilde{\xi})$ 和 $f^{(5)}(\hat{\xi})$ 能够被一个普通的项 $f^{(5)}(\xi)$ 替代。这样除以 3 之后就可以得到 4.1 节给出的五点中点公式(4.6)：

$$f'(x_0) = \frac{1}{12h}[f(x_0-2h) - 8f(x_0-h) + 8f(x_0+h) - f(x_0+2h)] + \frac{h^4}{30}f^{(5)}(\xi) \quad \blacksquare$$

其他关于一阶和高阶导数的公式也能类似地推导出。例如，参见习题 8。

外推技术在这本书中都有使用。最杰出的应用是 4.5 节中的近似求积分以及 5.8 节中微分方程的近似求解。

习题 4.2

1. 使用下面的函数与步长，应用例 1 中描述的外推方法来确定 $N_3(h)$，求 $f'(x_0)$ 的一个近似值。

   a. $f(x) = \ln x, x_0 = 1.0, h = 0.4$ b. $f(x) = 2^x \sin x, x_0 = 1.05, h = 0.4$

   c. $f(x) = x + e^x, x_0 = 0.0, h = 0.4$ d. $f(x) = x^3 \cos x, x_0 = 2.3, h = 0.4$

2. 在习题 1 中增加外推表中的一行，得到近似 $N_4(h)$。

3. 使用四位数字舍入算术重做习题 1。

4. 使用四位数字舍入算术重做习题 2。

5. 下面的数据给出了如下积分的一些近似。

$$M = \int_0^\pi \sin x \, dx$$

$$N_1(h) = 1.570796, \quad N_1\left(\frac{h}{2}\right) = 1.896119, \quad N_1\left(\frac{h}{4}\right) = 1.974232, \quad N_1\left(\frac{h}{8}\right) = 1.993570$$

假设 $M = N_1(h) + K_1h^2 + K_2h^4 + K_3h^6 + K_4h^8 + O(h^{10})$，构造一个外推表来确定 $N_4(h)$。

6. 下面的数据给出了如下积分的一些近似。

$$M = \int_0^{3\pi/2} \cos x \, dx$$

$$N_1(h) = 2.356194, \quad N_1\left(\frac{h}{2}\right) = -0.4879837,$$

$$N_1\left(\frac{h}{4}\right) = -0.8815732, \quad N_1\left(\frac{h}{8}\right) = -0.9709157$$

假设存在和习题 5 一样的公式，试确定 $N_4(h)$。

理论型习题

7. 将五点公式(4.6)应用到 $f(x) = xe^x$ 和 $x_0 = 2.0$，给出表 4.6 中当 $h = 0.1$ 时的 $N_2(0.2)$ 和当 $h = 0.05$ 时的 $N_2(0.1)$。

8. 向前差分公式可以表示为

$$f'(x_0) = \frac{1}{h}[f(x_0 + h) - f(x_0)] - \frac{h}{2}f''(x_0) - \frac{h^2}{6}f'''(x_0) + O(h^3)$$

使用外推法来推导一个近似计算 $f'(x_0)$ 的 $O(h^3)$ 公式。

9. 假设 $N(h)$ 对每个 $h > 0$ 都是 M 的一个近似并且

$$M = N(h) + K_1 h + K_2 h^2 + K_3 h^3 + \cdots$$

上式对某些常数 $K_1, K_2, K_3, \cdots$ 成立。用值 $N(h)$，$N\left(\frac{h}{3}\right)$ 和 $N\left(\frac{h}{9}\right)$ 来给出 M 的一个 $O(h^3)$ 近似公式。

10. 假设 $N(h)$ 对每个 $h > 0$ 都是 M 的一个近似并且

$$M = N(h) + K_1 h^2 + K_2 h^4 + K_3 h^6 + \cdots$$

上式对某些常数 $K_1, K_2, K_3, \cdots$ 成立。用值 $N(h)$，$N\left(\frac{h}{3}\right)$ 和 $N\left(\frac{h}{9}\right)$ 来给出 M 的一个 $O(h^6)$ 近似公式。

11. 在微积分中，我们知道 $e = \lim_{h \to 0}(1 + h)^{1/h}$。

    a. 确定 e 相应于 $h = 0.04, h = 0.02$ 和 $h = 0.01$ 的近似值。

    b. 假设有一些常数 $K_1, K_2, \cdots$，存在 $e = (1 + h)^{1/h} + K_1 h + K_2 h^2 + K_3 h^3 + \cdots$ 上面这些近似值使用外推法产生 e 的一个 $O(h^3)$ 近似，其中 $h = 0.04$。

    c. 你认为(b)中的假设是正确的吗?

12. a. 证明：

$$\lim_{h \to 0}\left(\frac{2 + h}{2 - h}\right)^{1/h} = e$$

    b. 计算 e 的近似值，使用公式 $N(h) = \left(\frac{2 + h}{2 - h}\right)^{1/h}$，并分别取 $h = 0.04, h = 0.02$ 和 $h = 0.01$。

    c. 假设 $e = N(h) + K_1 h + K_2 h^2 + K_3 h^3 + \cdots$。利用外推法，取 $h = 0.04$，使用至少 16 位数字精度来计算 e 的一个 $O(h^3)$ 的近似。你认为假设正确吗?

    d. 证明 $N(-h) = N(h)$。

    e. 利用(d)中的结论证明公式

$$e = N(h) + K_1 h + K_2 h^2 + K_3 h^3 K_4 h^4 + K_5 h^5 + \cdots$$

中的 $K_1 = K_3 = K_5 = \cdots = 0$。于是公式简化为

$$e = N(h) + K_2 h^2 + K_4 h^4 + K_6 h^6 + \cdots$$

    f. 利用(e)中的结论，取 $h = 0.04$，并用外推法计算 e 的一个 $O(h^6)$ 的近似值。

13. 假设下面构造的外推表是用来近似 M 的，其中 $M = N_1(h) + K_1 h^2 + K_2 h^4 + K_3 h^6$。

$N_1(h)$		
$N_1\left(\dfrac{h}{2}\right)$	$N_2(h)$	
$N_1\left(\dfrac{h}{4}\right)$	$N_2\left(\dfrac{h}{2}\right)$	$N_3(h)$

    a. 证明线性插值多项式 $P_{0,1}(h)$ 通过了点 $(h^2, N_1(h))$ 和 $(h^2/4, N_1(h/2))$，并满足 $P_{0,1}(0) = N_2(h)$。类似地，证明 $P_{1,2}(0) = N_2(h/2)$。

b. 证明线性插值多项式 $P_{0,2}(h)$ 通过了点 $(h^4, N_2(h))$ 和 $(h^4/16, N_2(h/2))$，并满足 $P_{0,2}(0) = N_3(h)$。

14. 假设 $N_1(h)$ 是一个近似计算 M 的 $O(h)$ 公式，并且

$$M = N_1(h) + K_1 h + K_2 h^2 + \cdots$$

对一组正常数 $K_1, K_2, \cdots$ 成立。于是 $N_1(h), N_1(h/2), N_1(h/4), \cdots$ 都是 M 的下界。关于外推近似 $N_2(h)$，$N_3(h), \cdots$，这能说明什么？

15. 公元前 200 年，阿基米德就使用单位圆的内接正多边形和外切正多边形来近似计算 π。π 是一个单位圆的周长的一半，通过计算内接或外切正 k 边形的半周长来得到近似值。用几何知识来证明内接正 k 边形与外切正 k 边形的半周长 $\{p_k\}$ 和 $\{P_k\}$ 分别满足

$$p_k = k \sin\left(\frac{\pi}{k}\right) \quad \text{和} \quad P_k = k \tan\left(\frac{\pi}{k}\right)$$

并且只要 $k \geq 4$ 就有 $p_k < \pi < P_k$。

a. 证明 $p_4 = 2\sqrt{2}$ 和 $P_4 = 4$。

b. 证明当 $k \geq 4$ 时，数列满足递推关系：

$$P_{2k} = \frac{2 p_k P_k}{p_k + P_k} \quad \text{和} \quad p_{2k} = \sqrt{p_k P_{2k}}$$

c. 近似计算 π，要求精度在 10^{-4} 以内，通过计算 p_k 和 P_k 直到满足 $P_k - p_k < 10^{-4}$。

d. 用 Taylor 级数来证明：

$$\pi = p_k + \frac{\pi^3}{3!}\left(\frac{1}{k}\right)^2 - \frac{\pi^5}{5!}\left(\frac{1}{k}\right)^4 + \cdots$$

和

$$\pi = P_k - \frac{\pi^3}{3}\left(\frac{1}{k}\right)^2 + \frac{2\pi^5}{15}\left(\frac{1}{k}\right)^4 - \cdots$$

e. 取 $h = 1/k$ 使用外推来改进近似计算 π。

讨论问题

1. 如何将 Richardson 外推应用到积分？这些应用是如何影响误差的？

2. 如果将 Richardson 外推应用到不稳定的数值方法，例如数值微分，不稳定性是否会随着 h 的变小在外推表中展现出来？

4.3　数值积分基础

经常会遇到这样一种情况，即求一个定积分，其被积函数的原函数没有显式的表达式或者原函数不容易求出来。计算积分 $\int_a^b f(x)\mathrm{d}x$ 的基本方法叫作**数值求积**。它使用和式 $\sum_{i=0}^n a_i f(x_i)$ 来近似计算 $\int_a^b f(x)\mathrm{d}x$。

本节中使用的数值求积方法都是基于第 3 章中的插值多项式。基本的想法是从区间 $[a,b]$ 选择一组互不相同的点 $\{x_0, \cdots, x_n\}$，然后积分 Lagrange 插值多项式

$$P_n(x) = \sum_{i=0}^n f(x_i) L_i(x)$$

和它在 $[a,b]$ 上的截断误差，得到

$$\int_a^b f(x)\,\mathrm{d}x = \int_a^b \sum_{i=0}^n f(x_i) L_i(x)\,\mathrm{d}x + \int_a^b \prod_{i=0}^n (x - x_i)\frac{f^{(n+1)}(\xi(x))}{(n+1)!}\,\mathrm{d}x$$

$$= \sum_{i=0}^n a_i f(x_i) + \frac{1}{(n+1)!}\int_a^b \prod_{i=0}^n (x - x_i)f^{(n+1)}(\xi(x))\,\mathrm{d}x$$

其中对每个 x，$\xi(x)$ 位于 $[a,b]$。对每个 $i = 0,1,2,\cdots,n$，令

$$a_i = \int_a^b L_i(x)\,\mathrm{d}x,\quad \text{对每个 } i=0,1,\cdots,n$$

由此就得到求积公式：

$$\int_a^b f(x)\,\mathrm{d}x \approx \sum_{i=0}^n a_i f(x_i)$$

它的误差由下式给出：

$$E(f) = \frac{1}{(n+1)!}\int_a^b \prod_{i=0}^n (x - x_i)f^{(n+1)}(\xi(x))\,\mathrm{d}x$$

在讨论求积公式的一般情形之前，让我们具体考虑等距节点的一次和二次 Lagrange 插值多项式导出的公式。这两个公式分别叫作 **梯形公式** 和 **Simpson 公式**，它们是微积分教材中最普遍讨论的方法。

梯形公式

为了推导近似求积 $\int_a^b f(x)\mathrm{d}x$ 的梯形公式，首先设 $x_0 = a$，$x_1 = b$，$h = b - a$，并使用线性 Lagrange 插值多项式：

$$P_1(x) = \frac{(x - x_1)}{(x_0 - x_1)}f(x_0) + \frac{(x - x_0)}{(x_1 - x_0)}f(x_1)$$

则

$$\int_a^b f(x)\,\mathrm{d}x = \int_{x_0}^{x_1}\left[\frac{(x - x_1)}{(x_0 - x_1)}f(x_0) + \frac{(x - x_0)}{(x_1 - x_0)}f(x_1)\right]\mathrm{d}x$$

$$+ \frac{1}{2}\int_{x_0}^{x_1} f''(\xi(x))(x - x_0)(x - x_1)\,\mathrm{d}x \tag{4.23}$$

因为乘积 $(x - x_0)(x - x_1)$ 在区间 $[x_0, x_1]$ 上不改变符号，所以带权的积分中值定理 1.13 可以应用到误差项，对于 ξ 位于 (x_0, x_1)：

$$\int_{x_0}^{x_1} f''(\xi(x))(x - x_0)(x - x_1)\,\mathrm{d}x = f''(\xi)\int_{x_0}^{x_1}(x - x_0)(x - x_1)\,\mathrm{d}x$$

$$= f''(\xi)\left[\frac{x^3}{3} - \frac{(x_1 + x_0)}{2}x^2 + x_0 x_1 x\right]_{x_0}^{x_1}$$

$$= -\frac{h^3}{6}f''(\xi)$$

于是，由式 (4.23) 得到

$$\int_a^b f(x)\,\mathrm{d}x = \left[\frac{(x - x_1)^2}{2(x_0 - x_1)}f(x_0) + \frac{(x - x_0)^2}{2(x_1 - x_0)}f(x_1)\right]_{x_0}^{x_1} - \frac{h^3}{12}f''(\xi)$$

$$= \frac{(x_1 - x_0)}{2}[f(x_0) + f(x_1)] - \frac{h^3}{12}f''(\xi)$$

最后利用 $h = x_1 - x_0$，就能得到下面的公式：

梯形公式：

$$\int_a^b f(x)\,\mathrm{d}x = \frac{h}{2}[f(x_0) + f(x_1)] - \frac{h^3}{12}f''(\xi)$$

上述公式称为梯形公式，这是因为当 f 是一个正值函数时，积分 $\int_a^b f(x)\mathrm{d}x$ 是用梯形的面积来近似的，见图 4.3。

梯形公式的误差项中包含了二阶导数 f''，因此当函数的二阶导数为零时，这个公式给出的结果是精确的。具体地说，任何次数小于等于 1 的多项式利用梯形法则求积分时结果是精确的。

Simpson（辛普森）公式

Simpson 公式来源于在 $[a,b]$ 上积分等距节点的二次 Lagrange 插值多项式，其中节点 $x_0 = a, x_2 = b$，以及 $x_1 = a+h$，而 $h = (b-a)/2$，见图 4.4。

因此

$$\int_a^b f(x)\,\mathrm{d}x = \int_{x_0}^{x_2}\left[\frac{(x-x_1)(x-x_2)}{(x_0-x_1)(x_0-x_2)}f(x_0) + \frac{(x-x_0)(x-x_2)}{(x_1-x_0)(x_1-x_2)}f(x_1)\right.$$

$$\left. + \frac{(x-x_0)(x-x_1)}{(x_2-x_0)(x_2-x_1)}f(x_2)\right]\mathrm{d}x$$

$$+ \int_{x_0}^{x_2}\frac{(x-x_0)(x-x_1)(x-x_2)}{6}f^{(3)}(\xi(x))\,\mathrm{d}x$$

用这种方式推导 Simpson 公式，只能给出 $O(h^4)$ 的误差项，它包含了三阶导数 $f^{(3)}$。如果用另外一种方法来推导这个问题，误差项中就会包含更高阶的导数 $f^{(4)}$。

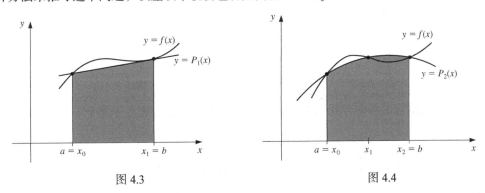

图 4.3　　　　　　　　　　　　　　　　　图 4.4

为了说明这种方法，假设 f 在 x_1 处展开成了三次 Taylor 多项式。这样，对每个属于 $[x_0, x_2]$ 的 x，存在一个数 $\xi(x)$ 位于 (x_0, x_2)，下式成立：

$$f(x) = f(x_1) + f'(x_1)(x-x_1) + \frac{f''(x_1)}{2}(x-x_1)^2 + \frac{f'''(x_1)}{6}(x-x_1)^3$$

$$+ \frac{f^{(4)}(\xi(x))}{24}(x-x_1)^4$$

及

$$\int_{x_0}^{x_2} f(x)\,\mathrm{d}x = \left[f(x_1)(x-x_1) + \frac{f'(x_1)}{2}(x-x_1)^2 + \frac{f''(x_1)}{6}(x-x_1)^3\right. \tag{4.24}$$

$$+ \left. \frac{f'''(x_1)}{24}(x-x_1)^4 \right|_{x_0}^{x_2} + \frac{1}{24} \int_{x_0}^{x_2} f^{(4)}(\xi(x))(x-x_1)^4 \, dx$$

因为 $(x-x_1)^4$ 在 $[x_0, x_2]$ 上总是非负的，所以对某个数 ξ_1 位于 (x_0, x_2)，使用带权的积分中值定理 1.13 就能得到

$$\frac{1}{24} \int_{x_0}^{x_2} f^{(4)}(\xi(x))(x-x_1)^4 \, dx = \frac{f^{(4)}(\xi_1)}{24} \int_{x_0}^{x_2} (x-x_1)^4 \, dx = \left. \frac{f^{(4)}(\xi_1)}{120}(x-x_1)^5 \right|_{x_0}^{x_2}$$

但是因为 $h = x_2 - x_1 = x_1 - x_0$，所以有

$$(x_2 - x_1)^2 - (x_0 - x_1)^2 = (x_2 - x_1)^4 - (x_0 - x_1)^4 = 0$$

因而

$$(x_2 - x_1)^3 - (x_0 - x_1)^3 = 2h^3 \quad \text{和} \quad (x_2 - x_1)^5 - (x_0 - x_1)^5 = 2h^5$$

于是，式 (4.24) 就变成

$$\int_{x_0}^{x_2} f(x) \, dx = 2hf(x_1) + \frac{h^3}{3}f''(x_1) + \frac{f^{(4)}(\xi_1)}{60}h^5$$

现在如果将 $f''(x_1)$ 用 4.1 节中给出的近似公式 (4.9) 来代替，就有

$$\int_{x_0}^{x_2} f(x) \, dx = 2hf(x_1) + \frac{h^3}{3}\left\{ \frac{1}{h^2}[f(x_0) - 2f(x_1) + f(x_2)] - \frac{h^2}{12}f^{(4)}(\xi_2) \right\} + \frac{f^{(4)}(\xi_1)}{60}h^5$$

$$= \frac{h}{3}[f(x_0) + 4f(x_1) + f(x_2)] - \frac{h^5}{12}\left[\frac{1}{3}f^{(4)}(\xi_2) - \frac{1}{5}f^{(4)}(\xi_1) \right]$$

用另外的方法 (见习题 26) 就能证明这个表达式中的两个数 ξ_1 和 ξ_2 能被另外一个位于 (x_0, x_2) 的数 ξ 来代替。这样就得到了 Simpson 公式。

Simpson 公式：

$$\int_{x_0}^{x_2} f(x) \, dx = \frac{h}{3}[f(x_0) + 4f(x_1) + f(x_2)] - \frac{h^5}{90}f^{(4)}(\xi)$$

Simpson 公式的误差项中含有 f 的四阶导数，因此公式用于次数小于等于 3 的多项式所得的结果是精确的。

例 1　对比近似求积分 $\int_0^2 f(x)dx$ 的梯形公式和 Simpson 公式，取 $f(x)$ 为下面给出的函数：

(a) x^2　　　　　　　　(b) x^4　　　　　　　　(c) $(x+1)^{-1}$

(d) $\sqrt{1+x^2}$　　　　(e) $\sin x$　　　　　　(f) e^x

解　在 $[0,2]$ 上，梯形公式和 Simpson 公式具有下面的形式：

$$\text{梯形公式：} \quad \int_0^2 f(x) \, dx \approx f(0) + f(2)$$

$$\text{Simpson 公式：} \quad \int_0^2 f(x) \, dx \approx \frac{1}{3}[f(0) + 4f(1) + f(2)]$$

当 $f(x) = x^2$ 时，它们得出

$$\text{梯形公式:}\quad \int_0^2 f(x)\,\mathrm{d}x \approx 0^2 + 2^2 = 4$$

$$\text{Simpson 公式:}\quad \int_0^2 f(x)\,\mathrm{d}x \approx \frac{1}{3}[(0^2) + 4\cdot 1^2 + 2^2] = \frac{8}{3}$$

Simpson 公式得出的结果是精确的, 因为它的截断误差中包含的 $f^{(4)}$ 当 $f(x)=x^2$ 时就等于 0。

题目中所有不同函数计算的结果都列在表 4.7 中, 结果包含小数点后三位数字精度。可以看出, 对所有例子 Simpson 公式的结果都明显地优于其他公式。

表 4.7

$f(x)$	(a) x^2	(b) x^4	(c) $(x+1)^{-1}$	(d) $\sqrt{1+x^2}$	(e) $\sin x$	(f) e^x
精确值	2.667	6.400	1.099	2.958	1.416	6.389
梯形公式	4.000	16.000	1.333	3.326	0.909	8.389
Simpson公式	2.667	6.667	1.111	2.964	1.425	6.421

∎

测量精度

在推导求积方法的误差公式时, 我们都提到对哪种类型的多项式结果是精确的。下面的定义更便于对这个问题的讨论。

定义 4.1　一个求积公式的精度是指这样的最大正整数 n: 求积公式对所有的 x^k 都是精确的, $k = 0, 1, \cdots, n$。

根据定义 4.1 可知梯形公式和 Simpson 公式分别具有一阶精度和三阶精度。

积分和求和都是线性运算, 即

$$\int_a^b (\alpha f(x) + \beta g(x))\,\mathrm{d}x = \alpha \int_a^b f(x)\,\mathrm{d}x + \beta \int_a^b g(x)\,\mathrm{d}x$$

和

$$\sum_{i=0}^n (\alpha f(x_i) + \beta g(x_i)) = \alpha \sum_{i=0}^n f(x_i) + \beta \sum_{i=0}^n g(x_i)$$

对每一对可积函数 f 和 g, 以及一对常数 α 和 β。这意味着(见习题 25):

- 一个求积公式的精度是 n 当且仅当公式对次数为 $k = 0, 1, 2, \cdots, n$ 的所有多项式误差都为零, 同时存在某个次数为 $n+1$ 的多项式其误差不是零。

梯形公式和 Simpson 公式都是一种叫作 Newton-Cotes(牛顿-柯特斯)公式的特殊情形。有两种类型的 Newton-Cotes 公式——开形式和闭形式。

闭 Newton-Cotes 公式

$(n+1)$ 点闭 Newton-Cotes 公式使用的节点为: $x_i = x_0 + ih$, $i = 0, 1, 2, \cdots, n$, 其中 $x_0 = a$, $x_n = b$ 且 $h = (b-a)/n$, 见图 4.5。该方法被称为闭方法是因为闭区间 $[a, b]$ 的端点都包括在求积节点中。

公式具有如下形式:

$$\int_a^b f(x)\,\mathrm{d}x \approx \sum_{i=0}^{n} a_i f(x_i)$$

其中，

$$a_i = \int_{x_0}^{x_n} L_i(x)\,\mathrm{d}x = \int_{x_0}^{x_n} \prod_{\substack{j=0 \\ j \neq i}}^{n} \frac{(x - x_j)}{(x_i - x_j)}\,\mathrm{d}x$$

下面的定理详细给出了闭 Newton-Cotes 公式的误差。这个定理的证明参见[IK]，p.313。

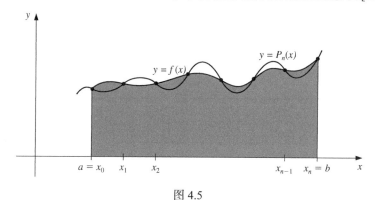

图 4.5

定理 4.2 假设 $\sum_{i=0}^{n} a_i f(x_i)$ 表示 $(n+1)$ 点闭 Newton-Cotes 公式，其中 $x_0 = a$，$x_n = b$ 且 $h = (b-a)/n$。则存在 $\xi \in (a,b)$，使得当 n 是偶数且 $f \in C^{n+2}[a,b]$ 时，有

$$\int_a^b f(x)\,\mathrm{d}x = \sum_{i=0}^{n} a_i f(x_i) + \frac{h^{n+3} f^{(n+2)}(\xi)}{(n+2)!} \int_0^n t^2(t-1)\cdots(t-n)\,\mathrm{d}t$$

如果 n 是奇数且 $f \in C^{n+1}[a,b]$，则有

$$\int_a^b f(x)\,\mathrm{d}x = \sum_{i=0}^{n} a_i f(x_i) + \frac{h^{n+2} f^{(n+1)}(\xi)}{(n+1)!} \int_0^n t(t-1)\cdots(t-n)\,\mathrm{d}t \qquad ■$$

Roger Cotes(1682—1716) 在 1704 年晋为剑桥大学的米安教授(Plumian Professor)。他在数学的许多领域都有重大进展，包括插值和积分的数值方法。据说 Newton 曾赞扬道："如果他活着，我们会知道更多"。

值得注意的是，当 n 为偶数时，尽管插值最多是 n 次的多项式，但求积公式却有 $n+1$ 阶精度。当 n 是奇数时，求积公式的精度只有 n。

下面列出了一些普遍使用的闭 Newton-Cotes 公式以及它们的误差项，在所有情形下都有值 ξ 位于 (a, b)。

$n = 1$：梯形公式

$$\int_{x_0}^{x_1} f(x)\,\mathrm{d}x = \frac{h}{2}[f(x_0) + f(x_1)] - \frac{h^3}{12} f''(\xi), \quad \text{其中} \quad x_0 < \xi < x_1 \qquad (4.25)$$

$n = 2$：Simpson 公式

$$\int_{x_0}^{x_2} f(x)\,\mathrm{d}x = \frac{h}{3}[f(x_0) + 4f(x_1) + f(x_2)] - \frac{h^5}{90} f^{(4)}(\xi), \quad \text{其中} \quad x_0 < \xi < x_2 \qquad (4.26)$$

$n = 3$：Simpson3/8 公式

$$\int_{x_0}^{x_3} f(x)\, \mathrm{d}x = \frac{3h}{8}[f(x_0) + 3f(x_1) + 3f(x_2) + f(x_3)] - \frac{3h^5}{80} f^{(4)}(\xi),\tag{4.27}$$

$$\text{其中} \quad x_0 < \xi < x_3$$

$n = 4$：

$$\int_{x_0}^{x_4} f(x)\, \mathrm{d}x = \frac{2h}{45}[7f(x_0) + 32f(x_1) + 12f(x_2) + 32f(x_3) + 7f(x_4)] - \frac{8h^7}{945} f^{(6)}(\xi),\tag{4.28}$$

$$\text{其中} \quad x_0 < \xi < x_4$$

开 Newton-Cotes 公式

开 Newton-Cotes 公式的求积节点中不包括区间 $[a, b]$ 的端点。它们使用了节点 $x_i = x_0 + ih$，$i = 0,1,2,\cdots,n$，其中 $h = (b-a)/(n+2)$ 且 $x_0 = a+h$。这意味着 $x_n = b-h$，所以我们把两个端点标记为 $x_{-1} = a$ 和 $x_{n+1} = b$，见图 4.6。利用这些记号就可以将开 Newton-Cotes 公式表示为

$$\int_a^b f(x)\, \mathrm{d}x = \int_{x_{-1}}^{x_{n+1}} f(x)\, \mathrm{d}x \approx \sum_{i=0}^{n} a_i f(x_i)$$

其中 $a_i = \displaystyle\int_a^b L_i(x)\mathrm{d}x$ 。

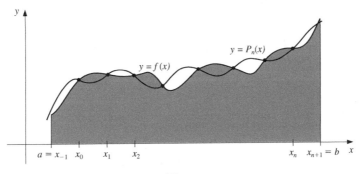

图 4.6

下面的定理类似于定理 4.2，它的证明出现在[IK]，p.314 中。

定理 4.3 假设 $\displaystyle\sum_{i=0}^{n} a_i f(x_i)$ 表示 $(n+1)$ 点开 Newton-Cotes 公式，其中 $x_{-1} = a$，$x_{n+1} = b$ 且 $h = (b-a)/(n+2)$。则存在 $\xi \in (a,b)$，使得当 n 是偶数且 $f \in C^{n+2}[a,b]$ 时，有

$$\int_a^b f(x)\, \mathrm{d}x = \sum_{i=0}^{n} a_i f(x_i) + \frac{h^{n+3} f^{(n+2)}(\xi)}{(n+2)!} \int_{-1}^{n+1} t^2(t-1)\cdots(t-n)\, \mathrm{d}t$$

如果 n 是奇数且 $f \in C^{n+1}[a,b]$，则有

$$\int_a^b f(x)\, \mathrm{d}x = \sum_{i=0}^{n} a_i f(x_i) + \frac{h^{n+2} f^{(n+1)}(\xi)}{(n+1)!} \int_{-1}^{n+1} t(t-1)\cdots(t-n)\, \mathrm{d}t \qquad ∎$$

注意，跟闭公式的情形一样，包含偶数个求积节点的公式比包含奇数个求积节点的公式有相对较高的精度。

一些普遍使用的开 **Newton-Cotes** 公式以及它们的误差项罗列如下：

$n = 0$：中点公式

$$\int_{x_{-1}}^{x_1} f(x)\,\mathrm{d}x = 2hf(x_0) + \frac{h^3}{3}f''(\xi), \quad \text{其中} \quad x_{-1} < \xi < x_1 \tag{4.29}$$

$n = 1$：

$$\int_{x_{-1}}^{x_2} f(x)\,\mathrm{d}x = \frac{3h}{2}[f(x_0) + f(x_1)] + \frac{3h^3}{4}f''(\xi), \quad \text{其中} \quad x_{-1} < \xi < x_2 \tag{4.30}$$

$n = 2$：

$$\int_{x_{-1}}^{x_3} f(x)\,\mathrm{d}x = \frac{4h}{3}[2f(x_0) - f(x_1) + 2f(x_2)] + \frac{14h^5}{45}f^{(4)}(\xi),$$
$$\text{其中} \quad x_{-1} < \xi < x_3 \tag{4.31}$$

$n = 3$：

$$\int_{x_{-1}}^{x_4} f(x)\,\mathrm{d}x = \frac{5h}{24}[11f(x_0) + f(x_1) + f(x_2) + 11f(x_3)] + \frac{95}{144}h^5 f^{(4)}(\xi),$$
$$\text{其中} \quad x_{-1} < \xi < x_4 \tag{4.32}$$

例 2　利用方程式 $(4.25)\sim$ 式 (4.28) 列出的闭公式和式 $(4.29)\sim$ 式 (4.32) 列出的开公式来近似计算积分

$$\int_0^{\pi/4} \sin x\,\mathrm{d}x = 1 - \sqrt{2}/2 \approx 0.29289322$$

并对比它们的结果。

解　对于闭公式，有

$$n = 1：\frac{(\pi/4)}{2}\left[\sin 0 + \sin\frac{\pi}{4}\right] \approx 0.27768018$$

$$n = 2：\frac{(\pi/8)}{3}\left[\sin 0 + 4\sin\frac{\pi}{8} + \sin\frac{\pi}{4}\right] \approx 0.29293264$$

$$n = 3：\frac{3(\pi/12)}{8}\left[\sin 0 + 3\sin\frac{\pi}{12} + 3\sin\frac{\pi}{6} + \sin\frac{\pi}{4}\right] \approx 0.29291070$$

$$n = 4：\frac{2(\pi/16)}{45}\left[7\sin 0 + 32\sin\frac{\pi}{16} + 12\sin\frac{\pi}{8} + 32\sin\frac{3\pi}{16} + 7\sin\frac{\pi}{4}\right] \approx 0.29289318$$

对于开公式，有

$$n = 0：2(\pi/8)\left[\sin\frac{\pi}{8}\right] \approx 0.30055887$$

$$n = 1：\frac{3(\pi/12)}{2}\left[\sin\frac{\pi}{12} + \sin\frac{\pi}{6}\right] \approx 0.29798754$$

$$n = 2：\frac{4(\pi/16)}{3}\left[2\sin\frac{\pi}{16} - \sin\frac{\pi}{8} + 2\sin\frac{3\pi}{16}\right] \approx 0.29285866$$

$$n = 3：\frac{5(\pi/20)}{24}\left[11\sin\frac{\pi}{20} + \sin\frac{\pi}{10} + \sin\frac{3\pi}{20} + 11\sin\frac{\pi}{5}\right] \approx 0.29286923$$

表 4.8 列出了所有这些结果及其误差。

表 4.8

n	0	1	2	3	4
闭公式		0.27768018	0.29293264	0.29291070	0.29289318
误差		0.01521303	0.00003942	0.00001748	0.00000004
开公式	0.30055887	0.29798754	0.29285866	0.29286923	
误差	0.00766565	0.00509432	0.00003456	0.00002399	

■

习题 4.3

1. 用梯形公式来近似计算下列积分。

    a. $\displaystyle\int_{0.5}^{1} x^4 \, \mathrm{d}x$ b. $\displaystyle\int_{0}^{0.5} \frac{2}{x-4} \, \mathrm{d}x$

    c. $\displaystyle\int_{1}^{1.5} x^2 \ln x \, \mathrm{d}x$ d. $\displaystyle\int_{0}^{1} x^2 \mathrm{e}^{-x} \, \mathrm{d}x$

    e. $\displaystyle\int_{1}^{1.6} \frac{2x}{x^2-4} \, \mathrm{d}x$ f. $\displaystyle\int_{0}^{0.35} \frac{2}{x^2-4} \, \mathrm{d}x$

    g. $\displaystyle\int_{0}^{\pi/4} x \sin x \, \mathrm{d}x$ h. $\displaystyle\int_{0}^{\pi/4} \mathrm{e}^{3x} \sin 2x \, \mathrm{d}x$

2. 用梯形公式来近似计算下列积分。

    a. $\displaystyle\int_{-0.25}^{0.25} (\cos x)^2 \, \mathrm{d}x$ b. $\displaystyle\int_{-0.5}^{0} x \ln(x+1) \, \mathrm{d}x$

    c. $\displaystyle\int_{0.75}^{1.3} \left((\sin x)^2 - 2x \sin x + 1\right) \, \mathrm{d}x$ d. $\displaystyle\int_{e}^{e+1} \frac{1}{x \ln x} \, \mathrm{d}x$

3. 用误差公式给出习题 1 的误差界，并将它与实际误差进行对比。

4. 用误差公式给出习题 2 的误差界，并将它与实际误差进行对比。

5. 用 Simpson 公式重做习题 1。

6. 用 Simpson 公式重做习题 2。

7. 用 Simpson 公式和习题 5 的结果重做习题 3。

8. 用 Simpson 公式和习题 6 的结果重做习题 4。

9. 用中点公式重做习题 1。

10. 用中点公式重做习题 2。

11. 用中点公式和习题 9 的结果重做习题 3。

12. 用中点公式和习题 10 的结果重做习题 4。

13. 用梯形公式求积分 $\displaystyle\int_{0}^{2} f(x)\mathrm{d}x$ 的结果是 4，用 Simpson 公式求出的结果是 2，问 $f(1)$ 的值是多少？

14. 用梯形公式求积分 $\displaystyle\int_{0}^{2} f(x)\mathrm{d}x$ 的结果是 5，用中点公式求出的值是 4，问用 Simpson 公式求出的结果是多少？

15. 用式 (4.25)～式 (4.32) 来近似求下面的积分。问近似结果的精度和误差公式是否一致？

    a. $\displaystyle\int_{0}^{0.1} \sqrt{1+x} \, \mathrm{d}x$ b. $\displaystyle\int_{0}^{\pi/2} (\sin x)^2 \, \mathrm{d}x$

    c. $\displaystyle\int_{1.1}^{1.5} \mathrm{e}^x \, \mathrm{d}x$ d. $\displaystyle\int_{0}^{1} x^{1/3} \, \mathrm{d}x$

16. 用式 (4.25)～式 (4.32) 来近似求下面的积分。问近似结果的精度和误差公式是否一致？(c) 和 (d) 的哪一个精度更好？

    a. $\displaystyle\int_{2}^{2.5} \frac{(\ln x)^3}{3x} \, \mathrm{d}x$ b. $\displaystyle\int_{0.5}^{1} 5x \mathrm{e}^{3x^2} \, \mathrm{d}x$

c. $\int_1^{10} \dfrac{1}{x}\,\mathrm{d}x$ 　　　　　　　　　　　d. $\int_1^{5.5} \dfrac{1}{x}\,\mathrm{d}x + \int_{5.5}^{10} \dfrac{1}{x}\,\mathrm{d}x$

17. 下表中给出了函数 f 的一些点上的值。

x	1.8	2.0	2.2	2.4	2.6
$f(x)$	3.12014	4.42569	6.04241	8.03014	10.46675

用本节中给出的所有合适的公式来近似计算 $\int_{1.8}^{2.6} f(x)\mathrm{d}x$ 。

18. 假设习题 17 中给出的数据有舍入误差，它们列于下表

x	1.8	2.0	2.2	2.4	2.6
$f(x)$ 的误差	2×10^{-6}	-2×10^{-6}	-0.9×10^{-6}	-0.9×10^{-6}	2×10^{-6}

计算习题 17 中由舍入误差引起的误差。

理论型习题

19. 求下面求积公式的精度。

$$\int_{-1}^{1} f(x)\,\mathrm{d}x = f\left(-\frac{\sqrt{3}}{3}\right) + f\left(\frac{\sqrt{3}}{3}\right)$$

20. 设 $h = (b - a)/3$，$x_0 = a$，$x_1 = a + h$ 且 $x_2 = b$。求下面求积公式的精度。

$$\int_a^b f(x)\,\mathrm{d}x = \frac{9}{4}hf(x_1) + \frac{3}{4}hf(x_2)$$

21. 求积公式 $\int_{-1}^{1} f(x)\mathrm{d}x = c_0 f(-1) + c_1 f(0) + c_2 f(1)$ 对所有次数小于等于 2 的多项式都是精确的。确定 c_0，c_1 和 c_2 的值。

22. 求积公式 $\int_0^2 f(x)\mathrm{d}x = c_0 f(0) + c_1 f(1) + c_2 f(2)$ 对所有次数小于等于 2 的多项式都是精确的。确定 c_0，c_1 和 c_2 的值。

23. 确定常数 c_0，c_1 和 x_1 的值，使得求积公式

$$\int_0^1 f(x)\,\mathrm{d}x = c_0 f(0) + c_1 f(x_1)$$

有最高的精度。

24. 确定常数 x_0，x_1 和 c_1 的值，使得求积公式

$$\int_0^1 f(x)\,\mathrm{d}x = \frac{1}{2}f(x_0) + c_1 f(x_1)$$

有最高的精度。

25. 证明定义 4.1 后面的说明，即证明：求积公式的精度是 n，当且仅当对所有次数为 $k = 0,1,2,\cdots,n$ 的多项式 $P(x)$，误差 $E(P(x)) = 0$，但存在某个次数为 $n+1$ 的多项式 $P(x)$，使得 $E(P(x)) \neq 0$。

26. 推导带误差项的 Simpson 公式。利用表达式

$$\int_{x_0}^{x_2} f(x)\,\mathrm{d}x = a_0 f(x_0) + a_1 f(x_1) + a_2 f(x_2) + kf^{(4)}(\xi)$$

Simpson 公式对 $f(x) = x^n$ 都是精确的，其中 $n = 1$，2 和 3。利用这个事实求出 a_0，a_1 和 a_2。之后将该求积公式应用到 $f(x) = x^4$ 来求出 k。

27. 利用定理 4.3 来推导 $n = 1$ 时的带误差项的开公式。

28. 利用定理 4.2 推导带误差项的 Simpson 3/8 公式（$n = 3$ 时的闭公式）。

讨论问题

1. 当一个函数没有显式的原函数或者它的原函数不易求出时，近似求这个函数的定积分的基本方法叫作数值求积。在 4.3 节中给出了许多数值求积的方法，试讨论之。

2. 讨论使用开公式求一个在区间[0,1]上的定积分，其中被积函数在端点 0 处有奇异性。例如 $f(x) = \dfrac{1}{\sqrt{x}}$。

3. 选取 4.3 节的例 1 中的一个函数，创建一个电子数据表用来近似从 0 到 2 的积分（使用梯形公式）。将你的结果和表 4.7 的结果进行对比。

4. 选取 4.3 节的例 1 中的一个函数，创建一个电子数据表用来近似从 0 到 2 的积分（使用 Simpson 公式）。将你的结果和表 4.7 的结果进行对比。

4.4　复合数值积分法

Newton-Cotes 公式一般不适合近似计算积分区间比较大的积分。如果使用高阶公式，那么公式的求积系数就很难得到。而假如 Newton-Cotes 公式基于的是等距节点的插值多项式，因为等距节点的高阶插值多项式具有振荡性，所以推导出的求积公式在大区间上就会不精确。

本节讨论数值求积的分段方法，该方法在每段上都使用低阶的 Newton-Cotes 公式。这种技巧是经常使用的。

例 1　使用 Simpson 公式来近似求积分 $\displaystyle\int_0^4 e^x dx$，再分别对 $\displaystyle\int_0^2 e^x dx$ 和 $\displaystyle\int_2^4 e^x dx$ 使用 Simpson 公式并加起来，最后对 4 个积分 $\displaystyle\int_0^1 e^x dx$，$\displaystyle\int_1^2 e^x dx$，$\displaystyle\int_2^3 e^x dx$ 和 $\displaystyle\int_3^4 e^x dx$ 分别使用 Simpson 公式并把它们加起来，比较这些结果。

解　Simpson 公式在[0, 4]上使用 $h = 2$ 就得到

$$\int_0^4 e^x \, dx \approx \frac{2}{3}(e^0 + 4e^2 + e^4) = 56.76958$$

这种情形下积分的精确值是 $e^4 - e^0 = 53.59815$，从而误差为 -3.17143，它远远大于我们能够正常接受的值。

将 Simpson 公式用到两个区间[0, 2]和[2, 4]上，取 $h = 1$，得到

$$\int_0^4 e^x \, dx = \int_0^2 e^x \, dx + \int_2^4 e^x \, dx$$

$$\approx \frac{1}{3}\left(e^0 + 4e + e^2\right) + \frac{1}{3}\left(e^2 + 4e^3 + e^4\right)$$

$$= \frac{1}{3}\left(e^0 + 4e + 2e^2 + 4e^3 + e^4\right)$$

$$= 53.86385$$

误差减小为 -0.26570。

对于区间[0, 1]，[1, 2]，[2, 3]和[3, 4]，我们取 $h = 1/2$ 并 4 次采用 Simpson 公式就得到

$$\int_0^4 e^x \, dx = \int_0^1 e^x \, dx + \int_1^2 e^x \, dx + \int_2^3 e^x \, dx + \int_3^4 e^x \, dx$$

$$\approx \frac{1}{6}\left(e^0 + 4e^{1/2} + e\right) + \frac{1}{6}\left(e + 4e^{3/2} + e^2\right)$$

$$+ \frac{1}{6}\left(e^2 + 4e^{5/2} + e^3\right) + \frac{1}{6}\left(e^3 + 4e^{7/2} + e^4\right)$$

$$= \frac{1}{6}\left(e^0 + 4e^{1/2} + 2e + 4e^{3/2} + 2e^2 + 4e^{5/2} + 2e^3 + 4e^{7/2} + e^4\right)$$

$$= 53.61622$$

这次的近似误差减少为 -0.01807。 ∎

为了将这个方法推广到任意的积分 $\int_a^b f(x)\mathrm{d}x$，我们先选取一个偶数 n，将区间 $[a,b]$ 划分为 n 个子区间，并在相邻的两个子区间上使用 Simpson 公式，见图 4.7。

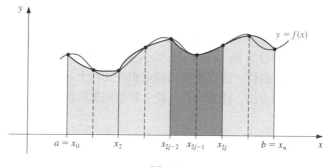

图 4.7

取 $h = (b-a)/n$ 和 $x_j = a+jh$，对每个 $j = 0,1,\cdots,n$，则有

$$\int_a^b f(x)\,\mathrm{d}x = \sum_{j=1}^{n/2}\int_{x_{2j-2}}^{x_{2j}} f(x)\,\mathrm{d}x$$

$$= \sum_{j=1}^{n/2}\left\{\frac{h}{3}[f(x_{2j-2}) + 4f(x_{2j-1}) + f(x_{2j})] - \frac{h^5}{90}f^{(4)}(\xi_j)\right\}$$

假设 $f \in C^4[a,b]$，上式对某些满足 $x_{2j-2} < \xi_j < x_{2j}$ 的 ξ_j 成立。事实上，对每个 $j = 1,2,\cdots,(n/2)-1$，$f(x_{2j})$ 项同时出现在区间 $[x_{2j-2}, x_{2j}]$ 和 $[x_{2j}, x_{2j+2}]$ 中，可以将它们合并，这样就将公式简化为

$$\int_a^b f(x)\,\mathrm{d}x = \frac{h}{3}\left[f(x_0) + 2\sum_{j=1}^{(n/2)-1} f(x_{2j}) + 4\sum_{j=1}^{n/2} f(x_{2j-1}) + f(x_n)\right] - \frac{h^5}{90}\sum_{j=1}^{n/2} f^{(4)}(\xi_j)$$

这个近似的误差是

$$E(f) = -\frac{h^5}{90}\sum_{j=1}^{n/2} f^{(4)}(\xi_j)$$

其中对每个 $j = 1,2,\cdots,n$，$x_{2j-2} < \xi_j < x_{2j}$。

如果 $f \in C^4[a,b]$，由最值定理 1.9 可以推出 $f^{(4)}$ 在区间 $[a,b]$ 内达到了它的最大值和最小值。因为

$$\min_{x\in[a,b]} f^{(4)}(x) \leqslant f^{(4)}(\xi_j) \leqslant \max_{x\in[a,b]} f^{(4)}(x)$$

我们有

$$\frac{n}{2}\min_{x\in[a,b]} f^{(4)}(x) \leqslant \sum_{j=1}^{n/2} f^{(4)}(\xi_j) \leqslant \frac{n}{2}\max_{x\in[a,b]} f^{(4)}(x)$$

和

$$\min_{x \in [a,b]} f^{(4)}(x) \leqslant \frac{2}{n} \sum_{j=1}^{n/2} f^{(4)}(\xi_j) \leqslant \max_{x \in [a,b]} f^{(4)}(x)$$

由介值定理 1.11 可知，存在 $\mu \in (a,b)$ 使得

$$f^{(4)}(\mu) = \frac{2}{n} \sum_{j=1}^{n/2} f^{(4)}(\xi_j)$$

于是

$$E(f) = -\frac{h^5}{90} \sum_{j=1}^{n/2} f^{(4)}(\xi_j) = -\frac{h^5}{180} n f^{(4)}(\mu)$$

或者，因为 $h = (b-a)/n$，所以

$$E(f) = -\frac{(b-a)}{180} h^4 f^{(4)}(\mu)$$

这些就产生了下面的结果。

定理 4.4　设 $f \in C^4[a,b]$，n 是偶数，$h = (b-a)/n$ 且对每个 $j = 0,1,\cdots,n$，$x_j = a+jh$。则存在 $\mu \in (a,b)$，使得 n 个子区间的复合 Simpson 公式可以写成

$$\int_a^b f(x)\,\mathrm{d}x = \frac{h}{3} \left[f(a) + 2 \sum_{j=1}^{(n/2)-1} f(x_{2j}) + 4 \sum_{j=1}^{n/2} f(x_{2j-1}) + f(b) \right] - \frac{b-a}{180} h^4 f^{(4)}(\mu) \qquad ■$$

注意：复合 Simpson 公式的误差项是 $O(h^4)$，而标准 Simpson 公式的误差项是 $O(h^5)$。但是，这些误差项是没有可比性的，因为在标准 Simpson 公式中，$h = (b-a)/2$ 是固定的常数，但在复合 Simpson 公式中，$h = (b-a)/n$，n 是一个偶整数。这允许我们灵活地减小 h 的值。

算法 4.1 在 n 个子区间上使用复合 Simpson 公式。这是使用最频繁的通用目的的求积算法。

算法 4.1　复合 Simpson 公式

算法用于近似计算定积分 $I = \int_a^b f(x)\mathrm{d}x$。

输入　端点 a，b；正偶数 n。

输出　I 的近似值 XI。

Step 1　Set $h = (b-a)/n$.

Step 2　Set $XI0 = f(a) + f(b)$;
　　　　　$XI1 = 0$;　（$f(x_{2i-1})$ 的和）
　　　　　$XI2 = 0$.　（$f(x_{2i})$ 的和）

Step 3　For $i = 1, \cdots, n-1$ do Steps 4 and 5.

　　Step 4　Set $X = a + ih$.

　　Step 5　If i 是偶数 then set $XI2 = XI2 + f(X)$
　　　　　　　else set $XI1 = XI1 + f(X)$.

Step 6　Set $XI = h(XI0 + 2 \cdot XI2 + 4 \cdot XI1)/3$.

Step 7　OUTPUT (XI);
　　　　　STOP.　　　　　　　　　　　　　　　　　　　　　■

子区间方法可以应用到任何一个 Newton-Cotes 公式。下面不加证明地给出了梯形公式(见图 4.8)和中点公式的情形。因为梯形公式每次只用在一个区间上,因此整数 n 既可以是奇数也可以是偶数。

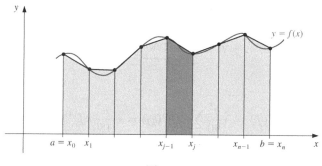

图 4.8

定理 4.5 设 $f \in C^2[a,b]$, $h = (b-a)/n$ 且对每个 $j = 0,1,\cdots,n$, $x_j = a+jh$。则存在 $\mu \in (a,b)$,使得 n 个子区间的带误差项的复合梯形公式可以写成

$$\int_a^b f(x)\,\mathrm{d}x = \frac{h}{2}\left[f(a) + 2\sum_{j=1}^{n-1} f(x_j) + f(b)\right] - \frac{b-a}{12}h^2 f''(\mu) \qquad ■$$

对于复合中点公式, n 必须取偶数(见图 4.9)。

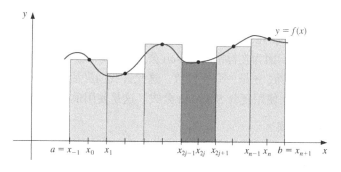

图 4.9

定理 4.6 设 $f \in C^2[a,b]$, n 是偶数, $h = (b-a)/(n+2)$ 且对每个 $j = -1,0,1,\cdots,n,n+1$, $x_j = a+(j+1)h$。则存在 $\mu \in (a,b)$,使得 $n+2$ 个子区间的复合中点公式可以写成

$$\int_a^b f(x)\,\mathrm{d}x = 2h\sum_{j=0}^{n/2} f(x_{2j}) + \frac{b-a}{6}h^2 f''(\mu) \qquad ■$$

例2 确定 h 的值以保证用下面方法近似计算积分 $\int_0^{\pi} \sin x\,\mathrm{d}x$ 的误差小于 0.00002。

(a)复合梯形公式; (b)复合 Simpson 公式。

解 (a)对区间 $[0,\pi]$ 上的函数 $f(x) = \sin x$,复合梯形公式的误差具有下面的形式:

$$\left|\frac{\pi h^2}{12} f''(\mu)\right| = \left|\frac{\pi h^2}{12}(-\sin\mu)\right| = \frac{\pi h^2}{12}|\sin\mu|$$

使用复合梯形公式,为保证足够的精确度则必须有

$$\frac{\pi h^2}{12}|\sin \mu| \le \frac{\pi h^2}{12} < 0.00002$$

因为 $h = \pi/n$，于是需要

$$\frac{\pi^3}{12n^2} < 0.00002, \quad \text{意味着} \quad n > \left(\frac{\pi^3}{12(0.00002)}\right)^{1/2} \approx 359.44$$

因此复合梯形公式要求 $n \ge 360$。

(b)对区间 $[0, \pi]$ 上的函数 $f(x) = \sin x$，复合 Simpson 公式的误差具有下面的形式：

$$\left|\frac{\pi h^4}{180} f^{(4)}(\mu)\right| = \left|\frac{\pi h^4}{180} \sin \mu\right| = \frac{\pi h^4}{180}|\sin \mu|$$

使用复合 Simpson 公式，为保证足够的精确度必须有

$$\frac{\pi h^4}{180}|\sin \mu| \le \frac{\pi h^4}{180} < 0.00002$$

同样因为 $n = \pi/h$，于是需要

$$\frac{\pi^5}{180n^4} < 0.00002, \quad \text{意味着} \quad n > \left(\frac{\pi^5}{180(0.00002)}\right)^{1/4} \approx 17.07$$

因此复合 Simpson 公式只需要求 $n \ge 18$。

取 $n = 18$ 时使用复合 Simpson 公式得到的结果是

$$\int_0^\pi \sin x \, dx \approx \frac{\pi}{54}\left[2\sum_{j=1}^{8} \sin\left(\frac{j\pi}{9}\right) + 4\sum_{j=1}^{9} \sin\left(\frac{(2j-1)\pi}{18}\right)\right] = 2.0000104$$

因为真实值是 $-\cos(\pi) - (-\cos(0)) = 2$，所以这个结果已经精确到 10^{-5}。　　■

如果你期望使用最少的计算量，复合 Simpson 公式自然是最好的选择。为了能够更好地对比，考虑例 2 中使用 $h = \pi/18$ 的复合梯形公式。这个近似使用了和复合 Simpson 公式相同的函数值，但得到的结果却是

$$\int_0^\pi \sin x \, dx \approx \frac{\pi}{36}\left[2\sum_{j=1}^{17} \sin\left(\frac{j\pi}{18}\right) + \sin 0 + \sin \pi\right] = \frac{\pi}{36}\left[2\sum_{j=1}^{17} \sin\left(\frac{j\pi}{18}\right)\right]$$
$$= 1.9949205$$

其精度大概只有 5×10^{-3}。

舍入误差的稳定性

在例 2 中我们看到，为确保近似计算积分 $\int_0^\pi \sin x \, dx$ 有 2×10^{-5} 的精度，复合梯形公式需要将区间 $[0, \pi]$ 分成 360 个子区间，而复合 Simpson 公式只需分成 18 个子区间。此外，复合 Simpson 公式还要求更少的计算量，于是你可能猜测这个方法应该牵涉更少的舍入误差。但是，事实上所有的复合求积公式都有一个重要的特性，那就是关于舍入误差的稳定性。具体地说，舍入误差不依赖于执行的运算数量。

为了说明这个相当令人惊讶的结论，假设将复合 Simpson 公式用于区间 $[a, b]$ 上的函数 $f(x)$，并将区间分成 n 个子区间，我们来推导舍入误差的最大界。假定 $f(x_i)$ 被近似为 $\tilde{f}(x_i)$，即

$$f(x_i) = \tilde{f}(x_i) + e_i, \quad \text{对每个 } i = 0, 1, \cdots, n$$

其中 e_i 表示使用 $\tilde{f}(x_i)$ 来近似 $f(x_i)$ 的舍入误差。那么在复合 Simpson 公式里累积的舍入误差 $e(h)$ 为

$$e(h) = \left| \frac{h}{3} \left[e_0 + 2 \sum_{j=1}^{(n/2)-1} e_{2j} + 4 \sum_{j=1}^{n/2} e_{2j-1} + e_n \right] \right|$$

$$\leqslant \frac{h}{3} \left[|e_0| + 2 \sum_{j=1}^{(n/2)-1} |e_{2j}| + 4 \sum_{j=1}^{n/2} |e_{2j-1}| + |e_n| \right]$$

如果舍入误差都有一致的界 ε，则

$$e(h) \leqslant \frac{h}{3} \left[\varepsilon + 2 \left(\frac{n}{2} - 1 \right) \varepsilon + 4 \left(\frac{n}{2} \right) \varepsilon + \varepsilon \right] = \frac{h}{3} 3n\varepsilon = nh\varepsilon$$

但是因为 $nh = b - a$，于是

$$e(h) \leqslant (b-a)\varepsilon$$

这个界与 h 和 n 都无关。这意味着即使为了保证精度我们需要将区间分成更多的子区间，但舍入误差并不随计算量的增加而增大。这个结果意味着随着 h 趋近于零该计算方法是稳定的。这个结果让我们回想起本章开始时考虑的数值微分方法，它们是不稳定的。

习题 4.4

1. 使用复合梯形公式和给出的 n 值来近似计算下面的积分。

   a. $\displaystyle\int_1^2 x \ln x \, \mathrm{d}x, \quad n = 4$ b. $\displaystyle\int_{-2}^2 x^3 \mathrm{e}^x \, \mathrm{d}x, \quad n = 4$

   c. $\displaystyle\int_0^2 \frac{2}{x^2+4} \, \mathrm{d}x, \quad n = 6$ d. $\displaystyle\int_0^\pi x^2 \cos x \, \mathrm{d}x, \quad n = 6$

   e. $\displaystyle\int_0^2 \mathrm{e}^{2x} \sin 3x \, \mathrm{d}x, \quad n = 8$ f. $\displaystyle\int_1^3 \frac{x}{x^2+4} \, \mathrm{d}x, \quad n = 8$

   g. $\displaystyle\int_3^5 \frac{1}{\sqrt{x^2-4}} \, \mathrm{d}x, \quad n = 8$ h. $\displaystyle\int_0^{3\pi/8} \tan x \, \mathrm{d}x, \quad n = 8$

2. 使用复合梯形公式和给出的 n 值来近似计算下面的积分。

   a. $\displaystyle\int_{-0.5}^{0.5} \cos^2 x \, \mathrm{d}x, \quad n = 4$ b. $\displaystyle\int_{-0.5}^{0.5} x \ln(x+1) \, \mathrm{d}x, \quad n = 6$

   c. $\displaystyle\int_{0.75}^{1.75} (\sin^2 x - 2x \sin x + 1) \, \mathrm{d}x, \quad n = 8$ d. $\displaystyle\int_{\mathrm{e}}^{\mathrm{e}+2} \frac{1}{x \ln x} \, \mathrm{d}x, \quad n = 8$

3. 使用复合 Simpson 公式来近似计算习题 1 中的积分。

4. 使用复合 Simpson 公式来近似计算习题 2 中的积分。

5. 使用复合中点公式以及 $n+2$ 个子区间来近似计算习题 1 中的积分。

6. 使用复合中点公式以及 $n+2$ 个子区间来近似计算习题 2 中的积分。

7. 取 $h = 0.25$，使用下面公式近似计算积分 $\displaystyle\int_0^2 x^2 \ln(x^2+1) \mathrm{d}x$。

   a. 复合梯形公式。

   b. 复合 Simpson 公式。

   c. 复合中点公式。

8. 取 $h = 0.25$，使用下面公式近似计算积分 $\displaystyle\int_0^2 x^2 \mathrm{e}^{-x^2} \mathrm{d}x$。

   a. 复合梯形公式。

   b. 复合 Simpson 公式。

   c. 复合中点公式。

9. 设 $f(0)=1$, $f(0.5)=2.5$, $f(1)=2$ 和 $f(0.25)=f(0.75)=\alpha$。如果复合梯形公式当 $n=4$ 时近似计算积分 $\int_0^1 f(x)\mathrm{d}x$ 的结果是 1.75，求 α 的值。

10. 如果用中点公式近似计算积分 $\int_{-1}^1 f(x)\mathrm{d}x$ 的结果是 12，利用复合中点公式当 $n=2$ 时计算的结果是 5，而利用复合 Simpson 公式当 $n=2$ 时计算的结果是 6，并且已经知道 $f(-1)=f(1)$ 和 $f(-0.5)=f(0.5)-1$。利用这些条件求 $f(-1)$，$f(-0.5)$，$f(0)$，$f(0.5)$ 和 $f(1)$ 的值。

11. 试确定 n 和 h 的值，使得用下列给出的方法近似计算积分

$$\int_0^2 \mathrm{e}^{2x}\sin 3x\,\mathrm{d}x$$

满足精度在 10^{-4} 以内的要求。

　　a. 复合梯形公式。

　　b. 复合 Simpson 公式。

　　c. 复合中点公式。

12. 将积分换成 $\int_0^\pi x^2\cos x\,\mathrm{d}x$，重做习题 11。

13. 用下列给出的方法近似计算积分

$$\int_0^2 \frac{1}{x+4}\,\mathrm{d}x$$

要求精度在 10^{-5} 以内，求 n 和 h 的值。

　　a. 复合梯形公式。

　　b. 复合 Simpson 公式。

　　c. 复合中点公式。

14. 将积分换成 $\int_1^2 x\ln x\,\mathrm{d}x$，重做习题 13。

15. 函数 f 由下式定义：

$$f(x)=\begin{cases} x^3+1, & 0\leqslant x\leqslant 0.1 \\ 1.001+0.03(x-0.1)+0.3(x-0.1)^2+2(x-0.1)^3, & 0.1\leqslant x\leqslant 0.2 \\ 1.009+0.15(x-0.2)+0.9(x-0.2)^2+2(x-0.2)^3, & 0.2\leqslant x\leqslant 0.3 \end{cases}$$

　　a. 研究函数 f 的导数的连续性。

　　b. 使用复合梯形公式取 $n=6$ 来近似计算积分 $\int_0^{0.3} f(x)\mathrm{d}x$，并利用误差公式来估计误差界。

　　c. 使用复合 Simpson 公式取 $n=6$ 来近似计算积分 $\int_0^{0.3} f(x)\mathrm{d}x$。这个计算结果比 (b) 中的更精确吗？

16. 在多元微积分课程和统计学课程中，都能看到下面的积分：

$$\int_{-\infty}^{\infty} \frac{1}{\sigma\sqrt{2\pi}}\mathrm{e}^{-(1/2)(x/\sigma)^2}\,\mathrm{d}x=1,\text{ 对任意的 }\sigma$$

函数

$$f(x)=\frac{1}{\sigma\sqrt{2\pi}}\mathrm{e}^{-(1/2)(x/\sigma)^2}$$

是正态分布的密度函数，其中均值 $\mu=0$ 且标准差为 σ。由这个分布函数描述的随机变量在区间 $[a,b]$ 取值的概率为 $\int_a^b f(x)\mathrm{d}x$。近似计算随机变量取下列区间值时的概率，要求精度在 10^{-5} 以内。

a. $[-\sigma,\sigma]$ 　　　　　b. $[-2\sigma, 2\sigma]$ 　　　　　c. $[-3\sigma, 3\sigma]$

应用型习题

17. 近似计算由方程 $4x^2 + 9y^2 = 36$ 给出的椭圆的弧长，要求精度在 10^{-6} 以内。

18. 一辆汽车用 84 秒跑完了一个竞赛的赛程。每 6 秒的时间间隔内汽车的速度用一个测速仪测定并列于下表。速度的单位是英尺每秒。

时间	0	6	12	18	24	30	36	42	48	54	60	66	72	78	84
速度	124	134	148	156	147	133	121	109	99	85	78	89	104	116	123

问赛程有多长?

19. 一个质量为 m 的粒子穿过一个服从黏性阻力为 R 的流场，该流场的速度为 v。阻力 R、速度 v 和时间 t 的关系由下式给出：

$$t = \int_{v(t_0)}^{v(t)} \frac{m}{R(u)} \, du$$

假设具体的流场为 $R(v) = -v\sqrt{v}$，其中 R 的单位是牛顿，v 的单位是米每秒。已知 $m = 10 \text{ kg}$ 且 $v(0) = 10 \text{ m/s}$，近似计算当粒子的速度下降到 5 m/s 时所需的时间。

20. 为了模拟刹车片(如下图所示)的热特征，D. A. Secrist 和 R. W. Hornbeck[SH]需要近似计算刹车片的"面积平均的线温度"，它由下式给出：

$$T = \frac{\displaystyle\int_{r_e}^{r_0} T(r) r \theta_p \, dr}{\displaystyle\int_{r_e}^{r_0} r \theta_p \, dr}$$

其中，r_e 表示刹车片密切接触的内半径，r_0 表示刹车片密切接触的外半径，θ_p 表示刹车片抱紧的角度，$T(r)$ 表示刹车片上每点处的温度，它的值通过分析热方程(见 12.2 节)而得到。假设已知 $r_e = 0.308 \text{ ft}$，$r_0 = 0.478 \text{ ft}$ 且 $\theta_p = 0.7051 \text{ rad}$，而在刹车片上不同的点处的温度在下表列出。近似计算 T 的值。

r (ft)	$T(r)$ (°F)	r (ft)	$T(r)$ (°F)	r (ft)	$T(r)$ (°F)
0.308	640	0.376	1034	0.444	1204
0.325	794	0.393	1064	0.461	1222
0.342	885	0.410	1114	0.478	1239
0.359	943	0.427	1152		

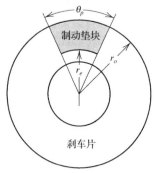

刹车片

21. 近似求本章引言中用到的下面积分的值，要求精度在 10^{-4} 以内。

$$\int_0^{48} \sqrt{1 + (\cos x)^2} \, dx$$

22. 方程

$$\int_0^x \frac{1}{\sqrt{2\pi}} e^{-t^2/2} \, dt = 0.45$$

可以用 Newton 法解出 x。取

$$f(x) = \int_0^x \frac{1}{\sqrt{2\pi}} e^{-t^2/2} \, dt - 0.45$$

则

$$f'(x) = \frac{1}{\sqrt{2\pi}} e^{-x^2/2}$$

为了求 f 在近似解 p_k 处的函数值，我们需要求积公式来近似计算

$$\int_0^{p_k} \frac{1}{\sqrt{2\pi}} e^{-t^2/2} \, dt$$

a. 用初值为 $p_0 = 0.5$ 的 Newton 法和复合 Simpson 公式来求 $f(x) = 0$ 的解，要求精确到 10^{-5}。

b. 用复合梯形公式来代替复合 Simpson 公式重做 (a)。

理论型习题

23. 证明复合 Simpson 公式的误差 $E(f)$ 可由下式近似：

$$-\frac{h^4}{180}[f'''(b) - f'''(a)]$$

[提示：$\sum_{j=1}^{n/2} f^{(4)}(\xi_j)(2h)$ 是 $\int_a^b f^{(4)}(x)dx$ 的一个 Riemann 和。]

24. a. 用习题 23 的方法推导复合梯形公式的一个误差估计。

    b. 用习题 23 的方法推导复合中点公式的一个误差估计。

25. 用习题 23 和习题 24 中的误差估计来估计习题 12 的误差。

26. 用习题 23 和习题 24 中的误差估计来估计习题 14 的误差。

讨论问题

1. 推导基于 Simpson 3/8 公式的复合求积公式。

2. Simpson 3/8 公式是另外一个数值求积方法。它和 Simpson 公式有什么不同？该方法值得使用吗？为什么？

4.5　Romberg 积分法

在本节里，我们将说明如何将 Richardson 外推法运用到复合梯形公式并能在很小的计算成本下得到高精度近似。

在 4.4 节，我们给出了复合梯形公式的截断误差的阶是 $O(h^2)$，具体来说，对 $h = (b-a)/n$ 和 $x_j = a+jh$，有

$$\int_a^b f(x) \, dx = \frac{h}{2} \left[f(a) + 2 \sum_{j=1}^{n-1} f(x_j) + f(b) \right] - \frac{(b-a)f''(\mu)}{12} h^2$$

其中 μ 是位于 (a, b) 的某个数。

可以通过另外一个方法证明（见[RR]，pp.136–140）：如果 $f \in C^\infty[a,b]$，则带误差项的复合梯形公式可以写成下面的形式：

$$\int_a^b f(x) \, dx = \frac{h}{2} \left[f(a) + 2 \sum_{j=1}^{n-1} f(x_j) + f(b) \right] + K_1 h^2 + K_2 h^4 + K_3 h^6 + \cdots \tag{4.33}$$

其中每个 K_i 都是只依赖于 $f^{(2i-1)}(a)$ 和 $f^{(2i-1)}(b)$ 的常数。

回想 4.2 节中 Richardson 外推可用于截断误差具有下面形式的近似方法：

$$\sum_{j=1}^{m-1} K_j h^{\alpha_j} + O(h^{\alpha_m})$$

其中 K_j 是一列常数且 $\alpha_1 < \alpha_2 < \alpha_3 < \cdots < \alpha_m$。在 4.2 节中也给出了当截断误差中只包含 h 的偶次幂时外推法更为有效,也就是说,截断误差具有下面的形式:

$$\sum_{j=1}^{m-1} K_j h^{2j} + O(h^{2m})$$

因为复合梯形公式的截断误差恰好是这种形式,所以很显然应该能够使用外推法。对复合梯形公式使用外推法得到的是 **Romberg 积分法**。

为了近似计算积分 $\int_a^b f(x)\mathrm{d}x$,我们将使用复合梯形公式取 $n = 1, 2, 4, 8, 16, \cdots$ 这些值时的近似结果,分别将这些近似结果记为 $R_{1,1}, R_{2,1}, R_{3,1}, \cdots$ 等。接着按照 4.2 节给出的方式应用外推法,这样,则得到 $O(h^4)$ 的近似结果,分别记为 $R_{2,2}, R_{3,2}, R_{4,2}, \cdots$ 等,记为

$$R_{k,2} = R_{k,1} + \frac{1}{3}(R_{k,1} - R_{k-1,1}), \qquad k = 2, 3, \cdots$$

于是 $O(h^6)$ 的近似结果 $R_{3,3}, R_{4,3,2}, R_{5,3}, \cdots$ 等,由下式得到:

$$R_{k,3} = R_{k,2} + \frac{1}{15}(R_{k,2} - R_{k-1,2}), \qquad k = 3, 4, \cdots$$

一般来说,在合适的 $R_{k,j-1}$ 近似得到以后,我们可以由下式得到 $O(h^{2j})$ 阶近似:

$$R_{k,j} = R_{k,j-1} + \frac{1}{4^{j-1}-1}(R_{k,j-1} - R_{k-1,j-1}), \qquad k = j, j+1, \cdots$$

例 1 使用复合梯形公式,分别取 $n = 1, 2, 4, 8$ 和 16,近似求积分 $\int_0^\pi \sin x \, \mathrm{d}x$ 的值。把 Romberg 积分法用于这些结果。

解 复合梯形公式对于不同的 n 值得到的结果如下(该积分的精确值为 2):

$$R_{1,1} = \frac{\pi}{2}[\sin 0 + \sin \pi] = 0$$

$$R_{2,1} = \frac{\pi}{4}\left[\sin 0 + 2\sin\frac{\pi}{2} + \sin\pi\right] = 1.57079633$$

$$R_{3,1} = \frac{\pi}{8}\left[\sin 0 + 2\left(\sin\frac{\pi}{4} + \sin\frac{\pi}{2} + \sin\frac{3\pi}{4}\right) + \sin\pi\right] = 1.89611890$$

$$R_{4,1} = \frac{\pi}{16}\left[\sin 0 + 2\left(\sin\frac{\pi}{8} + \sin\frac{\pi}{4} + \cdots + \sin\frac{3\pi}{4} + \sin\frac{7\pi}{8}\right) + \sin\pi\right]$$

$$= 1.97423160$$

$$R_{5,1} = \frac{\pi}{32}\left[\sin 0 + 2\left(\sin\frac{\pi}{16} + \sin\frac{\pi}{8} + \cdots + \sin\frac{7\pi}{8} + \sin\frac{15\pi}{16}\right) + \sin\pi\right]$$

$$= 1.99357034$$

它的 $O(h^4)$ 的近似结果为

$$R_{2,2} = R_{2,1} + \frac{1}{3}(R_{2,1} - R_{1,1}) = 2.09439511$$

$$R_{3,2} = R_{3,1} + \frac{1}{3}(R_{3,1} - R_{2,1}) = 2.00455976$$

$$R_{4,2} = R_{4,1} + \frac{1}{3}(R_{4,1} - R_{3,1}) = 2.00026917$$

$$R_{5,2} = R_{5,1} + \frac{1}{3}(R_{5,1} - R_{4,1}) = 2.00001659$$

它的 $O(h^6)$ 的近似结果为

$$R_{3,3} = R_{3,2} + \frac{1}{15}(R_{3,2} - R_{2,2}) = 1.99857073$$

$$R_{4,3} = R_{4,2} + \frac{1}{15}(R_{4,2} - R_{3,2}) = 1.99998313$$

$$R_{5,3} = R_{5,2} + \frac{1}{15}(R_{5,2} - R_{4,2}) = 1.99999975$$

它的两个 $O(h^8)$ 的近似结果为

$$R_{4,4} = R_{4,3} + \frac{1}{63}(R_{4,3} - R_{3,3}) = 2.00000555 \quad \text{和} \quad R_{5,4} = R_{5,3} + \frac{1}{63}(R_{5,3} - R_{4,3})$$
$$= 2.00000001$$

最后一个 $O(h^{10})$ 的近似结果为

$$R_{5,5} = R_{5,4} + \frac{1}{255}(R_{5,4} - R_{4,4}) = 1.99999999$$

这些结果列于表 4.9 中。

表 4.9

0				
1.57079633	2.09439511			
1.89611890	2.00455976	1.99857073		
1.97423160	2.00026917	1.99998313	2.00000555	
1.99357034	2.00001659	1.99999975	2.00000001	1.99999999

　　注意，在例 1 中，当复合梯形公式得到近似之后再得到新的近似时，前面所有的函数值都需要用到。也就是说，$R_{1,1}$ 用到了函数在 0 和 π 的值，$R_{2,1}$ 用到了前面两个函数值以及函数在中点 $\pi/2$ 的值，接下来 $R_{3,1}$ 用到了 $R_{2,1}$ 的所有函数值并且加上两个中点 $\pi/4$ 和 $3\pi/4$ 的值。依次类推，$R_{4,1}$ 用到了 $R_{3,1}$ 的所有函数值并且加上 4 个中点 $\pi/8$，$3\pi/8$，$5\pi/8$，$7\pi/8$ 的值，等等。

　　利用复合梯形求积公式近似中的求值过程对任何区间 $[a, b]$ 上的积分都成立。一般而言，复合梯形公式被记为 $R_{k+1,1}$ 的项需要用到同 $R_{k,1}$ 一样的点上的函数值再加上 2^{k-2} 个中点的函数值。因此，可以用递归方式来有效地计算这些近似值。

　　为了得到复合梯形公式对积分 $\displaystyle\int_a^b f(x)\mathrm{d}x$ 的近似值，设 $h_k = (b-a)/m_k = (b-a)/2^{k-1}$，则

$$R_{1,1} = \frac{h_1}{2}[f(a) + f(b)] = \frac{(b-a)}{2}[f(a) + f(b)]$$

且

$$R_{2,1} = \frac{h_2}{2}[f(a) + f(b) + 2f(a + h_2)]$$

我们用 $R_{1,1}$ 来重新表示 $R_{2,1}$，得到下面的公式：

$$R_{2,1} = \frac{(b-a)}{4}\left[f(a) + f(b) + 2f\left(a + \frac{(b-a)}{2}\right)\right] = \frac{1}{2}[R_{1,1} + h_1 f(a + h_2)]$$

用类似的方式可以得到

$$R_{3,1} = \frac{1}{2}\{R_{2,1} + h_2[f(a + h_3) + f(a + 3h_3)]\}$$

一般来说(见图 4.10),对每个 $k = 2,3,\cdots,n$,下式成立:

$$R_{k,1} = \frac{1}{2}\left[R_{k-1,1} + h_{k-1}\sum_{i=1}^{2^{k-2}} f(a + (2i - 1)h_k)\right] \tag{4.34}$$

(见习题 18 和习题 19)。

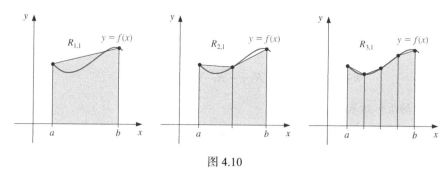

图 4.10

于是,通过下式用外推法产生近似:

$$R_{k,j} = R_{k,j-1} + \frac{1}{4^{j-1} - 1}(R_{k,j-1} - R_{k-1,j-1}), \qquad k = j, j + 1, \cdots$$

此方法如表 4.10 所示。

表 4.10

k	$O(h_k^2)$	$O(h_k^4)$	$O(h_k^6)$	$O(h_k^8)$	$O(h_k^{2n})$
1	$R_{1,1}$				
2	$R_{2,1}$	$R_{2,2}$			
3	$R_{3,1}$	$R_{3,2}$	$R_{3,3}$		
4	$R_{4,1}$	$R_{4,2}$	$R_{4,3}$	$R_{4,4}$	
$\vdots$	$\vdots$	$\vdots$	$\vdots$	$\vdots$	$\ddots$
n	$R_{n,1}$	$R_{n,2}$	$R_{n,3}$	$R_{n,4}$	$\cdots$ $R_{n,n}$

构造 Romberg 表的有效方法是在每一步都使用最高阶的近似。也就是说,它逐行计算元素,按照顺序 $R_{1,1}$,$R_{2,1}$,$R_{2,2}$,$R_{3,1}$,$R_{3,2}$,$R_{3,3}$,等等。这样只允许表中全新的一行元素通过再用一次复合梯形公式计算即可。于是,它使用一次前面求得的值的简单平均而得到该行中其余的元素。记住

● Romberg 表的计算:一次计算一整行。

例 2　在表 4.9 中再计算一个外推行来近似积分 $\int_0^\pi \sin x \, dx$。

解　为了再得到一行,我们需要梯形近似:

$$R_{6,1} = \frac{1}{2}\left[R_{5,1} + \frac{\pi}{16}\sum_{k=1}^{2^4} \sin\frac{(2k - 1)\pi}{32}\right] = 1.99839336$$

利用表 4.9 中的值,得到

$$R_{6,2} = R_{6,1} + \frac{1}{3}(R_{6,1} - R_{5,1}) = 1.99839336 + \frac{1}{3}(1.99839336 - 1.99357035)$$

$$= 2.00000103$$

$$R_{6,3} = R_{6,2} + \frac{1}{15}(R_{6,2} - R_{5,2}) = 2.00000103 + \frac{1}{15}(2.00000103 - 2.00001659)$$

$$= 2.00000000$$

$$R_{6,4} = R_{6,3} + \frac{1}{63}(R_{6,3} - R_{5,3}) = 2.00000000, \quad R_{6,5} = R_{6,4} + \frac{1}{255}(R_{6,4} - R_{5,4})$$

$$= 2.00000000$$

以及 $R_{6,6} = R_{6,5} + \frac{1}{1023}(R_{6,5} - R_{5,5})$。新的外推表见表 4.11。

表 4.11

0					
1.57079633	2.09439511				
1.89611890	2.00455976	1.99857073			
1.97423160	2.00026917	1.99998313	2.00000555		
1.99357034	2.00001659	1.99999975	2.00000001	1.99999999	
1.99839336	2.00000103	2.00000000	2.00000000	2.00000000	2.00000000

注意到所有的外推值除了第一个(第二列的第一行)外都比最好的复合梯形公式的结果(第一列的最后一行)更精确。虽然在表 4.11 中有 21 个元素，但只有最左边一列的 6 个元素要用到函数值，因为它们是唯一的由复合梯形公式产生的数值，其他元素只是通过平均方法得到。实际上，由于左边列中的项有递推关系，因此所有需要求函数值的运算都在计算最后一个复合梯形公式。通常，$R_{k,1}$ 要求 $1+2^{k-1}$ 次函数求值，所以这个问题中只需要 $1+2^5 = 33$ 次函数求值即可。

算法 4.2 使用递推方法来求最初的复合梯形公式的近似值，并由此逐行计算结果。

算法 4.2　Romberg 积分法

算法用于近似计算积分 $I = \int_a^b f(x)\mathrm{d}x$，选取一个整数 $n > 0$。

输入　端点 a，b；整数 n。

输出　一个阵列 R。(逐行计算 R，只存储最后两行)

Step 1　Set $h = b - a$;
$$R_{1,1} = \frac{h}{2}(f(a) + f(b)).$$

Step 2　OUTPUT $(R_{1,1})$.

Step 3　For $i = 2, \cdots, n$ do Steps 4–8.

Step 4　Set $R_{2,1} = \frac{1}{2}\left[R_{1,1} + h\sum_{k=1}^{2^{i-2}} f(a + (k - 0.5)h)\right]$.

(利用梯形公式近似计算)

Step 5　For $j = 2, \cdots, i$
set $R_{2,j} = R_{2,j-1} + \dfrac{R_{2,j-1} - R_{1,j-1}}{4^{j-1} - 1}$.　(外推)

Step 6　OUTPUT $(R_{2,j}$ for $j = 1, 2, \cdots, i)$.

Step 7　Set $h = h/2$.

Step 8　For $j = 1, 2, \cdots, i$ set $R_{1,j} = R_{2,j}$.　(更新 R 的第 1 行)

Step 9　STOP.

算法 4.2 要求预先设置 n 来决定生成的行数。我们也可以预先设置一个近似的误差限，并利用

这个误差限来决定 n，使得相邻两个对角元素 $R_{n-1,n-1}$ 和 $R_{n,n}$ 在误差限以内。为了防止下面这种可能情况的发生，即虽然相邻两个对角元素非常接近，但它们都不是所求积分的好的近似值，通常的方法是让 $|R_{n-1,n-1}-R_{n,n}|$ 和 $|R_{n-2,n-2}-R_{n-1,n-1}|$ 同时在误差限之内。虽然这不是一个万无一失的办法，但它却能保证两个用不同途径产生的近似值都在误差限之内，从而使 $R_{n,n}$ 足以精确到可以接受的程度。

Romberg 积分法能够用于区间 $[a, b]$ 上的一个函数 f，主要依赖于假设复合梯形公式的误差项能够表示成式 (4.33) 的形式，换句话说，就是在第 k 行的计算中必须假设 $f \in C^{2k+2}[a,b]$。使用 Romberg 积分法的通用目的的算法，包含每个阶段都检验这个假设是否被满足。这些方法被称为谨慎的 Romberg 算法并在文献 [Joh] 中进行了描述。该文献中还描述了把 Romberg 技术作为自适应过程的方法，这类似于自适应 Simpson 公式，它将在 4.6 节中讨论。

习题 4.5

1. 对下面积分使用 Romberg 积分法来计算 $R_{3,3}$。

    a. $\displaystyle\int_{1}^{1.5} x^2 \ln x \, dx$ b. $\displaystyle\int_{0}^{1} x^2 e^{-x} \, dx$

    c. $\displaystyle\int_{0}^{0.35} \frac{2}{x^2 - 4} \, dx$ d. $\displaystyle\int_{0}^{\pi/4} x^2 \sin x \, dx$

    e. $\displaystyle\int_{0}^{\pi/4} e^{3x} \sin 2x \, dx$ f. $\displaystyle\int_{1}^{1.6} \frac{2x}{x^2 - 4} \, dx$

    g. $\displaystyle\int_{3}^{3.5} \frac{x}{\sqrt{x^2 - 4}} \, dx$ h. $\displaystyle\int_{0}^{\pi/4} (\cos x)^2 \, dx$

2. 对下面积分使用 Romberg 积分法来计算 $R_{3,3}$。

    a. $\displaystyle\int_{-1}^{1} (\cos x)^2 \, dx$ b. $\displaystyle\int_{-0.75}^{0.75} x \ln(x + 1) \, dx$

    c. $\displaystyle\int_{1}^{4} ((\sin x)^2 - 2x \sin x + 1) \, dx$ d. $\displaystyle\int_{e}^{2e} \frac{1}{x \ln x} \, dx$

3. 对习题 1 中的积分计算 $R_{4,4}$。

4. 对习题 2 中的积分计算 $R_{4,4}$。

5. 用 Romberg 积分法来计算习题 1 中的积分，要求精度在 10^{-6} 以内。计算 Romberg 表直到 $|R_{n-1,n-1}-R_{n,n}|<10^{-6}$ 或者 $n = 10$。将计算结果与精确值进行对比。

6. 用 Romberg 积分法来计算习题 2 中的积分，要求精度在 10^{-6} 以内。计算 Romberg 表直到 $|R_{n-1,n-1}-R_{n,n}|<10^{-6}$ 或者 $n = 10$。将计算结果与精确值进行对比。

7. 用下表中的数据尽可能精确地近似计算积分 $\displaystyle\int_{1}^{5} f(x) dx$。

x	1	2	3	4	5
$f(x)$	2.4142	2.6734	2.8974	3.0976	3.2804

8. 用下表中的数据尽可能精确地近似计算积分 $\displaystyle\int_{0}^{6} f(x) dx$。

x	0	0.75	1.5	2.25	3	3.75	4.5	5.25	6
$f(x)$	0	0.866025	1.22474	1.5	1.7321	1.9365	2.1213	2.2913	2.4495

9. Romberg 积分法被用来求积分：

$$\int_{2}^{3} f(x) \, dx$$

    假设已知 $f(2) = 0.51342$，$f(3) = 0.36788$，$R_{3,1} = 0.43687$ 和 $R_{3,3} = 0.43662$，求 $f(2.5)$ 的值。

10. Romberg 积分法被用来求积分：

$$\int_0^1 \frac{x^2}{1+x^3}\,\mathrm{d}x$$

假设已知 $R_{1,1} = 0.250$ 和 $R_{2,2} = 0.2315$，$R_{2,1}$ 是什么？

11. 用 Romberg 积分法来求积分 $\int_a^b f(x)\mathrm{d}x$ 得到 $R_{1,1} = 8, R_{2,2} = 16/3$ 和 $R_{3,3} = 208/45$，求 $R_{3,1}$ 的值。

12. 用 Romberg 积分法来求积分 $\int_0^1 f(x)\mathrm{d}x$ 得到 $R_{1,1} = 4$ 和 $R_{2,2} = 5$，求 $f(1/2)$ 的值。

13. 用 Romberg 积分法来求下面的积分：

$$\int_0^{48} \sqrt{1+(\cos x)^2}\,\mathrm{d}x$$

[注：如果你使用七位数字算术和九位数字算术的计算设备，这个习题中的结果将非常有趣。]

  a. 确定 $R_{1,1}, R_{2,1}, R_{3,1}, R_{4,1}$ 和 $R_{5,1}$ 的值，并用这些近似值来预测积分值；

  b. 确定 $R_{2,2}, R_{3,3}, R_{4,4}$ 和 $R_{5,5}$ 的值，并用这些近似值来改进你的预测；

  c. 确定 $R_{6,1}, R_{6,2}, R_{6,3}, R_{6,4}, R_{6,5}$ 和 $R_{6,6}$ 的值，并用这些近似值来改进你的预测；

  d. 确定 $R_{7,7}, R_{8,8}, R_{9,9}$ 和 $R_{10,10}$ 的值，并用这些近似值来给出你的最终预测；

  e. 解释为什么这个积分使用 Romberg 积分法会产生困难，怎样来重构公式使得它能更容易地得到
    较为精确的近似。

14. 在 1.1 节的习题 24 中，Maclaurin 级数被用来近似求积分 $\mathrm{erf}(1)$，其中 $\mathrm{erf}(x)$ 是正态分布的误差函数，它由下式定义：

$$\mathrm{erf}(x) = \frac{2}{\sqrt{\pi}} \int_0^x \mathrm{e}^{-t^2}\,\mathrm{d}t$$

近似计算 $\mathrm{erf}(1)$，要求精确到 10^{-7}。

应用型习题

15. 在 10^{-4} 精度范围内，近似求本章引言中提出的积分：

$$\int_0^{48} \sqrt{1+(\cos x)^2}\,\mathrm{d}x$$

16. 在 4.4 节的习题 9 中，复合 Simpson 公式被用于求一个粒子速度降为 5 m/s 时的时间。该粒子的质量是 $m = 10\,\mathrm{kg}$，正在穿过一个流场，并受到一个黏性阻力 $R = -v\sqrt{v}$，其中 v 是粒子的速度，单位是 m/s。阻力 R、速度 v 和时间 t 的关系由下式给出：

$$t = \int_{v(0)}^{v(t)} \frac{m}{R(u)}\,\mathrm{d}u$$

假设 $v(0) = 10\,\mathrm{m/s}$，用 Romberg 积分法取 $n = 4$ 来计算近似值。

理论型习题

17. 证明：从 $R_{k,2}$ 中得到的近似与定理 4.4 中描述的复合 Simpson 公式取 $h = h_k$ 时的结果相同。

18. 证明：对任何 k，

$$\sum_{i=1}^{2^{k-1}-1} f\left(a + \frac{i}{2}h_{k-1}\right) = \sum_{i=1}^{2^{k-2}} f\left(a + \left(i - \frac{1}{2}\right)h_{k-1}\right) + \sum_{i=1}^{2^{k-2}-1} f(a + ih_{k-1})$$

19. 利用习题 18 的结果证明式(4.34)，也就是对所有的 k，证明：

$$R_{k,1} = \frac{1}{2}\left[R_{k-1,1} + h_{k-1}\sum_{i=1}^{2^{k-2}} f\left(a + \left(i - \frac{1}{2}\right)h_{k-1}\right)\right]$$

讨论问题

1. Romberg 积分法的一种修正版是通过两倍的步长 h 来重构 $R_k(h)$，另一种修正版是通过减半步长 h 来重构 $R_k(h)$。如果输入数据 (t_k, I_k) 的数量被限制，讨论这两种修正版的用处。

2. 通过创建一个近似计算积分的电子表格来重新构造表 4.9。将你的结果与表 4.9 中的结果进行比较。描述两种表的相似性和差异。

3. 一个函数的平均值定义为 $\int_a^b \dfrac{f(x)}{(b-a)} dx$。考虑函数 $T(x) = 0.001t^4 - 0.280t^2 + 25$，其中 t 是从中午开始的小时数 $(-12 < t < 12)$。Richardon 外推法能否用于求这个平均值？如果能，是否需要某种修正？

4. 如果某人选择使用复合 Simpson 公式而不是复合梯形公式来计算 Romberg 表的第一列，那么右面的其他列是否会与原 Romberg 的值不同？

4.6　自适应求积方法

复合求积公式在大多数情况下都非常有效，但偶尔也会遭遇失败，因为它们要求使用等距的求积节点。这对于那些积分区域上既包含很大的函数值变化也包含很小的函数值变化的函数来说是不适合的。

    示例　满足定解条件 $y(0) = 0$ 和 $y'(0) = 4$ 的微分方程 $y'' + 6y' + 25 = 0$ 有唯一解 $y(x) = e^{-3x}\sin 4x$。这种类型的函数普遍存在，因为在机械工程中它们描述了弹簧与减震器系统的某些特征，在电气工程中它们描述了基本电路问题的通解。函数 $y(x)$ 关于 x 在区间 $[0, 4]$ 上的图形如图 4.11 所示。

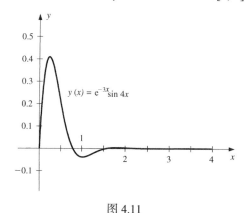

图 4.11

    假设需要计算 $y(x)$ 在 $[0, 4]$ 上的积分。图形显示积分在 $[3, 4]$ 上非常接近于零，而在 $[2, 3]$ 上也不会太大。然而，在区间 $[0, 2]$ 上函数值的变化很大，同时并不清楚积分在这些区间上是什么。这是一个不适合用复合求积公式的例子。在区间 $[2, 4]$ 上应当使用低阶的方法，而在区间 $[0, 2]$ 上则必须使用高阶的方法。■

    我们在本节中考虑的问题是：

● 怎样才能确定在积分区间的哪个部分应该使用什么求积公式，最终我们期望能得到多少精度的近似？

我们将看到，在十分合理的条件下，我们就能回答这个问题，也能确定满足给定精度要求的近似。

    如果在给定区间上一个积分的近似误差是均匀分布的，那么区域中函数值较大的变化比较小的变化需要更小的步长。求解此类问题的一个有效方法是，预估函数值的变化量并根据需要调节步长。这种类型的求积公式称为**自适应求积方法**。自适应方法在专业的软件包中特别流行，因为该方法不仅是非常有效的，而且它们通常能够得到满足给定误差要求的近似值。

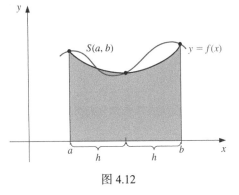

图 4.12

在这节中，我们考虑自适应求积公式，看它是如何被用来减小近似误差的，同时也看它是如何不依赖于有关高阶导数的知识而预估误差的。我们讨论的方法基于复合 Simpson 公式，稍加修改就能用于其他类型的复合求积公式。

假设我们要在给定的精度 $\varepsilon > 0$ 内近似计算积分 $\int_a^b f(x)\mathrm{d}x$。首先取步长为 $h = (b - a)/2$，并使用 Simpson 公式，得出（见图 4.12）：

$$\int_a^b f(x)\,\mathrm{d}x = S(a, b) - \frac{h^5}{90}f^{(4)}(\xi),\ \text{对一些}\ (a, b)\text{中的}\ \xi \tag{4.35}$$

其中我们记 $[a, b]$ 上的 Simpson 公式近似为

$$S(a, b) = \frac{h}{3}[f(a) + 4f(a + h) + f(b)]$$

接下来确定一个精确的近似公式而无须计算 $f^{(4)}(\xi)$。为此，我们取 $n = 4$ 和步长为 $(b - a)/4 = h/2$，使用复合 Simpson 公式得到

$$\int_a^b f(x)\,\mathrm{d}x = \frac{h}{6}\left[f(a) + 4f\left(a + \frac{h}{2}\right) + 2f(a + h) + 4f\left(a + \frac{3h}{2}\right) + f(b)\right]$$
$$- \left(\frac{h}{2}\right)^4 \frac{(b - a)}{180}f^{(4)}(\tilde{\xi}) \tag{4.36}$$

其中 ξ 位于 (a, b)。为了简化记号，令

$$S\left(a, \frac{a + b}{2}\right) = \frac{h}{6}\left[f(a) + 4f\left(a + \frac{h}{2}\right) + f(a + h)\right]$$

且

$$S\left(\frac{a + b}{2}, b\right) = \frac{h}{6}\left[f(a + h) + 4f\left(a + \frac{3h}{2}\right) + f(b)\right]$$

于是式 (4.36) 可以重写为（见图 4.13）

$$\int_a^b f(x)\,\mathrm{d}x = S\left(a, \frac{a + b}{2}\right) + S\left(\frac{a + b}{2}, b\right) - \frac{1}{16}\left(\frac{h^5}{90}\right)f^{(4)}(\tilde{\xi}) \tag{4.37}$$

误差估计是通过假设 $\xi \approx \tilde{\xi}$，或更精确地说，假设 $f^{(4)}(\xi) \approx f^{(4)}(\tilde{\xi})$ 而得到的，这种技巧的成功依赖于这种假设的精确性。如果假设是精确的，于是使式 (4.35) 和式 (4.37) 两边相等，就可以得到

$$S\left(a, \frac{a + b}{2}\right) + S\left(\frac{a + b}{2}, b\right) - \frac{1}{16}\left(\frac{h^5}{90}\right)f^{(4)}(\xi) \approx S(a, b) - \frac{h^5}{90}f^{(4)}(\xi)$$

所以

$$\frac{h^5}{90}f^{(4)}(\xi) \approx \frac{16}{15}\left[S(a, b) - S\left(a, \frac{a + b}{2}\right) - S\left(\frac{a + b}{2}, b\right)\right]$$

在式 (4.37) 中使用这些估计，就能得到下面的误差估计：

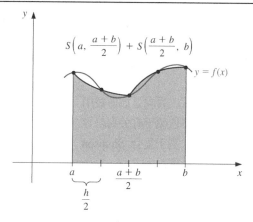

图 4.13

$$\left| \int_a^b f(x)\,\mathrm{d}x - S\left(a, \frac{a+b}{2}\right) - S\left(\frac{a+b}{2}, b\right) \right|$$

$$\approx \frac{1}{16}\left(\frac{h^5}{90}\right) f^{(4)}(\xi) \approx \frac{1}{15}\left| S(a,b) - S\left(a, \frac{a+b}{2}\right) - S\left(\frac{a+b}{2}, b\right) \right|$$

这意味着用 $S(a,(a+b)/2) + S((a+b)/2,\ b)$ 来近似 $\int_a^b f(x)\mathrm{d}x$，比计算 $S(a,b)$ 值好 15 倍。于是，如果

$$\left| S(a,b) - S\left(a, \frac{a+b}{2}\right) - S\left(\frac{a+b}{2}, b\right) \right| < 15\varepsilon \qquad (4.38)$$

我们期望有误差

$$\left| \int_a^b f(x)\,\mathrm{d}x - S\left(a, \frac{a+b}{2}\right) - S\left(\frac{a+b}{2}, b\right) \right| < \varepsilon \qquad (4.39)$$

和

$$S\left(a, \frac{a+b}{2}\right) + S\left(\frac{a+b}{2}, b\right)$$

这可以被认为是 $\int_a^b f(x)\mathrm{d}x$ 的一个充分精确的近似。

例 1 当应用到下面积分时，

$$\int_0^{\pi/2} \sin x \,\mathrm{d}x = 1$$

通过比较

$$\frac{1}{15}\left| S\left(0, \frac{\pi}{2}\right) - S\left(0, \frac{\pi}{4}\right) - S\left(\frac{\pi}{4}, \frac{\pi}{2}\right) \right| \ \text{和} \ \left| \int_0^{\pi/2} \sin x \,\mathrm{d}x - S\left(0, \frac{\pi}{4}\right) - S\left(\frac{\pi}{4}, \frac{\pi}{2}\right) \right|$$

来检查不等式 (4.38) 和不等式 (4.39) 给出的误差估计。

解 我们有

$$S\left(0, \frac{\pi}{2}\right) = \frac{\pi/4}{3}\left[\sin 0 + 4\sin\frac{\pi}{4} + \sin\frac{\pi}{2}\right] = \frac{\pi}{12}(2\sqrt{2} + 1) = 1.002279878$$

和

$$S\left(0,\frac{\pi}{4}\right) + S\left(\frac{\pi}{4},\frac{\pi}{2}\right) = \frac{\pi/8}{3}\left[\sin 0 + 4\sin\frac{\pi}{8} + 2\sin\frac{\pi}{4} + 4\sin\frac{3\pi}{8} + \sin\frac{\pi}{2}\right]$$
$$= 1.000134585$$

所以

$$\left|S\left(0,\frac{\pi}{2}\right) - S\left(0,\frac{\pi}{4}\right) - S\left(\frac{\pi}{4},\frac{\pi}{2}\right)\right| = |1.002279878 - 1.000134585| = 0.002145293$$

当使用 $S(a,(a+b)) + S((a+b),b)$ 来近似 $\int_a^b f(x)\mathrm{d}x$ 时，得到的误差估计是

$$\frac{1}{15}\left|S\left(0,\frac{\pi}{2}\right) - S\left(0,\frac{\pi}{4}\right) - S\left(\frac{\pi}{4},\frac{\pi}{2}\right)\right| = 0.000143020$$

即便 $D_x^4 \sin x = \sin x$ 在区间 $(0,\pi/2)$ 上变化比较大，但它和实际误差的接近程度为

$$\left|\int_0^{\pi/2} \sin x\,\mathrm{d}x - 1.000134585\right| = 0.000134585 \qquad\blacksquare$$

当不等式 (4.38) 的近似误差超过了 15ε 时，可以将 Simpson 公式独立地用到两个子区间 $[a,(a+b)/2]$ 和 $[(a+b)/2,b]$，这样就能用误差估计方法来确定是否对积分的近似精度在每个子区间都满足误差限的一半 $\varepsilon/2$。如果是，我们就将它们加起来作为积分 $\int_a^b f(x)\mathrm{d}x$ 的近似，它必然满足误差限 ε。

如果近似在某一个子区间上不满足精度要求 $\varepsilon/2$，则这个子区间重新被一分为二，重复应用上面的误差估计来确定每个子区间上的误差是否在 $\varepsilon/4$ 以内。这种每次都减半的方法继续做下去直到所有的子区间都满足误差要求。

即使在这种构造中有可能出现永远都不满足误差要求的问题，但这种方法通常也能够成功使用，因为每个子区间的精确度典型地以 16 倍的因子增加，而所要求的误差只有 2 倍因子的增长。

虽然在实施时跟我们前面讨论的略有不同，但算法 4.3 详细地描述了使用 Simpson 公式的自适应求积方法。例如，在 Step 1 中，误差限被设置为 10ε，而不是不等式 (4.38) 中指出的 15ε。这是一个保守的选择，因为考虑到需要补偿假设 $f^{(4)}(\xi) \approx f^{(4)}(\tilde{\xi})$ 产生的误差。当我们知道问题中 $f^{(4)}$ 的变化较大时，这个界还应该进一步减小。

列在算法中的方法首先来近似最左侧子区间上的积分。这要求有效的存储和调用前面计算的右半个子区间的节点上的函数值。Step 3，4 和 5 包含了用一个指示器的堆栈存储方法，它追踪计算中所用到的数据。该方法用递归的程序语言非常容易实现。

算法 4.3　自适应求积法

该算法用于根据误差限近似计算积分 $I = \int_a^b f(x)\mathrm{d}x$。

输入　端点 a，b；误差限 TOL；限制的计算层数 N。

输出　近似值 APP 或者 N 超界的信息

Step 1　Set $APP = 0$;
　　　　　$i = 1$;
　　　　　$TOL_i = 10\,TOL$;
　　　　　$a_i = a$;
　　　　　$h_i = (b-a)/2$;

$$FA_i = f(a);$$
$$FC_i = f(a + h_i);$$
$$FB_i = f(b);$$
$$S_i = h_i(FA_i + 4FC_i + FB_i)/3; \quad \text{（整个区间上使用}$$
$$\text{Simpson方法的近似）}$$

$$L_i = 1.$$

Step 2 While $i > 0$ do Steps 3–5.

Step 3 Set $FD = f(a_i + h_i/2);$
$$FE = f(a_i + 3h_i/2);$$
$$S1 = h_i(FA_i + 4FD + FC_i)/6; \quad \text{（半子区间上使用}$$
$$\text{Simpson方法的近似）}$$

$$S2 = h_i(FC_i + 4FE + FB_i)/6;$$
$$v_1 = a_i; \quad \text{（当前层存储数据）}$$
$$v_2 = FA_i;$$
$$v_3 = FC_i;$$
$$v_4 = FB_i;$$
$$v_5 = h_i;$$
$$v_6 = TOL_i;$$
$$v_7 = S_i;$$
$$v_8 = L_i.$$

Step 4 Set $i = i - 1.$ （删去当前层）

Step 5 If $|S1 + S2 - v_7| < v_6$
then set $APP = APP + (S1 + S2)$
else
if $(v_8 \geqslant N)$
then
OUTPUT ('LEVEL EXCEEDED'); （算法失败）
STOP.
else （增加一层）
set $i = i + 1;$ （右半子区间上的数据）
$$a_i = v_1 + v_5;$$
$$FA_i = v_3;$$
$$FC_i = FE;$$
$$FB_i = v_4;$$
$$h_i = v_5/2;$$
$$TOL_i = v_6/2;$$
$$S_i = S2;$$
$$L_i = v_8 + 1;$$
set $i = i + 1;$ （左半子区间上的数据）
$$a_i = v_1;$$
$$FA_i = v_2;$$
$$FC_i = FD;$$
$$FB_i = v_3;$$
$$h_i = h_{i-1};$$
$$TOL_i = TOL_{i-1};$$
$$S_i = S1;$$
$$L_i = L_{i-1}.$$

Step 6 OUTPUT (APP); （APP是I满足精度TOL的近似）
STOP.

示例　图 4.13 给出了函数 $f(x) = (100/x^2)\sin(10/x)$ 当 x 在区间[1, 3]上时的图形。用自适应求积算法 4.3 当取误差限为 10^{-4} 时得到近似 $\int_1^3 f(x)\mathrm{d}x$ 的结果为–1.426014，这是一个精确到 1.1×10^{-5} 的结果。近似中使用了 $n = 4$ 的 Simpson 公式，在 23 个子区间上实施，它们的端点以及端点处的函数值都标于图 4.14 中，该近似全部的函数求值数目是 93。

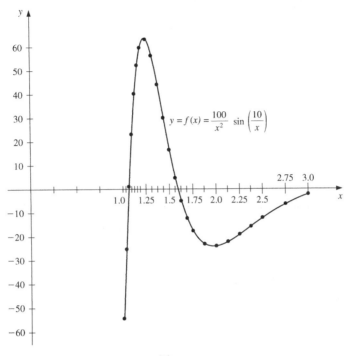

图 4.14

如果使用标准的复合 Simpson 公式来求该积分，满足精度 10^{-4} 所需的最大步长 h 是 $h = 1/88$。这样要求 177 次函数求值，它几乎是利用自适应求积公式的 2 倍。　　　■

习题 4.6

1. 对下面的积分，用 Simpson 公式计算近似 $S(a, b)$，$S(a, (a+b)/2)$ 和 $S((a+b)/2, b)$，并验证公式中给出的误差估计。

    a. $\displaystyle\int_1^{1.5} x^2 \ln x \, \mathrm{d}x$　　　　　　　　　　b. $\displaystyle\int_0^1 x^2 \mathrm{e}^{-x} \, \mathrm{d}x$

    c. $\displaystyle\int_0^{0.35} \frac{2}{x^2 - 4} \, \mathrm{d}x$　　　　　　　　d. $\displaystyle\int_0^{\pi/4} x^2 \sin x \, \mathrm{d}x$

2. 对下面的积分，用 Simpson 公式计算近似 $S(a, b)$，$S(a, (a+b)/2)$ 和 $S((a+b)/2, b)$，并验证公式中给出的误差估计。

    a. $\displaystyle\int_0^{\pi/4} \mathrm{e}^{3x} \sin 2x \, \mathrm{d}x$　　　　　　　b. $\displaystyle\int_1^{1.6} \frac{2x}{x^2 - 4} \, \mathrm{d}x$

    c. $\displaystyle\int_3^{3.5} \frac{x}{\sqrt{x^2 - 4}} \, \mathrm{d}x$　　　　　　d. $\displaystyle\int_0^{\pi/4} (\cos x)^2 \, \mathrm{d}x$

3. 用自适应求积公式近似计算习题 1 中的积分，要求误差在 10^{-3} 以内。不要使用计算机程序计算这些值。

4. 用自适应求积公式近似计算习题 2 中的积分，要求误差在 10^{-3} 以内。不要使用计算机程序计算这些值。

5. 用自适应求积公式近似计算下面列出的积分，要求误差在 10^{-5} 以内。

   a. $\displaystyle\int_1^3 e^{2x}\sin 3x\,\mathrm{d}x$

   b. $\displaystyle\int_1^3 e^{3x}\sin 2x\,\mathrm{d}x$

   c. $\displaystyle\int_0^5 \left(2x\cos(2x)-(x-2)^2\right)\,\mathrm{d}x$

   d. $\displaystyle\int_0^5 \left(4x\cos(2x)-(x-2)^2\right)\,\mathrm{d}x$

6. 用自适应求积公式近似计算下面列出的积分，要求误差在 10^{-5} 以内。

   a. $\displaystyle\int_0^\pi (\sin x+\cos x)\,\mathrm{d}x$

   b. $\displaystyle\int_1^2 (x+\sin 4x)\,\mathrm{d}x$

   c. $\displaystyle\int_{-1}^1 x\sin 4x\,\mathrm{d}x$

   d. $\displaystyle\int_0^{\pi/2} (6\cos 4x+4\sin 6x)e^x\,\mathrm{d}x$

7. 对下列积分，使用复合 Simpson 公式，分别取 $n=4,6,8,\cdots$，直到相邻两个近似结果之间的误差小于 10^{-6}。确定计算要求的节点数目，再使用自适应求积算法以同样的精度要求来近似计算同样的积分，并给出所需节点的数目，采用自适应求积算法带来了哪些改进？

   a. $\displaystyle\int_0^\pi x\cos x^2\,\mathrm{d}x$

   b. $\displaystyle\int_0^\pi x\sin x^2\,\mathrm{d}x$

8. 对下列积分，使用复合 Simpson 公式，分别取 $n=4,6,8,\cdots$，直到相邻两个近似结果之间的误差小于 10^{-6}。确定计算要求的节点数目，再使用自适应求积算法以同样的精度要求来近似计算同样的积分，并给出所需节点的数目，采用自适应求积算法带来了哪些改进？

   a. $\displaystyle\int_0^\pi x^2\cos x\,\mathrm{d}x$

   b. $\displaystyle\int_0^\pi x^2\sin x\,\mathrm{d}x$

9. 画出 $\sin(1/x)$ 和 $\cos(1/x)$ 在区间 $[0.1,\,2]$ 上的图形。用自适应求积公式近似计算下面列出的积分，要求误差在 10^{-3} 以内。

   a. $\displaystyle\int_{0.1}^2 \sin\frac{1}{x}\,\mathrm{d}x$

   b. $\displaystyle\int_{0.1}^2 \cos\frac{1}{x}\,\mathrm{d}x$

应用型习题

10. 研究一个矩形孔径中的光的衍射，它会涉及 Fresnel 积分：
$$c(t)=\int_0^t \cos\frac{\pi}{2}w^2\,\mathrm{d}w \quad \text{和} \quad s(t)=\int_0^t \sin\frac{\pi}{2}w^2\,\mathrm{d}w$$
制作函数 $c(t)$ 和 $s(t)$ 值的一个表，其中时间 t 取值为 $t=0.1,0.2,\cdots,1.0$，要求误差在 10^{-4} 以内。

11. 微分方程
$$mu''(t)+ku(t)=F_0\cos\omega t$$
描述了一个无阻尼的弹簧质量系统，其中质量为 m，弹性常数为 k。$F_0\cos\omega t$ 项表示加在系统上的周期外力。当初始值取 $u'(0)=u(0)=0$ 时，方程的解是
$$u(t)=\frac{F_0}{m(\omega_0^2-\omega^2)}(\cos\omega t-\cos\omega_0 t),\quad \text{其中}\ \ \omega_0=\sqrt{\frac{k}{m}}\neq\omega$$
取 $m=1,k=9,F_0=1,\omega=2$ 时，绘出当 $t\in[0,2\pi]$ 时 u 的图形。近似计算 $\displaystyle\int_0^{2\pi}u(t)\mathrm{d}t$，要求误差在 10^{-4} 以内。

12. 如果在习题 7 的运动方程的左侧添加项 $cu'(t)$，得到的微分方程将描述一个带有阻尼系数 $c\neq 0$ 的弹簧质量系统。方程的通解是
$$u(t)=c_1 e^{r_1 t}+c_2 e^{r_2 t}+\frac{F_0}{c^2\omega^2+m^2(\omega_0^2-\omega^2)^2}\left(c\omega\sin\omega t+m\left(\omega_0^2-\omega^2\right)\cos\omega t\right)$$
其中，

$$r_1 = \frac{-c + \sqrt{c^2 - 4\omega_0^2 m^2}}{2m} \quad 和 \quad r_2 = \frac{-c - \sqrt{c^2 - 4\omega_0^2 m^2}}{2m}$$

a. 取 $m = 1$, $k = 9$, $F_0 = 1$, $c = 10$ 和 $\omega = 2$，求 c_1 和 c_2 的值使得 $u'(0) = u(0) = 0$。

b. 对 $t \in [0, 2\pi]$ 绘出 $u(t)$ 的图形，并近似计算 $\int_0^{2\pi} u(t)\mathrm{d}t$，要求误差在 10^{-4} 以内。

理论型习题

13. 令 $T(a,b)$ 和 $T\left(a, \dfrac{a+b}{2}\right) + T\left(\dfrac{a+b}{2}, b\right)$ 分别表示将梯形公式用在单区间和双区间来近似计算积分

$\int_a^b f(x)\mathrm{d}x$ 的结果。推导

$$\left| T(a, b) - T\left(a, \frac{a+b}{2}\right) - T\left(\frac{a+b}{2}, b\right) \right|$$

和

$$\left| \int_a^b f(x)\,\mathrm{d}x - T\left(a, \frac{a+b}{2}\right) - T\left(\frac{a+b}{2}, b\right) \right|$$

之间的关系。

讨论问题

1. 在自适应求积公式里是否可以用 Romberg 积分法来代替 Simpson 公式？如果可以，如何确定 n 的值？

2. 如果被积函数在区间端点有可积的奇异性，那么自适应求积公式的有效性将大打折扣。这种情形可能需要上千次的迭代来减少积分误差到可接受的水平。讨论如何避免这种情况。

4.7　Gauss 求积公式

4.3 节中的 Newton-Cotes 公式是通过积分插值多项式来导出的。因为 n 次插值多项式的误差项中包含被插函数的 $(n+1)$ 阶导数，因此 Newton-Cotes 公式对次数小于等于 n 的任何多项式都是精确的。

所有的 Newton-Cotes 公式都使用等距节点上的函数值，这种限制对使用 4.4 节中的复合求积公式来说不会造成不便，但却能极大地降低求积的精确度。例如，考虑梯形公式，将其用于求图 4.15 中函数的定积分。

梯形公式用通过被积函数图形两端的连线的积分来近似函数的积分。但这很可能不是最佳的近似积分的直线。图 4.16 所示的直线在多数情况下得到了更好的近似。

在 Gauss 求积公式中，求积节点不是用等距的方式来选取，而是用一种最优的方式来选取的。位于区间 $[a, b]$ 内的求积节点 $x_1, x_2, \cdots, x_n$ 以及相应的系数 $c_1, c_2, \cdots, c_n$ 的选取使得近似中的误差达到了最小，即

$$\int_a^b f(x)\,\mathrm{d}x \approx \sum_{i=1}^n c_i f(x_i)$$

为了测量这种精度，我们假设这些值的最佳选择是：对多项式的一个最大类，它们产生的结果是精确的。也就是说，这种选择得到了最高的精度。

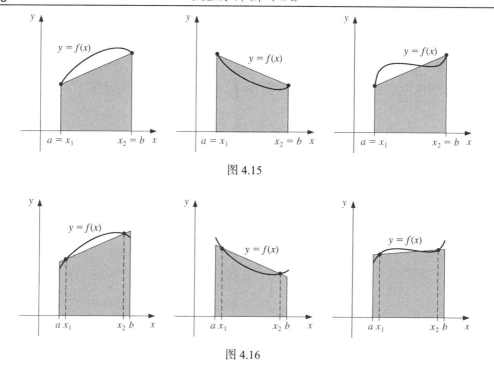

图 4.15

图 4.16

近似公式中的系数 c_1, c_2, $\cdots$, c_n 是任意的，而求积节点 x_1, x_2, $\cdots$, x_n 只被限制位于被积区间 $[a, b]$ 内。这让我们有 $2n$ 个参数可以选择。如果考虑将多项式的系数作为参数，那么 $2n-1$ 次的多项式也包含 $2n$ 个参数。于是，这就是最大类多项式，在选取合适的节点和系数后，我们可以理性地期望对这一类多项式的数值求积公式是精确的。在这个多项式集合上求积公式的精确性就能获得。

为了说明选择合适参数的方法，我们先考虑取特殊情形 $n = 2$，并将积分区间限制在 $[-1,1]$。随后将讨论一般情形下求积节点和系数的选择，并说明如何修改求积公式使它适用于任何区间。

假设我们想确定 c_1, c_2, x_1 和 x_2，使得求积公式

$$\int_{-1}^{1} f(x)\, \mathrm{d}x \approx c_1 f(x_1) + c_2 f(x_2)$$

都能给出精确的结果，条件是只要 $f(x)$ 是一个次数最多为 $2(2)-1 = 3$ 的多项式。也就是说，

$$f(x) = a_0 + a_1 x + a_2 x^2 + a_3 x^3$$

对常数 a_0, a_1, a_2 和 a_3 的某集合成立。因为

$$\int (a_0 + a_1 x + a_2 x^2 + a_3 x^3)\, \mathrm{d}x = a_0 \int 1\, \mathrm{d}x + a_1 \int x\, \mathrm{d}x + a_2 \int x^2\, \mathrm{d}x + a_3 \int x^3\, \mathrm{d}x$$

这等价于仅当 $f(x)$ 为 1, x, x^2 和 x^3 时求积公式是精确的。因此，我们需要 c_1, c_2, x_1 和 x_2 满足

$$c_1 \cdot 1 + c_2 \cdot 1 = \int_{-1}^{1} 1\, \mathrm{d}x = 2, \qquad c_1 \cdot x_1 + c_2 \cdot x_2 = \int_{-1}^{1} x\, \mathrm{d}x = 0,$$

$$c_1 \cdot x_1^2 + c_2 \cdot x_2^2 = \int_{-1}^{1} x^2\, \mathrm{d}x = \frac{2}{3}, \qquad c_1 \cdot x_1^3 + c_2 \cdot x_2^3 = \int_{-1}^{1} x^3\, \mathrm{d}x = 0$$

简单的代数运算可以得出这个方程组有唯一解：

$$c_1 = 1, \quad c_2 = 1, \quad x_1 = -\frac{\sqrt{3}}{3}, \quad x_2 = \frac{\sqrt{3}}{3}$$

它给出了近似求积公式:

$$\int_{-1}^{1} f(x) \, \mathrm{d}x \approx f\left(\frac{-\sqrt{3}}{3}\right) + f\left(\frac{\sqrt{3}}{3}\right) \tag{4.40}$$

这个公式有三阶精度, 也就是说, 对每个次数不超过 3 的代数多项式该公式是精确的。

Legendre 多项式

前面描述的技巧可以用来决定求积公式的节点和系数, 使得求积公式对高次多项式是精确的。但是还有其他方法能更容易地得到这些节点和系数。在 8.2 节和 8.3 节中, 我们将考虑各种类型的正交多项式和函数, 它们中任意两个的乘积的某种特殊定积分为 0。与我们的问题相关的这个集合是 Legendre 多项式, 记为 $\{P_0(x), P_1(x), \cdots, P_n(x), \cdots\}$, 它具有下列性质:

(1) 对每个 n, $P_n(x)$ 是一个次数为 n 的首一多项式;

(2) 只要 $P(x)$ 是一个次数小于 n 的多项式, 都有 $\int_{-1}^{1} P(x) P_n(x) \mathrm{d}x = 0$。

前几个 Legendre 多项式是

$$P_0(x) = 1, \quad P_1(x) = x, \quad P_2(x) = x^2 - \frac{1}{3},$$

$$P_3(x) = x^3 - \frac{3}{5}x, \qquad P_4(x) = x^4 - \frac{6}{7}x^2 + \frac{3}{35}$$

这些多项式的根是互不相同的, 位于区间 $(-1, 1)$ 内, 并且关于原点对称, 更重要的是, 它们是求积公式的节点和系数的正确选择。

对所有次数小于 $2n$ 的多项式都精确的求积公式使用的节点 $x_1, x_2, \cdots, x_n$ 是 n 次 Legendre 多项式的根。这个结果由下面的定理给出。

定理 4.7　假设 $x_1, x_2, \cdots, x_n$ 是 n 次 Legendre 多项式 $P_n(x)$ 的根, 并且对每个 $i = 1, 2, \cdots, n$, c_i 的定义如下:

$$c_i = \int_{-1}^{1} \prod_{\substack{j=1 \\ j \neq i}}^{n} \frac{x - x_j}{x_i - x_j} \, \mathrm{d}x$$

如果 $P(x)$ 是一个次数小于 $2n$ 的多项式, 则

$$\int_{-1}^{1} P(x) \, \mathrm{d}x = \sum_{i=1}^{n} c_i P(x_i)$$

成立。

证明　让我们首先来考察对于一个次数小于 n 的多项式 $P(x)$。取 n 次 Legendre 多项式 $P_n(x)$ 的根为插值节点, 将 $P(x)$ 用 $(n-1)$ 次的 Lagrange 插值基函数来表示, 这个表示的误差项中包含 $P(x)$ 的 n 阶导数。因为 $P(x)$ 是次数小于 n 的多项式, 因此它的 n 阶导数是 0, 于是这个表示是精确的。从而

$$P(x) = \sum_{i=1}^{n} P(x_i) L_i(x) = \sum_{i=1}^{n} \prod_{\substack{j=1 \\ j \neq i}}^{n} \frac{x - x_j}{x_i - x_j} P(x_i)$$

且

$$\int_{-1}^1 P(x)\,\mathrm{d}x = \int_{-1}^1 \left[\sum_{i=1}^n \prod_{\substack{j=1\\ j\neq i}}^n \frac{x-x_j}{x_i-x_j} P(x_i) \right] \mathrm{d}x$$

$$= \sum_{i=1}^n \left[\int_{-1}^1 \prod_{\substack{j=1\\ j\neq i}}^n \frac{x-x_j}{x_i-x_j}\,\mathrm{d}x \right] P(x_i) = \sum_{i=1}^n c_i P(x_i)$$

因此，对所有次数小于 n 的多项式结论是正确的。

现在考虑次数大于等于 n 而小于 $2n$ 的多项式 $P(x)$。用 n 次 Legendre 多项式 $P_n(x)$ 来除 $P(x)$，这样就得到两个次数都小于 n 的多项式 $Q(x)$ 和 $R(x)$，其满足

$$P(x) = Q(x)P_n(x) + R(x)$$

由于 $x_i,\ i=1,2,\cdots,n$ 是 $P_n(x)$ 的根，因此有

$$P(x_i) = Q(x_i)P_n(x_i) + R(x_i) = R(x_i)$$

我们现在借用 Legendre 多项式的特性。首先，因为多项式 $Q(x)$ 的次数小于 n，所以（利用 Legendre 多项式的性质(2)）

$$\int_{-1}^1 Q(x)P_n(x)\,\mathrm{d}x = 0$$

因为 $R(x)$ 是一个次数低于 n 的多项式，前面的证明已经表明：

$$\int_{-1}^1 R(x)\,\mathrm{d}x = \sum_{i=1}^n c_i R(x_i)$$

把这些事实放在一起就能证明求积公式对所有的多项式 $P(x)$ 都是精确成立的：

$$\int_{-1}^1 P(x)\,\mathrm{d}x = \int_{-1}^1 [Q(x)P_n(x) + R(x)]\,\mathrm{d}x$$

$$= \int_{-1}^1 R(x)\,\mathrm{d}x = \sum_{i=1}^n c_i R(x_i) = \sum_{i=1}^n c_i P(x_i) \quad \blacksquare$$

求积公式中需要用到的系数 c_i 能从定理 4.7 的方程中得到，但实际上这些求积节点和相应的系数都被做成了数学用表而供使用者查阅。表 4.12 列出了 $n=2$，3，4 和 5 时的这些数值。

例 1　用 $n=3$ 的 Gauss 求积公式来近似计算积分 $\int_{-1}^1 \mathrm{e}^x \cos x\,\mathrm{d}x$。

解　利用表 4.12 中给出的数据可以得出

表 4.12

n	根 $r_{n,i}$	系数 $c_{n,i}$
2	0.5773502692	1.0000000000
	−0.5773502692	1.0000000000
3	0.7745966692	0.5555555556
	0.0000000000	0.8888888889
	−0.7745966692	0.5555555556
4	0.8611363116	0.3478548451
	0.3399810436	0.6521451549
	−0.3399810436	0.6521451549
	−0.8611363116	0.3478548451
5	0.9061798459	0.2369268850
	0.5384693101	0.4786286705
	0.0000000000	0.5688888889
	−0.5384693101	0.4786286705
	−0.9061798459	0.2369268850

$$\int_{-1}^1 \mathrm{e}^x \cos x\,\mathrm{d}x \approx 0.5\overline{5}\,\mathrm{e}^{0.774596692} \cos 0.774596692$$

$$+ 0.\overline{8}\cos 0 + 0.5\overline{5}\,\mathrm{e}^{-0.774596692}\cos(-0.774596692)$$

$$= 1.9333904$$

利用分部积分公式可以得到所求积分的真实值为 1.9334214，因此绝对误差小于 $3.2×10^{-5}$。　■

任意区间上的 Gauss 求积公式

可以利用变量替换将任意区间 $[a, b]$ 上的积分 $\int_a^b f(x)\mathrm{d}x$ 变成区间 $[-1, 1]$ 上的积分。这个变换为（见图 4.17）

$$t = \frac{2x - a - b}{b - a} \Longleftrightarrow x = \frac{1}{2}[(b - a)t + a + b]$$

这样就可以将 Gauss 求积公式用于任意区间，因为

$$\int_a^b f(x)\,\mathrm{d}x = \int_{-1}^1 f\left(\frac{(b-a)t + (b+a)}{2}\right)\frac{(b-a)}{2}\,\mathrm{d}t \quad (4.41)$$

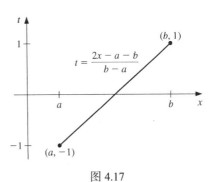

图 4.17

例 2　考虑积分 $\int_1^3 x^6 - x^2 \sin(2x)\mathrm{d}x = 317.3442466$。

(a) 对比 $n = 1$ 时的 Newton-Cotes 闭公式、$n = 1$ 时的 Newton-Cotes 开公式以及 $n = 2$ 时 Gauss 求积公式的计算结果。

(b) 对比 $n = 2$ 时的 Newton-Cotes 闭公式、$n = 2$ 时的 Newton-Cotes 开公式以及 $n = 3$ 时 Gauss 求积公式的计算结果。

解　(a) 本题中的每个公式都要求计算函数 $f(x)=x^6-x^2\sin(2x)$ 的两个函数值。Newton-Cotes 公式是

$$\text{闭公式 } \boldsymbol{n} = \boldsymbol{1}: \quad \frac{2}{2}[f(1) + f(3)] = 731.6054420$$

$$\text{开公式 } \boldsymbol{n} = \boldsymbol{1}: \quad \frac{3(2/3)}{2}[f(5/3) + f(7/3)] = 188.7856682$$

对这个问题使用 Gauss 公式，需要首先将积分变换到区间 $[-1, 1]$ 上的积分，由式 (4.41) 可得

$$\int_1^3 x^6 - x^2 \sin(2x)\,\mathrm{d}x = \int_{-1}^1 (t + 2)^6 - (t + 2)^2 \sin(2(t + 2))\,\mathrm{d}t$$

Gauss 求积公式当 $n = 2$ 时给出的结果为

$$\int_1^3 x^6 - x^2 \sin(2x)\,\mathrm{d}x \approx f(-0.5773502692 + 2) + f(0.5773502692 + 2)$$

$$= 306.8199344$$

(b) 本题中的每个公式都要求计算函数的三个函数值。Newton-Cotes 公式是

$$\text{闭公式 } \boldsymbol{n} = \boldsymbol{2}: \quad \frac{1}{3}[f(1) + 4f(2) + f(3)] = 333.2380940$$

$$\text{开公式 } \boldsymbol{n} = \boldsymbol{2}: \quad \frac{4(1/2)}{3}[2f(1.5) - f(2) + 2f(2.5)] = 303.5912023$$

Gauss 求积公式当 $n = 2$ 时给出的结果为

$$\int_1^3 x^6 - x^2 \sin(2x)\,\mathrm{d}x \approx 0.\overline{5}f(-0.7745966692 + 2)$$

$$+ 0.\overline{8}f(2) + 0.\overline{5}f(-0.7745966692 + 2) = 317.2641516$$

很显然，Guass 求积公式比其他的都优越。　■

习题 4.7

1. 用 Gauss 求积公式取 $n = 2$ 近似计算下列积分，并将得到的近似值与真实值进行比较。

a. $\displaystyle\int_{1}^{1.5} x^2 \ln x \, \mathrm{d}x$ b. $\displaystyle\int_{0}^{1} x^2 \mathrm{e}^{-x} \, \mathrm{d}x$

c. $\displaystyle\int_{0}^{0.35} \frac{2}{x^2 - 4} \, \mathrm{d}x$ d. $\displaystyle\int_{0}^{\pi/4} x^2 \sin x \, \mathrm{d}x$

2. 用 Gauss 求积公式取 $n = 2$ 近似计算下列积分，并将得到的近似值与真实值进行比较。

a. $\displaystyle\int_{0}^{\pi/4} \mathrm{e}^{3x} \sin 2x \, \mathrm{d}x$ b. $\displaystyle\int_{1}^{1.6} \frac{2x}{x^2 - 4} \, \mathrm{d}x$

c. $\displaystyle\int_{3}^{3.5} \frac{x}{\sqrt{x^2 - 4}} \, \mathrm{d}x$ d. $\displaystyle\int_{0}^{\pi/4} (\cos x)^2 \, \mathrm{d}x$

3. 取 $n = 3$ 重做习题 1。

4. 取 $n = 3$ 重做习题 2。

5. 取 $n = 4$ 重做习题 1。

6. 取 $n = 4$ 重做习题 2。

7. 取 $n = 5$ 重做习题 1。

8. 取 $n = 5$ 重做习题 2。

应用型习题

9. 用 $n = 5$ 的 Gauss 求积公式近似计算椭圆 $4x^2 + 9y^2 = 36$ 在第一象限的弧长。确定近似值与实际值 3.7437137 的误差。

10. 用复合 Gauss 求积公式来近似下面的积分：

$$\int_{0}^{48} \sqrt{1 + (\cos x)^2} \, \mathrm{d}x$$

这是本章引言中公开的应用问题。为了近似计算，将区间 [0, 48] 分成 16 个子区间，在每个子区间上用 $n = 5$ 的 Gauss 求积公式来计算，最后将结果相加。最终的近似结果和实际积分值相比如何？

理论型习题

11. 确定常数 a，b，c 和 d，使得它们产生的求积公式

$$\int_{-1}^{1} f(x) \, \mathrm{d}x = af(-1) + bf(1) + cf'(-1) + df'(1)$$

有三阶精度。

12. 确定常数 a，b，c 和 d，使得它们产生的求积公式

$$\int_{-1}^{1} f(x) \, \mathrm{d}x = af(-1) + bf(0) + cf(1) + df'(-1) + ef'(1)$$

有四阶精度。

13. 验证表 4.12 中 $n = 2$ 和 $n = 3$ 时的元素数值，通过计算 Legendre 多项式的根并把这些根用于表格前面的方程来求相应的系数。

14. 证明：无论系数 $c_1, c_2, \cdots, c_n$ 和节点 $x_1, x_2, \cdots, x_n$ 怎么选取，求积公式 $Q(P) = \sum_{i=1}^{n} c_i P(x_i)$ 都不能有高于 $2n-1$ 的精度。[提示：构造一个在每个 x_i 处都有二重根的多项式。]

讨论问题

1. 描述 Guass 求积公式和自适应 Gauss 求积公式 (也叫 Gauss-Kronrod 求积公式) 之间的相似性和差异。

2. 描述 Hermite-Guass 求积公式和 Gauss 求积公式之间的相似性和差异。

4.8　多重积分

通过修正前面几节中讨论的技巧就可以用到多重积分的近似计算。考虑积分

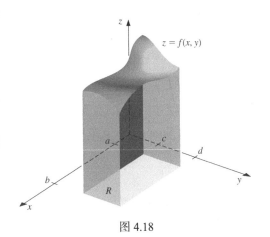

图 4.18

$$\iint\limits_{R} f(x, y)\, dA$$

其中，$R = \{(x,y) \mid a \le x \le b,\ c \le y \le d\}$ 是平面上的一个矩形区域(见图 4.18)，a，b，c 和 d 是常数。

下面的示例用于说明如何将复合梯形公式在每个坐标方向上用两个子区间来近似计算这个积分。

示例　将二重积分写成累次积分，得到

$$\iint\limits_{R} f(x, y)\, dA = \int_a^b \left(\int_c^d f(x, y)\, dy \right) dx$$

为了简化记号，令 $k = (d-c)/2$ 和 $h = (b-a)/2$。将复合梯形公式用于上述积分的内积分得到

$$\int_c^d f(x, y)\, dy \approx \frac{k}{2} \left[f(x, c) + f(x, d) + 2f\left(x, \frac{c+d}{2}\right) \right]$$

这是 $O((d-c)^3)$ 阶的近似。再将复合梯形公式用于上面关于 x 的结果：

$$\int_a^b \left(\int_c^d f(x, y)\, dy \right) dx \approx \int_a^b \left(\frac{d-c}{4} \right) \left[f(x, c) + 2f\left(x, \frac{c+d}{2}\right) + f(x, d) \right] dx$$

$$= \frac{b-a}{4} \left(\frac{d-c}{4} \right) \left[f(a, c) + 2f\left(a, \frac{c+d}{2}\right) + f(a, d) \right]$$

$$+ \frac{b-a}{4} \left(2\left(\frac{d-c}{4} \right) \left[f\left(\frac{a+b}{2}, c\right) + 2f\left(\frac{a+b}{2}, \frac{c+d}{2}\right) + f\left(\frac{a+b}{2}, d\right) \right] \right)$$

$$+ \frac{b-a}{4} \left(\frac{d-c}{4} \right) \left[f(b, c) + 2f\left(b, \frac{c+d}{2}\right) + f(b, d) \right]$$

$$= \frac{(b-a)(d-c)}{16} \left[f(a, c) + f(a, d) + f(b, c) + f(b, d) \right.$$

$$+ 2\left(f\left(\frac{a+b}{2}, c\right) + f\left(\frac{a+b}{2}, d\right) + f\left(a, \frac{c+d}{2}\right) + f\left(b, \frac{c+d}{2}\right) \right)$$

$$\left. + 4f\left(\frac{a+b}{2}, \frac{c+d}{2}\right) \right]$$

这是 $O((b-a)(d-c)[(b-a)^2 + (d-c)^2])$ 阶的近似。图 4.19 表示了用于积分的网格以及需要求函数值的节点。 ∎

正如示例中所展示的那样，这个积分方法非常直接。但是积分中需要的函数求值的数目却是一元定积分相应数目的平方。从实际计算的角度看，我们并不期望使用像 $n = 2$ 的复合梯形公式那样初等的方法，而是使用更精确的复合 Simpson 公式来说明一般的近似求积技术，当然，其他复合求积公式也能使用。

为了应用复合 Simpson 公式，我们将 $[a, b]$ 和 $[c,d]$
都部分成偶数个子区间，这样就将区域 R 进行了划分。
为了简化记号，我们记 n 和 m 是两个偶整数，它们分
别是等距划分区间 $[a, b]$ 和 $[c,d]$ 的子区间数目，对应的
网格点（求积节点）分别记为 $x_0, x_1, \cdots, x_n$ 和 $y_0, y_1, \cdots, y_m$。这
些子区间的步长分别是 $h = (b - a)/n$ 和 $k = (d-c)/m$。
将二重积分写成累次积分：

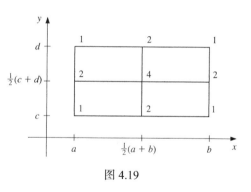

图 4.19

$$\iint\limits_{R} f(x, y)\, \mathrm{d}A = \int_a^b \left(\int_c^d f(x, y)\, \mathrm{d}y \right) \mathrm{d}x$$

首先使用复合 Simpson 公式来近似内积分：

$$\int_c^d f(x, y)\, \mathrm{d}y$$

将 x 当作常数来处理。

记 $y_j = c + jk$，$j = 0, 1, 2, \cdots, m$。于是

$$\int_c^d f(x, y)\, \mathrm{d}y = \frac{k}{3} \left[f(x, y_0) + 2 \sum_{j=1}^{(m/2)-1} f(x, y_{2j}) + 4 \sum_{j=1}^{m/2} f(x, y_{2j-1}) + f(x, y_m) \right]$$
$$- \frac{(d-c)k^4}{180} \frac{\partial^4 f(x, \mu)}{\partial y^4}$$

其中，μ 是位于 (c,d) 的某个数，因此得到

$$\int_a^b \int_c^d f(x, y)\, \mathrm{d}y\, \mathrm{d}x = \frac{k}{3} \left[\int_a^b f(x, y_0)\, \mathrm{d}x + 2 \sum_{j=1}^{(m/2)-1} \int_a^b f(x, y_{2j})\, \mathrm{d}x \right.$$
$$\left. + 4 \sum_{j=1}^{m/2} \int_a^b f(x, y_{2j-1})\, \mathrm{d}x + \int_a^b f(x, y_m)\, \mathrm{d}x \right]$$
$$- \frac{(d-c)k^4}{180} \int_a^b \frac{\partial^4 f(x, \mu)}{\partial y^4}\, \mathrm{d}x$$

再一次将复合 Simpson 公式用于上面方程中的积分。令 $x_i = a + ih$，$i = 0, 1, 2, \cdots, n$。于是，对
$j = 0, 1, \cdots, m$，有

$$\int_a^b f(x, y_j)\, \mathrm{d}x = \frac{h}{3} \left[f(x_0, y_j) + 2 \sum_{i=1}^{(n/2)-1} f(x_{2i}, y_j) + 4 \sum_{i=1}^{n/2} f(x_{2i-1}, y_j) + f(x_n, y_j) \right]$$
$$- \frac{(b-a)h^4}{180} \frac{\partial^4 f}{\partial x^4}(\xi_j, y_j)$$

其中，ξ_j 是位于 (a, b) 的某些数。最终得到近似公式为

$$\int_a^b \int_c^d f(x, y)\, \mathrm{d}y\, \mathrm{d}x \approx \frac{hk}{9} \left\{ \left[f(x_0, y_0) + 2 \sum_{i=1}^{(n/2)-1} f(x_{2i}, y_0) \right. \right.$$

$$+ 4 \sum_{i=1}^{n/2} f(x_{2i-1}, y_0) + f(x_n, y_0) \Big]$$

$$+ 2 \Bigg[\sum_{j=1}^{(m/2)-1} f(x_0, y_{2j}) + 2 \sum_{j=1}^{(m/2)-1} \sum_{i=1}^{(n/2)-1} f(x_{2i}, y_{2j})$$

$$+ 4 \sum_{j=1}^{(m/2)-1} \sum_{i=1}^{n/2} f(x_{2i-1}, y_{2j}) + \sum_{j=1}^{(m/2)-1} f(x_n, y_{2j}) \Bigg]$$

$$+ 4 \Bigg[\sum_{j=1}^{m/2} f(x_0, y_{2j-1}) + 2 \sum_{j=1}^{m/2} \sum_{i=1}^{(n/2)-1} f(x_{2i}, y_{2j-1})$$

$$+ 4 \sum_{j=1}^{m/2} \sum_{i=1}^{n/2} f(x_{2i-1}, y_{2j-1}) + \sum_{j=1}^{m/2} f(x_n, y_{2j-1}) \Bigg]$$

$$+ \Bigg[f(x_0, y_m) + 2 \sum_{i=1}^{(n/2)-1} f(x_{2i}, y_m) + 4 \sum_{i=1}^{n/2} f(x_{2i-1}, y_m)$$

$$+ f(x_n, y_m) \Bigg] \Bigg] \Bigg\}$$

误差项 E 由下式给出:

$$E = \frac{-k(b-a)h^4}{540} \Bigg[\frac{\partial^4 f(\xi_0, y_0)}{\partial x^4} + 2 \sum_{j=1}^{(m/2)-1} \frac{\partial^4 f(\xi_{2j}, y_{2j})}{\partial x^4} + 4 \sum_{j=1}^{m/2} \frac{\partial^4 f(\xi_{2j-1}, y_{2j-1})}{\partial x^4}$$

$$+ \frac{\partial^4 f(\xi_m, y_m)}{\partial x^4} \Bigg] - \frac{(d-c)k^4}{180} \int_a^b \frac{\partial^4 f(x, \mu)}{\partial y^4} \, \mathrm{d}x$$

如果 $\partial^4 f / \partial x^4$ 是连续的, 可以重复地应用中值定理 1.11 证明关于 x 的偏导数的求值可以用一个普通的值来代替, 从而有

$$E = \frac{-k(b-a)h^4}{540} \Bigg[3m \frac{\partial^4 f}{\partial x^4}(\overline{\eta}, \overline{\mu}) \Bigg] - \frac{(d-c)k^4}{180} \int_a^b \frac{\partial^4 f(x, \mu)}{\partial y^4} \, \mathrm{d}x$$

其中, $(\overline{\eta}, \overline{\mu})$ 是 R 内的某个数。又若 $\partial^4 f / \partial y^4$ 也是连续的, 由带权的积分中值定理就可以得出

$$\int_a^b \frac{\partial^4 f(x, \mu)}{\partial y^4} \, \mathrm{d}x = (b-a) \frac{\partial^4 f}{\partial y^4}(\hat{\eta}, \hat{\mu})$$

其中, $(\hat{\eta}, \hat{\mu})$ 是在 R 内的某个点。因为 $m = (d-c)/k$, 所以误差项具有如下形式:

$$E = \frac{-k(b-a)h^4}{540} \Bigg[3m \frac{\partial^4 f}{\partial x^4}(\overline{\eta}, \overline{\mu}) \Bigg] - \frac{(d-c)(b-a)}{180} k^4 \frac{\partial^4 f}{\partial y^4}(\hat{\eta}, \hat{\mu})$$

它可以简化为

$$E = -\frac{(d-c)(b-a)}{180} \Bigg[h^4 \frac{\partial^4 f}{\partial x^4}(\overline{\eta}, \overline{\mu}) + k^4 \frac{\partial^4 f}{\partial y^4}(\hat{\eta}, \hat{\mu}) \Bigg]$$

其中, $(\overline{\eta}, \overline{\mu})$ 和 $(\hat{\eta}, \hat{\mu})$ 是在 R 内的两个点。

　　例 1　取 $n = 4$ 和 $m = 2$, 使用复合 Simpson 公式近似计算积分

$$\int_{1.4}^{2.0} \int_{1.0}^{1.5} \ln(x + 2y) \, \mathrm{d}y \, \mathrm{d}x$$

　　解　这个应用例子中步长是 $h = (2.0-1.4)/4 = 0.15$ 和 $k = (1.5-1.0)/2 = 0.25$。积分区域 R 如图 4.20 所示，图上还标出了求积节点 (x_i, y_j)，其中 $i = 0,1,2,3,4$ 和 $j = 0,1,2$。同时还标出了复合 Simpson 求积公式的相应于 $f(x_i, y_j) = \ln(x_i + 2y_j)$ 的求和系数 $w_{i,j}$。

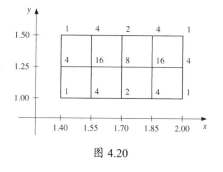

图 4.20

　　近似计算结果为

$$\int_{1.4}^{2.0} \int_{1.0}^{1.5} \ln(x + 2y)\,\mathrm{d}y\,\mathrm{d}x \approx \frac{(0.15)(0.25)}{9} \sum_{i=0}^{4} \sum_{j=0}^{2} w_{i,j} \ln(x_i + 2y_j)$$

$$= 0.4295524387$$

我们有

$$\frac{\partial^4 f}{\partial x^4}(x, y) = \frac{-6}{(x+2y)^4} \quad \text{和} \quad \frac{\partial^4 f}{\partial y^4}(x, y) = \frac{-96}{(x+2y)^4}$$

这些偏导数在 R 上的绝对值的最大值在 $x = 1.4$ 和 $y = 1.0$ 时达到。所以，误差界为

$$|E| \leqslant \frac{(0.5)(0.6)}{180}\left[(0.15)^4 \max_{(x,y)\in R}\frac{6}{(x+2y)^4} + (0.25)^4 \max_{(x,y)\in R}\frac{96}{(x+2y)^4} \right] \leqslant 4.72 \times 10^{-6}$$

这个积分的具有 10 位数字精度的实际值为

$$\int_{1.4}^{2.0} \int_{1.0}^{1.5} \ln(x + 2y)\,\mathrm{d}y\,\mathrm{d}x = 0.4295545265$$

因此近似计算结果的精度在 2.1×10^{-6} 以内。　　　　　　　　　　　　　■

　　同样的方法可以用到三重积分或者更高维函数的多重积分。近似计算中需要的函数求值数目是每个变量上要求的数目的乘积。

用于二重积分近似求积的 Gauss 求积公式

　　为了减少函数求值的数目，更高效的方法如 Gauss 求积公式、Romberg 积分法或自适应求积方法都可以用来替换 Newton-Cotes 公式。下面的例子是用 Gauss 求积公式来计算例 1 中的积分。

　　例 2　在两个方向上同时使用 $n = 3$ 的 Gauss 求积公式来近似计算积分：

$$\int_{1.4}^{2.0} \int_{1.0}^{1.5} \ln(x + 2y)\,\mathrm{d}y\,\mathrm{d}x$$

　　解　在使用 Gauss 求积公式之前，我们需要将积分区域

$$R = \{(x, y) \mid 1.4 \leqslant x \leqslant 2.0,\ 1.0 \leqslant y \leqslant 1.5\}$$

转化为

$$\hat{R} = \{(u, v) \mid -1 \leqslant u \leqslant 1,\ -1 \leqslant v \leqslant 1\}$$

完成转化的线性变换是

$$u = \frac{1}{2.0 - 1.4}(2x - 1.4 - 2.0) \quad \text{和} \quad v = \frac{1}{1.5 - 1.0}(2y - 1.0 - 1.5)$$

或者，等价地转化为，$x = 0.3u + 1.7$ 和 $y = 0.25v + 1.25$。使用这个变量替换将原积分化为可以使用 Gauss 求积公式的积分：

$$\int_{1.4}^{2.0} \int_{1.0}^{1.5} \ln(x + 2y)\,\mathrm{d}y\,\mathrm{d}x = 0.075 \int_{-1}^{1} \int_{-1}^{1} \ln(0.3u + 0.5v + 4.2)\,\mathrm{d}v\,\mathrm{d}u$$

在 u 和 v 方向上同时取 $n = 3$ 的 Gauss 求积公式要求我们使用节点：

$$u_1 = v_1 = r_{3,2} = 0, \quad u_0 = v_0 = r_{3,1} = -0.7745966692$$

和

$$u_2 = v_2 = r_{3,3} = 0.7745966692$$

相应的权是 $c_{3,2} = 0.\overline{8}$ 和 $c_{3,1} = c_{3,3} = 0.\overline{5}$。（这在表 4.12 中给出。）最终的近似结果为

$$\int_{1.4}^{2.0} \int_{1.0}^{1.5} \ln(x + 2y)\, \mathrm{d}y\, \mathrm{d}x \approx 0.075 \sum_{i=1}^{3} \sum_{j=1}^{3} c_{3,i} c_{3,j} \ln(0.3r_{3,i} + 0.5r_{3,j} + 4.2)$$

$$= 0.4295545313$$

虽然这个结果只使用了 9 个函数求值运算，而例 1 中考虑的复合 Simpson 公式使用了 15 个函数求值运算，但它的精度是 4.8×10^{-9}，比例 1 中的 2.1×10^{-6} 更精确。 ■

非矩形区域

二重积分的近似求积方法的使用并不限于积分区域为矩形的二重积分。前面讨论的方法进行改造后就可以用于近似计算如下形式的二重积分：

$$\int_{a}^{b} \int_{c(x)}^{d(x)} f(x, y)\, \mathrm{d}y\, \mathrm{d}x \qquad (4.42)$$

或

$$\int_{c}^{d} \int_{a(y)}^{b(y)} f(x, y)\, \mathrm{d}x\, \mathrm{d}y \qquad (4.43)$$

实际上，不是这两种形式的二维区域积分也能通过合适的区域划分来近似求积。（见习题 10。）

为了描述下面积分的近似计算方法

$$\int_{a}^{b} \int_{c(x)}^{d(x)} f(x, y)\, \mathrm{d}y\, \mathrm{d}x$$

我们将对两个变量都使用基本的 Simpson 公式。变量 x 的步长是 $h = (b-a)/2$，但是变量 y 的步长将随 x 的值而变化（见图 4.21），写成

$$k(x) = \frac{d(x) - c(x)}{2}$$

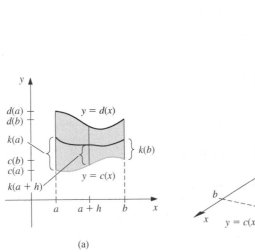

(a)

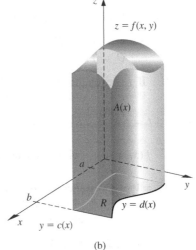

(b)

图 4.21

这产生了

$$\int_a^b \int_{c(x)}^{d(x)} f(x,y) \, dy \, dx \approx \int_a^b \frac{k(x)}{3} [f(x,c(x)) + 4f(x,c(x)+k(x)) + f(x,d(x))] \, dx$$

$$\approx \frac{h}{3} \left\{ \frac{k(a)}{3} [f(a,c(a)) + 4f(a,c(a)+k(a)) + f(a,d(a))] \right.$$

$$+ \frac{4k(a+h)}{3} [f(a+h,c(a+h)) + 4f(a+h,c(a+h)$$

$$+ k(a+h)) + f(a+h,d(a+h))]$$

$$\left. + \frac{k(b)}{3} [f(b,c(b)) + 4f(b,c(b)+k(b)) + f(b,d(b))] \right\}$$

算法 4.4 应用复合 Simpson 公式来近似计算形如式 (4.42) 的积分。当然，形如式 (4.43) 的积分可以做类似处理。

算法 4.4   Simpson 二重积分

算法用于求积分

$$I = \int_a^b \int_{c(x)}^{d(x)} f(x,y) \, dy \, dx$$

输入   端点 a, b; 偶正整数 n 和 m。

输出 I 的近似值 J。

Step 1   Set $h = (b-a)/n$;
         $J_1 = 0$;   (末项)
         $J_2 = 0$;   (偶数项)
         $J_3 = 0$.   (奇数项)

Step 2   For $i = 0, 1, \cdots, n$ do Steps 3–8.

   Step 3   Set $x = a + ih$;   (关于 x 的复合 Simpson 公式)
            $HX = (d(x) - c(x))/m$;
            $K_1 = f(x,c(x)) + f(x,d(x))$;   (末项)
            $K_2 = 0$;   (偶数项)
            $K_3 = 0$.   (奇数项)

   Step 4   For $j = 1, 2, \cdots, m-1$ do Step 5 and 6.

      Step 5   Set $y = c(x) + jHX$;
               $Q = f(x,y)$.

      Step 6   If j is even then set $K_2 = K_2 + Q$
               else set $K_3 = K_3 + Q$.

   Step 7   Set $L = (K_1 + 2K_2 + 4K_3)HX/3$.

   $$\left(L \approx \int_{c(x_i)}^{d(x_i)} f(x_i,y) \, dy, \ \text{利用复合 Simpson 公式} \right)$$

   Step 8   If $i = 0$ or $i = n$ then set $J_1 = J_1 + L$
            else if i 是偶数 then set $J_2 = J_2 + L$
            else set $J_3 = J_3 + L$.   (Step 2 结束)

Step 9   Set $J = h(J_1 + 2J_2 + 4J_3)/3$.

Step 10   OUTPUT (J);
          STOP.

利用 Gauss 求积公式来近似计算二重积分：

$$\int_a^b \int_{c(x)}^{d(x)} f(x, y)\,\mathrm{d}y\,\mathrm{d}x$$

首先需要做变换，对$[a, b]$内的每个 x，在区间$[c(x), d(x)]$中取值的变量 y 要被变换到区间$[-1, 1]$上取值的新变量 t。这个线性变换由下式给出：

$$f(x, y) = f\left(x, \frac{(d(x) - c(x))t + d(x) + c(x)}{2}\right) \quad \text{和} \quad \mathrm{d}y = \frac{d(x) - c(x)}{2}\,\mathrm{d}t$$

然后，对$[a, b]$内的每个 x，应用 Gauss 求积公式就得到

$$\int_{c(x)}^{d(x)} f(x, y)\,\mathrm{d}y = \int_{-1}^1 f\left(x, \frac{(d(x) - c(x))t + d(x) + c(x)}{2}\right)\,\mathrm{d}t$$

从而产生

$$\int_a^b \int_{c(x)}^{d(x)} f(x, y)\,\mathrm{d}y\,\mathrm{d}x$$

$$\approx \int_a^b \frac{d(x) - c(x)}{2} \sum_{j=1}^n c_{n,j} f\left(x, \frac{(d(x) - c(x))r_{n,j} + d(x) + c(x)}{2}\right)\,\mathrm{d}x$$

其中，根 $r_{n,j}$ 和系数 $c_{n,j}$ 与前面一样均来自表 4.12。接下来区间$[a, b]$也变换到区间$[-1, 1]$，Gauss 求积公式用于近似计算上面方程中右端的积分。详细内容在算法 4.5 中给出。

算法 4.5　Gauss 二重积分

算法用于近似计算二重积分：

$$\int_a^b \int_{c(x)}^{d(x)} f(x, y)\,\mathrm{d}y\,\mathrm{d}x$$

输入　端点 a 和 b；正整数 m 和 n。（根 $r_{i,j}$ 和系数 $c_{i,j}$ 对于 $i = \max\{m,n\}$ 和 $1 \leqslant j \leqslant i$ 必须是可获得的。）

输出　I 的近似值 J

Step 1　Set $h_1 = (b - a)/2$;
　　　　　$h_2 = (b + a)/2$;
　　　　　$J = 0$.

Step 2　For $i = 1, 2, \cdots, m$ do Steps 3–5.

　　Step 3　Set $JX = 0$;
　　　　　　　$x = h_1 r_{m,i} + h_2$;
　　　　　　　$d_1 = d(x)$;
　　　　　　　$c_1 = c(x)$;
　　　　　　　$k_1 = (d_1 - c_1)/2$;
　　　　　　　$k_2 = (d_1 + c_1)/2$.

　　Step 4　For $j = 1, 2, \cdots, n$ do
　　　　　　　set $y = k_1 r_{n,j} + k_2$;
　　　　　　　　　$Q = f(x, y)$;
　　　　　　　　　$JX = JX + c_{n,j} Q$.

　　Step 5　Set $J = J + c_{m,i} k_1 JX$.　（Step 2结束）

Step 6   Set $J = h_1 J$.

Step 7   OUTPUT (J);
          STOP.

示例 图 4.22 中阴影部分的体积由下面的二重积分给出：

$$\int_{0.1}^{0.5} \int_{x^3}^{x^2} e^{y/x} \, dy \, dx$$

我们使用 Simpson 二重积分算法取 $n = m = 10$ 来近似计算。

这需要计算 121 次函数 $f(x, y) = e^{y/x}$ 的值，得到的近似值为 0.0333054，与图 4.22 中阴影图形的体积相比，它差不多有 7 位数字精度。如果应用 $n = m = 5$ 的 Gauss 求积公式，只需 25 次函数求值，得到的近似值是 0.03330556611，它精确到 11 位数字。

三重积分近似计算

如下形式的三重积分(见图 4.23)可以用类似的方法来近似计算。

$$\int_{a}^{b} \int_{c(x)}^{d(x)} \int_{\alpha(x,y)}^{\beta(x,y)} f(x, y, z) \, dz \, dy \, dx$$

因为考虑到计算量，Gauss 求积公式是我们选取的方法。算法 4.6 实施了这个方法。

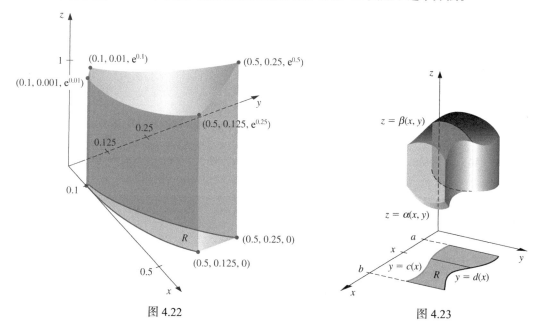

图 4.22   图 4.23

算法 4.6   Gauss 三重积分

算法用于近似计算三重积分:

$$\int_{a}^{b} \int_{c(x)}^{d(x)} \int_{\alpha(x,y)}^{\beta(x,y)} f(x, y, z) \, dz \, dy \, dx$$

输入 端点 a 和 b；正整数 m, n, p。(根 r_{ij} 和系数 c_{ij} 对于 $i = \max\{m, n, p\}$ 和 $1 \leqslant j \leqslant i$ 必须是可获得的。)

输出 I 的近似值 J。

Step 1 Set $h_1 = (b - a)/2$;
$\qquad h_2 = (b + a)/2$;
$\qquad J = 0$.

Step 2 For $i = 1, 2, \cdots, m$ do Steps 3–8.

$\qquad$ **Step 3** Set $JX = 0$;
$\qquad\qquad x = h_1 r_{m,i} + h_2$;
$\qquad\qquad d_1 = d(x)$;
$\qquad\qquad c_1 = c(x)$;
$\qquad\qquad k_1 = (d_1 - c_1)/2$;
$\qquad\qquad k_2 = (d_1 + c_1)/2$.

$\qquad$ **Step 4** For $j = 1, 2, \cdots, n$ do Steps 5–7.

$\qquad\qquad$ **Step 5** Set $JY = 0$;
$\qquad\qquad\qquad y = k_1 r_{n,j} + k_2$;
$\qquad\qquad\qquad \beta_1 = \beta(x, y)$;
$\qquad\qquad\qquad \alpha_1 = \alpha(x, y)$;
$\qquad\qquad\qquad l_1 = (\beta_1 - \alpha_1)/2$;
$\qquad\qquad\qquad l_2 = (\beta_1 + \alpha_1)/2$.

$\qquad\qquad$ **Step 6** For $k = 1, 2, \cdots, p$ do
$\qquad\qquad\qquad$ set $z = l_1 r_{p,k} + l_2$;
$\qquad\qquad\qquad\qquad Q = f(x, y, z)$;
$\qquad\qquad\qquad\qquad JY = JY + c_{p,k} Q$.

$\qquad\qquad$ **Step 7** Set $JX = JX + c_{n,j} l_1 JY$. （Step 4结束）

$\qquad$ **Step 8** Set $J = J + c_{m,i} k_1 JX$. （Step 2结束）

Step 9 Set $J = h_1 J$.

Step 10 OUTPUT (J);
$\qquad\qquad$ STOP.

下面的例子需要计算 4 个三重积分。

示例 在区域 D 上具有密度函数 σ 的一个固态物体的质量中心为

$$(\overline{x}, \overline{y}, \overline{z}) = \left(\frac{M_{yz}}{M}, \frac{M_{xz}}{M}, \frac{M_{xy}}{M} \right)$$

其中,

$$M_{yz} = \iiint_D x\sigma(x, y, z)\, \mathrm{d}V, \qquad M_{xz} = \iiint_D y\sigma(x, y, z)\, \mathrm{d}V$$

$$M_{xy} = \iiint_D z\sigma(x, y, z)\, \mathrm{d}V$$

是关于坐标平面的矩,物体的总质量为

$$M = \iiint_D \sigma(x, y, z)\, \mathrm{d}V$$

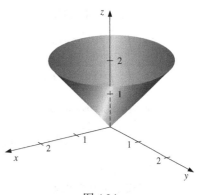

图 4.24

图 4.24 中的阴影部分绘出了物体的形状,它是由锥面 $z^2 = x^2 + y^2$ 和平面 $z = 2$ 围成的。假设这个物体的密度函数为

$$\sigma(x, y, z) = \sqrt{x^2 + y^2}$$

用 Gauss 三重积分算法 4.6 取 $n = m = p = 5$ 对每个积分需要 125 次函数求值,其近似计算结果如下:

$$M = \int_{-2}^{2} \int_{-\sqrt{4-x^2}}^{\sqrt{4-x^2}} \int_{\sqrt{x^2+y^2}}^{2} \sqrt{x^2 + y^2} \, dz \, dy \, dx$$

$$= 4 \int_{0}^{2} \int_{0}^{\sqrt{4-x^2}} \int_{\sqrt{x^2+y^2}}^{2} \sqrt{x^2 + y^2} \, dz \, dy \, dx \approx 8.37504476$$

$$M_{yz} = \int_{-2}^{2} \int_{-\sqrt{4-x^2}}^{\sqrt{4-x^2}} \int_{\sqrt{x^2+y^2}}^{2} x \sqrt{x^2 + y^2} \, dz \, dy \, dx \approx -5.55111512 \times 10^{-17}$$

$$M_{xz} = \int_{-2}^{2} \int_{-\sqrt{4-x^2}}^{\sqrt{4-x^2}} \int_{\sqrt{x^2+y^2}}^{2} y \sqrt{x^2 + y^2} \, dz \, dy \, dx \approx -8.01513675 \times 10^{-17}$$

$$M_{xy} = \int_{-2}^{2} \int_{-\sqrt{4-x^2}}^{\sqrt{4-x^2}} \int_{\sqrt{x^2+y^2}}^{2} z \sqrt{x^2 + y^2} \, dz \, dy \, dx \approx 13.40038156$$

这意味着该物体的质量中心近似在

$$(\overline{x}, \overline{y}, \overline{z}) = (0, 0, 1.60003701)$$

这些积分很容易被直接计算出来。如果你这样做了，就会发现精确的质量中心是$(0, 0, 1.6)$。 ∎

习题 4.8

1. 用算法 4.4 取 $n = m = 4$ 来近似计算下面二重积分，并将计算结果和精确值进行比较。

   a. $\int_{2.1}^{2.5} \int_{1.2}^{1.4} xy^2 \, dy \, dx$　　　　　　　　b. $\int_{0}^{0.5} \int_{0}^{0.5} e^{y-x} \, dy \, dx$

   c. $\int_{2}^{2.2} \int_{x}^{2x} (x^2 + y^3) \, dy \, dx$　　　　　　d. $\int_{1}^{1.5} \int_{0}^{x} (x^2 + \sqrt{y}) \, dy \, dx$

2. 用算法 4.4 来近似计算习题 1 中的积分，求最小的 n 值，使得当取 $n = m$ 时得到的近似值与实际值的误差在 10^{-6} 以内。

3. 用算法 4.5 取 $n = m = 2$ 来近似计算习题 1 中的积分，并把计算结果和习题 1 的计算结果进行比较。

4. 用算法 4.5 来近似计算习题 1 中的积分，求最小的 n 值，使得当取 $n = m$ 时得到的近似值与实际值的误差在 10^{-6} 以内。当 $n = m = 5$ 时不要继续做下去。对比本题中和习题 2 中需要的函数求值次数。

5. 用算法 4.4 来近似计算下面的二重积分，分别取(i) $n = 4$，$m = 8$，(ii) $n = 8$，$m = 4$，(iii) $n = m = 6$。

   a. $\int_{0}^{\pi/4} \int_{\sin x}^{\cos x} (2y \sin x + \cos^2 x) \, dy \, dx$　　b. $\int_{1}^{e} \int_{1}^{x} \ln xy \, dy \, dx$

   c. $\int_{0}^{1} \int_{x}^{2x} (x^2 + y^3) \, dy \, dx$　　　　　　　d. $\int_{0}^{1} \int_{x}^{2x} (y^2 + x^3) \, dy \, dx$

   e. $\int_{0}^{\pi} \int_{0}^{x} \cos x \, dy \, dx$　　　　　　　　　f. $\int_{0}^{\pi} \int_{0}^{x} \cos y \, dy \, dx$

   g. $\int_{0}^{\pi/4} \int_{0}^{\sin x} \dfrac{1}{\sqrt{1 - y^2}} \, dy \, dx$　　　　h. $\int_{-\pi}^{3\pi/2} \int_{0}^{2\pi} (y \sin x + x \cos y) \, dy \, dx$

6. 用算法 4.4 来近似计算习题 5 中的积分，求最小的 n 值，使得当取 $n = m$ 时得到的近似值与实际值的误差在 10^{-6} 以内。

7. 用算法 4.5 来近似计算习题 5 中的积分，分别取(i) $n = m = 3$；(ii) $n = 3$，$m = 4$；(iii) $n = 4$，$m = 3$；(iv) $n = m = 4$。

8. 用算法 4.5 取 $n = m = 5$ 来近似计算习题 5 中的积分。对比本题中和习题 6 中需要的函数求值次数。

9. 分别使用 $n = m = 14$ 的算法 4.4 和 $n = m = 4$ 的算法 4.5 来近似计算积分：

$$\iint\limits_{R} \mathrm{e}^{-(x+y)}\, \mathrm{d}A$$

其中积分区域 R 在平面上由曲线 $y = x^2$ 和 $y = \sqrt{x}$ 围成。

10. 用算法 4.4 来近似计算下面的积分：

$$\iint\limits_{R} \sqrt{xy + y^2}\, \mathrm{d}A$$

其中 R 是平面上的区域，它由直线 $x + y = 6$，$3y - x = 2$ 和 $3x - y = 2$ 围成。首先将区域 R 分成两部分 R_1 和 R_2，并在每个子区域采用算法 4.4。在 R_1 和 R_2 都取 $n = m = 6$。

11. 取 $n = m = p = 2$，用算法 4.6 来近似计算下面的三重积分，并将计算结果和真实值进行比较。

　a. $\displaystyle\int_0^1 \int_0^2 \int_0^{0.5} \mathrm{e}^{x+y+z}\, \mathrm{d}z\, \mathrm{d}y\, \mathrm{d}x$ 　　　　　b. $\displaystyle\int_0^1 \int_x^1 \int_0^y y^2 z\, \mathrm{d}z\, \mathrm{d}y\, \mathrm{d}x$

　c. $\displaystyle\int_0^1 \int_{x^2}^x \int_{x-y}^{x+y} y\, \mathrm{d}z\, \mathrm{d}y\, \mathrm{d}x$ 　　　　　d. $\displaystyle\int_0^1 \int_{x^2}^x \int_{x-y}^{x+y} z\, \mathrm{d}z\, \mathrm{d}y\, \mathrm{d}x$

　e. $\displaystyle\int_0^{\pi} \int_0^x \int_0^{xy} \frac{1}{y}\sin\frac{z}{y}\, \mathrm{d}z\, \mathrm{d}y\, \mathrm{d}x$ 　　　　f. $\displaystyle\int_0^1 \int_0^1 \int_{-xy}^{xy} \mathrm{e}^{x^2+y^2}\, \mathrm{d}z\, \mathrm{d}y\, \mathrm{d}x$

12. 取 $n = m = p = 3$，重做习题 11。

13. 取 $n = m = p = 4$，重做习题 11。

14. 取 $n = m = p = 5$，重做习题 11。

15. 取 $n = m = p = 5$，用算法 4.6 来近似计算下面的积分：

$$\iiint\limits_{S} \sqrt{xyz}\, \mathrm{d}V$$

其中 S 是由圆柱 $x^2 + y^2 = 4$、球面 $x^2 + y^2 + z^2 = 4$ 和平面 $x + y + z = 8$ 围成的第一象限的 1/8 部分。

16. 取 $n = m = p = 4$，用算法 4.6 来近似计算下面的积分：

$$\iiint\limits_{S} xy\sin(yz)\, \mathrm{d}V$$

其中 S 由坐标平面以及平面 $x = \pi$、$y = \pi/2$ 和 $z = \pi/3$ 围成。并将计算结果与真实值进行比较。

应用型习题

17. 一个平面薄板是一个质量连续分布的不计厚度的一片。如果 σ 是一个函数，它描述了一个定义在 xy 平面区域 R 上的平面薄板的密度，则该平面薄板的质量中心 $(\bar{x}, \bar{y})$ 为

$$\bar{x} = \frac{\iint\limits_{R} x\sigma(x, y)\, \mathrm{d}A}{\iint\limits_{R} \sigma(x, y)\, \mathrm{d}A}, \quad \bar{y} = \frac{\iint\limits_{R} y\sigma(x, y)\, \mathrm{d}A}{\iint\limits_{R} \sigma(x, y)\, \mathrm{d}A}$$

取 $n = m = 14$，用算法 4.4 来求这个平面薄板的质量中心，其中 $R = \{(x, y)\,|\,0 \leqslant x \leqslant 1, 0 \leqslant y \leqslant \sqrt{1 - x^2}\}$，密度函数为 $\sigma(x, y) = \mathrm{e}^{-(x^2 + y^2)}$。将计算结果与精确结果进行对比。

18. 取 $n = m = 5$，用算法 4.5 重新计算习题 17。

19. 由定义在 R 上的函数 $f(x, y)$ 表示的曲面的面积为

$$\iint\limits_{R} \sqrt{[f_x(x, y)]^2 + [f_y(x, y)]^2 + 1}\, \mathrm{d}A$$

取 $n = m = 8$，使用算法 4.4 来近似计算半球面的面积。球面方程为 $x^2 + y^2 + z^2 = 9$，$z \geqslant 0$，球面位于二维平面上的区域为 $R = \{(x, y)\,|\,0 \leqslant x \leqslant 1,\ 0 \leqslant y \leqslant 1\}$。

20. 取 $n = m = 4$，用算法 4.5 重新计算习题 19。

讨论问题

1. Monte Carlo 方法易于用到多维数值积分中。这个方法能得到比本节中讨论的方法更高的精度。Metropolis-Hastings 算法就是这样一个方法。将这个方法与 Simpson 二重积分算法进行比较。

2. Monte Carlo 方法易于用到多维数值积分中。这个方法能得到比本节中讨论的方法更高的精度。Metropolis-Hastings 算法就是这样一个方法。将这个方法与 Gauss 三重积分算法进行比较。

3. Monte Carlo 方法易于用到多维数值积分中。这个方法能得到比本节中讨论的方法更高的精度。Gibb's Sampling 算法就是这样一个方法。将这个方法与 Simpson 二重积分算法进行比较。

4. Monte Carlo 方法易于用到多维数值积分中。这个方法能得到比本节中讨论的方法更高的精度。Gibb's Sampling 算法就是这样一个方法。将这个方法与 Gauss 三重积分算法进行比较。

4.9 反常积分

反常积分包含两种情形：一种是被积函数在积分区间上无界，另一种是积分区间的两个端点之一是无穷的(或者两个都是无穷的：左端点是负无穷，右端点是正无穷)。无论哪一种情形，正常的求积公式必须被修正才能应用。

左端点奇异性

首先考虑这种情形：被积函数在积分区间的左端点是无界的，如图 4.25 所示。在这种情形下，我们将说 f 在端点 a 处有奇异性。我们将展示其他类型的反常积分都可以转化为这种情形。

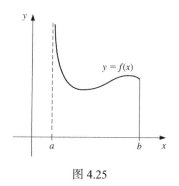

图 4.25

在微积分中已经证明在左端点有奇异性的反常积分

$$\int_a^b \frac{\mathrm{d}x}{(x-a)^p}$$

当且仅当 $0 < p < 1$ 时收敛。此时，我们定义：

$$\int_a^b \frac{1}{(x-a)^p}\,\mathrm{d}x = \lim_{M \to a^+} \left.\frac{(x-a)^{1-p}}{1-p}\right|_{x=M}^{x=b} = \frac{(b-a)^{1-p}}{1-p}$$

例 1 证明反常积分 $\displaystyle\int_0^1 \frac{1}{\sqrt{x}}\,\mathrm{d}x$ 收敛，但 $\displaystyle\int_0^1 \frac{1}{x^2}\,\mathrm{d}x$ 发散。

解 对第一个积分，有

$$\int_0^1 \frac{1}{\sqrt{x}}\,\mathrm{d}x = \lim_{M \to 0^+} \int_M^1 x^{-1/2}\,\mathrm{d}x = \lim_{M \to 0^+} \left. 2x^{1/2}\right|_{x=M}^{x=1} = 2 - 0 = 2$$

但是第二个积分

$$\int_0^1 \frac{1}{x^2}\,\mathrm{d}x = \lim_{M \to 0^+} \int_M^1 x^{-2}\,\mathrm{d}x = \lim_{M \to 0^+} \left. -x^{-1}\right|_{x=M}^{x=1}$$

是无界的。∎

如果一个函数能表示为如下形式：

$$f(x) = \frac{g(x)}{(x-a)^p}$$

其中 $0 < p < 1$ 且 g 在 $[a, b]$ 上连续，则反常积分

$$\int_a^b f(x)\,\mathrm{d}x$$

也是存在的。我们将用复合 Simpson 公式来近似计算这个积分，并假设 $g \in C^5[a,b]$。在这种情形下，我们能对函数 g 在 a 点构造四阶 Taylor 多项式：

$$P_4(x) = g(a) + g'(a)(x-a) + \frac{g''(a)}{2!}(x-a)^2 + \frac{g'''(a)}{3!}(x-a)^3 + \frac{g^{(4)}(a)}{4!}(x-a)^4$$

并得到

$$\int_a^b f(x)\,\mathrm{d}x = \int_a^b \frac{g(x) - P_4(x)}{(x-a)^p}\,\mathrm{d}x + \int_a^b \frac{P_4(x)}{(x-a)^p}\,\mathrm{d}x \tag{4.44}$$

因此 $P(x)$ 是多项式，我们能精确地计算：

$$\int_a^b \frac{P_4(x)}{(x-a)^p}\,\mathrm{d}x = \sum_{k=0}^4 \int_a^b \frac{g^{(k)}(a)}{k!}(x-a)^{k-p}\,\mathrm{d}x = \sum_{k=0}^4 \frac{g^{(k)}(a)}{k!(k+1-p)}(b-a)^{k+1-p} \tag{4.45}$$

一般情形下这是近似中的主要部分，特别是当在整个区间 $[a,b]$ 上 Taylor 多项式 $P_4(x)$ 与 $g(x)$ 非常接近时。

为了近似计算积分 f，我们必须将下面这个积分也加进来：

$$\int_a^b \frac{g(x) - P_4(x)}{(x-a)^p}\,\mathrm{d}x$$

为了计算这个值，首先定义：

$$G(x) = \begin{cases} \frac{g(x) - P_4(x)}{(x-a)^p}, & \text{若 } a < x \leqslant b \\ 0, & \text{若 } x = a \end{cases}$$

上面定义的是一个在 $[a,b]$ 区间上连续的函数。实际上，$0 < p < 1$ 且对 $k = 0,\ 1,\ 2,\ 3,\ 4$，$P_4^{(k)}(a)$ 和 $g^{(k)}(a)$ 都相等，因此 $G \in C^4[a,b]$。这意味着复合 Simpson 公式可以用于近似计算区间 $[a,b]$ 上函数 G 的积分。将这个结果添加到式 (4.45) 的值中就得到 f 在 $[a,b]$ 区间上的反常积分的近似值，它具有与复合 Simpson 公式一样的精度。

例 2 取 $h = 0.25$，利用复合 Simpson 公式来近似计算反常积分：

$$\int_0^1 \frac{\mathrm{e}^x}{\sqrt{x}}\,\mathrm{d}x$$

解 指数函数 e^x 在 $x = 0$ 处的四阶 Taylor 多项式为

$$P_4(x) = 1 + x + \frac{x^2}{2} + \frac{x^3}{6} + \frac{x^4}{24}$$

所以，反常积分 $\int_0^1 \frac{\mathrm{e}^x}{\sqrt{x}}\mathrm{d}x$ 的主要部分是

$$\begin{aligned}
\int_0^1 \frac{P_4(x)}{\sqrt{x}}\,\mathrm{d}x &= \int_0^1 \left(x^{-1/2} + x^{1/2} + \frac{1}{2}x^{3/2} + \frac{1}{6}x^{5/2} + \frac{1}{24}x^{7/2} \right)\,\mathrm{d}x \\
&= \lim_{M \to 0^+} \left[2x^{1/2} + \frac{2}{3}x^{3/2} + \frac{1}{5}x^{5/2} + \frac{1}{21}x^{7/2} + \frac{1}{108}x^{9/2} \right]_M^1 \\
&= 2 + \frac{2}{3} + \frac{1}{5} + \frac{1}{21} + \frac{1}{108} \approx 2.9235450
\end{aligned}$$

对于反常积分 $\displaystyle\int_0^1 \frac{e^x}{\sqrt{x}}dx$ 的第二部分的近似计算，我们需要近似积分

$\displaystyle\int_0^1 G(x)dx$，其中

表 4.13	
x	$G(x)$
0.00	0
0.25	0.0000170
0.50	0.0004013
0.75	0.0026026
1.00	0.0099485

$$G(x) = \begin{cases} \dfrac{1}{\sqrt{x}}\left(e^x - P_4(x)\right), & \text{若 } 0 < x \leqslant 1 \\ 0, & \text{若 } x = 0 \end{cases}$$

表 4.13 列出了复合 Simpson 公式近似计算这个积分所需要的值。

使用这些数据和复合 Simpson 公式得出

$$\int_0^1 G(x)\, dx \approx \frac{0.25}{3}[0 + 4(0.0000170) + 2(0.0004013) + 4(0.0026026) + 0.0099485]$$

$$= 0.0017691$$

因此

$$\int_0^1 \frac{e^x}{\sqrt{x}}\, dx \approx 2.9235450 + 0.0017691 = 2.9253141$$

这个结果与复合 Simpson 公式近似计算 G 的精度是一样的，因为在 $[0,1]$ 上 $|G^{(4)}(x)|<1$，所以误差界为

$$\frac{1-0}{180}(0.25)^4 = 0.0000217$$ ∎

右端点奇异性

为了计算右端点有奇异性的反常积分，我们可以在区间的右端点处用同样的技巧来处理问题。另外一种方法是可以做变量替换：

$$z = -x, \quad dz = -\, dx$$

它将原反常积分变成了另一个形式的反常积分：

$$\int_a^b f(x)\, dx = \int_{-b}^{-a} f(-z)\, dz \tag{4.46}$$

后者在区间的左端点有奇异性。于是可以利用前面已经描述的左端点具有奇异性的反常积分的近似计算方法来计算(见图 4.26)。

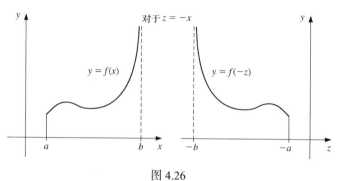

图 4.26

如果一个反常积分的奇异性出现在 c 点，其中 $a < c < b$，那么它可以改写成两个端点奇异性的反常积分的和，因为

$$\int_a^b f(x)\, dx = \int_a^c f(x)\, dx + \int_c^b f(x)\, dx$$

无穷奇异性

其他类型的反常积分涉及积分的上下限是无穷的。这种类型的典型形式为

$$\int_a^\infty \frac{1}{x^p}\,\mathrm{d}x,\quad p>1$$

这可以通过一个积分变换转化为左端点 0 处具有奇异性的反常积分。这个变量替换是

$$t=x^{-1},\quad \mathrm{d}t=-x^{-2}\,\mathrm{d}x,\quad \text{因此}\quad \mathrm{d}x=-x^2\,\mathrm{d}t=-t^{-2}\,\mathrm{d}t$$

于是

$$\int_a^\infty \frac{1}{x^p}\,\mathrm{d}x=\int_{1/a}^0 -\frac{t^p}{t^2}\,\mathrm{d}t=\int_0^{1/a}\frac{1}{t^{2-p}}\,\mathrm{d}t$$

采用类似的方法，通过变换 $t=x^{-1}$ 就可以将反常积分 $\int_a^\infty f(x)\mathrm{d}x$ 变换成左端点 0 处具有奇异性的反常积分：

$$\int_a^\infty f(x)\,\mathrm{d}x=\int_0^{1/a}t^{-2}f\left(\frac{1}{t}\right)\mathrm{d}t \tag{4.47}$$

现在它就能用前面介绍的求积公式来近似计算了。

例 3　近似计算反常积分：

$$I=\int_1^\infty x^{-3/2}\sin\frac{1}{x}\,\mathrm{d}x$$

解　首先使用变量替换 $t=x^{-1}$，它将原无穷奇异性的反常积分变换成左端具有奇异性的反常积分，即

$$\mathrm{d}t=-x^{-2}\,\mathrm{d}x,\quad \text{因此}\quad \mathrm{d}x=-x^2\,\mathrm{d}t=-\frac{1}{t^2}\,\mathrm{d}t$$

且

$$I=\int_{x=1}^{x=\infty}x^{-3/2}\sin\frac{1}{x}\,\mathrm{d}x=\int_{t=1}^{t=0}\left(\frac{1}{t}\right)^{-3/2}\sin t\,\left(-\frac{1}{t^2}\,\mathrm{d}t\right)=\int_0^1 t^{-1/2}\sin t\,\mathrm{d}t$$

函数 $\sin t$ 在 $t=0$ 处的四次 Taylor 多项式为

$$P_4(t)=t-\frac{1}{6}t^3$$

所以

$$G(t)=\begin{cases}\dfrac{\sin t-t+\frac{1}{6}t^3}{t^{1/2}}, & \text{若}\,0<t\leqslant 1\\[2mm] 0, & \text{若}\,t=0\end{cases}$$

它是 $C^4[0,1]$，因此有

$$I=\int_0^1 t^{-1/2}\left(t-\frac{1}{6}t^3\right)\mathrm{d}t+\int_0^1\frac{\sin t-t+\frac{1}{6}t^3}{t^{1/2}}\,\mathrm{d}t$$

$$=\left[\frac{2}{3}t^{3/2}-\frac{1}{21}t^{7/2}\right]_0^1+\int_0^1\frac{\sin t-t+\frac{1}{6}t^3}{t^{1/2}}\,\mathrm{d}t$$

$$=0.61904761+\int_0^1\frac{\sin t-t+\frac{1}{6}t^3}{t^{1/2}}\,\mathrm{d}t$$

用复合 Simpson 公式取 $n=16$ 对后面一项积分的近似计算结果为 0.0014890097。这样就可以给出最终的近似结果为

$$I = 0.0014890097 + 0.61904761 = 0.62053661$$

它达到了 4.0×10^{-8} 的精度。 ■

习题 4.9

1. 用复合 Simpson 公式和下面给定的 n 值来近似计算下面的反常积分。

    a. $\displaystyle\int_0^1 x^{-1/4} \sin x \, \mathrm{d}x$, $n=4$ b. $\displaystyle\int_0^1 \frac{\mathrm{e}^{2x}}{\sqrt[5]{x^2}} \, \mathrm{d}x$, $n=6$

    c. $\displaystyle\int_1^2 \frac{\ln x}{(x-1)^{1/5}} \, \mathrm{d}x$, $n=8$ d. $\displaystyle\int_0^1 \frac{\cos 2x}{x^{1/3}} \, \mathrm{d}x$, $n=6$

2. 用复合 Simpson 公式和下面给定的 n 值来近似计算下面的反常积分。

    a. $\displaystyle\int_0^1 \frac{\mathrm{e}^{-x}}{\sqrt{1-x}} \, \mathrm{d}x$, $n=6$ b. $\displaystyle\int_0^2 \frac{x\mathrm{e}^x}{\sqrt[3]{(x-1)^2}} \, \mathrm{d}x$, $n=8$

3. 先使用变量替换 $t = x^{-1}$，再用复合 Simpson 公式和下面给定的 n 值来近似计算下面的反常积分。

    a. $\displaystyle\int_1^\infty \frac{1}{x^2+9} \, \mathrm{d}x$, $n=4$ b. $\displaystyle\int_1^\infty \frac{1}{1+x^4} \, \mathrm{d}x$, $n=4$

    c. $\displaystyle\int_1^\infty \frac{\cos x}{x^3} \, \mathrm{d}x$, $n=6$ d. $\displaystyle\int_1^\infty x^{-4} \sin x \, \mathrm{d}x$, $n=6$

4. 反常积分 $\displaystyle\int_0^\infty f(x)\mathrm{d}x$ 不能有变量替换 $t=1/x$ 来化成积分区间有限的反常积分。因为零点被变换成了无穷。这个问题可以通过首先将积分分成两部分 $\displaystyle\int_0^\infty f(x)\mathrm{d}x = \int_0^1 f(x)\mathrm{d}x + \int_1^\infty f(x)\mathrm{d}x$ 来解决。用这种技巧来近似计算下面的反常积分，要求精度在 10^{-6} 以内。

    a. $\displaystyle\int_0^\infty \frac{1}{1+x^4} \, \mathrm{d}x$ b. $\displaystyle\int_0^\infty \frac{1}{(1+x^2)^3} \, \mathrm{d}x$

应用型习题

5. 假设一个质量为 m 的物体从地球表面垂直上升。如果所有的阻力除重力之外都可以忽略，逃逸速度 v 由下面的公式给出：

$$v^2 = 2gR \int_1^\infty z^{-2} \, \mathrm{d}z, \ \text{其中} \ z = \frac{x}{R}$$

常数 $R = 3960$ 英里(mi)，是地球的半球，$g = 0.00609$ 英里每平方秒(mi/s^2)是地球表面的重力加速度。近似计算逃逸速度 v。

理论型习题

6. Laguerre 多项式 $\{L_0(x), L_1(x), \cdots\}$ 形成了区间 $[0,\infty)$ 上的一个正交集，满足对 $i \neq j$，$\displaystyle\int_0^\infty \mathrm{e}^{-x} L_i(x) L_j(x) \mathrm{d}x = 0$。

    (见 8.2 节。)多项式 $L_n(x)$ 在 $[0,\infty)$ 内有 n 个不同的零点 $x_1, x_2, \cdots, x_n$。令

$$c_{n,i} = \int_0^\infty \mathrm{e}^{-x} \prod_{\substack{j=1 \\ j \neq i}}^n \frac{x - x_j}{x_i - x_j} \, \mathrm{d}x$$

    证明求积公式

$$\int_0^\infty f(x)\mathrm{e}^{-x} \, \mathrm{d}x = \sum_{i=1}^n c_{n,i} f(x_i)$$

    有 $2n-1$ 阶的精度。[提示：按照定理 4.7 的证明方法。]

7. 8.2 节的习题 11 推导了 Laguerre 多项式，其前 4 个是 $L_0(x) = 1$，$L_1(x) = 1 - x$，$L_2(x) = x^2 - 4x + 2$ 和 $L_3(x) = -x^3 + 9x^2 - 18x + 6$。正如习题 6 中所说的那样，这些多项式在近似计算下面形式的积分时非常有用。

$$\int_0^\infty e^{-x} f(x)\, dx = 0$$

　　a. 推导 $n = 2$ 时的求积公式以及 $L_2(x)$ 的零点。

　　b. 推导 $n = 3$ 时的求积公式以及 $L_3(x)$ 的零点。

8. 利用习题 7 中推导的求积公式近似计算积分：

$$\int_0^\infty \sqrt{x} e^{-x}\, dx$$

9. 利用习题 7 中推导的求积公式近似计算积分：

$$\int_{-\infty}^\infty \frac{1}{1 + x^2}\, dx$$

讨论问题

1. 描述在近似计算反常积分时怎样处理奇异性。

2. 如果函数在区间的端点包含一个可积的奇异性，自适应求积方法的计算效率将大大降低。这种情况可能要求数千次的迭代将积分误差降低到可接受的水平。讨论 AutoGKSingular 子程序是如何来解决这个问题的。

4.10 数值软件

　　大多数用于近似计算实单变量函数的积分的软件都是基于自适应方法或极端精确的 Gauss 公式的。谨慎的 Romberg 积分法是一种自适应技术，它包含一个确保在子区间上被积函数具有足够光滑性的检验过程。这种方法应该成功地用于软件包。一般而言，多重积分的近似计算都是对好的自适应方法的高维拓展。我们也推荐采用 Gauss 类型的求积公式用以减少函数求值的次数。

　　在 IMSL 和 NAG 库中的主程序都是基于 QUADPACK 的：*A Subroutine Package for Automatic Integration*，它由 R. Piessens，E. de Doncker-Kapenga，C. W. Uberhuber 和 D. K. Kahaner 编写，在 1983 年由 Springer-Verlag 出版[PDUK]。

　　在 IMSL 库中包含了基于 21 点 Gauss-Kronrod 公式的自适应积分方法，它使用 10 点 Gauss 公式作为误差估计。Gauss 公式使用 10 个点 x_1，x_2，$\cdots$，x_{10} 以及权 w_1，w_2，$\cdots$，w_{10} 给出了求积公式 $\sum_{i=1}^{10} w_i f(x_i)$ 用来近似计算积分 $\int_a^b f(x)dx$。另外的 11 个点 x_{11}，x_{12}，$\cdots$，x_{21} 以及权 v_{11}，v_{12}，$\cdots$，v_{21} 用于 Kronrod 公式 $\sum_{i=1}^{21} v_i f(x_i)$。对照这两个公式来消除误差。在每个公式中都使用 x_1，x_2，$\cdots$，x_{10} 的好处是 f 只需要在 21 个点上求值。如果独立使用 10 点和 21 点 Gauss 公式，则需要 31 次函数求值。这个方法允许积分在端点具有奇异性。

　　其他的 IMSL 子程序允许端点奇异性、用户指定的奇异性以及积分区间是无穷的情形。另外，也有子程序使用 Gauss-Kronrod 公式来近似计算二重积分，还有一个子程序使用 Gauss 求积公式来近似计算形如 $[a_i, b_i]$ 的 n 个区间上 n 个变量的函数的积分。

　　NAG 库包括一个近似计算 $[a, b]$ 区间上函数 f 的积分的程序，它利用基于 Gauss 求积公式的自适应方法，用了 10 点的 Gauss 公式和 2 点的 Kronrod 公式。它里面也包含用一组 Gauss 类型的公式来近似计算积分的子程序，这一组 Gauss 公式分别是基于 1，3，5，7，15，31，63，127 和 255 个节点的。这些交错的高精度公式是由 Patterson[Pat]设计的，并使用了自适应方法。NAG 中也包含其他近似计算积分的子程序。

虽然数值微分是不稳定的，但是需要用导数的近似公式解微分方程。NAG 库中包含了单变量函数数值微分的子程序，它最大可以求到 14 阶导数。IMSL 有一个功能用来自适应改变有限差分近似的步长，它可以在给定精度要求下求一个函数在 x 点处的一阶、二阶和三阶导数的近似值 f。IMSL 也包含一个子程序，通过使用二次插值多项式，它可以近似计算定义在一个点集上的函数的导数。两个软件包都能计算三次插值样条的微分和积分，这些样条由 3.5 节中介绍的方法来构造。

讨论问题

1. 在 ALGLIB 数值软件包中找到 AutoGKSmooth 子程序，并叙述这个子程序。
2. 在 ALGLIB 数值软件包中找到 AutoGKSmoothW 子程序，并叙述这个子程序。
3. 讨论在 MAPLE 中如何处理多重积分。在使用 MAPLE 时，有没有问题发生？
4. 讨论在 MATLAB 中如何处理多重积分。在使用 MATLAB 时，有没有问题发生？
5. 讨论在 Mathematica 中如何处理多重积分。在使用 Mathematica 时，有没有问题发生？

关键概念

数值微分	差分公式
舍入误差	Richardson 外推
数值积分	数值求积公式
梯形公式	Simpson 公式
精度	Newton-Cotes 开公式
Newton-Cotes 闭公式	精度测量
复合梯形公式	复合 Simpson 公式
Romberg 求积法	自适应求积方法
Gauss 求积公式	Legendre 多项式
多重积分方法	反常积分
奇异性	

本章回顾

在本章中，我们考虑了近似计算一个、两个、三个变量的函数的积分以及实单变量函数的微分。

中点公式、梯形公式和 Simpson 公式都进行了推导以及给出了这些求积方法的误差分析。我们发现复合 Simpson 公式易于使用并且能够得到很精确的近似结果，除非函数在积分区间的一个子区间上振荡剧烈。如果被积函数被怀疑具有振荡行为，我们发现可以使用自适应方法。我们也看到了使用 Gauss 求积公式在保持精度的前提下使用了最少的节点。本章还介绍了 Romberg 积分法，它能很容易地用到复合梯形公式并实现外推。

关于数值积分的进一步阅读材料，我们推荐 Engels 编写的著作[E]，以及 Davis 和 Rabinowitz 编写的著作[DR]。关于 Gauss 求积公式的更多内容，请参阅 Stroud 和 Secrest 的[StS]。多重积分的著作包括 Stroud 编写的[Stro]和 Sloan 和 Joe 编写的[SJ]。

第5章 常微分方程初值问题

引言

在某些简化的假设下，钟摆的运动可由下面的二阶微分方程来刻画：

$$\frac{\mathrm{d}^2\theta}{\mathrm{d}t^2} + \frac{g}{L}\sin\theta = 0$$

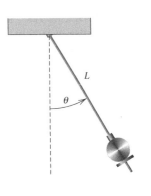

其中，L 是钟摆的摆长，$g \approx 32.17 \text{ ft/s}^2$ 是地球的重力加速度，θ 是钟摆与竖直方向的夹角。除此之外，如果再假设钟摆在开始时刻的位置 $\theta(t_0) = \theta_0$，以及此刻的速度 $\theta'(t_0) = \theta'_0$，我们就得到一个初值问题。

对于较小的夹角 θ，近似公式 $\theta \approx \sin\theta$ 可以用来简化问题，使它变成一个线性初值问题：

$$\frac{\mathrm{d}^2\theta}{\mathrm{d}t^2} + \frac{g}{L}\theta = 0, \quad \theta(t_0) = \theta_0, \quad \theta'(t_0) = \theta'_0$$

这个问题可以用标准的微分方程求解方法来解出。对于较大的夹角 θ，假设 $\theta = \sin\theta$ 就不是很合理了，这时必须使用近似方法来求解。这个问题将出现在 5.9 节的习题 7 中。

几乎所有的常微分方程教科书都详细描述了许多一阶初值问题的显式解法，但是在实践中，很少有源于研究物理现象的问题能被精确求解。

本章第一部分关心的问题是近似求下面形式的方程的解 $y(t)$：

$$\frac{\mathrm{d}y}{\mathrm{d}t} = f(t, y), \; a \leqslant t \leqslant b$$

满足初值条件 $y(a) = \alpha$。之后，我们将解法扩展到如下形式的一阶常微分方程组：

$$\frac{\mathrm{d}y_1}{\mathrm{d}t} = f_1(t, y_1, y_2, \cdots, y_n),$$

$$\frac{\mathrm{d}y_2}{\mathrm{d}t} = f_2(t, y_1, y_2, \cdots, y_n),$$

$$\vdots$$

$$\frac{\mathrm{d}y_n}{\mathrm{d}t} = f_n(t, y_1, y_2, \cdots, y_n)$$

对 $a \leqslant t \leqslant b$，满足初值条件：

$$y_1(a) = \alpha_1, \quad y_2(a) = \alpha_2, \quad \cdots, \quad y_n(a) = \alpha_n$$

我们也会考察上面的一阶常微分方程组与如下形式的一般 n 阶初值问题之间的关系：

$$y^{(n)} = f(t, y, y', y'', \cdots, y^{(n-1)})$$

对 $a \leqslant t \leqslant b$，满足初值条件：

$$y(a) = \alpha_1, \quad y'(a) = \alpha_2, \quad \cdots, \quad y^{n-1}(a) = \alpha_n$$

5.1 初值问题的基本理论

微分方程用于科学和工程中某些问题的建模，这些问题涉及一个变量相对于另一个变量的变化。这些问题大多要求解一个初值问题,也就是说,微分方程满足给定初始条件的解。

在通常情况下,描述现实问题的微分方程太复杂而不能精确求解,可以采用两种方法来得到近似解。第一种是修改模型,使得问题可以用简化的微分方程来刻画,这个简化的微分方程能够精确求解,于是就用这个近似问题的解来近似原问题的解。另一种方法,也就是我们在本章中主要考虑的,是使用近似方法来求原问题的近似解。后一种方法是人们最普遍采用的,因为近似方法能给出非常精确的结果和实用的误差信息。

本章中讨论的方法并不能给出初值问题解的一个连续的近似,相反,而是得到近似解在某些具体给定的点上的值,而这些点通常是等距分布的。某些插值方法,例如 Hermite(埃尔米特)插值,如果需要的话可以用来计算中间点上的值。

在讨论常微分方程近似解法之前,我们需要介绍一些关于常微分方程理论的概念和结论。

定义 5.1　一个函数 $f(t, y)$ 被称为是在集合 $D \subset \mathbb{R}^2$ 上关于变量 y 满足 Lipschitz(利普希茨)条件,如果存在一个常数 $L > 0$,只要 (t, y_1) 和 (t, y_2) 在 D 内,就满足

$$|f(t, y_1) - f(t, y_2)| \leqslant L|y_1 - y_2|$$

常数 L 称为 **Lipschitz 常数**。　　　　　　　　　　　　　　　　　　■

例 1　证明函数 $f(t, y) = t|y|$ 在区域 $D = \{(t, y) \mid 1 \leqslant t \leqslant 2, \ -3 \leqslant y \leqslant 4\}$ 上满足 Lipschitz 条件。

解　对 D 内的每一对点 (t, y_1) 和 (t, y_2),我们有

$$|f(t, y_1) - f(t, y_2)| = |t|y_1| - t|y_2|| = |t| \, ||y_1| - |y_2|| \leqslant 2|y_1 - y_2|$$

于是,f 在 D 上关于变量 y 满足 Lipschitz 条件,Lipschitz 常数为 2。在这个例子里,Lipschitz 常数可能的最小值是 $L = 2$,因为

$$|f(2, 1) - f(2, 0)| = |2 - 0| = 2|1 - 0|$$

　　　　　　　　　　　　　　　　　　　　　　　　　　　　　　　　■

定义 5.2　如果一个集合 $D \subset \mathbb{R}^2$ 满足:只要 (t_1, y_1) 和 (t_2, y_2) 属于 D,那么对所有属于 $[0, 1]$ 的 λ,点 $((1-\lambda)t_1 + \lambda t_2, (1-\lambda)y_1 + \lambda y_2)$ 也属于 D,则称这个集合 D 是凸的。　　■

用几何的术语,定义 5.2 表明一个集合是凸的意味着只要两点属于这个集合,则连接这两点的整个线段都属于这个集合(见图 5.1 和习题 7)。本章中考虑的集合一般具有形式 $D = \{(t, y) \mid a \leqslant t \leqslant b$ 和 $-\infty < y < \infty\}$,其中 a 和 b 是常数。易于证明(见习题 9)这种类型的集合是凸集。

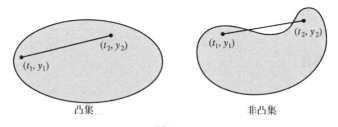

图 5.1

定理 5.3　假设 $f(t, y)$ 定义在一个凸集 $D \subset \mathbb{R}^2$ 上。如果存在常数 $L > 0$,使得

$$\left| \frac{\partial f}{\partial y}(t, y) \right| \leqslant L, \ 对于所有 (t, y) \in D \tag{5.1}$$

则 f 在 D 上关于变量 y 满足 Lipschitz 条件,其中 Lipschitz 常数为 L。　　　　■

定理 5.3 的证明在习题 8 中讨论,它类似于 1.1 节的习题 28 中一元函数的相应结果的证明。

正如下一个定理将要说明的那样，确定初值问题中的函数关于第二个变量是否满足 Lipschitz 条件是人们经常关心的问题，条件(5.1)比定义更易于运用。然而，我们将注意到定理 5.3 只给出了使得 Lipschitz 条件成立的充分条件。像例 1 中的函数，虽然满足 Lipschitz 条件，但关于 y 的偏导数在 $y = 0$ 时却不存在。

下面的定理是关于一阶常微分方程解的存在性和唯一性的基本定理。虽然定理的结论可以在更弱的假设条件下证明，但这种形式的定理对我们的目标来说已经足够。(该定理的证明可以在 [BiR], pp.142-155 中找到。)

定理 5.4 假设 $D = \{(t, y) | a \leqslant t \leqslant b, -\infty < y < \infty\}$ 且 $f(t, y)$ 在 D 上连续。如果 f 在 D 上关于 y 满足 Lipschitz 条件，则初值问题

$$y'(t) = f(t, y), \quad a \leqslant t \leqslant b, \quad y(a) = \alpha$$

对 $a \leqslant t \leqslant b$，有唯一解。 ■

例 2 利用定理 5.4 来证明下面的初值问题存在唯一解。

$$y' = 1 + t \sin(ty), \quad 0 \leqslant t \leqslant 2, \quad y(0) = 0$$

解 将 t 看作常数并对下面函数使用中值定理：

$$f(t, y) = 1 + t \sin(ty)$$

我们得到，只要 $y_1 < y_2$，必存在 ξ 属于 (y_1, y_2)，使得

$$\frac{f(t, y_2) - f(t, y_1)}{y_2 - y_1} = \frac{\partial}{\partial y} f(t, \xi) = t^2 \cos(\xi t)$$

于是

$$|f(t, y_2) - f(t, y_1)| = |y_2 - y_1||t^2 \cos(\xi t)| \leqslant 4|y_2 - y_1|$$

即 f 关于 y 满足 Lipschitz 条件，其中 Lipschitz 常数为 $L = 4$。另外，当 $0 \leqslant t \leqslant 2$ 且 $-\infty < y < \infty$ 时 $f(t, y)$ 是连续的，所以由定理 5.4 可知该初值问题存在唯一解。

如果你已经学完了微分方程课程，你也许可以找到这个问题的精确解。 ■

适定问题

在一定程度上我们已经回答了初值问题解的存在与唯一性问题，接下来讨论在近似求解初值问题时遇到的第二个重要问题。因为一般情况下初值问题都是通过观察物理现象得到的，而且也只是近似了实际状况，因此我们需要知道当问题所涉及的数据有小的变化时相应的解是否变化也小。这是非常重要的问题，因为当使用数值方法来求解初值问题时舍入误差的引入是不可避免的。也就是说，

● 问题：我们如何来确定一个具体问题具有这样的属性：问题中数据的小的改变或扰动导致相应的解也变化很小？

同样，我们需要一个可以表达这个概念的定义。

定义 5.5 初值问题

$$\frac{dy}{dt} = f(t, y), \quad a \leqslant t \leqslant b, \quad y(a) = \alpha \tag{5.2}$$

被称为**适定的**，如果它满足以下两条：

- 问题的解 $y(t)$ 存在且唯一;
- 存在常数 $\varepsilon_0 > 0$ 和 $k > 0$ 使得对任意的位于区间 $(0, \varepsilon_0)$ 的 ε,只要 $\delta(t)$ 连续且对所有位于 $[a, b]$ 的 t,满足 $|\delta(t)| < \varepsilon$,当 $|\delta_0| < \varepsilon$ 时,初值问题

$$\frac{\mathrm{d}z}{\mathrm{d}t} = f(t, z) + \delta(t), \quad a \leqslant t \leqslant b, \quad z(a) = \alpha + \delta_0 \tag{5.3}$$

有唯一解且满足

$$\text{对所有属于} [a, b] \text{的} t, \ |z(t) - y(t)| < k\varepsilon \text{成立} \qquad \blacksquare$$

方程 (5.3) 给出的问题称为与原问题 [方程 (5.2)] 相关的**扰动问题**。它假设在问题以及相应的初始条件中都引入了误差 δ_0。

数值方法在绝大多数情况下就是要解一个扰动问题,因为舍入误差是由原问题加上扰动项来表示的。除非原问题是适定的,否则没有理由期望一个扰动问题的数值解能够较为精确地近似原问题的解。

下面的定理给出了能够保证初值问题是适定的条件。该定理的证明可以在文献 [BiR],pp. 142-147 中找到。

定理 5.6   假设 $D = \{(t, y) \mid a \leqslant t \leqslant b, -\infty < y < \infty\}$。如果 f 在 D 上连续且在 D 上关于 y 满足 Lipschitz 条件,则初值问题

$$\frac{\mathrm{d}y}{\mathrm{d}t} = f(t, y), \quad a \leqslant t \leqslant b, \quad y(a) = \alpha$$

是适定的。
$\qquad \blacksquare$

例 3   证明初值问题

$$\frac{\mathrm{d}y}{\mathrm{d}t} = y - t^2 + 1, \quad 0 \leqslant t \leqslant 2, \quad y(0) = 0.5 \tag{5.4}$$

在 $D = \{(t, y) \mid 0 \leqslant t \leqslant 2, -\infty < y < \infty\}$ 上是适定的。

解   因为

$$\left| \frac{\partial(y - t^2 + 1)}{\partial y} \right| = |1| = 1$$

依据定理 5.3,可以知道 $f(t, y) = y - t^2 + 1$ 在 D 上关于 y 满足 Lipschitz 条件,Lipschitz 常数为 1。因为 f 在 D 上连续,由定理 5.6 可知问题是适定的。

作为一个示例,考虑下面的扰动问题:

$$\frac{\mathrm{d}z}{\mathrm{d}t} = z - t^2 + 1 + \delta, \quad 0 \leqslant t \leqslant 2, \quad z(0) = 0.5 + \delta_0 \tag{5.5}$$

其中 δ 和 δ_0 都是常数。方程 (5.4) 和方程 (5.5) 的解分别是

$$y(t) = (t + 1)^2 - 0.5e^t \quad \text{和} \quad z(t) = (t + 1)^2 + (\delta + \delta_0 - 0.5)e^t - \delta$$

假设 ε 是一个正数。如果 $|\delta| < \varepsilon$ 且 $|\delta_0| < \varepsilon$,则

$$|y(t) - z(t)| = |(\delta + \delta_0)e^t - \delta| \leqslant |\delta + \delta_0|e^2 + |\delta| \leqslant (2e^2 + 1)\varepsilon$$

对所有的 t 都成立。这意味着问题 (5.4) 是适定的,其中 $k(\varepsilon) = 2e^2 + 1$ 对所有的 $\varepsilon > 0$ 都成立。$\qquad \blacksquare$

习题 5.1

1. 利用定理 5.4 证明下面的初值问题有唯一解,并求出解。

a. $y' = y\cos t,\ 0 \leqslant t \leqslant 1,\ y(0) = 1$

b. $y' = \dfrac{2}{t}y + t^2 e^t,\ 1 \leqslant t \leqslant 2,\ y(1) = 0$

c. $y' = -\dfrac{2}{t}y + t^2 e^t,\ 1 \leqslant t \leqslant 2,\ y(1) = \sqrt{2}e$

d. $y' = \dfrac{4t^3 y}{1 + t^4},\ 0 \leqslant t \leqslant 1,\ y(0) = 1$

2. 证明下面的初值问题有唯一解，并求出解。定理 5.4 能用到下面各种情形吗？

a. $y' = e^{t-y},\ 0 \leqslant t \leqslant 1,\ y(0) = 1$

b. $y' = t^{-2}(\sin 2t - 2ty),\ 1 \leqslant t \leqslant 2,\ y(1) = 2$

c. $y' = -y + ty^{1/2},\ 2 \leqslant t \leqslant 3,\ y(2) = 2$

d. $y' = \dfrac{ty + y}{ty + t},\ 2 \leqslant t \leqslant 4,\ \mathrm{d}y(2) = 4$

3. 对 (a)～(d) 给出的每种 $f(t, y)$

   i. 问 f 在 $D = \{(t, y) \mid 0 \leqslant t \leqslant 1,\ -\infty < y < \infty\}$ 上满足 Lipschitz 条件吗？

   ii. 定理 5.6 能否用于下面的初值问题

$$y' = f(t, y),\quad 0 \leqslant t \leqslant 1,\quad y(0) = 1$$

   并证明它是适定的吗？

   a. $f(t, y) = t^2 y + 1$

   b. $f(t, y) = ty$

   c. $f(t, y) = 1 - y$

   d. $f(t, y) = -ty + \dfrac{4t}{y}$

4. 对 (a)～(d) 给出的每种 $f(t, y)$

   i. 问 f 在 $D = \{(t, y) \mid 0 \leqslant t \leqslant 1,\ -\infty < y < \infty\}$ 上满足 Lipschitz 条件吗？

   ii. 定理 5.6 能否用于下面初值问题

$$y' = f(t, y),\quad 0 \leqslant t \leqslant 1,\quad y(0) = 1$$

   并证明它是适定的吗？

   a. $f(t, y) = e^{t-y}$

   b. $f(t, y) = \cos(yt)$

   c. $f(t, y) = \dfrac{1 + y}{1 + t}$

   d. $f(t, y) = \dfrac{y^2}{1 + t}$

5. 对下列初值问题，证明给出的方程隐式地定义了一个解。用 Newton 方法来计算 $y(2)$。

   a. $y' = -\dfrac{y^3 + y}{(3y^2 + 1)t},\ 1 \leqslant t \leqslant 2,\ y(1) = 1;\quad y^3 t + yt = 2$

   b. $y' = -\dfrac{y\cos t + 2te^y}{\sin t + t^2 e^y + 2},\ 1 \leqslant t \leqslant 2,\quad y(1) = 0;\ y\sin t + t^2 e^y + 2y = 1$

6. 假设扰动 $\delta(t)$ 正比于 t，也就是说，$\delta(t) = \delta t$，其中 δ 是某个常数。用定义直接证明下面的初值问题是适定的。

   a. $y' = 1 - y,\ 0 \leqslant t \leqslant 2,\ y(0) = 0$

   b. $y' = t + y,\ 0 \leqslant t \leqslant 2,\ y(0) = -1$

   c. $y' = \dfrac{2}{t}y + t^2 e^t,\ 1 \leqslant t \leqslant 2,\ y(1) = 0$

   d. $y' = -\dfrac{2}{t}y + t^2 e^t,\ 1 \leqslant t \leqslant 2,\ y(1) = \sqrt{2}e$

理论型习题

7. 证明：对某个 λ，点 $((1-\lambda)t_1 + \lambda t_2,\ (1-\lambda)y_1 + \lambda y_2)$ 在点 (t_1, y_1) 和点 (t_2, y_2) 的连线上。

8. 固定 t 的值，对 $f(t, y)$ 应用中值定理 1.8 证明定理 5.3。

9. 证明：对常数 a 和 b，集合 $D = \{(t, y) \mid a \leqslant t \leqslant b,\ -\infty < y < \infty\}$ 是凸集。

10. 解初值问题

$$y' = f(t, y),\quad a \leqslant t \leqslant b,\quad y(a) = \alpha$$

   的 **Picard** 方法描述如下：对每个 $[a, b]$ 中的 t，令 $y_0(t) = \alpha$。用下面方式定义一个函数列 $\{y_k(t)\}$：

$$y_k(t) = \alpha + \int_a^t f(\tau, y_{k-1}(\tau)) \, d\tau, \quad k = 1, 2, \ldots$$

a. 积分 $y' = f(t, y(t))$ 并用初值条件来推导 Picard 方法。

b. 对下面的初值问题，计算 $y_0(t)$，$y_1(t)$，$y_2(t)$ 和 $y_3(t)$。

$$y' = -y + t + 1, \quad 0 \leqslant t \leqslant 1, \quad y(0) = 1$$

c. 将 (b) 中结果和真实解 $y(t) = t + e^{-t}$ 的 Maclaurin 级数进行对比。

讨论问题

1. 因为舍入误差是通过原方程中的扰动项来表示的，所以数值方法总是与求解扰动问题相关。我们怎样才能确定，你对扰动问题的近似结果是否精确地近似了原问题的解？

2. 有下面的初值：

$$\begin{cases} y' = f(x, y) \\ y(0) = 0 \end{cases}$$

其中 f 是下式定义的函数

$$f(x, y) = \begin{cases} y \sin(1/y), & y \neq 0 \\ 0, & y = 0 \end{cases}$$

它是连续的，但在 $(0, 0)$ 附近不满足 Lipschitz 条件。为什么解是唯一的？

5.2 Euler 方法

Euler（欧拉）方法是近似求解初值问题的最基本的方法。虽然该方法很少用于实际问题，但是因为它的推导十分简单，没有繁复的代数运算，所以常用于解释说明某些更高阶方法的推导和构造。

Euler 方法的目标是得到下面适定的初值问题解的近似值：

$$\frac{dy}{dt} = f(t, y), \quad a \leqslant t \leqslant b, \quad y(a) = \alpha \tag{5.6}$$

我们并不是想得到一个连续函数，它是原方程解 $y(t)$ 的近似，而是在区间 $[a, b]$ 内的某些点上得到 y 的近似值，这些点称为**网格点**。得到近似解在这些点上的值之后，近似解在区间内其他点上的数值可以通过插值得到。

我们首先做一个假设：网格点是在整个区间 $[a, b]$ 内等距分布的。这个假设可以通过预先选定一个正整数 N，取 $h = (b - a)/N$，网格点就可以由下式得到：

$$t_i = a + ih, \quad 对每个 \ i = 0, 1, 2, \cdots, N$$

网格中相邻两点之间的距离 $h = t_{i+1} - t_i$ 通常叫作**步长**。

我们将用 Taylor 定理来推导 Euler 方法。假设方程 (5.6) 的唯一解 $y(t)$ 在区间 $[a, b]$ 上有连续的二阶导数，于是对每个 $i = 0, 1, \cdots, N-1$，有

$$y(t_{i+1}) = y(t_i) + (t_{i+1} - t_i) y'(t_i) + \frac{(t_{i+1} - t_i)^2}{2} y''(\xi_i)$$

其中数 ξ_i 位于区间 (t_i, t_{i+1}) 中。因为 $h = t_{i+1} - t_i$，所以有

$$y(t_{i+1}) = y(t_i) + h y'(t_i) + \frac{h^2}{2} y''(\xi_i)$$

又因为 $y(t)$ 满足微分方程 (5.6)，从而可得

$$y(t_{i+1}) = y(t_i) + hf(t_i, y(t_i)) + \frac{h^2}{2} y''(\xi_i) \tag{5.7}$$

Euler 方法的构造通过对每个 $i = 1,2,\cdots,N$，令 $w_i \approx y(t_i)$，并丢弃余项得到。于是，Euler 方法是

$$\begin{aligned} w_0 &= \alpha, \\ w_{i+1} &= w_i + hf(t_i, w_i), \quad 对每个 \ i = 0, 1, \cdots, N-1 \end{aligned} \tag{5.8}$$

示例　在例 1 中，我们使用 Euler 方法的算法来求 $t = 2$ 时的近似解：

$$y' = y - t^2 + 1, \quad 0 \leqslant t \leqslant 2, \quad y(0) = 0.5$$

这里我们用简化的示例来说明这个方法，取 $h = 0.5$。

对这个问题，$f(t, y) = y - t^2 + 1$；于是

$$w_0 = y(0) = 0.5;$$

$$w_1 = w_0 + 0.5 \left(w_0 - (0.0)^2 + 1\right) = 0.5 + 0.5(1.5) = 1.25;$$

$$w_2 = w_1 + 0.5 \left(w_1 - (0.5)^2 + 1\right) = 1.25 + 0.5(2.0) = 2.25;$$

$$w_3 = w_2 + 0.5 \left(w_2 - (1.0)^2 + 1\right) = 2.25 + 0.5(2.25) = 3.375;$$

和

$$y(2) \approx w_4 = w_3 + 0.5 \left(w_3 - (1.5)^2 + 1\right) = 3.375 + 0.5(2.125) = 4.4375 \quad \blacksquare$$

方程 (5.8) 称为与 Euler 方法相对应的**差分方程**。正如将会在本章中看到的，在许多方面，差分方程的解及其理论都是与微分方程的解及其理论并行的。算法 5.1 实施了 Euler 方法。

算法 5.1　Euler 方法

用于求初值问题

$$y' = f(t, y), \quad a \leqslant t \leqslant b, \quad y(a) = \alpha$$

在区间 $[a, b]$ 内的 $N+1$ 个等距的点上的近似解。

输入　端点 a, b；整数 N；初值条件 α。

输出　y 在 $(N+1)$ 个 t 点的近似值。

Step 1　Set $h = (b - a)/N$;
$\qquad\quad$ $t = a$;
$\qquad\quad$ $w = \alpha$;
$\qquad\quad$ OUTPUT (t, w).

Step 2　For $i = 1, 2, \cdots, N$ do Steps 3, 4.

$\qquad$ Step 3　Set $w = w + hf(t, w)$; （计算 w_i）
$\qquad\qquad\qquad$ $t = a + ih$. （计算 t_i）

$\qquad$ Step 4　OUTPUT (t, w).

Step 5　STOP. $\qquad\qquad\qquad\qquad\qquad\qquad\qquad\qquad\qquad\qquad\qquad\quad$ $\blacksquare$

为了给出 Euler 方法的几何解释，注意当 w_i 是 $y(t_i)$ 的很接近的近似时，由问题的适定性假设可知：

$$f(t_i, w_i) \approx y'(t_i) = f(t_i, y(t_i))$$

图 5.2 中绘出了函数 $y(t_i)$，图 5.3 绘出了 Euler 方法的第一步结果，图 5.4 绘出了 Euler 方法的一系列步骤。

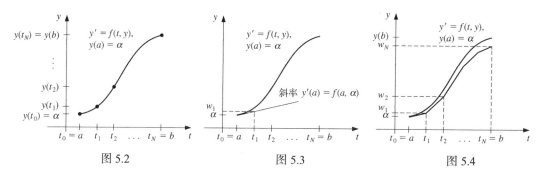

| 图 5.2 | 图 5.3 | 图 5.4 |

例 1 第一个示例中用 Euler 方法取 $h = 0.5$ 来近似求解初值问题：

$$y' = y - t^2 + 1, \quad 0 \leqslant t \leqslant 2, \quad y(0) = 0.5$$

使用算法 5.1 并取 $N = 10$ 来近似求解上述方程，并将结果与精确解 $y(t) = (t+1)^2 - 0.5e^t$ 进行比较。

解 当 $N = 10$ 时，我们有 $h = 0.2$，$t_i = 0.2i$，$w_0 = 0.5$，以及

$$w_{i+1} = w_i + h(w_i - t_i^2 + 1) = w_i + 0.2[w_i - 0.04i^2 + 1] = 1.2w_i - 0.008i^2 + 0.2$$

其中 $i = 0,1,\cdots,9$。于是

$$w_1 = 1.2(0.5) - 0.008(0)^2 + 0.2 = 0.8, \quad w_2 = 1.2(0.8) - 0.008(1)^2 + 0.2 = 1.152$$

等等。表 5.1 为了对照同时列出了 t_i 处的近似值和精确值。

注意，误差随着 t 值的增加在慢慢增大。这种可以控制的误差增长是 Euler 方法稳定性的结论，这意味着误差的预期增长不会超过线性的情形。

Euler 方法的误差界

虽然 Euler 方法因为不够精确而难以用于实践，但对方法应用中的基本误差分析却已经足够。我们在本章后面介绍的其他更为精确的方法，其误差分析都是按照相同模式进行的，只是更复杂一些而已。

为了获得 Euler 方法的误差界，我们需要两个引理。

表 5.1

t_i	w_i	$y_i = y(t_i)$	$|y_i - w_i|$
0.0	0.5000000	0.5000000	0.0000000
0.2	0.8000000	0.8292986	0.0292986
0.4	1.1520000	1.2140877	0.0620877
0.6	1.5504000	1.6489406	0.0985406
0.8	1.9884800	2.1272295	0.1387495
1.0	2.4581760	2.6408591	0.1826831
1.2	2.9498112	3.1799415	0.2301303
1.4	3.4517734	3.7324000	0.2806266
1.6	3.9501281	4.2834838	0.3333557
1.8	4.4281538	4.8151763	0.3870225
2.0	4.8657845	5.3054720	0.4396874

引理 5.7 对所有 $x \geqslant -1$ 以及任意正整数 m，$0 \leqslant (1+x)^m \leqslant e^{mx}$ 都成立。

证明 对函数 $f(x) = e^x$ 应用 Taylor 定理，取 $x = 0$ 和 $n = 1$，得到

$$e^x = 1 + x + \frac{1}{2}x^2 e^\xi$$

其中，ξ 介于 x 和 0 之间。于是

$$0 \leqslant 1 + x \leqslant 1 + x + \frac{1}{2}x^2 e^\xi = e^x$$

又因为 $1+x \geqslant 0$，我们有

$$0 \leqslant (1+x)^m \leqslant (e^x)^m = e^{mx}$$

引理 5.8　如果 s 和 t 是正实数，$\{a_i\}_{i=0}^k$ 是一个数列并满足 $a_0 \geqslant -t/s$，且

$$a_{i+1} \leqslant (1+s)a_i + t, \quad \text{对每个 } i = 0, 1, 2, \cdots, k-1 \tag{5.9}$$

则

$$a_{i+1} \leqslant e^{(i+1)s}\left(a_0 + \frac{t}{s}\right) - \frac{t}{s}$$

证明　对固定的整数 i，不等式 (5.9) 意味着

$$a_{i+1} \leqslant (1+s)a_i + t$$
$$\leqslant (1+s)[(1+s)a_{i-1} + t] + t = (1+s)^2 a_{i-1} + [1+(1+s)]t$$
$$\leqslant (1+s)^3 a_{i-2} + \left[1+(1+s)+(1+s)^2\right]t$$
$$\vdots$$
$$\leqslant (1+s)^{i+1}a_0 + \left[1+(1+s)+(1+s)^2+\cdots+(1+s)^i\right]t$$

但是

$$1+(1+s)+(1+s)^2+\cdots+(1+s)^i = \sum_{j=0}^{i}(1+s)^j$$

它是一个几何级数，公比为 $(1+s)$，和为

$$\frac{1-(1+s)^{i+1}}{1-(1+s)} = \frac{1}{s}[(1+s)^{i+1} - 1]$$

又因为

$$a_{i+1} \leqslant (1+s)^{i+1}a_0 + \frac{(1+s)^{i+1}-1}{s}t = (1+s)^{i+1}\left(a_0 + \frac{t}{s}\right) - \frac{t}{s}$$

取 $x = 1+s$ 并使用引理 5.7 就得到

$$a_{i+1} \leqslant e^{(i+1)s}\left(a_0 + \frac{t}{s}\right) - \frac{t}{s} \qquad \blacksquare$$

定理 5.9　假设 f 在区域

$$D = \{(t,y) \mid a \leqslant t \leqslant b, \ -\infty < y < \infty\}$$

上连续且满足 Lipschitz 条件，其 Lipschitz 常数为 L，并且存在常数 M，使得

$$|y''(t)| \leqslant M, \quad \text{对所有 } t \in [a,b]$$

其中 $y(t)$ 表示初值问题

$$y' = f(t,y), \quad a \leqslant t \leqslant b, \quad y(a) = \alpha$$

的唯一解。设对某个正整数 N，$w_0, w_1, \cdots, w_N$ 是由 Euler 方法计算得到的近似解，于是，对每个 $i = 0, 1, 2, \cdots, n$，下式成立：

$$|y(t_i) - w_i| \leqslant \frac{hM}{2L}\left[e^{L(t_i - a)} - 1\right] \tag{5.10}$$

证明　当 $i = 0$ 时，因为 $y(t_0) = w_0 = \alpha$，结论显然成立。

从方程 (5.7) 可以得到

$$y(t_{i+1}) = y(t_i) + hf(t_i, y(t_i)) + \frac{h^2}{2}y''(\xi_i)$$

对 $i = 0,1,2,\cdots,n-1$，又从方程(5.8)有

$$w_{i+1} = w_i + hf(t_i, w_i)$$

利用记号 $y_i = y(t_i)$ 和 $y_{i+1} = y(t_{i+1})$，我们把这两个方程相减得到

$$y_{i+1} - w_{i+1} = y_i - w_i + h[f(t_i, y_i) - f(t_i, w_i)] + \frac{h^2}{2}y''(\xi_i)$$

于是，

$$|y_{i+1} - w_{i+1}| \leqslant |y_i - w_i| + h|f(t_i, y_i) - f(t_i, w_i)| + \frac{h^2}{2}|y''(\xi_i)|$$

现在因为 f 关于变量 y 满足 Lipschitz 条件，其 Lipschitz 常数为 L，且$|y''(t)| \leqslant M$，所以

$$|y_{i+1} - w_{i+1}| \leqslant (1 + hL)|y_i - w_i| + \frac{h^2M}{2}$$

再根据引理 5.8，取 $s = hL$，$t = h^2M/2$，$a_j = |y_j - w_j|$，对每个 $j = 0,1,\cdots,n$，我们能得到

$$|y_{i+1} - w_{i+1}| \leqslant e^{(i+1)hL}\left(|y_0 - w_0| + \frac{h^2M}{2hL}\right) - \frac{h^2M}{2hL}$$

又因为$|y_0 - w_0| = 0$，$(i+1)h = t_{i+1} - a$，这意味着

$$|y_{i+1} - w_{i+1}| \leqslant \frac{hM}{2L}(e^{(t_{i+1}-a)L} - 1)$$

对每个 $i = 0,1,\cdots,N-1$ 都成立。∎

定理 5.9 的缺点在于要求预先知道解的二阶导数的界。虽然条件通常无法让我们得到一个真实的误差界，但是如果 $\partial f/\partial t$ 和 $\partial f/\partial y$ 都存在，可以由偏导数的链式法则得到

$$y''(t) = \frac{\mathrm{d}y'}{\mathrm{d}t}(t) = \frac{\mathrm{d}f}{\mathrm{d}t}(t, y(t)) = \frac{\partial f}{\partial t}(t, y(t)) + \frac{\partial f}{\partial y}(t, y(t)) \cdot f(t, y(t))$$

于是，我们就有可能在并不需要知道 $y(t)$ 的条件下得到 $y''(t)$ 的一个上界估计。

例 2 初值问题

$$y' = y - t^2 + 1, \quad 0 \leqslant t \leqslant 2, \quad y(0) = 0.5$$

的解在例 1 中使用 Euler 方法取 $h = 0.2$ 来近似计算。用定理 5.9 中的不等式求近似误差的界，并把它与实际误差进行比较。

解 因为 $f(t,y) = y - t^2 + 1$，我们有对所有 y，$\partial f(t,y)/\partial y = 1$，所以 $L = 1$。对这个问题，因为精确解是 $y(t) = (t+1)^2 - 0.5e^t$，所以 $y''(t) = 2 - 0.5e^t$ 且

$$|y''(t)| \leqslant 0.5e^2 - 2, \quad \text{对所有 } t \in [0, 2]$$

取 $h = 0.2$，$L = 1$，$M = 0.5e^2 - 2$，对 Euler 方法使用误差界的不等式得到

$$|y_i - w_i| \leqslant 0.1(0.5e^2 - 2)(e^{t_i} - 1)$$

因此

$$|y(0.2) - w_1| \leqslant 0.1(0.5e^2 - 2)(e^{0.2} - 1) = 0.03752$$

$$|y(0.4) - w_2| \leqslant 0.1(0.5e^2 - 2)(e^{0.4} - 1) = 0.08334$$

等等。表 5.2 列出了例 1 中的实际误差以及由上面估计的误差界。值得注意的是，即使使用了精确

解的二阶导数的界估计，估计得到的误差界也大大超出了实际误差，尤其是当 t 值增加时。

表 5.2

t_i	0.2	0.4	0.6	0.8	1.0	1.2	1.4	1.6	1.8	2.0
实际误差	0.02930	0.06209	0.09854	0.13875	0.18268	0.23013	0.28063	0.33336	0.38702	0.43969
误差界	0.03752	0.08334	0.13931	0.20767	0.29117	0.39315	0.51771	0.66985	0.85568	1.08264

　　定理 5.9 中给出的误差界公式，其重要性在于误差线性地依赖于步长 h。因而，缩减步长应该能够相应地获得更精确的近似结果。

　　定理 5.9 中给出的结果实际上忽略了在选取步长时舍入误差造成的影响。随着 h 变得越来越小，就需要更多的计算，同样就引入了更多的舍入误差。在实际计算中，如下形式的差分方程

$$w_0 = \alpha,$$
$$w_{i+1} = w_i + hf(t_i, w_i), \quad 对于每个 \ i = 0, 1, \cdots, N-1$$

并不用于计算在每个网格点 t_i 处解 y_i 的近似值。取而代之的是下面的方程：

$$u_0 = \alpha + \delta_0,$$
$$u_{i+1} = u_i + hf(t_i, u_i) + \delta_{i+1}, \quad 对于每个 \ i = 0, 1, \cdots, N-1 \tag{5.11}$$

其中，δ_i 表示与 u_i 相关联的舍入误差。使用类似于定理 5.9 证明中的方法，我们能够得到由 Euler 方法和有限位数算术给出的 y_i 的误差界。

　　定理 5.10　用 $y(t)$ 表示下面的初值问题的唯一解。

$$y' = f(t, y), \quad a \leqslant t \leqslant b, \quad y(a) = \alpha \tag{5.12}$$

$u_0, u_1, \cdots, u_N$ 表示由方程 (5.11) 得到的近似解。如果对每个 $i = 0,1,\cdots,N$，$|\delta_i| < \delta$ 且方程 (5.12) 满足定理 5.9 的假设，则

$$|y(t_i) - u_i| \leqslant \frac{1}{L}\left(\frac{hM}{2} + \frac{\delta}{h}\right)[e^{L(t_i-a)} - 1] + |\delta_0| e^{L(t_i-a)} \tag{5.13}$$

对每个 $i = 0,1,\cdots,N$ 成立。　　　　　　　　　　　　　　　　　　　　　　　■

　　方程 (5.13) 给出的误差界不再是关于 h 线性的。实际上，因为

$$\lim_{h \to 0}\left(\frac{hM}{2} + \frac{\delta}{h}\right) = \infty$$

这意味着误差会随着步长 h 的变小而变大。可以计算出步长的一个下界，令 $E(h) = (hM/2) + (\delta/h)$，这意味着 $E'(h) = (M/2) - (\delta/h^2)$，于是：

　　　　如果 $h < \sqrt{2\delta/M}$，则 $E'(h) < 0$，即 $E(h)$ 是递减的；

　　　　如果 $h > \sqrt{2\delta/M}$，则 $E'(h) > 0$，即 $E(h)$ 是递增的。

$E(h)$ 的最小值出现在：

$$h = \sqrt{\frac{2\delta}{M}} \tag{5.14}$$

如果将 h 减小到小于这个值，上式意味着在近似中的总误差会增加。然而，正常状况下 δ 的这个值都足够小，关于 h 的这个下界不影响 Euler 方法的运算。

习题 5.2

1. 用 Euler 方法求下面每一个初值问题的近似解。

a. $y' = te^{3t} - 2y$, $0 \leqslant t \leqslant 1$, $y(0) = 0$, 取 $h = 0.5$

b. $y' = 1 + (t - y)^2$, $2 \leqslant t \leqslant 3$, $y(2) = 1$, 取 $h = 0.5$

c. $y' = 1 + y/t$, $1 \leqslant t \leqslant 2$, $y(1) = 2$, 取 $h = 0.25$

d. $y' = \cos 2t + \sin 3t$, $0 \leqslant t \leqslant 1$, $y(0) = 1$, 取 $h = 0.25$

2. 用 Euler 方法求下面每一个初值问题的近似解。

a. $y' = e^{t-y}$, $0 \leqslant t \leqslant 1$, $y(0) = 1$, 取 $h = 0.5$

b. $y' = \dfrac{1+t}{1+y}$, $1 \leqslant t \leqslant 2$, $y(1) = 2$, 取 $h = 0.5$

c. $y' = -y + ty^{1/2}$, $2 \leqslant t \leqslant 3$, $y(2) = 2$, 取 $h = 0.25$

d. $y' = t^{-2}(\sin 2t - 2ty)$, $1 \leqslant t \leqslant 2$, $y(1) = 2$, 取 $h = 0.25$

3. 习题 1 中的初值问题的精确解在下面给出。比较每一步的实际误差和误差界。

a. $y(t) = \dfrac{1}{5} te^{3t} - \dfrac{1}{25} e^{3t} + \dfrac{1}{25} e^{-2t}$

b. $y(t) = t + \dfrac{1}{1-t}$

c. $y(t) = t \ln t + 2t$

d. $y(t) = \dfrac{1}{2} \sin 2t - \dfrac{1}{3} \cos 3t + \dfrac{4}{3}$

4. 习题 2 中的初值问题的精确解在下面给出。如果定理 5.9 可以使用，比较每一步的实际误差和误差界。

a. $y(t) = \ln(e^t + e - 1)$

b. $y(t) = \sqrt{t^2 + 2t + 6} - 1$

c. $y(t) = \left(t - 2 + \sqrt{2}ee^{-t/2}\right)^2$

d. $y(t) = \dfrac{4 + \cos 2 - \cos 2t}{2t^2}$

5. 用 Euler 方法求下面每一个初值问题的近似解。

a. $y' = y/t - (y/t)^2$, $1 \leqslant t \leqslant 2$, $y(1) = 1$, 取 $h = 0.1$

b. $y' = 1 + y/t + (y/t)^2$, $1 \leqslant t \leqslant 3$, $y(1) = 0$, 取 $h = 0.2$

c. $y' = -(y+1)(y+3)$, $0 \leqslant t \leqslant 2$, $y(0) = -2$, 取 $h = 0.2$

d. $y' = -5y + 5t^2 + 2t$, $0 \leqslant t \leqslant 1$, $y(0) = \frac{1}{3}$, 取 $h = 0.1$

6. 用 Euler 方法求下面每一个初值问题的近似解。

a. $y' = \dfrac{2 - 2ty}{t^2 + 1}$, $0 \leqslant t \leqslant 1$, $y(0) = 1$, 取 $h = 0.1$

b. $y' = \dfrac{y^2}{1+t}$, $1 \leqslant t \leqslant 2$, $y(1) = -(\ln 2)^{-1}$, 取 $h = 0.1$

c. $y' = t^{-1}(y^2 + y)$, $1 \leqslant t \leqslant 3$, $y(1) = -2$, 取 $h = 0.2$

d. $y' = -ty + 4ty^{-1}$, $0 \leqslant t \leqslant 1$, $y(0) = 1$, 取 $h = 0.1$

7. 习题 5 中的初值问题的精确解在下面给出。计算习题 5 的近似结果的实际误差。

a. $y(t) = \dfrac{t}{1 + \ln t}$

b. $y(t) = t \tan(\ln t)$

c. $y(t) = -3 + \dfrac{2}{1 + e^{-2t}}$

d. $y(t) = t^2 + \dfrac{1}{3} e^{-5t}$

8. 习题 6 中的初值问题的精确解在下面给出。计算习题 6 的近似结果的实际误差。

a. $y(t) = \dfrac{2t + 1}{t^2 + 1}$

b. $y(t) = \dfrac{-1}{\ln(t+1)}$

c. $y(t) = \dfrac{2t}{1 - 2t}$

d. $y(t) = \sqrt{4 - 3e^{-t^2}}$

9. 给定下面的初值问题：

$$y' = \dfrac{2}{t}y + t^2 e^t, \quad 1 \leqslant t \leqslant 2, \quad y(1) = 0$$

它的精确解是 $y(t) = t^2(e^t - e)$。

a. 取 $h = 0.1$ 使用 Euler 方法来求问题的近似解，并将近似解与 y 的实际值进行对比；

b. 用 (a) 中给出的结果进行线性插值来给出下面 y 的近似值，并与精确值进行比较。

i. $y(1.04)$ ii. $y(1.55)$ iii. $y(1.97)$

c. 使用方程 (5.10)，计算使得 $|y(t_i) - w_i| \leqslant 0.1$ 成立的 h 的值。

10. 给定下面的初值问题：

$$y' = \frac{1}{t^2} - \frac{y}{t} - y^2, \quad 1 \leqslant t \leqslant 2, \quad y(1) = -1$$

它的精确解是 $y(t) = -1/t$。

a. 取 $h = 0.05$ 使用 Euler 方法来求问题的近似解，并将近似解与 y 的实际值进行对比；

b. 用 (a) 中给出的结果进行线性插值来给出下面 y 的近似值，并与精确值进行比较。

i. $y(1.052)$ ii. $y(1.555)$ iii. $y(1.978)$

c. 使用方程 (5.10)，计算使得 $|y(t_i) - w_i| \leqslant 0.05$ 成立的 h 的值。

11. 给定下面的初值问题：

$$y' = -y + t + 1, \quad 0 \leqslant t \leqslant 5, \quad y(0) = 1$$

它的精确解是 $y(t) = e^{-t} + t$。

a. 分别取 $h = 0.2$，$h = 0.1$ 和 $h = 0.05$ 使用 Euler 方法来求问题的近似解 $y(5)$。

b. 假设 $\delta = 10^{-6}$，方程 (5.14) 成立，确定用于近似计算 $y(5)$ 的最优的 h 的值。

12. 考虑下面的初值问题：

$$y' = -10y, \quad 0 \leqslant t \leqslant 2, \quad y(0) = 1$$

它的精确解是 $y(t) = e^{-10t}$。当取 $h = 0.1$ 用 Euler 方法求该问题的近似解时发生了什么？这种现象是否违背了定理 5.9？

13. 用习题 5 的结果进行线性插值来近似计算下面 $y(t)$ 的值。将你得到的近似值与用习题 7 中给出的函数求出的精确值进行比较。

a. $y(1.25)$ 和 $y(1.93)$ b. $y(2.1)$ 和 $y(2.75)$

c. $y(1.4)$ 和 $y(1.93)$ d. $y(0.54)$ 和 $y(0.94)$

14. 用习题 6 的结果进行线性插值来近似计算下面 $y(t)$ 的值。将你得到的近似值与用习题 8 中给出的函数求出的精确值进行比较。

a. $y(0.25)$ 和 $y(0.93)$ b. $y(1.25)$ 和 $y(1.93)$

c. $y(2.10)$ 和 $y(2.75)$ d. $y(0.54)$ 和 $y(0.94)$

15. 令 $E(h) = \dfrac{hM}{2} + \dfrac{\delta}{h}$。

a. 对于初值问题：

$$y' = -y + 1, \quad 0 \leqslant t \leqslant 1, \quad y(0) = 0$$

计算 $E(h)$ 的最小值 h。如果你使用 (c) 中的 n 位数字算术，假设 $\delta = 5 \times 10^{-(n+1)}$。

b. 对于 (a) 中计算的最优值 h，用方程 (5.13) 来计算可以得到的最小误差。

c. 对比取 $h = 0.1$ 和 $h = 0.01$ 得到的误差和 (b) 中得到的最小误差。你能解释这些结果吗？

应用型习题

16. 在一个外加电压 ε 的电路中，有一个电阻 R、一个电感 L 和一个并联的电容 C。电流 i 满足下面的

微分方程:

$$\frac{\mathrm{d}i}{\mathrm{d}t} = C\frac{\mathrm{d}^2\mathcal{E}}{\mathrm{d}t^2} + \frac{1}{R}\frac{\mathrm{d}\mathcal{E}}{\mathrm{d}t} + \frac{1}{L}\mathcal{E}$$

假设 $C = 0.3\,\mathrm{F}$，$R = 1.4\,\Omega$，$L = 1.7\,\mathrm{H}$。此时电压由下式给出:

$$\mathcal{E}(t) = \mathrm{e}^{-0.06\pi t}\sin(2t - \pi)$$

如果 $i(0) = 0$，求出 $t = 0.1j$（其中 $j = 0, 1, \cdots, 100$）时的电流值 i。

17. 在一本名为 *Looking at History Through Mathematics*《透过数学看历史》, Rashevsky [Ra], pp.103–110 的书里考虑了一个在社会中与不信奉英国国教的新教教徒的数量有关的问题的模型。假设一个社区中在 t 时刻有人口数 $x(t)$，在经年累月中，所有新教教徒都只与新教教徒成婚并哺育后代，他们的后代也是新教教徒。同时其他人的后代也按照一个固定比例 r 成为新教教徒。另外，再假设所有人口的出生率和死亡率分别是 b 和 d。如果英国国教徒和新教教徒随机婚配，那么该问题可由下面的微分方程来描述:

$$\frac{\mathrm{d}x(t)}{\mathrm{d}t} = (b - d)x(t) \text{ 和 } \frac{\mathrm{d}x_n(t)}{\mathrm{d}t} = (b - d)x_n(t) + rb(x(t) - x_n(t))$$

其中，$x_n(t)$ 表示 t 时刻新教教徒的人数。

a. 设引入新变量 $p(t) = x_n(t)/x(t)$，它表示 t 时刻社会中新教教徒所占人口比例。证明上述两个方程可以合并成下面的单个方程:

$$\frac{\mathrm{d}p(t)}{\mathrm{d}t} = rb(1 - p(t))$$

b. 假设 $p(0) = 0.01$，$b = 0.02$，$d = 0.015$，$r = 0.1$。从 $t = 0$ 到 $t = 50$，并取时间步长 $h = 1$ 来近似计算方程的解 $p(t)$。

c. 精确地求解微分方程的解 $p(t)$。对比 $t = 50$ 时 (b) 中得到的解和精确解。

讨论问题

1. 从网址 http://www.mathscoop.com/calculus/differential-equations/euler-method.php 上浏览信息，给出 Euler 方法的一个概述。更细致地关注误差的测量。为什么这个方法是不能实际使用的?

2. 描述 Euler 方法如何在一个电子表格（如 Excel）中实施。

3. 用 Euler 方法近似求初值问题 $\mathrm{d}y/\mathrm{d}t = \mathrm{e}^t\cos t$ 的近似解，其中 t 从 0 到 5 取值。先用步长 0.25，再用步长 0.1 或 0.05 或者更小。使用一个电子表格或者计算机代数来计算。得出的解是你想象的那样吗? 发生了什么? 为什么?

5.3 高阶 Taylor 方法

因为数值方法的目标就是以最小的努力得到精度最高的近似，所以我们需要一种工具来比较各种不同的近似方法的效率。我们这里考虑的第一个工具是数值方法的**局部截断误差**。

局部截断误差测量的是在每一步微分方程的精确解和所使用的差分方法得到的近似解之间的差距。比较不同方法的误差似乎是不可能的，我们真正想要知道的是由方法产生的数值解在多大程度上近似了微分方程的真解，而不是其他问题。但是，因为我们并不知道精确解，所以并不能直接确定它，而局部截断误差将在相当程度上能够确定方法的局部误差和实际近似误差。

考虑初值问题:

$$y' = f(t, y), \quad a \leqslant t \leqslant b, \quad y(a) = \alpha$$

定义 5.11　差分方程

$$w_0 = \alpha$$

$$w_{i+1} = w_i + h\phi(t_i, w_i), \quad 对于每个 i = 0, 1, \cdots, N - 1$$

有局部截断误差：

$$\tau_{i+1}(h) = \frac{y_{i+1} - (y_i + h\phi(t_i, y_i))}{h} = \frac{y_{i+1} - y_i}{h} - \phi(t_i, y_i)$$

对于每个 $i = 0,1,\cdots,N\text{--}1$，其中 y_i 和 y_{i+1} 分别是微分方程的解在 t_i 和 t_{i+1} 处的值。　　　　■

　　例如，Euler 方法在第 i 步有局部截断误差：

$$\tau_{i+1}(h) = \frac{y_{i+1} - y_i}{h} - f(t_i, y_i), \quad 对于每个 i = 0, 1, \cdots, N - 1$$

　　这个误差之所以称为**局部误差**，是因为它是在每一步上来测量方法的精确性的，而同时假设方法在前面的所有步骤中都是精确的。如上所示，它依赖于微分方程、步长以及在近似中具体的那一步。

　　在前一节中我们考虑了方程 (5.7)，从而看到 Euler 方法有

$$\tau_{i+1}(h) = \frac{h}{2} y''(\xi_i), \quad 对一些 (t_i, t_{i+1}) 中的 \xi_i$$

当已经知道 $y''(t)$ 在 $[a, b]$ 上有一个常数界 M 时，就可以得到

$$|\tau_{i+1}(h)| \leqslant \frac{h}{2} M$$

因此 Euler 方法的局部截断误差是 $O(h)$。

　　通常选取近似求解常微分方程的差分方程时，希望方法的局部截断误差 $O(h^p)$ 中的 p 尽可能大，同时方法的计算复杂性应保持在一定的限度内。

　　因为 Euler 方法是通过取 $n = 1$ 时的 Taylor 定理来推导的，我们首先要尝试取较大的 n 用同样的技巧来寻求能够改进收敛性的有限差分方法。

　　假设 $y(t)$ 是下面初值问题的解：

$$y' = f(t, y), \quad a \leqslant t \leqslant b, \quad y(a) = \alpha$$

它具有 $(n+1)$ 阶连续的导数。如果我们在 t_i 处用 Taylor 多项式展开这个解 $y(t)$，并求 t_{i+1} 处的值，就得到

$$y(t_{i+1}) = y(t_i) + hy'(t_i) + \frac{h^2}{2} y''(t_i) + \cdots + \frac{h^n}{n!} y^{(n)}(t_i) + \frac{h^{n+1}}{(n+1)!} y^{(n+1)}(\xi_i) \tag{5.15}$$

对某些位于 (t_i, t_{i+1}) 中的 ξ_i 成立。

　　连续求解 $y(t)$ 的导数，就得到

$$y'(t) = f(t, y(t)), \quad y''(t) = f'(t, y(t)), \cdots, \quad y^{(k)}(t) = f^{(k-1)}(t, y(t))$$

将这些结果代入方程 (5.15) 得到

$$y(t_{i+1}) = y(t_i) + hf(t_i, y(t_i)) + \frac{h^2}{2} f'(t_i, y(t_i)) + \cdots$$

$$+ \frac{h^n}{n!} f^{(n-1)}(t_i, y(t_i)) + \frac{h^{n+1}}{(n+1)!} f^{(n)}(\xi_i, y(\xi_i)) \tag{5.16}$$

　　相应于方程 (5.16) 的差分方程方法是通过将上式中包含 ξ_i 的余项丢弃后得到的。

n 阶 Taylor（泰勒）方法

$$w_0 = \alpha$$

$$w_{i+1} = w_i + hT^{(n)}(t_i, w_i), \quad 对于每个 i = 0, 1, \cdots, N - 1 \tag{5.17}$$

其中,

$$T^{(n)}(t_i, w_i) = f(t_i, w_i) + \frac{h}{2} f'(t_i, w_i) + \cdots + \frac{h^{n-1}}{n!} f^{(n-1)}(t_i, w_i)$$

Euler 方法是一阶 Taylor 方法。

例 1 用 (a) 二阶和 (b) 四阶 Taylor 方法取 $N = 10$ 来近似解初值问题:

$$y' = y - t^2 + 1, \quad 0 \leqslant t \leqslant 2, \quad y(0) = 0.5$$

解 (a) 对于二阶方法,我们需要函数 $f(t, y(t)) = y(t) - t^2 + 1$ 关于 t 的一阶导数。因为 $y' = y - t^2 + 1$,因此有

$$f'(t, y(t)) = \frac{\mathrm{d}}{\mathrm{d}t}(y - t^2 + 1) = y' - 2t = y - t^2 + 1 - 2t$$

所以

$$T^{(2)}(t_i, w_i) = f(t_i, w_i) + \frac{h}{2} f'(t_i, w_i) = w_i - t_i^2 + 1 + \frac{h}{2}(w_i - t_i^2 + 1 - 2t_i)$$

$$= \left(1 + \frac{h}{2}\right)(w_i - t_i^2 + 1) - ht_i$$

因为 $N = 10$,所以有 $h = 0.2$,$t_i = 0.2i$,$i = 1, 2, \cdots, 10$。于是,二阶方法变成

$$w_0 = 0.5$$

$$w_{i+1} = w_i + h\left[\left(1 + \frac{h}{2}\right)(w_i - t_i^2 + 1) - ht_i\right]$$

$$= w_i + 0.2\left[\left(1 + \frac{0.2}{2}\right)(w_i - 0.04i^2 + 1) - 0.04i\right]$$

$$= 1.22w_i - 0.0088i^2 - 0.008i + 0.22$$

前两步给出下面的近似:

$$y(0.2) \approx w_1 = 1.22(0.5) - 0.0088(0)^2 - 0.008(0) + 0.22 = 0.83$$

$$y(0.4) \approx w_2 = 1.22(0.83) - 0.0088(0.2)^2 - 0.008(0.2) + 0.22 = 1.2158$$

所有的近似结果及其误差都列于表 5.3 中。

(b) 对于四阶 Taylor 方法,我们需要 $f(t, y(t))$ 关于 t 的前三阶导数。再一次利用 $y' = y - t^2 + 1$,得到

$$f'(t, y(t)) = y - t^2 + 1 - 2t$$

$$f''(t, y(t)) = \frac{\mathrm{d}}{\mathrm{d}t}(y - t^2 + 1 - 2t) = y' - 2t - 2$$

$$= y - t^2 + 1 - 2t - 2 = y - t^2 - 2t - 1$$

$$f'''(t, y(t)) = \frac{\mathrm{d}}{\mathrm{d}t}(y - t^2 - 2t - 1) = y' - 2t - 2 = y - t^2 - 2t - 1$$

因此

表 5.3

	二阶 Taylor方法	误差
t_i	w_i	$\lvert y(t_i) - w_i \rvert$
0.0	0.500000	0
0.2	0.830000	0.000701
0.4	1.215800	0.001712
0.6	1.652076	0.003135
0.8	2.132333	0.005103
1.0	2.648646	0.007787
1.2	3.191348	0.011407
1.4	3.748645	0.016245
1.6	4.306146	0.022663
1.8	4.846299	0.031122
2.0	5.347684	0.042212

$$T^{(4)}(t_i, w_i) = f(t_i, w_i) + \frac{h}{2} f'(t_i, w_i) + \frac{h^2}{6} f''(t_i, w_i) + \frac{h^3}{24} f'''(t_i, w_i)$$

$$= w_i - t_i^2 + 1 + \frac{h}{2}(w_i - t_i^2 + 1 - 2t_i) + \frac{h^2}{6}(w_i - t_i^2 - 2t_i - 1)$$

$$+ \frac{h^3}{24}(w_i - t_i^2 - 2t_i - 1)$$

$$= \left(1 + \frac{h}{2} + \frac{h^2}{6} + \frac{h^3}{24}\right)(w_i - t_i^2) - \left(1 + \frac{h}{3} + \frac{h^2}{12}\right)(ht_i)$$

$$+ 1 + \frac{h}{2} - \frac{h^2}{6} - \frac{h^3}{24}$$

最后，四阶 Taylor 方法是

$$w_0 = 0.5$$

$$w_{i+1} = w_i + h\left[\left(1 + \frac{h}{2} + \frac{h^2}{6} + \frac{h^3}{24}\right)(w_i - t_i^2) - \left(1 + \frac{h}{3} + \frac{h^2}{12}\right)ht_i \right.$$

$$\left. + 1 + \frac{h}{2} - \frac{h^2}{6} - \frac{h^3}{24} \right]$$

其中 $i = 0, 1, \cdots, N-1$。

因为 $N = 10$，$h = 0.2$，所以该方法变为

$$w_{i+1} = w_i + 0.2\left[\left(1 + \frac{0.2}{2} + \frac{0.04}{6} + \frac{0.008}{24}\right)(w_i - 0.04i^2) \right.$$

$$\left. - \left(1 + \frac{0.2}{3} + \frac{0.04}{12}\right)(0.04i) + 1 + \frac{0.2}{2} - \frac{0.04}{6} - \frac{0.008}{24} \right]$$

$$= 1.2214 w_i - 0.008856 i^2 - 0.00856 i + 0.2186$$

其中 $i = 0, 1, \cdots, 9$。前两步给出下面的近似：

$$y(0.2) \approx w_1 = 1.2214(0.5) - 0.008856(0)^2 - 0.00856(0) + 0.2186 = 0.8293$$

$$y(0.4) \approx w_2 = 1.2214(0.8293) - 0.008856(0.2)^2 - 0.00856(0.2) + 0.2186 = 1.214091$$

所有的近似结果及其误差都列于表 5.4 中。

对比表 5.3 中二阶 Taylor 方法的结果，你会看到四阶方法的结果超优越。　　■

从表 5.4 中的结果可以看到，四阶 Taylor 方法的结果在 0.2，0.4 等点上非常精确。但是假如我们需要知道这个表外的中间点上的近似值，例如，在 $t = 1.25$ 处。如果我们使用四阶 Taylor 方法的结果中 $t = 1.2$ 和 $t = 1.4$ 处的值来进行线性插值，则可以得到

$$y(1.25) \approx \left(\frac{1.25 - 1.4}{1.2 - 1.4} \right) 3.1799640$$

$$+ \left(\frac{1.25 - 1.2}{1.4 - 1.2} \right) 3.7324321 = 3.3180810$$

真实值是 $y(1.25) = 3.3173258$，因此这个近似的误差为 0.0007525，它大约是在 1.2 和 1.4 处平均近似误差的 30 倍。

我们可以用三次 Hermite 插值极大地改进这个近似结果。要确定这个 $y(1.25)$ 的近似值，需要

表 5.4

t_i	四阶 Taylor 方法 w_i	误差 $\lvert y(t_i) - w_i \rvert$
0.0	0.500000	0
0.2	0.829300	0.000001
0.4	1.214091	0.000003
0.6	1.648947	0.000006
0.8	2.127240	0.000010
1.0	2.640874	0.000015
1.2	3.179964	0.000023
1.4	3.732432	0.000032
1.6	4.283529	0.000045
1.8	4.815238	0.000062
2.0	5.305555	0.000083

知道 $y'(1.2)$ 和 $y'(1.4)$ 以及 $y(1.2)$ 和 $y(1.4)$ 这 4 个值。$y(1.2)$ 和 $y(1.4)$ 的近似值在表中已知，另外两个导数的近似值也可以从微分方程中得到，因为 $y'(t) = f(t, y(t))$。在当前例子中，$y'(t) = y(t) - t^2 + 1$，于是

$$y'(1.2) = y(1.2) - (1.2)^2 + 1 \approx 3.1799640 - 1.44 + 1 = 2.7399640$$

$$y'(1.4) = y(1.4) - (1.4)^2 + 1 \approx 3.7324327 - 1.96 + 1 = 2.7724321$$

　　用 3.4 节中的差商方法可以得出表 5.5 中的信息。有下画线的元素来自数据，其他的数据用差商公式得到。

　　三次 Hermite 多项式为

$$\begin{aligned}
y(t) \approx{}& 3.1799640 + (t - 1.2)2.7399640 \\
&+ (t - 1.2)^2 0.1118825 \\
&+ (t - 1.2)^2(t - 1.4)(-0.3071225)
\end{aligned}$$

表 5.5

1.2	3.1799640		
		2.7399640	
1.2	3.1799640		0.1118825
		2.7623405		−0.3071225
1.4	3.7324321		0.0504580
		2.7724321	
1.4	3.7324321		

所以，

$$y(1.25) \approx 3.1799640 + 0.1369982 + 0.0002797 + 0.0001152 = 3.3173571$$

　　这是一个精确到 0.0000286 的近似结果。这个误差大约是 1.2 和 1.4 处误差的平均值，也只有线性插值误差的 4%。这种精确度的改进正是因为 Hermite 方法额外的计算要求。

　　定理 5.12　如果 n 阶 Taylor 方法用于近似求解初值问题：

$$y'(t) = f(t, y(t)), \quad a \leqslant t \leqslant b, \quad y(a) = \alpha$$

步长为 h，假设 $y \in C^{n+1}[a, b]$，则局部截断误差为 $O(h^n)$。

　　证明　方程 (5.16) 可以重写为

$$y_{i+1} - y_i - hf(t_i, y_i) - \frac{h^2}{2}f'(t_i, y_i) - \cdots - \frac{h^n}{n!}f^{(n-1)}(t_i, y_i) = \frac{h^{n+1}}{(n+1)!}f^{(n)}(\xi_i, y(\xi_i))$$

对于某些位于 (t_i, t_{i+1}) 中的 ξ_i。所以局部截断误差为

$$\tau_{i+1}(h) = \frac{y_{i+1} - y_i}{h} - T^{(n)}(t_i, y_i) = \frac{h^n}{(n+1)!}f^{(n)}(\xi_i, y(\xi_i))$$

对于每个 $i = 0, 1, \cdots, N-1$。又因为 $y \in C^{n+1}[a, b]$，我们有 $y^{(n+1)}(t) = f^{(n)}(t, y(t))$ 在 $[a, b]$ 上是有界的，并且 $\tau_i(h) = O(h^n)$，对每个 $i = 1, 2, \cdots, N$ 都成立。■

习题 5.3

1. 用二阶 Taylor 方法近似求解下面每一个初值问题。

　　a. $y' = te^{3t} - 2y$, 　$0 \leqslant t \leqslant 1$, 　$y(0) = 0$, 取 $h = 0.5$

　　b. $y' = 1 + (t - y)^2$, 　$2 \leqslant t \leqslant 3$, 　$y(2) = 1$, 取 $h = 0.5$

　　c. $y' = 1 + y/t$, 　$1 \leqslant t \leqslant 2$, 　$y(1) = 2$, 取 $h = 0.25$

　　d. $y' = \cos 2t + \sin 3t$, 　$0 \leqslant t \leqslant 1$, 　$y(0) = 1$, 取 $h = 0.25$

2. 用二阶 Taylor 方法近似求解下面每一个初值问题。

　　a. $y' = e^{t-y}$, 　$0 \leqslant t \leqslant 1$, 　$y(0) = 1$, 取 $h = 0.5$

　　b. $y' = \dfrac{1 + t}{1 + y}$, 　$1 \leqslant t \leqslant 2$, 　$y(1) = 2$, 取 $h = 0.5$

    c. $y' = -y + ty^{1/2}$,　$2 \leqslant t \leqslant 3$,　$y(2) = 2$, 取 $h = 0.25$

    d. $y' = t^{-2}(\sin 2t - 2ty)$,　$1 \leqslant t \leqslant 2$,　$y(1) = 2$, 取 $h = 0.25$

3. 用四阶 Taylor 方法重做习题 1。

4. 用四阶 Taylor 方法重做习题 2。

5. 用二阶 Taylor 方法近似求解下面每一个初值问题。

    a. $y' = y/t - (y/t)^2$,　$1 \leqslant t \leqslant 1.2$,　$y(1) = 1$, 取 $h = 0.1$

    b. $y' = \sin t + e^{-t}$,　$0 \leqslant t \leqslant 1$,　$y(0) = 0$, 取 $h = 0.5$

    c. $y' = (y^2 + y)/t$,　$1 \leqslant t \leqslant 3$,　$y(1) = -2$, 取 $h = 0.5$

    d. $y' = -ty + 4ty^{-1}$,　$0 \leqslant t \leqslant 1$,　$y(0) = 1$, 取 $h = 0.25$

6. 用二阶 Taylor 方法近似求解下面每一个初值问题。

    a. $y' = \dfrac{2 - 2ty}{t^2 + 1}$,　$0 \leqslant t \leqslant 1$,　$y(0) = 1$, 取 $h = 0.1$

    b. $y' = \dfrac{y^2}{1 + t}$,　$1 \leqslant t \leqslant 2$,　$y(1) = -(\ln 2)^{-1}$, 取 $h = 0.1$

    c. $y' = (y^2 + y)/t$,　$1 \leqslant t \leqslant 3$,　$y(1) = -2$, 取 $h = 0.2$

    d. $y' = -ty + 4t/y$,　$0 \leqslant t \leqslant 1$,　$y(0) = 1$, 取 $h = 0.1$

7. 用四阶 Taylor 方法重做习题 5。

8. 用四阶 Taylor 方法重做习题 6。

9. 给定初值问题：

$$y' = \frac{2}{t}y + t^2 e^t,\quad 1 \leqslant t \leqslant 2,\quad y(1) = 0$$

它的精确解是 $y(t) = t^2(e^t - e)$。

    a. 用二阶 Taylor 方法取 $h = 0.1$ 来近似求解方程并把近似解与 y 的真实值进行比较。

    b. 用 (a) 中得到的结果进行线性插值来近似下面的 y 值，并将它们与真实值进行比较。

        i. $y(1.04)$　　　　　ii. $y(1.55)$　　　　　iii. $y(1.97)$

    c. 用四阶 Taylor 方法取 $h = 0.1$ 来近似求解方程并把近似解与 y 的真实值进行比较。

    d. 用 (c) 中得到的结果进行分段三次 Hermite 插值来近似下面的 y 值，并将它们与真实值进行比较。

        i. $y(1.04)$　　　　　ii. $y(1.55)$　　　　　iii. $y(1.97)$

10. 给定初值问题：

$$y' = \frac{1}{t^2} - \frac{y}{t} - y^2,\quad 1 \leqslant t \leqslant 2,\quad y(1) = -1$$

它的精确解是 $y(t) = -1/t$。

    a. 用二阶 Taylor 方法取 $h = 0.05$ 来近似求解方程并把近似解与 y 的真实值进行比较。

    b. 用 (a) 中得到的结果进行线性插值来近似下面的 y 值，并将它们与真实值进行比较。

        i. $y(1.052)$　　　　　　ii. $y(1.555)$　　　　　　iii. $y(1.978)$

    c. 用四阶 Taylor 方法取 $h = 0.05$ 来近似求解方程并把近似解与 y 的真实值进行比较。

    d. 用 (c) 中得到的结果进行分段三次 Hermite 插值来近似下面的 y 值，并将它们与真实值进行比较。

        i. $y(1.052)$　　　　　　ii. $y(1.555)$　　　　　　iii. $y(1.978)$

11. 用二阶 Taylor 方法取 $h = 0.1$ 来近似求解方程：

$$y' = 1 + t\sin(ty),\quad 0 \leqslant t \leqslant 2,\quad y(0) = 0$$

应用型习题

12. 一个质量为 $m = 0.11$ kg 的抛射体以 $v(0) = 8$ m/s 的初速度垂直向上射出并由于重力和空气阻力而慢了下来。其中重力为 $F_g = -mg$，空气阻力 $F_r = -kv|v|$，而 $g = 9.8$ m/s^2，$k = 0.002$ kg/m。关于速度 v 的微分方程由下式给出：

$$mv' = -mg - kv|v|$$

   a. 求时间为 0.1s，0.2s，$\cdots$，1.0s 时的速度。

   b. 在 1/10 秒的误差内，求抛射体到达它的最大高度和开始下落时的时间。

13. 一个大罐中装有 1000 加仑的水和 50 磅已经溶解的盐。假设有一个盐水溶液流入该罐，这个溶液的浓度为每加仑水 0.02 磅盐，流速为每分钟 5 加仑。罐中的溶液充分搅匀后从低端的一个孔中以每分钟 3 加仑的速度流出。

   设 $x(t)$ 为 t 时刻罐中盐的总量，其中 $x(0) = 50$ 磅。罐中盐的变化率由下面的方程给出：

$$x'(t) = 0.1 - \frac{3x(t)}{1000 + 2t}$$

其中盐的变化率的单位为磅每分钟。

   a. 求什么时候罐中有 1010 加仑的盐水。

   b. 用四阶 Taylor 方法，取 $h = 0.5$，求出罐中有 1010 加仑的盐水时盐水的浓度。

讨论问题

1. 讨论 Euler 方法和 Taylor 方法之间的相似性与差异。其中的一个方法比另一个方法好吗？

2. 用四阶 Taylor 方法近似求解给定初值问题 $dy/dt = e^t\sin(t)$，其中 t 从 0 到 5。开始时采用步长 0.25，接着分别采用步长 0.1 和 0.025。使用一个电子表格或者计算机代数来计算。得出的解是你想象的那样吗？发生了什么？为什么？

5.4 Runge-Kutta 方法

上节讨论的 Taylor 方法的优点是具有高阶局部截断误差，缺点是需要计算 $f(t, y)$ 的导数值，对大多数问题来说，这是既复杂而又耗时的，所以 Taylor 方法很少用于实际计算。

Runge-Kutta（龙格-库塔）方法既有像 Taylor 方法一样的高阶局部截断误差，同时又不需要计算函数 $f(t, y)$ 的导数值。在给出它的推导之前，我们需要考虑两个变量的 Taylor 定理。这个定理的证明可以在任何标准的微积分教材中找到（例如，见[Fu]，p.331）。

定理 5.13 假设 $f(t, y)$ 及其所有小于等于 $n+1$ 阶的导数都在 $D = \{(t, y)|a \leqslant t \leqslant b,\ c \leqslant y \leqslant d\}$ 上连续。设 $(t_0, y_0) \in D$，于是对每个 $(t, y) \in D$，存在介于 t_0 和 t 之间的 ξ 和介于 y_0 和 y 之间的 μ，使得

$$f(t, y) = P_n(t, y) + R_n(t, y)$$

其中，

$$P_n(t, y) = f(t_0, y_0) + \left[(t - t_0)\frac{\partial f}{\partial t}(t_0, y_0) + (y - y_0)\frac{\partial f}{\partial y}(t_0, y_0)\right]$$

$$+ \left[\frac{(t - t_0)^2}{2}\frac{\partial^2 f}{\partial t^2}(t_0, y_0) + (t - t_0)(y - y_0)\frac{\partial^2 f}{\partial t \partial y}(t_0, y_0)\right.$$

$$\left. + \frac{(y - y_0)^2}{2}\frac{\partial^2 f}{\partial y^2}(t_0, y_0)\right] + \cdots$$

$$+ \left[\frac{1}{n!} \sum_{j=0}^{n} \binom{n}{j} (t - t_0)^{n-j} (y - y_0)^j \frac{\partial^n f}{\partial t^{n-j} \partial y^j}(t_0, y_0) \right]$$

且

$$R_n(t, y) = \frac{1}{(n+1)!} \sum_{j=0}^{n+1} \binom{n+1}{j} (t - t_0)^{n+1-j} (y - y_0)^j \frac{\partial^{n+1} f}{\partial t^{n+1-j} \partial y^j}(\xi, \mu) \qquad \blacksquare$$

函数 $P_n(t, y)$ 称为函数 f 关于点 (t_0, y_0) 的二变量的 **n 阶 Taylor 多项式**，$R_n(t, y)$ 是与 $P_n(t, y)$ 相对应的余项。

例 1　求下面函数在 $(2, 3)$ 处的二阶 Taylor 多项式 $P_2(t, y)$：

$$f(t, y) = \exp\left[-\frac{(t-2)^2}{4} - \frac{(y-3)^2}{4} \right] \cos(2t + y - 7)$$

解　为了求 $P_2(t, y)$，需要先求出函数及其一阶和二阶导数在 $(2, 3)$ 处的值。我们有

$$f(t, y) = \exp\left[-\frac{(t-2)^2}{4} \right] \exp\left[-\frac{(y-3)^2}{4} \right] \cos(2(t-2) + (y-3))$$

$$f(2, 3) = e^{(-0^2/4 - 0^2/4)} \cos(4 + 3 - 7) = 1,$$

$$\frac{\partial f}{\partial t}(t, y) = \exp\left[-\frac{(t-2)^2}{4} \right] \exp\left[-\frac{(y-3)^2}{4} \right] \left[\frac{1}{2}(t-2) \cos(2(t-2) + (y-3)) \right.$$
$$\left. + \frac{1}{2}(\sin(2(t-2) + (y-3)) \right]$$

$$\frac{\partial f}{\partial t}(2, 3) = 0,$$

$$\frac{\partial f}{\partial y}(t, y) = \exp\left[-\frac{(t-2)^2}{4} \right] \exp\left[-\frac{(y-3)^2}{4} \right] \left[\frac{1}{2}(y-3) \cos(2(t-2) \right.$$
$$\left. + (y-3)) + \sin(2(t-2) + (y-3)) \right]$$

$$\frac{\partial f}{\partial y}(2, 3) = 0,$$

$$\frac{\partial^2 f}{\partial t^2}(t, y) = \exp\left[-\frac{(t-2)^2}{4} \right] \exp\left[-\frac{(y-3)^2}{4} \right] \left[\left(-\frac{9}{2} + \frac{(t-2)^2}{4} \right) \right.$$
$$\left. \times \cos(2(t-2) + (y-3)) + 2(t-2) \sin(2(t-2) + (y-3)) \right]$$

$$\frac{\partial^2 f}{\partial t^2}(2, 3) = -\frac{9}{2},$$

$$\frac{\partial^2 f}{\partial y^2}(t, y) = \exp\left[-\frac{(t-2)^2}{4} \right] \exp\left[-\frac{(y-3)^2}{4} \right] \left[\left(-\frac{3}{2} + \frac{(y-3)^2}{4} \right) \right.$$
$$\left. \times \cos(2(t-2) + (y-3)) + (y-3) \sin(2(t-2) + (y-3)) \right]$$

$$\frac{\partial^2 f}{\partial y^2}(2, 3) = -\frac{3}{2},$$

和

$$\frac{\partial^2 f}{\partial t \partial y}(t, y) = \exp\left[-\frac{(t-2)^2}{4}\right] \exp\left[-\frac{(y-3)^2}{4}\right]\left[\left(-2 + \frac{(t-2)(y-3)}{4}\right.\right.$$

$$\times \cos(2(t-2) + (y-3)) + \left(\frac{(t-2)}{2} + (y-3)\right)\sin(2(t-2) + (y-3))\right]$$

$$\frac{\partial^2 f}{\partial t \partial y}(2, 3) = -2$$

所以,

$$P_2(t, y) = f(2, 3) + \left[(t-2)\frac{\partial f}{\partial t}(2, 3) + (y-3)\frac{\partial f}{\partial y}(2, 3)\right] + \left[\frac{(t-2)^2}{2}\frac{\partial^2 f}{\partial t^2}(2, 3)\right.$$

$$+ (t-2)(y-3)\frac{\partial^2 f}{\partial t \partial y}(2, 3) + \frac{(y-3)}{2}\frac{\partial^2 f}{\partial y^2}(2, 3)\right]$$

$$= 1 - \frac{9}{4}(t-2)^2 - 2(t-2)(y-3) - \frac{3}{4}(y-3)^2$$

在 $(2, 3)$ 附近多项式 $P_2(t, y)$ 的精确性如图 5.5 所示。

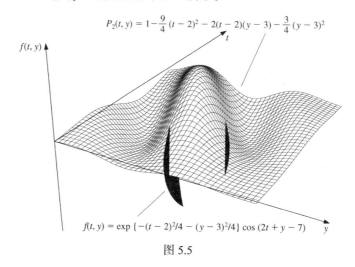

$$P_2(t, y) = 1 - \frac{9}{4}(t-2)^2 - 2(t-2)(y-3) - \frac{3}{4}(y-3)^2$$

$f(t, y)$

$f(t, y) = \exp\{-(t-2)^2/4 - (y-3)^2/4\}\cos(2t + y - 7)$

图 5.5

二阶 Runge-Kutta 方法

推导 Runge-Kutta 方法的第一步是确定 a_1、α_1 和 β_1,使得 $a_1 f(t + \alpha_1, y + \beta_1)$ 与

$$T^{(2)}(t, y) = f(t, y) + \frac{h}{2}f'(t, y)$$

近似,其误差不超过 $O(h^2)$,也就是说和 Taylor 方法有相同阶的局部截断误差。因为

$$f'(t, y) = \frac{\mathrm{d}f}{\mathrm{d}t}(t, y) = \frac{\partial f}{\partial t}(t, y) + \frac{\partial f}{\partial y}(t, y) \cdot y'(t) \quad \text{且} \quad y'(t) = f(t, y)$$

所以有

$$T^{(2)}(t, y) = f(t, y) + \frac{h}{2}\frac{\partial f}{\partial t}(t, y) + \frac{h}{2}\frac{\partial f}{\partial y}(t, y) \cdot f(t, y) \tag{5.18}$$

将 $f(t + \alpha_1, y + \beta_1)$ 在点 (t, y) 处展开成一阶 Taylor 多项式得到

$$a_1 f(t + \alpha_1, y + \beta_1) = a_1 f(t, y) + a_1 \alpha_1 \frac{\partial f}{\partial t}(t, y)$$

$$+ a_1 \beta_1 \frac{\partial f}{\partial y}(t, y) + a_1 \cdot R_1(t + \alpha_1, y + \beta_1) \tag{5.19}$$

其中，

$$R_1(t + \alpha_1, y + \beta_1) = \frac{\alpha_1^2}{2} \frac{\partial^2 f}{\partial t^2}(\xi, \mu) + \alpha_1 \beta_1 \frac{\partial^2 f}{\partial t \partial y}(\xi, \mu) + \frac{\beta_1^2}{2} \frac{\partial^2 f}{\partial y^2}(\xi, \mu) \tag{5.20}$$

其中，ξ 介于 t 和 $t+\alpha_1$ 之间，μ 介于 y 和 $y+\beta_1$ 之间。

比较方程 (5.18) 和方程 (5.19) 中 f 的系数以及它的一阶导数的系数，得到下面 3 个方程：

$$f(t, y): a_1 = 1; \qquad \frac{\partial f}{\partial t}(t, y): a_1 \alpha_1 = \frac{h}{2}; \qquad \frac{\partial f}{\partial y}(t, y): a_1 \beta_1 = \frac{h}{2} f(t, y)$$

因此，参数 a_1、α_1 和 β_1 为

$$a_1 = 1, \quad \alpha_1 = \frac{h}{2}, \quad \beta_1 = \frac{h}{2} f(t, y)$$

而

$$T^{(2)}(t, y) = f\left(t + \frac{h}{2}, y + \frac{h}{2} f(t, y)\right) - R_1\left(t + \frac{h}{2}, y + \frac{h}{2} f(t, y)\right)$$

从方程 (5.20) 可以得到

$$R_1\left(t + \frac{h}{2}, y + \frac{h}{2} f(t, y)\right) = \frac{h^2}{8} \frac{\partial^2 f}{\partial t^2}(\xi, \mu) + \frac{h^2}{4} f(t, y) \frac{\partial^2 f}{\partial t \partial y}(\xi, \mu)$$

$$+ \frac{h^2}{8} (f(t, y))^2 \frac{\partial^2 f}{\partial y^2}(\xi, \mu)$$

如果 f 的所有二阶偏导数都有界，则

$$R_1\left(t + \frac{h}{2}, y + \frac{h}{2} f(t, y)\right)$$

是 $O(h^2)$。于是

- 这个新方法的误差的阶与二阶 Taylor 方法的误差的阶相同。

使用 $f(t+(h/2)$ 和 $y+(h/2)f(t, y))$ 来代替二阶 Taylor 方法中的 $T^{(2)}(t, y)$ 得到的差分方程是一个特殊的 Runge-Kutta 方法，叫作中点方法。

中点方法

$$w_0 = \alpha,$$

$$w_{i+1} = w_i + hf\left(t_i + \frac{h}{2}, w_i + \frac{h}{2} f(t_i, w_i)\right), \qquad i = 0, 1, \cdots, N - 1$$

只有 3 个参数出现在 $a_1 f(t + \alpha_1, y + \beta_1)$ 中，所有这 3 个参数只需用来匹配 $T^{(2)}(t, y)$。因此，为了推导与高阶 Taylor 方法相应的方法，就要求采用更复杂的形式和更多的参数来匹配相应的条件。

用来近似

$$T^{(3)}(t, y) = f(t, y) + \frac{h}{2} f'(t, y) + \frac{h^2}{6} f''(t, y)$$

最合适的有 4 个参数的公式是

$$a_1 f(t, y) + a_2 f(t + \alpha_2, y + \delta_2 f(t, y)) \tag{5.21}$$

即便如此，考虑展开式中的项 $(h^2/6)f''(t, y)$，4 个参数也不够匹配

$$\frac{h^2}{6}\left[\frac{\partial f}{\partial y}(t,y)\right]^2 f(t,y)$$

因此，从方程(5.21)中能得到的最好的方法也只有 $O(h^2)$ 的局部截断误差。

然而，方程(5.21)有 4 个参数可以灵活选择，因此可以推导出许多 $O(h^2)$ 的方法，其中最重要的一个就是**改进的 Euler 方法**，它对应于取 $a_1 = a_2 = \frac{1}{2}$ 和 $\alpha_1 = \delta_2 = h$，其差分方程由下面给出。

改进的 Euler 方法

$$w_0 = \alpha,$$

$$w_{i+1} = w_i + \frac{h}{2}[f(t_i, w_i) + f(t_{i+1}, w_i + h f(t_i, w_i))], \qquad i = 0, 1, \cdots, N-1$$

例 2 取 $N = 10$，$h = 0.2$，$t_i = 0.2i$ 和 $w_0 = 0.5$，用中点方法和改进的 Euler 方法来近似求解我们常用的例子：

$$y' = y - t^2 + 1, \quad 0 \leqslant t \leqslant 2, \quad y(0) = 0.5$$

解 用不同公式对应的差分方程得到

中点公式：$w_{i+1} = 1.22w_i - 0.0088i^2 - 0.008i + 0.218$

和

改进的 Euler 公式：$w_{i+1} = 1.22w_i - 0.0088i^2 - 0.008i + 0.216$

对每个 $i = 0,1,\cdots,9$。这两个方法的前两步的结果为

中点公式：$w_1 = 1.22(0.5) - 0.0088(0)^2 - 0.008(0) + 0.218 = 0.828$

和

改进的 Euler 公式：$w_1 = 1.22(0.5) - 0.0088(0)^2 - 0.008(0) + 0.216 = 0.826$

以及

中点公式：$w_2 = 1.22(0.828) - 0.0088(0.2)^2 - 0.008(0.2) + 0.218$
$$= 1.21136$$

和

改进的 Euler 公式：$w_2 = 1.22(0.826) - 0.0088(0.2)^2 - 0.008(0.2) + 0.216$
$$= 1.20692$$

表 5.6 列出了所有计算结果。对这个问题，中点公式比改进的 Euler 公式更优越。

表 5.6

t_i	$y(t_i)$	中点方法	误差	改进的 Euler 方法	误差
0.0	0.5000000	0.5000000	0	0.5000000	0
0.2	0.8292986	0.8280000	0.0012986	0.8260000	0.0032986
0.4	1.2140877	1.2113600	0.0027277	1.2069200	0.0071677
0.6	1.6489406	1.6446592	0.0042814	1.6372424	0.0116982
0.8	2.1272295	2.1212842	0.0059453	2.1102357	0.0169938
1.0	2.6408591	2.6331668	0.0076923	2.6176876	0.0231715
1.2	3.1799415	3.1704634	0.0094781	3.1495789	0.0303627
1.4	3.7324000	3.7211654	0.0112346	3.6936862	0.0387138
1.6	4.2834838	4.2706218	0.0128620	4.2350972	0.0483866
1.8	4.8151763	4.8009586	0.0142177	4.7556185	0.0595577
2.0	5.3054720	5.2903695	0.0151025	5.2330546	0.0724173

高阶 Runge-Kutta 方法

$T^{(3)}(t, y)$ 项可以有 $O(h^3)$ 阶近似，它被表示成下面的形式：

$$f(t + \alpha_1, y + \delta_1 f(t + \alpha_2, y + \delta_2 f(t, y)))$$

其中包含 4 个参数，用来确定这 4 个参数的方法相当复杂。最常见的 $O(h^3)$ 阶方法是 Heun 公式，它由下式给出：

$$w_0 = \alpha$$

$$w_{i+1} = w_i + \frac{h}{4}\left(f(t_i, w_i) + 3\left(f\left(t_i + \frac{2h}{3}, w_i + \frac{2h}{3} f\left(t_i + \frac{h}{3}, w_i + \frac{h}{3} f(t_i, w_i)\right)\right)\right)\right),$$

$$i = 0, 1, \cdots, N - 1$$

Karl Heun（1859—1929）是卡尔斯鲁厄技术大学的一名教授。他介绍的方法发表在 1900 年的一篇论文里。[Heu]

示例　取 $N = 10$，$h = 0.2$，$t_i = 0.2i$ 和 $w_0 = 0.5$，用 Heun 方法来近似求解我们常用的例子：

$$y' = y - t^2 + 1, \quad 0 \leqslant t \leqslant 2, \quad y(0) = 0.5$$

相应的结果列于表 5.7。可以看到在整个求解范围内，跟中点方法与改进的 Euler 方法相比误差都有明显下降。　■

三阶 Runge-Kutta 方法一般不用。最常用的 Runge-Kutta 方法是四阶的，它的差分方程在下面给出。

四阶 Runge-Kutta 方法

$$w_0 = \alpha,$$

$$k_1 = hf(t_i, w_i),$$

$$k_2 = hf\left(t_i + \frac{h}{2}, w_i + \frac{1}{2}k_1\right),$$

$$k_3 = hf\left(t_i + \frac{h}{2}, w_i + \frac{1}{2}k_2\right),$$

$$k_4 = hf(t_{i+1}, w_i + k_3),$$

$$w_{i+1} = w_i + \frac{1}{6}(k_1 + 2k_2 + 2k_3 + k_4)$$

表 5.7

t_i	$y(t_i)$	Heun 方法	误差
0.0	0.5000000	0.5000000	0
0.2	0.8292986	0.8292444	0.0000542
0.4	1.2140877	1.2139750	0.0001127
0.6	1.6489406	1.6487659	0.0001747
0.8	2.1272295	2.1269905	0.0002390
1.0	2.6408591	2.6405555	0.0003035
1.2	3.1799415	3.1795763	0.0003653
1.4	3.7324000	3.7319803	0.0004197
1.6	4.2834838	4.2830230	0.0004608
1.8	4.8151763	4.8146966	0.0004797
2.0	5.3054720	5.3050072	0.0004648

其中 $i = 0, 1, \cdots, N-1$。假设方程的解 $y(t)$ 有 5 个连续的导数，这个方法的局部截断误差是 $O(h^4)$。我们在方法中引入记号 k_1，k_2，k_3，k_4，是为了消除 $f(t, y)$ 的第二个变量中的连续嵌套。在习题 32 中可以看出这个嵌套有多么复杂。

算法 5.2 实现了四阶 Runge-Kutta 方法。

算法 5.2　四阶 Runge-Kutta 方法

算法用于近似求解在区间 $[a, b]$ 内等距的 $(N+1)$ 个点上的初值问题：

$$y' = f(t, y), \quad a \leqslant t \leqslant b, \quad y(a) = \alpha$$

输入　端点 a，b；整数 N；初值条件 α。

输出　y 在 $(N+1)$ 个 t 的值上的近似值 w。

Step 1   Set $h = (b - a)/N$;
           $t = a$;
           $w = \alpha$;
           OUTPUT (t, w).

Step 2   For $i = 1, 2, \cdots, N$ do Steps 3–5.

  Step 3   Set $K_1 = hf(t, w)$;
           $K_2 = hf(t + h/2, w + K_1/2)$;
           $K_3 = hf(t + h/2, w + K_2/2)$;
           $K_4 = hf(t + h, w + K_3)$.

  Step 4   Set $w = w + (K_1 + 2K_2 + 2K_3 + K_4)/6$; (计算 w_i)
           $t = a + ih.$ (计算 t_i)

  Step 5   OUTPUT (t, w).

Step 6   STOP.

例 3   取 $h = 0.2$，$N = 10$，$t_i = 0.2i$，用四阶 Runge-Kutta 方法来近似求解下面初值问题：

$$y' = y - t^2 + 1, \quad 0 \leqslant t \leqslant 2, \quad y(0) = 0.5$$

解 $y(0.2)$ 的近似结果给出如下：

$$w_0 = 0.5$$

$$k_1 = 0.2 f(0, 0.5) = 0.2(1.5) = 0.3$$

$$k_2 = 0.2 f(0.1, 0.65) = 0.328$$

$$k_3 = 0.2 f(0.1, 0.664) = 0.3308$$

$$k_4 = 0.2 f(0.2, 0.8308) = 0.35816$$

$$w_1 = 0.5 + \frac{1}{6}(0.3 + 2(0.328) + 2(0.3308) + 0.35816) = 0.8292933$$

表 5.8 中列出了计算的全部结果及其误差。

表 5.8

t_i	精确值 $y_i = y(t_i)$	四阶Runge-Kutta 方法 w_i	误差 $|y_i - w_i|$
0.0	0.5000000	0.5000000	0
0.2	0.8292986	0.8292933	0.0000053
0.4	1.2140877	1.2140762	0.0000114
0.6	1.6489406	1.6489220	0.0000186
0.8	2.1272295	2.1272027	0.0000269
1.0	2.6408591	2.6408227	0.0000364
1.2	3.1799415	3.1798942	0.0000474
1.4	3.7324000	3.7323401	0.0000599
1.6	4.2834838	4.2834095	0.0000743
1.8	4.8151763	4.8150857	0.0000906
2.0	5.3054720	5.3053630	0.0001089

计算量比较

  Runge-Kutta 方法的主要计算工作量是函数 f 的求值。在二阶方法中，局部截断误差是 $O(h^2)$，计算量是每一步求两个函数值，相应地在四阶方法中，局部截断误差是 $O(h^4)$，工作量是每一步求 4 个函数值。Butcher(参见[But])给出了每步计算的函数求值数目和局部截断误差的阶数之间的关系，见表 5.9。这个表解释了为什么人们更喜欢用步长较小的阶数小于 5 的方法，而不是用步长较大的高阶方法。

表 5.9

每步求函数值的数目	2	3	4	$5 \leqslant n \leqslant 7$	$8 \leqslant n \leqslant 9$	$10 \leqslant n$
最有可能的截断误差	$O(h^2)$	$O(h^3)$	$O(h^4)$	$O(h^{n-1})$	$O(h^{n-2})$	$O(h^{n-3})$

关于低阶 Runge-Kutta 方法优劣性的比较，一种评价方法描述如下：

● 四阶 Runge-Kutta 方法每步要计算 4 个函数值，而 Euler 方法只需要计算一个函数值，因此，如果四阶 Runge-Kutta 方法确实比 Euler 方法优越，那么使用四阶 Runge-Kutta 方法得到的结果应该比使用 1/4 步长的 Euler 方法得到的结果更精确。类似地，如果四阶 Runge-Kutta 方法比二阶 Runge-Kutta 方法更优越，那么使用四阶 Runge-Kutta 方法得到的结果应该比使用 $h/2$ 步长的二阶 Runge-Kutta 方法得到的结果更精确，因为二阶 Runge-Kutta 方法每步只需要计算两个函数值。

下面的示例按照上面所说的方法通过例子验证了四阶 Runge-Kutta 方法的优越性，其中的例子是我们已经讨论过的初值问题。

示例　考虑问题：

$$y' = y - t^2 + 1, \quad 0 \leqslant t \leqslant 2, \quad y(0) = 0.5$$

分别用步长 $h = 0.025$ 的 Euler 方法、步长 $h = 0.05$ 的中点方法及步长 $h = 0.1$ 的四阶 Runge-Kutta 方法来求解该问题。得到的结果在共同的时间点 0.1，0.2，0.3，0.4 和 0.5 上比较。为了得到 $y(0.5)$ 的近似值，这 3 种方法都需要计算 20 个函数值，所得的结果列于表 5.10 中。在这个例子中，四阶 Runge-Kutta 方法显然具有优越性。

表 5.10

t_i	精确值	Euler方法 $h = 0.025$	改进的 Euler方法 $h = 0.05$	四阶Runge-Kutta 方法 $h = 0.1$
0.0	0.5000000	0.5000000	0.5000000	0.5000000
0.1	0.6574145	0.6554982	0.6573085	0.6574144
0.2	0.8292986	0.8253385	0.8290778	0.8292935
0.3	1.0150706	1.0089334	1.0147254	1.0150701
0.4	1.2140877	1.2056345	1.2136079	1.2140869
0.5	1.4256394	1.4147264	1.4250141	1.4256384

■

习题 5.4

1. 用改进的 Euler 方法来近似求解下面的初值问题，并将结果与真实解进行对比。

　a. $y' = te^{3t} - 2y$，$0 \leqslant t \leqslant 1$，$y(0) = 0$，取 $h = 0.5$；真实解 $y(t) = \dfrac{1}{5}te^{3t} - \dfrac{1}{25}e^{3t} + \dfrac{1}{25}e^{-2t}$。

　b. $y' = 1 + (t-y)^2$，$2 \leqslant t \leqslant 3$，$y(2) = 1$，取 $h = 0.5$；真实解 $y(t) = t + \dfrac{1}{1-t}$。

　c. $y' = 1 + y/t$，$1 \leqslant t \leqslant 2$，$y(1) = 2$，取 $h = 0.25$；真实解 $y(t) = t\ln t + 2t$。

　d. $y' = \cos 2t + \sin 3t$，$0 \leqslant t \leqslant 1$，$y(0) = 1$，取 $h = 0.25$；真实解 $y(t) = \dfrac{1}{2}\sin 2t - \dfrac{1}{3}\cos 3t + \dfrac{4}{3}$。

2. 用改进的 Euler 方法来近似求解下面的初值问题，并将结果与真实解进行对比。

a. $y' = e^{t-y}$, $0 \leqslant t \leqslant 1$, $y(0) = 1$, 取 $h = 0.5$；真实解 $y(t) = \ln(e^t + e - 1)$。

b. $y' = \dfrac{1+t}{1+y}$, $1 \leqslant t \leqslant 2$, $y(1) = 2$, 取 $h = 0.5$；真实解 $y(t) = \sqrt{t^2 + 2t + 6} - 1$。

c. $y' = -y + ty^{1/2}$, $2 \leqslant t \leqslant 3$, $y(2) = 2$, 取 $h = 0.25$；真实解 $y(t) = (t - 2 + \sqrt{2}ee^{-t/2})^2$。

d. $y' = t^{-2}(\sin 2t - 2ty)$, $1 \leqslant t \leqslant 2$, $y(1) = 2$, 取 $h = 0.25$；真实解 $y(t) = \dfrac{4 + \cos 2 - \cos 2t}{2t^2}$。

3. 用改进的 Euler 方法来近似求解下面的初值问题，并将结果与真实解进行对比。

   a. $y' = y/t - (y/t)^2$, $1 \leqslant t \leqslant 2$, $y(1) = 1$, 取 $h = 0.1$；真实解 $y(t) = t/(1 + \ln t)$。

   b. $y' = 1 + y/t + (y/t)^2$, $1 \leqslant t \leqslant 3$, $y(1) = 0$, 取 $h = 0.2$；真实解 $y(t) = t \tan(\ln t)$。

   c. $y = -(y+1)(y+3)$, $0 \leqslant t \leqslant 2$, $y(0) = -2$, 取 $h = 0.2$；真实解 $y(t) = -3 + 2(1 + e^{-2t})^{-1}$。

   d. $y' = -5y + 5t^2 + 2t$, $0 \leqslant t \leqslant 1$, $y(0) = \dfrac{1}{3}$, 取 $h = 0.1$；真实解 $y(t) = t^2 + \dfrac{1}{3}e^{-5t}$。

4. 用改进的 Euler 方法来近似求解下面的初值问题，并将结果与真实解进行对比。

   a. $y' = \dfrac{2 - 2ty}{t^2 + 1}$, $0 \leqslant t \leqslant 1$, $y(0) = 1$, 取 $h = 0.1$；真实解 $y(t) = \dfrac{2t + 1}{t^2 + 1}$。

   b. $y' = \dfrac{y^2}{1 + t}$, $1 \leqslant t \leqslant 2$, $y(1) = \dfrac{-1}{\ln 2}$, 取 $h = 0.1$；真实解 $y(t) = \dfrac{-1}{\ln(1 + t)}$。

   c. $y' = \dfrac{(y^2 + y)}{t}$, $1 \leqslant t \leqslant 3$, $y(1) = -2$, 取 $h = 0.2$；真实解 $y(t) = \dfrac{2t}{1 - 2t}$。

   d. $y' = -ty + 4t/y$, $0 \leqslant t \leqslant 1$, $y(0) = 1$, 取 $h = 0.1$；真实解 $y(t) = \sqrt{4 - 3e^{-t^2}}$。

5. 用中点方法重做习题1。

6. 用中点方法重做习题2。

7. 用中点方法重做习题3。

8. 用中点方法重做习题4。

9. 用 Heun 方法重做习题1。

10. 用 Heun 方法重做习题2。

11. 用 Heun 方法重做习题3。

12. 用 Heun 方法重做习题4。

13. 用四阶 Runge-Kutta 方法重做习题1。

14. 用四阶 Runge-Kutta 方法重做习题2。

15. 用四阶 Runge-Kutta 方法重做习题3。

16. 用四阶 Runge-Kutta 方法重做习题4。

17. 对习题3的结果用线性插值来近似下面 $y(t)$ 的值并与真实值进行对比。

    a. $y(1.25)$ 和 $y(1.93)$ b. $y(2.1)$ 和 $y(2.75)$

    c. $y(1.3)$ 和 $y(1.93)$ d. $y(0.54)$ 和 $y(0.94)$

18. 对习题4的结果用线性插值来近似下面 $y(t)$ 的值并与真实值进行对比。

    a. $y(0.54)$ 和 $y(0.94)$ b. $y(1.25)$ 和 $y(1.93)$

    c. $y(1.3)$ 和 $y(2.93)$ d. $y(0.54)$ 和 $y(0.94)$

19. 利用习题7的结果重做习题17。

20. 利用习题8的结果重做习题18。

21. 利用习题11的结果重做习题17。

22. 利用习题12的结果重做习题18。

23．利用习题 15 的结果重做习题 17。

24．利用习题 16 的结果重做习题 18。

25．对习题 15 的结果用三次 Hermite 插值来近似下面 $y(t)$ 的值并与真实值进行对比。

  a. $y(1.25)$ 和 $y(1.93)$　　　　　b. $y(2.1)$ 和 $y(2.75)$

  c. $y(1.3)$ 和 $y(1.93)$　　　　　d. $y(0.54)$ 和 $y(0.94)$

26．对习题 16 的结果用三次 Hermite 插值来近似下面 $y(t)$ 的值并与真实值进行对比。

  a. $y(0.54)$ 和 $y(0.94)$　　　　　b. $y(1.25)$ 和 $y(1.93)$

  c. $y(1.3)$ 和 $y(2.93)$　　　　　d. $y(0.54)$ 和 $y(0.94)$

应用型习题

27．有一个不可逆的化学反应：两个固体重铬酸钾分子、两个水分子和三个固体硫原子一起合成产生三个气体二氧化硫分子、四个氢氧化钾分子和两个固体三氧化二铬分子。这个化学反应可由下面的化学反应方程式表示：

$$2K_2Cr_2O_7 + 2H_2O + 3S \longrightarrow 4KOH + 2Cr_2O_3 + 3SO_2$$

如果开始时有 n_1 个重铬酸钾分子、n_2 个水分子和 n_3 个固体硫原子，则下面的微分方程描述了 t 时间后氢氧化钾分子的数量 $x(t)$：

$$\frac{\mathrm{d}x}{\mathrm{d}t} = k\left(n_1 - \frac{x}{2}\right)^2 \left(n_2 - \frac{x}{2}\right)^2 \left(n_3 - \frac{3x}{4}\right)^3$$

其中，k 是反应速度常数。如果 $k = 6.22 \times 10^{-19}$，$n_1 = n_2 = 2 \times 10^3$，$n_3 = 3 \times 10^3$，用四阶 Runge-Kutta 方法近似求 0.2 s 后产生了多少个氢氧化钾分子。

28．水从一个带圆形孔口的倒锥罐流出，其流速为

$$\frac{\mathrm{d}x}{\mathrm{d}t} = -0.6\pi r^2 \sqrt{2g}\, \frac{\sqrt{x}}{A(x)}$$

其中，r 为开孔的半径，x 是从锥的顶点到液面的高度，$A(x)$ 是开孔上 x 单位处罐的截面积。假设 $r = 0.1$ ft，$g = 32.1$ ft/s^2，初始时刻罐内水面高度为 8 ft，初始体积为 $512(\pi/3)$ ft^3。用四阶 Runge-Kutta 方法近似求解下面的问题：

a. 取步长 $h = 20$ s，求 10 min 后的水面高度；

b. 什么时候罐将是空的，精确到 1 min。

理论型习题

29．验证：无论步长 h 如何选取，中点方法和改进的 Euler 方法对下面的初值问题会得到相同的近似结果：

$$y' = -y + t + 1, \quad 0 \leqslant t \leqslant 1, \quad y(0) = 1$$

为什么是这样？

30．证明：下面的差分方法

$$w_0 = \alpha,$$

$$w_{i+1} = w_i + a_1 f(t_i, w_i) + a_2 f(t_i + \alpha_2, w_1 + \delta_2 f(t_i, w_i))$$

其中 $i = 0, 1, \cdots, N-1$，无论常数 a_1，a_2，α_2 和 δ_2 怎么选取，都不能有局部截断误差 $O(h^3)$。

31．证明：类似于四阶 Runge-Kutta 方法，Heun 方法也能表示成下面差分方程的形式：

$$w_0 = \alpha,$$

$$k_1 = hf(t_i, w_i),$$

$$k_2 = hf\left(t_i + \frac{h}{3}, w_i + \frac{1}{3}k_1\right),$$

$$k_3 = hf\left(t_i + \frac{2h}{3}, w_i + \frac{2}{3}k_2\right),$$

$$w_{i+1} = w_i + \frac{1}{4}(k_1 + 3k_3)$$

其中 $i = 0, 1, \cdots, N-1$。

32. 四阶 Runge-Kutta 方法可以写成下面的形式:

$$w_0 = \alpha,$$

$$w_{i+1} = w_i + \frac{h}{6}f(t_i, w_i) + \frac{h}{3}f(t_i + \alpha_1 h, w_i + \delta_1 hf(t_i, w_i))$$

$$+ \frac{h}{3}f(t_i + \alpha_2 h, w_i + \delta_2 hf(t_i + \gamma_2 h, w_i + \gamma_3 hf(t_i, w_i)))$$

$$+ \frac{h}{6}f(t_i + \alpha_3 h, w_i + \delta_3 hf(t_i + \gamma_4 h, w_i + \gamma_5 hf(t_i + \gamma_6 h, w_i + \gamma_7 hf(t_i, w_i))))$$

求下面常数的值:

$$\alpha_1, \ \alpha_2, \ \alpha_3, \ \delta_1, \ \delta_2, \ \delta_3, \ \gamma_2, \ \gamma_3, \ \gamma_4, \ \gamma_5, \ \gamma_6, \ \gamma_7$$

讨论问题

1. 描述中点方法和改进的 Euler 方法。这两个方法之间的关系是什么?
2. 在本章所讨论的方法中,随着步长 h 的减小计算时间会变长,而精度也会同时增加。但是,步长 h 减小的太小可能会导致误差增大。这是为什么?
3. 讨论怎样使用电子表格来实现 Runge-Kutta 方法。
4. 讨论 Runge-Kutta 方法和 Euler 方法之间的差异。

5.5　误差控制与 Runge-Kutta-Fehlberg 方法

在 4.6 节中,我们看到在近似计算积分时使用合适的变步长能产生非常有效的算法。从它本身来看,人们并不喜欢这些方法,因为应用它们会增加算法的复杂性,但是,它们所具有的某些特征使得它们更有价值。因为在估计截断误差时不要求计算函数的高阶导数,这在与步长改进结合时非常有利。这些方法称为自适应方法,因为它们可以通过调节节点的数目和位置来保证近似的截断误差不超过某一个具体的界。

近似计算一个定积分的问题和近似求解初值问题密切相关。因此,自适应方法也就能用于近似求解初值问题,这些方法不但非常有效,而且能够控制误差。

考虑初值问题:

$$y' = f(t, y), \quad a \leqslant t \leqslant b, \ \text{取} \ y(a) = \alpha$$

任何近似求解上述初值问题的单步方法都能表示成如下形式:

$$w_{i+1} = w_i + h_i \phi(t_i, w_i, h_i), \qquad i = 0, 1, \cdots, N-1$$

对某个函数 ϕ。

近似求解初值问题:

$$y' = f(t, y), \quad a \leqslant t \leqslant b, \quad y(a) = \alpha$$

的一个理想的差分方程

$$w_{i+1} = w_i + h_i \phi(t_i, w_i, h_i), \quad i = 0, 1, \cdots, N-1$$

应该具有这样的性质：对一个给定的误差限 $\varepsilon > 0$，用最少的网格点来确保整体误差 $|y(t_i) - w_i|$ 对所有 $i = 0, 1, \cdots, N$ 都不超过 ε。使用了最少的网格点同时又控制了整体误差的这样一个差分方法，毫无疑问它的网格点绝不能在区间内等距分布。在本节中，我们将考察差分方法中通过网格点的适当选取来有效控制误差的技术。

虽然一般来说不能确定一个方法的整体误差，但是我们将在 5.10 节看到在局部截断误差和整体误差之间存在密切的关系。通过不同阶方法的使用，我们能够预估局部截断误差，使用这个预估，则能够通过选择步长来有效控制整体误差。

为了说明这种技术，假设有两个近似方法。第一个是由如下形式的 n 阶 Taylor 方法得到的：

$$y(t_{i+1}) = y(t_i) + h\phi(t_i, y(t_i), h) + O(h^{n+1})$$

它产生的近似的局部截断误差是 $\tau_{i+1}(h) = O(h^n)$。方法由下式给出：

$$w_0 = \alpha$$

$$w_{i+1} = w_i + h\phi(t_i, w_i, h), \qquad i > 0$$

一般来说，方法可由 Taylor 方法的 Runge-Kutta 修正得到，这里具体的推导并不重要。

第二个方法与第一个类似，但更高一阶，它来自如下形式的 $(n+1)$ 阶 Taylor 方法：

$$y(t_{i+1}) = y(t_i) + h\tilde{\phi}(t_i, y(t_i), h) + O(h^{n+2})$$

它产生的近似的局部截断误差是 $\tilde{\tau}_{i+1}(h) = O(h^{n+1})$。方法由下式给出：

$$\tilde{w}_0 = \alpha$$

$$\tilde{w}_{i+1} = \tilde{w}_i + h\tilde{\phi}(t_i, \tilde{w}_i, h), \qquad i > 0$$

首先假设 $w_i \approx y(t_i) \approx \tilde{w}_i$ 并选择一个固定的步长 h，得到 $y(t_{i+1})$ 的两个近似，即 w_{i+1} 和 $\tilde{w}_{i+1}$。于是，

$$
\begin{aligned}
\tau_{i+1}(h) &= \frac{y(t_{i+1}) - y(t_i)}{h} - \phi(t_i, y(t_i), h) \\
&= \frac{y(t_{i+1}) - w_i}{h} - \phi(t_i, w_i, h) \\
&= \frac{y(t_{i+1}) - [w_i + h\phi(t_i, w_i, h)]}{h} \\
&= \frac{1}{h}(y(t_{i+1}) - w_{i+1})
\end{aligned}
$$

采用类似的方法，则有

$$\tilde{\tau}_{i+1}(h) = \frac{1}{h}(y(t_{i+1}) - \tilde{w}_{i+1})$$

于是，

$$
\begin{aligned}
\tau_{i+1}(h) &= \frac{1}{h}(y(t_{i+1}) - w_{i+1}) \\
&= \frac{1}{h}[(y(t_{i+1}) - \tilde{w}_{i+1}) + (\tilde{w}_{i+1} - w_{i+1})] \\
&= \tilde{\tau}_{i+1}(h) + \frac{1}{h}(\tilde{w}_{i+1} - w_{i+1})
\end{aligned}
$$

但 $\tau_{i+1}(h)$ 是 $O(h^n)$，而 $\tilde{\tau}_{i+1}(h)$ 是 $O(h^{n+1})$，所以 $\tau_{i+1}(h)$ 的大部分一定来源于

$$\frac{1}{h}\left(\tilde{w}_{i+1} - w_{i+1}\right)$$

这样，$O(h^n)$ 方法的局部截断误差可用下式方便地近似计算：

$$\tau_{i+1}(h) \approx \frac{1}{h}\left(\tilde{w}_{i+1} - w_{i+1}\right)$$

令 $R = \frac{1}{h}\left|\tilde{w}_{i+1} - w_{i+1}\right|$。

然而，我们的目标不仅仅是要估计局部截断误差，还要通过调节步长将整体误差控制在一个具体要求的水平。为了达到这个目标，因为 $\tau_{i+1}(h)$ 是 $O(h^n)$ 的，所以我们假设存在一个与 h 无关的数 K，使得

$$\tau_{i+1}(h) \approx K h^n$$

于是利用前面两个近似 w_{i+1} 和 $\tilde{w}_{i+1}$，就可以估计 n 阶方法中选取一个新步长 qh 而产生的局部截断误差，它是

$$\tau_{i+1}(qh) \approx K(qh)^n = q^n(Kh^n) \approx q^n \tau_{i+1}(h) \approx \frac{q^n}{h}\left(\tilde{w}_{i+1} - w_{i+1}\right)$$

为了使得 $\tau_{i+1}(qh)$ 满足误差限 ε，我们选取 q 使得

$$\frac{q^n}{h}\left|\tilde{w}_{i+1} - w_{i+1}\right| \approx \left|\tau_{i+1}(qh)\right| \leqslant \varepsilon$$

也就是说，满足

$$q \leqslant \left(\frac{\varepsilon h}{\left|\tilde{w}_{i+1} - w_{i+1}\right|}\right)^{1/n} = \left(\frac{\varepsilon}{R}\right)^{1/n} \tag{5.22}$$

Runge-Kutta-Fehlberg（龙格-库塔-芬尔格）方法

将不等式 (5.22) 用于误差控制的最流行的方法是 **Runge-Kutta-Fehlberg 方法**（见[Fe]）。这个方法使用了局部截断误差为五阶 Runge-Kutta 方法：

$$\tilde{w}_{i+1} = w_i + \frac{16}{135}k_1 + \frac{6656}{12825}k_3 + \frac{28561}{56430}k_4 - \frac{9}{50}k_5 + \frac{2}{55}k_6$$

而局部截断误差的估计用到了四阶 Runge-Kutta 方法：

$$w_{i+1} = w_i + \frac{25}{216}k_1 + \frac{1408}{2565}k_3 + \frac{2197}{4104}k_4 - \frac{1}{5}k_5$$

其中系数由下面各式给出：

$$k_1 = hf(t_i, w_i),$$

$$k_2 = hf\left(t_i + \frac{h}{4}, w_i + \frac{1}{4}k_1\right),$$

$$k_3 = hf\left(t_i + \frac{3h}{8}, w_i + \frac{3}{32}k_1 + \frac{9}{32}k_2\right),$$

$$k_4 = hf\left(t_i + \frac{12h}{13}, w_i + \frac{1932}{2197}k_1 - \frac{7200}{2197}k_2 + \frac{7296}{2197}k_3\right),$$

$$k_5 = hf\left(t_i + h, w_i + \frac{439}{216}k_1 - 8k_2 + \frac{3680}{513}k_3 - \frac{845}{4104}k_4\right),$$

$$k_6 = hf\left(t_i + \frac{h}{2}, w_i - \frac{8}{27}k_1 + 2k_2 - \frac{3544}{2565}k_3 + \frac{1859}{4104}k_4 - \frac{11}{40}k_5\right)$$

该方法的一个优点是在每步中只有 6 次函数 f 的求值运算。任意四阶 Runge-Kutta 方法和五阶 Runge-Kutta 方法一起使用至少要求 10 次函数 f 的求值运算(见表 5.9),其中四阶 Runge-Kutta 方法至少要有 4 次函数求值而五阶 Runge-Kutta 方法要有 6 次函数求值。因此,Runge-Kutta-Fehlberg 方法从函数求值的角度看至少减少了 40%的计算成本。

在误差控制理论中,第 i 步首先使用 h 的一个初始值来求两个值 w_{i+1} 和 $\tilde{w}_{i+1}$,它们将确定该步中的 q 值,接下来利用该值进行重新计算。这个过程在不进行误差控制的情形下每步需要两次函数求值。实践中,为了使得增加的函数求值成本更值得,每次选取的 q 值是不同的。在第 i 步中确定的 q 值有两个用途:

● 当 $R > \varepsilon$ 时,我们在第 i 步拒绝 h 的最初选择并使用 qh 重新计算;

● 当 $R \leqslant \varepsilon$ 时,我们在第 i 步接受使用这个 h 的计算值并在第 $(i+1)$ 步中将步长变为 qh。

出于函数求值成本的考虑,如果该步中需要重新计算,那么 h 的选取就应该更谨慎。事实上,对于 $n = 4$ 的 Runge-Kutta-Fehlberg 方法而言,通常选取

$$q = \left(\frac{\varepsilon h}{2|\tilde{w}_{i+1} - w_{i+1}|}\right)^{1/4} = 0.84\left(\frac{\varepsilon h}{|\tilde{w}_{i+1} - w_{i+1}|}\right)^{1/4} = 0.84\left(\frac{\varepsilon}{R}\right)^{1/n}$$

算法 5.3 执行的是 Runge-Kutta-Fehlberg 方法,在该算法中,第 9 步(**Step 9**)的加入是为了消除步长的大幅度修改。这样做既可以避免在 y 的导数不规则的区域上使用很小步长而花费太多的时间,也可以避免使用大的步长而跳过两步之间的敏感区域。步长增加的过程可能在算法中完全被忽略,而步长减小的过程只有在需要控制误差时才使用。

算法 5.3 Runge-Kutta-Fehlberg 方法

该算法用于近似求解下面的初值问题:

$$y' = f(t, y), \quad a \leqslant t \leqslant b, \quad y(a) = \alpha$$

并在给定的一个误差限之下来控制局部截断误差。

输入 端点 a, b; 初始值 α; 误差限 *TOL*; 最大步长 *hmax*; 最小步长 *hmin*。

输出 t, w, h, 其中 w 是 $y(t)$ 的近似, 步长 h; 或者给出一个超出最小步长的信息。

Step 1　Set $t = a$;

　　　　$w = \alpha$;

　　　　$h = hmax$;

　　　　$FLAG = 1$;

　　OUTPUT (t, w).

Step 2　While ($FLAG = 1$) do Steps 3–11.

　　Step 3　Set $K_1 = hf(t, w)$;

　　　　　$K_2 = hf\left(t + \frac{1}{4}h, w + \frac{1}{4}K_1\right)$;

　　　　　$K_3 = hf\left(t + \frac{3}{8}h, w + \frac{3}{32}K_1 + \frac{9}{32}K_2\right)$;

$$K_4 = hf\left(t + \tfrac{12}{13}h,\, w + \tfrac{1932}{2197}K_1 - \tfrac{7200}{2197}K_2 + \tfrac{7296}{2197}K_3\right);$$

$$K_5 = hf\left(t + h,\, w + \tfrac{439}{216}K_1 - 8K_2 + \tfrac{3680}{513}K_3 - \tfrac{845}{4104}K_4\right);$$

$$K_6 = hf\left(t + \tfrac{1}{2}h,\, w - \tfrac{8}{27}K_1 + 2K_2 - \tfrac{3544}{2565}K_3 + \tfrac{1859}{4104}K_4 - \tfrac{11}{40}K_5\right).$$

Step 4   Set $R = \tfrac{1}{h}\left|\tfrac{1}{360}K_1 - \tfrac{128}{4275}K_3 - \tfrac{2197}{75240}K_4 + \tfrac{1}{50}K_5 + \tfrac{2}{55}K_6\right|$.

（注：$R = \tfrac{1}{h}|\tilde{w}_{i+1} - w_{i+1}| \approx |\tau_{i+1}(h)|_\circ$）

Step 5   If $R \leqslant TOL$ then do Steps 6 and 7.

Step 6   Set $t = t + h$;   （近似可以接受）

$$w = w + \tfrac{25}{216}K_1 + \tfrac{1408}{2565}K_3 + \tfrac{2197}{4104}K_4 - \tfrac{1}{5}K_5.$$

Step 7   OUTPUT (t, w, h).   （Step 5完毕）

Step 8   Set $\delta = 0.84(TOL/R)^{1/4}$.

Step 9   If $\delta \leqslant 0.1$ then set $h = 0.1h$

   else if $\delta \geqslant 4$ then set $h = 4h$

      else set $h = \delta h$.   （计算新的 h）

Step 10   If $h > hmax$ then set $h = hmax$.

Step 11   If $t \geqslant b$ then set $FLAG = 0$

   else if $t + h > b$ then set $h = b - t$

      else if $h < hmin$ then

         set $FLAG = 0$;

         OUTPUT ('*minimum h exceeded*').

         （算法失败）

         （Step 3完毕）

Step 12   （算法完成）

   STOP. ∎

例 1   用 Runge-Kutta-Fehlberg 方法，取误差限 $TOL = 10^{-5}$，最大步长 $h = 0.25$，最小步长 $h = 0.01$，近似求解下面的初值问题：

$$y' = y - t^2 + 1, \quad 0 \leqslant t \leqslant 2, \quad y(0) = 0.5$$

将结果与精确解 $y(t) = (t+1)^2 - 0.5e^t$ 进行比较。

解   我们将只计算第一步，其余的由算法 5.3 来计算。由初始条件可以得出 $t_0 = 0$ 时 $w_0 = 0.5$。为了确定 w_1，我们使用 $h = 0.25$，这是可以允许的最大步长，计算可得

$$k_1 = hf(t_0, w_0) = 0.25\left(0.5 - 0^2 + 1\right) = 0.375,$$

$$k_2 = hf\left(t_0 + \tfrac{1}{4}h,\, w_0 + \tfrac{1}{4}k_1\right) = 0.25f\left(\tfrac{1}{4}0.25,\, 0.5 + \tfrac{1}{4}0.375\right) = 0.3974609,$$

$$k_3 = hf\left(t_0 + \tfrac{3}{8}h,\, w_0 + \tfrac{3}{32}k_1 + \tfrac{9}{32}k_2\right)$$

$$= 0.25f\left(0.09375,\, 0.5 + \tfrac{3}{32}0.375 + \tfrac{9}{32}0.3974609\right) = 0.4095383,$$

$$k_4 = hf\left(t_0 + \tfrac{12}{13}h,\, w_0 + \tfrac{1932}{2197}k_1 - \tfrac{7200}{2197}k_2 + \tfrac{7296}{2197}k_3\right)$$

$$= 0.25f\left(0.2307692, 0.5 + \frac{1932}{2197}0.375 - \frac{7200}{2197}0.3974609 + \frac{7296}{2197}0.4095383\right)$$

$$= 0.4584971$$

$$k_5 = hf\left(t_0 + h, w_0 + \frac{439}{216}k_1 - 8k_2 + \frac{3680}{513}k_3 - \frac{845}{4104}k_4\right)$$

$$= 0.25f\left(0.25, 0.5 + \frac{439}{216}0.375 - 8(0.3974609) + \frac{3680}{513}0.4095383 - \frac{845}{4104}0.4584971\right)$$

$$= 0.4658452$$

$$k_6 = hf\left(t_0 + \frac{1}{2}h, w_0 - \frac{8}{27}k_1 + 2k_2 - \frac{3544}{2565}k_3 + \frac{1859}{4104}k_4 - \frac{11}{40}k_5\right)$$

$$= 0.25f\left(0.125, 0.5 - \frac{8}{27}0.375 + 2(0.3974609) - \frac{3544}{2565}0.4095383 + \frac{1859}{4104}0.4584971\right.$$

$$\left. - \frac{11}{40}0.4658452\right)$$

$$= 0.4204789$$

于是可以找到 $y(0.25)$ 的两个近似值为

$$\tilde{w}_1 = w_0 + \frac{16}{135}k_1 + \frac{6656}{12825}k_3 + \frac{28561}{56430}k_4 - \frac{9}{50}k_5 + \frac{2}{55}k_6$$

$$= 0.5 + \frac{16}{135}0.375 + \frac{6656}{12825}0.4095383 + \frac{28561}{56430}0.4584971 - \frac{9}{50}0.4658452$$

$$+ \frac{2}{55}0.4204789$$

$$= 0.9204870$$

和

$$w_1 = w_0 + \frac{25}{216}k_1 + \frac{1408}{2565}k_3 + \frac{2197}{4104}k_4 - \frac{1}{5}k_5$$

$$= 0.5 + \frac{25}{216}0.375 + \frac{1408}{2565}0.4095383 + \frac{2197}{4104}0.4584971 - \frac{1}{5}0.4658452$$

$$= 0.9204886.$$

这同时意味着

$$R = \frac{1}{0.25}\left|\frac{1}{360}k_1 - \frac{128}{4275}k_3 - \frac{2197}{75240}k_4 + \frac{1}{50}k_5 + \frac{2}{55}k_6\right|$$

$$= 4\left|\frac{1}{360}0.375 - \frac{128}{4275}0.4095383 - \frac{2197}{75240}0.4584971\right.$$

$$\left. + \frac{1}{50}0.4658452 + \frac{2}{55}0.4204789\right|$$

$$= 0.00000621388$$

和

$$q = 0.84\left(\frac{\varepsilon}{R}\right)^{1/4} = 0.84\left(\frac{0.00001}{0.00000621388}\right)^{1/4} = 0.9461033291$$

因为 $R \leqslant 10^{-5}$，我们能接受的 $y(0.25)$ 的近似值为 0.9204886，但是我们将在下一次迭代中将步长调节为 $h = 0.9461033291(0.25) \approx 0.2365258$。然而，只有前面大约五位数字可以认为是精确的，因为 R 只有五位数字是精确的。由于在计算 R 时我们减去了两个非常接近的数字 w_i 和 $\tilde{w}_i$，这是舍入误差较好的情形。这也是在计算 q 时予以保守估计的另一个理由。

利用算法 5.3 得出的结果列于表 5.11 中。增加精度的步骤用于确保计算能够达到所列的精度。表中的最后两列给出了使用五阶 Runge-Kutta-Fehlberg 方法得到的结果，对于较小的 t 值，五阶方法的误差小于四阶方法的误差，但对较大的 t 值，它的误差随着 t 的增加超过了四阶方法的误差。

表 5.11

		RKF-4				RKF-5	
t_i	$y_i = y(t_i)$	w_i	h_i	R_i	$\|y_i - w_i\|$	$\hat{w}_i$	$\|y_i - \hat{w}_i\|$
0	0.5	0.5				0.5	
0.2500000	0.9204873	0.9204886	0.2500000	6.2×10^{-6}	1.3×10^{-6}	0.9204870	2.424×10^{-7}
0.4865522	1.3964884	1.3964910	0.2365522	4.5×10^{-6}	2.6×10^{-6}	1.3964900	1.510×10^{-6}
0.7293332	1.9537446	1.9537488	0.2427810	4.3×10^{-6}	4.2×10^{-6}	1.9537477	3.136×10^{-6}
0.9793332	2.5864198	2.5864260	0.2500000	3.8×10^{-6}	6.2×10^{-6}	2.5864251	5.242×10^{-6}
1.2293332	3.2604520	3.2604605	0.2500000	2.4×10^{-6}	8.5×10^{-6}	3.2604599	7.895×10^{-6}
1.4793332	3.9520844	3.9520955	0.2500000	7×10^{-7}	1.11×10^{-5}	3.9520954	1.096×10^{-5}
1.7293332	4.6308127	4.6308268	0.2500000	1.5×10^{-6}	1.41×10^{-5}	4.6308272	1.446×10^{-5}
1.9793332	5.2574687	5.2574861	0.2500000	4.3×10^{-6}	1.73×10^{-5}	5.2574871	1.839×10^{-5}
2.0000000	5.3054720	5.3054896	0.0206668		1.77×10^{-5}	5.3054896	1.768×10^{-5}

■

习题 5.5

1. 用 Runge-Kutta-Fehlberg 方法，取误差限 $TOL = 10^{-4}$，$hmax = 0.25$，$hmin = 0.05$，近似求解下面的初值问题，并把结果与实际值进行比较。

   a. $y' = te^{3t} - 2y$，$0 \leqslant t \leqslant 1$，$y(0) = 0$；真实解 $y(t) = \dfrac{1}{5}te^{3t} - \dfrac{1}{25}e^{3t} + \dfrac{1}{25}e^{-2t}$。

   b. $y' = 1 + (t - y)^2$，$2 \leqslant t \leqslant 3$，$y(2) = 1$；真实解 $y(t) = t + 1/(1 - t)$。

   c. $y' = 1 + y/t$，$1 \leqslant t \leqslant 2$，$y(1) = 2$；真实解 $y(t) = t \ln t + 2t$。

   d. $y = \cos 2t + \sin 3t$，$0 \leqslant t \leqslant 1$，$y(0) = 1$；真实解 $y(t) = \dfrac{1}{2}\sin 2t - \dfrac{1}{3}\cos 3t + \dfrac{4}{3}$。

2. 用 Runge-Kutta-Fehlberg 方法，取误差限 $TOL = 10^{-4}$，近似求解下面的初值问题。

   a. $y' = (y/t)^2 + y/t$，$1 \leqslant t \leqslant 1.2$，$y(1) = 1$，取 $hmax = 0.05$ 和 $hmin = 0.02$。

   b. $y' = \sin t + e^{-t}$，$0 \leqslant t \leqslant 1$，$y(0) = 0$，取 $hmax = 0.25$ 和 $hmin = 0.02$。

   c. $y' = (y^2 + y)/t$，$1 \leqslant t \leqslant 3$，$y(1) = -2$，取 $hmax = 0.5$ 和 $hmin = 0.02$。

   d. $y' = t^2$，$0 \leqslant t \leqslant 2$，$y(0) = 0$，取 $hmax = 0.5$ 和 $hmin = 0.02$。

3. 用 Runge-Kutta-Fehlberg 方法，取误差限 $TOL = 10^{-6}$，$hmax = 0.5$，$hmin = 0.05$，近似求解下面的初值问题，并把结果与实际值进行比较。

   a. $y' = y/t - (y/t)^2$，$1 \leqslant t \leqslant 4$，$y(1) = 1$；真实解 $y(t) = t/(1 + \ln t)$。

   b. $y' = 1 + y/t + (y/t)^2$，$1 \leqslant t \leqslant 3$，$y(1) = 0$；真实解 $y(t) = t\tan(\ln t)$。

   c. $y' = -(y + 1)(y + 3)$，$0 \leqslant t \leqslant 3$，$y(0) = -2$；真实解 $y(t) = -3 + 2(1 + e^{-2t})^{-1}$。

   d. $y = (t + 2t^3)y^3 - ty$，$0 \leqslant t \leqslant 2$，$y(0) = \dfrac{1}{3}$；真实解 $y(t) = (3 + 2t^2 + 6e^{t^2})^{-1/2}$。

4. 用 Runge-Kutta-Fehlberg 方法，取误差限 $TOL = 10^{-6}$，$hmax = 0.5$，$hmin = 0.05$，近似求解下面的初值问题，并把结果与实际值进行比较。

a. $y' = \dfrac{2-2ty}{t^2+1}$, $0 \leqslant t \leqslant 3$, $y(0)=1$ ；真实解 $y(t)=(2t+1)/(t^2+1)$ 。

b. $y' = \dfrac{y^2}{1+t}$, $1 \leqslant t \leqslant 4$, $y(1)=-(\ln 2)^{-1}$ ；真实解 $y(t)=\dfrac{-1}{\ln(t+1)}$ 。

c. $y = -ty + 4t/y$, $0 \leqslant t \leqslant 1$, $y(0)=1$ ；真实解 $y(t)=\sqrt{4-3e^{-t^2}}$ 。

d. $y' = -y + ty^{1/2}$, $2 \leqslant t \leqslant 4$, $y(2)=2$ ；真实解 $y(t)=(t-2+\sqrt{2}ee^{-t/2})^2$ 。

应用型习题

5. 在传染性疾病的传播理论（见[Ba1]和[Ba2]）中，在一些适当的简化假设之下，有一个相对基本的微分方程能被用来预测任何时刻人群中受感染个体的数量。具体而言，让我们假设在一个固定的人群中所有个体被感染的可能性是相等的，某人一旦被感染，就一直保留在这个状态中。假设 $x(t)$ 表示 t 时刻易感人群的数量， $y(t)$ 表示受感染的人的数量。因为感染率依赖于当前时刻易感人群的数量和感染者的数量，所有假定感染人数的变化率正比于 $x(t)$ 和 $y(t)$ 的乘积是合理的。如果整个人口的数量相当大，就可以假设 $x(t)$ 和 $y(t)$ 都是连续变量，于是问题被表述为

$$y'(t) = kx(t)y(t)$$

其中， k 是一个常数，并且 $x(t)+y(t)=m$ 是整个人口数。该方程可以改写为只包含 $y(t)$ 的方程：

$$y'(t) = k(m-y(t))y(t)$$

a. 设 $m=100\,000$, $y(0)=1000$, $k=2\times 10^{-6}$ ，时间单位是天。近似求 30 天后的感染人群数量。

b. (a)中的微分方程叫作 Bernoulli 方程，它可以通过变换 $u(t)=(y(t))^{-1}$ 化成线性方程。用这个技巧求出该方程的精确解，在与(a)中相同的假设下，对比 $y(t)$ 的真实值和前面计算得出的近似值。$\lim\limits_{t\to\infty} y(t)$ 是什么？这与你的直觉一致吗？

6. 在上面的习题中，所有的感染者个体仍然留在人群中传播疾病。更实际一点的假设是引入第三个变量 $z(t)$ 表示排除量，它指的是通过隔离、治愈、自身产生的免疫或者死亡等方式从感染人群中排除的个体人数。这自然会使问题变得很复杂，但却能证明（见[Ba2]）近似解有下面的形式：

$$x(t) = x(0)e^{-(k_1/k_2)z(t)} \quad \text{和} \quad y(t) = m - x(t) - z(t)$$

其中， k_1 是感染率， k_2 是排除率， $z(t)$ 由下面的微分方程确定：

$$z'(t) = k_2\left(m - z(t) - x(0)e^{-(k_1/k_2)z(t)}\right)$$

由于笔者不懂得任何直接求解上述问题的方法，所以必须采用数值求解方法。假设 $m=100\,000$, $x(0)=99\,000$, $k_1=2\times 10^{-6}$, $k_2=10^{-4}$ ，近似求 $z(30)$, $y(30)$ 和 $x(30)$ 。

理论型习题

7. Runge-Kutta-Verner 方法（见[Ve]）基于下面的公式：

$$w_{i+1} = w_i + \frac{13}{160}k_1 + \frac{2375}{5984}k_3 + \frac{5}{16}k_4 + \frac{12}{85}k_5 + \frac{3}{44}k_6$$

$$\tilde{w}_{i+1} = w_i + \frac{3}{40}k_1 + \frac{875}{2244}k_3 + \frac{23}{72}k_4 + \frac{264}{1955}k_5 + \frac{125}{11592}k_7 + \frac{43}{616}k_8$$

其中，

$$k_1 = hf(t_i, w_i),$$

$$k_2 = hf\left(t_i + \frac{h}{6}, w_i + \frac{1}{6}k_1\right),$$

$$k_3 = hf\left(t_i + \frac{4h}{15}, w_i + \frac{4}{75}k_1 + \frac{16}{75}k_2\right),$$

$$k_4 = hf\left(t_i + \frac{2h}{3}, w_i + \frac{5}{6}k_1 - \frac{8}{3}k_2 + \frac{5}{2}k_3\right),$$

$$k_5 = hf\left(t_i + \frac{5h}{6}, w_i - \frac{165}{64}k_1 + \frac{55}{6}k_2 - \frac{425}{64}k_3 + \frac{85}{96}k_4\right),$$

$$k_6 = hf\left(t_i + h, w_i + \frac{12}{5}k_1 - 8k_2 + \frac{4015}{612}k_3 - \frac{11}{36}k_4 + \frac{88}{255}k_5\right),$$

$$k_7 = hf\left(t_i + \frac{h}{15}, w_i - \frac{8263}{15000}k_1 + \frac{124}{75}k_2 - \frac{643}{680}k_3 - \frac{81}{250}k_4 + \frac{2484}{10625}k_5\right)$$

$$k_8 = hf\left(t_i + h, w_i + \frac{3501}{1720}k_1 - \frac{300}{43}k_2 + \frac{297275}{52632}k_3 - \frac{319}{2322}k_4 + \frac{24068}{84065}k_5 + \frac{3850}{26703}k_7\right)$$

六阶方法 $\tilde{w}_{i+1}$ 被用来估计五阶方法 w_{i+1} 中的误差。构造一个类似于 Runge-Kutta-Fehlberg 方法的算法，使用你构造的新算法来重做习题 3。

讨论问题

1. Runge-Kutta-Fehlberg 方法是一个自适应方法。这是什么意思？

2. RK56 方法是什么？它和 RKF45 方法有什么不同？

3. Runge-Kutta-Marson 方法是什么？它和 Runge-Kutta-Fehlberg 方法有什么不同？

4. Butcher 表是什么？它与 Runge-Kutta 的关系是什么？

5. Runge-Kutta-Fehlberg 方法有两个方法：一个是四阶的，另一个是五阶的。对每个方法讨论扩展的 Butcher 表。

6. 从一个四阶方法中得到一个近似和从一个五阶方法中得到一个近似，什么时候误差被控制了？为什么程序中接受了一个四阶方法的近似结果，而不是接受一个五阶方法的近似结果？

7. 一个 Runge-Kutta 方法由它的 Butcher 表唯一地确定。描述习题 7 中给出的 Runge-Kutta-Verner 方法的 Butcher 表。

5.6　多步法

本章中到此为止所讨论的方法都叫**单步法**，因为得到网格点 t_{i+1} 处的近似值只用到了它的前一个网格点 t_i 处的信息。虽然这些方法也可能用到了网格点 t_i 和 t_{i+1} 处中间点的函数值，但都没有将这些信息保留并直接用于后面的计算。这些方法用到的所有信息都在一个近似求解的子区间里得到。

在 t_{i+1} 处的近似解得到之前，假设所有在网格点 $t_0, t_1, \cdots, t_i$ 的近似解已知。因为误差 $|w_j - y(t_j)|$ 随 j 的增加而变大，所以使用前面已知的更为精确的数据来求 t_{i+1} 处的近似解，这似乎是较为合理的方法。

如果一个方法在求下一个点处的近似值时用到了前面多于一个网格点上的值，则该方法称为**多步法**。这些方法的精确定义如下，其中包含了两种类型的多步法的定义。

定义 5.14　近似求解下面的初值问题

$$y' = f(t, y), \quad a \leqslant t \leqslant b, \quad y(a) = \alpha \tag{5.23}$$

的 **m 步法**是一个差分方程，它可由下面的方程表示求网格点 t_{i+1} 处的近似解 w_{i+1}：

$$w_{i+1} = a_{m-1}w_i + a_{m-2}w_{i-1} + \cdots + a_0 w_{i+1-m}$$
$$\qquad + h[b_m f(t_{i+1}, w_{i+1}) + b_{m-1} f(t_i, w_i) \tag{5.24}$$
$$\qquad + \cdots + b_0 f(t_{i+1-m}, w_{i+1-m})]$$

其中，m 是大于 1 的整数，$i = m-1, m, \cdots, N-1$，$h = (b-a)/n$，$a_0, a_1, \cdots, a_{m-1}$ 和 $b_0, b_1, \cdots, b_m$ 都是常数，初始值给定如下：

$$w_0 = \alpha, \quad w_1 = \alpha_1, \quad w_2 = \alpha_2, \quad \cdots, \quad w_{m-1} = \alpha_{m-1} \qquad \blacksquare$$

当 $b_m = 0$ 时，方法称为**显式的**，或者称为**开的**，因为方程 (5.24) 中 w_{i+1} 由前面已经确定的值显式地表示。当 $b_m \neq 0$ 时，方法称为**隐式的**，或者称为**闭的**，因为 w_{i+1} 出现在方程 (5.24) 的两边，因此 w_{i+1} 只能隐式地确定。

例如，方程

$$w_0 = \alpha, \quad w_1 = \alpha_1, \quad w_2 = \alpha_2, \quad w_3 = \alpha_3,$$
$$w_{i+1} = w_i + \frac{h}{24}[55 f(t_i, w_i) - 59 f(t_{i-1}, w_{i-1}) + 37 f(t_{i-2}, w_{i-2}) - 9 f(t_{i-3}, w_{i-3})] \tag{5.25}$$

对每个 $i = 3, 4, \cdots, N-1$，定义了一个显式的四步方法，它称为**四阶 Adams-Bashforth 方法**。方程

$$w_0 = \alpha, \quad w_1 = \alpha_1, \quad w_2 = \alpha_2,$$
$$w_{i+1} = w_i + \frac{h}{24}[9 f(t_{i+1}, w_{i+1}) + 19 f(t_i, w_i) - 5 f(t_{i-1}, w_{i-1}) + f(t_{i-2}, w_{i-2})] \tag{5.26}$$

对每个 $i = 2, 3, \cdots, N-1$，定义了一个隐式的三步方法，它称为**四阶 Adams-Moulton 方法**。

无论是在方程 (5.25) 还是在方程 (5.26) 中，初始值都必须具体给出，通常假定 $w_0 = \alpha$，而剩余的初始值则由 Runge-Kutta 方法或者 Taylor 方法产生。我们将会看到隐式方法通常比显式方法更精确，但是要使用直接隐式方法，如方程 (5.26)，就必须先求解关于 w_{i+1} 的隐式方程。这并不总是可行的，有时即便是能够解出 w_{i+1}，但是有可能是不唯一的。

例 1　在 5.4 节的例 3（见表 5.8）中，我们用四阶 Runge-Kutta 方法取 $h = 0.2$ 来近似求解初值问题：

$$y' = y - t^2 + 1, \quad 0 \leqslant t \leqslant 2, \quad y(0) = 0.5$$

得到的前 4 个近似值为 $y(0) = w_0 = 0.5$，$y(0.2) \approx w_1 = 0.8292933$，$y(0.4) \approx w_2 = 1.2140762$，$y(0.6) \approx w_3 = 1.6489220$。用这些数据作为初始值的四阶 Adams-Bashforth 方法来计算近似解 $y(0.8)$ 和 $y(1.0)$，并将这些结果与四阶 Runge-Kutta 方法得到的结果进行比较。

解　对于四阶 Adams-Bashforth 方法，我们有

$$y(0.8) \approx w_{4p} = w_3 + \frac{0.2}{24}(55 f(0.6, w_3) - 59 f(0.4, w_2) + 37 f(0.2, w_1) - 9 f(0, w_0))$$
$$= 1.6489220 + \frac{0.2}{24}(55 f(0.6, 1.6489220) - 59 f(0.4, 1.2140762)$$
$$\qquad + 37 f(0.2, 0.8292933) - 9 f(0, 0.5))$$
$$= 1.6489220 + 0.0083333(55(2.2889220) - 59(2.0540762)$$
$$\qquad + 37(1.7892933) - 9(1.5))$$
$$= 2.1272892$$

和

$$y(1.0) \approx w_5 = w_4 + \frac{0.2}{24}\left(55 f(0.8, w_4) - 59 f(0.6, w_3) + 37 f(0.4, w_2) - 9 f(0.2, w_1)\right)$$

$$= 2.1272892 + \frac{0.2}{24}(55 f(0.8, 2.1272892) - 59 f(0.6, 1.6489220)$$

$$+ 37 f(0.4, 1.2140762) - 9 f(0.2, 0.8292933))$$

$$= 2.1272892 + 0.0083333(55(2.4872892) - 59(2.2889220)$$

$$+ 37(2.0540762) - 9(1.7892933))$$

$$= 2.6410533$$

这些近似值在 $t = 0.8$ 和 $t = 1.0$ 时的误差分别为

$$|2.1272295 - 2.1272892| = 5.97 \times 10^{-5} \quad 和 \quad |2.6410533 - 2.6408591| = 1.94 \times 10^{-4}$$

相应的 Runge-Kutta 方法近似的误差为

$$|2.1272027 - 2.1272892| = 2.69 \times 10^{-5} \quad 和 \quad |2.6408227 - 2.6408591| = 3.64 \times 10^{-5} \quad ∎$$

为了推导多步方法，考虑初值问题：

$$y' = f(t, y), \quad a \leqslant t \leqslant b, \quad y(a) = \alpha$$

如果在区间 $[t_i, t_{i+1}]$ 上积分，则有下面的属性：

$$y(t_{i+1}) - y(t_i) = \int_{t_i}^{t_{i+1}} y'(t)\, \mathrm{d}t = \int_{t_i}^{t_{i+1}} f(t, y(t))\, \mathrm{d}t$$

于是产生

$$y(t_{i+1}) = y(t_i) + \int_{t_i}^{t_{i+1}} f(t, y(t))\, \mathrm{d}t \tag{5.27}$$

可是，我们不知道问题的解 $y(t)$，因而不能对 $f(t, y(t))$ 进行积分，因此采用前面已知数据点 (t_0, w_0)，(t_1, w_1)，$\cdots$，(t_i, w_i) 的插值多项式 $P(t)$ 来代替 $f(t, y(t))$。另外，当假设 $y(t_i) \approx w_i$ 时，方程 (5.27) 变为

$$y(t_{i+1}) \approx w_i + \int_{t_i}^{t_{i+1}} P(t)\, \mathrm{d}t \tag{5.28}$$

虽然任何形式的插值多项式都可以用于推导，但最方便的是使用 Newton 向后差分公式，因为这种形式的公式最容易将最新计算的数据包含进去。

为了推导 Adams-Bashforth 显式的 m 步方法，我们通过下面的数据来构造向后差分多项式 $P_{m-1}(t)$：

$$(t_i, f(t_i, y(t_i))), \quad (t_{i-1}, f(t_{i-1}, y(t_{i-1}))), \cdots, \quad (t_{i+1-m}, f(t_{i+1-m}, y(t_{i+1-m})))$$

因为 $P_{m-1}(t)$ 是一个 $m-1$ 次的插值多项式，于是存在位于 (t_{i+1-m}, t_i) 的数 ξ_i 使得

$$f(t, y(t)) = P_{m-1}(t) + \frac{f^{(m)}(\xi_i, y(\xi_i))}{m!}(t - t_i)(t - t_{i-1})\cdots(t - t_{i+1-m})$$

引入变量替换 $t = t_i + sh$，则 $\mathrm{d}t = h\,\mathrm{d}s$，代入 $P_{m-1}(t)$ 及其误差项里，得到

$$\int_{t_i}^{t_{i+1}} f(t, y(t)) \, dt = \int_{t_i}^{t_{i+1}} \sum_{k=0}^{m-1} (-1)^k \binom{-s}{k} \nabla^k f(t_i, y(t_i)) \, dt$$

$$+ \int_{t_i}^{t_{i+1}} \frac{f^{(m)}(\xi_i, y(\xi_i))}{m!} (t - t_i)(t - t_{i-1}) \cdots (t - t_{i+1-m}) \, dt$$

$$= \sum_{k=0}^{m-1} \nabla^k f(t_i, y(t_i)) h (-1)^k \int_0^1 \binom{-s}{k} \, ds$$

$$+ \frac{h^{m+1}}{m!} \int_0^1 s(s+1) \cdots (s+m-1) f^{(m)}(\xi_i, y(\xi_i)) \, ds$$

对于不同的 k 值, 积分 $(-1)^k \int_0^1 \binom{-s}{k} ds$ 很容易求值, 表 5.12 中列出了部分

值。例如, 当 $k = 3$ 时,

$$(-1)^3 \int_0^1 \binom{-s}{3} \, ds = -\int_0^1 \frac{(-s)(-s-1)(-s-2)}{1 \cdot 2 \cdot 3} \, ds$$

$$= \frac{1}{6} \int_0^1 (s^3 + 3s^2 + 2s) \, ds$$

$$= \frac{1}{6} \left[\frac{s^4}{4} + s^3 + s^2 \right]_0^1 = \frac{1}{6} \left(\frac{9}{4} \right) = \frac{3}{8}$$

表 5.12

k	$\int_0^1 (-1)^k \binom{-s}{k} \, ds$
0	1
1	$\frac{1}{2}$
2	$\frac{5}{12}$
3	$\frac{3}{8}$
4	$\frac{251}{720}$
5	$\frac{95}{288}$

从而有

$$\int_{t_i}^{t_{i+1}} f(t, y(t)) \, dt = h \left[f(t_i, y(t_i)) + \frac{1}{2} \nabla f(t_i, y(t_i)) + \frac{5}{12} \nabla^2 f(t_i, y(t_i)) + \cdots \right]$$

$$+ \frac{h^{m+1}}{m!} \int_0^1 s(s+1) \cdots (s+m-1) f^{(m)}(\xi_i, y(\xi_i)) \, ds \tag{5.29}$$

因为 $s(s+1) \cdots s(s+m-1)$ 在 $[0, 1]$ 内不变号, 可以使用带权的积分中值定理, 由此可推导出对某些 μ_i, 其中 $t_{i+1-m} < \mu_i < t_{i+1}$, 在方程 (5.29) 中的误差项变为

$$\frac{h^{m+1}}{m!} \int_0^1 s(s+1) \cdots (s+m-1) f^{(m)}(\xi_i, y(\xi_i)) \, ds$$

$$= \frac{h^{m+1} f^{(m)}(\mu_i, y(\mu_i))}{m!} \int_0^1 s(s+1) \cdots (s+m-1) \, ds$$

因此, 方程 (5.29) 中的误差项简化为

$$h^{m+1} f^{(m)}(\mu_i, y(\mu_i)) (-1)^m \int_0^1 \binom{-s}{m} \, ds \tag{5.30}$$

又因为 $y(t_{i+1}) - y(t_i) = \int_{t_i}^{t_{i+1}} f(t, y(t)) \, dt$, 于是方程 (5.27) 可以重新写为

$$y(t_{i+1}) = y(t_i) + h \left[f(t_i, y(t_i)) + \frac{1}{2} \nabla f(t_i, y(t_i)) + \frac{5}{12} \nabla^2 f(t_i, y(t_i)) + \cdots \right]$$

$$+ h^{m+1} f^{(m)}(\mu_i, y(\mu_i)) (-1)^m \int_0^1 \binom{-s}{m} \, ds \tag{5.31}$$

例 2　利用式 (5.31), 取 $m = 3$, 推导三步 Adams-Bashforth 方法。

解　我们有

$$y(t_{i+1}) \approx y(t_i) + h\left[f(t_i, y(t_i)) + \frac{1}{2}\nabla f(t_i, y(t_i)) + \frac{5}{12}\nabla^2 f(t_i, y(t_i)) \right]$$

$$= y(t_i) + h\left\{ f(t_i, y(t_i)) + \frac{1}{2}[f(t_i, y(t_i)) - f(t_{i-1}, y(t_{i-1}))] \right.$$

$$\left. + \frac{5}{12}[f(t_i, y(t_i)) - 2f(t_{i-1}, y(t_{i-1})) + f(t_{i-2}, y(t_{i-2}))] \right\}$$

$$= y(t_i) + \frac{h}{12}[23f(t_i, y(t_i)) - 16f(t_{i-1}, y(t_{i-1})) + 5f(t_{i-2}, y(t_{i-2}))]$$

于是，三步 Adams-Bashforth 方法为

$$w_0 = \alpha, \quad w_1 = \alpha_1, \quad w_2 = \alpha_2,$$

$$w_{i+1} = w_i + \frac{h}{12}[23f(t_i, w_i) - 16f(t_{i-1}, w_{i-1})] + 5f(t_{i-2}, w_{i-2})]$$

其中 $i = 2, 3, \cdots, N{-}1$。 ■

也可以用 Taylor 级数来推导多步方法。习题 17 是一个考虑这种方法推导的例子。习题 16 讨论了如何用 Lagrange 插值多项式来推导多步方法。

多步方法的局部截断误差类似于单步方法的定义。像在单步方法中那样，局部截断误差提供了一个测量在多大程度上差分方程的解不能逼近微分方程的解。

定义 5.15   如果 $y(t)$ 是初值问题

$$y' = f(t, y), \quad a \leqslant t \leqslant b, \quad y(a) = \alpha$$

的解，并且

$$w_{i+1} = a_{m-1}w_i + a_{m-2}w_{i-1} + \cdots + a_0 w_{i+1-m}$$

$$+ h[b_m f(t_{i+1}, w_{i+1}) + b_{m-1}f(t_i, w_i) + \cdots + b_0 f(t_{i+1-m}, w_{i+1-m})]$$

是多步方法中的第 $(i{+}1)$ 步，则这步的局部截断误差为

$$\tau_{i+1}(h) = \frac{y(t_{i+1}) - a_{m-1}y(t_i) - \cdots - a_0 y(t_{i+1-m})}{h} \tag{5.32}$$

$$- [b_m f(t_{i+1}, y(t_{i+1})) + \cdots + b_0 f(t_{i+1-m}, y(t_{i+1-m}))]$$

其中 $i = m-1, m, \cdots, N{-}1$。 ■

例 3   对例 2 中推导出的三步 Adams-Bashforth 方法，确定局部截断误差。

解   考虑由方程 (5.30) 给出的误差，利用表 5.12 中给出的数，可以得到

$$h^4 f^{(3)}(\mu_i, y(\mu_i))(-1)^3 \int_0^1 \binom{-s}{3} \mathrm{d}s = \frac{3h^4}{8} f^{(3)}(\mu_i, y(\mu_i))$$

利用 $f^{(3)}(\mu_i, y(\mu_i)) = y^{(4)}(\mu_i)$ 和例 2 中推导出的差分方程，我们有

$$\tau_{i+1}(h) = \frac{y(t_{i+1}) - y(t_i)}{h} - \frac{1}{12}[23f(t_i, y(t_i)) - 16f(t_{i-1}, y(t_{i-1})) + 5f(t_{i-2}, y(t_{i-2}))]$$

$$= \frac{1}{h}\left[\frac{3h^4}{8} f^{(3)}(\mu_i, y(\mu_i)) \right] = \frac{3h^3}{8} y^{(4)}(\mu_i), \quad \text{对某些} \quad \mu_i \in (t_{i-2}, t_{i+1})$$ ■

Adams-Bashforth 显式方法

下面列出了某些显式的多步方法，以及它们所要求的初始值和局部截断误差。这些方法的推导类似于例 2 和例 3 中的技巧。

Adams-Bashforth 二步显式方法

$$w_0 = \alpha, \quad w_1 = \alpha_1,$$

$$w_{i+1} = w_i + \frac{h}{2}[3f(t_i, w_i) - f(t_{i-1}, w_{i-1})] \tag{5.33}$$

其中 $i = 1, 2, \cdots, N{-}1$。局部截断误差是 $\tau_{i+1}(h) = \frac{5}{12}y'''(\mu_i)h^2$，其中 $\mu_i \in (t_{i-1}, t_{i+1})$。

Adams-Bashforth 三步显式方法

$$w_0 = \alpha, \quad w_1 = \alpha_1, \quad w_2 = \alpha_2,$$

$$w_{i+1} = w_i + \frac{h}{12}[23f(t_i, w_i) - 16f(t_{i-1}, w_{i-1}) + 5f(t_{i-2}, w_{i-2})] \tag{5.34}$$

其中 $i = 2, 3, \cdots, N{-}1$。局部截断误差是 $\tau_{i+1}(h) = \frac{3}{8}y^{(4)}(\mu_i)h^3$，其中 $\mu_i \in (t_{i-2}, t_{i+1})$。

Adams-Bashforth 四步显式方法

$$w_0 = \alpha, \quad w_1 = \alpha_1, \quad w_2 = \alpha_2, \quad w_3 = \alpha_3,$$

$$w_{i+1} = w_i + \frac{h}{24}[55f(t_i, w_i) - 59f(t_{i-1}, w_{i-1}) + 37f(t_{i-2}, w_{i-2}) - 9f(t_{i-3}, w_{i-3})] \tag{5.35}$$

其中 $i = 3, 4, \cdots, N{-}1$。局部截断误差是 $\tau_{i+1}(h) = \frac{251}{720}y^{(5)}(\mu_i)h^4$，其中 $\mu_i \in (t_{i-3}, t_{i+1})$。

Adams-Bashforth 五步显式方法

$$w_0 = \alpha, \quad w_1 = \alpha_1, \quad w_2 = \alpha_2, \quad w_3 = \alpha_3, \quad w_4 = \alpha_4,$$

$$w_{i+1} = w_i + \frac{h}{720}[1901f(t_i, w_i) - 2774f(t_{i-1}, w_{i-1}) \tag{5.36}$$

$$+ 2616f(t_{i-2}, w_{i-2}) - 1274f(t_{i-3}, w_{i-3}) + 251f(t_{i-4}, w_{i-4})]$$

其中 $i = 4, 5, \cdots, N{-}1$。局部截断误差是 $\tau_{i+1}(h) = \frac{95}{288}y^{(6)}(\mu_i)h^5$，其中 $\mu_i \in (t_{i-4}, t_{i+1})$。

Adams-Moulton 隐式方法

隐式方法的推导是通过利用外加一个插值点 $(t_{i+1}, f(t_{i+1}, y(t_{i+1})))$ 来近似下面的积分：

$$\int_{t_i}^{t_{i+1}} f(t, y(t))\,\mathrm{d}t$$

下面列出了一些普遍使用的隐式方法。

Adams-Moulton 二步隐式方法

$$w_0 = \alpha, \quad w_1 = \alpha_1,$$

$$w_{i+1} = w_i + \frac{h}{12}[5f(t_{i+1}, w_{i+1}) + 8f(t_i, w_i) - f(t_{i-1}, w_{i-1})] \tag{5.37}$$

其中 $i = 1, 2, \cdots, N{-}1$。局部截断误差是 $\tau_{i+1}(h) = -\frac{1}{24}y^{(4)}(\mu_i)h^3$，其中 $\mu_i \in (t_{i-1}, t_{i+1})$。

Adams-Moulton 三步隐式方法

$$w_0 = \alpha, \quad w_1 = \alpha_1, \quad w_2 = \alpha_2,$$

$$w_{i+1} = w_i + \frac{h}{24}[9f(t_{i+1}, w_{i+1}) + 19f(t_i, w_i) - 5f(t_{i-1}, w_{i-1}) + f(t_{i-2}, w_{i-2})] \tag{5.38}$$

其中 $i = 2,3,\cdots,N{-}1$。局部截断误差是 $\tau_{i+1}(h) = -\dfrac{19}{720} y^{(5)}(\mu_i)h^4$，其中 $\mu_i \in (t_{i-2}, t_{i+1})$。

Adams-Moulton 四步隐式方法

$$w_0 = \alpha, \quad w_1 = \alpha_1, \quad w_2 = \alpha_2, \quad w_3 = \alpha_3,$$

$$w_{i+1} = w_i + \frac{h}{720}[251 f(t_{i+1}, w_{i+1}) + 646 f(t_i, w_i) - 264 f(t_{i-1}, w_{i-1})$$

$$+ 106 f(t_{i-2}, w_{i-2}) - 19 f(t_{i-3}, w_{i-3})] \tag{5.39}$$

其中 $i = 3,4,\cdots,N{-}1$。局部截断误差是 $\tau_{i+1}(h) = -\dfrac{3}{160} y^{(6)}(\mu_i)h^5$，其中 $\mu_i \in (t_{i-3}, t_{i+1})$。

将 m 步 Adams-Bashforth 显式方法和 $m{-}1$ 步 Adams-Moulton 隐式方法进行对比是很有趣的。这两种方法在每一步中都有 m 次函数 f 的求值运算，在它们的局部截断误差中都有同样的项 $y^{(m+1)}(\mu_i)h^m$。一般来说，对于局部截断误差中包含 f 项的系数，隐式方法比显式方法要小一些，这会导致隐式方法具有更大的稳定性和更小的舍入误差。

例 4　考虑初值问题：

$$y' = y - t^2 + 1, \quad 0 \leqslant t \leqslant 2, \quad y(0) = 0.5$$

它的精确解为 $y(t) = (t{+}1)^2 - 0.5e^t$。取 $h = 0.2$，用精确解作为初始值，对比 (a) 四步显式 Adams-Bashforth 方法和 (b) 三步隐式 Adams-Moulton 方法得到的近似解。

解　(a) Adams-Bashforth 方法使用下面的差分方程：

$$w_{i+1} = w_i + \frac{h}{24}[55 f(t_i, w_i) - 59 f(t_{i-1}, w_{i-1}) + 37 f(t_{i-2}, w_{i-2}) - 9 f(t_{i-3}, w_{i-3})]$$

其中 $i = 3,4,\cdots,9$。当 $f(t,y) = y - t^2 + 1$，$h = 0.2$，$t_i = 0.2i$ 时，差分方程简化为

$$w_{i+1} = \frac{1}{24}[35 w_i - 11.8 w_{i-1} + 7.4 w_{i-2} - 1.8 w_{i-3} - 0.192 i^2 - 0.192 i + 4.736]$$

(b) Adams-Moulton 方法使用下面的差分方程：

$$w_{i+1} = w_i + \frac{h}{24}[9 f(t_{i+1}, w_{i+1}) + 19 f(t_i, w_i) - 5 f(t_{i-1}, w_{i-1}) + f(t_{i-2}, w_{i-2})]$$

其中 $i = 2,3,\cdots,9$。这个方程简化为

$$w_{i+1} = \frac{1}{24}[1.8 w_{i+1} + 27.8 w_i - w_{i-1} + 0.2 w_{i-2} - 0.192 i^2 - 0.192 i + 4.736]$$

为了显式地使用这个方法，我们需要从方程中解出 w_{i+1}。这样可以得到

$$w_{i+1} = \frac{1}{22.2}[27.8 w_i - w_{i-1} + 0.2 w_{i-2} - 0.192 i^2 - 0.192 i + 4.736]$$

其中 $i = 2,3,\cdots,9$。

针对显式 Adams-Bashforth 方法的情形，我们使用精确解 $y(t) = (t{+}1)^2 - 0.5e^t$ 来精确计算 α，α_1，α_2 和 α_3，而对隐式 Adams-Moulton 方法的情形，同样使用精确解来计算 α，α_1 和 α_2，最后得到的结果列于表 5.13 中。可以看出隐式 Adams-Moulton 方法总是给出更好的结果。

表 5.13

t_i	精确解	Adams-Bashforth 方法 w_i	误差	Adams-Moulton 方法 w_i	误差
0.0	0.5000000				

t_i	精确解	Adams-Bashforth 方法 w_i	误差	Adams-Moulton 方法 w_i	误差
				续表	
0.0	0.5000000				
0.2	0.8292986				
0.4	1.2140877				
0.6	1.6489406			1.6489341	0.0000065
0.8	2.1272295	2.1273124	0.0000828	2.1272136	0.0000160
1.0	2.6408591	2.6410810	0.0002219	2.6408298	0.0000293
1.2	3.1799415	3.1803480	0.0004065	3.1798937	0.0000478
1.4	3.7324000	3.7330601	0.0006601	3.7323270	0.0000731
1.6	4.2834838	4.2844931	0.0010093	4.2833767	0.0001071
1.8	4.8151763	4.8166575	0.0014812	4.8150236	0.0001527
2.0	5.3054720	5.3075838	0.0021119	5.3052587	0.0002132

∎

预估-校正方法

在例 4 中我们看到, 和相同阶的显式 Adams-Bashforth 方法相比, 隐式 Adams-Moulton 方法得到了更好的近似解。虽然一般情形总是这样, 但隐式方法必须首先用代数的方法先得到 w_{i+1} 的显式表达式, 这是它天生的缺点。有些情形下这种显式表达式并不一定能够找到, 如下述例子, 考虑初值问题:

$$y' = e^y, \quad 0 \leq t \leq 0.25, \quad y(0) = 1$$

因为 $f(t, y) = e^y$, 所以三步 Adams-Moulton 方法的差分方程具有如下形式:

$$w_{i+1} = w_i + \frac{h}{24}[9e^{w_{i+1}} + 19e^{w_i} - 5e^{w_{i-1}} + e^{w_{i-2}}]$$

这个方程不能代数地解出 w_{i+1} 的显式表达式。

我们可以用 Newton 法或者割线法来近似计算 w_{i+1}, 但这会使算法变得相当复杂。在实践中, 隐式多步方法不用于上面描述的情况。相反, 人们习惯于对显式方法得到的近似结果进行改进。用显式方法得到一个预测再加上一个隐式方法来改进这个预测, 这种技巧称为**预估-校正方法**。

考虑下面的四阶方法来近似求解初值问题。对四步显式 Adams-Bashforth 方法, 第一步是要计算初始值 w_0, w_1, w_2 和 w_3。为了得到这些初始值, 我们使用四阶单步的方法, 如四阶 Runge-Kutta 方法。接下来计算 $y(t_4)$ 的一个近似 w_{4p}, 用四步显式 Adams-Bashforth 方法求得一个预估值:

$$w_{4p} = w_3 + \frac{h}{24}[55f(t_3, w_3) - 59f(t_2, w_2) + 37f(t_1, w_1) - 9f(t_0, w_0)]$$

这个近似值通过在三步隐式 Adams-Moulton 方法的右端插入 w_{4p} 而改进, 使用这个方法作为校正, 因此有

$$w_4 = w_3 + \frac{h}{24}[9f(t_4, w_{4p}) + 19f(t_3, w_3) - 5f(t_2, w_2) + f(t_1, w_1)]$$

在这个过程中唯一需要新计算的函数值是 $f(t_4, w_{4p})$, 它出现在校正过程中, 而整个过程中其他的函数求值在早先的近似计算中已经得出。

于是 w_4 就是 $y(t_4)$ 的近似值了。将 Adams-Bashforth 方法作为预估, 而 Adams-Moulton 方法作为校正的方法被重复使用来求得 w_{5p} 和 w_5, 即最初的和最后的 $y(t_5)$ 的近似值。继续这个过程, 直至得到 $y(t_N) = y(b)$ 的近似值 w_N。

$y(t_{i+1})$ 的改进的近似值也可以通过迭代 Adams-Moulton 公式得到, 但这样做只是收敛到隐式公式给出的近似值而不是解 $y(t_{i+1})$。因此, 通常在这一步中如果需要改进精度的话缩减步长则更为有效。

算法 5.4 是将基于四阶 Adams-Bashforth 方法作为预估, 将 Adams-Moulton 方法的一次迭代作为校正, 而初始值是用四阶 Runge-Kutta 方法求出的。

算法 5.4 Adams 四阶预估-校正方法

该算法用于近似求解初值问题:

$$y' = f(t, y), \quad a \leqslant t \leqslant b, \quad y(a) = \alpha$$

其近似值位于区间 $[a, b]$ 内的 $N+1$ 个等距节点上。

输入 端点 a, b; 整数 N; 初始条件 α。

输出 y 在 t 的 $N+1$ 个点上的近似值 w。

Step 1 Set $h = (b - a)/N$;
$\quad\quad\quad t_0 = a$;
$\quad\quad\quad w_0 = \alpha$;
$\quad\quad\quad$ OUTPUT (t_0, w_0).

Step 2 For $i = 1, 2, 3$, do Steps 3–5.
(用 Runge-Kutta 方法计算起始值)

Step 3 Set $K_1 = hf(t_{i-1}, w_{i-1})$;
$\quad\quad\quad K_2 = hf(t_{i-1} + h/2, w_{i-1} + K_1/2)$;
$\quad\quad\quad K_3 = hf(t_{i-1} + h/2, w_{i-1} + K_2/2)$;
$\quad\quad\quad K_4 = hf(t_{i-1} + h, w_{i-1} + K_3)$.

Step 4 Set $w_i = w_{i-1} + (K_1 + 2K_2 + 2K_3 + K_4)/6$;
$\quad\quad\quad t_i = a + ih$.

Step 5 OUTPUT (t_i, w_i).

Step 6 For $i = 4, \cdots, N$ do Steps 7–10.

Step 7 Set $t = a + ih$;
$\quad\quad\quad w = w_3 + h[55f(t_3, w_3) - 59f(t_2, w_2) + 37f(t_1, w_1)$
$\quad\quad\quad\quad - 9f(t_0, w_0)]/24$; (预估 w_i)
$\quad\quad\quad w = w_3 + h[9f(t, w) + 19f(t_3, w_3) - 5f(t_2, w_2)$
$\quad\quad\quad\quad + f(t_1, w_1)]/24$. (校正 w_i)

Step 8 OUTPUT (t, w).

Step 9 For $j = 0, 1, 2$
$\quad\quad\quad$ set $t_j = t_{j+1}$; (准备下一次迭代)
$\quad\quad\quad\quad w_j = w_{j+1}$.

Step 10 Set $t_3 = t$;
$\quad\quad\quad w_3 = w$.

Step 11 STOP. ■

例 5 采用 Adams 四阶预估-校正方法, 取 $h = 0.2$, 初始值由四阶 Runge-Kutta 方法得到, 近似求解下面的初值问题:

$$y' = y - t^2 + 1, \quad 0 \leqslant t \leqslant 2, \quad y(0) = 0.5$$

解 这是本节中例 1 的继续与加强版。在那个例子中, 我们已经用 Runge-Kutta 方法求出了初始近似值:

$$y(0) = w_0 = 0.5, \ y(0.2) \approx w_1 = 0.8292933, \ y(0.4) \approx w_2 = 1.2140762,$$
$$y(0.6) \approx w_3 = 1.6489220$$

接下来用四阶 Adams-Bashforth 方法可以得到

$$y(0.8) \approx w_{4p} = w_3 + \frac{0.2}{24}\left(55 f(0.6, w_3) - 59 f(0.4, w_2) + 37 f(0.2, w_1) - 9 f(0, w_0)\right)$$

$$= 1.6489220 + \frac{0.2}{24}(55 f(0.6, 1.6489220) - 59 f(0.4, 1.2140762)$$

$$+ \ 37 f(0.2, 0.8292933) - 9 f(0, 0.5))$$

$$= 1.6489220 + 0.0083333(55(2.2889220) - 59(2.0540762)$$

$$+ \ 37(1.7892933) - 9(1.5))$$

$$= 2.1272892$$

现在我们将用 w_{4p} 作为 $y(0.8)$ 的近似值的预估并以此来确定校正值 w_4，利用隐式 Adams-Moulton 方法可以得到

$$y(0.8) \approx w_4 = w_3 + \frac{0.2}{24}\left(9 f(0.8, w_{4p}) + 19 f(0.6, w_3) - 5 f(0.4, w_2) + f(0.2, w_1)\right)$$

$$= 1.6489220 + \frac{0.2}{24}(9 f(0.8, 2.1272892) + 19 f(0.6, 1.6489220)$$

$$- \ 5 f(0.4, 1.2140762) + f(0.2, 0.8292933))$$

$$= 1.6489220 + 0.0083333(9(2.4872892) + 19(2.2889220) - 5(2.0540762)$$

$$+ \ (1.7892933))$$

$$= 2.1272056$$

现在用这个近似结果来确定下一个预估 w_{5p}，即 $y(1.0)$ 的预估近似，因为

$$y(1.0) \approx w_{5p} = w_4 + \frac{0.2}{24}(55 f(0.8, w_4) - 59 f(0.6, w_3) + 37 f(0.4, w_2) - 9 f(0.2, w_1))$$

$$= 2.1272056 + \frac{0.2}{24}(55 f(0.8, 2.1272056) - 59 f(0.6, 1.6489220)$$

$$+ \ 37 f(0.4, 1.2140762) - 9 f(0.2, 0.8292933))$$

$$= 2.1272056 + 0.0083333(55(2.4872056) - 59(2.2889220)$$

$$+ \ 37(2.0540762) - 9(1.7892933))$$

$$= 2.6409314$$

于是校正为

$$y(1.0) \approx w_5 = w_4 + \frac{0.2}{24}\left(9 f(1.0, w_{5p}) + 19 f(0.8, w_4) - 5 f(0.6, w_3) + f(0.4, w_2)\right)$$

$$= 2.1272056 + \frac{0.2}{24}(9 f(1.0, 2.6409314) + 19 f(0.8, 2.1272892)$$

$$- \ 5 f(0.6, 1.6489220) + f(0.4, 1.2140762))$$

$$= 2.1272056 + 0.0083333(9(2.6409314) + 19(2.4872056) - 5(2.2889220)$$

$$+ \ (2.0540762))$$

$$= 2.6408286$$

在例 1 中，我们只用显式 Adams-Bashforth 方法来计算得到的结果比 Runge-Kutta 方法得到的结果

差一些。然而，本例中 $y(0.8)$ 和 $y(1.0)$ 的这两个近似值非常精确，已经精确到

$$|2.1272295 - 2.1272056| = 2.39 \times 10^{-5} \text{ 和 } |2.6408286 - 2.6408591| = 3.05 \times 10^{-5}$$

与 Runge-Kutta 方法的结果进行对比，它们精确到

$$|2.1272027 - 2.1272892| = 2.69 \times 10^{-5} \text{ 和 } |2.6408227 - 2.6408591| = 3.64 \times 10^{-5}$$

使用预估-校正算法 5.4 得到的其他结果列于表 5.14 中。

表 5.14

t_i	$y_i = y(t_i)$	w_i	误差 $|y_i - w_i|$
0.0	0.5000000	0.5000000	0
0.2	0.8292986	0.8292933	0.0000053
0.4	1.2140877	1.2140762	0.0000114
0.6	1.6489406	1.6489220	0.0000186
0.8	2.1272295	2.1272056	0.0000239
1.0	2.6408591	2.6408286	0.0000305
1.2	3.1799415	3.1799026	0.0000389
1.4	3.7324000	3.7323505	0.0000495
1.6	4.2834838	4.2834208	0.0000630
1.8	4.8151763	4.8150964	0.0000799
2.0	5.3054720	5.3053707	0.0001013

通过在形如区间 $[t_j, t_{i+1}]$ $(j \le i-1)$ 上积分插值多项式得到 $y(t_{i+1})$ 的近似这种方法，其他的多步方法也能被推导出来。当在区间 $[t_{i-3}, t_{i+1}]$ 上积分插值多项式时，得到的结果就是**显式 Milne 方法**：

$$w_{i+1} = w_{i-3} + \frac{4h}{3}[2f(t_i, w_i) - f(t_{i-1}, w_{i-1}) + 2f(t_{i-2}, w_{i-2})]$$

它的局部截断误差是 $\dfrac{14}{45}h^4 y^{(5)}(\xi_i)$，其中 $\xi_i \in (t_{i-3}, t_{i+1})$。

Milne 方法也会用于**隐式 Simpson 方法**的预估：

$$w_{i+1} = w_{i-1} + \frac{h}{3}[f(t_{i+1}, w_{i+1}) + 4f(t_i, w_i) + f(t_{i-1}, w_{i-1})]$$

该方法的局部截断误差为 $-(h^4/90)y^{(5)}(\xi_i)$，其中 $\xi_i \in (t_{i-1}, t_{i+1})$，它可以通过在区间 $[t_{i-1}, t_{i+1}]$ 上积分插值多项式得到。

Milne-Simpson 类型的预估-校正方法的局部截断误差一般情况下比 Adams-Bashforth-Moulton 方法的局部截断误差小。但是这种方法的使用因为舍入误差问题而受到了限制，相比之下 Adams 方法则不存在这个问题。这个问题将在 5.10 节中给出详细的讨论。

习题 5.6

1. 用所有的 Adams-Bashforth 方法来近似求解下面的初值问题。在各种情形下都使用精确解来计算初始值，并将你的结果和实际值进行对比。

    a. $y' = te^{3t} - 2y$，$0 \le t \le 1$，$y(0) = 0$，取 $h = 0.2$；精确解 $y(t) = \dfrac{1}{5}te^{3t} - \dfrac{1}{25}e^{3t} + \dfrac{1}{25}e^{-2t}$。

    b. $y' = 1 + (t - y)^2$，$2 \le t \le 3$，$y(2) = 1$，取 $h = 0.2$；精确解 $y(t) = t + \dfrac{1}{1-t}$。

    c. $y' = 1 + y/t$，$1 \le t \le 2$，$y(1) = 2$，取 $h = 0.2$；精确解 $y(t) = t\ln t + 2t$。

    d. $y' = \cos 2t + \sin 3t$，$0 \le t \le 1$，$y(0) = 1$，取 $h = 0.2$；精确解 $y(t) = \dfrac{1}{2}\sin 2t - \dfrac{1}{3}\cos 3t + \dfrac{4}{3}$。

2. 用所有的 Adams-Bashforth 方法来近似求解下面的初值问题。在各种情形下都使用精确解来计算初始值，并将你的结果和实际值进行对比。

    a. $y' = 1 + y/t + (y/t)^2$，$1 \le t \le 1.5$，$y(1) = 0$，取 $h = 0.1$；精确解 $y(t) = t\tan(\ln t)$。

    b. $y' = \sin t + e^{-t}$，$0 \le t \le 0.5$，$y(0) = 0$，取 $h = 0.1$；精确解 $y(t) = 2 - \cos t - e^{-t}$。

    c. $y' = \dfrac{y+1}{t}$，$1 \le t \le 1.5$，$y(1) = 1$，取 $h = 0.1$；精确解 $y(t) = 2t - 1$。

    d. $y' = t^2$，$0 \le t \le 0.5$，$y(0) = 0$，取 $h = 0.1$；精确解 $y(t) = \dfrac{1}{3}t^3$。

3. 用每一种 Adams-Bashforth 方法来近似求解下面的初值问题。在各种情形下都使用四阶 Runge-Kutta

方法来计算初始值，并将你的结果和实际值进行对比。

a. $y' = y/t - (y/t)^2$，$1 \le t \le 2$，$y(1) = 1$，取 $h = 0.1$；精确解 $y(t) = \dfrac{t}{1 + \ln t}$。

b. $y' = 1 + y/t + (y/t)^2$，$1 \le t \le 3$，$y(1) = 0$，取 $h = 0.2$；精确解 $y(t) = t \tan(\ln t)$。

c. $y' = -(y+1)(y+3)$，$0 \le t \le 2$，$y(0) = -2$，取 $h = 0.1$；精确解 $y(t) = -3 + 2/(1 + \mathrm{e}^{-2t})$。

d. $y' = -5y + 5t^2 + 2t$，$0 \le t \le 1$，$y(0) = 1/3$，取 $h = 0.1$；精确解 $y(t) = t^2 + \dfrac{1}{3}\mathrm{e}^{-5t}$。

4. 用每一种 Adams-Bashforth 方法来近似求解下面的初值问题。在各种情形下都使用四阶 Runge-Kutta 方法来计算初始值，并将你的结果和实际值进行对比。

a. $y' = \dfrac{2 - 2ty}{t^2 + 1}$，$0 \le t \le 1$，$y(0) = 1$，取 $h = 0.1$；精确解 $y(t) = \dfrac{2t + 1}{t^2 + 1}$。

b. $y' = \dfrac{y^2}{1 + t}$，$1 \le t \le 2$，$y(1) = \dfrac{-1}{\ln 2}$，取 $h = 0.1$；精确解 $y(t) = \dfrac{-1}{\ln(t + 1)}$。

c. $y' = (y^2 + y)/t$，$1 \le t \le 3$，$y(1) = -2$，取 $h = 0.2$；精确解 $y(t) = \dfrac{2t}{1 - 2t}$。

d. $y' = -ty + 4t/y$，$0 \le t \le 1$，$y(0) = 1$，取 $h = 0.1$；精确解 $y(t) = \sqrt{4 - 3\mathrm{e}^{-t^2}}$。

5. 用所有 Adams-Moulton 方法来近似求解习题 1(a)、(c) 和 (d)。在每一种情形下，使用精确的初始值并显式地求解 w_{i+1}，并将你的结果和实际值进行对比。

6. 用所有 Adams-Moulton 方法来近似求解习题 2(b)、(c) 和 (d)。在每一种情形下，使用精确的初始值并显式地求解 w_{i+1}，并将你的结果和实际值进行对比。

7. 使用算法 5.4 来近似求解习题 1 中的初值问题。

8. 使用算法 5.4 来近似求解习题 2 中的初值问题。

9. 使用算法 5.4 来近似求解习题 3 中的初值问题。

10. 使用算法 5.4 来近似求解习题 4 中的初值问题。

11. 使用 Milne-Simpson 预估-校正方法来近似求解习题 3 中的初值问题。

12. 使用 Milne-Simpson 预估-校正方法来近似求解习题 4 中的初值问题。

13. 初值问题

$$y' = \mathrm{e}^y, \quad 0 \le t \le 0.20, \quad y(0) = 1$$

有精确解

$$y(t) = 1 - \ln(1 - \mathrm{e}t)$$

将三步 Adams-Moulton 方法应用于该问题等价于求解下面的不动点 w_{i+1} 问题：

$$g(w) = w_i + \frac{h}{24}(9\mathrm{e}^w + 19\mathrm{e}^{w_i} - 5\mathrm{e}^{w_{i-1}} + \mathrm{e}^{w_{i-2}})$$

a. 取 $h = 0.01$，用精确的初始值 w_0，w_1 和 w_2，通过泛函迭代得到 w_{i+1}，$i = 2, \cdots, 19$。在每一步中，用 w_i 作为 w_{i+1} 的初始近似。

b. Newton 方法比泛函迭代方法收敛得更快吗？

应用型习题

14. Gompertz 微分方程

$$N'(t) = \alpha \ln \frac{K}{N(t)} N(t)$$

是一个关于肿瘤生长的模型，其中 $N(t)$ 是 t 时刻肿瘤中的细胞数目。K 是能够支撑的细胞的最大数目，α 是一个常数，它表示细胞的繁殖能力。

在某个具体类型的癌症里，$\alpha = 0.0439$，$k = 12000$，时间 t 按月测量。在时刻 $t = 0$ 时肿瘤被检查出来，$N(0) = 4000$。使用 Adams 预估-校正方法，取 $h = 0.5$，求 $N(t) = 11\,000$ 个细胞的时间，该细胞数是这个癌症的致死细胞数目。

理论型习题

15. 改写算法 5.4，对一个给定的迭代数 p，其中校正步使用迭代方法。取迭代数 $p = 2$，3 和 4，重做习题 9。对每个初值问题，p 取多少时能够得到最好的答案？

16. a. 使用 Lagrange 形式的插值多项式来推导 Adams-Bashforth 二步方法。

    b. 使用 Newton 向后差分形式的插值多项式来推导 Adams-Bashforth 四步方法。

17. 通过下面的步骤来推导 Adams-Bashforth 三步方法。令

$$y(t_{i+1}) = y(t_i) + ahf(t_i, y(t_i)) + bhf(t_{i-1}, y(t_{i-1})) + chf(t_{i-2}, y(t_{i-2}))$$

将 $y(t_{i+1}), f(t_{i-2}, y(t_{i-2}))$ 和 $f(t_{i-1}, y(t_{i-1}))$ 在点 $(t_i, y(t_i))$ 处展开成 Taylor 级数，并比较项 h，h^2 和 h^3 的系数而得到 a，b 和 c。

18. 使用适当的插值多项式来推导 Adams-Moulton 二步方法及其局部截断误差。

19. 将 Simpson 公式用于下面的积分来推导 Simpson 方法：

$$y(t_{i+1}) - y(t_{i-1}) = \int_{t_{i-1}}^{t_{i+1}} f(t, y(t))\, dt$$

20. 将开 Newton-Cotes 公式(4.29)用于下面的积分来推导 Milne 方法：

$$y(t_{i+1}) - y(t_{i-3}) = \int_{t_{i-3}}^{t_{i+1}} f(t, y(t))\, dt$$

21. 验证表 5.12 的条目。

讨论问题

1. Adams-Bashforth/Adams-Moulton 预估-校正方法需要 4 个初始值，其中一个由初始条件给出，通常情形下其他 3 个都通过四阶 Runge-Kutta 方法得到。如果使用更高阶的初始值，方法会不会被改进？

2. 考虑基于向后差分公式的显式 Adams-Bashforth 方法的近似阶改变的可能性。近似阶的改变能很有效地做到吗？

3. 考虑一个预估-校正方法，它使用单步方法来产生预估，使用隐式的多步方法来校正。这是一个可行的组合吗？

4. 在一个预估-校正方法里，通常用隐式方法只进行一次校正。讨论用前面的校正作为预估进行多次校正。

5.7 变步长多步方法

Runge-Kutta-Fehlberg 方法用于误差控制，因为在每一步中它以极小的代价给出了两个可以比较与局部截断误差相联系的近似值。预估-校正方法也在每一步产生两个近似值，因此我们很自然地想到它们可用于自适应误差控制。

为了说明误差控制技巧，我们构造了一个变步长的预估-校正方法，它的预估使用了四步显式 Adams-Bashforth 方法，而校正则使用三步隐式 Adams-Moulton 方法。

Adams-Bashforth 四步方法来源于关系式

$$y(t_{i+1}) = y(t_i) + \frac{h}{24}[55f(t_i, y(t_i)) - 59f(t_{i-1}, y(t_{i-1}))$$

$$+ 37f(t_{i-2}, y(t_{i-2})) - 9f(t_{i-3}, y(t_{i-3}))] + \frac{251}{720}y^{(5)}(\hat{\mu}_i)h^5$$

其中，$\hat{\mu}_i \in (t_{i-3}, t_{i+1})$。假设前面的近似 $w_0, w_1, \cdots, w_i$ 都是精确的，于是就能推导出局部截断误差为

$$\frac{y(t_{i+1}) - w_{p,i+1}}{h} = \frac{251}{720}y^{(5)}(\hat{\mu}_i)h^4 \tag{5.40}$$

类似地分析 Adams-Moulton 三步方法，它来源于

$$y(t_{i+1}) = y(t_i) + \frac{h}{24}[9f(t_{i+1}, y(t_{i+1})) + 19f(t_i, y(t_i)) - 5f(t_{i-1}, y(t_{i-1}))$$

$$+ f(t_{i-2}, y(t_{i-2}))] - \frac{19}{720}y^{(5)}(\tilde{\mu}_i)h^5$$

对某个 $\hat{\mu}_i \in (t_{i-2}, t_{i+1})$。它的局部截断误差为

$$\frac{y(t_{i+1}) - w_{i+1}}{h} = -\frac{19}{720}y^{(5)}(\tilde{\mu}_i)h^4 \tag{5.41}$$

为了进行下面的推导，我们必须假设；对足够小的 h，下式成立：

$$y^{(5)}(\hat{\mu}_i) \approx y^{(5)}(\tilde{\mu}_i)$$

误差控制技术的有效性直接依赖于这个假设。

如果从方程 (5.40) 中减去方程 (5.41)，就能得到

$$\frac{w_{i+1} - w_{p,i+1}}{h} = \frac{h^4}{720}[251y^{(5)}(\hat{\mu}_i) + 19y^{(5)}(\tilde{\mu}_i)] \approx \frac{3}{8}h^4 y^{(5)}(\tilde{\mu}_i)$$

所以，

$$y^{(5)}(\tilde{\mu}_i) \approx \frac{8}{3h^5}(w_{i+1} - w_{p,i+1}) \tag{5.42}$$

用这个结果从方程 (5.41) 中消去包含的项后，就得到 Adams-Moulton 方法局部截断误差的近似：

$$|\tau_{i+1}(h)| = \frac{|y(t_{i+1}) - w_{i+1}|}{h} \approx \frac{19h^4}{720} \cdot \frac{8}{3h^5}|w_{i+1} - w_{p,i+1}| = \frac{19|w_{i+1} - w_{p,i+1}|}{270h}$$

假设现在重新考虑方程 (5.41)，取新的步长为 qh，并得到了新的近似 $\hat{w}_{p,i+1}$ 和 $\hat{w}_{i+1}$。目标是选取 q，使得方程 (5.41) 中给出的局部截断误差能够在预先给定的误差限 ε 之内。如果我们假设与 qh 相关的方程 (5.41) 中 $y^{(5)}(\mu)$ 的值也被公式 (5.42) 近似，于是

$$\frac{|y(t_i + qh) - \hat{w}_{i+1}|}{qh} = \frac{19q^4h^4}{720}|y^{(5)}(\mu)| \approx \frac{19q^4h^4}{720}\left[\frac{8}{3h^5}|w_{i+1} - w_{p,i+1}|\right]$$

$$= \frac{19q^4}{270}\frac{|w_{i+1} - w_{p,i+1}|}{h}$$

因此我们需要选择 q，使得

$$\frac{|y(t_i + qh) - \hat{w}_{i+1}|}{qh} \approx \frac{19q^4}{270}\frac{|w_{i+1} - w_{p,i+1}|}{h} < \varepsilon$$

即，q 的选取应该满足

$$q < \left(\frac{270}{19}\frac{h\varepsilon}{|w_{i+1} - w_{p,i+1}|}\right)^{1/4} \approx 2\left(\frac{h\varepsilon}{|w_{i+1} - w_{p,i+1}|}\right)^{1/4}$$

因为在推导过程中使用了大量的假设，所以在实际选取 q 时更为谨慎，通常选为

$$q = 1.5 \left(\frac{h\varepsilon}{|w_{i+1} - w_{p,i+1}|} \right)^{1/4}$$

相对一个单步方法来说，多步方法步长的改变会增加与函数求值有关的计算成本，因为必须计算新的等距分布的初始值。于是，在实践中通常会忽略步长的改变，只要局部截断误差介于 $\varepsilon/10$ 和 ε 之间即可，即

$$\frac{\varepsilon}{10} < |\tau_{i+1}(h)| = \frac{|y(t_{i+1}) - w_{i+1}|}{h} \approx \frac{19|w_{i+1} - w_{p,i+1}|}{270h} < \varepsilon$$

另外，q 也给了一个上界来确保某次单个的异常精确的近似不会使步长太大。算法 5.5 中实施了这些想法，其安全保障的上界是 4。

记住，多步方法要求初始值是等步长的。因此任何步长的改变必须重新计算该步的初始值。在算法 5.5 的 Step 3、Step 16 和 Step 19 中，这是通过调用 Runge-Kutta 子算法(算法 5.2)来实现的，它在 Step 1 中已经被设置。

算法 5.5　Adams 变步长预估-校正方法

该算法用于近似求解初值问题：

$$y' = f(t, y), \quad a \leqslant t \leqslant b, \quad y(a) = \alpha$$

其局部截断误差在给定的误差限之内。

输入　端点 a, b; 初始条件 α; 误差限 TOL; 最大步长 $hmax$; 最小步长 $hmin$。

输出　i, t_i, w_i, h, 其中 w_i 是第 i 步中 $y(t_i)$ 的近似值, h 是使用的步长, 或者超出最小步长的提示信息。

Step 1　设置要调用的四阶Runge-Kutta方法的子算法 $RK4\,(h, v_0, x_0, v_1, x_1, v_2, x_2, v_3, x_3)$,
　　　　　它输入步长h和初值 $v_0 \approx y(x_0)$
　　　　　　输出$\{(x_j, v_j) \mid j = 1, 2, 3\}$, 它们定义如下：

$$
\begin{aligned}
&\text{for } j = 1, 2, 3 \\
&\quad \text{set } K_1 = hf(x_{j-1}, v_{j-1}); \\
&\qquad K_2 = hf(x_{j-1} + h/2, v_{j-1} + K_1/2) \\
&\qquad K_3 = hf(x_{j-1} + h/2, v_{j-1} + K_2/2) \\
&\qquad K_4 = hf(x_{j-1} + h, v_{j-1} + K_3) \\
&\qquad v_j = v_{j-1} + (K_1 + 2K_2 + 2K_3 + K_4)/6; \\
&\qquad x_j = x_0 + jh.
\end{aligned}
$$

Step 2　Set $t_0 = a$;
　　　　　$w_0 = \alpha$;
　　　　　$h = hmax$;
　　　　　$FLAG = 1$;　(*FLAG*将用于退出Step 4的循环)
　　　　　$LAST = 0$;　(*LAST*将标识什么时候最后的值被计算出来)
　　　　OUTPUT (t_0, w_0).

Step 3　Call $RK4(h, w_0, t_0, w_1, t_1, w_2, t_2, w_3, t_3)$;
　　　　　Set $NFLAG = 1$;　(表明调用了$RK4$来计算)
　　　　　$i = 4$;
　　　　　$t = t_3 + h$.

Step 4　While ($FLAG = 1$) do Steps 5–20.

Step 5　Set $WP = w_{i-1} + \dfrac{h}{24}[55f(t_{i-1}, w_{i-1}) - 59f(t_{i-2}, w_{i-2})$

$\qquad\qquad + 37f(t_{i-3}, w_{i-3}) - 9f(t_{i-4}, w_{i-4})]$;　（预估 w_i）

$\qquad WC = w_{i-1} + \dfrac{h}{24}[9f(t, WP) + 19f(t_{i-1}, w_{i-1})$

$\qquad\qquad - 5f(t_{i-2}, w_{i-2}) + f(t_{i-3}, w_{i-3})]$;　（校正 w_i）

$\qquad \sigma = 19|WC - WP|/(270h).$

Step 6　If $\sigma \leqslant TOL$ then do Steps 7–16　（结果被接受）
$\qquad\qquad$ else do Steps 17–19.　（结果被拒绝）

Step 7　Set $w_i = WC$;　（结果被接受）
$\qquad t_i = t.$

Step 8　If $NFLAG = 1$ then for $j = i - 3, i - 2, i - 1, i$
$\qquad\qquad\qquad\qquad$ OUTPUT (j, t_j, w_j, h);
$\qquad\qquad\qquad$（前面的结果也被接受）
$\qquad\qquad\qquad$ else OUTPUT (i, t_i, w_i, h).
$\qquad\qquad\qquad\qquad$（前面的结果已被接受）

Step 9　If $LAST = 1$ then set $FLAG = 0$　（下一步是 Step 20）
$\qquad\qquad$ else do Steps 10–16.

Step 10　Set $i = i + 1$;
$\qquad\qquad NFLAG = 0.$

Step 11　If $\sigma \leqslant 0.1\, TOL$ or $t_{i-1} + h > b$ then do Steps 12–16.
$\qquad\qquad$（如果比要求的还精确，则增大 h，或者
$\qquad\qquad\qquad$ 减小 h，使得 b 被包含于网格点）

$\qquad$ Step 12　Set $q = (TOL/(2\sigma))^{1/4}.$

$\qquad$ Step 13　If $q > 4$ then set $h = 4h$
$\qquad\qquad\qquad$ else set $h = qh.$

$\qquad$ Step 14　If $h > hmax$ then set $h = hmax.$

$\qquad$ Step 15　If $t_{i-1} + 4h > b$ then
$\qquad\qquad$ set $h = (b - t_{i-1})/4$;
$\qquad\qquad\qquad LAST = 1.$

$\qquad$ Step 16　Call $RK4(h, w_{i-1}, t_{i-1}, w_i, t_i, w_{i+1}, t_{i+1}, w_{i+2}, t_{i+2})$;
$\qquad\qquad$ Set $NFLAG = 1$;
$\qquad\qquad\qquad i = i + 3.$（真分支完成，Step 6 结束）
$\qquad\qquad\qquad$ *Next step is 20*

Step 17　Set $q = (TOL/(2\sigma))^{1/4}.$（来自 Step 6 的假分支：结果被拒绝）

Step 18　If $q < 0.1$ then set $h = 0.1h$
$\qquad\qquad$ else set $h = qh.$

Step 19　If $h < hmin$ then set $FLAG = 0$;

$$\text{OUTPUT ('}hmin\text{ exceeded')}$$

else

　　if $NFLAG = 1$ then set $i = i - 3$;

　　(前面的结果也被拒绝)

　　Call $RK4(h, w_{i-1}, t_{i-1}, w_i, t_i, w_{i+1},$

　　$t_{i+1}, w_{i+2}, t_{i+2})$;

　　set $i = i + 3$;

　　　　$NFLAG = 1.$(Step 6结束)

Step 20　　Set $t = t_{i-1} + h.$(Step 4结束)

Step 21　　STOP.　　　　　　　　　　　　　　　　　　　　　　■

例 1　取最大步长 $hmax = 0.2$，最小步长 $hmin = 0.01$，误差限 $TOL = 10^{-5}$，使用 Adams 变步长预估-校正方法近似求解下面的初值问题：

$$y' = y - t^2 + 1, \quad 0 \leqslant t \leqslant 2, \quad y(0) = 0.5$$

解　我们开始时取 $h = hmax = 0.2$，用 Runge-Kutta 方法来计算 w_0，w_1，w_2 和 w_3，接下来用预估-校正方法来求 w_{4p} 和 w_{4c}。这些值已经在 5.6 节的例 5 中计算出来了，其中使用 Runge-Kutta 方法得到的值是

$$y(0) = w_0 = 0.5, \ y(0.2) \approx w_1 = 0.8292933, \ y(0.4) \approx w_2 = 1.2140762,$$

$$y(0.6) \approx w_3 = 1.6489220$$

预估和校正为

$$y(0) = w_0 = 0.5, \ y(0.2) \approx w_1 = 0.8292933, \ y(0.4) \approx w_2 = 1.2140762,$$

$$y(0.6) \approx w_3 = 1.6489220$$

和

$$y(0.8) \approx w_{4p} = w_3 + \frac{0.2}{24}\left(55f(0.6, w_3) - 59f(0.4, w_2) + 37f(0.2, w_1) - 9f(0, w_0)\right)$$

$$= 2.1272892$$

以及

$$y(0.8) \approx w_{4c} = w_3 + \frac{0.2}{24}\left(9f(0.8, w_{4p}) + 19f(0.6, w_3) - 5f(0.42, w_2) + f(0.2, w_1)\right)$$

$$= 2.1272056$$

现在需要确定是否这些近似足够精确，或者需要改变步长。首先，我们发现

$$\sigma = \frac{19}{270h}|w_{4c} - w_{4p}| = \frac{19}{270(0.2)}|2.1272056 - 2.1272892| = 2.941 \times 10^{-5}$$

因为它超过了误差限 10^{-5}，因此需要新的步长，新的步长大小是

$$qh = \left(\frac{10^{-5}}{2\delta}\right)^{1/4} = \left(\frac{10^{-5}}{2(2.941 \times 10^{-5})}\right)^{1/4}(0.2) = 0.642(0.2) \approx 0.128$$

于是，我们需要用这个新的步长来再次计算 Runge-Kutta 方法的值，接下来用预估-校正方法以同样的步长来计算新的 w_{4p} 和 w_{4c} 的值。之后我们又需要检查这些近似的精确度是否成功地满足要求。表 5.15 表明在第二轮尝试中成功满足要求，并列出了算法 5.5 得到的所有结果。

表 5.15

t_i	$y(t_i)$	w_i	h_i	σ_i	$|y(t_i) - w_i|$
0	0.5	0.5			
0.12841297	0.70480460	0.70480402	0.12841297	4.431680×10^{-6}	0.0000005788
0.25682594	0.93320140	0.93320019	0.12841297	4.431680×10^{-6}	0.0000012158
0.38523891	1.18390410	1.18390218	0.12841297	4.431680×10^{-6}	0.0000019190
0.51365188	1.45545014	1.45544767	0.12841297	4.431680×10^{-6}	0.0000024670
0.64206485	1.74617653	1.74617341	0.12841297	5.057497×10^{-6}	0.0000031210
0.77047782	2.05419248	2.05418856	0.12841297	5.730989×10^{-6}	0.0000039170
0.89889079	2.37734803	2.37734317	0.12841297	6.522850×10^{-6}	0.0000048660
1.02730376	2.71319871	2.71319271	0.12841297	7.416639×10^{-6}	0.0000060010
1.15571673	3.05896505	3.05895769	0.12841297	8.433180×10^{-6}	0.0000073570
1.28412970	3.41148675	3.41147778	0.12841297	9.588365×10^{-6}	0.0000089720
1.38980552	3.70413577	3.70412572	0.10567582	7.085927×10^{-6}	0.0000100440
1.49548134	3.99668536	3.99667414	0.10567582	7.085927×10^{-6}	0.0000112120
1.60115716	4.28663498	4.28662249	0.10567582	7.085927×10^{-6}	0.0000124870
1.70683298	4.57120536	4.57119105	0.10567582	7.085927×10^{-6}	0.0000143120
1.81250880	4.84730747	4.84729107	0.10567582	7.844396×10^{-6}	0.0000163960
1.91818462	5.11150794	5.11148918	0.10567582	8.747367×10^{-6}	0.0000187650
1.93863847	5.16095461	5.16093546	0.02045384	1.376200×10^{-8}	0.0000191530
1.95909231	5.20978430	5.20976475	0.02045384	1.376200×10^{-8}	0.0000195490
1.97954616	5.25796697	5.25794701	0.02045384	1.376200×10^{-8}	0.0000199540
2.00000000	5.30547195	5.30545159	0.02045384	1.376200×10^{-8}	0.0000203670

■

习题 5.7

1. 取误差限 $TOL = 10^{-4}$，$hmax = 0.25$，$hmin = 0.025$，用 Adams 变步长预估-校正算法来近似求解下面给出的初值问题，并将得到的结果与精确值进行对比。

   a. $y' = te^{3t} - 2y$，$0 \leqslant t \leqslant 1$，$y(0) = 0$；精确解 $y(t) = \dfrac{1}{5}te^{3t} - \dfrac{1}{25}e^{3t} + \dfrac{1}{25}e^{-2t}$。

   b. $y' = 1 + (t - y)^2$，$2 \leqslant t \leqslant 3$，$y(2) = 1$；精确解 $y(t) = t + 1/(1 - t)$。

   c. $y' = 1 + y/t$，$1 \leqslant t \leqslant 2$，$y(1) = 2$；精确解 $y(t) = t\ln t + 2t$。

   d. $y' = \cos 2t + \sin 3t$，$0 \leqslant t \leqslant 1$，$y(0) = 1$；精确解 $y(t) = \dfrac{1}{2}\sin 2t - \dfrac{1}{3}\cos 3t + \dfrac{4}{3}$。

2. 取误差限 $TOL = 10^{-4}$，用 Adams 变步长预估-校正算法来近似求解下面的初值问题。

   a. $y' = (y/t)^2 + y/t$，$1 \leqslant t \leqslant 1.2$，$y(1) = 1$，取 $hmax = 0.05$ 和 $hmin = 0.01$。

   b. $y' = \sin t + e^{-t}$，$0 \leqslant t \leqslant 1$，$y(0) = 0$，取 $hmax = 0.2$ 和 $hmin = 0.01$。

   c. $y' = (1/t)(y^2 + y)$，$1 \leqslant t \leqslant 3$，$y(1) = -2$，取 $hmax = 0.4$ 和 $hmin = 0.01$。

   d. $y' = t^2$，$0 \leqslant t \leqslant 2$，$y(0) = 0$，取 $hmax = 0.5$ 和 $hmin = 0.02$。

3. 取误差限 $TOL = 10^{-6}$，$hmax = 0.5$，$hmin = 0.02$，用 Adams 变步长预估-校正算法来近似求解下面给出的初值问题，并将得到的结果与精确值进行对比。

   a. $y' = y/t - (y/t)^2$，$1 \leqslant t \leqslant 4$，$y(1) = 1$；精确解 $y(t) = t/(1 + \ln t)$。

   b. $y' = 1 + y/t + (y/t)^2$，$1 \leqslant t \leqslant 3$，$y(1) = 0$；精确解 $y(t) = t\tan(\ln t)$。

   c. $y' = -(y + 1)(y + 3)$，$0 \leqslant t \leqslant 3$，$y(0) = -2$；精确解 $y(t) = -3 + 2(1 + e^{-2t})^{-1}$。

   d. $y' = (t + 2t^3)y^3 - ty$，$0 \leqslant t \leqslant 2$，$y(0) = \dfrac{1}{3}$；精确解 $y(t) = (3 + 2t^2 + 6e^{t^2})^{-1/2}$。

4. 取误差限 $TOL = 10^{-5}$，$hmax = 0.2$，$hmin = 0.02$，用 Adams 变步长预估-校正算法来近似求解下面给出的初值问题，并将得到的结果与精确值进行对比。

   a. $y' = \dfrac{2 - 2ty}{t^2 + 1}$，$0 \leqslant t \leqslant 3$，$y(0) = 1$；精确解 $y(t) = (2t + 1)/(t^2 + 1)$。

b. $y' = \dfrac{y^2}{1+t}$，$1 \leqslant t \leqslant 4$，$y(1) = -(\ln 2)^{-1}$；精确解 $y(t) = \dfrac{-1}{\ln(t+1)}$。

c. $y' = -ty + \dfrac{4t}{y}$，$0 \leqslant t \leqslant 1$，$y(0) = 1$；精确解 $y(t) = \sqrt{4 - 3\mathrm{e}^{-t^2}}$。

d. $y' = -y + ty^{1/2}$，$2 \leqslant t \leqslant 4$，$y(2) = 2$；精确解 $y(t) = (t - 2 + \sqrt{2}\mathrm{e}\mathrm{e}^{-t/2})^2$。

应用型习题

5. 一个电路由一个电容器和一个电阻组成，电容器的电容不变（$C = 1.1\mathrm{F}$），电阻的阻值开始时是常数，$R_0 = 2.1\Omega$。在初始时刻 $t = 0$ 时施加一个 $\mathcal{E}(t) = 110$ 的电压。当电阻发热时，阻值变成一个关于电流 i 的函数：

$$R(t) = R_0 + ki, \quad k = 0.9$$

关于电流 $i(t)$ 的微分方程为

$$\left(1 + \frac{2k}{R_0}i\right)\frac{\mathrm{d}i}{\mathrm{d}t} + \frac{1}{R_0 C}i = \frac{1}{R_0 C}\frac{\mathrm{d}\mathcal{E}}{\mathrm{d}t}$$

假设 $i(0) = 0$，求 $i(2)$。

6. 一个 SUV 的车内温度是 $T(0) = 100°\mathrm{F}$，而当时 SUV 的外部温度是常温 $M(t) = M_0 = 80°\mathrm{F}$。SUV 的车主进入车内并将空调设置为 $T_1 = 66°\mathrm{F}$。根据 Newton 的冷却定律，时刻 t 的温度 $T(t)$ 满足下面的微分方程：

$$T'(t) = K_1[M(t) - T(t)] + K_2[T_1 - T(t)]$$

其中 K_1 和 K_2 与 SUV 和空调的性质有关。假设 $K_1 = \dfrac{1}{2}\dfrac{1}{\mathrm{hr}}$ 和 $K_2 = \dfrac{7}{2}\dfrac{1}{\mathrm{hr}}$。求多长时间后车内温度冷却到 $70°\mathrm{F}$。在 Adams 变步长预估-校正方法中取 $TOL = 0.1$，$hmin = 0.01$，$hmax = 0.2$。

7. 令 $P(t)$ 表示 t 时刻一个人群个体的数目，时间 t 按年计算。如果平均出生率 b 是常数，而平均死亡率 d 正比于人群的大小（因为过度拥挤），那么人口的增长率由下面的 **Logistic** 方程给出：

$$\frac{\mathrm{d}P(t)}{\mathrm{d}t} = bP(t) - k[P(t)]^2$$

其中 $d = kP(t)$。假设 $P(0) = 50\,976$，$b = 2.9 \times 10^{-2}$，$k = 1.4 \times 10^{-7}$。求 5 年后的人口数。

理论型习题

8. 基于 Adams-Bashforth 五步方法和 Adams-Moulton 四步方法，构造 Adams 变步长预估-校正方法。用这个新方法重做习题 3。

讨论问题

1. 在一个基于向后差分表示的预估-校正方法中，讨论除步长变化之外的阶的变化。

2. 讨论只允许步长减半或加倍的变步长预估-校正方法的可能性。这种方法比算法 5.5 更容易执行吗？

3. 当初始值用 Runge-Kutta 方法计算时，讨论在一个 Milne-Simpson 预估-校正方法里涉及的误差，并与用同样初始值的 Adams 变步长预估-校正方法中涉及的误差进行对比。

5.8 外推法

外推法已经在 4.5 节中用于近似计算定积分，那里我们发现通过正确地平均相对不太精确的梯形公式近似结果可以得到非常精确的近似结果。在本节中，我们将使用外推法来改进解初值问题的精度。像前面看到的一样，要成功地使用外推技术，我们需要误差的某种特殊形式的展开。

为了使用外推法来求解初值问题，我们首先考虑基于中点公式的方法：

$$w_{i+1} = w_{i-1} + 2hf(t_i, w_i), \quad i \geqslant 1 \tag{5.43}$$

该方法需要两个初始值，因为在近似计算 w_2 时需要已知 w_0 和 w_1 的值。其中的一个初始值就是初值条件 $w_0 = y(a) = \alpha$。为了得到第二个初始值 w_1，我们使用 Euler 方法。接下来的近似由方程 (5.43) 得到。得到一系列这种类型的近似之后，我们到达时间的某个值 t，这时进行末端值的修正，它涉及最后的两个近似值。这样产生的 $y(t)$ 的近似 $w(t, h)$ 具有下面的形式：

$$y(t) = w(t, h) + \sum_{k=1}^{\infty} \delta_k h^{2k} \tag{5.44}$$

其中 δ_k 是与 $y(t)$ 的导数相关的常数，重要之处是 δ_k 不依赖于步长 h。该方法的细节可在 Gragg [Gr] 的论文中找到。

为了说明求解下面问题的外推法：

$$y'(t) = f(t, y), \quad a \leqslant t \leqslant b, \quad y(a) = \alpha$$

假设我们先固定步长 h。我们希望来近似 $y(t_1) = y(a+h)$。

作为外推法的第一步，先令 $h_0 = h/2$，并用 Euler 方法取 $w_0 = \alpha$ 来近似计算 $y(a+h_0) = y(a+h/2)$，即

$$w_1 = w_0 + h_0 f(a, w_0)$$

接下来用中点方法取 $t_{i-1} = a$ 和 $t_i = a+h_0 = a+h/2$ 来得到 $y(a+h) = y(a+2h_0)$ 的第一个近似：

$$w_2 = w_0 + 2h_0 f(a + h_0, w_1)$$

末端修正被用来得到 $y(a+h)$ 的关于步长 h_0 的最终的近似。对近似 $y(t_1)$ 而言，这个结果是 $O(h_0{}^2)$ 的：

$$y_{1,1} = \frac{1}{2}[w_2 + w_1 + h_0 f(a + 2h_0, w_2)]$$

我们存储 $y_{1,1}$ 而丢弃中间结果 w_1 和 w_2。

为了得到 $y(t_1)$ 的下一个近似，我们取 $h_1 = h/4$ 和 $w_0 = \alpha$ 并使用 Euler 方法，从而得到 $y(a+h_1) = y(a+h/4)$ 的一个近似并称之为 w_1：

$$w_1 = w_0 + h_1 f(a, w_0)$$

接下来，我们使用中点方法，用 w_2 来近似 $y(a+2h_1) = y(a+h/2)$，用 w_3 来近似 $y(a+3h_1) = y(a+3h/4)$，用 w_4 来近似 $y(a+4h_1) = y(t_1)$，即

$$w_2 = w_0 + 2h_1 f(a + h_1, w_1),$$
$$w_3 = w_1 + 2h_1 f(a + 2h_1, w_2),$$

和

$$w_4 = w_2 + 2h_1 f(a + 3h_1, w_3)$$

现在用 w_3 和 w_4 来进行末端修正，这样产生 $y(t_1)$ 的具有 $O(h_1{}^2)$ 的近似：

$$y_{2,1} = \frac{1}{2}[w_4 + w_3 + h_1 f(a + 4h_1, w_4)]$$

因为误差具有方程 (5.44) 给出的形式，所以 $y(a+h)$ 的两个近似分别具有下面的性质：

$$y(a + h) = y_{1,1} + \delta_1 \left(\frac{h}{2}\right)^2 + \delta_2 \left(\frac{h}{2}\right)^4 + \cdots = y_{1,1} + \delta_1 \frac{h^2}{4} + \delta_2 \frac{h^4}{16} + \cdots$$

和

$$y(a + h) = y_{2,1} + \delta_1 \left(\frac{h}{4}\right)^2 + \delta_2 \left(\frac{h}{4}\right)^4 + \cdots = y_{2,1} + \delta_1 \frac{h^2}{16} + \delta_2 \frac{h^4}{256} + \cdots$$

适当地平均两个公式就可以消去截断误差中包含 $O(h^2)$ 的项。具体来说，如果从 4 倍的第二个公式中减去第一个公式，并将差除以 3，就会得到

$$y(a + h) = y_{2,1} + \frac{1}{3}(y_{2,1} - y_{1,1}) - \delta_2 \frac{h^4}{64} + \cdots$$

于是，$y(t_1)$ 的近似如下：

$$y_{2,2} = y_{2,1} + \frac{1}{3}(y_{2,1} - y_{1,1})$$

它具有 $O(h^4)$ 的误差阶。

然后考虑令 $h_2 = h/6$，连续使用 5 次中点方法，之后再使用 Euler 方法。这样我们使用末端修正方法就可以确定 $y(a+h) = y(t_1)$ 的 $O(h^2)$ 的近似 $y_{3,1}$。这个近似可以和 $y_{2,1}$ 来平均得到第二个 $O(h^4)$ 的近似，我们记为 $y_{3,2}$。接下来从 $y_{3,2}$ 和 $y_{2,2}$ 的平均中消去 $O(h^4)$ 的误差项就得到截断误差为 $O(h^6)$ 的近似。依次类推可以得到更高阶的公式。

这里所描述的外推法和 4.5 节用于 Romberg（龙贝格）积分的方法唯一重要的差别在于选取细分的方法不同。在 Romberg 积分中，有一个很方便使用的复合梯形公式，它选取相继步长为整数 1，2，4，8，16，32，64，…的细分。这可以使得该方法推进起来更容易。

对初值问题而言，我们没有更容易的产生细分的手段。因此，用于外推法的细分考虑了函数求值运算的最小化。从这样选取的细分中产生了平均方法，这不仅仅是基本的，而且还有别于其他方法，整个过程与 Romberg 积分中所用到的相同，这在表 5.16 中给出了说明。

表 5.16

$y_{1,1} = w(t, h_0)$		
$y_{2,1} = w(t, h_1)$	$y_{2,2} = y_{2,1} + \dfrac{h_1^2}{h_0^2 - h_1^2}(y_{2,1} - y_{1,1})$	
$y_{3,1} = w(t, h_2)$	$y_{3,2} = y_{3,1} + \dfrac{h_2^2}{h_1^2 - h_2^2}(y_{3,1} - y_{2,1})$	$y_{3,3} = y_{3,2} + \dfrac{h_2^2}{h_0^2 - h_2^2}(y_{3,2} - y_{2,2})$

算法 5.6 的外推法采用了下面的整数列。

$$q_0 = 2, \ q_1 = 4, \ q_2 = 6, \ q_3 = 8, \ q_4 = 12, \ q_5 = 16, \ q_6 = 24, \quad q_7 = 32$$

一个基本步长 h 被选定之后，外推法通过取 $h_i = h/q_i$，$i = 0,1,\cdots,7$ 而得到 $y(t+h)$ 的近似。误差控制是通过要求近似值 $y_{1,1}$，$y_{2,2}$，… 满足 $|y_{i,i} - y_{i-1,i-1}|$ 小于给定的误差限来完成的。如果取到 $i = 8$ 时误差限都不能被满足，则缩减 h，并重复这个过程。

步长 h 的最小值和最大值，即 $hmin$ 和 $hmax$，分别用于确保方法被控制。如果找到的 $y_{i,i}$ 可以接受，则将 w_1 设为 $y_{i,i}$，并开始计算 w_2，它是 $y(t_2) = y(a+2h)$ 的近似值。整个过程一直重复进行，直到得到 $y(b)$ 的近似值 w_N 为止。

算法 5.6   外推法

算法用于近似求解初值问题：

$$y' = f(t, y), \quad a \leqslant t \leqslant b, \quad y(a) = \alpha$$

使得局部截断误差在给定的误差限以内。

输入   端点 a，b；初值条件 α；误差限 TOL；最大步长 $hmax$；最小步长 $hmin$。

输出 T, W, h, 其中 W 是 $y(t)$ 的近似值, h 是所选用的步长, 或者输出超出最小步长的信息。

Step 1 初始化数组 $NK = (2, 4, 6, 8, 12, 16, 24, 32)$.

Step 2 Set $TO = a$;
$\qquad WO = \alpha$;
$\qquad h = hmax$;
$\qquad FLAG = 1$. (*FLAG* 用于退出 Step 4 的循环)

Step 3 For $i = 1, 2, \cdots, 7$
$\qquad$ for $j = 1, \cdots, i$
$\qquad\qquad$ set $Q_{i,j} = (NK_{i+1}/NK_j)^2$. (注: $Q_{i,j} = h_j^2/h_{i+1}^2$)

Step 4 While ($FLAG = 1$) do Steps 5–20.

$\quad$ **Step 5** Set $k = 1$;
$\qquad\qquad NFLAG = 0$. (当预期的精度达到时, 置 *NFLAG* 为 1)

Step 6 While ($k \leqslant 8$ and $NFLAG = 0$) do Steps 7–14.

$\quad$ **Step 7** Set $HK = h/NK_k$;
$\qquad\qquad T = TO$;
$\qquad\qquad W2 = WO$;
$\qquad\qquad W3 = W2 + HK \cdot f(T, W2)$; (Euler 方法的第一步)
$\qquad\qquad T = TO + HK$.

$\quad$ **Step 8** For $j = 1, \cdots, NK_k - 1$
$\qquad\qquad$ set $W1 = W2$;
$\qquad\qquad\qquad W2 = W3$;
$\qquad\qquad\qquad W3 = W1 + 2HK \cdot f(T, W2)$; (中点方法)
$\qquad\qquad\qquad T = TO + (j + 1) \cdot HK$.

$\quad$ **Step 9** Set $y_k = [W3 + W2 + HK \cdot f(T, W3)]/2$.
$\qquad\qquad$ (用端点校正来计算 $y_{k,1}$)

$\quad$ **Step 10** If $k \geqslant 2$ then do Steps 11–13.
(注: $y_{k-1} \equiv y_{k-1,1}, y_{k-2} \equiv y_{k-2,2}, \cdots, y_1 \equiv y_{k-1,k-1}$, 因为
$\quad$ 只有表中前面的行被存储)

$\qquad$ **Step 11** Set $j = k$;
$\qquad\qquad\qquad v = y_1$. (存储 $y_{k-1,k-1}$)

$\qquad$ **Step 12** While ($j \geqslant 2$) do

$$\text{set } y_{j-1} = y_j + \frac{y_j - y_{j-1}}{Q_{k-1,j-1} - 1};$$

$\qquad\qquad\qquad$ (用外推来计算 $y_{j-1} \equiv y_{k,k-j+2}$)

$$\left(\text{注:} \quad y_{j-1} = \frac{h_{j-1}^2 y_j - h_k^2 y_{j-1}}{h_{j-1}^2 - h_k^2} \right)$$

$$j = j - 1.$$

$\qquad$ **Step 13** If $|y_1 - v| \leqslant TOL$ then set $NFLAG = 1$.
$\qquad\qquad\qquad$ (接受 y_1 为新的 w)

$\quad$ **Step 14** Set $k = k + 1$. (Step 6 结束)

Step 15 Set $k = k - 1$. (Step 4 的一部分)

Step 16 If $NFLAG = 0$ then do Steps 17 and 18 (结果被拒绝)
$\qquad\qquad\qquad\qquad$ else do Steps 19 and 20. (结果被接受)

else do Steps 19 and 20.　　(结果被接受)

Step 17　　Set $h = h/2$.　　(因为w的新值被拒绝,所以减小h)

Step 18　　If $h < hmin$ then
　　　　　　　　　　OUTPUT ('hmin exceeded');
　　　　　　　　　　Set $FLAG = 0$.　　(Step 16结束)
　　　　　　　　　　(真分支完成,返回Step 4)

Step 19　　Set $WO = y_1$;　　(w的新值被接受)
　　　　　　　$TO = TO + h$;
　　　　　　　OUTPUT (TO, WO, h).

Step 20　　If $TO \geqslant b$ then set $FLAG = 0$
　　　　　　　(算法成功执行完毕)
　　　　　　　else if $TO + h > b$ then set $h = b - TO$
　　　　　　　(终点在 $t = b$)
　　　　　　　else if $(k \leqslant 3$ and $h < 0.5(hmax))$ then set $h = 2h$.
　　　　　　　(如果可能,增加步长)(Step 4和Step 16结束)

Step 21　　STOP.　　　　　　　　　　　　　　　　　　　　　　　　■

例1　取最大步长 $hmax = 0.2$,最小步长 $hmin = 0.01$,误差限 $TOL = 10^{-9}$,用外推法近似求解下面的初值问题:

$$y' = y - t^2 + 1, \quad 0 \leqslant t \leqslant 2, \quad y(0) = 0.5$$

解　作为外推法的第一步,我们令 $w_0 = 0.5$,$t_0 = 0$,$h = 0.2$。计算得到
$$h_0 = h/2 = 0.1,$$
$$w_1 = w_0 + h_0 f(t_0, w_0) = 0.5 + 0.1(1.5) = 0.65$$

和

$$w_2 = w_0 + 2h_0 f(t_0 + h_0, w_1) = 0.5 + 0.2(1.64) = 0.828$$

这样 $y(0.2)$ 的第一个近似为

$$y_{11} = \frac{1}{2}(w_2 + w_1 + h_0 f(t_0 + 2h_0, w_2)) = \frac{1}{2}(0.828 + 0.65 + 0.1 f(0.2, 0.828))$$
$$= 0.8284.$$

为了得到 $y(0.2)$ 的第二个近似,我们计算

$$h_1 = h/4 = 0.05,$$
$$w_1 = w_0 + h_1 f(t_0, w_0) = 0.5 + 0.05(1.5) = 0.575,$$
$$w_2 = w_0 + 2h_1 f(t_0 + h_1, w_1) = 0.5 + 0.1(1.5725) = 0.65725,$$
$$w_3 = w_1 + 2h_1 f(t_0 + 2h_1, w_2) = 0.575 + 0.1(1.64725) = 0.739725$$

和

$$w_4 = w_2 + 2h_1 f(t_0 + 3h_1, w_3) = 0.65725 + 0.1(1.717225) = 0.8289725$$

于是,末端修正近似为

$$y_{21} = \frac{1}{2}(w_4 + w_3 + h_1 f(t_0 + 4h_1, w_4))$$
$$= \frac{1}{2}(0.8289725 + 0.739725 + 0.05 f(0.2, 0.8289725)) = 0.8290730625$$

这样就得到了第一个外推法近似值:

$$y_{22} = y_{21} + \left(\frac{(1/4)^2}{(1/2)^2 - (1/4)^2} \right)(y_{21} - y_{11}) = 0.8292974167$$

第三个近似值由下面的计算得到:

$$h_2 = h/6 = 0.03,$$

$$w_1 = w_0 + h_2 f(t_0, w_0) = 0.55,$$

$$w_2 = w_0 + 2h_2 f(t_0 + h_2, w_1) = 0.6032592593,$$

$$w_3 = w_1 + 2h_2 f(t_0 + 2h_2, w_2) = 0.6565876543,$$

$$w_4 = w_2 + 2h_2 f(t_0 + 3h_2, w_3) = 0.7130317696,$$

$$w_5 = w_3 + 2h_2 f(t_0 + 4h_2, w_4) = 0.7696045871,$$

$$w_6 = w_4 + 2h_2 f(t_0 + 5h_2, w_5) = 0.8291535569$$

末端修正近似为

$$y_{31} = \frac{1}{2}(w_6 + w_5 + h_2 f(t_0 + 6h_2, w_6)) = 0.8291982979$$

现在我们能够得到两个外推近似值:

$$y_{32} = y_{31} + \left(\frac{(1/6)^2}{(1/4)^2 - (1/6)^2} \right)(y_{31} - y_{21}) = 0.8292984862$$

和

$$y_{33} = y_{32} + \left(\frac{(1/6)^2}{(1/2)^2 - (1/6)^2} \right)(y_{32} - y_{22}) = 0.8292986199$$

因为

$$|y_{33} - y_{22}| = 1.2 \times 10^{-6}$$

不满足误差限,我们需要至少再计算外推表的一行。我们用 $h_3 = h/8 = 0.025$,并用 Euler 方法来计算 w_1,用中点方法来计算 w_2,$\cdots$,w_8,最后采用末端修正。这样就能给出新的近似值 y_{41},我们可以用它来计算外推表中新的一行:

$$y_{41} = 0.8292421745 \quad y_{42} = 0.8292985873 \quad y_{43} = 0.8292986210 \quad y_{44} = 0.8292986211$$

比较 $|y_{44} - y_{33}| = 1.2 \times 10^{-9}$,我们发现精度并没有达到误差限。为了得到下一行的元素,我们采用步长 $h_4 = h/12 = 0.0\overline{6}$。第一步先用 Euler 方法来计算 w_1,再通过 w_{12} 用中点方法来计算 w_2,最后使用末端修正得到 y_{51}。在第 5 行中剩余的元素由外推法得到,如表 5.17 所示。因为 $y_{55} = 0.8292986213$,它与 y_{44} 之间的距离在 10^{-9} 以内,因此它作为 $y(0.2)$ 的近似值是可以接受的。程序开始重新求 $y(0.4)$ 的近似值。在表 5.18 中列出了所有的近似值,它们精确到所列的位数。

表 5.17

$y_{1,1} = 0.8284000000$				
$y_{2,1} = 0.8290730625$	$y_{2,2} = 0.8292974167$			
$y_{3,1} = 0.8291982979$	$y_{3,2} = 0.8292984862$	$y_{3,3} = 0.8292986199$		
$y_{4,1} = 0.8292421745$	$y_{4,2} = 0.8292985873$	$y_{4,3} = 0.8292986210$	$y_{4,4} = 0.8292986211$	
$y_{5,1} = 0.8292735291$	$y_{5,2} = 0.8292986128$	$y_{5,3} = 0.8292986213$	$y_{5,4} = 0.8292986213$	$y_{5,5} = 0.8292986213$

　　算法 5.6 中方法的收敛性,其证明涉及可和性理论,它可以在 Gragg[Gr] 的原创论文中找到。文中还有大量的其他外推法,其中一部分用到了变步长技巧。对于其他基于外推法的方法,可参考 Bulirsch 和 Stoer 的论文 [BS1]、[BS2] 和 [BS3],以及 Stetter 的教科书 [Stet]。Bulirsch 和 Stoer 使用的方法涉及有理函数插值,而 Gragg 的方法中则使用了多项式插值。

表 5.18

t_i	$y_i = y(t_i)$	w_i	h_i	k
0.200	0.8292986210	0.8292986213	0.200	5
0.400	1.2140876512	1.2140876510	0.200	4
0.600	1.6489405998	1.6489406000	0.200	4
0.700	1.8831236462	1.8831236460	0.100	5
0.800	2.1272295358	2.1272295360	0.100	4
0.900	2.3801984444	2.3801984450	0.100	7
0.925	2.4446908698	2.4446908710	0.025	8
0.950	2.5096451704	2.5096451700	0.025	3
1.000	2.6408590858	2.6408590860	0.050	3
1.100	2.9079169880	2.9079169880	0.100	7
1.200	3.1799415386	3.1799415380	0.100	6
1.300	3.4553516662	3.4553516610	0.100	8
1.400	3.7324000166	3.7324000100	0.100	5
1.450	3.8709427424	3.8709427340	0.050	7
1.475	3.9401071136	3.9401071050	0.025	3
1.525	4.0780532154	4.0780532060	0.050	4
1.575	4.2152541820	4.2152541820	0.050	3
1.675	4.4862274254	4.4862274160	0.100	4
1.775	4.7504844318	4.7504844210	0.100	4
1.825	4.8792274904	4.8792274790	0.050	3
1.875	5.0052154398	5.0052154290	0.050	3
1.925	5.1280506670	5.1280506570	0.050	4
1.975	5.2473151731	5.2473151660	0.050	8
2.000	5.3054719506	5.3054719440	0.025	3

习题 5.8

1. 外推法取误差限 $TOL = 10^{-4}$，$hmax = 0.25$，$hmin = 0.05$，近似求解下列初值问题，并将结果与真实解进行比较。

    a. $y' = te^{3t} - 2y$，$0 \leqslant t \leqslant 1$，$y(0) = 0$；真实解 $y(t) = \dfrac{1}{5}te^{3t} - \dfrac{1}{25}e^{3t} + \dfrac{1}{25}e^{-2t}$。

    b. $y' = 1 + (t - y)^2$，$2 \leqslant t \leqslant 3$，$y(2) = 1$；真实解 $y(t) = t + 1/(1 - t)$。

    c. $y' = 1 + y/t$，$1 \leqslant t \leqslant 2$，$y(1) = 2$；真实解 $y(t) = t\ln t + 2t$。

    d. $y' = \cos 2t + \sin 3t$，$0 \leqslant t \leqslant 1$，$y(0) = 1$；真实解 $y(t) = \dfrac{1}{2}\sin 2t - \dfrac{1}{3}\cos 3t + \dfrac{4}{3}$。

2. 用外推法取误差限 $TOL = 10^{-4}$，近似求解下列初值问题。

    a. $y' = (y/t)^2 + y/t$，$1 \leqslant t \leqslant 1.2$，$y(1) = 1$，取 $hmax = 0.05$ 和 $hmin = 0.02$。

    b. $y' = \sin t + e^{-t}$，$0 \leqslant t \leqslant 1$，$y(0) = 0$，取 $hmax = 0.25$ 和 $hmin = 0.02$。

    c. $y' = (y^2 + y)/t$，$1 \leqslant t \leqslant 3$，$y(1) = -2$，取 $hmax = 0.5$ 和 $hmin = 0.02$。

    d. $y' = t^2$，$0 \leqslant t \leqslant 2$，$y(0) = 0$，取 $hmax = 0.5$ 和 $hmin = 0.02$。

3. 用外推法取误差限 $TOL = 10^{-6}$，$hmax = 0.5$，$hmin = 0.05$，近似求解下列初值问题，并将结果与真实解进行比较。

    a. $y' = y/t - (y/t)^2$，$1 \leqslant t \leqslant 4$，$y(1) = 1$；真实解 $y(t) = t/(1 + \ln t)$。

    b. $y' = 1 + y/t + (y/t)^2$，$1 \leqslant t \leqslant 3$，$y(1) = 0$；真实解 $y(t) = t\tan(\ln t)$。

    c. $y' = -(y+1)(y+3)$，$0 \leqslant t \leqslant 3$，$y(0) = -2$；真实解 $y(t) = -3 + 2(1 + e^{-2t})^{-1}$。

    d. $y' = (t + 2t^3)y^3 - ty$，$0 \leqslant t \leqslant 2$，$y(0) = \dfrac{1}{3}$；真实解 $y(t) = (3 + 2t^2 + 6e^{t^2})^{-1/2}$。

4. 用外推法取误差限 $TOL = 10^{-6}$，$hmax = 0.5$，$hmin = 0.05$，近似求解下列初值问题，并将结果与真实解进行比较。

a. $y' = \dfrac{2-2ty}{t^2+1}$，$0 \leqslant t \leqslant 3$，$y(0) = 1$；真实解 $y(t) = \dfrac{(2t+1)}{(t^2+1)}$。

b. $y' = \dfrac{y^2}{1+t}$，$1 \leqslant t \leqslant 4$，$y(1) = -(\ln 2)^{-1}$；真实解 $y(t) = \dfrac{-1}{\ln(t+1)}$。

c. $y' = -ty + \dfrac{4t}{y}$，$0 \leqslant t \leqslant 1$，$y(0) = 1$；真实解 $y(t) = \sqrt{4 - 3e^{-t^2}}$。

d. $y' = -y + ty^{1/2}$，$2 \leqslant t \leqslant 4$，$y(2) = 2$；真实解 $y(t) = (t - 2 + \sqrt{2}ee^{-t/2})^2$。

应用型习题

5. 有一只狼在追逐一只兔子。狼朝着兔子的路线称为追逐曲线。假设狼以常速度 α 奔跑，兔子以常速度 β 奔跑。再假设初始时间 $t = 0$ 时狼的位置在原点而兔子的位置在点 $(0, 1)$ 处。若兔子沿直线 $x = 1$ 朝上奔跑，设 $(x(t)，y(t))$ 表示 t 时刻狼所在的位置。

描述追逐曲线的微分方程为

$$\frac{\mathrm{d}y}{\mathrm{d}x} = \frac{1}{2}\left[(1-x)^{-\beta/\alpha} - (1-x)^{\beta/\alpha}\right]$$

最后取狼的奔跑速度为 35 英里每小时，兔子的奔跑速度为 25 英里每小时。采用外推法，取 $TOL = 10^{-10}$，$hmin = 10^{-12}$，$hmax = 0.1$，求出狼追上兔子时的位置 $(x(t), y(t))$。

6. 2.3 节的习题 26 中给出了 Gompertz 人口模型。人口数量由下式给出：

$$P(t) = P_L e^{-ce^{-kt}}$$

其中 P_L，c 和 $k > 0$ 都是常数，$P(t)$ 是 t 时刻的人口数。$P(t)$ 满足下面的微分方程：

$$P'(t) = k\left[\ln P_L - \ln P(t)\right]P(t)$$

a. 用第 3 章首页的表中给出的 1960 年的值作为 $t = 0$ 的数据来近似 P_L，c 和 k。

b. 采用外推法，取 $TOL = 1$，近似求微分方程的解 $P(1990)$、$P(2000)$ 和 $P(2010)$。

c. 将你得到的结果和 Gompertz 函数的值以及实际的人口数目进行比较。

讨论问题

1. 当函数求值数目给定时，比较算法 5.6 的外推法和四阶 Runge-Kutta 方法的精度。

2. 讨论算法 5.6 的方法和 Bulirsch-Stoer 方法之间的相似性和差异。

5.9 高阶方程和微分方程组

本节包含了对高阶初值问题数值解法的介绍。这里所讨论的方法仅限于那些将高阶方程转化为一阶方程组的情形，在讨论如何转化之前，我们需要对所考虑的一阶微分方程组进行一些说明。

一个 m 元一阶线性方程组具有如下形式：

$$\begin{aligned}
\frac{\mathrm{d}u_1}{\mathrm{d}t} &= f_1(t, u_1, u_2, \cdots, u_m), \\
\frac{\mathrm{d}u_2}{\mathrm{d}t} &= f_2(t, u_1, u_2, \cdots, u_m), \\
&\vdots \\
\frac{\mathrm{d}u_m}{\mathrm{d}t} &= f_m(t, u_1, u_2, \cdots, u_m)
\end{aligned} \tag{5.45}$$

对 $a \leqslant t \leqslant b$，初值条件为

$$u_1(a) = \alpha_1, \ u_2(a) = \alpha_2, \ \cdots, \ u_m(a) = \alpha_m \tag{5.46}$$

目标是寻找 m 个函数 $u_1(t)$，$u_2(t)$，$\cdots$，$u_m(t)$，它们满足上面所有的微分方程以及所有的初始条件。

为了讨论方程组解的存在性与唯一性，我们需要将 Lipschitz 条件的定义推广到多个变量函数的情形。

定义 5.16　函数 $f(t, y_1, \cdots, y_m)$，定义在集合

$$D = \{(t, u_1, \cdots, u_m) \mid a \leqslant t \leqslant b \text{ 且 } -\infty < u_i < \infty, \text{ 对每个 } i = 1, 2, \cdots, m\}$$

上，被称为在 D 上满足关于变量 u_1，u_2，$\cdots$，u_m 的 **Lipschitz 条件**，如果存在 $L > 0$，使得

$$\left| f(t, u_1, \cdots, u_m) - f(t, z_1, \cdots, z_m) \right| \leqslant L \sum_{j=1}^{m} |u_j - z_j| \tag{5.47}$$

对所有 D 中的 $(t, u_1, \cdots, u_m)$ 和 $(t, z_1, \cdots, z_m)$ 都成立。　∎

通过中值定理可以证明：如果 f 和它的一阶偏导数都在 D 上连续且满足

$$\left| \frac{\partial f(t, u_1, \cdots, u_m)}{\partial u_i} \right| \leqslant L$$

对每个 $i = 1, 2, \cdots, m$ 和所有 D 中的 $(t, u_1, \cdots, u_m)$，则 f 在 D 上满足 Lipschitz 条件，其中 Lipschitz 常数为 L（参见[BiR]，p.141）。下面是一个基本的存在与唯一性定理，它的证明可在[BiR]，pp.152–154 中找到。

定理 5.17　假设

$$D = \{(t, u_1, u_2, \cdots, u_m) \mid a \leqslant t \leqslant b \text{ 且 } -\infty < u_i < \infty, \text{ 对每个 } i = 1, 2, \cdots, m\}$$

令 $f_i(t, u_1, \cdots, u_m)$ 对每个 $i = 1, 2, \cdots, m$ 在 D 上都连续并满足 Lipschitz 条件，则满足初始条件 (5.46) 的一阶方程组 (5.45) 在 $a \leqslant t \leqslant b$ 上存在唯一解 $u_1(t), u_2(t), \cdots, u_m(t)$。　∎

这里求解一阶微分方程组的方法是本章前几节给出的求解一阶微分方程的方法的推广。例如，经典的四阶 Runge-Kutta 为

$$w_0 = \alpha,$$

$$k_1 = hf(t_i, w_i),$$

$$k_2 = hf\left(t_i + \frac{h}{2}, w_i + \frac{1}{2}k_1\right),$$

$$k_3 = hf\left(t_i + \frac{h}{2}, w_i + \frac{1}{2}k_2\right),$$

$$k_4 = hf(t_{i+1}, w_i + k_3),$$

$$w_{i+1} = w_i + \frac{1}{6}(k_1 + 2k_2 + 2k_3 + k_4), \quad \text{对每个 } i = 0, 1, \cdots, N-1$$

它用来求解一阶初值问题

$$y' = f(t, y), \quad a \leqslant t \leqslant b, \quad y(a) = \alpha$$

可以用如下方式来推广。

设选定一个整数 $N > 0$，令 $h = (b-a)/N$。将区间 $[a, b]$ 分割成 N 个子区间，它的网格点是

$$t_j = a + jh, \quad \text{对每个 } j = 0, 1, \cdots, N$$

用符号 w_{ij}，$j = 0, 1, \cdots, n$，$i = 1, 2, \cdots, m$ 来表示 $u_i(t_j)$ 的近似值，也就是说，w_{ij} 在第 j 个时间网格 t_j 上近似了方程 (5.45) 的第 i 个解 $u_i(t)$。对于初值条件，令（见图 5.6）

$$w_{1,0} = \alpha_1, \ w_{2,0} = \alpha_2, \ \cdots, \ w_{m,0} = \alpha_m \tag{5.48}$$

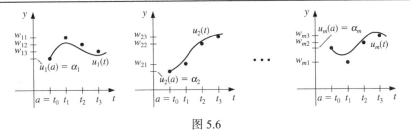

图 5.6

假设近似值 $w_{1,j}, w_{2,j}, \cdots, w_{m,j}$ 已经得到，为了得到 $w_{1,j+1}, w_{2,j+1}, \cdots, w_{m,j+1}$ 的值，我们首先计算：

$$k_{1,i} = h f_i(t_j, w_{1,j}, w_{2,j}, \cdots, w_{m,j}), \quad \text{对每个 } i = 1, 2, \cdots, m \tag{5.49}$$

$$k_{2,i} = h f_i\left(t_j + \frac{h}{2}, w_{1,j} + \frac{1}{2}k_{1,1}, w_{2,j} + \frac{1}{2}k_{1,2}, \cdots, w_{m,j} + \frac{1}{2}k_{1,m}\right), \quad \text{对每个 } i = 1, 2, \cdots, m \tag{5.50}$$

$$k_{3,i} = h f_i\left(t_j + \frac{h}{2}, w_{1,j} + \frac{1}{2}k_{2,1}, w_{2,j} + \frac{1}{2}k_{2,2}, \cdots, w_{m,j} + \frac{1}{2}k_{2,m}\right), \quad \text{对每个 } i = 1, 2, \cdots, m \tag{5.51}$$

$$k_{4,i} = h f_i(t_j + h, w_{1,j} + k_{3,1}, w_{2,j} + k_{3,2}, \cdots, w_{m,j} + k_{3,m}), \quad \text{对每个 } i = 1, 2, \cdots, m \tag{5.52}$$

于是用下式来近似：

$$w_{i,j+1} = w_{i,j} + \frac{1}{6}(k_{1,i} + 2k_{2,i} + 2k_{3,i} + k_{4,i}), \quad \text{对每个 } i = 1, 2, \cdots, m \tag{5.53}$$

注意，在计算形如 $k_{2,j}$ 的项之前必须先计算 $k_{1,1}$，$k_{1,2}$，$\cdots$，$k_{1,m}$。一般情形下，在计算形如 $k_{l+1,i}$ 的项之前必须先计算 $k_{l,1}$，$k_{l,2}$，$\cdots$，$k_{l,m}$。算法 5.7 实现了一阶初值问题方程组的四阶 Runge-Kutta 方法。

算法 5.7　微分方程组的 Runge-Kutta 方法

算法用于在区间 $[a, b]$ 内的 $N+1$ 个等距的点上近似求解 m 个方程的一阶初值问题的方程组：

$$u'_j = f_j(t, u_1, u_2, \cdots, u_m), \quad a \leqslant t \leqslant b, \quad \text{取 } u_j(a) = \alpha_j$$

对 $j = 1, 2, \cdots, m$。

输入　端点 a, b；方程数目 m；整数 N；初值条件 α_1, $\cdots$, α_m。

输出　在 t 的 $N+1$ 个点处 $u_j(t)$ 的近似值 w_j。

Step 1　Set $h = (b - a)/N$;
　　　　　 $t = a$.

Step 2　For $j = 1, 2, \cdots, m$ set $w_j = \alpha_j$.

Step 3　OUTPUT $(t, w_1, w_2, \cdots, w_m)$.

Step 4　For $i = 1, 2, \cdots, N$ do steps 5–11.

Step 5　For $j = 1, 2, \cdots, m$ set
　　　　　 $k_{1,j} = h f_j(t, w_1, w_2, \cdots, w_m)$.

Step 6　For $j = 1, 2, \cdots, m$ set
　　　　　 $k_{2,j} = h f_j\left(t + \frac{h}{2}, w_1 + \frac{1}{2}k_{1,1}, w_2 + \frac{1}{2}k_{1,2}, \cdots, w_m + \frac{1}{2}k_{1,m}\right)$.

Step 7　For $j = 1, 2, \cdots, m$ set
　　　　　 $k_{3,j} = h f_j\left(t + \frac{h}{2}, w_1 + \frac{1}{2}k_{2,1}, w_2 + \frac{1}{2}k_{2,2}, \cdots, w_m + \frac{1}{2}k_{2,m}\right)$.

Step 8   For $j = 1, 2, \cdots, m$ set
$$k_{4,j} = hf_j(t + h, w_1 + k_{3,1}, w_2 + k_{3,2}, \cdots, w_m + k_{3,m}).$$

Step 9   For $j = 1, 2, \cdots, m$ set
$$w_j = w_j + (k_{1,j} + 2k_{2,j} + 2k_{3,j} + k_{4,j})/6.$$

Step 10   Set $t = a + ih$.

Step 11   OUTPUT $(t, w_1, w_2, \cdots, w_m)$.

Step 12   STOP.   ■

示例 基尔霍夫定律说明在一个闭电路中全部的瞬态电压之和为零。该定理表明，在一个闭电路里，包含一个电阻 R（欧姆，Ω），一个电容 C（法拉，F），一个电感 L（亨利，H）和一个电压为 $E(t)$（伏特，V）的电源，它满足微分方程：

$$LI'(t) + RI(t) + \frac{1}{C} \int I(t) \, \mathrm{d}t = E(t)$$

在电路的左右回路中的电流分别为 $I_1(t)$ 和 $I_2(t)$，如图 5.7 所示，它们分别是下面方程组的解：

$$2I_1(t) + 6[I_1(t) - I_2(t)] + 2I_1'(t) = 12,$$

$$\frac{1}{0.5} \int I_2(t) \, \mathrm{d}t + 4I_2(t) + 6[I_2(t) - I_1(t)] = 0$$

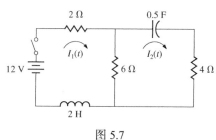

图 5.7

如果电路中的开关在 $t = 0$ 时刻闭合，我们有初始电流 $I_1(0) = 0$ 和 $I_2(0) = 0$。从第一个方程中解出 $I_1'(t)$，对第二个方程求导后替换 $I_1'(t)$ 就得到

$$I_1' = f_1(t, I_1, I_2) = -4I_1 + 3I_2 + 6, \quad I_1(0) = 0,$$

$$I_2' = f_2(t, I_1, I_2) = 0.6I_1' - 0.2I_2 = -2.4I_1 + 1.6I_2 + 3.6, \quad I_2(0) = 0$$

这个方程组的精确解是

$$I_1(t) = -3.375\mathrm{e}^{-2t} + 1.875\mathrm{e}^{-0.4t} + 1.5,$$

$$I_2(t) = -2.25\mathrm{e}^{-2t} + 2.25\mathrm{e}^{-0.4t}$$

我们将用四阶 Runge-Kutta 方法来求解这个方程组，取 $h = 0.1$。因为 $w_{1,0} = I_1(0) = 0$ 和 $w_{2,0} = I_2(0) = 0$，所以

$$k_{1,1} = hf_1(t_0, w_{1,0}, w_{2,0}) = 0.1\, f_1(0, 0, 0) = 0.1\,(-4(0) + 3(0) + 6) = 0.6,$$

$$k_{1,2} = hf_2(t_0, w_{1,0}, w_{2,0}) = 0.1\, f_2(0, 0, 0) = 0.1\,(-2.4(0) + 1.6(0) + 3.6) = 0.36,$$

$$k_{2,1} = hf_1\left(t_0 + \frac{1}{2}h, w_{1,0} + \frac{1}{2}k_{1,1}, w_{2,0} + \frac{1}{2}k_{1,2}\right) = 0.1\, f_1(0.05, 0.3, 0.18)$$

$$= 0.1\,(-4(0.3) + 3(0.18) + 6) = 0.534,$$

$$k_{2,2} = hf_2\left(t_0 + \frac{1}{2}h, w_{1,0} + \frac{1}{2}k_{1,1}, w_{2,0} + \frac{1}{2}k_{1,2}\right) = 0.1\, f_2(0.05, 0.3, 0.18)$$

$$= 0.1\,(-2.4(0.3) + 1.6(0.18) + 3.6) = 0.3168$$

类似地可以计算出以下各项：

$$k_{3,1} = (0.1) f_1(0.05, 0.267, 0.1584) = 0.54072,$$

$$k_{3,2} = (0.1) f_2(0.05, 0.267, 0.1584) = 0.321264,$$

$$k_{4,1} = (0.1) f_1(0.1, 0.54072, 0.321264) = 0.4800912,$$

$$k_{4,2} = (0.1)f_2(0.1, 0.54072, 0.321264) = 0.28162944$$

于是

$$I_1(0.1) \approx w_{1,1} = w_{1,0} + \frac{1}{6}(k_{1,1} + 2k_{2,1} + 2k_{3,1} + k_{4,1})$$

$$= 0 + \frac{1}{6}(0.6 + 2(0.534) + 2(0.54072) + 0.4800912) = 0.5382552$$

和

$$I_2(0.1) \approx w_{2,1} = w_{2,0} + \frac{1}{6}(k_{1,2} + 2k_{2,2} + 2k_{3,2} + k_{4,2}) = 0.3196263$$

表 5.19 中其余的元素可以用类似的方法算出。

表 5.19

t_j	$w_{1,j}$	$w_{2,j}$	$|I_1(t_j) - w_{1,j}|$	$|I_2(t_j) - w_{2,j}|$
0.0	0	0	0	0
0.1	0.5382550	0.3196263	0.8285×10^{-5}	0.5803×10^{-5}
0.2	0.9684983	0.5687817	0.1514×10^{-4}	0.9596×10^{-5}
0.3	1.310717	0.7607328	0.1907×10^{-4}	0.1216×10^{-4}
0.4	1.581263	0.9063208	0.2098×10^{-4}	0.1311×10^{-4}
0.5	1.793505	1.014402	0.2193×10^{-4}	0.1240×10^{-4}

高阶微分方程

许多重要的物理问题（例如，电路和振动系统）都会涉及包含高于一阶的微分方程初值问题。求解这些问题并不需要新的方法，因为通过变量的重新标号，我们能够将高阶微分方程转化为一阶微分方程组，这样就可以使用我们讨论过的方法。

一个一般的 m 阶初值问题具有如下形式：

$$y^{(m)}(t) = f(t, y, y', \cdots, y^{(m-1)}), \qquad a \leqslant t \leqslant b$$

初值条件为：$y(a) = \alpha_1, y'(a) = \alpha_2, \cdots, y^{(m-1)}(a) = \alpha_m$。它可以转化为形如方程 (5.45) 和方程 (5.46) 的方程组。

设 $u_1(t) = y(t), u_2(t) = y'(t), \cdots$，以及 $u_m(t) = y^{(m-1)}(t)$。这样就得到一阶方程组：

$$\frac{du_1}{dt} = \frac{dy}{dt} = u_2, \quad \frac{du_2}{dt} = \frac{dy'}{dt} = u_3, \quad \cdots, \quad \frac{du_{m-1}}{dt} = \frac{dy^{(m-2)}}{dt} = u_m$$

和

$$\frac{du_m}{dt} = \frac{dy^{(m-1)}}{dt} = y^{(m)} = f(t, y, y', \cdots, y^{(m-1)}) = f(t, u_1, u_2, \cdots, u_m)$$

其初始条件为

$$u_1(a) = y(a) = \alpha_1, \quad u_2(a) = y'(a) = \alpha_2, \quad \cdots, \quad u_m(a) = y^{(m-1)}(a) = \alpha_m$$

例 1 将下面的二阶初值问题

$$y'' - 2y' + 2y = e^{2t}\sin t, \ 0 \leqslant t \leqslant 1, \ \text{取} \ y(0) = -0.4, \ y'(0) = -0.6$$

化为一阶方程组初值问题，并用 Runge-Kutta 方法取 $h = 0.1$ 来求解该问题。

解 令 $u_1(t) = y(t)$ 和 $u_2(t) = y'(t)$。因此二阶微分方程就转化为下面的微分方程组：

$$u_1'(t) = u_2(t),$$

$$u_2'(t) = e^{2t}\sin t - 2u_1(t) + 2u_2(t)$$

其初始条件为 $u_1(0) = -0.4, u_2(0) = -0.6$。

初始条件意味着 $w_{1,0} = -0.4$ 和 $w_{2,0} = -0.6$。当 $j = 0$ 时，利用 Runge-Kutta 方法的式(5.49)和式(5.52)就得到

$$k_{1,1} = hf_1(t_0, w_{1,0}, w_{2,0}) = hw_{2,0} = -0.06,$$

$$k_{1,2} = hf_2(t_0, w_{1,0}, w_{2,0}) = h\left[e^{2t_0}\sin t_0 - 2w_{1,0} + 2w_{2,0}\right] = -0.04,$$

$$k_{2,1} = hf_1\left(t_0 + \frac{h}{2}, w_{1,0} + \frac{1}{2}k_{1,1}, w_{2,0} + \frac{1}{2}k_{1,2}\right) = h\left[w_{2,0} + \frac{1}{2}k_{1,2}\right] = -0.062,$$

$$k_{2,2} = hf_2\left(t_0 + \frac{h}{2}, w_{1,0} + \frac{1}{2}k_{1,1}, w_{2,0} + \frac{1}{2}k_{1,2}\right)$$

$$= h\left[e^{2(t_0+0.05)}\sin(t_0 + 0.05) - 2\left(w_{1,0} + \frac{1}{2}k_{1,1}\right) + 2\left(w_{2,0} + \frac{1}{2}k_{1,2}\right)\right]$$

$$= -0.03247644757,$$

$$k_{3,1} = h\left[w_{2,0} + \frac{1}{2}k_{2,2}\right] = -0.06162832238,$$

$$k_{3,2} = h\left[e^{2(t_0+0.05)}\sin(t_0 + 0.05) - 2\left(w_{1,0} + \frac{1}{2}k_{2,1}\right) + 2\left(w_{2,0} + \frac{1}{2}k_{2,2}\right)\right]$$

$$= -0.03152409237,$$

$$k_{4,1} = h\left[w_{2,0} + k_{3,2}\right] = -0.06315240924,$$

$$k_{4,2} = h\left[e^{2(t_0+0.1)}\sin(t_0 + 0.1) - 2(w_{1,0} + k_{3,1}) + 2(w_{2,0} + k_{3,2})\right] = -0.02178637298$$

所以

$$w_{1,1} = w_{1,0} + \frac{1}{6}(k_{1,1} + 2k_{2,1} + 2k_{3,1} + k_{4,1}) = -0.4617333423$$

且

$$w_{2,1} = w_{2,0} + \frac{1}{6}(k_{1,2} + 2k_{2,2} + 2k_{3,2} + k_{4,2}) = -0.6316312421$$

值 $w_{1,1}$ 近似了 $u_1(0.1) = y(0.1) = 0.2e^{2(0.1)}(\sin 0.1 - 2\cos 0.1)$，值 $w_{2,1}$ 近似了 $u_2(0.1) = y'(0.1) = 0.2e^{2(0.1)}(4\sin 0.1 - 3\cos 0.1)$。

表 5.20 中列出了 $w_{1,j}$ 和 $w_{2,j}$ 的值，$j = 0, 1, \cdots, 10$。作为对比，表中同时列出了真实值 $u_1(t) = 0.2e^{2t}(\sin t - 2\cos t)$ 和 $u_2(t) = u_1'(t) = 0.2e^{2t}(4\sin t - 3\cos t)$。

表 5.20

t_j	$y(t_j) = u_1(t_j)$	$w_{1,j}$	$y'(t_j) = u_2(t_j)$	$w_{2,j}$	$|y(t_j) - w_{1,j}|$	$|y'(t_j) - w_{2,j}|$
0.0	-0.40000000	-0.40000000	-0.6000000	-0.60000000	0	0
0.1	-0.46173297	-0.46173334	-0.6316304	-0.63163124	3.7×10^{-7}	7.75×10^{-7}
0.2	-0.52555905	-0.52555988	-0.6401478	-0.64014895	8.3×10^{-7}	1.01×10^{-6}
0.3	-0.58860005	-0.58860144	-0.6136630	-0.61366381	1.39×10^{-6}	8.34×10^{-7}
0.4	-0.64661028	-0.64661231	-0.5365821	-0.53658203	2.03×10^{-6}	1.79×10^{-7}
0.5	-0.69356395	-0.69356666	-0.3887395	-0.38873810	2.71×10^{-6}	5.96×10^{-7}
0.6	-0.72114849	-0.72115190	-0.1443834	-0.14438087	3.41×10^{-6}	7.75×10^{-7}
0.7	-0.71814890	-0.71815295	0.2289917	0.22899702	4.05×10^{-6}	2.03×10^{-6}
0.8	-0.66970677	-0.66971133	0.7719815	0.77199180	4.56×10^{-6}	5.30×10^{-6}
0.9	-0.55643814	-0.55644290	1.534764	1.5347815	4.76×10^{-6}	9.54×10^{-6}
1.0	-0.35339436	-0.35339886	2.578741	2.5787663	4.50×10^{-6}	1.34×10^{-5}

其他的单步方法也能类似地推广到方程组的情形。当像 Runge-Kutta-Fehlberg 方法那样的误差

控制技术被推广时，则必须检查数值解 $(w_{1j}, w_{2j}, \cdots, w_{mj})$ 的每个分量的精度。如果任何一个分量不满足精度要求，整个数值解 $(w_{1j}, w_{2j}, \cdots, w_{mj})$ 都必须重新计算。

多步方法以及预估-校正方法同样也能推广到方程组的情形。同理，如果误差控制技术被使用，则必须检查每个分量的精度。外推法也可以推广到方程组的情形，但是记号将变得非常复杂，如果对此有兴趣，请参考[HNW1]。

对方程组的情形，收敛性定理及误差估计都类似于 5.10 节介绍的那些关于单个方程的结果，不同之处是误差界使用了向量范数，相关内容将在第 7 章讨论。（关于这些定理，一本很好的参考书是[Ge1]，pp.45–72。）

习题 5.9

1. 使用方程组的 Runge-Kutta 方法来近似求解下面的一阶微分方程组并将结果与真实解进行比较。

a. $u_1' = 3u_1 + 2u_2 - (2t^2+1)e^{2t}$，$u_1(0)=1$；

$u_2' = 4u_1 + u_2 + (t^2+2t-4)e^{2t}$，$u_2(0)=1$；$0 \le t \le 1$；$h=0.2$；

真实解 $u_1(t) = \dfrac{1}{3}e^{5t} - \dfrac{1}{3}e^{-t} + e^{2t}$ 且 $u_2(t) = \dfrac{1}{3}e^{5t} + \dfrac{2}{3}e^{-t} + t^2 e^{2t}$。

b. $u_1' = -4u_1 - 2u_2 + \cos t + 4\sin t$，$u_1(0)=0$；

$u_2' = 3u_1 + u_2 - 3\sin t$，$u_2(0)=-1$；$0 \le t \le 2$；$h=0.1$；

真实解 $u_1(t) = 2e^{-t} - 2e^{-2t} + \sin t$ 且 $u_2(t) = -3e^{-t} + 2e^{-2t}$。

c. $u_1' = u_2$，$u_1(0)=1$；

$u_2' = -u_1 - 2e^t + 1$，$u_2(0)=0$；

$u_3' = -u_1 - e^t + 1$，$u_3(0)=1$；$0 \le t \le 2$；$h=0.5$；

真实解 $u_1(t) = \cos t + \sin t - e^t + 1$，$u_2(t) = -\sin t + \cos t - e^t$，$u_3(t) = -\sin t + \cos t$。

d. $u_1' = u_2 - u_3 + t$，$u_1(0)=1$；

$u_2' = 3t^2$，$u_2(0)=1$；

$u_3' = u_2 + e^{-t}$，$u_3(0)=-1$；$0 \le t \le 1$；$h=0.1$；

真实解 $u_1(t) = -0.05t^5 + 0.25t^4 + t + 2 - e^{-t}$，$u_2(t) = t^3 + 1$，$u_3(t) = 0.25t^4 + t - e^{-t}$。

2. 使用方程组的 Runge-Kutta 方法来近似求解下面的一阶微分方程组并将结果与真实解进行比较。

a. $u_1' = u_1 - u_2 + 2$，$u_1(0)=-1$；

$u_2' = -u_1 + u_2 + 4t$，$u_2(0)=0$；$0 \le t \le 1$；$h=0.1$；

真实解 $u_1(t) = -\dfrac{1}{2}e^{2t} + t^2 + 2t - \dfrac{1}{2}$ 且 $u_2(t) = \dfrac{1}{2}e^{2t} + t^2 - \dfrac{1}{2}$。

b. $u_1' = \dfrac{1}{9}u_1 - \dfrac{2}{3}u_2 - \dfrac{1}{9}t^2 + \dfrac{2}{3}$，$u_1(0)=-3$；

$u_2' = u_2 + 3t - 4$，$u_2(0)=5$；$0 \le t \le 2$；$h=0.2$；

真实解 $u_1(t) = -3e^t + t^2$ 且 $u_2(t) = 4e^t - 3t + 1$。

c. $u_1' = u_1 + 2u_2 - 2u_3 + e^{-t}$，$u_1(0)=3$；

$u_2' = u_2 + u_3 - 2e^{-t}$，$u_2(0)=-1$；

$u_3' = u_1 + 2u_2 + e^{-t}$，$u_3(0)=1$；$0 \le t \le 1$；$h=0.1$；

真实解 $u_1(t) = -3e^{-t} - 3\sin t + b\cos t$，$u_2(t) = \dfrac{3}{2}e^{-t} + \dfrac{3}{10}\sin t - \dfrac{21}{10}\cos t - \dfrac{2}{5}e^{2t}$，$u_3(t) = -e^{-t} + \dfrac{12}{5}\cos t +$

$\dfrac{9}{5}\sin t - \dfrac{2}{5}e^{2t}$。

d. $u_1' = 3u_1 + 2u_2 - u_3 - 1 - 3t - 2\sin t$，$u_1(0) = 5$；

　　$u_2' = u_1 - 2u_2 + 3u_3 + 6 - t + 2\sin t + \cos t$，$u_2(0) = -9$；

　　$u_3' = 2u_1 + 4u_2 + 8 - 2t$，$u_3(0) = -5$；$0 \le t \le 2$；$h = 0.2$；

　　真实解 $u_1(t) = 2e^{3t} + 3e^{-2t} + t$，$u_2(t) = -8e^{-2t} + e^{4t} - 2e^{3t} + \sin t$，$u_3(t) = 2e^{4t} - 4e^{3t} - e^{-2t} - 2$。

3. 使用方程组的 Runge-Kutta 算法来近似求解下面的高阶微分方程并将结果与真实解进行比较。

   a. $y'' - 2y' + y = te^t - t$，$0 \le t \le 1$，$y(0) = y'(0) = 0$，取 $h = 0.1$；真实解 $y(t) = \dfrac{1}{6}t^3 e^t - te^t + 2e^t - t - 2$。

   b. $t^2 y'' - 2ty' + 2y = t^3 \ln t$，$1 \le t \le 2$，$y(1) = 1$，$y'(1) = 0$，取 $h = 0.1$；真实解 $y(t) = \dfrac{7}{4}t + \dfrac{1}{2}t^3 \ln t - \dfrac{3}{4}t^3$。

   c. $y''' + 2y'' - y' - 2y = e^t$，$0 \le t \le 3$，$y(0) = 1$，$y'(0) = 2$，$y''(0) = 0$，取 $h = 0.2$；真实解 $y(t) = \dfrac{43}{36}e^t + \dfrac{1}{4}e^{-t} - \dfrac{4}{9}e^{-2t} + \dfrac{1}{6}te^t$。

   d. $t^3 y''' - t^2 y'' + 3ty' - 4y = 5t^3 \ln t + 9t^3$，$1 \le t \le 2$，$y(1) = 0$，$y'(1) = 1$，$y''(1) = 3$，取 $h = 0.1$；真实解 $y(t) = -t^2 + t\cos(\ln t) + t\sin(\ln t) + t^3 \ln t$。

4. 使用方程组的 Runge-Kutta 算法来近似求解下面的高阶微分方程并将结果与真实解进行比较。

   a. $y'' - 3y' + 2y = 6e^{-t}$，$0 \le t \le 1$，$y(0) = y'(0) = 2$，取 $h = 0.1$；真实解 $y(t) = 2e^{2t} - e^t + e^{-t}$。

   b. $t^2 y'' + ty' - 4y = -3t$，$1 \le t \le 3$，$y(1) = 4$，$y'(1) = 3$，取 $h = 0.2$；真实解 $y(t) = 2t^2 + t + t^{-2}$。

   c. $y''' + y'' - 4y' - 4y = 0$，$0 \le t \le 2$，$y(0) = 3$，$y'(0) = -1$，$y''(0) = 9$，取 $h = 0.2$；真实解 $y(t) = e^{-t} + e^{2t} + e^{-2t}$。

   d. $t^3 y''' + t^2 y'' - 2ty' + 2y = 8t^3 - 2$，$1 \le t \le 2$，$y(1) = 2$，$y'(1) = 8$，$y''(1) = 6$，取 $h = 0.1$；真实解 $y(t) = 2t - t^{-1} + t^2 + t^3 - 1$。

应用型习题

5. 在 20 世纪早期，由 A. J. Lotka 和 V. Volterra 独立地开创了关于竞争物种种群数量动态预测的数学模型的研究(参见[Lo1]，[Lo2]和[Vo].)。

   　　考虑两个物种的种群数量预测，一个物种是掠食者，在 t 时刻的数量是 $x_2(t)$，它依赖另一个物种而生存，这个物种称为被捕食者，其数量记为 $x_1(t)$。我们假设被捕食者总有足够的食物供应，它在任何时刻的出生率正比于该种群存活者的数量，也就是说，被捕食者的出生率是 $k_1 x_1(t)$。被捕食者的死亡率同时依赖于存活的被捕食者的数量和掠食者的数量。为了简化，我们假设被捕食者的死亡率为 $k_2 x_1(t) x_2(t)$。另一方面，掠食者的出生率依赖于它的食物供给 $x_1(t)$，以及其种群本身可以繁殖的数量。因此，假设掠食者的出生率是 $k_3 x_1(t) x_2(t)$。掠食者的死亡率被简单地看作正比于掠食者现存的数量，即掠食者的死亡率为 $k_4 x_2(t)$。

   　　因为 $x_1'(t)$ 和 $x_2'(t)$ 分别代表掠食者和被捕食者种群数量关于时间的变化，于是问题可以表述为下面的非线性微分方程组：

   $$x_1'(t) = k_1 x_1(t) - k_2 x_1(t) x_2(t)，\quad x_2'(t) = k_3 x_1(t) x_2(t) - k_4 x_2(t)$$

   对 $0 \le t \le 4$ 来求解这个方程组，假设初始时被捕食者的数量为 1000，而掠食者的数量为 500，常数 $k_1 = 3$，$k_2 = 0.002$，$k_3 = 0.0006$，$k_4 = 0.5$。绘出这个问题的解的图像，以及两个种群数量关于时间的图形，描述它们所代表的物理现象。这个种群模型有一个稳定解吗？如果有，对什么样的 x_1 和 x_2 的值这个解是稳定的？

6. 在习题 5 中，我们考虑了掠食者-被捕食者模型的种群数目预测问题。这种类型的另一个问题是考虑两种种群都依赖于相同的食物供给。如果在 t 时刻两种种群存活的数量分别记为 $x_1(t)$ 和 $x_2(t)$，通常的假设是：虽然两种种群的出生率只依赖于本种群当前存活的数量，但每个种群的死亡率却依赖于两种种群的数量。我们将认为某一对种群的数量由下面的方程组描述：

$$\frac{\mathrm{d}x_1(t)}{\mathrm{d}t} = x_1(t)[4 - 0.0003x_1(t) - 0.0004x_2(t)]$$

$$\frac{\mathrm{d}x_2(t)}{\mathrm{d}t} = x_2(t)[2 - 0.0002x_1(t) - 0.0001x_2(t)]$$

如果已知初始时刻每个种群的数量为 10 000，对 $0 \leqslant t \leqslant 4$ 来求解这个方程组。这个种群模型有一个稳定解吗？如果有，对什么样的 x_1 和 x_2 的值，这个解是稳定的？

7. 假设在本章引言中描述的单摆例子中摆长是 2 ft，$g = 32.17 \text{ ft/s}^2$。取步长 $h = 0.1 \text{ s}$，对照在 $t = 0 \text{ s}$，1 s 和 2 s 时，下面两个初值问题得到的角度 θ。

a. $\dfrac{\mathrm{d}^2\theta}{\mathrm{d}t^2} + \dfrac{g}{L}\sin\theta = 0$, $\theta(0) = \dfrac{\pi}{6}$, $\theta'(0) = 0$

b. $\dfrac{\mathrm{d}^2\theta}{\mathrm{d}t^2} + \dfrac{g}{L}\theta = 0$, $\theta(0) = \dfrac{\pi}{6}$, $\theta'(0) = 0$

理论型习题

8. 通过修改 Adams 四阶预估–校正算法，得到近似求解一阶方程组的方法。

9. 利用习题 5 中提出的算法重做习题 1。

10. 利用习题 5 中提出的算法重做习题 2。

讨论问题

1. 下面的方程组描述了 Roberston 的化学反应。这是被看作"刚性"的常微分方程组。算法 5.7 在 $0 \leqslant x \leqslant 40$ 时用于该方程组能得到好的近似结果吗？为什么？

$$y_1' = -0.04y_1 + 10^4 y_2 y_3$$

$$y_2' = -0.04y_1 - 10^4 y_2 y_3 - 3 * 10^7 y_2^2$$

$$y_3' = 3 * 10^7 y_2^2$$

2. 什么是 Rosenbrock 方法？为什么使用它？

5.10 稳定性

本章给出了许多近似求解初值问题的方法，虽然还有很多其他方法，但我们这里选取的方法都满足下面 3 个标准：

- 它们的推导都很清楚，以便于理解它们是怎样工作的。
- 其中的一两个方法，对从事科学和工程专业的学生遇到的大多数问题都能给出满意的答案。
- 大多数高级复杂的方法都是以它们为基础的。

单步方法

在本节里，我们将讨论这些方法，它们为什么能得出满意的结果而其他方法却不能。在讨论之前，我们需要介绍两个关于单步差分方程方法随着步长的缩减而收敛的定义。

定义 5.18 在第 i 步具有局部截断误差 $\tau_i(h)$ 的一个单步差分方程方法被称为与它所近似的微分方程是**一致的**，如果

$$\lim_{h \to 0} \max_{1 \le i \le N} |\tau_i(h)| = 0$$

■

注意这个定义是局部性的，因为对每一个值 $\tau_i(h)$，我们假设近似值 w_{i-1} 和真实值 $y(t_{i-1})$ 是相同的。分析方法当 h 变小时的效果，更实际的是方法的整体效果。这由整个近似区间上的最大误差来刻画，只假设方法在初始时刻是精确的。

定义 5.19　一个单步差分方程方法被称为收敛到它所近似的微分方程，如果

$$\lim_{h \to 0} \max_{1 \le i \le N} |w_i - y(t_i)| = 0$$

其中，$y(t_i)$ 表示微分方程的精确值，而 w_i 是差分方程在第 i 步得到的近似值。

■

例 1　证明 Euler 方法是收敛的。

解　我们来看不等式(5.10)，在 Euler 方法的误差界公式里，我们看到在定理 5.9 的假设下，有

$$\max_{1 \le i \le N} |w_i - y(t_i)| \le \frac{Mh}{2L} |e^{L(b-a)} - 1|$$

此处 M，L，a 和 b 都是常数，从而有

$$\lim_{h \to 0} \max_{1 \le i \le N} |w_i - y(t_i)| \le \lim_{h \to 0} \frac{Mh}{2L} |e^{L(b-a)} - 1| = 0$$

于是 Euler 方法满足定义中的条件，所以 Euler 方法收敛到微分方程。收敛率是 $O(h)$。

■

一个一致的单步方法具有这样的属性：当步长趋近于零时，方法所对应的差分方程收敛到微分方程。因此，一个一致的单步方法当步长趋于零时，局部截断误差也趋于零。

当使用差分方法来近似求解微分方程时，也有其他类型的误差界，它们都源于没有使用精确值。在实际中，因为与有限位算术有关的舍入误差的存在，所以初始条件和算法都不可能精确表示。在 5.2 节，我们看到即使对收敛的 Euler 方法而言，这也会带来困难。

为了分析这种情形，我们将尝试确定哪种方法是**稳定**的，它的意义是当初始值有一个小的改变或扰动时，相应的近似解的改变也很小。

单步差分方程稳定性的概念有些类似于微分方程适定性的条件，这里用到 Lipschitz 条件不足为奇，就像在 5.1 节中定理 5.6 那样的关于微分方程相应的定理一样。

下面的定理 5.20 的第(i)部分分析了单步方法的稳定性，这个结果的证明并不困难，留到习题 1 中考虑。第(ii)部分考虑了一个一致方法收敛的充分条件。第(iii)部分给出通过控制局部截断误差来控制一个方法的整体误差的合理解释。该问题在 5.5 节中提到过，这意味着当局部截断误差具有收敛率 $O(h^n)$ 时，整体误差将会有相同阶的收敛率。第(ii)和(iii)部分的证明比第(i)部分的证明要困难很多，可以在文献[Ge1]，pp.57-58 中找到。

定理 5.20　假设初值问题：

$$y' = f(t, y), \quad a \le t \le b, \quad y(a) = \alpha$$

用下面单步差分方法来近似求解：

$$w_0 = \alpha,$$

$$w_{i+1} = w_i + h\phi(t_i, w_i, h)$$

再假设存在一个数 $h_0 > 0$，使得在集合

$$D = \{ (t, w, h) \mid a \le t \le b \text{ 且 } -\infty < w < \infty, \ 0 \le h \le h_0 \}$$

上 $\phi(t, w, h)$ 连续并关于变量 w 满足 Lipschitz 常数为 L 的 Lipschitz 条件。于是有

(i) 方法是稳定的；

(ii) 差分方法是收敛的当且仅当它是一致的，它等价于

$$\phi(t, y, 0) = f(t, y), \quad \text{对所有 } a \leq t \leq b$$

(iii) 对每个 $i = 1, 2, \cdots, N$，如果存在一个函数 τ，只要 $0 \leq h \leq h_0$，局部截断误差 $\tau_i(h)$ 就满足 $|\tau_i(h)| \leq \tau(h)$，则有

$$|y(t_i) - w_i| \leq \frac{\tau(h)}{L} e^{L(t_i - a)} \qquad\blacksquare$$

例 2　改进的 Euler 方法由 $w_0 = \alpha$ 和下式给出：

$$w_{i+1} = w_i + \frac{h}{2}[f(t_i, w_i) + f(t_{i+1}, w_i + hf(t_i, w_i))], \qquad i = 0, 1, \cdots, N-1$$

通过验证它满足定理 5.20 的假设来证明该方法是稳定的。

解　对这个方法，

$$\phi(t, w, h) = \frac{1}{2}f(t, w) + \frac{1}{2}f(t + h, w + hf(t, w))$$

如果 f 在 $\{(t, w) | a \leq t \leq b, -\infty < w < \infty\}$ 上关于变量 w 满足 Lipschitz 常数为 L 的 Lipschitz 条件，则因为

$$\phi(t, w, h) - \phi(t, \overline{w}, h) = \frac{1}{2}f(t, w) + \frac{1}{2}f(t + h, w + hf(t, w))$$
$$- \frac{1}{2}f(t, \overline{w}) - \frac{1}{2}f(t + h, \overline{w} + hf(t, \overline{w}))$$

以及 f 的 Lipschitz 条件，可导出

$$|\phi(t, w, h) - \phi(t, \overline{w}, h)| \leq \frac{1}{2}L|w - \overline{w}| + \frac{1}{2}L|w + hf(t, w) - \overline{w} - hf(t, \overline{w})|$$
$$\leq L|w - \overline{w}| + \frac{1}{2}L|hf(t, w) - hf(t, \overline{w})|$$
$$\leq L|w - \overline{w}| + \frac{1}{2}hL^2|w - \overline{w}|$$
$$= \left(L + \frac{1}{2}hL^2\right)|w - \overline{w}|$$

因此，ϕ 集合

$$\{(t, w, h) | a \leq t \leq b, -\infty < w < \infty, \text{ 且 } 0 \leq h \leq h_0\}$$

上关于 w 满足 Lipschitz 条件。对任何 $h_0 > 0$，Lipschitz 常数为

$$L' = L + \frac{1}{2}h_0 L^2$$

最后，如果 f 在 $\{(t, w) | a \leq t \leq b, -\infty < w < \infty\}$ 上连续，则 ϕ 在

$$\{(t, w, h) | a \leq t \leq b, -\infty < w < \infty, \text{ 且 } 0 \leq h \leq h_0\}$$

上也连续，于是由定理 5.20 可知改进的 Euler 方法是稳定的。令 $h = 0$，则有

$$\phi(t, w, 0) = \frac{1}{2}f(t, w) + \frac{1}{2}f(t + 0, w + 0 \cdot f(t, w)) = f(t, w)$$

所以，定理 5.20 的第 (ii) 部分中的一致性条件也是成立的。这样，该方法也是收敛的。而且，

对这个方法来说，我们已经看到了局部截断误差是 $O(h^2)$ 的，因此改进的 Euler 方法的收敛率也是 $O(h^2)$ 的。 ∎

多步方法

对于多步方法，因为每步都包含多次近似，因此关于一致性、收敛性以及稳定性的问题变得复杂。在单步方法中近似值 w_{i+1} 仅依赖于它的前一步的近似值 w_i，但是多步方法却不同，它至少用到了前面的两个近似值，通常使用的方法也许用到了更多前面的近似值。

近似求解初值问题：

$$y' = f(t, y), \quad a \leqslant t \leqslant b, \quad y(a) = \alpha \tag{5.54}$$

一般的多步方法具有下面的形式：

$$w_0 = \alpha, \quad w_1 = \alpha_1, \quad \cdots, \quad w_{m-1} = \alpha_{m-1},$$
$$w_{i+1} = a_{m-1}w_i + a_{m-2}w_{i-1} + \cdots + a_0 w_{i+1-m} + h F(t_i, h, w_{i+1}, w_i, \cdots, w_{i+1-m}) \tag{5.55}$$

对每个 $i = m-1, m, \cdots, N-1$，其中 $a_0, a_1, \cdots, a_{m+1}$ 是常数，与通常情形一样，$h = (b-a)/N$ 且 $t_i = a+ih$。

对一个多步方法而言，局部截断误差可以表示成下面的形式：

$$\tau_{i+1}(h) = \frac{y(t_{i+1}) - a_{m-1}y(t_i) - \cdots - a_0 y(t_{i+1-m})}{h}$$
$$- F(t_i, h, y(t_{i+1}), y(t_i), \cdots, y(t_{i+1-m}))$$

对每个 $i = m-1, m, \cdots, N-1$。和单步方法一样，局部截断误差用来测量精确解 y 与差分方程近似解之间的差异程度。

如果假设 $y \in C^5[a, b]$，那么对四步 Adams-Bashforth 方法，我们已经看到有

$$\tau_{i+1}(h) = \frac{251}{720} y^{(5)}(\mu_i) h^4, \text{对某些} \ u_i \in (t_{i-3}, t_{i+1})$$

而三步 Adams-Moulton 方法的结果是

$$\tau_{i+1}(h) = -\frac{19}{720} y^{(5)}(\mu_i) h^4, \text{对某些} \ \mu_i \in (t_{i-2}, t_{i+1})$$

在整个分析过程中，我们总是对函数 F 给出下面两个假设：

- 如果 $f \equiv 0$（也就是说，如果微分方程是齐次的），则 $F \equiv 0$。
- F 关于 $\{w_j\}$ 满足 Lipschitz 条件，其含义为：存在常数 $L > 0$，对每一组数列 $\{v_j\}_{j=0}^N$ 和 $\{\tilde{v}_j\}_{j=0}^N$，$i = m-1, m, \cdots, N-1$，下式成立：

$$|F(t_i, h, v_{i+1}, \cdots, v_{i+1-m}) - F(t_i, h, \tilde{v}_{i+1}, \cdots, \tilde{v}_{i+1-m})| \leqslant L \sum_{j=0}^m |v_{i+1-j} - \tilde{v}_{i+1-j}|$$

当 f 满足 Lipschitz 条件时，显式的 Adams-Bashforth 方法和隐式的 Adams-Moulton 方法都满足上面给出的两个条件。（见习题 2。）

多步方法收敛性概念和单步方法收敛性概念是相同的。

- 一个多步方法是收敛的，如果当步长趋近于零时差分方程的解收敛到微分方程的解。这意味着 $\lim_{h \to 0} \max_{0 \leqslant i \leqslant N} |w_i - y(t_i)| = 0$。

然而，多步方法一致性的定义和单步方法有些不同。我们定义一个多步方法是一致的，假设在每一步中当步长趋近于零时差分方程也趋近于微分方程。这就是说，在每一步中当步长趋近于

零时局部截断误差也趋近于零。因为多步方法要求多个初始值,所以就产生了其他的条件。实际上因为只有第一个初始值是精确的,$w_0 = \alpha$,我们要求所有的初始值 $\{\alpha_i\}$ 当步长趋近于零时误差也趋近于零。因此,对形如式 (5.55) 的多步方法来说,下面两个条件同时成立时称为是**一致**的。

$$\lim_{h \to 0} |\tau_i(h)| = 0, \text{ 对所有 } i = m, m+1, \cdots, N \tag{5.56}$$

$$\lim_{h \to 0} |\alpha_i - y(t_i)| = 0, \text{ 对所有 } i = 1, 2, \cdots, m-1 \tag{5.57}$$

注意,式 (5.57) 意味着只有当产生初始值的单步方法一致时,多步方法才可能是一致的。

下面关于多步方法的定理类似于定理 5.20 的第 (iii) 部分,也给出了多步方法的局部截断误差和整体误差之间的关系。它给通过控制局部误差来进行整体误差控制的尝试提供了理论上的合理性证明。该定理的一个稍微一般形式的证明可在 [IK],pp.387—388 中找到。

定理 5.21　假设初值问题

$$y' = f(t, y), \quad a \leqslant t \leqslant b, \quad y(a) = \alpha$$

由显式的 Adams 预估-校正方法来近似,其中预估是 m 步 Adams-Bashforth 方法:

$$w_{i+1} = w_i + h[b_{m-1} f(t_i, w_i) + \cdots + b_0 f(t_{i+1-m}, w_{i+1-m})]$$

它的局部截断误差是 $\tau_{i+1}(h)$,而校正是 $(m-1)$ 步隐式 Adams-Moulton 方法:

$$w_{i+1} = w_i + h \left[\tilde{b}_{m-1} f(t_{i+1}, w_{i+1}) + \tilde{b}_{m-2} f(t_i, w_i) + \cdots + \tilde{b}_0 f(t_{i+2-m}, w_{i+2-m}) \right]$$

它的局部截断误差是 $\tilde{\tau}_{i+1}(h)$。另外再假设 $f(t, y)$ 和 $f_y(t, y)$ 在 $D = \{(t, y) | a \leqslant t \leqslant b, -\infty < y < \infty\}$ 上是连续的,并且 f_y 是有界的。这时预估-校正方法的局部截断误差 $\sigma_{i+1}(h)$ 是

$$\sigma_{i+1}(h) = \tilde{\tau}_{i+1}(h) + \tau_{i+1}(h) \tilde{b}_{m-1} \frac{\partial f}{\partial y}(t_{i+1}, \theta_{i+1})$$

其中,θ_{i+1} 是介于零和 $h\tau_{i+1}(h)$ 之间的一个数。

再进一步,存在两个常数 k_1 和 k_2 满足

$$|w_i - y(t_i)| \leqslant \left[\max_{0 \leqslant j \leqslant m-1} |w_j - y(t_j)| + k_1 \sigma(h) \right] e^{k_2(t_i - a)}$$

其中,$\sigma(h) = \max_{m \leqslant j \leqslant N} |\sigma_j(h)|$。∎

在讨论多步方法的一致性、收敛性和稳定性之间的关系之前,我们需要更细致地考虑多步方法的差分方程。这样读者就会理解为什么选择 Adams 方法作为我们讨论的标准方法。

设我们讨论的差分方程 (5.55) 由下式给出:

$$w_0 = \alpha, \quad w_1 = \alpha_1, \quad \cdots, \quad w_{m-1} = \alpha_{m-1},$$

$$w_{i+1} = a_{m-1} w_i + a_{m-2} w_{i-1} + \cdots + a_0 w_{i+1-m} + h F(t_i, h, w_{i+1}, w_i, \cdots, w_{i+1-m})$$

与之相关联的一个多项式(称为方法的**特征多项式**)由下式给出:

$$P(\lambda) = \lambda^m - a_{m-1} \lambda^{m-1} - a_{m-2} \lambda^{m-2} - \cdots - a_1 \lambda - a_0 \tag{5.58}$$

一个多步方法关于舍入误差的稳定性由它的特征多项式零点的大小来决定。为了理解这一点,考虑使用标准的多步方法 [式 (5.55)] 来求解平凡的初值问题:

$$y' \equiv 0, \quad y(a) = \alpha, \text{ 其中 } \alpha \neq 0 \tag{5.59}$$

这个问题有精确解 $y(t) \equiv \alpha$。通过考察 5.6 节中的方程 (5.27) 和方程 (5.28),我们将会看到任何多步方法在理论上对所有的 n 都产生了精确解 $w_n = \alpha$。只有方法的舍入误差的影响才可能导致偏离精

确解。

式(5.59)的微分方程的右端是 $f(t,y) \equiv 0$，因此由假设(1)可知在差分方程(5.55)中 $F(t_i, h, w_{i+1}, w_{i+2}, \cdots, w_{i+1-m}) = 0$。从而，差分方程的标准形式变为

$$w_{i+1} = a_{m-1}w_i + a_{m-2}w_{i-1} + \cdots + a_0 w_{i+1-m} \tag{5.60}$$

假设 λ 是与方程(5.55)相关联的特征多项式的一个零点。于是 $w_n = \lambda^n$ 对每个 n 都是方程(5.59)的一个解，因为

$$\lambda^{i+1} - a_{m-1}\lambda^i - a_{m-2}\lambda^{i-1} - \cdots - a_0\lambda^{i+1-m} = \lambda^{i+1-m}[\lambda^m - a_{m-1}\lambda^{m-1} - \cdots - a_0] = 0$$

事实上，如果 $\lambda_1, \lambda_2, \cdots, \lambda_m$ 是方程(5.55)的特征多项式的不同的零点，则方程(5.60)的每个解都能表示成下面的形式：

$$w_n = \sum_{i=1}^{m} c_i \lambda_i^n \tag{5.61}$$

其中，$c_1, c_2, \cdots, c_m$ 是一些常数。

由于方程(5.59)的精确解是 $y(t) = \alpha$，因此选取 $w_n = \alpha$ (对所有的 n)，它是方程(5.60)的解。利用方程(5.60)可以得到

$$0 = \alpha - \alpha a_{m-1} - \alpha a_{m-2} - \cdots - \alpha a_0 = \alpha[1 - a_{m-1} - a_{m-2} - \cdots - a_0]$$

这意味着 $\lambda = 1$ 是特征多项式(5.58)的一个零点。我们可以假设在表达式(5.61)中，这个解由 $\lambda_1 = 1$ 和 $c_1 = \alpha$ 来描述，所以方程(5.59)的全部解又可以表示为

$$w_n = \alpha + \sum_{i=2}^{m} c_i \lambda_i^n \tag{5.62}$$

如果所有的计算都是精确的，那么所有的常数 $c_2, \cdots, c_m$ 都将是零。但在实际中，因为舍入误差的影响，常数 $c_2, \cdots, c_m$ 不是零。事实上，除非每个根 $\lambda_2, \cdots, \lambda_m$ 都满足 $|\lambda_i| \leqslant 1$，否则舍入误差将会呈指数地增长。这些根的绝对值越小，该方法关于舍入误差的增长越稳定。

在方程(5.62)的推导过程中，我们做了简单的假设：特征多项式的所有零点都是不同的。当出现多重零点时，情况是类似的。例如，如果对某个 k 和 p 有 $\lambda_k = \lambda_{k+1} = \cdots = \lambda_{k+p}$，这只要在式(5.62)中将和式

$$c_k \lambda_k^n + c_{k+1} \lambda_{k+1}^n + \cdots + c_{k+p} \lambda_{k+p}^n$$

用

$$c_k \lambda_k^n + c_{k+1} n \lambda_k^{n-1} + c_{k+2} n(n-1) \lambda_k^{n-2} + \cdots + c_{k+p}[n(n-1)\cdots(n-p+1)]\lambda_k^{n-p} \tag{5.63}$$

替代即可。(参见[He2]，pp.119–145。)虽然解的形式改变了，但是当 $|\lambda_k| > 1$ 时舍入误差仍然呈指数地增长。

虽然我们只考虑了近似求解特殊形式[式(5.59)]的初值问题，但这个方程的稳定性特征决定了在 $f(t,y)$ 不恒为零的情形下的稳定性。这是因为齐次方程(5.59)的解被嵌入到任何形式的方程的解中。这些讨论引出了下面的定义。

定义 5.22   令 $\lambda_1, \lambda_2, \cdots, \lambda_m$ 表示特征方程

$$P(\lambda) = \lambda^m - a_{m-1}\lambda^{m-1} - \cdots - a_1\lambda - a_0 = 0$$

的根(不必是不同的)，与之相关联的差分方法为

$$w_0 = \alpha, \quad w_1 = \alpha_1, \quad \cdots, \quad w_{m-1} = \alpha_{m-1}$$

$$w_{i+1} = a_{m-1}w_i + a_{m-2}w_{i-1} + \cdots + a_0 w_{i+1-m} + hF(t_i, h, w_{i+1}, w_i, \cdots, w_{i+1-m})$$

如果对每个 $i = 1, 2, \cdots, m$，都有 $|\lambda_i| \le 1$，且所有绝对值等于 1 的根是单根，则称差分方法满足**根条件**。■

定义 5.23 (i) 方法如果满足根条件，且 $\lambda = 1$ 是特征方程唯一的绝对值为 1 的根，则方法称为是**强稳定**的。

(ii) 方法如果满足根条件，且特征方程有不止一个绝对值为 1 的不同的根，则方法称为是**弱稳定**的。

(iii) 方法如果不满足根条件，则称为是**不稳定**的。　　　　　　　　　　■

多步方法的一致性和收敛性与其舍入误差的稳定性紧密相关。下一个定理详细说明了这种关系。这个结果的证明以及相关理论参见[IK]，pp.410–417。

定理 5.24 一个如下形式的多步方法是稳定的，当且仅当它满足根条件：

$$w_0 = \alpha, \quad w_1 = \alpha_1, \quad \cdots, \quad w_{m-1} = \alpha_{m-1},$$

$$w_{i+1} = a_{m-1} w_i + a_{m-2} w_{i-1} + \cdots + a_0 w_{i+1-m} + h F(t_i, h, w_{i+1}, w_i, \cdots, w_{i+1-m})$$

而且，如果差分方法与微分方程是一致的，则方法是稳定的，当且仅当它是收敛的。　　■

例 3 四阶 Adams-Bashforth 方法可表示为

$$w_{i+1} = w_i + h F(t_i, h, w_{i+1}, w_i, \cdots, w_{i-3})$$

其中，

$$F(t_i, h, w_{i+1}, \cdots, w_{i-3}) = \frac{h}{24}[55 f(t_i, w_i) - 59 f(t_{i-1}, w_{i-1})$$
$$+ 37 f(t_{i-2}, w_{i-2}) - 9 f(t_{i-3}, w_{i-3})]$$

证明该方法是强稳定的。

解 这种情形下，我们有 $m = 4$，$a_0 = 0$，$a_1 = 0$，$a_2 = 0$ 及 $a_3 = 1$，于是 Adams-Bashforth 方法的特征方程为

$$0 = P(\lambda) = \lambda^4 - \lambda^3 = \lambda^3(\lambda - 1)$$

这个多项式的根为 $\lambda_1 = 1$，$\lambda_2 = 0$，$\lambda_3 = 0$ 和 $\lambda_4 = 0$。因为它满足根条件，所以该方法是强稳定的。

Adams-Moulton 方法有类似的特征多项式，$P(\lambda) = \lambda^3 - \lambda^2$，它的根为 $\lambda_1 = 1$，$\lambda_2 = 0$，$\lambda_3 = 0$ 因此也是强稳定的。　　　　　■

例 4 四阶 Milne 方法是显式的多步方法，由下面的公式给出：

$$w_{i+1} = w_{i-3} + \frac{4h}{3}[2 f(t_i, w_i) - f(t_{i-1}, w_{i-1}) + 2 f(t_{i-2}, w_{i-2})]$$

证明该方法满足根条件，但它只是弱稳定的。

解 方法的特征多项式为 $0 = P(\lambda) = \lambda^4 - 1$，它有四个绝对值为 1 的根：$\lambda_1 = 1$，$\lambda_2 = -1$，$\lambda_3 = i$ 和 $\lambda_4 = -i$。因为全部根的绝对值都是 1，所以方法满足根条件。但又因为它有不止一个绝对值为 1 的根，所以该方法只是弱稳定的。　　　　　　　　　■

例 5 应用强稳定的四阶 Adams-Bashforth 方法和弱稳定的 Milne 方法，取 $h = 0.1$，求解初值问题：

$$y' = -6y + 6, \quad 0 \le t \le 1, \quad y(0) = 2$$

它的精确解是 $y(t) = 1 + e^{-6t}$ 。

解 表 5.21 中列出了结果。该结果展示了弱稳定方法和强稳定方法对这个问题的计算效果。

表 5.21

t_i	精确解 $y(t_i)$	Adams-Bashforth 方法 w_i	误差 $|y_i - w_i|$	Milne 方法 w_i	误差 $|y_i - w_i|$
0.10000000		1.5488116		1.5488116	
0.20000000		1.3011942		1.3011942	
0.30000000		1.1652989		1.1652989	
0.40000000	1.0907180	1.0996236	8.906×10^{-3}	1.0983785	7.661×10^{-3}
0.50000000	1.0497871	1.0513350	1.548×10^{-3}	1.0417344	8.053×10^{-3}
0.60000000	1.0273237	1.0425614	1.524×10^{-2}	1.0486438	2.132×10^{-2}
0.70000000	1.0149956	1.0047990	1.020×10^{-2}	0.9634506	5.154×10^{-2}
0.80000000	1.0082297	1.0359090	2.768×10^{-2}	1.1289977	1.208×10^{-1}
0.90000000	1.0045166	0.9657936	3.872×10^{-2}	0.7282684	2.762×10^{-1}
1.00000000	1.0024788	1.0709304	6.845×10^{-2}	1.6450917	6.426×10^{-1}

在 5.6 节中，我们选择 Adams-Bashforth-Moulton 方法而不是 Milne-Simpson 方法作为标准的四阶预估–校正方法，其理由是尽管它们有相同的误差阶，但 Adams-Bashforth 方法和 Adams-Moulton 方法都是强稳定的。对更为广泛类型的问题，Adams-Bashforth-Moulton 预估–校正方法比基于 Milne 和 Simpson 方法的预估–校正技术更可能给出精确的近似，因为后两者都是弱稳定的。

习题 5.10

理论型习题

1. 为了证明定理 5.20 的第(i)部分，验证假设条件可以推出：存在常数 $K > 0$ 满足

$$|u_i - v_i| \leqslant K|u_0 - v_0|, \quad \text{对每个 } 1 \leqslant i \leqslant N$$

只要 $\{u_i\}_{i=1}^N$ 和 $\{v_i\}_{i=1}^N$ 满足差分方程 $w_{i+1} = w_i + h\phi(t_i, w_i, h)$ 。

2. 对四阶 Adams-Bashforth 方法和 Adams-Moulton 方法，

 a. 证明：如果 $f = 0$，则

$$F(t_i, h, w_{i+1}, \cdots, w_{i+1-m}) = 0$$

 b. 证明：如果 f 满足 Lipschitz 常数为 L 的 Lipschitz 条件，则存在一个常数 C，使得

$$|F(t_i, h, w_{i+1}, \cdots, w_{i+1-m}) - F(t_i, h, v_{i+1}, \cdots, v_{i+1-m})| \leqslant C \sum_{j=0}^{m} |w_{i+1-j} - v_{i+1-j}|$$

3. 利用 5.4 节中习题 32 的结果来证明四阶 Runge-Kutta 方法是一致的。

4. 考虑微分方程：

$$y' = f(t, y), \quad a \leqslant t \leqslant b, \quad y(a) = \alpha$$

 a. 证明：

$$y'(t_i) = \frac{-3y(t_i) + 4y(t_{i+1}) - y(t_{i+2})}{2h} + \frac{h^2}{3} y'''(\xi_1)$$

对某个 ξ，其中 $t_i < \xi_i < t_{i+2}$，成立。

 b. (a)中暗示了差分方法：

$$w_{i+2} = 4w_{i+1} - 3w_i - 2hf(t_i, w_i), \qquad i = 0, 1, \cdots, N-2$$

用这个方法求解

$$y' = 1 - y, \quad 0 \leqslant t \leqslant 1, \quad y(0) = 0$$

取 $h = 0.1$。采用初始值 $w_0 = 0$ 和 $w_1 = y(t_1) = 1 - e^{-0.1}$。

c. 取 $h = 0.01$ 和 $w_1 = 1 - e^{-0.01}$ 重做 (b)。

d. 分析这个方法的一致性、收敛性和稳定性。

5. 给出多步方法

$$w_{i+1} = -\frac{3}{2}w_i + 3w_{i-1} - \frac{1}{2}w_{i-2} + 3hf(t_i, w_i), \qquad i = 2, \cdots, N-1$$

它的初始值为 w_0, w_1, w_2。

a. 求出该方法的局部截断误差。

b. 讨论方法的一致性、收敛性和稳定性。

6. 求微分方程

$$y' = -y, \quad 0 \leqslant t \leqslant 10, \quad y(0) = 1$$

的近似解。用 Milne 方法，取 $h = 0.1$，再取 $h = 0.01$，两种情形下都取 $w_0 = 1$ 和 $w_1 = e^{-h}$。当步长从 $h = 0.1$ 减小到 $h = 0.01$ 时，近似解在 $t = 1$ 和 $t = 10$ 的值的正确位数如何受到影响？

7. 分析下面差分方法的稳定性：

$$w_{i+1} = -4w_i + 5w_{i-1} + 2h[f(t_i, w_i) + 2hf(t_{i-1}, w_{i-1})]$$

对每个 $i = 1, 2, \cdots, N-1$，初始值为 w_0 和 w_1。

8. 考虑问题 $y' = 0, 0 \leqslant t \leqslant 10, y(0) = 0$，它有解 $y \equiv 0$。如果将习题 4 的差分方法用于这个问题，则

$$w_{i+1} = 4w_i - 3w_{i-1}, \qquad i = 1, 2, \cdots, N-1,$$
$$w_0 = 0, \qquad 且 \qquad w_1 = \alpha_1$$

假设 $w_1 = \alpha_1 = \varepsilon$，其中 ε 是小的舍入误差，对 $i = 2, 3, \cdots, 6$ 精确计算 w_i，说明误差 ε 是如何传播的。

讨论问题

1. 讨论局部截断误差、局部误差、整体截断误差以及整体误差之间的差异。

2. 描述 Euler 方法、二阶 Runge 方法以及四阶 Kutta-Simpson 方法的稳定区域。

3. 几乎对所有适定的初值问题，一个强不稳定方法 (在浮点算术中) 产生的解将会很快变得无用。讨论为什么会这样？

5.11 刚性微分方程

所有近似求解初值问题的方法都包含方程解的高阶导数的误差项。如果导数能合理地有界，那么方法将会有一个可以预估的误差界并能用于估计近似的精确度。假设解的大小也在增加，即使导数随着步数的增加而增加，误差也能相对地被控制住。但是，经常会遇到这样的问题，其解的大小并不增加，但是导数的大小却会迅速增加。在这种情形下，误差会增长得如此之大以至于影响整个计算。这种类型的初值问题被称为**刚性方程**，它十分普遍，特别是在振动、化学反应以及电路等问题的研究中更加常见。

刚性微分方程刻画那些精确解中包含了形如 e^{-ct} 的项的问题，其中 c 是一个大正常数。这通常是解的一部分，称为瞬态解。解中最重要的部分称为稳态解。刚性方程中瞬态部分将随着 t 的增加

迅速衰减到零，但是因为这一项的 n 阶导数大小为 $c^n \mathrm{e}^{-ct}$，因此不能和它同样快地衰减。实际上，因为误差项的导数并不是在时刻 t 处计算的，而是在 0 到 t 之间的某时刻，导数项的确会随着 t 的增加而增大。幸运的是，一般情形下从推导出该方程的物理问题中，就能预先知道是不是刚性方程，这样，我们关心的误差就能想方设法来控制。本节就来讨论实现误差控制的方式。

示例　初值问题的方程组

$$u_1' = 9u_1 + 24u_2 + 5\cos t - \frac{1}{3}\sin t, \quad u_1(0) = \frac{4}{3}$$

$$u_2' = -24u_1 - 51u_2 - 9\cos t + \frac{1}{3}\sin t, \quad u_2(0) = \frac{2}{3}$$

有唯一解

$$u_1(t) = 2\mathrm{e}^{-3t} - \mathrm{e}^{-39t} + \frac{1}{3}\cos t, \quad u_2(t) = -\mathrm{e}^{-3t} + 2\mathrm{e}^{-39t} - \frac{1}{3}\cos t$$

解中的瞬态项 e^{-39t} 导致这个方程组是刚性的。使用算法 5.7，用四阶 Runge-Kutta 方法来求解这个方程组，得到的结果列于表 5.22 中。当取 $h = 0.05$ 时，结果是稳定的，近似值比较精确。然而，当步长增加到 $h = 0.1$ 时，从表中可以看出会导致灾难性结果。

表 5.22

t	$u_1(t)$	$w_1(t)$ $h = 0.05$	$w_1(t)$ $h = 0.1$	$u_2(t)$	$w_2(t)$ $h = 0.05$	$w_2(t)$ $h = 0.1$
0.1	1.793061	1.712219	−2.645169	−1.032001	−0.8703152	7.844527
0.2	1.423901	1.414070	−18.45158	−0.8746809	−0.8550148	38.87631
0.3	1.131575	1.130523	−87.47221	−0.7249984	−0.7228910	176.4828
0.4	0.9094086	0.9092763	−934.0722	−0.6082141	−0.6079475	789.3540
0.5	0.7387877	9.7387506	−1760.016	−0.5156575	−0.5155810	3520.00
0.6	0.6057094	0.6056833	−7848.550	−0.4404108	−0.4403558	15697.84
0.7	0.4998603	0.4998361	−34989.63	−0.3774038	−0.3773540	69979.87
0.8	0.4136714	0.4136490	−155979.4	−0.3229535	−0.3229078	311959.5
0.9	0.3416143	0.3415939	−695332.0	−0.2744088	−0.2743673	1390664
1.0	0.2796748	0.2796568	−3099671	−0.2298877	−0.2298511	6199352

■

虽然刚性通常与微分方程相联系，但是用一个具体的数值方法来近似求解刚性方程组可以通过检测数值结果的误差来判断其刚性。考虑下面简单的测试方程：

$$y' = \lambda y, \quad y(0) = \alpha, \text{其中} \lambda < 0 \tag{5.64}$$

这个方程的解是 $y(t) = \alpha \mathrm{e}^{\lambda t}$，它包含了瞬态解 $\mathrm{e}^{\lambda t}$。因为这个方程的稳态解是零，所以一个方法的近似特征能被很容易地发现。（欲完全讨论与刚性微分方程组相关的舍入误差，必须分析测试方程当 λ 为具有负实部的复数时的情形，参见[Ge1]，p.222。）

首先，考虑将 Euler 方法应用到测试方程中。取 $h = (b - a)/N$，$t_j = jh$，$j = 0, 1, \cdots, N$，由式(5.8)可以得到

$$w_0 = \alpha, \quad w_{j+1} = w_j + h(\lambda w_j) = (1 + h\lambda)w_j$$

于是，

$$w_{j+1} = (1 + h\lambda)^{j+1} w_0 = (1 + h\lambda)^{j+1}\alpha, \qquad j = 0, 1, \cdots, N - 1 \tag{5.65}$$

因为精确解是 $y(t) = \alpha \mathrm{e}^{\lambda t}$，所以绝对误差为

$$|y(t_j) - w_j| = \left| \mathrm{e}^{jh\lambda} - (1 + h\lambda)^j \right| |\alpha| = \left| (\mathrm{e}^{h\lambda})^j - (1 + h\lambda)^j \right| |\alpha|$$

从而精度由项 $1 + h\lambda$ 与 $\mathrm{e}^{h\lambda}$ 的近似程度来决定。当 $\lambda < 0$ 时，精确解 $(\mathrm{e}^{h\lambda})^j$ 随着 j 的增加衰减到零，

但是由方程(5.65)可知，近似解只有当$|1+h\lambda|<1$时才有这种特性，这意味着$-2<h\lambda<0$。这实际上限制了 Euler 方法的步长 h 应该满足 $h<2/|\lambda|$。

现在假设对 Euler 方法在初值条件中引入了舍入误差δ_0，即

$$w_0 = \alpha + \delta_0$$

在第j步中，舍入误差为

$$\delta_j = (1+h\lambda)^j \delta_0$$

因为 $\lambda<0$，所以控制舍入误差增加的条件和控制绝对误差的条件相同，为$|1+h\lambda|<1$，也就是$h<2/|\lambda|$。于是，

● 用 Euler 方法求解下面问题

$$y' = \lambda y, \quad y(0) = \alpha, \quad 其中 \lambda < 0$$

只有当步长 h 小于 2/|λ|时才是稳定的。

对其他单步方法的情形是类似的。一般来说，存在一个函数 Q，它具有下面的属性，当方法用于测试方程时，得到

$$w_{i+1} = Q(h\lambda)w_i \tag{5.66}$$

该方法的精确度依赖于 $Q(h\lambda)$ 近似 $e^{h\lambda}$ 的程度，当$|Q(h\lambda)|>1$ 时，误差会无界地增加。例如，一个 n 阶 Taylor 方法，它关于舍入误差和绝对误差的增加将会有稳定性，前提是步长 h 的选取满足

$$\left|1+h\lambda+\frac{1}{2}h^2\lambda^2+\cdots+\frac{1}{n!}h^n\lambda^n\right|<1$$

习题 10 中分析了当方法为四阶 Runge-Kutta 方法时的特殊情形,这本质上是一个四阶 Taylor 方法。

当一个形如式(5.54)的多步方法用于测试方程时，结果是

$$w_{j+1} = a_{m-1}w_j + \cdots + a_0 w_{j+1-m} + h\lambda(b_m w_{j+1} + b_{m-1}w_j + \cdots + b_0 w_{j+1-m})$$

对$j=m-1,\cdots,N-1$，或者

$$(1-h\lambda b_m)w_{j+1} - (a_{m-1}+h\lambda b_{m-1})w_j - \cdots - (a_0 + h\lambda b_0)w_{j+1-m} = 0$$

与这个齐次差分方程相关联的**特征多项式**是

$$Q(z,h\lambda) = (1-h\lambda b_m)z^m - (a_{m-1}+h\lambda b_{m-1})z^{m-1} - \cdots - (a_0 + h\lambda b_0)$$

这个多项式类似于特征多项式(5.58)，但它也吸收了测试方程的特点。这里的理论与 5.10 节的稳定性理论类似。

假设已经给定$w_0,\cdots,w_{m-1}$，对固定的$h\lambda$，设$\beta_1,\cdots,\beta_m$是多项式$Q(z,h\lambda)$的零点。如果$\beta_1,\cdots,\beta_m$是互不相同的，则存在$c_1,\cdots,c_m$使得

$$w_j = \sum_{k=1}^m c_k(\beta_k)^j, \qquad j=0,\cdots,N \tag{5.67}$$

如果$Q(z,h\lambda)$有多重零点，w_j可以类似地定义(见 5.10 节的方程(5.63))。如果 w_j 比较精确地近似了 $y(t_j)=e^{jh\lambda}=(e^{h\lambda})^j$，则所有的零点$\beta_k$必须满足$|\beta_k|<1$；否则，$\alpha$值的某种选取将导致 $c_k\neq0$，导致 $c_k(\beta_k)^j$项不会趋近于零。

示例 考虑测试方程：

$$y' = -30y, \quad 0\le t \le 1.5, \quad y(0)=\frac{1}{3}$$

表 5.23

精确解	9.54173×10^{-21}
Euler 方法	-1.09225×10^4
Runge-Kutta 方法	3.95730×10^1
Predictor-corrector 方法	8.03840×10^5

它有精确解 $y = \dfrac{1}{3} e^{-30t}$。取 $h = 0.1$，使用 Euler 算法 5.1，Runge-Kutta 算法 5.2，以及 Adams 预估–校正算法 5.4 得出 $t = 1.5$ 的近似值，这些值列于表 5.23 中。　　■

上述示例中的结果并不精确，这是因为：对 Euler 方法和 Runge-Kutta 方法，有 $|Q(h\lambda)| > 1$；对预估–校正方法，$Q(z, h\lambda)$ 有绝对值超过 1 的零点。为了能将这些方法用于该测试问题，步长必须减小。下面的定义用于描述步长被缩减的数量。

定义 5.25　一个单步方法的**绝对稳定区域** R 是 $R = \{h\lambda \in C \,|\, |Q(h\lambda)| < 1\}$；对于多步方法，绝对稳定区域 R 是 $R = \{h\lambda \in C \,|\, |\beta_k| < 1$，对所有的 $Q(z, h\lambda)$ 的零点 $\beta_k\}$。　　■

式 (5.66) 和式 (5.67) 意味着只有当 $h\lambda$ 位于方法的绝对稳定区域时，该方法才能实际用于刚性方程，对具体给出的问题而言，这是关于步长的一个非常严格限制。即便精确解中指数项迅速衰减到零，在整个近似求解的区间内 $h\lambda$ 必须一直在绝对稳定区域内，这样才能保证近似解也衰减到零，同时误差的增长得到了有效的控制。这意味着，若只考虑截断误差，步长能正常地增大，但是绝对稳定性标准迫使 h 仍然很小。变步长方法对这类问题很容易产生麻烦，因为局部截断误差的检测很可能显示要增加步长，这同时可能使 $h\lambda$ 位于绝对稳定区域之外。

一个方法的绝对稳定区域是该方法对刚性问题能否产生精确近似的关键因素，因此数值方法是寻求尽可能大的绝对稳定区域。如果一个数值方法的绝对稳定区域 R 包含整个左半平面，则被称为 **A 稳定**的。

由下面公式给出的隐式梯形方法是一个 A 稳定的方法 (见习题 14)，也是唯一的 A 稳定的多步方法。

$$w_0 = \alpha,$$
$$w_{j+1} = w_j + \frac{h}{2} \left[f(t_{j+1}, w_{j+1}) + f(t_j, w_j) \right], \quad 0 \leqslant j \leqslant N - 1 \tag{5.68}$$

虽然梯形方法对大步长不能得出精确的近似结果，但它的误差不会呈指数地增长。

通常用于求解刚性方程组的方法是隐式多步方法。一般来说，通过迭代地求解一个非线性方程或非线性方程组而得到 w_{i+1}，最常用的迭代是 Newton 方法。例如，考虑隐式梯形方法

$$w_{j+1} = w_j + \frac{h}{2} [f(t_{j+1}, w_{j+1}) + f(t_j, w_j)]$$

已经算出了 t_j，t_{j+1} 和 w_j，我们需要计算 w_{j+1}，它是下面方程的解：

$$F(w) = w - w_j - \frac{h}{2} [f(t_{j+1}, w) + f(t_j, w_j)] = 0 \tag{5.69}$$

为了得到这个解，首先选取迭代的初始值 $w_{j+1}^{(0)}$，通常取 w_j，把 Newton 方法用于方程 (5.69) 就能得到 $w_{j+1}^{(k)}$ 的值：

$$w_{j+1}^{(k)} = w_{j+1}^{(k-1)} - \frac{F\left(w_{j+1}^{(k-1)}\right)}{F'\left(w_{j+1}^{(k-1)}\right)}$$

$$= w_{j+1}^{(k-1)} - \frac{w_{j+1}^{(k-1)} - w_j - \frac{h}{2}\left[f(t_j, w_j) + f\left(t_{j+1}, w_{j+1}^{(k-1)}\right)\right]}{1 - \frac{h}{2} f_y\left(t_{j+1}, w_{j+1}^{(k-1)}\right)}$$

迭代直到 $|w_{j+1}^{(k)} - w_{j+1}^{(k-1)}|$ 足够小。这个方法用于算法 5.8 中。因为 Newton 方法是二次收敛的，所以正常状况下每步只需要 3 次或 4 次迭代。

也可以用割线法来代替求解方程 (5.69) 的 Newton 方法，但割线法需要两个迭代的初值来得到近似值 w_{j+1}。为了能使用割线法，通常可以令 $w_{j+1}^{(0)} = w_j$，而 $w_{j+1}^{(1)}$ 由其他的显式多步方法得到。当所考虑的问题是刚性方程组时，通常会要求使用 Newton 方法或者割线法。这方面的内容将在第 10 章中讨论。

算法 5.8　Newton 迭代型的梯形方法

算法用于近似求解初值问题：

$$y' = f(t, y), \quad a \leqslant t \leqslant b, \quad \text{取 } y(a) = \alpha$$

得到在区间 $[a, b]$ 的 $(N+1)$ 个等距节点上的近似值。

输入　端点 a, b; 整数 N; 初始条件 α; 误差限 *TOL*; 任何一步中的最大迭代数 M。

输出　y 在 $(N+1)$ 个等距节点上的近似值 w, 或者失败信息。

Step 1　Set $h = (b - a)/N$;
　　　　$t = a$;
　　　　$w = \alpha$;
　　　　OUTPUT (t, w).

Step 2　For $i = 1, 2, \cdots, N$ do Steps 3–7.

　　　Step 3　Set $k_1 = w + \dfrac{h}{2} f(t, w)$;
　　　　　　$w_0 = k_1$;
　　　　　　$j = 1$;
　　　　　　$FLAG = 0$.

　　　Step 4　While $FLAG = 0$ do Steps 5–6.

　　　Step 5　Set $w = w_0 - \dfrac{w_0 - \dfrac{h}{2} f(t + h, w_0) - k_1}{1 - \dfrac{h}{2} f_y(t + h, w_0)}$.

　　　Step 6　If $|w - w_0| < TOL$ then set $FLAG = 1$
　　　　　　else set $j = j + 1$;
　　　　　　　　$w_0 = w$;
　　　　　　　　if $j > M$ then
　　　　　　　　　　OUTPUT ('The maximum number of
　　　　　　　　　　　　iterations exceeded');
　　　　　　　　　　STOP.

　　　Step 7　Set $t = a + ih$;
　　　　　　OUTPUT (t, w).　　(Step 2结束)

Step 8　STOP.　　　　　　　　　　　　　　　　　　■

示例　考虑刚性初值问题：

$$y' = 5e^{5t}(y - t)^2 + 1, \quad 0 \leqslant t \leqslant 1, \quad y(0) = -1$$

它的精确解为 $y(t) = t - e^{-5t}$。为了说明刚性的影响，我们同时使用隐式梯形方法和四阶 Runge-Kutta 方法来求解该问题，取 $N = 4$, 此时 $h = 0.25$; 取 $N = 5$, 此时 $h = 0.2$。

在梯形方法中我们取 $M = 10$, $TOL = 10^{-6}$。两种情形下梯形方法都能得到较好的结果，而 Runge-Kutta 方法在 $h = 0.2$ 时得到了和梯形方法同样好的结果，但 $h = 0.25$ 时情况就不同了。因为 $h = 0.25$ 已经超出了 Runge-Kutta 方法的绝对稳定区域，这从表 5.24 的结果中可以明显地看到。

表 5.24

	Runge-Kutta 方法		梯形方法	
	$h = 0.2$		$h = 0.2$	
t_i	w_i	$|y(t_i) - w_i|$	w_i	$|y(t_i) - w_i|$
0.0	-1.0000000	0	-1.0000000	0
0.2	-0.1488521	1.9027×10^{-2}	-0.1414969	2.6383×10^{-2}
0.4	0.2684884	3.8237×10^{-3}	0.2748614	1.0197×10^{-2}
0.6	0.5519927	1.7798×10^{-3}	0.5539828	3.7700×10^{-3}
0.8	0.7822857	6.0131×10^{-4}	0.7830720	1.3876×10^{-3}
1.0	0.9934905	2.2845×10^{-4}	0.9937726	5.1050×10^{-4}
	$h = 0.25$		$h = 0.25$	
t_i	w_i	$|y(t_i) - w_i|$	w_i	$|y(t_i) - w_i|$
0.0	-1.0000000	0	-1.0000000	0
0.25	0.4014315	4.37936×10^{-1}	0.0054557	4.1961×10^{-2}
0.5	3.4374753	3.01956×10^{0}	0.4267572	8.8422×10^{-3}
0.75	1.44639×10^{23}	1.44639×10^{23}	0.7291528	2.6706×10^{-3}
1.0	溢值		0.9940199	7.5790×10^{-4}

这里只是简单地介绍了读者可能会经常遇到的刚性微分方程。若想了解更多内容，请参考[Ge2]，[Lam]或者[SGe]。

习题 5.11

1. 用 Euler 方法求解下面的刚性初值问题，并将结果与真实解进行对比。

   a. $y' = -9y$，$0 \leqslant t \leqslant 1$，$y(0) = e$，取 $h = 0.1$；真实解 $y(t) = e^{1-9t}$。

   b. $y' = -20(y - t^2) + 2t$，$0 \leqslant t \leqslant 1$，$y(0) = \dfrac{1}{3}$，取 $h = 0.1$；真实解 $y(t) = t^2 + \dfrac{1}{3}e^{-20t}$。

   c. $y' = -20y + 20\sin t + \cos t$，$0 \leqslant t \leqslant 2$，$y(0) = 1$，取 $h = 0.25$；真实解 $y(t) = \sin t + e^{-20t}$。

   d. $y' = 50/y - 50y$，$0 \leqslant t \leqslant 1$，$y(0) = \sqrt{2}$，取 $h = 0.1$；真实解 $y(t) = (1 + e^{-100t})^{1/2}$。

2. 用 Euler 方法求解下面的刚性初值问题，并将结果与真实解进行对比。

   a. $y' = -5y + 6e^t$，$0 \leqslant t \leqslant 1$，$y(0) = 2$，取 $h = 0.1$；真实解 $y(t) = e^{-5t} + e^t$。

   b. $y' = -10y + 10t + 1$，$0 \leqslant t \leqslant 1$，$y(0) = e$，取 $h = 0.1$；真实解 $y(t) = e^{-10t+1} + t$。

   c. $y' = -15(y - t^{-3}) - 3/t^4$，$1 \leqslant t \leqslant 3$，$y(1) = 0$，取 $h = 0.25$；真实解 $y(t) = -e^{-15t} + t^{-3}$。

   d. $y' = -20y + 20\cos t - \sin t$，$0 \leqslant t \leqslant 2$，$y(0) = 0$，取 $h = 0.25$；真实解 $y(t) = -e^{-20t} + \cos t$。

3. 用四阶 Runge-Kutta 方法重做习题 1。

4. 用四阶 Runge-Kutta 方法重做习题 2。

5. 用四阶 Adams 预估-校正方法重做习题 1。

6. 用四阶 Adams 预估-校正方法重做习题 2。

7. 用梯形算法取 $TOL = 10^{-5}$ 重做习题 1。

8. 用梯形算法取 $TOL = 10^{-5}$ 重做习题 2。

9. 使用四阶 Runge-Kutta 方法分别取 (a) $h = 0.1$ 和 (b) $h = 0.025$，求解下面的刚性初值问题：

$$u_1' = 32u_1 + 66u_2 + \frac{2}{3}t + \frac{2}{3}, \quad 0 \leqslant t \leqslant 0.5, \quad u_1(0) = \frac{1}{3};$$

$$u_2' = -66u_1 - 133u_2 - \frac{1}{3}t - \frac{1}{3}, \quad 0 \leqslant t \leqslant 0.5, \quad u_2(0) = \frac{1}{3}$$

将结果和真实解进行比较。

$$u_1(t) = \frac{2}{3}t + \frac{2}{3}e^{-t} - \frac{1}{3}e^{-100t} \quad \text{和} \quad u_2(t) = -\frac{1}{3}t - \frac{1}{3}e^{-t} + \frac{2}{3}e^{-100t}$$

理论型习题

10. 证明四阶 Runge-Kutta 方法

$$k_1 = hf(t_i, w_i),$$
$$k_2 = hf(t_i + h/2, w_i + k_1/2),$$
$$k_3 = hf(t_i + h/2, w_i + k_2/2),$$
$$k_4 = hf(t_i + h, w_i + k_3),$$
$$w_{i+1} = w_i + \frac{1}{6}(k_1 + 2k_2 + 2k_3 + k_4)$$

当用于微分方程 $y' = \lambda y$ 时，可以重新写为下面的形式：

$$w_{i+1} = \left(1 + h\lambda + \frac{1}{2}(h\lambda)^2 + \frac{1}{6}(h\lambda)^3 + \frac{1}{24}(h\lambda)^4\right)w_i$$

11. 向后 Euler 单步方法定义如下：

$$w_{i+1} = w_i + hf(t_{i+1}, w_{i+1}), \qquad i = 0, \cdots, N-1$$

证明对向后 Euler 方法有 $Q(h\lambda) = 1/(1-h\lambda)$。

12. 将向后 Euler 方法用于求解习题 1 中给出的微分方程，用 Newton 方法来解 w_{i+1}。

13. 将向后 Euler 方法用于求解习题 2 中给出的微分方程，用 Newton 方法来解 w_{i+1}。

14. a. 证明隐式梯形方法是 A 稳定的。

    b. 证明习题 12 中描述的向后 Euler 方法是 A 稳定的。

讨论问题

1. 讨论隐式梯形方法：

$$w_{i+1} = w_i + \frac{h}{2}\left(f(t_{i+1}, w_{i+1}) + f(t_i, w_i)\right), \qquad i = 0, 1, \cdots, N-1$$

取 $w_0 = \alpha$，应用到微分方程

$$y' = f(t, y), \quad a \leq t \leq b, \quad y(a) = \alpha$$

的一致性、收敛性和稳定性。

2. 给出的方程组描述了 Robertson 的化学反应。它被认为是一个刚性常微分方程组。算法 5.8 能用来在 $0 \leq x \leq 40$ 上求解该方程组吗？为什么？

$$y_1' = -0.04y_1 + 10^4 y_2 y_3$$
$$y_2' = -0.04y_1 - 10^4 y_2 y_3 - 3 \times 10^7 y_2^2$$
$$y_3' = 3 \times 10^7 y_2^2$$

5.12 数值软件

IMSL 程序库包含两个近似求解初值问题的子程序。每一个子程序都能解具有 m 个变量、m 个方程的一阶方程组。方程具有如下形式：

$$\frac{\mathrm{d}u_i}{\mathrm{d}t} = f_i(t, u_1, u_2, \cdots, u_m), \qquad i = 1, 2, \cdots, m$$

其中对每个 i，$u_i(t_0)$ 是给定的。变步长的子程序是基于 5.5 节习题 7 中描述的五阶和六阶 Runge-Kutta-Verner 方法的。有一个用于刚性微分方程的 Adams 类型的子程序，它是基于 C. William Gear 方法的。该方法使用高达十二阶的隐式多步方法和高达五阶的向后微分公式。

Runge-Kutta 类型的方法包含在 NAG 库中，它是基于 Merson 型的 Runge-Kutta 方法。该库中还

包含了变阶和变步长的 Adams 方法，这是一个为刚性方程设计的变阶、变步长的向后差分方法。其他的软件包也结合了相同的方法，但包含了迭代过程，它们使用迭代直到解的一个分量达到一个给定值或者解的某个函数值为零。

Netlib 库中包含了若干个近似求解初值问题的子程序，它们都置于 ODE 软件包之中。其中一个子程序基于五阶和六阶 Runge-Kutta-Verner 方法，另外一个基于 5.5 节描述的四阶和五阶 Runge-Kutta-Fehlberg 方法。库程序中还包含了求解刚性微分方程初值问题的子程序，它们基于变系数向后微分公式。

讨论问题

1. 选择本章介绍的两个方法，对比它们的有用性和稳定性。
2. 选择本章中介绍的一个算法，讨论如何使用 Excel 电子表格来执行该算法。
3. 选择本章中介绍的一个算法，讨论如何使用 MAPLE 来执行该算法。
4. 选择本章中介绍的一个算法，讨论如何使用 MATLAB 来执行该算法。
5. 选择本章中介绍的一个算法，讨论如何使用 Mathematica 来执行该算法。

关键概念

初值问题	扰动问题
适定问题	Euler 方法的误差界
Euler 方法	Runge-Kutta 方法
高阶 Taylor 方法	RKF 方法中的误差控制
Runge-Kutta-Fehlberg(RKF)方法	Adams-Bashforth 方法
多步方法	Adams-Moulton
局部截断误差	预估-校正方法
变步长多步方法	外推法
高阶方程	微分方程组
方程组的 RK 方法	稳定性
特征多项式	刚性微分方程
稳定区域	A 稳定
Lipschitz 条件	

本章回顾

在本章中，我们考虑了近似求解常微分方程初值问题的方法。我们从最基本的数值方法 —— Euler 方法开始讨论。虽然这个方法因为不够精确而难以应用，但用它来说明其他更复杂的方法的特性却没有代数上的困难。接下来考虑的 Taylor 方法是 Euler 方法的推广，它们是更为精确的方法，但因为需要确定微分方程中出现的函数的偏导数，因此该方法比较繁复。Runge-Kutta 方法简化了 Taylor 方法且没有误差阶的损失。至此，我们只考虑了单步方法，即方法只用到了前一步的计算结果。

多步方法在 5.6 节中讨论，对显式 Adams-Bashforth 方法和隐式 Adams-Moulton 方法都进行了描述。这两个方法通过预估–校正技术得到了结合，该技术使用一个显式方法（如 Adams-Bashforth 方法）先得到解的一个预估，接着使用一个隐式方法（如 Adams-Moulton 方法）来校正近似解。

5.9 节讨论了如何将这些方法用于求解高阶初值问题微分方程组的情形。

更精确的自适应方法基于一个不太复杂的单步方法和一个多步方法。尤其是在 5.5 节中看到 Runge-Kutta-Fehlberg 方法是一个单步方法,它力图通过网格步长的选取来使得局部误差得到控制。出现在 5.7 节中的变步长预估–校正方法由一个四阶 Adams-Bashforth 方法的预估加上一个三阶 Adams-Moulton 方法的校正组成,它也实现了用改变步长来保持局部截断误差在给定的误差限之内。外推法在 5.8 节中讨论,它是将中点方法进行改进并结合外推来维持一个想得到的精度。

本章的最后关注到在近似求解刚性微分方程时固有的困难。刚性微分方程的精确解中包含了形如 $e^{-\lambda t}$ 的部分,其中 λ 是一个正常数。在近似求解这类问题时要特别小心,不然的话结果很可能被舍入误差淹没。

如果只要求中等程度的精确度,一般而言 Runge-Kutta-Fehlberg 类型的方法对非刚性问题就已经足够了。如果对精确度有更高的要求,推荐大家使用外推法。将隐式梯形方法推广到变阶和变步长的隐式 Adams 类型的方法,并将它们用于刚性初值问题。

很多书籍都在专门讨论初值问题的数值方法,两本很经典的是 Henrici[He1] 和 Gear[Ge1]。其他讨论这个领域的专著有 Botha 和 Pinder[BP],Ortega 和 Poole[OP],Golub 和 Ortega[GO],Shampine[Sh],以及 Dormand[Do]。

Hairer,Nörsett 和 Warner 所著的两本书分别综合性地讨论了非刚性问题[HNW1]和刚性问题[HNW2]; Burrage 的书[Bur]描述了并行方法和时序方法。

第6章 求解线性方程组的直接法

引言

基尔霍夫电路定律是指通过每一链接线路的电流和每一闭合回路上的净电压都降为零。如下图所示，假设电路中结点 A 与结点 G 之间的电压是 V 伏特，i_1，i_2，i_3，i_4 和 i_5 分别表示每条线路的电流，以 G 为参考点，则基尔霍夫定律满足如下线性方程组：

$$5i_1 + 5i_2 = V,$$
$$i_3 - i_4 - i_5 = 0,$$
$$2i_4 - 3i_5 = 0,$$
$$i_1 - i_2 - i_3 = 0,$$
$$5i_2 - 7i_3 - 2i_4 = 0$$

本章考虑线性方程组的解。它的应用将在 6.6 节的习题 23 中讨论。

线性方程组的应用非常广泛。例如，工程学，科学研究，以及社会科学、商业定量分析、经济问题中的数学应用等领域。

本章主要介绍求解一个 n 元 n 个线性方程组的直接法。例如，具有如下形式的方程组：

$$
\begin{aligned}
E_1: \quad & a_{11}x_1 + a_{12}x_2 + \cdots + a_{1n}x_n = b_1, \\
E_2: \quad & a_{21}x_1 + a_{22}x_2 + \cdots + a_{2n}x_n = b_2, \\
& \qquad\qquad\qquad\qquad\qquad\vdots \\
E_n: \quad & a_{n1}x_1 + a_{n2}x_2 + \cdots + a_{nn}x_n = b_n
\end{aligned}
\tag{6.1}
$$

其中，对于每一对 $i, j = 1, 2, \cdots, n$ 给定常数 a_{ij}，对于每一个 $i = 1, 2, \cdots, n$ 给定常数 b_i，我们需要求解未知量 $x_1, \cdots, x_n$。

理论上，求解线性方程组的直接法在有限步内能得到精确解。但实际中，得到的解会受到所使用的算法包含的舍入误差的影响。本章主要分析舍入误差的影响和控制舍入误差的方法。

因为我们不打算将线性代数课程作为本章的必备基础，所以将介绍一些与本章相关的基本概念。这些概念同样适用于第 7 章利用迭代法求解线性方程组的近似解。

6.1 线性方程组

用 3 个运算来简化线性方程组 (6.1)：

1. 给方程 E_i 乘以任意非零常数 λ 得到的方程替换原方程 E_i。此运算记为 $(\lambda E_i) \to (E_i)$。

2. 给方程 E_j 乘以任意常数 λ 加上方程 E_i 得到的方程替换原方程 E_i。此运算记为 $(E_i + \lambda E_j) \to (E_i)$。

3. 方程 E_i 和 E_j 交换顺序。此运算记为 $(E_i) \leftrightarrow (E_j)$。

执行上述一系列运算，可得到等价的易于求解并具有相同解的新线性方程组（见习题 13）。下面用例子来说明这一系列运算。

示例 4 个方程为

$$
\begin{aligned}
E_1: & \quad x_1 + x_2 \qquad\quad + 3x_4 = 4, \\
E_2: & \quad 2x_1 + x_2 - x_3 + x_4 = 1, \\
E_3: & \quad 3x_1 - x_2 - x_3 + 2x_4 = -3, \\
E_4: & \quad -x_1 + 2x_2 + 3x_3 - x_4 = 4
\end{aligned}
\tag{6.2}
$$

求解未知量 x_1，x_2，x_3 和 x_4，首先用方程 E_1 消去方程 E_2，E_3 和 E_4 中的未知量 x_1，方法是通过执行运算 $(E_2 - 2E_1) \rightarrow (E_2)$，$(E_3 - 3E_1) \rightarrow (E_3)$ 和 $(E_4 + E_1) \rightarrow (E_4)$。例如，对于第二个方程执行

$$
(E_2 - 2E_1) \rightarrow (E_2)
$$

有

$$
(2x_1 + x_2 - x_3 + x_4) - 2(x_1 + x_2 + 3x_4) = 1 - 2(4)
$$

简化的结果如以下方程组中的方程 E_2 所示：

$$
\begin{aligned}
E_1: & \quad x_1 + x_2 \qquad\quad + 3x_4 = 4, \\
E_2: & \quad - x_2 - x_3 - 5x_4 = -7, \\
E_3: & \quad - 4x_2 - x_3 - 7x_4 = -15, \\
E_4: & \quad 3x_2 + 3x_3 + 2x_4 = 8
\end{aligned}
$$

为了简便起见，新的方程组仍然用 E_1，E_2，E_3 和 E_4 标记。

在新的方程组中，用方程 E_2 消除方程 E_3 和 E_4 中的未知量 x_2，方法是通过执行运算 $(E_3 - 4E_2) \rightarrow (E_3)$ 和 $(E_4 + 3E_2) \rightarrow (E_4)$。结果为

$$
\begin{aligned}
E_1: & \quad x_1 + x_2 \qquad\quad + 3x_4 = 4, \\
E_2: & \quad - x_2 - x_3 - 5x_4 = -7, \\
E_3: & \quad 3x_3 + 13x_4 = 13, \\
E_4: & \quad - 13x_4 = -13
\end{aligned}
\tag{6.3}
$$

方程组 (6.3) 是三角 (或简约) 形式，通过向后替换法求解未知量。因为由 E_4 可知 $x_4 = 1$，因此可得到 E_3 中的 x_3：

$$
x_3 = \frac{1}{3}(13 - 13x_4) = \frac{1}{3}(13 - 13) = 0
$$

继续下去，由 E_2 得到

$$
x_2 = -(-7 + 5x_4 + x_3) = -(-7 + 5 + 0) = 2
$$

由 E_1 得到

$$
x_1 = 4 - 3x_4 - x_2 = 4 - 3 - 2 = -1
$$

因此，方程组 (6.3) 和方程组 (6.2) 有相同的解，即 $x_1 = -1$，$x_2 = 2$，$x_3 = 0$ 和 $x_4 = 1$。∎

矩阵和向量

在示例中执行计算时，如果变量总是保持在同一列中，则不需要在每一步中写出全部方程，也不需要照搬变量 x_1，x_2，x_3 和 x_4。一个方程组到另一个方程组的唯一变化是未知量的系数和方程右端的项。基于这个原因，一个线性方程组通常被转化为一个矩阵，这个矩阵包含了求解方程组所需的所有信息，且易于在计算机上表示。

定义 6.1　一个 **$n \times m$ (n 乘 m) 矩阵** 是指具有 n 行 m 列元素的矩形阵，不仅元素的值重要，而且元素在矩阵中的位置也很重要。∎

$n \times m$ 矩阵用大写字母 (如 A) 来表示，带有双下标的小写字母 a_{ij} 表示第 i 行和第 j 列相交的元素，即

$$A = [a_{ij}] = \begin{bmatrix} a_{11} & a_{12} & \cdots & a_{1m} \\ a_{21} & a_{22} & \cdots & a_{2m} \\ \vdots & \vdots & & \vdots \\ a_{n1} & a_{n2} & \cdots & a_{nm} \end{bmatrix}$$

例 1　确定下列矩阵的大小和相应的元素。

$$A = \begin{bmatrix} 2 & -1 & 7 \\ 3 & 1 & 0 \end{bmatrix}$$

解　这个矩阵具有两行三列,所以它的大小是 2×3,它的元素分别是 $a_{11} = 2$,$a_{12} = -1$,$a_{13} = 7$,$a_{21} = 3$,$a_{22} = 1$ 和 $a_{23} = 0$。∎

$1 \times n$ 矩阵

$$A = [a_{11} \ a_{12} \ \cdots \ a_{1n}]$$

称为 **n 维行向量**;$n \times 1$ 矩阵

$$A = \begin{bmatrix} a_{11} \\ a_{21} \\ \vdots \\ a_{n1} \end{bmatrix}$$

称为 **n 维列向量**。通常,对于向量可以省略不必要的下标,这里用黑体小写字母表示向量。因此

$$\mathbf{x} = \begin{bmatrix} x_1 \\ x_2 \\ \vdots \\ x_n \end{bmatrix}$$

表示列向量,

$$\mathbf{y} = [y_1 \ y_2 \ \cdots \ y_n]$$

表示行向量。另外,行向量通常在元素间用逗号将每个元素分开。因此,$\mathbf{y}$ 也可以写成 $\mathbf{y} = [y_1, y_2, \cdots, y_n]$

$n \times (n+1)$ 矩阵可以表示如下线性方程组:

$$a_{11}x_1 + a_{12}x_2 + \cdots + a_{1n}x_n = b_1,$$
$$a_{21}x_1 + a_{22}x_2 + \cdots + a_{2n}x_n = b_2,$$
$$\vdots \qquad\qquad\qquad \vdots$$
$$a_{n1}x_1 + a_{n2}x_2 + \cdots + a_{nn}x_n = b_n$$

首先构造

$$A = [a_{ij}] = \begin{bmatrix} a_{11} & a_{12} & \cdots & a_{1n} \\ a_{21} & a_{22} & \cdots & a_{2n} \\ \vdots & \vdots & & \vdots \\ a_{n1} & a_{n2} & \cdots & a_{nn} \end{bmatrix}, \qquad \mathbf{b} = \begin{bmatrix} b_1 \\ b_2 \\ \vdots \\ b_n \end{bmatrix}$$

$$[A, \mathbf{b}] = \begin{bmatrix} a_{11} & a_{12} & \cdots & a_{1n} & \vdots & b_1 \\ a_{21} & a_{22} & \cdots & a_{2n} & \vdots & b_2 \\ \vdots & \vdots & & \vdots & \vdots & \vdots \\ a_{n1} & a_{n2} & \cdots & a_{nn} & \vdots & b_n \end{bmatrix}$$

其中点竖线用于区分方程中未知量的系数和右端项。矩阵 $[A, \mathbf{b}]$ 称为**增广矩阵**。

可以将前面示例中涉及的运算写成矩阵的形式，首先给出增广矩阵：

$$\left[\begin{array}{rrrr:r} 1 & 1 & 0 & 3 & 4 \\ 2 & 1 & -1 & 1 & 1 \\ 3 & -1 & -1 & 2 & -3 \\ -1 & 2 & 3 & -1 & 4 \end{array}\right]$$

继续执行运算后，得到增广矩阵

$$\left[\begin{array}{rrrr:r} 1 & 1 & 0 & 3 & 4 \\ 0 & -1 & -1 & -5 & -7 \\ 0 & -4 & -1 & -7 & -15 \\ 0 & 3 & 3 & 2 & 8 \end{array}\right] \text{和} \left[\begin{array}{rrrr:r} 1 & 1 & 0 & 3 & 4 \\ 0 & -1 & -1 & -5 & -7 \\ 0 & 0 & 3 & 13 & 13 \\ 0 & 0 & 0 & -13 & -13 \end{array}\right]$$

最后将得到的矩阵转换为对应的线性方程组，得到解 x_1，x_2，x_3 和 x_4。这个过程称为**向后替换**的**高斯消去法**。

一般的高斯消去法以相似的方式求解线性方程组：

$$\begin{aligned} E_1: \quad & a_{11}x_1 + a_{12}x_2 + \cdots + a_{1n}x_n = b_1, \\ E_2: \quad & a_{21}x_1 + a_{22}x_2 + \cdots + a_{2n}x_n = b_2, \\ & \qquad\qquad \vdots \qquad\qquad\qquad \vdots \\ E_n: \quad & a_{n1}x_1 + a_{n2}x_2 + \cdots + a_{nn}x_n = b_n \end{aligned} \tag{6.4}$$

首先形成增广矩阵 $\tilde{A}$：

$$\tilde{A} = [A, \mathbf{b}] = \left[\begin{array}{cccc:c} a_{11} & a_{12} & \cdots & a_{1n} & a_{1,n+1} \\ a_{21} & a_{22} & \cdots & a_{2n} & a_{2,n+1} \\ \vdots & \vdots & & \vdots & \vdots \\ a_{n1} & a_{n2} & \cdots & a_{nn} & a_{n,n+1} \end{array}\right] \tag{6.5}$$

其中 A 表示系数矩阵。第 $(n+1)$ 列向量是右端项 $\mathbf{b}$，即：对于每一个 $i = 1, 2, \cdots, n$，有 $a_{i,n+1} = b_i$。

假设 $a_{11} \neq 0$，执行运算

$$(E_j - (a_{j1}/a_{11})E_1) \to (E_j)，对每个 \quad j = 2, 3, \cdots, n$$

来消除其余行中未知量 x_1 的系数。即使 2，3，$\cdots$，n 行中的系数可能发生变化，但为了简便，我们依然用 a_{ij} 表示第 i 行与第 j 列相交的元素。基于这种想法，假设 $i = 2, 3, \cdots, n-1$，依次对 2，3，$\cdots$，n 执行运算：

$$(E_j - (a_{ji}/a_{ii})E_i) \to (E_j)，对每个 \quad j = i+1, i+2, \cdots, n$$

对于任意 $a_{ii} \neq 0$，消除第 $i = 1, 2, \cdots, n-1$ 行以下每一行中的 x_i（系数变为零）。结果矩阵为

$$\tilde{\tilde{A}} = \left[\begin{array}{cccc:c} a_{11} & a_{12} & \cdots & a_{1n} & a_{1,n+1} \\ 0 & a_{22} & \cdots & a_{2n} & a_{2,n+1} \\ \vdots & & \ddots & \vdots & \vdots \\ 0 & \cdots\cdots & 0 & a_{nn} & a_{n,n+1} \end{array}\right]$$

其中，除了第一行，a_{ij} 的值可能不再是原始矩阵 $\tilde{A}$ 中相应的值。矩阵 $\tilde{\tilde{A}}$ 代表的线性方程组与原始线性方程组具有相同解。

新的线性方程组呈现如下三角形状：

$$a_{11}x_1 + a_{12}x_2 + \cdots + a_{1n}x_n = a_{1,n+1},$$
$$a_{22}x_2 + \cdots + a_{2n}x_n = a_{2,n+1},$$
$$\vdots \qquad \vdots$$
$$a_{nn}x_n = a_{n,n+1}$$

所以，利用向后迭代法，可得到方程第 n 个未知量 x_n 的值：

$$x_n = \frac{a_{n,n+1}}{a_{nn}}$$

利用已知的 x_n 求得方程第 $(n-1)$ 个未知量 x_{n-1} 的值：

$$x_{n-1} = \frac{a_{n-1,n+1} - a_{n-1,n}x_n}{a_{n-1,n-1}}$$

以此类推，对于任意的 $i = n-1, n-2, \cdots, 2, 1$，有

$$x_i = \frac{a_{i,n+1} - a_{i,i+1}x_{i+1} - \cdots - a_{i,n-1}x_{n-1} - a_{i,n}x_n}{a_{ii}} = \frac{a_{i,n+1} - \sum_{j=i+1}^{n} a_{ij}x_j}{a_{ii}}$$

高斯消去法复杂却精确的描述是通过形成一系列增广矩阵 $\tilde{A}^{(1)}, \tilde{A}^{(2)}, \cdots, \tilde{A}^{(n)}$ 来实现的，其中 $\tilde{A}^{(1)}$ 是方程组(6.5)给定的矩阵 $\tilde{A}$，对于每一个 $k = 2, 3, \cdots, n$，$\tilde{A}^{(k)}$ 的元素 $a_{ij}^{(k)}$ 为

$$a_{ij}^{(k)} = \begin{cases} a_{ij}^{(k-1)}, & \text{当 } i = 1, 2, \cdots, k-1 \text{ 且 } j = 1, 2, \cdots, n+1 \text{ 时}, \\ 0, & \text{当 } i = k, k+1, \cdots, n \text{ 且 } j = 1, 2, \cdots, k-1 \text{ 时}, \\ a_{ij}^{(k-1)} - \dfrac{a_{i,k-1}^{(k-1)}}{a_{k-1,k-1}^{(k-1)}} a_{k-1,j}^{(k-1)}, & \text{当 } i = k, k+1, \cdots, n \text{ 且 } j = k, k+1, \cdots, n+1 \text{ 时} \end{cases}$$

因此，与矩阵

$$\tilde{A}^{(k)} = \begin{bmatrix} a_{11}^{(1)} & a_{12}^{(1)} & a_{13}^{(1)} & \cdots & a_{1,k-1}^{(1)} & a_{1k}^{(1)} & \cdots & a_{1n}^{(1)} & \vdots & a_{1,n+1}^{(1)} \\ 0 & a_{22}^{(2)} & a_{23}^{(2)} & \cdots & a_{2,k-1}^{(2)} & a_{2k}^{(2)} & \cdots & a_{2n}^{(2)} & \vdots & a_{2,n+1}^{(2)} \\ & & & & \vdots & \vdots & & \vdots & & \vdots \\ & & & & a_{k-1,k-1}^{(k-1)} & a_{k-1,k}^{(k-1)} & \cdots & a_{k-1,n}^{(k-1)} & \vdots & a_{k-1,n+1}^{(k-1)} \\ & & & & 0 & a_{kk}^{(k)} & \cdots & a_{kn}^{(k)} & \vdots & a_{k,n+1}^{(k)} \\ & & & & & \vdots & & \vdots & & \vdots \\ 0 & \cdots & \cdots & \cdots & 0 & a_{nk}^{(k)} & \cdots & a_{nn}^{(k)} & \vdots & a_{n,n+1}^{(k)} \end{bmatrix} \quad (6.6)$$

等价的线性方程组仅仅从方程 x_{k-1} 中消去了变量 $E_k, E_{k+1}, \cdots, E_n$。

如果元素 $a_{11}^{(1)}, a_{22}^{(2)}, a_{33}^{(3)}, \cdots, a_{n-1,n-1}^{(n-1)}, a_{nn}^{(n)}$ 中任何一个为 0，则高斯消去法失败。因为任何一步

$$\left(E_i - \frac{a_{i,k}^{(k)}}{a_{kk}^{(k)}}(E_k) \right) \to E_i$$

运算都不能被执行(如果 $a_{11}^{(1)}, \cdots, a_{n-1,n-1}^{(n-1)}$ 中任何一个为 0，则发生上述情况)或向后迭代不能实现(发生 $a_{nn}^{(n)} = 0$)。这个方程组可能仍然有唯一解，但是必须通过其他方法来求解。我们用下面的例子来说明这一点。

例 2 用增广矩阵表示下面的线性方程组并利用高斯消去法求解。

$$
\begin{aligned}
E_1: & \quad x_1 - x_2 + 2x_3 - x_4 = -8, \\
E_2: & \quad 2x_1 - 2x_2 + 3x_3 - 3x_4 = -20, \\
E_3: & \quad x_1 + x_2 + x_3 \qquad\quad = -2, \\
E_4: & \quad x_1 - x_2 + 4x_3 + 3x_4 = 4
\end{aligned}
$$

解 该线性系统相应的增广矩阵为

$$
\tilde{A} = \tilde{A}^{(1)} = \begin{bmatrix}
1 & -1 & 2 & -1 & \vdots & -8 \\
2 & -2 & 3 & -3 & \vdots & -20 \\
1 & 1 & 1 & 0 & \vdots & -2 \\
1 & -1 & 4 & 3 & \vdots & 4
\end{bmatrix}
$$

执行运算:

$$
(E_2 - 2E_1) \to (E_2), \ (E_3 - E_1) \to (E_3), \quad (E_4 - E_1) \to (E_4)
$$

得到

$$
\tilde{A}^{(2)} = \begin{bmatrix}
1 & -1 & 2 & -1 & \vdots & -8 \\
0 & 0 & -1 & -1 & \vdots & -4 \\
0 & 2 & -1 & 1 & \vdots & 6 \\
0 & 0 & 2 & 4 & \vdots & 12
\end{bmatrix}
$$

因为被称为主元的对角元素 $a_{22}^{(2)}$ 为 0,所以高斯消去法目前不能继续执行。但是可以执行运算 $(E_i) \leftrightarrow (E_j)$,从而在元素 $a_{32}^{(2)}$ 和 $a_{42}^{(2)}$ 中寻找第一个不为 0 的元素。因为 $a_{32}^{(2)} \neq 0$,因此执行运算 $(E_2) \leftrightarrow (E_3)$ 可以得到新的矩阵:

$$
\tilde{A}^{(2)'} = \begin{bmatrix}
1 & -1 & 2 & -1 & \vdots & -8 \\
0 & 2 & -1 & 1 & \vdots & 6 \\
0 & 0 & -1 & -1 & \vdots & -4 \\
0 & 0 & 2 & 4 & \vdots & 12
\end{bmatrix}
$$

因为 x_2 早已从方程 E_3 和 E_4 中消除,所以 $\tilde{A}^{(3)}$ 变为 $\tilde{A}^{(2)'}$。继续执行运算 $(E_4 + 2E_3) \to (E_4)$ 得到

$$
\tilde{A}^{(4)} = \begin{bmatrix}
1 & -1 & 2 & -1 & \vdots & -8 \\
0 & 2 & -1 & 1 & \vdots & 6 \\
0 & 0 & -1 & -1 & \vdots & -4 \\
0 & 0 & 0 & 2 & \vdots & 4
\end{bmatrix}
$$

最终,这个矩阵被转换成一个等价于原始矩阵的线性方程组且具有相同解,应用向后替换法得到

$$
x_4 = \frac{4}{2} = 2,
$$

$$
x_3 = \frac{[-4 - (-1)x_4]}{-1} = 2,
$$

$$
x_2 = \frac{[6 - [(-1)x_3 + x_4]]}{2} = 3,
$$

$$
x_1 = \frac{[-8 - [(-1)x_2 + 2x_3 + (-1)x_4]]}{1} = -7
$$ ∎

例 2 说明对于 $k = 1, 2, \cdots, n-1$ 中某些 $a_{kk}^{(k)} = 0$ 的情况应该如何处理。即在 $\tilde{A}^{(k-1)}$ 中第 k 列从第 k 行到第 n 行中寻找第一个不为 0 的元素。如果对于某个 p 有 $a_{pk}^{(k)} \neq 0$,其中 $k+1 \leqslant p \leqslant n$,则执行运算 $(E_k) \leftrightarrow (E_p)$ 得到 $\tilde{A}^{(k-1)'}$。这个过程对于 $\tilde{A}^{(k)}$ 等依然有效。如果对于任意的 p 有 $a_{pk}^{(k)} = 0$,这表明(见定理 6.17)线性方程组没有唯一解并且向后迭代的高斯消去过程终止。最后,如果 $a_{nn}^{(n)} = 0$,则

这个线性方程组没有唯一解，同样，该过程终止。

算法 6.1 总结了向后迭代的高斯消去法。这个算法中合并了选主元的过程：当主元 $a_{kk}^{(k)}$ 中任意一个为 0 时，用第 p 行交换第 k 行，其中 p 为满足 $a_{pk}^{(k)} \neq 0$ 且大于 k 的最小下标。

算法 6.1 向后替换的高斯消去法

求解 $n \times n$ 的线性方程组：

$$
\begin{aligned}
E_1: \quad & a_{11}x_1 + a_{12}x_2 + \cdots + a_{1n}x_n = a_{1,n+1} \\
E_2: \quad & a_{21}x_1 + a_{22}x_2 + \cdots + a_{2n}x_n = a_{2,n+1} \\
& \vdots \qquad \vdots \qquad \vdots \qquad\quad \vdots \qquad\quad \vdots \\
E_n: \quad & a_{n1}x_1 + a_{n2}x_2 + \cdots + a_{nn}x_n = a_{n,n+1}
\end{aligned}
$$

输入 方程组未知量的个数 n，增广矩阵 $A = [a_{ij}]$，其中 $1 \leqslant i \leqslant n$ 且 $1 \leqslant j \leqslant n+1$。

输出 解 $x_1, x_2, \cdots, x_n$ 或者这个线性方程组没有唯一解的信息。

Step 1   For $i = 1, \cdots, n-1$ do Steps 2–4. （消去过程）

  Step 2   令 p 为满足 $i \leqslant p \leqslant n$ 且 $a_{pi} \neq 0$ 的最小的整数
     未发现整数 p
     then OUTPUT ('no unique solution exists');
     STOP.

  Step 3   If $p \neq i$ then 执行 $(E_p) \leftrightarrow (E_i)$.

  Step 4   For $j = i+1, \cdots, n$ do Steps 5 and 6.

    Step 5   Set $m_{ji} = a_{ji}/a_{ii}$.

    Step 6   执行 $(E_j - m_{ji}E_i) \rightarrow (E_j)$;

Step 7   If $a_{nn} = 0$ then OUTPUT ('no unique solution exists');
     STOP.

Step 8   Set $x_n = a_{n,n+1}/a_{nn}$. （开始向后替换）

Step 9   For $i = n-1, \cdots, 1$ Set $x_i = \left[a_{i,n+1} - \sum_{j=i+1}^{n} a_{ij}x_j \right] \Big/ a_{ii}$.

Step 10   OUTPUT $(x_1, \cdots, x_n)$; （算法成功完成）
    STOP. ∎

示例 这个示例的目的是展示如果算法 6.1 失败会发生什么。计算过程将同时在两个线性方程组中完成。

$$
\begin{array}{ll}
\begin{aligned}
x_1 + \ x_2 + \ x_3 &= 4, \\
2x_1 + 2x_2 + \ x_3 &= 6, \\
x_1 + \ x_2 + 2x_3 &= 6,
\end{aligned}
\qquad 和 \qquad
\begin{aligned}
x_1 + \ x_2 + \ x_3 &= 4, \\
2x_1 + 2x_2 + \ x_3 &= 4, \\
x_1 + \ x_2 + 2x_3 &= 6
\end{aligned}
\end{array}
$$

这个线性方程组的增广矩阵为

$$
\tilde{A} = \begin{bmatrix} 1 & 1 & 1 & \vdots & 4 \\ 2 & 2 & 1 & \vdots & 6 \\ 1 & 1 & 2 & \vdots & 6 \end{bmatrix}
\qquad 和 \qquad
\tilde{A} = \begin{bmatrix} 1 & 1 & 1 & \vdots & 4 \\ 2 & 2 & 1 & \vdots & 4 \\ 1 & 1 & 2 & \vdots & 6 \end{bmatrix}
$$

因为 $a_{11} = 1$，执行运算 $(E_2 - 2E_1) \rightarrow (E_2)$ 和 $(E_3 - E_1) \rightarrow (E_3)$ 得到

$$\tilde{A} = \begin{bmatrix} 1 & 1 & 1 & \vdots & 4 \\ 0 & 0 & -1 & \vdots & -2 \\ 0 & 0 & 1 & \vdots & 2 \end{bmatrix} \quad \text{和} \quad \tilde{A} = \begin{bmatrix} 1 & 1 & 1 & \vdots & 4 \\ 0 & 0 & -1 & \vdots & -4 \\ 0 & 0 & 1 & \vdots & 2 \end{bmatrix}$$

此时，$a_{22} = a_{32} = 0$，依据算法程序中止，此时两个方程组的解都没有得到。将两个矩阵对应的线性方程写出为：

$$\begin{aligned} x_1 + x_2 + \quad x_3 &= 4, & & & x_1 + x_2 + \quad x_3 &= 4, \\ -x_3 &= -2, & \text{和} & & -x_3 &= -4, \\ x_3 &= 2, & & & x_3 &= 2 \end{aligned}$$

第一个方程组有无数个解，可以表示为 $x_3 = 2, x_2 = 2 - x_1$ 和任意的 x_1。

第二个方程组得到矛盾的结果 $x_3 = 2$ 和 $x_3 = 4$，因此无解。然而，在这两种情况下，根据算法 6.1 的结论，每种情况下都没有唯一解。　■

算法 6.1 也可以被认为由一系列增广矩阵 $\tilde{A}^{(1)}, \cdots, \tilde{A}^{(n)}$ 构成，但是计算工作也可以在计算机上执行，仅需要一个 $n \times (n+1)$ 维数组即可。每一步只需要用新的值替换当前 a_{ij} 的值。实际上，我们在 a_{ji} 的位置上存储乘数 m_{ji}，因为对于每个 $i = 1, 2, \cdots, n-1$ 和 $j = i+1, i+2, \cdots, n$，a_{ji} 都为 0。因此，A 可以写成对角线以下元素（即，元素 a_{ji} 满足 $j > i$）是这些乘数，对角线以及对角线以上的元素是由计算得到的 $\tilde{A}^{(n)}$ 的对角线及对角线以上的元素（即，元素 a_{ij} 满足 $j \leqslant i$）组成的矩阵。用这些值可以求解其他带有原矩阵 A 的线性方程组，见 6.5 节。

运算量

完成全部计算所需的时间和伴随的舍入误差的数量，都取决于求解常规问题时的浮点算术运算量。一般而言，计算机上执行一个乘法或除法所需的时间是相同的，远远大于执行一个加法或减法的时间。然而，实际执行时间的差异依赖特定的计算系统。为了证明给定方法的运算量，我们将计算用算法 6.1 求解含有 n 个未知量的 n 个方程的线性方程组的全部运算量。由于时间的差异，我们将计算加法/减法的工作量独立于计算乘法/除法的工作量。

在算法的第 5 步和第 6 步之前没有执行算术运算。第 5 步需要执行 $(n-i)$ 个除法运算。第 6 步中用 $(E_j - m_{ji}E_i)$ 替换方程 E_j 时，E_i 的每一项都要乘以 m_{ji}，总共需要执行 $n(n-i)(n-i+1)$ 个乘法运算。执行乘法运算后，E_j 中的每一项相应减去乘法运算后得到的方程，共需要 $(n-i)(n-i+1)$ 个减法运算。对于 $i = 1, 2, \cdots, n-1$，第 5 步和第 6 步需要的运算量总结如下：

乘法/除法

$$(n-i) + (n-i)(n-i+1) = (n-i)(n-i+2)$$

加法/减法

$$(n-i)(n-i+1)$$

通过对每个 i 进行求和得到第 5 步和第 6 步所需的总运算量。回顾微积分：

$$\sum_{j=1}^{m} 1 = m, \quad \sum_{j=1}^{m} j = \frac{m(m+1)}{2}, \quad \sum_{j=1}^{m} j^2 = \frac{m(m+1)(2m+1)}{6}$$

我们得到以下结果：

乘法/除法

$$\sum_{i=1}^{n-1} (n-i)(n-i+2) = \sum_{i=1}^{n-1} (n^2 - 2ni + i^2 + 2n - 2i)$$

$$= \sum_{i=1}^{n-1}(n-i)^2 + 2\sum_{i=1}^{n-1}(n-i) = \sum_{i=1}^{n-1}i^2 + 2\sum_{i=1}^{n-1}i$$

$$= \frac{(n-1)n(2n-1)}{6} + 2\frac{(n-1)n}{2} = \frac{2n^3 + 3n^2 - 5n}{6}$$

加法/减法

$$\sum_{i=1}^{n-1}(n-i)(n-i+1) = \sum_{i=1}^{n-1}(n^2 - 2ni + i^2 + n - i)$$

$$= \sum_{i=1}^{n-1}(n-i)^2 + \sum_{i=1}^{n-1}(n-i) = \sum_{i=1}^{n-1}i^2 + \sum_{i=1}^{n-1}i$$

$$= \frac{(n-1)n(2n-1)}{6} + \frac{(n-1)n}{2} = \frac{n^3 - n}{3}$$

算法 6.1 唯一涉及向后替换运算的是第 8 步和第 9 步。第 8 步需要一个除法。第 9 步需要 $(n-i)$ 个乘法，对每个求和项需要 $(n-i-1)$ 个加法，还需要一个减法和除法。第 8 步和第 9 步需要的总运算量如下：

乘法/除法

$$1 + \sum_{i=1}^{n-1}((n-i)+1) = 1 + \left(\sum_{i=1}^{n-1}(n-i)\right) + n - 1$$

$$= n + \sum_{i=1}^{n-1}(n-i) = n + \sum_{i=1}^{n-1}i = \frac{n^2 + n}{2}$$

加法/减法

$$\sum_{i=1}^{n-1}((n-i-1)+1) = \sum_{i=1}^{n-1}(n-i) = \sum_{i=1}^{n-1}i = \frac{n^2 - n}{2}$$

因此，算法 6.1 所需要总的运算量如下：

乘法/除法

$$\frac{2n^3 + 3n^2 - 5n}{6} + \frac{n^2 + n}{2} = \frac{n^3}{3} + n^2 - \frac{n}{3}$$

加法/减法

$$\frac{n^3 - n}{3} + \frac{n^2 - n}{2} = \frac{n^3}{3} + \frac{n^2}{2} - \frac{5n}{6}$$

当 n 值大时，乘法或除法的运算量近似于 $n^3/3$，同样，加法和减法的运算量也近似于 $n^3/3$。因此，运算量和所需要的时间随着 n 的增加更加近似于 n^3，如表 6.1 所示。

表 6.1

n	乘法 / 除法	加法 / 减法
3	17	11
10	430	375
50	44 150	42 875
100	343 300	338 250

习题 6.1

1. 对于下列线性方程组，如果可以的话，利用图像得到线性方程组的解，并从几何角度解释结果。

　a. $x_1 + 2x_2 = 3,$
　　　$x_1 - x_2 = 0$

　b. $x_1 + 2x_2 = 3,$
　　　$2x_1 + 4x_2 = 6$

c. $x_1 + 2x_2 = 0,$
$2x_1 + 4x_2 = 0$

d. $2x_1 + x_2 = -1,$
$4x_1 + 2x_2 = -2,$
$x_1 - 3x_2 = 5$

2. 对于下列线性方程组，如果可以的话，利用图像得到线性方程组的解，并从几何角度解释结果。

a. $x_1 + 2x_2 = 0,$
$x_1 - x_2 = 0$

b. $x_1 + 2x_2 = 3,$
$-2x_1 - 4x_2 = 6$

c. $2x_1 + x_2 = -1,$
$x_1 + x_2 = 2,$
$x_1 - 3x_2 = 5$

d. $2x_1 + x_2 + x_3 = 1,$
$2x_1 + 4x_2 - x_3 = -1$

3. 利用带有向后替换的高斯消去法求解下列线性方程组，结果保留两位小数。不要重排方程。（每个方程组的精确解都是 $x_1 = 1, x_2 = -1, x_3 = 3$。）

a. $4x_1 - x_2 + x_3 = 8,$
$2x_1 + 5x_2 + 2x_3 = 3,$
$x_1 + 2x_2 + 4x_3 = 11$

b. $4x_1 + x_2 + 2x_3 = 9,$
$2x_1 + 4x_2 - x_3 = -5,$
$x_1 + x_2 - 3x_3 = -9$

4. 利用带有向后替换的高斯消去法求解下列线性方程组，结果保留两位小数。不要重排方程。（每个方程组的精确解都是 $x_1 = -1, x_2 = 1, x_3 = 3$。）

a. $-x_1 + 4x_2 + x_3 = 8,$
$\frac{5}{3}x_1 + \frac{2}{3}x_2 + \frac{2}{3}x_3 = 1,$
$2x_1 + x_2 + 4x_3 = 11$

b. $4x_1 + 2x_2 - x_3 = -5,$
$\frac{1}{9}x_1 + \frac{1}{9}x_2 - \frac{1}{3}x_3 = -1,$
$x_1 + 4x_2 + 2x_3 = 9$

5. 利用高斯消去算法求解下列线性方程组，如果可以的话，确定行交换是否必要。

a. $x_1 - x_2 + 3x_3 = 2,$
$3x_1 - 3x_2 + x_3 = -1,$
$x_1 + x_2 = 3$

b. $2x_1 - 1.5x_2 + 3x_3 = 1,$
$-x_1 + 2x_3 = 3,$
$4x_1 - 4.5x_2 + 5x_3 = 1$

c. $2x_1 = 3,$
$x_1 + 1.5x_2 = 4.5,$
$-3x_2 + 0.5x_3 = -6.6,$
$2x_1 - 2x_2 + x_3 + x_4 = 0.8$

d. $x_1 + x_2 + x_4 = 2,$
$2x_1 + x_2 - x_3 + x_4 = 1,$
$4x_1 - x_2 - 2x_3 + 2x_4 = 0,$
$3x_1 - x_2 - x_3 + 2x_4 = -3$

6. 利用高斯消去算法求解下列线性方程组，如果可以的话，确定行交换是否必要。

a. $x_2 - 2x_3 = 4,$
$x_1 - x_2 + x_3 = 6,$
$x_1 - x_3 = 2$

b. $x_1 - \frac{1}{2}x_2 + x_3 = 4,$
$2x_1 - x_2 - x_3 + x_4 = 5,$
$x_1 + x_2 + \frac{1}{2}x_3 = 2,$
$x_1 - \frac{1}{2}x_2 + x_3 + x_4 = 5$

c. $2x_1 - x_2 + x_3 - x_4 = 6,$
$x_2 - x_3 + x_4 = 5,$
$x_4 = 5,$
$x_3 - x_4 = 3$

d. $x_1 + x_2 + x_4 = 2,$
$2x_1 + x_2 - x_3 + x_4 = 1,$
$-x_1 + 2x_2 + 3x_3 - x_4 = 4,$
$3x_1 - x_2 - x_3 + 2x_4 = -3$

7. 利用算法 6.1 和单精度计算机算法求解下列线性方程组。

a. $\frac{1}{4}x_1 + \frac{1}{5}x_2 + \frac{1}{6}x_3 = 9,$
$\frac{1}{3}x_1 + \frac{1}{4}x_2 + \frac{1}{5}x_3 = 8,$
$\frac{1}{2}x_1 + x_2 + 2x_3 = 8$

b. $3.333x_1 + 15920x_2 - 10.333x_3 = 15913,$
$2.222x_1 + 16.71x_2 + 9.612x_3 = 28.544,$
$1.5611x_1 + 5.1791x_2 + 1.6852x_3 = 8.4254$

c. $x_1 + \frac{1}{2}x_2 + \frac{1}{3}x_3 + \frac{1}{4}x_4 = \frac{1}{6},$
$\frac{1}{2}x_1 + \frac{1}{3}x_2 + \frac{1}{4}x_3 + \frac{1}{5}x_4 = \frac{1}{7},$
$\frac{1}{3}x_1 + \frac{1}{4}x_2 + \frac{1}{5}x_3 + \frac{1}{6}x_4 = \frac{1}{8},$
$\frac{1}{4}x_1 + \frac{1}{5}x_2 + \frac{1}{6}x_3 + \frac{1}{7}x_4 = \frac{1}{9}$

d. $2x_1 + x_2 - x_3 + x_4 - 3x_5 = 7,$
$x_1 + 2x_3 - x_4 + x_5 = 2,$
$-2x_2 - x_3 + x_4 - x_5 = -5,$
$3x_1 + x_2 - 4x_3 + 5x_5 = 6,$
$x_1 - x_2 - x_3 - x_4 + x_5 = 3$

8. 利用算法 6.1 和单精度计算机算法求解下列线性方程组。

a. $\frac{1}{2}x_1 + \frac{1}{4}x_2 - \frac{1}{8}x_3 = 0,$
   $\frac{1}{3}x_1 - \frac{1}{6}x_2 + \frac{1}{9}x_3 = 1,$
   $\frac{1}{7}x_1 + \frac{1}{7}x_2 + \frac{1}{10}x_3 = 2$

b. $2.71x_1 + x_2 + 1032x_3 = 12,$
   $4.12x_1 - x_2 + 500x_3 = 11.49,$
   $3.33x_1 + 2x_2 - 200x_3 = 41$

c. $\pi x_1 + \sqrt{2}x_2 - x_3 + x_4 = 0,$
   $e x_1 - x_2 + x_3 + 2x_4 = 1,$
   $x_1 + x_2 - \sqrt{3}x_3 + x_4 = 2,$
   $-x_1 - x_2 + x_3 - \sqrt{5}x_4 = 3$

d. $x_1 + x_2 - x_3 + x_4 - x_5 = 2,$
   $2x_1 + 2x_2 + x_3 - x_4 + x_5 = 4,$
   $3x_1 + x_2 - 3x_3 - 2x_4 + 3x_5 = 8,$
   $4x_1 + x_2 - x_3 + 4x_4 - 5x_5 = 16,$
   $16x_1 - x_2 + x_3 - x_4 - x_5 = 32$

9. 给定线性方程组：

$$2x_1 - 6\alpha x_2 = 3,$$
$$3\alpha x_1 - x_2 = \frac{3}{2}$$

a. 找出 α 的值使得线性方程组无解。

b. 找出 α 的值使得线性方程组有无数解。

c. 对于给定的 α，假设存在唯一解，找到方程组的解。

10. 给定线性方程组：

$$x_1 - x_2 + \alpha x_3 = -2,$$
$$-x_1 + 2x_2 - \alpha x_3 = 3,$$
$$\alpha x_1 + x_2 + x_3 = 2$$

a. 找出 α 的值使得线性方程组无解。

b. 找出 α 的值使得线性方程组有无数解。

c. 对于给定的 α，假设存在唯一解，找到方程组的解。

应用型习题

11. 假设在一个生态系统中有 n 种动物和 m 种食物来源。令 x_j 表示第 j 种动物的数量，对于任意的 $j = 1, \cdots, n$；b_i 表示第 i 种食物可用的日常供应量；a_{ij} 表示对于第 i 种动物，第 j 种食物的平均消耗量。线性方程组

$$a_{11}x_1 + a_{12}x_2 + \cdots + a_{1n}x_n = b_1,$$
$$a_{21}x_1 + a_{22}x_2 + \cdots + a_{2n}x_n = b_2,$$
$$\vdots \qquad \vdots \qquad \qquad \vdots \qquad \vdots$$
$$a_{m1}x_1 + a_{m2}x_2 + \cdots + a_{mn}x_n = b_m$$

表示一种均衡。即每天食物的供给达到了每个物种每日的平均消耗量。

a. 令

$$A = [a_{ij}] = \begin{bmatrix} 1 & 2 & 0 & 3 \\ 1 & 0 & 2 & 2 \\ 0 & 0 & 1 & 1 \end{bmatrix}$$

$\mathbf{x} = (x_j) = [1000, 500, 350, 400]$ 和 $\mathbf{b} = (b_i) = [3500, 2700, 900]$。是否有充足的食物满足日平均消耗量？

b. 每种可以被单独添加到系统的动物的最大数量为多少时仍然满足消费需求？

c. 如果物种 1 灭绝，那么系统可支持每种物种的增长量是多少？

b. 如果物种 2 灭绝，那么系统可支持每种物种的增长量是多少？

12. 第 2 类 Fredholm 积分方程具有如下形式：

$$u(x) = f(x) + \int_a^b K(x,t)u(t)\, dt$$

其中，给定 a 和 b，以及函数 f 和 K。为了在区间 $[a,b]$ 上近似函数 u，选择一个划分 $x_0 = a < x_1 < \cdots < x_{m-1} < x_m = b$，方程组

$$u(x_i) = f(x_i) + \int_a^b K(x_i,t)u(t)\, dt, \quad \text{对每个 } i = 0, \cdots, m$$

的解为 $u(x_0), u(x_1), \cdots, u(x_m)$。积分的近似利用基于结点 $x_0, \cdots, x_m$ 的求积公式来计算。本题中，$a = 0, b = 1, f(x) = x^2$ 和 $K(x,t) = e^{|x-t|}$。

a. 当使用梯形法则时，证明线性方程组

$$u(0) = f(0) + \frac{1}{2}[K(0,0)u(0) + K(0,1)u(1)],$$

$$u(1) = f(1) + \frac{1}{2}[K(1,0)u(0) + K(1,1)u(1)]$$

一定可以求解。

b. 当 $n = 4$ 时，使用复合梯形法则确定并求解线性方程组。

c. 使用复合 Simpson 法则重复计算 (b)。

理论型习题

13. 证明以下运算不改变线性方程组的解。

    a. $(\lambda E_i) \rightarrow (E_i)$ b. $(E_i + \lambda E_j) \rightarrow (E_i)$ c. $(E_i) \leftrightarrow (E_j)$

14. **高斯-若尔当方法**：这种方法描述如下。用第 i 个方程不仅消去方程 $E_{i+1}, E_{i+2}, \cdots, E_n$ 中的 x_i，而且仿照高斯消去法，消去方程 $E_1, E_2, \cdots, E_{i-1}$ 中的 x_i。把 $[A, \mathbf{b}]$ 简化为

$$\begin{bmatrix} a_{11}^{(1)} & 0 & \cdots & 0 & \vdots & a_{1,n+1}^{(1)} \\ 0 & a_{22}^{(2)} & \ddots & \vdots & \vdots & a_{2,n+1}^{(2)} \\ \vdots & \ddots & \ddots & 0 & \vdots & \vdots \\ 0 & \cdots & 0 & a_{nn}^{(n)} & \vdots & a_{n,n+1}^{(n)} \end{bmatrix}$$

得到的解为

$$x_i = \frac{a_{i,n+1}^{(i)}}{a_{ii}^{(i)}}$$

对于任意 $i = 1, 2, \cdots, n$。这个过程避免了高斯消去法中的向后替换过程。仿照算法 6.1 建立高斯-若尔当过程的算法。

15. 使用高斯-若尔当方法求解习题 3 中的方程组，结果保留两位小数。

16. 使用高斯-若尔当方法计算习题 7。

17. a. 证明高斯-若尔当方法需要

$$\frac{n^3}{2} + n^2 - \frac{n}{2} \quad \text{乘法/除法}$$

    和

$$\frac{n^3}{2} - \frac{n}{2} \quad \text{加法/减法}$$

    b. 对于 $n = 3, 10, 50, 100$，用表格对比高斯-若尔当方法和高斯消去法在求解线性方程组时所需要的运算量。哪种方法的运算量小？

18. 考虑使用高斯-消去-高斯-若尔当混合方法求解方程组 (6.4)。首先，使用高斯消去法把方程组简化

为三角形式。然后用第 n 个方程消去前 $n-1$ 行中 x_n 的系数，再用第 $(n-1)$ 个方程消去前 $n-2$ 行中 x_{n-1} 的系数，以此类推。该方程组最终将作为习题 12 中简化的方程组出现。

a. 证明此方法需要

$$\frac{n^3}{3} + \frac{3}{2}n^2 - \frac{5}{6}n \quad \text{乘法/除法}$$

和

$$\frac{n^3}{3} + \frac{n^2}{2} - \frac{5}{6}n \quad \text{加法/减法}$$

b. 对于 $n = 3, 10, 50, 100$ ，用表格对比高斯消去法，高斯-若尔当方法和混合方法在求解线性方程组时所需的运算量。

19. 使用习题 16 中给出的混合方法求解习题 3 中的线性方程组，结果保留两位小数。

20. 使用习题 16 中给出的方法求解习题 7。

讨论问题

1. 一种类似于高斯消去法的方法首次出现在"数学九章"中。参考袁亚湘的文献"九章算术和高斯算法求解线性方程组"，下载地址为：http://www.math.uiuc.edu/documenta/vol-ismp/10.yuan-yaxiang.pdf。将此方法与本章所介绍的方法进行比较。

2. 18 世纪早期，牛顿研究了一种类似于高斯消去法的方法。将此方法与本章介绍的方法进行比较。

3. 高斯消去法的第 5 步和第 6 步需要 $\frac{n^3}{3} + n^2 - \frac{n}{3}$ 个乘法和除法运算，需要 $\frac{n^3}{3} + \frac{n^2}{2} - \frac{5n}{6}$ 个加法和减法运算，将一个完整的方程组简化为可以使用向后替换的方程组。考虑如下线性方程组。

$$
\begin{aligned}
x_1 + 2x_2 \qquad\quad &= 4, \\
2x_1 + \ x_2 + 3x_3 \qquad &= 5, \\
3x_3 + x_4 &= -1
\end{aligned}
$$

需要多少运算量才能将带状方程组简化到可以使用向后替换的方程组？

4. 本章描述了用 3 种运算将原始方程组变为一系列具有相同解的等价的线性方程组，并且比原始方程组易于求解。一系列线性方程组是如何影响求解所需的运算量的？每种线性方程组是否产生了误差？

6.2　主元法

在推导算法 6.1 时，我们发现当任意一个主元 $a_{kk}^{(k)}$ 为 0 时，都必须执行行交换。行交换具有形式 $(E_k) \leftrightarrow (E_p)$ ，其中 p 是当 $a_{kk}^{(k)} \neq 0$ 时大于 k 的最小的整数。为了减小舍入误差，即使主元不为零也要执行行交换。

如果 $a_{kk}^{(k)}$ 的量级小于 $a_{jk}^{(k)}$ 的量级，那么乘子

$$m_{jk} = \frac{a_{jk}^{(k)}}{a_{kk}^{(k)}}$$

的量级将会大于 1。舍入误差的产生是在计算 $a_{jl}^{(k+1)}$ 时，由于 $a_{kl}^{(k)}$ 乘以 m_{jk} ，因此混合了原来的误差。因此，当 $a_{kk}^{(k)}$ 较小时，执行向后替换：

$$x_k = \frac{a_{k,n+1}^{(k)} - \sum_{j=k+1}^{n} a_{kj}^{(k)}}{a_{kk}^{(k)}}$$

这会显著地放大误差。在下一个例子中，将看到即使对于小型方程组，舍入误差也可能使计算失败。

例1　应用高斯消去法求解方程组

$$E_1:\quad 0.003000x_1 + 59.14x_2 = 59.17$$
$$E_2:\quad 5.291x_1 - 6.130x_2 = 46.78$$

结果保留 4 位小数，比较近似解与真实解 $x_1 = 10.00$ 和 $x_2 = 1.000$。

解　第一个主元 $a_{11}^{(1)} = 0.003000$ 非常小，并且其相应的因子为

$$m_{21} = \frac{5.291}{0.003000} = 1763.6\overline{6}$$

它近似为 1764。执行 $(E_2 - m_{21}E_1) \to (E_2)$，并进行合理的舍入后得到方程组

$$0.003000x_1 + 59.14x_2 \approx 59.17$$

$$-104300x_2 \approx -104\,400$$

来代替原方程组。因此有

$$0.003000x_1 + 59.14x_2 = 59.17$$

$$-104309.37\overline{6}x_2 = -104309.37\overline{6}$$

此时 $m_{21}a_{13}$ 和 a_{23} 大小悬殊，虽然引入了舍入误差，但是舍入误差并没有传播。执行向后替换得到

$$x_2 \approx 1.001$$

比较接近精确值 $x_2 = 1.000$。然而，由于主元 $a_{11} = 0.003000$ 非常小：

$$x_1 \approx \frac{59.17 - (59.14)(1.001)}{0.003000} = -10.00$$

其中卷入了 0.001 的小误差，它乘以

$$\frac{59.14}{0.003000} \approx 20\,000$$

就极大地偏离了精确值 $x_1 = 10.00$。

这显然是一个人为的例子，图 6.1 说明了为什么误差非常容易发生。对于更大的方程组，提前预测可能会发生的不可估量的误差是非常困难的。

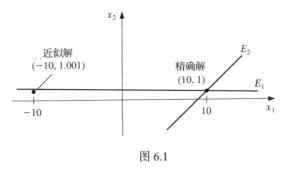

图 6.1

列主元消去法

例1 已经证明当主元 $a_{kk}^{(k)}$ 相对于元素 $a_{ij}^{(k)}$（$k \leq i \leq n$ 和 $k \leq j \leq n$）很小时，将产生很大的误差。为了避免这个问题，选择最大量级的元素 $a_{pq}^{(k)}$ 作为主元，交换第 k 行和第 p 行后，执行主元法。必要时，要交换第 k 列和第 q 列。

最简单的方法被称为列主元消去法，是选择同一列中在对角线以下的绝对值最大的元素；特别是定义最小的 $p \geq k$ 满足

$$|a_{pk}^{(k)}| = \max_{k \leq i \leq n} |a_{ik}^{(k)}|$$

并执行 $(E_k) \leftrightarrow (E_p)$。在这种情况下，就不需要交换列了。

例 2　应用高斯消去法求解方程组
$$E_1: \quad 0.003000x_1 + 59.14x_2 = 59.17$$
$$E_2: \quad 5.291x_1 - 6.130x_2 = 46.78$$

使用列主元消去法并保留 4 位小数，比较近似解和精确解 $x_1 = 10.00$ 及 $x_2 = 1.000$。

解　执行列主元消去法的第一步时寻找
$$\max\left\{|a_{11}^{(1)}|, |a_{21}^{(1)}|\right\} = \max\{|0.003000|, |5.291|\} = |5.291| = |a_{21}^{(1)}|$$

并执行 $(E_2) \leftrightarrow (E_1)$，得到等价的方程组为
$$E_1: \quad 5.291x_1 - 6.130x_2 = 46.78,$$
$$E_2: \quad 0.003000x_1 + 59.14x_2 = 59.17$$

为这个方程组消元的因子是
$$m_{21} = \frac{a_{21}^{(1)}}{a_{11}^{(1)}} = 0.0005670$$

执行操作 $(E_2 - m_{21}E_1) \rightarrow (E_2)$，得到近似系统：
$$5.291x_1 - 6.130x_2 \approx 46.78,$$
$$59.14x_2 \approx 59.14$$

应用向后替换并保留 4 位小数的方法得到的结果恰巧是精确解 $x_1 = 10.00$ 和 $x_2 = 1.000$。　∎

这个方法被称为**列主元消去法**(或最大列主元消去法)，详情见算法 6.2。相应的行变换对应于算法中交换 Step 5 中 NROW 的值。

算法 6.2　列主元的高斯消去法

求解 $n \times n$ 的线性方程组
$$E_1: \quad a_{11}x_1 + a_{12}x_2 + \cdots + a_{1n}x_n = a_{1,n+1}$$
$$E_2: \quad a_{21}x_1 + a_{22}x_2 + \cdots + a_{2n}x_n = a_{2,n+1}$$
$$\vdots \qquad\qquad\qquad\qquad \vdots$$
$$E_n: \quad a_{n1}x_1 + a_{n2}x_2 + \cdots + a_{nn}x_n = a_{n,n+1}$$

输入　方程组未知量的个数 n，增广矩阵 $A = [a_{ij}]$，其中 $1 \leqslant i \leqslant n$ 和 $1 \leqslant j \leqslant n+1$。

输出　解 $x_1, \cdots, x_n$ 或者这个线性方程组没有唯一解的信息。

Step 1　For $i = 1, \cdots, n$ set $NROW(i) = i$.　(初始化运行指针)

Step 2　For $i = 1, \cdots, n-1$ do Steps 3–6.　(消去过程)

　　　Step 3　Let p be the smallest integer with $i \leqslant p \leqslant n$ and $|a(NROW(p), i)| = \max_{i \leqslant j \leqslant n} |a(NROW(j), i)|$.
　　　　　　(记号: $a(NROW(i), j) \equiv a_{NROW_i, j}$)

　　　Step 4　If $a(NROW(p), i) = 0$ then OUTPUT ('no unique solution exists');
　　　　　　　　　　　　　　　　　STOP.

　　　Step 5　If $NROW(i) \neq NROW(p)$ then set $NCOPY = NROW(i)$;
　　　　　　　　　　　　　　　$NROW(i) = NROW(p)$;
　　　　　　　　　　　　　　　$NROW(p) = NCOPY$.
　　　　(实现行交换)

Step 6　For $j = i + 1, \cdots, n$ do Steps 7 and 8.

Step 7　Set $m(NROW(j), i) = a(NROW(j), i)/a(NROW(i), i)$.

Step 8　执行　$(E_{NROW(j)} - m(NROW(j), i) \cdot E_{NROW(i)}) \rightarrow (E_{NROW(j)})$.

Step 9　If $a(NROW(n), n) = 0$ then OUTPUT ('no unique solution exists');
　　　　STOP.

Step 10　Set $x_n = a(NROW(n), n + 1)/a(NROW(n), n)$.
　　　　(开始向后替换)

Step 11　For $i = n - 1, \cdots, 1$

$$\text{set } x_i = \frac{a(NROW(i), n + 1) - \sum_{j=i+1}^{n} a(NROW(i), j) \cdot x_j}{a(NROW(i), i)}.$$

Step 12　OUTPUT $(x_1, \cdots, x_n)$;　(算法成功完成)
　　　　STOP.　　　　　　　　　　　　　　　　　　　　■

在列主元消去法中每个因子 m_{ij} 的值都小于等于 1。虽然这个方法对于很多线性方程组是足够的，但是也有它不适合的时候。

示例　线性方程组

$$E_1: \quad 30.00x_1 + 591400x_2 = 591700,$$
$$E_2: \quad 5.291x_1 - \quad 6.130x_2 = 46.78$$

类似于例 1 和例 2，不同的只是第一个方程乘以 10^4。应用算法 6.2 给出的列主元消去法并保留 4 位有效数字将得到和例 1 一样的结果。第一列最大的主元是 30.00，因子为

$$m_{21} = \frac{5.291}{30.00} = 0.1764$$

即有

$$30.00x_1 + 591400x_2 \approx 591700,$$
$$-104300x_2 \approx -104400$$

从而得到了与例 1 同样不精确的解：$x_2 \approx 1.001$ 和 $x_1 \approx -10.00$。　　　　　　■

标度化列主元消去法

标度化列主元消去法适用于求解示例中的方程组。用该行中绝对值最大的元素代替主元，第一步定义每一行的标度化因子 s_i：

$$s_i = \max_{1 \leqslant j \leqslant n} |a_{ij}|$$

如果对于某个 i 有 $s_i = 0$，那么第 i 行的元素都为 0，因此这个方程组没有唯一解。假设这种情况不会发生，第一步通过选择最小整数 p 以满足

$$\frac{|a_{p1}|}{s_p} = \max_{1 \leqslant k \leqslant n} \frac{|a_{k1}|}{s_k}$$

和执行 $(E_1) \leftrightarrow (E_p)$ 来实现该算法。标度化的作用是在执行行交换之前，确保每一行的最大元素的相对大小是 1。

以类似的方法，在执行

$$E_k - m_{ki}E_i, \quad k = i + 1, \cdots, n$$

以消去变量 x_i 之前，我们选择最小的整数 $p \geqslant i$ 以满足。

$$\frac{|a_{pi}|}{s_p} = \max_{i \leq k \leq n} \frac{|a_{ki}|}{s_k}$$

如果 $i \neq p$，执行行交换 $(E_i) \leftrightarrow (E_p)$。标度化 $s_1, \cdots, s_n$ 在算法的开始只计算一次。这些因子与行相关，因此当执行行交换时，它们也要交换。

示例 应用标度化列主元消去法求解前面描述的方程组，得到

$$s_1 = \max\{|30.00|, |591400|\} = 591400$$

和

$$s_2 = \max\{|5.291|, |-6.130|\} = 6.130$$

因此，

$$\frac{|a_{11}|}{s_1} = \frac{30.00}{591400} = 0.5073 \times 10^{-4}, \qquad \frac{|a_{21}|}{s_2} = \frac{5.291}{6.130} = 0.8631$$

交换 $(E_1) \leftrightarrow (E_2)$。

应用高斯消去法求解新方程组：

$$5.291x_1 - 6.130x_2 = 46.78$$

$$30.00x_1 + 591400x_2 = 591700$$

得到相应的解 $x_1 = 10.00$ 和 $x_2 = 1.000$。

算法 6.3 总结了标度化列主元高斯消去法。

算法 6.3 标度化列主元高斯消去法

只有一步不同于算法 6.2。

Step 1   For $i = 1, \cdots, n$ set $s_i = \max_{1 \leq j \leq n} |a_{ij}|$;

           if $s_i = 0$ then OUTPUT ('no unique solution exists');

                    STOP.

                 else set $NROW(i) = i$.

Step 2   For $i = 1, \cdots, n-1$ do Steps 3–6. （消去过程）

        Step 3   令 p 是满足 $i \leq p \leq n$ 的最小的整数，以及

$$\frac{|a(NROW(p), i)|}{s(NROW(p))} = \max_{i \leq j \leq n} \frac{|a(NROW(j), i)|}{s(NROW(j))}$$

例 3 求解下列线性方程组并保留 3 位有效数字。

$$2.11x_1 - 4.21x_2 + 0.921x_3 = 2.01,$$

$$4.01x_1 + 10.2x_2 - 1.12x_3 = -3.09,$$

$$1.09x_1 + 0.987x_2 + 0.832x_3 = 4.21$$

解 因为有 $s_1 = 4.21$，$s_2 = 10.2$ 和 $s_3 = 1.09$，所以

$$\frac{|a_{11}|}{s_1} = \frac{2.11}{4.21} = 0.501, \qquad \frac{|a_{21}|}{s_1} = \frac{4.01}{10.2} = 0.393, \qquad \frac{|a_{31}|}{s_3} = \frac{1.09}{1.09} = 1$$

增广矩阵 AA 定义为

$$\begin{bmatrix} 2.11 & -4.21 & .921 & \vdots & 2.01 \\ 4.01 & 10.2 & -1.12 & \vdots & -3.09 \\ 1.09 & .987 & .832 & \vdots & 4.21 \end{bmatrix}$$

由于 $|a_{31}|/s_3$ 最大，因此执行 $(E_1) \leftrightarrow (E_3)$ 得到

$$\begin{bmatrix} 1.09 & .987 & .832 & \vdots & 4.21 \\ 4.01 & 10.2 & -1.12 & \vdots & -3.09 \\ 2.11 & -4.21 & .921 & \vdots & 2.01 \end{bmatrix}$$

计算因子得

$$m_{21} = \frac{a_{21}}{a_{11}} = 3.68; \quad m_{31} = \frac{a_{31}}{a_{11}} = 1.94$$

执行两步消去得到

$$\begin{bmatrix} 1.09 & .987 & .832 & \vdots & 4.21 \\ 0 & 6.57 & -4.18 & \vdots & -18.6 \\ 0 & -6.12 & -.689 & \vdots & -6.16 \end{bmatrix}$$

由于

$$\frac{|a_{22}|}{s_2} = \frac{6.57}{10.2} = 0.644 \quad 和 \quad \frac{|a_{32}|}{s_3} = \frac{6.12}{4.21} = 1.45$$

执行 $E_2 \leftrightarrow E_3$，得到

$$\begin{bmatrix} 1.09 & .987 & .832 & \vdots & 4.21 \\ 0 & -6.12 & -.689 & \vdots & -6.16 \\ 0 & 6.57 & -4.18 & \vdots & -18.6 \end{bmatrix}$$

计算因子 m_{32}：

$$m_{32} = \frac{a_{32}}{a_{22}} = -1.07$$

应用下一步消去步骤得到

$$\begin{bmatrix} 1.09 & .987 & .832 & \vdots & 4.21 \\ 0 & -6.12 & -.689 & \vdots & -6.16 \\ 0 & 0 & -4.92 & \vdots & -25.2 \end{bmatrix}$$

最终，应用向后替换得到系统的解 **x**，保留 3 位有效数字，得到解 $x_1 = -0.431$，$x_2 = 0.430$ 和 $x_3 = 5.12$。 ■

标度化列主元消去法的第一个加法运算产生于确定标度化因子，对于 $(n-1)$ 行中任意一行需要 n 次比较，共有

$$n(n-1) 次比较$$

要确定正确的第一次交换，将执行 n 次除法，之后是 $n-1$ 次比较。因此，第一次交换需要

$$n 次除法和 (n-1) 次比较$$

标度化因子只计算一次。因此，第二步需要

$$(n-1) 次除法和 (n-2) 次比较$$

我们以类似的方法进行消去，直到除了第 n 行主对角线以下的元素都是 0 为止。最后一步需要执行

$$2 次除法和 1 次比较$$

因此，标度化列主元消去法在消去过程共需要

$$n(n-1) + \sum_{k=1}^{n-1} k = n(n-1) + \frac{(n-1)n}{2} = \frac{3}{2}n(n-1) \text{ 次比较} \tag{6.7}$$

和

$$\sum_{k=2}^{n} k = \left(\sum_{k=1}^{n} k \right) - 1 = \frac{n(n+1)}{2} - 1 = \frac{1}{2}(n-1)(n+2) \ \text{次除法}$$

加法/减法运算与比较运算的耗时大体上相同。由于执行基本的高斯消去法需要 $O(n^3/3)$ 次乘法/除法和 $O(n^3/3)$ 次加法/减法，对于大型 n 维系统标度化列主元法没有显著增加计算所需的时间。

为了强调只有一次选择标度化因子的重要性，要考虑如果程序被修改的话，将需要多少额外的计算量。因此，每次执行一个行交换，新的标度化因子就被确定了。在这种情况下，式(6.7)中的项 $n(n-1)$ 将被替换成

$$\sum_{k=2}^{n} k(k-1) = \frac{1}{3}n(n^2-1)$$

因此，标度化列主元消去法需要增加 $O(n^3/3)$ 次比较和 $[n(n+1)/2]-1$ 次除法。

完全主元消去法

主元法结合了行交换与列交换。完全(最大)主元法的第 k 步中在所有的元素 a_{ij}(其中 $i=k,k+1,\cdots,n$ 和 $j=k,k+1,\cdots,n$)中寻找量级最大的元素。执行行交换和列交换将最大的元素放到主元的位置。选主元的第一步需要 n^2-1 次比较，第二步需要 $(n-1)^2-1$ 次比较，以此类推，完全主元消去法共需要

$$\sum_{k=2}^{n} (k^2-1) = \frac{n(n-1)(2n+5)}{6}$$

次比较。因此，当线性方程组使用完全主元消去法时，完全主元消去法的准确性是至关重要的，并且所需要的时间是合理的。

习题 6.2

1. 应用算法 6.1 找到所需的行变换来求解以下线性方程组。

    a. $x_1 - 5x_2 + x_3 = 7$,
          $10x_1 + 20x_3 = 6$,
          $5x_1 - x_3 = 4$

    b. $x_1 + x_2 - x_3 = 1$,
          $x_1 + x_2 + 4x_3 = 2$,
          $2x_1 - x_2 + 2x_3 = 3$

    c. $2x_1 - 3x_2 + 2x_3 = 5$,
          $-4x_1 + 2x_2 - 6x_3 = 14$,
          $2x_1 + 2x_2 + 4x_3 = 8$

    d. $x_2 + x_3 = 6$,
          $x_1 - 2x_2 - x_3 = 4$,
          $x_1 - x_2 + x_3 = 5$

2. 应用算法 6.1 找到所需的行变换来求解以下线性方程组。

    a. $13x_1 + 17x_2 + x_3 = 5$,
          $x_2 + 19x_3 = 1$,
          $12x_2 - x_3 = 0$

    b. $x_1 + x_2 - x_3 = 0$,
          $12x_2 - x_3 = 4$,
          $2x_1 + x_2 + x_3 = 5$

    c. $5x_1 + x_2 - 6x_3 = 7$,
          $2x_1 + x_2 - x_3 = 8$,
          $6x_1 + 12x_2 + x_3 = 9$

    d. $x_1 - x_2 + x_3 = 5$,
          $7x_1 + 5x_2 - x_3 = 8$,
          $2x_1 + x_2 + x_3 = 7$

3. 应用算法 6.2 求解习题 1。

4. 应用算法 6.2 求解习题 2。

5. 应用算法 6.3 求解习题 1。

6. 应用算法 6.3 求解习题 2。

7. 应用完全主元消去法求解习题 1。

8. 应用完全主元消去法求解习题 2。

9. 应用高斯消去法和三位数字截断算法求解下列线性方程组，并比较近似解和精确解。

a. $0.03x_1 + 58.9x_2 = 59.2,$
$5.31x_1 - 6.10x_2 = 47.0.$
精确解 $[10, 1]$

b. $3.03x_1 - 12.1x_2 + 14x_3 = -119,$
$-3.03x_1 + 12.1x_2 - 7x_3 = 120,$
$6.11x_1 - 14.2x_2 + 21x_3 = -139$
精确解 $[0, 10, \frac{1}{7}]$

c. $1.19x_1 + 2.11x_2 - 100x_3 + x_4 = 1.12,$
$14.2x_1 - 0.122x_2 + 12.2x_3 - x_4 = 3.44,$
$100x_2 - 99.9x_3 + x_4 = 2.15,$
$15.3x_1 + 0.110x_2 - 13.1x_3 - x_4 = 4.16$
精确解 $[0.176, 0.0126, -0.0206, -1.18]$

d. $\pi x_1 - ex_2 + \sqrt{2}x_3 - \sqrt{3}x_4 = \sqrt{11},$
$\pi^2 x_1 + ex_2 - e^2 x_3 + \frac{3}{7}x_4 = 0,$
$\sqrt{5}x_1 - \sqrt{6}x_2 + x_3 - \sqrt{2}x_4 = \pi,$
$\pi^3 x_1 + e^2 x_2 - \sqrt{7}x_3 + \frac{1}{9}x_4 = \sqrt{2}$
精确解 $[0.788, -3.12, 0.167, 4.55]$

10. 应用高斯消去法和三位数字截断算法求解下列线性方程组，并比较近似解和精确解。

a. $58.9x_1 + 0.03x_2 = 59.2,$
$-6.10x_1 + 5.31x_2 = 47.0$
精确解 $[1, 10]$

b. $3.3330x_1 + 15920x_2 + 10.333x_3 = 7953,$
$2.2220x_1 + 16.710x_2 + 9.6120x_3 = 0.965,$
$-1.5611x_1 + 5.1792x_2 - 1.6855x_3 = 2.714$
精确解 $[1, 0.5, -1]$

c. $2.12x_1 - 2.12x_2 + 51.3x_3 + 100x_4 = \pi,$
$0.333x_1 - 0.333x_2 - 12.2x_3 + 19.7x_4 = \sqrt{2},$
$6.19x_1 + 8.20x_2 - 1.00x_3 - 2.01x_4 = 0,$
$-5.73x_1 + 6.12x_2 + x_3 - x_4 = -1$
精确解 $[0.0998, -0.0683, -0.0363, 0.0465]$

d. $\pi x_1 + \sqrt{2}x_2 - x_3 + x_4 = 0,$
$ex_1 - x_2 + x_3 + 2x_4 = 1,$
$x_1 + x_2 - \sqrt{3}x_3 + x_4 = 2,$
$-x_1 - x_2 + x_3 - \sqrt{5}x_4 = 3$
精确解 $[1.35, -4.68, -4.03, -1.66]$

11. 应用保留 3 位有效数字方法求解习题 9。

12. 应用保留 3 位有效数字方法求解习题 10。

13. 应用列主元高斯消去法求解习题 9。

14. 应用列主元高斯消去法求解习题 10。

15. 应用列主元高斯消去法和保留 3 位有效数字方法求解习题 9。

16. 应用列主元高斯消去法和保留 3 位有效数字方法求解习题 10。

17. 应用标度化列主元高斯消去法求解习题 9。

18. 应用标度化列主元高斯消去法求解习题 10。

19. 应用标度化列主元高斯消去法和保留 3 位有效数字方法求解习题 9。

20. 应用标度化列主元高斯消去法和保留 3 位有效数字方法求解习题 10。

21. 应用完全主元高斯消去求解习题 9。

22. 应用完全主元高斯消去求解习题 10。

23. 应用完全主元高斯消去法和保留 3 位有效数字方法求解习题 9。

24. 应用完全主元高斯消去法和保留 3 位有效数字方法求解习题 10。

应用型习题

25. 下面的电路中有 4 个电阻和两个电压。电阻分别是 R_1，R_2，R_3 和 R_4（欧姆），电压分别是 E_1 和 E_2

（伏特），电流分别是 i_1，i_2 和 i_3（安培）。

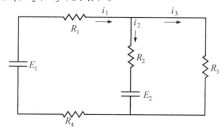

a. 应用 Kirchohoff 定理，得到线性系统：

$$(R_1 + R_4)i_1 + R_2i_2 \qquad = E_1 + E_2$$

$$(R_1 + R_4)i_1 \qquad + R_3i_3 = E_1$$

$$i_1 - i_2 - i_3 = 0$$

b. 当 $E_1 = 12$ V，$E_2 = 10$ V，$R_1 = 2\ \Omega$，$R_2 = 2\ \Omega$，$R_3 = 4\ \Omega$ 和 $R_4 = 1\ \Omega$ 时，应用不带主元的高斯消去法求解 i_1，i_2 和 i_3。

c. 如果电阻变为 $R_1 = 0.001\ \Omega$，$R_2 = 3.333\ \Omega$，$R_3 = 4.002\ \Omega$ 和 $R_4 = 0.012\ \Omega$，应用高斯消去法和三位数字截断算法求解电流 i_1，i_2 和 i_3。

d. 列主元消去法是否可以用来改进解(c)的答案？

理论型习题

26. 假设

$$2x_1 + x_2 + 3x_3 = 1$$

$$4x_1 + 6x_2 + 8x_3 = 5$$

$$6x_1 + \alpha x_2 + 10x_3 = 5$$

且 $|\alpha| < 10$。对于下面哪个 α 值，当采用标度化列主元消去法时不需要进行行变换就可以求解线性方程组？

a. $\alpha = 6$ 　　　　　　b. $\alpha = 9$ 　　　　　　c. $\alpha = -3$

讨论问题

1. 对本章讨论的完全主元消去法构造一个算法。

2. 一个新的主元高斯消去法由 Markus Olschowka 在文章 "A New Pivoting Strategy for Gaussian Elimination" 中提出。讨论并比较该方法和本书提出的方法。

3. 旋转主元消去法由 Neal 和 Poole 在文章 "A Geometric Analysis of Gaussian Elimination" 中提出。讨论并比较该方法和本书中提出的方法。

4. 比较本书 6.2 节中提出的各种主元消去法。

5. 由于计算机使用的是固定精度的算术，所以在每次执行算术运算时可能会引入小误差。因此，使用带主元的高斯消去法求解线性方程时可能产生明显的误差。这个误差可以被控制吗？

6.3　线性代数和矩阵的逆

在 6.1 节中介绍了矩阵，这是一种表示和操作线性方程组的简便方法。在本节中，我们考虑一些和矩阵相关的代数并展示如何用矩阵来求解线性方程组。

定义 6.2　两个矩阵 A 和 B 相等是指它们有相同的行和列，也就是说，对于 $n \times m$ 矩阵，对于任意的 $i = 1, 2, \cdots, n$ 和 $j = 1, 2, \cdots, m$，有 $a_{ij} = b_{ij}$。

例如，该定义意味着

$$\begin{bmatrix} 2 & -1 & 7 \\ 3 & 1 & 0 \end{bmatrix} \neq \begin{bmatrix} 2 & 3 \\ -1 & 1 \\ 7 & 0 \end{bmatrix}$$

因为它们的维数不相同。

矩阵运算

矩阵有两个重要的运算，即两个矩阵的和与矩阵和实数的乘积。

定义 6.3　如果矩阵 A 和 B 都是 $n \times m$ 矩阵，那么矩阵 A 与 B 的和（简记为 $A+B$）是 $n \times m$ 矩阵，对于任意的 $i = 1, 2, \cdots, n$ 和 $j = 1, 2, \cdots, m$ ，它的元素是 $a_{ij} + b_{ij}$。　■

定义 6.4　如果矩阵 A 是 $n \times m$ 矩阵，λ 是一个实数，那么 λ 和 A 的标量积（简记为 λA）是 $n \times m$ 矩阵，对于任意的 $i = 1, 2, \cdots, n$ 和 $j = 1, 2, \cdots, m$ ，它的元素是 λa_{ij}。　■

例 1　计算 $A+B$ 和 λA:

$$A = \begin{bmatrix} 2 & -1 & 7 \\ 3 & 1 & 0 \end{bmatrix}, \quad B = \begin{bmatrix} 4 & 2 & -8 \\ 0 & 1 & 6 \end{bmatrix}, \quad \lambda = -2$$

解　我们有

$$A + B = \begin{bmatrix} 2+4 & -1+2 & 7-8 \\ 3+0 & 1+1 & 0+6 \end{bmatrix} = \begin{bmatrix} 6 & 1 & -1 \\ 3 & 2 & 6 \end{bmatrix}$$

和

$$\lambda A = \begin{bmatrix} -2(2) & -2(-1) & -2(7) \\ -2(3) & -2(1) & -2(0) \end{bmatrix} = \begin{bmatrix} -4 & 2 & -14 \\ -6 & -2 & 0 \end{bmatrix}$$　■

我们有了矩阵加法和标量乘法的一般性质。这些性质足以将所有 $n \times m$ 矩阵集在实数范围内划分为一个向量空间。

● 我们令 O 代表所有元素都为 0 的矩阵，$-A$ 代表所有元素为 $-a_{ij}$ 的矩阵。

定理 6.5　令矩阵 A，B 和 C 都是 $n \times m$ 矩阵，λ 和 μ 为实数，下面的矩阵加法和标量乘法均满足。

(i)	$A + B = B + A$,	**(ii)**	$(A + B) + C = A + (B + C)$,
(iii)	$A + O = O + A = A$,	**(iv)**	$A + (-A) = -A + A = O$,
(v)	$\lambda(A + B) = \lambda A + \lambda B$,	**(vi)**	$(\lambda + \mu)A = \lambda A + \mu A$,
(vii)	$\lambda(\mu A) = (\lambda \mu)A$,	**(viii)**	$1A = A$

所有的性质都类似于实数的性质。　■

矩阵-向量积

矩阵乘积可以用某些具体例子来定义。首先考虑 $n \times m$ 矩阵和 $m \times 1$ 列向量的积。

定义 6.6　若 A 是 $n \times m$ 矩阵，$\mathbf{b}$ 是 m 维列向量，则 A 和 $\mathbf{b}$ 的**矩阵-向量积**（简记为 $A\mathbf{b}$）是一个 n 维的列向量：

$$A\mathbf{b} = \begin{bmatrix} a_{11} & a_{12} & \cdots & a_{1m} \\ a_{21} & a_{22} & \cdots & a_{2m} \\ \vdots & \vdots & & \vdots \\ a_{n1} & a_{n2} & \cdots & a_{nm} \end{bmatrix} \begin{bmatrix} b_1 \\ b_2 \\ \vdots \\ b_m \end{bmatrix} = \begin{bmatrix} \sum_{i=1}^{m} a_{1i}b_i \\ \sum_{i=1}^{m} a_{2i}b_i \\ \vdots \\ \sum_{i=1}^{m} a_{ni}b_i \end{bmatrix}$$　■

对于定义的矩阵-向量积, 矩阵 A 的列数等于列向量 $\mathbf{b}$ 的行数, 也就是说, 任意列向量的行数要等于矩阵的列数。

例 2 如果 $A = \begin{bmatrix} 3 & 2 \\ -1 & 1 \\ 6 & 4 \end{bmatrix}$ 和 $\mathbf{b} = \begin{bmatrix} 3 \\ -1 \end{bmatrix}$, 确定 $A\mathbf{b}$ 的积。

解 因为 A 的维数是 3×2, $\mathbf{b}$ 的维数是 2×1, 定义的积是一个 3 行的列向量, 有

$$3(3) + 2(-1) = 7, \quad (-1)(3) + 1(-1) = -4, \quad 6(3) + 4(-1) = 14$$

因此,

$$A\mathbf{b} = \begin{bmatrix} 3 & 2 \\ -1 & 1 \\ 6 & 4 \end{bmatrix} \begin{bmatrix} 3 \\ -1 \end{bmatrix} = \begin{bmatrix} 7 \\ -4 \\ 14 \end{bmatrix} \quad ■$$

矩阵向量积的引入使我们可以将线性系统

$$a_{11}x_1 + a_{12}x_2 + \cdots + a_{1n}x_n = b_1,$$
$$a_{21}x_1 + a_{22}x_2 + \cdots + a_{2n}x_n = b_2,$$
$$\vdots \qquad\qquad\qquad \vdots$$
$$a_{n1}x_1 + a_{n2}x_2 + \cdots + a_{nn}x_n = b_n$$

表示成向量积

$$A\mathbf{x} = \mathbf{b}$$

其中

$$A = \begin{bmatrix} a_{11} & a_{12} & \cdots & a_{1n} \\ a_{21} & a_{22} & \cdots & a_{2n} \\ \vdots & \vdots & & \vdots \\ a_{n1} & a_{n2} & \cdots & a_{nn} \end{bmatrix}, \quad \mathbf{x} = \begin{bmatrix} x_1 \\ x_2 \\ \vdots \\ x_n \end{bmatrix}, \quad \mathbf{b} = \begin{bmatrix} b_1 \\ b_2 \\ \vdots \\ b_n \end{bmatrix}$$

因为 $A\mathbf{x}$ 中的每一项与 $\mathbf{b}$ 的每一项对应相等。因此, 一个 $n \times m$ 矩阵可以看作从实数域上 m 维列向量组成的集合到 n 维列向量的子集构成的函数。

矩阵-矩阵积

我们可以用矩阵-向量积来定义一般的矩阵-矩阵积。

定义 6.7 若 A 是 $n \times m$ 矩阵, B 是 $m \times p$ 矩阵, 则 A 和 B 矩阵积 (简记为 AB) 是一个 $n \times p$ 矩阵 C, 元素 c_{ij} 为

$$c_{ij} = \sum_{k=1}^{m} a_{ik}b_{kj} = a_{i1}b_{1j} + a_{i2}b_{2j} + \cdots + a_{im}b_{mj}$$

对于任意 $i = 1, 2, \cdots, n$ 和 $j = 1, 2, \cdots, p$。   ■

c_{ij} 的计算被认为是 A 的第 i 行和 B 的第 j 列的对应元素相乘, 最后再求和。即

$$[a_{i1}, a_{i2}, \cdots, a_{im}] \begin{bmatrix} b_{1j} \\ b_{2j} \\ \vdots \\ b_{mj} \end{bmatrix} = c_{ij}$$

因此，

$$c_{ij} = a_{i1}b_{1j} + a_{i2}b_{2j} + \cdots + a_{im}b_{mj} = \sum_{k=1}^{m} a_{ik}b_{kj}$$

这就解释了为什么对于 AB 的乘积，A 的列数等于 B 的行数。

我们用下面的例子来解释矩阵积的过程。

例 3　确定所有可能的矩阵积。

$$A = \begin{bmatrix} 3 & 2 \\ -1 & 1 \\ 1 & 4 \end{bmatrix}, \quad B = \begin{bmatrix} 2 & 1 & -1 \\ 3 & 1 & 2 \end{bmatrix},$$

$$C = \begin{bmatrix} 2 & 1 & 0 & 1 \\ -1 & 3 & 2 & 1 \\ 1 & 1 & 2 & 0 \end{bmatrix}, \quad\quad D = \begin{bmatrix} 1 & -1 \\ 2 & -1 \end{bmatrix}$$

解　矩阵的维数分别是

$$A : 3 \times 2, \quad B : 2 \times 3, \quad C : 3 \times 4, \quad D : 2 \times 2$$

可以被定义的矩阵积和它们的维数是

$$AB : 3 \times 3, \quad BA : 2 \times 2, \quad AD : 3 \times 2, \quad BC : 2 \times 4, \quad DB : 2 \times 3, \quad DD : 2 \times 2$$

这些积是

$$AB = \begin{bmatrix} 12 & 5 & 1 \\ 1 & 0 & 3 \\ 14 & 5 & 7 \end{bmatrix}, \quad BA = \begin{bmatrix} 4 & 1 \\ 10 & 15 \end{bmatrix}, \quad AD = \begin{bmatrix} 7 & -5 \\ 1 & 0 \\ 9 & -5 \end{bmatrix},$$

$$BC = \begin{bmatrix} 2 & 4 & 0 & 3 \\ 7 & 8 & 6 & 4 \end{bmatrix}, \quad DB = \begin{bmatrix} -1 & 0 & -3 \\ 1 & 1 & -4 \end{bmatrix}, \quad DD = \begin{bmatrix} -1 & 0 \\ 0 & -1 \end{bmatrix} \quad ■$$

注意：虽然矩阵积 AB 和 BA 都可以定义，但它们的结果是不一样的，它们甚至没有相同的维数。在计算机语言中，我们说矩阵乘积运算是不能交换的，也就是说，顺序不同的积不同。即使两种矩阵积都有定义并且维数相同，但仍然不相等。几乎所有的例子都能证明，比如，

$$\begin{bmatrix} 1 & 1 \\ 1 & 0 \end{bmatrix}\begin{bmatrix} 0 & 1 \\ 1 & 1 \end{bmatrix} = \begin{bmatrix} 1 & 2 \\ 0 & 1 \end{bmatrix} \text{ 而 } \begin{bmatrix} 0 & 1 \\ 1 & 1 \end{bmatrix}\begin{bmatrix} 1 & 1 \\ 1 & 0 \end{bmatrix} = \begin{bmatrix} 1 & 0 \\ 2 & 1 \end{bmatrix}$$

然而，矩阵积也包含一些重要的运算，如下所示。

定理 6.8　若 A 是 $n \times m$ 矩阵，B 是 $m \times k$ 矩阵，C 是 $k \times p$ 矩阵，D 是 $m \times k$ 矩阵和 λ 是一个实数，则满足下面的性质：

(a) $A(BC) = (AB)C$ ；　(b) $A(B + D) = AB + AD$ ；　(c) $\lambda(AB) = (\lambda A)B = A(\lambda B)$

证明　只证明性质中的 (a) 部分，所涉及的方法如下所示。其他两部分可用相同的方法证明。

为了证明 $A(BC) = (AB)C$ ，计算方程两边的第 ij 个元素。BC 是 $m \times p$ 矩阵，元素 ij 为

$$(BC)_{sj} = \sum_{l=1}^{k} b_{sl}c_{lj}$$

因此，$A(BC)$ 是 $n \times p$ 矩阵，元素为

$$[A(BC)]_{ij} = \sum_{s=1}^{m} a_{is}(BC)_{sj} = \sum_{s=1}^{m} a_{is}\left(\sum_{l=1}^{k} b_{sl}c_{lj}\right) = \sum_{s=1}^{m}\sum_{l=1}^{k} a_{is}b_{sl}c_{lj}$$

与此相似，AB 是 $n \times k$ 矩阵，元素为

$$(AB)_{il} = \sum_{s=1}^{m} a_{is} b_{sl}$$

因此，$(AB)C$ 是 $n \times p$ 矩阵，元素为

$$[(AB)C]_{ij} = \sum_{l=1}^{k} (AB)_{il} c_{lj} = \sum_{l=1}^{k} \left(\sum_{s=1}^{m} a_{is} b_{sl} \right) c_{lj} = \sum_{l=1}^{k} \sum_{s=1}^{m} a_{is} b_{sl} c_{lj}$$

交换等式右边求和符号的顺序，得

$$[(AB)C]_{ij} = \sum_{s=1}^{m} \sum_{l=1}^{k} a_{is} b_{sl} c_{lj} = [A(BC)]_{ij}$$

对于任意的 $i = 1, 2, \cdots, n$ 和 $j = 1, 2, \cdots, p$。因此 $A(BC) = (AB)C$。 ∎

方阵

实际应用中行列相等的矩阵特别重要。

定义 6.9 (i) 一个**方阵**行数与列数相同。

(ii) **对角阵** $D = [d_{ij}]$ 是一个方阵，对于任意的 $i \neq j$，满足 $d_{ij} = 0$。

(iii) n **阶单位阵** $I_n = [\delta_{ij}]$ 是对角矩阵且对角线元素全部为 1。当单位阵 I_n 的维数很明显时，可简记为 I。 ∎

例如，3 阶单位阵是

$$I = \begin{bmatrix} 1 & 0 & 0 \\ 0 & 1 & 0 \\ 0 & 0 & 1 \end{bmatrix}$$

定义 6.10 上三角 $n \times n$ 矩阵 $U_n = [u_{ij}]$，对于任意的 $j = 1, 2, \cdots, n$，有

$$u_{ij} = 0, \quad \text{对每个 } i = j+1, j+2, \cdots, n$$

下三角 $L = [l_{ij}]$ 维矩阵，对于任意的 $j = 1, 2, \cdots, n$，有

$$l_{ij} = 0, \quad \text{对每个 } i = 1, 2, \cdots, j-1$$ ∎

因此，对角阵既是上三角矩阵又是下三角矩阵，因为它的非零元素在主对角线上。

示例 考虑 3 阶单位阵

$$I_3 = \begin{bmatrix} 1 & 0 & 0 \\ 0 & 1 & 0 \\ 0 & 0 & 1 \end{bmatrix}$$

如果 A 是任意 3×3 矩阵，那么

$$AI_3 = \begin{bmatrix} a_{11} & a_{12} & a_{13} \\ a_{21} & a_{22} & a_{23} \\ a_{31} & a_{32} & a_{33} \end{bmatrix} \begin{bmatrix} 1 & 0 & 0 \\ 0 & 1 & 0 \\ 0 & 0 & 1 \end{bmatrix} = \begin{bmatrix} a_{11} & a_{12} & a_{13} \\ a_{21} & a_{22} & a_{23} \\ a_{31} & a_{32} & a_{33} \end{bmatrix} = A$$ ∎

也就是说，单位阵 I_n 与任意 $n \times n$ 矩阵 A 可交换，即积与顺序无关。

$$I_n A = A = A I_n$$

即使对于方阵，这个性质一般也不成立。

矩阵的逆

与线性方程组相关的是**矩阵的逆**。

定义 6.11　如果存在一个 $n \times n$ 矩阵 A^{-1}，满足 $AA^{-1} = A^{-1}A = I$，则称 $n \times n$ 矩阵 A 是非奇异的（或可逆）。矩阵 A^{-1} 称为 A 的逆。若矩阵 A 没有逆则称为**奇异的**（或不可逆）。　■

根据定义 6.11 得到有关矩阵的逆的性质。性质的证明可参考习题 13。

定理 6.12　对于任意非奇异的 $n \times n$ 矩阵 A：

(i) A^{-1} 是唯一的。

(ii) A^{-1} 是非奇异的且 $(A^{-1})^{-1} = A$。

(iii) 如果 B 也是非奇异的 $n \times n$ 矩阵，那么 $(AB)^{-1} = B^{-1}A^{-1}$。　■

例 4　若

$$A = \begin{bmatrix} 1 & 2 & -1 \\ 2 & 1 & 0 \\ -1 & 1 & 2 \end{bmatrix} \quad , \quad B = \begin{bmatrix} -\frac{2}{9} & \frac{5}{9} & -\frac{1}{9} \\ \frac{4}{9} & -\frac{1}{9} & \frac{2}{9} \\ -\frac{1}{3} & \frac{1}{3} & \frac{1}{3} \end{bmatrix}$$

证明 $B = A^{-1}$ 且线性方程

$$\begin{aligned} x_1 + 2x_2 - \ x_3 &= 2, \\ 2x_1 + \ x_2 \quad\quad &= 3, \\ -x_1 + \ x_2 + 2x_3 &= 4 \end{aligned}$$

的解是 $B\mathbf{b}$，其中 $\mathbf{b}$ 是由 2，3 和 4 组成的列向量。

解　首先有

$$AB = \begin{bmatrix} 1 & 2 & -1 \\ 2 & 1 & 0 \\ -1 & 1 & 2 \end{bmatrix} \cdot \begin{bmatrix} -\frac{2}{9} & \frac{5}{9} & -\frac{1}{9} \\ \frac{4}{9} & -\frac{1}{9} & \frac{2}{9} \\ -\frac{1}{3} & \frac{1}{3} & \frac{1}{3} \end{bmatrix} = \begin{bmatrix} 1 & 0 & 0 \\ 0 & 1 & 0 \\ 0 & 0 & 1 \end{bmatrix} = I_3$$

同样，有 $BA = I_3$，因此，A 和 B 是非奇异的且有 $B = A^{-1}$ 和 $A = B^{-1}$。

现在将给定的线性系统转换成矩阵方程：

$$\begin{bmatrix} 1 & 2 & -1 \\ 2 & 1 & 0 \\ -1 & 1 & 2 \end{bmatrix} \begin{bmatrix} x_1 \\ x_2 \\ x_3 \end{bmatrix} = \begin{bmatrix} 2 \\ 3 \\ 4 \end{bmatrix}$$

两边同乘 B（A 的逆）。因为

$$B(A\mathbf{x}) = (BA)\mathbf{x} = I_3\mathbf{x} = \mathbf{x} \ \text{和} \ B(A\mathbf{x}) = \mathbf{b}$$

则有

$$B A\mathbf{x} = \left(\begin{bmatrix} -\frac{2}{9} & \frac{5}{9} & -\frac{1}{9} \\ \frac{4}{9} & -\frac{1}{9} & \frac{2}{9} \\ -\frac{3}{9} & \frac{3}{9} & \frac{3}{9} \end{bmatrix} \begin{bmatrix} 1 & 2 & -1 \\ 2 & 1 & 0 \\ -1 & 1 & 2 \end{bmatrix} \right) \mathbf{x} = \mathbf{x}$$

和

$$B A\mathbf{x} = B(\mathbf{b}) = \begin{bmatrix} -\frac{2}{9} & \frac{5}{9} & -\frac{1}{9} \\ \frac{4}{9} & -\frac{1}{9} & \frac{2}{9} \\ -\frac{1}{3} & \frac{1}{3} & \frac{1}{3} \end{bmatrix} \begin{bmatrix} 2 \\ 3 \\ 4 \end{bmatrix} = \begin{bmatrix} \frac{7}{9} \\ \frac{13}{9} \\ \frac{5}{3} \end{bmatrix}$$

这就证明了 $\mathbf{x} = B\mathbf{b}$，解为 $x_1 = 7/9$，$x_2 = 13/9$ 和 $x_3 = 5/3$。　■

　　虽然当 A^{-1} 已知时,用这种方法求解形如 $A\mathbf{x} = \mathbf{b}$ 的线性方程组非常简单,但是为了求解线性方程组而确定 A^{-1} 是非常困难的(见习题 16)。即便如此,从概念的角度描述一种确定矩阵的逆的方法还是很有用的。

　　假设 A 是非奇异的,为了找到一种计算 A^{-1} 的方法,让我们回顾矩阵的积。令 B_j 是 $n \times n$ 矩阵 B 的第 j 列:

$$B_j = \begin{bmatrix} b_{1j} \\ b_{2j} \\ \vdots \\ b_{nj} \end{bmatrix}$$

如果 $AB = C$,那么 C 的第 j 列由下面的积给出:

$$\begin{bmatrix} c_{1j} \\ c_{2j} \\ \vdots \\ c_{nj} \end{bmatrix} = C_j = AB_j = \begin{bmatrix} a_{11} & a_{12} & \cdots & a_{1n} \\ a_{21} & a_{22} & \cdots & a_{2n} \\ \vdots & \vdots & & \vdots \\ a_{n1} & a_{n2} & \cdots & a_{nn} \end{bmatrix} \begin{bmatrix} b_{1j} \\ b_{2j} \\ \vdots \\ b_{nj} \end{bmatrix} = \begin{bmatrix} \sum_{k=1}^{n} a_{1k}b_{kj} \\ \sum_{k=1}^{n} a_{2k}b_{kj} \\ \vdots \\ \sum_{k=1}^{n} a_{nk}b_{kj} \end{bmatrix}$$

假设 A^{-1} 存在且 $A^{-1} = B = (b_{ij})$,那么 $AB = I$ 且

$$AB_j = \begin{bmatrix} 0 \\ \vdots \\ 0 \\ 1 \\ 0 \\ \vdots \\ 0 \end{bmatrix}, \quad \text{其中第 } j \text{ 行的元素为 } 1$$

　　要找到 B,则需要解出 n 维线性方程组,其中逆的第 j 列是右端项为 I 的第 j 列线性方程组的解。下面的说明展示了这种方法。

　　示例　确定下面矩阵的逆。

$$A = \begin{bmatrix} 1 & 2 & -1 \\ 2 & 1 & 0 \\ -1 & 1 & 2 \end{bmatrix}$$

我们首先考虑 AB 的积,其中 B 是一个任意的 3×3 矩阵:

$$AB = \begin{bmatrix} 1 & 2 & -1 \\ 2 & 1 & 0 \\ -1 & 1 & 2 \end{bmatrix} \begin{bmatrix} b_{11} & b_{12} & b_{13} \\ b_{21} & b_{22} & b_{23} \\ b_{31} & b_{32} & b_{33} \end{bmatrix}$$

$$= \begin{bmatrix} b_{11} + 2b_{21} - b_{31} & b_{12} + 2b_{22} - b_{32} & b_{13} + 2b_{23} - b_{33} \\ 2b_{11} + b_{21} & 2b_{12} + b_{22} & 2b_{13} + b_{23} \\ -b_{11} + b_{21} + 2b_{31} & -b_{12} + b_{22} + 2b_{32} & -b_{13} + b_{23} + 2b_{33} \end{bmatrix}$$

如果 $B = A^{-1}$,那么 $AB = I$,所以

$$\begin{array}{lll} b_{11} + 2b_{21} - b_{31} = 1, & b_{12} + 2b_{22} - b_{32} = 0, & b_{13} + 2b_{23} - b_{33} = 0, \\ 2b_{11} + b_{21} = 0, & 2b_{12} + b_{22} = 1, & 2b_{13} + b_{23} = 0, \\ -b_{11} + b_{21} + 2b_{31} = 0 & -b_{12} + b_{22} + 2b_{32} = 0 & -b_{13} + b_{23} + 2b_{33} = 1 \end{array}$$

注意每个线性系统的系数都是一样的,唯一的变化是方程的右端项。因此,组合每一个系统得到较大的增广矩阵:

$$\left[\begin{array}{ccc:ccc} 1 & 2 & -1 & 1 & 0 & 0 \\ 2 & 1 & 0 & 0 & 1 & 0 \\ -1 & 1 & 2 & 0 & 0 & 1 \end{array}\right]$$

用高斯消去法进行求解。

首先，执行 $(E_2 - 2E_1) \to (E_2)$ 和 $(E_3 + E_1) \to (E_3)$，再执行 $(E_3 + E_2) \to (E_3)$，得到

$$\left[\begin{array}{ccc:ccc} 1 & 2 & -1 & 1 & 0 & 0 \\ 0 & -3 & 2 & -2 & 1 & 0 \\ 0 & 3 & 1 & 1 & 0 & 1 \end{array}\right] \quad 和 \quad \left[\begin{array}{ccc:ccc} 1 & 2 & -1 & 1 & 0 & 0 \\ 0 & -3 & 2 & -2 & 1 & 0 \\ 0 & 0 & 3 & -1 & 1 & 1 \end{array}\right]$$

对 3 个增广矩阵的每一个应用向后替换得到

$$\left[\begin{array}{ccc:c} 1 & 2 & -1 & 1 \\ 0 & -3 & 2 & -2 \\ 0 & 0 & 3 & -1 \end{array}\right], \quad \left[\begin{array}{ccc:c} 1 & 2 & -1 & 0 \\ 0 & -3 & 2 & 1 \\ 0 & 0 & 3 & 1 \end{array}\right], \quad \left[\begin{array}{ccc:c} 1 & 2 & -1 & 0 \\ 0 & -3 & 2 & 0 \\ 0 & 0 & 3 & 1 \end{array}\right]$$

最终得到

$$b_{11} = -\frac{2}{9}, \qquad b_{12} = \frac{5}{9}, \qquad\qquad b_{13} = -\frac{1}{9},$$
$$b_{21} = \frac{4}{9}, \qquad b_{22} = -\frac{1}{9}, \qquad\qquad b_{23} = \frac{2}{9},$$
$$b_{31} = -\frac{1}{3} \qquad b_{32} = \frac{1}{3} \qquad\qquad b_{32} = \frac{1}{3}$$

正如习题 4 所示，这些就是 A^{-1} 的元素：

$$B = A^{-1} = \left[\begin{array}{ccc} -\frac{2}{9} & \frac{5}{9} & -\frac{1}{9} \\ \frac{4}{9} & -\frac{1}{9} & \frac{2}{9} \\ -\frac{1}{3} & \frac{1}{3} & \frac{1}{3} \end{array}\right]$$

正如说明中所示，为了计算 A^{-1}，可以简单地建立一个较大的增广矩阵：

$$\left[\begin{array}{c:c} A & I \end{array}\right]$$

执行算法 6.1 中的消去法，得到如下形式的增广矩阵：

$$\left[\begin{array}{c:c} U & Y \end{array}\right]$$

其中，U 是一个上三角矩阵，Y 是通过对单位阵 I 执行与将 A 变为 U 的相同的变换得到的矩阵。

带有向后替换的高斯消去法求解 n 元线性方程组需要

$$\frac{4}{3}n^3 - \frac{1}{3}n \text{ 次乘法/除法} \quad 和 \quad \frac{4}{3}n^3 - \frac{3}{2}n^2 + \frac{n}{6} \text{ 次加法/减法}$$

见习题 16(a)。特别要注意的是，不需要执行的运算，例如，对于一个乘法当乘数变为 1 时或对于一个减法当减数变为 0 时。乘法/除法运算可以达到 n^3 次，加法/减法运算可以达到 $n^3 - 2n^2 + n$ 次（见习题 16(d)）。

矩阵的转置

给定矩阵 A 的另一种重要的运算是它的转置，记为 A^t。

定义 6.13 一个 $n \times m$ 矩阵 $A = [a_{ij}]$ 的**转置**是 $m \times n$ 矩阵 $A^t = [a_{ji}]$，其中对于每个 i，A^t 的第 i 列是 A 的第 i 行。如果 $A = A^t$，那么方阵 A 是**对称的**。■

示例 矩阵

$$A = \left[\begin{array}{ccc} 7 & 2 & 0 \\ 3 & 5 & -1 \\ 0 & 5 & -6 \end{array}\right], \quad B = \left[\begin{array}{ccc} 2 & 4 & 7 \\ 3 & -5 & -1 \end{array}\right], \quad C = \left[\begin{array}{ccc} 6 & 4 & -3 \\ 4 & -2 & 0 \\ -3 & 0 & 1 \end{array}\right]$$

的转置为

$$A^t = \begin{bmatrix} 7 & 3 & 0 \\ 2 & 5 & 5 \\ 0 & -1 & -6 \end{bmatrix}, \quad B^t = \begin{bmatrix} 2 & 3 \\ 4 & -5 \\ 7 & -1 \end{bmatrix}, \quad C^t = \begin{bmatrix} 6 & 4 & -3 \\ 4 & -2 & 0 \\ -3 & 0 & 1 \end{bmatrix}$$

矩阵 C 是对称的，因为 $C^t = C$，而矩阵 A 和 B 不是对称的。 ∎

下面定理的证明可以从转置的定义中直接得到。

定理 6.14 矩阵的转置满足如下性质，这些性质非常重要。

(i) $(A^t)^t = A$ 　(ii) $(A+B)^t = A^t + B^t$

(iii) $(AB)^t = B^t A^t$ 　(iv) 如果 A^{-1} 存在，则 $(A^{-1})^t = (A^t)^{-1}$ ∎

习题 6.3

1. 计算如下的矩阵向量积：

a. $\begin{bmatrix} 2 & 1 \\ -4 & 3 \end{bmatrix} \begin{bmatrix} 3 \\ -2 \end{bmatrix}$　　　　b. $\begin{bmatrix} 2 & -2 \\ -4 & 4 \end{bmatrix} \begin{bmatrix} 1 \\ 1 \end{bmatrix}$

c. $\begin{bmatrix} 2 & 0 & 0 \\ 3 & -1 & 2 \\ 0 & 2 & -3 \end{bmatrix} \begin{bmatrix} 2 \\ 5 \\ 1 \end{bmatrix}$　　d. $\begin{bmatrix} -4 & 0 & 1 \end{bmatrix} \begin{bmatrix} 1 & -2 & 4 \\ -2 & 3 & 1 \\ 4 & 1 & 0 \end{bmatrix}$

2. 计算如下的矩阵向量积：

a. $\begin{bmatrix} 3 & 0 \\ 2 & 1 \end{bmatrix} \begin{bmatrix} 1 \\ -2 \end{bmatrix}$　　　　b. $\begin{bmatrix} 3 & 2 \\ 6 & 4 \end{bmatrix} \begin{bmatrix} 1 \\ -1 \end{bmatrix}$

c. $\begin{bmatrix} 2 & 1 & 0 \\ 1 & -1 & 2 \\ 0 & 2 & 4 \end{bmatrix} \begin{bmatrix} 2 \\ 5 \\ -1 \end{bmatrix}$　　d. $\begin{bmatrix} 2 & -2 & 1 \end{bmatrix} \begin{bmatrix} 3 & -2 & 0 \\ -2 & 3 & 1 \\ 0 & 1 & -2 \end{bmatrix}$

3. 计算如下的矩阵积：

a. $\begin{bmatrix} 2 & -3 \\ 3 & -1 \end{bmatrix} \begin{bmatrix} 1 & 5 \\ 2 & 0 \end{bmatrix}$　　b. $\begin{bmatrix} 2 & -3 \\ 3 & -1 \end{bmatrix} \begin{bmatrix} 1 & 5 & -4 \\ -3 & 2 & 0 \end{bmatrix}$

c. $\begin{bmatrix} 2 & -3 & 1 \\ 4 & 3 & 0 \\ 5 & 2 & -4 \end{bmatrix} \begin{bmatrix} 0 & 1 & -2 \\ 1 & 0 & -1 \\ 2 & 3 & -2 \end{bmatrix}$　d. $\begin{bmatrix} 2 & 1 & 2 \\ -2 & 3 & 0 \\ 2 & -1 & 3 \end{bmatrix} \begin{bmatrix} 1 & -2 \\ -4 & 1 \\ 0 & 2 \end{bmatrix}$

4. 计算如下的矩阵积：

a. $\begin{bmatrix} -2 & 3 \\ 0 & 3 \end{bmatrix} \begin{bmatrix} 2 & -5 \\ -5 & 2 \end{bmatrix}$　　b. $\begin{bmatrix} -1 & 3 \\ -2 & 4 \end{bmatrix} \begin{bmatrix} 2 & -2 & 3 \\ -3 & 2 & 2 \end{bmatrix}$

c. $\begin{bmatrix} 2 & -3 & -2 \\ -3 & 4 & 1 \\ -2 & 1 & -4 \end{bmatrix} \begin{bmatrix} 2 & -3 & 4 \\ -3 & 4 & -1 \\ 4 & -1 & -2 \end{bmatrix}$　d. $\begin{bmatrix} 3 & -1 & 0 \\ 2 & -2 & 3 \\ -2 & 1 & 4 \end{bmatrix} \begin{bmatrix} -1 & 2 \\ 4 & -1 \\ 3 & -5 \end{bmatrix}$

5. 确定下面哪些矩阵是非奇异的并求其逆矩阵。

a. $\begin{bmatrix} 4 & 2 & 6 \\ 3 & 0 & 7 \\ -2 & -1 & -3 \end{bmatrix}$　　b. $\begin{bmatrix} 1 & 2 & 0 \\ 2 & 1 & -1 \\ 3 & 1 & 1 \end{bmatrix}$

c. $\begin{bmatrix} 1 & 1 & -1 & 1 \\ 1 & 2 & -4 & -2 \\ 2 & 1 & 1 & 5 \\ -1 & 0 & -2 & -4 \end{bmatrix}$　d. $\begin{bmatrix} 4 & 0 & 0 & 0 \\ 6 & 7 & 0 & 0 \\ 9 & 11 & 1 & 0 \\ 5 & 4 & 1 & 1 \end{bmatrix}$

6. 确定下面哪些矩阵是非奇异的并求其逆矩阵。

a. $\begin{bmatrix} 1 & 2 & -1 \\ 0 & 1 & 2 \\ -1 & 4 & 3 \end{bmatrix}$
b. $\begin{bmatrix} 4 & 0 & 0 \\ 0 & 0 & 0 \\ 0 & 0 & 3 \end{bmatrix}$

c. $\begin{bmatrix} 1 & 2 & 3 & 4 \\ 2 & 1 & -1 & 1 \\ -3 & 2 & 0 & 1 \\ 0 & 5 & 2 & 6 \end{bmatrix}$
d. $\begin{bmatrix} 2 & 0 & 1 & 2 \\ 1 & 1 & 0 & 2 \\ 2 & -1 & 3 & 1 \\ 3 & -1 & 4 & 3 \end{bmatrix}$

7. 给定两个具有相同系数矩阵的 4×4 线性方程组：

$$\begin{aligned} x_1 - x_2 + 2x_3 - x_4 &= 6, & x_1 - x_2 + 2x_3 - x_4 &= 1, \\ x_1 \qquad - x_3 + x_4 &= 4, & x_1 \qquad - x_3 + x_4 &= 1, \\ 2x_1 + x_2 + 3x_3 - 4x_4 &= -2, & 2x_1 + x_2 + 3x_3 - 4x_4 &= 2, \\ - x_2 + x_3 - x_4 &= 5; & - x_2 + x_3 - x_4 &= -1 \end{aligned}$$

a. 对下面的增广矩阵应用高斯消去法并求解线性方程组：

$$\begin{bmatrix} 1 & -1 & 2 & -1 & \vdots & 6 & 1 \\ 1 & 0 & -1 & 1 & \vdots & 4 & 1 \\ 2 & 1 & 3 & -4 & \vdots & -2 & 2 \\ 0 & -1 & 1 & -1 & \vdots & 5 & -1 \end{bmatrix}$$

b. 找到下面矩阵的逆，并求解线性方程组。

$$A = \begin{bmatrix} 1 & -1 & 2 & -1 \\ 1 & 0 & -1 & 1 \\ 2 & 1 & 3 & -4 \\ 0 & -1 & 1 & -1 \end{bmatrix}$$

c. 哪一种方法需要较多的运算量？

8. 给定 4 个具有相同系数矩阵的 3×3 线性方程组：

$$\begin{aligned} 2x_1 - 3x_2 + x_3 &= 2, & 2x_1 - 3x_2 + x_3 &= 6, \\ x_1 + x_2 - x_3 &= -1, & x_1 + x_2 - x_3 &= 4, \\ -x_1 + x_2 - 3x_3 &= 0; & -x_1 + x_2 - 3x_3 &= 5; \end{aligned}$$

$$\begin{aligned} 2x_1 - 3x_2 + x_3 &= 0, & 2x_1 - 3x_2 + x_3 &= -1, \\ x_1 + x_2 - x_3 &= 1, & x_1 + x_2 - x_3 &= 0, \\ -x_1 + x_2 - 3x_3 &= -3; & -x_1 + x_2 - 3x_3 &= 0 \end{aligned}$$

a. 对下面的增广矩阵应用高斯消去法并求解线性方程组：

$$\begin{bmatrix} 2 & -3 & 1 & \vdots & 2 & 6 & 0 & -1 \\ 1 & 1 & -1 & \vdots & -1 & 4 & 1 & 0 \\ -1 & 1 & -3 & \vdots & 0 & 5 & -3 & 0 \end{bmatrix}$$

b. 找到下面矩阵的逆，并求解线性方程组。

$$A = \begin{bmatrix} 2 & -3 & 1 \\ 1 & 1 & -1 \\ -1 & 1 & -3 \end{bmatrix}$$

c. 哪一种方法需要较多的运算量？

9. 通常将一个矩阵划分为子矩阵是很有用的。例如，矩阵

$$A = \begin{bmatrix} 1 & 2 & -1 \\ 3 & -4 & -3 \\ 6 & 5 & 0 \end{bmatrix} \quad 和 \quad B = \begin{bmatrix} 2 & -1 & 7 & 0 \\ 3 & 0 & 4 & 5 \\ -2 & 1 & -3 & 1 \end{bmatrix}$$

可以被划分为

$$\begin{bmatrix} 1 & 2 & \vdots & -1 \\ 3 & -4 & \vdots & -3 \\ \cdots & \cdots & \vdots & \cdots \\ 6 & 5 & \vdots & 0 \end{bmatrix} = \begin{bmatrix} A_{11} & \vdots & A_{12} \\ \cdots & \vdots & \cdots \\ A_{21} & \vdots & A_{22} \end{bmatrix} \quad \text{和} \quad \begin{bmatrix} 2 & -1 & 7 & \vdots & 0 \\ 3 & 0 & 4 & \vdots & 5 \\ \cdots & \cdots & \cdots & \vdots & \cdots \\ -2 & 1 & -3 & \vdots & 1 \end{bmatrix} = \begin{bmatrix} B_{11} & \vdots & B_{12} \\ B_{21} & \vdots & B_{22} \end{bmatrix}$$

a. 在这种划分下证明 A 和 B 的积具有如下形式:

$$AB = \begin{bmatrix} A_{11}B_{11} + A_{12}B_{21} & \vdots & A_{11}B_{12} + A_{12}B_{22} \\ \cdots & \vdots & \cdots \\ A_{21}B_{11} + A_{22}B_{21} & \vdots & A_{21}B_{12} + A_{22}B_{22} \end{bmatrix}$$

b. 若将其划分为

$$B = \begin{bmatrix} 2 & -1 & 7 & \vdots & 0 \\ \cdots & \cdots & \cdots & \vdots & \cdots \\ 3 & 0 & 4 & \vdots & 5 \\ -2 & 1 & -3 & \vdots & 1 \end{bmatrix} = \begin{bmatrix} B_{11} & \vdots & B_{12} \\ B_{21} & \vdots & B_{22} \end{bmatrix}$$

是否有（a）的结果？

c. 一般情况下，推测满足（a）的结果的必要条件。

应用型习题

10. 食物链的研究是一个确定生活中环境污染物的传播和积累的重要课题。假设一个食物链有 3 个链，第一链是植物种类 $v_1, v_2, \cdots, v_n$，它为第二链上的食草动物 $h_1, h_2, \cdots, h_m$ 提供了所有的食物，第三链是食肉动物 $c_1, c_2, \cdots, c_k$，它完全依赖于第二链上的食草动物供给食物。矩阵

$$A = \begin{bmatrix} a_{11} & a_{12} & \cdots & a_{1m} \\ a_{21} & a_{22} & \cdots & a_{2m} \\ \vdots & \vdots & & \vdots \\ a_{n1} & a_{n2} & \cdots & a_{nm} \end{bmatrix}$$

的元素 a_{ij} 表示每一种食草动物 h_j 所需的植物种类 v_i 的数量，反之，矩阵

$$B = \begin{bmatrix} b_{11} & b_{12} & \cdots & b_{1k} \\ b_{21} & b_{22} & \cdots & b_{2k} \\ \vdots & \vdots & & \vdots \\ b_{m1} & b_{m2} & \cdots & b_{mk} \end{bmatrix}$$

的元素 b_{ij} 表示每一种食肉动物 c_j 所需的食草动物 h_i 的数量。

a. 证明对于最终的每一种食肉动物 c_j 所需的植物种类 v_i 的数量是矩阵 AB 的第 i 行第 j 列元素。

b. 矩阵 A^{-1}, B^{-1} 和 $(AB)^{-1} = B^{-1}A^{-1}$ 对应的物理意义分别是什么？

11. 在一篇名为"人口浪潮"的论文中，Bernadelli [Ber]（也见[Se]）假设了一种简单的类型：甲虫有 3 年的自然寿命。这个物种中的雌性在第一年的存活率为 $\frac{1}{2}$，第二年到第三年的存活率为 $\frac{1}{3}$，在第三年生命即将结束的时候，平均每个雌性孕育 6 个新雌性。可以用一个矩阵表示雌性甲虫做出的贡献，从概率意义上讲，对这个物种中的雌性群体，通过让矩阵 $A = [a_{ij}]$ 中元素 a_{ij} 表示年龄为 j 的单个雌性甲虫个体为孕育出年龄为 i 的雌性个体的贡献，即

$$A = \begin{bmatrix} 0 & 0 & 6 \\ \frac{1}{2} & 0 & 0 \\ 0 & \frac{1}{3} & 0 \end{bmatrix}$$

a. 雌性甲虫对 2 年人口做出的贡献由 A^2 决定，3 年的由 A^3 决定，以此类推。建立 A^2 和 A^3，并尝试得出一个关于雌性甲虫在 n 年时间里对种群做出的贡献的一般结论（对于任何一个正整数）n。

b. 用（a）中的结论来描述这些最初由 6000 个雌性甲虫组成的 3 个年龄组在未来几年内会发生什么？

c. 建立 A^{-1}，并对于这个物种描述它的意义。

理论型习题

12. 证明下面的结论或给出反例证明结论不正确。

　　a. 两个对称矩阵的积是对称的。

　　b. 一个非奇异对称矩阵的逆是非奇异对称矩阵。

　　c. 如果 A 和 B 都是 $n \times n$ 矩阵，则 $(AB)^t = A^t B^t$。

13. 下面的结论在证明定理 6.12 时需要。

　　a. 证明如果 A^{-1} 存在，则它是唯一的。

　　b. 证明如果 A 是非奇异的，那么 $(A^{-1})^{-1} = A$。

　　c. 证明如果 A 和 B 都是非奇异的 $n \times n$ 矩阵，那么 $(AB)^{-1} = B^{-1} A^{-1}$。

14. a. 证明两个 $n \times n$ 的下三角矩阵的积是下三角的。

　　b. 证明两个 $n \times n$ 的上三角矩阵的积是上三角的。

　　c. 证明一个非奇异的 $n \times n$ 下三角矩阵的逆是下三角的。

15. 在 3.6 节，我们寻求三次埃尔米特多项式的参数形式 $(x(t), y(t))$，通过 $(x(0), y(0)) = (x_0, y_0)$ 和 $(x(1), y(1)) = (x_1, y_1)$，结点为 $(x_0 + \alpha_0, y_0 + \beta_0)$ 和 $(x_1 - \alpha_1, y_1 - \beta_1)$，给出

$$x(t) = (2(x_0 - x_1) + (\alpha_0 + \alpha_1)) \, t^3 + (3(x_1 - x_0) - \alpha_1 - 2\alpha_0) \, t^2 + \alpha_0 t + x_0$$

　　和

$$y(t) = (2(y_0 - y_1) + (\beta_0 + \beta_1)) \, t^3 + (3(y_1 - y_0) - \beta_1 - 2\beta_0) \, t^2 + \beta_0 t + y_0$$

　　贝塞尔（Bézier）的三次多项式的形式为

$$\hat{x}(t) = (2(x_0 - x_1) + 3(\alpha_0 + \alpha_1)) \, t^3 + (3(x_1 - x_0) - 3(\alpha_1 + 2\alpha_0)) \, t^2 + 3\alpha_0 t + x_0$$

　　和

$$\hat{y}(t) = (2(y_0 - y_1) + 3(\beta_0 + \beta_1)) \, t^3 + (3(y_1 - y_0) - 3(\beta_1 + 2\beta_0)) \, t^2 + 3\beta_0 t + y_0$$

　　a. 证明矩阵

$$A = \begin{bmatrix} 7 & 4 & 4 & 0 \\ -6 & -3 & -6 & 0 \\ 0 & 0 & 3 & 0 \\ 0 & 0 & 0 & 1 \end{bmatrix}$$

　　将埃尔米特多项式的系数矩阵转换成贝塞尔多项式的系数矩阵。

　　b. 确定矩阵 B 将贝塞尔多项式的系数矩阵转换成埃尔米特多项式的系数矩阵。

16. 假设 m 元线性方程组

$$A\mathbf{x}^{(p)} = \mathbf{b}^{(p)}, \quad p = 1, 2, \cdots, m$$

　　可以求解，对于任意一个 $n \times n$ 的系数矩阵 A。

　　a. 证明向后替换的高斯消去法应用到增广矩阵

$$\left[\, A : \quad \mathbf{b}^{(1)} \mathbf{b}^{(2)} \cdots \mathbf{b}^{(m)} \, \right]$$

　　需要

$$\frac{1}{3} n^3 + m n^2 - \frac{1}{3} n \ \text{次乘法/除法}$$

　　和

$$\frac{1}{3} n^3 + m n^2 - \frac{1}{2} n^2 - mn + \frac{1}{6} n \ \text{次加法/减法}$$

　　b. 证明高斯-若尔当消去法（见 6.1 节习题 14）应用到增广矩阵

$$\begin{bmatrix} A : & \mathbf{b}^{(1)}\mathbf{b}^{(2)}\cdots\mathbf{b}^{(m)} \end{bmatrix}$$

需要

$$\frac{1}{2}n^3 + mn^2 - \frac{1}{2}n \quad 次乘法/除法$$

和

$$\frac{1}{2}n^3 + (m-1)n^2 + \left(\frac{1}{2} - m\right)n \quad 次加法/减法$$

c. 对于特殊情况

$$\mathbf{b}^{(p)} = \begin{bmatrix} 0 \\ \vdots \\ 0 \\ 1 \\ \vdots \\ 0 \end{bmatrix} \quad \leftarrow 第\,p\,行$$

对于任意的 $p = 1, \cdots, m$ 其中 $m = n$ ，解 $\mathbf{x}^{(p)}$ 是 A^{-1} 中第 p 列。证明应用向后替换的高斯消去法需要

$$\frac{4}{3}n^3 - \frac{1}{3}n \quad 次乘法/除法$$

和

$$\frac{4}{3}n^3 - \frac{3}{2}n^2 + \frac{1}{6}n \quad 次加法/减法$$

应用高斯-若尔当消去法需要

$$\frac{3}{2}n^3 - \frac{1}{2}n \quad 次乘法/除法$$

和

$$\frac{3}{2}n^3 - 2n^2 + \frac{1}{2}n \quad 次加法/减法$$

d. 建立应用高斯消去法求 A^{-1} 的算法，但是当乘子中的一个变为 1 时不执行乘法运算，当其中一个元素变为 0 时不执行加法/减法运算。证明计算需要的运算量达到 n^3 次乘法/除法运算和 $n^3 - 2n^2 + n$ 次加法/减法运算。

e. 证明求解线性方程组 $A\mathbf{x} = \mathbf{b}$，当 A^{-1} 已知时，仍需要 n^2 次乘法/除法和 $(n^2 - n)$ 次加法/减法。

f. 证明求解 m 维线性方程组 $A\mathbf{x}^{(p)} = \mathbf{b}^{(p)}$，其中 $p = 1, 2, \cdots, m$，当 $\mathbf{x}^{(p)} = A^{-1}\mathbf{b}^{(p)}$ 已知时，解 mn^2 仍需要 $m(n^2 - n)$ 次乘法/除法和 A^{-1} 次加法/减法。

g. 令 A 是 $n \times n$ 矩阵，比较求解系数矩阵为 A 的 n 维线性方程组应用向后替换的高斯消去法和求 A 的逆并给 $A\mathbf{x} = \mathbf{b}$ 左乘 A^{-1} 的运算量，其中 $n = 3$，10，50 和 100。通过计算 A^{-1} 来求解线性方程组是否有优势?

17. 用习题 16(d) 中得到的方法求习题 5 中非奇异矩阵的逆。

18. 考虑一个带有复数元素的 2×2 线性方程组 $(A + iB)(\mathbf{x} + i\mathbf{y}) = c + i\mathbf{d}$，形如
$$(a_{11} + ib_{11})(x_1 + iy_1) + (a_{12} + ib_{12})(x_2 + iy_2) = c_1 + id_1,$$
$$(a_{21} + ib_{21})(x_1 + iy_1) + (a_{22} + ib_{22})(x_2 + iy_2) = c_2 + id_2$$

a. 应用复数的性质将线性方程组转化成等价的 4×4 的实线性方程组：
$$A\mathbf{x} - B\mathbf{y} = \mathbf{c},$$
$$B\mathbf{x} + A\mathbf{y} = \mathbf{d}$$

b. 求解线性方程组

$$(1-2\mathrm{i})(x_1+\mathrm{i}y_1)+(3+2\mathrm{i})(x_2+\mathrm{i}y_2)=5+2\mathrm{i},$$

$$(2+\mathrm{i})(x_1+\mathrm{i}y_1)+(4+3\mathrm{i})(x_2+\mathrm{i}y_2)=4-\mathrm{i}$$

讨论问题

1. "所有的对角阵都是方阵"是真是假？为什么？

2. 所有的方阵都有逆吗？为什么？

3. 对奇异的方阵进行微小的扰动能否使之成为非奇异矩阵？为什么？

6.4　矩阵的行列式

矩阵的行列式为带有相同数量的方程和未知数的线性方程组提供了解的存在性和唯一性。我们将一个方阵 A 的行列式记为 A，但是最常见的记号为 $|A|$。

定义 6.15　假设 A 是一个方阵。

(i)　如果 $A=[a]$ 是一个 1×1 矩阵，则 $\det A=a$。

(ii)　如果 A 是一个 $n\times n$ 矩阵，$n>1$，则**子式** M_{ij} 是通过删掉 A 的第 i 行第 j 列后得到的 $(n-1)\times(n-1)$ 的子矩阵的行列式。

(iii)　与子式 M_{ij} 相应的**余子式** A_{ij} 定义为 $A_{ij}=(-1)^{i+j}M_{ij}$。

(iv)　$n\times n$ 矩阵 A 的**行列式**，$n>1$，可以定义为

$$\det A=\sum_{j=1}^{n}a_{ij}A_{ij}=\sum_{j=1}^{n}(-1)^{i+j}a_{ij}M_{ij},\ \text{对任何}\ i=1,2,\cdots,n$$

也可以定义为

$$\det A=\sum_{i=1}^{n}a_{ij}A_{ij}=\sum_{i=1}^{n}(-1)^{i+j}a_{ij}M_{ij},\ \ \text{对任何}\ j=1,2,\cdots,n$$ ∎

在习题 12 中证明了通过定义计算一个 $n\times n$ 矩阵的行列式需要 $O(n!)$ 次乘法/除法运算和加法/减法运算。即使是相对较小的 n，计算量也变得很大。

虽然 $\det A$ 会出现 $2n$ 个不同的定义（具体取决于行列的选择），但所有的定义将给出相同的数值结果。定义的灵活性在下例中可以看出。选择有最多 0 元素的行或列计算 $\det A$ 最方便。

例 1　选择有较多 0 元素的行或列计算下列矩阵的行列式。

$$A=\begin{bmatrix} 2 & -1 & 3 & 0 \\ 4 & -2 & 7 & 0 \\ -3 & -4 & 1 & 5 \\ 6 & -6 & 8 & 0 \end{bmatrix}$$

解　为了计算 $\det A$，选择第 4 列是最容易的：

$$\det A=a_{14}A_{14}+a_{24}A_{24}+a_{34}A_{34}+a_{44}A_{44}=5A_{34}=-5M_{34}$$

消去第 3 行第 4 列得到

$$\det A=-5\det\begin{bmatrix} 2 & -1 & 3 \\ 4 & -2 & 7 \\ 6 & -6 & 8 \end{bmatrix}$$

$$= -5 \left\{ 2\det \begin{bmatrix} -2 & 7 \\ -6 & 8 \end{bmatrix} - (-1)\det \begin{bmatrix} 4 & 7 \\ 6 & 8 \end{bmatrix} + 3\det \begin{bmatrix} 4 & -2 \\ 6 & -6 \end{bmatrix} \right\} = -30 \quad ■$$

下面的性质对于与线性系统及高斯消去法相关的行列式是很有用的，它们都是在任何标准线性代数书中已证明的结果。

定理 6.16 假设 A 是 $n \times n$ 矩阵：

(i) 如果 A 的任意行或列只有 0 元素，那么 $\det A = 0$。

(ii) 如果 A 有两行或两列元素相同，那么 $\det A = 0$。

(iii) 如果 $\tilde{A}$ 是 A 通过运算 $(E_i) \leftrightarrow (E_j)$ 得到的，其中 $i \neq j$，那么 $\det \tilde{A} = -\det A$。

(iv) 如果 $\tilde{A}$ 是 A 通过运算 $(\lambda E_i) \rightarrow (E_i)$ 得到的，那么 $\det \tilde{A} = \lambda \det A$。

(v) 如果 $\tilde{A}$ 是 A 通过运算 $(E_i + \lambda E_j) \rightarrow (E_i)$ 得到的，其中 $i \neq j$，那么 $\det \tilde{A} = \det A$。

(vi) 如果 B 也是 $n \times n$ 矩阵，那么 $\det AB = \det A \det B$。

(vii) $\det A^t = \det A$。

(viii) 当 A^{-1} 存在时，有 $\det A^{-1} = (\det A)^{-1}$。

(ix) 如果 A 是一个上三角阵、下三角阵或对角阵，那么 $\det A = \prod_{i=1}^{n} a_{ii}$。 ■

正如定理 6.16 的性质(ix)所示，三角阵的行列式由其对角元素决定，即为其对角元素的乘积。通过执行性质(iii)、(iv)和(v)给出的行变换，可以将一个方阵变为三角阵并找到矩阵的行列式。

例 2 用定理 6.16 中的性质(iii)，(iv)和(v)计算矩阵的行列式。

$$A = \begin{bmatrix} 2 & 1 & -1 & 1 \\ 1 & 1 & 0 & 3 \\ -1 & 2 & 3 & -1 \\ 3 & -1 & -1 & 2 \end{bmatrix}$$

解 进行一系列运算后，如表 6.2 所示，得到矩阵

$$A8 = \begin{bmatrix} 1 & \frac{1}{2} & -\frac{1}{2} & \frac{1}{2} \\ 0 & 1 & 1 & 5 \\ 0 & 0 & 3 & 13 \\ 0 & 0 & 0 & -13 \end{bmatrix}$$

表 6.2

运算	结果
$\frac{1}{2}E_1 \rightarrow E_1$	$\det A1 = \frac{1}{2}\det A$
$E_2 - E_1 \rightarrow E_2$	$\det A2 = \det A1 = \frac{1}{2}\det A$
$E_3 + E_1 \rightarrow E_3$	$\det A3 = \det A2 = \frac{1}{2}\det A$
$E_4 - 3E_1 \rightarrow E_4$	$\det A4 = \det A3 = \frac{1}{2}\det A$
$2E_2 \rightarrow E_2$	$\det A5 = 2\det A4 = \det A$
$E_3 - \frac{5}{2}E_2 \rightarrow E_3$	$\det A6 = \det A5 = \det A$
$E_4 + \frac{5}{2}E_2 \rightarrow E_4$	$\det A7 = \det A6 = \det A$
$E_3 \leftrightarrow E_4$	$\det A8 = -\det A7 = -\det A$

由性质(ix)，$\det A8 = -39$，所以 $\det A = 39$。 ■

下面的重要结论与非奇异性、高斯消去法、线性代数和行列式相关，它们是等价的。

定理 6.17 对于任意一个 $n \times n$ 矩阵 A，下面的结论是等价的。

(i) 方程 $A\mathbf{x} = \mathbf{0}$ 有唯一解 $\mathbf{x} = \mathbf{0}$。

(ii) 线性方程组 $A\mathbf{x} = \mathbf{b}$ 有唯一解，对于任意一个 n 维列向量 $\mathbf{b}$。

(iii) 矩阵 A 是非奇异的，即存在 A^{-1}。

(iv) $\det A \neq 0$。

(v) 带有行变换的高斯消去法可以应用在线性方程组 $A\mathbf{x} = \mathbf{b}$ 中，对于任意 n 维列向量 $\mathbf{b}$。 ■

下面是定理 6.17 的推论，说明了如何使用行列式来证明方阵的重要性质。

推论 6.18 假设 A 和 B 都是 $n \times n$ 矩阵且 $AB = I$ 或 $BA = I$ 成立，那么 $B = A^{-1}$（和 $A = B^{-1}$）。

证明　假设 $AB = I$，由定理 6.16 的性质 (vi)，有

$$1 = \det(I) = \det(AB) = \det(A) \cdot \det(B),\ \text{所以}\ \det(A) \neq 0 \text{且} \det(B) \neq 0$$

定理 6.17 中等价的性质 (iii) 和 (iv) 说明 A^{-1} 和 B^{-1} 都存在，因此

$$A^{-1} = A^{-1} \cdot I = A^{-1} \cdot (AB) = \left(A^{-1}A\right) \cdot B = I \cdot B = B$$

A 和 B 的性质是相似的，这就证明了 $BA = I$，因此 $B = A^{-1}$。　　　　■

习题 6.4

1. 用定义 6.15 计算下列矩阵的行列式。

   a. $\begin{bmatrix} 1 & 2 & 0 \\ 2 & 1 & -1 \\ 3 & 1 & 1 \end{bmatrix}$

   b. $\begin{bmatrix} 4 & 0 & 1 \\ 2 & 1 & 0 \\ 2 & 2 & 3 \end{bmatrix}$

   c. $\begin{bmatrix} 1 & 1 & -1 & 1 \\ 1 & 2 & -4 & -2 \\ 2 & 1 & 1 & 5 \\ -1 & 0 & -2 & -4 \end{bmatrix}$

   d. $\begin{bmatrix} 2 & 0 & 1 & 2 \\ 1 & 1 & 0 & 2 \\ 2 & -1 & 3 & 1 \\ 3 & -1 & 4 & 3 \end{bmatrix}$

2. 用定义 6.15 计算下列矩阵的行列式。

   a. $\begin{bmatrix} 4 & 2 & 6 \\ -1 & 0 & 4 \\ 2 & 1 & 7 \end{bmatrix}$

   b. $\begin{bmatrix} 2 & 2 & 1 \\ 3 & 4 & -1 \\ 3 & 0 & 5 \end{bmatrix}$

   c. $\begin{bmatrix} 1 & 1 & 2 & 1 \\ 2 & -1 & 2 & 0 \\ 3 & 4 & 1 & 1 \\ -1 & 5 & 2 & 3 \end{bmatrix}$

   d. $\begin{bmatrix} 1 & 2 & 3 & 4 \\ 2 & 1 & -1 & 1 \\ -3 & 2 & 0 & 1 \\ 0 & 5 & 2 & 6 \end{bmatrix}$

3. 用例 2 的方法重做习题 1。

4. 用例 2 的方法重做习题 2。

5. 找到 α 的值使得下列矩阵是奇异的。

$$A = \begin{bmatrix} 1 & -1 & \alpha \\ 2 & 2 & 1 \\ 0 & \alpha & -\frac{3}{2} \end{bmatrix}$$

6. 找到 α 的值使得下列矩阵是奇异的。

$$A = \begin{bmatrix} 1 & 2 & -1 \\ 1 & \alpha & 1 \\ 2 & \alpha & -1 \end{bmatrix}$$

7. 找到 α 的值使得下列线性方程组无解。

$$2x_1 - x_2 + 3x_3 = 5,$$
$$4x_1 + 2x_2 + 2x_3 = 6,$$
$$-2x_1 + \alpha x_2 + 3x_3 = 4$$

8. 找到 α 的值使得下列线性方程组有无数解。

$$2x_1 - x_2 + 3x_3 = 5,$$
$$4x_1 + 2x_2 + 2x_3 = 6,$$
$$-2x_1 + \alpha x_2 + 3x_3 = 1$$

应用型习题

9. 应用到向量 $\mathbf{x} = \begin{bmatrix} x_1 \\ x_2 \end{bmatrix}$ 的旋转矩阵

$$R_\theta = \begin{bmatrix} \cos\theta & -\sin\theta \\ \sin\theta & \cos\theta \end{bmatrix}$$

通过改变角 θ 的大小有旋转 $\mathbf{x}$ 的几何效果。

a. 令 $\mathbf{y} = R_\theta \mathbf{x}$ ，验证 $\mathbf{y}$ 是由 $\mathbf{x}$ 旋转 θ 得到的。[提示：使用 $x_1 + ix_2 = re^{i\alpha}$ ，其中 $r = \sqrt{x_1^2 + x_2^2}$ 和 $\alpha = \arctan\left(\dfrac{x_2}{x_1}\right)$ 。证明 $y = y_1 + iy_2 = re^{i(\theta+\alpha)}$ 。]

b. 用两种不同的方法求出 R_θ^{-1} 。[提示：考虑一个顺时针方向的旋转。]

c. 令 $\mathbf{x} = \begin{bmatrix} 1 \\ 2 \end{bmatrix}$ 和 $\theta = \dfrac{\pi}{6}$ ，分别以逆时针 R_θ 和顺时针 R_θ^{-1} 在 θ 方向上求旋转向量 $\mathbf{x}$ 。

d. 求 R_θ 和 R_θ^{-1} 的行列式。

10. 通过 θ 角关于向量 $\mathbf{u}$ 的三维逆时针旋转矩阵为

$$R_{\mathbf{u},\theta} = \begin{bmatrix} u_1^2(1-\cos\theta) + \cos\theta & u_1 u_2(1-\cos\theta) - u_3\sin\theta & u_1 u_3(1-\cos\theta) + u_2\sin\theta \\ u_1 u_2(1-\cos\theta) + u_3\sin\theta & u_2^2(1-\cos\theta) + \cos\theta & u_2 u_3(1-\cos\theta) - u_1\sin\theta \\ u_1 u_3(1-\cos\theta) - u_2\sin\theta & u_2 u_3(1-\cos\theta) + u_1\sin\theta & u_3^2(1-\cos\theta) + \cos\theta \end{bmatrix}$$

其中，$\mathbf{u} = (u_1, u_2, u_3)^t$ ，$\sqrt{u_1^2 + u_2^2 + u_3^2} = 1$ 。

a. 向量 $\mathbf{u} = \left(\dfrac{\sqrt{6}}{6}, \dfrac{\sqrt{6}}{3}, \dfrac{\sqrt{6}}{6}\right)$ 在逆时针方向上旋转角 $\dfrac{\pi}{3}$ 得到旋转向量 $\mathbf{x} = (1,2,3)^T$ 。

b. 找到 (a) 的旋转矩阵。

c. 计算 (a) 和 (b) 中矩阵的行列式。

d. 可以将 (b) 和 (c) 一般化吗？

11. 化学公式

$$x_1[Ca(OH)_2] + x_2[HNO_3] \rightarrow x_3[Ca(NO_3)_2] + x_4[H_2O]$$

表示 x_1 个氢氧化钙 $Ca(OH)_2$ 分子和 x_2 个硝酸氢 HNO_3 分子产生 x_3 个硝酸钙 $Ca(NO_3)_2$ 分子和 x_4 个水 H_2O 分子。为了确定 x_1, x_2, x_3 和 x_4，我们建立钙 Ca、氧 O、氢 H 和氮 N 的原子反应方程式。因为在化学公式中原子不会被破坏，一个平衡的反应对于钙要求 $x_1 = x_3$，对于氧气要求 $2x_1 + 3x_2 = 6x_3 + x_4$，对于氢要求 $2x_1 + x_2 = 2x_4$，对于氮要求 $x_2 = 2x_3$。因此得到线性方程组 $A\mathbf{x} = 0$ 或

$$\begin{bmatrix} 1 & 0 & -1 & 0 \\ 2 & 3 & -6 & -1 \\ 2 & 1 & 0 & -2 \\ 0 & 1 & -2 & 0 \end{bmatrix} \begin{bmatrix} x_1 \\ x_2 \\ x_3 \\ x_4 \end{bmatrix} = \begin{bmatrix} 0 \\ 0 \\ 0 \\ 0 \end{bmatrix}$$

a. 计算矩阵 A 的行列式。

b. 为什么 (a) 给出这样的结果？

c. 找到解 x_1, x_2, x_3 和 x_4 的平衡化学方程式。

d. (c) 的答案唯一吗？

理论型习题

12. 用数学归纳法证明当 $n > 1$ 时，用定义求 $n \times n$ 矩阵的行列式最终需要

$$n! \sum_{k=1}^{n-1} \frac{1}{k!} \text{次乘法/除法和 } n! - 1 \text{ 次加法/减法}$$

13. 令 A 是一个 3×3 矩阵，证明如果 $\tilde{A}$ 是由 A 经过下面任意变换得到的矩阵，那么 $\det\tilde{A} = -\det A$ 。

$$(E_1) \leftrightarrow (E_2), \quad (E_1) \leftrightarrow (E_3), \quad (E_2) \leftrightarrow (E_3)$$

14. 证明 AB 是非奇异的，当且仅当 A 和 B 都是非奇异的。

15. 将 Cramer（克拉默）规则应用到线性方程

$$a_{11}x_1 + a_{12}x_2 + a_{13}x_3 = b_1,$$
$$a_{21}x_1 + a_{22}x_2 + a_{23}x_3 = b_2,$$
$$a_{31}x_1 + a_{32}x_2 + a_{33}x_3 = b_3$$

得到的解有

$$x_1 = \frac{1}{D} \det \begin{bmatrix} b_1 & a_{12} & a_{13} \\ b_2 & a_{22} & a_{23} \\ b_3 & a_{32} & a_{33} \end{bmatrix} \equiv \frac{D_1}{D}, \quad x_2 = \frac{1}{D} \det \begin{bmatrix} a_{11} & b_1 & a_{13} \\ a_{21} & b_2 & a_{23} \\ a_{31} & b_3 & a_{33} \end{bmatrix} \equiv \frac{D_2}{D}$$

和

$$x_3 = \frac{1}{D} \det \begin{bmatrix} a_{11} & a_{12} & b_1 \\ a_{21} & a_{22} & b_2 \\ a_{31} & a_{32} & b_3 \end{bmatrix} \equiv \frac{D_3}{D}, \quad \text{其中} \quad D = \det \begin{bmatrix} a_{11} & a_{12} & a_{13} \\ a_{21} & a_{22} & a_{23} \\ a_{31} & a_{32} & a_{33} \end{bmatrix}$$

a. 由 Cramer 规则求出线性方程组的解。

$$2x_1 + 3x_2 - x_3 = 4,$$
$$x_1 - 2x_2 + x_3 = 6,$$
$$x_1 - 12x_2 + 5x_3 = 10$$

b. 证明线性方程组

$$2x_1 + 3x_2 - x_3 = 4,$$
$$x_1 - 2x_2 + x_3 = 6,$$
$$-x_1 - 12x_2 + 5x_3 = 9$$

没有解。计算 D_1，D_2 和 D_3。

c. 证明线性方程组

$$2x_1 + 3x_2 - x_3 = 4,$$
$$x_1 - 2x_2 + x_3 = 6,$$
$$-x_1 - 12x_2 + 5x_3 = 10$$

有无数解。计算 D_1，D_2 和 D_3。

d. 证明如果 3×3 线性方程组有解且 $D = 0$，那么 $D_1 = D_2 = D_3 = 0$。

e. 对 3×3 线性方程组应用 Cramer 规则，确定需要多少乘法/除法的运算量和多少加法/减法的运算量。

16. a. 对 $n\times n$ 线性方程组应用一般的 Cramer 规则。

b. 使用习题 12 的结果来确定对 3×3 线性方程组应用一般的 Cramer 规则，需要多少乘法/除法的运算量和多少加法/减法的运算量。

讨论问题

1. 根据本节内容，A 的行列式 $\det A$ 有 $2n$ 种不同的定义，具体取决于所选择的行和列。讨论为什么所有的定义都有相同的结果。

2. 解释如何用高斯消去法求得矩阵的行列式。

3. 如果矩阵的逆存在，解释如何用高斯消去法求得矩阵的逆。

6.5 矩阵分解

高斯消去法是直接求解线性方程组的最主要的方法，所以它出现在其他章节中也不足为奇。本节将介绍用矩阵分解来求解形如 $A\mathbf{x} = \mathbf{b}$ 的线性方程组的步骤。最常用的矩阵分解形式是

$A = LU$，其中 L 是下三角矩阵，U 是上三角矩阵。虽然不是所有的矩阵都有这种矩阵分解，但在数值技术的应用中这种分解却经常出现。

在 6.1 节，我们已发现用高斯消去法求解任意形如 $A\mathbf{x} = \mathbf{b}$ 的线性方程组需要 $O(n^3/3)$ 的计算量来确定 $\mathbf{x}$。然而，用向后替换法求解一个包含上三角系统的线性方程组需要 $O(n^2)$ 的运算量，求解包含下三角系统的线性方程组有相似的运算量。

假设 A 有形如 $A = LU$ 的三角分解，其中 L 是下三角矩阵，U 是上三角矩阵。那么我们可以用两步求解 $\mathbf{x}$。

- 首先，令 $\mathbf{y} = U\mathbf{x}$ 并求下三角系统 $L\mathbf{y} = \mathbf{b}$ 的解为 $\mathbf{y}$。因为 L 是三角阵，从此方程中确定 $\mathbf{y}$ 仅需要 $O(n^2)$ 的运算量。

- 一旦 $\mathbf{y}$ 已知，上三角方程组 $U\mathbf{x} = \mathbf{y}$ 另外需要 $O(n^2)$ 的运算量来确定解 $\mathbf{x}$。

用矩阵分解法求解线性方程组 $A\mathbf{x} = \mathbf{b}$ 意味着运算量从 $O(n^3/3)$ 减到 $O(2n^2)$。

例 1 当 $n = 20$，$n = 100$ 和 $n = 1000$ 时，比较使用需要 $O(n^3/3)$ 和 $O(2n^2)$ 的运算量的方法求解线性方程组所需的运算量。

解 表 6.3 给出了运算量的结果。 ■

正如本例所示，随着矩阵的维数增大，运算量剧增。不出意料，分解方法运算量的减少是有代价的；确定特定的矩阵 L 和 U 需要 $O(n^3/3)$ 的运算量。但是分解一旦确定，涉及矩阵 A 的方程组对于任意的向量 $\mathbf{b}$ 都可以用这种简单的方法求解。

表 6.3

n	$n^3/3$	$2n^2$	%（减少）
10	$3.\overline{3} \times 10^2$	2×10^2	40
100	$3.\overline{3} \times 10^5$	2×10^4	94
1000	$3.\overline{3} \times 10^8$	2×10^6	99.4

我们需要知道哪个矩阵有 LU 分解，以及如何确定这个分解。首先假设高斯消去法在不进行行变换的情况下求解线性方程组 $A\mathbf{x} = \mathbf{b}$ 是可以执行的，正如 6.1 节所述，这等价于对于任意的 $i = 1, 2, \cdots, n$，有非零元素 $a_{ii}^{(i)}$。

在高斯消去过程的第一步对于任意的 $j = 2, 3, \cdots, n$，执行运算

$$(E_j - m_{j,1} E_1) \to (E_j), \quad \text{其中} \quad m_{j,1} = \frac{a_{j1}^{(1)}}{a_{11}^{(1)}} \tag{6.8}$$

这些运算将线性方程组转化成第一列对角线以下全为 0 元素的矩阵。

式 (6.8) 给出的运算过程可以用另一种方式表示，它是通过将原始矩阵 A 左乘如下矩阵得到的：

$$M^{(1)} = \begin{bmatrix} 1 & 0 & \cdots\cdots\cdots\cdots & 0 \\ -m_{21} & 1 & & \vdots \\ \vdots & 0 & & \\ \vdots & \vdots & & 0 \\ -m_{n1} & 0 & \cdots\cdots & 0 \quad 1 \end{bmatrix}$$

这个矩阵称为**第一个高斯转换矩阵**。我们可以得到矩阵 $A^{(1)} \equiv A$ 变为 $A^{(2)}$ 和向量 $\mathbf{b}$ 变为 $\mathbf{b}^{(2)}$ 的表示方式，因此

$$A^{(2)}\mathbf{x} = M^{(1)} A\mathbf{x} = M^{(1)}\mathbf{b} = \mathbf{b}^{(2)}$$

以相同的方法建立 $M^{(2)}$，单位阵第二列对角线以下的元素由下面的负数乘子取代：

$$m_{j,2} = \frac{a_{j2}^{(2)}}{a_{22}^{(2)}}$$

矩阵 $A^{(2)}$ 产生前两列对角线以下的元素全为 0 的矩阵，因此有

$$A^{(3)}\mathbf{x} = M^{(2)}A^{(2)}\mathbf{x} = M^{(2)}M^{(1)}A\mathbf{x} = M^{(2)}M^{(1)}\mathbf{b} = \mathbf{b}^{(3)}$$

一般而言，已有的 $A^{(k)}\mathbf{x} = \mathbf{b}^{(k)}$，左乘**第 k 个高斯转换矩阵**

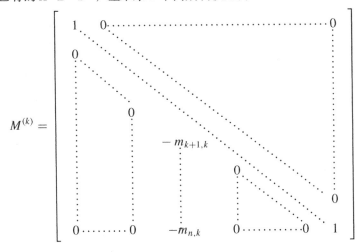

得到

$$A^{(k+1)}\mathbf{x} = M^{(k)}A^{(k)}\mathbf{x} = M^{(k)}\cdots M^{(1)}A\mathbf{x} = M^{(k)}\mathbf{b}^{(k)} = \mathbf{b}^{(k+1)} = M^{(k)}\cdots M^{(1)}\mathbf{b} \qquad (6.9)$$

最终得到 $A^{(n)}\mathbf{x} = \mathbf{b}^{(n)}$，其中 $A^{(n)}$ 是一个上三角矩阵：

$$A^{(n)} = \begin{bmatrix} a_{11}^{(1)} & a_{12}^{(1)} & \cdots\cdots & a_{1n}^{(1)} \\ 0 & a_{22}^{(2)} & & \\ & & & a_{n-1,n}^{(n-1)} \\ 0 & \cdots\cdots & 0 & a_{nn}^{(n)} \end{bmatrix}$$

得到

$$A^{(n)} = M^{(n-1)}M^{(n-2)}\cdots M^{(1)}A$$

这个过程产生了矩阵分解 $A = LU$ 中的 $U = A^{(n)}$。为了确定互补的下三角矩阵 L，先回顾将 $A^{(k)}\mathbf{x} = \mathbf{b}^{(k)}$ 左乘高斯转换矩阵 $M^{(k)}$ 得到式 (6.9) 的过程。

$$A^{(k+1)}\mathbf{x} = M^{(k)}A^{(k)}\mathbf{x} = M^{(k)}\mathbf{b}^{(k)} = \mathbf{b}^{(k+1)}$$

其中，$M^{(k)}$ 是由下面的行变换产生的：

$$(E_j - m_{j,k}E_k) \to (E_j), \quad j = k+1, \cdots, n$$

要逆转这个转换的效果并返回到 $A^{(k)}$ 需要对任意的 $j = k+1, \cdots, n$ 执行运算 $(E_j + m_{j,k}E_k) \to (E_j)$。这等价于乘以矩阵 $M^{(k)}$ 的逆，即

$$L^{(k)} = [M^{(k)}]^{-1} = \begin{bmatrix} 1 & 0 & \cdots\cdots\cdots\cdots & & & 0 \\ 0 & & & & & \\ & & 0 & & & \\ & & m_{k+1,k} & & & \\ & & & 0 & & \\ & & & & & 0 \\ 0 & \cdots\cdots & 0 & m_{n,k} & 0 & \cdots\cdots & 0 & 1 \end{bmatrix}$$

因此，A 的矩阵分解中的下三角矩阵 L 由下列矩阵 $L^{(k)}$ 的乘积组成：

$$L = L^{(1)}L^{(2)}\cdots L^{(n-1)} = \begin{bmatrix} 1 & 0 & \cdots\cdots & 0 \\ m_{21} & 1 & & \vdots \\ \vdots & & \ddots & 0 \\ m_{n1} & \cdots\cdots & m_{n,n-1} & 1 \end{bmatrix}$$

因为 L 和上三角矩阵 $U = M^{(n-1)}\cdots M^{(2)}M^{(1)}A$ 的乘积是

$$LU = L^{(1)}L^{(2)}\cdots L^{(n-3)}L^{(n-2)}L^{(n-1)}\cdot M^{(n-1)}M^{(n-2)}M^{(n-3)}\cdots M^{(2)}M^{(1)}A$$

$$= [M^{(1)}]^{-1}[M^{(2)}]^{-1}\cdots[M^{(n-2)}]^{-1}[M^{(n-1)}]^{-1}\cdot M^{(n-1)}M^{(n-2)}\cdots M^{(2)}M^{(1)}A = A$$

所以，定理 6.19 是根据这些观察得出的。

定理 6.19   如果在不进行行变换的情况下高斯消去法可以应用于线性方程组 $A\mathbf{x} = \mathbf{b}$，则矩阵 A 可以被分解成一个下三角矩阵 L 和上三角矩阵 U 的乘积，即 $A = LU$，其中 $m_{ji} = a_{ji}^{(i)}/a_{ii}^{(i)}$。

$$U = \begin{bmatrix} a_{11}^{(1)} & a_{12}^{(1)} & \cdots\cdots & a_{1n}^{(1)} \\ 0 & a_{22}^{(2)} & & \vdots \\ \vdots & & \ddots & a_{n-1,n}^{(n-1)} \\ 0 & \cdots\cdots & 0 & a_{nn}^{(n)} \end{bmatrix}, \quad L = \begin{bmatrix} 1 & 0 & \cdots\cdots & 0 \\ m_{21} & 1 & & \vdots \\ \vdots & & \ddots & 0 \\ m_{n1} & \cdots\cdots & m_{n,n-1} & 1 \end{bmatrix}$$

例 2   (a) 确定线性方程组 LU 中 A 的矩阵分解 $A\mathbf{x} = \mathbf{b}$，其中

$$A = \begin{bmatrix} 1 & 1 & 0 & 3 \\ 2 & 1 & -1 & 1 \\ 3 & -1 & -1 & 2 \\ -1 & 2 & 3 & -1 \end{bmatrix}, \quad \mathbf{b} = \begin{bmatrix} 4 \\ 1 \\ -3 \\ 4 \end{bmatrix}$$

(b) 然后用矩阵分解求解线性方程组：

$$\begin{aligned} x_1 + x_2 \qquad\quad + 3x_4 &= 8, \\ 2x_1 + x_2 - x_3 + x_4 &= 7, \\ 3x_1 - x_2 - x_3 + 2x_4 &= 14, \\ -x_1 + 2x_2 + 3x_3 - x_4 &= -7 \end{aligned}$$

解   (a) 在 6.1 节被我们考虑的原始方程组经过一系列运算 $(E_2 - 2E_1) \to (E_2)$，$(E_3 - 3E_1)$ $\to (E_3)$，$(E_4 - (-1)E_1) \to (E_4)$，$(E_3 - 4E_2) \to (E_3)$，$(E_4 - (-3)E_2) \to (E_4)$ 转换成三角方程组：

$$\begin{aligned} x_1 + x_2 \qquad\quad + 3x_4 &= 4, \\ -x_2 - x_3 - 5x_4 &= -7, \\ 3x_3 + 13x_4 &= 13, \\ -13x_4 &= -13 \end{aligned}$$

乘子 m_{ij} 和上三角矩阵产生了矩阵分解：

$$A = \begin{bmatrix} 1 & 1 & 0 & 3 \\ 2 & 1 & -1 & 1 \\ 3 & -1 & -1 & 2 \\ -1 & 2 & 3 & -1 \end{bmatrix} = \begin{bmatrix} 1 & 0 & 0 & 0 \\ 2 & 1 & 0 & 0 \\ 3 & 4 & 1 & 0 \\ -1 & -3 & 0 & 1 \end{bmatrix}\begin{bmatrix} 1 & 1 & 0 & 3 \\ 0 & -1 & -1 & -5 \\ 0 & 0 & 3 & 13 \\ 0 & 0 & 0 & -13 \end{bmatrix} = LU$$

(b) 为了求解

$$A\mathbf{x} = LU\mathbf{x} = \begin{bmatrix} 1 & 0 & 0 & 0 \\ 2 & 1 & 0 & 0 \\ 3 & 4 & 1 & 0 \\ -1 & -3 & 0 & 1 \end{bmatrix}\begin{bmatrix} 1 & 1 & 0 & 3 \\ 0 & -1 & -1 & -5 \\ 0 & 0 & 3 & 13 \\ 0 & 0 & 0 & -13 \end{bmatrix}\begin{bmatrix} x_1 \\ x_2 \\ x_3 \\ x_4 \end{bmatrix} = \begin{bmatrix} 8 \\ 7 \\ 14 \\ -7 \end{bmatrix}$$

我们首先引入替换 $\mathbf{y} = U\mathbf{x}$，因此有 $\mathbf{b} = L(U\mathbf{x}) = L\mathbf{y}$，即

$$L\mathbf{y} = \begin{bmatrix} 1 & 0 & 0 & 0 \\ 2 & 1 & 0 & 0 \\ 3 & 4 & 1 & 0 \\ -1 & -3 & 0 & 1 \end{bmatrix} \begin{bmatrix} y_1 \\ y_2 \\ y_3 \\ y_4 \end{bmatrix} = \begin{bmatrix} 8 \\ 7 \\ 14 \\ -7 \end{bmatrix}$$

这个方程组通过一个简单的正向替换过程来求解 $\mathbf{y}$。

$$y_1 = 8;$$
$$2y_1 + y_2 = 7, \quad \text{所以 } y_2 = 7 - 2y_1 = -9;$$
$$3y_1 + 4y_2 + y_3 = 14, \quad \text{所以 } y_3 = 14 - 3y_1 - 4y_2 = 26;$$
$$-y_1 - 3y_2 + y_4 = -7, \quad \text{所以 } y_4 = -7 + y_1 + 3y_2 = -26$$

因此，我们求解 $U\mathbf{x} = \mathbf{y}$ 得到原始方程组的解 $\mathbf{x}$，即

$$\begin{bmatrix} 1 & 1 & 0 & 3 \\ 0 & -1 & -1 & -5 \\ 0 & 0 & 3 & 13 \\ 0 & 0 & 0 & -13 \end{bmatrix} \begin{bmatrix} x_1 \\ x_2 \\ x_3 \\ x_4 \end{bmatrix} = \begin{bmatrix} 8 \\ -9 \\ 26 \\ -26 \end{bmatrix}$$

采用向后替换法，得到 $x_4 = 2, x_3 = 0, x_2 = -1, x_1 = 3$。　　　　　　　　■

例 2 中使用的分解称为 Doolittle 方法，需要将 L 的对角线的元素变为 1，这就得到了定理 6.19 中的矩阵分解。在 6.6 节，我们将介绍 Crout 方法（需要将 U 的对角线元素变为 1），以及 Cholesky 方法（对于每一个 i，要求 $l_{ii} = u_{ii}$）。

算法 6.4 总结了将矩阵分解为三角矩阵的一般过程。尽管构建了新的矩阵 L 和 U，但是新产生的值可以替代 A 中对应的不需要的元素。

算法 6.4 允许指定 L 和 U 的对角线的元素。

算法 6.4　*LU 分解*

将 $n \times n$ 矩阵 $A = [a_{ij}]$ 分解成一个下三角矩阵 $L = [l_{ij}]$ 和上三角矩阵 $U = [u_{ij}]$ 的乘积，即 $A = LU$，这里 L 和 U 主对角线的元素都为 1。

输入　维数 n，A 的元素 a_{ij}，其中 $1 \leqslant i, j \leqslant n$，$L$ 的对角线元素 $l_{11} = \cdots = l_{nn} = 1$，$U$ 的对角线元素 $u_{11} = \cdots = u_{nn} = 1$。

输出　L 的元素 l_{ij}，$1 \leqslant j \leqslant i$，$1 \leqslant i \leqslant n$，$U$ 的元素 u_{ij}，$i \leqslant j \leqslant n, 1 \leqslant i \leqslant n$。

Step 1　选择 l_{11} 和 u_{11} 使其满足 $l_{11}u_{11} = a_{11}$.
　　　　　If $l_{11}u_{11} = 0$ then OUTPUT ('Factorization impossible');
　　　　　　　　　　STOP.

Step 2　For $j = 2, \cdots, n$ set $u_{1j} = a_{1j}/l_{11}$;　（U 的第一行）
　　　　　　　　　　$l_{j1} = a_{j1}/u_{11}$.　（L 的第一列）

Step 3　For $i = 2, \cdots, n - 1$ do Steps 4 and 5.

　　　Step 4　选择 l_{ii} 和 u_{ii} 使其满足 $l_{ii}u_{ii} = a_{ii} - \sum_{k=1}^{i-1} l_{ik}u_{ki}$.

　　　　　　If $l_{ii}u_{ii} = 0$ then OUTPUT ('Factorization impossible');
　　　　　　　　　　STOP.

　　　Step 5　For $j = i + 1, \cdots, n$

　　　　　　set $u_{ij} = \frac{1}{l_{ii}} \left[a_{ij} - \sum_{k=1}^{i-1} l_{ik}u_{kj} \right]$;　（$U$ 的第 i 行）

　　　　　　$l_{ji} = \frac{1}{u_{ii}} \left[a_{ji} - \sum_{k=1}^{i-1} l_{jk}u_{ki} \right]$.　（$L$ 的第 i 列）

Step 6   选择 l_{nn} 和 u_{nn} 使其满足 $l_{nn}u_{nn} = a_{nn} - \sum_{k=1}^{n-1} l_{nk}u_{kn}$.

（注：若 $l_{nn}u_{nn} = 0$，则 $A = LU$，但 A 是奇异的）

Step 7   OUTPUT (l_{ij} for $j = 1, \cdots, i$ and $i = 1, \cdots, n$);
OUTPUT (u_{ij} for $j = i, \cdots, n$ and $i = 1, \cdots, n$);
STOP.

一旦完成矩阵分解，形如 $A\mathbf{x} = LU\mathbf{x} = \mathbf{b}$ 的线性方程组的解首先通过令 $\mathbf{y} = U\mathbf{x}$ 来求解 $L\mathbf{y} = \mathbf{b}$ 得到 $\mathbf{y}$。因为 L 是下三角矩阵，从而有

$$y_1 = \frac{b_1}{l_{11}}$$

且对于任意的 $i = 2, 3, \cdots, n$，有

$$y_i = \frac{1}{l_{ii}} \left[b_i - \sum_{j=1}^{i-1} l_{ij} y_j \right]$$

通过向前替换过程求得 $\mathbf{y}$ 之后，上三角方程组 $U\mathbf{x} = \mathbf{y}$ 通过向后替换法求得解 $\mathbf{y}$：

$$x_n = \frac{y_n}{u_{nn}} \quad \text{和} \quad x_i = \frac{1}{u_{ii}} \left[y_i - \sum_{j=i+1}^{n} u_{ij} x_j \right]$$

置换矩阵

在之前的讨论中，我们假设线性方程组 $A\mathbf{x} = \mathbf{b}$ 在不经行变换的情况下应用高斯消去法。从实际角度来看，这个矩阵分解在仅当不进行行变换时保留有限数位来控制舍入误差是非常有用的。幸运的是，我们遇到的许多方程组当使用近似方法时都属于这种类型，但是我们将考虑必须做的修正，即需要行变换。我们开始讨论并归纳一类需要重新排列（或置换）给定矩阵行的矩阵。

一个 $n \times n$ 的置换矩阵 $P = [p_{ij}]$ 是由单位阵 I_n 重新排列行得到的。这就给出了一个每一行每一列只有一个非零元素的矩阵，每个非零元素都是 1。

示例   矩阵

$$P = \begin{bmatrix} 1 & 0 & 0 \\ 0 & 0 & 1 \\ 0 & 1 & 0 \end{bmatrix}$$

是 3×3 的置换矩阵。对于任意的 3×3 矩阵 A，左乘置换矩阵 P 相当于交换矩阵 A 的第 2 行和第 3 行。

$$PA = \begin{bmatrix} 1 & 0 & 0 \\ 0 & 0 & 1 \\ 0 & 1 & 0 \end{bmatrix} \begin{bmatrix} a_{11} & a_{12} & a_{13} \\ a_{21} & a_{22} & a_{23} \\ a_{31} & a_{32} & a_{33} \end{bmatrix} = \begin{bmatrix} a_{11} & a_{12} & a_{13} \\ a_{31} & a_{32} & a_{33} \\ a_{21} & a_{22} & a_{23} \end{bmatrix}$$

与此类似，将矩阵 A 右乘置换矩阵 P 相当于交换矩阵 A 的第 2 列和第 3 列。

置换矩阵与高斯消去法相关的重要性质有两个，第一个性质在之前的例子中已经说明。假设 $k_1, \cdots, k_n$ 是自然数 $1, \cdots, n$ 的置换，定义置换矩阵 $P = (p_{ij})$ 为

$$p_{ij} = \begin{cases} 1, & \text{若 } j = k_i \\ 0, & \text{其他} \end{cases}$$

那么

● PA 置换 A 的行，即

$$PA = \begin{bmatrix} a_{k_11} & a_{k_12} & \cdots & a_{k_1n} \\ a_{k_21} & a_{k_22} & \cdots & a_{k_2n} \\ \vdots & \vdots & \ddots & \vdots \\ a_{k_n1} & a_{k_n2} & \cdots & a_{k_nn} \end{bmatrix}$$

● P^{-1} 存在且 $P^{-1} = P^t$。

在 6.4 节的末尾，我们看到了对于任意的非奇异矩阵 A，线性方程组 $Ax = b$ 都可以用高斯消去法求解，必要时进行行变换后再求解。如果我们知道用高斯消去法求解线性方程组的行变换，我们可以把原来的方程按某一个顺序排列，这样就保证了不需要进行行变换。因此，方程组中有一个重新排列的方程组，这就使得高斯消去法可以在不进行行变换的情况下使用。这也意味着对于任何非奇异矩阵 A，置换矩阵 P 存在，且线性方程组

$$PA\mathbf{x} = P\mathbf{b}$$

不需要进行行变换就可以被求解。因此，矩阵 PA 可以被分解为

$$PA = LU$$

其中，L 是下三角矩阵，U 是上三角矩阵。由于 $P^{-1} = P^t$，从而产生了分解

$$A = P^{-1}LU = (P^t L)U$$

矩阵 U 还是上三角矩阵，但 $P^t L$ 不再是下三角矩阵了，除非 $P = I$。

例 3　确定形如 $A = (P^t L)U$ 的矩阵分解。

$$A = \begin{bmatrix} 0 & 0 & -1 & 1 \\ 1 & 1 & -1 & 2 \\ -1 & -1 & 2 & 0 \\ 1 & 2 & 0 & 2 \end{bmatrix}$$

解　因为 $a_{11} = 0$，所以矩阵 A 没有 LU 分解，然而，进行行变换 $(E_1) \leftrightarrow (E_2)$ 之后进行 $(E_3 + E_1) \to (E_3)$ 和 $(E_4 - E_1) \to (E_4)$，产生

$$\begin{bmatrix} 1 & 1 & -1 & 2 \\ 0 & 0 & -1 & 1 \\ 0 & 0 & 1 & 2 \\ 0 & 1 & 1 & 0 \end{bmatrix}$$

接着进行行变换 $(E_2) \leftrightarrow (E_4)$，再进行 $(E_4 + E_3) \to (E_4)$，得到矩阵

$$U = \begin{bmatrix} 1 & 1 & -1 & 2 \\ 0 & 1 & 1 & 0 \\ 0 & 0 & 1 & 2 \\ 0 & 0 & 0 & 3 \end{bmatrix}$$

与行变换 $(E_1) \leftrightarrow (E_2)$ 和 $(E_2) \leftrightarrow (E_4)$ 相应的置换矩阵是

$$P = \begin{bmatrix} 0 & 1 & 0 & 0 \\ 0 & 0 & 0 & 1 \\ 0 & 0 & 1 & 0 \\ 1 & 0 & 0 & 0 \end{bmatrix}$$

且

$$PA = \begin{bmatrix} 1 & 1 & -1 & 2 \\ 1 & 2 & 0 & 2 \\ -1 & -1 & 2 & 0 \\ 0 & 0 & -1 & 1 \end{bmatrix}$$

高斯消去法在 PA 与 A 上进行相同的操作(除了没有行变换)。即 $(E_2 - E_1) \to (E_2)$，$(E_3 + E_1) \to (E_3)$，之后进行 $(E_4 + E_3) \to (E_4)$，对于 PA 的非零乘子分别是

$$m_{21} = 1, \quad m_{31} = -1, \quad m_{43} = -1$$

LU 的 PA 分解是

$$PA = \begin{bmatrix} 1 & 0 & 0 & 0 \\ 1 & 1 & 0 & 0 \\ -1 & 0 & 1 & 0 \\ 0 & 0 & -1 & 1 \end{bmatrix} \begin{bmatrix} 1 & 1 & -1 & 2 \\ 0 & 1 & 1 & 0 \\ 0 & 0 & 1 & 2 \\ 0 & 0 & 0 & 3 \end{bmatrix} = LU$$

两边同乘以 $P^{-1} = P^t$，得到分解

$$A = P^{-1}(LU) = P^t(LU) = (P^t L)U = \begin{bmatrix} 0 & 0 & -1 & 1 \\ 1 & 0 & 0 & 0 \\ -1 & 0 & 1 & 0 \\ 1 & 1 & 0 & 0 \end{bmatrix} \begin{bmatrix} 1 & 1 & -1 & 2 \\ 0 & 1 & 1 & 0 \\ 0 & 0 & 1 & 2 \\ 0 & 0 & 0 & 3 \end{bmatrix}$$ ∎

习题 6.5

1. 求解下列线性方程组。

    a. $\begin{bmatrix} 1 & 0 & 0 \\ 2 & 1 & 0 \\ -1 & 0 & 1 \end{bmatrix} \begin{bmatrix} 2 & 3 & -1 \\ 0 & -2 & 1 \\ 0 & 0 & 3 \end{bmatrix} \begin{bmatrix} x_1 \\ x_2 \\ x_3 \end{bmatrix} = \begin{bmatrix} 2 \\ -1 \\ 1 \end{bmatrix}$

    b. $\begin{bmatrix} 2 & 0 & 0 \\ -1 & 1 & 0 \\ 3 & 2 & -1 \end{bmatrix} \begin{bmatrix} 1 & 1 & 1 \\ 0 & 1 & 2 \\ 0 & 0 & 1 \end{bmatrix} \begin{bmatrix} x_1 \\ x_2 \\ x_3 \end{bmatrix} = \begin{bmatrix} -1 \\ 3 \\ 0 \end{bmatrix}$

2. 求解下列线性方程组。

    a. $\begin{bmatrix} 1 & 0 & 0 \\ -2 & 1 & 0 \\ 3 & 0 & 1 \end{bmatrix} \begin{bmatrix} 2 & 1 & -1 \\ 0 & 4 & 2 \\ 0 & 0 & 5 \end{bmatrix} \begin{bmatrix} x_1 \\ x_2 \\ x_3 \end{bmatrix} = \begin{bmatrix} 1 \\ 0 \\ -5 \end{bmatrix}$

    b. $\begin{bmatrix} 1 & 0 & 0 \\ 2 & 1 & 0 \\ -3 & 2 & 1 \end{bmatrix} \begin{bmatrix} 1 & 2 & -3 \\ 0 & 1 & 2 \\ 0 & 0 & 1 \end{bmatrix} \begin{bmatrix} x_1 \\ x_2 \\ x_3 \end{bmatrix} = \begin{bmatrix} 4 \\ 6 \\ 8 \end{bmatrix}$

3. 考虑下列矩阵，求出置换矩阵 P 使得 PA 可以分解成 LU 的积，其中 L 是主对角元素为 1 的下三角矩阵，U 是对应的上三角矩阵。

    a. $A = \begin{bmatrix} 1 & 2 & -1 \\ 2 & 4 & 0 \\ 0 & 1 & -1 \end{bmatrix}$
    b. $A = \begin{bmatrix} 0 & 1 & 1 \\ 1 & -2 & -1 \\ 1 & -1 & 1 \end{bmatrix}$

    c. $A = \begin{bmatrix} 1 & 1 & -1 & 0 \\ 1 & 1 & 4 & 3 \\ 2 & -1 & 2 & 4 \\ 2 & -1 & 2 & 3 \end{bmatrix}$
    d. $A = \begin{bmatrix} 0 & 1 & 1 & 2 \\ 0 & 1 & 1 & -1 \\ 1 & 2 & -1 & 3 \\ 1 & 1 & 2 & 0 \end{bmatrix}$

4. 考虑下列矩阵，求出置换矩阵 P 使得 PA 可以分解成 LU 的积，其中 L 是主对角元素为 1 的下三角矩阵，U 是对应的上三角矩阵。

    a. $A = \begin{bmatrix} 0 & 2 & -1 \\ 1 & -1 & 2 \\ 1 & -1 & 4 \end{bmatrix}$
    b. $A = \begin{bmatrix} 1 & 2 & -1 \\ 2 & 4 & 7 \\ -1 & 2 & 5 \end{bmatrix}$

$$
\text{c. } A = \begin{bmatrix} 1 & 1 & -1 & 2 \\ -1 & -1 & 1 & 5 \\ 2 & 2 & 3 & 7 \\ 2 & 3 & 4 & 5 \end{bmatrix} \qquad \text{d. } A = \begin{bmatrix} 1 & 1 & -1 & 2 \\ 2 & 2 & 4 & 5 \\ 1 & -1 & 1 & 7 \\ 2 & 3 & 4 & 6 \end{bmatrix}
$$

5. 将下列矩阵进行 LU 分解，使用 LU 分解对于每一个 i 满足 $l_{ii} = 1$。

$$
\text{a. } \begin{bmatrix} 2 & -1 & 1 \\ 3 & 3 & 9 \\ 3 & 3 & 5 \end{bmatrix} \qquad \text{b. } \begin{bmatrix} 1.012 & -2.132 & 3.104 \\ -2.132 & 4.096 & -7.013 \\ 3.104 & -7.013 & 0.014 \end{bmatrix}
$$

$$
\text{c. } \begin{bmatrix} 2 & 0 & 0 & 0 \\ 1 & 1.5 & 0 & 0 \\ 0 & -3 & 0.5 & 0 \\ 2 & -2 & 1 & 1 \end{bmatrix} \qquad \text{d. } \begin{bmatrix} 2.1756 & 4.0231 & -2.1732 & 5.1967 \\ -4.0231 & 6.0000 & 0 & 1.1973 \\ -1.0000 & -5.2107 & 1.1111 & 0 \\ 6.0235 & 7.0000 & 0 & -4.1561 \end{bmatrix}
$$

6. 将下列矩阵进行 LU 分解，使用 LU 分解对于每一个 i 满足 $l_{ii} = 1$。

$$
\text{a. } \begin{bmatrix} 1 & -1 & 0 \\ 2 & 2 & 3 \\ -1 & 3 & 2 \end{bmatrix} \qquad \text{b. } \begin{bmatrix} \frac{1}{3} & \frac{1}{2} & -\frac{1}{4} \\ \frac{1}{5} & \frac{2}{3} & \frac{3}{8} \\ \frac{2}{5} & -\frac{2}{3} & \frac{5}{8} \end{bmatrix}
$$

$$
\text{c. } \begin{bmatrix} 2 & 1 & 0 & 0 \\ -1 & 3 & 3 & 0 \\ 2 & -2 & 1 & 4 \\ -2 & 2 & 2 & 5 \end{bmatrix} \qquad \text{d. } \begin{bmatrix} 2.121 & -3.460 & 0 & 5.217 \\ 0 & 5.193 & -2.197 & 4.206 \\ 5.132 & 1.414 & 3.141 & 0 \\ -3.111 & -1.732 & 2.718 & 5.212 \end{bmatrix}
$$

7. 修改 LU 分解算法使得它可以用来求解线性方程组，然后求解下列线性方程组。

a. $2x_1 - x_2 + x_3 = -1,$
　$3x_1 + 3x_2 + 9x_3 = 0,$
　$3x_1 + 3x_2 + 5x_3 = 4$

b. $1.012x_1 - 2.132x_2 + 3.104x_3 = 1.984,$
　$-2.132x_1 + 4.096x_2 - 7.013x_3 = -5.049,$
　$3.104x_1 - 7.013x_2 + 0.014x_3 = -3.895$

c. $2x_1 \qquad\qquad\quad = 3,$
　$x_1 + 1.5x_2 \qquad\quad = 4.5,$
　$\quad - 3x_2 + 0.5x_3 \quad = -6.6,$
　$2x_1 - 2x_2 + x_3 + x_4 = 0.8$

d. $2.1756x_1 + 4.0231x_2 - 2.1732x_3 + 5.1967x_4 = 17.102,$
　$-4.0231x_1 + 6.0000x_2 \qquad\qquad + 1.1973x_4 = -6.1593,$
　$-1.0000x_1 - 5.2107x_2 + 1.1111x_3 \qquad\qquad = 3.0004,$
　$6.0235x_1 + 7.0000x_2 \qquad\qquad - 4.1561x_4 = 0.0000$

8. 修改 LU 分解算法使得它可以用来求解线性方程组，然后求解下列线性方程组。

a. $x_1 - x_2 \qquad\quad = 2,$
　$2x_1 + 2x_2 + 3x_3 = -1,$
　$-x_1 + 3x_2 + 2x_3 = 4$

b. $\frac{1}{3}x_1 + \frac{1}{2}x_2 - \frac{1}{4}x_3 = 1,$
　$\frac{1}{5}x_1 + \frac{2}{3}x_2 + \frac{3}{8}x_3 = 2,$
　$\frac{2}{5}x_1 - \frac{2}{3}x_2 + \frac{5}{8}x_3 = -3$

c. $2x_1 + x_2 \qquad\qquad\quad = 0,$
　$-x_1 + 3x_2 + 3x_3 \qquad = 5,$
　$2x_1 - 2x_2 + x_3 + 4x_4 = -2,$
　$-2x_1 + 2x_2 + 2x_3 + 5x_4 = 6$

d. $2.121x_1 - 3.460x_2 \qquad\qquad + 5.217x_4 = 1.909,$
　$\qquad\qquad 5.193x_2 - 2.197x_3 + 4.206x_4 = 0,$
　$5.132x_1 + 1.414x_2 + 3.141x_3 \qquad\qquad = -2.101,$
　$-3.111x_1 - 1.732x_2 + 2.718x_3 + 5.212x_4 = 6.824$

9. 对于下列矩阵得到形如 $A = P^t LU$ 的分解。

$$
\text{a. } A = \begin{bmatrix} 0 & 2 & 3 \\ 1 & 1 & -1 \\ 0 & -1 & 1 \end{bmatrix} \qquad \text{b. } A = \begin{bmatrix} 1 & -2 & 3 & 0 \\ 3 & -6 & 9 & 3 \\ 2 & 1 & 4 & 1 \\ 1 & -2 & 2 & -2 \end{bmatrix}
$$

10. 对于下列矩阵得到形如 $A = P^t LU$ 的分解。

$$a.\ A = \begin{bmatrix} 1 & 2 & -1 \\ 1 & 2 & 3 \\ 2 & -1 & 4 \end{bmatrix} \qquad b.\ A = \begin{bmatrix} 1 & -2 & 3 & 0 \\ 1 & -2 & 3 & 1 \\ 1 & -2 & 2 & -2 \\ 2 & 1 & 3 & -1 \end{bmatrix}$$

应用型习题

11. 6.3 节的习题 11 概括如下。假设甲虫的自然寿命为 4 年，雌性甲虫第 1 年的存活率为 p_1，第 2 年到第 3 年的存活率为 p_2，在第 4 年生命结束之前，第 3 年到第 4 年的存活率为 p_3。雌性甲虫第 1 年平均孕育 b_1 个雌性甲虫，第二年平均孕育 b_2 个雌性甲虫，第三年平均孕育 b_3 个雌性甲虫，第四年平均孕育 b_4 个雌性甲虫。

    矩阵 $A = [a_{ij}]$ 可以表示单个雌性甲虫做出的贡献，从概率意义上讲，通过让 a_{ij} 表示年龄为 j 的雌性甲虫下一年为年龄为 i 的雌性甲虫做出的贡献，则有

    $$A = \begin{bmatrix} b_1 & b_2 & b_3 & b_4 \\ p_1 & 0 & 0 & 0 \\ 0 & p_2 & 0 & 0 \\ 0 & 0 & b_3 & 0 \end{bmatrix}$$

    a. 令 $b_1 = 0, b_2 = 1/8, b_3 = 1/4, b_4 = 1/2, p_1 = 1/2, p_2 = 1/4$ 和 $p_3 = 1/8$，使用 LU 分解或 $P^t LU$ 分解，当第 1 年后雌性个体数量为 $\mathbf{b} = (175, 100, 50, 25)^t$ 时，求得每个年龄需要多少雌性甲虫？

    b. 令 $\mathbf{b} = (100, 100, 100, 100)^t$，重做(a)，你的答案有什么意义？

理论型习题

12. a. 证明 LU 分解算法需要

    $$\frac{1}{3}n^3 - \frac{1}{3}n \text{ 次乘法/除法} \quad \text{和} \quad \frac{1}{3}n^3 - \frac{1}{2}n^2 + \frac{1}{6}n \text{ 次加法/减法}$$

    b. 证明要求解 $L\mathbf{y} = \mathbf{b}$，L 是下三角矩阵且对于每个 $l_{ii} = 1$ 有 i，需要

    $$\frac{1}{2}n^2 - \frac{1}{2}n \text{ 次乘法/除法} \quad \text{和} \quad \frac{1}{2}n^2 - \frac{1}{2}n \text{ 次加法/减法}$$

    c. 证明要求解 $A\mathbf{x} = \mathbf{b}$，首先将 A 分解成 $A = LU$，然后用高斯消去算法 6.1 求解 $L\mathbf{y} = \mathbf{b}$ 和 $U\mathbf{x} = \mathbf{y}$ 需要相同的运算量。

    d. 对于 $k = 1, \cdots, m$，求解 m 元线性方程组 $A\mathbf{x}^{(k)} = \mathbf{b}^{(k)}$，首先分解 A 然后应用 m 次(c)的方法进行求解需要多少运算量？

13. 假设 $A = P^t LU$，其中 P 是置换矩阵，L 是主对角元素全为 1 的下三角矩阵，U 是上三角矩阵。

    a. 给定矩阵 A，计算 $P^t LU$ 的运算量。

    b. 证明如果 P 包含 k 行重排，那么

    $$\det P = \det P^t = (-1)^k$$

    c. 用 $\det A = \det P^t \det L \det U = (-1)^k \det U$，确定由分解法计算 $\det A$ 的运算量。

    d. 计算 $\det A$ 并求其运算量，其中

    $$A = \begin{bmatrix} 0 & 2 & 1 & 4 & -1 & 3 \\ 1 & 2 & -1 & 3 & 4 & 0 \\ 0 & 1 & 1 & -1 & 2 & -1 \\ 2 & 3 & -4 & 2 & 0 & 5 \\ 1 & 1 & 1 & 3 & 0 & 2 \\ -1 & -1 & 2 & -1 & 2 & 0 \end{bmatrix}$$

讨论问题

1. LU 分解唯一吗？为什么？

2. 将 $m \times m$ 的三对角矩阵 A 分解为 LU 需要多少运算量？

3. 如何在 LU 分解中处理行变换？

4. 为什么矩阵 A 的 LU 分解是有用的？计算分解是否可行？

5. 如果矩阵 A 需要行变换，对 A 分解成 LU 有什么影响？

6. 讨论各种类型的带状矩阵以及用带状矩阵的分解求解最小二乘问题的影响。

6.6　特殊类型的矩阵

我们现在将注意力转移到两类特殊的矩阵，使得高斯消去法在不进行行变换的情况下能够有效执行。

对角占优矩阵

第一类矩阵由下面的定义描述。

定义 6.20　当满足

$$|a_{ii}| \geq \sum_{\substack{j=1, \\ j \neq i}}^{n} |a_{ij}| \qquad \text{对每个 } i = 1, 2, \cdots, n \tag{6.10}$$

时，$n \times n$ 矩阵 A 被称为**对角占优矩阵**。

当式(6.10)中对于任何 n 满足严格大于时，当下式满足时，一个对角占优矩阵被称为**严格对角占优矩阵**。

$$|a_{ii}| > \sum_{\substack{j=1, \\ j \neq i}}^{n} |a_{ij}| \qquad \text{对每个 } i = 1, 2, \cdots, n$$

示例　考虑矩阵

$$A = \begin{bmatrix} 7 & 2 & 0 \\ 3 & 5 & -1 \\ 0 & 5 & -6 \end{bmatrix} \quad \text{和} \quad B = \begin{bmatrix} 6 & 4 & -3 \\ 4 & -2 & 0 \\ -3 & 0 & 1 \end{bmatrix}$$

非对称矩阵 A 是严格对角占优的，因为

$$|7| > |2| + |0|, \quad |5| > |3| + |-1|, \quad |-6| > |0| + |5|$$

非对称矩阵 B 不是严格对角占优的。例如，第一行中对角线元素的绝对值是 $|6| < |4| + |-3| = 7$。有趣的是，我们发现 A^t 不是严格对角占优的，因为 A^t 的中间行为 $[2 \ 5 \ 5]$。B^t 也不是严格对角占优的，因为 $B^t = B$。

在 3.5 节中使用了下面的定理，以确保需要确定的三次样条插值方程组有唯一解。

定理 6.21　一个严格的对角占优矩阵 A 是非奇异的，此外，在这种情况下，对于任何线性方程组 $A\mathbf{x} = \mathbf{b}$ 用高斯消去法在不进行行变换的情况下能得到唯一解，随着舍入误差的增长计算是稳定的。

证明　首先用反证法证明 A 是非奇异的。考虑线性方程组 $A\mathbf{x} = \mathbf{0}$，假设此线性方程组有一个非零解 $\mathbf{x} = (x_i)$。令 k 是其中的一个下标且满足

$$0 < |x_k| = \max_{1 \leq j \leq n} |x_j|$$

因为对于任何 $i = 1, 2, \cdots, n$，有 $\sum_{j=1}^{n} a_{ij} x_j = 0$。当 $i = k$ 时，有

$$a_{kk}x_k = -\sum_{\substack{j=1, \\ j \neq k}}^{n} a_{kj}x_j$$

由三角不等式，得到

$$\sum_{\substack{j=1, \\ j\neq k}}^{n}|a_{kj}||x_j|, \quad \text{因此} \quad |a_{kk}| \leqslant \sum_{\substack{j=1, \\ j\neq k}}^{n}|a_{kj}|\frac{|x_j|}{|x_k|} \leqslant \sum_{\substack{j=1, \\ j\neq k}}^{n}|a_{kj}|$$

这个不等式与 A 是严格对角占优矩阵相矛盾。因此，方程组 $A\mathbf{x} = \mathbf{0}$ 只有零解 $\mathbf{x} = \mathbf{0}$。由定理 6.17 可知，A 是非奇异的。

为了证明高斯消去法在不进行行变换的情况下可以执行，我们证明由高斯消去过程产生的每一个矩阵 $A^{(2)}, A^{(3)}, \cdots, A^{(n)}$ 是严格对角占优的(见 6.5 节)。这能确保在高斯消去过程中的每一步主元是非零的。

因为 A 是严格对角占优矩阵，并形成了 $a_{11} \neq 0$ 和 $A^{(2)}$。因此对于任何 $i = 2, 3, \cdots, n$ ，有

$$a_{ij}^{(2)} = a_{ij}^{(1)} - \frac{a_{1j}^{(1)}a_{i1}^{(1)}}{a_{11}^{(1)}}, \quad 2 \leqslant j \leqslant n$$

首先，$a_{i1}^{(2)} = 0$ 。应用三角形不等式得

$$\sum_{\substack{j=2 \\ j\neq i}}^{n}|a_{ij}^{(2)}| = \sum_{\substack{j=2 \\ j\neq i}}^{n}\left|a_{ij}^{(1)} - \frac{a_{1j}^{(1)}a_{i1}^{(1)}}{a_{11}^{(1)}}\right| \leqslant \sum_{\substack{j=2 \\ j\neq i}}^{n}|a_{ij}^{(1)}| + \sum_{\substack{j=2 \\ j\neq i}}^{n}\left|\frac{a_{1j}^{(1)}a_{i1}^{(1)}}{a_{11}^{(1)}}\right|$$

但 A 是严格对角占优矩阵：

$$\sum_{\substack{j=2 \\ j\neq i}}^{n}|a_{ij}^{(1)}| < |a_{ii}^{(1)}| - |a_{i1}^{(1)}| \quad \text{和} \quad \sum_{\substack{j=2 \\ j\neq i}}^{n}|a_{1j}^{(1)}| < |a_{11}^{(1)}| - |a_{1i}^{(1)}|$$

所以

$$\sum_{\substack{j=2 \\ j\neq i}}^{n}|a_{ij}^{(2)}| < |a_{ii}^{(1)}| - |a_{i1}^{(1)}| + \frac{|a_{i1}^{(1)}|}{|a_{11}^{(1)}|}(|a_{11}^{(1)}| - |a_{1i}^{(1)}|) = |a_{ii}^{(1)}| - \frac{|a_{i1}^{(1)}||a_{1i}^{(1)}|}{|a_{11}^{(1)}|}$$

再次应用三角形不等式

$$|a_{ii}^{(1)}| - \frac{|a_{i1}^{(1)}||a_{1i}^{(1)}|}{|a_{11}^{(1)}|} \leqslant \left|a_{ii}^{(1)} - \frac{|a_{i1}^{(1)}||a_{1i}^{(1)}|}{|a_{11}^{(1)}|}\right| = |a_{ii}^{(2)}|$$

得出

$$\sum_{\substack{j=2 \\ j\neq i}}^{n}|a_{ij}^{(2)}| < |a_{ii}^{(2)}|$$

这就证明了 $2, \cdots, n$ 行是严格对角占优的，但是 $A^{(2)}$ 的第一行和 A 的一样，因此，$A^{(2)}$ 是严格对角占优的。

继续这个过程，直到得到一个上三角且严格对角占优的矩阵 $A^{(n)}$。这就意味着所有的对角元素是非零的，所以高斯消去法在不进行行变换的情况下可以执行。

这个过程的稳定性的证明可以在[We]中找到。 ∎

正定矩阵

下一种特殊类型的矩阵被称为是正定的。

定义 6.22　一个矩阵 A 是**正定的**，如果它是对称的且对于任何 n 维向量 $\mathbf{x} \neq \mathbf{0}$，满足 $\mathbf{x}^t A \mathbf{x} > 0$。■

并不是所有的作者都认为一个正定矩阵必须是对称的，例如 Golub 和 Van Loan [GV] 在矩阵方法的标准参考书中给出仅需要对于任何 $\mathbf{x} \neq \mathbf{0}$，满足 $\mathbf{x}^t A \mathbf{x} > 0$。我们称为正定的矩阵在[GV]中被称为对称正定矩阵。如果你使用其他来源的资料，请记住这一差异。

确切地说，定义 6.22 中由运算 $\mathbf{x}^t A \mathbf{x}$ 产生的 1×1 矩阵，其唯一的元素是正值。运算过程如下：

$$\mathbf{x}^t A \mathbf{x} = [x_1, x_2, \cdots, x_n] \begin{bmatrix} a_{11} & a_{12} & \cdots & a_{1n} \\ a_{21} & a_{22} & \cdots & a_{2n} \\ \vdots & \vdots & & \vdots \\ a_{n1} & a_{n2} & \cdots & a_{nn} \end{bmatrix} \begin{bmatrix} x_1 \\ x_2 \\ \vdots \\ x_n \end{bmatrix}$$

$$= [x_1, x_2, \cdots, x_n] \begin{bmatrix} \sum_{j=1}^{n} a_{1j} x_j \\ \sum_{j=1}^{n} a_{2j} x_j \\ \vdots \\ \sum_{j=1}^{n} a_{nj} x_j \end{bmatrix} = \left[\sum_{i=1}^{n} \sum_{j=1}^{n} a_{ij} x_i x_j \right]$$

例 1　证明矩阵

$$A = \begin{bmatrix} 2 & -1 & 0 \\ -1 & 2 & -1 \\ 0 & -1 & 2 \end{bmatrix}$$

是正定的。

解　假设 $\mathbf{x}$ 是任何三维列向量。那么

$$\mathbf{x}^t A \mathbf{x} = [x_1, x_2, x_3] \begin{bmatrix} 2 & -1 & 0 \\ -1 & 2 & -1 \\ 0 & -1 & 2 \end{bmatrix} \begin{bmatrix} x_1 \\ x_2 \\ x_3 \end{bmatrix}$$

$$= [x_1, x_2, x_3] \begin{bmatrix} 2x_1 & - & x_2 & & \\ -x_1 & + & 2x_2 & - & x_3 \\ & & -x_2 & + & 2x_3 \end{bmatrix}$$

$$= 2x_1^2 - 2x_1 x_2 + 2x_2^2 - 2x_2 x_3 + 2x_3^2$$

重组这些元素得

$$\mathbf{x}^t A \mathbf{x} = x_1^2 + (x_1^2 - 2x_1 x_2 + x_2^2) + (x_2^2 - 2x_2 x_3 + x_3^2) + x_3^2$$

$$= x_1^2 + (x_1 - x_2)^2 + (x_2 - x_3)^2 + x_3^2$$

其中蕴含了

$$x_1^2 + (x_1 - x_2)^2 + (x_2 - x_3)^2 + x_3^2 > 0$$

除非 $x_1 = x_2 = x_3 = 0$。　　　　　　　　　　　　　　　　　　　　　　　　　　　■

从这个例子中可以清楚地看出，使用定义来确定一个矩阵是否是正定的是很困难的。幸运的是，在第 9 章中提出了一种容易验证的方法。下面定理给出了正定矩阵的一些必要条件。

定理 6.23　如果 A 是一个 $n \times n$ 矩阵，那么

(i)　A 有逆。　　　　　　　　　　　　(ii)　$a_{ii} > 0$，对于任何 $i = 1, 2, \cdots, n$。

(iii)　$\max\limits_{1 \leq k, j \leq n} |a_{kj}| \leq \max\limits_{1 \leq i \leq n} |a_{ii}|$。　(iv)　$(a_{ij})^2 < a_{ii} a_{jj}$，对于任何 $i \neq j$。

证明

(i)　如果 A 满足 $A\mathbf{x} = \mathbf{0}$，那么 $\mathbf{x}^t A \mathbf{x} = 0$。因为 A 是正定的，从而蕴含 $\mathbf{x} = \mathbf{0}$。因此，$A\mathbf{x} = \mathbf{0}$ 只

有零解。由定理 6.17 可知，这就等价于 A 是非奇异的。

(ii) 给定 i，令 $\mathbf{x} = (x_j)$ 定义为 $x_i = 1$ 和 $x_j = 0$，如果 $j \neq i$。因为 $\mathbf{x} \neq \mathbf{0}$，所以

$$0 < \mathbf{x}^t A \mathbf{x} = a_{ii}$$

(iii) 对于 $k \neq j$，定义 $\mathbf{x} = (x_i)$ 为

$$x_i = \begin{cases} 0, & \text{如果 } i \neq j \text{ 且 } i \neq k \\ 1, & \text{如果 } i = j \\ -1, & \text{如果 } i = k \end{cases}$$

因为 $\mathbf{x} \neq \mathbf{0}$，所以

$$0 < \mathbf{x}^t A \mathbf{x} = a_{jj} + a_{kk} - a_{jk} - a_{kj}$$

但是 $A^t = A$，所以 $a_{jk} = a_{kj}$，这就意味着

$$2a_{kj} < a_{jj} + a_{kk} \tag{6.11}$$

现在定义 $\mathbf{z} = (z_i)$ 为

$$z_i = \begin{cases} 0, & \text{如果 } i \neq j \text{ 且 } i \neq k \\ 1, & \text{如果 } i = j \text{ 或 } i = k \end{cases}$$

那么 $\mathbf{z}^t A \mathbf{z} > 0$，所以

$$-2a_{kj} < a_{kk} + a_{jj} \tag{6.12}$$

不等式 (6.11) 和不等式 (6.12) 意味着对于任何 $k \neq j$，有

$$|a_{kj}| < \frac{a_{kk} + a_{jj}}{2} \leqslant \max_{1 \leqslant i \leqslant n} |a_{ii}|, \quad \text{所以} \quad \max_{1 \leqslant k, j \leqslant n} |a_{kj}| \leqslant \max_{1 \leqslant i \leqslant n} |a_{ii}|$$

(iv) 对于任何 $i \neq j$，定义 $\mathbf{x} = (x_k)$ 为

$$x_k = \begin{cases} 0, & \text{如果 } k \neq j \text{ 且 } k \neq i \\ \alpha, & \text{如果 } k = i \\ 1, & \text{如果 } k = j \end{cases}$$

其中 α 表示任何实数。因为 $\mathbf{x} \neq \mathbf{0}$，所以

$$0 < \mathbf{x}^t A \mathbf{x} = a_{ii}\alpha^2 + 2a_{ij}\alpha + a_{jj}$$

作为一个没有实根的以 α 为未知数的二次多项式，$P(\alpha) = a_{ii}\alpha^2 + 2a_{ij}\alpha + a_{jj}$ 的判别式肯定为负。因此

$$4a_{ij}^2 - 4a_{ii}a_{jj} < 0 \quad \text{和} \quad a_{ij}^2 < a_{ii}a_{jj} \qquad \blacksquare$$

虽然定理 6.23 提供了正定矩阵的一些肯定正确的重要条件，但是它不能确保满足这些条件的矩阵是正定的。

下面的概念被用于刻画正定矩阵的充分必要条件。

定义 6.24　矩阵 A 的主子式形如

$$A_k = \begin{bmatrix} a_{11} & a_{12} & \cdots & a_{1k} \\ a_{21} & a_{22} & \cdots & a_{2k} \\ \vdots & \vdots & & \vdots \\ a_{k1} & a_{k2} & \cdots & a_{kk} \end{bmatrix}$$

对于某些 $1 \leqslant k \leqslant n$。　　　　　　　　　　　　　　　　　　　　　　　　　　 $\blacksquare$

下面结果的证明见[Stew2],p.250。

定理 6.25　一个对称矩阵 A 是正定的，当且仅当它的任意主子式是正定的。　■

例 2　在例 1 中，我们已经用定义证明矩阵

$$A = \begin{bmatrix} 2 & -1 & 0 \\ -1 & 2 & -1 \\ 0 & -1 & 2 \end{bmatrix}$$

是正定的。用定理 6.25 证明此矩阵是正定的。

解　注意

$$\det A_1 = \det[2] = 2 > 0,$$

$$\det A_2 = \det \begin{bmatrix} 2 & -1 \\ -1 & 2 \end{bmatrix} = 4 - 1 = 3 > 0$$

和

$$\det A_3 = \det \begin{bmatrix} 2 & -1 & 0 \\ -1 & 2 & -1 \\ 0 & -1 & 2 \end{bmatrix} = 2\det \begin{bmatrix} 2 & -1 \\ -1 & 2 \end{bmatrix} - (-1)\det \begin{bmatrix} -1 & -1 \\ 0 & 2 \end{bmatrix}$$

$$= 2(4 - 1) + (-2 + 0) = 4 > 0$$

这符合定理 6.25。　■

下一个定理扩展了定理 6.23 的性质(i)，并与定理 6.21 关于严格对角占优的结果平行。我们不需要给出这个定理的证明，因为它需要引入一些无关的术语和结果。相关的内容和证明见 [We],pp.120ff。

定理 6.26　对称矩阵 A 是正定的，当且仅当在不进行行变换的情况下高斯消去法可以执行在主元全为正的线性方程组 $A\mathbf{x} = \mathbf{b}$ 上。此外，在这种情况下，随着舍入误差的增大计算是稳定的。　■

在构造定理 6.26 的证明过程中发现了一些有趣的事实，用下面的推论表示。

推论 6.27　矩阵 A 是正定的，当且仅当 A 可以分解成 LDL^t，其中 L 是对角线元素全为 1 的下三角矩阵，D 是对角线元素全为正的对角矩阵。　■

推论 6.28　矩阵 A 是正定的，当且仅当矩阵 A 可以分解成 LL^t，其中 L 是对角线元素是非零的下三角矩阵。　■

推论 6.28 中的矩阵 L 和推论 6.27 中的矩阵 L 是不一样的，它们的关系可在习题 32 中看到。

算法 6.5 是基于算法 6.4 中的 LU 分解，由推论 6.27 中的 LDL^t 分解得到。

算法 6.5　LDL^t 分解

为了将正定 $n \times n$ 矩阵 A 分解成 LDL^t，其中 L 是对角线元素全为 1 的下三角矩阵，D 是对角线元素全为正的对角矩阵。

输入　维数 n，A 的元素 a_{ij}，对于 $1 \leqslant i, j \leqslant n$。

输出　L 的元素 l_{ij}，对于 $1 \leqslant j < i$ 和 $1 \leqslant i \leqslant n$，$D$ 的元素 d_i，对于 $1 \leqslant i \leqslant n$。

Step 1　For $i = 1, \cdots, n$ do Steps 2–4.

　　Step 2　For $j = 1, \cdots, i - 1$, set $v_j = l_{ij} d_j$.

Step 3 Set $d_i = a_{ii} - \sum_{j=1}^{i-1} l_{ij} v_j$.

Step 4 For $j = i+1, \cdots, n$ set $l_{ji} = (a_{ji} - \sum_{k=1}^{i-1} l_{jk} v_k)/d_i$.

Step 5 OUTPUT (l_{ij} for $j = 1, \cdots, i-1$ and $i = 1, \cdots, n$);
OUTPUT (d_i for $i = 1, \cdots, n$);
STOP.

推论 6.27 有一个对应于 A 是对称但不一定正定的结论。这个结论的应用极其广泛，因为对称矩阵是常见的且容易确认。

推论 6.29 令 A 是一个对称 $n \times n$ 矩阵使得高斯消去法在不进行行变换的情况下可以执行。那么，A 可以被分解成 LDL^t，其中 L 是对角线元素全为 1 的下三角矩阵，D 是对角线元素为 $a_{11}^{(1)}, \cdots, a_{nn}^{(n)}$ 的对角矩阵。

例 3 确定正定矩阵的 LDL^t 分解。

$$A = \begin{bmatrix} 4 & -1 & 1 \\ -1 & 4.25 & 2.75 \\ 1 & 2.75 & 3.5 \end{bmatrix}$$

解 LDL^t 分解中下三角矩阵 L 的对角线元素全为 1，所以，我们需要有

$$A = \begin{bmatrix} a_{11} & a_{21} & a_{31} \\ a_{21} & a_{22} & a_{32} \\ a_{31} & a_{32} & a_{33} \end{bmatrix} = \begin{bmatrix} 1 & 0 & 0 \\ l_{21} & 1 & 0 \\ l_{31} & l_{32} & 1 \end{bmatrix} \begin{bmatrix} d_1 & 0 & 0 \\ 0 & d_2 & 0 \\ 0 & 0 & d_3 \end{bmatrix} \begin{bmatrix} 1 & l_{21} & l_{31} \\ 0 & 1 & l_{32} \\ 0 & 0 & 1 \end{bmatrix}$$

$$= \begin{bmatrix} d_1 & d_1 l_{21} & d_1 l_{31} \\ d_1 l_{21} & d_2 + d_1 l_{21}^2 & d_2 l_{32} + d_1 l_{21} l_{31} \\ d_1 l_{31} & d_1 l_{21} l_{31} + d_2 l_{32} & d_1 l_{31}^2 + d_2 l_{32}^2 + d_3 \end{bmatrix}$$

因此

$a_{11}{:}4 = d_1 \implies d_1 = 4,$ 　　　　　　　　$a_{21}{:}-1 = d_1 l_{21} \implies l_{21} = -0.25$

$a_{31}{:}1 = d_1 l_{31} \implies l_{31} = 0.25,$ 　　　　$a_{22}{:}4.25 = d_2 + d_1 l_{21}^2 \implies d_2 = 4$

$a_{32}{:}2.75 = d_1 l_{21} l_{31} + d_2 l_{32} \implies l_{32} = 0.75,$ 　$a_{33}{:}3.5 = d_1 l_{31}^2 + d_2 l_{32}^2 + d_3 \implies d_3 = 1$

我们有

$$A = LDL^t = \begin{bmatrix} 1 & 0 & 0 \\ -0.25 & 1 & 0 \\ 0.25 & 0.75 & 1 \end{bmatrix} \begin{bmatrix} 4 & 0 & 0 \\ 0 & 4 & 0 \\ 0 & 0 & 1 \end{bmatrix} \begin{bmatrix} 1 & -0.25 & 0.25 \\ 0 & 1 & 0.75 \\ 0 & 0 & 1 \end{bmatrix}$$

算法 6.5 很容易被修改成推论 6.29 中提及的对称矩阵的分解。它只需要添加一个检查以确保对角线元素非零。Cholesky 算法 6.6 实现了推论 6.28 中的 LL^t 分解。

算法 6.6 Cholesky 分解

将正定 $n \times n$ 矩阵 A 分解成 LL^t，其中 L 是下三角矩阵。

输入 维数 n，A 的元素 a_{ij}，对于 $1 \leqslant i, j \leqslant n$。

输出 L 的元素 l_{ij}，对于 $1 \leqslant j \leqslant i$ 和 $1 \leqslant i \leqslant n$。（$U = L^t$ 的元素 $u_{ij} = l_{ji}$，对于 $i \leqslant j \leqslant n$ 和 $1 \leqslant i \leqslant n$。）

Step 1 Set $l_{11} = \sqrt{a_{11}}$.

Step 2 For $j = 2, \cdots, n$, set $l_{j1} = a_{j1}/l_{11}$.

Step 3 For $i = 2, \cdots, n-1$ do Steps 4 and 5.

  Step 4 Set $l_{ii} = \left(a_{ii} - \sum_{k=1}^{i-1} l_{ik}^2 \right)^{1/2}$.

  Step 5 For $j = i+1, \cdots, n$

  $$\text{set } l_{ji} = \left(a_{ji} - \sum_{k=1}^{i-1} l_{jk} l_{ik} \right) / l_{ii}.$$

Step 6 Set $l_{nn} = \left(a_{nn} - \sum_{k=1}^{n-1} l_{nk}^2 \right)^{1/2}$.

Step 7 OUTPUT (l_{ij} for $j = 1, \cdots, i$ and $i = 1, \cdots, n$);
STOP. ∎

例 4 确定正定矩阵的 Cholesky LL^t 分解。

$$A = \begin{bmatrix} 4 & -1 & 1 \\ -1 & 4.25 & 2.75 \\ 1 & 2.75 & 3.5 \end{bmatrix}$$

解 这个 LL^t 分解不需要下三角矩阵 L 的对角线元素全为 1，所以有

$$A = \begin{bmatrix} a_{11} & a_{21} & a_{31} \\ a_{21} & a_{22} & a_{32} \\ a_{31} & a_{32} & a_{33} \end{bmatrix} = \begin{bmatrix} l_{11} & 0 & 0 \\ l_{21} & l_{22} & 0 \\ l_{31} & l_{32} & l_{33} \end{bmatrix} \begin{bmatrix} l_{11} & l_{21} & l_{31} \\ 0 & l_{22} & l_{32} \\ 0 & 0 & l_{33} \end{bmatrix}$$

$$= \begin{bmatrix} l_{11}^2 & l_{11}l_{21} & l_{11}l_{31} \\ l_{11}l_{21} & l_{21}^2 + l_{22}^2 & l_{21}l_{31} + l_{22}l_{32} \\ l_{11}l_{31} & l_{21}l_{31} + l_{22}l_{32} & l_{31}^2 + l_{32}^2 + l_{33}^2 \end{bmatrix}$$

因此

$a_{11}:\quad 4 = l_{11}^2 \implies l_{11} = 2,$ $\qquad a_{21}:\quad -1 = l_{11}l_{21} \implies l_{21} = -0.5$

$a_{31}:\quad 1 = l_{11}l_{31} \implies l_{31} = 0.5,$ $\qquad a_{22}:\quad 4.25 = l_{21}^2 + l_{22}^2 \implies l_{22} = 2$

$a_{32}:\quad 2.75 = l_{21}l_{31} + l_{22}l_{32} \implies l_{32} = 1.5,$ $\quad a_{33}:\quad 3.5 = l_{31}^2 + l_{32}^2 + l_{33}^2 \implies l_{33} = 1$

则有

$$A = LL^t = \begin{bmatrix} 2 & 0 & 0 \\ -0.5 & 2 & 0 \\ 0.5 & 1.5 & 1 \end{bmatrix} \begin{bmatrix} 2 & -0.5 & 0.5 \\ 0 & 2 & 1.5 \\ 0 & 0 & 1 \end{bmatrix}$$ ∎

算法 6.5 中的 LDL^t 分解需要

$$\frac{1}{6}n^3 + n^2 - \frac{7}{6}n \text{ 次乘法/除法} \quad \text{和} \quad \frac{1}{6}n^3 - \frac{1}{6}n \text{ 次加法/减法}$$

正定矩阵的 LL^t Cholesky 分解只需要

$$\frac{1}{6}n^3 + \frac{1}{2}n^2 - \frac{2}{3}n \text{ 次乘法/除法} \quad \text{和} \quad \frac{1}{6}n^3 - \frac{1}{6}n \text{ 次加法/减法}$$

Cholesky 分解的计算优势是一种误导，因为它需要提取 n 个平方根。然而，计算 n 个平方根的运算量是一个关于 n 的线性因子，而且随着 n 的增加，运算量急剧减少。

算法 6.5 提供了一种将正定矩阵分解为 $A = LDL^t$ 的稳定的方法，但它必须经过修改才能求解线性方程组 $A\mathbf{x} = \mathbf{b}$。需要做的是：从算法 6.5 中删掉步骤 5（Step 5）中的 STOP 语句，并添加下列语句求解下三角方程组 $L\mathbf{y} = \mathbf{b}$。

Step 6　Set $y_1 = b_1$.

Step 7　For $i = 2, \cdots, n$ set $y_i = b_i - \sum_{j=1}^{i-1} l_{ij} y_j$.

接着，线性方程组 $D\mathbf{z} = \mathbf{y}$ 可以被求解：

Step 8　For $i = 1, \cdots, n$ set $z_i = y_i / d_i$.

最终上三角方程组 $L^t\mathbf{x} = \mathbf{z}$ 可以由下面的步骤求解：

Step 9　Set $x_n = z_n$.

Step 10　For $i = n-1, \cdots, 1$ set $x_i = z_i - \sum_{j=i+1}^{n} l_{ji} x_j$.

Step 11　OUTPUT $(x_i$ for $i = 1, \cdots, n)$;
　　　　　　STOP.

表 6.4 显示了求解线性方程组所需的运算量。

如果更喜欢使用算法 6.6 中给出的 Cholesky 分解，那么求解线性方程组 $A\mathbf{x} = \mathbf{b}$ 额外所需的步骤如下所示。首先，从步骤 7（Step 7）中删掉 STOP 语句，然后添加：

Step 8　Set $y_1 = b_1 / l_{11}$.

Step 9　For $i = 2, \cdots, n$ set $y_i = \left(b_i - \sum_{j=1}^{i-1} l_{ij} y_j \right) \Big/ l_{ii}$.

Step 10　Set $x_n = y_n / l_{nn}$.

Step 11　For $i = n-1, \cdots, 1$ set $x_i = \left(y_i - \sum_{j=i+1}^{n} l_{ji} x_j \right) \Big/ l_{ii}$.

Step 12　OUTPUT $(x_i$ for $i = 1, \cdots, n)$;
　　　　　　STOP.

Step 8~12 需要 $n^2 + n$ 次乘法/除法和 $n^2 - n$ 次加法/减法运算。

表 6.4

步骤 （Step）	乘法 / 除法	加法 / 减法
6	0	0
7	$n(n-1)/2$	$n(n-1)/2$
8	n	0
9	0	0
10	$n(n-1)/2$	$n(n-1)/2$
总计	n^2	$n^2 - n$

带状矩阵

最后考虑的一类矩阵是带状矩阵。在许多应用中，带状矩阵同样也是严格对角占优的或正定的。

定义 6.30　一个 $n \times n$ 矩阵被称为**带状矩阵**，如果整数 p 和 q 满足 $1 < p, q < n$，无论 $p \leqslant j-i$ 或 $q \leqslant i-j$，存在性质 $a_{ij} = 0$。带状矩阵的**带宽**定义为 $w = p + q - 1$。　∎

p 表示对角线以上包含对角线所含非零元素的个数，q 表示对角线以下不包含对角线所含非零元素的个数。例如，矩阵

$$A = \begin{bmatrix} 7 & 2 & 0 \\ 3 & 5 & -1 \\ 0 & -5 & -6 \end{bmatrix}$$

是带状矩阵且 $p = q = 2$，带宽为 $2 + 2 - 1 = 3$。

带状矩阵的定义使得这些矩阵将非零元素集中在对角线附近。两种经常出现的带状矩阵是 $p = q = 2$ 和 $p = q = 4$。

三对角矩阵

当 $p = q = 2$ 时即为带宽为 3 的矩阵，被称为**三对角矩阵**。因为它们具有如下形式：

$$A = \begin{bmatrix} a_{11} & a_{12} & 0 & \cdots\cdots\cdots & 0 \\ a_{21} & a_{22} & a_{23} & & \\ 0 & a_{32} & a_{33} & a_{34} & \\ & & & & 0 \\ & & & & a_{n-1,n} \\ 0 & \cdots\cdots & 0 & a_{n,n-1} & a_{nn} \end{bmatrix}$$

第 11 章也考虑了三对角矩阵与边值问题的线性逼近相关。$p = q = 4$ 的这种情况被用来求解由三次样条形成的近似函数的边值问题。

在带状矩阵的情况下，分解算法可以被大大简化，因为在这些矩阵中出现大量的零元素。特别有趣的是，Crout 或 Doolittle 方法在这种情况下能观察到其形式。

为了说明这种情况，假设一个三对角矩阵 A 可以被分解为三角形矩阵 L 和 U。然后 A 最多有 $(3n - 2)$ 个非零元素，已证明只有 $(3n - 2)$ 个条件用来确定 L 和 U 的元素，当然，也就得到了 A 的零元素。

假设矩阵 L 和 U 有三对角形式，即

$$L = \begin{bmatrix} l_{11} & 0 & \cdots\cdots\cdots & 0 \\ l_{21} & l_{22} & & \\ 0 & & & \\ & & & 0 \\ 0 & \cdots\cdots & 0 & l_{n,n-1} & l_{nn} \end{bmatrix} \quad 和 \quad U = \begin{bmatrix} 1 & u_{12} & 0 & \cdots\cdots & 0 \\ 0 & 1 & & \\ & & & \\ & & & u_{n-1,n} \\ 0 & \cdots\cdots & 0 & 1 \end{bmatrix}$$

L 中有 $(2n - 1)$ 个未确定的元素，U 中有 $(n - 1)$ 个未确定的元素，A 中可能共有 $(3n - 2)$ 个非零元素。由此立即得到 A 中零元素的个数。

与 $A = LU$ 有关的乘法，除 0 之外，有

$$a_{11} = l_{11};$$

$$a_{i,i-1} = l_{i,i-1}, \quad 对每个\ i = 2, 3, \cdots, n; \tag{6.13}$$

$$a_{ii} = l_{i,i-1} u_{i-1,i} + l_{ii}, \quad 对每个\ i = 2, 3, \cdots, n \tag{6.14}$$

和

$$a_{i,i+1} = l_{ii} u_{i,i+1}, \quad 对每个\ i = 1, 2, \cdots, n - 1 \tag{6.15}$$

若欲求方程组的解，首先通过式(6.13)得到 L 的对角线以下的所有非零元素，然后用式(6.14)和式(6.15)交替得到 U 和 L 的其余元素。一旦得到 L 或 U 的元素，A 中相应的元素就不被需要了。因此，A 中的元素可以重写成 L 和 U 中的元素，不需要新的存储。

算法 6.7 求解一个系数矩阵为三对角的 $n \times n$ 线性方程组。这个算法需要 $(5n - 4)$ 次乘法/除法运算和 $(3n - 3)$ 次加法/减法运算。在三对角矩阵的情况下，它具有相当大的计算优势。

算法 6.7 三对角方程组的 Crout 分解

$n \times n$ 求解线性方程组

$$
\begin{array}{llll}
E_1: & a_{11}x_1 + a_{12}x_2 & = a_{1,n+1}, \\
E_2: & a_{21}x_1 + a_{22}x_2 + a_{23}x_3 & = a_{2,n+1}, \\
\quad\vdots & \qquad\qquad\vdots & \qquad\vdots \\
E_{n-1}: & a_{n-1,n-2}x_{n-2} + a_{n-1,n-1}x_{n-1} + a_{n-1,n}x_n = a_{n-1,n+1}, \\
E_n: & a_{n,n-1}x_{n-1} + a_{nn}x_n = a_{n,n+1},
\end{array}
$$

假设它有唯一解。

输入 维数 n, A 的元素。

输出 解 $x_1, \cdots, x_n$。

（建立 Steps 1—3 并求解 $L\mathbf{z} = \mathbf{b}$。）

Step 1 Set $l_{11} = a_{11}$;

$\qquad\qquad u_{12} = a_{12}/l_{11}$;

$\qquad\qquad z_1 = a_{1,n+1}/l_{11}$.

Step 2 For $i = 2, \cdots, n-1$ set $l_{i,i-1} = a_{i,i-1}$; （L的第i行）

$\qquad\qquad l_{ii} = a_{ii} - l_{i,i-1}u_{i-1,i}$;

$\qquad\qquad u_{i,i+1} = a_{i,i+1}/l_{ii}$; （$U$的第$i$+1列）

$\qquad\qquad z_i = (a_{i,n+1} - l_{i,i-1}z_{i-1})/l_{ii}$.

Step 3 Set $l_{n,n-1} = a_{n,n-1}$; （L的第n行）

$\qquad\qquad l_{nn} = a_{nn} - l_{n,n-1}u_{n-1,n}$.

$\qquad\qquad z_n = (a_{n,n+1} - l_{n,n-1}z_{n-1})/l_{nn}$.

（Step 4和Step 5求解$U\mathbf{x} = \mathbf{z}$.）

Step 4 Set $x_n = z_n$.

Step 5 For $i = n-1, \cdots, 1$ set $x_i = z_i - u_{i,i+1}x_{i+1}$.

Step 6 OUTPUT $(x_1, \cdots, x_n)$;

$\qquad\qquad$ STOP. ∎

例 5 确定对称三对角矩阵的分解

$$
\begin{bmatrix}
2 & -1 & 0 & 0 \\
-1 & 2 & -1 & 0 \\
0 & -1 & 2 & -1 \\
0 & 0 & -1 & 2
\end{bmatrix}
$$

并用这个分解求解线性方程组:

$$
\begin{array}{rl}
2x_1 - x_2 & = 1, \\
-x_1 + 2x_2 - x_3 & = 0, \\
- x_2 + 2x_3 - x_4 & = 0, \\
- x_3 + 2x_4 & = 1
\end{array}
$$

解 LU 的 A 分解具有以下形式:

$$
A = \begin{bmatrix}
a_{11} & 0 & 0 & 0 \\
a_{21} & a_{22} & a_{23} & 0 \\
0 & a_{32} & a_{33} & a_{34} \\
0 & 0 & a_{43} & a_{44}
\end{bmatrix} = \begin{bmatrix}
l_{11} & 0 & 0 & 0 \\
l_{21} & l_{22} & 0 & 0 \\
0 & l_{32} & l_{33} & 0 \\
0 & 0 & l_{43} & l_{44}
\end{bmatrix} \begin{bmatrix}
1 & u_{12} & 0 & 0 \\
0 & 1 & u_{23} & 0 \\
0 & 0 & 1 & u_{34} \\
0 & 0 & 0 & 1
\end{bmatrix}
$$

$$
= \begin{bmatrix} l_{11} & l_{11}u_{12} & 0 & 0 \\ l_{21} & l_{22}+l_{21}u_{12} & l_{22}u_{23} & 0 \\ 0 & l_{32} & l_{33}+l_{32}u_{23} & l_{33}u_{34} \\ 0 & 0 & l_{43} & l_{44}+l_{43}u_{34} \end{bmatrix}
$$

因此

$$a_{11}: \quad 2 = l_{11} \implies l_{11} = 2, \qquad\qquad a_{12}: \quad -1 = l_{11}u_{12} \implies u_{12} = -\frac{1}{2},$$

$$a_{21}: \quad -1 = l_{21} \implies l_{21} = -1, \qquad\qquad a_{22}: \quad 2 = l_{22}+l_{21}u_{12} \implies l_{22} = \frac{3}{2},$$

$$a_{23}: \quad -1 = l_{22}u_{23} \implies u_{23} = -\frac{2}{3}, \qquad\qquad a_{32}: \quad -1 = l_{32} \implies l_{32} = -1,$$

$$a_{33}: \quad 2 = l_{33}+l_{32}u_{23} \implies l_{33} = \frac{4}{3}, \qquad\qquad a_{34}: \quad -1 = l_{33}u_{34} \implies u_{34} = -\frac{3}{4},$$

$$a_{43}: \quad -1 = l_{43} \implies l_{43} = -1, \qquad\qquad a_{44}: \quad 2 = l_{44}+l_{43}u_{34} \implies l_{44} = \frac{5}{4}$$

给出 Crout 分解:

$$
A = \begin{bmatrix} 2 & -1 & 0 & 0 \\ -1 & 2 & -1 & 0 \\ 0 & -1 & 2 & -1 \\ 0 & 0 & -1 & 2 \end{bmatrix} = \begin{bmatrix} 2 & 0 & 0 & 0 \\ -1 & \frac{3}{2} & 0 & 0 \\ 0 & -1 & \frac{4}{3} & 0 \\ 0 & 0 & -1 & \frac{5}{4} \end{bmatrix} \begin{bmatrix} 1 & -\frac{1}{2} & 0 & 0 \\ 0 & 1 & -\frac{2}{3} & 0 \\ 0 & 0 & 1 & -\frac{3}{4} \\ 0 & 0 & 0 & 1 \end{bmatrix} = LU
$$

求解方程组:

$$
L\mathbf{z} = \begin{bmatrix} 2 & 0 & 0 & 0 \\ -1 & \frac{3}{2} & 0 & 0 \\ 0 & -1 & \frac{4}{3} & 0 \\ 0 & 0 & -1 & \frac{5}{4} \end{bmatrix} \begin{bmatrix} z_1 \\ z_2 \\ z_3 \\ z_4 \end{bmatrix} = \begin{bmatrix} 1 \\ 0 \\ 0 \\ 1 \end{bmatrix}, \quad \text{得到} \begin{bmatrix} z_1 \\ z_2 \\ z_3 \\ z_4 \end{bmatrix} = \begin{bmatrix} \frac{1}{2} \\ \frac{1}{3} \\ \frac{1}{4} \\ 1 \end{bmatrix}
$$

并求解方程组:

$$
U\mathbf{x} = \begin{bmatrix} 1 & -\frac{1}{2} & 0 & 0 \\ 0 & 1 & -\frac{2}{3} & 0 \\ 0 & 0 & 1 & -\frac{3}{4} \\ 0 & 0 & 0 & 1 \end{bmatrix} \begin{bmatrix} x_1 \\ x_2 \\ x_3 \\ x_4 \end{bmatrix} = \begin{bmatrix} \frac{1}{2} \\ \frac{1}{3} \\ \frac{1}{4} \\ 1 \end{bmatrix}, \quad \text{得到} \begin{bmatrix} x_1 \\ x_2 \\ x_3 \\ x_4 \end{bmatrix} = \begin{bmatrix} 1 \\ 1 \\ 1 \\ 1 \end{bmatrix} \qquad ■
$$

Crout 分解算法无论对于任何 $i = 1,2,\cdots,n$，都可以应用 $l_{ii} \neq 0$。有两种情况，不管方程组的系数矩阵是正定的还是严格对角占优的，其中任何一种情况都能确保其是正确的。下一个定理给出一个额外的确保这个算法可以应用的条件，在习题 30 中推导它的证明。

定理 6.31　假设 $A = [a_{ij}]$ 是三对角矩阵，且对于任何 $i = 2,3,\cdots,n-1$，有 $a_{i,i-1}a_{i,i+1} \neq 0$。如果对于任何 $i = 2,3,\cdots,n-1$，有 $|a_{11}| > |a_{12}|$，$|a_{ii}| \geq |a_{i,i-1}| + |a_{i,i+1}|$，且有 $|a_{nn}| > |a_{n,n-1}|$，那么 A 是非奇异矩阵，对于任何 $i = 1,2,\cdots,n$，由 Crout 分解算法得到的元素 l_{ii} 是非零的。　■

习题 6.6

1. 确定下面矩阵是: (i)对称的; (ii)奇异的; (iii)严格对角占优的; (iv)正定的。

a. $\begin{bmatrix} 2 & 1 \\ 1 & 3 \end{bmatrix}$　　　　　　　　b. $\begin{bmatrix} 2 & 1 & 0 \\ 0 & 3 & 0 \\ 1 & 0 & 4 \end{bmatrix}$

c. $\begin{bmatrix} 4 & 2 & 6 \\ 3 & 0 & 7 \\ -2 & -1 & -3 \end{bmatrix}$　　　　　d. $\begin{bmatrix} 4 & 0 & 0 & 0 \\ 6 & 7 & 0 & 0 \\ 9 & 11 & 1 & 0 \\ 5 & 4 & 1 & 1 \end{bmatrix}$

2. 确定下面矩阵是：(i)对称的；(ii)奇异的；(iii)严格对角占优的；(iv)正定的。

　　a. $\begin{bmatrix} -2 & 1 \\ 1 & -3 \end{bmatrix}$　　　　　　　　　　　b. $\begin{bmatrix} 2 & 1 & 0 \\ 0 & 3 & 2 \\ 1 & 2 & 4 \end{bmatrix}$

　　c. $\begin{bmatrix} 2 & -1 & 0 \\ -1 & 4 & 2 \\ 0 & 2 & 2 \end{bmatrix}$　　　　　　d. $\begin{bmatrix} 2 & 3 & 1 & 2 \\ -2 & 4 & -1 & 5 \\ 3 & 7 & 1.5 & 1 \\ 6 & -9 & 3 & 7 \end{bmatrix}$

3. 用 LDL^t 分解算法求下列矩阵形如 $A = LDL^t$ 的分解。

　　a. $A = \begin{bmatrix} 2 & -1 & 0 \\ -1 & 2 & -1 \\ 0 & -1 & 2 \end{bmatrix}$　　　　b. $A = \begin{bmatrix} 4 & 1 & 1 & 1 \\ 1 & 3 & -1 & 1 \\ 1 & -1 & 2 & 0 \\ 1 & 1 & 0 & 2 \end{bmatrix}$

　　c. $A = \begin{bmatrix} 4 & 1 & -1 & 0 \\ 1 & 3 & -1 & 0 \\ -1 & -1 & 5 & 2 \\ 0 & 0 & 2 & 4 \end{bmatrix}$　　d. $A = \begin{bmatrix} 6 & 2 & 1 & -1 \\ 2 & 4 & 1 & 0 \\ 1 & 1 & 4 & -1 \\ -1 & 0 & -1 & 3 \end{bmatrix}$

4. 用 LDL^t 分解算法求下列矩阵形如 $A = LDL^t$ 的分解。

　　a. $A = \begin{bmatrix} 4 & -1 & 1 \\ -1 & 3 & 0 \\ 1 & 0 & 2 \end{bmatrix}$　　　　b. $A = \begin{bmatrix} 4 & 2 & 2 \\ 2 & 6 & 2 \\ 2 & 2 & 5 \end{bmatrix}$

　　c. $A = \begin{bmatrix} 4 & 0 & 2 & 1 \\ 0 & 3 & -1 & 1 \\ 2 & -1 & 6 & 3 \\ 1 & 1 & 3 & 8 \end{bmatrix}$　　d. $A = \begin{bmatrix} 4 & 1 & 1 & 1 \\ 1 & 3 & 0 & -1 \\ 1 & 0 & 2 & 1 \\ 1 & -1 & 1 & 4 \end{bmatrix}$

5. 用 Cholesky 算法求习题 3 中的矩阵形如 $A = LL^t$ 的分解。

6. 用 Cholesky 算法求习题 4 中的矩阵形如 $A = LL^t$ 的分解。

7. 正如本文建议的那样修正 LDL^t 分解算法，使得它可以求解线性方程组。并用修正的分解算法求解下列线性方程组。

　　a. $2x_1 - x_2 \qquad = 3,$
　　　$-x_1 + 2x_2 - x_3 = -3,$
　　　　　$- x_2 + 2x_3 = 1$

　　b. $4x_1 + x_2 + x_3 + x_4 = 0.65,$
　　　$x_1 + 3x_2 - x_3 + x_4 = 0.05,$
　　　$x_1 - x_2 + 2x_3 \qquad = 0,$
　　　$x_1 + x_2 \qquad + 2x_4 = 0.5$

　　c. $4x_1 + x_2 - x_3 \qquad = 7,$
　　　$x_1 + 3x_2 - x_3 \qquad = 8,$
　　　$-x_1 - x_2 + 5x_3 + 2x_4 = -4,$
　　　　　　　$2x_3 + 4x_4 = 6$

　　d. $6x_1 + 2x_2 + x_3 - x_4 = 0,$
　　　$2x_1 + 4x_2 + x_3 \qquad = 7,$
　　　$x_1 + x_2 + 4x_3 - x_4 = -1,$
　　　$-x_1 \qquad - x_3 + 3x_4 = -2$

8. 用习题 7 中修正的算法求解下列线性方程组。

　　a. $4x_1 - x_2 + x_3 = -1,$
　　　$-x_1 + 3x_2 \qquad = 4,$
　　　$x_1 \qquad + 2x_3 = 5$

　　b. $4x_1 + 2x_2 + 2x_3 = 0,$
　　　$2x_1 + 6x_2 + 2x_3 = 1,$
　　　$2x_1 + 2x_2 + 5x_3 = 0$

　　c. $4x_1 \qquad + 2x_3 + x_4 = -2,$
　　　　　$3x_2 - x_3 + x_4 = 0,$
　　　$2x_1 - x_2 + 6x_3 + 3x_4 = 7,$
　　　$x_1 + x_2 + 3x_3 + 8x_4 = -2$

　　d. $4x_1 + x_2 + x_3 + x_4 = 2,$
　　　$x_1 + 3x_2 \qquad - x_4 = 2,$
　　　$x_1 \qquad + 2x_3 + x_4 = 1,$
　　　$x_1 - x_2 + x_3 + 4x_4 = 1$

9. 正如本文建议的那样修正 Cholesky 算法，使得它可以求解线性方程组。并用修正的算法求解习题 7 中的线性方程组。

10. 用习题 9 中修正的算法来求解习题 8 中的线性方程组。

11. 对三对角方程组采用 Crout 分解求解下列线性方程组。

a.　$x_1 - x_2 \qquad = 0,$
　　$-2x_1 + 4x_2 - 2x_3 = -1,$
　　$\qquad - x_2 + 2x_3 = 1.5$

b.　$3x_1 + x_2 \qquad = -1,$
　　$2x_1 + 4x_2 + x_3 = 7,$
　　$\qquad 2x_2 + 5x_3 = 9$

c.　$2x_1 - x_2 \qquad = 3,$
　　$-x_1 + 2x_2 - x_3 = -3,$
　　$\qquad - x_2 + 2x_3 = 1$

d.　$0.5x_1 + 0.25x_2 \qquad\qquad = 0.35,$
　　$0.35x_1 + 0.8x_2 + 0.4x_3 \qquad = 0.77,$
　　$\qquad 0.25x_2 + x_3 + 0.5x_4 = -0.5,$
　　$\qquad\qquad x_3 - 2x_4 = -2.25$

12. 对三对角方程组采用 Crout 分解求解下列线性方程组。

a.　$2x_1 + x_2 \qquad = 3,$
　　$x_1 + 2x_2 + x_3 = -2,$
　　$\qquad 2x_2 + 3x_3 = 0$

b.　$2x_1 - x_2 \qquad = 5,$
　　$-x_1 + 3x_2 + x_3 = 4,$
　　$\qquad x_2 + 4x_3 = 0$

c.　$2x_1 - x_2 \qquad\qquad = 3,$
　　$x_1 + 2x_2 - x_3 \qquad = 4,$
　　$\qquad x_2 - 2x_3 + x_4 = 0,$
　　$\qquad\qquad x_3 + 2x_4 = 6$

d.　$2x_1 - x_2 \qquad\qquad\qquad = 1,$
　　$x_1 + 2x_2 - x_3 \qquad\qquad = 2,$
　　$\qquad 2x_2 + 4x_3 - x_4 \qquad = -1,$
　　$\qquad\qquad 2x_4 - x_5 = -2,$
　　$\qquad\qquad\quad x_4 + 2x_5 = -1$

13. 令 A 是 10×10 的三对角矩阵，对于任何 $i = 2, \cdots, 9$，有 $a_{ii} = 2, a_{i,i+1} = a_{i,i-1} = -1$，并给出 $a_{11} = a_{10,10} = 2, a_{12} = a_{10,9} = -1$。令 $\mathbf{b}$ 是 10 维的列向量，给出 $b_1 = b_{10} = 1$，对于任何 $i = 2, 3, \cdots, 9$，有 $b_i = 0$。对三对角方程组采用 Crout 分解求解线性方程组 $A\mathbf{x} = \mathbf{b}$。

14. 修正 LDL^t 分解来分解一个对称矩阵 A。[提示：不总是有这样的分解。] 用新的方法分解下列矩阵。

a. $A = \begin{bmatrix} 3 & -3 & 6 \\ -3 & 2 & -7 \\ 6 & -7 & 13 \end{bmatrix}$

b. $A = \begin{bmatrix} 3 & -6 & 9 \\ -6 & 14 & -20 \\ 9 & -20 & 29 \end{bmatrix}$

c. $A = \begin{bmatrix} -1 & 2 & 0 & 1 \\ 2 & -3 & 2 & -1 \\ 0 & 2 & 5 & 6 \\ 1 & -1 & 6 & 12 \end{bmatrix}$

d. $A = \begin{bmatrix} 2 & -2 & 4 & -4 \\ -2 & 3 & -4 & 5 \\ 4 & -4 & 10 & -10 \\ -4 & 5 & -10 & 14 \end{bmatrix}$

15. 习题 14 中哪一个对称矩阵是正定的。

16. 找到所有 α 的值使得矩阵 $A = \begin{bmatrix} \alpha & 1 & -1 \\ 1 & 2 & 1 \\ -1 & 1 & 4 \end{bmatrix}$ 为正定矩阵。

17. 找到所有 α 的值使得矩阵 $A = \begin{bmatrix} 2 & \alpha & -1 \\ \alpha & 2 & 1 \\ -1 & 1 & 4 \end{bmatrix}$ 为正定矩阵。

18. 找到所有 α 和 $\beta > 0$，使得矩阵

$$A = \begin{bmatrix} 4 & \alpha & 1 \\ 2\beta & 5 & 4 \\ \beta & 2 & \alpha \end{bmatrix}$$

是严格对角占优的。

19. 找到所有 $\alpha > 0$ 和 $\beta > 0$，使得矩阵

$$A = \begin{bmatrix} 3 & 2 & \beta \\ \alpha & 5 & \beta \\ 2 & 1 & \alpha \end{bmatrix}$$

是严格对角占优的。

20. 令

$$A = \begin{bmatrix} 1 & 0 & -1 \\ 0 & 1 & 1 \\ -1 & 1 & \alpha \end{bmatrix}$$

求出满足下列条件的 α 的值。

a. A 是奇异的
b. A 是严格对角占优的
c. A 是对称的
d. A 是正定的

21. 令

$$A = \begin{bmatrix} \alpha & 1 & 0 \\ \beta & 2 & 1 \\ 0 & 1 & 2 \end{bmatrix}$$

求出满足下列条件的 α 和 β 的值。

a. A 是奇异的
b. A 是严格对角占优的
c. A 是对称的
d. A 是正定的

应用型习题

22. 在 Dorn 和 Burdick[DoB] 的一篇论文中，提出了果蝇平均翅膀的长度是由 3 种变种果蝇的交配导致的。这可以表示成对称矩阵的形式：

$$A = \begin{bmatrix} 1.59 & 1.69 & 2.13 \\ 1.69 & 1.31 & 1.72 \\ 2.13 & 1.72 & 1.85 \end{bmatrix}$$

其中，a_{ij} 表示后代果蝇的平均翅膀的长度是由一个雄性 i 和一个雌性 j 交配导致的。

a. 这个对称矩阵的物理意义是什么？

b. 这个矩阵是否正定？如果是，请证明；如果不是，找一个非零向量 $\mathbf{x}$ 使得 $\mathbf{x}^t A \mathbf{x} \leqslant 0$ 成立。

23. 在本章最初的例子中，假设 $V = 5.5 \text{ V}$，重排方程组将得到一个三对角矩阵，用 Crout 分解来求解修正之后的系统。

理论型习题

24. 假设 A 和 B 都是严格对角占优的 $n \times n$ 矩阵，下面哪个矩阵是严格对角占优矩阵。
a. $-A$ b. A^t c. $A + B$ d. A^2 e. $A - B$

25. 假设 A 和 B 都是正定的 $n \times n$ 矩阵，下面哪个矩阵是正定矩阵。
a. $-A$ b. A^t c. $A + B$ d. A^2 e. $A - B$

26. 假设 A 和 B 可交换，即 $AB = BA$。A^t 和 B^t 一定可交换吗？

27. 建立一个非对称矩阵 A，但是对于所有的 $\mathbf{x} \neq 0$，$\mathbf{x}^t A \mathbf{x} > 0$ 成立。

28. 证明在不进行行变换的情况下高斯消去法可以应用在矩阵 A 上，当且仅当 A 所有的主子式都是非奇异的。[提示：在方程中划分每个矩阵

$$A^{(k)} = M^{(k-1)} M^{(k-2)} \cdots M^{(1)} A$$

在第 k 列和第 $(k+1)$ 列中是垂直划分的，在第 k 行和第 $(k+1)$ 行中是水平划分的（见 6.3 节的习题 9）。证明 A 所有的主子式非奇异等价于证明 $a_{k,k}^{(k)} \neq 0$]

29. 三对角矩阵通常用符号标记为

$$A = \begin{bmatrix} a_1 & c_1 & 0 & \cdots\cdots & 0 \\ b_2 & a_2 & c_2 & & \vdots \\ 0 & b_3 & & & 0 \\ \vdots & & & & c_{n-1} \\ 0 & \cdots\cdots & 0 & b_n & a_n \end{bmatrix}$$

以强调没有必要考虑所有的元素。基于这个符号重写 Crout 分解算法，并以类似的方式改变 l_{ij} 和

u_{ij} 的符号表示。

30. 证明定理 6.31。[提示：证明对于任何 $i=1,2,\cdots,n-1$，$|u_{i,i+1}|<1$ 成立。对于任何 $i=1,2,\cdots,n$，$|l_{ii}|>0$ 成立。推断出 $\det A = \det L \cdot \det U \neq 0$。]

31. 构造用 Crout 分解算法求解 $n \times n$ 线性方程组的运算量。

32. 假设正定矩阵 A 有 Cholesky 分解 $A=LL^t$ 也有 $A=\hat{L}D\hat{L}^t$ 分解，其中 D 是对角矩阵且对角线元素 $d_{11},d_{22},\cdots,d_{nn}$ 都为正。令 $D^{1/2}$ 为对角矩阵且对角线元素为 $\sqrt{d_{11}},\sqrt{d_{22}},\cdots,\sqrt{d_{nn}}$。

 a. 证明 $D = D^{1/2}D^{1/2}$ b. 证明 $L = \hat{L}D^{1/2}$

讨论问题

1. 区分 Doolittle，Crout 和 Cholesky 分解。在什么条件下它们是最适用的？

2. 机器人的许多问题可以表示为非线性最小二乘优化问题。讨论如何用 Cholesky 方法寻找满足一组非线性约束条件的最优参数。

6.7 数值软件

矩阵运算的软件和线性方程组的直接解法在子程序包 IMSL 和基于 LAPACK 的 NAG 中实现，关于软件包有一些很好的文档和书籍。我们将把 3 个来源的子程序集中讨论。

伴随 LAPACK 的是一组基本的运算，称为基本线性代数子程序（BLAS）。BLAS 的第 1 级通常由向量和向量的运算组成，例如在输入数据后进行向量的加法且其运算量为 $O(n)$。第 2 级由矩阵和向量的运算组成，例如在输入数据后进行矩阵和向量的乘积且其运算量为 $O(n^2)$。第 3 级由矩阵和矩阵的运算组成，例如在输入数据后进行矩阵的乘积且其运算量为 $O(n^3)$。

LAPACK 中的子程序是用来求解线性方程组的，首先分解矩阵 A。这个分解依赖于下列矩阵类型：

1. 一般矩阵 $PA=LU$

2. 正定矩阵 $A=LL^t$

3. 对称矩阵 $A=LDL^t$

4. 三对角矩阵 $A=LU$（以带状形式）

另外，可以计算矩阵的逆和行列式。

IMSL 库包含几乎所有的 LAPACK 子程序及其扩展。NAG 库有许多用于直接求解线性方程组的子程序，类似于 LAPACK 和 IMSL。

讨论问题

1. SuperLU 是对于 LU 分解的开源包。给出这个包的概述。

2. KLU 是对于 LU 分解的开源包。给出这个包的概述。

3. ALGLIB 是一个开源跨平台的数值分析和数据处理库，其可以进行 LDL^t 分解。给出 ALGLIB 包的概述，特别是 LDL^t 分解子程序的概述。

4. LIBMF 是一个开源矩阵分解库，其可以进行 LL^t 分解。给出 LIBMF 包的概述，特别是 LL^t 分解子程序的概述。

关键概念

线性方程组	下三角矩阵	Crout 分解
高斯消去	上三角矩阵	向量

运算量	矩阵	主元
完全主元	向后替换	标度化列主元
矩阵积	部分主元	矩阵向量积
单位阵	矩阵的逆	对角矩阵
矩阵行列式	方阵	矩阵的转置
置换矩阵	逆矩阵	LU 分解
Cholesky 分解	矩阵分解	LDL^t 分解
三对角矩阵	特殊矩阵	带状矩阵
P^tLU 分解		

本章总结

本章研究了求解线性方程组的直接解法。线性方程组有 n 个方程和 n 个未知数，用矩阵形式表示为：$A\mathbf{x} = \mathbf{b}$。在计算精确解的过程中采用有限精度的四舍五入方法。我们发现线性方程组 $A\mathbf{x} = \mathbf{b}$ 有唯一解，当且仅当 A^{-1} 存在，等价于 $\det A \neq 0$。当 A^{-1} 已知时，线性方程组的解是向量 $\mathbf{x} = A^{-1}\mathbf{b}$。

引入主元法能最大程度地减少舍入误差的影响，当使用直接方法求解时，可以控制解的精度。本章讨论了列主元法、标度化列主元法并简单讨论了完全主元法。我们建议对于大多数问题使用列主元法或标度化列主元法，因为在不增加额外计算的情况下，它们能减少舍入误差的影响。使用完全主元法的舍入误差是最大的。在第 7 章的 7.5 节，我们将给出一些估算舍入误差的程序。

通过小的修正，高斯消去法可产生矩阵 A 的 LU 分解，其中 L 是对角线元素全为 1 的下三角矩阵，U 是上三角矩阵。这个过程称为 Doolittle 分解。并不是所有的非奇异矩阵都具有这样的分解，但是置换矩阵的行同样得到矩阵分解 $PA = LU$，其中 P 是用来重排 A 的行的置换矩阵。这种分解的优势是在求解具有相同的系数矩阵 A 和不同的向量 $\mathbf{b}$ 的线性方程组 $A\mathbf{x} = \mathbf{b}$ 时，工作量会显著减少。

当 A 是正定矩阵时，会得到简单的分解。例如，Cholesky 分解 $A = LL^t$，其中 L 是下三角矩阵。对称矩阵其有 LU 分解，同样也有 $A = LDL^t$ 分解，其中 D 是对角矩阵，L 是对角线元素全为 1 的下三角矩阵。有了这些分解，可以简化 A 的运算。如果 A 是三对角矩阵，可以被分解成特别简单的形式 LU，其中 U 的主对角线元素全为 1，除了主对角线以上的元素其余元素全为 0。另外，L 的非零元素处于主对角线以及对角线以下。另一种重要的矩阵分解方法将在第 9 章的 9.6 节讨论。

对于大多数线性方程组我们选择直接方法进行求解，对于三对角矩阵、带状矩阵和正定矩阵，建议使用特殊方法进行求解。对于一般情况，建议采用高斯消去法、LU 分解，以及主元法。在这些情况下，舍入误差的影响可以被控制。在 7.5 节，我们讨论了直接方法中的误差估计。

主要由 0 元素构成的大型线性方程组可以通过第 7 章讨论的迭代方法进行高效的求解。这种类型的方程组是自然产生的。例如，应用有限差分方法求解边值问题时，在微分方程的数值解中有一个常用的应用方程。

要解决一个主要由非零元素构成或 0 元素的分布不可预测的大型线性方程组是非常困难的。相关的矩阵方程组可以进行划分之后进行二次存储，并且若只为了计算，则可以将一部分数据读取到内存中。需要二次存储的方法要么是迭代的，要么是直接的，但是它们通常需要的技术来自数据结构和图论领域。读者可以参考[BuR]和[RW]对当前技术给出的讨论。

关于线性方程组和矩阵的数值解可以从 Gloub 和 Van Loan[GV]，Forsythe 和 Moler[FM]，以及 Stewart[Stew1]中找到更多的信息。对于求解大型稀疏方程组的直接方法的详细讨论可参见 George 和 Liu[GL]，以及 Pissanetzky[Pi]。Coleman 和 Van Loan [CV]介绍了 BLAS，LINPACK 和 MATLAB 软件的使用。

第7章 矩阵代数中的迭代方法

引言

桁架是一种重量轻的结构，能够承载沉重的负荷。在桥梁设计中，单个的桁架和可旋转的销接头连接在一起，允许力从一个桁架转移到另一个桁架。下图给出了一个在左下端点①保持稳定的桁架，它可以水平移动到右下端点④，并有销接头①，②，③和④。10 000 牛顿的负荷被放在接头③处，在销接头上产生的力由 f_1, f_2, f_3, f_4 和 f_5 给出，如下图所示。当为正值时，这些力表示在桁架上的张力；为负值时，表现为压力。固定的接头可以有水平方向的分力 F_1 和垂直方向的分力 F_2，但可移动的接头只有垂直方向的分力 F_3。

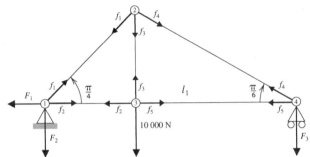

如果这个桁架上的力达到静态平衡，那么每个接头的力相加为零矢量。所以每个接头水平方向上的分力和垂直方向上的分力之和必须为零，从而产生了如下表格所示的线性方程组。该方程组的 8×8 系数矩阵中有 47 个零元素，而非零元素只有 17 个。矩阵的绝大多数元素为零时称为稀疏的(sparse)，这样的方程组通常用迭代法而不是直接法求解。前述方程组的迭代解在 7.3 节的习题 15 和 7.4 节的习题 10 中出现。

销接头	水平方向	垂直方向
①	$-F_1 + \dfrac{\sqrt{2}}{2} f_1 + f_2 = 0$	$\dfrac{\sqrt{2}}{2} f_1 - F_2 = 0$
②	$-\dfrac{\sqrt{2}}{2} f_1 + \dfrac{\sqrt{3}}{2} f_4 = 0$	$-\dfrac{\sqrt{2}}{2} f_1 - f_3 - \dfrac{1}{2} f_4 = 0$
③	$-f_2 + f_5 = 0$	$f_3 - 10\,000 = 0$
④	$-\dfrac{\sqrt{3}}{2} f_4 - f_5 = 0$	$\dfrac{1}{2} f_4 - F_3 = 0$

第 6 章中给出了求解 $n \times n$ 线性方程组 $A\mathbf{x} = \mathbf{b}$ 的直接解法。本章中将给出求解这类方程组的迭代解法。

7.1 矩阵向量范数

在第 2 章中，我们已经介绍了求解方程 $f(x) = 0$ 的根的迭代方法。找到一个初始近似解(或其他近似解)，然后根据之前的近似解对方程的逼近程度来确定新的近似解。目的是找到一种方法来极小化近似解与精确解的差异。

为了讨论求解线性方程组的迭代方法，我们首先需要一种方法来度量 n 维向量间的距离。这将使我们确定一个向量序列是否收敛到方程组的解。

实际上，当由第 6 章介绍的直接方法获得解时，也需要这种度量。这些方法需要大量的算术运算，并使用有限位数字方法来逼近方程组的真实解。

向量范数

令 $\mathbb{R}^n$ 表示元素为实数的所有 n 维列向量的集合。为了在 $\mathbb{R}^n$ 上确定距离，我们采用范数这个概念，它是实数集 $\mathbb{R}$ 上绝对值的推广。

定义 7.1 $\mathbb{R}^n$ 上的**向量范数** $\|\cdot\|$ 是一个从 $\mathbb{R}^n$ 到 $\mathbb{R}$ 上的具有下列性质的函数：

(i) $\|\mathbf{x}\| \geqslant 0$，对于所有 $\mathbf{x} \in \mathbb{R}^n$。

(ii) $\|\mathbf{x}\| = 0$，当且仅当 $\mathbf{x} = \mathbf{0}$。

(iii) $\|\alpha \mathbf{x}\| = |\alpha| \|\mathbf{x}\|$，对于所有 $\alpha \in \mathbb{R}$ 和 $\mathbf{x} \in \mathbb{R}^n$。

(iv) $\|\mathbf{x} + \mathbf{y}\| \leqslant \|\mathbf{x}\| + \|\mathbf{y}\|$，对于所有 $\mathbf{x}, \mathbf{y} \in \mathbb{R}^n$。∎

$\mathbb{R}^n$ 上的向量是列向量，当一个向量用它的分量表示时，采用 6.3 节介绍的转置符号会很方便。例如，向量

$$\mathbf{x} = \begin{bmatrix} x_1 \\ x_2 \\ \vdots \\ x_n \end{bmatrix}$$

也可以写成 $\mathbf{x} = (x_1, x_2, \cdots, x_n)^t$。

在 $\mathbb{R}^n$ 上我们只需要两种特殊的范数，在 $\mathbb{R}^n$ 上的第三种范数在习题 9 中介绍。

定义 7.2 向量 $\mathbf{x} = (x_1, x_2, \cdots, x_n)^t$ 的 l_2 和 l_∞ 范数分别定义为

$$\|\mathbf{x}\|_2 = \left\{ \sum_{i=1}^{n} x_i^2 \right\}^{1/2} \quad \text{和} \quad \|\mathbf{x}\|_\infty = \max_{1 \leqslant i \leqslant n} |x_i|$$
∎

注意，当 $n = 1$ 时，这些范数就都变为绝对值了。

l_2 范数称为向量 $\mathbf{x}$ 的**欧氏范数**，因为它通常表示 $\mathbb{R}^1 \equiv \mathbb{R}, \mathbb{R}^2$ 或 $\mathbb{R}^3$ 上的向量 $\mathbf{x}$ 到原点的距离的概念。例如，向量 $\mathbf{x} = (x_1, x_2, x_3)^t$ 的 l_2 范数表示连接原点 $(0,0,0)$ 和 (x_1, x_2, x_3) 的线段的长度。图 7.1 表明 $\mathbb{R}^2$ 和 $\mathbb{R}^3$ 中 l_2 范数不超过 1 的向量的边界。图 7.2 以类似的方式说明 l_∞ 范数。

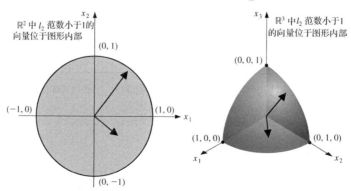

图 7.1

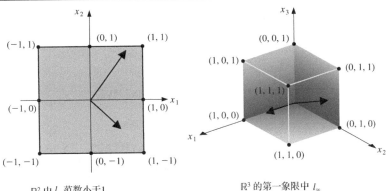

$\mathbb{R}^2$ 中 l_∞ 范数小于1
的向量位于图形内部

$\mathbb{R}^3$ 的第一象限中 l_∞
范数小于1的向量
位于图形内部

图 7.2

例 1 确定向量 $\mathbf{x} = (-1,1,-2)^t$ 的 l_2 范数和 l_∞ 范数。

解 $\mathbb{R}^3$ 上的向量 $\mathbf{x} = (-1,1,-2)^t$ 有范数

$$\|\mathbf{x}\|_2 = \sqrt{(-1)^2 + (1)^2 + (-2)^2} = \sqrt{6}$$

和

$$\|\mathbf{x}\|_\infty = \max\{|-1|, |1|, |-2|\} = 2$$

对于 l_∞ 范数，很容易证明定义 7.1 中满足的性质，因为它类似绝对值的性质。唯一需要证明的是性质 (iv)。如果 $\mathbf{x} = (x_1, x_2, \cdots, x_n)^t$ 和 $\mathbf{y} = (y_1, y_2, \cdots, y_n)^t$，则

$$\|\mathbf{x} + \mathbf{y}\|_\infty = \max_{1 \leqslant i \leqslant n} |x_i + y_i| \leqslant \max_{1 \leqslant i \leqslant n} (|x_i| + |y_i|) \leqslant \max_{1 \leqslant i \leqslant n} |x_i| + \max_{1 \leqslant i \leqslant n} |y_i| = \|\mathbf{x}\|_\infty + \|\mathbf{y}\|_\infty$$

对于 l_2 范数，定义 7.1 中的前三个性质是很容易证明的，但是要证明

$$\|\mathbf{x} + \mathbf{y}\|_2 \leqslant \|\mathbf{x}\|_2 + \|\mathbf{y}\|_2, \quad 对于任何 \mathbf{x}, \mathbf{y} \in \mathbb{R}_n$$

我们需要一个著名的不等式。

定理 7.3(Cauchy-Bunyakovsky-Schwarz 不等式)

对于 $\mathbf{x} = (x_1, x_2, \cdots, x_n)^t$ 和 $\mathbf{y} = (y_1, y_2, \cdots, y_n)^t$，有

$$\mathbf{x}^t \mathbf{y} = \sum_{i=1}^n x_i y_i \leqslant \left\{ \sum_{i=1}^n x_i^2 \right\}^{1/2} \left\{ \sum_{i=1}^n y_i^2 \right\}^{1/2} = \|\mathbf{x}\|_2 \cdot \|\mathbf{y}\|_2 \tag{7.1}$$

证明 如果 $\mathbf{y} = \mathbf{0}$ 或 $\mathbf{x} = \mathbf{0}$，可立即得到上述结论，因为不等式的两边都是零。

假设 $\mathbf{y} \neq \mathbf{0}$ 且 $\mathbf{x} \neq \mathbf{0}$，注意对任何 $\lambda \in \mathbb{R}$，有

$$0 \leqslant \|\mathbf{x} - \lambda \mathbf{y}\|_2^2 = \sum_{i=1}^n (x_i - \lambda y_i)^2 = \sum_{i=1}^n x_i^2 - 2\lambda \sum_{i=1}^n x_i y_i + \lambda^2 \sum_{i=1}^n y_i^2$$

所以

$$2\lambda \sum_{i=1}^n x_i y_i \leqslant \sum_{i=1}^n x_i^2 + \lambda^2 \sum_{i=1}^n y_i^2 = \|\mathbf{x}\|_2^2 + \lambda^2 \|\mathbf{y}\|_2^2$$

然而，$\|\mathbf{x}\|_2 > 0$ 且 $\|\mathbf{y}\|_2 > 0$，我们可以令 $\lambda > \|\mathbf{x}\|_2 / \|\mathbf{y}\|_2$，得到：

$$\left(2\frac{\|\mathbf{x}\|_2}{\|\mathbf{y}\|_2}\right)\left(\sum_{i=1}^{n}x_iy_i\right)\leqslant\|\mathbf{x}\|_2^2+\frac{\|\mathbf{x}\|_2^2}{\|\mathbf{y}\|_2^2}\|\mathbf{y}\|_2^2=2\|\mathbf{x}\|_2^2$$

因此,

$$2\sum_{i=1}^{n}x_iy_i\leqslant2\|\mathbf{x}\|_2^2\frac{\|\mathbf{y}\|_2}{\|\mathbf{x}\|_2}=2\|\mathbf{x}\|_2\|\mathbf{y}\|_2$$

和

$$\mathbf{x}^t\mathbf{y}=\sum_{i=1}^{n}x_iy_i\leqslant\|\mathbf{x}\|_2\|\mathbf{y}\|_2=\left\{\sum_{i=1}^{n}x_i^2\right\}^{1/2}\left\{\sum_{i=1}^{n}y_i^2\right\}^{1/2}$$ ■

有了这个不等式,对于任何 $\mathbf{x},\mathbf{y}\in\mathbb{R}^n$,有

$$\|\mathbf{x}+\mathbf{y}\|_2^2=\sum_{i=1}^{n}(x_i+y_i)^2=\sum_{i=1}^{n}x_i^2+2\sum_{i=1}^{n}x_iy_i+\sum_{i=1}^{n}y_i^2\leqslant\|\mathbf{x}\|_2^2+2\|\mathbf{x}\|_2\|\mathbf{y}\|_2+\|\mathbf{y}\|_2^2$$

这就给出了范数性质(iv)的证明:

$$\|\mathbf{x}+\mathbf{y}\|_2\leqslant\left(\|\mathbf{x}\|_2^2+2\|\mathbf{x}\|_2\|\mathbf{y}\|_2+\|\mathbf{y}\|_2^2\right)^{1/2}=\|\mathbf{x}\|_2+\|\mathbf{y}\|_2$$

$\mathbb{R}^n$ 上向量的距离

向量范数给出了任意向量与零向量间的距离的度量,就像一个实数的绝对值是它与 0 的距离一样。类似地,**两个向量的距离**定义为两个向量差的范数,就像两个实数的距离就是它们差的绝对值一样。

定义 7.4   如果 $\mathbf{x}=(x_1,x_2,\cdots,x_n)^t$ 和 $\mathbf{y}=(y_1,y_2,\cdots,y_n)^t$ 是 $\mathbb{R}^n$ 上的向量,那么 $\mathbf{x}$ 和 $\mathbf{y}$ 的 l_2 和 l_∞ 距离分别定义为

$$\|\mathbf{x}-\mathbf{y}\|_2=\left\{\sum_{i=1}^{n}(x_i-y_i)^2\right\}^{1/2}\quad\text{和}\quad\|\mathbf{x}-\mathbf{y}\|_\infty=\max_{1\leqslant i\leqslant n}|x_i-y_i|$$ ■

例 2   线性方程组

$$3.3330x_1+15920x_2-10.333x_3=15913,$$
$$2.2220x_1+16.710x_2+9.6120x_3=28.544,$$
$$1.5611x_1+5.1791x_2+1.6852x_3=8.4254$$

有精确解 $\mathbf{x}=(x_1,x_2,x_3)^t=(1,1,1)^t$。使用保留 5 位有效数字的部分主元法(算法 6.2)得到的近似解为

$$\tilde{\mathbf{x}}=(\tilde{x}_1,\tilde{x}_2,\tilde{x}_3)^t=(1.2001,0.99991,0.92538)^t$$

确定精确解和近似解的 l_2 和 l_∞ 距离。

解 $\mathbf{x}-\tilde{\mathbf{x}}$ 的度量是

$$\|\mathbf{x}-\tilde{\mathbf{x}}\|_\infty=\max\{|1-1.2001|,|1-0.99991|,|1-0.92538|\}$$
$$=\max\{0.2001,0.00009,0.07462\}=0.2001$$

和

$$\|\mathbf{x}-\tilde{\mathbf{x}}\|_2=\left[(1-1.2001)^2+(1-0.99991)^2+(1-0.92538)^2\right]^{1/2}$$
$$=[(0.2001)^2+(0.00009)^2+(0.07462)^2]^{1/2}=0.21356$$

虽然元素 $\tilde{x}_2$ 和 $\tilde{x}_3$ 很好地逼近了 x_2 和 x_3,然而 $\tilde{x}_1$ 没有很好地逼近 x_1,而 $|x_1-\tilde{x}_1|$ 决定了这两种范数。

$\mathbb{R}^n$ 上的距离的概念也被用来定义一个向量序列在这个空间上的极限。 ■

定义 7.5　$\mathbb{R}^n$ 上的一个向量序列 $\{\mathbf{x}^{(k)}\}_{k=1}^{\infty}$ 依 $\|\cdot\|$ **范数收敛**到 $\mathbf{x}$，如果对于任意的 $\varepsilon > 0$，存在整数 $N(\varepsilon)$，满足

$$\|\mathbf{x}^{(k)} - \mathbf{x}\| < \varepsilon, \quad \text{对所有的 } k \geqslant N(\varepsilon)$$　■

定理 7.6　$\mathbb{R}^n$ 上的一个向量序列 $\{\mathbf{x}^{(k)}\}$ 依 l_∞ 范数**收敛**到 $\mathbf{x}$，当且仅当对于任何 $i = 1, 2, \cdots, n$，满足 $\lim\limits_{k \to \infty} x_i^{(k)} = x_i$。

证明　假设 $\{\mathbf{x}^{(k)}\}$ 依 l_∞ 范数收敛到 $\mathbf{x}$。给定任意的 $\varepsilon > 0$，存在整数 $k \geqslant N(\varepsilon)$，使得对于任何 $N(\varepsilon)$，有

$$\max_{i=1,2,\cdots,n} |x_i^{(k)} - x_i| = \|\mathbf{x}^{(k)} - \mathbf{x}\|_\infty < \varepsilon$$

这个结果表明对于任意的 $i = 1, 2, \cdots, n$，有 $|x_i^{(k)} - x_i| < \varepsilon$，所以对于每个 i，有 $\lim\limits_{k \to \infty} x_i^{(k)} = x_i$。

反之，假设对于任意的 $i = 1, 2, \cdots, n$，有 $\lim\limits_{k \to \infty} x_i^{(k)} = x_i$。给定 $\varepsilon > 0$，令 $N_i(\varepsilon)$ 是对于每个 i 满足下面性质的整数：

$$|x_i^{(k)} - x_i| < \varepsilon$$

当 $k \geqslant N_i(\varepsilon)$ 时。

定义 $N(\varepsilon) = \max\limits_{i=1,2,\cdots,n} N_i(\varepsilon)$，如果 $k \geqslant N(\varepsilon)$，那么

$$\max_{i=1,2,\cdots,n} |x_i^{(k)} - x_i| = \|\mathbf{x}^{(k)} - \mathbf{x}\|_\infty < \varepsilon$$

这表明 $\{\mathbf{x}^{(k)}\}$ 依 l_∞ 范数收敛到 $\mathbf{x}$。　■

例 3　证明：

$$\mathbf{x}^{(k)} = (x_1^{(k)}, x_2^{(k)}, x_3^{(k)}, x_4^{(k)})^t = \left(1, 2 + \frac{1}{k}, \frac{3}{k^2}, \mathrm{e}^{-k}\sin k\right)^t$$

依 l_∞ 范数收敛到 $\mathbf{x} = (1, 2, 0, 0)^t$。

解　因为

$$\lim_{k \to \infty} 1 = 1, \quad \lim_{k \to \infty}(2 + 1/k) = 2, \quad \lim_{k \to \infty} 3/k^2 = 0, \quad \lim_{k \to \infty} \mathrm{e}^{-k}\sin k = 0$$

所以，由定理 7.6 表明序列 $\{\mathbf{x}^{(k)}\}$ 依 l_∞ 范数收敛到 $(1, 2, 0, 0)^t$。　■

直接证明例 3 中的序列依 l_2 范数收敛到 $(1, 2, 0, 0)^t$ 是非常困难的。最好是证明下一个结论并将其应用到这种特殊情况。

定理 7.7　对于任何 $\mathbf{x} \in \mathbb{R}^n$，有

$$\|\mathbf{x}\|_\infty \leqslant \|\mathbf{x}\|_2 \leqslant \sqrt{n}\|\mathbf{x}\|_\infty$$

证明　令 x_j 是 $\mathbf{x}$ 中相应的元素且使得 $\|\mathbf{x}\|_\infty = \max\limits_{1 \leqslant i \leqslant n} |x_i| = |x_j|$ 成立，那么

$$\|\mathbf{x}\|_\infty^2 = |x_j|^2 = x_j^2 \leqslant \sum_{i=1}^{n} x_i^2 = \|\mathbf{x}\|_2^2$$

和

$$\|\mathbf{x}\|_\infty \leqslant \|\mathbf{x}\|_2$$

所以

$$\|\mathbf{x}\|_2^2 = \sum_{i=1}^n x_i^2 \leqslant \sum_{i=1}^n x_j^2 = nx_j^2 = n\|\mathbf{x}\|_\infty^2$$

且$\|\mathbf{x}\|_2 \leqslant \sqrt{n}\,|\mathbf{x}\|_\infty$。

图 7.3 给出了 $n=2$ 时的这个结果。

例 4 在例 3 中，我们发现由式

$$\mathbf{x}^{(k)} = \left(1, 2 + \frac{1}{k}, \frac{3}{k^2}, \mathrm{e}^{-k}\sin k\right)^t$$

定义的序列 $\{\mathbf{x}^{(k)}\}$ 依 l_∞ 范数收敛到 $\mathbf{x} = (1,2,0,0)^t$。证明这个序列同样依 l_2 范数收敛到 $\mathbf{x}$。

解 对于任意 $\varepsilon > 0$，存在整数 $N(\varepsilon/2)$，当 $k \geqslant N(\varepsilon/2)$ 时，有

$$\|\mathbf{x}^{(k)} - \mathbf{x}\|_\infty < \frac{\varepsilon}{2}$$

由定理 7.7 可知，当 $k \geqslant N(\varepsilon/2)$ 时，有

$$\|\mathbf{x}^{(k)} - \mathbf{x}\|_2 \leqslant \sqrt{4}\|\mathbf{x}^{(k)} - \mathbf{x}\|_\infty \leqslant 2(\varepsilon/2) = \varepsilon$$

所以序列 $\{\mathbf{x}^{(k)}\}$ 依 l_2 范数收敛到 $\mathbf{x}$。

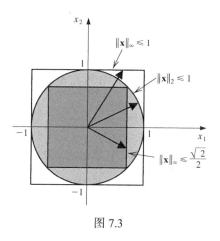

图 7.3

可以证明 $\mathbb{R}^n$ 上所有不同范数的收敛是等价的。也就是说，如果 $\|\cdot\|$ 和 $\|\cdot\|'$ 是 $\mathbb{R}^n$ 上任意两个范数，$\{\mathbf{x}^{(k)}\}_{k=1}^\infty$ 依 $\|\cdot\|$ 范数收敛到 $\mathbf{x}$，那么 $\{\mathbf{x}^{(k)}\}_{k=1}^\infty$ 同样依 $\|\cdot\|'$ 范数收敛到 $\mathbf{x}$。对于一般情况下该事实的证明可以参见[Or2]，p.8。l_2 和 l_∞ 范数的情况如定理 7.7 所示。

矩阵范数和距离

在本章的后续几节和后面几章中，我们需要一些方法来确定 $n \times n$ 矩阵之间的距离。这同样需要使用范数。

定义 7.8 **矩阵范数**是定义在所有 $n \times n$ 矩阵集上的实值函数$\|\cdot\|$，对于所有的 $n \times n$ 矩阵 A、B 和所有的实数 α，满足下列性质。

(i) $\|A\| \geqslant 0$；

(ii) $\|A\| = 0$ 当且仅当 A 是零矩阵 O，所有的元素全为 0；

(iii) $\|\alpha A\| = |\alpha|\,\|A\|$；

(iv) $\|A + B\| \leqslant \|A\| + \|B\|$；

(v) $\|AB\| \leqslant \|A\|\,\|B\|$。

$n \times n$ 矩阵 A 和 B 之间关于矩阵范数的距离是 $\|A - B\|$。

虽然矩阵范数可以通过多种方式得到，但是经常考虑的范数是由 l_2 和 l_∞ 向量范数所产生的结果。用下面定理定义这个矩阵范数，在例 17 中介绍它的证明。

定理 7.9 如果$\|\cdot\|$是 $\mathbb{R}^n$ 上的一个向量范数，那么

$$\|A\| = \max_{\|\mathbf{x}\|=1} \|A\mathbf{x}\| \tag{7.2}$$

是一个矩阵范数。

由向量范数定义的矩阵范数称为与向量范数有关的**自然**或**诱导**的**矩阵范数**。在本章中，除非特殊的矩阵范数，否则所有的矩阵范数都被认为是自然的。

对于任何 $\mathbf{z} \neq \mathbf{0}$，向量 $\mathbf{x} = \mathbf{z}/\|\mathbf{z}\|$ 是单位向量，因此

$$\max_{\|\mathbf{x}\|=1} \|A\mathbf{x}\| = \max_{\mathbf{z}\neq\mathbf{0}} \left\| A\left(\frac{\mathbf{z}}{\|\mathbf{z}\|}\right) \right\| = \max_{\mathbf{z}\neq\mathbf{0}} \frac{\|A\mathbf{z}\|}{\|\mathbf{z}\|}$$

可以写成:

$$\|A\| = \max_{\mathbf{z}\neq\mathbf{0}} \frac{\|A\mathbf{z}\|}{\|\mathbf{z}\|} \tag{7.3}$$

下述推论可由 $\|A\|$ 的这个表示得到。

推论 7.10　对于任何向量 $\mathbf{z} \neq \mathbf{0}$、矩阵 A 及任何自然范数 $\|\cdot\|$，有

$$\|A\mathbf{z}\| \leqslant \|A\| \cdot \|\mathbf{z}\| \qquad\qquad\qquad ■$$

矩阵的自然范数的度量描述了矩阵在相应范数下是如何拉伸单位向量的。最大的拉伸是矩阵范数。我们考虑的矩阵范数形如

$$\|A\|_\infty = \max_{\|\mathbf{x}\|_\infty=1} \|A\mathbf{x}\|_\infty, \quad l_\infty \text{ 范数}$$

和

$$\|A\|_2 = \max_{\|\mathbf{x}\|_2=1} \|A\mathbf{x}\|_2, \quad l_2 \text{ 范数}$$

当 $n = 2$ 时，图 7.4 和图 7.5 说明了矩阵

$$A = \begin{bmatrix} 0 & -2 \\ 2 & 0 \end{bmatrix}$$

的这两种范数。

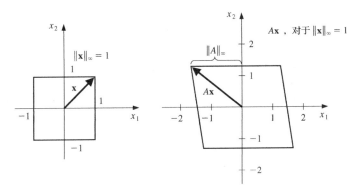

图 7.4

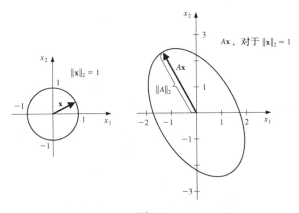

图 7.5

矩阵的 l_∞ 范数很容易通过矩阵的元素进行计算。

定理 7.11　如果 $A = (a_{ij})$ 是一个 $n \times n$ 矩阵，那么 $\|A\|_\infty = \max\limits_{1 \leqslant i \leqslant n} \sum\limits_{j=1}^{n} |a_{ij}|$。

证明　首先，我们证明 $\|A\|_\infty \leqslant \max\limits_{1 \leqslant i \leqslant n} \sum\limits_{j=1}^{n} |a_{ij}|$。

令 $\mathbf{x}$ 是一个 n 维向量且满足 $1 = \|\mathbf{x}\|_\infty = \max\limits_{1 \leqslant i \leqslant n} |x_i|$。因为 $A\mathbf{x}$ 也是 n 维向量：

$$\|A\mathbf{x}\|_\infty = \max_{1 \leqslant i \leqslant n} |(A\mathbf{x})_i| = \max_{1 \leqslant i \leqslant n} \left| \sum_{j=1}^{n} a_{ij} x_j \right| \leqslant \max_{1 \leqslant i \leqslant n} \sum_{j=1}^{n} |a_{ij}| \max_{1 \leqslant j \leqslant n} |x_j|$$

但是 $\max\limits_{1 \leqslant j \leqslant n} |x_j| = \|\mathbf{x}\|_\infty = 1$，所以

$$\|A\mathbf{x}\|_\infty \leqslant \max_{1 \leqslant i \leqslant n} \sum_{j=1}^{n} |a_{ij}|$$

因此，

$$\|A\|_\infty = \max_{\|\mathbf{x}\|_\infty = 1} \|A\mathbf{x}\|_\infty \leqslant \max_{1 \leqslant i \leqslant n} \sum_{j=1}^{n} |a_{ij}| \tag{7.4}$$

现在我们证明反方向的不等式。令 p 是一个整数且满足

$$\sum_{j=1}^{n} |a_{pj}| = \max_{1 \leqslant i \leqslant n} \sum_{j=1}^{n} |a_{ij}|$$

$\mathbf{x}$ 是一个向量，元素为

$$x_j = \begin{cases} 1, & \text{若 } a_{pj} \geqslant 0 \\ -1, & \text{若 } a_{pj} < 0 \end{cases}$$

那么对于所有的 $j = 1, 2, \cdots, n$，有 $\|\mathbf{x}\|_\infty = 1$ 和 $a_{pj} x_j = |a_{pj}|$。所以

$$\|A\mathbf{x}\|_\infty = \max_{1 \leqslant i \leqslant n} \left| \sum_{j=1}^{n} a_{ij} x_j \right| \geqslant \left| \sum_{j=1}^{n} a_{pj} x_j \right| = \left| \sum_{j=1}^{n} |a_{pj}| \right| = \max_{1 \leqslant i \leqslant n} \sum_{j=1}^{n} |a_{ij}|$$

这个结果表明了

$$\|A\|_\infty = \max_{\|\mathbf{x}\|_\infty = 1} \|A\mathbf{x}\|_\infty \geqslant \max_{1 \leqslant i \leqslant n} \sum_{j=1}^{n} |a_{ij}|$$

综合不等式 (7.4) 得到 $\|A\|_\infty = \max\limits_{1 \leqslant i \leqslant n} \sum\limits_{j=1}^{n} |a_{ij}|$。∎

例 5　确定下面矩阵的 $\|A\|_\infty$：

$$A = \begin{bmatrix} 1 & 2 & -1 \\ 0 & 3 & -1 \\ 5 & -1 & 1 \end{bmatrix}$$

解　我们有

$$\sum_{j=1}^{3} |a_{1j}| = |1| + |2| + |-1| = 4, \qquad \sum_{j=1}^{3} |a_{2j}| = |0| + |3| + |-1| = 4$$

和

$$\sum_{j=1}^{3} |a_{3j}| = |5| + |-1| + |1| = 7$$

所以，由定理 7.11 得 $\|A\|_\infty = \max\{4, 4, 7\} = 7$。∎

在下一节中，我们将介绍另一种求矩阵的 l_2 范数的方法。

习题 7.1

1. 求向量的 l_∞ 和 l_2 范数。

    a. $\mathbf{x} = (3, -4, 0, \frac{3}{2})^t$

    b. $\mathbf{x} = (2, 1, -3, 4)^t$

    c. $\mathbf{x} = (\sin k, \cos k, 2^k)^t$　对于固定的整数 k。

    d. $\mathbf{x} = (4/(k+1), 2/k^2, k^2 e^{-k})^t$　对于固定的整数 k。

2. 求向量的 l_∞ 和 l_2 范数。

    a. $\mathbf{x} = (2, -2, 1)^t$

    b. $\mathbf{x} = (-4/5, -2/5, 1/5, 2/5)^t$

    c. $\mathbf{x} = ((2+k)/k, 1/\sqrt{k}, -3)^t$ 对于固定的整数 k。

    d. $\mathbf{x} = ((3k+1)/(2k), 2, 0, 1/k)^t$ 对于固定的整数 k。

3. 证明下列序列是收敛的并求其极限。

    a. $\mathbf{x}^{(k)} = (1/k, e^{1-k}, -2/k^2)^t$

    b. $\mathbf{x}^{(k)} = \left(e^{-k}\cos k, k\sin(1/k), 3 + k^{-2}\right)^t$

    c. $\mathbf{x}^{(k)} = (ke^{-k^2}, (\cos k)/k, \sqrt{k^2+k}-k)^t$

    d. $\mathbf{x}^{(k)} = (e^{1/k}, (k^2+1)/(1-k^2), (1/k^2)(1 + 3 + 5 + \cdots + (2k-1)))^t$

4. 证明下列序列是收敛的并求其极限。

    a. $\mathbf{x}^{(k)} = (2 + 1/k, -2 + 1/k, 1 + 1/k^2)^t$

    b. $\mathbf{x}^{(k)} = ((2+k)/k, k/(2+k), (2k+1)/k)^t$

    c. $\mathbf{x}^{(k)} = ((3k+1)/k^2, (1/k)\ln k, k^2 e^{-k}, 2k/(1+2k))^t$

    d. $\mathbf{x}^{(k)} = \left(\dfrac{\cos k}{k}, \dfrac{\sin k}{k}, \dfrac{1-k}{k^2+1}, \dfrac{3k-2}{4k+1}\right)^t$

5. 求矩阵的 l_∞ 范数。

    a. $\begin{bmatrix} 10 & 15 \\ 0 & 1 \end{bmatrix}$ b. $\begin{bmatrix} 10 & 0 \\ 15 & 1 \end{bmatrix}$

    c. $\begin{bmatrix} 2 & -1 & 0 \\ -1 & 2 & -1 \\ 0 & -1 & 2 \end{bmatrix}$ d. $\begin{bmatrix} 4 & -1 & 7 \\ -1 & 4 & 0 \\ -7 & 0 & 4 \end{bmatrix}$

6. 求矩阵的 l_∞ 范数。

    a. $\begin{bmatrix} 10 & -1 \\ -1 & 11 \end{bmatrix}$ b. $\begin{bmatrix} 11 & -11 \\ 0 & 1 \end{bmatrix}$

    c. $\begin{bmatrix} \sqrt{2}/2 & -\sqrt{2}/2 & 1 \\ 1 & 0 & 0 \\ \pi & -1 & 2 \end{bmatrix}$ d. $\begin{bmatrix} 1/3 & -1/3 & 1/3 \\ -1/4 & 1/2 & 1/4 \\ 2 & -2 & -1 \end{bmatrix}$

7. 下列线性方程组 $A\mathbf{x} = \mathbf{b}$ 给出了精确解 $\mathbf{x}$ 和近似解 $\tilde{\mathbf{x}}$。计算 $\|\mathbf{x} - \tilde{\mathbf{x}}\|_\infty$ 和 $\|A\tilde{\mathbf{x}} - \mathbf{b}\|_\infty$。

    a. $\dfrac{1}{2}x_1 + \dfrac{1}{3}x_2 = \dfrac{1}{63}$,

        $\dfrac{1}{3}x_1 + \dfrac{1}{4}x_2 = \dfrac{1}{168}$,

        $\mathbf{x} = \left(\dfrac{1}{7}, -\dfrac{1}{6}\right)^t$,

        $\tilde{\mathbf{x}} = (0.142, -0.166)^t$

    b. $x_1 + 2x_2 + 3x_3 = 1$,

        $2x_1 + 3x_2 + 4x_3 = -1$,

        $3x_1 + 4x_2 + 6x_3 = 2$,

        $\mathbf{x} = (0, -7, 5)^t$,

        $\tilde{\mathbf{x}} = (-0.33, -7.9, 5.8)^t$

c. $x_1 + 2x_2 + 3x_3 = 1$,
　$2x_1 + 3x_2 + 4x_3 = -1$,
　$3x_1 + 4x_2 + 6x_3 = 2$,
　$\mathbf{x} = (0, -7, 5)^t$,
　$\tilde{\mathbf{x}} = (-0.2, -7.5, 5.4)^t$

d. $0.04x_1 + 0.01x_2 - 0.01x_3 = 0.06$,
　$0.2x_1 + 0.5x_2 - 0.2x_3 = 0.3$,
　$x_1 + 2x_2 + 4x_3 = 11$,
　$\mathbf{x} = (1.827586, 0.6551724, 1.965517)^t$,
　$\tilde{\mathbf{x}} = (1.8, 0.64, 1.9)^t$

8. 下列线性方程组 $A\mathbf{x} = \mathbf{b}$ 给出了精确解 $\mathbf{x}$ 和近似解 $\tilde{\mathbf{x}}$。计算 $\|\mathbf{x} - \tilde{\mathbf{x}}\|_\infty$ 和 $\|A\tilde{\mathbf{x}} - \mathbf{b}\|_\infty$。

a. $3.9x_1 + 1.5x_2 = 5.4$,
　$6.8x_1 - 2.9x_2 = 3.9$,
　$\mathbf{x} = (1, 1)^t$,
　$\tilde{\mathbf{x}} = (0.98, 1.02)^t$

b. $x_1 + 2x_2 = 3$,
　$1.001x_1 - x_2 = 0.001$,
　$\mathbf{x} = (1, 1)^t$,
　$\tilde{\mathbf{x}} = (1.02, 0.98)^t$

c. $x_1 + x_2 + x_3 = 2\pi$,
　$-x_1 + x_2 - x_3 = 0$,
　$x_1 + x_3 = \pi$,
　$\mathbf{x} = (0, \pi, \pi)^t$,
　$\tilde{\mathbf{x}} = (0.1, 3.18, 3.10)^t$

d. $0.04x_1 + 0.01x_2 - 0.01x_3 = 0.0478$,
　$0.4x_1 + 0.1x_2 - 0.2x_3 = 0.413$,
　$x_1 + 2x_2 + 3x_3 = 0.14$,
　$\mathbf{x} = (1.81, -1.81, 0.65)^t$,
　$\tilde{\mathbf{x}} = (2, -2, 1)^t$

理论型习题

9. a. 证明 $\mathbb{R}^n$ 上的函数 $\|\cdot\|_1$

$$\|\mathbf{x}\|_1 = \sum_{i=1}^n |x_i|$$

　　是 $\mathbb{R}^n$ 上的范数。

　b. 求习题 1 中的向量的 $\|\mathbf{x}\|_1$。

　c. 证明对于所有的 $\mathbf{x} \in \mathbb{R}^n$，有 $\|\mathbf{x}\|_1 \geqslant \|\mathbf{x}\|_2$。

10. 矩阵范数 $\|\cdot\|_1$ 定义为 $\|A\|_1 = \max_{\|\mathbf{x}\|_1 = 1} \|A\mathbf{x}\|_1$，可以通过下面的公式来计算：

$$\|A\|_1 = \max_{1 \leqslant j \leqslant n} \sum_{i=1}^n |a_{ij}|$$

其中 $\|\cdot\|_1$ 是习题 9 中定义的向量范数。求习题 5 中矩阵的 $\|\cdot\|_1$。

11. 证明 $\|\cdot\|_\infty$ 定义为 $\|A\|_\infty = \max_{1 \leqslant i,j \leqslant n} |a_{ij}|$ 不是一个矩阵范数。

12. 证明 $\|\cdot\|_①$，定义为

$$\|A\|_① = \sum_{i=1}^n \sum_{j=1}^n |a_{ij}|$$

是一个矩阵范数。求习题 5 中矩阵的 $\|\cdot\|_①$。

13. a. Frobenius 范数(不是自然范数)对于一个 $n \times n$ 矩阵 A 定义为

$$\|A\|_F = \left(\sum_{i=1}^n \sum_{j=1}^n |a_{ij}|^2 \right)^{1/2}$$

　　证明 $\|\cdot\|_F$ 是一个矩阵范数。

　b. 求习题 5 中矩阵的 $\|\cdot\|_F$。

　c. 对于任意的矩阵 A，证明 $\|A\|_2 \leqslant \|A\|_F \leqslant n^{1/2} \|A\|_2$。

14. 在习题 13 中，已经定义了矩阵的 Frobenius 范数。证明对于任意的 $n \times m$ 矩阵 A 和属于 $\mathbb{R}^n$ 上的向量 $\mathbf{x}$，有 $\|A\mathbf{x}\|_2 \leqslant \|A\|_F \|\mathbf{x}\|_2$。

15. 令 S 是一个 $n \times n$ 的正定矩阵。对于 $\mathbb{R}^n$ 上的任意向量 $\mathbf{x}$，定义 $\|\mathbf{x}\| = (\mathbf{x}^t S \mathbf{x})^{1/2}$。证明这个定义是 $\mathbb{R}^n$ 上的一个范数。[提示：用 S 的 Cholesky 分解来证明 $\mathbf{x}^t S \mathbf{y} = \mathbf{y}^t S \mathbf{x} \leqslant (\mathbf{x}^t S \mathbf{x})^{1/2} (\mathbf{y}^t S \mathbf{y})^{1/2}$。]

16. 令 S 是一个实的非奇异的矩阵，且 $\|\cdot\|$ 是 $\mathbb{R}^n$ 上的任意范数。定义 $\|\cdot\|'$ 为 $\|\mathbf{x}\|' = \|S\mathbf{x}\|$。证明 $\|\cdot\|'$ 也是 $\mathbb{R}^n$ 上的范数。

17. 证明如果 $\|\cdot\|$ 是 $\mathbb{R}^n$ 上的一个向量范数，则 $\|A\| = \max\limits_{\|\mathbf{x}\|=1} \|A\mathbf{x}\|$ 是一个矩阵范数。

18. 下面这段摘自 *Mathematics Magazine*[SZ]的摘录提供了另一种方法来证明 Cauchy-Buniakowsky-Schwarz 不等式。

   a. 证明当 $\mathbf{x} \neq \mathbf{0}$ 且 $\mathbf{y} \neq \mathbf{0}$ 时，有

$$\frac{\sum_{i=1}^n x_i y_i}{\left(\sum_{i=1}^n x_i^2\right)^{1/2} \left(\sum_{i=1}^n y_i^2\right)^{1/2}} = 1 - \frac{1}{2}\sum_{i=1}^n \left(\frac{x_i}{\left(\sum_{j=1}^n x_j^2\right)^{1/2}} - \frac{y_i}{\left(\sum_{j=1}^n y_j^2\right)^{1/2}} \right)^2$$

   b. 用(a)中的结果证明：

$$\sum_{i=1}^n x_i y_i \leqslant \left(\sum_{i=1}^n x_i^2\right)^{1/2} \left(\sum_{i=1}^n y_i^2\right)^{1/2}$$

19. 证明 Cauchy-Buniakowsky-Schwarz 不等式可以被强化为

$$\sum_{i=1}^n x_i y_i \leqslant \sum_{i=1}^n |x_i y_i| \leqslant \left(\sum_{i=1}^n x_i^2\right)^{1/2} \left(\sum_{i=1}^n y_i^2\right)^{1/2}$$

讨论问题

1. 关于向量和矩阵问题的误差分析涉及在向量和矩阵中度量误差的大小。基于此目的的有两种常见的误差分析类型。它们是什么？以及向量和矩阵范数是如何使用的？
2. 什么是谱范数，它与本节定义的范数有什么不同？
3. 什么是 p 范数，它与本节定义的范数有什么不同？
4. 什么是 Frobenius 范数，它与本节定义的范数有什么不同？

7.2　特征值和特征向量

　　一个 $n \times m$ 矩阵被认为是一个函数，即给这个矩阵乘以 m 维向量得到一个 n 维向量。因此，一个 $n \times m$ 矩阵实际上是 $\mathbb{R}^m$ 到 $\mathbb{R}^n$ 上的线性函数。方阵 A 作用在 n 维向量集上得到它本身，即是从 $\mathbb{R}^n$ 到 $\mathbb{R}^n$ 上的线性函数。在这种情况下，某些非零向量 $\mathbf{x}$ 可能与 $A\mathbf{x}$ 平行，其意味着存在一个常数 λ 满足 $A\mathbf{x} = \lambda\mathbf{x}$。对于这些向量，我们有 $(A - \lambda I)\mathbf{x} = \mathbf{0}$，$\lambda$ 的值和迭代方法收敛的可能性有着紧密的联系，我们将在本节中考虑这种联系。

　　定义 7.12　如果 A 是一个方阵，A 的**特征多项式**定义为

$$p(\lambda) = \det(A - \lambda I) \qquad\qquad \blacksquare$$

　　不难证明 p 是 n 次多项式（见习题 15），因此，最多有 n 个根，其中某些可能是复数。如果 λ 是 p 的一个根，因为 $\det(A - \lambda I) = 0$，则定理 6.17 表明线性方程组 $(A - \lambda I)\mathbf{x} = \mathbf{0}$ 有解 $\mathbf{x} \neq \mathbf{0}$。我们希望分析 p 的根和相应方程组的非零解。

　　定理 7.13　如果 p 是矩阵 A 的特征多项式，p 的根称为矩阵 A 的**特征值**。如果 λ 是 A 的一个特征值且 $\mathbf{x} \neq \mathbf{0}$，满足 $(A - \lambda I)\mathbf{x} = \mathbf{0}$，则 $\mathbf{x}$ 是矩阵 A 相对于特征值 λ 的**特征向量**。　　　　　　　　　　　　■

　　为了确定矩阵的特征值，我们可以利用以下事实。

● λ 是 A 的一个特征值，当且仅当 $\det(A - \lambda I) = 0$。

一旦找到一个特征值 λ，相应的特征向量 $\mathbf{x} \neq \mathbf{0}$ 通过求解线性方程组即可得出。

- $(A - \lambda I)\mathbf{x} = \mathbf{0}$

例1　证明 $\mathbb{R}^2$ 上没有非零向量 $\mathbf{x}$ 使得 $A\mathbf{x}$ 平行于 $\mathbf{x}$。

$$A = \left[\begin{array}{cc} 0 & 1 \\ -1 & 0 \end{array} \right]$$

解　A 的特征值是特征多项式的根:

$$0 = \det(A - \lambda I) = \det \left[\begin{array}{cc} -\lambda & 1 \\ -1 & -\lambda \end{array} \right] = \lambda^2 + 1$$

所以 A 的特征值是复数 $\lambda_1 = \mathrm{i}$ 和 $\lambda_2 = -\mathrm{i}$。λ_1 相应的特征向量 $\mathbf{x}$ 需要求解

$$\left[\begin{array}{c} 0 \\ 0 \end{array} \right] = \left[\begin{array}{cc} -\mathrm{i} & 1 \\ -1 & -\mathrm{i} \end{array} \right] \left[\begin{array}{c} x_1 \\ x_2 \end{array} \right] = \left[\begin{array}{c} -\mathrm{i}x_1 + x_2 \\ -x_1 - \mathrm{i}x_2 \end{array} \right]$$

即 $0 = -\mathrm{i}x_1 + x_2$，所以 $x_2 = \mathrm{i}x_1$ 和 $0 = -x_1 - \mathrm{i}x_2$。因此，如果 $\mathbf{x}$ 是 A 的一个特征向量，那么其一个分量是实数，另一个分量必是复数。因此 $\mathbb{R}^2$ 上没有非零向量 $\mathbf{x}$ 使得 $A\mathbf{x}$ 平行于 $\mathbf{x}$。■

如果 $\mathbf{x}$ 是实特征值 λ 对应的一个特征向量，那么 $A\mathbf{x} = \lambda\mathbf{x}$。所以矩阵 A 作用在向量 $\mathbf{x}$ 上得到一个标量乘以这个向量自身。

- 如果 λ 是实数且 $\lambda > 1$，那么 A 有将向量 $\mathbf{x}$ 拉伸 λ 倍的作用，如图 7.6(a) 所示。
- 如果 $0 < \lambda < 1$，那么 A 将向量 $\mathbf{x}$ 缩小为原来的 $1/\lambda$（见图 7.6(b)）。
- 如果 $\lambda < 0$，那么有类似的拉伸或缩小向量的作用（见图 7.6(c) 和 (d)），但 $A\mathbf{x}$ 的方向相反。

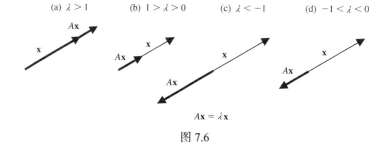

图 7.6

注意，$\mathbf{x}$ 是 A 对应特征值 λ 的特征向量，α 是一个非零实数，那么 $\alpha\mathbf{x}$ 也是一个特征向量，因为

$$A(\alpha\mathbf{x}) = \alpha(A\mathbf{x}) = \alpha(\lambda\mathbf{x}) = \lambda(\alpha\mathbf{x})$$

一个重要的结论是对于任意向量范数 $\|\cdot\|$，我们令 $\alpha = \pm\|\mathbf{x}\|^{-1}$，这就使得 $\alpha\mathbf{x}$ 变为范数为 1 的特征向量。所以

- 对于任意的特征值和任何向量范数，都有范数为 1 的特征向量。

例2　确定下面矩阵的特征值和特征向量:

$$A = \left[\begin{array}{ccc} 2 & 0 & 0 \\ 1 & 1 & 2 \\ 1 & -1 & 4 \end{array} \right]$$

解　A 的特征多项式为

$$p(\lambda) = \det(A - \lambda I) = \det \begin{bmatrix} 2-\lambda & 0 & 0 \\ 1 & 1-\lambda & 2 \\ 1 & -1 & 4-\lambda \end{bmatrix}$$

$$= -(\lambda^3 - 7\lambda^2 + 16\lambda - 12) = -(\lambda - 3)(\lambda - 2)^2$$

所以 A 有两个特征值：$\lambda_1 = 3$ 和 $\lambda_2 = 2$。

对应特征值 $\lambda_1 = 3$ 的一个特征向量 $\mathbf{x}_1$ 是向量矩阵方程 $(A - 3 \cdot I)\mathbf{x}_1 = \mathbf{0}$ 的解，所以

$$\begin{bmatrix} 0 \\ 0 \\ 0 \end{bmatrix} = \begin{bmatrix} -1 & 0 & 0 \\ 1 & -2 & 2 \\ 1 & -1 & 1 \end{bmatrix} \cdot \begin{bmatrix} x_1 \\ x_2 \\ x_3 \end{bmatrix}$$

这意味着 $x_1 = 0$ 和 $x_2 = x_3$。

x_3 的任意一个非零值产生对应特征值 $\lambda_1 = 3$ 的一个特征向量。例如，当 $x_3 = 1$ 时，我们有特征向量 $\mathbf{x}_1 = (0,1,1)^t$，且 A 对应 $\lambda = 3$ 的任意特征向量是 $\mathbf{x}_1$ 的非零倍。

A 对应 $\lambda_2 = 2$ 的一个特征向量 $\mathbf{x} \neq \mathbf{0}$ 是方程组 $(A - 2 \cdot I)\mathbf{x} = \mathbf{0}$ 的解，所以

$$\begin{bmatrix} 0 \\ 0 \\ 0 \end{bmatrix} = \begin{bmatrix} 0 & 0 & 0 \\ 1 & -1 & 2 \\ 1 & -1 & 2 \end{bmatrix} \cdot \begin{bmatrix} x_1 \\ x_2 \\ x_3 \end{bmatrix}$$

在这种情况下，特征向量只能满足方程：

$$x_1 - x_2 + 2x_3 = 0$$

这可以通过多种方式求解。例如，当 $x_1 = 0$ 时，我们有 $x_2 = 2x_3$，所以选择 $\mathbf{x}_2 = (0,2,1)^t$。我们也可以选择 $x_2 = 0$，从而有 $x_1 = -2x_3$。因此 $\mathbf{x}_3 = (-2,0,1)^t$ 是对应特征值 $\lambda_2 = 2$ 的第二个特征向量但不是 $\mathbf{x}_2$ 的倍数。矩阵 A 对应特征值 $\lambda_2 = 2$ 的特征向量生成整个平面。这个平面由所有下面形式的向量构成：

$$\alpha \mathbf{x}_2 + \beta \mathbf{x}_3 = (-2\beta, 2\alpha, \alpha + \beta)^t$$

对于任意常数 α 和 β，至少有一个常数是非零的。　　　　　　　　　　■

为了方便特定的计算在这里引入了特征值和特征向量的概念，而这些概念在物理系统的研究中经常出现。事实上，这些概念是非常有趣的，第 9 章介绍了它们的数值近似。

谱半径

定义 7.14　矩阵 A 的**谱半径** $\rho(A)$ 定义为

$$\rho(A) = \max |\lambda|, \text{ 其中 } \lambda \text{ 是 } A \text{ 的一个特征值}$$

（对于复数 $\lambda = \alpha + \beta i$，我们定义 $|\lambda| = (\alpha^2 + \beta^2)^{1/2}$。）　　　　　　　　　　■

对于例 2 中的矩阵，有 $\rho(A) = \max\{2,3\} = 3$。
谱半径与矩阵的范数紧密相关，如以下定理所示。

定理 7.15　如果 A 是一个 $n \times n$ 矩阵，那么

(i)　$\| A \|_2 = [\rho(A^t A)]^{1/2}$，

(ii)　$\rho(A) \leqslant \| A \|$，对于任意的自然范数 $\| \cdot \|$。

证明　(i) 的证明需要关于特征值的更多知识。详细的证明过程见 [Or2]，p.21。
为了证明 (ii)，假设 λ 是 A 的一个特征值，对应的特征向量为 $\mathbf{x}$ 且 $\| \mathbf{x} \| = 1$。那么 $A\mathbf{x} = \lambda \mathbf{x}$ 且

$$|\lambda| = |\lambda| \cdot \| \mathbf{x} \| = \| \lambda \mathbf{x} \| = \| A\mathbf{x} \| \leqslant \| A \| \| \mathbf{x} \| = \| A \|$$

因此,

$$\rho(A) = \max|\lambda| \leqslant \|A\|$$

定理 7.15 的 (i) 表明如果 A 是对称阵,那么 $\|A\|_2 = \rho(A)$ (见习题 18)。

一个有趣的有用的类似于定理 7.15 中 (ii) 的结论是对于任意矩阵 A 和任意 $\varepsilon > 0$,存在一个自然范数 $\|\cdot\|$ 且满足性质 $\rho(A) < \|A\| < \rho(A) + \varepsilon$。因此,对于 A 上的自然范数 $\rho(A)$ 有最大的下界。这个结论的证明参考 [Or2],p.23。

例 3 确定下列矩阵的 l_2 范数:

$$A = \begin{bmatrix} 1 & 1 & 0 \\ 1 & 2 & 1 \\ -1 & 1 & 2 \end{bmatrix}$$

解 为了应用定理 7.15,我们需要计算 $\rho(A^tA)$,因此首先需要 A^tA 的特征值:

$$A^tA = \begin{bmatrix} 1 & 1 & -1 \\ 1 & 2 & 1 \\ 0 & 1 & 2 \end{bmatrix} \begin{bmatrix} 1 & 1 & 0 \\ 1 & 2 & 1 \\ -1 & 1 & 2 \end{bmatrix} = \begin{bmatrix} 3 & 2 & -1 \\ 2 & 6 & 4 \\ -1 & 4 & 5 \end{bmatrix}$$

如果

$$0 = \det(A^tA - \lambda I) = \det\begin{bmatrix} 3-\lambda & 2 & -1 \\ 2 & 6-\lambda & 4 \\ -1 & 4 & 5-\lambda \end{bmatrix}$$

$$= -\lambda^3 + 14\lambda^2 - 42\lambda = -\lambda(\lambda^2 - 14\lambda + 42)$$

则 $\lambda = 0$ 或 $\lambda = 7 \pm \sqrt{7}$。由定理 7.15 可得:

$$\|A\|_2 = \sqrt{\rho(A^tA)} = \sqrt{\max\{0, 7-\sqrt{7}, 7+\sqrt{7}\}} = \sqrt{7+\sqrt{7}} \approx 3.106$$

收敛矩阵

在学习矩阵迭代技术时,特别重要的是知道矩阵的幂什么时候变小(也就是说,矩阵的幂的所有元素趋于 0)。这种类型的矩阵称为收敛矩阵。

定义 7.16 如果

$$\lim_{k \to \infty} (A^k)_{ij} = 0, \quad \text{对于任意 } i = 1, 2, \cdots, n \text{ 和 } j = 1, 2, \cdots, n$$

我们称一个 $n \times n$ 矩阵 A **收敛**。

例 4 证明

$$A = \begin{bmatrix} \frac{1}{2} & 0 \\ \frac{1}{4} & \frac{1}{2} \end{bmatrix}$$

是收敛矩阵。

解 计算 A 的幂,得到:

$$A^2 = \begin{bmatrix} \frac{1}{4} & 0 \\ \frac{1}{4} & \frac{1}{4} \end{bmatrix}, \quad A^3 = \begin{bmatrix} \frac{1}{8} & 0 \\ \frac{3}{16} & \frac{1}{8} \end{bmatrix}, \quad A^4 = \begin{bmatrix} \frac{1}{16} & 0 \\ \frac{1}{8} & \frac{1}{16} \end{bmatrix}$$

一般来说有

$$A^k = \begin{bmatrix} \left(\frac{1}{2}\right)^k & 0 \\ \frac{k}{2^{k+1}} & \left(\frac{1}{2}\right)^k \end{bmatrix}$$

所以，A 是一个收敛矩阵，因为

$$\lim_{k\to\infty}\left(\frac{1}{2}\right)^k = 0 \quad 和 \quad \lim_{k\to\infty}\frac{k}{2^{k+1}} = 0 \qquad\blacksquare$$

注意例 4 中的收敛矩阵 A 有 $\rho(A)=\dfrac{1}{2}$，因为 $\dfrac{1}{2}$ 是 A 唯一的特征值。这说明了矩阵的谱半径和矩阵的收敛存在着重要的联系，在下面的定理中将给出详细说明。

定理 7.17　下面的结论是等价的：

(i)　A 是一个收敛矩阵。

(ii)　$\lim\limits_{n\to\infty}\|A^n\| = 0$，对于某些自然范数。

(iii)　$\lim\limits_{n\to\infty}\|A^n\| = 0$，对于所有的自然范数。

(iv)　$\rho(A) < 1$。

(v)　$\lim\limits_{n\to\infty}A^n\mathbf{x} = \mathbf{0}$，对于每一个 $\mathbf{x}$。　　　　　■

这个定理的证明参考[IK]，p.14。

习题 7.2

1. 计算下列矩阵的特征值及相应的特征向量。

    a. $\begin{bmatrix} 2 & -1 \\ -1 & 2 \end{bmatrix}$　　　　　b. $\begin{bmatrix} 0 & 1 \\ 1 & 1 \end{bmatrix}$　　　　　c. $\begin{bmatrix} 0 & \frac{1}{2} \\ \frac{1}{2} & 0 \end{bmatrix}$

    d. $\begin{bmatrix} 2 & 1 & 0 \\ 1 & 2 & 0 \\ 0 & 0 & 3 \end{bmatrix}$　　　　e. $\begin{bmatrix} -1 & 2 & 0 \\ 0 & 3 & 4 \\ 0 & 0 & 7 \end{bmatrix}$　　　　f. $\begin{bmatrix} 2 & 1 & 1 \\ 2 & 3 & 2 \\ 1 & 1 & 2 \end{bmatrix}$

2. 计算下列矩阵的特征值及相应的特征向量。

    a. $\begin{bmatrix} 1 & 1 \\ -2 & -2 \end{bmatrix}$　　　　b. $\begin{bmatrix} -1 & -1 \\ \frac{1}{3} & \frac{1}{6} \end{bmatrix}$　　　c. $\begin{bmatrix} 3 & 4 \\ 1 & 0 \end{bmatrix}$

    d. $\begin{bmatrix} 3 & 2 & -1 \\ 1 & -2 & 3 \\ 2 & 0 & 4 \end{bmatrix}$　　e. $\begin{bmatrix} \frac{1}{2} & 0 & 0 \\ -1 & \frac{1}{2} & 0 \\ 2 & 2 & -\frac{1}{3} \end{bmatrix}$　　f. $\begin{bmatrix} 2 & 0 & 0 \\ 0 & 2 & 4 \\ 0 & -1 & 2 \end{bmatrix}$

3. 求下列矩阵的复特征值及相应的特征向量。

    a. $\begin{bmatrix} 2 & 2 \\ -1 & 2 \end{bmatrix}$　　　　b. $\begin{bmatrix} 1 & 2 \\ -1 & 2 \end{bmatrix}$

4. 求下列矩阵的复特征值及相应的特征向量。

    a. $\begin{bmatrix} 1 & 0 & 2 \\ 0 & 1 & -1 \\ -1 & 1 & 1 \end{bmatrix}$　　b. $\begin{bmatrix} 0 & 1 & -2 \\ 1 & 0 & 0 \\ 1 & 1 & 1 \end{bmatrix}$

5. 求习题 1 中每个矩阵的谱半径。

6. 求习题 2 中每个矩阵的谱半径。

7. 习题 1 中哪些矩阵是收敛的？

8. 习题 2 中哪些矩阵是收敛的？

9. 求习题 1 中矩阵的 l_2 范数。

10. 求习题 2 中矩阵的 l_2 范数。

11. 令 $A_1 = \begin{bmatrix} 1 & 0 \\ \frac{1}{4} & \frac{1}{2} \end{bmatrix}$ 和 $A_2 = \begin{bmatrix} \frac{1}{2} & 0 \\ 16 & \frac{1}{2} \end{bmatrix}$，证明 A_1 是不收敛的而 A_2 是收敛的。

12. 一个 $n \times n$ 矩阵 A 被称为是**幂零的**,如果存在一个整数 m 满足 $A^m = O$。证明如果 λ 是幂零矩阵的一个特征值,那么 $\lambda = 0$。

应用型习题

13. 在 6.3 节的习题 11 中,假设一种特定的雌性甲虫为以后的雌性甲虫数量做的贡献可以用矩阵来表示:

$$A = \begin{bmatrix} 0 & 0 & 6 \\ \frac{1}{2} & 0 & 0 \\ 0 & \frac{1}{3} & 0 \end{bmatrix}$$

其中,第 i 行第 j 列的元素表示年龄为 j 的雌性甲虫个体为下一年年龄为 i 的雌性甲虫个体做的贡献的概率。

a. 矩阵 A 有实特征值吗?如果有,求出实特征值和相应的特征向量。

b. 如果这个物种有一个需要进行实验室测试目的的抽样,在这个抽样中每一个年龄组甲虫数量能够有一个固定的比值,那么最初的数量标准是什么才能满足这一目的?

14. 在 6.5 节的习题 11 中,考虑的雌性甲虫的数量得到矩阵:

$$A = \begin{bmatrix} 0 & 1/8 & 1/4 & 1/2 \\ 1/2 & 0 & 0 & 0 \\ 0 & 1/4 & 0 & 0 \\ 0 & 0 & 1/8 & 0 \end{bmatrix}$$

其中,元素 a_{ij} 表示年龄为 j 的单个雌性甲虫个体对年龄为 i 的雌性甲虫数量所做的贡献。

a. 求 A 的特征多项式。

b. 求谱半径 $\rho(A)$。

c. 给出任意雌性甲虫的原始数量 $\mathbf{x} = (x_1, x_2, x_3, x_4)^t$,最终会发生什么?

理论型习题

15. 证明对于 $n \times n$ 矩阵 A 的特征多项式 $p(\lambda) = \det(A - \lambda I)$ 是一个 n 次多项式。[提示:扩展 $\det(A - \lambda I)$ 的第一行并对 n 采用数学归纳法。]

16. a. 如果 A 是一个 $n \times n$ 矩阵,那么

$$\det A = \prod_{i=1}^{n} \lambda_1$$

其中,$\lambda_i, \cdots, \lambda_n$ 是 A 的特征值。[提示:考虑 $p(0)$。]

b. 证明 A 是奇异的,当且仅当 $\lambda = 0$ 是 A 的一个特征值。

17. 令 λ 是 $n \times n$ 矩阵 A 的一个特征值,$\mathbf{x} \neq \mathbf{0}$ 是相应的特征向量。

a. 证明 λ 也是 A^t 的一个特征值。

b. 证明对于任意的整数 $k \geqslant 1$,λ^k 是 A^k 具有特征向量 $\mathbf{x}$ 的特征值。

c. 证明如果 A^{-1} 存在,那么 $1/\lambda$ 是 A^{-1} 具有特征向量 $\mathbf{x}$ 的特征值。

d. 对于整数 $k \geqslant 2$,将 (b) 和 (c) 的结果推广到 $(A^{-1})^k$。

e. 给定多项式 $q(x) = q_0 + q_1 x + \cdots + q_k x^k$,定义 $q(A)$ 为矩阵 $q(A) = q_0 I + q_1 A + \cdots + q_k A^k$,证明 $q(\lambda)$ 是 $q(A)$ 具有特征向量 $\mathbf{x}$ 的特征值。

f. 令 $\alpha \neq \lambda$,证明如果 $A - \alpha I$ 非奇异,那么 $1/(\lambda - \alpha)$ 是 $(A - \alpha I)^{-1}$ 具有特征向量 $\mathbf{x}$ 的特征值。

18. 证明如果 A 对称,那么 $\|A\|_2 = \rho(A)$。

19. 找到满足 $\rho(A + B) > \rho(A) + \rho(B)$ 的矩阵 A 和 B。(这表明 $\rho(A)$ 不是一个矩阵范数。)

20. 证明如果 $\|\cdot\|$ 是任意自然范数,那么对于非奇异矩阵 A 的任意特征值 λ,有 $(\|A^{-1}\|)^{-1} \leqslant |\lambda| \leqslant \|A\|$。

讨论问题

1. 找到一个特征值为 1 的具有重要意义的应用。

2. 讨论相对于矩阵 A 的特征值的谱半径的几何意义。

3. 在什么情况下，矩阵的谱半径也是矩阵的特征值？

7.3　Jacobi 和 Gauss-Seidel 迭代方法

在本节中，我们将描述 Jacobi 和 Gauss-Seidel 迭代方法，该经典方法可以追溯到 18 世纪晚期。迭代方法很少用于求解小维数的线性方程组，因为达到足够的精度需要的时间超过了直接方法所需要的时间，比如高斯消去法。然而，对于大型且 0 元素较多的方程组，迭代方法在计算机存储和计算中是非常有效的。这类方程组经常出现在电路分析、边值问题的数值解和偏微分方程中。

用于求解 $n \times n$ 线性方程组 $A\mathbf{x} = \mathbf{b}$ 的迭代方法，从初始近似 $\mathbf{x}^{(0)}$ 开始，产生一个收敛于 $\mathbf{x}$ 的向量序列 $\{\mathbf{x}^{(k)}\}_{k=1}^{\infty}$。

Jacobi（雅各比）迭代方法

Jacobi 方法是通过解出 $A\mathbf{x} = \mathbf{b}$ 中的第 i 个方程的 x_i 得到的（假设 $a_{ii} \neq 0$）。

$$x_i = \sum_{\substack{j=1 \\ j \neq i}}^{n} \left(-\frac{a_{ij}x_j}{a_{ii}} \right) + \frac{b_i}{a_{ii}}, \quad 其中 i = 1, 2, \cdots, n$$

对于每一个 $k \geqslant 1$ 的情况，通过下式从 $\mathbf{x}^{(k-1)}$ 生成 $\mathbf{x}^{(k)}$ 的 $x_i^{(k)}$ 元素

$$x_i^{(k)} = \frac{1}{a_{ii}} \left[\sum_{\substack{j=1 \\ j \neq i}}^{n} \left(-a_{ij}x_j^{(k-1)} \right) + b_i \right], \quad 其中 i = 1, 2, \cdots, n \tag{7.5}$$

例 1　线性方程组 $A\mathbf{x} = \mathbf{b}$ 由下式给出

$$\begin{aligned}
E_1: & \quad 10x_1 - x_2 + 2x_3 && = 6, \\
E_2: & \quad -x_1 + 11x_2 - x_3 + 3x_4 && = 25, \\
E_3: & \quad 2x_1 - x_2 + 10x_3 - x_4 && = -11, \\
E_4: & \quad 3x_2 - x_3 + 8x_4 && = 15
\end{aligned}$$

其具有唯一解 $\mathbf{x} = (1, 2, -1, 1)^t$。用 Jacobi 迭代方法求 $\mathbf{x}$ 的近似解 $\mathbf{x}^{(k)}$，初值为 $\mathbf{x}^{(0)} = (0,0,0,0)^t$，直到达到精度

$$\frac{\|\mathbf{x}^{(k)} - \mathbf{x}^{(k-1)}\|_{\infty}}{\|\mathbf{x}^{(k)}\|_{\infty}} < 10^{-3}$$

解　对于每一个 $i = 1,2,3,4$，我们首先求方程 E_i 的解 x_i，得到

$$\begin{aligned}
x_1 &= \quad\quad \frac{1}{10}x_2 - \frac{1}{5}x_3 \quad\quad + \frac{3}{5}, \\
x_2 &= \frac{1}{11}x_1 \quad\quad + \frac{1}{11}x_3 - \frac{3}{11}x_4 + \frac{25}{11}, \\
x_3 &= -\frac{1}{5}x_1 + \frac{1}{10}x_2 \quad\quad + \frac{1}{10}x_4 - \frac{11}{10}, \\
x_4 &= \quad\quad -\frac{3}{8}x_2 + \frac{1}{8}x_3 \quad\quad + \frac{15}{8}
\end{aligned}$$

从初值 $\mathbf{x}^{(0)} = (0,0,0,0)^t$ 开始，得到 $\mathbf{x}^{(1)}$ 为：

$$x_1^{(1)} = \frac{1}{10}x_2^{(0)} - \frac{1}{5}x_3^{(0)} + \frac{3}{5} = 0.6000,$$

$$x_2^{(1)} = \frac{1}{11}x_1^{(0)} + \frac{1}{11}x_3^{(0)} - \frac{3}{11}x_4^{(0)} + \frac{25}{11} = 2.2727,$$

$$x_3^{(1)} = -\frac{1}{5}x_1^{(0)} + \frac{1}{10}x_2^{(0)} + \frac{1}{10}x_4^{(0)} - \frac{11}{10} = -1.1000,$$

$$x_4^{(1)} = -\frac{3}{8}x_2^{(0)} + \frac{1}{8}x_3^{(0)} + \frac{15}{8} = 1.8750$$

重复迭代，以相同的方式得到 $\mathbf{x}^{(k)} = (x_1^{(k)}, x_2^{(k)}, x_3^{(k)}, x_4^{(k)})^t$，如表 7.1 所示。

表 7.1

k	0	1	2	3	4	5	6	7	8	9	10
$x_1^{(k)}$	0.000	0.6000	1.0473	0.9326	1.0152	0.9890	1.0032	0.9981	1.0006	0.9997	1.0001
$x_2^{(k)}$	0.0000	2.2727	1.7159	2.053	1.9537	2.0114	1.9922	2.0023	1.9987	2.0004	1.9998
$x_3^{(k)}$	0.0000	−1.1000	−0.8052	−1.0493	−0.9681	−1.0103	−0.9945	−1.0020	−0.9990	−1.0004	−0.9998
$x_4^{(k)}$	0.0000	1.8750	0.8852	1.1309	0.9739	1.0214	0.9944	1.0036	0.9989	1.0006	0.9998

在第 10 次迭代后迭代终止，因为

$$\frac{\|\mathbf{x}^{(10)} - \mathbf{x}^{(9)}\|_\infty}{\|\mathbf{x}^{(10)}\|_\infty} = \frac{8.0 \times 10^{-4}}{1.9998} < 10^{-3}$$

事实上，$\|\mathbf{x}^{(10)} - \mathbf{x}\|_\infty = 0.0002$。　　　　　　　　　　　　　　　　■

一般来说，求解线性方程组的迭代方法涉及把方程组 $A\mathbf{x} = \mathbf{b}$ 转换成等价的方程组 $\mathbf{x} = T\mathbf{x} + \mathbf{c}$，对于某个固定的矩阵 T 和向量 $\mathbf{c}$。在选定初值 $\mathbf{x}^{(0)}$ 后，近似解的序列由下式产生：

$$\mathbf{x}^{(k)} = T\mathbf{x}^{(k-1)} + \mathbf{c}$$

其中 $k = 1, 2, 3, \cdots$。这会让人想起在第 2 章中介绍的不动点迭代。

通过将 A 分解成对角部分和非对角部分，也可以将 Jacobi 方法写成 $\mathbf{x}^{(k)} = T\mathbf{x}^{(k-1)} + \mathbf{c}$ 的形式。即，令 D 是对角矩阵，其对角线元素是 A 的对角线元素，$-L$ 是 A 中严格的下三角部分，$-U$ 是 A 中严格的上三角部分。矩阵

$$A = \begin{bmatrix} a_{11} & a_{12} & \cdots & a_{1n} \\ a_{21} & a_{22} & \cdots & a_{2n} \\ \vdots & \vdots & & \vdots \\ a_{n1} & a_{n2} & \cdots & a_{nn} \end{bmatrix}$$

被分解成

$$A = \begin{bmatrix} a_{11} & 0 & \cdots & 0 \\ 0 & a_{22} & & \\ \vdots & & \ddots & 0 \\ 0 & \cdots & 0 & a_{nn} \end{bmatrix} - \begin{bmatrix} 0 & \cdots & & 0 \\ -a_{21} & \ddots & & \\ \vdots & & \ddots & \\ -a_{n1} & \cdots & -a_{n,n-1} & 0 \end{bmatrix} - \begin{bmatrix} 0 & -a_{12} & \cdots & -a_{1n} \\ & \ddots & \ddots & \vdots \\ & & \ddots & -a_{n-1,n} \\ 0 & \cdots & & 0 \end{bmatrix}$$

$$= D - L - U$$

方程组 $A\mathbf{x} = \mathbf{b}$ 或 $(D - L - U)\mathbf{x} = \mathbf{b}$ 因此被转换成

$$D\mathbf{x} = (L + U)\mathbf{x} + \mathbf{b}$$

如果 D^{-1} 存在，即对每个 i 有 $a_{ii} \neq 0$，那么

$$\mathbf{x} = D^{-1}(L + U)\mathbf{x} + D^{-1}\mathbf{b}$$

这个结果就是 Jacobi 方法中的矩阵形式

$$\mathbf{x}^{(k)} = D^{-1}(L+U)\mathbf{x}^{(k-1)} + D^{-1}\mathbf{b}, \quad k = 1, 2, \cdots \tag{7.6}$$

引入符号 $T_j = D^{-1}(L+U)$ 和 $\mathbf{c}_j = D^{-1}\mathbf{b}$，得到 Jacobi 方法的形式如下：

$$\mathbf{x}^{(k)} = T_j\mathbf{x}^{(k-1)} + \mathbf{c}_j \tag{7.7}$$

实际上，式 (7.5) 是用来计算的，式 (7.7) 是用于理论分析目的的。

例 2 对于线性方程组 $A\mathbf{x} = \mathbf{b}$：

$$
\begin{aligned}
E_1: & \quad 10x_1 - \quad x_2 + \quad 2x_3 \quad\quad\quad\; = 6, \\
E_2: & \quad -x_1 + 11x_2 - \quad x_3 + 3x_4 = 25, \\
E_3: & \quad 2x_1 - \quad x_2 + 10x_3 - \quad x_4 = -11, \\
E_4: & \quad\quad\quad\; 3x_2 - \quad x_3 + 8x_4 = 15
\end{aligned}
$$

将 Jacobi 迭代方法表示成 $\mathbf{x}^{(k)} = T\mathbf{x}^{(k-1)} + \mathbf{c}$ 的形式。

解 在例 1 中我们已经知道对于这种方程组，Jacobi 方法有

$$
\begin{aligned}
x_1 &= \quad\quad\quad\; \frac{1}{10}x_2 - \frac{1}{5}x_3 \quad\quad\quad\; + \frac{3}{5}, \\
x_2 &= \frac{1}{11}x_1 \quad\quad\quad\; + \frac{1}{11}x_3 - \frac{3}{11}x_4 + \frac{25}{11}, \\
x_3 &= -\frac{1}{5}x_1 + \frac{1}{10}x_2 \quad\quad\quad\; + \frac{1}{10}x_4 - \frac{11}{10}, \\
x_4 &= \quad\quad\quad\; -\frac{3}{8}x_2 + \frac{1}{8}x_3 \quad\quad\quad\; + \frac{15}{8}
\end{aligned}
$$

因此有

$$
T = \begin{bmatrix}
0 & \frac{1}{10} & -\frac{1}{5} & 0 \\
\frac{1}{11} & 0 & \frac{1}{11} & -\frac{3}{11} \\
-\frac{1}{5} & \frac{1}{10} & 0 & \frac{1}{10} \\
0 & -\frac{3}{8} & \frac{1}{8} & 0
\end{bmatrix} \quad \text{和} \quad \mathbf{c} = \begin{bmatrix}
\frac{3}{5} \\
\frac{25}{11} \\
-\frac{11}{10} \\
\frac{15}{8}
\end{bmatrix} \quad\quad\quad\; \blacksquare
$$

算法 7.1 实现了 Jacobi 迭代方法。

算法 7.1 Jacobi 迭代方法

给定初值 $\mathbf{x}^{(0)}$，求解方程组 $A\mathbf{x} = \mathbf{b}$。

输入 方程和未知量的个数 n，矩阵 A 的元素 a_{ij}，$1 \leqslant i, j \leqslant n$，向量 $\mathbf{b}$ 的元素 b_i，$1 \leqslant i \leqslant n$；$\mathbf{XO} = \mathbf{x}^{(0)}$ 的元素 XO_i，$1 \leqslant i \leqslant n$；误差 TOL；最大的迭代次数 N。

输出 近似解 $x_1, \cdots, x_n$，或超出迭代次数的信息。

Step 1 Set $k = 1$.

Step 2 While $(k \leqslant N)$ do Steps 3–6.

Step 3 For $i = 1, \cdots, n$

$$\text{set } x_i = \frac{1}{a_{ii}}\left[-\sum_{\substack{j=1 \\ j \neq i}}^{n}(a_{ij}XO_j) + b_i\right].$$

Step 4 If $\|\mathbf{x} - \mathbf{XO}\| < TOL$ then OUTPUT $(x_1, \cdots, x_n)$;

（算法成功）

STOP.

Step 5 Set $k = k + 1$.

Step 6 For $i = 1, \cdots, n$ set $XO_i = x_i$.

Step 7 OUTPUT ('Maximum number of iterations exceeded');
（算法失败）
STOP. ■

算法的步骤3（Step 3）对于每个 $i = 1, 2, \cdots, n$ ，要求 $a_{ii} \neq 0$ 。如果 a_{ii} 中的一个为 0 且系数矩阵是非奇异的，可以对这些方程重新排序使得没有 $a_{ii} = 0$ 。为了加快收敛，应该重组方程使得 a_{ii} 尽可能大。这个主题将在本章后面详细讨论。

步骤 4 中的另一个可能的中止条件是

$$\frac{\|\mathbf{x}^{(k)} - \mathbf{x}^{(k-1)}\|}{\|\mathbf{x}^{(k)}\|}$$

小于给定的误差。为了达到这个目的，任何方便的范数都可以使用，通常使用 l_∞ 范数。

Gauss-Seidel（高斯-赛德尔）迭代方法

通过重新考虑式(7.5)，可以对算法 7.1 进行改进。$\mathbf{x}^{(k-1)}$ 中的元素被用来计算 $\mathbf{x}^{(k)}$ 中所有的元素 $x_i^{(k)}$ 。但是，对于 $i > 1$ ，$x_1^{(k)}, \cdots, x_{i-1}^{(k)}$ 的元素 $\mathbf{x}^{(k)}$ 早已被计算出来并且比 $x_1^{(k-1)}, \cdots, x_{i-1}^{(k-1)}$ 更好地近似了精确解 $x_1, \cdots, x_{i-1}$ 。因此，使用一些已经计算过的值来计算 $x_i^{(k)}$ 似乎是合理的。即对于每个 $i = 1, 2, \cdots, n$ ，用

$$x_i^{(k)} = \frac{1}{a_{ii}} \left[-\sum_{j=1}^{i-1} \left(a_{ij} x_j^{(k)} \right) - \sum_{j=i+1}^{n} \left(a_{ij} x_j^{(k-1)} \right) + b_i \right] \tag{7.8}$$

来代替式(7.5)。这个修改称为 **Gauss-Seidel 迭代方法**且在下面的例子中说明。

例3 使用 Gauss-Seidel 迭代方法求解方程组
$$
\begin{aligned}
10x_1 - \quad x_2 + 2x_3 \qquad\qquad &= 6, \\
-x_1 + 11x_2 - \quad x_3 + 3x_4 &= 25, \\
2x_1 - \quad x_2 + 10x_3 - \quad x_4 &= -11, \\
3x_2 - \quad x_3 + 8x_4 &= 15
\end{aligned}
$$
的近似解，初值为 $\mathbf{x} = (0,0,0,0)^t$ ，终止条件为
$$\frac{\|\mathbf{x}^{(k)} - \mathbf{x}^{(k-1)}\|_\infty}{\|\mathbf{x}^{(k)}\|_\infty} < 10^{-3}$$

解 在例 1 中使用 Jacobi 方法已经得到精确解 $\mathbf{x} = (1, 2, -1, 1)^t$ 的近似。对于 Gauss-Seidel 迭代方法，对每个 $k = 1, 2, \cdots$，我们将方程组改写成

$$
\begin{aligned}
x_1^{(k)} &= \qquad\qquad \frac{1}{10} x_2^{(k-1)} - \frac{1}{5} x_3^{(k-1)} \qquad\qquad + \frac{3}{5}, \\
x_2^{(k)} &= \frac{1}{11} x_1^{(k)} \qquad\qquad + \frac{1}{11} x_3^{(k-1)} - \frac{3}{11} x_4^{(k-1)} + \frac{25}{11}, \\
x_3^{(k)} &= -\frac{1}{5} x_1^{(k)} + \frac{1}{10} x_2^{(k)} \qquad\qquad + \frac{1}{10} x_4^{(k-1)} - \frac{11}{10}, \\
x_4^{(k)} &= \qquad\qquad -\frac{3}{8} x_2^{(k)} + \frac{1}{8} x_3^{(k)} \qquad\qquad + \frac{15}{8}
\end{aligned}
$$

当 $\mathbf{x}^{(0)} = (0, 0, 0, 0)^t$ 时，有 $\mathbf{x}^{(1)} = (0.6000, 2.3272, -0.9873, 0.8789)^t$ 。表 7.2 给出了一系列迭代值。

表 7.2

k	0	1	2	3	4	5
$x_1^{(k)}$	0.0000	0.6000	1.030	1.0065	1.0009	1.0001
$x_2^{(k)}$	0.0000	2.3272	2.037	2.0036	2.0003	2.0000
$x_3^{(k)}$	0.0000	-0.9873	-1.014	-1.0025	-1.0003	-1.0000
$x_4^{(k)}$	0.0000	0.8789	0.9844	0.9983	0.9999	1.0000

因为

$$\frac{\|\mathbf{x}^{(5)} - \mathbf{x}^{(4)}\|_\infty}{\|\mathbf{x}^{(5)}\|_\infty} = \frac{0.0008}{2.000} = 4 \times 10^{-4}$$

所以 $\mathbf{x}^{(5)}$ 是合理的近似解。注意在相同精度下例 1 中的 Jacobi 方法所需的迭代次数是 Gauss-Seidel 迭代方法的 2 倍。 ■

为了将 Gauss-Seidel 迭代方法写成矩阵形式，将式 (7.8) 两边同乘以 a_{ii}, $i = 1, 2, \cdots, n$ ，收集所有的第 k 次迭代得到

$$a_{i1}x_1^{(k)} + a_{i2}x_2^{(k)} + \cdots + a_{ii}x_i^{(k)} = -a_{i,i+1}x_{i+1}^{(k-1)} - \cdots - a_{in}x_n^{(k-1)} + b_i$$

重写这 n 个方程得到

$$
\begin{aligned}
a_{11}x_1^{(k)} &= -a_{12}x_2^{(k-1)} - a_{13}x_3^{(k-1)} - \cdots - a_{1n}x_n^{(k-1)} + b_1, \\
a_{21}x_1^{(k)} + a_{22}x_2^{(k)} &= -a_{23}x_3^{(k-1)} - \cdots - a_{2n}x_n^{(k-1)} + b_2, \\
&\vdots \\
a_{n1}x_1^{(k)} + a_{n2}x_2^{(k)} + \cdots + a_{nn}x_n^{(k)} &= b_n
\end{aligned}
$$

我们用之前定义好的 D、L 和 U，Gauss-Seidel 方法表示为

$$(D - L)\mathbf{x}^{(k)} = U\mathbf{x}^{(k-1)} + \mathbf{b}$$

和

$$\mathbf{x}^{(k)} = (D-L)^{-1}U\mathbf{x}^{(k-1)} + (D-L)^{-1}\mathbf{b}, \qquad k = 1, 2, \cdots \qquad (7.9)$$

令 $T_g = (D-L)^{-1}U$ 和 $\mathbf{c}_g = (D-L)^{-1}\mathbf{b}$ ，得到 Gauss-Seidel 方法的矩阵形式：

$$\mathbf{x}^{(k)} = T_g\mathbf{x}^{(k-1)} + \mathbf{c}_g \qquad (7.10)$$

下三角矩阵 $D - L$ 是非奇异的充分必要条件是：对每个 $i = 1, 2, \cdots, n$ ，有 $a_{ii} \neq 0$ 。

算法 7.2 实现了 Gauss-Seidel 方法。

算法 7.2　Gauss-Seidel 迭代方法

给定初值 $\mathbf{x}^{(0)}$ ，求解方程组 $A\mathbf{x} = \mathbf{b}$ 。

输入　方程和未知量的个数 n，矩阵 A 的元素 a_{ij}，$1 \leqslant i, j \leqslant n$；向量 $\mathbf{b}$ 的元素 b_i，$1 \leqslant i \leqslant n$；$\mathbf{XO} = \mathbf{x}^{(0)}$ 的元素 XO_i，$1 \leqslant i \leqslant n$；误差 TOL；最大的迭代次数 N。

输出　近似解 $x_1, \cdots, x_n$，或超出迭代次数的信息。

Step 1　Set $k = 1$.

Step 2　While $(k \leqslant N)$ do Steps 3–6.

Step 3　For $i = 1, \cdots, n$

$$\text{set } x_i = \frac{1}{a_{ii}}\left[-\sum_{j=1}^{i-1} a_{ij}x_j - \sum_{j=i+1}^{i-1} a_{ij}XO_j + b_i \right].$$

Step 4　If $\|\mathbf{x} - \mathbf{XO}\| < TOL$　then OUTPUT $(x_1, \cdots, x_n)$;

　　　　　　　　　　　　　　(算法成功)

　　　　　　　　　　　　　　STOP.

Step 5　Set $k = k+1$.

Step 6　For $i = 1, \cdots, n$ set $XO_i = x_i$.

Step 7　OUTPUT (超出最大迭代次数);

　　　　　　(算法失败)

　　　　　　STOP.　　　　　　　　　　　　　　　　　　　　　　　　　　　■

算法 7.1 之后讨论的重排及终止条件都可应用在 Gauss-Seidel 算法 7.2 中。

例 1 和例 2 的结果明显表明 Gauss-Seidel 方法优于 Jacobi 方法。这适用于大多数情况，但也有一些线性系统对于 Jacobi 方法是收敛的，但对于 Gauss-Seidel 方法却是不收敛的(见习题 9 和习题 10)。

一般的迭代方法

为了研究一般迭代方法的收敛问题，我们要分析以下公式：

$$\mathbf{x}^{(k)} = T\mathbf{x}^{(k-1)} + \mathbf{c}, \quad k = 1, 2, \cdots$$

其中，$\mathbf{x}^{(0)}$ 是任意的。下一个引理和定理 7.17 给出了研究的关键。

引理 7.18　如果谱半径满足 $\rho(T) < 1$，则 $(I-T)^{-1}$ 存在，且

$$(I-T)^{-1} = I + T + T^2 + \cdots = \sum_{j=0}^{\infty} T^j$$

证明　因为当 $(I-T)\mathbf{x} = (1-\lambda)\mathbf{x}$ 时 $T\mathbf{x} = \lambda\mathbf{x}$ 是正确的，所以有：当 $1-\lambda$ 是 $I-T$ 的一个特征值时 λ 是 T 的一个特征值。但是 $|\lambda| \leqslant \rho(T) < 1$，所以 $\lambda = 1$ 不是 T 的一个特征值，且 0 不可能是 $I-T$ 的特征值。因此，$(I-T)^{-1}$ 存在。

令 $S_m = I + T + T^2 + \cdots + T^m$，则

$$(I-T)S_m = (1 + T + T^2 + \cdots + T^m) - (T + T^2 + \cdots + T^{m+1}) = I - T^{m+1}$$

因为 T 是收敛的，定理 7.17 表明

$$\lim_{m \to \infty}(I-T)S_m = \lim_{m \to \infty}(I - T^{m+1}) = I$$

因此 $(I-T)^{-1} = \lim\limits_{m \to \infty} S_m = I + T + T^2 + \cdots = \sum\limits_{j=0}^{\infty} T_j$。　　　　　　　　　　■

定理 7.19　对于任意 $\mathbf{x}^{(0)} \in \mathbb{R}^n$，由式

$$\mathbf{x}^{(k)} = T\mathbf{x}^{(k-1)} + \mathbf{c}, \quad 对于任何 k \geqslant 1 \tag{7.11}$$

定义的序列 $\{\mathbf{x}^{(k)}\}_{k=0}^{\infty}$ 收敛到 $\mathbf{x} = T\mathbf{x} + \mathbf{c}$ 的唯一解，当且仅当 $\rho(T) < 1$。

证明　首先假设 $\rho(T) < 1$，则

$$\mathbf{x}^{(k)} = T\mathbf{x}^{(k-1)} + \mathbf{c}$$

$$= T(T\mathbf{x}^{(k-2)} + \mathbf{c}) + \mathbf{c}$$

$$= T^2 \mathbf{x}^{(k-2)} + (T + I)\mathbf{c}$$

$$\vdots$$

$$= T^k \mathbf{x}^{(0)} + (T^{k-1} + \cdots + T + I)\mathbf{c}$$

因为 $\rho(T) < 1$，定理 7.17 表明 T 是收敛的，且

$$\lim_{k \to \infty} T^k \mathbf{x}^{(0)} = \mathbf{0}$$

引理 7.18 表明：

$$\lim_{k \to \infty} \mathbf{x}^{(k)} = \lim_{k \to \infty} T^k \mathbf{x}^{(0)} + \left(\sum_{j=0}^{\infty} T^j \right) \mathbf{c} = \mathbf{0} + (I - T)^{-1} \mathbf{c} = (I - T)^{-1} \mathbf{c}$$

因此，序列 $\{\mathbf{x}^{(k)}\}$ 收敛到向量 $\mathbf{x} \equiv (I - T)^{-1} \mathbf{c}$ 且 $\mathbf{x} = T\mathbf{x} + \mathbf{c}$。

　　为了证明必要性，我们将证明对于任意 $\mathbf{z} \in \mathbb{R}^n$，有 $\lim\limits_{k \to \infty} T^k \mathbf{z} = \mathbf{0}$。由定理 7.17，这等价于 $\rho(T) < 1$。

　　令 $\mathbf{z}$ 是任意一个向量，$\mathbf{x}$ 是 $\mathbf{x} = T\mathbf{x} + \mathbf{c}$ 的唯一解。定义 $\mathbf{x}^{(0)} = \mathbf{x} - \mathbf{z}$，对于 $k \geq 1$，$\mathbf{x}^{(k)} = T\mathbf{x}^{(k-1)} + \mathbf{c}$，则 $\{\mathbf{x}^{(k)}\}$ 收敛到 $\mathbf{x}$，即

$$\mathbf{x} - \mathbf{x}^{(k)} = (T\mathbf{x} + \mathbf{c}) - \left(T\mathbf{x}^{(k-1)} + \mathbf{c} \right) = T \left(\mathbf{x} - \mathbf{x}^{(k-1)} \right)$$

所以

$$\mathbf{x} - \mathbf{x}^{(k)} = T \left(\mathbf{x} - \mathbf{x}^{(k-1)} \right) = T^2 \left(\mathbf{x} - \mathbf{x}^{(k-2)} \right) = \cdots = T^k \left(\mathbf{x} - \mathbf{x}^{(0)} \right) = T^k \mathbf{z}$$

因此 $\lim\limits_{k \to \infty} T^k \mathbf{z} = \lim\limits_{k \to \infty} T^k (\mathbf{x} - \mathbf{x}^{(0)}) = \lim\limits_{k \to \infty} T^k (\mathbf{x} - \mathbf{x}^{(k)}) = \mathbf{0}$。

　　但 $\mathbf{z} \in \mathbb{R}^n$ 是任意的，所以由定理 7.17 可得，T 是收敛的且 $\rho(T) < 1$。　　■

　　下面推论的证明类似于推论 2.5 的证明。证明过程留在习题 18 中考虑。

　　推论 7.20　如果对任意的自然矩阵范数都有 $\|T\| < 1$，而 $\mathbf{c}$ 是一个向量，那么由 $\mathbf{x}^{(k)} = T\mathbf{x}^{(k-1)} + \mathbf{c}$ 定义的序列 $\{\mathbf{x}^{(k)}\}_{k=0}^{\infty}$，对任意的初值 $\mathbf{x}^{(0)} \in \mathbb{R}^n$，收敛到向量 $\mathbf{x} \in \mathbb{R}^n$，满足 $\mathbf{x} = T\mathbf{x} + \mathbf{c}$ 且下面的误差界估计成立：　　■

　　(i)　$\|\mathbf{x} - \mathbf{x}^{(k)}\| \leqslant \|T\|^k \|\mathbf{x}^{(0)} - \mathbf{x}\|$；　　　　(ii)　$\|\mathbf{x} - \mathbf{x}^{(k)}\| \leqslant \dfrac{\|T\|^k}{1 - \|T\|} \|\mathbf{x}^{(1)} - \mathbf{x}^{(0)}\|$

　　Jacobi 和 Gauss-Seidel 迭代方法可以写成

$$\mathbf{x}^{(k)} = T_j \mathbf{x}^{(k-1)} + \mathbf{c}_j \quad \text{和} \quad \mathbf{x}^{(k)} = T_g \mathbf{x}^{(k-1)} + \mathbf{c}_g$$

其中迭代矩阵为

$$T_j = D^{-1}(L + U) \quad \text{和} \quad T_g = (D - L)^{-1} U$$

如果 $\rho(T_j)$ 或 $\rho(T_g)$ 小于等于 1，那么相应的序列 $\{\mathbf{x}^{(k)}\}_{k=0}^{\infty}$ 收敛到 $A\mathbf{x} = \mathbf{b}$ 的解 $\mathbf{x}$。例如，对 Jacobi 格式有

$$\mathbf{x}^{(k)} = D^{-1}(L + U)\mathbf{x}^{(k-1)} + D^{-1}\mathbf{b}$$

如果 $\{\mathbf{x}^{(k)}\}_{k=0}^{\infty}$ 收敛到 $\mathbf{x}$，则

$$\mathbf{x} = D^{-1}(L + U)\mathbf{x} + D^{-1}\mathbf{b}$$

这意味着

$$D\mathbf{x} = (L + U)\mathbf{x} + \mathbf{b} \quad \text{和} \quad (D - L - U)\mathbf{x} = \mathbf{b}$$

因为 $D - L - U = A$，所以这个解 $\mathbf{x}$ 满足 $A\mathbf{x} = \mathbf{b}$。

我们现在能够容易地证明 Jacobi 和 Gauss-Seidel 迭代方法收敛的充分条件。（Jacobi 迭代格式收敛的证明留在习题 17，Gauss-Seidel 迭代格式收敛的证明见[Or2]，p.120。）

定理 7.21 如果 A 是严格对角占优的，那么任意选择初值 $\mathbf{x}^{(0)}$，Jacobi 和 Gauss-Seidel 迭代方法得到的序列 $\{\mathbf{x}^{(k)}\}_{k=0}^{\infty}$ 都收敛到方程组 $A\mathbf{x} = \mathbf{b}$ 的唯一解。 ∎

收敛速度与迭代矩阵 T 的谱半径之间的关系由推论 7.20 可以看出。由于对任意自然矩阵范数都满足不等式，所以根据定理 7.15 可得出结论：

$$\|\mathbf{x}^{(k)} - \mathbf{x}\| \approx \rho(T)^k \|\mathbf{x}^{(0)} - \mathbf{x}\| \tag{7.12}$$

因此，我们希望对于具体的方程组 $A\mathbf{x} = \mathbf{b}$，选择迭代方法使得 $\rho(T) < 1$ 最小。没有一般的结论说明对于任意线性方程组更适合采用 Jacobi 方法还是 Gauss-Seidel 方法。然而，在特殊情况下，答案是已知的，如以下定理所示。这些结论的证明参考[Y]，pp.120–127。

定理 7.22　（Stein-Rosenberg）

如果 $a_{ij} \leqslant 0$，对于 $i \neq j$，$a_{ii} > 0$，$i = 1, 2, \cdots, n$，则下面的结论有且只有一个成立。

(i)　$0 \leqslant \rho(T_g) < \rho(T_j) < 1$;　　　　(ii)　$1 < \rho(T_j) < \rho(T_g)$;

(iii)　$\rho(T_j) = \rho(T_g) = 0$;　　　　(iv)　$\rho(T_j) = \rho(T_g) = 1$。 ∎

对于定理 7.22 中描述的特殊情况，从性质(i)中看出当给定一种方法收敛时，另一种方法也收敛，且 Gauss-Seidel 方法的收敛速度快于 Jacobi 方法。性质(ii)表明当一种方法发散时，另一种方法也发散，且这种发散在 Gauss-Seidel 方法中更明显。

习题 7.3

1. 对于下列线性方程组求 Jacobi 方法的前两步迭代，初值为 $\mathbf{x}^{(0)} = \mathbf{0}$。

    a. $3x_1 - x_2 + x_3 = 1$,
       $3x_1 + 6x_2 + 2x_3 = 0$,
       $3x_1 + 3x_2 + 7x_3 = 4$

    b. $10x_1 - x_2 \qquad = 9$,
       $-x_1 + 10x_2 - 2x_3 = 7$,
       $\quad\ \ - 2x_2 + 10x_3 = 6$

    c. $10x_1 + 5x_2 \qquad\qquad = 6$,
       $5x_1 + 10x_2 - 4x_3 \qquad = 25$,
       $\quad\ \ - 4x_2 + 8x_3 - x_4 = -11$,
       $\qquad\qquad - x_3 + 5x_4 = -11$

    d. $4x_1 + x_2 + x_3 + \qquad x_5 = 6$,
       $-x_1 - 3x_2 + x_3 + x_4 \qquad = 6$,
       $2x_1 + x_2 + 5x_3 - x_4 - x_5 = 6$,
       $-x_1 - x_2 - x_3 + 4x_4 \qquad = 6$,
       $\qquad 2x_2 - x_3 + x_4 + 4x_5 = 6$

2. 对于下列线性方程组求 Jacobi 方法的前两步迭代，初值为 $\mathbf{x}^{(0)} = \mathbf{0}$。

    a. $4x_1 + x_2 - x_3 = 5$,
       $-x_1 + 3x_2 + x_3 = -4$,
       $2x_1 + 2x_2 + 5x_3 = 1$

    b. $-2x_1 + x_2 + \frac{1}{2}x_3 = 4$,
       $x_1 - 2x_2 - \frac{1}{2}x_3 = -4$,
       $\qquad x_2 + 2x_3 = 0$

    c. $4x_1 + x_2 - x_3 + x_4 = -2$,
       $x_1 + 4x_2 - x_3 - x_4 = -1$,
       $-x_1 - x_2 + 5x_3 + x_4 = 0$,
       $x_1 - x_2 + x_3 + 3x_4 = 1$

    d. $4x_1 - x_2 \qquad\qquad\qquad = 0$,
       $-x_1 + 4x_2 - x_3 \qquad\qquad = 5$,
       $\quad\ \ - x_2 + 4x_3 \qquad\qquad = 0$,
       $\qquad\qquad + 4x_4 - x_5 \qquad = 6$,
       $\qquad\qquad - x_4 + 4x_5 - x_6 = -2$,
       $\qquad\qquad\qquad - x_5 + 4x_6 = 6$

3. 使用 Gauss-Seidel 方法重做习题 1。

4. 使用 Gauss-Seidel 方法重做习题 2。

5. 使用 Jacobi 方法求解习题 1 中的线性方程组，l_∞ 范数下的误差限为 $TOL = 10^{-3}$。

6. 使用 Jacobi 方法求解习题 2 中的线性方程组，l_∞ 范数下的误差限为 $TOL = 10^{-3}$。

7. 使用 Gauss-Seidel 方法求解习题 1 中的线性方程组，l_∞ 范数下的误差限为 $TOL = 10^{-3}$。

8. 使用 Gauss-Seidel 方法求解习题 2 中的线性方程组，l_∞ 范数下的误差限为 $TOL = 10^{-3}$。

9. 线性方程组

$$2x_1 - x_2 + x_3 = -1,$$
$$2x_1 + 2x_2 + 2x_3 = 4,$$
$$-x_1 - x_2 + 2x_3 = -5$$

的解为 $(1, 2, -1)^t$。

a. 证明 $\rho(T_j) = \dfrac{\sqrt{5}}{2} > 1$。

b. 证明使用初值为 $\mathbf{x}^{(0)} = \mathbf{0}$ 的 Jacobi 方法迭代 25 步之后不能得到更好的近似。

c. 证明 $\rho(T_g) = \dfrac{1}{2}$。

d. 使用初值为 $\mathbf{x}^{(0)} = \mathbf{0}$ 的 Gauss-Seidel 方法得到线性方程组的近似解可达到 l_∞ 范数下误差限为 10^{-5} 的近似。

10. 线性方程组

$$x_1 + 2x_2 - 2x_3 = 7,$$
$$x_1 + x_2 + x_3 = 2,$$
$$2x_1 + 2x_2 + x_3 = 5$$

的解为 $(1, 2, -1)^t$。

a. 证明 $\rho(T_j) = 0$。

b. 使用初值为 $\mathbf{x}^{(0)} = \mathbf{0}$ 的 Jacobi 方法得到线性方程组的近似解达到 l_∞ 范数下误差限为 10^{-5} 的近似。

c. 证明 $\rho(T_g) = 2$。

d. 证明 Gauss-Seidel 方法用于 (b) 中迭代 25 步之后不能得到更好的近似。

11. 线性方程组

$$
\begin{array}{rcrcrcr}
x_1 & & & - & x_3 & = & 0.2, \\
-\frac{1}{2}x_1 & + & x_2 & - & \frac{1}{4}x_3 & = & -1.425, \\
x_1 & - & \frac{1}{2}x_2 & + & x_3 & = & 2
\end{array}
$$

有解 $(0.9, -0.8, 0.7)^t$。

a. 系数矩阵

$$A = \begin{bmatrix} 1 & 0 & -1 \\ -\frac{1}{2} & 1 & -\frac{1}{4} \\ 1 & -\frac{1}{2} & 1 \end{bmatrix}$$

是严格对角占优的吗？

b. 计算 Gauss-Seidel 矩阵 T_g 的谱半径。

c. 使用 Gauss-Seidel 迭代方法求解线性方程组的近似解，误差限为 10^{-2}，最大迭代次数是 300。

d. 当方程组变为下面的方程组时，(c) 会发生什么变化？

$$
\begin{array}{rcrcrcr}
x_1 & & & - & 2x_3 & = & 0.2, \\
-\frac{1}{2}x_1 & + & x_2 & - & \frac{1}{4}x_3 & = & -1.425, \\
x_1 & - & \frac{1}{2}x_2 & + & x_3 & = & 2
\end{array}
$$

12. 用 Jacobi 方法重做习题 11。

13. 使用 (a) Jacobi 方法和 (b) Gauss-Seidel 方法，求解线性方程组 $A\mathbf{x} = \mathbf{b}$，达到 l_∞ 范数下误差限为 10^{-5} 的近似。其中 A 的元素为

$$
a_{i,j} = \begin{cases}
2i, & \text{若} \quad j = i \quad \text{且} \quad i = 1, 2, \cdots, 80 \\[2mm]
0.5i, & \text{若} \quad \begin{cases} j = i+2 \ \text{且} \ i = 1, 2, \cdots, 78 \\ j = i-2 \ \text{且} \ i = 3, 4, \cdots, 80 \end{cases} \\[4mm]
0.25i, & \text{若} \quad \begin{cases} j = i+4 \ \text{且} \ i = 1, 2, \cdots, 76 \\ j = i-4 \ \text{且} \ i = 5, 6, \cdots, 80 \end{cases} \\[4mm]
0, & \text{其他}
\end{cases}
$$

$\mathbf{b}$ 的元素都是 $b_i = \pi$，$i = 1, 2, \cdots, 80$。

应用型习题

14. 假设一个物体可以放在等距分布的 $n+1$ 个点上的任何一个，即 $x_0, x_1, \cdots, x_n$。当物体处在 x_i 上时，它可以等概率地移动到 x_{i-1} 或 x_{i+1} 但不能直接移动到其他任何位置。考虑概率 $\{P_i\}_{i=0}^n$，即物体从位置 x_i 开始，在到达右端点 x_n 之前到达左端点 x_0 的概率。显然，$P_0 = 1$，$P_n = 0$。因为这个物体只能从 x_{i-1} 或 x_{i+1} 移动到 x_i，所以对于每一个这样的点这种移动的概率是 $\dfrac{1}{2}$。

$$
P_i = \frac{1}{2}P_{i-1} + \frac{1}{2}P_{i+1}, \quad \text{对于每一个 } i = 1, 2, \cdots, n-1
$$

a. 证明

$$
\begin{bmatrix}
1 & -\frac{1}{2} & 0 & \cdots & \cdots & \cdots & 0 \\
-\frac{1}{2} & 1 & -\frac{1}{2} & & & & \vdots \\
0 & -\frac{1}{2} & 1 & & & & \vdots \\
\vdots & & & \ddots & & & 0 \\
\vdots & & & & & -\frac{1}{2} & 1 & -\frac{1}{2} \\
0 & \cdots & \cdots & \cdots & 0 & -\frac{1}{2} & 1
\end{bmatrix}
\begin{bmatrix}
P_1 \\ P_2 \\ \vdots \\ P_{n-1}
\end{bmatrix}
=
\begin{bmatrix}
\frac{1}{2} \\ 0 \\ \vdots \\ 0
\end{bmatrix}
$$

b. 当 $n = 10, 50$ 和 100 时，求解线性方程组。

c. 将移动到左边和右边的概率分别改为 α 和 $1 - \alpha$，得到类似于 (a) 中的线性方程组。

d. 当 $\alpha = \dfrac{1}{3}$ 时，重做 (b)。

15. 本章引言中描述的桥梁桁架上的力满足下表给出的方程。

销接头	水平方向	垂直方向
①	$-F_1 + \dfrac{\sqrt{2}}{2}f_1 + f_2 = 0$	$\dfrac{\sqrt{2}}{2}f_1 - F_2 = 0$
②	$-\dfrac{\sqrt{2}}{2}f_1 + \dfrac{\sqrt{3}}{2}f_4 = 0$	$-\dfrac{\sqrt{2}}{2}f_1 - f_3 - \dfrac{1}{2}f_4 = 0$
③	$-f_2 + f_5 = 0$	$f_3 - 10\,000 = 0$
④	$-\dfrac{\sqrt{3}}{2}f_4 - f_5 = 0$	$\dfrac{1}{2}f_4 - F_3 = 0$

线性方程组可转换成矩阵方程：

$$\begin{bmatrix} -1 & 0 & 0 & \frac{\sqrt{2}}{2} & 1 & 0 & 0 & 0 \\ 0 & -1 & 0 & \frac{\sqrt{2}}{2} & 0 & 0 & 0 & 0 \\ 0 & 0 & -1 & 0 & 0 & 0 & \frac{1}{2} & 0 \\ 0 & 0 & 0 & -\frac{\sqrt{2}}{2} & 0 & -1 & -\frac{1}{2} & 0 \\ 0 & 0 & 0 & 0 & -1 & 0 & 0 & 1 \\ 0 & 0 & 0 & 0 & 0 & 1 & 0 & 0 \\ 0 & 0 & 0 & -\frac{\sqrt{2}}{2} & 0 & 0 & \frac{\sqrt{3}}{2} & 0 \\ 0 & 0 & 0 & 0 & 0 & 0 & -\frac{\sqrt{3}}{2} & -1 \end{bmatrix} \begin{bmatrix} F_1 \\ F_2 \\ F_3 \\ f_1 \\ f_2 \\ f_3 \\ f_4 \\ f_5 \end{bmatrix} = \begin{bmatrix} 0 \\ 0 \\ 0 \\ 0 \\ 0 \\ 10\,000 \\ 0 \\ 0 \end{bmatrix}$$

　　a. 解释为什么要重新排列方程组？

　　b. 以元素全为 1 的向量为初值，分别用 (i) Jacobi 方法和 (ii) Gauss-Seidel 方法，求线性方程组达到 l_∞ 范数下误差限为 10^{-2} 的近似解。

16. 一个同轴电缆由 $0.1\ \text{in}^2$ 的内导体和 $0.5\ \text{in}^2$ 的外导体组成。横截面上某点的电势可以用拉普拉斯方程来描述。

　　假设内导体的电势是 0 V，外导体的电势是 110 V。两个导体之间的近似电势需要求解下面的线性方程组。（12.1 节的习题 5。）

$$\begin{bmatrix} 4 & -1 & 0 & 0 & -1 & 0 & 0 & 0 & 0 & 0 & 0 & 0 \\ -1 & 4 & -1 & 0 & 0 & 0 & 0 & 0 & 0 & 0 & 0 & 0 \\ 0 & -1 & 4 & -1 & 0 & 0 & 0 & 0 & 0 & 0 & 0 & 0 \\ 0 & 0 & -1 & 4 & 0 & -1 & 0 & 0 & 0 & 0 & 0 & 0 \\ -1 & 0 & 0 & 0 & 4 & 0 & -1 & 0 & 0 & 0 & 0 & 0 \\ 0 & 0 & 0 & -1 & 0 & 4 & 0 & -1 & 0 & 0 & 0 & 0 \\ 0 & 0 & 0 & 0 & -1 & 0 & 4 & 0 & -1 & 0 & 0 & 0 \\ 0 & 0 & 0 & 0 & 0 & -1 & 0 & 4 & 0 & 0 & 0 & -1 \\ 0 & 0 & 0 & 0 & 0 & 0 & -1 & 0 & 4 & -1 & 0 & 0 \\ 0 & 0 & 0 & 0 & 0 & 0 & 0 & -1 & 4 & -1 & 0 \\ 0 & 0 & 0 & 0 & 0 & 0 & 0 & 0 & -1 & 4 & -1 \\ 0 & 0 & 0 & 0 & 0 & -1 & 0 & 0 & 0 & 0 & -1 & 4 \end{bmatrix} \begin{bmatrix} w_1 \\ w_2 \\ w_3 \\ w_4 \\ w_5 \\ w_6 \\ w_7 \\ w_8 \\ w_9 \\ w_{10} \\ w_{11} \\ w_{12} \end{bmatrix} = \begin{bmatrix} 220 \\ 110 \\ 110 \\ 220 \\ 110 \\ 110 \\ 110 \\ 110 \\ 220 \\ 110 \\ 110 \\ 220 \end{bmatrix}$$

　　a. 这个矩阵是严格对角占优矩阵吗？

　　b. 用 Jacobi 方法求解线性方程组，初值为 $\mathbf{x}^{(0)} = \mathbf{0}$，误差限为 $TOL = 10^{-2}$。

　　c. 用 Gauss-Seidel 方法重做 (b)。

理论型习题

17. 证明如果 A 是严格对角占优的，那么 $\|T_j\|_\infty < 1$。

18. a. 证明

$$\|\mathbf{x}^{(k)} - \mathbf{x}\| \leqslant \|T\|^k \|\mathbf{x}^{(0)} - \mathbf{x}\| \quad \text{和} \quad \|\mathbf{x}^{(k)} - \mathbf{x}\| \leqslant \frac{\|T\|^k}{1 - \|T\|} \|\mathbf{x}^{(1)} - \mathbf{x}^{(0)}\|$$

　　其中 T 是一个 $n \times n$ 矩阵且 $\|T\| < 1$，以及

$$\mathbf{x}^{(k)} = T\mathbf{x}^{(k-1)} + \mathbf{c}, \quad k = 1, 2, \cdots$$

　　$\mathbf{x}^{(0)}$ 为任意值，$\mathbf{c} \in \mathbb{R}^n$，$\mathbf{x} = T\mathbf{x} + \mathbf{c}$。

　　b. 将上述界应用到习题 1，可能的话，使用 l_∞ 范数。

19. 假设 A 是一个正定矩阵。

　　a. 证明 A 可以写成 $A = D - L - L^t$，其中 D 是对角矩阵且对于任何 $1 \leqslant i \leqslant n$ 有 $d_{ii} > 0$，L 是下三角矩

阵。进一步证明 $D-L$ 是非奇异的。

b. 令 $T_g = (D-L)^{-1} L^t$ 和 $P = A - T_g^t A T_g$ ，证明 P 是对称的。

c. 证明 T_g 同样可以写成 $T_g = I - (D-L)^{-1} A$ 。

d. 令 $Q = (D-L)^{-1} A$ ，证明 $T_g = I - Q$ 和 $P = Q^t [AQ^{-1} - A + (Q^t)^{-1} A] Q$ 。

e. 证明 $P = Q^t D Q$ 和 P 是正定的。

f. 令 λ 是矩阵 T_g 关于特征向量 $\mathbf{x} \neq \mathbf{0}$ 的特征值，用(b)来证明 $\mathbf{x}^t P \mathbf{x} > 0$ 意味着 $|\lambda| < 1$ 。

g. 证明 T_g 是收敛的，并证明 Gauss-Seidel 方法是收敛的。

讨论问题

1. GWRES 方法是一种求解大型稀疏非对称线性方程组的迭代方法。将该方法与本节讨论的迭代方法进行比较。

2. 当方程组的维数显著增加时，直接方法（如高斯消去法或 LU 分解方法）是否比间接方法（如 Jacobi 或 Gauss-Seidel 的迭代方法）更有效？

7.4 求解线性方程组的松弛方法

在 7.3 节中我们已经看到迭代方法的收敛率依赖于所选方法的迭代矩阵的谱半径。选择加快收敛的一种方式是选择一种其相应矩阵有最小谱半径的方法。在描述选择这种方法的过程之前，需要引入一种新的方法来度量线性方程组的近似解与精确解的差异。这个方法采用如下定义描述的向量。

定义 7.23 假设 $\tilde{\mathbf{x}} \in \mathbb{R}^n$ 是线性方程组 $A\mathbf{x} = \mathbf{b}$ 的近似解。关于方程组对 $\tilde{\mathbf{x}}$ 的残差向量是 $\mathbf{r} = \mathbf{b} - A\tilde{\mathbf{x}}$ 。 ∎

例如在 Jacobi 和 Gauss-Seidel 方法中，残差向量与每一次计算的近似解的元素是相关的。真正的目标是产生一个近似序列使得它的残差向量快速收敛到 0。假设我们令

$$\mathbf{r}_i^{(k)} = \left(r_{1i}^{(k)}, r_{2i}^{(k)}, \cdots, r_{ni}^{(k)} \right)^t$$

表示 Gauss-Seidel 方法中得到的近似解 $\mathbf{x}_i^{(k)}$ 的残差向量。近似解定义为

$$\mathbf{x}_i^{(k)} = \left(x_1^{(k)}, x_2^{(k)}, \cdots, x_{i-1}^{(k)}, x_i^{(k-1)}, \cdots, x_n^{(k-1)} \right)^t$$

$\mathbf{r}_i^{(k)}$ 的第 m 个元素是

$$r_{mi}^{(k)} = b_m - \sum_{j=1}^{i-1} a_{mj} x_j^{(k)} - \sum_{j=i}^{n} a_{mj} x_j^{(k-1)} \tag{7.13}$$

或等价于

$$r_{mi}^{(k)} = b_m - \sum_{j=1}^{i-1} a_{mj} x_j^{(k)} - \sum_{j=i+1}^{n} a_{mj} x_j^{(k-1)} - a_{mi} x_i^{(k-1)}$$

式中，$m = 1, 2, \cdots, n$ 。

特别是 $\mathbf{r}_i^{(k)}$ 的第 i 个元素为

$$r_{ii}^{(k)} = b_i - \sum_{j=1}^{i-1} a_{ij} x_j^{(k)} - \sum_{j=i+1}^{n} a_{ij} x_j^{(k-1)} - a_{ii} x_i^{(k-1)}$$

所以，

$$a_{ii} x_i^{(k-1)} + r_{ii}^{(k)} = b_i - \sum_{j=1}^{i-1} a_{ij} x_j^{(k)} - \sum_{j=i+1}^{n} a_{ij} x_j^{(k-1)} \tag{7.14}$$

然而，回顾 Gauss-Seidel 方法中得到的近似解 $x_i^{(k)}$ 为

$$x_i^{(k)} = \frac{1}{a_{ii}}\left[b_i - \sum_{j=1}^{i-1} a_{ij} x_j^{(k)} - \sum_{j=i+1}^{n} a_{ij} x_j^{(k-1)}\right] \tag{7.15}$$

所以式 (7.14) 可以写成

$$a_{ii} x_i^{(k-1)} + r_{ii}^{(k)} = a_{ii} x_i^{(k)}$$

因此，Gauss-Seidel 方法被描述为选择 $x_i^{(k)}$ 以满足

$$x_i^{(k)} = x_i^{(k-1)} + \frac{r_{ii}^{(k)}}{a_{ii}} \tag{7.16}$$

我们可以得到 Gauss-Seidel 方法和残差向量的另一种联系。考虑与近似解 $\mathbf{x}_{i+1}^{(k)} = (x_1^{(k)}, \cdots, x_i^{(k)}, x_{i+1}^{(k)}, \cdots, x_n^{(k)})$ 相关的残差向量 $\mathbf{r}_{i+1}^{(k)}$。由式 (7.13) 可得，$\mathbf{r}_{i+1}^{(k)}$ 的第 i 个元素是

$$r_{i,i+1}^{(k)} = b_i - \sum_{j=1}^{i} a_{ij} x_j^{(k)} - \sum_{j=i+1}^{n} a_{ij} x_j^{(k-1)}$$

$$= b_i - \sum_{j=1}^{i-1} a_{ij} x_j^{(k)} - \sum_{j=i+1}^{n} a_{ij} x_j^{(k-1)} - a_{ii} x_i^{(k)}$$

由式 (7.15) 中定义的 $x_i^{(k)}$，有 $r_{i,i+1}^{(k)} = 0$。那么，在某种意义上，Gauss-Seidel 方法的特征是选择每个 $x_{i+1}^{(k)}$ 使得 $\mathbf{r}_{i+1}^{(k)}$ 的第 i 个元素为 0。

选择 $x_{i+1}^{(k)}$ 使得相应的残差向量的一个元素为 0，然而，这不是减少 $\mathbf{r}_{i+1}^{(k)}$ 的范数最有效的方法。若我们修改 Gauss-Seidel 方法，如把给定的式 (7.16) 改为

$$x_i^{(k)} = x_i^{(k-1)} + \omega \frac{r_{ii}^{(k)}}{a_{ii}} \tag{7.17}$$

那么，对于某个选定的正数 ω，可以减少残差向量的范数并得到更快的收敛。

涉及式 (7.17) 的方法称为**松弛方法**。对于选定的 ω 且 $0 < \omega < 1$，这些方法被称为**次松弛方法**；我们也可以选择 ω 且 $1 < \omega$，则这些方法被称为**超松弛方法**。它们可用来加速 Gauss-Seidel 方法的收敛，这些方法称为**逐次的超松弛方法**，简记为 **SOR**，对于求解线性方程组是非常有用的，尤其适用于求解由某些偏微分方程的数值解法导出的线性方程组。

在说明 SOR 方法的优势之前，我们采用式 (7.14)，为了计算的目的重写式 (7.17) 得到

$$x_i^{(k)} = (1-\omega) x_i^{(k-1)} + \frac{\omega}{a_{ii}}\left[b_i - \sum_{j=1}^{i-1} a_{ij} x_j^{(k)} - \sum_{j=i+1}^{n} a_{ij} x_j^{(k-1)}\right]$$

为了确定 SOR 方法的矩阵形式，我们将上式重写为

$$a_{ii} x_i^{(k)} + \omega \sum_{j=1}^{i-1} a_{ij} x_j^{(k)} = (1-\omega) a_{ii} x_i^{(k-1)} - \omega \sum_{j=i+1}^{n} a_{ij} x_j^{(k-1)} + \omega b_i$$

所以，在向量形式中，有

$$(D - \omega L)\mathbf{x}^{(k)} = [(1-\omega)D + \omega U]\mathbf{x}^{(k-1)} + \omega \mathbf{b}$$

即

$$\mathbf{x}^{(k)} = (D - \omega L)^{-1}[(1-\omega)D + \omega U]\mathbf{x}^{(k-1)} + \omega(D - \omega L)^{-1}\mathbf{b} \tag{7.18}$$

令 $T_\omega = (D - \omega L)^{-1}[(1-\omega)D + \omega U]$ 和 $\mathbf{c}_\omega = \omega(D - \omega L)^{-1}\mathbf{b}$，得到 SOR 方法的迭代格式：

$$\mathbf{x}^{(k)} = T_\omega \mathbf{x}^{(k-1)} + \mathbf{c}_\omega \tag{7.19}$$

例1　线性方程组 $A\mathbf{x} = \mathbf{b}$ 定义为

$$
\begin{aligned}
4x_1 + 3x_2 \qquad\quad &= 24, \\
3x_1 + 4x_2 - \ x_3 &= 30, \\
- \ x_2 + 4x_3 &= -24.
\end{aligned}
$$

它有解 $(3,4,-5)^t$。比较 Gauss-Seidel 方法和 $\omega = 1.25$ 的 SOR 方法，这两种方法的初值都是 $\mathbf{x}^{(0)} = (1,1,1)^t$。

解　对每个 $k = 1,2,\cdots$，Gauss-Seidel 方法的方程组是

$$
\begin{aligned}
x_1^{(k)} &= -0.75x_2^{(k-1)} + 6, \\
x_2^{(k)} &= -0.75x_1^{(k)} + 0.25x_3^{(k-1)} + 7.5, \\
x_3^{(k)} &= 0.25x_2^{(k)} - 6
\end{aligned}
$$

且 $\omega = 1.25$ 的 SOR 方法的方程组是

$$
\begin{aligned}
x_1^{(k)} &= -0.25x_1^{(k-1)} - 0.9375x_2^{(k-1)} + 7.5, \\
x_2^{(k)} &= -0.9375x_1^{(k)} - 0.25x_2^{(k-1)} + 0.3125x_3^{(k-1)} + 9.375, \\
x_3^{(k)} &= 0.3125x_2^{(k)} - 0.25x_3^{(k-1)} - 7.5
\end{aligned}
$$

两种方法的前七步迭代结果分别如表 7.3 和表 7.4 所示。对于精确到小数点后 7 位的迭代，Gauss-Seidel 方法需要 34 次迭代，$\omega = 1.25$ 的 SOR 方法只需要 14 次迭代。

表 7.3

k	0	1	2	3	4	5	6	7
$x_1^{(k)}$	1	5.250000	3.1406250	3.0878906	3.0549316	3.0343323	3.0214577	3.0134110
$x_2^{(k)}$	1	3.812500	3.8828125	3.9267578	3.9542236	3.9713898	3.9821186	3.9888241
$x_3^{(k)}$	1	-5.046875	-5.0292969	-5.0183105	-5.0114441	-5.0071526	-5.0044703	-5.0027940

表 7.4

k	0	1	2	3	4	5	6	7
$x_1^{(k)}$	1	6.3125000	2.6223145	3.1333027	2.9570512	3.0037211	2.9963276	3.0000498
$x_2^{(k)}$	1	3.5195313	3.9585266	4.0102646	4.0074838	4.0029250	4.0009262	4.0002586
$x_3^{(k)}$	1	-6.6501465	-4.6004238	-5.0966863	-4.9734897	-5.0057135	-4.9982822	-5.0003486

■

一个很明显的问题是，当使用 SOR 方法时如何选择最优的 ω。尽管这个问题对于一般的 $n \times n$ 方程组没有完全的结论，然而下面的结论可以在某些重要的特殊情况下使用。

定理 7.24　(Kahan)

如果 $a_{ii} \neq 0$，对于任何 $i = 1,2,\cdots,n$，则 $\rho(T_\omega) \geqslant |\omega - 1|$。这表明只有当 $0 < \omega < 2$ 时 SOR 方法是收敛的。

■

这个定理的证明留在习题 13 中考虑。下面两个结论的证明参考[Or2]，pp.123–133。这些结果将在第 12 章中用到。

定理 7.25　(Ostrowski-Reich)

如果 A 是正定矩阵且 $0 < \omega < 2$，则 SOR 方法对于任意的初值 $\mathbf{x}^{(0)}$ 是收敛的。

■

定理 7.26　如果 A 是正定矩阵且是三对角的，则 $\rho(T_g) = [\rho(T_j)]^2 < 1$，SOR 方法的最优参数 ω

的选择是

$$\omega = \frac{2}{1 + \sqrt{1 - [\rho(T_j)]^2}}$$

随着 ω 的选择，我们有 $\rho(T_\omega) = \omega - 1$。 ∎

例2 对于下面的矩阵求 SOR 方法的最优参数 ω。

$$A = \begin{bmatrix} 4 & 3 & 0 \\ 3 & 4 & -1 \\ 0 & -1 & 4 \end{bmatrix}$$

解 这个矩阵明显是三对角的，如果可以证明它也是正定的，那么就可以应用定理 7.26 的结果。因为这个矩阵是对称的，因此定理 6.25 表明它是正定的，当且仅当它的所有主子式的行列式为正。这个很容易检验，因为

$$\det(A) = 24, \quad \det\left(\begin{bmatrix} 4 & 3 \\ 3 & 4 \end{bmatrix}\right) = 7, \quad \det([4]) = 4$$

又因为

$$T_j = D^{-1}(L+U) = \begin{bmatrix} \frac{1}{4} & 0 & 0 \\ 0 & \frac{1}{4} & 0 \\ 0 & 0 & \frac{1}{4} \end{bmatrix} \begin{bmatrix} 0 & -3 & 0 \\ -3 & 0 & 1 \\ 0 & 1 & 0 \end{bmatrix} = \begin{bmatrix} 0 & -0.75 & 0 \\ -0.75 & 0 & 0.25 \\ 0 & 0.25 & 0 \end{bmatrix}$$

因此

$$T_j - \lambda I = \begin{bmatrix} -\lambda & -0.75 & 0 \\ -0.75 & -\lambda & 0.25 \\ 0 & 0.25 & -\lambda \end{bmatrix}$$

所以

$$\det(T_j - \lambda I) = -\lambda(\lambda^2 - 0.625)$$

因此

$$\rho(T_j) = \sqrt{0.625}$$

从而

$$\omega = \frac{2}{1 + \sqrt{1 - [\rho(T_j)]^2}} = \frac{2}{1 + \sqrt{1 - 0.625}} \approx 1.24$$

这就解释了例 1 中当 $\omega = 1.25$ 时得到的快速收敛。 ∎

我们以 SOR 算法 7.3 作为本节的结束。

算法 7.3 SOR 方法

给定参数 ω 和初值 $\mathbf{x}^{(0)}$，求解线性方程组 $A\mathbf{x} = \mathbf{b}$。

输入 方程和未知量的个数 n，矩阵 A 的元素 a_{ij}，$1 \leq i, j \leq n$；向量 $\mathbf{b}$ 的元素 b_i，$1 \leq i \leq n$；$\mathbf{XO} = \mathbf{x}^{(0)}$ 的元素 XO_i，$1 \leq i \leq n$；参数 ω，误差 TOL，最大迭代次数 N。

输出 近似解 $x_1, \cdots, x_n$，或超出迭代次数的信息。

Step 1 Set $k = 1$。

Step 2 While ($k \leq N$) do Steps 3–6。

Step 3 For $i = 1, \cdots, n$

set $x_i = (1 - \omega)XO_i +$

$$\frac{1}{a_{ii}}\left[\omega\left(-\sum_{j=1}^{i-1} a_{ij}x_j - \sum_{j=i+1}^{n} a_{ij}XO_j + b_i\right)\right].$$

Step 4 If $\|\mathbf{x} - \mathbf{XO}\| < TOL$ then OUTPUT $(x_1, \cdots, x_n)$;

（算法成功）

STOP.

Step 5 Set $k = k + 1$.

Step 6 For $i = 1, \cdots, n$ set $XO_i = x_i$.

Step 7 OUTPUT ('Maximum number of iterations exceeded');

（算法失败）

STOP.

■

习题 7.4

1. 对于下列线性方程组，求 $\omega = 1.1$ 的 SOR 方法的前两步迭代，初值为 $\mathbf{x}^{(0)} = \mathbf{0}$ 。

  a. $3x_1 - x_2 + x_3 = 1,$
     $3x_1 + 6x_2 + 2x_3 = 0,$
     $3x_1 + 3x_2 + 7x_3 = 4$

  b. $10x_1 - x_2 = 9,$
     $-x_1 + 10x_2 - 2x_3 = 7,$
     $- 2x_2 + 10x_3 = 6$

  c. $10x_1 + 5x_2 = 6,$
     $5x_1 + 10x_2 - 4x_3 = 25,$
     $- 4x_2 + 8x_3 - x_4 = -11,$
     $- x_3 + 5x_4 = -11$

  d. $4x_1 + x_2 + x_3 + x_5 = 6,$
     $-x_1 - 3x_2 + x_3 + x_4 = 6,$
     $2x_1 + x_2 + 5x_3 - x_4 - x_5 = 6,$
     $-x_1 - x_2 - x_3 + 4x_4 = 6,$
     $2x_2 - x_3 + x_4 + 4x_5 = 6$

2. 对于下列线性方程组，求 $\omega = 1.1$ 的 SOR 方法的前两步迭代，初值为 $\mathbf{x}^{(0)} = \mathbf{0}$ 。

  a. $4x_1 + x_2 - x_3 = 5,$
     $-x_1 + 3x_2 + x_3 = -4,$
     $2x_1 + 2x_2 + 5x_3 = 1$

  b. $-2x_1 + x_2 + \frac{1}{2}x_3 = 4,$
     $x_1 - 2x_2 - \frac{1}{2}x_3 = -4,$
     $x_2 + 2x_3 = 0$

  c. $4x_1 + x_2 - x_3 + x_4 = -2,$
     $x_1 + 4x_2 - x_3 - x_4 = -1,$
     $-x_1 - x_2 + 5x_3 + x_4 = 0,$
     $x_1 - x_2 + x_3 + 3x_4 = 1$

  d. $4x_1 - x_2 = 0,$
     $-x_1 + 4x_2 - x_3 = 5,$
     $- x_2 + 4x_3 = 0,$
     $+4x_4 - x_5 = 6,$
     $- x_4 + 4x_5 - x_6 = -2,$
     $- x_5 + 4x_6 = 6$

3. 使用 $\omega = 1.3$ 重做习题 1。

4. 使用 $\omega = 1.3$ 重做习题 2。

5. 使用 $\omega = 1.2$ 的 SOR 方法求解习题 1 中的线性方程组，l_∞ 范数下的误差限为 $TOL = 10^{-3}$ 。

6. 使用 $\omega = 1.2$ 的 SOR 方法求解习题 2 中的线性方程组，l_∞ 范数下的误差限为 $TOL = 10^{-3}$ 。

7. 确定习题 1 中的哪些矩阵是三对角的且是正定的。使用最优参数 ω 对于这些矩阵重做习题 1。

8. 确定习题 2 中的哪些矩阵是三对角的且是正定的。使用最优参数 ω 对于这些矩阵重做习题 2。

9. 使用 SOR 方法求线性方程组 $A\mathbf{x} = \mathbf{b}$ 的近似解，达到 l_∞ 范数下误差限为 10^{-5} 的近似。其中的元素为

$$a_{i,j} = \begin{cases} 2i, & \text{如果 } j = i \text{ 且 } i = 1, 2, \cdots, 80 \\ 0.5i, & \text{如果 } \begin{cases} j = i + 2 \text{ 且 } i = 1, 2, \cdots, 78 \\ j = i - 2 \text{ 且 } i = 3, 4, \cdots, 80 \end{cases} \\ 0.25i, & \text{如果 } \begin{cases} j = i + 4 \text{ 且 } i = 1, 2, \cdots, 76 \\ j = i - 4 \text{ 且 } i = 5, 6, \cdots, 80 \end{cases} \\ 0, & \text{其他} \end{cases}$$

$\mathbf{b}$ 的元素是 $b_i = \pi$, $i = 1, 2, \cdots, 80$ 。

应用型习题

10. 本章引言中描述的桥梁桁架上的力满足下表所示的方程。

销接头	水平方向	垂直方向
①	$-F_1 + \dfrac{\sqrt{2}}{2}f_1 + f_2 = 0$	$\dfrac{\sqrt{2}}{2}f_1 - F_2 = 0$
②	$-\dfrac{\sqrt{2}}{2}f_1 + \dfrac{\sqrt{3}}{2}f_4 = 0$	$-\dfrac{\sqrt{2}}{2}f_1 - f_3 - \dfrac{1}{2}f_4 = 0$
③	$-f_2 + f_5 = 0$	$f_3 - 10\,000 = 0$
④	$-\dfrac{\sqrt{3}}{2}f_4 - f_5 = 0$	$\dfrac{1}{2}f_4 - F_3 = 0$

线性方程组可转换成矩阵方程：

$$
\begin{bmatrix}
-1 & 0 & 0 & \frac{\sqrt{2}}{2} & 1 & 0 & 0 & 0 \\
0 & -1 & 0 & \frac{\sqrt{2}}{2} & 0 & 0 & 0 & 0 \\
0 & 0 & -1 & 0 & 0 & 0 & \frac{1}{2} & 0 \\
0 & 0 & 0 & -\frac{\sqrt{2}}{2} & 0 & -1 & -\frac{1}{2} & 0 \\
0 & 0 & 0 & -1 & 0 & 0 & 0 & 1 \\
0 & 0 & 0 & 0 & 0 & 1 & 0 & 0 \\
0 & 0 & 0 & -\frac{\sqrt{2}}{2} & 0 & 0 & \frac{\sqrt{3}}{2} & 0 \\
0 & 0 & 0 & 0 & 0 & 0 & -\frac{\sqrt{3}}{2} & -1
\end{bmatrix}
\begin{bmatrix}
F_1 \\ F_2 \\ F_3 \\ f_1 \\ f_2 \\ f_3 \\ f_4 \\ f_5
\end{bmatrix}
=
\begin{bmatrix}
0 \\ 0 \\ 0 \\ 0 \\ 0 \\ 10\,000 \\ 0 \\ 0
\end{bmatrix}
$$

a. 解释为什么要重新排列此方程组？

b. 使用元素全为 1 的向量为初值和 $\omega = 1.25$ 的 SOR 方法求解线性方程组得到 l_∞ 范数下精度为 10^{-2} 的近似解。

11. 假设一个物体可以放在等距分布的 $n+1$ 个点的任何一个点上，即 $x_0, x_1, \cdots, x_n$。当物体处于 x_i 上时，它可以等概率地移动到 x_{i-1} 或 x_{i+1} 但不能直接移动到其他任何位置。考虑概率 $\{P_i\}_{i=0}^n$，即物体开始从 x_i 移动到右端点 x_n 前移动到左端点 x_0 的概率。显然，$P_0 = 1$ 和 $P_n = 0$。因为这个物体只能从 x_{i-1} 或 x_{i+1} 移动到 x_i，所以移动到这些点的概率是 $\dfrac{1}{2}$。

$$P_i = \frac{1}{2}P_{i-1} + \frac{1}{2}P_{i+1}, \quad i = 1, 2, \cdots, n-1$$

a. 证明：

$$
\begin{bmatrix}
1 & -\frac{1}{2} & 0 & \cdots & \cdots & \cdots & 0 \\
-\frac{1}{2} & 1 & -\frac{1}{2} & & & & \vdots \\
0 & -\frac{1}{2} & 1 & & & & \vdots \\
\vdots & & & \ddots & & & 0 \\
\vdots & & & & & -\frac{1}{2} & 1 & -\frac{1}{2} \\
0 & \cdots & \cdots & \cdots & 0 & -\frac{1}{2} & 1
\end{bmatrix}
\begin{bmatrix}
P_1 \\ P_2 \\ \vdots \\ P_{n-1}
\end{bmatrix}
=
\begin{bmatrix}
\frac{1}{2} \\ 0 \\ \vdots \\ 0
\end{bmatrix}
$$

b. 当 $n = 10, 50$ 和 100 时，求解该线性方程组。

c. 将移动到左边和右边的概率分别改为 α 和 $1-\alpha$，得到类似于 (a) 中的线性方程组。

d. 当 $\alpha = \dfrac{1}{3}$ 时，重做 (b)。

12. 一个同轴电缆由 0.1 in 的内导体和 0.5 in 的外导体组成。横截面上的电势可以用拉普拉斯方程来描述。

假设内导体的电势是 0 V，外导体的电势是 110 V。两个导体之间的近似电势需要求解下面的线性方程组来获得。（见 12.1 节的习题 7。）

$$
\begin{bmatrix}
4 & -1 & 0 & 0 & -1 & 0 & 0 & 0 & 0 & 0 & 0 & 0 \\
-1 & 4 & -1 & 0 & 0 & 0 & 0 & 0 & 0 & 0 & 0 & 0 \\
0 & -1 & 4 & -1 & 0 & 0 & 0 & 0 & 0 & 0 & 0 & 0 \\
0 & 0 & -1 & 4 & 0 & -1 & 0 & 0 & 0 & 0 & 0 & 0 \\
-1 & 0 & 0 & 0 & 4 & 0 & -1 & 0 & 0 & 0 & 0 & 0 \\
0 & 0 & 0 & -1 & 0 & 4 & 0 & -1 & 0 & 0 & 0 & 0 \\
0 & 0 & 0 & 0 & -1 & 0 & 4 & 0 & -1 & 0 & 0 & 0 \\
0 & 0 & 0 & 0 & 0 & -1 & 0 & 4 & 0 & 0 & 0 & -1 \\
0 & 0 & 0 & 0 & 0 & 0 & -1 & 0 & 4 & -1 & 0 & 0 \\
0 & 0 & 0 & 0 & 0 & 0 & 0 & -1 & 4 & -1 & 0 \\
0 & 0 & 0 & 0 & 0 & 0 & 0 & 0 & -1 & 4 & -1 \\
0 & 0 & 0 & 0 & 0 & -1 & 0 & 0 & -1 & 4 \\
\end{bmatrix}
\begin{bmatrix}
w_1 \\ w_2 \\ w_3 \\ w_4 \\ w_5 \\ w_6 \\ w_7 \\ w_8 \\ w_9 \\ w_{10} \\ w_{11} \\ w_{12}
\end{bmatrix}
=
\begin{bmatrix}
220 \\ 110 \\ 110 \\ 220 \\ 110 \\ 110 \\ 110 \\ 110 \\ 220 \\ 110 \\ 110 \\ 220
\end{bmatrix}
$$

a. 这个矩阵是正定的吗？

b. 虽然这个矩阵不是三对角的，然而令

$$
\omega = \frac{2}{1 + \sqrt{1 - [\rho(T_j)]^2}}
$$

使用 SOR 方法求解方程组的近似值，初值为 $\mathbf{x}^{(0)} = \mathbf{0}$，误差限为 $TOL = 10^{-2}$。

c. SOR 方法是否优于 Jacobi 和 Gauss-Seidel 方法？

理论型习题

13. 证明 Kahan 定理 7.24。[提示：如果 $\lambda_1, \cdots, \lambda_n$ 是 T_ω 的特征值，则 $\det T_\omega = \prod\limits_{i=1}^{n} \lambda_i$。因为 $D^{-1} = \det(D - \omega L)^{-1}$ 且矩阵乘积的行列式是行列式的乘积。此结果由方程(7.18)得出。]

14. 在 7.3 节的习题 19 中，为了证明 Gauss-Seidel 方法是收敛的，当 A 是一个正定矩阵时提出一种方法。扩展这个证明方法来证明当 $0 < \omega < 2$ 时，SOR 方法也是收敛的。

讨论问题

1. 本节中的松弛方法能否用来求解线性不等式？为什么？

2. 为什么选择 $x_{i+1}^{(k)}$ 使得残差向量的一个元素为 0 不一定是减少向量 $r_{i+1}^{(k)}$ 的范数的有效方法？

3. 在迭代过程中，经常需要加快(超松弛方法)或减慢(次松弛法)所依赖的变量值的变化。超松弛方法经常与 Gauss-Seidel 方法联合使用。什么时候使用次松弛方法呢？

7.5 误差界和迭代优化

如果 $\tilde{\mathbf{x}}$ 是 $A\mathbf{x} = \mathbf{b}$ 的解 $\mathbf{x}$ 的一个近似，残差向量 $\mathbf{r} = \mathbf{b} - A\tilde{\mathbf{x}}$ 使得 $\|\mathbf{r}\|$ 很小，那么 $\|\mathbf{x} - \tilde{\mathbf{x}}\|$ 也将变得很小，这在直觉上看起来很合理。这种情况经常发生，但在实践中经常出现的某些方程组却不是这样。

例 1 线性方程组 $A\mathbf{x} = \mathbf{b}$ 给出如下：

$$
\begin{bmatrix} 1 & 2 \\ 1.0001 & 2 \end{bmatrix}
\begin{bmatrix} x_1 \\ x_2 \end{bmatrix}
=
\begin{bmatrix} 3 \\ 3.0001 \end{bmatrix}
$$

该系统有唯一解 $\mathbf{x} = (1,1)^t$。确定不太好的近似解 $\tilde{\mathbf{x}} = (3, -0.0001)^t$ 的残差向量。

解　我们有

$$\mathbf{r} = \mathbf{b} - A\tilde{\mathbf{x}} = \begin{bmatrix} 3 \\ 3.0001 \end{bmatrix} - \begin{bmatrix} 1 & 2 \\ 1.0001 & 2 \end{bmatrix} \begin{bmatrix} 3 \\ -0.0001 \end{bmatrix} = \begin{bmatrix} 0.0002 \\ 0 \end{bmatrix}$$

所以 $\|\mathbf{r}\|_{\infty} = 0.0002$。尽管残差向量的范数很小，但是近似解 $\tilde{\mathbf{x}} = (3, -0.0001)^t$ 不是一个很好的近似，实际上，$\|\mathbf{x} - \tilde{\mathbf{x}}\|_{\infty} = 2$。　　　　　■

例 1 中的难题可以被简单地解释，因为线性方程组的解是以下直线的交点：

$$l_1: \quad x_1 + 2x_2 = 3 \quad 和 \quad l_2: \quad 1.0001x_1 + 2x_2 = 3.0001$$

点 $(3, -0.0001)$ 在 l_2 上，而且两条线几乎是平行的。这意味着 $(3, -0.0001)$ 位于 l_1 附近，尽管它与方程组的解差别较大[方程组的解由交点 $(1,1)$ 给出]（见图 7.7）。

构造例 1 很明显是为了展示有可能或实际上出现的难题。如果这些线不是接近重合的，我们就会期望有一个小的残差向量，这意味着有一个好的近似解。

一般情况下，我们不能根据方程组的几何结构来给出可能出现问题时的迹象。然而，我们可以通过考虑矩阵 A 的范数和它的逆来得到这些信息。

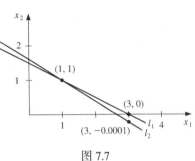

图 7.7

定理 7.27　假设 $\tilde{\mathbf{x}}$ 是方程组 $A\mathbf{x} = \mathbf{b}$ 的近似解，A 是非奇异的，$\mathbf{r}$ 是 $\tilde{\mathbf{x}}$ 的残差向量。那么，对于任何自然范数有

$$\|\mathbf{x} - \tilde{\mathbf{x}}\| \leqslant \|\mathbf{r}\| \cdot \|A^{-1}\|$$

且如果 $\mathbf{x} \neq \mathbf{0}$ 和 $\mathbf{b} \neq \mathbf{0}$，则

$$\frac{\|\mathbf{x} - \tilde{\mathbf{x}}\|}{\|\mathbf{x}\|} \leqslant \|A\| \cdot \|A^{-1}\| \frac{\|\mathbf{r}\|}{\|\mathbf{b}\|} \tag{7.20}$$

证明　因为 $\mathbf{r} = \mathbf{b} - A\tilde{\mathbf{x}} = A\mathbf{x} - A\tilde{\mathbf{x}}$ 且 A 是非奇异的，则有 $\mathbf{x} - \tilde{\mathbf{x}} = A^{-1}\mathbf{r}$。推论 7.10 表明：

$$\|\mathbf{x} - \tilde{\mathbf{x}}\| = \|A^{-1}\mathbf{r}\| \leqslant \|A^{-1}\| \cdot \|\mathbf{r}\|$$

进一步讲，因为 $\mathbf{b} = A\mathbf{x}$，我们有 $\|\mathbf{b}\| \leqslant \|A\| \|\mathbf{x}\|$，所以 $1/\|\mathbf{x}\| \leqslant \|A\|/\|\mathbf{b}\|$ 和

$$\frac{\|\mathbf{x} - \tilde{\mathbf{x}}\|}{\|\mathbf{x}\|} \leqslant \frac{\|A\| \cdot \|A^{-1}\|}{\|\mathbf{b}\|} \|\mathbf{r}\|$$

　　　　　■

条件数

定理 7.27 的不等式意味着 $\|A^{-1}\|$ 和 $\|A\| \cdot \|A^{-1}\|$ 提供了残差向量与解的精度之间的联系。一般情况下，我们最感兴趣的是相对误差 $\|\mathbf{x} - \tilde{\mathbf{x}}\| / \|\mathbf{x}\|$，由不等式 (7.20) 可知，相对误差的界由 $\|A\| \cdot \|A^{-1}\|$ 和相对残差 $\|\mathbf{r}\| / \|\mathbf{b}\|$ 的乘积构成。任何一个方便的范数都可以用于这种近似，唯一的要求是在整个过程中都使用这种范数。

定理 7.28　非奇异矩阵 A 相对于范数 $\|\cdot\|$ 的**条件数**是

$$K(A) = \|A\| \cdot \|A^{-1}\|$$

　　　　　■

采用这种符号，定理 7.27 中的不等式变为

$$\|\mathbf{x} - \tilde{\mathbf{x}}\| \leqslant K(A) \frac{\|\mathbf{r}\|}{\|A\|}$$

和

$$\frac{\|\mathbf{x} - \tilde{\mathbf{x}}\|}{\|\mathbf{x}\|} \leqslant K(A) \frac{\|\mathbf{r}\|}{\|\mathbf{b}\|}$$

对于任何非奇异矩阵 A 和自然范数 $\|\cdot\|$，有

$$1 = \|I\| = \|A \cdot A^{-1}\| \leqslant \|A\| \cdot \|A^{-1}\| = K(A)$$

当 $K(A)$ 接近 1 时矩阵 A 是**良态的**，当 $K(A)$ 显著大于 1 时是**病态的**。本节的条件数给出了一个小的残差向量意味着一个相应的精确的近似解的保证。

例 2 确定以下矩阵的条件数：

$$A = \begin{bmatrix} 1 & 2 \\ 1.0001 & 2 \end{bmatrix}$$

解 在例 1 中已经看到近似解 $(3, -0.0001)^t$ 不是精确解 $(1,1)^t$ 的很好的近似，（虽然残差向量有很小的范数），所以我们预想 A 的条件数很大。我们有 $\|A\|_\infty = \max\{|1| + |2|, |1.001| + |2|\} = 3.0001$，而且认为它不是很大，然而

$$A^{-1} = \begin{bmatrix} -10000 & 10000 \\ 5000.5 & -5000 \end{bmatrix}, \quad \text{所以} \quad \|A^{-1}\|_\infty = 20000$$

对于无穷范数，有 $K(A) = (20000)(3.0001) = 60002$。这个例子中该条件数的大小一定会让我们避免基于残差向量而做出草率的结论。 ∎

尽管矩阵的条件数完全依赖于矩阵及其逆的范数，但是逆的计算取决于舍入误差并依赖于计算的精确性。如果是保留 t 位精确值的算术运算，那么矩阵 A 的近似条件数是矩阵范数乘以 A 的逆矩阵的近似矩阵的范数，并保留 t 位精确值而得到的。实际上，这个条件数也取决于选择计算 A 的逆矩阵的方法。另外，由于计算逆矩阵需要大量的运算，因此需要在不直接确定逆矩阵的情况下估计条件数。

如果假设线性方程组 $A\mathbf{x} = \mathbf{b}$ 的近似解是使用高斯消去法得到的且具有 t 位精确值，那么可以证明（见[FM]，pp.45–47）残差向量 $\mathbf{r}$ 相对于近似解 $\tilde{\mathbf{x}}$ 有

$$\|\mathbf{r}\| \approx 10^{-t} \|A\| \cdot \|\tilde{\mathbf{x}}\| \tag{7.21}$$

根据这个近似，对具有 t 位精确值的条件数的估计不需要计算矩阵 A 的逆就可以得到了。实际上，这个近似假设在高斯消去法的所有运算中都采用保留 t 位有效数字的方法，但为了确定残差需要使用双精度（即保留 $2t$ 位有效数字）运算。这个方法没有增加太多的工作量并且消除了大部分与计算残差几乎相等的减法的运算量对精度带来的损失。

具有 t 位有效数字的近似条件数 $K(A)$ 来自于对以下线性方程组的考虑：

$$A\mathbf{y} = \mathbf{r}$$

这个方程组的解可以很容易地被近似，因为高斯消去法的乘子已经被计算过了。正如第 6 章 6.5 节中描述的 A 可以分解成 $P^t LU$。事实上，$\tilde{\mathbf{y}}$ 是 $A\mathbf{y} = \mathbf{r}$ 的近似解，满足

$$\tilde{\mathbf{y}} \approx A^{-1}\mathbf{r} = A^{-1}(\mathbf{b} - A\tilde{\mathbf{x}}) = A^{-1}\mathbf{b} - A^{-1}A\tilde{\mathbf{x}} = \mathbf{x} - \tilde{\mathbf{x}} \tag{7.22}$$

和

$$\mathbf{x} \approx \tilde{\mathbf{x}} + \tilde{\mathbf{y}}$$

所以，$\tilde{\mathbf{y}}$ 是当 $\tilde{\mathbf{x}}$ 近似 $\mathbf{x}$ 时产生的误差。式(7.21)和式(7.22)表明：

$$\|\tilde{\mathbf{y}}\| \approx \|\mathbf{x} - \tilde{\mathbf{x}}\| = \|A^{-1}\mathbf{r}\| \leqslant \|A^{-1}\| \cdot \|\mathbf{r}\| \approx \|A^{-1}\|(10^{-t}\|A\| \cdot \|\tilde{\mathbf{x}}\|) = 10^{-t}\|\tilde{\mathbf{x}}\|K(A)$$

使用高斯消去法和 t 位有效数字运算求解线性方程组 $A\mathbf{x} = \mathbf{b}$ 时得到的条件数的近似是

$$K(A) \approx \frac{\|\tilde{\mathbf{y}}\|}{\|\tilde{\mathbf{x}}\|} 10^t \tag{7.23}$$

示例　线性方程组

$$\begin{bmatrix} 3.3330 & 15920 & -10.333 \\ 2.2220 & 16.710 & 9.6120 \\ 1.5611 & 5.1791 & 1.6852 \end{bmatrix} \begin{bmatrix} x_1 \\ x_2 \\ x_3 \end{bmatrix} = \begin{bmatrix} 15913 \\ 28.544 \\ 8.4254 \end{bmatrix}$$

具有 $\mathbf{x} = (1,1,1)^t$ 的精确解。

将高斯消去法和四舍五入保留 5 位有效数字的方法连续地应用于增广矩阵，得到

$$\begin{bmatrix} 3.3330 & 15920 & -10.333 & 15913 \\ 0 & -10596 & 16.501 & 10580 \\ 0 & -7451.4 & 6.5250 & -7444.9 \end{bmatrix}$$

和

$$\begin{bmatrix} 3.3330 & 15920 & -10.333 & 15913 \\ 0 & -10596 & 16.501 & -10580 \\ 0 & 0 & -5.0790 & -4.7000 \end{bmatrix}$$

这个方程组的近似解为

$$\tilde{\mathbf{x}} = (1.2001, 0.99991, 0.92538)^t$$

$\tilde{\mathbf{x}}$ 相应的残差向量用双精度的方法计算得到

$$\mathbf{r} = \mathbf{b} - A\tilde{\mathbf{x}}$$

$$= \begin{bmatrix} 15913 \\ 28.544 \\ 8.4254 \end{bmatrix} - \begin{bmatrix} 3.3330 & 15920 & -10.333 \\ 2.2220 & 16.710 & 9.6120 \\ 1.5611 & 5.1791 & 1.6852 \end{bmatrix} \begin{bmatrix} 1.2001 \\ 0.99991 \\ 0.92538 \end{bmatrix}$$

$$= \begin{bmatrix} 15913 \\ 28.544 \\ 8.4254 \end{bmatrix} - \begin{bmatrix} 15913.00518 \\ 28.26987086 \\ 8.611560367 \end{bmatrix} = \begin{bmatrix} -0.00518 \\ 0.27412914 \\ -0.186160367 \end{bmatrix}$$

所以

$$\|\mathbf{r}\|_\infty = 0.27413$$

要想得到之前讨论的条件数的估计，首先求解方程组 $A\mathbf{y} = \mathbf{r}$ 得到 $\tilde{\mathbf{y}}$：

$$\begin{bmatrix} 3.3330 & 15920 & -10.333 \\ 2.2220 & 16.710 & 9.6120 \\ 1.5611 & 5.1791 & 1.6852 \end{bmatrix} \begin{bmatrix} y_1 \\ y_2 \\ y_3 \end{bmatrix} = \begin{bmatrix} -0.00518 \\ 0.27413 \\ -0.18616 \end{bmatrix}$$

此式隐含地表明 $\tilde{\mathbf{y}} = (-0.20008, 8.9987 \times 10^{-5}, 0.074607)^t$。采用式 (7.23) 的估计得到

$$K(A) \approx \frac{\|\tilde{\mathbf{y}}\|_\infty}{\|\tilde{\mathbf{x}}\|_\infty} 10^5 = \frac{0.20008}{1.2001} 10^5 = 16672 \tag{7.24}$$

为了得到 A 的精确的条件数，我们首先需要求出 A^{-1}。用四舍五入保留 5 位有效数字的方法得到近似矩阵：

$$A^{-1} \approx \begin{bmatrix} -1.1701 \times 10^{-4} & -1.4983 \times 10^{-1} & 8.5416 \times 10^{-1} \\ 6.2782 \times 10^{-5} & 1.2124 \times 10^{-4} & -3.0662 \times 10^{-4} \\ -8.6631 \times 10^{-5} & 1.3846 \times 10^{-1} & -1.9689 \times 10^{-1} \end{bmatrix}$$

定理 7.11 表明 $\| A^{-1} \|_\infty = 1.0041$ 和 $\| A \|_\infty = 15934$。

因此，病态矩阵 A 有

$$K(A) = (1.0041)(15934) = 15999$$

式 (7.24) 的估计非常接近 $K(A)$ 且需要相当少的计算量。

因为方程组的精确解 $\mathbf{x} = (1,1,1)^t$ 已知，从而可以计算

$$\|\mathbf{x} - \tilde{\mathbf{x}}\|_\infty = 0.2001 \quad \text{和} \quad \frac{\|\mathbf{x} - \tilde{\mathbf{x}}\|_\infty}{\|\mathbf{x}\|_\infty} = \frac{0.2001}{1} = 0.2001$$

由定理 7.27 得到误差界：

$$\|\mathbf{x} - \tilde{\mathbf{x}}\|_\infty \leqslant K(A) \frac{\|\mathbf{r}\|_\infty}{\|A\|_\infty} = \frac{(15999)(0.27413)}{15934} = 0.27525$$

和

$$\frac{\|\mathbf{x} - \tilde{\mathbf{x}}\|_\infty}{\|\mathbf{x}\|_\infty} \leqslant K(A) \frac{\|\mathbf{r}\|_\infty}{\|\mathbf{b}\|_\infty} = \frac{(15999)(0.27413)}{15913} = 0.27561 \qquad \blacksquare$$

迭代优化

在式 (7.22) 中，我们采用估计 $\tilde{\mathbf{y}} \approx \mathbf{x} - \tilde{\mathbf{x}}$，其中 $\tilde{\mathbf{y}}$ 是方程组 $A\mathbf{y} = \mathbf{r}$ 的近似解。一般情况下，$\tilde{\mathbf{x}} + \tilde{\mathbf{y}}$ 比原始近似 $\tilde{\mathbf{x}}$ 更精确地逼近于方程组 $A\mathbf{x} = \mathbf{b}$ 的解。使用这种假设的方法称为**迭代优化**或**迭代改善**，对右端项是残差向量的方程组考虑执行连续近似的迭代直到满足精度需求。

如果在这个过程中应用 t 位有效数字运算和 $K_\infty(A) \approx 10^q$，则在 k 次迭代优化的迭代后，其解的有效数字位数约是 t 和 $k(t-q)$ 的较小者。如果方程组是良态的，一两次迭代之后就能得到精确解。除非矩阵 A 病态到满足 $K_\infty(A) > 10^t$，否则优化迭代就很有可能对病态方程组的精度产生显著的改善。在前一种情形下，应该使用加长精度来计算。算法 7.4 实现了迭代优化的方法。

算法 7.4 迭代优化

近似求解线性方程组 $A\mathbf{x} = \mathbf{b}$。

输入 方程个数与未知量的个数 n；矩阵 A 的元素 a_{ij}，$1 \leqslant i, j \leqslant n$；$\mathbf{b}$ 的元素 b_i，$1 \leqslant i \leqslant n$；最大的迭代次数 N；误差限 TOL；精确位数 t。

输出 近似解 $\mathbf{xx} = (xx_1, \cdots, xx_n)^t$，或超出迭代最大次数的信息，条件数 $K_\infty(A)$ 的近似值 $COND$。

Step 0 用 Gauss 消去法解关于 $x_1, x_2, \cdots, x_n$ 的方程组 $A\mathbf{x} = \mathbf{b}$，存储乘子 m_{ji}，$j = i+1, i+2, \cdots, n, i = 1, 2, \cdots, n-1$，并标记行的交换。

Step 1 Set $k = 1$.

Step 2 While $(k \leqslant N)$ do Steps 3–9.

    Step 3 For $i = 1, 2, \cdots, n$ （计算 $\mathbf{r}$）

$$\text{set } r_i = b_i - \sum_{j=1}^n a_{ij} x_j.$$

（执行双精度算术的计算）

    Step 4 用 Gauss 消去法以 Step 0 中相同的顺序求解方程组 $A\mathbf{y} = \mathbf{r}$。

    Step 5 For $i = 1, 2, \cdots, n$, set $xx_i = x_i + y_i$.

    Step 6 If $k = 1$ then set $COND = \dfrac{\|\mathbf{y}\|_\infty}{\|\mathbf{xx}\|_\infty} 10^t$

    Step 7 If $\|\mathbf{x} - \mathbf{xx}\|_\infty < TOL$ then OUTPUT $(\mathbf{xx})$;

                                       OUTPUT $(COND)$;

                                       （算法成功）

                                       STOP.

Step 8　Set $k = k + 1$.

Step 9　For $i = 1, \cdots, n$ set $x_i = xx_i$.

Step 10　OUTPUT ('Maximum number of iterations exceeded');
　　　　　OUTPUT (COND);
　　　　　（算法失败）
　　　　　STOP.

如果使用 t 位有效数字，那么第 7 步（Step 7）中的终止条件是迭代直到 $|y_i^{(k)}| \leqslant 10^{-t}$，$i = 1, 2, \cdots, n$。

示例　在前面的示例中，我们发现方程组

$$\begin{bmatrix} 3.3330 & 15920 & -10.333 \\ 2.2220 & 16.710 & 9.6120 \\ 1.5611 & 5.1791 & 1.6852 \end{bmatrix} \begin{bmatrix} x_1 \\ x_2 \\ x_3 \end{bmatrix} = \begin{bmatrix} 15913 \\ 28.544 \\ 8.4254 \end{bmatrix}$$

使用 5 位有效数字和高斯消去法的近似得到

$$\tilde{\mathbf{x}}^{(1)} = (1.2001, 0.99991, 0.92538)^t$$

方程组 $A\mathbf{y} = \mathbf{r}^{(1)}$ 的解是

$$\tilde{\mathbf{y}}^{(1)} = (-0.20008, 8.9987 \times 10^{-5}, 0.074607)^t$$

由算法的第 5 步（Step 5）得到

$$\tilde{\mathbf{x}}^{(2)} = \tilde{\mathbf{x}}^{(1)} + \tilde{\mathbf{y}}^{(1)} = (1.0000, 1.0000, 0.99999)^t$$

以及这个近似的实际误差：

$$\|\mathbf{x} - \tilde{\mathbf{x}}^{(2)}\|_\infty = 1 \times 10^{-5}$$

使用算法中的终止条件，计算 $\mathbf{r}^{(2)} = \mathbf{b} - A\tilde{\mathbf{x}}^{(2)}$ 并求方程组 $A\mathbf{y}^{(2)} = \mathbf{r}^{(2)}$ 的解，得到

$$\tilde{\mathbf{y}}^{(2)} = (1.5002 \times 10^{-9}, 2.0951 \times 10^{-10}, 1.0000 \times 10^{-5})^t$$

因为 $\|\tilde{\mathbf{y}}^{(2)}\|_\infty \leqslant 10^{-5}$，从而得到

$$\tilde{\mathbf{x}}^{(3)} = \tilde{\mathbf{x}}^{(2)} + \tilde{\mathbf{y}}^{(2)} = (1.0000, 1.0000, 1.0000)^t$$

它是足够精确的，也是完全正确的。

在这一节中，我们假设在线性方程组 $A\mathbf{x} = \mathbf{b}$ 中，A 和 $\mathbf{b}$ 都可以精确表示。实际上，元素 a_{ij} 和 b_j 都会有一个 δa_{ij} 和 δb_j 的扰动，从而导致求解线性方程组

$$(A + \delta A)\mathbf{x} = \mathbf{b} + \delta \mathbf{b}$$

而不是求解 $A\mathbf{x} = \mathbf{b}$。通常，如果 $\|\delta A\|$ 和 $\|\delta \mathbf{b}\|$ 都很小（量级为 10^{-t}），使用 t 位有效数字产生的解 $\tilde{\mathbf{x}}$ 使得 $\|\mathbf{x} - \tilde{\mathbf{x}}\|$ 也很小。然而，在病态方程组的情况下，我们可以看到即使 A 和 $\mathbf{b}$ 非常精确，但是舍入误差导致 $\|\mathbf{x} - \tilde{\mathbf{x}}\|$ 非常大。下面的定理揭示了方程组的扰动和矩阵的条件数的关系。这个定理的证明参考[Or2]，pp.33。

定理 7.29　假设 A 是非奇异的且

$$\|\delta A\| < \frac{1}{\|A^{-1}\|}$$

$(A + \delta A)\tilde{\mathbf{x}} = \mathbf{b} + \delta \mathbf{b}$ 的解 $\tilde{\mathbf{x}}$ 近似 $A\mathbf{x} = \mathbf{b}$ 的解 $\mathbf{x}$ 有误差估计：

$$\frac{\|\mathbf{x} - \tilde{\mathbf{x}}\|}{\|\mathbf{x}\|} \leqslant \frac{K(A)\|A\|}{\|A\| - K(A)\|\delta A\|} \left(\frac{\|\delta \mathbf{b}\|}{\|\mathbf{b}\|} + \frac{\|\delta A\|}{\|A\|} \right) \tag{7.25}$$

不等式(7.25)表明如果矩阵 A 是良态的(即 $K(A)$ 不是很大),那么 A 和 $\mathbf{b}$ 微小的扰动产生相应解 $\mathbf{x}$ 的微小的扰动。另一方面,如果 A 是病态的,那么 A 和 $\mathbf{b}$ 微小的扰动将产生相应解 $\mathbf{x}$ 较大的改变。

这个定理与求解 $A\mathbf{x} = \mathbf{b}$ 的特定数值方法无关,可以通过反向误差分析得到证明(见[Wil1]和[Wil2]),如果使用主元的高斯消去法和 t 位有效数字来求解 $A\mathbf{x} = \mathbf{b}$,则对于某函数 $f(n)$,数值解 $\tilde{\mathbf{x}}$ 是下面线性方程组的精确解,

$$(A + \delta A)\tilde{\mathbf{x}} = \mathbf{b}, \quad 其中 \|\delta A\|_\infty \leqslant f(n) 10^{1-t} \max_{i,j,k} |a_{ij}^{(k)}|$$

实际上,Wilkinson 发现 $f(n) \approx n$,甚至最坏的情形是 $f(n) \leqslant 1.01(n^3 + 3n^2)$。

James Hardy Wilkinson(1919—1986)因他在解线性方程组和特征值问题的数值方法方面的出色工作而闻名,他也开发了向后误差分析技术。

习题 7.5

1. 计算下列矩阵关于范数 $\|\cdot\|_\infty$ 的条件数。

a. $\begin{bmatrix} \frac{1}{2} & \frac{1}{3} \\ \frac{1}{3} & \frac{1}{4} \end{bmatrix}$　　　　　　　　　　b. $\begin{bmatrix} 3.9 & 1.6 \\ 6.8 & 2.9 \end{bmatrix}$

c. $\begin{bmatrix} 1 & 2 \\ 1.00001 & 2 \end{bmatrix}$　　　　　　　d. $\begin{bmatrix} 1.003 & 58.09 \\ 5.550 & 321.8 \end{bmatrix}$

2. 计算下列矩阵关于范数 $\|\cdot\|_\infty$ 的条件数。

a. $\begin{bmatrix} 0.03 & 58.9 \\ 5.31 & -6.10 \end{bmatrix}$　　　　　　b. $\begin{bmatrix} 58.9 & 0.03 \\ -6.10 & 5.31 \end{bmatrix}$

c. $\begin{bmatrix} 1 & -1 & -1 \\ 0 & 1 & -1 \\ 0 & 0 & -1 \end{bmatrix}$　　　　　d. $\begin{bmatrix} 0.04 & 0.01 & -0.01 \\ 0.2 & 0.5 & -0.2 \\ 1 & 2 & 4 \end{bmatrix}$

3. 下面的线性方程组 $A\mathbf{x} = \mathbf{b}$ 有精确解 $\mathbf{x}$ 和近似解 $\tilde{\mathbf{x}}$,用例 1 中的结论,计算
$$\|\mathbf{x} - \tilde{\mathbf{x}}\|_\infty \quad 和 \quad K_\infty(A) \frac{\|\mathbf{b} - A\tilde{\mathbf{x}}\|_\infty}{\|A\|_\infty}$$

a. $\frac{1}{2}x_1 + \frac{1}{3}x_2 = \frac{1}{63}$,

　　$\frac{1}{3}x_1 + \frac{1}{4}x_2 = \frac{1}{168}$,

　　$\mathbf{x} = \left(\frac{1}{7}, -\frac{1}{6}\right)^t$,

　　$\tilde{\mathbf{x}} = (0.142, -0.166)^t$

b. $3.9x_1 + 1.6x_2 = 5.5$,

　　$6.8x_1 + 2.9x_2 = 9.7$,

　　$\mathbf{x} = (1, 1)^t$,

　　$\tilde{\mathbf{x}} = (0.98, 1.1)^t$

c. 　　$x_1 + 2x_2 = 3$,

　　$1.0001x_1 + 2x_2 = 3.0001$,

　　$\mathbf{x} = (1, 1)^t$,

　　$\tilde{\mathbf{x}} = (0.96, 1.02)^t$

d. $1.003x_1 + 58.09x_2 = 68.12$,

　　$5.550x_1 + 321.8x_2 = 377.3$,

　　$\mathbf{x} = (10, 1)^t$,

　　$\tilde{\mathbf{x}} = (-10, 1)^t$

4. 下面的线性方程组 $A\mathbf{x} = \mathbf{b}$ 有精确解 $\mathbf{x}$ 和近似解 $\tilde{\mathbf{x}}$,用例 2 中的结论,计算
$$\|\mathbf{x} - \tilde{\mathbf{x}}\|_\infty \quad 和 \quad K_\infty(A) \frac{\|\mathbf{b} - A\tilde{\mathbf{x}}\|_\infty}{\|A\|_\infty}$$

a. $0.03x_1 + 58.9x_2 = 59.2$,

　　$5.31x_1 - 6.10x_2 = 47.0$,

　　$\mathbf{x} = (10, 1)^t$,

　　$\tilde{\mathbf{x}} = (30.0, 0.990)^t$

b. $58.9x_1 + 0.03x_2 = 59.2$,

　　$-6.10x_1 + 5.31x_2 = 47.0$,

　　$\mathbf{x} = (1, 10)^t$,

　　$\tilde{\mathbf{x}} = (1.02, 9.98)^t$

c. $x_1 - x_2 - x_3 = 2\pi$,

$\qquad x_2 - x_3 = 0$,

$\qquad\qquad - x_3 = \pi$.

$\mathbf{x} = (0, -\pi, -\pi)^t$,

$\tilde{\mathbf{x}} = (-0.1, -3.15, -3.14)^t$

d. $0.04x_1 + 0.01x_2 - 0.01x_3 = 0.06$,

$\quad 0.2x_1 + 0.5x_2 - 0.2x_3 = 0.3$,

$\quad x_1 + 2x_2 + 4x_3 = 11$,

$\mathbf{x} = (1.827586, 0.6551724, 1.965517)^t$,

$\tilde{\mathbf{x}} = (1.8, 0.64, 1.9)^t$

5. (i) 使用高斯消去法和 3 位有效数字的方法来计算下列线性方程组的近似解。

(ii) 然后使用迭代优化来改善近似解并将近似解与精确解进行比较。

    a. $0.03x_1 + 58.9x_2 = 59.2$,

       $5.31x_1 - 6.10x_2 = 47.0$

    精确解 $(10, 1)^t$。

    b. $\quad 3.3330x_1 + 15920x_2 + 10.333x_3 = 7953$,

       $\quad 2.2220x_1 + 16.710x_2 + 9.6120x_3 = 0.965$,

       $-1.5611x_1 + 5.1792x_2 - 1.6855x_3 = 2.714$

    精确解 $(1, 0.5, -1)^t$。

    c. $1.19x_1 + 2.11x_2 - 100x_3 + x_4 = 1.12$,

      $14.2x_1 - 0.122x_2 + 12.2x_3 - x_4 = 3.44$,

      $\qquad\qquad 100x_2 - 99.9x_3 + x_4 = 2.15$,

      $15.3x_1 + 0.110x_2 - 13.1x_3 - x_4 = 4.16$

    精确解 $(0.17682530, 0.01269269, -0.02065405, -1.18260870)^t$。

    d. $\pi x_1 - \mathrm{e}x_2 + \sqrt{2}x_3 - \sqrt{3}x_4 = \sqrt{11}$,

      $\pi^2 x_1 + \mathrm{e}x_2 - \mathrm{e}^2 x_3 + \dfrac{3}{7}x_4 = 0$,

      $\sqrt{5}x_1 - \sqrt{6}x_2 + x_3 - \sqrt{2}x_4 = \pi$,

      $\pi^3 x_1 + \mathrm{e}^2 x_2 - \sqrt{7}x_3 + \dfrac{1}{9}x_4 = \sqrt{2}$

    精确解 $(0.78839378, -3.12541367, 0.16759660, 4.55700252)^t$。

6. 使用 4 位有效数字重做习题 5。

7. 线性方程组

$$\begin{bmatrix} 1 & 2 \\ 1.0001 & 2 \end{bmatrix} \begin{bmatrix} x_1 \\ x_2 \end{bmatrix} = \begin{bmatrix} 3 \\ 3.0001 \end{bmatrix}$$

有解 $(1, 1)^t$。将 A 稍微改变：

$$\begin{bmatrix} 1 & 2 \\ 0.9999 & 2 \end{bmatrix}$$

并考虑线性方程组：

$$\begin{bmatrix} 1 & 2 \\ 0.9999 & 2 \end{bmatrix} \begin{bmatrix} x_1 \\ x_2 \end{bmatrix} = \begin{bmatrix} 3 \\ 3.0001 \end{bmatrix}$$

使用 5 位有效数字来求新方程组的解，并将解的实际误差与式 (7.25) 中的估计进行比较。A 是病态的吗？

8. 线性方程组 $A\mathbf{x} = \mathbf{b}$ 定义为

$$\begin{bmatrix} 1 & 2 \\ 1.00001 & 2 \end{bmatrix} \begin{bmatrix} x_1 \\ x_2 \end{bmatrix} = \begin{bmatrix} 3 \\ 3.00001 \end{bmatrix}$$

其有解 $(1, 1)^t$。使用 7 位有效数字来求解扰动方程组：

$$\begin{bmatrix} 1 & 2 \\ 1.000011 & 2 \end{bmatrix} \begin{bmatrix} x_1 \\ x_2 \end{bmatrix} = \begin{bmatrix} 3.00001 \\ 3.00003 \end{bmatrix}$$

并将解的实际误差与式 (7.25) 中的估计进行比较。A 是病态的吗？

9. $n \times n$ 希尔伯特矩阵 $H^{(n)}$ 定义为

$$H_{ij}^{(n)} = \frac{1}{i + j - 1}, \quad 1 \leqslant i, j \leqslant n$$

它是一个病态矩阵，出现在求解最小二乘多项式系数的正规方程中(见 8.2 节的例 1)。

a. 证明

$$[H^{(4)}]^{-1} = \begin{bmatrix} 16 & -120 & 240 & -140 \\ -120 & 1200 & -2700 & 1680 \\ 240 & -2700 & 6480 & -4200 \\ -140 & 1680 & -4200 & 2800 \end{bmatrix}$$

且计算 $K_\infty(H^{(4)})$。

b. 证明

$$[H^{(5)}]^{-1} = \begin{bmatrix} 25 & -300 & 1050 & -1400 & 630 \\ -300 & 4800 & -18900 & 26880 & -12600 \\ 1050 & -18900 & 79380 & -117600 & 56700 \\ -1400 & 26880 & -117600 & 179200 & -88200 \\ 630 & -12600 & 56700 & -88200 & 44100 \end{bmatrix}$$

且计算 $K_\infty(H^{(5)})$。

c. 使用 5 位有效数字求解线性方程组：

$$H^{(4)} \begin{bmatrix} x_1 \\ x_2 \\ x_3 \\ x_4 \end{bmatrix} = \begin{bmatrix} 1 \\ 0 \\ 0 \\ 1 \end{bmatrix}$$

并将解的实际误差与式(7.25)中的估计进行比较。

10. 使用 4 位有效数字计算 3×3 希尔伯特矩阵 H 的逆矩阵 H^{-1}，然后计算 $\hat{H} = (H^{-1})^{-1}$。确定 $\| H - \hat{H} \|_\infty$。

理论型习题

11. 证明如果 B 是奇异的，则

$$\frac{1}{K(A)} \leqslant \frac{\|A - B\|}{\|A\|}$$

[提示：存在向量且 $\| \mathbf{x} \| = 1$，使得 $B\mathbf{x} = \mathbf{0}$。用 $\| A\mathbf{x} \| \geqslant \| \mathbf{x} \| / \| A^{-1} \|$ 得到估计。]

12. 使用习题 11，估计下列矩阵的条件数：

a. $\begin{bmatrix} 1 & 2 \\ 1.0001 & 2 \end{bmatrix}$ b. $\begin{bmatrix} 3.9 & 1.6 \\ 6.8 & 2.9 \end{bmatrix}$

讨论问题

1. 通过使用任何范数计算残差向量 $r = b - A\mathbf{x}$ 的大小来判断 $A\mathbf{x} = b$ 的近似解 $\mathbf{x}$ 的近似程度。然而，小的残差并不意味着解的误差很小。为什么会这样呢？如何解决这一问题？

2. 矩阵的条件数的精确值是否依赖于用来计算矩阵 A 的范数？如果是这样，请提供一些例子来支持你的答案。

3. 为什么说精确计算条件数是困难的或不切实际的？

7.6 共轭梯度法

Hestenes 和 Stiefel[HS]提出的共轭梯度法最初是作为求解 $n \times n$ 正定线性方程组的直接方法开发出来的。作为一个直接方法，一般比带有主元的高斯消去法差。这两种方法都需要 n 步才能确定解，共轭梯度方法比高斯消去法需要更多的计算量。

然而，共轭梯度法在用作迭代方法来求解大型稀疏线性方程组时非常有用。这些问题经常出现在边值问题的求解中。当一个矩阵被预设条件后可使得计算更有效，好的结果只需要大约 $\sqrt{n}$ 次迭代。从这个角度看，这种方法优于高斯消去法及之前讨论过的迭代方法。

在本节中，假设矩阵 A 是正定的。我们将采用内积的符号：

$$\langle \mathbf{x}, \mathbf{y} \rangle = \mathbf{x}^t \mathbf{y} \tag{7.26}$$

其中 $\mathbf{x}$ 和 $\mathbf{y}$ 都是 n 维向量。我们还需要用到线性代数中一些其他的结果，这些结果可在 9.1 节中找到。

下一个结论很容易从转置的性质中得到（见习题 14）。

定理 7.30　对于任何向量 $\mathbf{x}$，$\mathbf{y}$ 和 $\mathbf{z}$ 和任何实数 α，我们有

(a) $\langle \mathbf{x}, \mathbf{y} \rangle = \langle \mathbf{y}, \mathbf{x} \rangle$;

(b) $\langle \alpha\mathbf{x}, \mathbf{y} \rangle = \langle \mathbf{x}, \alpha\mathbf{y} \rangle = \alpha\langle \mathbf{x}, \mathbf{y} \rangle$;

(c) $\langle \mathbf{x} + \mathbf{z}, \mathbf{y} \rangle = \langle \mathbf{x}, \mathbf{y} \rangle + \langle \mathbf{z}, \mathbf{y} \rangle$;

(d) $\langle \mathbf{x}, \mathbf{x} \rangle \geqslant 0$;

(e) $\langle \mathbf{x}, \mathbf{x} \rangle = 0$ if and only if $\mathbf{x} = \mathbf{0}$。　■

当 A 是正定矩阵时，有 $\langle \mathbf{x}, A\mathbf{x} \rangle = \mathbf{x}^t A\mathbf{x} > 0$，除非 $\mathbf{x} = \mathbf{0}$。同样，因为 A 是对称的，有 $\mathbf{x}^t A\mathbf{y} = \mathbf{x}^t A^t \mathbf{y} = (A\mathbf{x})^t \mathbf{y}$，所以除了定理 7.30 的结果外，对任何 $\mathbf{x}$ 和 $\mathbf{y}$，还有

$$\langle \mathbf{x}, A\mathbf{y} \rangle = (A\mathbf{x})^t \mathbf{y} = \mathbf{x}^t A^t \mathbf{y} = \mathbf{x}^t A\mathbf{y} = \langle A\mathbf{x}, \mathbf{y} \rangle \tag{7.27}$$

下面的结果是共轭梯度法发展中的一个基本工具。

定理 7.31　向量 $\mathbf{x}^*$ 是正定线性方程组 $A\mathbf{x} = \mathbf{b}$ 的解，当且仅当 $\mathbf{x}^*$ 是

$$g(\mathbf{x}) = \langle \mathbf{x}, A\mathbf{x} \rangle - 2\langle \mathbf{x}, \mathbf{b} \rangle$$

的最小值。

证明　令 $\mathbf{x}$ 和 $\mathbf{v} \neq \mathbf{0}$ 是固定的向量，t 是一个实数变量。我们有

$$g(\mathbf{x} + t\mathbf{v}) = \langle \mathbf{x} + t\mathbf{v}, A\mathbf{x} + tA\mathbf{v} \rangle - 2\langle \mathbf{x} + t\mathbf{v}, \mathbf{b} \rangle$$

$$= \langle \mathbf{x}, A\mathbf{x} \rangle + t\langle \mathbf{v}, A\mathbf{x} \rangle + t\langle \mathbf{x}, A\mathbf{v} \rangle + t^2\langle \mathbf{v}, A\mathbf{v} \rangle - 2\langle \mathbf{x}, \mathbf{b} \rangle - 2t\langle \mathbf{v}, \mathbf{b} \rangle$$

$$= \langle \mathbf{x}, A\mathbf{x} \rangle - 2\langle \mathbf{x}, \mathbf{b} \rangle + 2t\langle \mathbf{v}, A\mathbf{x} \rangle - 2t\langle \mathbf{v}, \mathbf{b} \rangle + t^2\langle \mathbf{v}, A\mathbf{v} \rangle$$

所以

$$g(\mathbf{x} + t\mathbf{v}) = g(\mathbf{x}) - 2t\langle \mathbf{v}, \mathbf{b} - A\mathbf{x} \rangle + t^2\langle \mathbf{v}, A\mathbf{v} \rangle \tag{7.28}$$

由于 $\mathbf{x}$ 和 $\mathbf{v}$ 是固定的，我们可以定义关于 t 的二次函数 h：

$$h(t) = g(\mathbf{x} + t\mathbf{v})$$

假设 h 有最小值，满足 $h'(t) = 0$，因为其 t^2 的系数，即 $\langle \mathbf{v}, A\mathbf{v} \rangle$ 是个正数。因为

$$h'(t) = -2\langle \mathbf{v}, \mathbf{b} - A\mathbf{x} \rangle + 2t\langle \mathbf{v}, A\mathbf{v} \rangle$$

最小值点为

$$\hat{t} = \frac{\langle \mathbf{v}, \mathbf{b} - A\mathbf{x} \rangle}{\langle \mathbf{v}, A\mathbf{v} \rangle}$$

由方程（7.28）得

$$h(\hat{t}) = g(\mathbf{x} + \hat{t}\mathbf{v})$$

$$= g(\mathbf{x}) - 2\hat{t}\langle \mathbf{v}, \mathbf{b} - A\mathbf{x} \rangle + \hat{t}^2\langle \mathbf{v}, A\mathbf{v} \rangle$$

$$= g(\mathbf{x}) - 2\frac{\langle \mathbf{v}, \mathbf{b} - A\mathbf{x} \rangle}{\langle \mathbf{v}, A\mathbf{v} \rangle}\langle \mathbf{v}, \mathbf{b} - A\mathbf{x} \rangle + \left(\frac{\langle \mathbf{v}, \mathbf{b} - A\mathbf{x} \rangle}{\langle \mathbf{v}, A\mathbf{v} \rangle}\right)^2\langle \mathbf{v}, A\mathbf{v} \rangle$$

$$= g(\mathbf{x}) - \frac{\langle \mathbf{v}, \mathbf{b} - A\mathbf{x} \rangle^2}{\langle \mathbf{v}, A\mathbf{v} \rangle}$$

所以，对于任何向量 $\mathbf{v} \neq \mathbf{0}$，我们有 $g(\mathbf{x} + \hat{t}\mathbf{v}) < g(\mathbf{x})$，除非 $\langle \mathbf{v}, \mathbf{b} - A\mathbf{x} \rangle = 0$，此即 $g(\mathbf{x}) = g(\mathbf{x} + \hat{t}\mathbf{v})$。这是证明定理 7.31 所需的最基本的结果。

假设 $\mathbf{x}^*$ 满足 $A\mathbf{x}^* = \mathbf{b}$，那么 $\langle \mathbf{v}, \mathbf{b} - A\mathbf{x}^* \rangle = 0$ 对于任何 $\mathbf{v}$ 都成立，不存在比 $g(\mathbf{x}^*)$ 小的 $g(\mathbf{x})$。因此，$\mathbf{x}^*$ 是 g 的最小值点。

另一方面，假设 $\mathbf{x}^*$ 是一个向量且是 g 的最小值点，那么对于任何向量 $\mathbf{v}$，我们有 $g(\mathbf{x}^* + \hat{t}\mathbf{v}) \geqslant g(\mathbf{x}^*)$，因而 $\langle \mathbf{v}, \mathbf{b} - A\mathbf{x}^* \rangle = 0$。这就表明了 $\mathbf{b} - A\mathbf{x}^* = \mathbf{0}$，因此有 $A\mathbf{x}^* = \mathbf{b}$。 ∎

为了开始介绍共轭梯度法，我们选择 $\mathbf{x}$（是 $A\mathbf{x}^* = \mathbf{b}$ 的一个近似解）和 $\mathbf{v} \neq \mathbf{0}$，这提供了一个从 $\mathbf{x}$ 到改善的近似解的搜索方向。令 $\mathbf{r} = \mathbf{b} - A\mathbf{x}$ 是 $\mathbf{x}$ 相应的残差向量，以及

$$t = \frac{\langle \mathbf{v}, \mathbf{b} - A\mathbf{x} \rangle}{\langle \mathbf{v}, A\mathbf{v} \rangle} = \frac{\langle \mathbf{v}, \mathbf{r} \rangle}{\langle \mathbf{v}, A\mathbf{v} \rangle}$$

如果 $\mathbf{r} \neq \mathbf{0}$，且 $\mathbf{v}$ 和 $\mathbf{r}$ 不正交，那么 $\mathbf{x} + t\mathbf{v}$ 处 g 的值比 $g(\mathbf{x})$ 更小，而且假设它更接近于 $\mathbf{x}^*$ 而不是 $\mathbf{x}$。于是就有了下面的方法。

令 $\mathbf{x}^{(0)}$ 是 $\mathbf{x}^*$ 的初始近似值，令 $\mathbf{v}^{(0)} \neq \mathbf{0}$ 是初始搜索方向。对于任何 $k = 1, 2, 3, \cdots$，我们计算

$$t_k = \frac{\langle \mathbf{v}^{(k)}, \mathbf{b} - A\mathbf{x}^{(k-1)} \rangle}{\langle \mathbf{v}^{(k)}, A\mathbf{v}^{(k)} \rangle}$$

$$\mathbf{x}^{(k)} = \mathbf{x}^{(k-1)} + t_k \mathbf{v}^{(k)}$$

并且选择一个新的搜索方向 $\mathbf{v}^{(k+1)}$。之所以做出这个选择是为了使近似序列 $\{\mathbf{x}^{(k)}\}$ 快速收敛到 $\mathbf{x}^*$。

为了选择搜索方向，我们视 g 为 $\mathbf{x} = (x_1, x_2, \cdots, x_n)^t$ 的所有分量的函数。因此

$$g(x_1, x_2, \cdots, x_n) = \langle \mathbf{x}, A\mathbf{x} \rangle - 2\langle \mathbf{x}, \mathbf{b} \rangle = \sum_{i=1}^{n} \sum_{j=1}^{n} a_{ij} x_i x_j - 2\sum_{i=1}^{n} x_i b_i$$

对各元素 x_k 求偏导数得

$$\frac{\partial g}{\partial x_k}(\mathbf{x}) = 2\sum_{i=1}^{n} a_{ki} x_i - 2b_k$$

上式给出的是向量 $2(A\mathbf{x} - \mathbf{b})$ 的第 k 个元素。因此，g 的梯度是

$$\nabla g(\mathbf{x}) = \left(\frac{\partial g}{\partial x_1}(\mathbf{x}), \frac{\partial g}{\partial x_2}(\mathbf{x}), \cdots, \frac{\partial g}{\partial x_n}(\mathbf{x}) \right)^t = 2(A\mathbf{x} - \mathbf{b}) = -2\mathbf{r}$$

其中向量 $\mathbf{r}$ 是 $\mathbf{x}$ 的残差向量。

从多元微积分中可知，$g(\mathbf{x})$ 的值的最大下降的方向是 $-\nabla g(\mathbf{x})$，也就是残差向量 $\mathbf{r}$ 的方向。我们选择的方法

$$\mathbf{v}^{(k+1)} = \mathbf{r}^{(k)} = \mathbf{b} - A\mathbf{x}^{(k)}$$

称为最速下降法。尽管我们将在 10.4 节讲到这个方法在非线性问题和优化问题上有优势，但是因为收敛慢，所以不将其用于线性方程组。

另一种方法是使用一组非零向量 $\{\mathbf{v}^{(1)}, \cdots, \mathbf{v}^{(n)}\}$，其满足

$$\langle \mathbf{v}^{(i)}, A\mathbf{v}^{(j)} \rangle = 0, \quad 如果 \ i \neq j$$

上式被称为 A-正交条件，这组向量 $\{\mathbf{v}^{(1)}, \cdots, \mathbf{v}^{(n)}\}$ 被称为是 A-正交的。要证明相应的正定矩阵 A 的一组 A-正交向量是线性无关的并不困难（见习题 15）。这一组搜索方向是

$$t_k = \frac{\langle \mathbf{v}^{(k)}, \mathbf{b} - A\mathbf{x}^{(k-1)} \rangle}{\langle \mathbf{v}^{(k)}, A\mathbf{v}^{(k)} \rangle} = \frac{\langle \mathbf{v}^{(k)}, \mathbf{r}^{(k-1)} \rangle}{\langle \mathbf{v}^{(k)}, A\mathbf{v}^{(k)} \rangle}$$

和 $\mathbf{x}^{(k)} = \mathbf{x}^{(k-1)} + t_k \mathbf{v}^{(k)}$。

下面的定理表明，搜索方向的这种选取至多 n 步就收敛到精确解，这和在精确算术的假设下用直接方法得到精确解所需的步数一样。

定理 7.32　令 $\{\mathbf{v}^{(1)},\cdots,\mathbf{v}^{(n)}\}$ 是相应正定矩阵 A 的一组非零 A-正交集，$\mathbf{x}^{(0)}$ 是任意的。对于 $k=1,2,\cdots,n$，定义

$$t_k = \frac{\langle \mathbf{v}^{(k)}, \mathbf{b} - A\mathbf{x}^{(k-1)} \rangle}{\langle \mathbf{v}^{(k)}, A\mathbf{v}^{(k)} \rangle} \quad \text{和} \quad \mathbf{x}^{(k)} = \mathbf{x}^{(k-1)} + t_k \mathbf{v}^{(k)}$$

那么，在使用精确解算术的假设下，有 $A\mathbf{x}^{(n)} = \mathbf{b}$。

证明　因为对于任何 $k=1,2,\cdots,n$，$\mathbf{x}^{(k)} = \mathbf{x}^{(k-1)} + t_k \mathbf{v}^{(k)}$，有

$$A\mathbf{x}^{(n)} = A\mathbf{x}^{(n-1)} + t_n A\mathbf{v}^{(n)}$$
$$= (A\mathbf{x}^{(n-2)} + t_{n-1} A\mathbf{v}^{(n-1)}) + t_n A\mathbf{v}^{(n)}$$
$$\vdots$$
$$= A\mathbf{x}^{(0)} + t_1 A\mathbf{v}^{(1)} + t_2 A\mathbf{v}^{(2)} + \cdots + t_n A\mathbf{v}^{(n)}$$

从上式中减去 $\mathbf{b}$ 得到

$$A\mathbf{x}^{(n)} - \mathbf{b} = A\mathbf{x}^{(0)} - \mathbf{b} + t_1 A\mathbf{v}^{(1)} + t_2 A\mathbf{v}^{(2)} + \cdots + t_n A\mathbf{v}^{(n)}$$

现在同时对上式两边与向量 $\mathbf{v}^{(k)}$ 取内积并利用内积的性质和 A 是对称的这一事实得到

$$\langle A\mathbf{x}^{(n)} - \mathbf{b}, \mathbf{v}^{(k)} \rangle = \langle A\mathbf{x}^{(0)} - \mathbf{b}, \mathbf{v}^{(k)} \rangle + t_1 \langle A\mathbf{v}^{(1)}, \mathbf{v}^{(k)} \rangle + \cdots + t_n \langle A\mathbf{v}^{(n)}, \mathbf{v}^{(k)} \rangle$$
$$= \langle A\mathbf{x}^{(0)} - \mathbf{b}, \mathbf{v}^{(k)} \rangle + t_1 \langle \mathbf{v}^{(1)}, A\mathbf{v}^{(k)} \rangle + \cdots + t_n \langle \mathbf{v}^{(n)}, A\mathbf{v}^{(k)} \rangle$$

由 A 的正交性质，对任何 k 得

$$\langle A\mathbf{x}^{(n)} - \mathbf{b}, \mathbf{v}^{(k)} \rangle = \langle A\mathbf{x}^{(0)} - \mathbf{b}, \mathbf{v}^{(k)} \rangle + t_k \langle \mathbf{v}^{(k)}, A\mathbf{v}^{(k)} \rangle \quad (7.29)$$

然而 $t_k \langle \mathbf{v}^{(k)}, A\mathbf{v}^{(k)} \rangle = \langle \mathbf{v}^{(k)}, \mathbf{b} - A\mathbf{x}^{(k-1)} \rangle$，所以，

$$t_k \langle \mathbf{v}^{(k)}, A\mathbf{v}^{(k)} \rangle = \langle \mathbf{v}^{(k)}, \mathbf{b} - A\mathbf{x}^{(0)} + A\mathbf{x}^{(0)} - A\mathbf{x}^{(1)} + \cdots - A\mathbf{x}^{(k-2)} + A\mathbf{x}^{(k-2)} - A\mathbf{x}^{(k-1)} \rangle$$
$$= \langle \mathbf{v}^{(k)}, \mathbf{b} - A\mathbf{x}^{(0)} \rangle + \langle \mathbf{v}^{(k)}, A\mathbf{x}^{(0)} - A\mathbf{x}^{(1)} \rangle + \cdots + \langle \mathbf{v}^{(k)}, A\mathbf{x}^{(k-2)} - A\mathbf{x}^{(k-1)} \rangle$$

但对于任何 i，有

$$\mathbf{x}^{(i)} = \mathbf{x}^{(i-1)} + t_i \mathbf{v}^{(i)} \quad \text{和} \quad A\mathbf{x}^{(i)} = A\mathbf{x}^{(i-1)} + t_i A\mathbf{v}^{(i)}$$

所以，

$$A\mathbf{x}^{(i-1)} - A\mathbf{x}^{(i)} = -t_i A\mathbf{v}^{(i)}$$

因此，

$$t_k \langle \mathbf{v}^{(k)}, A\mathbf{v}^{(k)} \rangle = \langle \mathbf{v}^{(k)}, \mathbf{b} - A\mathbf{x}^{(0)} \rangle - t_1 \langle \mathbf{v}^{(k)}, A\mathbf{v}^{(1)} \rangle - \cdots - t_{k-1} \langle \mathbf{v}^{(k)}, A\mathbf{v}^{(k-1)} \rangle$$

由于是 A 正交的，$\langle \mathbf{v}^{(k)}, A\mathbf{v}^{(i)} \rangle = 0$，$i \neq k$，所以，

$$\langle \mathbf{v}^{(k)}, A\mathbf{v}^{(k)} \rangle t_k = \langle \mathbf{v}^{(k)}, \mathbf{b} - A\mathbf{x}^{(0)} \rangle$$

由方程 (7.29) 可得

$$\langle A\mathbf{x}^{(n)} - \mathbf{b}, \mathbf{v}^{(k)} \rangle = \langle A\mathbf{x}^{(0)} - \mathbf{b}, \mathbf{v}^{(k)} \rangle + \langle \mathbf{v}^{(k)}, \mathbf{b} - A\mathbf{x}^{(0)} \rangle$$
$$= \langle A\mathbf{x}^{(0)} - \mathbf{b}, \mathbf{v}^{(k)} \rangle + \langle \mathbf{b} - A\mathbf{x}^{(0)}, \mathbf{v}^{(k)} \rangle$$
$$= \langle A\mathbf{x}^{(0)} - \mathbf{b}, \mathbf{v}^{(k)} \rangle - \langle A\mathbf{x}^{(0)} - \mathbf{b}, \mathbf{v}^{(k)} \rangle = 0$$

因此向量 $A\mathbf{x}^{(n)} - \mathbf{b}$ 与正交集 $\{\mathbf{v}^{(1)},\cdots,\mathbf{v}^{(n)}\}$ 上的向量是 A 正交的。从而表明 (见习题 15) $A\mathbf{x}^{(n)} - \mathbf{b} = \mathbf{0}$，所以 $A\mathbf{x}^{(n)} = \mathbf{b}$。　∎

例 1　线性方程组

$$4x_1 + 3x_2 \qquad = 24,$$
$$3x_1 + 4x_2 - \quad x_3 = 30,$$
$$- \quad x_2 + 4x_3 = -24$$

有精确解 $\mathbf{x}^* = (3, 4, -5)^t$。证明用定理 7.32 中描述的方法且 $\mathbf{x}^{(0)} = (0, 0, 0)^t$，在三步迭代后产生精确解。

解 7.4 节的例 2 中已经表明方程组的系数矩阵

$$A = \begin{bmatrix} 4 & 3 & 0 \\ 3 & 4 & -1 \\ 0 & -1 & 4 \end{bmatrix}$$

是正定的。令 $\mathbf{v}^{(1)} = (1, 0, 0)^t$，$\mathbf{v}^{(2)} = (-3/4, 1, 0)^t$ 和 $\mathbf{v}^{(3)} = (-3/7, 4/7, 1)^t$，那么

$$\langle \mathbf{v}^{(1)}, A\mathbf{v}^{(2)} \rangle = \mathbf{v}^{(1)t} A\mathbf{v}^{(2)} = (1, 0, 0) \begin{bmatrix} 4 & 3 & 0 \\ 3 & 4 & -1 \\ 0 & -1 & 4 \end{bmatrix} \begin{bmatrix} -\frac{3}{4} \\ 1 \\ 0 \end{bmatrix} = 0,$$

$$\langle \mathbf{v}^{(1)}, A\mathbf{v}^{(3)} \rangle = (1, 0, 0) \begin{bmatrix} 4 & 3 & 0 \\ 3 & 4 & -1 \\ 0 & -1 & 4 \end{bmatrix} \begin{bmatrix} -\frac{3}{7} \\ \frac{4}{7} \\ 1 \end{bmatrix} = 0,$$

和

$$\langle \mathbf{v}^{(2)}, A\mathbf{v}^{(3)} \rangle = \left(-\frac{3}{4}, 1, 0 \right) \begin{bmatrix} 4 & 3 & 0 \\ 3 & 4 & -1 \\ 0 & -1 & 4 \end{bmatrix} \begin{bmatrix} -\frac{3}{7} \\ \frac{4}{7} \\ 1 \end{bmatrix} = 0$$

因此 $\{\mathbf{v}^{(1)}, \mathbf{v}^{(2)}, \mathbf{v}^{(3)}\}$ 是 A-正交集。

对 A，$\mathbf{x}^{(0)} = (0, 0, 0)^t$ 和 $\mathbf{b} = (24, 30, -24)^t$，应用定理 7.22 中描述的迭代过程，得到

$$\mathbf{r}^{(0)} = \mathbf{b} - A\mathbf{x}^{(0)} = \mathbf{b} = (24, 30, -24)^t$$

所以，

$$\langle \mathbf{v}^{(1)}, \mathbf{r}^{(0)} \rangle = \mathbf{v}^{(1)t} \mathbf{r}^{(0)} = 24, \quad \langle \mathbf{v}^{(1)}, A\mathbf{v}^{(1)} \rangle = 4, \quad t_0 = \frac{24}{4} = 6$$

因此，

$$\mathbf{x}^{(1)} = \mathbf{x}^{(0)} + t_0 \mathbf{v}^{(1)} = (0, 0, 0)^t + 6(1, 0, 0)^t = (6, 0, 0)^t$$

继续推演下去有

$$\mathbf{r}^{(1)} = \mathbf{b} - A\mathbf{x}^{(1)} = (0, 12, -24)^t, \quad t_1 = \frac{\langle \mathbf{v}^{(2)}, \mathbf{r}^{(1)} \rangle}{\langle \mathbf{v}^{(2)}, A\mathbf{v}^{(2)} \rangle} = \frac{12}{7/4} = \frac{48}{7},$$

$$\mathbf{x}^{(2)} = \mathbf{x}^{(1)} + t_1 \mathbf{v}^{(2)} = (6, 0, 0)^t + \frac{48}{7} \left(-\frac{3}{4}, 1, 0 \right)^t = \left(\frac{6}{7}, \frac{48}{7}, 0 \right)^t,$$

$$\mathbf{r}^{(2)} = \mathbf{b} - A\mathbf{x}^{(2)} = \left(0, 0, -\frac{120}{7} \right), \quad t_2 = \frac{\langle \mathbf{v}^{(3)}, \mathbf{r}^{(2)} \rangle}{\langle \mathbf{v}^{(3)}, A\mathbf{v}^{(3)} \rangle} = \frac{-120/7}{24/7} = -5$$

和

$$\mathbf{x}^{(3)} = \mathbf{x}^{(2)} + t_2 \mathbf{v}^{(3)} = \left(\frac{6}{7}, \frac{48}{7}, 0 \right)^t + (-5) \left(-\frac{3}{7}, \frac{4}{7}, 1 \right)^t = (3, 4, -5)^t$$

因为我们用了 3 次（$n = 3$）这个方法，因此得到的肯定是精确解。 ∎

在讨论如何确定 A-正交集之前，我们将继续探讨共轭梯度法。使用方向向量的一组 A-正交集

$\{\mathbf{v}^{(1)},\cdots,\mathbf{v}^{(n)}\}$ ，这称为共轭方向法。下面的定理证明了残差向量 $\mathbf{r}^{(k)}$ 和方向向量 $\mathbf{v}^{(j)}$ 的正交性。用数学归纳法证明这个结论留在习题 16 中考虑。

定理 7.33 共轭方向法中的残差向量 $\mathbf{r}^{(k)}$ ，其中 $k=1,2,\cdots,n$ ，满足方程：

$$\langle \mathbf{r}^{(k)},\mathbf{v}^{(i)}\rangle = 0 \text{ ，对于任何 } j=1,2,\cdots,k \qquad \blacksquare$$

Hestenes 和 Stiefel 的共轭梯度法在迭代过程中选择搜索方向 $\{\mathbf{v}^{(k)}\}$ 使得残差向量 $\{\mathbf{r}^{(k)}\}$ 是相互正交的。为了构造方向向量 $\{\mathbf{v}^{(1)},\mathbf{v}^{(2)},\cdots\}$ 和近似解 $\{\mathbf{x}^{(1)},\mathbf{x}^{(2)},\cdots\}$ ，我们从初始值 $\mathbf{x}^{(0)}$ 和使用最速下降方向 $\mathbf{r}^{(0)}=\mathbf{b}-A\mathbf{x}^{(0)}$ 作为第一次搜索方向 $\mathbf{v}^{(1)}$ 开始。

假设共轭方向 $\mathbf{v}^{(1)},\cdots,\mathbf{v}^{(k-1)}$ 和近似解 $\mathbf{x}^{(1)},\cdots,\mathbf{x}^{(k-1)}$ 可以通过

$$\mathbf{x}^{(k-1)}=\mathbf{x}^{(k-2)}+t_{k-1}\mathbf{v}^{(k-1)}$$

来计算，其中

$$\langle \mathbf{v}^{(i)},A\mathbf{v}^{(j)}\rangle = 0 \text{ 和 } \langle \mathbf{r}^{(i)},\mathbf{r}^{(j)}\rangle = 0, \quad i\neq j$$

如果 $\mathbf{x}^{(k-1)}$ 是 $A\mathbf{x}=\mathbf{b}$ 的解，则结束。否则 $\mathbf{r}^{(k-1)}=\mathbf{b}-A\mathbf{x}^{(k-1)}\neq\mathbf{0}$ ，定理 7.33 表明 $\langle\mathbf{r}^{(k-1)},\mathbf{v}^{(i)}\rangle=0$ ， $i=1,2,\cdots,k-1$ 。

我们用 $\mathbf{r}^{(k-1)}$ 生成 $\mathbf{v}^{(k)}$ ，使得

$$\mathbf{v}^{(k)}=\mathbf{r}^{(k-1)}+s_{k-1}\mathbf{v}^{(k-1)}$$

我们想选取 s_{k-1} 以满足

$$\langle\mathbf{v}^{(k-1)},A\mathbf{v}^{(k)}\rangle = 0$$

由于

$$A\mathbf{v}^{(k)}=A\mathbf{r}^{(k-1)}+s_{k-1}A\mathbf{v}^{(k-1)}$$

和

$$\langle\mathbf{v}^{(k-1)},A\mathbf{v}^{(k)}\rangle = \langle\mathbf{v}^{(k-1)},A\mathbf{r}^{(k-1)}\rangle + s_{k-1}\langle\mathbf{v}^{(k-1)},A\mathbf{v}^{(k-1)}\rangle$$

当

$$s_{k-1}=-\frac{\langle\mathbf{v}^{(k-1)},A\mathbf{r}^{(k-1)}\rangle}{\langle\mathbf{v}^{(k-1)},A\mathbf{v}^{(k-1)}\rangle}$$

时将有 $\langle\mathbf{v}^{(k-1)},A\mathbf{v}^{(k)}\rangle=0$ 。

可以看出在 s_{k-1} 的选择中，有 $\langle\mathbf{v}^{(k)},A\mathbf{v}^{(i)}\rangle=0$ ， $i=1,2,\cdots,k-2$ （见[Lu]，p.245）。因此 $\{\mathbf{v}^{(1)},\cdots,\mathbf{v}^{(k)}\}$ 是一个 A-正交集。

选定 $\mathbf{v}^{(k)}$ ，计算

$$t_k=\frac{\langle\mathbf{v}^{(k)},\mathbf{r}^{(k-1)}\rangle}{\langle\mathbf{v}^{(k)},A\mathbf{v}^{(k)}\rangle}=\frac{\langle\mathbf{r}^{(k-1)}+s_{k-1}\mathbf{v}^{(k-1)},\mathbf{r}^{(k-1)}\rangle}{\langle\mathbf{v}^{(k)},A\mathbf{v}^{(k)}\rangle}$$

$$=\frac{\langle\mathbf{r}^{(k-1)},\mathbf{r}^{(k-1)}\rangle}{\langle\mathbf{v}^{(k)},A\mathbf{v}^{(k)}\rangle}+s_{k-1}\frac{\langle\mathbf{v}^{(k-1)},\mathbf{r}^{(k-1)}\rangle}{\langle\mathbf{v}^{(k)},A\mathbf{v}^{(k)}\rangle}$$

由定理 7.33 得 $\langle\mathbf{v}^{(k-1)},\mathbf{r}^{(k-1)}\rangle=0$ ，所以，

$$t_k=\frac{\langle\mathbf{r}^{(k-1)},\mathbf{r}^{(k-1)}\rangle}{\langle\mathbf{v}^{(k)},A\mathbf{v}^{(k)}\rangle} \qquad (7.30)$$

因此，

$$\mathbf{x}^{(k)}=\mathbf{x}^{(k-1)}+t_k\mathbf{v}^{(k)}$$

为了计算 $\mathbf{r}^{(k)}$ ，通过乘以 A 再减去 $\mathbf{b}$ 得到

$$A\mathbf{x}^{(k)} - \mathbf{b} = A\mathbf{x}^{(k-1)} - \mathbf{b} + t_k A\mathbf{v}^{(k)}$$

或

$$\mathbf{r}^{(k)} = \mathbf{r}^{(k-1)} - t_k A\mathbf{v}^{(k)}$$

从而得出

$$\langle \mathbf{r}^{(k)}, \mathbf{r}^{(k)} \rangle = \langle \mathbf{r}^{(k-1)}, \mathbf{r}^{(k)} \rangle - t_k \langle A\mathbf{v}^{(k)}, \mathbf{r}^{(k)} \rangle = -t_k \langle \mathbf{r}^{(k)}, A\mathbf{v}^{(k)} \rangle$$

进一步，由方程(7.30)可得

$$\langle \mathbf{r}^{(k-1)}, \mathbf{r}^{(k-1)} \rangle = t_k \langle \mathbf{v}^{(k)}, A\mathbf{v}^{(k)} \rangle$$

所以，

$$s_k = -\frac{\langle \mathbf{v}^{(k)}, A\mathbf{r}^{(k)} \rangle}{\langle \mathbf{v}^{(k)}, A\mathbf{v}^{(k)} \rangle} = -\frac{\langle \mathbf{r}^{(k)}, A\mathbf{v}^{(k)} \rangle}{\langle \mathbf{v}^{(k)}, A\mathbf{v}^{(k)} \rangle} = \frac{(1/t_k)\langle \mathbf{r}^{(k)}, \mathbf{r}^{(k)} \rangle}{(1/t_k)\langle \mathbf{r}^{(k-1)}, \mathbf{r}^{(k-1)} \rangle} = \frac{\langle \mathbf{r}^{(k)}, \mathbf{r}^{(k)} \rangle}{\langle \mathbf{r}^{(k-1)}, \mathbf{r}^{(k-1)} \rangle}$$

总之，我们有

$$\mathbf{r}^{(0)} = \mathbf{b} - A\mathbf{x}^{(0)}; \quad \mathbf{v}^{(1)} = \mathbf{r}^{(0)}$$

且对于 $k = 1, 2, \cdots, n$ ，有

$$t_k = \frac{\langle \mathbf{r}^{(k-1)}, \mathbf{r}^{(k-1)} \rangle}{\langle \mathbf{v}^{(k)}, A\mathbf{v}^{(k)} \rangle}, \quad \mathbf{x}^{(k)} = \mathbf{x}^{(k-1)} + t_k \mathbf{v}^{(k)}, \mathbf{r}^{(k)} = \mathbf{r}^{(k-1)} - t_k A\mathbf{v}^{(k)}, s_k = \frac{\langle \mathbf{r}^{(k)}, \mathbf{r}^{(k)} \rangle}{\langle \mathbf{r}^{(k-1)}, \mathbf{r}^{(k-1)} \rangle}$$

和

$$\mathbf{v}^{(k+1)} = \mathbf{r}^{(k)} + s_k \mathbf{v}^{(k)} \tag{7.31}$$

预处理

我们并不是用这些公式给出共轭梯度法的算法，而是将其扩展到预处理中。如果矩阵 A 是病态的，那么共轭梯度法对舍入误差非常敏感。所以尽管在 n 步之内能得到精确解，但通常情况下不是这样的。作为一个直接方法，共轭梯度法不如带有主元的高斯消去法有效。共轭梯度法主要作为一种迭代方法用于条件数较好的方程组中。在这种情况下，要获得可接受的近似解大约需要 $\sqrt{n}$ 步。

当使用预处理时，共轭梯度法并不是直接应用于矩阵 A 而是应用在一个具有小条件数的正定矩阵上。我们需要采用这样的方法，即一旦找到新方程组的解将很容易找到原始方程组的解。我们期望的是应用这种方法时能减少舍入误差。为了保持矩阵的正定性，需要在两边同乘一个非奇异矩阵。这个非奇异矩阵记为 C^{-1} ，考虑

$$\tilde{A} = C^{-1}A(C^{-1})^t$$

我们希望 $\tilde{A}$ 比 A 有一个更小的条件数。为了简化起见，我们采用矩阵符号 $C^{-t} \equiv (C^{-1})^t$ 。稍后，我们将看到一个合理的选择 C 的方法，但首先要考虑将共轭梯度法应用于 $\tilde{A}$ 。

考虑线性方程组

$$\tilde{A}\tilde{\mathbf{x}} = \tilde{\mathbf{b}}$$

其中，$\tilde{\mathbf{x}} = C^t\mathbf{x}$ 和 $\tilde{\mathbf{b}} = C^{-1}\mathbf{b}$ ，则

$$\tilde{A}\tilde{\mathbf{x}} = (C^{-1}AC^{-t})(C^t\mathbf{x}) = C^{-1}A\mathbf{x}$$

因此，可以求解 $\tilde{A}\tilde{\mathbf{x}} = \tilde{\mathbf{b}}$ 得到 $\tilde{\mathbf{x}}$ ，然后乘以 C^{-t} 得到解 $\mathbf{x}$ 。用 $\tilde{\mathbf{r}}^{(k)}$ ，$\tilde{\mathbf{v}}^{(k)}$ ，$\tilde{t}_k$ ，$\tilde{\mathbf{x}}^{(k)}$ 和 $\tilde{s}_k$ 重写方程(7.31)，可得到预处理的隐式表达式。

由于

$$\tilde{\mathbf{x}}^{(k)} = C^t \mathbf{x}^{(k)}$$

因此有

$$\tilde{\mathbf{r}}^{(k)} = \tilde{\mathbf{b}} - \tilde{A}\tilde{\mathbf{x}}^{(k)} = C^{-1}\mathbf{b} - (C^{-1}AC^{-t})C^t\mathbf{x}^{(k)} = C^{-1}(\mathbf{b} - A\mathbf{x}^{(k)}) = C^{-1}\mathbf{r}^{(k)}$$

令 $\tilde{\mathbf{v}}^{(k)} = C^t\mathbf{v}^{(k)}$ 和 $\mathbf{w}^{(k)} = C^{-1}\mathbf{r}^{(k)}$，则

$$\tilde{s}_k = \frac{\langle \tilde{\mathbf{r}}^{(k)}, \tilde{\mathbf{r}}^{(k)} \rangle}{\langle \tilde{\mathbf{r}}^{(k-1)}, \tilde{\mathbf{r}}^{(k-1)} \rangle} = \frac{\langle C^{-1}\mathbf{r}^{(k)}, C^{-1}\mathbf{r}^{(k)} \rangle}{\langle C^{-1}\mathbf{r}^{(k-1)}, C^{-1}\mathbf{r}^{(k-1)} \rangle}$$

所以，

$$\tilde{s}_k = \frac{\langle \mathbf{w}^{(k)}, \mathbf{w}^{(k)} \rangle}{\langle \mathbf{w}^{(k-1)}, \mathbf{w}^{(k-1)} \rangle} \tag{7.32}$$

因此，

$$\tilde{t}_k = \frac{\langle \tilde{\mathbf{r}}^{(k-1)}, \tilde{\mathbf{r}}^{(k-1)} \rangle}{\langle \tilde{\mathbf{v}}^{(k)}, \tilde{A}\tilde{\mathbf{v}}^{(k)} \rangle} = \frac{\langle C^{-1}\mathbf{r}^{(k-1)}, C^{-1}\mathbf{r}^{(k-1)} \rangle}{\langle C^t\mathbf{v}^{(k)}, C^{-1}AC^{-t}C^t\mathbf{v}^{(k)} \rangle} = \frac{\langle \mathbf{w}^{(k-1)}, \mathbf{w}^{(k-1)} \rangle}{\langle C^t\mathbf{v}^{(k)}, C^{-1}A\mathbf{v}^{(k)} \rangle}$$

又由于

$$\langle C^t\mathbf{v}^{(k)}, C^{-1}A\mathbf{v}^{(k)} \rangle = [C^t\mathbf{v}^{(k)}]^t C^{-1}A\mathbf{v}^{(k)}$$

$$= [\mathbf{v}^{(k)}]^t CC^{-1}A\mathbf{v}^{(k)} = [\mathbf{v}^{(k)}]^t A\mathbf{v}^{(k)} = \langle \mathbf{v}^{(k)}, A\mathbf{v}^{(k)} \rangle$$

从而有

$$\tilde{t}_k = \frac{\langle \mathbf{w}^{(k-1)}, \mathbf{w}^{(k-1)} \rangle}{\langle \mathbf{v}^{(k)}, A\mathbf{v}^{(k)} \rangle} \tag{7.33}$$

进一步有

$$\tilde{\mathbf{x}}^{(k)} = \tilde{\mathbf{x}}^{(k-1)} + \tilde{t}_k\tilde{\mathbf{v}}^{(k)}, \quad \text{所以 } C^t\mathbf{x}^{(k)} = C^t\mathbf{x}^{(k-1)} + \tilde{t}_k C^t\mathbf{v}^{(k)}$$

和

$$\mathbf{x}^{(k)} = \mathbf{x}^{(k-1)} + \tilde{t}_k\mathbf{v}^{(k)} \tag{7.34}$$

继续有

$$\tilde{\mathbf{r}}^{(k)} = \tilde{\mathbf{r}}^{(k-1)} - \tilde{t}_k\tilde{A}\tilde{\mathbf{v}}^{(k)}$$

所以，

$$C^{-1}\mathbf{r}^{(k)} = C^{-1}\mathbf{r}^{(k-1)} - \tilde{t}_k C^{-1}AC^{-t}\tilde{v}^{(k)}, \qquad \mathbf{r}^{(k)} = \mathbf{r}^{(k-1)} - \tilde{t}_k AC^{-t}C^t\mathbf{v}^{(k)}$$

和

$$\mathbf{r}^{(k)} = \mathbf{r}^{(k-1)} - \tilde{t}_k A\mathbf{v}^{(k)} \tag{7.35}$$

最终得到

$$\tilde{\mathbf{v}}^{(k+1)} = \tilde{\mathbf{r}}^{(k)} + \tilde{s}_k\tilde{\mathbf{v}}^{(k)} \text{ 和 } C^t\mathbf{v}^{(k+1)} = C^{-1}\mathbf{r}^{(k)} + \tilde{s}_k C^t\mathbf{v}^{(k)}$$

所以，

$$\mathbf{v}^{(k+1)} = C^{-t}C^{-1}\mathbf{r}^{(k)} + \tilde{s}_k\mathbf{v}^{(k)} = C^{-t}\mathbf{w}^{(k)} + \tilde{s}_k\mathbf{v}^{(k)} \tag{7.36}$$

预处理的共轭梯度法基于方程(7.32)～方程(7.36)，并按照方程(7.33)、方程(7.34)、方程(7.35)、方程(7.32)、方程和(7.36)的顺序。算法 7.5 实现了这个过程。

算法 7.5　预处理的共轭梯度法

给定预处理矩阵 C^{-1} 和初值 $\mathbf{x}^{(0)}$，求解方程组 $A\mathbf{x} = \mathbf{b}$。

输入　方程和未知量的个数 n；矩阵 A 的元素 a_{ij}，$1 \leqslant i, j \leqslant n$，向量 $\mathbf{b}$ 的元素 b_j，$1 \leqslant j \leqslant n$；预处理矩阵 C^{-1} 的元素 γ_{ij}，$1 \leqslant i, j \leqslant n$；初值 $\mathbf{x} = \mathbf{x}^{(0)}$ 的元素 x_i，$1 \leqslant i \leqslant n$；最大的迭代次数 N；误差限 TOL。

输出　近似解 $x_1, \cdots, x_n$，残差 $r_1, \cdots, r_n$，或超出最大迭代次数的信息。

Step 1　Set $\mathbf{r} = \mathbf{b} - A\mathbf{x}$；(计算 $\mathbf{r}^{(0)}$)
　　　　$\mathbf{w} = C^{-1}\mathbf{r}$；(注：$\mathbf{w} = \mathbf{w}^{(0)}$)
　　　　$\mathbf{v} = C^{-t}\mathbf{w}$；(注：$\mathbf{v} = \mathbf{v}^{(1)}$)
　　　　$\alpha = \sum_{j=1}^{n} w_j^2$.

Step 2　Set $k = 1$.

Step 3　While ($k \leqslant N$) do Steps 4–7.

　　Step 4　If $\|\mathbf{v}\| < TOL$, then
　　　　　　OUTPUT ('Solution vector'; $x_1, \cdots, x_n$);
　　　　　　OUTPUT ('with residual'; $r_1, \cdots, r_n$);
　　　　　　(算法成功)
　　　　　　STOP.

　　Step 5　Set $\mathbf{u} = A\mathbf{v}$；(注：$\mathbf{u} = A\mathbf{v}^{(k)}$)
　　　　　　$t = \dfrac{\alpha}{\sum_{j=1}^{n} v_j u_j}$；(注：$t = t_k$)
　　　　　　$\mathbf{x} = \mathbf{x} + t\mathbf{v}$；(注：$\mathbf{x} = \mathbf{x}^{(k)}$)
　　　　　　$\mathbf{r} = \mathbf{r} - t\mathbf{u}$；(注：$\mathbf{r} = \mathbf{r}^{(k)}$)
　　　　　　$\mathbf{w} = C^{-1}\mathbf{r}$；(注：$\mathbf{w} = \mathbf{w}^{(k)}$)
　　　　　　$\beta = \sum_{j=1}^{n} w_j^2$.　(注：$\beta = \langle \mathbf{w}^{(k)}, \mathbf{w}^{(k)} \rangle$)

　　Step 6　If $|\beta| < TOL$ then
　　　　　　if $\|\mathbf{r}\| < TOL$ then
　　　　　　OUTPUT ('Solution vector'; $x_1, \cdots, x_n$);
　　　　　　OUTPUT ('with residual'; $r_1, \cdots, r_n$);
　　　　　　(算法成功)
　　　　　　STOP

　　Step 7　Set $s = \beta/\alpha$；($s = s_k$)
　　　　　　$\mathbf{v} = C^{-t}\mathbf{w} + s\mathbf{v}$；(注：$\mathbf{v} = \mathbf{v}^{(k+1)}$)
　　　　　　$\alpha = \beta$；(更新 α)
　　　　　　$k = k + 1$.

Step 8　If ($k > n$) then
　　　　OUTPUT ('The maximum number of iterations was exceeded.');
　　　　(算法失败)
　　　　STOP.   ■

下一个例子说明了一个初级问题的计算过程。

例 2　线性方程组 $A\mathbf{x}=\mathbf{b}$ 给定如下：

$$\begin{aligned}
4x_1 + 3x_2 \quad\quad\, &= 24, \\
3x_1 + 4x_2 - \ x_3 &= 30, \\
-\ x_2 + 4x_3 &= -24
\end{aligned}$$

该方程组有解 $(3,4,-5)^t$。使用初值为 $\mathbf{x}^{(0)}=(0,0,0)^t$ 的共轭梯度法且不使用预处理，即 $C=C^{-1}=I$，求方程组的近似解。

解　在 7.4 节例 2 中已经考虑了方程组的解，那里使用的是几乎最优参数 $\omega=1.25$ 的 SOR 方法。

对于共轭梯度法我们以下面的初值开始：

$$\mathbf{r}^{(0)} = \mathbf{b} - A\mathbf{x}^{(0)} = \mathbf{b} = (24, 30, -24)^t;$$

$$\mathbf{w} = C^{-1}\mathbf{r}^{(0)} = (24, 30, -24)^t;$$

$$\mathbf{v}^{(1)} = C^{-t}\mathbf{w} = (24, 30, -24)^t;$$

$$\alpha = \langle \mathbf{w}, \mathbf{w} \rangle = 2052$$

我们开始第一次迭代，$k=1$，从而有

$$\mathbf{u} = A\mathbf{v}^{(1)} = (186.0, 216.0, -126.0)^t;$$

$$t_1 = \frac{\alpha}{\langle \mathbf{v}^{(1)}, \mathbf{u} \rangle} = 0.1469072165;$$

$$\mathbf{x}^{(1)} = \mathbf{x}^{(0)} + t_1\mathbf{v}^{(1)} = (3.525773196, 4.407216495, -3.525773196)^t;$$

$$\mathbf{r}^{(1)} = \mathbf{r}^{(0)} - t_1\mathbf{u} = (-3.32474227, -1.73195876, -5.48969072)^t;$$

$$\mathbf{w} = C^{-1}\mathbf{r}^{(1)} = \mathbf{r}^{(1)};$$

$$\beta = \langle \mathbf{w}, \mathbf{w} \rangle = 44.19029651;$$

$$s_1 = \frac{\beta}{\alpha} = 0.02153523222;$$

$$\mathbf{v}^{(2)} = C^{-t}\mathbf{w} + s_1\mathbf{v}^{(1)} = (-2.807896697, -1.085901793, -6.006536293)^t$$

令

$$\alpha = \beta = 44.19029651$$

对于第二次迭代，有

$$\mathbf{u} = A\mathbf{v}^{(2)} = (-14.48929217, -6.760760967, -22.94024338)^t;$$

$$t_2 = 0.2378157558;$$

$$\mathbf{x}^{(2)} = (2.858011121, 4.148971939, -4.954222164)^t;$$

$$\mathbf{r}^{(2)} = (0.121039698, -0.124143281, -0.034139402)^t;$$

$$\mathbf{w} = C^{-1}\mathbf{r}^{(2)} = \mathbf{r}^{(2)};$$

$$\beta = 0.03122766148;$$

$$s_2 = 0.0007066633163;$$

$$\mathbf{v}^{(3)} = (0.1190554504, -0.1249106480, -0.03838400086)^t$$

令

$$\alpha = \beta = 0.03122766148$$

第三次迭代得到

$$\mathbf{u} = A\mathbf{v}^{(3)} = (0.1014898976, -0.1040922099, -0.0286253554)^t;$$

$$t_3 = 1.192628008;$$

$$\mathbf{x}^{(3)} = (2.999999998, 4.000000002, -4.999999998)^t;$$

$$\mathbf{r}^{(3)} = (0.36 \times 10^{-8}, 0.39 \times 10^{-8}, -0.141 \times 10^{-8})^t$$

由于 $\mathbf{x}^{(3)}$ 几乎就是精确解，因此舍入误差对结果影响不大。在 7.4 节的例 2 中，当精度为 10^{-7} 时，使用 $\omega = 1.25$ 的 SOR 方法需要 14 次迭代。然而应该说明的是，此例中我们将直接方法与迭代方法进行了比较。∎

下一个例子说明对于条件数差的矩阵采用预处理方法的效果。在这个例子中，我们用 $D^{-1/2}$ 表示对角矩阵，对角线元素为系数矩阵 A 的对角线元素的平方根的倒数。这个矩阵被用作预处理子。因为矩阵 A 是正定的，我们期望 $D^{-1/2}AD^{-t/2}$ 的特征值接近于 1，并且得到的这个矩阵的条件数相对于 A 的条件数是很小的。

例 3 找到以下矩阵的特征值和条件数：

$$A = \begin{bmatrix} 0.2 & 0.1 & 1 & 1 & 0 \\ 0.1 & 4 & -1 & 1 & -1 \\ 1 & -1 & 60 & 0 & -2 \\ 1 & 1 & 0 & 8 & 4 \\ 0 & -1 & -2 & 4 & 700 \end{bmatrix}$$

并与预处理矩阵 $D^{-1/2}AD^{-t/2}$ 的特征值和条件数进行比较。

解 为了确定预处理矩阵，我们首先需要一个对称的对角矩阵，该矩阵也是它的转置。其对角元素分别是

$$a1 = \frac{1}{\sqrt{0.2}}; \quad a2 = \frac{1}{\sqrt{4.0}}; \quad a3 = \frac{1}{\sqrt{60.0}}; \quad a4 = \frac{1}{\sqrt{8.0}}; \quad a5 = \frac{1}{\sqrt{700.0}}$$

预处理矩阵是

$$C^{-1} = \begin{bmatrix} 2.23607 & 0 & 0 & 0 & 0 \\ 0 & 0.500000 & 0 & 0 & 0 \\ 0 & 0 & 0.129099 & 0 & 0 \\ 0 & 0 & 0 & 0.353553 & 0 \\ 0 & 0 & 0 & 0 & 0.0377965 \end{bmatrix}$$

预处理后的矩阵是

$$\tilde{A} = C^{-1}AC^{-t}$$

$$= \begin{bmatrix} 1.000002 & 0.1118035 & 0.2886744 & 0.7905693 & 0 \\ 0.1118035 & 1 & -0.0645495 & 0.1767765 & -0.0188983 \\ 0.2886744 & -0.0645495 & 0.9999931 & 0 & -0.00975898 \\ 0.7905693 & 0.1767765 & 0 & 0.9999964 & 0.05345219 \\ 0 & -0.0188983 & -0.00975898 & 0.05345219 & 1.000005 \end{bmatrix}$$

得到 A 和 $\tilde{A}$ 的特征值如下。

A 的特征值：700.031, 60.0284, 0.0570747, 8.33845, 3.74533

$\tilde{A}$ 的特征值：1.88052, 0.156370, 0.852686, 1.10159, 1.00884

在 l_∞ 范数下的条件数对于 A 是 13961.7，对于 $\tilde{A}$ 是 16.1155。在此例中，$\tilde{A}$ 确实比原始矩阵 A 具有更好的条件数。∎

示例　有线性方程组 $A\mathbf{x} = \mathbf{b}$，其中

$$A = \begin{bmatrix} 0.2 & 0.1 & 1 & 1 & 0 \\ 0.1 & 4 & -1 & 1 & -1 \\ 1 & -1 & 60 & 0 & -2 \\ 1 & 1 & 0 & 8 & 4 \\ 0 & -1 & -2 & 4 & 700 \end{bmatrix} \text{ 和 } \mathbf{b} = \begin{bmatrix} 1 \\ 2 \\ 3 \\ 4 \\ 5 \end{bmatrix}$$

该线性方程组有解：

$$\mathbf{x}^* = (7.859713071, 0.4229264082, -0.07359223906, -0.5406430164, 0.01062616286)^t$$

表 7.5 列出了使用 Jacobi 方法、Gauss-Seidel 迭代方法、SOR 方法（$\omega = 1.25$）、没有预处理的共轭梯度法和如例 3 中描述的有预处理的共轭梯度法来求解系数矩阵为 A 且误差限为 0.01 的结果。预处理的共轭梯度法不仅给出了最精确的近似解，而且所用的迭代次数最少。

表 7.5

方法	迭代次数	$\mathbf{x}^{(k)}$	$\|\mathbf{x}^* - \mathbf{x}^{(k)}\|_\infty$
Jacobi	49	$(7.86277141, 0.42320802, -0.07348669,$ $-0.53975964, 0.01062847)^t$	0.00305834
Gauss-Seidel	15	$(7.83525748, 0.42257868, -0.07319124,$ $-0.53753055, 0.01060903)^t$	0.02445559
SOR ($\omega = 1.25$)	7	$(7.85152706, 0.42277371, -0.07348303,$ $-0.53978369, 0.01062286)^t$	0.00818607
共轭梯度法	5	$(7.85341523, 0.42298677, -0.07347963,$ $-0.53987920, 0.008628916)^t$	0.00629785
共轭梯度法 有预处理的	4	$(7.85968827, 0.42288329, -0.07359878,$ $-0.54063200, 0.01064344)^t$	0.00009312

■

预处理的共轭梯度法经常被用在求解系数矩阵是稀疏和正定的大型线性方程组中。这种方程组用来求解常微分方程中的边值问题（见 11.3 节、11.4 节和 11.5 节）。方程组越大，共轭梯度法越有效，因为它显著地减少了所需的迭代次数。在这些方程组中，预处理矩阵 C 近似等于 A 的 Cholesky 分解 LL^t 中的 L。一般来说，A 的小元素被忽略了，Cholesky 分解方法可用于得到 A 的不完全 LL^t 分解。因此，$C^{-t}C^{-1} \approx A^{-1}$ 并且得到一个较好的近似解。关于共轭梯度法的更多内容可参考[Kelley]。

习题 7.6

1. 线性方程组

$$x_1 + \frac{1}{2}x_2 = \frac{5}{21},$$

$$\frac{1}{2}x_1 + \frac{1}{3}x_2 = \frac{11}{84}$$

有解 $(x_1, x_2)^t = (1/6, 1/7)^t$。

a. 使用高斯消去法和两位数字舍入算术求解线性方程组。

b. 使用共轭梯度法（$C = C^{-1} = I$）和两位数字舍入算术求解线性方程组。

c. 哪种方法可得到更好的近似解？

d. 选择 $C^{-1} = D^{-1/2}$，这个选择能否改善共轭梯度法？

2. 线性方程组

$$0.1x_1 + 0.2x_2 = 0.3,$$

$$0.2x_1 + 113x_2 = 113.2$$

有解 $(x_1, x_2)^t = (1,1)^t$。对于这个线性方程组重做习题 1。

3. 线性方程组

$$x_1 + \frac{1}{2}x_2 + \frac{1}{3}x_3 = \frac{5}{6},$$

$$\frac{1}{2}x_1 + \frac{1}{3}x_2 + \frac{1}{4}x_3 = \frac{5}{12},$$

$$\frac{1}{3}x_1 + \frac{1}{4}x_2 + \frac{1}{5}x_3 = \frac{17}{60}$$

有解 $(1,-1,1)^t$。

a. 使用高斯消去法和 3 位数字舍入算术求解线性方程组。

b. 使用共轭梯度法和 3 位数字舍入算术求解线性方程组。

c. 使用主元方法能否改善(a)中的答案?

d. 使用 $C^{-1} = D^{-1/2}$ 重做(b),这能否改善(b)中的答案?

4. 使用计算机中的单精度法重做习题3。

5. 对下面每个线性方程组只使用共轭梯度法且 $C = C^{-1} = I$ 的两步迭代。将 7.3 节习题 1 的(b)和(c)与 7.4 节习题 1 的(b)和(c)的结果进行比较。

a. $3x_1 - x_2 + x_3 = 1,$
 $-x_1 + 6x_2 + 2x_3 = 0,$
 $x_1 + 2x_2 + 7x_3 = 4$

b. $10x_1 - x_2 \qquad = 9,$
 $-x_1 + 10x_2 - 2x_3 = 7,$
 $\qquad - 2x_2 + 10x_3 = 6$

c. $10x_1 + 5x_2 \qquad\qquad = 6,$
 $5x_1 + 10x_2 - 4x_3 \qquad = 25,$
 $\qquad - 4x_2 + 8x_3 - x_4 = -11,$
 $\qquad\qquad - x_3 + 5x_4 = -11$

d. $4x_1 + x_2 - x_3 + x_4 = -2,$
 $x_1 + 4x_2 - x_3 - x_4 = -1,$
 $-x_1 - x_2 + 5x_3 + x_4 = 0,$
 $x_1 - x_2 + x_3 + 3x_4 = 1$

e. $4x_1 + x_2 + x_3 + \qquad x_5 = 6,$
 $x_1 + 3x_2 + x_3 + x_4 \qquad = 6,$
 $x_1 + x_2 + 5x_3 - x_4 - x_5 = 6,$
 $x_2 - x_3 + 4x_4 \qquad = 6,$
 $x_1 \qquad - x_3 + \qquad + 4x_5 = 6$

f. $4x_1 - x_2 \qquad\qquad\qquad = 0,$
 $-x_1 + 4x_2 - x_3 \qquad\qquad = 5,$
 $\qquad - x_2 + 4x_3 \qquad\qquad = 0,$
 $\qquad\qquad + 4x_4 - x_5 \qquad = 6,$
 $\qquad\qquad - x_4 + 4x_5 - x_6 = -2,$
 $\qquad\qquad\qquad - x_5 + 4x_6 = 6$

6. 使用 $C^{-1} = D^{-1/2}$ 重做习题5。

7. l_∞ 范数下的误差限 $TOL = 10^{-3}$,重做习题5。将 7.3 节习题 5 和习题 7 的(b)和(c)与 7.4 节习题 5 的(b)和(c)的结果进行比较。

8. 使用 $C^{-1} = D^{-1/2}$ 重做习题7。

9. 求线性方程组 $A\mathbf{x} = \mathbf{b}$ 的 l_∞ 范数误差限为 10^{-5} 的近似解。

(i)

$$a_{i,j} = \begin{cases} 4, & \text{若} \quad j = i \text{ 和 } i = 1, 2, \cdots, 16, \\ -1, & \text{若} \begin{cases} j = i + 1 \text{ 和 } i = 1, 2, 3, 5, 6, 7, 9, 10, 11, 13, 14, 15, \\ j = i - 1 \text{ 和 } i = 2, 3, 4, 6, 7, 8, 10, 11, 12, 14, 15, 16, \\ j = i + 4 \text{ 和 } i = 1, 2, \cdots, 12, \\ j = i - 4 \text{ 和 } i = 5, 6, \cdots, 16, \end{cases} \\ 0, & \text{其他} \end{cases}$$

和

$$\mathbf{b} = (1.902207, 1.051143, 1.175689, 3.480083, 0.819600, -0.264419,$$

$$- 0.412789, 1.175689, 0.913337, -0.150209, -0.264419, 1.051143,$$

$$1.966694, 0.913337, 0.819600, 1.902207)^t$$

(ii)

$$
a_{i,j} = \begin{cases} 4, & \text{若} \quad j = i \ \text{和} \ i = 1, 2, \cdots, 25, \\[2mm] -1, & \text{若} \begin{cases} j = i+1 \ \text{和} \ i = \begin{cases} 1, 2, 3, 4, 6, 7, 8, 9, 11, 12, 13, 14, \\ 16, 17, 18, 19, 21, 22, 23, 24, \end{cases} \\[4mm] j = i-1 \ \text{和} \ i = \begin{cases} 2, 3, 4, 5, 7, 8, 9, 10, 12, 13, 14, 15, \\ 17, 18, 19, 20, 22, 23, 24, 25, \end{cases} \\[4mm] j = i+5 \ \text{和} \ i = 1, 2, \cdots, 20, \\ j = i-5 \ \text{和} \ i = 6, 7, \cdots, 25, \end{cases} \\[10mm] 0, & \text{其他} \end{cases}
$$

和

$$
\mathbf{b} = (1, 0, -1, 0, 2, 1, 0, -1, 0, 2, 1, 0, -1, 0, 2, 1, 0, -1, 0, 2, 1, 0, -1, 0, 2)^t
$$

(iii)

$$
a_{i,j} = \begin{cases} 2i, & \text{若} \quad j = i \ \text{和} \ i = 1, 2, \cdots, 40, \\[2mm] -1, & \text{若} \begin{cases} j = i+1 \ \text{和} \ i = 1, 2, \cdots, 39, \\ j = i-1 \ \text{和} \ i = 2, 3, \cdots, 40, \end{cases} \\[4mm] 0, & \text{其他} \end{cases}
$$

和 $b_i = 1.5i - 6$，$i = 1, 2, \cdots, 40$。

a. 使用 Jacobi 方法。　　　　　b. 使用 Gauss-Seidel 迭代方法。

c. 使用 SOR 方法，其中 (i) $\omega = 1.3$，(ii) $\omega = 1.2$ (iii) $\omega = 1.1$。

d. 使用预处理矩阵为 $C^{-1} = D^{-1/2}$ 的共轭梯度法。

10. 使用预处理矩阵为 $C^{-1} = I$ 的共轭梯度法求解 7.3 节习题 14(b) 的线性方程组。

11. 令

$$
A_1 = \begin{bmatrix} 4 & -1 & 0 & 0 \\ -1 & 4 & -1 & 0 \\ 0 & -1 & 4 & -1 \\ 0 & 0 & -1 & 4 \end{bmatrix}, \quad -I = \begin{bmatrix} -1 & 0 & 0 & 0 \\ 0 & -1 & 0 & 0 \\ 0 & 0 & -1 & 0 \\ 0 & 0 & 0 & -1 \end{bmatrix},
$$

$$
O = \begin{bmatrix} 0 & 0 & 0 & 0 \\ 0 & 0 & 0 & 0 \\ 0 & 0 & 0 & 0 \\ 0 & 0 & 0 & 0 \end{bmatrix}
$$

形成具有如下格式的 16×16 矩阵 A：

$$
A = \begin{bmatrix} A_1 & -I & O & O \\ -I & A_1 & -I & O \\ O & -I & A_1 & -I \\ O & O & -I & A_1 \end{bmatrix}
$$

令 $\mathbf{b} = (1, 2, 3, 4, 5, 6, 7, 8, 9, 0, 1, 2, 3, 4, 5, 6)^t$。

a. 使用误差限为 0.05 的共轭梯度法求解 $A\mathbf{x} = \mathbf{b}$。

b. 使用预处理矩阵为 $C^{-1} = D^{-1/2}$ 的共轭梯度法求解 $A\mathbf{x} = \mathbf{b}$，其中误差限为 0.05。

c. 对于不同的误差，(a) 和 (b) 的方法是否需要不同的迭代次数？

应用型习题

12. 同轴电缆由 0.1 in 的内导体和 0.5 in 的外导体组成。在电缆横截面上的电势可以用拉普拉斯方程来描述。假设内导体的电势为 0 V，外导体的电势为 110 V。要获得两个导体之间的电势需要求解下面的线性方程组。（见 12.1 节的习题 5。）

$$\begin{bmatrix} 4 & -1 & 0 & 0 & -1 & 0 & 0 & 0 & 0 & 0 & 0 & 0 \\ -1 & 4 & -1 & 0 & 0 & 0 & 0 & 0 & 0 & 0 & 0 & 0 \\ 0 & -1 & 4 & -1 & 0 & 0 & 0 & 0 & 0 & 0 & 0 & 0 \\ 0 & 0 & -1 & 4 & 0 & -1 & 0 & 0 & 0 & 0 & 0 & 0 \\ -1 & 0 & 0 & 0 & 4 & 0 & -1 & 0 & 0 & 0 & 0 & 0 \\ 0 & 0 & 0 & -1 & 0 & 4 & 0 & -1 & 0 & 0 & 0 & 0 \\ 0 & 0 & 0 & 0 & -1 & 0 & 4 & 0 & 0 & 0 & 0 & -1 \\ 0 & 0 & 0 & 0 & 0 & -1 & 0 & 4 & 0 & 0 & 0 & -1 \\ 0 & 0 & 0 & 0 & 0 & 0 & -1 & 0 & 4 & -1 & 0 & 0 \\ 0 & 0 & 0 & 0 & 0 & 0 & 0 & -1 & 4 & -1 & 0 \\ 0 & 0 & 0 & 0 & 0 & 0 & 0 & 0 & -1 & 4 & -1 \\ 0 & 0 & 0 & 0 & 0 & 0 & -1 & 0 & 0 & 0 & -1 & 4 \end{bmatrix} \begin{bmatrix} w_1 \\ w_2 \\ w_3 \\ w_4 \\ w_5 \\ w_6 \\ w_7 \\ w_8 \\ w_9 \\ w_{10} \\ w_{11} \\ w_{12} \end{bmatrix} = \begin{bmatrix} 220 \\ 110 \\ 110 \\ 220 \\ 110 \\ 110 \\ 110 \\ 110 \\ 220 \\ 110 \\ 110 \\ 220 \end{bmatrix}$$

    使用共轭梯度法求解该线性方程组，其中 $TOL = 10^{-2}$ 和 $C^{-1} = D^{-1}$。

13. 假设一个物体可以放在等距分布的 $n+1$ 个点的任何一个上，即 $x_0, x_1, \cdots, x_n$。当一个物体处在 x_i 上时，它可以等概率地移动到 x_{i-1} 或 x_{i+1}，但不能直接移动到其他任何位置。考虑概率 $\{P_i\}_{i=0}^n$，即一个物体开始从 x_i 在移动到右端点 x_n 前移动到左端点 x_0 的概率。显然，$P_0 = 1$ 和 $P_n = 0$。因为这个物体只能从 x_{i-1} 或 x_{i+1} 移动到 x_i，所以移动到这些点的概率是 $\frac{1}{2}$。

$$P_i = \frac{1}{2} P_{i-1} + \frac{1}{2} P_{i+1}, \qquad i = 1, 2, \cdots, n-1$$

    a. 证明：

$$\begin{bmatrix} 1 & -\frac{1}{2} & 0 & \cdots & \cdots & 0 \\ -\frac{1}{2} & 1 & -\frac{1}{2} & & & \\ 0 & -\frac{1}{2} & 1 & & & 0 \\ \vdots & & & & & \vdots \\ & & & -\frac{1}{2} & 1 & -\frac{1}{2} \\ 0 & \cdots & 0 & & -\frac{1}{2} & 1 \end{bmatrix} \begin{bmatrix} P_1 \\ P_2 \\ \vdots \\ P_{n-1} \end{bmatrix} = \begin{bmatrix} \frac{1}{2} \\ 0 \\ \vdots \\ 0 \end{bmatrix}$$

    b. 当 $n = 10, 50$ 和 100 时，求解该线性方程组。

    c. 将移动到左边和右边的概率分别改为 α 和 $1-\alpha$，得到类似于 (a) 中的线性方程组。

    d. 当 $\alpha = \frac{1}{3}$ 时，重做 (b)。

理论型习题

14. 使用定理 6.14 中的转置性质来证明定理 7.30。

15. a. 证明相应正定矩阵的一组非零 A-正交集是线性无关的。

    b. 证明如果 $\{\mathbf{v}^{(1)}, \mathbf{v}^{(2)}, \cdots, \mathbf{v}^{(n)}\}$ 是 $\mathbb{R}$ 上的一组非零 A-正交集，且 $\mathbf{z}^t \mathbf{v}^{(i)} = \mathbf{0}$ 对于任何 $i = 1, 2, \cdots, n$ 成立，那么 $\mathbf{z} = \mathbf{0}$。

16. 用数学归纳法证明定理 7.33。

a. 证明 $\langle \mathbf{r}^{(1)}, \mathbf{v}^{(1)} \rangle = 0$。

b. 假设 $\langle \mathbf{r}^{(k)}, \mathbf{v}^{(j)} \rangle = 0$，$k \leqslant l$ 和 $j = 1, 2, \cdots, k$，证明其隐含了 $\langle \mathbf{r}^{(l+1)}, \mathbf{v}^{(j)} \rangle = 0$，$j = 1, 2, \cdots, l$。

c. 证明 $\langle \mathbf{r}^{(l+1)}, \mathbf{v}^{(l+1)} \rangle = 0$。

17. 在例 3 中，我们得到了 A 和 $\tilde{A}$ 的特征值。用这些特征值确定 A 和 $\tilde{A}$ 在 l_2 范数下的条件数。

讨论问题

1. 预处理的共轭梯度法被用来求解线性方程组 $A\mathbf{x} = \mathbf{b}$，其中 A 是奇异且对称的半正定矩阵。然而，在某种条件下这种方法是发散的，请问是什么条件呢？可以避免其发散吗？

2. 共轭梯度法可以作为一种直接方法，也可以作为迭代方法。讨论它在每一个实例中如何使用？

7.7　数值软件

几乎所有商业和公共领域的软件包都包含用预处理子（preconditioner）求解线性方程组的迭代方法。迭代解的快速收敛通常使用预处理子来实现。一个预处理子产生一个等价的方程组，目的是希望比原系统有更好的收敛特征。IMSL 库有预处理的共轭梯度法，NAG 库有几个子程序可用于线性方程组的迭代解。

所有的子程序都是基于 Krylov 子空间的。Saad[Sa2]对 Krylov 子空间给出了详细的描述。软件包 LINPACK 和 LAPACK 中包含求解线性方程组的直接方法，然而，这些软件包也包含许多迭代求解的子程序。公用的软件包 IML++、ITPACK、SLAP 和 Templates 包含迭代方法。MATLAB 包含几个迭代方法，这些方法也是基于 Krylov 子空间的。

在 7.5 节中已经介绍了条件数和差条件的矩阵的概念。许多求解线性方程组或矩阵的 LU 分解的子程序都包含病态矩阵的检查并且给出一个条件数的估计。LAPACK 有许多关于估计条件数的例子，ISML 和 NAG 库也一样。

LAPACK、LINPACK、IMSL 和 NAG 库都有改善差条件数的线性方程组的解的子程序。在用子程序测试条件数后，采用迭代优化来获得计算机精度能够达到的最精确的近似解。

讨论问题

1. PARALUTION 是一个开放源码库，提供聚焦于多核加速器中的稀疏迭代方法，如 GPU。请概述这种方法。

2. 请概述 BPKIT 工具包。

3. 请概述 SuperLU 库。

4. 请概述 CERFACS 项目。

关键概念

向量范数	矩阵范数	欧氏范数
向量间的距离	矩阵间的距离	特征多项式
特征值	特征向量	谱半径
收敛矩阵	Jacobi 方法	Gauss-Seidel 方法
迭代方法	Stein-Rosenberg	残差向量
SOR	超松弛	次松弛
条件数	良态	病态

迭代优化	共轭梯度法	正交条件
预处理	Cauchy-Bunyakovsky	无穷范数
	-Schwartz 不等式	

本章总结

本章介绍了使用迭代方法求解线性方程组的近似解。我们从 Jacobi 方法和 Gauss-Seidel 方法开始介绍迭代方法。这两种方法都需要一个初值 $\mathbf{x}^{(0)}$，都生成一个向量序列 $\mathbf{x}^{(i+1)}$，都采用一种迭代格式：

$$\mathbf{x}^{(i+1)} = T\mathbf{x}^{(i)} + \mathbf{c}$$

注意，当且仅当迭代矩阵的谱半径 $\rho(T) < 1$，该方法收敛，而且谱半径越小，收敛速度越快。由 Gauss-Seidel 方法中残差向量的分析推出加速收敛的带有参数 ω 的 SOR 迭代方法。

这些迭代方法以及修正方法被广泛应用于求解线性方程组，这些线性方程组产生于边值问题的数值解和偏微分方程中(见第 11 章和第 12 章)。这些方程组通常都非常大，有 10 000 个方程和 10 000 个未知数，且系数矩阵是稀疏的，其非零元素在可预知的位置上。迭代方法对其他大型稀疏方程组也很有用，并且很容易高效地用于并行计算中。

关于适合用迭代方法求解线性方程组的更多内容可以参考 Varga[Var1]，Young[Y]，Hageman 和 Young[HY]，以及 Axelsson[Ax]。对于大型稀疏系统的迭代方法的讨论可参考 Barrett et al.[Barr]，Hackbusch[Hac]，Kelley[Kelley]，以及 Saad[Sa2]。

第8章 逼 近 论

引言

胡克定律告诉我们：当给一个材质均匀的弹簧施加外力时，弹簧的长度是外力的线性函数。我们可以将线性函数写成 $F(l)=k(l-E)$，其中 $F(l)$ 表示使弹簧伸长 l 单位所需要施加的力，常数 E 表示没有施加外力时弹簧的长度，常数 k 是弹簧刚度常数。

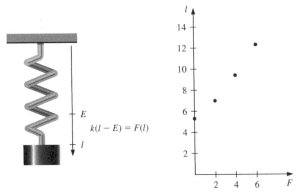

假设我们想要知道一个弹簧的刚度常数，已知该弹簧的初始长度为 5.3 英寸（1 英寸=2.54 厘米）。当分别施加 2 磅、4 磅和 6 磅的力在这个弹簧上时，发现弹簧的长度相应地增加到 7.0 英寸、9.4 英寸和 12.3 英寸。简单地检查一下就会发现这些点[即 (0,5.3),(2,7.0),(4,9.4) 和 (6,12.3)]并不在一条直线上。虽然我们可以随机地取出一对点来近似确定弹簧的刚度常数，然而更合理的做法是利用所有的数据来找到一个最好的近似。本章中将要考虑这种类型的近似，这个关于弹簧的应用将在 8.1 节习题 7 中出现。

逼近论包括两种一般类型的问题。一个是当一个函数的表达式已经显式地给出，我们希望找到更简单类型的函数（如多项式）来逼近这个给定的函数值；另一个是通过一些给定数据来拟合函数，在某一类型的函数中寻找表示这些数据的最佳函数。

这两个问题在第 3 章中都已经涉及了。一个 $(n+1)$ 次可微函数在 x_0 点处的 n 阶 Taylor 多项式就是这个函数在 x_0 点的小邻域的极好的逼近。Lagrange 插值多项式，或者更一般的密切多项式既可以作为一个函数的近似多项式，也可以是拟合一些数据的多项式。第 3 章还讨论了三次样条。在本章中，考虑到这些方法已经讨论过了，我们将介绍一些其他的手段。

8.1 离散最小二乘逼近

表 8.1 中列出了一些实验数据，估计一个函数在表中未列出的点上的值。

图 8.1 中绘出了表 8.1 中的数据点。从图上可以看出，x 与 y 之间的实际关系是线性的。但没有一条直线能够完全吻合这些数据，这很可能是因为数据本身有误差。因此，要求有一个近似函数完全精确地吻合这些数据是不合理的。实际上，这种完全精确地吻合这些数据的函数将引入振荡，这可能是问题本身并不具有的。例如，表 8.1 中数据的九次插值多项式的曲线图如图 8.2 所示，其展示出无限制的模式。

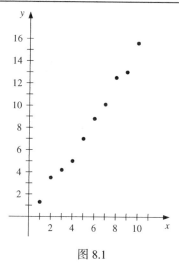

图 8.1

表 8.1

x_i	y_i	x_i	y_i
1	1.3	6	8.8
2	3.5	7	10.1
3	4.2	8	12.5
4	5.0	9	13.0
5	7.0	10	15.6

图 8.2 中绘出了这些数据点及其插值多项式曲线图。

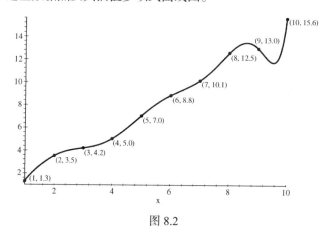

图 8.2

显而易见，高次多项式对这一组数据点所包含的信息而言并不是一种好的表示，更好的方法是找到一个"最佳的"(在某种意义下)逼近直线，但并不要求所有的点都精确地满足直线方程。

假设 $a_1x_i+a_0$ 表示在逼近直线上的第 i 个值，而 y_i 是第 i 个给出的 y 值。我们一直假设自变量 x_i 总是精确的，而因变量 y_i 可能并不精确。这个假设在大多数实验中是合理的。

在绝对值意义下寻找最佳线性逼近的问题要求所求的 a_0 和 a_1 的值通过将下式最小化而得到：

$$E_\infty(a_0, a_1) = \max_{1 \leq i \leq 10} \{|y_i - (a_1 x_i + a_0)|\}$$

这个问题通常称为**极小极大**问题，但它并不能用初级技巧来处理。

另外一种求最佳线性逼近的方法通过最小化下面的量而获得 a_0 和 a_1 的值：

$$E_1(a_0, a_1) = \sum_{i=1}^{10} |y_i - (a_1 x_i + a_0)|$$

这个量称为**绝对偏差**。求一个具有两个变量函数的极小值，我们需要让这个函数的两个偏导数同时为零并求解方程组。在极小化绝对偏差的情况下，需要求出 a_0 和 a_1 的值使得

$$0 = \frac{\partial}{\partial a_0} \sum_{i=1}^{10} |y_i - (a_1 x_i + a_0)| \quad \text{和} \quad 0 = \frac{\partial}{\partial a_1} \sum_{i=1}^{10} |y_i - (a_1 x_i + a_0)|$$

这个问题涉及一个绝对值函数，它在零点是不可微的，我们很可能无法得到这对方程的解。

线性最小二乘法

求解这个问题的**最小二乘法**是：将给定的数据值和逼近直线上的值之差的平方和作为误差，通过使这个误差最小化来确定最佳逼近直线。因此，常数 a_0 和 a_1 的选取应使得下面的误差达到最小：

$$E_2(a_0, a_1) = \sum_{i=1}^{10} [y_i - (a_1 x_i + a_0)]^2$$

最小二乘法是求最佳线性逼近的最方便的方法，同时在理论方面也有一些重要的优势。极小极大方法通常给一些严重错误的数据分配了太多的权重，而绝对偏差方法却没有充分考虑每个数据的权重，尤其是逼近直线之外的点。最小二乘法充分考虑了逼近直线之外的点的权重，同时并不允许某些点完全控制近似。考虑最小二乘法的另一个理由是该方法包含了误差的统计分布。（见 [Lar]，pp.463–481。）

拟合数据集 $\{(x_i, y_i)\}_{i=1}^{m}$ 的最佳最小二乘直线的问题涉及利用参数 a_0 和 a_1 的选取最小化总误差：

$$E \equiv E_2(a_0, a_1) = \sum_{i=1}^{m} [y_i - (a_1 x_i + a_0)]^2$$

为了找到最小值，我们需要

$$\frac{\partial E}{\partial a_0} = 0 \quad 和 \quad \frac{\partial E}{\partial a_1} = 0$$

即

$$0 = \frac{\partial}{\partial a_0} \sum_{i=1}^{m} [(y_i - (a_1 x_i - a_0)]^2 = 2 \sum_{i=1}^{m} (y_i - a_1 x_i - a_0)(-1)$$

和

$$0 = \frac{\partial}{\partial a_1} \sum_{i=1}^{m} [y_i - (a_1 x_i + a_0)]^2 = 2 \sum_{i=1}^{m} (y_i - a_1 x_i - a_0)(-x_i)$$

这两个方程简化为**正规方程**为

$$a_0 \cdot m + a_1 \sum_{i=1}^{m} x_i = \sum_{i=1}^{m} y_i \quad 和 \quad a_0 \sum_{i=1}^{m} x_i + a_1 \sum_{i=1}^{m} x_i^2 = \sum_{i=1}^{m} x_i y_i$$

这个方程组的解是

$$a_0 = \frac{\sum_{i=1}^{m} x_i^2 \sum_{i=1}^{m} y_i - \sum_{i=1}^{m} x_i y_i \sum_{i=1}^{m} x_i}{m \left(\sum_{i=1}^{m} x_i^2 \right) - \left(\sum_{i=1}^{m} x_i \right)^2} \tag{8.1}$$

和

$$a_1 = \frac{m \sum_{i=1}^{m} x_i y_i - \sum_{i=1}^{m} x_i \sum_{i=1}^{m} y_i}{m \left(\sum_{i=1}^{m} x_i^2 \right) - \left(\sum_{i=1}^{m} x_i \right)^2} \tag{8.2}$$

例 1 求出表 8.1 中所给数据的最小二乘直线近似。

解 我们首先添加两列 x_i^2 和 $x_i y_i$ 将原表扩充，并计算每列的和。这些结果列于表 8.2 中。

表 8.2

x_i	y_i	x_i^2	$x_i y_i$	$P(x_i) = 1.538x_i - 0.360$
1	1.3	1	1.3	1.18
2	3.5	4	7.0	2.72
3	4.2	9	12.6	4.25
4	5.0	16	20.0	5.79
5	7.0	25	35.0	7.33
6	8.8	36	52.8	8.87
7	10.1	49	70.7	10.41
8	12.5	64	100.0	11.94
9	13.0	81	117.0	13.48
10	15.6	100	156.0	15.02
55	81.0	385	572.4	$E = \sum_{i=1}^{10}(y_i - P(x_i))^2 \approx 2.34$

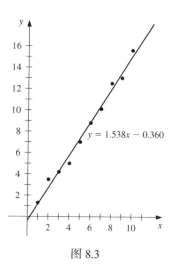

图 8.3

由正规方程 (8.1) 和方程 (8.2) 可得

$$a_0 = \frac{385(81) - 55(572.4)}{10(385) - (55)^2} = -0.360$$

和

$$a_1 = \frac{10(572.4) - 55(81)}{10(385) - (55)^2} = 1.538$$

于是就有 $P(x)=1.538x-0.360$。这条直线以及它所拟合的数据点在图 8.3 中绘出。由最小二乘方法通过这些数据点给出的近似值及其误差在表 8.2 中列出。 ∎

多项式最小二乘法

上面的问题可以推广到一般的代数多项式。设有一组数据 $\{(x_i, y_i) \mid i = 1, 2, \cdots, m\}$，用一个代数多项式

$$P_n(x) = a_n x^n + a_{n-1} x^{n-1} + \cdots + a_1 x + a_0$$

(其次数为 $n < m-1$) 来拟合这些数据，可以类似地用最小二乘法来处理。我们选取一组常数 $a_0, a_1, \cdots, a_n$，它最小化了最小二乘误差 $E = E_2(a_0, a_1, \cdots, a_n)$，其中

$$E = \sum_{i=1}^{m} (y_i - P_n(x_i))^2$$

$$= \sum_{i=1}^{m} y_i^2 - 2 \sum_{i=1}^{m} P_n(x_i) y_i + \sum_{i=1}^{m} (P_n(x_i))^2$$

$$= \sum_{i=1}^{m} y_i^2 - 2 \sum_{i=1}^{m} \left(\sum_{j=0}^{n} a_j x_i^j \right) y_i + \sum_{i=1}^{m} \left(\sum_{j=0}^{n} a_j x_i^j \right)^2$$

$$= \sum_{i=1}^{m} y_i^2 - 2 \sum_{j=0}^{n} a_j \left(\sum_{i=1}^{m} y_i x_i^j \right) + \sum_{j=0}^{n} \sum_{k=0}^{n} a_j a_k \left(\sum_{i=1}^{m} x_i^{j+k} \right)$$

跟线性最小二乘法的情形一样，为了最小化 E 必须要求对每个 $j = 0, 1, \cdots, n$，$\partial E / \partial a_j = 0$。于是，对每个 j，有

$$0 = \frac{\partial E}{\partial a_j} = -2 \sum_{i=1}^{m} y_i x_i^j + 2 \sum_{k=0}^{n} a_k \sum_{i=1}^{m} x_i^{j+k}$$

这样就得到了关于 $n+1$ 个**未知量** a_j 的 $n+1$ 个正规方程，它们是

$$\sum_{k=0}^{n} a_k \sum_{i=1}^{m} x_i^{j+k} = \sum_{i=1}^{m} y_i x_i^j, \quad j = 0, 1, \cdots, n \tag{8.3}$$

可以将正规方程写成下面的形式：

$$a_0 \sum_{i=1}^{m} x_i^0 + a_1 \sum_{i=1}^{m} x_i^1 + a_2 \sum_{i=1}^{m} x_i^2 + \cdots + a_n \sum_{i=1}^{m} x_i^n = \sum_{i=1}^{m} y_i x_i^0,$$

$$a_0 \sum_{i=1}^{m} x_i^1 + a_1 \sum_{i=1}^{m} x_i^2 + a_2 \sum_{i=1}^{m} x_i^3 + \cdots + a_n \sum_{i=1}^{m} x_i^{n+1} = \sum_{i=1}^{m} y_i x_i^1,$$

$$\vdots$$

$$a_0 \sum_{i=1}^{m} x_i^n + a_1 \sum_{i=1}^{m} x_i^{n+1} + a_2 \sum_{i=1}^{m} x_i^{n+2} + \cdots + a_n \sum_{i=1}^{m} x_i^{2n} = \sum_{i=1}^{m} y_i x_i^n$$

只要 x_i 是互不相同的，这些正规方程就有唯一的解（见习题 14）。

例 2 用次数不超过 2 的离散最小二乘多项式来拟合表 8.3 中数据。

解 就这个问题而言，$n = 2, m = 5$，3 个正规方程分别是

$$5a_0 + \qquad 2.5a_1 + \quad 1.875a_2 = 8.7680,$$
$$2.5a_0 + \quad 1.875a_1 + 1.5625a_2 = 5.4514, \text{ and}$$
$$1.875a_0 + 1.5625a_1 + 1.3828a_2 = 4.4015$$

解这个方程组可以得出

$$a_0 = 1.005075519, \quad a_1 = 0.8646758482, \quad a_2 = 0.8431641518$$

这样，拟合表 8.3 中数据的次数不超过 2 的离散最小二乘多项式为

$$P_2(x) = 1.0051 + 0.86468x + 0.84316x^2$$

它的图形在图 8.4 中绘出。在每一个点 x_i 处的近似值及其误差都列于表 8.4 中。

总误差为

$$E = \sum_{i=1}^{5} (y_i - P(x_i))^2 = 2.74 \times 10^{-4}$$

这个误差对次数不超过 2 的多项式来说是最小的。

表 8.3

i	x_i	y_i
1	0	1.0000
2	0.25	1.2840
3	0.50	1.6487
4	0.75	2.1170
5	1.00	2.7183

表 8.4

i	1	2	3	4	5
x_i	0	0.25	0.50	0.75	1.00
y_i	1.0000	1.2840	1.6487	2.1170	2.7183
$P(x_i)$	1.0051	1.2740	1.6482	2.1279	2.7129
$y_i - P(x_i)$	−0.0051	0.0100	0.0004	−0.0109	0.0054

至此，我们就可以假设数据是指数相关的。这意味着对某两个常数 a 和 b，逼近函数具有下面的形式：

$$y = be^{ax} \tag{8.4}$$

或者

$$y = bx^a \tag{8.5}$$

对于这种类型的逼近函数，使用最小二乘法的困难在于如何最小化误差

$$E = \sum_{i=1}^{m} (y_i - be^{ax_i})^2, \quad \text{在方程 (8.4) 的情形下}$$

或者

$$E = \sum_{i=1}^{m} (y_i - bx_i^a)^2, \quad \text{在方程(8.5)的情形下}$$

与这些方程相关联的正规方程可以通过下面的运算得到:

$$0 = \frac{\partial E}{\partial b} = 2\sum_{i=1}^{m} (y_i - be^{ax_i})(-e^{ax_i})$$

和

$$0 = \frac{\partial E}{\partial a} = 2\sum_{i=1}^{m} (y_i - be^{ax_i})(-bx_ie^{ax_i}), \quad \text{在方程(8.4)的情形下}$$

或者

$$0 = \frac{\partial E}{\partial b} = 2\sum_{i=1}^{m} (y_i - bx_i^a)(-x_i^a)$$

和

$$0 = \frac{\partial E}{\partial a} = 2\sum_{i=1}^{m} (y_i - bx_i^a)(-b(\ln x_i)x_i^a), \quad \text{在方程(8.5)的情形下}$$

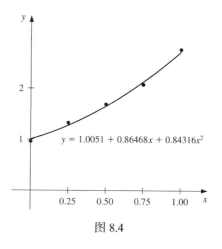

$$y = 1.0051 + 0.86468x + 0.84316x^2$$

图 8.4

一般情形下这些方程组都无法精确地找到解 a 和 b。

当数据被认为是指数相关时,普遍使用的方法是考虑逼近函数的对数:

$$\ln y = \ln b + ax, \quad \text{在方程(8.4)的情形下}$$

和

$$\ln y = \ln b + a\ln x, \quad \text{在方程(8.5)的情形下}$$

无论在哪一种情形下,问题都是线性的,通过适当地修改正规方程(8.1)和方程(8.2)就能得到问题的解 $\ln b$ 和 a。

但是,通过上述方法得到的逼近并不是原问题的最小二乘逼近,在某些情形下这个逼近与原问题的最小二乘逼近有很大的不同。习题 13 中的例子描述了这种情形。在 10.3 节的习题 9 中重新考虑了这个问题,题目中通过合适的非线性方程组的解法可以得到指数最小二乘问题较为精确的解。

示例 考虑表 8.5 中前三列的数据。

表 8.5

i	x_i	y_i	$\ln y_i$	x_i^2	$x_i \ln y_i$
1	1.00	5.10	1.629	1.0000	1.629
2	1.25	5.79	1.756	1.5625	2.195
3	1.50	6.53	1.876	2.2500	2.814
4	1.75	7.45	2.008	3.0625	3.514
5	2.00	8.46	2.135	4.0000	4.270
	7.50		9.404	11.875	14.422

如果绘出关于 x_i 和 $\ln y_i$ 的图形,就可以看出它们具有线性关系,因此假设如下形式的逼近函数是合理的:

$$y = be^{ax}, \quad \text{该式意味着} \quad \ln y = \ln b + ax$$

扩充表 8.5 并将相应的列进行求和,得到表 8.5 中的其他数据。

使用正规方程(8.1)和方程(8.2),可以得到

$$a = \frac{(5)(14.422) - (7.5)(9.404)}{(5)(11.875) - (7.5)^2} = 0.5056$$

和

$$\ln b = \frac{(11.875)(9.404) - (14.422)(7.5)}{(5)(11.875) - (7.5)^2} = 1.122$$

利用 $\ln b = 1.122$，我们有 $b = e^{1.122} = 3.071$，逼近函数具有下面的形式：

$$y = 3.071e^{0.5056x}$$

在这些数据点上，我们将近似值列于表 8.6 中（见图 8.5）。

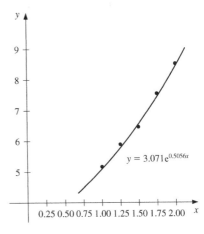

图 8.5

表 8.6

i	x_i	y_i	$3.071e^{0.5056x_i}$	$\|y_i - 3.071e^{0.5056x_i}\|$
1	1.00	5.10	5.09	0.01
2	1.25	5.79	5.78	0.01
3	1.50	6.53	6.56	0.03
4	1.75	7.45	7.44	0.01
5	2.00	8.46	8.44	0.02

习题 8.1

1. 根据例 2 中的数据来求线性最小二乘多项式逼近。

2. 根据例 1 中的数据求次数为 2 的最小二乘多项式逼近，并比较你的多项式与例 2 中的多项式的总误差 E。

3. 根据下表中的数据，求次数为 1、2 和 3 的最小二乘多项式逼近，计算每种情形下的总误差 E，并绘出数据和多项式的图形。

x_i	1.0	1.1	1.3	1.5	1.9	2.1
y_i	1.84	1.96	2.21	2.45	2.94	3.18

4. 根据下表中的数据，求次数为 1、2 和 3 的最小二乘多项式逼近，计算每种情形下的总误差 E，并绘出数据和多项式的图形。

x_i	0	0.15	0.31	0.5	0.6	0.75
y_i	1.0	1.004	1.031	1.117	1.223	1.422

5. 给出以下数据：

x_i	4.0	4.2	4.5	4.7	5.1	5.5	5.9	6.3	6.8	7.1
y_i	102.56	113.18	130.11	142.05	167.53	195.14	224.87	256.73	299.50	326.72

a. 构造次数为 1 的最小二乘多项式逼近并计算误差。

b. 构造次数为 2 的最小二乘多项式逼近并计算误差。

c. 构造次数为 3 的最小二乘多项式逼近并计算误差。

d. 构造形如 be^{ax} 的最小二乘多项式逼近并计算误差。

e. 构造形如 bx^a 的最小二乘多项式逼近并计算误差。

6. 根据下表中的数据，重做习题 5。

x_i	0.2	0.3	0.6	0.9	1.1	1.3	1.4	1.6
y_i	0.050446	0.098426	0.33277	0.72660	1.0972	1.5697	1.8487	2.5015

应用型习题

7. 在本章引言的例子中描述了一个确定弹簧刚度的实验,其采用了胡克定律:
$$F(l) = k(l - E)$$
函数 F 是将弹簧拉长 l 单位所需要的力,常数 $E = 5.3$ 英寸是弹簧的原始长度。

a. 针对施加的不同重力 $F(l)$(单位为磅),测量了弹簧的伸长量 l(单位是英寸),其结果列于下表:

$F(l)$	l
2	7.0
4	9.4
6	12.3

求 k 的最小二乘逼近。

b. 另外还测量了更多的数据,见下表:

$F(l)$	l
3	8.3
5	11.3
8	14.4
10	15.9

计算 k 的新的最小二乘逼近。(a)和(b)中的数据哪一个能更好地拟合全部实验数据?

8. 下面的表中列出了 30 位学生的数值分析课程的家庭作业成绩和期末考试成绩。用线性最小二乘法来拟合这些数据,求出直线方程,并利用这个直线方程通过家庭作业成绩来预测期末考试成绩中分值等级为 $A(90\%)$ 和 $D(60\%)$ 的最小值。

家庭作业	期末考试	家庭作业	期末考试
302	45	323	83
325	72	337	99
285	54	337	70
339	54	304	62
334	79	319	66
322	65	234	51
331	99	337	53
279	63	351	100
316	65	339	67
347	99	343	83
343	83	314	42
290	74	344	79
326	76	185	59
233	57	340	75
254	45	316	45

9. 下表中列出了 20 个数学与计算机科学专业的学生的大学平均成绩以及这些学生在高中时参加 ACT(美国大学入学考试)的数学部分的成绩。把这些数据绘成图,并用线性最小二乘方法来拟合这些数据。

ACT 成绩	大学平均成绩	ACT 成绩	大学平均成绩
28	3.84	29	3.75
25	3.21	28	3.65
28	3.23	27	3.87
27	3.63	29	3.75
28	3.75	21	1.66
33	3.20	28	3.12
28	3.41	28	2.96
29	3.38	26	2.92
23	3.53	30	3.10
27	2.03	24	2.81

10. 下表列出的一些数据是由参议院反垄断委员会提供的，其给出了不同类型汽车的碰撞存活率特征比较。用最小二乘法求出拟合这组数据的直线方程。(表中是最严重的事故发生的车辆的百分比。)

类型	平均重量	发生率
国产豪华型	4800 lb	3.1
国产中级型	3700 lb	4.0
国产经济型	3400 lb	5.2
国产紧凑型	2800 lb	6.4
进口紧凑型	1900 lb	9.6

11. 为了确定在大堡礁的部分水域采集的一些样品中鱼的数量与鱼的种类之间的关系，P. Sale 和 R. Dybdahl[SD]使用线性最小二乘法拟合了下表中所列的数据，这些数据样品的采集超过了两年的周期。设 x 是样品中鱼的数量，y 是样品中鱼的种类数。

x	y	x	y	x	y
13	11	29	12	60	14
15	10	30	14	62	21
16	11	31	16	64	21
21	12	36	17	70	24
22	12	40	13	72	17
23	13	42	14	100	23
25	13	55	22	130	34

对这些数据求线性最小二乘多项式。

12. 为了确定一个铁燧岩样品中衰减系数和厚度之间的函数关系，V. P. Singh[Si]的论文中用线性最小二乘多项式拟合了一组数据。下面所列数据取自这篇论文中的一个图，求拟合这些数据的线性最小二乘多项式。

厚度(cm)	衰减系数 (dB/cm)
0.040	26.5
0.041	28.1
0.055	25.2
0.056	26.0
0.062	24.0
0.071	25.0
0.071	26.4
0.078	27.2
0.082	25.6
0.090	25.0
0.092	26.8
0.100	24.8
0.105	27.0
0.120	25.0
0.123	27.3
0.130	26.9
0.140	26.2

13. 在一篇关于中等天蛾(拉丁名为 Pachysphinx modesta)幼虫利用能量的有效性论文中，L. Schroeder [Schr1]用下列数据确定了幼虫重量 W(单位：克)和氧气消耗量 R(单位：毫升每小时)之间的关系。从生物学的观点，假设它们之间的关系具有形式 $R = bW^a$。

a. 通过用下面的关系式求对数线性最小二乘多项式：

$$\ln R = \ln b + a \ln W$$

b. 计算(a)中相关近似的误差：

$$E = \sum_{i=1}^{37} (R_i - bW_i^a)^2$$

c. 通过加入二次项 $c(\ln W_i)^2$ 来修正(a)中对数最小二乘方程，求出对数二次最小二乘多项式。

d. 对下面的数据确定拟合公式并计算(c)中相关联的近似误差。

W	R	W	R	W	R	W	R	W	R
0.017	0.154	0.025	0.23	0.020	0.181	0.020	0.180	0.025	0.234
0.087	0.296	0.111	0.357	0.085	0.260	0.119	0.299	0.233	0.537
0.174	0.363	0.211	0.366	0.171	0.334	0.210	0.428	0.783	1.47
1.11	0.531	0.999	0.771	1.29	0.87	1.32	1.15	1.35	2.48
1.74	2.23	3.02	2.01	3.04	3.59	3.34	2.83	1.69	1.44
4.09	3.58	4.28	3.28	4.29	3.40	5.48	4.15	2.75	1.84
5.45	3.52	4.58	2.96	5.30	3.88			4.83	4.66
5.96	2.40	4.68	5.10					5.53	6.94

理论型习题

14. 证明由离散最小二乘逼近产生的正规方程(8.3)，其系数矩阵是对称的且是非奇异的，因此有唯一解。[提示：令 $A=(a_{ij})$，其中，

$$a_{ij} = \sum_{k=1}^{m} x_k^{i+j-2}$$

且 $x_1, x_2, \cdots, x_m$ 是互不相同的数，$n < m-1$。假设 A 是奇异的，$\mathbf{c} \neq \mathbf{0}$ 使得 $\mathbf{c}^t A \mathbf{c} = \mathbf{0}$。证明系数为 $\mathbf{c}$ 的分量的 n 次多项式有 n 个以上的根，并由此引出矛盾。]

讨论问题

1. 一两个异常值会严重地歪曲最小二乘分析的结果。为什么会这样？
2. 怎样处理异常值才能保证最小二乘分析的结果可用？
3. 在使用一个计算机或计算器时，有两种不同类型的舍入误差(截断和舍入)产生。讨论这两种误差对线性最小二乘多项式逼近的影响。

8.2 正交多项式和最小二乘逼近

前一节考虑了使用最小二乘逼近来拟合一组数据的问题，本章引言中提到的另一个问题是函数逼近。

假设 $f \in C[a,b]$，求一个次数最多是 n 的多项式 $P_n(x)$ 使得下面的误差达到最小：

$$\int_a^b [f(x) - P_n(x)]^2 \, \mathrm{d}x$$

为了确定最小二乘逼近多项式，也就是说，一个使上面的表达式取最小值的多项式，为此，令

$$P_n(x) = a_n x^n + a_{n-1} x^{n-1} + \cdots + a_1 x + a_0 = \sum_{k=0}^{n} a_k x^k$$

并如图 8.6 所示，定义：

$$E \equiv E_2(a_0, a_1, \cdots, a_n) = \int_a^b \left(f(x) - \sum_{k=0}^{n} a_k x^k \right)^2 \mathrm{d}x$$

这里的问题是求出实系数 $a_0, a_1, \cdots, a_n$，它们使 E 达到最小。使 E 达到最小的数 $a_0, a_1, \cdots, a_n$ 必须满足的条件是

$$\frac{\partial E}{\partial a_j} = 0, \qquad \text{对每个 } j = 0, 1, \cdots, n$$

因为

$$E = \int_a^b [f(x)]^2 \, \mathrm{d}x - 2 \sum_{k=0}^n a_k \int_a^b x^k f(x) \, \mathrm{d}x + \int_a^b \left(\sum_{k=0}^n a_k x^k \right)^2 \mathrm{d}x$$

我们有

$$\frac{\partial E}{\partial a_j} = -2 \int_a^b x^j f(x) \, \mathrm{d}x + 2 \sum_{k=0}^n a_k \int_a^b x^{j+k} \, \mathrm{d}x$$

因此，为了找到 $P_n(x)$，必须求解关于 $(n+1)$ 个未知量 a_j 的 $(n+1)$ 个线性**正规方程**：

$$\sum_{k=0}^n a_k \int_a^b x^{j+k} \, \mathrm{d}x = \int_a^b x^j f(x) \, \mathrm{d}x, \quad \text{对每个 } j = 0, 1, \cdots, n \tag{8.6}$$

如果 $f \in C[a,b]$，正规方程总有唯一解。（见习题 15。）

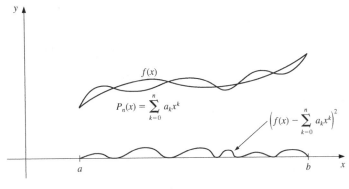

图 8.6

例 1 对定义在区间 $[0,1]$ 上的函数 $f(x) = \sin \pi x$，求它的次数为 2 的最小二乘多项式逼近。

解 关于 $P_2(x) = a_2 x^2 + a_1 x + a_0$ 的正规方程为

$$a_0 \int_0^1 1 \, \mathrm{d}x + a_1 \int_0^1 x \, \mathrm{d}x + a_2 \int_0^1 x^2 \, \mathrm{d}x = \int_0^1 \sin \pi x \, \mathrm{d}x,$$

$$a_0 \int_0^1 x \, \mathrm{d}x + a_1 \int_0^1 x^2 \, \mathrm{d}x + a_2 \int_0^1 x^3 \, \mathrm{d}x = \int_0^1 x \sin \pi x \, \mathrm{d}x,$$

$$a_0 \int_0^1 x^2 \, \mathrm{d}x + a_1 \int_0^1 x^3 \, \mathrm{d}x + a_2 \int_0^1 x^4 \, \mathrm{d}x = \int_0^1 x^2 \sin \pi x \, \mathrm{d}x$$

求出上面的积分后得到

$$a_0 + \frac{1}{2} a_1 + \frac{1}{3} a_2 = \frac{2}{\pi}, \quad \frac{1}{2} a_0 + \frac{1}{3} a_1 + \frac{1}{4} a_2 = \frac{1}{\pi}, \quad \frac{1}{3} a_0 + \frac{1}{4} a_1 + \frac{1}{5} a_2 = \frac{\pi^2 - 4}{\pi^3}$$

这是包含 3 个未知量的 3 个方程，求解后得到

$$a_0 = \frac{12\pi^2 - 120}{\pi^3} \approx -0.050465 \quad \text{和} \quad a_1 = -a_2 = \frac{720 - 60\pi^2}{\pi^3} \approx 4.12251$$

结果，对在区间 $[0,1]$ 上的函数 $f(x) = \sin \pi x$，其次数为 2 的最小二乘多项式逼近是 $P_2(x) = -4.12251 x^2 + 4.12251 x - 0.050465$。（见图 8.7。） ■

例 1 说明了求得一个最小二乘多项式逼近的困难是要求解一个关于未知元 $a_0, a_1, \cdots, a_n$ 的 $(n+1) \times (n+1)$ 的线性方程组，该线性方程组的系数具有如下形式：

$$\int_a^b x^{j+k}\,\mathrm{d}x = \frac{b^{j+k+1}-a^{j+k+1}}{j+k+1}$$

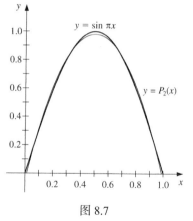

图 8.7

这是一个不能通过简单计算就可以得到数值解的线性方程组。该线性方程组的系数矩阵被称为 **Hilbert 矩阵**，它是一个用来说明舍入误差导致困难的典型例子。(7.5 节习题 9。)

类似于 3.1 节介绍的 Lagrange 插值多项式，该方法的另外一个重大缺陷就是在计算得到 n 次多项式逼近后，如果想得到更高一次的多项式逼近 $P_{n1}(x)$，前面的计算结果则无法使用，需要重新计算 $P_{n+1}(x)$。

线性无关的函数

现在我们来考虑另外一种求最小二乘多项式逼近的方法。这种方法在计算上是非常有效的，一旦 $P_n(x)$ 已知，很容易就可得到 $P_{n+1}(x)$。为了便于讨论，需要引入一些新的概念。

定义 8.1 一组函数 $\{\phi_0,\cdots,\phi_n\}$ 被称为在 $[a,b]$ 上是**线性无关的**，如果

$$c_0\phi_0(x)+c_1\phi_1(x)+\cdots+c_n\phi_n(x)=0,\quad \text{对每个 } x\in[a,b]$$

就有 $c_0=c_1=\cdots=c_n=0$；否则，这组函数就称为是**线性相关的**。 ∎

定理 8.2 假设对每个 $j=0,1,\cdots,n$，$\phi_j(x)$ 是一个 j 次多项式，则 $\{\phi_0,\cdots,\phi_n\}$ 在任何区间 $[a,b]$ 上都是线性无关的。

证明 令 $c_0,\cdots,c_n$ 是 $n+1$ 个实数，并且使得

$$P(x)=c_0\phi_0(x)+c_1\phi_1(x)+\cdots+c_n\phi_n(x)=0,\quad \text{对每个 } x\in[a,b]$$

因为多项式 $P(x)$ 在 $[a,b]$ 上为零，所以它只能是零多项式，也就是说，x 的所有次幂的系数都是零。特别地，x^n 的系数也是零。但是在多项式 $P(x)$ 中只有 $c_n\phi_n(x)$ 中包含 x^n 项，于是必有 $c_n=0$。因此，

$$P(x)=\sum_{j=0}^{n-1}c_j\phi_j(x)$$

在 $P(x)$ 的上述表达式里，只有 $c_{n-1}\phi_{n-1}(x)$ 中包含 x^{n-1} 项，于是这一项也应该为零，从而有

$$P(x)=\sum_{j=0}^{n-2}c_j\phi_j(x)$$

用类似的方式可以得出 $c_{n-2},c_{n-3},\cdots,c_1,c_0$ 都是零。这意味着 $\{\phi_0,\cdots,\phi_n\}$ 在区间 $[a,b]$ 上都是线性无关的。 ∎

例 2 令 $\phi_0(x)=2$，$\phi_1(x)=x-3$，$\phi_2(x)=x^2+2x+7$，$Q(x)=a_0+a_1x+a_2x^2$。证明存在常数 c_0、c_1 和 c_2，使得 $Q(x)=c_0\phi_0(x)+c_1\phi_1(x)+c_2\phi_2(x)$。

解 由定理 8.2 可知，$\{\phi_0,\phi_1,\phi_2\}$ 在任何区间 $[a,b]$ 上都是线性无关的。我们注意到

$$1=\frac{1}{2}\phi_0(x),\quad x=\phi_1(x)+3=\phi_1(x)+\frac{3}{2}\phi_0(x)$$

以及

$$x^2=\phi_2(x)-2x-7=\phi_2(x)-2\left[\phi_1(x)+\frac{3}{2}\phi_0(x)\right]-7\left[\frac{1}{2}\phi_0(x)\right]$$

$$=\phi_2(x)-2\phi_1(x)-\frac{13}{2}\phi_0(x)$$

因此就有

$$Q(x) = a_0 \left[\frac{1}{2}\phi_0(x) \right] + a_1 \left[\phi_1(x) + \frac{3}{2}\phi_0(x) \right] + a_2 \left[\phi_2(x) - 2\phi_1(x) - \frac{13}{2}\phi_0(x) \right]$$

$$= \left(\frac{1}{2}a_0 + \frac{3}{2}a_1 - \frac{13}{2}a_2 \right)\phi_0(x) + [a_1 - 2a_2]\phi_1(x) + a_2\phi_2(x) \qquad \blacksquare$$

例 2 中所展示的结论在更一般的情形下也是成立的。令 $\prod_n$ 表示次数最多是 **n** 的所有多项式构成的集合。下面的结果广泛地用于线性代数中，它的证明在习题 13 中考虑。

定理 8.3 假设 $\{\phi_0(x), \phi_1(x), \cdots, \phi_n(x)\}$ 是 $\prod_n$ 中一组线性无关的多项式，则 $\prod_n$ 中的任何多项式都能唯一地表示成 $\phi_0(x), \phi_1(x), \cdots, \phi_n(x)$ 的一个线性组合。 $\qquad \blacksquare$

正交函数

讨论一般的函数逼近问题需要用到权函数和正交性的概念。

定义 8.4 一个可积函数 w 被称为在 I 上的一个**权函数**，如果它满足对所有 I 中的 x，都有 $w(x) \geq 0$，且在任何 I 的子区间上都有 $w(x) \not\equiv 0$。 $\qquad \blacksquare$

权函数的目的是在逼近中对区间的不同部分赋予不同的重要性。例如，权函数

$$w(x) = \frac{1}{\sqrt{1-x^2}}$$

对区间 $(-1,1)$ 的中心位置附近赋予了较小的重要性，同时特别强调了 $|x|$ 在 1 附近的重要程度（见图 8.8）。这个权函数将在下一节中用到。

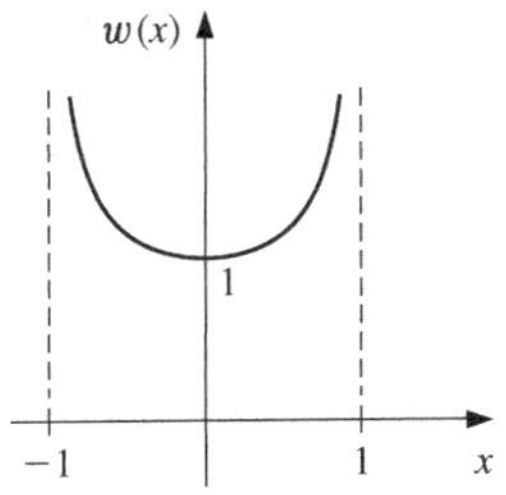

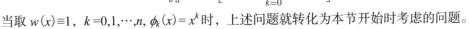

假设 $\{\phi_0, \cdots, \phi_n\}$ 是在区间 $[a,b]$ 上线性无关的一组函数，w 是 $[a,b]$ 上的一个权函数。给定 $f \in C[a,b]$，我们求一个线性组合：

$$P(x) = \sum_{k=0}^{n} a_k\phi_k(x)$$

它使得下面的误差达到最小：

$$E = E(a_0, \cdots, a_n) = \int_a^b w(x)\left[f(x) - \sum_{k=0}^{n} a_k\phi_k(x) \right]^2 \mathrm{d}x$$

图 8.8

当取 $w(x) \equiv 1$，$k = 0,1,\cdots,n$，$\phi_k(x) = x^k$ 时，上述问题就转化为本节开始时考虑的问题。

与这个问题相关的正规方程可以通过下面的方式推导出来：对每个 $j = 0,1,\cdots,n$，

$$0 = \frac{\partial E}{\partial a_j} = 2\int_a^b w(x)\left[f(x) - \sum_{k=0}^{n} a_k\phi_k(x) \right]\phi_j(x)\,\mathrm{d}x$$

则正规方程组可以写成

$$\int_a^b w(x)f(x)\phi_j(x)\,\mathrm{d}x = \sum_{k=0}^{n} a_k \int_a^b w(x)\phi_k(x)\phi_j(x)\,\mathrm{d}x, \quad j = 0,1,\cdots,n$$

如果函数 $\phi_0, \phi_1, \cdots, \phi_n$ 的选取满足

$$\int_a^b w(x)\phi_k(x)\phi_j(x)\,\mathrm{d}x = \begin{cases} 0, & \text{若 } j \neq k, \\ \alpha_j > 0, & \text{若 } j = k, \end{cases} \qquad (8.7)$$

那么正规方程就简化为

$$\int_a^b w(x)f(x)\phi_j(x)\,\mathrm{d}x = a_j\int_a^b w(x)[\phi_j(x)]^2\,\mathrm{d}x = a_j\alpha_j, \quad \text{对每个} j = 0,1,\cdots,n$$

这个方程非常容易求解，其结果是

$$a_j = \frac{1}{\alpha_j}\int_a^b w(x)f(x)\phi_j(x)\,\mathrm{d}x$$

于是，当函数 $\phi_0, \phi_1, \cdots, \phi_n$ 的选取满足式(8.7)给出的**正交性条件**时，最小二乘逼近问题大大地得到了简化。本节的剩余部分就来研究这类集合。

定义 8.5 函数组 $\{\phi_0, \phi_1, \cdots, \phi_n\}$ 如果满足

$$\int_a^b w(x)\phi_k(x)\phi_j(x)\,\mathrm{d}x = \begin{cases} 0, & \text{若} j \neq k, \\ \alpha_j > 0, & \text{若} j = k \end{cases}$$

则称它们为在区间 $[a,b]$ 上关于权函数 w 的**正交函数组**。另外，如果还满足对每个 $j = 0,1,\cdots,n$，$\alpha_j=1$，则这个集合被称为**标准正交组**。 ∎

这个定义和前面的评论一起可以得出下面的定理。

定理 8.6 如果函数组 $\{\phi_0, \phi_1, \cdots, \phi_n\}$ 是在区间 $[a,b]$ 上关于权函数 w 的正交函数组，则定义在 $[a,b]$ 上关于权函数 w 的函数 f 的最小二乘逼近为

$$P(x) = \sum_{j=0}^n a_j\phi_j(x)$$

其中，对每个 $j = 0,1,\cdots,n$，

$$a_j = \frac{\int_a^b w(x)\phi_j(x)f(x)\,\mathrm{d}x}{\int_a^b w(x)[\phi_j(x)]^2\,\mathrm{d}x} = \frac{1}{\alpha_j}\int_a^b w(x)\phi_j(x)f(x)\,\mathrm{d}x$$ ∎

虽然定义 8.5 及定理 8.6 所讨论的正交函数类非常广泛，但我们在本节中只考虑正交多项式。下面的定理基于 **Gram-Schmidt 正交化过程**，它描述了如何构造区间 $[a,b]$ 上关于权函数 w 的正交多项式。

定理 8.7 用以下方式定义的多项式集合 $\{\phi_0, \phi_1, \cdots, \phi_n\}$ 是在区间 $[a,b]$ 上关于权函数正交的：

$$\phi_0(x) \equiv 1, \quad \phi_1(x) = x - B_1, \quad \text{对每个} x \in [a,b]$$

其中，

$$B_1 = \frac{\int_a^b xw(x)[\phi_0(x)]^2\,\mathrm{d}x}{\int_a^b w(x)[\phi_0(x)]^2\,\mathrm{d}x}$$

且当 $k \geq 2$ 时，

$$\phi_k(x) = (x - B_k)\phi_{k-1}(x) - C_k\phi_{k-2}(x), \quad \text{对每个} x \text{ in } [a,b]$$

其中，

$$B_k = \frac{\int_a^b xw(x)[\phi_{k-1}(x)]^2\,\mathrm{d}x}{\int_a^b w(x)[\phi_{k-1}(x)]^2\,\mathrm{d}x}$$

和

$$C_k = \frac{\int_a^b xw(x)\phi_{k-1}(x)\phi_{k-2}(x)\,\mathrm{d}x}{\int_a^b w(x)[\phi_{k-2}(x)]^2\,\mathrm{d}x}$$ ∎

定理 8.7 提供了一种构造正交多项式的递推方法。这个定理可以使用关于多项式 $\phi_n(x)$ 的次数的数学归纳法来证明。

引理 8.8 对任何 $n > 0$，由定理 8.7 给出的多项式函数集合 $\{\phi_0, \phi_1, \cdots, \phi_n\}$ 在 $[a,b]$ 上是线性无关的，并且

$$\int_a^b w(x)\phi_n(x)Q_k(x)\,\mathrm{d}x = 0$$

对所有次数为 $k < n$ 的多项式 $Q_k(x)$ 都成立。

证明 对每个 $k = 0,1,\cdots,n$，$\phi_k(x)$ 是一个 k 次多项式。于是，由定理 8.2 可知 $\{\phi_0, \phi_1, \cdots, \phi_n\}$ 是线性无关的函数集合。

令 $Q_k(x)$ 是一个次数为 $k < n$ 的多项式。由定理 8.3，存在常数 $c_0, \cdots, c_k$，使得

$$Q_k(x) = \sum_{j=0}^k c_j\phi_j(x)$$

因为对每个 $j = 0,1,\cdots,k$，ϕ_n 与 ϕ_j 正交，所以有

$$\int_a^b w(x)Q_k(x)\phi_n(x)\,\mathrm{d}x = \sum_{j=0}^k c_j \int_a^b w(x)\phi_j(x)\phi_n(x)\,\mathrm{d}x = \sum_{j=0}^k c_j \cdot 0 = 0 \qquad \blacksquare$$

示例 **Legendre 多项式** $\{P_n(x)\}$ 是在 $[-1,1]$ 上关于权函数 $w(x) \equiv 1$ 正交的多项式族。Legendre 多项式的经典定义中要求对所有 n，$P_n(1) = 1$，并用一个递推关系来生成当 $n \geq 2$ 时的所有多项式。这种规范化在这里的讨论中是不需要的，在其他情形下产生的最小二乘逼近多项式其本质是相同的。

令 $P_0(x) \equiv 1$，利用 Gram-Schmidt 正交化过程就能得到

$$B_1 = \frac{\int_{-1}^1 x\,\mathrm{d}x}{\int_{-1}^1 \mathrm{d}x} = 0 \quad 和 \quad P_1(x) = (x - B_1)P_0(x) = x$$

以及

$$B_2 = \frac{\int_{-1}^1 x^3\,\mathrm{d}x}{\int_{-1}^1 x^2\,\mathrm{d}x} = 0 \quad 和 \quad C_2 = \frac{\int_{-1}^1 x^2\,\mathrm{d}x}{\int_{-1}^1 1\,\mathrm{d}x} = \frac{1}{3}$$

于是

$$P_2(x) = (x - B_2)P_1(x) - C_2 P_0(x) = (x - 0)x - \frac{1}{3} \cdot 1 = x^2 - \frac{1}{3}$$

图 8.9 中绘出了用同样方式推导的高阶 Legendre 多项式的图形。虽然积分是非常烦琐的，但是利用计算机代数系统来推导一点都不困难。

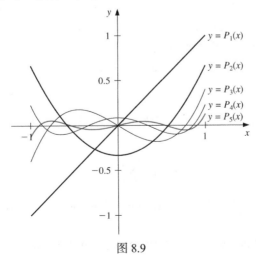

图 8.9

我们有

$$P_3(x) = x P_2(x) - \frac{4}{15}P_1(x) = x^3 - \frac{1}{3}x - \frac{4}{15}x = x^3 - \frac{3}{5}x$$

接下来的两个 Legendre 多项式是

$$P_4(x) = x^4 - \frac{6}{7}x^2 + \frac{3}{35} \quad 和 \quad P_5(x) = x^5 - \frac{10}{9}x^3 + \frac{5}{21}x \qquad ■$$

　　Legendre 多项式曾在 4.7 节中介绍过，它们的根用作 Gauss 求积公式的节点。

习题 8.2

1. 给出函数 $f(x)$ 和区间如下，求 $f(x)$ 的线性最小二乘多项式逼近。

   a. $f(x) = x^2 + 3x + 2$,　$[0, 1]$　　　　　　　　b. $f(x) = x^3$,　$[0, 2]$

   c. $f(x) = \dfrac{1}{x}$,　$[1, 3]$　　　　　　　　　　d. $f(x) = e^x$,　$[0, 2]$

   e. $f(x) = \dfrac{1}{2}\cos x + \dfrac{1}{3}\sin 2x$,　$[0, 1]$　　f. $f(x) = x \ln x$,　$[1, 3]$

2. 对下列函数，求区间 $[-1,1]$ 上的线性最小二乘多项式逼近。

   a. $f(x) = x^2 - 2x + 3$　　　　　　　　　　　b. $f(x) = x^3$

   c. $f(x) = \dfrac{1}{x+2}$　　　　　　　　　　　　d. $f(x) = e^x$

   e. $f(x) = \dfrac{1}{2}\cos x + \dfrac{1}{3}\sin 2x$　　　　f. $f(x) = \ln(x+2)$

3. 对习题 1 中给出的函数和区间，求其次数为 2 的最小二乘多项式逼近。

4. 对习题 2 中给出的函数，求区间 $[-1,1]$ 上的 2 次最小二乘多项式逼近。

5. 计算习题 3 中逼近的误差。

6. 计算习题 4 中逼近的误差。

7. 对下面给出的区间，用 Gram-Schmidt 过程来构造 $\phi_0(x)$、$\phi_1(x)$、$\phi_2(x)$ 和 $\phi_3(x)$。

   a. $[0, 1]$　　　　　　　b. $[0, 2]$　　　　　　　c. $[1, 3]$

8. 利用习题 7 的结果重做习题 1。

9. 利用习题 7 中的结果，计算习题 1 中函数的 3 次最小二乘多项式逼近。

10. 利用习题 7 中的结果重做习题 3。

11. 使用 Gram-Schmidt 正交化过程来计算 L_1、L_2 和 L_3，其中 $\{L_0(x),\, L_1(x),\, L_2(x),\, L_3(x)\}$ 关于权函数 $w(x) = e^{-x}$ 在区间 $(0,\infty)$ 上正交，$L_0(x) \equiv 1$。用这个方法得到的多项式叫作 **Laguerre** 多项式。

12. 用习题 11 中计算出的 Laguerre 多项式来求在区间 $(0,\infty)$ 上关于权函数 $w(x) = e^{-x}$ 的下列函数的次数分别为 1、2 和 3 的最小二乘多项式逼近。

    a. $f(x) = x^2$　　　　b. $f(x) = e^{-x}$　　　　c. $f(x) = x^3$　　　　d. $f(x) = e^{-2x}$

理论型习题

13. 假设 $\{\phi_0,\, \phi_1,\, \cdots,\, \phi_n\}$ 是 $\prod_n$ 中任意一组线性无关的函数。证明对任何元素 $Q \in \prod_n$，存在唯一的常数 $c_0, c_1, \cdots, c_n$，使得

$$Q(x) = \sum_{k=0}^{n} c_k \phi_k(x)$$

14. 证明如果 $\{\phi_0, \phi_1, \cdots, \phi_n\}$ 是 $[a,b]$ 上关于权函数 w 正交的函数集合，则 $\{\phi_0, \phi_1, \cdots, \phi_n\}$ 是线性无关的函数集合。

15. 证明正规方程 (8.6) 有唯一解。[提示：证明使得 $f(x) \equiv 0$ 的唯一解是 $a_j = 0$, $j = 0, 1, \cdots, n$。将方程 (8.6)

乘 a_j 并关于 j 求和，交换积分和求和符号即可得到 $\int_a^b [P(x)]^2 \mathrm{d}x = 0$。因此，当 $P(x) \equiv 0$ 时，即产生 $a_j = 0, j = 0, \cdots, n$。所以系数矩阵是非奇异的，从而方程(8.6)具有唯一解。]

讨论问题

1. 当使用计算机或者计算器时有两种不同类型的误差(截断误差和舍入误差)存在。讨论每种误差对最小二乘多项式逼近的影响。
2. 利用正交性能否解决舍入误差的问题？
3. 至少讨论一种使用最小二乘逼近的缺点。

8.3 Chebyshev 多项式与幂级数的缩约

Chebyshev(切比雪夫)多项式 $\{T_n(x)\}$ 是在区间 $(-1, 1)$ 上关于权函数 $w(x) = (1-x^2)^{-1/2}$ 的正交多项式。虽然可以按照前面介绍的方法来推导 Chebyshev 多项式，然而给出它的定义以及相应的正交性会更加容易。

对 $x \in [-1, 1]$，定义

$$T_n(x) = \cos[n \arccos x], \qquad \text{对每个 } n \geq 0 \tag{8.8}$$

对每个 n，尽管从定义中就可以明显地得到 $T_n(x)$ 是关于 x 的多项式，然而我们还是在下面给出相应的证明。首先，注意到

$$T_0(x) = \cos 0 = 1 \quad \text{和} \quad T_1(x) = \cos(\arccos x) = x$$

对 $n \geq 1$，我们引入变量替换 $\theta = \arccos x$ 将原式转化为

$$T_n(\theta(x)) \equiv T_n(\theta) = \cos(n\theta), \qquad \text{其中 } \theta \in [0, \pi]$$

利用下面的三角关系式就可以推出一个递推关系式：

$$T_{n+1}(\theta) = \cos(n+1)\theta = \cos\theta \, \cos(n\theta) - \sin\theta \, \sin(n\theta)$$

和

$$T_{n-1}(\theta) = \cos(n-1)\theta = \cos\theta \, \cos(n\theta) + \sin\theta \, \sin(n\theta)$$

将上面两个公式加起来就得到

$$T_{n+1}(\theta) = 2\cos\theta \, \cos(n\theta) - T_{n-1}(\theta)$$

回到原来的变量 $x = \cos\theta$，对 $n \geq 1$ 有

$$T_{n+1}(x) = 2x \cos(n \arccos x) - T_{n-1}(x)$$

即

$$T_{n+1}(x) = 2x T_n(x) - T_{n-1}(x) \tag{8.9}$$

因为 $T_0(x) = 1$ 和 $T_1(x) = x$，所以根据递推关系可以得到接下来的 3 个 Chebyshev 多项式，分别为

$$T_2(x) = 2x T_1(x) - T_0(x) = 2x^2 - 1,$$

$$T_3(x) = 2x T_2(x) - T_1(x) = 4x^3 - 3x,$$

和

$$T_4(x) = 2x T_3(x) - T_2(x) = 8x^4 - 8x^2 + 1$$

从递推关系也能得到当 $n \geq 1$ 时，$T_n(x)$ 是一个首系数为 2^{n-1} 的 n 次多项式。多项式 $T_1(x)$、$T_2(x)$、$T_3(x)$ 和 $T_4(x)$ 的曲线在图 8.10 中绘出。

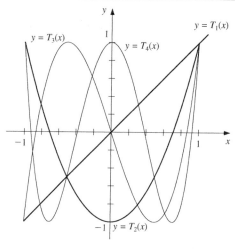

图 8.10

为了证明 Chebyshev 多项式关于权函数 $w(x)=(1-x^2)^{-1/2}$ 的正交性，考虑

$$\int_{-1}^{1} \frac{T_n(x)T_m(x)}{\sqrt{1-x^2}}\,\mathrm{d}x = \int_{-1}^{1} \frac{\cos(n\arccos x)\cos(m\arccos x)}{\sqrt{1-x^2}}\,\mathrm{d}x$$

重新引入变量替换 $\theta = \arccos x$，有

$$\mathrm{d}\theta = -\frac{1}{\sqrt{1-x^2}}\,\mathrm{d}x$$

和

$$\int_{-1}^{1} \frac{T_n(x)T_m(x)}{\sqrt{1-x^2}}\,\mathrm{d}x = -\int_{\pi}^{0} \cos(n\theta)\cos(m\theta)\,\mathrm{d}\theta = \int_{0}^{\pi} \cos(n\theta)\cos(m\theta)\,\mathrm{d}\theta$$

假设 $n \neq m$。因为

$$\cos(n\theta)\cos(m\theta) = \frac{1}{2}[\cos(n+m)\theta + \cos(n-m)\theta]$$

所以有

$$\int_{-1}^{1} \frac{T_n(x)T_m(x)}{\sqrt{1-x^2}}\,\mathrm{d}x = \frac{1}{2}\int_{0}^{\pi} \cos((n+m)\theta)\,\mathrm{d}\theta + \frac{1}{2}\int_{0}^{\pi} \cos((n-m)\theta)\,\mathrm{d}\theta$$

$$= \left[\frac{1}{2(n+m)}\sin((n+m)\theta) + \frac{1}{2(n-m)}\sin((n-m)\theta) \right]_{0}^{\pi} = 0$$

利用类似的技巧(见习题 11)，同样能够得到

$$\int_{-1}^{1} \frac{[T_n(x)]^2}{\sqrt{1-x^2}}\,\mathrm{d}x = \frac{\pi}{2}, \qquad \text{其中 } n \geqslant 1 \tag{8.10}$$

Chebyshev 多项式被用于最小化逼近误差。我们将会看到它们被用于求解下面两类问题：

● 是使得 Lagrange 插值误差达到最小的最优的插值点
● 是一种缩约逼近多项式的次数而精度损失最小的方法

下面是关于 $T_n(x)$ 的零点和极值点的结论。

定理 8.9　次数为 $n(n \geqslant 1)$ 的 Chebyshev 多项式 $T_n(x)$ 在区间 $[-1,1]$ 内有 n 个单重零点，它们是

$$\bar{x}_k = \cos\left(\frac{2k-1}{2n}\pi \right), \qquad \text{其中 } k = 1, 2, \cdots, n$$

而且，$T_n(x)$ 的绝对极值点在

$$\bar{x}_k' = \cos\left(\frac{k\pi}{n}\right), \qquad 而 T_n(\bar{x}_k') = (-1)^k, \ k = 0, 1, \cdots, n$$

证明 令

$$\bar{x}_k = \cos\left(\frac{2k-1}{2n}\pi\right), \quad k = 1, 2, \cdots, n$$

于是

$$T_n(\bar{x}_k) = \cos(n\arccos\bar{x}_k) = \cos\left(n\arccos\left(\cos\left(\frac{2k-1}{2n}\pi\right)\right)\right) = \cos\left(\frac{2k-1}{2}\pi\right) = 0$$

又因为 $\bar{x}_k$ 是互不相同的(见习题 12)，而 $T_n(x)$ 是一个 n 次多项式，所以 $T_n(x)$ 的所有零点都具有这种形式。

为了证明第二个结论，首先可以计算出

$$T_n'(x) = \frac{\mathrm{d}}{\mathrm{d}x}[\cos(n\arccos x)] = \frac{n\sin(n\arccos x)}{\sqrt{1-x^2}}$$

以及，当 $k = 0, 1, \cdots, n-1$ 时，

$$T_n'(\bar{x}_k') = \frac{n\sin\left(n\arccos\left(\cos\left(\frac{k\pi}{n}\right)\right)\right)}{\sqrt{1-\left[\cos\left(\frac{k\pi}{n}\right)\right]^2}} = \frac{n\sin(k\pi)}{\sin\left(\frac{k\pi}{n}\right)} = 0$$

因为 $T_n(x)$ 是一个 n 次多项式，所以它的导数 $T_n'(x)$ 是一个 $n-1$ 次多项式，因此 $T_n'(x)$ 的所有零点就只有这 $n-1$ 个不同的点(见习题 13)。$T_n(x)$ 的其他极值点只有可能出现在区间 $[-1,1]$ 的端点，也就是说，$\bar{x}_0' = 1$ 和 $\bar{x}_n' = -1$。

对任何 $k = 0, 1, \cdots, n$，我们有

$$T_n(\bar{x}_k') = \cos\left(n\arccos\left(\cos\left(\frac{k\pi}{n}\right)\right)\right) = \cos(k\pi) = (-1)^k$$

因此，极大值出现在每个 k 为偶数的点上，而极小值出现在每个 k 为奇数的点上。 ∎

将 Chebyshev 多项式 $T_n(x)$ 除以它的首系数 2^{n-1} 就可以推导出首一(首项系数为 1 的多项式)的 Chebyshev 多项式 $\tilde{T}_n(x)$，即有

$$\tilde{T}_0(x) = 1 \ 和 \quad \tilde{T}_n(x) = \frac{1}{2^{n-1}}T_n(x), \quad 其中 \ n \geqslant 1 \tag{8.11}$$

同样，利用 Chebyshev 多项式意味着它也满足下面的递推关系：

$$\tilde{T}_2(x) = x\tilde{T}_1(x) - \frac{1}{2}\tilde{T}_0(x) \ 和 \ \tilde{T}_{n+1}(x) = x\tilde{T}_n(x) - \frac{1}{4}\tilde{T}_{n-1}(x), \ 其中 \ n \geqslant 2 \tag{8.12}$$

图 8.11 中绘出了多项式 $\tilde{T}_1$、$\tilde{T}_2$、$\tilde{T}_3$、$\tilde{T}_4$ 和 $\tilde{T}_5$ 的曲线。

因为 $\tilde{T}_n(x)$ 只是 $T_n(x)$ 的倍数，所以定理 8.9 隐含着 $\tilde{T}_n(x)$ 的零点也出现在

$$\bar{x}_k = \cos\left(\frac{2k-1}{2n}\pi\right), \quad 对每个 \ k = 1, 2, \cdots, n$$

对 $n \geqslant 1$，$\tilde{T}_n(x)$ 的极值点出现在

$$\bar{x}_k' = \cos\left(\frac{k\pi}{n}\right) \ 和 \ \tilde{T}_n(\bar{x}_k') = \frac{(-1)^k}{2^{n-1}}, \quad 对每个 \ k = 0, 1, 2, \cdots, n \tag{8.13}$$

令 $\tilde{\prod}_n$ 标记**所有次数为 n 的首一多项式构成的集合**。方程(8.13)所表达的关系会导出一个重要的极小性质，这使得 $\tilde{\prod}_n$ 不同于 $\tilde{T}_n(x)$ 中的其他元素。

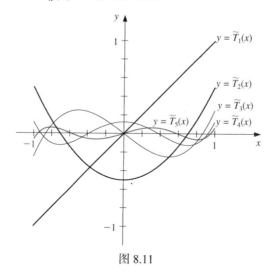

图 8.11

定理 8.10　形如 $\tilde{T}_n(x)$ 的多项式，当 $n \geqslant 1$ 时，具有下面性质：

$$\frac{1}{2^{n-1}} = \max_{x \in [-1,1]} |\tilde{T}_n(x)| \leqslant \max_{x \in [-1,1]} |P_n(x)|, \quad \text{对所有 } P_n(x) \in \tilde{\prod}_n$$

而且，只有当 $P_n \equiv \tilde{T}_n$ 时等式才成立。

证明　假设 $P_n(x) \in \tilde{\prod}_n$，且

$$\max_{x \in [-1,1]} |P_n(x)| \leqslant \frac{1}{2^{n-1}} = \max_{x \in [-1,1]} |\tilde{T}_n(x)|$$

令 $Q = \tilde{T}_n - P_n$。则因为 $\tilde{T}_n(x)$ 和 $P_n(x)$ 都是次数为 n 的首一多项式，所以 $Q(x)$ 是一个次数最多为 $n-1$ 的多项式。而且，在 $\bar{x}'_k$ 的 $n+1$ 个极值点 $\tilde{T}_n(x)$ 上，有

$$Q(\bar{x}'_k) = \tilde{T}_n(\bar{x}'_k) - P_n(\bar{x}'_k) = \frac{(-1)^k}{2^{n-1}} - P_n(\bar{x}'_k)$$

然而，

$$|P_n(\bar{x}'_k)| \leqslant \frac{1}{2^{n-1}}, \quad \text{对每个 } k = 0,1,\cdots,n$$

所以有

当 k 为奇数时，$Q(\bar{x}'_k) \leqslant 0$；　当 k 为偶数时，$Q(\bar{x}'_k) \geqslant 0$

因为 $Q(x)$ 是连续的，由中值定理就可以推出对每个 $j = 0,1,\cdots,n-1$，多项式 $Q(x)$ 在 $\bar{x}'_j$ 和 $\bar{x}'_{j+1}$ 之间至少有一个零点。于是，$Q(x)$ 在区间$[-1,1]$内至少有 n 个零点，但 $Q(x)$ 的次数又是小于 n 的，因此 $Q \equiv 0$，这意味着 $P_n \equiv \tilde{T}_n$。　■

最小化 Lagrange(拉格朗日)插值误差

定理 8.10 能用来回答什么样的 Lagrange 插值点能使得插值误差达到最小的问题。将定理 3.3 应用于区间$[-1,1]$时的结论为：如果 $x_0, x_1, \cdots, x_n$ 在区间$[-1,1]$内是互不相同的，且若 $f \in C^{n+1}[-1,1]$，

那么对每个 $x \in [-1,1]$，存在 $(-1,1)$ 内的数 $\xi(x)$ 使得

$$f(x) - P(x) = \frac{f^{(n+1)}(\xi(x))}{(n+1)!}(x - x_0)(x - x_1) \cdots (x - x_n)$$

其中，$P(x)$ 是 Lagrange 插值多项式。一般情形下无法控制 $\xi(x)$，所以明智的做法是选取合适的节点 $x_0, x_1, \cdots, x_n$ 来最小化误差，我们对 $x_0, x_1, \cdots, x_n$ 的选取使得下面的量在整个区间 $[-1,1]$ 上达到最小：

$$|(x - x_0)(x - x_1) \cdots (x - x_n)|$$

因为 $(x - x_0)(x - x_1) \cdots (x - x_n)$ 是一个次数为 $n+1$ 的首一多项式，我们已经看到当

$$(x - x_0)(x - x_1) \cdots (x - x_n) = \tilde{T}_{n+1}(x)$$

时就得到了最小值。

当 x_k 选取为 $\tilde{T}_{n+1}$ 的第 $k+1$ 个零点，对所有 $k = 0, 1, \cdots, n$ 时，量 $|(x - x_0)(x - x_1) \cdots (x - x_n)|$ 的最大值达到了最小。因此，我们取 x_k 为

$$\bar{x}_{k+1} = \cos\left(\frac{2k+1}{2(n+1)}\pi\right)$$

因为 $\max_{x \in [-1,1]} |\tilde{T}_{n+1}(x)| = 2^{-n}$，这意味着

$$\frac{1}{2^n} = \max_{x \in [-1,1]} |(x - \bar{x}_1) \cdots (x - \bar{x}_{n+1})| \leqslant \max_{x \in [-1,1]} |(x - x_0) \cdots (x - x_n)|$$

对区间 $[-1,1]$ 内的任何其他选择 $x_0, x_1, \cdots, x_n$ 成立。根据上面这些讨论，可得出下面的推论。

推论 8.11 假设 $P(x)$ 是以 $T_{n+1}(x)$ 的零点为插值节点的 n 次插值多项式，则

$$\max_{x \in [-1,1]} |f(x) - P(x)| \leqslant \frac{1}{2^n(n+1)!} \max_{x \in [-1,1]} |f^{(n+1)}(x)|, \quad 对每个 f \in C^{n+1}[-1,1] \qquad \blacksquare$$

在任意区间上最小化逼近误差

使用变量代换

$$\tilde{x} = \frac{1}{2}[(b-a)x + a + b]$$

就可以把最小化插值误差的技巧扩展到任意的闭区间 $[a,b]$。正如下面的例子所示，该变换将区间 $[-1,1]$ 内的点 $\tilde{x}_k$ 变换到区间 $[a, b]$ 内的点 $\tilde{x}_k$。

例 1 在区间 $[0,1.5]$ 上，设 $f(x) = xe^x$。对比两个不同的插值结果，其中一个是使用 4 个等距节点的 Lagrange 插值多项式的结果，另一个是用第 4 个 Chebyshev 多项式的零点作为插值节点的 Lagrange 插值多项式。

解 等距节点分别为 $x_0 = 0$、$x_1 = 0.5$、$x_2 = 1.0$ 和 $x_3 = 1.5$，由此得到的插值基函数为

$$L_0(x) = -1.3333x^3 + 4.0000x^2 - 3.6667x + 1,$$

$$L_1(x) = 4.0000x^3 - 10.000x^2 + 6.0000x,$$

$$L_2(x) = -4.0000x^3 + 8.0000x^2 - 3.0000x,$$

$$L_3(x) = 1.3333x^3 - 2.000x^2 + 0.66667x$$

由此得出的插值多项式为

$$P_3(x) = L_0(x)(0) + L_1(x)(0.5e^{0.5}) + L_2(x)e^1 + L_3(x)(1.5e^{1.5})$$
$$= 1.3875x^3 + 0.057570x^2 + 1.2730x$$

对于第二种插值方法，我们用下面的线性变换将区间$[-1,1]$上的$\tilde{T}_4$的零点$\bar{x}_k = \cos((2k+1)/8)\pi$，$k = 0,1,2,3$ 变换到区间$[0,1.5]$上：

$$\tilde{x}_k = \frac{1}{2}[(1.5-0)\bar{x}_k + (1.5+0)] = 0.75 + 0.75\bar{x}_k$$

因为

$$\bar{x}_0 = \cos\frac{\pi}{8} = 0.92388, \quad \bar{x}_1 = \cos\frac{3\pi}{8} = 0.38268, \quad \bar{x}_2 = \cos\frac{5\pi}{8} = -0.38268,$$

$$\bar{x}_3 = \cos\frac{7\pi}{8} = -0.92388$$

我们有

$$\tilde{x}_0 = 1.44291, \quad \tilde{x}_1 = 1.03701, \quad \tilde{x}_2 = 0.46299, \quad \tilde{x}_3 = 0.05709$$

关于这一组节点的 Lagrange 插值多项式基函数为

$$\tilde{L}_0(x) = 1.8142x^3 - 2.8249x^2 + 1.0264x - 0.049728,$$
$$\tilde{L}_1(x) = -4.3799x^3 + 8.5977x^2 - 3.4026x + 0.16705,$$
$$\tilde{L}_2(x) = 4.3799x^3 - 11.112x^2 + 7.1738x - 0.37415,$$
$$\tilde{L}_3(x) = -1.8142x^3 + 5.3390x^2 - 4.7976x + 1.2568$$

这些多项式所要用到的函数值列于表 8.7 的后两列中。三次插值多项式为

$$\tilde{P}_3(x) = 1.3811x^3 + 0.044652x^2 + 1.3031x - 0.014352$$

表 8.7

x	$f(x) = xe^x$	$\tilde{x}$	$f(\tilde{x}) = xe^x$
$x_0 = 0.0$	0.00000	$\tilde{x}_0 = 1.44291$	6.10783
$x_1 = 0.5$	0.824361	$\tilde{x}_1 = 1.03701$	2.92517
$x_2 = 1.0$	2.71828	$\tilde{x}_2 = 0.46299$	0.73560
$x_3 = 1.5$	6.72253	$\tilde{x}_3 = 0.05709$	0.060444

为了便于比较，表 8.8 中列出了不同的 x 值，以及相应的 $f(x)$、$P_3(x)$ 和 $\tilde{P}_3(x)$ 的值。从表中可以看出，虽然在表的中间部分采用 $P_3(x)$ 的误差小于采用 $\tilde{P}_3(x)$ 的误差，但是采用 $\tilde{P}_3(x)$ 的最大误差（0.0180）比采用 $P_3(x)$ 的最大误差（0.0290）小很多（见图 8.12）。

表 8.8

x	$f(x) = xe^x$	$P_3(x)$	$\lvert xe^x - P_3(x)\rvert$	$\tilde{P}_3(x)$	$\lvert xe^x - \tilde{P}_3(x)\rvert$
0.15	0.1743	0.1969	0.0226	0.1868	0.0125
0.25	0.3210	0.3435	0.0225	0.3358	0.0148
0.35	0.4967	0.5121	0.0154	0.5064	0.0097
0.65	1.245	1.233	0.012	1.231	0.014
0.75	1.588	1.572	0.016	1.571	0.017
0.85	1.989	1.976	0.013	1.974	0.015
1.15	3.632	3.650	0.018	3.644	0.012
1.25	4.363	4.391	0.028	4.382	0.019
1.35	5.208	5.237	0.029	5.224	0.016

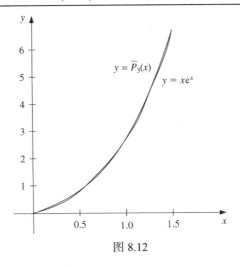

图 8.12

缩减逼近多项式的次数

Chebyshev 多项式也能用于缩减逼近多项式的次数，并且使得精度损失最少。因为 Chebyshev 多项式具有在一个区间上均匀分布的最小的最大绝对值，所以可以用来在不超过一个允许的误差限之内缩减逼近多项式的次数。

考虑在[-1,1]上用一个次数不超过 $n-1$ 的多项式来逼近一个任意的 n 次多项式：

$$P_n(x) = a_n x^n + a_{n-1} x^{n-1} + \cdots + a_1 x + a_0$$

这个问题的目标是在 $\prod_{n-1}$ 中选取 $P_{n-1}(x)$ 使得

$$\max_{x \in [-1,1]} |P_n(x) - P_{n-1}(x)|$$

尽可能小。

首先我们注意到 $(P_n(x) - P_{n-1}(x)) / a_n$ 是一个首一的次数为 n 的多项式，所以应用定理 8.10 可得到

$$\max_{x \in [-1,1]} \left| \frac{1}{a_n} (P_n(x) - P_{n-1}(x)) \right| \geqslant \frac{1}{2^{n-1}}$$

上面的等式只有当下面的情形发生时成立：

$$\frac{1}{a_n} (P_n(x) - P_{n-1}(x)) = \tilde{T}_n(x)$$

这意味着我们应该选取

$$P_{n-1}(x) = P_n(x) - a_n \tilde{T}_n(x)$$

在这种选取之下，下式具有最小值：

$$\max_{x \in [-1,1]} |P_n(x) - P_{n-1}(x)| = |a_n| \max_{x \in [-1,1]} \left| \frac{1}{a_n} (P_n(x) - P_{n-1}(x)) \right| = \frac{|a_n|}{2^{n-1}}$$

示例 定义在区间[-1,1]上的函数 $f(x) = e^x$ 可以用四阶 Maclaurin 多项式来逼近：

$$P_4(x) = 1 + x + \frac{x^2}{2} + \frac{x^3}{6} + \frac{x^4}{24}$$

它的截断误差为

$$|R_4(x)| = \frac{|f^{(5)}(\xi(x))||x^5|}{120} \leqslant \frac{e}{120} \approx 0.023, \quad -1 \leqslant x \leqslant 1$$

假设可以接受的误差为 0.05，则我们想要在所要求的误差限以内缩减逼近多项式的次数。

在[−1,1]上最佳的一致逼近 $P_4(x)$ 的次数小于等于 3 的多项式为

$$P_3(x) = P_4(x) - a_4\tilde{T}_4(x) = 1 + x + \frac{x^2}{2} + \frac{x^3}{6} + \frac{x^4}{24} - \frac{1}{24}\left(x^4 - x^2 + \frac{1}{8}\right)$$

$$= \frac{191}{192} + x + \frac{13}{24}x^2 + \frac{1}{6}x^3$$

在这种选取之下，有

$$|P_4(x) - P_3(x)| = |a_4\tilde{T}_4(x)| \leqslant \frac{1}{24} \cdot \frac{1}{2^3} = \frac{1}{192} \leqslant 0.0053$$

将上面的误差加到 Maclaurin 截断误差中，得到

$$0.023 + 0.0053 = 0.0283$$

它仍然在可允许的误差 0.05 的范围内。

在[−1,1]上最佳的一致逼近 $P_3(x)$ 的次数小于等于 2 的多项式为

$$P_2(x) = P_3(x) - \frac{1}{6}\tilde{T}_3(x)$$

$$= \frac{191}{192} + x + \frac{13}{24}x^2 + \frac{1}{6}x^3 - \frac{1}{6}\left(x^3 - \frac{3}{4}x\right) = \frac{191}{192} + \frac{9}{8}x + \frac{13}{24}x^2$$

可是，

$$|P_3(x) - P_2(x)| = \left|\frac{1}{6}\tilde{T}_3(x)\right| = \frac{1}{6}\left(\frac{1}{2}\right)^2 = \frac{1}{24} \approx 0.042$$

把它加到前面已经累计的误差界 0.0283 时，总误差已经超过了误差限 0.05。于是，在[−1,1]上满足误差限 0.05 的最佳逼近 e^x 的次数最小的多项式是

$$P_3(x) = \frac{191}{192} + x + \frac{13}{24}x^2 + \frac{1}{6}x^3$$

表 8.9 列出了在区间[−1,1]内不同点处的函数值及其逼近多项式的值。值得注意的是，表中 $P_2(x)$ 的值也全部满足误差限 0.05，尽管 $P_2(x)$ 的误差界已经超过了误差限。

表 8.9

x	e^x	$P_4(x)$	$P_3(x)$	$P_2(x)$	$|e^x - P_2(x)|$
−0.75	0.47237	0.47412	0.47917	0.45573	0.01664
−0.25	0.77880	0.77881	0.77604	0.74740	0.03140
0.00	1.00000	1.00000	0.99479	0.99479	0.00521
0.25	1.28403	1.28402	1.28125	1.30990	0.02587
0.75	2.11700	2.11475	2.11979	2.14323	0.02623

■

习题 8.3

1. 用 $\tilde{T}_3$ 的零点构造下列函数在区间[−1,1]上的 2 次插值多项式。

   a. $f(x) = e^x$ b. $f(x) = \sin x$ c. $f(x) = \ln(x+2)$ d. $f(x) = x^4$

2. 对习题 1 中的函数，用 $\tilde{T}_4$ 的零点构造 3 次插值多项式。

3. 对习题 1 中的逼近求区间[−1,1]上的一个最大误差的界。

4. 考虑习题 3 中的逼近，重做习题 3。

5. 对下列函数及其区间，用 $\tilde{T}_3$ 的零点和区间变换来构造次数为 2 的插值多项式。

a. $f(x) = \dfrac{1}{x}$, $[1, 3]$ b. $f(x) = e^{-x}$, $[0, 2]$

c. $f(x) = \dfrac{1}{2}\cos x + \dfrac{1}{3}\sin 2x$, $[0, 1]$ d. $f(x) = x\ln x$, $[1, 3]$

6. 对函数 xe^x 求出六阶 Maclaurin 多项式，并用 Chebyshev 缩约技术得到在[–1,1]上误差小于 0.01 的次数最少的多项式逼近。

7. 对函数 $\sin x$ 求出六阶 Maclaurin 多项式，并用 Chebyshev 缩约技术得到在[–1,1]上误差小于 0.01 的次数最少的多项式逼近。

应用型习题

8. 对 $n = 0, 1, 2, \cdots$，Chebyshev 多项式 $T_n(x)$ 是微分方程 $(1-x^2)y'' - xy' + n^2 y = 0$ 的解。对 $n = 0, 1, 2, 3$ 证明这个结论。

9. 一个有趣的结论是 $T_n(x)$ 等于下面 $n \times n$ 的三对角矩阵

$$A = \begin{bmatrix} x & 1 & 0 & \cdots\cdots & 0 \\ 1 & 2x & 1 & & \\ 0 & & & & 0 \\ & & & & 1 \\ 0 & \cdots\cdots & 0 & 1 & 2x \end{bmatrix}$$

的行列式。对 $n = 1,2,3$ 证明这个结论。

理论型习题

10. 证明：对任何正整数 i 和 j，$i > j$，$T_i(x)T_j(x) = \dfrac{1}{2}[T_{i+j}(x) + T_{i-j}(x)]$ 成立。

11. 证明：对每个 Chebyshev 多项式 $T_n(x)$，下面的等式成立：

$$\int_{-1}^{1} \frac{[T_n(x)]^2}{\sqrt{1-x^2}}\, dx = \frac{\pi}{2}$$

12. 证明：对每个 n，Chebyshev 多项式 $T_n(x)$ 在 $(-1,1)$ 内有 n 个不同的零点。

13. 证明：对每个 n，Chebyshev 多项式 $T_n(x)$ 的导数在 $(-1,1)$ 内有 $n-1$ 个不同的零点。

讨论问题

1. 在使用 Chebyshev 多项式的零点作为插值节点的逼近中，是否有新的关于舍入误差的问题被引入或者已经解决？

2. Chebyshev 缩约技术能否用于减少最小二乘逼近多项式的次数？讨论其优缺点。

8.4 有理函数逼近

在逼近中使用代数多项式函数类具有一些明显的优点：

- 具有足够多的多项式来逼近闭区间上任意连续函数并满足任意给定的精度。
- 多项式在任意点上都容易求值。
- 多项式的导数和积分都存在且容易计算。

使用多项式来逼近的缺点是容易产生振荡。因为误差界由最大逼近误差决定，所以这常常会导致多项式逼近的误差界极大地超过平均的逼近误差。我们现在考虑的方法能够在整个逼近区间上更平均地分散逼近误差，这个方法涉及有理函数。

一个次数为 N 的有理函数 r 具有如下形式：

$$r(x) = \frac{p(x)}{q(x)}$$

其中，$p(x)$ 和 $q(x)$ 都是多项式，它们的次数之和等于 N。

每个多项式都是一个有理函数(简单地令 $q(x) \equiv 1$)，因此使用有理函数逼近得到的结果不会比多项式逼近更糟。相比之下，若使用有理函数逼近，当分子和分母是具有相同次数或几乎相同次数的多项式时，通常能够以同样的计算量产生比多项式逼近更加优越的结果。(这种情况基于所需要的除法运算和乘法运算的计算量大体相同的假设。)

有理函数的另外一个优点是可以有效地逼近附近的然而却在区间外的无限不连续函数，在这种情况下多项式逼近一般是不可接受的。

Padé(帕德)逼近

假设 r 是具有下面形式的次数为 $N = n+m$ 的有理函数：

$$r(x) = \frac{p(x)}{q(x)} = \frac{p_0 + p_1 x + \cdots + p_n x^n}{q_0 + q_1 x + \cdots + q_m x^m}$$

它被用于逼近包含原点的闭区间 I 上的函数 f。为了使得 r 在原点有定义，要求 $q_0 \neq 0$。实际上，我们能够假设 $q_0 = 1$，因为如果不是如此，我们可以简单地用 $p(x)/q_0$ 来代替 $p(x)$，同时用 $q(x)/q_0$ 来代替 $q(x)$。于是使用 r 来逼近 f 就有 $N+1$ 个可供选择的参数 $q_1, q_2, \cdots, q_m$ 和 $p_0, p_1, \cdots, p_n$。

Padé 逼近方法是有理函数的 Taylor 多项式逼近的推广。它选取 $N+1$ 个参数使得对 $k = 0, 1, \cdots, N, f^{(k)}(0) = r^{(k)}(0)$ 成立。当 $n = N$，$m = 0$ 时，Padé 逼近就简化为 N 次 Maclaurin 多项式。

考虑下面的差分：

$$f(x) - r(x) = f(x) - \frac{p(x)}{q(x)} = \frac{f(x)q(x) - p(x)}{q(x)} = \frac{f(x)\sum_{i=0}^{m} q_i x^i - \sum_{i=0}^{n} p_i x^i}{q(x)}$$

假设 f 的 Maclaurin 级数展开为 $f(x) = \sum_{i=0}^{\infty} a_i x^i$，则

$$f(x) - r(x) = \frac{\sum_{i=0}^{\infty} a_i x^i \sum_{i=0}^{m} q_i x^i - \sum_{i=0}^{n} p_i x^i}{q(x)} \tag{8.14}$$

我们的目标是选取参数 $q_1, q_2, \cdots, q_m$ 和 $p_0, p_1, \cdots, p_n$，使得下式成立：

$$f^{(k)}(0) - r^{(k)}(0) = 0, \quad 对每个 \ k = 0, 1, \cdots, N$$

在 2.4 节(特别是见习题 10)中，我们发现这等价于 $f-r$ 在 $x = 0$ 处有 $N+1$ 重零点。于是，选取 $q_1, q_2, \cdots, q_m$ 和 $p_0, p_1, \cdots, p_n$，使得式(8.14)中右侧的分子

$$(a_0 + a_1 x + \cdots)(1 + q_1 x + \cdots + q_m x^m) - (p_0 + p_1 x + \cdots + p_n x^n) \tag{8.15}$$

没有次数小于等于 N 的项。

为了简化记号，我们定义 $p_{n+1} = p_{n+2} = \cdots = p_N = 0$ 和 $q_{m+1} = q_{m+2} = \cdots = q_N = 0$。于是能够将表达式(8.15)中 x^k 的系数表示为更紧凑的形式：

$$\left(\sum_{i=0}^{k} a_i q_{k-i}\right) - p_k$$

Padé 逼近所用的有理函数可以通过求解以下 $N+1$ 个方程得到：

$$\sum_{i=0}^{k} a_i q_{k-i} = p_k, \quad k = 0, 1, \cdots, N$$

其中，$N+1$ 个未知元为 $q_1, q_2, \cdots, q_m, \ p_0, p_1, \cdots, p_n$。

例 1　e^{-x} 的 Maclaurin 级数展开为

$$\sum_{i=0}^{\infty} \frac{(-1)^i}{i!} x^i$$

求 e^{-x} 的次数为 5 的 Padé 逼近，其中 $n = 3$，$m = 2$。

解　为了求出 Padé 逼近，需要选取 p_0, p_1, p_2, p_3, q_1 和 q_2，使得下面的表达式中 x^k，$k = 0, 1, \cdots, 5$ 的系数为 0：

$$\left(1 - x + \frac{x^2}{2} - \frac{x^3}{6} + \cdots \right)(1 + q_1 x + q_2 x^2) - (p_0 + p_1 x + p_2 x^2 + p_3 x^3)$$

展开上式并选出相应项的系数得到

$$x^5: \quad -\frac{1}{120} + \frac{1}{24} q_1 - \frac{1}{6} q_2 = 0; \qquad x^2: \quad \frac{1}{2} - q_1 + q_2 = p_2;$$

$$x^4: \quad \frac{1}{24} - \frac{1}{6} q_1 + \frac{1}{2} q_2 = 0; \qquad x^1: \quad -1 + q_1 \quad\quad = p_1;$$

$$x^3: \quad -\frac{1}{6} + \frac{1}{2} q_1 - q_2 = p_3; \qquad x^0: \quad 1 \quad\quad\quad = p_0;$$

求解上面的方程组得到

$$\left\{ p_1 = -\frac{3}{5}, \ p_2 = \frac{3}{20}, \ p_3 = -\frac{1}{60}, \ q_1 = \frac{2}{5}, \ q_2 = \frac{1}{20} \right\}$$

于是，Padé 逼近为

$$r(x) = \frac{1 - \frac{3}{5} x + \frac{3}{20} x^2 - \frac{1}{60} x^3}{1 + \frac{2}{5} x + \frac{1}{20} x^2}$$

表 8.10 列出了 $r(x)$ 和五阶 Maclaurin 多项式 $P_5(x)$ 的值。在该例中 Padé 逼近明显优于 Taylor 展开逼近。

表 8.10

x	e^{-x}	$P_5(x)$	$\|e^{-x} - P_5(x)\|$	$r(x)$	$\|e^{-x} - r(x)\|$
0.2	0.81873075	0.81873067	8.64×10^{-8}	0.81873075	7.55×10^{-9}
0.4	0.67032005	0.67031467	5.38×10^{-6}	0.67031963	4.11×10^{-7}
0.6	0.54881164	0.54875200	5.96×10^{-5}	0.54880763	4.00×10^{-6}
0.8	0.44932896	0.44900267	3.26×10^{-4}	0.44930966	1.93×10^{-5}
1.0	0.36787944	0.36666667	1.21×10^{-3}	0.36781609	6.33×10^{-5}

算法 8.1 实现了 Padé 逼近方法。

算法 8.1　Padé 有理逼近

求给定的函数 $f(x)$ 的有理逼近：

$$r(x) = \frac{p(x)}{q(x)} = \frac{\sum_{i=0}^{n} p_i x^i}{\sum_{j=0}^{m} q_j x^j}$$

输入　非负整数 m 和 n。

输出　系数 $q_0, q_1, \cdots, q_n$ 和 $p_0, p_1, \cdots, p_n$。

Step 1　Set $N = m + n$.

Step 2　For $i = 0, 1, \cdots, N$ set $a_i = \dfrac{f^{(i)}(0)}{i!}$.

　　　　（Maclaurin 多项式的系数 $a_0, \cdots, a_N$，它们可被输入而不必计算）

Step 3　Set $q_0 = 1$;

　　　　　$p_0 = a_0$.

Step 4 For $i = 1, 2, \cdots, N$ do Step 5—10. (确定线性方程组的系数矩阵B)

    Step 5 For $j = 1, 2, \cdots, i - 1$
        if $j \leqslant n$ then set $b_{i,j} = 0$.

    Step 6 If $i \leqslant n$ then set $b_{i,i} = 1$.

    Step 7 For $j = i + 1, i + 2, \cdots, N$ set $b_{i,j} = 0$.

    Step 8 For $j = 1, 2, \cdots, i$
        if $j \leqslant m$ then set $b_{i,n+j} = -a_{i-j}$.

    Step 9 For $j = n + i + 1, n + i + 2, \cdots, N$ set $b_{i,j} = 0$.

    Step 10 Set $b_{i,N+1} = a_i$.

(Steps 11–22用列主元法求解线性方程组)

Step 11 For $i = n + 1, n + 2, \cdots, N - 1$ do Steps 12–18.

    Step 12 令k是使 $|b_{k,i}| = \max_{i \leqslant j \leqslant N} |b_{j,i}|$
        成立的最小整数, $i \leqslant k \leqslant N$.
        (求出主元)

    Step 13 If $b_{k,i} = 0$ then OUTPUT ("The system is singular ");
        STOP.

    Step 14 If $k \neq i$ then   (交换第i行和第k行)
        for $j = i, i + 1, \cdots, N + 1$ set

$$b_{COPY} = b_{i,j};$$
$$b_{i,j} = b_{k,j};$$
$$b_{k,j} = b_{COPY}.$$

    Step 15 For $j = i + 1, i + 2, \cdots, N$ do Steps 16–18.   (执行消去操作)

        Step 16 Set $xm = \dfrac{b_{j,i}}{b_{i,i}}$.

        Step 17 For $k = i + 1, i + 2, \cdots, N + 1$
            set $b_{j,k} = b_{j,k} - xm \cdot b_{i,k}$.

        Step 18 Set $b_{j,i} = 0$.

Step 19 If $b_{N,N} = 0$ then OUTPUT ("The system is singular");
        STOP.

Step 20 If $m > 0$ then set $q_m = \dfrac{b_{N,N+1}}{b_{N,N}}$.   (开始向后替换)

Step 21 For $i = N - 1, N - 2, \cdots, n + 1$ set $q_{i-n} = \dfrac{b_{i,N+1} - \sum_{j=i+1}^{N} b_{i,j} q_{j-n}}{b_{i,i}}$.

Step 22 For $i = n, n - 1, \cdots, 1$ set $p_i = b_{i,N+1} - \sum_{j=n+1}^{N} b_{i,j} q_{j-n}$.

Step 23 OUTPUT $(q_0, q_1, \cdots, q_m, p_0, p_1, \cdots, p_n)$;
    STOP.   (算法成功完成)   ■

连分数逼近

对比例 1 中 $P_5(x)$ 和 $r(x)$ 的计算所要求的代数运算是很有趣的。使用嵌套乘法，$P_5(x)$ 可以表示为

$$P_5(x) = \left(\left(\left(\left(-\frac{1}{120} x + \frac{1}{24} \right) x - \frac{1}{6} \right) x + \frac{1}{2} \right) x - 1 \right) x + 1$$

假设 1、x、x^2、x^3、x^4 以及 x^5 的系数被表示为小数，单个计算嵌套形式的 $P_5(x)$ 需要 5 次乘法和 5 次加法/减法运算。

采用嵌套乘法，$r(x)$ 可以表示为

$$r(x) = \frac{\left(\left(-\frac{1}{60}x + \frac{3}{20}\right)x - \frac{3}{5}\right)x + 1}{\left(\frac{1}{20}x + \frac{2}{5}\right)x + 1}$$

于是，单个计算 $r(x)$ 需要 5 次乘法、5 次加法/减法和 1 次除法运算。因此，从工作量上看多项式更轻松一些。然而，将 $r(x)$ 重新写成连除法，则有

$$r(x) = \frac{1 - \frac{3}{5}x + \frac{3}{20}x^2 - \frac{1}{60}x^3}{1 + \frac{2}{5}x + \frac{1}{20}x^2}$$

$$= \frac{-\frac{1}{3}x^3 + 3x^2 - 12x + 20}{x^2 + 8x + 20}$$

$$= -\frac{1}{3}x + \frac{17}{3} + \frac{\left(-\frac{152}{3}x - \frac{280}{3}\right)}{x^2 + 8x + 20}$$

$$= -\frac{1}{3}x + \frac{17}{3} + \frac{-\frac{152}{3}}{\left(\frac{x^2 + 8x + 20}{x + (35/19)}\right)}$$

或者

$$r(x) = -\frac{1}{3}x + \frac{17}{3} + \frac{-\frac{152}{3}}{\left(x + \frac{117}{19} + \frac{3125/361}{(x + (35/19))}\right)} \tag{8.16}$$

写成这种形式后，单个计算 $r(x)$ 要求 1 次乘法、5 次加法/减法和 2 次除法运算。如果计算除法所要求的工作量与计算乘法所要求的工作量近似相等，那么一个多项式 $P_5(x)$ 求值所需要的工作量就大大超过了一个有理函数 $r(x)$ 的求值。

将一个有理函数逼近表示成式(8.16)的形式叫作**连分数逼近**。因为这种表示在计算中非常有效，所以这是迄今为止仍令人关注的古典逼近方法。然而，我们在这里不讨论该方法。可以在文献[RR],pp.285-322 中找到该主题的更为深入而广泛的讨论。

虽然例 1 中给出的有理函数逼近结果比同样次数的多项式逼近更好，但值得注意的是，这种逼近的精度变化很大。在 0.2 处的近似结果的精度达到了 8×10^{-9}，但是在 1.0 处近似的结果精度只有 7×10^{-5}。这种精度的巨大变化是可以想到的，因为 Padé 逼近是基于 e^{-x} 的 Taylor 多项式展开的，而 Taylor 表达式在[0.2,1.0]内的精度变化是很大的。

Chebyshev 有理函数逼近

为了得到精度更加一致的有理函数逼近，我们使用一类表现更为一致的多项式，即 Chebyshev 多项式。一般的 Chebyshev 有理函数逼近和 Padé 逼近的过程一样，只是将 Padé 逼近中出现的每个 x^k 项用 Chebyshev 多项式 $T_k(x)$ 替换即可。

假设我们想要用 N 次有理函数 r 来逼近函数 f，因此将 r 写成下面的形式：

$$r(x) = \frac{\sum_{k=0}^{n} p_k T_k(x)}{\sum_{k=0}^{m} q_k T_k(x)}, \quad \text{其中 } N = n+m, \ q_0 = 1$$

将 $f(x)$ 用 Chebyshev 多项式展开成级数：

$$f(x) = \sum_{k=0}^{\infty} a_k T_k(x)$$

从而有

$$f(x) - r(x) = \sum_{k=0}^{\infty} a_k T_k(x) - \frac{\sum_{k=0}^{n} p_k T_k(x)}{\sum_{k=0}^{m} q_k T_k(x)}$$

或者

$$f(x) - r(x) = \frac{\sum_{k=0}^{\infty} a_k T_k(x) \sum_{k=0}^{m} q_k T_k(x) - \sum_{k=0}^{n} p_k T_k(x)}{\sum_{k=0}^{m} q_k T_k(x)} \tag{8.17}$$

系数 $q_1, q_2, \cdots, q_n$ 和 $p_0, p_1, \cdots, p_n$ 的选取使得这个方程的右侧分子中 $T_k(x)$，$k = 0, 1, \cdots, N$ 项的系数为零。这意味着级数

$$(a_0 T_0(x) + a_1 T_1(x) + \cdots)(T_0(x) + q_1 T_1(x) + \cdots + q_m T_m(x))$$
$$- (p_0 T_0(x) + p_1 T_1(x) + \cdots + p_n T_n(x))$$

没有次数小于等于 N 的项。

在 Chebyshev 有理函数逼近中有两个问题使得它比 Padé 逼近执行起来更困难。其中之一是出现了多项式 $q(x)$ 与 $f(x)$ 的 Chebyshev 多项式展开级数的乘积。这个问题可以通过下面的关系式来解决(见 8.3 节习题 10)：

$$T_i(x) T_j(x) = \frac{1}{2} \left[T_{i+j}(x) + T_{|i-j|}(x) \right] \tag{8.18}$$

另一个困难的问题是如何计算函数 $f(x)$ 的 Chebyshev 多项式展开级数。理论上这并不困难，因为如果

$$f(x) = \sum_{k=0}^{\infty} a_k T_k(x)$$

那么根据 Chebyshev 多项式的正交性可以得到

$$a_0 = \frac{1}{\pi} \int_{-1}^{1} \frac{f(x)}{\sqrt{1-x^2}} \, dx \quad \text{和} \quad a_k = \frac{2}{\pi} \int_{-1}^{1} \frac{f(x) T_k(x)}{\sqrt{1-x^2}} \, dx, \text{ 其中 } k \geqslant 1$$

然而，在实践中这些积分很少能有解析的表达式，每一个积分都必须通过数值积分方法来计算。

例 2　函数 e^{-x} 的 5 次 Chebyshev 展开式是

$$\tilde{P}_5(x) = 1.266066 T_0(x) - 1.130318 T_1(x) + 0.271495 T_2(x) - 0.044337 T_3(x)$$
$$+ 0.005474 T_4(x) - 0.000543 T_5(x)$$

求它的 5 次 Chebyshev 有理函数逼近，其中 $n = 3$，$m = 2$。

解　要求这个逼近，必须选择 p_0, p_1, p_2, p_3, q_1 和 q_2，使得下面的展开式当 $k = 0, 1, 2, 3, 4, 5$ 时，$T_k(x)$ 的系数为 0：

$$\tilde{P}_5(x)[T_0(x) + q_1 T_1(x) + q_2 T_2(x)] - [p_0 T_0(x) + p_1 T_1(x) + p_2 T_2(x) + p_3 T_3(x)]$$

利用关系式(8.18)并合并各项得到

$$
\begin{aligned}
T_0: & \quad 1.266066 - 0.565159 q_1 + 0.1357485 q_2 = p_0, \\
T_1: & \quad -1.130318 + 1.401814 q_1 - 0.587328 q_2 = p_1, \\
T_2: & \quad 0.271495 - 0.587328 q_1 + 1.268803 q_2 = p_2, \\
T_3: & \quad -0.044337 + 0.138485 q_1 - 0.565431 q_2 = p_3, \\
T_4: & \quad 0.005474 - 0.022440 q_1 + 0.135748 q_2 = 0, \\
T_5: & \quad -0.000543 + 0.002737 q_1 - 0.022169 q_2 = 0
\end{aligned}
$$

求解这个线性方程组就可以得到下面的有理函数：

$$r_T(x) = \frac{1.055265T_0(x) - 0.613016T_1(x) + 0.077478T_2(x) - 0.004506T_3(x)}{T_0(x) + 0.378331T_1(x) + 0.022216T_2(x)}$$

在 8.3 节的开始讲到

$$T_0(x) = 1, \; T_1(x) = x, \; T_2(x) = 2x^2 - 1, \quad T_3(x) = 4x^3 - 3x$$

将它们代入表达式并转化成关于 x 的幂的多项式可以得到

$$r_T(x) = \frac{0.977787 - 0.599499x + 0.154956x^2 - 0.018022x^3}{0.977784 + 0.378331x + 0.044432x^2}$$

表 8.11 列出了 $r_T(x)$ 的值，为了便于逼近，将例 1 中得出的 $r(x)$ 的值也列入其中。注意，虽然 $r(x)$ 的值在 $x = 0.2$ 和 0.4 时比 $r_T(x)$ 的值更精确，但是 $r(x)$ 的最大误差是 6.33×10^{-5}，而 $r_T(x)$ 的最大误差却是 9.13×10^{-6}。

表 8.11

x	e^{-x}	$r(x)$	$|e^{-x} - r(x)|$	$r_T(x)$	$|e^{-x} - r_T(x)|$
0.2	0.81873075	0.81873075	7.55×10^{-9}	0.81872510	5.66×10^{-6}
0.4	0.67032005	0.67031963	4.11×10^{-7}	0.67031310	6.95×10^{-6}
0.6	0.54881164	0.54880763	4.00×10^{-6}	0.54881292	1.28×10^{-6}
0.8	0.44932896	0.44930966	1.93×10^{-5}	0.44933809	9.13×10^{-6}
1.0	0.36787944	0.36781609	6.33×10^{-5}	0.36787155	7.89×10^{-6}

    Chebyshev 逼近可以用算法 8.2 获得。

算法 8.2　Chebyshev 有理逼近

求给定函数 $f(x)$ 的有理逼近：

$$r_T(x) = \frac{\sum_{k=0}^{n} p_k T_k(x)}{\sum_{k=0}^{m} q_k T_k(x)}$$

输入　非负整数 m 和 n。

输出　系数 $q_0, q_1, \cdots, q_n$ 和 $p_0, p_1, \cdots, p_n$。

Step 1　Set $N = m + n$.

Step 2　Set $a_0 = \dfrac{2}{\pi} \displaystyle\int_0^\pi f(\cos\theta) \, \mathrm{d}\theta$;　（为了使计算上更有效，系数 a_0 被加倍）

For $k = 1, 2, \cdots, N + m$ set

$$a_k = \frac{2}{\pi} \int_0^\pi f(\cos\theta) \cos k\theta \, \mathrm{d}\theta.$$

（积分可以用数值积分法计算，也可以直接输入系数）

Step 3　Set $q_0 = 1$.

Step 4　For $i = 0, 1, \cdots, N$ do Steps 5–9.　（确定线性方程组的系数矩阵 B）

    Step 5　For $j = 0, 1, \cdots, i$
              if $j \leqslant n$ then set $b_{i,j} = 0$.

    Step 6　If $i \leqslant n$ then set $b_{i,i} = 1$.

    Step 7　For $j = i + 1, i + 2, \cdots, n$ set $b_{i,j} = 0$.

    Step 8　For $j = n + 1, n + 2, \cdots, N$
              if $i \neq 0$ then set $b_{i,j} = -\frac{1}{2}(a_{i+j-n} + a_{|i-j+n|})$
                   else set $b_{i,j} = -\frac{1}{2}a_{j-n}$.

Step 9　If $i \neq 0$ then set $b_{i,N+1} = a_i$
　　　　　 else set $b_{i,N+1} = \frac{1}{2}a_i$.

(Steps 10–21用列主元法求解线性方程组)

Step 10　For $i = n+1, n+2, \cdots, N-1$ do Step 11~17.

　　Step 11　令k是使$|b_{k,i}| = \max_{i \leqslant j \leqslant N} |b_{j,i}|$
　　　　　　　 成立的最小整数, $i \leqslant k \leqslant N$. (寻找主元)

　　Step 12　If $b_{k,i} = 0$ then OUTPUT ("The system is singular");
　　　　　　　 STOP.

　　Step 13　If $k \neq i$ then　(交换第i行和第k行)
　　　　　　　 for $j = i, i+1, \cdots, N+1$ set

$$b_{COPY} = b_{i,j};$$
$$b_{i,j} = b_{k,j};$$
$$b_{k,j} = b_{COPY}.$$

　　Step 14　For $j = i+1, i+2, \cdots, N$ do Steps 15–17.　(执行消去操作)

　　　　Step 15　Set $xm = \dfrac{b_{j,i}}{b_{i,i}}$.

　　　　Step 16　For $k = i+1, i+2, \cdots, N+1$
　　　　　　　　　 set $b_{j,k} = b_{j,k} - xm \cdot b_{i,k}$.

　　　　Step 17　Set $b_{j,i} = 0$.

Step 18　If $b_{N,N} = 0$ then OUTPUT ("The system is singular");
　　　　　　 STOP.

Step 19　If $m > 0$ then set $q_m = \dfrac{b_{N,N+1}}{b_{N,N}}$.　(开始向后替换)

Step 20　For $i = N-1, N-2, \cdots, n+1$ set $q_{i-n} = \dfrac{b_{i,N+1} - \sum_{j=i+1}^{N} b_{i,j} q_{j-n}}{b_{i,i}}$.

Step 21　For $i = n, n-1, \cdots, 0$ set $p_i = b_{i,N+1} - \sum_{j=n+1}^{N} b_{i,j} q_{j-n}$.

Step 22　OUTPUT $(q_0, q_1, \cdots, q_m, p_0, p_1, \cdots, p_n)$;
　　　　　　 STOP.　(算法成功完成)　　　　　　　　　　　　　　■

　　从某种意义上说，Chebyshev 方法在最大逼近误差达到最小时并不能产生最佳的有理函数逼近。然而，该方法可以用于称为第二 Remez 算法的迭代方法的起始点，它能收敛到最佳逼近。关于该方法以及该方法的改进算法可参见文献[RR], pp.292–305 或[Pow], pp.90–92。

习题 8.4

1. 求函数 $f(x) = e^{2x}$ 的所有二次 Padé 逼近。将 $x_i = 0.2i$, $i = 1, 2, 3, 4, 5$ 处的近似结果与真实值 $f(x_i)$ 进行比较。

2. 求函数 $f(x) = x\ln(x+1)$ 的所有三次 Padé 逼近。将 $x_i = 0.2i$, $i = 1, 2, 3, 4, 5$ 处的近似结果与真实值 $f(x_i)$ 进行比较。

3. 求函数 $f(x) = e^x$ 的五次 Padé 逼近，其中 $n = 2$, $m = 3$。将 $x_i = 0.2i$, $i = 1, 2, 3, 4, 5$ 处的近似结果与五次 Maclaurin 多项式的值进行比较。

4. 改用 $n = 3$, $m = 2$ 的五次 Padé 逼近重做习题 3。比较每个 x_i 处的近似值和习题 3 中计算的结果。

5. 求函数 $f(x) = \sin x$ 的六次 Padé 逼近，其中 $n = m = 3$。将 $x_i = 0.1i$, $i = 0, 1, 2, 3, 4, 5$ 处的近似结果、精确值以及六次 Maclaurin 多项式的值进行比较。

6. 求函数 $f(x) = \sin x$ 的六次 Padé 逼近，其中 (a) $n=2$, $m=4$ 和 (b) $n=4$, $m=2$。将 x_i 处得到的近似结果与习题 5 的结果进行比较。

7. 表 8.10 中列出了函数 $f(x) = e^{-x}$ 在 $x_i = 0.2i$, $i = 1, 2, 3, 4, 5$ 处的 $n=3$, $m=2$ 时的五次 Padé 逼近值、五次 Maclaurin 多项式的值及其精确值。求下列情形下它的五次 Padé 逼近，并将所得结果进行比较。

   a. $n=0, m=5$　　 b. $n=1, m=4$　　 c. $n=3, m=2$　　 d. $n=4, m=1$

8. 将下面的有理函数表示成连分数的形式：

   a. $\dfrac{x^2 + 3x + 2}{x^2 - x + 1}$

   b. $\dfrac{4x^2 + 3x - 7}{2x^3 + x^2 - x + 5}$

   c. $\dfrac{2x^3 - 3x^2 + 4x - 5}{x^2 + 2x + 4}$

   d. $\dfrac{2x^3 + x^2 - x + 3}{3x^3 + 2x^2 - x + 1}$

9. 求函数 $f(x) = e^{-x}$ 的所有二次 Chebyshev 有理函数逼近。在点 $x = 0.25$、0.5 和 1 处，哪一个给出的 $f(x) = e^{-x}$ 的近似最好？

10. 求函数 $f(x) = \cos x$ 的所有三次 Chebyshev 有理函数逼近。在点 $x = \pi/4$ 和 $\pi/3$ 处，哪一个给出的 $f(x) = \cos x$ 的近似最好？

11. 求函数 $f(x) = \sin x$ 的四次 Chebyshev 有理函数逼近，其中 $n = m = 2$。将 $x_i = 0.1i$, $i = 0, 1, 2, 3, 4, 5$ 处的近似结果与习题 5 中使用六次 Padé 逼近的结果进行比较。

12. 求函数 $f(x) = e^x$ 的所有五次 Chebyshev 有理函数逼近。将 $x_i = 0.2i$, $i = 1, 2, 3, 4, 5$ 处的近似结果与习题 3 和 4 中的结果进行比较。

应用型习题

13. 为了精确地逼近一个数学库中的 $f(x) = e^x$，我们首先限制 f 的定义域。给定一个实数 x，除以 $\ln \sqrt{10}$ 得到下面的关系：

$$x = M \cdot \ln \sqrt{10} + s$$

其中，M 是一个整数，s 是一个满足 $|s| \leqslant \dfrac{1}{2} \ln \sqrt{10}$ 的实数。

   a. 证明 $e^x = e^s \cdot 10^{M/2}$。

   b. 构造函数 e^s 的一个有理函数逼近，取 $n = m = 3$。估计当 $0 \leqslant |s| \leqslant \dfrac{1}{2} \ln \sqrt{10}$ 时的误差。

   c. 用 (a) 和 (b) 的结果设计 e^x 的一个计算方法，近似计算

$$\frac{1}{\ln \sqrt{10}} = 0.8685889638 \quad \text{和} \quad \sqrt{10} = 3.162277660$$

14. 为了精确地逼近一个数学库中的 $\sin x$ 和 $\cos x$，我们首先限制 f 的定义域。给定一个实数 x，除以 π 得到下面的关系：

$$|x| = M\pi + s, \quad \text{其中 } M \text{ 是一个整数}, \quad |s| \leqslant \frac{\pi}{2}$$

   a. 证明 $\sin x = \operatorname{sgn}(x) \cdot (-1)^M \cdot \sin s$。

   b. 构造函数 $\sin s$ 的一个有理函数逼近，取 $n = m = 4$。估计当 $0 \leqslant |s| \leqslant \pi/2$ 时的误差。

   c. 用 (a) 和 (b) 的结果设计 $\sin x$ 的一个计算方法。

   d. 利用关系式 $\cos x = \sin(x + \pi/2)$，针对 $\cos x$ 重做 (c)。

讨论问题

1. 本节讨论了 Padé 逼近方法，将这个方法与 Chisholm 逼近方法进行比较。

2. Padé 逼近方法能否用于单位圆上的复值调和函数逼近？

3. 什么是 Padé 类型的重心插值？它在最小二乘意义下如何使用？

8.5　三角多项式逼近

利用正弦函数和余弦函数的级数来表示任意一个函数始于 1750 年关于弦的振动的研究。弦的振动问题的研究是从 Jean d'Alembert 开始的，之后是当时最重要的数学家 Leonhard Euler 也对该问题进行了研究，但只有 Daniel Bernoulli 第一个使用了正弦和余弦函数的无穷级数作为问题的解，这种级数现在称为 Fourier(傅里叶)级数。在 19 世纪早期，Jean Baptiste Joseph Fourier 将这些级数用于研究热的流动，并建立了该学科的相当完善的理论基础。

Fourier 级数理论发展过程中的第一个发现是对每个正整数 n，函数集合 $\{\phi_0, \phi_1, \cdots, \phi_{2n-1}\}$，其中

$$\phi_0(x) = \frac{1}{2},$$

$$\phi_k(x) = \cos kx, \quad \text{对每个 } k = 1, 2, \cdots, n$$

以及

$$\phi_{n+k}(x) = \sin kx, \quad \text{对每个 } k = 1, 2, \cdots, n-1$$

是在区间$[-\pi, \pi]$上关于权函数 $w(x) \equiv 1$ 的正交集。正交性来自对每个整数 j，$\sin jx$ 和 $\cos jx$ 在$[-\pi, \pi]$上的积分是零。我们也能通过下面的三角恒等式将正弦函数和余弦函数的乘积重写成它们的和：

$$\sin t_1 \sin t_2 = \frac{1}{2}[\cos(t_1 - t_2) - \cos(t_1 + t_2)],$$

$$\cos t_1 \cos t_2 = \frac{1}{2}[\cos(t_1 - t_2) + \cos(t_1 + t_2)], \tag{8.19}$$

$$\sin t_1 \cos t_2 = \frac{1}{2}[\sin(t_1 - t_2) + \sin(t_1 + t_2)]$$

正交的三角多项式

设 $\mathcal{T}_n$ 表示函数 $\phi_0, \phi_1, \cdots, \phi_{2n-1}$ 的所有线性组合构成的集合。这个集合称为次数小于等于 n 的三角多项式集。(某些文献中还将 $\phi_{2n}(x) = \sin nx$ 包括在这个集合里。)

给定一个函数 $f \in C[-\pi, \pi]$，我们希望在集合 $\mathcal{T}_n$ 中寻找一个连续最小二乘逼近，其具有下面的形式：

$$S_n(x) = \frac{a_0}{2} + a_n \cos nx + \sum_{k=1}^{n-1}(a_k \cos kx + b_k \sin kx)$$

因为函数集合 $\{\phi_0, \phi_1, \cdots, \phi_{2n-1}\}$ 是在区间$[-\pi, \pi]$上关于权函数 $w(x) \equiv 1$ 的正交集，所以由定理 8.6 和方程(8.19)可知系数的合理选取应该是

$$a_k = \frac{\int_{-\pi}^{\pi} f(x) \cos kx \, \mathrm{d}x}{\int_{-\pi}^{\pi} (\cos kx)^2 \, \mathrm{d}x} = \frac{1}{\pi} \int_{-\pi}^{\pi} f(x) \cos kx \, \mathrm{d}x, \quad \text{对每个 } k = 0, 1, 2, \cdots, n \tag{8.20}$$

和

$$b_k = \frac{\int_{-\pi}^{\pi} f(x) \sin kx \, \mathrm{d}x}{\int_{-\pi}^{\pi} (\sin kx)^2 \, \mathrm{d}x} = \frac{1}{\pi} \int_{-\pi}^{\pi} f(x) \sin kx \, \mathrm{d}x, \quad \text{对每个 } k = 1, 2, \cdots, n-1 \tag{8.21}$$

当 $n \to \infty$ 时 $S_n(x)$ 的极限被称为 f 的 **Fourier 级数**。Fourier 级数被用来描述物理现象中出现的各类常微分方程和偏微分方程的解。

例 1　求下面函数的 $\mathcal{T}_n$ 三角多项式逼近：

$$f(x) = |x|, \quad -\pi < x < \pi$$

解　我们先要求下面的系数：

$$a_0 = \frac{1}{\pi} \int_{-\pi}^{\pi} |x| \, \mathrm{d}x = -\frac{1}{\pi} \int_{-\pi}^{0} x \, \mathrm{d}x + \frac{1}{\pi} \int_{0}^{\pi} x \, \mathrm{d}x = \frac{2}{\pi} \int_{0}^{\pi} x \, \mathrm{d}x = \pi$$

$$a_k = \frac{1}{\pi} \int_{-\pi}^{\pi} |x| \cos kx \, \mathrm{d}x = \frac{2}{\pi} \int_{0}^{\pi} x \cos kx \, \mathrm{d}x = \frac{2}{\pi k^2} \left[(-1)^k - 1 \right]$$

其中 $k = 1, 2, \cdots, n$，以及

$$b_k = \frac{1}{\pi} \int_{-\pi}^{\pi} |x| \sin kx \, \mathrm{d}x = 0, \qquad \text{对每个 } k = 1, 2, \cdots, n-1$$

因为 $g(x) = |x| \sin kx$ 对每个 k 都是奇函数，由于连续奇函数在形如 $[-a, a]$ 的区间上的积分是零（习题 15 和 16），所以所有的系数 b_k 都是零。因此函数 f 的 $\mathcal{T}_n$ 三角多项式逼近为

$$S_n(x) = \frac{\pi}{2} + \frac{2}{\pi} \sum_{k=1}^{n} \frac{(-1)^k - 1}{k^2} \cos kx$$

函数 $f(x) = |x|$ 的前几个三角多项式在图 8.13 中绘出。

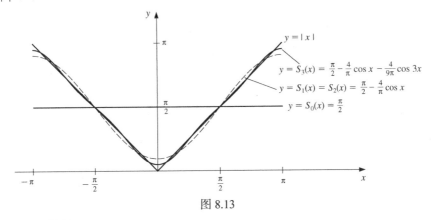

图 8.13

f 的 Fourier 级数是

$$S(x) = \lim_{n \to \infty} S_n(x) = \frac{\pi}{2} + \frac{2}{\pi} \sum_{k=1}^{\infty} \frac{(-1)^k - 1}{k^2} \cos kx$$

因为对每个 k 和 x，都有 $|\cos kx| \leqslant 1$，所以该级数是收敛的，即 $S(x)$ 对所有的实数 x 都存在。

离散的三角逼近

有一种很有用的类似的离散逼近，它用于离散的最小二乘逼近以及大量数据的插值。

假设给定了一个 $2m$ 对数据点 $\{(x_j, y_j)\}_{j=0}^{2m-1}$ 的集合，这些数据的第一个元素等距地分布在一个闭区间中。为了方便起见，我们假设这个区间是 $[-\pi, \pi]$，因此，如图 8.14 所示，有

$$x_j = -\pi + \left(\frac{j}{m} \right) \pi, \quad \text{对每个 } j = 0, 1, \cdots, 2m-1 \tag{8.22}$$

如果区间不是 $[-\pi, \pi]$，可以使用一个简单的线性变换把数据变到所讨论的区间。

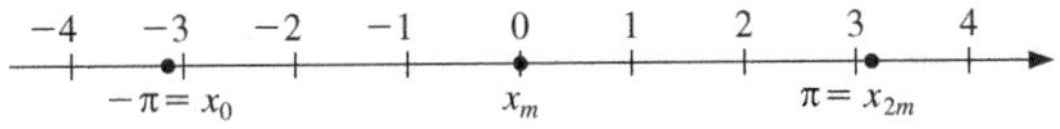

图 8.14

在离散情形下，目标是求 $\mathcal{T}_n$ 中的三角多项式 $S_n(x)$，使得下式被最小化：

$$E(S_n) = \sum_{j=0}^{2m-1} [y_j - S_n(x_j)]^2$$

为此，我们需要选择常数 $a_0, a_1, \cdots, a_n,\ b_1, b_2, \cdots, b_{n-1}$，使下式被最小化：

$$E(S_n) = \sum_{j=0}^{2m-1} \left\{ y_j - \left[\frac{a_0}{2} + a_n \cos nx_j + \sum_{k=1}^{n-1} (a_k \cos kx_j + b_k \sin kx_j) \right] \right\}^2 \tag{8.23}$$

这些常数可以通过正交性来确定，即函数集 $\{\phi_0,\ \phi_1,\ \cdots,\ \phi_{2n-1}\}$ 是关于区间 $[-\pi, \pi]$ 内的等距点 $\{x_j\}_{j=0}^{2m-1}$ 求和正交的。这意味着对每个 $k \ne l$，有

$$\sum_{j=0}^{2m-1} \phi_k(x_j)\phi_l(x_j) = 0 \tag{8.24}$$

为了证明这种正交性，我们给出下面的引理。

引理 8.12 假设 r 不是 $2m$ 的倍数，则

- $\displaystyle\sum_{j=0}^{2m-1} \cos rx_j = 0$ 和 $\displaystyle\sum_{j=0}^{2m-1} \sin rx_j = 0$

  而且，如果 r 不是 m 的倍数，则有

- $\displaystyle\sum_{j=0}^{2m-1} (\cos rx_j)^2 = m$ 和 $\displaystyle\sum_{j=0}^{2m-1} (\sin rx_j)^2 = m$

证明 Euler 公式告诉我们，若 $i^2 = -1$，则对每一个实数 z，有

$$e^{iz} = \cos z + i \sin z \tag{8.25}$$

利用这个结果可得到

$$\sum_{j=0}^{2m-1} \cos rx_j + i \sum_{j=0}^{2m-1} \sin rx_j = \sum_{j=0}^{2m-1} (\cos rx_j + i \sin rx_j) = \sum_{j=0}^{2m-1} e^{irx_j}$$

但是

$$e^{irx_j} = e^{ir(-\pi + j\pi/m)} = e^{-ir\pi} \cdot e^{irj\pi/m}$$

因此

$$\sum_{j=0}^{2m-1} \cos rx_j + i \sum_{j=0}^{2m-1} \sin rx_j = e^{-ir\pi} \sum_{j=0}^{2m-1} e^{irj\pi/m}$$

由于 $\displaystyle\sum_{j=0}^{2m-1} e^{irj\pi/m}$ 是一个几何级数，它的首项是 1，公比是 $e^{ir\pi/m} \ne 1$，因此，

$$\sum_{j=0}^{2m-1} e^{irj\pi/m} = \frac{1 - (e^{ir\pi/m})^{2m}}{1 - e^{ir\pi/m}} = \frac{1 - e^{2ir\pi}}{1 - e^{ir\pi/m}}$$

又因为 $e^{2ir\pi} = \cos 2r\pi + i \sin 2r\pi = 1$，所以 $1 - e^{2ir\pi} = 0$，从而，

$$\sum_{j=0}^{2m-1} \cos rx_j + i \sum_{j=0}^{2m-1} \sin rx_j = e^{-ir\pi} \sum_{j=0}^{2m-1} e^{irj\pi/m} = 0$$

这意味着实部和虚部都是零，即

$$\sum_{j=0}^{2m-1} \cos rx_j = 0 \quad 和 \quad \sum_{j=0}^{2m-1} \sin rx_j = 0$$

另外，如果 r 不是 m 的倍数，这些和式又意味着

$$\sum_{j=0}^{2m-1} (\cos rx_j)^2 = \sum_{j=0}^{2m-1} \frac{1}{2}\left(1 + \cos 2rx_j\right) = \frac{1}{2}\left[2m + \sum_{j=0}^{2m-1} \cos 2rx_j\right] = \frac{1}{2}(2m + 0) = m$$

类似也有

$$\sum_{j=0}^{2m-1} (\sin rx_j)^2 = \sum_{j=0}^{2m-1} \frac{1}{2}\left(1 - \cos 2rx_j\right) = m \qquad \blacksquare$$

我们现在能够证明方程 (8.24) 那样的正交性了。例如，考虑以下情形：

$$\sum_{j=0}^{2m-1} \phi_k(x_j)\phi_{n+l}(x_j) = \sum_{j=0}^{2m-1} (\cos kx_j)(\sin lx_j)$$

因为

$$\cos kx_j \sin lx_j = \frac{1}{2}[\sin(l+k)x_j + \sin(l-k)x_j]$$

又因为 $(l+k)$ 和 $(l-k)$ 都不是 $2m$ 的倍数，因此引理 8.12 意味着

$$\sum_{j=0}^{2m-1} (\cos kx_j)(\sin lx_j) = \frac{1}{2}\left[\sum_{j=0}^{2m-1} \sin(l+k)x_j + \sum_{j=0}^{2m-1} \sin(l-k)x_j\right] = \frac{1}{2}(0+0) = 0$$

这种方法被用于证明任何函数对所满足的正交性条件，并且可以得出下面的结果。

定理 8.13 和式

$$S_n(x) = \frac{a_0}{2} + a_n \cos nx + \sum_{k=1}^{n-1}(a_k \cos kx + b_k \sin kx)$$

中使得最小二乘和

$$E(a_0, \cdots, a_n, b_1, \cdots, b_{n-1}) = \sum_{j=0}^{2m-1} (y_j - S_n(x_j))^2$$

达到最小的常数是

- $a_k = \dfrac{1}{m}\displaystyle\sum_{j=0}^{2m-1} y_j \cos kx_j,$ 对每个 $k = 0, 1, \cdots, n$

  和
- $b_k = \dfrac{1}{m}\displaystyle\sum_{j=0}^{2m-1} y_j \sin kx_j,$ 对每个 $k = 1, 2, \cdots, n-1$ $\qquad \blacksquare$

这个定理的证明如 8.1 节和 8.2 节所讲的那样，通过令 E 关于 a_k 和 b_k 的偏导数为零，并利用正交性来简化方程得到。例如，

$$0 = \frac{\partial E}{\partial b_k} = 2\sum_{j=0}^{2m-1}[y_j - S_n(x_j)](-\sin kx_j)$$

所以，

$$0 = \sum_{j=0}^{2m-1} y_j \sin kx_j - \sum_{j=0}^{2m-1} S_n(x_j)\sin kx_j$$

$$= \sum_{j=0}^{2m-1} y_j \sin kx_j - \frac{a_0}{2}\sum_{j=0}^{2m-1} \sin kx_j - a_n \sum_{j=0}^{2m-1} \sin kx_j \cos nx_j$$

$$- \sum_{l=1}^{n-1} a_l \sum_{j=0}^{2m-1} \sin kx_j \cos lx_j - \sum_{\substack{l=1, \\ l \neq k}}^{n-1} b_l \sum_{j=0}^{2m-1} \sin kx_j \sin lx_j - b_k \sum_{j=0}^{2m-1} (\sin kx_j)^2$$

正交性意味着上式右侧中除第一个和最后一个和式之外其余的都是零,而引理 8.12 表明最终的和是 m。因此,

$$0 = \sum_{j=0}^{2m-1} y_j \sin kx_j - mb_k$$

从而可以得到

$$b_k = \frac{1}{m} \sum_{j=0}^{2m-1} y_j \sin kx_j$$

关于 a_k 的结果和上面的类似,但必须多加一步来确定 a_0(见习题 19)。

例 2　对函数 $f(x) = 2x^2 - 9$,x 在区间 $[-\pi, \pi]$ 内,求它的离散的最小二乘 2 次三角多项式 $S_2(x)$。

解　因为有 $m = 2(2) - 1 = 3$,因此节点为

$$x_j = \pi + \frac{j}{m}\pi \ \text{和} \ y_j = f(x_j) = 2x_j^2 - 9, \ j = 0, 1, 2, 3, 4, 5$$

三角多项式为

$$S_2(x) = \frac{1}{2}a_0 + a_2 \cos 2x + (a_1 \cos x + b_1 \sin x)$$

其中,

$$a_k = \frac{1}{3} \sum_{j=0}^{5} y_j \cos kx_j, \qquad k = 0, 1, 2 \ \text{和} \ b_1 = \frac{1}{3} \sum_{j=0}^{5} y_j \sin x_j$$

这些系数是

$$a_0 = \frac{1}{3}\left(f(-\pi) + f\left(-\frac{2\pi}{3}\right) + f\left(-\frac{\pi}{3}\right) + f(0) + f\left(\frac{\pi}{3}\right) + f\left(\frac{2\pi}{3}\right) \right)$$

$$= -4.10944566,$$

$$a_1 = \frac{1}{3}\left(f(-\pi)\cos(-\pi) + f\left(-\frac{2\pi}{3}\right)\cos\left(-\frac{2\pi}{3}\right) + f\left(-\frac{\pi}{3}\right)\cos\left(-\frac{\pi}{3}\right) \right.$$

$$\left. + f(0)\cos 0 + f\left(\frac{\pi}{3}\right)\cos\left(\frac{\pi}{3}\right) + f\left(\frac{2\pi}{3}\right)\cos\left(\frac{2\pi}{3}\right) \right) = -8.77298169,$$

$$a_2 = \frac{1}{3}\left(f(-\pi)\cos(-2\pi) + f\left(-\frac{2\pi}{3}\right)\cos\left(-\frac{4\pi}{3}\right) + f\left(-\frac{\pi}{3}\right)\cos\left(-\frac{2\pi}{3}\right) \right.$$

$$\left. + f(0)\cos 0 + f\left(\frac{\pi}{3}\right)\cos\left(\frac{2\pi}{3}\right) + f\left(\frac{2\pi}{3}\right)\cos\left(\frac{4\pi}{3}\right) \right) = 2.92432723$$

和

$$b_1 = \frac{1}{3}\left(f(-\pi)\sin(-\pi) + f\left(-\frac{2\pi}{3}\right)\sin\left(-\frac{\pi}{3}\right) + f\left(-\frac{\pi}{3}\right)\left(-\frac{\pi}{3}\right) \right.$$

$$\left. + f(0)\sin 0 + f\left(\frac{\pi}{3}\right)\left(\frac{\pi}{3}\right) + f\left(\frac{2\pi}{3}\right)\left(\frac{2\pi}{3}\right) \right) = 0$$

于是,

$$S_2(x) = \frac{1}{2}(-4.10944562) - 8.77298169\cos x + 2.92432723\cos 2x$$

图 8.15 绘出了函数 $f(x)$ 和它的离散最小二乘三角多项式 $S_2(x)$。

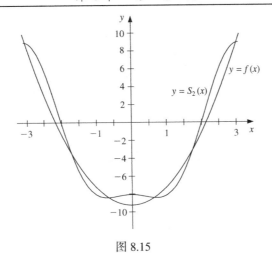

图 8.15

下面的例子说明如何求定义在一般闭区间(而不是$[-\pi, \pi]$)的函数的离散最小二乘三角多项式逼近。

例 3　求下面函数的离散最小二乘逼近 $S_3(x)$：

$$f(x) = x^4 - 3x^3 + 2x^2 - \tan x(x - 2), \qquad 在[0,2]上$$

使用数据点 $\{(x_j, y_j)\}_{j=0}^9$，其中 $x_j = j/5, y_j = f(x_j)$。

解　我们首先需要将区间$[0,2]$线性变换到$[-\pi, \pi]$，此变换由下式给出：

$$z_j = \pi(x_j - 1)$$

变换后的数据具有如下形式：

$$\left\{ \left(z_j, f\left(1 + \frac{z_j}{\pi}\right) \right) \right\}_{j=0}^9$$

因此，最小二乘三角多项式为

$$S_3(z) = \left[\frac{a_0}{2} + a_3 \cos 3z + \sum_{k=1}^2 (a_k \cos kz + b_k \sin kz) \right]$$

其中，

$$a_k = \frac{1}{5} \sum_{j=0}^9 f\left(1 + \frac{z_j}{\pi}\right) \cos kz_j, \qquad k = 0, 1, 2, 3$$

和

$$b_k = \frac{1}{5} \sum_{j=0}^9 f\left(1 + \frac{z_j}{\pi}\right) \sin kz_j, \qquad k = 1, 2$$

计算这些和式之后可得到逼近结果为

$$S_3(z) = 0.76201 + 0.77177 \cos z + 0.017423 \cos 2z + 0.0065673 \cos 3z$$
$$- 0.38676 \sin z + 0.047806 \sin 2z$$

再转换回变量 x 就得到

$$S_3(x) = 0.76201 + 0.77177 \cos \pi(x - 1) + 0.017423 \cos 2\pi(x - 1)$$
$$+ 0.0065673 \cos 3\pi(x - 1) - 0.38676 \sin \pi(x - 1) + 0.047806 \sin 2\pi(x - 1)$$

表 8.12 中列出了 $f(x)$ 和 $S_3(x)$ 的值。

表 8.12

x	$f(x)$	$S_3(x)$	$\|f(x) - S_3(x)\|$
0.125	0.26440	0.24060	2.38×10^{-2}
0.375	0.84081	0.85154	1.07×10^{-2}
0.625	1.36150	1.36248	9.74×10^{-4}
0.875	1.61282	1.60406	8.75×10^{-3}
1.125	1.36672	1.37566	8.94×10^{-3}
1.375	0.71697	0.71545	1.52×10^{-3}
1.625	0.07909	0.06929	9.80×10^{-3}
1.875	-0.14576	-0.12302	2.27×10^{-2}

习题 8.5

1. 对区间 $[-\pi, \pi]$ 上的函数 $f(x) = x^2$ 求连续的最小二乘三角多项式 $S_2(x)$。

2. 对区间 $[-\pi, \pi]$ 上的函数 $f(x) = x$ 求连续的最小二乘三角多项式 $S_n(x)$。

3. 对区间 $[-\pi, \pi]$ 上的函数 $f(x) = e^x$ 求连续的最小二乘三角多项式 $S_3(x)$。

4. 对区间 $[-\pi, \pi]$ 上的函数 $f(x) = e^x$ 求一般的连续最小二乘三角多项式 $S_n(x)$。

5. 对下面的函数求一般的连续最小二乘三角多项式 $S_n(x)$：

$$f(x) = \begin{cases} 0, & \text{若 } -\pi < x \leqslant 0 \\ 1, & \text{若 } 0 < x < \pi \end{cases}$$

6. 对下面的函数求一般的连续最小二乘三角多项式 $S_n(x)$：

$$f(x) = \begin{cases} -1, & \text{若 } -\pi < x < 0 \\ 1, & \text{若 } 0 \leqslant x \leqslant \pi \end{cases}$$

7. 对下面给出的函数和 m, n 的值，求它们在区间 $[-\pi, \pi]$ 上的离散最小二乘三角多项式 $S_n(x)$。

    a. $f(x) = \cos 2x$, $m = 4, n = 2$ b. $f(x) = \cos 3x$, $m = 4, n = 2$

    c. $f(x) = \sin \frac{x}{2} + 2\cos \frac{x}{3}$, $m = 6, n = 3$ d. $f(x) = x^2 \cos x$, $m = 6, n = 3$

8. 对习题 7 中的每个函数，计算误差 $E(S_n)$。

9. 对区间 $[-\pi, \pi]$ 上的函数 $f(x) = e^x \cos 2x$，取 $m = 4$，求它的离散最小二乘三角多项式 $S_3(x)$，并计算误差 $E(S_3)$。

10. 取 $m = 8$，重做习题 9。在点 $\xi_j = -\pi + 0.2j\pi$，$0 \leqslant j \leqslant 10$ 上比较逼近多项式的值和函数 f 的值。哪一个逼近更好一些？

11. 设 $f(x) = 2\tan x - \sec 2x$, $2 \leqslant x \leqslant 4$。使用下面给出的 m 和 n 的值，求离散最小二乘三角多项式 $S_n(x)$，并计算每种情形下的误差。

    a. $n = 3$, $m = 6$ b. $n = 4$, $m = 6$

12. a. 对区间 $[0, 1]$ 上的函数 $f(x) = x^2 \sin x$，取 $m = 16$，求它的离散最小二乘三角多项式 $S_4(x)$。

    b. 计算 $\int_0^1 S_4(x)dx$。

    c. 将 (b) 中的积分与 $\int_0^1 x^2 \sin x dx$ 进行比较。

应用型习题

13. 下表中列出了从 2013 年 3 月到 2014 年 6 月期间每月开市第一天收盘的道琼斯工业平均指数 (DJIA)。

编号	年	月	DJIA	编号	年	月	DJIA
0	March	2013	14090	8	November	2013	15616
1	April	2013	14573	9	December	2013	16009
2	May	2013	14701	10	January	2014	16441
3	June	2013	15254	11	February	2014	15373
4	July	2013	14975	12	March	2014	16168
5	August	2013	15628	13	April	2014	16533
6	September	2013	14834	14	May	2014	16559
7	October	2013	15193	15	June	2014	16744

　　a. 对上面的数据构造 4 次离散最小二乘三角多项式。

　　b. 利用 (a) 中构造的多项式来近似计算时间分别为 2013 年 4 月 8 日和 2014 年 4 月 8 日的收盘平均指数。

　　c. (b) 中所给日期的收盘平均指数分别为 14613 和 16256。总体上来说，你认为用这个多项式来预测收盘平均指数效果有多好？

　　d. 估算 2014 年 6 月 17 日的收盘平均指数，这天的实际收盘平均指数是 16808。这个预测有实际用处吗？

14. 有一个银质杆，其长度为 $L = 10$ cm，密度 $\rho = 10.6$ gm/cm^3，导热系数 $K = 1.04$ cal/cm·deg·s，比热 $\sigma = 0.056$ cal/gm·deg，该杆被横向绝缘，并且两端保持恒温 0℃，此时杆的温度 $u(x,t)$ 由下面的热方程描述：

$$\frac{\partial}{\partial t}u(x,t) = \beta\frac{\partial^2}{\partial x^2}u(x,t), \quad 0 < x < L, \quad 0 < t$$

其边界条件为 $u(0,t) = 0$ 和 $u(L,t) = 0$，初始条件为 $u(x,0) = f(x) = 10x-x^2$。该问题的解是

$$u(x,t) = \sum_{n=1}^{\infty} a_n \exp\left(-\frac{\beta^2 n^2\pi^2}{L^2}t\right)\sin\left(\frac{n\pi}{L}x\right)$$

其中，$\beta = \dfrac{K}{\rho\sigma}$，系数来自 $f(x)$ 的 Fourier 正弦级数展开 $\sum_{n=1}^{\infty} a_n \sin\left(\dfrac{n\pi}{L}x\right)$，其中 $a_n = \dfrac{2}{L}\int_0^L f(x)$

$\sin\left(\dfrac{n\pi}{L}x\right)\mathrm{d}x$。

　　a. 求出 $f(x) = 10x-x^2$ 的 Fourier 正弦级数的前四个非零项。

　　b. 对 $x = 3,6,9$，比较 $f(x)$ 和它的前四个非零项逼近 $a_1\sin\left(\dfrac{\pi x}{10}\right) + a_2\sin\left(2\dfrac{\pi x}{10}\right) + a_3\sin\left(3\dfrac{\pi x}{10}\right) +$

　　　　$a_4\sin\left(4\dfrac{\pi x}{10}\right) + \cdots$。

　　c. 求 $u(x,t)$ 的前四个非零项。

　　d. 用 (c) 的结果近似计算 $u(9, 0.5)$、$u(6, 0.75)$ 和 $u(3,1)$。

理论型习题

15. 证明：对定义在 $[-a, a]$ 上的任意连续奇函数，$\displaystyle\int_{-a}^{a} f(x)\mathrm{d}x = 0$ 成立。

16. 证明：对定义在 $[-a, a]$ 上的任意连续偶函数，$\displaystyle\int_{-a}^{a} f(x)\mathrm{d}x = 2\int_0^a f(x)\mathrm{d}x$ 成立。

17. 证明：函数 $\phi_0(x) = 1/2$，$\phi_1(x) = \cos x, \cdots$，$\phi_n(x) = \cos nx$，$\phi_{n+1}(x) = \sin x, \cdots$，$\phi_{2n-1}(x) = \sin(n-1)x$，它们在区间 $[-\pi, \pi]$ 上关于权函数 $w(x) \equiv 1$ 是正交的。

18. 在例 1 中，我们求出了 $f(x) = |x|$ 的 Fourier 级数。利用这个级数并假设它代表 f 在 0 处的值来求收敛的无穷级数 $\displaystyle\sum_{k=0}^{\infty} (1/(2k+1)^2)$ 的和。

19. 证明定理 8.13 中的常数 a_k，$k = 0, \cdots, n$ 的形式是正确的。

讨论问题

1. 信号处理问题有时涉及用三角多项式来逼近一个只知道某些测量点上的值的函数。有一种叫作滑动窗口格式的方法可以用来产生逼近。讨论这是什么意思。

2. 讨论 Fourier 级数在偏微分方程求解中的应用。

3. 在什么条件下一个函数的 Fourier 级数收敛到这个函数本身？

8.6 快速 Fourier 变换

在 8.5 节的后面部分，我们讨论了如何确定在 $2m-1$ 个数据点 $\{(x_j, y_j)\}_{j=0}^{2m-1}$ 上的 n 次离散最小二乘多项式的形式，其中 $x_j = -\pi + (j/m)\pi$，$j = 0, 1, \cdots, 2m-1$。

在 $\mathcal{T}_m$ 中的关于 $2m$ 个数据点的插值三角多项式几乎和最小二乘多项式一样。这是因为最小二乘三角多项式最小化了下面的误差项：

$$E(S_m) = \sum_{j=0}^{2m-1} \left(y_j - S_m(x_j) \right)^2$$

而对插值三角多项式而言，这个误差是 0，因此，当 $S_m(x_j) = y_j$，$j = 0, 1, \cdots, 2m-1$ 时其也达到了最小。

但是，如果我们希望系数和最小二乘法有相同的形式，则需要对多项式的形式进行修改。在引理 8.12 中，我们发现如果 r 不是 m 的倍数，则有

$$\sum_{j=0}^{2m-1} (\cos r x_j)^2 = m$$

插值要求计算：

$$\sum_{j=0}^{2m-1} (\cos m x_j)^2$$

其值是 $2m$（见习题 10）。这就需要将插值多项式写成

$$S_m(x) = \frac{a_0 + a_m \cos mx}{2} + \sum_{k=1}^{m-1} (a_k \cos kx + b_k \sin kx) \tag{8.26}$$

其前提是如果想使系数 a_k、b_k 与离散最小二乘多项式具有相同的形式，也就是说，

- $a_k = \dfrac{1}{m} \sum_{j=0}^{2m-1} y_j \cos k x_j$，对每个 $k = 0, 1, \cdots, m$

- $b_k = \dfrac{1}{m} \sum_{j=0}^{2m-1} y_j \sin k x_j$，对每个 $k = 1, 2, \cdots, m-1$

大量等距分布的数据使用三角多项式插值能产生非常精确的结果。这在许多领域都是非常合适的逼近方法，这些领域涉及数字滤波器、天线场模式、量子力学、光学以及各种数值模拟问题。然而，因为该方法要求的计算量的缘故，直到 20 世纪 60 年代中期由于快速 Fourier 变换的发现才被广泛应用开来。

直接计算 $2m$ 个数据点的插值要求大约 $(2m)^2$ 次乘法运算和 $(2m)^2$ 次加法运算。在那些要求使用三角多项式插值的领域里经常会有数以千计的数据需要逼近，因此直接的计算可能会要求百万次或更多次的运算，这样大运算量产生的舍入误差通常会影响逼近结果。

1965 年，J. W. Cooley 和 J. W. Tukey 在 *Mathematics of Computation*[CT] 杂志上发表了一篇论文，其中描述了一个计算常数的三角多项式插值的不同方法。只要 m 选取得合适，该方法仅需要 $O(m\log_2 m)$ 次乘法运算和 $O(m\log_2 m)$ 次加法运算。对一个有数千个数据点的问题，这种方法将运算量从数百万次缩减到只有数千次。该方法实际上早在 Cooley-Tukey 的论文发表的若干年前就已经被发现，但却被人们忽略了。（[Brigh],pp.8–9 中有一个关于该方法的简短而有趣的历史性回顾。）

Cooley 和 Tukey 所描述的方法现在被称为 **Cooley-Tukey 算法**或者**快速 Fourier 变换(FFT)算法**，它导致了使用三角多项式插值方法的革命。该方法将问题进行了重组，重组后的问题能够被简单地分解成 2 次幂。

快速 Fourier 变换并不直接求常数 a_k 和 b_k，而是计算下式中的复系数 c_k：

$$\frac{1}{m} \sum_{k=0}^{2m-1} c_k e^{ikx} \tag{8.27}$$

其中，

$$c_k = \sum_{j=0}^{2m-1} y_j e^{ik\pi j/m}, \quad \text{对每个 } k = 0, 1, \cdots, 2m-1 \tag{8.28}$$

一旦 c_k 被确定，常数 a_k 和 b_k 可以通过下面的 Euler 公式获得：

$$e^{iz} = \cos z + i \sin z$$

对每个 $k = 0,1,\cdots,m$，有

$$\frac{1}{m} c_k (-1)^k = \frac{1}{m} c_k e^{-i\pi k} = \frac{1}{m} \sum_{j=0}^{2m-1} y_j e^{ik\pi j/m} e^{-i\pi k} = \frac{1}{m} \sum_{j=0}^{2m-1} y_j e^{ik(-\pi + (\pi j/m))}$$

$$= \frac{1}{m} \sum_{j=0}^{2m-1} y_j \left(\cos k \left(-\pi + \frac{\pi j}{m} \right) + i \sin k \left(-\pi + \frac{\pi j}{m} \right) \right)$$

$$= \frac{1}{m} \sum_{j=0}^{2m-1} y_j (\cos k x_j + i \sin k x_j)$$

于是，给定 c_k，则有

$$a_k + i b_k = \frac{(-1)^k}{m} c_k \tag{8.29}$$

为了便于标记，b_0 和 b_m 都被用在了公式中，但它们都是零，因此并不影响整个求和。

快速 Fourier 变换的运算缩减特征来自批量计算系数 c_k 并使用了基本的关系式：

$$e^{n\pi i} = \cos n\pi + i \sin n\pi = (-1)^n$$

假设对某个正整数 p，$m = 2^p$。对每个 $k = 0,1,\cdots,m-1$，有

$$c_k + c_{m+k} = \sum_{j=0}^{2m-1} y_j e^{ik\pi j/m} + \sum_{j=0}^{2m-1} y_j e^{i(m+k)\pi j/m} = \sum_{j=0}^{2m-1} y_j e^{ik\pi j/m} (1 + e^{i\pi j})$$

然而，

$$1 + e^{i\pi j} = \begin{cases} 2, & \text{若 } j \text{ 为偶数} \\ 0, & \text{若 } j \text{ 为奇数} \end{cases}$$

因此求和中只有 m 个非零项。

如果将求和指标 j 换成 $2j$，则可以将求和式写成

$$c_k + c_{m+k} = 2 \sum_{j=0}^{m-1} y_{2j} e^{ik\pi(2j)/m}$$

即

$$c_k + c_{m+k} = 2 \sum_{j=0}^{m-1} y_{2j} e^{ik\pi j/(m/2)} \tag{8.30}$$

类似地有

$$c_k - c_{m+k} = 2 e^{ik\pi/m} \sum_{j=0}^{m-1} y_{2j+1} e^{ik\pi j/(m/2)} \tag{8.31}$$

因为 c_k 和 c_{m+k} 都能从方程(8.30)和方程(8.31)中重新得到,因此这些关系确定了所有的系数 c_k。同时注意到方程(8.30)和方程(8.31)中的求和与方程(8.28)中的求和有相同的形式,只是将指标 m 换成了 $m/2$。

这里需要计算的有 $2m$ 个系数 $c_0, c_1, \cdots, c_{2m-1}$。使用基本方程时(8.28)每个系数需要 $2m$ 次复数乘法运算,这样全部的运算量是 $(2m)^2$。对每个 $k = 0,1,\cdots,m-1$,方程(8.30)需要 m 次复数乘法运算,方程(8.31)需要 $m+1$ 次复数乘法运算。因此使用这两个方程来计算 $c_0, c_1, \cdots, c_{2m-1}$ 可以将复数乘法的运算次数从 $(2m)^2 = 4m^2$ 缩减到

$$m \cdot m + m(m + 1) = 2m^2 + m$$

因为方程(8.30)和式(8.31)中的求和式和原方程具有相同的形式,而 m 是 2 的某次幂,所以可以重复地使用方程(8.30)和式(8.31)来缩减计算量。每次只需将两个求和的指标从 $j = 0$ 换成 $j = (m/2)-1$ 即可。接下来的运算量将原来的 $2m^2$ 缩减到

$$2\left[\frac{m}{2} \cdot \frac{m}{2} + \frac{m}{2} \cdot \left(\frac{m}{2} + 1\right)\right] = m^2 + m$$

于是全部运算量变为

$$(m^2 + m) + m = m^2 + 2m$$

而不是原来的 $(2m)^2$。

再一次使用上述技巧得到 4 个包含 $m/4$ 项的和式,原计算中 m^2 部分的运算量缩减到

$$4\left[\left(\frac{m}{4}\right)^2 + \frac{m}{4}\left(\frac{m}{4} + 1\right)\right] = \frac{m^2}{2} + m$$

整个新的运算量变为 $(m^2/2)+3m$ 次复数乘法。重复上面这个过程 r 次可将全部的运算量缩减为

$$\frac{m^2}{2^{r-2}} + mr$$

次复数乘法运算。

这个过程当 $r = p+1$ 时就完成了,因为我们有 $m = 2^p$ 而 $2m = 2^{p+1}$。最终,通过 $r = p+1$ 次的缩减之后,复数乘法的运算次数从原来的 $(2m)^2$ 变为

$$\frac{(2^p)^2}{2^{p-1}} + m(p + 1) = 2m + pm + m = 3m + m\log_2 m = O(m\log_2 m)$$

由于计算方式已经确定,所以复数加法的运算量也可以计算出来。

为了说明这种运算量缩减的显著性,我们假设 $m = 2^{10} = 1024$。直接计算 c_k, $k = 0,1,\cdots,2m-1$ 将需要

$$(2m)^2 = (2048)^2 \approx 4\,200\,000$$

次运算。而快速 Fourier 变换方法将运算量缩减到

$$3(1024) + 1024\log_2 1024 \approx 13\,300$$

示例 考虑使用快速 Fourier 变换,用于 $8 = 2^3$ 个数据点 $\{(x_j, y_j)\}_{j=0}^7$,其中 $x_j = -\pi+j\pi/4$,$j = 0,1,\cdots,7$。在这种情形下,$2m = 8$,于是 $m = 4 = 2^2$,$p = 2$。

由方程(8.26),有

$$S_4(x) = \frac{a_0 + a_4\cos 4x}{2} + \sum_{k=1}^{3}(a_k\cos kx + b_k\sin kx)$$

其中,

$$a_k = \frac{1}{4}\sum_{j=0}^{7}y_j\cos kx_j \quad \text{和} \quad b_k = \frac{1}{4}\sum_{j=0}^{7}y_j\sin kx_j, \quad k = 0, 1, 2, 3, 4$$

定义 Fourier 变换为

$$\frac{1}{4}\sum_{j=0}^{7}c_k e^{ikx}$$

其中，

$$c_k = \sum_{j=0}^{7} y_j e^{ik\pi j/4}, \qquad k = 0, 1, \cdots, 7$$

于是利用方程 (8.31)，对 $k = 0,1,2,3,4$，有

$$\frac{1}{4}c_k e^{-ik\pi} = a_k + ib_k$$

通过直接计算，复系数 c_k 由下式给出：

$$c_0 = y_0 + y_1 + y_2 + y_3 + y_4 + y_5 + y_6 + y_7;$$

$$c_1 = y_0 + \left(\frac{i+1}{\sqrt{2}}\right)y_1 + iy_2 + \left(\frac{i-1}{\sqrt{2}}\right)y_3 - y_4 - \left(\frac{i+1}{\sqrt{2}}\right)y_5 - iy_6 - \left(\frac{i-1}{\sqrt{2}}\right)y_7;$$

$$c_2 = y_0 + iy_1 - y_2 - iy_3 + y_4 + iy_5 - y_6 - iy_7;$$

$$c_3 = y_0 + \left(\frac{i-1}{\sqrt{2}}\right)y_1 - iy_2 + \left(\frac{i+1}{\sqrt{2}}\right)y_3 - y_4 - \left(\frac{i-1}{\sqrt{2}}\right)y_5 + iy_6 - \left(\frac{i+1}{\sqrt{2}}\right)y_7;$$

$$c_4 = y_0 - y_1 + y_2 - y_3 + y_4 - y_5 + y_6 - y_7;$$

$$c_5 = y_0 - \left(\frac{i+1}{\sqrt{2}}\right)y_1 + iy_2 - \left(\frac{i-1}{\sqrt{2}}\right)y_3 - y_4 + \left(\frac{i+1}{\sqrt{2}}\right)y_5 - iy_6 + \left(\frac{i-1}{\sqrt{2}}\right)y_7;$$

$$c_6 = y_0 - iy_1 - y_2 + iy_3 + y_4 - iy_5 - y_6 + iy_7;$$

$$c_7 = y_0 - \left(\frac{i-1}{\sqrt{2}}\right)y_1 - iy_2 - \left(\frac{i+1}{\sqrt{2}}\right)y_3 - y_4 + \left(\frac{i-1}{\sqrt{2}}\right)y_5 + iy_6 + \left(\frac{i+1}{\sqrt{2}}\right)y_7$$

因为数据量较小，在这些方程里 y_j 的系数很多都是 1 或者 -1。在更大数据量的应用中，这种情况会变少，因此在计算运算量时把乘以 1 或者 -1 都算进去 (虽然在这个例子中这是不必要的)。基于这样的理解，直接计算 $c_0, c_1, \cdots, c_7$ 要求 64 次乘法/除法运算和 56 次加法/减法运算。

为了采用快速 Fourier 变换，当 $r = 1$ 时，我们首先定义：

$$d_0 = \frac{c_0 + c_4}{2} = y_0 + y_2 + y_4 + y_6; \qquad d_4 = \frac{c_2 + c_6}{2} = y_0 - y_2 + y_4 - y_6;$$

$$d_1 = \frac{c_0 - c_4}{2} = y_1 + y_3 + y_5 + y_7; \qquad d_5 = \frac{c_2 - c_6}{2} = i(y_1 - y_3 + y_5 - y_7);$$

$$d_2 = \frac{c_1 + c_5}{2} = y_0 + iy_2 - y_4 - iy_6; \qquad d_6 = \frac{c_3 + c_7}{2} = y_0 - iy_2 - y_4 + iy_6;$$

$$d_3 = \frac{c_1 - c_5}{2} \qquad\qquad\qquad d_7 = \frac{c_3 - c_7}{2}$$

$$= \left(\frac{i+1}{\sqrt{2}}\right)(y_1 + iy_3 - y_5 - iy_7); \qquad = \left(\frac{i-1}{\sqrt{2}}\right)(y_1 - iy_3 - y_5 + iy_7)$$

接着对 $r = 2$ 进行定义：

$$e_0 = \frac{d_0 + d_4}{2} = y_0 + y_4; \qquad e_4 = \frac{d_2 + d_6}{2} = y_0 - y_4;$$

$$e_1 = \frac{d_0 - d_4}{2} = y_2 + y_6; \qquad e_5 = \frac{d_2 - d_6}{2} = i(y_2 - y_6);$$

$$e_2 = \frac{\mathrm{i}d_1 + d_5}{2} = \mathrm{i}(y_1 + y_5); \qquad e_6 = \frac{\mathrm{i}d_3 + d_7}{2} = \left(\frac{\mathrm{i}-1}{\sqrt{2}}\right)(y_1 - y_5);$$

$$e_3 = \frac{\mathrm{i}d_1 - d_5}{2} = \mathrm{i}(y_3 + y_7); \qquad e_7 = \frac{\mathrm{i}d_3 - d_7}{2} = \mathrm{i}\left(\frac{\mathrm{i}-1}{\sqrt{2}}\right)(y_3 - y_7)$$

最后，对 $r = p+1 = 3$，给出以下定义：

$$f_0 = \frac{e_0 + e_4}{2} = y_0; \qquad f_4 = \frac{((\mathrm{i}+1)/\sqrt{2})e_2 + e_6}{2} = \left(\frac{\mathrm{i}-1}{\sqrt{2}}\right)y_1;$$

$$f_1 = \frac{e_0 - e_4}{2} = y_4; \qquad f_5 = \frac{((\mathrm{i}+1)/\sqrt{2})e_2 - e_6}{2} = \left(\frac{\mathrm{i}-1}{\sqrt{2}}\right)y_5;$$

$$f_2 = \frac{\mathrm{i}e_1 + e_5}{2} = \mathrm{i}y_2; \qquad f_6 = \frac{((\mathrm{i}-1)/\sqrt{2})e_3 + e_7}{2} = \left(\frac{-\mathrm{i}-1}{\sqrt{2}}\right)y_3;$$

$$f_3 = \frac{\mathrm{i}e_1 - e_5}{2} = \mathrm{i}y_6; \qquad f_7 = \frac{((\mathrm{i}-1)/\sqrt{2})e_3 - e_7}{2} = \left(\frac{-\mathrm{i}-1}{\sqrt{2}}\right)y_7$$

这里 $c_0, c_1, \cdots, c_7, d_0, d_1, \cdots, d_7, e_0, e_1, \cdots, e_7$，以及 $f_0, f_1, \cdots, f_7$ 与具体的数据点无关，它们只依赖于 $m = 4$ 这个事实。对每个 m，只有唯一的 4 组常数集合 $\{c_k\}_{k=0}^{2m-1}$、$\{d_k\}_{k=0}^{2m-1}$、$\{e_k\}_{k=0}^{2m-1}$ 和 $\{f_k\}_{k=0}^{2m-1}$。在具体的应用中，这部分计算是没有必要的，只有下面的计算是必需的。

量 f_k：

$$f_0 = y_0; \quad f_1 = y_4; \quad f_2 = \mathrm{i}y_2; \quad f_3 = \mathrm{i}y_6;$$

$$f_4 = \left(\frac{\mathrm{i}-1}{\sqrt{2}}\right)y_1; \quad f_5 = \left(\frac{\mathrm{i}-1}{\sqrt{2}}\right)y_5; \quad f_6 = -\left(\frac{\mathrm{i}+1}{\sqrt{2}}\right)y_3; \quad f_7 = -\left(\frac{\mathrm{i}+1}{\sqrt{2}}\right)y_7$$

量 e_k：

$$e_0 = f_0 + f_1; \quad e_1 = -\mathrm{i}(f_2 + f_3); \quad e_2 = -\left(\frac{\mathrm{i}-1}{\sqrt{2}}\right)(f_4 + f_5);$$

$$e_3 = -\left(\frac{\mathrm{i}+1}{\sqrt{2}}\right)(f_6 + f_7);$$

$$e_4 = f_0 - f_1; \quad e_5 = f_2 - f_3; \quad e_6 = f_4 - f_5; \quad e_7 = f_6 - f_7$$

量 d_k：

$$d_0 = e_0 + e_1; \quad d_1 = -\mathrm{i}(e_2 + e_3); \quad d_2 = e_4 + e_5; \quad d_3 = -\mathrm{i}(e_6 + e_7);$$

$$d_4 = e_0 - e_1; \quad d_5 = e_2 - e_3; \quad d_6 = e_4 - e_5; \quad d_7 = e_6 - e_7$$

量 c_k：

$$c_0 = d_0 + d_1; \quad c_1 = d_2 + d_3; \quad c_2 = d_4 + d_5; \quad c_3 = d_6 + d_7;$$

$$c_4 = d_0 - d_1; \quad c_5 = d_2 - d_3; \quad c_6 = d_4 - d_5; \quad c_7 = d_6 - d_7$$

用这种方式来计算常数 $c_0, c_1, \cdots, c_7$ 要求的运算量列于表 8.13 中。这里也将乘以 1 或者 -1 的运算计算在内，尽管这种计算很容易。

在求 c_k 时不需要乘法/除法运算，这是因为对每个 m，系数 $\{c_k\}_{k=0}^{2m-1}$ 的计算是按照下面的同样的方式从 $\{d_k\}_{k=0}^{2m-1}$ 得出的：

$$c_k = d_{2k} + d_{2k+1} \quad \text{和} \quad c_{k+m} = d_{2k} - d_{2k+1}, \quad \text{对每个 } k = 0,1,\cdots,m-1$$

因此，计算中并没有复数乘法。

表 8.13

步骤	乘法/除法	加法/减法
$(f_k:)$	8	0
$(e_k:)$	8	8
$(d_k:)$	8	8
$(c_k:)$	0	8
总计	24	24

总之，直接计算 c_0, c_1, $\cdots$, c_7 要求 64 次乘法/除法运算和 56 次加法/减法运算，而使用快速 Fourier 变换方法将计算量缩减到 24 次乘法/除法运算和 24 次加法/减法运算。 ■

算法 8.3 实现了当 $m = 2^p$，p 是某个正整数时的快速 Fourier 变换。可以对此进行修改用来计算 m 的其他情形。

算法 8.3 快速 Fourier 变换

对数据 $\{(x_j, y_j)\}_{j=0}^{2m-1}$，计算下面和式的系数：

$$\frac{1}{m}\sum_{k=0}^{2m-1} c_k e^{ikx} = \frac{1}{m}\sum_{k=0}^{2m-1} c_k(\cos kx + i\sin kx), \qquad 其中 i = \sqrt{-1}$$

其中 $m = 2^p$，$x_j = -\pi + j\pi/m$，$j = 0, 1, \cdots, 2m-1$。

输入 m, p; $y_0, y_1, \cdots, y_{2m-1}$。

输出 复系数 $c_0, \cdots, c_{2m-1}$; 实数 $a_0, \cdots, a_m$ 和 $b_1, \cdots, b_{m-1}$。

Step 1 Set $M = m$;
$\qquad q = p$;
$\qquad \zeta = e^{\pi i/m}$.

Step 2 For $j = 0, 1, \cdots, 2m-1$ set $c_j = y_j$.

Step 3 For $j = 1, 2, \cdots, M$ $\qquad$ set $\xi_j = \zeta^j$;
$\qquad\qquad\qquad\qquad\qquad\qquad \xi_{j+M} = -\xi_j$.

Step 4 Set $K = 0$;
$\qquad \xi_0 = 1$.

Step 5 For $L = 1, 2, \cdots, p+1$ do Steps 6–12.

Step 6 While $K < 2m - 1$ do Steps 7–11.

Step 7 For $j = 1, 2, \cdots, M$ do Steps 8–10.

Step 8 Let $K = k_p \cdot 2^p + k_{p-1} \cdot 2^{p-1} + \cdots + k_1 \cdot 2 + k_0$;
$\qquad$ (分解 k)
$\qquad$ set $K_1 = K/2^q = k_p \cdot 2^{p-q} + \cdots + k_{q+1} \cdot 2 + k_q$;
$\qquad\qquad K_2 = k_q \cdot 2^p + k_{q+1} \cdot 2^{p-1} + \cdots + k_p \cdot 2^q$.

Step 9 Set $\eta = c_{K+M}\xi_{K_2}$;
$\qquad c_{K+M} = c_K - \eta$;
$\qquad c_K = c_K + \eta$.

Step 10 Set $K = K + 1$.

Step 11 Set $K = K + M$.

Step 12 Set $K = 0$;
$\qquad M = M/2$;
$\qquad q = q - 1$.

Step 13 While $K < 2m - 1$ do Steps 14–16.

Step 14 Let $K = k_p \cdot 2^p + k_{p-1} \cdot 2^{p-1} + \cdots + k_1 \cdot 2 + k_0$; （分解$k$）
set $j = k_0 \cdot 2^p + k_1 \cdot 2^{p-1} + \cdots + k_{p-1} \cdot 2 + k_p$.

Step 15 If $j > K$ then interchange c_j and c_k.

Step 16 Set $K = K + 1$.

Step 17 Set $a_0 = c_0/m$;
$a_m = \mathrm{Re}(e^{-i\pi m}c_m/m)$.

Step 18 For $j = 1, \cdots, m - 1$ set $a_j = \mathrm{Re}(e^{-i\pi j}c_j/m)$;
$b_j = \mathrm{Im}(e^{-i\pi j}c_j/m)$.

Step 19 OUTPUT $(c_0, \cdots, c_{2m-1}; a_0, \cdots, a_m; b_1, \cdots, b_{m-1})$;
STOP.

例 1　对数据 $\{(x_j, f(x_j))\}_{j=0}^3$，其中 $f(x) = 2x^2 - 9$，求区间 $[-\pi, \pi]$ 上的 2 次三角多项式插值。

解　我们有

$$a_k = \frac{1}{2}\sum_{j=0}^{3} f(x_j)\cos(kx_j), \quad k = 0, 1, 2 \ \text{和} \ b_1 = \frac{1}{2}\sum_{j=0}^{3} f(x_j)\sin(x_j), \ \text{所以,}$$

$$a_0 = \frac{1}{2}\left(f(-\pi) + f\left(-\frac{\pi}{2}\right) + f(0) + f\left(\frac{\pi}{2}\right)\right) = -3.19559339,$$

$$a_1 = \frac{1}{2}\left(f(-\pi)\cos(-\pi) + f\left(-\frac{\pi}{2}\right)\cos\left(-\frac{\pi}{2}\right) + f(0)\cos 0 + f\left(\frac{\pi}{2}\right)\cos\left(\frac{\pi}{2}\right)\right)$$
$$= -9.86960441,$$

$$a_2 = \frac{1}{2}\left(f(-\pi)\cos(-2\pi) + f\left(-\frac{\pi}{2}\right)\cos(-\pi) + f(0)\cos 0 + f\left(\frac{\pi}{2}\right)\cos(\pi)\right)$$
$$= 4.93480220$$

和

$$b_1 = \frac{1}{2}\left(f(-\pi)\sin(-\pi) + f\left(-\frac{\pi}{2}\right)\sin\left(-\frac{\pi}{2}\right) + f(0)\sin 0 + f\left(\frac{\pi}{2}\right)\sin\left(\frac{\pi}{2}\right)\right) = 0$$

所以,

$$S_2(x) = \frac{1}{2}(-3.19559339 + 4.93480220\cos 2x) - 9.86960441\cos x$$

图 8.16 中绘出了函数 $f(x)$ 及其 2 次插值三角多项式 $S_2(x)$。

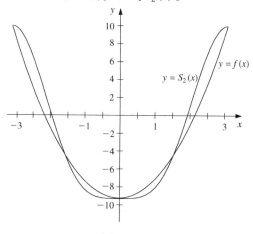

图 8.16

下一个例子用来说明如何计算一个闭区间(非区间$[-\pi, \pi]$)上的函数的三角多项式插值。

例 2 对数据 $\{(j/4, f(j/4))\}_{j=0}^7$，其中 $f(x) = x^4 - 3x^3 + 2x^2 - \tan x(x-2)$，求区间$[0,2]$上 4 次三角多项式插值。

解 首先需要将区间$[0, 2]$变换到区间$[-\pi, \pi]$。这由下面的公式给出：

$$z_j = \pi(x_j - 1)$$

于是算法 8.3 的输入数据为

$$\left\{ z_j, f\left(1 + \frac{z_j}{\pi}\right) \right\}_{j=0}^7$$

关于变量 z 的插值三角多项式为

$$S_4(z) = 0.761979 + 0.771841\cos z + 0.0173037\cos 2z + 0.00686304\cos 3z$$
$$- 0.000578545\cos 4z - 0.386374\sin z + 0.0468750\sin 2z - 0.0113738\sin 3z$$

将变量替换 $z = \pi(x-1)$ 代入 $S_4(z)$ 即可得到区间$[0,2]$上的插值三角多项式 $S_4(x)$。函数 $y = f(x)$ 和 $y = S_4(x)$ 的曲线绘制在图 8.17 中。表 8.14 也列出了 $f(x)$ 和 $S_4(x)$ 的函数值。

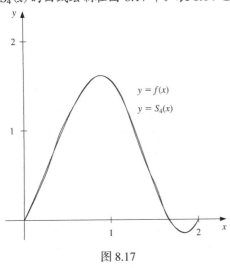

图 8.17

表 8.14

x	$f(x)$	$S_4(x)$	$|f(x) - S_4(x)|$
0.125	0.26440	0.25001	1.44×10^{-2}
0.375	0.84081	0.84647	5.66×10^{-3}
0.625	1.36150	1.35824	3.27×10^{-3}
0.875	1.61282	1.61515	2.33×10^{-3}
1.125	1.36672	1.36471	2.02×10^{-3}
1.375	0.71697	0.71931	2.33×10^{-3}
1.625	0.07909	0.07496	4.14×10^{-3}
1.875	-0.14576	-0.13301	1.27×10^{-2}

关于快速 Fourier 变换算法有效性证明的更多细节可以参见[Ham]，其从数学方法的角度给出了该算法，另外也可参见[Brac]，其中对该方法的描述更适合于熟悉工程设计的读者。文献[AHU],pp. 252–269 是一个讨论计算方法的很好的参考。当 m 不是 2 次幂时，[Win]讨论了如何修改算法。文献[Lau] pp.438–465 从应用抽象代数的角度给出了算法及其相关材料。

习题 8.6

1. 求下面函数在区间$[-\pi, \pi]$上的 2 次插值三角多项式 $S_2(x)$，并绘出 $f(x) - S_2(x)$ 的曲线：

   a. $f(x) = \pi(x - \pi)$ 　　　　　　　　b. $f(x) = x(\pi - x)$

   c. $f(x) = |x|$ 　　　　　　　　　　　d. $f(x) = \begin{cases} -1, & -\pi \leqslant x \leqslant 0 \\ 1, & 0 < x \leqslant \pi \end{cases}$

2. 用下面两种不同的方法来计算区间$[-\pi, \pi]$上函数 $f(x) = x(\pi-x)$ 的 4 次插值三角多项式：

   a. 直接计算 　　　　　　　　　　　b. 快速 Fourier 变换算法

3. 用快速 Fourier 变换算法计算下面的函数在区间$[-\pi, \pi]$上的 4 次插值三角多项式：

   a. $f(x) = \pi(x - \pi)$ 　　　　　　　　b. $f(x) = |x|$

   c. $f(x) = \cos \pi x - 2\sin \pi x$ 　　　　d. $f(x) = x\cos x^2 + e^x \cos e^x$

4. a. 求区间[0,1]上函数$f(x) = x^2 \sin x$的4次插值三角多项式$S_4(x)$。

   b. 计算$\int_0^1 S_4(x)\mathrm{d}x$。

   c. 将(b)中的积分与$\int_0^1 x^2 \sin x\mathrm{d}x$进行对比。

5. 使用习题3中的结果来近似下列积分,并将你的结果与真实值进行比较。

   a. $\int_{-\pi}^{\pi} \pi(x - \pi)\,\mathrm{d}x$

   b. $\int_{-\pi}^{\pi} |x|\,\mathrm{d}x$

   c. $\int_{-\pi}^{\pi} (\cos \pi x - 2\sin \pi x)\,\mathrm{d}x$

   d. $\int_{-\pi}^{\pi} (x\cos x^2 + \mathrm{e}^x \cos \mathrm{e}^x)\,\mathrm{d}x$

6. 用快速Fourier变换算法计算函数$f(x) = x^2 \cos x$在区间$[-\pi, \pi]$上的16次插值三角多项式。

7. 用快速Fourier变换算法计算函数$f(x) = x^2 \cos x$在区间$[-\pi, \pi]$上的64次插值三角多项式。

应用型习题

8. 下列数据是Youngstown-Warren Regional Airport(扬斯敦-沃伦地区机场)相邻两天的温度。

时间	6 am	7 am	8 am	9 am	10 am	11 am	12 pm	1 pm	2 pm	3 pm	4 pm	5 pm	6 pm	7 pm	8 pm	9 pm
6月17日	71	71	72	75	78	81	82	83	85	85	85	85	84	83	83	80
6月18日	68	69	70	72	74	77	78	79	81	81	84	81	79	78	77	75

   a. 针对6月17日的数据,利用快速Fourier变换算法构造插值三角多项式。

   b. 在同一张图上绘出插值三角多项式的曲线和6月18日的数据点。假设给定6 am的温度是68,这个三角多项式能否用来预测6月18日的温度?

9. 下表列出了从2013年3月到2014年6月每月开市第一天收盘的道琼斯工业平均指数(DJIA)。

编号	年	月	DJIA	编号	年	月	DJIA
0	2013	3月	14090	8	2013	11月	15616
1	2013	4月	14573	9	2013	12月	16009
2	2013	5月	14701	10	2014	1月	16441
3	2013	6月	15254	11	2014	2月	15373
4	2013	7月	14975	12	2014	3月	16168
5	2013	8月	15628	13	2014	4月	16533
6	2013	9月	14834	14	2014	5月	16559
7	2013	10月	15193	15	2014	6月	16744

   a. 对上面的数据用快速Fourier变换算法构造插值三角多项式。

   b. 利用(a)中构造的插值多项式来近似计算时间分别为2013年4月8日和2014年4月8日的收盘平均指数。

   c. (b)中所给日期的收盘平均指数分别为14613和16256。总体上说,你认为用这个多项式来预测收盘平均指数效果有多好?

   d. 估算2014年6月17日的收盘平均指数,这天的实际收盘平均指数是16808。这个预测有实际用处吗?

理论型习题

10. 用三角恒等式来证明$\sum_{j=0}^{2m-1} (\cos m x_j)^2 = 2m$。

11. 证明算法8.3中的$c_0, c_1, \cdots, c_{2m-1}$由下面的方程给出:

$$\begin{bmatrix} c_0 \\ c_1 \\ c_2 \\ \vdots \\ c_{2m-1} \end{bmatrix} = \begin{bmatrix} 1 & 1 & 1 & \cdots & 1 \\ 1 & \zeta & \zeta^2 & \cdots & \zeta^{2m-1} \\ 1 & \zeta^2 & \zeta^4 & \cdots & \zeta^{4m-2} \\ \vdots & \vdots & \vdots & & \vdots \\ 1 & \zeta^{2m-1} & \zeta^{4m-2} & \cdots & \zeta^{(2m-1)^2} \end{bmatrix} \begin{bmatrix} y_0 \\ y_1 \\ y_2 \\ \vdots \\ y_{2m-1} \end{bmatrix}$$

其中$\zeta = \mathrm{e}^{\pi i/m}$。

12. 在算法 8.3 的讨论中使用了 $m = 4$ 的例子。定义向量 **c**、**d**、**e**、**f** 和 **y** 如下：

$$\mathbf{c} = (c_0, \cdots, c_7)^t, \ \mathbf{d} = (d_0, \cdots, d_7)^t, \ \mathbf{e} = (e_0, \cdots, e_7)^t, \ \mathbf{f} = (f_0, \cdots, f_7)^t, \ \mathbf{y} = (y_0, \cdots, y_7)^t$$

求矩阵 A、B、C 和 D，使得 $\mathbf{c} = A\mathbf{d}, \mathbf{d} = B\mathbf{e}, \mathbf{e} = C\mathbf{f}, \ \mathbf{f} = D\mathbf{y}$。

讨论问题

1. 在数字信号处理中快速 Fourier 变换是一个非常重要的主题。为什么是这样？

2. 从功能上看，快速 Fourier 变换将数据集分解成一系列更小的数据集。解释这是如何做到的。

3. 快速 Fourier 变换对 2 次幂的大小有没有限制？

8.7　数值软件

IMSL 程序库提供了大量的逼近算法的子程序，它们包含：

1. 统计数据的线性最小二乘拟合；

2. 利用用户自选的基函数来进行离散最小二乘数据拟合；

3. 三次样条最小二乘逼近；

4. 有理权 Chebyshev 逼近；

5. 数据拟合的快速 Fourier 变换。

NAG 程序库提供了若干子程序，它们包括下面的计算：

1. 使用最小化舍入误差技术的最小二乘多项式逼近；

2. 三次样条最小二乘逼近；

3. l_1 意义下的最佳拟合；

4. L_∞ 意义下的最佳拟合；

5. 数据拟合的快速 Fourier 变换。

netlib 程序库也包含用于计算一个离散点集的多项式最小二乘逼近，以及这个多项式及其任意阶导数在一个给定点上求值的子程序。

讨论问题

1. FFTSS 是一个开源的快速 Fourier 变换库。请讨论这个库。

2. 描述 FFTW 这个开源的快速 Fourier 变换库。请讨论这个库。

3. 描述如何在 Excel 中实现快速 Fourier 变换。

关键概念

极小极大	绝对偏差	快速 Fourier 变换
正规方程	多项式最小二乘	线性最小二乘
线性无关	线性相关	正规方程
正交函数集	标准正交	权函数
Legendre 多项式	首一多项式	Gram-Schmidt
三角多项式	Fourier 级数	逼近误差
Padé 逼近	连分数	Fourier 变换
Chebyshev 有理函数	逼近	Chebyshev 多项式

本章回顾

在本章中，我们考虑了使用初等函数来逼近数据和函数。这里用到的初等函数是多项式、有理函数及三角多项式。我们考虑了两种类型的逼近：离散的和连续的。当需要逼近的是一个有限数据集时，就产生了离散的逼近。而当需要逼近的是一个已知函数时，就需要用到连续的逼近。

当函数的值只在一些具体的有限个点上给出，并且给出的函数值并不完全精确时，推荐使用离散的最小二乘方法。最小二乘数据拟合可以是线性形式，也可以是其他多项式，甚至可以是指数函数的形式。这些逼近通过求解一组正规方程来计算，如 8.1 节中给出的那样。

如果数据是周期的，三角多项式最小二乘拟合可能是最合适的。因为三角多项式基函数具有正交性，所以最小二乘的三角多项式逼近并不需要求解线性方程组。对大量的周期数据，我们也推荐使用三角多项式插值。计算三角多项式插值的有效方法是采用快速 Fourier 变换。

当被逼近的函数能够在任何点上求值时，可以通过最小化一个积分而不是和式来实现逼近。连续的最小二乘多项式逼近在 8.2 节中介绍。有效地计算最小二乘多项式逼近会导出多项式的标准正交集，诸如 Legendre 和 Chebyshev 多项式。有理函数逼近在 8.4 节讨论，该节研究了 Padé 逼近，它是 Maclaurin 多项式的推广，这一节中也将 Padé 逼近推广到 Chebyshev 有理函数逼近。这些方法都可以统一到比多项式更一般的框架下。利用三角函数的连续最小二乘逼近在 8.5 节讨论，它与 Fourier 级数有关。

关于逼近论的更多信息可参见 Powell[Pow]、Davis[Da] 或者 Cheney[Ch]。关于最小二乘方法的一本很好的参考书是 Lawson 和 Hanson[LH]，关于 Fourier 变换的内容可在 Van Loan[Van]、Briggs 和 Hanson[BH] 中找到。

第 9 章 近似特征值

引言

一个局部刚性为 $p(x)$、密度为 $\rho(x)$ 的弹性杆，它的纵向振动由下面的偏微分方程来描述：

$$\rho(x)\frac{\partial^2 v}{\partial t^2}(x,t) = \frac{\partial}{\partial x}\left[p(x)\frac{\partial v}{\partial x}(x,t)\right]$$

其中，$v(x,t)$ 为 t 时刻弹性杆上 x 处的平均纵向位移。该振动可以写成一些简谐振动的和：

$$v(x,t) = \sum_{k=0}^{\infty} c_k u_k(x)\cos\sqrt{\lambda_k}(t-t_0)$$

其中，

$$\frac{\mathrm{d}}{\mathrm{d}x}\left[p(x)\frac{\mathrm{d}u_k}{\mathrm{d}x}(x)\right] + \lambda_k\rho(x)u_k(x) = 0$$

如果杆的长度为 l，它的一端固定，则这个微分方程对 $0 < x < l$ 成立，且满足 $v(0) = v(l) = 0$。

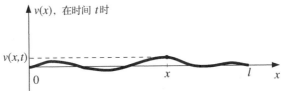

这些微分方程称为 Sturm-Liouville 方程，数 λ_k 是对应于特征函数 $u_k(x)$ 的特征值。

假设杆的长度为 1 米，刚度是一个常数 $p(x) = p$，密度是一个常数 $\rho(x) = \rho$。为了近似求得 u 和 λ，取 $h = 0.2$。于是 $x_j = 0.2j$，$0 \leqslant j \leqslant 5$，我们可以用 4.1 节的中点公式 (4.5) 来近似一阶导数，从而得到线性方程组：

$$A\mathbf{w} = \begin{bmatrix} 2 & -1 & 0 & 0 \\ -1 & 2 & -1 & 0 \\ 0 & -1 & 2 & -1 \\ 0 & 0 & -1 & 2 \end{bmatrix}\begin{bmatrix} w_1 \\ w_2 \\ w_3 \\ w_4 \end{bmatrix} = -0.04\frac{\rho}{p}\lambda\begin{bmatrix} w_1 \\ w_2 \\ w_3 \\ w_4 \end{bmatrix} = -0.04\frac{\rho}{p}\lambda\mathbf{w}$$

在这个方程组里，$w_j \approx u(x_j)$，$1 \leqslant j \leqslant 4$，$w_0 = w_5 = 0$。$A$ 的 4 个特征值就是 Sturm-Liouville 方程的特征值的近似值。这就是本章中将要讨论的特征值的近似问题。在 9.5 节习题 7 中将涉及 Sturm-Liouville 问题的一个应用。

9.1 线性代数与特征值

我们在第 7 章中介绍了特征值与特征向量，它与求解线性方程组的迭代方法的收敛性相关。为了确定一个 $n \times n$ 矩阵 A 的特征值，我们首先构造特征多项式：

$$p(\lambda) = \det(A - \lambda I)$$

然后求出它的零点。事实上求一个 $n \times n$ 矩阵的行列式非常费时，而求多项式 $p(\lambda)$ 的好的近似根也很困难。在本章中我们将讨论近似求一个矩阵特征值的其他方法。在 9.6 节中，我们会简单讨论如何将一个一般的 $m \times n$ 的矩阵进行因子分解，它在许多领域都有重要的应用。

在第 7 章中我们知道，对于求解线性方程组的迭代方法，如果相关联的矩阵的所有特征值的绝对值都小于 1，则该方法是收敛的。在这种情形下特征值的精确值不是最重要的，只要求这些特征值位于复平面的某区域内即可。关于这一点有一个非常重要的结论，它是由 S. A. Geršgorin 首先发现的。关于这个主题，Richard Varga 还编写了一本非常有趣的书[Var2]。

定理 9.1 （Geršgorin 圆盘）

设 A 是一个 $n \times n$ 的矩阵，R_i 是复平面上中心为 a_{ii}、半径为 $\sum_{j=1, j \neq i}^{n} |a_{ij}|$ 的圆盘，即

$$R_i = \left\{ z \in \mathcal{C} \,\middle|\, |z - a_{ii}| \leqslant \sum_{j=1, j \neq i}^{n} |a_{ij}| \right\}$$

其中，$\mathcal{C}$ 表示复平面。则 A 的特征值就包含在这些圆盘的并集 $R = \bigcup_{i=1}^{n} R_i$ 里。而且，任何 k 个圆盘的并集，如果它与其他 $(n-k)$ 个圆盘不相交，则其中必定包含 k 个特征值(重数计算在内)。

证明 假设 λ 是 A 的一个特征值，其对应的特征向量为 $\mathbf{x}$，满足 $\|\mathbf{x}\|_\infty = 1$。因为 $A\mathbf{x} = \lambda\mathbf{x}$，所以其等价的分量表示为

$$\sum_{j=1}^{n} a_{ij} x_j = \lambda x_i, \qquad \text{对每个 } i = 1, 2, \cdots, n \tag{9.1}$$

令 k 是满足 $|x_k| = \|\mathbf{x}\|_\infty = 1$ 的一个整数。于是，当 $i = k$ 时，方程(9.1)意味着

$$\sum_{j=1}^{n} a_{kj} x_j = \lambda x_k$$

从而有

$$\sum_{\substack{j=1, \\ j \neq k}}^{n} a_{kj} x_j = \lambda x_k - a_{kk} x_k = (\lambda - a_{kk}) x_k$$

以及

$$|\lambda - a_{kk}| \cdot |x_k| = \left| \sum_{\substack{j=1, \\ j \neq k}}^{n} a_{kj} x_j \right| \leqslant \sum_{\substack{j=1, \\ j \neq k}}^{n} |a_{kj}| |x_j|$$

又因为 $|x_k| = \|\mathbf{x}\|_\infty = 1$，所以对所有 $j = 1, 2, \cdots, n$，$|x_j| \leqslant |x_k| = 1$ 成立。因此，

$$|\lambda - a_{kk}| \leqslant \sum_{\substack{j=1, \\ j \neq k}}^{n} |a_{kj}|$$

这样就证明了定理的第一个断言，即 $\lambda \in R_k$。定理其他部分的证明可参见在[Var2],p.8 或[Or2], p.48。∎

例 1 确定下面矩阵的 Geršgorin 圆盘：

$$A = \begin{bmatrix} 4 & 1 & 1 \\ 0 & 2 & 1 \\ -2 & 0 & 9 \end{bmatrix}$$

并用它们来求出 A 的谱半径的界。

解 Geršgorin 定理中的圆盘是(见图 9.1)

$$R_1 = \{ z \in \mathcal{C} \mid |z - 4| \leqslant 2 \}, \quad R_2 = \{ z \in \mathcal{C} \mid |z - 2| \leqslant 1 \}, \quad R_3 = \{ z \in \mathcal{C} \mid |z - 9| \leqslant 2 \}$$

因为 R_1、R_2 与 R_3 不相交，因此在 $R_1 \cup R_2$ 内有两个特征值，而在 R_3 内只有一个特征值。并且，由于 $\rho(A) = \max_{1 \leqslant i \leqslant 3} |\lambda_i|$，所以 $7 \leqslant \rho(A) \leqslant 11$。

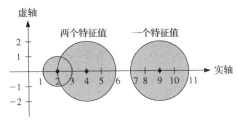

图 9.1

即便是当我们需要求特征值时，许多近似求特征值的方法也都是迭代的，因此确定特征值所在的区域是寻找近似值的首要步骤，它可以给我们提供一个好的初始近似。

在更进一步讨论有关特征值和特征向量的结论之前，我们需要一些与线性代数相关的定义与结论。为了便于参考，本章中所有需要用到的结论都在这里列出。许多结论的证明并不在这里给出，而是以习题的形式在节后出现。所有的结论及其证明都可以在标准的线性代数教科书中找到（例如，参见[ND]、[Poo]或者[DG]）。

第一个定义与 8.2 节中函数的线性无关的定义类似。事实上，我们将会看到本节中大多数内容都与第 8 章中的内容类似。

定义 9.2　设 $\{\mathbf{v}^{(1)}, \mathbf{v}^{(2)}, \mathbf{v}^{(3)}, \cdots, \mathbf{v}^{(k)}\}$ 是一个向量的集合。如果只要

$$\mathbf{0} = \alpha_1 \mathbf{v}^{(1)} + \alpha_2 \mathbf{v}^{(2)} + \alpha_3 \mathbf{v}^{(3)} + \cdots + \alpha_k \mathbf{v}^{(k)}$$

就有 $\alpha_i = 0$ 对所有 $i = 0, 1, \cdots, k$ 成立，则称这个集合是**线性无关**的，否则，这个向量集就是**线性相关**的。

注意：任何包含零向量的集合都是线性相关的。

定理 9.3　假设 $\{\mathbf{v}^{(1)}, \mathbf{v}^{(2)}, \mathbf{v}^{(3)}, \cdots, \mathbf{v}^{(n)}\}$ 是 $\mathbb{R}^n$ 中包含 n 个向量的线性无关的向量集合。那么，对于任何 $\mathbf{x} \in \mathbb{R}^n$，都存在唯一的一组常数 $\beta_1, \beta_2, \cdots, \beta_n$，使得

$$\mathbf{x} = \beta_1 \mathbf{v}^{(1)} + \beta_2 \mathbf{v}^{(2)} + \beta_3 \mathbf{v}^{(3)} + \cdots + \beta_n \mathbf{v}^{(n)}$$

证明　设 A 是以向量 $\{\mathbf{v}^{(1)}, \mathbf{v}^{(2)}, \mathbf{v}^{(3)}, \cdots, \mathbf{v}^{(n)}\}$ 为列的矩阵，则集合 $\{\mathbf{v}^{(1)}, \mathbf{v}^{(2)}, \mathbf{v}^{(3)}, \cdots, \mathbf{v}^{(n)}\}$ 线性无关，当且仅当矩阵方程

$$A(\alpha_1, \alpha_2, \cdots, \alpha_n)^t = \mathbf{0} \quad \text{有唯一解} \quad (\alpha_1, \alpha_2, \cdots, \alpha_n)^t = \mathbf{0}$$

但是由定理 6.17 可知，这等价于矩阵方程 $A(\beta_1, \beta_2, \cdots, \beta_n)^t = \mathbf{x}$ 对任意的向量 $\mathbf{x} \in \mathbb{R}^n$ 都有唯一解。反之，这也等价于对任意 $\mathbf{x} \in \mathbb{R}^n$，存在一组常数 $\beta_1, \beta_2, \cdots, \beta_n$，使得

$$\mathbf{x} = \beta_1 \mathbf{v}^{(1)} + \beta_2 \mathbf{v}^{(2)} + \beta_3 \mathbf{v}^{(3)} + \cdots + \beta_n \mathbf{v}^{(n)}$$

定义 9.4　在 $\mathbb{R}^n$ 中任意 n 个线性无关的向量组都称为 $\mathbb{R}^n$ 的一个**基**。

例 2　(a) 证明 $\mathbf{v}^{(1)} = (1,0,0)^t$，$\mathbf{v}^{(2)} = (-1,1,1)^t$ 和 $\mathbf{v}^{(3)} = (0,4,2)^t$ 是 $\mathbb{R}^3$ 的一个基；

(b) 给定任意向量 $\mathbf{x} \in \mathbb{R}^3$，求 β_1、β_2 和 β_3 使得

$$\mathbf{x} = \beta_1 \mathbf{v}^{(1)} + \beta_2 \mathbf{v}^{(2)} + \beta_3 \mathbf{v}^{(3)}$$

解 (a)令α_1、α_2和α_3是满足方程$\mathbf{0} = \alpha_1\mathbf{v}^{(1)} + \alpha_1\mathbf{v}^{(2)} + \alpha_1\mathbf{v}^{(3)}$的 3 个数，则

$$(0, 0, 0)^t = \alpha_1(1, 0, 0)^t + \alpha_2(-1, 1, 1)^t + \alpha_3(0, 4, 2)^t$$
$$= (\alpha_1 - \alpha_2, \alpha_2 + 4\alpha_3, \alpha_2 + 2\alpha_3)^t$$

所以有$\alpha_1 - \alpha_2 = 0$，$\alpha_2 + 4\alpha_3 = 0$和$\alpha_2 + 2\alpha_3 = 0$。

上述方程组的唯一解是$\alpha_1 = \alpha_2 = \alpha_3 = 0$，于是集合$\{\mathbf{v}^{(1)}, \mathbf{v}^{(2)}, \mathbf{v}^{(3)}\}$是$\mathbb{R}^3$中 3 个线性无关的向量，因此是$\mathbb{R}^3$的一个基。

(b)设$\mathbf{x} = (x_1, x_2, x_3)^t$是$\mathbb{R}^3$中的一个向量。求解

$$\mathbf{x} = \beta_1\mathbf{v}^{(1)} + \beta_2\mathbf{v}^{(2)} + \beta_3\mathbf{v}^{(3)}$$
$$= \beta_1(1, 0, 0)^t + \beta_2(-1, 1, 1)^t + \beta_3((0, 4, 2)^t$$
$$= (\beta_1 - \beta_2, \beta_2 + 4\beta_3, \beta_2 + 2\beta_3)^t$$

等价于求解下面方程组中的β_1、β_2和β_3：

$$\beta_1 - \beta_2 = x_1, \quad \beta_2 + 4\beta_3 = x_2, \quad \beta_2 + 2\beta_3 = x_3$$

这个方程组有唯一解：

$$\beta_1 = x_1 - x_2 + 2x_3, \quad \beta_2 = 2x_3 - x_2, \quad \beta_3 = \frac{1}{2}(x_2 - x_3) \qquad ■$$

下面的结论将用于 9.3 节中近似求特征值的幂(Power)法。该结果的证明在习题 12 中考虑。

定理9.5 如果A是一个矩阵，$\lambda_1, \cdots, \lambda_k$是与特征向量$\mathbf{x}^{(1)}, \mathbf{x}^{(2)}, \cdots, \mathbf{x}^{(k)}$相对应的不同的特征值，则$\{\mathbf{x}^{(1)}, \mathbf{x}^{(2)}, \cdots, \mathbf{x}^{(k)}\}$是线性无关的集合。 ■

例3 证明下面 3×3 矩阵的特征向量可以组成$\mathbb{R}^3$的一个基：

$$A = \begin{bmatrix} 2 & 0 & 0 \\ 1 & 1 & 2 \\ 1 & -1 & 4 \end{bmatrix}$$

解 在 7.2 节的例 2 中，我们知道A的特征多项式为

$$p(\lambda) = p(A - \lambda I) = (\lambda - 3)(\lambda - 2)^2$$

因此，A有两个不同的特征值：$\lambda_1 = 3$和$\lambda_2 = 2$。在那里，我们也知道$\lambda_1 = 3$的特征向量是$\mathbf{x}_1 = (0, 1, 1)^t$，以及属于$\lambda_2 = 2$有两个线性无关的特征向量$\mathbf{x}_2 = (0, 2, 1)^t$和$\mathbf{x}_3 = (-2, 0, 1)^t$。

容易证明(见习题 10)这 3 个特征向量

$$\{\mathbf{x}_1, \mathbf{x}_2, \mathbf{x}_3\} = \{(0, 1, 1)^t, (0, 2, 1)^t, (-2, 0, 1)^t\}$$

是线性无关的，因此就形成了$\mathbb{R}^3$的一个基。 ■

在下面的例子中，我们将看到一个矩阵，它的特征值和上面例 3 中的相同，但特征向量却有不同的特点。

例4 证明下面 3×3 矩阵的特征向量不能组成$\mathbb{R}^3$的一个基：

$$B = \begin{bmatrix} 2 & 1 & 0 \\ 0 & 2 & 0 \\ 0 & 0 & 3 \end{bmatrix}$$

解 这个矩阵和例 3 中的矩阵A具有相同的特征多项式：

$$p(\lambda) = \det \begin{bmatrix} 2-\lambda & 1 & 0 \\ 0 & 2-\lambda & 0 \\ 0 & 0 & 3-\lambda \end{bmatrix} = (\lambda-3)(\lambda-2)^2$$

因此，它的特征值与例 3 中 A 相同，即 $\lambda_1 = 3$ 和 $\lambda_2 = 2$。

为了得到 B 相应于 $\lambda_1 = 3$ 的特征向量，我们需要求解方程组 $(B-3I)\mathbf{x} = \mathbf{0}$，即

$$\begin{bmatrix} 0 \\ 0 \\ 0 \end{bmatrix} = (B-3I) \begin{bmatrix} x_1 \\ x_2 \\ x_3 \end{bmatrix} = \begin{bmatrix} -1 & 1 & 0 \\ 0 & -1 & 0 \\ 0 & 0 & 0 \end{bmatrix} \begin{bmatrix} x_1 \\ x_2 \\ x_3 \end{bmatrix} = \begin{bmatrix} -x_1+x_2 \\ -x_2 \\ 0 \end{bmatrix}$$

从而得到 $x_2 = 0$，$x_1 = x_2 = 0$ 且 x_3 是任意的。取 $x_3 = 1$ 就得到属于 $\lambda_1 = 3$ 的唯一的线性无关的特征向量 $(0,0,1)^t$。

考虑 $\lambda_2 = 2$，如果

$$\begin{bmatrix} 0 \\ 0 \\ 0 \end{bmatrix} = (B-2\lambda) \begin{bmatrix} x_1 \\ x_2 \\ x_3 \end{bmatrix} = \begin{bmatrix} 0 & 1 & 0 \\ 0 & 0 & 0 \\ 0 & 0 & 1 \end{bmatrix} \cdot \begin{bmatrix} x_1 \\ x_2 \\ x_3 \end{bmatrix} = \begin{bmatrix} x_2 \\ 0 \\ x_3 \end{bmatrix}$$

则 $x_2 = 0$，$x_3 = 0$ 且 x_1 是任意的。这样属于 $\lambda_2 = 2$ 的特征向量只有一个是线性无关的，它能表示为 $(1,0,0)^t$，尽管 $\lambda_2 = 2$ 是矩阵 B 的特征多项式的二重零点。

因为只有两个线性无关的特征向量，所以不足以构成 $\mathbb{R}^3$ 的一个基。实际上，向量 $(0,1,0)^t$ 并不是 $\{(0,0,1)^t, (1,0,0)^t\}$ 的线性组合。　　　　　　　　　　　　　　　■

我们将会看到，就像例 4 那样，当线性无关的特征向量的数目与矩阵的阶数不相等时，这会给近似求解特征值带来困难。

在 8.2 节中，我们考虑了正交函数以及函数的标准正交集。具有这种属性的向量也可以类似地定义。

定义 9.6　一个向量集为 $\{\mathbf{v}^{(1)}, \mathbf{v}^{(2)}, \cdots, \mathbf{v}^{(n)}\}$，如果满足对所有 $i \neq j$，都有 $(\mathbf{v}^{(i)})^t \mathbf{v}^{(j)} = 0$，则称其为**正交的**。另外，如果还对 $i = 1, 2, \cdots, n$ 满足 $(\mathbf{v}^{(i)})^t \mathbf{v}^{(i)} = 1$，则这个集合被称为是**标准正交的**。　　■

因为对任何 $\mathbb{R}^n$ 中的向量 $\mathbf{x}$ 都有 $\mathbf{x}^t \mathbf{x} = \|\mathbf{x}\|_2^2$，所以一个正交向量集 $\{\mathbf{v}^{(1)}, \mathbf{v}^{(2)}, \cdots, \mathbf{v}^{(n)}\}$ 是标准正交的，当且仅当

$$\text{对每个 } i = 1, 2, \cdots, n, \text{ 有 } \|\mathbf{v}^{(i)}\|_2 = 1$$

例 5　(a) 证明向量 $\mathbf{v}^{(1)} = (0,4,2)^t$，$\mathbf{v}^{(2)} = (-5,-1,2)^t$ 和 $\mathbf{v}^{(3)} = (1,-1,2)^t$ 形成了一个标准正交集；(b) 用这些向量来得到一个标准正交集。

解　(a) 我们有 $(\mathbf{v}^{(1)})^t \mathbf{v}^{(2)} = 0(-5) + 4(-1) + 2(2) = 0$，

$$(\mathbf{v}^{(1)})^t \mathbf{v}^{(3)} = 0(1) + 4(-1) + 2(2) = 0, \quad (\mathbf{v}^{(2)})^t \mathbf{v}^{(3)} = -5(1) - 1(-1) + 2(2) = 0$$

因此这些向量是正交的，并构成了 $\mathbb{R}^n$ 的一个基。这些向量的 l_2 范数为

$$\|\mathbf{v}^{(1)}\|_2 = 2\sqrt{5}, \quad \|\mathbf{v}^{(2)}\|_2 = \sqrt{30}, \quad \|\mathbf{v}^{(3)}\|_2 = \sqrt{6}$$

(b) 向量

$$\mathbf{u}^{(1)} = \frac{\mathbf{v}^{(1)}}{\|\mathbf{v}^{(1)}\|_2} = \left(\frac{0}{2\sqrt{5}}, \frac{4}{2\sqrt{5}}, \frac{2}{2\sqrt{5}} \right)^t = \left(0, \frac{2\sqrt{5}}{5}, \frac{\sqrt{5}}{5} \right)^t,$$

$$\mathbf{u}^{(2)} = \frac{\mathbf{v}^{(2)}}{\|\mathbf{v}^{(2)}\|_2} = \left(\frac{-5}{\sqrt{30}}, \frac{-1}{\sqrt{30}}, \frac{2}{\sqrt{30}} \right)^t = \left(-\frac{\sqrt{30}}{6}, -\frac{\sqrt{30}}{30}, \frac{\sqrt{30}}{15} \right)^t,$$

$$\mathbf{u}^{(3)} = \frac{\mathbf{v}^{(3)}}{\|\mathbf{v}^{(3)}\|_2} = \left(\frac{1}{\sqrt{6}}, \frac{-1}{\sqrt{6}}, \frac{2}{\sqrt{6}}\right)^t = \left(\frac{\sqrt{6}}{6}, -\frac{\sqrt{6}}{6}, \frac{\sqrt{6}}{3}\right)^t$$

构成了标准正交集，因为它们保留了向量 $\mathbf{v}^{(1)}, \mathbf{v}^{(2)}$ 和 $\mathbf{v}^{(3)}$ 的正交性，另外还满足

$$\|\mathbf{u}^{(1)}\|_2 = \|\mathbf{u}^{(2)}\|_2 = \|\mathbf{u}^{(3)}\|_2 = 1$$

下面结果的证明留作习题 11。

定理 9.7 非零向量的正交集是线性无关的。 ∎

8.2 节的定理 8.7 描述了构造一组关于给定权函数的正交多项式的方法，它被称为 **Gram-Schmidt** 正交化过程。对 $\mathbb{R}^n$ 中 n 个线性无关的向量，也同样有这样一个同名的方法，用它可以构造 $\mathbb{R}^n$ 中的一个正交基。

定理 9.8 设 $\{\mathbf{x}_1, \mathbf{x}_2, \cdots, \mathbf{x}_k\}$ 是 $\mathbb{R}^n$ 中 k 个线性无关的向量的集合，则下面关系构造的向量集合 $\{\mathbf{v}_1, \mathbf{v}_2, \cdots, \mathbf{v}_k\}$

$$\mathbf{v}_1 = \mathbf{x}_1,$$

$$\mathbf{v}_2 = \mathbf{x}_2 - \left(\frac{\mathbf{v}_1^t \mathbf{x}_2}{\mathbf{v}_1^t \mathbf{v}_1}\right) \mathbf{v}_1,$$

$$\mathbf{v}_3 = \mathbf{x}_3 - \left(\frac{\mathbf{v}_1^t \mathbf{x}_3}{\mathbf{v}_1^t \mathbf{v}_1}\right) \mathbf{v}_1 - \left(\frac{\mathbf{v}_2^t \mathbf{x}_3}{\mathbf{v}_2^t \mathbf{v}_2}\right) \mathbf{v}_2,$$

$$\vdots$$

$$\mathbf{v}_k = \mathbf{x}_k - \sum_{i=1}^{k-1} \left(\frac{\mathbf{v}_i^t \mathbf{x}_k}{\mathbf{v}_i^t \mathbf{v}_i}\right) \mathbf{v}_i$$

是 $\mathbb{R}^n$ 中 k 个正交向量的集合。 ∎

该定理的证明就是直接验证对每个 $1 \leqslant i \leqslant k$ 和 $1 \leqslant j \leqslant k$，且 $i \neq j$，$\mathbf{v}_i^t \mathbf{v}_j = 0$ 成立，见习题 16。

注意，如果原向量集合本身就是 $\mathbb{R}^n$ 的一个基，即 $k = n$，那么构造出的向量也构成了 $\mathbb{R}^n$ 的一个基。从这点上，我们又可以通过简单地对 $i = 1, 2, \cdots, n$ 定义

$$\mathbf{u}_i = \frac{\mathbf{v}_i}{\|\mathbf{v}_i\|_2}$$

而得到一个标准正交基 $\{\mathbf{u}_1, \mathbf{u}_2, \cdots, \mathbf{u}_n\}$。

下面的例子说明了如何从 $\mathbb{R}^3$ 中的 3 个线性无关的向量来构造 $\mathbb{R}^3$ 的一个正交基。

例 6 从下面 3 个线性无关的向量出发利用 Gram-Schmidt 正交化过程来构造一个正交向量集：

$$\mathbf{x}^{(1)} = (1, 0, 0)^t, \quad \mathbf{x}^{(2)} = (1, 1, 0)^t, \quad \mathbf{x}^{(3)} = (1, 1, 1)^t$$

解 我们有正交向量 $\mathbf{v}^{(1)}, \mathbf{v}^{(2)}$ 和 $\mathbf{v}^{(3)}$，给出如下：

$$\mathbf{v}^{(1)} = \mathbf{x}^{(1)} = (1, 0, 0)^t$$

$$\mathbf{v}^{(2)} = (1, 1, 0)^t - \left(\frac{((1,0,0)^t)^t (1,1,0)^t}{((1,0,0)^t)^t (1,0,0)^t}\right)(1,0,0)^t = (1, 1, 0)^t - (1, 0, 0)^t = (0, 1, 0)^t$$

$$\mathbf{v}^{(3)} = (1, 1, 1)^t - \left(\frac{((1,0,0)^t)^t (1,1,1)^t}{((1,0,0)^t)^t (1,0,0)^t}\right)(1,0,0)^t - \left(\frac{((0,1,0)^t)^t (1,1,1)^t}{((0,1,0)^t)^t (0,1,0)^t}\right)(0,1,0)^t$$

$$= (1, 1, 1)^t - (1, 0, 0)^t - (0, 1, 0)^t = (0, 0, 1)^t$$

向量集 $\{\mathbf{v}^{(1)}, \mathbf{v}^{(2)}, \mathbf{v}^{(3)}\}$ 是正交的，恰巧它们也是标准正交的，但这在通常情况下不一定成立。 ∎

习题 9.1

1. 求下面 3×3 矩阵的特征值及其对应的特征向量。这些特征向量是线性无关集吗?

a. $A = \begin{bmatrix} 2 & -3 & 6 \\ 0 & 3 & -4 \\ 0 & 2 & -3 \end{bmatrix}$　　　　b. $A = \begin{bmatrix} 2 & 0 & 1 \\ 0 & 2 & 0 \\ 1 & 0 & 2 \end{bmatrix}$

c. $A = \begin{bmatrix} 1 & 1 & 1 \\ 1 & 1 & 0 \\ 1 & 0 & 1 \end{bmatrix}$　　　　d. $A = \begin{bmatrix} 2 & 1 & -1 \\ 0 & 2 & 1 \\ 0 & 0 & 3 \end{bmatrix}$

2. 求下面 3×3 矩阵的特征值及其对应的特征向量。这些特征向量是线性无关集吗?

a. $A = \begin{bmatrix} 1 & 0 & 0 \\ -1 & 0 & 1 \\ -1 & -1 & 2 \end{bmatrix}$　　　　b. $A = \begin{bmatrix} 2 & -1 & -1 \\ -1 & 2 & -1 \\ -1 & -1 & 2 \end{bmatrix}$

c. $A = \begin{bmatrix} 2 & 1 & 1 \\ 1 & 2 & 1 \\ 1 & 1 & 2 \end{bmatrix}$　　　　d. $A = \begin{bmatrix} 2 & 1 & 1 \\ 0 & 3 & 1 \\ 0 & 0 & 2 \end{bmatrix}$

3. 对下列矩阵,用 Geršgorin 圆盘定理来确定 (a) 特征值的界;(b) 谱半径。

a. $\begin{bmatrix} 1 & 0 & 0 \\ -1 & 0 & 1 \\ -1 & -1 & 2 \end{bmatrix}$　　　　b. $\begin{bmatrix} 4 & -1 & 0 \\ -1 & 4 & -1 \\ -1 & -1 & 4 \end{bmatrix}$

c. $\begin{bmatrix} 3 & 2 & 1 \\ 2 & 3 & 0 \\ 1 & 0 & 3 \end{bmatrix}$　　　　d. $\begin{bmatrix} 4.75 & 2.25 & -0.25 \\ 2.25 & 4.75 & 1.25 \\ -0.25 & 1.25 & 4.75 \end{bmatrix}$

4. 对下列矩阵,用 Geršgorin 圆盘定理来确定 (a) 特征值的界;(b) 谱半径。

a. $\begin{bmatrix} -4 & 0 & 1 & 3 \\ 0 & -4 & 2 & 1 \\ 1 & 2 & -2 & 0 \\ 3 & 1 & 0 & -4 \end{bmatrix}$　　　　b. $\begin{bmatrix} 1 & 0 & -1 & 1 \\ 2 & 2 & -1 & 1 \\ 0 & 1 & 3 & -2 \\ 1 & 0 & 1 & 4 \end{bmatrix}$

c. $\begin{bmatrix} 1 & 1 & 0 & 0 \\ 1 & 2 & 0 & 1 \\ 0 & 0 & 3 & 3 \\ 0 & 1 & 3 & 2 \end{bmatrix}$　　　　d. $\begin{bmatrix} 3 & -1 & 0 & 1 \\ -1 & 3 & 1 & 0 \\ 0 & 1 & 9 & 2 \\ 1 & 0 & 2 & 9 \end{bmatrix}$

5. 证明向量 $\mathbf{v}_1 = (2, -1)^t$, $\mathbf{v}_2 = (1,1)^t$ 和 $\mathbf{v}_3 = (1,3)^t$ 是线性相关的。

6. 考虑下面的向量集。(i) 证明集合是线性无关的;(ii) 利用 Gram-Schmidt 正交化过程来求出正交向量集;(iii) 从 (ii) 中得到的向量集中构造标准正交向量集。

　　a. $\mathbf{v}_1 = (2, -1)^t$, $\mathbf{v}_2 = (1, 3)^t$

　　b. $\mathbf{v}_1 = (2, -1, 1)^t$, $\mathbf{v}_2 = (1, 0, 1)^t$, $\mathbf{v}_3 = (0, 2, 0)^t$

　　c. $\mathbf{v}_1 = (1, 1, 1, 1)^t$, $\mathbf{v}_2 = (0, 1, 1, 1)^t$, $\mathbf{v}_3 = (0, 0, 1, 0)^t$

　　d. $\mathbf{v}_1 = (2, 2, 0, 2, 1)^t$, $\mathbf{v}_2 = (-1, 2, 0, -1, 1)^t$, $\mathbf{v}_3 = (0, 1, 0, 1, 0)^t$, $\mathbf{v}_4 = (-1, 0, 0, 1, 1)^t$

7. 考虑下面的向量集。(i) 证明集合是线性无关的;(ii) 利用 Gram-Schmidt 正交化过程来求出正交向量集;(iii) 从 (ii) 中得到的向量集中构造标准正交向量集。

　　a. $\mathbf{v}_1 = (1, 1)^t$, $\mathbf{v}_2 = (-2, 1)^t$

　　b. $\mathbf{v}_1 = (1, 1, 0)^t$, $\mathbf{v}_2 = (1, 0, 1)^t$, $\mathbf{v}_3 = (0, 1, 1)^t$

　　c. $\mathbf{v}_1 = (1, 1, 1, 1)^t$, $\mathbf{v}_2 = (0, 2, 2, 2)^t$, $\mathbf{v}_3 = (1, 0, 0, 1)^t$

　　d. $\mathbf{v}_1 = (2, 2, 3, 2, 3)^t$, $\mathbf{v}_2 = (2, -1, 0, -1, 0)^t$, $\mathbf{v}_3 = (0, 0, 1, 0, -1)^t$, $\mathbf{v}_4 = (1, 2, -1, 0, -1)^t$,
　　　$\mathbf{v}_5 = (0, 1, 0, -1, 0)^t$

应用型习题

8. 在一篇论文里,J. Keener[KE] 描述了一个给球队排名次的方法。假设有 N 个球队,我们希望对其排名。基于每个队在比赛中的表现以及它的对手的强弱，我们给每个队打一个分数。假设存在一个 $\mathbb{R}^N$ 中的向量 $\mathbf{r}$，其元素 r_i 都是正数，表示第 i 个队的实力强弱。而第 i 个队的分值由下式给出：

$$s_i = \frac{1}{n_i} \sum_{j=1}^{N} a_{ij} r_j$$

其中，$a_{ij} \geq 0$ 取决于第 i 个队和第 j 个队，n_i 是第 i 个队参与的比赛数目。在这个问题中，我们令矩阵 A 的元素为

$$(A)_{ij} = \frac{a_{ij}}{n_i}$$

其中，a_{ij} 是第 i 队打败第 j 个队的次数。假设排名与分数成正比是合理的，也就是说，$A\mathbf{r} = \lambda\mathbf{r}$，其中 λ 是比例常数。因为对所有 i 和 j，$1 \leq i, j \leq N$，$a_{ij} \geq 0$，关于特征向量 $\mathbf{r}$ 的最大特征值 $\lambda_1 > 0$ 的存在性由 Keener 的论文中的 Perron-Frobenius 定理保证，并且有 $\mathbf{r}$ 的所有元素都大于零，它决定了球队的排名。

早在 2014 年的棒球赛季，美国联盟中心球队的比赛情况如下：

	CHI	CLE	DET	KC	MIN
CHI	X	7-3	4-5	3-6	2-3
CLE	3-7	X	4-2	3-3	4-3
DET	5-4	2-4	X	6-3	4-4
KC	6-3	3-3	3-6	X	2-4
MIN	3-2	3-4	4-4	4-2	X

表项 7-3 表示在 CHI 和 CLE 之间共有 10 场比赛，CHI 赢了 7 场，输了 3 场。

a. 求出偏好矩阵 A。

b. 求出 A 的特征多项式。

c. 求出 A 的最大特征值。

d. 通过求解方程组 $(A - \lambda I)\mathbf{r} = \mathbf{0}$ 得出排名向量 $\mathbf{r}$。

e. 给出球队的排名。

9. 如果一个矩阵关于所有的对角线都对称，则称之为广对称的（**persymmetric**）。具体讲，设 $A = (a_{ij})$ 是一个 $N \times N$ 的矩阵对并对所有 $i = 1, 2, \cdots, N$ 和 $j = 1, 2, \cdots, N$，满足 $a_{ij} = a_{ji} = a_{N+1-i, N+1-j}$，则 A 是广对称的。通信理论中有大量的问题，其解都涉及广对称矩阵的特征值和特征向量。例如，下面的 4×4 广对称矩阵：

$$A = \begin{bmatrix} 2 & -1 & 0 & 0 \\ -1 & 2 & -1 & 0 \\ 0 & -1 & 2 & -1 \\ 0 & 0 & -1 & 2 \end{bmatrix}$$

其相应于最小特征值的特征向量，能够给出长度为 2 的误差序列的单位能量信道脉冲响应，以及后继的任何可能误差序列的最小权重。

a. 用 Geršgorin 圆盘定理证明：如果 A 是上面给出的矩阵，λ 是它的最小特征值，那么 $|\lambda - 4| = \rho(A - 4I)$，其中 ρ 表示谱半径。

b. 通过求矩阵 $A - 4I$ 的全部特征值来求出矩阵 A 的最小特征值，然后求它的谱半径，最后计算相应的特征向量。

c. 用 Geršgorin 圆盘定理证明：如果 λ 是下面矩阵的最小特征值：

$$B = \begin{bmatrix} 3 & -1 & -1 & 1 \\ -1 & 3 & -1 & -1 \\ -1 & -1 & 3 & -1 \\ 1 & -1 & -1 & 3 \end{bmatrix}$$

则 $|\lambda - 6| = \rho(B - 6I)$。

d. 对矩阵 B 用 (c) 的结果来重做 (b)。

理论型习题

10. 证明例 3 中的 3 个特征向量是线性无关的。

11. 证明 k 个非零正交向量的集合 $\{\mathbf{v}_1,\cdots,\mathbf{v}_k\}$ 是线性无关的。

12. 证明：对于矩阵 A，如果 $\lambda_1,\lambda_2,\cdots,\lambda_k$ 是属于不同特征值 $\mathbf{x}_1,\mathbf{x}_2,\cdots,\mathbf{x}_k$ 的特征向量，则集合 $\{\mathbf{x}_1,\mathbf{x}_2,\cdots,\mathbf{x}_k\}$ 是线性无关的。

13. 设 $\{\mathbf{v}_1,\cdots,\mathbf{v}_n\}$ 是 $\mathbb{R}^n$ 中标准正交的非零向量集，且 $\mathbf{x}\in\mathbb{R}^n$。对 $k=1,2,\cdots,n$，求 c_k，使得

$$\mathbf{x}=\sum_{k=1}^{n}c_k\mathbf{v}_k$$

成立。

14. 假设 $\{\mathbf{x}_1,\mathbf{x}_2\}$，$\{\mathbf{x}_1,\mathbf{x}_3\}$ 和 $\{\mathbf{x}_2,\mathbf{x}_3\}$ 都是线性无关的。请问 $\{\mathbf{x}_1,\mathbf{x}_2,\mathbf{x}_3\}$ 一定是线性无关的吗？

15. 用 Geršgorin 圆盘定理证明：严格对角占优的矩阵必定是非奇异的。

16. 证明：Gram-Schmidt 定理中给出的向量集 $\{\mathbf{v}_1,\mathbf{v}_2,\cdots,\mathbf{v}_k\}$ 是正交的。

讨论问题

1. 叙述如何用电子表格 (如 MS Excel) 来绘制多个 Geršgorin 圆盘。重新绘制图 9.1 来支持你的论述。

2. 正交向量都是标准正交的吗？为什么？

3. 标准正交向量都是正交的吗？为什么？

4. 在 $\mathbb{R}^2$ 中的向量 $\mathbf{v}_1$，$\mathbf{v}_2$ 和 $\mathbf{v}_3$ 可以是线性无关的吗？为什么？

9.2　正交矩阵及相似变换

在本节中，我们将考虑向量集与由这些向量为列形成的矩阵之间的关系。首先我们将考虑一类特殊矩阵的相关结论。在接下来的定义中，术语正交矩阵来源于矩阵的列向量构成一个正交的向量集这一事实。

> 也许将正交矩阵称为标准正交更为贴切，因为矩阵的列向量不仅组成了一个正交集，而且也是一个标准正交集。

定义 9.9　如果一个矩阵 Q 的列向量 $\{\mathbf{q}_1^t,\mathbf{q}_2^t,\cdots,\mathbf{q}_n^t\}$ 构成了 $\mathbb{R}^n$ 中的一组标准正交集，则该矩阵是正交的。　∎

下面是正交矩阵的一些重要性质，在习题 19 中要求读者给出它的证明。

定理 9.10　假设 Q 是正交的 $n\times n$ 矩阵，则

(i) Q 是可逆的，且 $Q^{-1}=Q^t$。

(ii) 对 $\mathbb{R}^n$ 中的任意 $\mathbf{x}$ 和 $\mathbf{y}$，$(Q\mathbf{x})^tQ\mathbf{y}=\mathbf{x}^t\mathbf{y}$ 成立。

(iii) 对 $\mathbb{R}^n$ 中的任意 $\mathbf{x}$，$\|Q\mathbf{x}\|_2=\|\mathbf{x}\|_2$ 成立。

(iv) 任何一个可逆矩阵 Q，如果有 $Q^{-1}=Q^t$，则它是正交的。　∎

作为一个例子，考虑 6.5 节讨论的置换矩阵。因为它们具有上述性质，所以它们是正交的。

定理 9.10 中的性质 (iii) 通常被说成是正交矩阵的 l_2 保范性。由此可以立刻得出：正交矩阵 Q 满足 $\|Q\|_2=1$。

例1 证明: 下面矩阵

$$Q = [\mathbf{u}^{(1)}, \mathbf{u}^{(2)}, \mathbf{u}^{(3)}] = \begin{bmatrix} 0 & -\frac{\sqrt{30}}{6} & \frac{\sqrt{6}}{6} \\ \frac{2\sqrt{5}}{5} & -\frac{\sqrt{30}}{30} & -\frac{\sqrt{6}}{6} \\ \frac{\sqrt{5}}{5} & \frac{\sqrt{30}}{15} & \frac{\sqrt{6}}{3} \end{bmatrix}$$

它由9.1节例5中的标准正交向量集构成, 是一个正交矩阵。

解 因为

$$QQ^t = \begin{bmatrix} 0 & -\frac{\sqrt{30}}{6} & \frac{\sqrt{6}}{6} \\ \frac{2\sqrt{5}}{5} & -\frac{\sqrt{30}}{30} & -\frac{\sqrt{6}}{6} \\ \frac{\sqrt{5}}{5} & \frac{\sqrt{30}}{15} & \frac{\sqrt{6}}{3} \end{bmatrix} \cdot \begin{bmatrix} 0 & \frac{2\sqrt{5}}{5} & \frac{\sqrt{5}}{5} \\ -\frac{\sqrt{30}}{6} & -\frac{\sqrt{30}}{30} & \frac{\sqrt{30}}{15} \\ \frac{\sqrt{6}}{6} & -\frac{\sqrt{6}}{6} & \frac{\sqrt{6}}{3} \end{bmatrix} = \begin{bmatrix} 1 & 0 & 0 \\ 0 & 1 & 0 \\ 0 & 0 & 1 \end{bmatrix} = I$$

由6.4节的推论6.18可知, $Q^{-1} = Q^t$。因此, Q是一个正交矩阵。 ■

接下来的定义是许多求矩阵特征值方法的基础。

定义 9.11 两个矩阵 A 和 B, 如果存在一个非奇异矩阵 S, 使得 $A = S^{-1}BS$, 则称它们是**相似**的。 ■

相似矩阵的一个重要特征就是它们有相同的特征值。

定理 9.12 假设 A 和 B 是相似的, 即存在 S, 使得 $A = S^{-1}BS$。另设 λ 是矩阵 A 的对应于特征向量 $\mathbf{x}$ 的特征值。则 λ 是矩阵 B 对应于特征向量 $S\mathbf{x}$ 的特征值。

证明 令 $\mathbf{x} \neq \mathbf{0}$ 满足

$$S^{-1}BS\mathbf{x} = A\mathbf{x} = \lambda\mathbf{x}$$

上面等式两边同乘矩阵 S 就得到

$$BS\mathbf{x} = \lambda S\mathbf{x}$$

因为 $\mathbf{x} \neq \mathbf{0}$ 且 S 是非奇异的, 所以 $S\mathbf{x} \neq \mathbf{0}$。因此 $S\mathbf{x}$ 是矩阵 B 属于特征值 λ 的特征向量。 ■

相似性的一个重要的特殊应用就是当 $n \times n$ 矩阵 A 相似于一个对角矩阵的情形, 即若存在一个对角矩阵 D 和一个可逆矩阵 S, 使得

$$A = S^{-1}DS, \text{ 或者等价地有 } D = SAS^{-1}$$

接下来的结论并不难证明, 我们将它的证明留作习题20。

定理 9.13 一个 $n \times n$ 的矩阵 A 相似于一个对角矩阵 D, 当且仅当 A 有 n 个线性无关的特征向量。此时, $D = S^{-1}AS$, 其中 S 的列由 A 的特征向量构成, D 的第 i 个对角元素是 A 的对应于 S 的第 i 列的特征值。 ■

上述矩阵 S 和 D 并不唯一。例如, S 的列的任意重排以及对应的 D 的对角元素的重排都能给出同样的结论。参见习题13。

我们在定理9.5中已经看到, 一个矩阵的属于不同特征值的特征向量形成了线性无关集, 因此可以从定理9.13得到下面的推论。

推论 9.14 一个 $n \times n$ 的矩阵 A, 如果它有 n 个不同的特征值, 则它相似于一个对角矩阵。 ■

事实上, 从概念的实用性考虑我们并不需要相似矩阵是对角的。假设 A 相似于一个三角矩阵 B, 而对一个三角矩阵而言求它的特征值是很容易的, 因为此时 λ 是下面方程的一个解:

$$0 = \det(B - \lambda I) = \prod_{i=1}^{n}(b_{ii} - \lambda)$$

当且仅当对某个 i，$\lambda = b_{ii}$。下面的结论描述了一个关系，该关系称为相似变换，它联系着任意矩阵和一个三角矩阵。

定理 9.15（Schur 定理） 设 A 是任意矩阵，则存在一个非奇异矩阵 U，使得

$$T = U^{-1}AU$$

其中 T 是一个上三角矩阵，它的对角元素由 A 的特征值组成。 ∎

定理 9.15 保证了矩阵 U 的存在性，该矩阵还满足条件：对任何向量 x，$\|U\mathbf{x}\|_2 = \|\mathbf{x}\|_2$。满足该条件的矩阵称为**酉阵**。虽然我们并不使用这种保范性，但它极大地扩大了 Schur 分解的应用。

定理 9.15 只保证了三角矩阵 T 的存在性，但它并没有给出求 T 的一种构造性方法，因为定理中要求知道 A 的特征值。大多数情形下，相似变换 U 很难求出。

下面关于对称矩阵的结果减少了复杂性，因为这里的变换矩阵是正交的。

定理 9.16 一个 $n \times n$ 矩阵 A 是对称的，当且仅当存在一个对角矩阵 D 和一个正交矩阵 Q，使得 $A = QDQ^t$。

证明 首先假设 $A = QDQ^t$，其中 D 是对角矩阵，Q 是正交矩阵，则

$$A^t = (QDQ^t)^t = (Q^t)^t D Q^t = QDQ^t = A$$

于是 A 是对称的。

为了证明每个对称矩阵 A 都能写成 $A = QDQ^t$ 的形式，首先考虑 A 有不同的特征值。如果 $A\mathbf{v}_1 = \lambda_1\mathbf{v}_1$，$A\mathbf{v}_2 = \lambda_2\mathbf{v}_2$，且 $\lambda_1 \neq \lambda_2$，则因为 $A^t = A$，我们有

$$(\lambda_1 - \lambda_2)\mathbf{v}_1^t\mathbf{v}_2 = (\lambda_1\mathbf{v}_1)^t\mathbf{v}_2 - \mathbf{v}_1^t(\lambda_2\mathbf{v}_2) = (A\mathbf{v}_1)^t\mathbf{v}_2 - \mathbf{v}_1^t(A\mathbf{v}_2) = \mathbf{v}_1^t A^t\mathbf{v}_2 - \mathbf{v}_1^t A\mathbf{v}_2 = 0$$

从而有 $\mathbf{v}_1^t\mathbf{v}_2 = 0$。因此，通过简单地标准化这些特征向量，对不同的特征值就能够选取标准正交的向量。当矩阵有多重特征值时，我们考虑该多重特征值的特征子空间，利用 Gram-Schmidt 正交化过程，可以找到 n 个标准正交的特征向量而形成全部的矩阵。 ∎

下面结果是定理 9.16 的推论，它说明了对称矩阵的一些有趣的属性。

推论 9.17 假设 A 是 $n \times n$ 的对称矩阵，则 A 有 n 个特征向量形成一个标准正交集，且 A 的所有特征值都是实数。

证明 如果 $Q = (q_{ij})$ 和 $D = (d_{ij})$ 是定理 9.16 中所述的矩阵，那么

$$D = Q^t AQ = Q^{-1}AQ, \quad \text{从而可推出} \quad AQ = QD$$

令 $1 \leqslant i \leqslant n$ 和 $\mathbf{v}_i = (q_{1i}, q_{2i}, \cdots, q_{ni})^t$ 是矩阵 Q 的第 i 列，则

$$A\mathbf{v}_i = d_{ii}\mathbf{v}_i$$

于是 d_{ii} 是 A 的特征值，它对应的特征向量 $\mathbf{v}_i$ 是 Q 的第 i 列。因为 Q 的列是标准正交的，所以 A 的特征向量也是标准正交的。

上述方程两边同乘 $\mathbf{v}_i^t$ 得到

$$\mathbf{v}_i^t A\mathbf{v}_i = d_{ii}\mathbf{v}_i^t\mathbf{v}_i$$

因为 $\mathbf{v}_i^t A\mathbf{v}_i$ 和 $\mathbf{v}_i^t\mathbf{v}_i$ 都是实数且 $\mathbf{v}_i^t\mathbf{v}_i = 1$，所以对所有 $i = 1, 2, \cdots, n$，特征值 $d_{ii} = \mathbf{v}_i^t A\mathbf{v}_i$ 是实数。 ∎

回顾 6.6 节，一个对称矩阵 A，如果对所有的非零向量 $\mathbf{x}$，都有 $\mathbf{x}^t A\mathbf{x} > 0$，则 A 被称为是正定的。下面的定理刻画了正定矩阵的特征值。特征值的这种特性使得正定矩阵在应用中非常重要。

定理 9.18　一个对称矩阵 A 是正定的，当且仅当 A 的所有特征值都是正的。

证明　首先假设 A 是正定的，λ 是 A 的一个特征值，$\mathbf{x}$ 是 A 的属于 λ 的一个特征向量并满足 $\|\mathbf{x}\|_2 = 1$，那么

$$0 < \mathbf{x}^t A \mathbf{x} = \lambda \mathbf{x}^t \mathbf{x} = \lambda \|\mathbf{x}\|_2^2 = \lambda$$

为了证明定理的逆命题也成立，我们假设 A 是对称的且其全部特征值都为正。由推论 9.17 可知，A 有 n 个特征向量，$\mathbf{v}^{(1)}, \mathbf{v}^{(2)}, \cdots, \mathbf{v}^{(n)}$，它们是标准正交的，再由定理 9.7 可知，它们也是线性无关的。因此，对任意 $\mathbf{x} \neq \mathbf{0}$，存在唯一的一组非零常数 $\beta_1, \beta_2, \cdots, \beta_n$，使得

$$\mathbf{x} = \sum_{i=1}^{n} \beta_i \mathbf{v}^{(i)}$$

上式乘以 $\mathbf{x}^t A$ 得到

$$\mathbf{x}^t A \mathbf{x} = \mathbf{x}^t \left(\sum_{i=1}^{n} \beta_i A \mathbf{v}^{(i)} \right) = \mathbf{x}^t \left(\sum_{i=1}^{n} \beta_i \lambda_i \mathbf{v}^{(i)} \right) = \sum_{j=1}^{n} \sum_{i=1}^{n} \beta_j \beta_i \lambda_i (\mathbf{v}^{(j)})^t \mathbf{v}^{(i)}$$

又因为向量 $\mathbf{v}^{(1)}, \mathbf{v}^{(2)}, \cdots, \mathbf{v}^{(n)}$ 是一个标准正交集，所以

$$(\mathbf{v}^{(j)})^t \mathbf{v}^{(i)} = \begin{cases} 0, & \text{若 } i \neq j \\ 1, & \text{若 } i = j \end{cases}$$

于是，结合 λ_i 均为正这个事实，可以得出

$$\mathbf{x}^t A \mathbf{x} = \sum_{j=1}^{n} \sum_{i=1}^{n} \beta_j \beta_i \lambda_i (\mathbf{v}^{(j)})^t \mathbf{v}^{(i)} = \sum_{i=1}^{n} \lambda_i \beta_i^2 > 0$$

所以 A 是正定的。　∎

习题 9.2

1. 证明下面的矩阵对不是相似的。

  a. $A = \begin{bmatrix} 2 & 1 \\ 1 & 2 \end{bmatrix}$ 和 $B = \begin{bmatrix} 1 & 2 \\ 2 & 1 \end{bmatrix}$

  b. $A = \begin{bmatrix} 2 & 0 \\ 1 & 3 \end{bmatrix}$ 和 $B = \begin{bmatrix} 4 & -1 \\ -2 & 2 \end{bmatrix}$

  c. $A = \begin{bmatrix} 1 & 2 & 1 \\ 0 & 1 & 2 \\ 0 & 0 & 2 \end{bmatrix}$ 和 $B = \begin{bmatrix} 1 & 2 & 0 \\ 0 & 1 & 2 \\ 1 & 0 & 2 \end{bmatrix}$

  d. $A = \begin{bmatrix} 1 & 2 & 1 \\ -3 & 2 & 2 \\ 0 & 1 & 2 \end{bmatrix}$ 和 $B = \begin{bmatrix} 1 & 2 & 1 \\ 0 & 1 & 2 \\ -3 & 2 & 2 \end{bmatrix}$

2. 证明下面的矩阵对不是相似的。

  a. $A = \begin{bmatrix} 1 & 1 \\ 0 & 3 \end{bmatrix}$ 和 $B = \begin{bmatrix} 2 & 2 \\ 1 & 2 \end{bmatrix}$

  b. $A = \begin{bmatrix} 1 & 1 \\ 2 & -2 \end{bmatrix}$ 和 $B = \begin{bmatrix} -1 & 2 \\ 1 & 2 \end{bmatrix}$

  c. $A = \begin{bmatrix} 1 & 1 & -1 \\ -1 & 0 & 1 \\ 0 & 1 & 1 \end{bmatrix}$ 和 $B = \begin{bmatrix} 2 & -2 & 0 \\ -2 & 0 & 2 \\ 2 & 2 & -2 \end{bmatrix}$

  d. $A = \begin{bmatrix} 1 & 1 & -1 \\ 2 & -2 & 2 \\ -3 & 3 & 3 \end{bmatrix}$ 和 $B = \begin{bmatrix} 1 & 2 & 1 \\ 2 & 3 & 2 \\ 0 & 1 & 0 \end{bmatrix}$

3. 对下列的矩阵 D 和 P，定义 $A = PDP^{-1}$，求 A^3。

a. $P = \begin{bmatrix} 2 & -1 \\ 3 & 1 \end{bmatrix}$ 和 $D = \begin{bmatrix} 1 & 0 \\ 0 & 2 \end{bmatrix}$

b. $P = \begin{bmatrix} -1 & 2 \\ 1 & 0 \end{bmatrix}$ 和 $D = \begin{bmatrix} -2 & 0 \\ 0 & 1 \end{bmatrix}$

c. $P = \begin{bmatrix} 1 & 2 & -1 \\ 2 & 1 & 0 \\ 1 & 0 & 2 \end{bmatrix}$ 和 $D = \begin{bmatrix} 0 & 0 & 0 \\ 0 & 1 & 0 \\ 0 & 0 & -1 \end{bmatrix}$

d. $P = \begin{bmatrix} 2 & -1 & 0 \\ -1 & 2 & -1 \\ 0 & -1 & 2 \end{bmatrix}$ 和 $D = \begin{bmatrix} 2 & 0 & 0 \\ 0 & 2 & 0 \\ 0 & 0 & 2 \end{bmatrix}$

4. 对习题 3 中的矩阵，求 A^4。

5. 对下列矩阵，判断它是否可以被对角化。如果可以，求出 P 和 D，使得 $A = PDP^{-1}$。

a. $A = \begin{bmatrix} 4 & -1 \\ 4 & 1 \end{bmatrix}$ 　　　　b. $A = \begin{bmatrix} 2 & -1 \\ -1 & 2 \end{bmatrix}$

c. $A = \begin{bmatrix} 2 & 0 & 1 \\ 0 & 1 & 0 \\ 1 & 0 & 2 \end{bmatrix}$ 　　　　d. $A = \begin{bmatrix} 1 & 1 & 1 \\ 1 & 1 & 0 \\ 1 & 0 & 1 \end{bmatrix}$

6. 对下列矩阵，判断它是否可以被对角化。如果可以，求出 P 和 D，使得 $A = PDP^{-1}$。

a. $A = \begin{bmatrix} 2 & 1 \\ 0 & 1 \end{bmatrix}$ 　　　　b. $A = \begin{bmatrix} 2 & 1 \\ 1 & 2 \end{bmatrix}$

c. $A = \begin{bmatrix} 2 & 1 & 1 \\ 1 & 2 & 1 \\ 1 & 1 & 2 \end{bmatrix}$ 　　　　d. $A = \begin{bmatrix} 2 & 1 & 1 \\ 0 & 3 & 1 \\ 0 & 0 & 2 \end{bmatrix}$

7. 考虑 9.1 节习题 1 中的矩阵，它们有 3 个线性无关的特征向量，求它们的分解 $A = PDP^{-1}$。

8. 考虑 9.1 节习题 2 中的矩阵，它们有 3 个线性无关的特征向量，求它们的分解 $A = PDP^{-1}$。

9. (i) 判断下列矩阵是否是正定的，如果是，则 (ii) 求出正交矩阵 Q，使得 $Q^tAQ = D$，其中 D 是对角矩阵。

a. $A = \begin{bmatrix} 2 & 1 \\ 1 & 2 \end{bmatrix}$ 　　　　b. $A = \begin{bmatrix} 1 & 2 \\ 2 & 1 \end{bmatrix}$

c. $A = \begin{bmatrix} 2 & 0 & 1 \\ 0 & 2 & 0 \\ 1 & 0 & 2 \end{bmatrix}$ 　　　　d. $A = \begin{bmatrix} 1 & 1 & 1 \\ 1 & 1 & 0 \\ 1 & 0 & 1 \end{bmatrix}$

10. (i) 判断下列矩阵是否是正定的，如果是，则 (ii) 求出正交矩阵 Q，使得 $Q^tAQ = D$，其中 D 是对角矩阵。

a. $A = \begin{bmatrix} 4 & 2 & 1 \\ 2 & 4 & 0 \\ 1 & 0 & 4 \end{bmatrix}$ 　　　　b. $A = \begin{bmatrix} 3 & 2 & 1 \\ 2 & 2 & 0 \\ 1 & 0 & 1 \end{bmatrix}$

c. $A = \begin{bmatrix} 1 & -1 & -1 & 1 \\ -1 & 2 & -1 & -2 \\ -1 & -1 & 3 & 0 \\ 1 & -2 & 0 & 4 \end{bmatrix}$ 　　　　d. $A = \begin{bmatrix} 8 & 4 & 2 & 1 \\ 4 & 8 & 2 & 1 \\ 2 & 2 & 8 & 1 \\ 1 & 1 & 1 & 8 \end{bmatrix}$

11. 证明下面每个矩阵都是非奇异的，但不是可对角化的。

a. $A = \begin{bmatrix} 2 & 1 & 0 \\ 0 & 2 & 0 \\ 0 & 0 & 3 \end{bmatrix}$ 　　　　b. $A = \begin{bmatrix} 2 & -3 & 6 \\ 0 & 3 & -4 \\ 0 & 2 & -3 \end{bmatrix}$

c. $A = \begin{bmatrix} 2 & 1 & -1 \\ 0 & 2 & 1 \\ 0 & 0 & 3 \end{bmatrix}$ 　　　　d. $A = \begin{bmatrix} 1 & 0 & 0 \\ -1 & 0 & 1 \\ -1 & -1 & 2 \end{bmatrix}$

12. 证明下面每个矩阵都是奇异的，也是可对角化的。

a. $A = \begin{bmatrix} 2 & -1 & 0 \\ -1 & 2 & 0 \\ 0 & 0 & 0 \end{bmatrix}$ 　　　　b. $A = \begin{bmatrix} 2 & -1 & -1 \\ -1 & 2 & -1 \\ -1 & -1 & 2 \end{bmatrix}$

13. 下面是 9.1 节例 3 中给出的矩阵：

$$A = \begin{bmatrix} 2 & 0 & 0 \\ 1 & 1 & 2 \\ 1 & -1 & 4 \end{bmatrix}$$

证明它相似于下面的对角矩阵：

$$D_1 = \begin{bmatrix} 3 & 0 & 0 \\ 0 & 2 & 0 \\ 0 & 0 & 2 \end{bmatrix}, \quad D_2 = \begin{bmatrix} 2 & 0 & 0 \\ 0 & 3 & 0 \\ 0 & 0 & 2 \end{bmatrix}, \quad D_3 = \begin{bmatrix} 2 & 0 & 0 \\ 0 & 2 & 0 \\ 0 & 0 & 3 \end{bmatrix}$$

14. 下面是 9.1 节例 4 中给出的矩阵。证明它不能相似于任何一个对角阵。

$$B = \begin{bmatrix} 2 & 1 & 0 \\ 0 & 2 & 0 \\ 0 & 0 & 3 \end{bmatrix}$$

应用型习题

15. 在 6.6 节的习题 22 中给出了一个对称矩阵：

$$A = \begin{bmatrix} 1.59 & 1.69 & 2.13 \\ 1.69 & 1.31 & 1.72 \\ 2.13 & 1.72 & 1.85 \end{bmatrix}$$

它描述了由 3 种果蝇突变体杂交产生的后代的翅膀平均长度。元素 a_{ij} 表示由第 i 种雄性和第 j 种雌性果蝇产生的后代的翅膀平均长度。

a. 求出该矩阵的特征值以及相应的特征向量。

b. 这个矩阵是正定的吗？

理论型习题

16. 假设 A 和 B 都是非奇异的 $n \times n$ 矩阵。证明 AB 与 BA 相似。

17. 证明：如果 A 相似于 B，B 相似于 C，则 A 相似于 C。

18. 如果 A 相似于 B，则

    a. $\det(A) = \det(B)$。

    b. A 的特征多项式与 B 的特征多项式相同。

    c. A 是非奇异的，当且仅当 B 是非奇异的。

    d. 如果 A 是非奇异的，则 A^{-1} 相似于 B^{-1}。

    e. A^t 相似于 B^t。

19. 证明定理 9.10。

20. 证明定理 9.13。

讨论问题

1. 阅读本节定义 9.9 上面框中的内容。详细讨论为什么将正交矩阵称为标准正交矩阵更贴切。

2. 正交矩阵（标准正交）保持角度和长度吗？为什么？

3. 什么是 Takagi 分解？它与 Shur 分解有什么不同？

4. 什么是极分解（Polar decomposition）？它与 Shur 分解有什么不同？

9.3 幂法

幂法是一种迭代方法，用来求矩阵的最大特征值，即具有最大模的特征值。通过略微修改这个方法，它也可以用来求其他特征值。幂法的一个非常有用的特征是它不仅能够得出一个特征值，

而且同时还得到了与该特征值对应的特征向量。事实上，幂法也常常被用来求某特征值的特征向量，该特征值通过其他方法得到。

为了使用幂法，我们假设 $n \times n$ 矩阵 A 有 n 个特征值 $\lambda_1, \lambda_2, \cdots, \lambda_n$，与它们相应的线性无关的特征向量为 $\{\mathbf{v}^{(1)}, \mathbf{v}^{(2)}, \mathbf{v}^{(3)}, \cdots, \mathbf{v}^{(n)}\}$。我们还进一步假设 A 只有一个最大特征值，即

$$|\lambda_1| > |\lambda_2| \geqslant |\lambda_3| \geqslant \cdots \geqslant |\lambda_n| \geqslant 0$$

9.1 节的例 4 表明不是每个 $n \times n$ 的矩阵都有 n 个线性无关的特征向量。若发生了这种情况，幂法仍然可能成功，但并不能保证总会成功。

如果 $\mathbf{x}$ 是 $\mathbb{R}^n$ 中的任意向量，向量组 $\{\mathbf{v}^{(1)}, \mathbf{v}^{(2)}, \mathbf{v}^{(3)}, \cdots, \mathbf{v}^{(n)}\}$ 是线性无关的，这意味着存在常数 $\beta_1, \beta_2, \cdots, \beta_n$，使得

$$\mathbf{x} = \sum_{j=1}^{n} \beta_j \mathbf{v}^{(j)}$$

上式两边同时乘以 $A, A^2, \cdots, A^k, \cdots$，可得

$$A\mathbf{x} = \sum_{j=1}^{n} \beta_j A\mathbf{v}^{(j)} = \sum_{j=1}^{n} \beta_j \lambda_j \mathbf{v}^{(j)}, \quad A^2\mathbf{x} = \sum_{j=1}^{n} \beta_j \lambda_j A\mathbf{v}^{(j)} = \sum_{j=1}^{n} \beta_j \lambda_j^2 \mathbf{v}^{(j)}$$

一般来说，有 $A^k\mathbf{x} = \sum_{j=1}^{n} \beta_j \lambda_j^k \mathbf{v}^{(j)}$。

如果从上面最后一个方程的右边提取出因子 λ_1^k，则

$$A^k\mathbf{x} = \lambda_1^k \sum_{j=1}^{n} \beta_j \left(\frac{\lambda_j}{\lambda_1}\right)^k \mathbf{v}^{(j)}$$

因为对所有 $j = 2, 3, \cdots, n$，$|\lambda_1| > |\lambda_j|$ 成立，即 $\lim_{k \to \infty}(\lambda_j / \lambda_1)^k = 0$，从而

$$\lim_{k \to \infty} A^k\mathbf{x} = \lim_{k \to \infty} \lambda_1^k \beta_1 \mathbf{v}^{(1)} \tag{9.2}$$

只要假设 $\beta_1 \neq 0$，如果 $|\lambda_1| < 1$，则方程 (9.2) 中的数列收敛到 0；而如果 $|\lambda_1| > 1$，则方程 (9.2) 中的数列发散。这意味着，当 $|\lambda_1| > 1$ 时 $A^k\mathbf{x}$ 中的元素随 k 的增大而增加，$|\lambda_1| < 1$ 时随 k 的增大而趋于零，很可能会溢出或者消失。考虑到这些可能的情形，我们用合适的方式来处置 $A^k\mathbf{x}$ 以确保方程 (9.2) 中的极限是非零的有限数。我们从开始就采用伸缩变换，选取 $\mathbf{x}$ 是关于范数 $\|\cdot\|_\infty$ 的单位向量 $\mathbf{x}^{(0)}$，并使得 $\mathbf{x}^{(0)}$ 的分量 $x_{p0}^{(0)}$ 以满足

$$x_{p0}^{(0)} = 1 = \|\mathbf{x}^{(0)}\|_\infty$$

令 $\mathbf{y}^{(1)} = A\mathbf{x}^{(0)}$ 并取 $\mu^{(1)} = y_{p0}^{(1)}$，则

$$\mu^{(1)} = y_{p0}^{(1)} = \frac{y_{p0}^{(1)}}{x_{p0}^{(0)}} = \frac{\beta_1 \lambda_1 v_{p0}^{(1)} + \sum_{j=2}^{n} \beta_j \lambda_j v_{p0}^{(j)}}{\beta_1 v_{p0}^{(1)} + \sum_{j=2}^{n} \beta_j v_{p0}^{(j)}} = \lambda_1 \left[\frac{\beta_1 v_{p0}^{(1)} + \sum_{j=2}^{n} \beta_j (\lambda_j / \lambda_1) v_{p0}^{(j)}}{\beta_1 v_{p0}^{(1)} + \sum_{j=2}^{n} \beta_j v_{p0}^{(j)}} \right]$$

设 p_1 是满足

$$|y_{p_1}^{(1)}| = \|\mathbf{y}^{(1)}\|_\infty$$

的最小整数，并取 $\mathbf{x}^{(1)}$ 为

$$\mathbf{x}^{(1)} = \frac{1}{y_{p_1}^{(1)}} \mathbf{y}^{(1)} = \frac{1}{y_{p_1}^{(1)}} A\mathbf{x}^{(0)}$$

则

$$x_{p_1}^{(1)} = 1 = \|\mathbf{x}^{(1)}\|_\infty$$

接下来取

$$\mathbf{y}^{(2)} = A\mathbf{x}^{(1)} = \frac{1}{y_{p_1}^{(1)}} A^2 \mathbf{x}^{(0)}$$

和

$$\mu^{(2)} = y_{p_1}^{(2)} = \frac{y_{p_1}^{(2)}}{x_{p_1}^{(1)}} = \frac{\left[\beta_1 \lambda_1^2 v_{p_1}^{(1)} + \sum_{j=2}^{n} \beta_j \lambda_j^2 v_{p_1}^{(j)}\right] \Big/ y_{p_1}^{(1)}}{\left[\beta_1 \lambda_1 v_{p_1}^{(1)} + \sum_{j=2}^{n} \beta_j \lambda_j v_{p_1}^{(j)}\right] \Big/ y_{p_1}^{(1)}}$$

$$= \lambda_1 \left[\frac{\beta_1 v_{p_1}^{(1)} + \sum_{j=2}^{n} \beta_j (\lambda_j / \lambda_1)^2 v_{p_1}^{(j)}}{\beta_1 v_{p_1}^{(1)} + \sum_{j=2}^{n} \beta_j (\lambda_j / \lambda_1) v_{p_1}^{(j)}}\right]$$

设 p_2 是满足

$$|y_{p_2}^{(2)}| = \|\mathbf{y}^{(2)}\|_\infty$$

的最小整数，并取

$$\mathbf{x}^{(2)} = \frac{1}{y_{p_2}^{(2)}} \mathbf{y}^{(2)} = \frac{1}{y_{p_2}^{(2)}} A\mathbf{x}^{(1)} = \frac{1}{y_{p_2}^{(2)} y_{p_1}^{(1)}} A^2 \mathbf{x}^{(0)}$$

用类似的方式可以定义两个向量的序列 $\{\mathbf{x}^{(m)}\}_{m=0}^{\infty}$ 和 $\{\mathbf{y}^{(m)}\}_{m=1}^{\infty}$，以及一个数列 $\{\mu^{(m)}\}_{m=1}^{\infty}$，递推式如下：

$$\mathbf{y}^{(m)} = A\mathbf{x}^{(m-1)},$$

$$\mu^{(m)} = y_{p_{m-1}}^{(m)} = \lambda_1 \left[\frac{\beta_1 v_{p_{m-1}}^{(1)} + \sum_{j=2}^{n} (\lambda_j / \lambda_1)^m \beta_j v_{p_{m-1}}^{(j)}}{\beta_1 v_{p_{m-1}}^{(1)} + \sum_{j=2}^{n} (\lambda_j / \lambda_1)^{m-1} \beta_j v_{p_{m-1}}^{(j)}}\right] \tag{9.3}$$

和

$$\mathbf{x}^{(m)} = \frac{\mathbf{y}^{(m)}}{y_{p_m}^{(m)}} = \frac{A^m \mathbf{x}^{(0)}}{\prod_{k=1}^{m} y_{p_k}^{(k)}}$$

其中在每一步，p_m 用来表示满足

$$|y_{p_m}^{(m)}| = \|\mathbf{y}^{(m)}\|_\infty$$

的最小整数。

通过考察方程(9.3)可知，如果 $\mathbf{x}^{(0)}$ 的选取使得 $\beta_1 \neq 0$，则因为对所有 $j = 2,3,\cdots,n$, $|\lambda_j/\lambda_1| < 1$，所以 $\lim_{m\to\infty} \mu^{(m)} = \lambda_1$。并且，向量序列 $\{\mathbf{x}^{(m)}\}_{m=0}^{\infty}$ 收敛到属于 λ_1 的特征向量，它们的 l_∞ 范数等于1。

示例 矩阵

$$A = \begin{bmatrix} -2 & -3 \\ 6 & 7 \end{bmatrix}$$

的特征值为 $\lambda_1 = 4$ 和 $\lambda_2 = 1$，它们对应的特征向量分别为 $\mathbf{v}_1 = (1, -2)^t$ 和 $\mathbf{v}_2 = (1, -1)^t$。如果从任意一个向量例如 $\mathbf{x}_0 = (1,1)^t$ 开始乘以矩阵 A，就可以得到

$$\mathbf{x}_1 = A\mathbf{x}_0 = \begin{bmatrix} -5 \\ 13 \end{bmatrix}, \qquad \mathbf{x}_2 = A\mathbf{x}_1 = \begin{bmatrix} -29 \\ 61 \end{bmatrix}, \qquad \mathbf{x}_3 = A\mathbf{x}_2 = \begin{bmatrix} -125 \\ 253 \end{bmatrix},$$

$$\mathbf{x}_4 = A\mathbf{x}_3 = \begin{bmatrix} -509 \\ 1021 \end{bmatrix}, \qquad \mathbf{x}_5 = A\mathbf{x}_4 = \begin{bmatrix} -2045 \\ 4093 \end{bmatrix}, \qquad \mathbf{x}_6 = A\mathbf{x}_5 = \begin{bmatrix} -8189 \\ 16381 \end{bmatrix}$$

从而，最大特征值 $\lambda_1 = 4$ 的近似值分别为

$$\lambda_1^{(1)} = \frac{61}{13} = 4.6923, \qquad \lambda_1^{(2)} = \frac{253}{61} = 4.14754, \qquad \lambda_1^{(3)} = \frac{1021}{253} = 4.03557,$$

$$\lambda_1^{(4)} = \frac{4093}{1021} = 4.00881, \qquad \lambda_1^{(5)} = \frac{16381}{4093} = 4.00200$$

相应于 $\lambda_1^{(5)} = \dfrac{16381}{4093} = 4.00200$ 的近似特征向量为

$$\mathbf{x}_6 = \begin{bmatrix} -8189 \\ 16381 \end{bmatrix}, \quad \text{它通过除以} -8189 \text{ 而标准化为} \begin{bmatrix} 1 \\ -2.00037 \end{bmatrix} \approx \mathbf{v}_1 \qquad \blacksquare$$

幂法的缺点是在开始时我们并不知道矩阵有唯一的最大特征值，同时也不知道如何选取初值向量 $\mathbf{x}^{(0)}$ 来保证它的特征向量表示中包含了最大特征值对应的特征向量部分。

算法 9.1 实现了幂法。

算法 9.1　幂法

从一个给定的向量开始近似求 $n \times n$ 矩阵 A 的最大特征值以及它对应的特征向量 $\mathbf{x}$。

输入　维数 n；矩阵 A；向量 $\mathbf{x}$；允许误差 TOL；最大迭代数 N。

输出　近似特征值 μ；近似特征向量 $\mathbf{x}$（满足 $\|\mathbf{x}\|_\infty = 1$），或者给出超出最大迭代步数的信息。

Step 1　Set $k = 1$.

Step 2　求使得 $|x_p| = \|\mathbf{x}\|_\infty$ 成立的最小整数 p, $1 \leqslant p \leqslant n$.

Step 3　Set $\mathbf{x} = \mathbf{x}/x_p$.

Step 4　While ($k \leqslant N$) do Steps 5–11.

　　Step 5　Set $\mathbf{y} = A\mathbf{x}$.

　　Step 6　Set $\mu = y_p$.

　　Step 7　求使得 $|y_p| = \|\mathbf{y}\|_\infty$ 成立的最小整数 p, $1 \leqslant p \leqslant n$.

　　Step 8　If $y_p = 0$ then OUTPUT ('Eigenvector', $\mathbf{x}$);
　　　　　　　　　　　　　OUTPUT ('A has the eigenvalue 0, select a new vector $\mathbf{x}$
　　　　　　　　　　　　　　　　and restart');
　　　　　　　　　　　　STOP.

　　Step 9　Set $ERR = \|\mathbf{x} - (\mathbf{y}/y_p)\|_\infty$;
　　　　　　　　　　　$\mathbf{x} = \mathbf{y}/y_p$.

　　Step 10　If $ERR < TOL$ then OUTPUT (μ, $\mathbf{x}$);
　　　　　　　　　　　　（算法成功）
　　　　　　　　　　　　STOP.

　　Step 11　Set $k = k + 1$.

Step 12　OUTPUT ('The maximum number of iterations exceeded');
　　　　　（算法失败）
　　　　　STOP.　　　　　　　　　　　　　　　　　　　　　　　　　　　　■

加速收敛

在 Step 7 中，选取满足条件 $|y_{p_m}^{(m)}| = \|\mathbf{y}^{(m)}\|_\infty$ 的最小整数 p_m 一般会使指标趋于固定。比值 $\{\mu^{(m)}\}_{m=1}^\infty$ 收敛于 λ_1 的速度将由比值 $|\lambda_j/\lambda_1|^m$, $j = 2, 3, \cdots, n$ 来决定，特别是由比值 $|\lambda_2/\lambda_1|^m$ 决定。因为收敛率是 $O(|\lambda_2/\lambda_1|^m)$（见[IK,p.148]），所以存在一个常数 k，使得对于比较大的 m 值，下式成立：

$$|\mu^{(m)} - \lambda_1| \approx k \left| \frac{\lambda_2}{\lambda_1} \right|^m$$

这意味着

$$\lim_{m \to \infty} \frac{|\mu^{(m+1)} - \lambda_1|}{|\mu^{(m)} - \lambda_1|} \approx \left|\frac{\lambda_2}{\lambda_1}\right| < 1$$

序列 $\{\mu^{(m)}\}$ 线性地收敛于 λ_1,因此可以使用 2.5 节讨论过的 Aitken Δ^2 方法来加速收敛。为了在算法中实现 Δ^2 方法,需要对算法 9.1 修改如下:

Step 1　Set $k = 1$;
$\quad\quad\quad\quad\mu_0 = 0$;
$\quad\quad\quad\quad\mu_1 = 0$.

Step 6　Set $\mu = y_p$;
$$\hat{\mu} = \mu_0 - \frac{(\mu_1 - \mu_0)^2}{\mu - 2\mu_1 + \mu_0}.$$

Step 10　If $ERR < TOL$ and $k \geq 4$ then OUTPUT $(\hat{\mu}, \mathbf{x})$;
$\quad\quad\quad\quad\quad\quad\quad\quad\quad\quad\quad\quad\quad$ STOP.

Step 11　Set $k = k + 1$;
$\quad\quad\quad\quad\mu_0 = \mu_1$;
$\quad\quad\quad\quad\mu_1 = \mu$.

实践中,并不是所有的矩阵都有不同的特征值使得幂法能够收敛。如果矩阵只有一个重数为 r 的最大特征值 λ_1,并且属于 λ_1 的线性无关的特征向量有 r 个,为 $\mathbf{v}^{(1)}, \mathbf{v}^{(2)}, \cdots, \mathbf{v}^{(r)}$,此时幂法仍然能够收敛到 λ_1。这种情形下,向量序列 $\{\mathbf{x}^{(m)}\}_{m=0}^{\infty}$ 将收敛到 λ_1 的一个特征向量,它的 l_∞ 范数等于 1,但具体收敛到哪一个,则取决于初始向量 $\mathbf{x}^{(0)}$ 的选取,它是 $\mathbf{v}^{(1)}, \mathbf{v}^{(2)}, \cdots, \mathbf{v}^{(r)}$ 的一个线性组合。

例1　使用幂法近似求下面矩阵的最大特征值:
$$A = \begin{bmatrix} -4 & 14 & 0 \\ -5 & 13 & 0 \\ -1 & 0 & 2 \end{bmatrix}$$
接下来使用 Aitken Δ^2 方法来加速收敛。

解　这个矩阵有特征值 $\lambda_1 = 6, \lambda_2 = 3$ 和 $\lambda_3 = 2$,因此算法 9.1 所描述的幂法将会收敛。取 $\mathbf{x}^{(0)} = (1, 1, 1)^t$,则
$$\mathbf{y}^{(1)} = A\mathbf{x}^{(0)} = (10, 8, 1)^t$$
所以,
$$\|\mathbf{y}^{(1)}\|_\infty = 10, \quad \mu^{(1)} = y_1^{(1)} = 10, \quad \mathbf{x}^{(1)} = \frac{\mathbf{y}^{(1)}}{10} = (1, 0.8, 0.1)^t$$
继续下去,得到的值列在表 9.1 中,其中 $\hat{\mu}^{(m)}$ 表示由 Aitken Δ^2 方法产生的序列。在此得到最大特征值 6 的近似值 $\hat{\mu}^{(10)} = 6.000000$。关于这个特征值的 l_∞ 范数为 1 的特征向量为 $(\mathbf{x}^{(12)})^t = (1, 0.714316, -0.249895)^t$。

表 9.1

m	$(\mathbf{x}^{(m)})^t$	$\mu^{(m)}$	$\hat{\mu}^{(m)}$
0	$(1, 1, 1)$		
1	$(1, 0.8, 0.1)$	10	6.266667
2	$(1, 0.75, -0.111)$	7.2	6.062473
3	$(1, 0.730769, -0.188803)$	6.5	6.015054
4	$(1, 0.722200, -0.220850)$	6.230769	6.004202
5	$(1, 0.718182, -0.235915)$	6.111000	6.000855
6	$(1, 0.716216, -0.243095)$	6.054546	6.000240
7	$(1, 0.715247, -0.246588)$	6.027027	6.000058
8	$(1, 0.714765, -0.248306)$	6.013453	6.000017
9	$(1, 0.714525, -0.249157)$	6.006711	6.000003
10	$(1, 0.714405, -0.249579)$	6.003352	6.000000
11	$(1, 0.714346, -0.249790)$	6.001675	
12	$(1, 0.714316, -0.249895)$	6.000837	

虽然特征值的近似已经精确到所列位数，但是特征向量的近似值远没有真正的特征值那样精确，$(1,5/7,-1/4)^t \approx (1,0.714286,-0.25)^t$。　■

对称矩阵

若 A 是对称的，在选取向量 $\mathbf{x}^{(m)}$、$\mathbf{y}^{(m)}$ 和标量 $\mu^{(m)}$ 时做些变动，就能极大地改进数列 $\{\mu^{(m)}\}_{m=1}^{\infty}$ 收敛到最大特征值 λ_1 的收敛率。事实上，虽然一般情形下幂法的收敛率是 $O(|\lambda_2/\lambda_1|^m)$，但对对称矩阵修改之后的算法 9.2 的收敛率是 $O(|\lambda_2/\lambda_1|^{2m})$（见[IK,pp.149ff]）。因为数列 $\{\mu^{(m)}\}$ 仍然是线性收敛的，所以 Aitken Δ^2 方法可以继续使用。

算法 9.2　对称的幂法

给定一个非零向量 $\mathbf{x}$，求一个 $n \times n$ 对称矩阵 A 的最大特征值以及相应的特征向量。

输入　维数 n；矩阵 A；向量 $\mathbf{x}$；误差限 *TOL*；最大迭代步数 N。

输出　近似特征值 μ；近似特征向量 $\mathbf{x}$（满足 $\|\mathbf{x}\|_2 = 1$），或者给出超出最大迭代步数的信息。

　Step 1　Set $k = 1$;
　　　　　　$\mathbf{x} = \mathbf{x}/\|\mathbf{x}\|_2$.

　Step 2　While $(k \leq N)$ do Steps 3–8.

　　　Step 3　Set $\mathbf{y} = A\mathbf{x}$.

　　　Step 4　Set $\mu = \mathbf{x}^t \mathbf{y}$.

　　　Step 5　If $\|\mathbf{y}\|_2 = 0$, then OUTPUT ('Eigenvector', $\mathbf{x}$);
　　　　　　　　　　　　OUTPUT ('A has eigenvalue 0, select new vector $\mathbf{x}$
　　　　　　　　　　　　　　and restart');
　　　　　　　　　　　STOP.

　　　Step 6　Set $ERR = \left\| \mathbf{x} - \dfrac{\mathbf{y}}{\|\mathbf{y}\|_2} \right\|_2$;
　　　　　　　　$\mathbf{x} = \mathbf{y}/\|\mathbf{y}\|_2$.

　　　Step 7　If $ERR < TOL$ then OUTPUT $(\mu, \mathbf{x})$;
　　　　　　　　　（算法成功）
　　　　　　　　　STOP.

　　　Step 8　Set $k = k + 1$.

　Step 9　OUTPUT ('Maximum number of iterations exceeded');
　　　　　（算法失败）
　　　　　STOP.　■

例 2　对下面的矩阵采用幂法以及对称幂法

$$A = \begin{bmatrix} 4 & -1 & 1 \\ -1 & 3 & -2 \\ 1 & -2 & 3 \end{bmatrix}$$

并使用 Aitken Δ^2 方法来加速收敛。

解　该矩阵有 3 个特征值：$\lambda_1 = 6, \lambda_2 = 3$ 和 $\lambda_3 = 1$。属于特征值 6 的一个特征向量为 $(1,-1,1)^t$。取初始向量为 $(1,0,0)^t$，对上述矩阵用幂法得到的值列于表 9.2 中。

我们现在对这个矩阵使用对称的幂法，取相同的初始向量 $(1,0,0)^t$。第一步为

$$\mathbf{x}^{(0)} = (1,0,0)^t, \quad A\mathbf{x}^{(0)} = (4,-1,1)^t, \, M^{(1)} = 4$$

表9.2

m	$(\mathbf{y}^{(m)})^t$	$\mu^{(m)}$	$\hat{\mu}^{(m)}$	$(\mathbf{x}^{(m)})^t$ with $\|\mathbf{x}^{(m)}\|_\infty = 1$
0				$(1, 0, 0)$
1	$(4, -1, 1)$	4		$(1, -0.25, 0.25)$
2	$(4.5, -2.25, 2.25)$	4.5	7	$(1, -0.5, 0.5)$
3	$(5, -3.5, 3.5)$	5	6.2	$(1, -0.7, 0.7)$
4	$(5.4, -4.5, 4.5)$	5.4	6.047617	$(1, -0.833\bar{3}, 0.833\bar{3})$
5	$(5.66\bar{6}, -5.166\bar{6}, 5.166\bar{6})$	$5.66\bar{6}$	6.011767	$(1, -0.911765, 0.911765)$
6	$(5.823529, -5.558824, 5.558824)$	5.823529	6.002931	$(1, -0.954545, 0.954545)$
7	$(5.909091, -5.772727, 5.772727)$	5.909091	6.000733	$(1, -0.976923, 0.976923)$
8	$(5.953846, -5.884615, 5.884615)$	5.953846	6.000184	$(1, -0.988372, 0.988372)$
9	$(5.976744, -5.941861, 5.941861)$	5.976744		$(1, -0.994163, 0.994163)$
10	$(5.988327, -5.970817, 5.970817)$	5.988327		$(1, -0.997076, 0.997076)$

和

$$\mathbf{x}^{(1)} = \frac{1}{\|A\mathbf{x}^{(0)}\|_2} \cdot A\mathbf{x}^{(0)} = (0.942809, -0.235702, 0.235702)^t$$

其余的计算结果列于表9.3中。

表9.3

m	$(\mathbf{y}^{(m)})^t$	$\mu^{(m)}$	$\hat{\mu}^{(m)}$	$(\mathbf{x}^{(m)})^t$ with $\|\mathbf{x}^{(m)}\|_2 = 1$
0	$(1, 0, 0)$			$(1, 0, 0)$
1	$(4, -1, 1)$	4	7	$(0.942809, -0.235702, 0.235702)$
2	$(4.242641, -2.121320, 2.121320)$	5	6.047619	$(0.816497, -0.408248, 0.408248)$
3	$(4.082483, -2.857738, 2.857738)$	5.666667	6.002932	$(0.710669, -0.497468, 0.497468)$
4	$(3.837613, -3.198011, 3.198011)$	5.909091	6.000183	$(0.646997, -0.539164, 0.539164)$
5	$(3.666314, -3.342816, 3.342816)$	5.976744	6.000012	$(0.612836, -0.558763, 0.558763)$
6	$(3.568871, -3.406650, 3.406650)$	5.994152	6.000000	$(0.595247, -0.568190, 0.568190)$
7	$(3.517370, -3.436200, 3.436200)$	5.998536	6.000000	$(0.586336, -0.572805, 0.572805)$
8	$(3.490952, -3.450359, 3.450359)$	5.999634		$(0.581852, -0.575086, 0.575086)$
9	$(3.477580, -3.457283, 3.457283)$	5.999908		$(0.579603, -0.576220, 0.576220)$
10	$(3.470854, -3.460706, 3.460706)$	5.999977		$(0.578477, -0.576786, 0.576786)$

对这个矩阵,对称幂法的收敛速度比幂法的收敛速度有极大的改善。考虑对应的特征向量,幂法收敛到向量 $(1, -1, 1)^t$,它的 l_∞ 范数为 1,而对称幂法收敛到平行的向量 $(\sqrt{3}/3, -\sqrt{3}/3, \sqrt{3}/3,)^t$,它的 l_2 范数为 1。 ∎

如果 λ 是一个实数,它是对称矩阵 A 的近似特征值,而 $\mathbf{x}$ 是与该特征值对应的一个近似特征向量,那么 $A\mathbf{x} - \lambda\mathbf{x}$ 近似为零向量。下面的定理刻画了这个向量的范数与近似特征值的精度之间的关系。

定理 9.19 假设 A 是 $n \times n$ 对称矩阵,其特征值为 $\lambda_1, \lambda_2, \cdots, \lambda_n$。如果对某个实数 λ 和向量 $\mathbf{x}$(其 $\|\mathbf{x}\|_2 = 1$), $\|A\mathbf{x} - \lambda\mathbf{x}\|_2 < \varepsilon$ 成立,则

$$\min_{1 \leqslant j \leqslant n} |\lambda_j - \lambda| < \varepsilon$$

证明 假设 A 的特征向量 $\mathbf{v}^{(1)}, \mathbf{v}^{(2)}, \cdots, \mathbf{v}^{(n)}$ 构成了一组标准正交集,它们分别对应于特征值 $\lambda_1, \lambda_2, \cdots, \lambda_n$。由定理9.5和定理9.3可知, $\mathbf{x}$ 可以被唯一表示,即存在唯一一组常数 $\beta_1, \beta_2, \cdots, \beta_n$,使得

$$\mathbf{x} = \sum_{j=1}^{n} \beta_j \mathbf{v}^{(j)}$$

于是

$$\|A\mathbf{x} - \lambda\mathbf{x}\|_2^2 = \left\| \sum_{j=1}^{n} \beta_j (\lambda_j - \lambda) \mathbf{v}^{(j)} \right\|_2^2 = \sum_{j=1}^{n} |\beta_j|^2 |\lambda_j - \lambda|^2 \geqslant \min_{1 \leqslant j \leqslant n} |\lambda_j - \lambda|^2 \sum_{j=1}^{n} |\beta_j|^2$$

但是

$$\sum_{j=1}^{n}|\beta_j|^2 = \|\mathbf{x}\|_2^2 = 1, \quad \text{所以有 } \varepsilon \geqslant \|A\mathbf{x} - \lambda\mathbf{x}\|_2 > \min_{1\leqslant j\leqslant n}|\lambda_j - \lambda| \qquad \blacksquare$$

反幂法

反幂法是幂法的修正, 它具有更快的收敛率。该方法用于求离一个具体给定的数 q 最近的 A 的特征值。

假设 A 有 n 个特征值 $\lambda_1, \cdots, \lambda_n$, 它们对应了 n 个线性无关的特征向量 $\mathbf{v}^{(1)}, \cdots, \mathbf{v}^{(n)}$。对 $i = 1, 2, \cdots, n$, 当 $q \neq \lambda_i$ 时, 矩阵 $(A-qI)^{-1}$ 的特征值为

$$\frac{1}{\lambda_1 - q}, \quad \frac{1}{\lambda_2 - q}, \cdots, \frac{1}{\lambda_n - q}$$

它们对应了相同的特征向量 $\mathbf{v}^{(1)}, \mathbf{v}^{(2)}, \cdots, \mathbf{v}^{(n)}$。(见 7.2 节习题 17。)

对矩阵 $(A-qI)^{-1}$ 采用幂法, 得到

$$\mathbf{y}^{(m)} = (A - qI)^{-1}\mathbf{x}^{(m-1)},$$

$$\mu^{(m)} = y_{p_{m-1}}^{(m)} = \frac{y_{p_{m-1}}^{(m)}}{x_{p_{m-1}}^{(m-1)}} = \frac{\sum_{j=1}^{n}\beta_j \dfrac{1}{(\lambda_j - q)^m}v_{p_{m-1}}^{(j)}}{\sum_{j=1}^{n}\beta_j \dfrac{1}{(\lambda_j - q)^{m-1}}v_{p_{m-1}}^{(j)}} \qquad (9.4)$$

以及

$$\mathbf{x}^{(m)} = \frac{\mathbf{y}^{(m)}}{y_{p_m}^{(m)}}$$

其中在每一步, p_m 都表示使得 $|y_{p_m}^{(m)}| = \|\mathbf{y}^{(m)}\|_\infty$ 最小的整数。式 (9.4) 中的数列 $\{\mu^{(m)}\}$ 收敛到 $1/(\lambda_k - q)$, 其中,

$$\frac{1}{|\lambda_k - q|} = \max_{1\leqslant i\leqslant n}\frac{1}{|\lambda_i - q|}$$

$\lambda_k \approx q + 1/\mu^{(m)}$ 是 A 的最接近于 q 的特征值。

因为 k 是已知的, 所以式 (9.4) 可以写成

$$\mu^{(m)} = \frac{1}{\lambda_k - q}\left[\frac{\beta_k v_{p_{m-1}}^{(k)} + \sum_{\substack{j=1\\j\neq k}}^{n}\beta_j\left[\frac{\lambda_k - q}{\lambda_j - q}\right]^m v_{p_{m-1}}^{(j)}}{\beta_k v_{p_{m-1}}^{(k)} + \sum_{\substack{j=1\\j\neq k}}^{n}\beta_j\left[\frac{\lambda_k - q}{\lambda_j - q}\right]^{m-1} v_{p_{m-1}}^{(j)}}\right] \qquad (9.5)$$

于是, q 的选取决定了它的收敛性, 只要 $1/(\lambda_k - q)$ 是矩阵 $(A-qI)^{-1}$ 的唯一最大特征值 (尽管它可能是一个多重特征值), 数列就收敛。数 q 离某个特征值 λ_k 越近, 收敛速度越快, 因为收敛阶是

$$O\left(\left|\frac{(\lambda - q)^{-1}}{(\lambda_k - q)^{-1}}\right|^m\right) = O\left(\left|\frac{(\lambda_k - q)}{(\lambda - q)}\right|^m\right)$$

其中 λ 表示 A 的一个特征值, 它与 q 的差距仅大于 λ_k 与 q 的差距。

向量 $\mathbf{y}^{(m)}$ 通过求解下面的线性方程组得到:

$$(A - qI)\mathbf{y}^{(m)} = \mathbf{x}^{(m-1)}$$

通常情况下采用带主元的 Gauss 消去法即可, 但是类似于 LU 分解的情形, 可以将乘子存储起来以

降低计算成本。至于 q 的选取，可以基于 Geršgorin 圆盘定理或者其他关于局部特征值位置的方法。

算法 9.3 用特征向量的一个初始近似 $\mathbf{x}^{(0)}$ 来计算 q，采用下式：

$$q = \frac{\mathbf{x}^{(0)t} A \mathbf{x}^{(0)}}{\mathbf{x}^{(0)t} \mathbf{x}^{(0)}}$$

q 的这个选取基于以下事实：如果 $\mathbf{x}$ 是 A 的属于特征值 λ 的特征向量，则 $A\mathbf{x} = \lambda\mathbf{x}$，所以 $\mathbf{x}^t A\mathbf{x} = \lambda\mathbf{x}^t\mathbf{x}$，从而

$$\lambda = \frac{\mathbf{x}^t A\mathbf{x}}{\mathbf{x}^t\mathbf{x}} = \frac{\mathbf{x}^t A\mathbf{x}}{\|\mathbf{x}\|_2^2}$$

如果 q 靠近一个特征值，收敛会非常快，但是为了避免舍入误差的影响，在 Step 6 中应当使用选主元技巧。

当已知一个特征值 q 时，算法 9.3 还常常用来近似求该特征值对应的特征向量。

算法 9.3　反幂法

给定一个非零向量 $\mathbf{x}$，求一个 $n \times n$ 对称矩阵 A 的一个特征值以及相应的特征向量。

输入　维数 n；矩阵 A；向量 $\mathbf{x}$；误差限 *TOL*；最大迭代步数 N。

输出　近似特征值 μ；近似特征向量 $\mathbf{x}$(满足 $\|\mathbf{x}\|_\infty = 1$)，或者给出超出最大迭代步数的信息。

Step 1　Set $q = \dfrac{\mathbf{x}^t A\mathbf{x}}{\mathbf{x}^t\mathbf{x}}$.

Step 2　Set $k = 1$.

Step 3　求使得 $|x_p| = \|\mathbf{x}\|_\infty$ 的最小整数 p，$1 \leqslant p \leqslant n$.

Step 4　Set $\mathbf{x} = \mathbf{x}/x_p$.

Step 5　While $(k \leqslant N)$ do Steps 6–12.

　　Step 6　解方程组 $(A - qI)\mathbf{y} = \mathbf{x}$.

　　Step 7　如果方程组不存在唯一解，则
　　　　　　OUTPUT ('q is an eigenvalue', q);
　　　　　　STOP.

　　Step 8　Set $\mu = y_p$.

　　Step 9　求使得 $|y_p| = \|\mathbf{y}\|_\infty$ 的最小整数 p，$1 \leqslant p \leqslant n$.

　　Step 10　Set $ERR = \left\|\mathbf{x} - (\mathbf{y}/y_p)\right\|_\infty$;
　　　　　　　$\mathbf{x} = \mathbf{y}/y_p$.

　　Step 11　If $ERR < TOL$ then set $\mu = (1/\mu) + q$;
　　　　　　　OUTPUT (μ, $\mathbf{x}$);
　　　　　　　(算法成功)
　　　　　　　STOP.

　　Step 12　Set $k = k + 1$.

Step 13　OUTPUT ('Maximum number of iterations exceeded');
　　　　　(算法失败)
　　　　　STOP.　　　　　　　　　　　　　　　　　　　　　　　　　　■

反幂法的收敛是线性的，因此可以使用 Aitken Δ^2 方法来加速收敛。下面的例子说明，当 q 接近于一个特征值时，反幂法收敛得极快。

例 3　取初始向量为 $\mathbf{x}^{(0)} = (1,1,1)^t$，对下面的矩阵采用反幂法：

$$A = \begin{bmatrix} -4 & 14 & 0 \\ -5 & 13 & 0 \\ -1 & 0 & 2 \end{bmatrix}, \qquad q = \frac{\mathbf{x}^{(0)t} A \mathbf{x}^{(0)}}{\mathbf{x}^{(0)t} \mathbf{x}^{(0)}} = \frac{19}{3}$$

并使用 Aitken Δ^2 方法来加速收敛。

解 在例 1 中，取同样的初始向量 $\mathbf{x}^{(0)} = (1,1,1)^t$ 对上述矩阵使用了幂法，得到的结果是近似特征值为 $\mu^{(12)} = 6.000837$，近似特征向量为 $(\mathbf{x}^{(12)})^t = (1, 0.714316, -0.249895)^t$。

为了使用反幂法，我们考虑：

$$A - qI = \begin{bmatrix} -\frac{31}{3} & 14 & 0 \\ -5 & \frac{20}{3} & 0 \\ -1 & 0 & -\frac{13}{3} \end{bmatrix}$$

取 $\mathbf{x}^{(0)} = (1,1,1)^t$，首先通过解方程组 $\mathbf{y}^{(1)}$ 得到 $(A-qI)\mathbf{y}^{(1)} = \mathbf{x}^{(0)}$，从而得到

$$\mathbf{y}^{(1)} = \left(-\frac{33}{5}, -\frac{24}{5}, \frac{84}{65} \right)^t = (-6.6, -4.8, 1.292\overline{307692})^t$$

因此

$$\|\mathbf{y}^{(1)}\|_\infty = 6.6, \quad \mathbf{x}^{(1)} = \frac{1}{-6.6} \mathbf{y}^{(1)} = (1, 0.7272727, -0.1958042)^t$$

和

$$\mu^{(1)} = -\frac{1}{6.6} + \frac{19}{3} = 6.1818182$$

后面的结果列于表 9.4 中，表中最右边一列是对 $\mu^{(m)}$ 使用 Aitken Δ^2 方法加速后的结果。从表中可以清晰地看出，反幂法的结果大大优于幂法的结果。

表 9.4

m	$\mathbf{x}^{(m)t}$	$\mu^{(m)}$	$\hat{\mu}^{(m)}$
0	(1, 1, 1)		
1	(1, 0.7272727, -0.1958042)	6.1818182	6.000098
2	(1, 0.7155172, -0.2450520)	6.0172414	6.000001
3	(1, 0.7144082, -0.2495224)	6.0017153	6.000000
4	(1, 0.7142980, -0.2499534)	6.0001714	6.000000
5	(1, 0.7142869, -0.2499954)	6.0000171	
6	(1, 0.7142858, -0.2499996)	6.0000017	

如果 A 是对称的，则对任何实数 q，矩阵 $(A-qI)^{-1}$ 也是对称的，因此对称的幂法，即算法 9.2，也能用到矩阵 $(A-qI)^{-1}$ 来加速使其收敛阶为

$$O\left(\left| \frac{\lambda_k - q}{\lambda - q} \right|^{2m} \right)$$

抽取法

当得到一个矩阵的最大特征值之后，有许多方法可以近似求其他特征值，这里只讨论**抽取法**。

抽取法是用一个新的矩阵 B 来代替原来的矩阵 A，除最大特征值外，矩阵 B 和 A 的其他特征值完全相同，而 B 中对应于 A 的最大特征值替换为 0。下面的定理保证了该方法的合法性，该定理的证明参见 [Wil2], p.596。

定理 9.20 假设 $\lambda_1, \lambda_2, \cdots, \lambda_n$ 是矩阵 A 的特征值，与它们相对应的特征向量是 $\mathbf{v}^{(1)}, \mathbf{v}^{(2)}, \cdots, \mathbf{v}^{(n)}$，并且 λ_1 的重数为 1。设向量 $\mathbf{x}$ 满足 $\mathbf{x}^t \mathbf{v}^{(1)} = 1$，于是矩阵

$$B = A - \lambda_1 \mathbf{v}^{(1)} \mathbf{x}^t$$

有特征值 $\lambda_2, \lambda_3, \cdots, \lambda_n$，与它们相对应的特征向量是 $\mathbf{v}^{(1)}, \mathbf{w}^{(2)}, \mathbf{w}^{(3)}, \cdots, \mathbf{w}^{(n)}$，其中对 $i = 2, 3, \cdots, n$，$\mathbf{v}^{(i)}$ 和 $\mathbf{w}^{(i)}$ 满足下面的方程：

$$\mathbf{v}^{(i)} = (\lambda_i - \lambda_1)\mathbf{w}^{(i)} + \lambda_1(\mathbf{x}^t \mathbf{w}^{(i)})\mathbf{v}^{(1)} \tag{9.6} \blacksquare$$

定理 9.20 中的 $\mathbf{x}$ 有多种选择。Wielandt 抽取法的选法由下面的公式给出：

$$\mathbf{x} = \frac{1}{\lambda_1 v_i^{(1)}}(a_{i1}, a_{i2}, \cdots, a_{in})^t \tag{9.7}$$

其中，$v_i^{(1)}$ 是特征向量 $\mathbf{v}^{(1)}$ 的一个非零分量，而值 $a_{i1}, a_{i2}, \cdots, a_{in}$ 是矩阵 A 的第 i 行元素。

由此定义可得

$$\mathbf{x}^t \mathbf{v}^{(1)} = \frac{1}{\lambda_1 v_i^{(1)}}[a_{i1}, a_{i2}, \cdots, a_{in}](v_1^{(1)}, v_2^{(1)}, \cdots, v_n^{(1)})^t = \frac{1}{\lambda_1 v_i^{(1)}}\sum_{j=1}^{n} a_{ij} v_j^{(1)}$$

其中，和是乘积 $A\mathbf{v}^{(1)}$ 的第 i 个坐标。因为 $A\mathbf{v}^{(1)} = \lambda_1 \mathbf{v}^{(1)}$，从而有

$$\sum_{j=1}^{n} a_{ij} v_j^{(1)} = \lambda_1 v_i^{(1)}$$

这意味着

$$\mathbf{x}^t \mathbf{v}^{(1)} = \frac{1}{\lambda_1 v_i^{(1)}}(\lambda_1 v_i^{(1)}) = 1$$

因此，$\mathbf{x}$ 满足定理 9.20 的假设。更一步（见习题 25），矩阵 $B = A - \lambda_1 \mathbf{v}^{(1)} \mathbf{x}^t$ 的第 i 行元素全部为零。

如果 $\lambda \neq 0$ 是一个特征值，而它对应的特征向量是 $\mathbf{w}$，则关系 $B\mathbf{w} = \lambda\mathbf{w}$ 意味着 $\mathbf{w}$ 的第 i 个坐标也必须是零。从而，矩阵 B 的第 i 行对乘积 $B\mathbf{w} = \lambda\mathbf{w}$ 没有贡献。于是，矩阵 B 可以被另外一个 $(n-1) \times (n-1)$ 的矩阵 B' 代替，它由矩阵 B 删去第 i 行和第 i 列得到。矩阵 B' 的特征值为 $\lambda_2, \lambda_3, \cdots, \lambda_n$。

如果 $|\lambda_2| > |\lambda_3|$，可以将幂法重新用于矩阵 B' 来计算这个新矩阵的最大特征值 $\mathbf{w}^{(2)'}$ 和特征向量 λ_2。为了找到矩阵 B 的特征向量 $\mathbf{w}^{(2)}$，在 $(n-1)$ 维向量 $(n-1)$ 的坐标 $w_{i-1}^{(2)'}$ 和 $w_i^{(2)'}$ 之间插入一个零坐标，接着用式(9.6)来计算 $\mathbf{v}^{(2)}$。

例 4 矩阵

$$A = \begin{bmatrix} 4 & -1 & 1 \\ -1 & 3 & -2 \\ 1 & -2 & 3 \end{bmatrix}$$

的最大特征值为 $\lambda_1 = 6$，其相对应的单位特征向量为 $\mathbf{v}^{(1)} = (1, -1, 1)^t$。假设这个最大特征值及其对应的特征向量是已知的，用抽取法来近似计算其他特征值及相应的特征向量。

解 得到第二个特征值 λ_2 的过程如下：

$$\mathbf{x} = \frac{1}{6}\begin{bmatrix} 4 \\ -1 \\ 1 \end{bmatrix} = \left(\frac{2}{3}, -\frac{1}{6}, \frac{1}{6}\right)^t,$$

$$\mathbf{v}^{(1)}\mathbf{x}^t = \begin{bmatrix} 1 \\ -1 \\ 1 \end{bmatrix}\begin{bmatrix} \frac{2}{3}, & -\frac{1}{6}, & \frac{1}{6} \end{bmatrix} = \begin{bmatrix} \frac{2}{3} & -\frac{1}{6} & \frac{1}{6} \\ -\frac{2}{3} & \frac{1}{6} & -\frac{1}{6} \\ \frac{2}{3} & -\frac{1}{6} & \frac{1}{6} \end{bmatrix}$$

和

$$B = A - \lambda_1 \mathbf{v}^{(1)}\mathbf{x}^t = \begin{bmatrix} 4 & -1 & 1 \\ -1 & 3 & -2 \\ 1 & -2 & 3 \end{bmatrix} - 6\begin{bmatrix} \frac{2}{3} & -\frac{1}{6} & \frac{1}{6} \\ -\frac{2}{3} & \frac{1}{6} & -\frac{1}{6} \\ \frac{2}{3} & -\frac{1}{6} & \frac{1}{6} \end{bmatrix} = \begin{bmatrix} 0 & 0 & 0 \\ 3 & 2 & -1 \\ -3 & -1 & 2 \end{bmatrix}$$

删去第一行和第一列得到

$$B' = \begin{bmatrix} 2 & -1 \\ -1 & 2 \end{bmatrix}$$

它有特征值 $\lambda_2 = 3$ 和 $\lambda_3 = 1$。对 $\lambda_2 = 3$，特征向量 $\mathbf{w}^{(2)'}$ 可由求解下面的线性方程组得到：

$$(B' - 3I)\mathbf{w}^{(2)'} = \mathbf{0}, \quad \text{结果是 } \mathbf{w}^{(2)'} = (1, -1)^t$$

给第一个分量加入零得到 $\mathbf{w}^{(2)} = (0,1,-1)^t$，由式(9.6)，就能得到相应于 $x_2 = 3$ 的 A 的特征向量 $\mathbf{v}^{(2)}$：

$$\mathbf{v}^{(2)} = (\lambda_2 - \lambda_1)\mathbf{w}^{(2)} + \lambda_1(\mathbf{x}^t\mathbf{w}^{(2)})\mathbf{v}^{(1)}$$

$$= (3-6)(0, 1, -1)^t + 6\left[\left(\frac{2}{3}, -\frac{1}{6}, \frac{1}{6}\right)(0, 1, -1)^t\right](1, -1, 1)^t = (-2, -1, 1)^t \quad \blacksquare$$

虽然这种抽取法可以用来近似计算一个矩阵的所有特征值和特征向量，但该方法由于舍入误差的影响而遭到质疑。当用抽取法近似求矩阵的一个特征值之后，应该使用反幂法到原矩阵从而得到一个近似的初始值，这样才能确保收敛到原矩阵的特征值，而不是缩减后的矩阵的特征值，它们很可能包含误差。当一个矩阵所有的特征值都得到之后，应该考虑使用在 9.5 节中介绍的基于相似变换的技巧。

我们给出算法 9.4 来结束本节，在得到了矩阵的最大特征值及其相应的特征向量之后，它用于近似计算矩阵的第二大特征值及其对应的特征向量。

算法 9.4 Wielandt 抽取法

当 $n \times n$ 矩阵 A 的最大特征值的近似值 λ 及其近似特征向量 $\mathbf{v}$ 已知时，给定一个向量 $\mathbf{x} \in \mathbb{R}^{n-1}$，近似计算它的第二大特征值及其对应的特征向量。

输入 维数 n；矩阵 A；近似特征值 λ 及其近似特征向量 $\mathbf{v} \in \mathbb{R}^n$，向量 $\mathbf{x} \in \mathbb{R}^{n-1}$；误差限 TOL；最大迭代步数 N。

输出 近似特征值 μ；近似特征向量 $\mathbf{u}$，或者给出超出最大迭代步数的信息。

Step 1 求使得 $|v_i| = \max_{1 \leqslant j \leqslant n}|v_j|$ 成立的最小整数 i，且 $1 \leqslant i \leqslant n$.

Step 2 If $i \neq 1$ then
　　for $k = 1, \cdots, i-1$
　　　for $j = 1, \cdots, i-1$
　　　　set $b_{kj} = a_{kj} - \dfrac{v_k}{v_i}a_{ij}$.

Step 3 If $i \neq 1$ and $i \neq n$ then
　　for $k = i, \cdots, n-1$
　　　for $j = 1, \cdots, i-1$
　　　　set $b_{kj} = a_{k+1,j} - \dfrac{v_{k+1}}{v_i}a_{ij}$;
　　　　$b_{jk} = a_{j,k+1} - \dfrac{v_j}{v_i}a_{i,k+1}$.

Step 4 If $i \neq n$ then

for $k = i, \cdots, n-1$

for $j = i, \cdots, n-1$

set $b_{kj} = a_{k+1,j+1} - \dfrac{v_{k+1}}{v_i} a_{i,j+1}$.

Step 5 对 $(n-1) \times (n-1)$ 矩阵 $B' = (b_{kj})$ 使用幂法，并取 $\mathbf{x}$ 为初始值.

Step 6 If该方法失败， then OUTPUT ('Method fails');

STOP

else 令 μ 是近似特征值,

$\mathbf{w}' = (w_1', \cdots, w_{n-1}')^t$ 是近似特征向量.

Step 7 If $i \neq 1$ then for $k = 1, \cdots, i-1$ set $w_k = w_k'$.

Step 8 Set $w_i = 0$.

Step 9 If $i \neq n$ then for $k = i+1, \cdots, n$ set $w_k = w_{k-1}'$.

Step 10 For $k = 1, \cdots, n$

set $u_k = (\mu - \lambda)w_k + \left(\displaystyle\sum_{j=1}^{n} a_{ij} w_j\right) \dfrac{v_k}{v_i}$.

（用式(9.6)计算近似特征向量）

Step 11 OUTPUT $(\mu, \mathbf{u})$; （算法成功）

STOP.

习题 9.3

1. 将幂法用于下列矩阵，求出其前三次迭代。

a. $\begin{bmatrix} 2 & 1 & 1 \\ 1 & 2 & 1 \\ 1 & 1 & 2 \end{bmatrix}$;

采用 $\mathbf{x}^{(0)} = (1, -1, 2)^t$

b. $\begin{bmatrix} 1 & 1 & 1 \\ 1 & 1 & 0 \\ 1 & 0 & 1 \end{bmatrix}$;

采用 $\mathbf{x}^{(0)} = (-1, 0, 1)^t$

c. $\begin{bmatrix} 1 & -1 & 0 \\ -2 & 4 & -2 \\ 0 & -1 & 2 \end{bmatrix}$;

采用 $\mathbf{x}^{(0)} = (-1, 2, 1)^t$

d. $\begin{bmatrix} 4 & 1 & 1 & 1 \\ 1 & 3 & -1 & 1 \\ 1 & -1 & 2 & 0 \\ 1 & 1 & 0 & 2 \end{bmatrix}$;

采用 $\mathbf{x}^{(0)} = (1, -2, 0, 3)^t$

2. 将幂法用于下列矩阵，求出其前三次迭代。

a. $\begin{bmatrix} 4 & 2 & 1 \\ 0 & 3 & 2 \\ 1 & 1 & 4 \end{bmatrix}$;

采用 $\mathbf{x}^{(0)} = (1, 2, 1)^t$

b. $\begin{bmatrix} 1 & 1 & 0 & 0 \\ 1 & 2 & 0 & 1 \\ 0 & 0 & 3 & 3 \\ 0 & 1 & 3 & 2 \end{bmatrix}$;

采用 $\mathbf{x}^{(0)} = (1, 1, 0, 1)^t$

c. $\begin{bmatrix} 5 & -2 & -\frac{1}{2} & \frac{3}{2} \\ -2 & 5 & \frac{3}{2} & -\frac{1}{2} \\ -\frac{1}{2} & \frac{3}{2} & 5 & -2 \\ \frac{3}{2} & -\frac{1}{2} & -2 & 5 \end{bmatrix}$;

采用 $\mathbf{x}^{(0)} = (1, 1, 0, -3)^t$

d. $\begin{bmatrix} -4 & 0 & \frac{1}{2} & \frac{1}{2} \\ \frac{1}{2} & -2 & 0 & \frac{1}{2} \\ \frac{1}{2} & \frac{1}{2} & 0 & 0 \\ 0 & 1 & 1 & 4 \end{bmatrix}$;

采用 $\mathbf{x}^{(0)} = (0, 0, 0, 1)^t$

3. 用反幂法重做习题 1。

4. 用反幂法重做习题 2。

5. 将对称的幂法用到下列矩阵，求出其前三次迭代。

a. $\begin{bmatrix} 2 & 1 & 1 \\ 1 & 2 & 1 \\ 1 & 1 & 2 \end{bmatrix}$;

采用 $\mathbf{x}^{(0)} = (1, -1, 2)^t$

b. $\begin{bmatrix} 1 & 1 & 1 \\ 1 & 1 & 0 \\ 1 & 0 & 1 \end{bmatrix}$;

采用 $\mathbf{x}^{(0)} = (-1, 0, 1)^t$

c. $\begin{bmatrix} 4.75 & 2.25 & -0.25 \\ 2.25 & 4.75 & 1.25 \\ -0.25 & 1.25 & 4.75 \end{bmatrix}$;

采用 $\mathbf{x}^{(0)} = (0, 1, 0)^t$

d. $\begin{bmatrix} 4 & 1 & -1 & 0 \\ 1 & 3 & -1 & 0 \\ -1 & -1 & 5 & 2 \\ 0 & 0 & 2 & 4 \end{bmatrix}$;

采用 $\mathbf{x}^{(0)} = (0, 1, 0, 0)^t$

6. 将对称的幂法用到下列矩阵，求出其前三次迭代。

a. $\begin{bmatrix} -2 & 1 & 3 \\ 1 & 3 & -1 \\ 3 & -1 & 2 \end{bmatrix}$;

采用 $\mathbf{x}^{(0)} = (1, -1, 2)^t$

b. $\begin{bmatrix} 4 & 2 & -1 \\ 2 & 0 & 2 \\ -1 & 2 & 0 \end{bmatrix}$;

采用 $\mathbf{x}^{(0)} = (-1, 0, 1)^t$

c. $\begin{bmatrix} 4 & 1 & 1 & 1 \\ 1 & 3 & -1 & 1 \\ 1 & -1 & 2 & 0 \\ 1 & 1 & 0 & 2 \end{bmatrix}$;

采用 $\mathbf{x}^{(0)} = (1, 0, 0, 0)^t$

d. $\begin{bmatrix} 5 & -2 & -\frac{1}{2} & \frac{3}{2} \\ -2 & 5 & \frac{3}{2} & -\frac{1}{2} \\ -\frac{1}{2} & \frac{3}{2} & 5 & -2 \\ \frac{3}{2} & -\frac{1}{2} & -2 & 5 \end{bmatrix}$;

采用 $\mathbf{x}^{(0)} = (1, 1, 0, -3)^t$

7. 对习题 1 中的矩阵，用幂法近似计算最大特征值。迭代直到满足误差限 10^{-4} 或者迭代步数超过 25。

8. 对习题 2 中的矩阵，用幂法近似计算最大特征值。迭代直到满足误差限 10^{-4} 或者迭代步数超过 25。

9. 对习题 1 中的矩阵，用反幂法近似计算最大特征值。迭代直到满足误差限 10^{-4} 或者迭代步数超过 25。

10. 对习题 2 中的矩阵，用反幂法近似计算最大特征值。迭代直到满足误差限 10^{-4} 或者迭代步数超过 25。

11. 对习题 5 中的矩阵，用对称的幂法近似计算最大特征值。迭代直到满足误差限 10^{-4} 或者迭代步数超过 25。

12. 对习题 6 中的矩阵，用对称的幂法近似计算最大特征值。迭代直到满足误差限 10^{-4} 或者迭代步数超过 25。

13. 对习题 1 中的矩阵，用 Wielandt 抽取法和习题 7 的结果，近似计算第二大特征值。迭代直到满足误差限 10^{-4} 或者迭代步数超过 25。

14. 对习题 2 中的矩阵，用 Wielandt 抽取法和习题 8 的结果，近似计算第二大特征值。迭代直到满足误差限 10^{-4} 或者迭代步数超过 25。

15. 使用 Aitken Δ^2 加速方法和幂法，重做习题 7，求最大特征值。

16. 使用 Aitken Δ^2 加速方法和幂法，重做习题 8，求最大特征值。

应用型习题

17. 本题是 6.3 节习题 11 和 7.2 节习题 13 的继续。假设一个甲虫的种群具有 4 年的生命周期，雌性在第一年的存活率是 1/2，在第二年的存活率是 1/4，在第三年的存活率是 1/8。另外再假设一个雌性个体在第三年平均生 2 个雌性幼体，在第四年平均生 4 个幼体。下面的矩阵描述了一个雌性个体在下一年对雌性群体数量的贡献：

$$A = \begin{bmatrix} 0 & 0 & 2 & 4 \\ \frac{1}{2} & 0 & 0 & 0 \\ 0 & \frac{1}{4} & 0 & 0 \\ 0 & 0 & \frac{1}{8} & 0 \end{bmatrix}$$

其中，第 i 行第 j 列的元素表示年龄为 i 的单个雌性对下一年年龄为 j 的雌性群体数量的贡献。

    a. 用 Geršgorin 圆盘定理来确定复平面上的一个区域，它包含 A 的所有特征值。

    b. 用幂法来近似计算 A 的最大特征值及其对应的特征向量。

    c. 用算法 9.4 来计算 A 其余的特征值和特征向量。

    d. 用 A 的特征多项式和 Newton 方法来近似计算 A 的全部特征值。

    e. 对这些甲虫种群数量，你的长期预测是什么？

18. 一个线性动力系统可用下面的方程表示：

$$\frac{\mathrm{d}\mathbf{x}}{\mathrm{d}t} = A(t)\mathbf{x}(t) + B(t)\mathbf{u}(t), \quad \mathbf{y}(t) = C(t)\mathbf{x}(t) + D(t)\mathbf{u}(t)$$

其中，A 是一个 $n \times n$ 的可变矩阵，B 是一个 $n \times r$ 的可变矩阵，C 是一个 $m \times n$ 的可变矩阵，D 是一个 $m \times r$ 的可变矩阵，$\mathbf{x}$ 是一个 n 维向量变量，$\mathbf{y}$ 是一个 m 维向量变量，$\mathbf{u}$ 是一个 r 维向量变量。为了系统的稳定性，矩阵 A 的所有特征值对所有的时间 t 都必须有非正的实部。对下面的矩阵 A，判断系统是不是稳定的？

$$\text{a. } A(t) = \begin{bmatrix} -1 & 2 & 0 \\ -2.5 & -7 & 4 \\ 0 & 0 & -5 \end{bmatrix} \qquad \text{b. } A(t) = \begin{bmatrix} -1 & 1 & 0 & 0 \\ 0 & -2 & 1 & 0 \\ 0 & 0 & -5 & 1 \\ -1 & -1 & -2 & -3 \end{bmatrix}$$

19. $(m-1) \times (m-1)$ 的三对角矩阵

$$A = \begin{bmatrix} 1+2\alpha & -\alpha & 0 & \cdots\cdots & 0 \\ -\alpha & 1+2\alpha & -\alpha & & \\ 0 & & & & 0 \\ & & & & -\alpha \\ 0 & \cdots\cdots & 0 & -\alpha & 1+2\alpha \end{bmatrix}$$

出现在解热方程的向后有限差分方法中(见 12.2 节)。为了保证该方法的稳定性，我们需要 $\rho(A^{-1}) < 1$。取 $m = 11$，对下面的情形近似计算 $\rho(A^{-1})$。

    a. $\alpha = \dfrac{1}{4}$ b. $\alpha = \dfrac{1}{2}$ c. $\alpha = \dfrac{3}{4}$

什么时候该方法是稳定的？

20. 习题 19 中矩阵 A 的特征值是

$$\lambda_i = 1 + 4\alpha \left(\sin\frac{\pi i}{2m} \right)^2, \quad i = 1, \cdots, m-1$$

将习题 19 中的近似值与 $\rho(A^{-1})$ 的真实值进行对比。什么时候该方法是稳定的？

21. 下面给出的 $(m-1) \times (m-1)$ 矩阵 A 和 B

$$A = \begin{bmatrix} 1+\alpha & -\frac{\alpha}{2} & 0 & \cdots\cdots & 0 \\ -\frac{\alpha}{2} & 1+\alpha & -\frac{\alpha}{2} & & \\ 0 & & & & 0 \\ & & & & -\frac{\alpha}{2} \\ 0 & \cdots\cdots & 0 & -\frac{\alpha}{2} & 1+\alpha \end{bmatrix}, \quad B = \begin{bmatrix} 1-\alpha & \frac{\alpha}{2} & 0 & \cdots\cdots & 0 \\ \frac{\alpha}{2} & 1-\alpha & \frac{\alpha}{2} & & \\ 0 & & & & 0 \\ & & & & \frac{\alpha}{2} \\ 0 & \cdots\cdots & 0 & \frac{\alpha}{2} & 1-\alpha \end{bmatrix}$$

出现在解热方程的 Crank-Nicolson 方法中(见 12.2 节)。取 $m = 11$，对下列情形近似计算 $\rho(A^{-1}B)$。

    a. $\alpha = \dfrac{1}{4}$ b. $\alpha = \dfrac{1}{2}$ c. $\alpha = \dfrac{3}{4}$

22. 下面的齐次一阶线性微分方程组

$$\begin{aligned}
x_1'(t) &= 5x_1(t) + 2x_2(t) \\
x_2'(t) &= x_1(t) + 4x_2(t) - x_3(t) \\
x_3'(t) &= \quad\quad -x_2(t) + 4x_3(t) + 2x_4(t) \\
x_4'(t) &= \quad\quad\quad\quad\quad x_3(t) + 5x_4(t)
\end{aligned}$$

可以写成矩阵向量的形式 $\mathbf{x}'(t) = A\mathbf{x}(t)$，其中，

$$\mathbf{x}(t) = \begin{bmatrix} x_1(t) \\ x_2(t) \\ x_3(t) \\ x_4(t) \end{bmatrix}, \qquad A = \begin{bmatrix} 5 & 2 & 0 & 0 \\ 1 & 4 & -1 & 0 \\ 0 & -1 & 4 & 2 \\ 0 & 0 & 1 & 5 \end{bmatrix}$$

如果矩阵 A 有 4 个实的不同的特征值 $\lambda_1, \lambda_2, \lambda_3$ 和 λ_4，相应的特征向量为 $\mathbf{v}_1, \mathbf{v}_2, \mathbf{v}_3$ 和 $\mathbf{v}_4$，则该微分方程组的通解为

$$\mathbf{x} = c_1 \mathrm{e}^{\lambda_1 t} \mathbf{v}_1 + c_2 \mathrm{e}^{\lambda_2 t} \mathbf{v}_2 + c_3 \mathrm{e}^{\lambda_3 t} \mathbf{v}_3 + c_4 \mathrm{e}^{\lambda_4 t} \mathbf{v}_4$$

其中 c_1, c_2, c_3 和 c_4 是任意常数。

a. 分别用幂法、Wielandt 抽取法、一阶反幂法来近似计算 A 的特征值和特征向量。

b. 如果可能，求出微分方程组的通解。

c. 如果可能，求出微分方程组满足初值条件 $\mathbf{x}(0) = (2,1,0,-1)^t$ 的唯一解。

理论型习题

23. **Hotelling 抽取法**　假设 $n \times n$ 对称矩阵的最大特征值 λ_1 及其对应的特征向量 $\mathbf{v}^{(1)}$ 都已经得到。证明矩阵

$$B = A - \frac{\lambda_1}{(\mathbf{v}^{(1)})^t \mathbf{v}^{(1)}} \mathbf{v}^{(1)} (\mathbf{v}^{(1)})^t$$

与 A 有相同的特征值 $\lambda_2, \cdots, \lambda_n$，而唯一不同的是 B 有特征值为 0，它对应的特征向量为 $\mathbf{v}^{(1)}$，与 A 的属于 λ_1 的特征向量相同。用这种抽取法对习题 5 的每个矩阵求特征值 λ_2。理论上，用这个方法可以继续求出其他的特征值，但是舍入误差很快会使方法无效。

24. **湮灭技术**　假设 $n \times n$ 矩阵 A 有特征值 $\lambda_1, \cdots, \lambda_n$，它们的顺序如下：

$$|\lambda_1| > |\lambda_2| > |\lambda_3| \geqslant \cdots \geqslant |\lambda_n|$$

对应的线性无关的特征向量为 $\mathbf{v}^{(1)}, \mathbf{v}^{(2)}, \cdots, \mathbf{v}^{(n)}$。

a. 证明：如果幂法用于下式给出的初始向量 $\mathbf{x}^{(0)}$：

$$\mathbf{x}^{(0)} = \beta_2 \mathbf{v}^{(2)} + \beta_3 \mathbf{v}^{(3)} + \cdots + \beta_n \mathbf{v}^{(n)}$$

则算法 9.1 中的数列 $\{\mu^{(m)}\}$ 收敛到 λ_2。

b. 证明：对任何向量 $\mathbf{x} = \sum_{i=1}^{n} \beta_i \mathbf{v}^{(i)}$，向量 $\mathbf{x}^{(0)} = (A - \lambda_1 I)\mathbf{x}$ 满足 (a) 中给出的属性。

c. 对习题 1 中的矩阵，近似求 λ_2。

d. 证明：用这个方法，取 $\mathbf{x}^{(0)} = (A - \lambda_2 I)(A - \lambda_1 I)\mathbf{x}$，可以继续求出 λ_3。

25. 证明：矩阵 $B = A - \lambda_1 \mathbf{v}^{(1)} \mathbf{x}^t$ 的第 i 行是零，其中 λ_1 是 A 的绝对值最大的特征值，$\mathbf{v}^{(1)}$ 是对应于 λ_1 的 A 的特征向量，$\mathbf{x}$ 是式 (9.7) 定义的向量。

讨论问题

1. 幂法可以用来求对称矩阵的最大特征值。该方法需要一个初始近似。讨论在实践中如何选取初始近似。

2. 如果最大特征值的重数为 r，讨论幂法是否还能使用。如果能使用，估计的特征向量将会是什么？

3. 描述 Rayleigh 商方法。该方法和幂法相比误差如何？

9.4 Householder 方法

在 9.5 节中，我们将使用 QR 方法把一个对称的三对角矩阵化成为相似的几乎对角的矩阵。化简后的矩阵其对角线元素就是原矩阵的近似特征值。在本节中，我们讨论由 Alston Householder 提出的一种方法，该方法将任意的对称矩阵变换成相似的三对角矩阵。虽然该方法与前两节讨论的问题没有直接的联系，但由于其应用广泛而远超出近似特征值问题，因此值得花些时间进行专门讨论。

Householder 方法用来求一个对称的三对角矩阵 B，它相似于给定的矩阵 A。定理 9.16 意味着对称矩阵 A 相似于对角矩阵 D，即存在一个正交矩阵 Q，使得 $D = Q^{-1}AQ = Q^tAQ$，其中 D 为对角矩阵。因为矩阵 Q(以及 D)通常难以计算，所以 Householder 方法提供了一个中间步。在 Householder 方法执行之后得到一个对称的三对角矩阵，其他非常有效的方法，如 QR 方法，就能用来非常精确地求它的近似特征值。

Householder 变换

定义 9.21 设 $\mathbf{w} \in \mathbb{R}^n$ 并满足 $\mathbf{w}^t\mathbf{w} = 1$，则 $n \times n$ 矩阵

$$P = I - 2\mathbf{w}\mathbf{w}^t$$

称为一个 **Householder 变换**。∎

Householder 变换用于可选择性地将向量或矩阵的列中的某些元素变换为零，而且该方法关于舍入误差是极其稳定的。(更进一步的讨论参见[Wil2],pp.152-162。)下面的定理给出了 Householder 变换的某些属性。

定理 9.22 一个 Householder 变换，$P = I - 2\mathbf{w}\mathbf{w}^t$，是对称的和正交的，因此有 $P^{-1} = P$。
证明 由于

$$(\mathbf{w}\mathbf{w}^t)^t = (\mathbf{w}^t)^t\mathbf{w}^t = \mathbf{w}\mathbf{w}^t$$

所以，

$$P^t = (I - 2\mathbf{w}\mathbf{w}^t)^t = I - 2\mathbf{w}\mathbf{w}^t = P$$

又因为 $\mathbf{w}^t\mathbf{w} = 1$，所以，

$$P P^t = (I - 2\mathbf{w}\mathbf{w}^t)(I - 2\mathbf{w}\mathbf{w}^t) = I - 2\mathbf{w}\mathbf{w}^t - 2\mathbf{w}\mathbf{w}^t + 4\mathbf{w}\mathbf{w}^t\mathbf{w}\mathbf{w}^t$$

$$= I - 4\mathbf{w}\mathbf{w}^t + 4\mathbf{w}\mathbf{w}^t = I,$$

且 $P^{-1} = P^t = P$。∎

Householder 方法的第一步是要确定一个变换 $P^{(1)}$，使得 $A^{(2)} = P^{(1)}AP^{(1)}$ 的第一列元素从第三行起都是零，即，对 $j = 3,4,\cdots,n$，满足

$$a_{j1}^{(2)} = 0, \qquad 对每个 j = 3,4,\cdots,n \tag{9.8}$$

根据对称性，同时也有 $a_{1j}^{(2)} = 0$。

现在选取一个向量 $\mathbf{w} = (w_1, w_2, \cdots, w_n)^t$，使得 $\mathbf{w}^t\mathbf{w} = 1$，且方程(9.8)成立，表示成矩阵即为

$$A^{(2)} = P^{(1)} A P^{(1)} = (I - 2\mathbf{w}\mathbf{w}^t)A(I - 2\mathbf{w}\mathbf{w}^t)$$

我们有 $a_{11}^{(2)} = a_{11}$ 和 $a_{j1}^{(2)} = 0$，$j = 3,4,\cdots,n$。这种选取将 n 个条件加在 n 个未知元 $w_1, w_2, \cdots, w_n$ 上。

取 $w_1 = 0$ 以保证 $a_{11}^{(2)} = a_{11}$。我们期望

$$P^{(1)} = I - 2\mathbf{w}\mathbf{w}^t$$

满足

$$P^{(1)}(a_{11}, a_{21}, a_{31}, \cdots, a_{n1})^t = (a_{11}, \alpha, 0, \cdots, 0)^t \tag{9.9}$$

其中 α 稍后选取。为了简化记号，令

$$\hat{\mathbf{w}} = (w_2, w_3, \cdots, w_n)^t \in \mathbb{R}^{n-1}, \quad \hat{\mathbf{y}} = (a_{21}, a_{31}, \cdots, a_{n1})^t \in \mathbb{R}^{n-1}$$

并记 $\hat{P}$ 是 $(n-1) \times (n-1)$ 的 Householder 变换：

$$\hat{P} = I_{n-1} - 2\hat{\mathbf{w}}\hat{\mathbf{w}}^t$$

则方程 (9.9) 变为

$$P^{(1)}\begin{bmatrix} a_{11} \\ a_{21} \\ a_{31} \\ \vdots \\ a_{n1} \end{bmatrix} = \begin{bmatrix} 1 & \vdots & 0\cdots\cdots 0 \\ \cdots\cdots & \vdots & \cdots\cdots \\ 0 & \vdots & \\ \vdots & \vdots & \hat{P} \\ 0 & \vdots & \end{bmatrix} \cdot \begin{bmatrix} a_{11} \\ \text{----} \\ \hat{\mathbf{y}} \end{bmatrix} = \begin{bmatrix} a_{11} \\ \text{----} \\ \hat{P}\hat{\mathbf{y}} \end{bmatrix} = \begin{bmatrix} a_{11} \\ \text{----} \\ \alpha \\ 0 \\ \vdots \\ 0 \end{bmatrix}$$

其中，

$$\hat{P}\hat{\mathbf{y}} = (I_{n-1} - 2\hat{\mathbf{w}}\hat{\mathbf{w}}^t)\hat{\mathbf{y}} = \hat{\mathbf{y}} - 2(\hat{\mathbf{w}}^t\hat{\mathbf{y}})\hat{\mathbf{w}} = (\alpha, 0, \cdots, 0)^t \tag{9.10}$$

设 $r = \hat{\mathbf{w}}^t\hat{\mathbf{y}}$，则

$$(\alpha, 0, \cdots, 0)^t = (a_{21} - 2rw_2, a_{31} - 2rw_3, \cdots, a_{n1} - 2rw_n)^t$$

只要知道了 α 和 r，就能确定所有的 w_i。比较对应分量得出

$$\alpha = a_{21} - 2rw_2$$

和

$$0 = a_{j1} - 2rw_j, \quad \text{对每个 } j = 3, \cdots, n$$

因此有

$$2rw_2 = a_{21} - \alpha \tag{9.11}$$

和

$$2rw_j = a_{j1}, \quad \text{对每个 } j = 3, \cdots, n \tag{9.12}$$

方程两边求平方并相加得

$$4r^2 \sum_{j=2}^{n} w_j^2 = (a_{21} - \alpha)^2 + \sum_{j=3}^{n} a_{j1}^2$$

因为 $\mathbf{w}^t\mathbf{w} = 1$，且 $w_1 = 0$，从而有 $\sum_{j=1}^{n} w_j^2 = 1$ 和

$$4r^2 = \sum_{j=2}^{n} a_{j1}^2 - 2\alpha a_{21} + \alpha^2 \tag{9.13}$$

利用方程 (9.10) 以及 P 的正交性得到

$$\alpha^2 = (\alpha, 0, \cdots, 0)(\alpha, 0, \cdots, 0)^t = (\hat{P}\hat{\mathbf{y}})^t\hat{P}\hat{\mathbf{y}} = \hat{\mathbf{y}}^t\hat{P}^t\hat{P}\hat{\mathbf{y}} = \hat{\mathbf{y}}^t\hat{\mathbf{y}}$$

从而有

$$\alpha^2 = \sum_{j=2}^{n} a_{j1}^2$$

将其替换进方程(9.13)得到

$$2r^2 = \sum_{j=2}^{n} a_{j1}^2 - \alpha a_{21}$$

为了保证 $2r^2 = 0$ ，只需 $a_{21} = a_{31} = \cdots = a_{n1} = 0$ ，我们选取

$$\alpha = -\text{sgn}(a_{21}) \left(\sum_{j=2}^{n} a_{j1}^2 \right)^{1/2}$$

这意味着

$$2r^2 = \sum_{j=2}^{n} a_{j1}^2 + |a_{21}| \left(\sum_{j=2}^{n} a_{j1}^2 \right)^{1/2}$$

这样选取 α 和 $2r^2$ 之后，求解方程(9.11)和方程(9.12)得到

$$w_2 = \frac{a_{21} - \alpha}{2r} \text{ 和 } w_j = \frac{a_{j1}}{2r}, \text{ 对每个 } j = 3, \cdots, n$$

概括一下 $P^{(1)}$ 的选取，我们有

$$\alpha = -\text{sgn}(a_{21}) \left(\sum_{j=2}^{n} a_{j1}^2 \right)^{1/2},$$

$$r = \left(\frac{1}{2} \alpha^2 - \frac{1}{2} a_{21} \alpha \right)^{1/2},$$

$$w_1 = 0,$$

$$w_2 = \frac{a_{21} - \alpha}{2r},$$

以及

$$w_j = \frac{a_{j1}}{2r}, \quad \text{对每个 } j = 3, \cdots, n$$

这样选取之后有

$$A^{(2)} = P^{(1)} A P^{(1)} = \begin{bmatrix} a_{11}^{(2)} & a_{12}^{(2)} & 0 & \cdots & 0 \\ a_{21}^{(2)} & a_{22}^{(2)} & a_{23}^{(2)} & \cdots & a_{2n}^{(2)} \\ 0 & a_{32}^{(2)} & a_{33}^{(2)} & \cdots & a_{3n}^{(2)} \\ \vdots & \vdots & \vdots & & \vdots \\ 0 & a_{n2}^{(2)} & a_{n3}^{(2)} & \cdots & a_{nn}^{(2)} \end{bmatrix}$$

得到了 $P^{(1)}$ 之后，接下来计算 $A^{(2)}$ ，只需对 $k = 2, 3, \cdots, n-2$ 重复如下过程即可：

$$\alpha = -\text{sgn}(a_{k+1,k}^{(k)}) \left(\sum_{j=k+1}^{n} (a_{jk}^{(k)})^2 \right)^{1/2},$$

$$r = \left(\frac{1}{2} \alpha^2 - \frac{1}{2} \alpha \alpha_{k+1,k}^{(k)} \right)^{1/2},$$

$$w_1^{(k)} = w_2^{(k)} = \cdots = w_k^{(k)} = 0,$$

$$w_{k+1}^{(k)} = \frac{a_{k+1,k}^{(k)} - \alpha}{2r},$$

$$w_j^{(k)} = \frac{a_{jk}^{(k)}}{2r}, \quad 对每个 \ j = k+2, k+3, \cdots, n,$$

$$P^{(k)} = I - 2\mathbf{w}^{(k)} \cdot (\mathbf{w}^{(k)})^t$$

和

$$A^{(k+1)} = P^{(k)} A^{(k)} P^{(k)}$$

其中，

$$A^{(k+1)} = \begin{bmatrix} a_{11}^{(k+1)} & a_{12}^{(k+1)} & 0 & \cdots & \cdots & 0 \\ a_{21}^{(k+1)} & & & & & \\ 0 & & & & 0 & \cdots & 0 \\ & & a_{k+1,k}^{(k+1)} & a_{k+1,k+1}^{(k+1)} & a_{k+1,k+2}^{(k+1)} & \cdots & a_{k+1,n}^{(k+1)} \\ & & 0 & & & \\ 0 & \cdots & 0 & a_{n,k+1}^{(k+1)} & \cdots & a_{nn}^{(k+1)} \end{bmatrix}$$

继续下去即可得到三对角的对称矩阵 $A^{(n-1)}$，其中，

$$A^{(n-1)} = P^{(n-2)} P^{(n-3)} \cdots P^{(1)} A P^{(1)} \cdots P^{(n-3)} P^{(n-2)}$$

例 1　对下面的 4×4 矩阵：

$$A = \begin{bmatrix} 4 & 1 & -2 & 2 \\ 1 & 2 & 0 & 1 \\ -2 & 0 & 3 & -2 \\ 2 & 1 & -2 & -1 \end{bmatrix}$$

用 Householder 变换得到一个与 A 相似的对称的三对角矩阵。

解　作为 Householder 变换的第一个应用有

$$\alpha = -(1) \left(\sum_{j=2}^{4} a_{j1}^2 \right)^{1/2} = -3, \ r = \left(\frac{1}{2}(-3)^2 - \frac{1}{2}(1)(-3) \right)^{1/2} = \sqrt{6},$$

$$\mathbf{w} = \left(0, \frac{\sqrt{6}}{3}, -\frac{\sqrt{6}}{6}, \frac{\sqrt{6}}{6} \right),$$

$$P^{(1)} = \begin{bmatrix} 1 & 0 & 0 & 0 \\ 0 & 1 & 0 & 0 \\ 0 & 0 & 1 & 0 \\ 0 & 0 & 0 & 1 \end{bmatrix} - 2 \left(\frac{\sqrt{6}}{6} \right)^2 \begin{bmatrix} 0 \\ 2 \\ -1 \\ 1 \end{bmatrix} \cdot (0, 2, -1, 1)$$

$$= \begin{bmatrix} 1 & 0 & 0 & 0 \\ 0 & -\frac{1}{3} & \frac{2}{3} & -\frac{2}{3} \\ 0 & \frac{2}{3} & \frac{2}{3} & \frac{1}{3} \\ 0 & -\frac{2}{3} & \frac{1}{3} & \frac{2}{3} \end{bmatrix}$$

和

$$A^{(2)} = \begin{bmatrix} 4 & -3 & 0 & 0 \\ -3 & \frac{10}{3} & 1 & \frac{4}{3} \\ 0 & 1 & \frac{5}{3} & -\frac{4}{3} \\ 0 & \frac{4}{3} & -\frac{4}{3} & -1 \end{bmatrix}$$

继续进行第二次迭代:

$$\alpha = -\frac{5}{3}, \quad r = \frac{2\sqrt{5}}{3}, \quad \mathbf{w} = \left(0, 0, 2\sqrt{5}, \frac{\sqrt{5}}{5}\right)^t,$$

$$P^{(2)} = \begin{bmatrix} 1 & 0 & 0 & 0 \\ 0 & 1 & 0 & 0 \\ 0 & 0 & -\frac{3}{5} & -\frac{4}{5} \\ 0 & 0 & -\frac{4}{5} & \frac{3}{5} \end{bmatrix}$$

此时对称的三对角矩阵为

$$A^{(3)} = \begin{bmatrix} 4 & -3 & 0 & 0 \\ -3 & \frac{10}{3} & -\frac{5}{3} & 0 \\ 0 & -\frac{5}{3} & -\frac{33}{25} & \frac{68}{75} \\ 0 & 0 & \frac{68}{75} & \frac{149}{75} \end{bmatrix}$$

■

算法 9.5 实现了这里描述的 Householder 方法，但实际上并没有进行矩阵乘法运算。

算法 9.5 Householder 方法

通过构造一组矩阵来得到相似于 $A = A^{(1)}$ 的对称的三对角矩阵 $A^{(2)}, A^{(3)}, \cdots, A^{(n-1)}$，其中对每个 $k = 1, 2, \cdots, n-1$，$A^{(k)} = (a_{ij}^{(k)})$。

输入 维数 n; 矩阵 A。

输出 $A^{(n-1)}$。（在每一步中，A 可能被覆盖。）

Step 1   For $k = 1, 2, \cdots, n-2$ do Steps 2–14.

Step 2   Set

$$q = \sum_{j=k+1}^{n} \left(a_{jk}^{(k)}\right)^2.$$

Step 3   If $a_{k+1,k}^{(k)} = 0$ then set $\alpha = -q^{1/2}$

else set $\alpha = -\dfrac{q^{1/2} a_{k+1,k}^{(k)}}{|a_{k+1,k}^{(k)}|}$.

Step 4   Set $RSQ = \alpha^2 - \alpha a_{k+1,k}^{(k)}$.   （注: $RSQ = 2r^2$）

Step 5   Set $v_k = 0$; （注: $v_1 = \cdots = v_{k-1} = 0$, 但不是必需的）
$v_{k+1} = a_{k+1,k}^{(k)} - \alpha$;
For $j = k+2, \cdots, n$ set $v_j = a_{jk}^{(k)}$.
$\left(\text{注: } \mathbf{w} = \left(\dfrac{1}{\sqrt{2RSQ}}\right)\mathbf{v} = \dfrac{1}{2r}\mathbf{v}\right)$

Step 6   For $j = k, k+1, \cdots, n$ set $u_j = \left(\dfrac{1}{RSQ}\right) \sum_{i=k+1}^{n} a_{ji}^{(k)} v_i$.
$\left(\text{注: } \mathbf{u} = \left(\dfrac{1}{RSQ}\right) A^{(k)} \mathbf{v} = \dfrac{1}{2r^2} A^{(k)} \mathbf{v} = \dfrac{1}{r} A^{(k)} \mathbf{w}\right)$

Step 7   Set $PROD = \sum_{i=k+1}^{n} v_i u_i$.
$\left(\text{注: } PROD = \mathbf{v}^t \mathbf{u} = \dfrac{1}{2r^2} \mathbf{v}^t A^{(k)} \mathbf{v}\right)$

Step 8　For $j = k, k+1, \cdots, n$ set $z_j = u_j - \left(\dfrac{PROD}{2RSQ}\right)v_j.$

$$\left(\text{注: } \mathbf{z} = \mathbf{u} - \frac{1}{2RSQ}\mathbf{v}^t\mathbf{u}\mathbf{v} = \mathbf{u} - \frac{1}{4r^2}\mathbf{v}^t\mathbf{u}\mathbf{v}\right.$$
$$\left. = \mathbf{u} - \mathbf{w}\mathbf{w}^t\mathbf{u} = \frac{1}{r}A^{(k)}\mathbf{w} - \mathbf{w}\mathbf{w}^t\frac{1}{r}A^{(k)}\mathbf{w}\right)$$

Step 9　For $l = k+1, k+2, \cdots, n-1$ do Steps 10 and 11.
　　　（注: 计算 $A^{(k+1)} = A^{(k)} - \mathbf{v}\mathbf{z}^t - \mathbf{z}\mathbf{v}^t = (I - 2\mathbf{w}\mathbf{w}^t)A^{(k)}(I - 2\mathbf{w}\mathbf{w}^t)$ ）

　　Step 10　For $j = l+1, \cdots, n$ set
$$a_{jl}^{(k+1)} = a_{jl}^{(k)} - v_l z_j - v_j z_l;$$
$$a_{lj}^{(k+1)} = a_{jl}^{(k+1)}.$$

　　Step 11　Set $a_{ll}^{(k+1)} = a_{ll}^{(k)} - 2v_l z_l.$

Step 12　Set $a_{nn}^{(k+1)} = a_{nn}^{(k)} - 2v_n z_n.$

Step 13　For $j = k+2, \cdots, n$ set $a_{kj}^{(k+1)} = a_{jk}^{(k+1)} = 0.$

Step 14　Set $a_{k+1,k}^{(k+1)} = a_{k+1,k}^{(k)} - v_{k+1}z_k;$
$$a_{k,k+1}^{(k+1)} = a_{k+1,k}^{(k+1)}.$$
　　　（注: $A^{(k+1)}$ 的其他元素与 $A^{(k)}$ 的相同）

Step 15　OUTPUT $(A^{(n-1)});$
　　　（算法完成. $A^{(n-1)}$ 是对称的、三对角的，且相似于 A ）
　　　STOP.　　　　　　　　　　　　　　　　　　　　　　　　　　■

　　在下节中，我们将讨论如何使用 QR 算法来确定矩阵 $A^{(n-1)}$ 的特征值，它和原矩阵 A 的特征值相同。

　　Householder 算法可以用于任意的 $n \times n$ 矩阵，但当矩阵缺少对称性时必须进行修正。将 Householder 算法用于任意矩阵时，除非原矩阵 A 是对称的，否则得到的矩阵 $A^{(n-1)}$ 也不是三对角的，但它的次对角元素以下都是 0。具有这种形状的矩阵称为上 **Hessenberg 的**，即如果对所有 $i \geqslant j+2$，$h_{ij} = 0$，则矩阵 $H = (h_{ij})$ 是上 **Hessenberg 的**。

　　下面的步骤是针对任意矩阵而做的修正:

Step 6　For $j = 1, 2, \cdots, n$ set $u_j = \dfrac{1}{RSQ}\displaystyle\sum_{i=k+1}^{n} a_{ji}^{(k)}v_i;$

$$y_j = \frac{1}{RSQ}\sum_{i=k+1}^{n} a_{ij}^{(k)}v_i.$$

Step 8　For $j = 1, 2, \cdots, n$ set $z_j = u_j - \dfrac{PROD}{RSQ}v_j.$

Step 9　For $l = k+1, k+2, \cdots, n$ do Steps 10 and 11.

　　Step 10　For $j = 1, 2, \cdots, k$ set $a_{jl}^{(k+1)} = a_{jl}^{(k)} - z_j v_l;$
$$a_{lj}^{(k+1)} = a_{lj}^{(k)} - y_j v_l.$$

　　Step 11　For $j = k+1, \cdots, n$ set $a_{jl}^{(k+1)} = a_{jl}^{(k)} - z_j v_l - y_l v_j.$

用上面这些步骤进行修改，删去 Step 12～Step 14，并输出 $A^{(n-1)}$。值得注意的是 Step 7 并没有改变。

习题 9.4

1. 利用 Householder 方法将下列矩阵相似变换为三对角矩阵。

a. $\begin{bmatrix} 12 & 10 & 4 \\ 10 & 8 & -5 \\ 4 & -5 & 3 \end{bmatrix}$ 　　b. $\begin{bmatrix} 2 & -1 & -1 \\ -1 & 2 & -1 \\ -1 & -1 & 2 \end{bmatrix}$

c. $\begin{bmatrix} 1 & 1 & 1 \\ 1 & 1 & 0 \\ 1 & 0 & 1 \end{bmatrix}$ 　　d. $\begin{bmatrix} 4.75 & 2.25 & -0.25 \\ 2.25 & 4.75 & 1.25 \\ -0.25 & 1.25 & 4.75 \end{bmatrix}$

2. 利用 Householder 方法将下列矩阵相似变换为三对角矩阵。

a. $\begin{bmatrix} 4 & -1 & -1 & 0 \\ -1 & 4 & 0 & -1 \\ -1 & 0 & 4 & -1 \\ 0 & -1 & -1 & 4 \end{bmatrix}$ 　　b. $\begin{bmatrix} 5 & -2 & -0.5 & 1.5 \\ -2 & 5 & 1.5 & -0.5 \\ -0.5 & 1.5 & 5 & -2 \\ 1.5 & -0.5 & -2 & 5 \end{bmatrix}$

c. $\begin{bmatrix} 8 & 0.25 & 0.5 & 2 & -1 \\ 0.25 & -4 & 0 & 1 & 2 \\ 0.5 & 0 & 5 & 0.75 & -1 \\ 2 & 1 & 0.75 & 5 & -0.5 \\ -1 & 2 & -1 & -0.5 & 6 \end{bmatrix}$ 　　d. $\begin{bmatrix} 2 & -1 & -1 & 0 & 0 \\ -1 & 3 & 0 & -2 & 0 \\ -1 & 0 & 4 & 2 & 1 \\ 0 & -2 & 2 & 8 & 3 \\ 0 & 0 & 1 & 3 & 9 \end{bmatrix}$

3. 修改 Householder 算法 9.5，计算下列矩阵的相似上 Hessenberg 矩阵。

a. $\begin{bmatrix} 2 & -1 & 3 \\ 2 & 0 & 1 \\ -2 & 1 & 4 \end{bmatrix}$ 　　b. $\begin{bmatrix} -1 & 2 & 3 \\ 2 & 3 & -2 \\ 3 & 1 & -1 \end{bmatrix}$

c. $\begin{bmatrix} 5 & -2 & -3 & 4 \\ 0 & 4 & 2 & -1 \\ 1 & 3 & -5 & 2 \\ -1 & 4 & 0 & 3 \end{bmatrix}$ 　　d. $\begin{bmatrix} 4 & -1 & -1 & -1 \\ -1 & 4 & 0 & -1 \\ -1 & -1 & 4 & -1 \\ -1 & -1 & -1 & 4 \end{bmatrix}$

应用型习题

4. 下面的齐次一阶线性微分方程组

$$\begin{aligned} x_1'(t) &= 5x_1(t) - x_2(t) + 2x_3(t) + x_4(t) \\ x_2'(t) &= -x_1(t) + 4x_2(t) \qquad\qquad + 2x_4(t) \\ x_3'(t) &= 2x_1(t) \qquad\quad + 4x_3(t) + x_4(t) \\ x_4'(t) &= x_1(t) + 2x_2(t) + x_3(t) + 5x_4(t) \end{aligned}$$

可以写成矩阵-向量的形式 $\mathbf{x}'(t) = A\mathbf{x}(t)$ ，其中

$$\mathbf{x}(t) = \begin{bmatrix} x_1(t) \\ x_2(t) \\ x_3(t) \\ x_4(t) \end{bmatrix}, \qquad A = \begin{bmatrix} 5 & -1 & 2 & 1 \\ -1 & 4 & 0 & 2 \\ 2 & 0 & 4 & 1 \\ 1 & 2 & 1 & 5 \end{bmatrix}$$

微分方程组的通解为

$$\mathbf{x}(t) = c_1 e^{\lambda_1 t} \mathbf{v}_1 + c_2 e^{\lambda_2 t} \mathbf{v}_2 + c_3 e^{\lambda_3 t} \mathbf{v}_3 + c_4 e^{\lambda_4 t} \mathbf{v}_4$$

其中 $\lambda_1, \lambda_2, \lambda_3$ 和 λ_4 是 A 的特征值。如果利用 QR 方法(method)来求 A 的特征值，则需先求出与 A 相似的一个三对角矩阵。用 Householder 方法求之。

讨论问题

1. 在计算对称矩阵的特征值时，Householder 变换将矩阵变为三对角型。该方法为什么不能将矩阵变为对角的？

2. Householder 变换是保角的吗？是保距的吗？为什么？

9.5 QR 算法

因为舍入误差的影响，9.3 节讨论的抽取法一般不适合求矩阵的全部特征值。在本节中，我们介绍 QR 算法，它是一种化简方法，用于系统地求对称矩阵的全部特征值。

为了使用 QR 方法，我们首先需要有一个对称的三对角矩阵，即只有对角元素和次对角元素非零的矩阵。如果所讨论的矩阵不是这种形式，首先应使用 Householder 方法将其相似地化为这种矩阵。

在本节剩余部分，我们总是假设需要求特征值的对称矩阵是三对角的。如果使用符号 A 来标记这样一个矩阵，则能简单地将 A 的元素标记如下：

$$A = \begin{bmatrix} a_1 & b_2 & 0 & \cdots\cdots\cdots\cdots & 0 \\ b_2 & a_2 & b_3 & & \vdots \\ 0 & b_3 & a_3 & & 0 \\ \vdots & & & \ddots & b_n \\ 0 & \cdots\cdots\cdots & 0 & b_n & a_n \end{bmatrix} \tag{9.14}$$

如果元素 $b_2 = 0$ 或者 $b_n = 0$，则马上就可以知道 $[a_1]$ 或者 $[a_n]$ 就是 A 的一个特征值。QR 方法受这个发现的启发，它通过变换依次减少主对角线下面的非零元素直到 $b_2 \approx 0$ 或者 $b_n \approx 0$。

若对某些 j，$2 < j < n$，$b_j = 0$，则可以把问题简化，利用下面两个矩阵来代替 A：

$$\begin{bmatrix} a_1 & b_2 & & \cdots\cdots\cdots & 0 \\ b_2 & a_2 & b_3 & & \vdots \\ 0 & b_3 & a_3 & & 0 \\ \vdots & & & \ddots & b_{j-1} \\ 0 & \cdots\cdots & 0 & b_{j-1} & a_{j-1} \end{bmatrix} \quad 和 \quad \begin{bmatrix} a_j & b_{j+1} & 0 & \cdots\cdots\cdots & 0 \\ b_{j+1} & a_{j+1} & b_{j+2} & & \vdots \\ 0 & b_{j+2} & a_{j+2} & & 0 \\ \vdots & & & \ddots & b_n \\ 0 & \cdots\cdots\cdots & 0 & b_n & a_n \end{bmatrix} \tag{9.15}$$

如果所有的 b_j 都不为零，则 QR 方法通过构造一列矩阵 $A = A^{(1)}, A^{(2)}, A^{(3)}, \cdots$ 来实现：

i. $A^{(1)} = A$ 被分解成 $A^{(1)} = Q^{(1)}R^{(1)}$，其中 $Q^{(1)}$ 是正交矩阵，$R^{(1)}$ 是上三角矩阵；
ii. $A^{(2)}$ 定义为 $A^{(2)} = R^{(1)}Q^{(1)}$。

一般情况下，$A^{(i)}$ 被分解成 $A^{(i)} = Q^{(i)}R^{(i)}$，其中 $Q^{(i)}$ 是正交矩阵，$R^{(i)}$ 是上三角矩阵。而 $A^{(i+1)}$ 定义为 $R^{(i)}$ 和 $Q^{(i)}$ 的反向乘积 $A^{(i+1)} = R^{(i)}Q^{(i)}$。因为 $Q^{(i)}$ 是正交矩阵，$R^{(i)} = Q^{(i)t}A^{(i)}$，则

$$A^{(i+1)} = R^{(i)}Q^{(i)} = (Q^{(i)t}A^{(i)})Q^{(i)} = Q^{(i)t}A^{(i)}Q^{(i)} \tag{9.16}$$

这保证了 $A^{(i+1)}$ 是对称的，且与 $A^{(i)}$ 有相同的特征值。用这种方式定义的 $Q^{(i)}$ 和 $R^{(i)}$ 也保证了 $A^{(i+1)}$ 是三对角的。

继续进行归纳，$A^{(i+1)}$ 与原矩阵 A 有相同的特征值，并且 $A^{(i+1)}$ 趋向于对角矩阵，其对角元素就是 A 的特征值。

旋转矩阵

为了描述矩阵分解中因子 $Q^{(i)}$ 和 $R^{(i)}$ 的构造，我们需要给出**旋转矩阵**的概念。

定义 9.23 一个**旋转矩阵** P 与单位矩阵最多仅差四个元素。这四个元素具有以下形式（对某些 θ 及某些 $i \neq j$）：

$$p_{ii} = p_{jj} = \cos\theta \quad 和 \quad p_{ij} = -p_{ji} = \sin\theta \qquad\blacksquare$$

不难知道(见习题 12):对任何旋转矩阵 P,矩阵 AP 和 A 的唯一差别在于第 i 列和第 j 列元素,而矩阵 PA 和 A 的唯一差别在于第 i 行和第 j 行元素。对任何 $i \neq j$,可以选取角度 θ 使得乘积矩阵 PA 有一个零元素 $(PA)_{ij}$。此外,根据定义,任何旋转矩阵都是正交矩阵,即 $P^tP = I$。

例 1   求一个旋转矩阵 P,使得 PA 的第二行第一列元素为零,其中

$$A = \begin{bmatrix} 3 & 1 & 0 \\ 1 & 3 & 1 \\ 0 & 1 & 3 \end{bmatrix}$$

解   矩阵 P 具有以下形式:

$$P = \begin{bmatrix} \cos\theta & \sin\theta & 0 \\ -\sin\theta & \cos\theta & 0 \\ 0 & 0 & 1 \end{bmatrix}, \quad \text{所以} \quad PA = \begin{bmatrix} 3\cos\theta + \sin\theta & \cos\theta + 3\sin\theta & \sin\theta \\ -3\sin\theta + \cos\theta & -\sin\theta + 3\cos\theta & \cos\theta \\ 0 & 1 & 3 \end{bmatrix}$$

角度 θ 的选取应满足 $-3\sin\theta + \cos\theta = 0$,因此有 $\tan\theta = 1/3$,从而

$$\cos\theta = \frac{3\sqrt{10}}{10}, \quad \sin\theta = \frac{\sqrt{10}}{10}$$

则

$$PA = \begin{bmatrix} \frac{3\sqrt{10}}{10} & \frac{\sqrt{10}}{10} & 0 \\ -\frac{\sqrt{10}}{10} & \frac{3\sqrt{10}}{10} & 0 \\ 0 & 0 & 1 \end{bmatrix} \begin{bmatrix} 3 & 1 & 0 \\ 1 & 3 & 1 \\ 0 & 1 & 3 \end{bmatrix} = \begin{bmatrix} \sqrt{10} & \frac{3}{5}\sqrt{10} & \frac{1}{10}\sqrt{10} \\ 0 & \frac{4}{5}\sqrt{10} & \frac{3}{10}\sqrt{10} \\ 0 & 1 & 3 \end{bmatrix}$$

值得注意的是上面得到的矩阵既不是对称的,也不是三对角的。∎

将矩阵 $A^{(1)}$ 分解成 $A^{(1)} = Q^{(1)}R^{(1)}$,利用 $n-1$ 个旋转矩阵的乘积来构造

$$R^{(1)} = P_n P_{n-1} \cdots P_2 A^{(1)}$$

我们首先选取旋转矩阵 P_2,使得

$$p_{11} = p_{22} = \cos\theta_2 \quad \text{和} \quad p_{12} = -p_{21} = \sin\theta_2$$

其中,

$$\sin\theta_2 = \frac{b_2}{\sqrt{b_2^2 + a_1^2}} \quad \text{和} \quad \cos\theta_2 = \frac{a_1}{\sqrt{b_2^2 + a_1^2}}$$

通过这种选取可以得到

$$(-\sin\theta_2)a_1 + (\cos\theta_2)b_2 = \frac{-b_2 a_1}{\sqrt{b_2^2 + a_1^2}} + \frac{a_1 b_2}{\sqrt{b_2^2 + a_1^2}} = 0$$

这是在位置 $(2,1)$ 的元素,即乘积矩阵 $P_2 A^{(1)}$ 的第二行第一列的元素。所以,矩阵

$$A_2^{(1)} = P_2 A^{(1)}$$

在位置 $(2,1)$ 有一个零元素。

乘法运算 $P_2 A^{(1)}$ 影响了矩阵 $A^{(1)}$ 的第一行和第二行,所以矩阵 $A^{(1)}$ 中位置为 $(1,3)$,$(1,4)$,$\cdots$,以及 $(1,n)$ 的元素不一定还是零。但是,因为 $A^{(1)}$ 是三对角的,所以矩阵 $A_2^{(1)}$ 中位置为 $(1,4)$,$\cdots$,$(1,n)$ 的元素必须是 0。因此,在矩阵 $A_2^{(1)}$ 中只有 $(1,3)$ 元素不为零,即第一行第三列的元素不为零。

一般情形下，矩阵 P_k 的选取使得在 $A_k^{(1)} = P_k A_{k-1}^{(1)}$ 矩阵中第 $(k, k-1)$ 的元素为零。但这样做之后会使得 $(k-1, k+1)$ 元素不是零。于是矩阵 $A_k^{(1)}$ 具有以下形式：

$$A_k^{(1)} = \begin{bmatrix} z_1 & q_1 & r_1 & 0 & & & & & 0 \\ 0 & & & & & & & & \\ 0 & & & & & & & & \\ & & 0 & z_{k-1} & q_{k-1} & r_{k-1} & & & \\ & & & 0 & x_k & y_k & 0 & & \\ & & & & b_{k+1} & a_{k+1} & b_{k+2} & & 0 \\ & & & & & & & & 0 \\ & & & & & & & & b_n \\ 0 & & & & & 0 & & b_n & a_n \end{bmatrix}$$

而 P_{k+1} 具有以下形式：

$$P_{k+1} = \begin{bmatrix} I_{k-1} & & O & & O \\ \hline & c_{k+1} & & s_{k+1} & \\ O & & & & O \\ & -s_{k+1} & & c_{k+1} & \\ \hline O & & O & & I_{n-k-1} \end{bmatrix} \quad \leftarrow k \text{ 行} \tag{9.17}$$

$$\underset{k \text{ 列}}{\uparrow}$$

其中的 0 表示一个元素全为零的适当维数的矩阵。

选取 P_{k+1} 中的常数 $c_{k+1} = \cos\theta_{k+1}$ 和 $s_{k+1} = \sin\theta_{k+1}$，使得矩阵 $A_{k+1}^{(1)}$ 中的 $(k+1,k)$ 元素为零，即满足 $-s_{k+1}x_k + c_{k+1}b_{k+1} = 0$。

因为 $c_{k+1}^2 + s_{k+1}^2 = 1$，所以这个方程的解是

$$s_{k+1} = \frac{b_{k+1}}{\sqrt{b_{k+1}^2 + x_k^2}} \quad \text{和} \quad c_{k+1} = \frac{x_k}{\sqrt{b_{k+1}^2 + x_k^2}}$$

而矩阵 $A_{k+1}^{(1)}$ 具有以下形式：

$$A_{k+1}^{(1)} = \begin{bmatrix} z_1 & q_1 & r_1 & 0 & & & & \\ 0 & & & & & & & \\ 0 & & & & & & & \\ & & 0 & z_k & q_k & r_k & & \\ & & & 0 & x_{k+1} & y_{k+1} & 0 & \\ & & & & b_{k+2} & a_{k+2} & b_{k+3} & 0 \\ & & & & & & & 0 \\ & & & & & & & b_n \\ 0 & & & & & 0 & b_n & a_n \end{bmatrix}$$

以这种构造继续下去，得到 $P_2, \cdots, P_n$，并产生上三角矩阵：

$$R^{(1)} \equiv A_n^{(1)} = \begin{bmatrix} z_1 & q_1 & r_1 & 0 & \cdots\cdots\cdots\cdots & 0 \\ 0 & & & & & \vdots \\ & & & & & 0 \\ & & & & & r_{n-2} \\ & & & & z_{n-1} & q_{n-1} \\ 0 & \cdots\cdots\cdots\cdots & 0 & & & x_n \end{bmatrix}$$

QR 分解的另一半是下面的矩阵:

$$Q^{(1)} = P_2^t P_3^t \cdots P_n^t$$

由于旋转矩阵是正交矩阵,于是有

$$Q^{(1)} R^{(1)} = (P_2^t P_3^t \cdots P_n^t) \cdot (P_n \cdots P_3 P_2) A^{(1)} = A^{(1)}$$

矩阵 $Q^{(1)}$ 是正交矩阵,因为

$$(Q^{(1)})^t Q^{(1)} = (P_2^t P_3^t \cdots P_n^t)^t (P_2^t P_3^t \cdots P_n^t) = (P_n \cdots P_3 P_2) \cdot (P_2^t P_3^t \cdots P_n^t) = I$$

另外,$Q^{(1)}$ 还是上 Hessenberg 矩阵。为了理解这是为什么,可以遵循习题 13 和习题 14 的步骤来给出证明。

最后,$A^{(2)} = R^{(1)} Q^{(1)}$ 也是一个上 Hessenberg 矩阵,因为矩阵 $Q^{(1)}$ 左边乘以上 Hessenberg 矩阵 $R^{(1)}$ 并不影响次对角线以下的元素。我们已经知道它是对称矩阵,因此 $A^{(2)}$ 是三对角的。

矩阵 $A^{(2)}$ 的对角线外元素一般情形下比矩阵 $A^{(1)}$ 中相同位置的元素小,所以矩阵 $A^{(2)}$ 比 $A^{(1)}$ 更接近于一个对角矩阵。一直将这个程序重复地进行下去,就会构造出 $A^{(3)}$, $A^{(4)}$, $\cdots$,直到达到满意的收敛结果为止。

例 2　对下面例 1 中给出的矩阵,用 QR 方法进行一次迭代:

$$A = \begin{bmatrix} 3 & 1 & 0 \\ 1 & 3 & 1 \\ 0 & 1 & 3 \end{bmatrix}$$

解　令 $A^{(1)} = A$ 是给出的矩阵,P_2 表示例 1 中得到的旋转矩阵。我们看到,利用 QR 方法中的概念,有

$$A_2^{(1)} = P_2 A^{(1)} = \begin{bmatrix} \frac{3\sqrt{10}}{10} & \frac{\sqrt{10}}{10} & 0 \\ -\frac{\sqrt{10}}{10} & \frac{3\sqrt{10}}{10} & 0 \\ 0 & 0 & 1 \end{bmatrix} \begin{bmatrix} 3 & 1 & 0 \\ 1 & 3 & 1 \\ 0 & 1 & 3 \end{bmatrix} = \begin{bmatrix} \sqrt{10} & \frac{3}{5}\sqrt{10} & \frac{\sqrt{10}}{10} \\ 0 & \frac{4\sqrt{10}}{5} & \frac{3\sqrt{10}}{10} \\ 0 & 1 & 3 \end{bmatrix}$$

$$\equiv \begin{bmatrix} z_1 & q_1 & r_1 \\ 0 & x_2 & y_2 \\ 0 & b_3^{(1)} & a_3^{(1)} \end{bmatrix}$$

继续下去有

$$s_3 = \frac{b_3^{(1)}}{\sqrt{x_2^2 + (b_3^{(1)})^2}} = 0.36761 \quad \text{和} \quad c_3 = \frac{x_2}{\sqrt{x_2^2 + (b_3^{(1)})^2}} = 0.92998$$

所以,

$$R^{(1)} \equiv A_3^{(1)} = P_3 A_2^{(1)} = \begin{bmatrix} 1 & 0 & 0 \\ 0 & 0.92998 & 0.36761 \\ 0 & -0.36761 & 0.92998 \end{bmatrix} \begin{bmatrix} \sqrt{10} & \frac{3}{5}\sqrt{10} & \frac{\sqrt{10}}{10} \\ 0 & \frac{4\sqrt{10}}{5} & \frac{3\sqrt{10}}{10} \\ 0 & 1 & 3 \end{bmatrix}$$

$$= \begin{bmatrix} \sqrt{10} & \frac{3}{5}\sqrt{10} & \frac{\sqrt{10}}{10} \\ 0 & 2.7203 & 1.9851 \\ 0 & 0 & 2.4412 \end{bmatrix}$$

和

$$Q^{(1)} = P_2^t P_3^t = \begin{bmatrix} \frac{3\sqrt{10}}{10} & -\frac{\sqrt{10}}{10} & 0 \\ \frac{\sqrt{10}}{10} & \frac{3\sqrt{10}}{10} & 0 \\ 0 & 0 & 1 \end{bmatrix} \begin{bmatrix} 1 & 0 & 0 \\ 0 & 0.92998 & -0.36761 \\ 0 & 0.36761 & 0.92998 \end{bmatrix}$$

$$= \begin{bmatrix} 0.94868 & -0.29409 & 0.11625 \\ 0.31623 & 0.88226 & -0.34874 \\ 0 & 0.36761 & 0.92998 \end{bmatrix}$$

最后，

$$A^{(2)} = R^{(1)} Q^{(1)} = \begin{bmatrix} \sqrt{10} & \frac{3}{5}\sqrt{10} & \frac{\sqrt{10}}{10} \\ 0 & 2.7203 & 1.9851 \\ 0 & 0 & 2.4412 \end{bmatrix} \begin{bmatrix} 0.94868 & -0.29409 & 0.11625 \\ 0.31623 & 0.88226 & -0.34874 \\ 0 & -0.36761 & 0.92998 \end{bmatrix}$$

$$= \begin{bmatrix} 3.6 & 0.86024 & 0 \\ 0.86024 & 3.12973 & 0.89740 \\ 0 & 0.89740 & 2.27027 \end{bmatrix}$$

矩阵 $A^{(2)}$ 的次对角线元素比 $A^{(1)}$ 的大约小 14%，因此我们有了第一次化简，但这还不是本质的改进。要想使得这些数值下降到小于 0.001，还需要执行 13 次这种 QR 方法的迭代。这样做之后得到的矩阵是

$$A^{(13)} = \begin{bmatrix} 4.4139 & 0.01941 & 0 \\ 0.01941 & 3.0003 & 0.00095 \\ 0 & 0.00095 & 1.5858 \end{bmatrix}$$

此时可以得到一个近似特征值 1.5858，其余的特征值可以通过考虑下面降维的矩阵来近似计算：

$$\begin{bmatrix} 4.4139 & 0.01941 \\ 0.01941 & 3.0003 \end{bmatrix}$$ ∎

加速收敛

如果 A 的特征值有不同的模 $|\lambda_1| > |\lambda_2| > \cdots > |\lambda_n|$，则矩阵 $A^{(i+1)}$ 中的元素 $b_{j+1}^{(i+1)}$ 收敛于 0 的收敛率依赖于比值 $|\lambda_{j+1}/\lambda_j|$（见[Fr]）。元素 $b_{j+1}^{(i+1)}$ 收敛于 0 的收敛率也决定了元素 $a_j^{(i+1)}$ 收敛于第 j 个特征值 λ_j 的收敛率。于是，如果比值 $|\lambda_{j+1}/\lambda_j|$ 不是明显小于 1，收敛率将会很慢。

为了加速收敛，类似于 9.3 节反幂法中使用的位移技巧将被使用。选取一个常数 σ，它比较接近于 A 的一个特征值。我们利用它修改式 (9.16) 中的因子分解，选取合适的 $Q^{(i)}$ 和 $R^{(i)}$，使其满足

$$A^{(i)} - \sigma I = Q^{(i)} R^{(i)} \tag{9.18}$$

相应地，矩阵 $A^{(i+1)}$ 定义为

$$A^{(i+1)} = R^{(i)} Q^{(i)} + \sigma I \tag{9.19}$$

通过这些修改，$b_{j+1}^{(i+1)}$ 趋于 0 的收敛率依赖于比值 $|(\lambda_{j+1}-\sigma)/(\lambda_j-\sigma)|$。这样只要 σ 更靠近 λ_{j+1} 而不是 λ_j，就可以使原 $a_j^{(i+1)}$ 趋于 λ_j 的收敛率大大地得到改进。

由于每一步都改变了 σ，使得当 A 的特征值有不同的模时 $b_n^{(i+1)}$ 收敛于 0 的速度比所有的 $b_j^{(i+1)}$ $(j < n)$ 都快。当 $b_n^{(i+1)}$ 充分小时，我们假设 $\lambda_n \approx a_n^{(i+1)}$，并删去矩阵的第 n 行和第 n 列，用相同的方式继续

求下一个特征值 λ_{n-1} 的近似。这个过程一直进行下去，直到每个近似特征值都已经得到为止。

位移技巧在第 i 步选取一个位移常数 σ_i，它是下面矩阵的特征值：

$$E^{(i)} = \begin{bmatrix} a_{n-1}^{(i)} & b_n^{(i)} \\ b_n^{(i)} & a_n^{(i)} \end{bmatrix}$$

它是距离 $a_n^{(i)}$ 最近的。这种位移将 A 的特征值平移一个常数因子 σ_i。利用这种位移技巧，收敛率通常是三次的 (见[WR], p.270)。该方法累积这些位移直到 $b_n^{(i+1)} \approx 0$，接着将这些位移加到 $a_n^{(i+1)}$，用来近似特征值 λ_n。

如果 A 具有模相等的特征值，对某些 $j \neq n$，$b_j^{(i+1)}$ 可能比 $b_n^{(i+1)}$ 更快速地趋于零。在这种情形下，式 (9.14) 描述的矩阵分裂技巧可以用来将问题化简成两个低阶的矩阵问题。

例 3　对下面矩阵考虑带位移的 QR 方法：

$$A = \begin{bmatrix} 3 & 1 & 0 \\ 1 & 3 & 1 \\ 0 & 1 & 3 \end{bmatrix} = \begin{bmatrix} a_1^{(1)} & b_2^{(1)} & 0 \\ b_2^{(1)} & a_2^{(1)} & b_3^{(1)} \\ 0 & b_3^{(1)} & a_3^{(1)} \end{bmatrix}$$

解　求位移法需要的加速参数，它是下面矩阵的特征值：

$$\begin{bmatrix} a_2^{(1)} & b_3^{(1)} \\ b_3^{(1)} & a_3^{(1)} \end{bmatrix} = \begin{bmatrix} 3 & 1 \\ 1 & 3 \end{bmatrix}$$

结果是 $\mu_1 = 4$ 和 $\mu_1 = 2$。最靠近 $a_3^{(1)} = 3$ 的特征值的选取是任意的，这里选择 $\mu_2 = 2$ 并按照这个数进行平移。于是 $\sigma_1 = 2$，且

$$\begin{bmatrix} d_1 & b_2^{(1)} & 0 \\ b_2^{(1)} & d_2 & b_3^{(1)} \\ 0 & b_3^{(1)} & d_3 \end{bmatrix} = \begin{bmatrix} 1 & 1 & 0 \\ 1 & 1 & 1 \\ 0 & 1 & 1 \end{bmatrix}$$

继续计算可以得到

$$x_1 = 1, \quad y_1 = 1, \quad z_1 = \sqrt{2}, \quad c_2 = \frac{\sqrt{2}}{2}, \quad s_2 = \frac{\sqrt{2}}{2},$$

$$q_1 = \sqrt{2}, \quad x_2 = 0, \quad r_1 = \frac{\sqrt{2}}{2}, \quad y_2 = \frac{\sqrt{2}}{2}$$

所以，

$$A_2^{(1)} = \begin{bmatrix} \sqrt{2} & \sqrt{2} & \frac{\sqrt{2}}{2} \\ 0 & 0 & \sqrt{2} \\ 0 & 1 & 1 \end{bmatrix}$$

进而有

$$z_2 = 1, \quad c_3 = 0, \quad s_3 = 1, \quad q_2 = 1, \quad x_3 = -\frac{\sqrt{2}}{2}$$

且有

$$R^{(1)} = A_3^{(1)} = \begin{bmatrix} \sqrt{2} & \sqrt{2} & \frac{\sqrt{2}}{2} \\ 0 & 1 & 1 \\ 0 & 0 & -\frac{\sqrt{2}}{2} \end{bmatrix}$$

为了计算 $A^{(2)}$，我们有

$$z_3 = -\frac{\sqrt{2}}{2}, \quad a_1^{(2)} = 2, \quad b_2^{(2)} = \frac{\sqrt{2}}{2}, \quad a_2^{(2)} = 1, \quad b_3^{(2)} = -\frac{\sqrt{2}}{2}, \quad a_3^{(2)} = 0$$

所以，

$$A^{(2)} = R^{(1)}Q^{(1)} = \begin{bmatrix} 2 & \frac{\sqrt{2}}{2} & 0 \\ \frac{\sqrt{2}}{2} & 1 & -\frac{\sqrt{2}}{2} \\ 0 & -\frac{\sqrt{2}}{2} & 0 \end{bmatrix}$$

QR 方法的一次迭代已经完成了。因为 $b_2^{(2)} = \sqrt{2}/2$ 和 $b_3^{(2)} = -\sqrt{2}/2$ 都不小，所以还需要进行 QR 方法的另外一次迭代。对这次迭代，我们计算得到下面矩阵

$$\begin{bmatrix} a_2^{(2)} & b_3^{(2)} \\ b_3^{(2)} & a_3^{(2)} \end{bmatrix} = \begin{bmatrix} 1 & -\frac{\sqrt{2}}{2} \\ -\frac{\sqrt{2}}{2} & 0 \end{bmatrix}$$

的特征值为 $\frac{1}{2} \pm \frac{1}{2}\sqrt{3}$，并选取 $\sigma_2 = \frac{1}{2} - \frac{1}{2}\sqrt{3}$，它是离 $a_3^{(2)} = 0$ 最近的特征值。计算得到

$$A^{(3)} = \begin{bmatrix} 2.6720277 & 0.37597448 & 0 \\ 0.37597448 & 1.4736080 & 0.030396964 \\ 0 & 0.030396964 & -0.047559530 \end{bmatrix}$$

如果 $b_3^{(3)} = 0.030396964$ 充分小，则特征值 λ_3 的近似值为 1.5864151，它是 $a_3^{(3)}$ 与平移量 $\sigma_1 + \sigma_2 = 2 + (1-\sqrt{3})/2$ 的和。从前面矩阵中删去第三行和第三列得到

$$A^{(3)} = \begin{bmatrix} 2.6720277 & 0.37597448 \\ 0.37597448 & 1.4736080 \end{bmatrix}$$

它有特征值 $\mu_1 = 2.7802140$ 和 $\mu_2 = 1.3654218$。将平移量加上后得到

$$\lambda_1 \approx 4.4141886 \quad 和 \quad \lambda_2 \approx 2.9993964$$

矩阵 A 真实的特征值是 4.41420、3.0000 和 1.58579，所以仅用两次迭代，QR 方法就给出了 4 位有效数字的精度。　■

算法 9.6 实现了 QR 方法。

算法 9.6　QR 方法

近似计算对称的三对角 $n \times n$ 矩阵

$$A \equiv A_1 = \begin{bmatrix} a_1^{(1)} & b_2^{(1)} & 0 \cdots\cdots\cdots 0 \\ b_2^{(1)} & a_2^{(1)} & \ddots & \vdots \\ 0 & \ddots & \ddots & 0 \\ \vdots & \ddots & \ddots & b_n^{(1)} \\ 0 \cdots\cdots\cdots 0 & b_n^{(1)} & a_n^{(1)} \end{bmatrix}$$

的特征值。

　　输入　n; $a_1^{(1)}, \cdots, a_n^{(1)}, b_2^{(1)}, \cdots, b_n^{(1)}$; 误差限 TOL; 最大迭代步数 M。

　　输出　矩阵 A 的特征值，或者得到 A 的分裂，或者超出最大迭代步数的信息。

Step 1　Set $k = 1$;
　　　　　　$SHIFT = 0$. (累积的平移量)

Step 2　While $k \le M$ do Steps 3–19.
　　　　(Steps 3-7测试是否成功)

Step 3 If $|b_n^{(k)}| \leqslant TOL$ then set $\lambda = a_n^{(k)} + SHIFT$;

OUTPUT (λ);

set $n = n - 1$.

Step 4 If $|b_2^{(k)}| \leqslant TOL$ then set $\lambda = a_1^{(k)} + SHIFT$;

OUTPUT (λ);

set $n = n - 1$;

$a_1^{(k)} = a_2^{(k)}$;

for $j = 2, \cdots, n$

set $a_j^{(k)} = a_{j+1}^{(k)}$;

$b_j^{(k)} = b_{j+1}^{(k)}$.

Step 5 If $n = 0$ then

STOP.

Step 6 If $n = 1$ then

set $\lambda = a_1^{(k)} + SHIFT$;

OUTPUT (λ);

STOP.

Step 7 For $j = 3, \cdots, n - 1$

if $|b_j^{(k)}| \leqslant TOL$ then

OUTPUT ('split into', $a_1^{(k)}, \cdots, a_{j-1}^{(k)}, b_2^{(k)}, \cdots, b_{j-1}^{(k)}$,

'and',

$a_j^{(k)}, \cdots, a_n^{(k)}, b_{j+1}^{(k)}, \cdots, b_n^{(k)}, SHIFT$);

STOP.

Step 8 (计算平移量)

Set $b = -(a_{n-1}^{(k)} + a_n^{(k)})$;

$c = a_n^{(k)} a_{n-1}^{(k)} - \left[b_n^{(k)} \right]^2$;

$d = (b^2 - 4c)^{1/2}$.

Step 9 If $b > 0$ then set $\mu_1 = -2c/(b + d)$;

$\mu_2 = -(b + d)/2$

else set $\mu_1 = (d - b)/2$;

$\mu_2 = 2c/(d - b)$.

Step 10 If $n = 2$ then set $\lambda_1 = \mu_1 + SHIFT$;

$\lambda_2 = \mu_2 + SHIFT$;

OUTPUT (λ_1, λ_2);

STOP.

Step 11 选取 σ 满足 $|\sigma - a_n^{(k)}| = \min\{|\mu_1 - a_n^{(k)}|, |\mu_2 - a_n^{(k)}|\}$.

Step 12 (累积平移量)

Set $SHIFT = SHIFT + \sigma$.

Step 13 (实施平移)

For $j = 1, \cdots, n$, set $d_j = a_j^{(k)} - \sigma$.

Step 14 (Step 14和Step 15计算 $R^{(k)}$)

Set $x_1 = d_1$;

$y_1 = b_2$.

Step 15 For $j = 2, \cdots, n$

set $z_{j-1} = \left\{ x_{j-1}^2 + \left[b_j^{(k)} \right]^2 \right\}^{1/2}$;

$c_j = \dfrac{x_{j-1}}{z_{j-1}}$;

$$\sigma_j = \frac{b_j^{(k)}}{z_{j-1}};$$

$$q_{j-1} = c_j y_{j-1} + s_j d_j;$$
$$x_j = -\sigma_j y_{j-1} + c_j d_j;$$

If $j \neq n$ then set $r_{j-1} = \sigma_j b_{j+1}^{(k)};$

$$y_j = c_j b_{j+1}^{(k)}.$$

$$\left(A_j^{(k)} = P_j A_{j-1}^{(k)} \text{ 已经计算出且 } R^{(k)} = A_n^{(k)} \right)$$

Step 16 (Steps 16-18 计算 $A^{(k+1)}$)

Set $z_n = x_n;$

$$a_1^{(k+1)} = \sigma_2 q_1 + c_2 z_1;$$
$$b_2^{(k+1)} = \sigma_2 z_2.$$

Step 17 For $j = 2, 3, \cdots, n-1$

set $a_j^{(k+1)} = \sigma_{j+1} q_j + c_j c_{j+1} z_j;$

$$b_{j+1}^{(k+1)} = \sigma_{j+1} z_{j+1}.$$

Step 18 Set $a_n^{(k+1)} = c_n z_n.$

Step 19 Set $k = k + 1.$

Step 20 OUTPUT ('Maximum number of iterations exceeded');

(算法成功)

STOP. ∎

可以用类似的方法求一个 $n \times n$ 非对称矩阵的近似特征值，首先需要用 9.4 节结束时描述的非对称矩阵的 Householder 算法将矩阵转化为一个相似的上 Hessenberg 矩阵 H。

QR 分解过程假设有下面的方式。首先，

$$H \equiv H^{(1)} = Q^{(1)} R^{(1)} \tag{9.20}$$

接着定义 $H^{(2)}$ 如下：

$$H^{(2)} = R^{(1)} Q^{(1)} \tag{9.21}$$

接下来分解为

$$H^{(2)} = Q^{(2)} R^{(2)} \tag{9.22}$$

矩阵分解过程和对称矩阵的 QR 方法具有相同的目标，即矩阵的选取使得适当位置的元素变为零，之后使用 QR 方法中的移位技巧。然而，位移对非对称矩阵而言较为复杂，因为可能会有同模的复特征值。在式 (9.20)、式 (9.21) 和式 (9.22) 中修改移位方法的计算，得到双边的 QR 方法为

$$H^{(1)} - \sigma_1 I = Q^{(1)} R^{(1)}, \qquad H^{(2)} = R^{(1)} Q^{(1)} + \sigma_1 I,$$
$$H^{(2)} - \sigma_2 I = Q^{(2)} R^{(2)}, \qquad H^{(3)} = R^{(2)} Q^{(2)} + \sigma_2 I$$

其中，σ_1 和 σ_2 是共轭的复数，$H^{(1)}, H^{(2)}, \cdots$ 是实的上 Hessenberg 矩阵。

对 QR 方法的完整描述可在 Wilkinson 的著作 [Wil2] 中找到。该方法的详细算法程序以及其他最常用的方法在 [WR] 中给出。如果这里讨论的方法不能满足读者的需要，我们推荐读者参考上面提到的两本书。

使用 QR 方法在求矩阵的特征值的同时也能近似求出特征向量，但是算法 9.6 没有这样来设计。如果一个对称矩阵的特征值和特征向量同时需要近似计算，我们建议在使用算法 9.5 和算法 9.6 之后，再使用反幂法，或者使用专著 [WR] 中提出的任何一种强有力的方法。

习题 9.5

1. 对下列矩阵，不使用移位技术完成 QR 方法的两次迭代。

   a. $\begin{bmatrix} 2 & -1 & 0 \\ -1 & 2 & -1 \\ 0 & -1 & 2 \end{bmatrix}$ b. $\begin{bmatrix} 3 & 1 & 0 \\ 1 & 4 & 2 \\ 0 & 2 & 1 \end{bmatrix}$

   c. $\begin{bmatrix} 4 & -1 & 0 \\ -1 & 3 & -1 \\ 0 & -1 & 2 \end{bmatrix}$ d. $\begin{bmatrix} 1 & 1 & 0 & 0 \\ 1 & 2 & -1 & 0 \\ 0 & -1 & 3 & 1 \\ 0 & 0 & 1 & 4 \end{bmatrix}$

   e. $\begin{bmatrix} -2 & 1 & 0 & 0 \\ 1 & -3 & -1 & 0 \\ 0 & -1 & 1 & 1 \\ 0 & 0 & 1 & 3 \end{bmatrix}$ f. $\begin{bmatrix} 0.5 & 0.25 & 0 & 0 \\ 0.25 & 0.8 & 0.4 & 0 \\ 0 & 0.4 & 0.6 & 0.1 \\ 0 & 0 & 0.1 & 1 \end{bmatrix}$

2. 对下列矩阵，不使用移位技术完成 QR 方法的两次迭代。

   a. $\begin{bmatrix} 2 & -1 & 0 \\ -1 & -1 & -2 \\ 0 & -2 & 3 \end{bmatrix}$ b. $\begin{bmatrix} 3 & 1 & 0 \\ 1 & 4 & 2 \\ 0 & 2 & 3 \end{bmatrix}$

   c. $\begin{bmatrix} 4 & 2 & 0 & 0 & 0 \\ 2 & 4 & 2 & 0 & 0 \\ 0 & 2 & 4 & 2 & 0 \\ 0 & 0 & 2 & 4 & 2 \\ 0 & 0 & 0 & 2 & 4 \end{bmatrix}$ d. $\begin{bmatrix} 5 & -1 & 0 & 0 & 0 \\ -1 & 4.5 & 0.2 & 0 & 0 \\ 0 & 0.2 & 1 & -0.4 & 0 \\ 0 & 0 & -0.4 & 3 & 1 \\ 0 & 0 & 0 & 1 & 3 \end{bmatrix}$

3. 用 QR 方法求习题 1 中所给矩阵的全部特征值，要求精度在 10^{-5} 以内。

4. 用 QR 方法求下列矩阵的全部特征值，要求精度在 10^{-5} 以内。

   a. $\begin{bmatrix} 2 & -1 & 0 \\ -1 & -1 & -2 \\ 0 & -2 & 3 \end{bmatrix}$ b. $\begin{bmatrix} 3 & 1 & 0 \\ 1 & 4 & 2 \\ 0 & 2 & 3 \end{bmatrix}$

   c. $\begin{bmatrix} 4 & 2 & 0 & 0 & 0 \\ 2 & 4 & 2 & 0 & 0 \\ 0 & 2 & 4 & 2 & 0 \\ 0 & 0 & 2 & 4 & 2 \\ 0 & 0 & 0 & 2 & 4 \end{bmatrix}$ d. $\begin{bmatrix} 5 & -1 & 0 & 0 & 0 \\ -1 & 4.5 & 0.2 & 0 & 0 \\ 0 & 0.2 & 1 & -0.4 & 0 \\ 0 & 0 & -0.4 & 3 & 1 \\ 0 & 0 & 0 & 1 & 3 \end{bmatrix}$

5. 用反幂法求习题 1 中所给矩阵的全部特征向量，要求精度在 10^{-5} 以内。

6. 用反幂法求习题 4 中所给矩阵的全部特征向量，要求精度在 10^{-5} 以内。

应用型习题

7. 在本章引言的例子中，需要从线性方程组 $A\mathbf{w} = -0.04(\rho/p)\lambda\mathbf{w}$ 中求解出 $\mathbf{w}$ 和 λ，它们用来近似 Sturm-Liouville 方程组的特征值 λ_k。

   a. 求出矩阵

   $$A = \begin{bmatrix} 2 & -1 & 0 & 0 \\ -1 & 2 & -1 & 0 \\ 0 & -1 & 2 & -1 \\ 0 & 0 & -1 & 2 \end{bmatrix}$$

   的 4 个特征值 $\mu_1, \cdots, \mu_4$，要求精度在 10^{-5} 以内。

   b. 依据 p 和 ρ，近似求出该方程组的特征值 $\lambda_1, \cdots, \lambda_4$。

8. 下面的 $(m-1) \times (m-1)$ 矩阵

$$A = \begin{bmatrix} 1-2\alpha & \alpha & 0 & \cdots\cdots\cdots\cdots & 0 \\ \alpha & 1-2\alpha & \alpha & & \vdots \\ 0 & & & & 0 \\ \vdots & & & & \alpha \\ 0 & \cdots\cdots\cdots & 0 & \alpha & 1-2\alpha \end{bmatrix}$$

是使用有限差分方法求解热方程时涉及的(见 12.2 节)。为了确定该方法的稳定性，我们需要使 $\rho(A)<1$。取 $m=11$，对下列每种情形求 A 的特征值。

a. $\alpha = \dfrac{1}{4}$　　　　　　　　b. $\alpha = \dfrac{1}{2}$　　　　　　　　c. $\alpha = \dfrac{3}{4}$

什么时候该方法是稳定的?

9. 习题 8 中矩阵 A 的特征值是

$$\lambda_i = 1 - 4\alpha \left(\sin \frac{\pi i}{2m} \right)^2, \qquad i = 1, \cdots, m-1$$

将习题 8 中的近似值与实际值进行比较。再一次回答：什么时候该方法是稳定的?

10. 下面的齐次一阶线性微分方程组

$$\begin{aligned} x_1'(t) &= -4x_1(t) - x_2(t) \\ x_2'(t) &= -x_1(t) - 4x_2(t) + 2x_3 \\ x_3'(t) &= 2x_2(t) - 4x_3(t) - x_4(t) \\ x_4'(t) &= -x_3(t) + 4x_4(t) \end{aligned}$$

可以写成矩阵向量的形式 $\mathbf{x}'(t) = A\mathbf{x}(t)$，其中，

$$\mathbf{x}(t) = \begin{bmatrix} x_1(t) \\ x_2(t) \\ x_3(t) \\ x_4(t) \end{bmatrix}, \qquad A = \begin{bmatrix} 4 & -1 & 0 & 0 \\ -1 & -4 & 2 & 0 \\ 0 & 2 & -4 & -1 \\ 0 & 0 & -1 & -4 \end{bmatrix}$$

该微分方程组的通解可以构造如下：

$$\mathbf{x}(t) = c_1 e^{\lambda_1 t} \mathbf{v}_1 + c_2 e^{\lambda_2 t} \mathbf{v}_2 + c_3 e^{\lambda_3 t} \mathbf{v}_3 + c_4 e^{\lambda_4 t} \mathbf{v}_4$$

其中，c_1, c_2, c_3 和 c_4 是任意常数，$\lambda_1, \lambda_2, \lambda_3$ 和 λ_4 是特征值，而相应的特征向量是 $\mathbf{x}_1, \mathbf{x}_2, \mathbf{x}_3$ 和 $\mathbf{x}_4$。

a. 用 QR 方法来求 $\lambda_1, \cdots, \lambda_4$。

b. 用反幂法来求 $\mathbf{x}_1, \cdots, \mathbf{x}_4$。

c. 构造方程组 $\mathbf{x}'(t) = A\mathbf{x}(t)$ 的通解。

d. 求出满足条件 $\mathbf{x}(0) = (2,1,-1,3)^t$ 的唯一解。

理论型习题

11. a. 证明旋转矩阵 $\begin{bmatrix} \cos\theta & -\sin\theta \\ \sin\theta & \cos\theta \end{bmatrix}$ 作用到向量 $\mathbf{x} = (x_1, x_2)^t$ 的效果是将向量 $\mathbf{x}$ 旋转 θ 度但不改变向量的 l_2 范数大小。

b. 说明向量 $\mathbf{x}$ 的 l_∞ 范数的大小可能被旋转矩阵改变。

12. 设 P 是一个旋转矩阵，其元素 $p_{ii} = p_{jj} = \cos\theta$，$p_{ij} = -p_{ji} = \sin\theta$，$j < i$。对任何 $n \times n$ 矩阵 A，证明：

$$(AP)_{pq} = \begin{cases} a_{pq}, & \text{若 } q \neq i, j \\ (\cos\theta)a_{pj} + (\sin\theta)a_{pi}, & \text{若 } q = j \\ (\cos\theta)a_{pi} - (\sin\theta)a_{pj}, & \text{若 } q = i \end{cases}$$

$$(PA)_{pq} = \begin{cases} a_{pq}, & \text{若 } p \neq i, j \\ (\cos\theta)a_{jq} - (\sin\theta)a_{iq}, & \text{若 } p = j \\ (\sin\theta)a_{jq} + (\cos\theta)a_{iq}, & \text{若 } p = i \end{cases}$$

13. 证明一个三对角矩阵(从左边)乘以一个上 Hessenburg 矩阵的乘积仍是一个上 Hessenburg 矩阵。

14. 设 P_k 是式(9.17)中给出的旋转矩阵。

    a. 证明 $P_2^t P_3^t$ 最多在两个位置 (2,1) 和 (3,2) 上不同于一个上三角矩阵。

    b. 假设 $P_2^t P_3^t \cdots P_k^t$ 仅在位置 $(2,1)$, $(3,2)$, $\cdots$, $(k,k-1)$ 上不是一个上三角矩阵，证明 $P_2^t P_3^t \cdots P_k^t P_{k+1}^t$ 仅在位置 $(2,1)$, $(3,2)$, $\cdots$, $(k,k-1)$, $(k+1,k)$ 上不是一个上三角矩阵。

    c. 证明矩阵 $P_2^t P_3^t \cdots P_n^t$ 是上 Hessenberg 矩阵。

15. 对称矩阵 A 的 Jacobi 方法可以描述为

$$A_1 = A,$$
$$A_2 = P_1 A_1 P_1^t$$

一般来说，

$$A_{i+1} = P_i A_i P_i^t$$

矩阵 A_{i+1} 趋于一个对角矩阵，其中 P_i 是一个旋转矩阵，它消去了最大的非对角元素 A_i。假设当 $j \neq k$ 时，$a_{j,k}$ 和 $a_{k,j}$ 都是零，如果 $a_{jj} \neq a_{kk}$，则

$$(P_i)_{jj} = (P_i)_{kk} = \sqrt{\frac{1}{2}\left(1 + \frac{b}{\sqrt{c^2 + b^2}}\right)},$$

$$(P_i)_{kj} = \frac{c}{2(P_i)_{jj}\sqrt{c^2 + b^2}} = -(P_i)_{jk}$$

其中，

$$c = 2a_{jk}\,\mathrm{sgn}(a_{jj} - a_{kk}) \quad \text{和} \quad b = |a_{jj} - a_{kk}|$$

或者，如果 $a_{jj} = a_{kk}$，

$$(P_i)_{jj} = (P_i)_{kk} = \frac{\sqrt{2}}{2}$$

和

$$(P_i)_{kj} = -(P_i)_{jk} = \frac{\sqrt{2}}{2}$$

设计一个算法来实现 Jacobi 方法，其中取 $a_{21} = 0$。于是令 $a_{31}, a_{32}, a_{41}, a_{42}, a_{43}, \cdots, a_{n,1}, \cdots, a_{n,n-1}$ 轮流为零。重复计算直到矩阵 A_k 的量

$$\sum_{i=1}^{n}\sum_{\substack{j=1 \\ j \neq i}}^{n} |a_{ij}^{(k)}|$$

充分小。这样，A_k 的对角元素就是 A 的特征值的近似。

16. 用 Jacobi 方法重做习题 3。

讨论问题

1. RQ 分解方法将一个矩阵 A 变换成一个上三角矩阵 R(也称为右三角的)和一个正交矩阵 Q 的乘积。这种分解与 QR 分解有什么不同?

2. Householder 变换可以用来计算一个 $m \times n$ 矩阵 A(其中 $m \geq n$)的 QR 变换。Householder 变换也能用来计算 RQ 变换吗?

9.6 奇异值分解

在本节中，我们考虑将一个一般的 $m \times n$ 矩阵 A 因子分解为称作奇异值分解的方法。这种分解具有如下形式:

$$A = U S V^t$$

其中，U 是一个 $m \times m$ 的正交矩阵，V 是一个 $n \times n$ 的正交矩阵，S 是一个 $m \times n$ 的对角矩阵。在整个这一节中，我们总是假设 $m \geqslant n$，而且在许多重要的应用中，m 通常比 n 大很多。

奇异值分解的历史相当悠久，在 19 世纪后期就有数学家考虑了这个问题。但是，直到 20 世纪后半期该技术才得到了重大应用，那时候计算能力大大增强，并且很有效的算法开发出来可以实现该技术。这些工作主要是 Gene Golub（1932—2007）完成的，并发表在 20 世纪 60 年代和 70 年代的一系列论文中（具体参见[GK]和[GR]）。关于此方法较为完整的历史可以在 G. W. Stewart 的一篇论文里看到，该论文可通过文献[Stew3]中给出的网站在 Internet 上找到。

在开始介绍奇异值分解之前，我们需要了解关于任意矩阵的一些属性。

定义 9.24　设 A 是一个 $m \times n$ 矩阵。

(i) A 的秩，记为 Rank(A)，它是 A 中线性无关的行向量的数目。

(ii) A 的亏秩，记为 Nullity(A)，等于 n–Rank(A)，它描述 $\mathbb{R}^n$ 中满足 $A\mathbf{v} = \mathbf{0}$ 的 $\mathbf{v}$ 中最大无关组的个数。　　　　　　　　　　　　　　　　　　　　　　　　　　　　　　　　　　　■

一个矩阵的秩和亏秩在刻画该矩阵的行为时极为重要。例如，当矩阵是方阵时，它是可逆的，当且仅当它的亏秩为零，或者它的秩等于矩阵的阶数。

下面的结论是线性代数中的基本定理。

定理 9.25　一个 $m \times n$ 矩阵 A 的线性无关的行向量数目与该矩阵线性无关的列向量的数目相同。　　　■

我们需要考虑与 $m \times n$ 矩阵 A 相关的两个方阵，即 $n \times n$ 矩阵 $A^t A$ 和 $m \times m$ 矩阵 AA^t。

定理 9.26　设 A 是一个 $m \times n$ 矩阵。

(i) 矩阵 $A^t A$ 和矩阵 AA^t 都是对称的。

(ii) Nullity(A) = Nullity($A^t A$)。

(iii) Rank(A) = Rank($A^t A$)。

(iv) $A^t A$ 的特征值是实的非负数。

(v) AA^t 的非零特征值与 $A^t A$ 的非零特征值相同。

证明　(i) 因为 $(A^t A)^t = A^t (A^t)^t = A^t A$，所以这个矩阵是对称的；类似地，$AA^t$ 也是对称的。

(ii) 设 $\mathbf{v} \neq \mathbf{0}$ 是一个满足 $A\mathbf{v} = \mathbf{0}$ 的向量，则

$$(A^t A)\mathbf{v} = A^t (A\mathbf{v}) = A^t \mathbf{0} = \mathbf{0}, \text{ 所以 Nullity}(A) \leqslant \text{Nullity}(A^t A)$$

现在假设 $\mathbf{v}$ 是一个满足 $A^t A\mathbf{v} = \mathbf{0}$ 的 $n \times 1$ 的向量，则

$$0 = \mathbf{v}^t A^t A\mathbf{v} = (A\mathbf{v})^t A\mathbf{v} = ||A\mathbf{v}||_2^2, \text{ 这意味着 } A\mathbf{v} = \mathbf{0}$$

因此，Nullity($A^t A$) $\leqslant$ Nullity(A)。从而有 Nullity($A^t A$) = Nullity(A)。

(iii) 矩阵 A 和 $A^t A$ 都有 n 列，并且它们的亏秩相同，所以

$$\text{Rank}(A) = n - \text{Nullity}(A) = n - \text{Nullity}(A^t A) = \text{Rank}(A^t A)$$

(iv) 由 (i) 的结论可知，矩阵 $A^t A$ 和 AA^t 都是对称的，所以从引理 9.17 可知，它们的特征值都是实数。假设 $\mathbf{v}$ 是 $A^t A$ 的一个相应于特征值 λ 的特征向量，并满足 $||\mathbf{v}||_2 = 1$，则

$$0 \leqslant ||A\mathbf{v}||_2^2 = (A\mathbf{v})^t (A\mathbf{v}) = \mathbf{v}^t A^t A\mathbf{v} = \mathbf{v}^t (A^t A\mathbf{v}) = \mathbf{v}^t (\lambda\mathbf{v}) = \lambda\mathbf{v}^t\mathbf{v} = \lambda||\mathbf{v}||_2^2 = \lambda$$

关于矩阵 $A^t A$ 的特征值的非负性的证明可由下面 (v) 的证明推断出来。

(v)设 **v** 是矩阵 A^tA 的一个相应于非零特征值λ的特征向量，则

$$A^tA\mathbf{v} = \lambda\mathbf{v} \quad \text{这意味着} \quad (AA^t)A\mathbf{v} = \lambda A\mathbf{v}$$

如果 $A\mathbf{v} = \mathbf{0}$，则 $A^tA\mathbf{v} = A^t\mathbf{0} = \mathbf{0}$，这与假设$\lambda \neq 0$矛盾，因此 $A\mathbf{v} \neq \mathbf{0}$ 且是矩阵 AA^t 的一个相应于特征值λ的特征向量。反过来也能得出如果λ是 AA^t 的非零特征值，则λ也是 A^tA 的非零特征值，因为 $AA^t = (A^t)^tA^t$ 且 $A^t(A^t)^t = A^tA$。　　　　　　　　　　　　　　　　■

在第 6 章的 6.5 节中我们看到，当 **b** 变化而 A 不变时，利用分解来求解线性方程组 $A\mathbf{x} = \mathbf{b}$ 是非常有效的。在本节中我们将介绍如何分解一个任意的 $m \times n$ 矩阵。该方法在许多领域都有重要的应用，包括最小二乘数据拟合、图形压缩、信号过程及统计学。

对一个 $m \times n$ 矩阵 A 构造奇异值分解

一个不是方形的矩阵 A，其行数不等于列数，因为 $A\mathbf{x}$ 和 $\mathbf{x}$ 的维数不同，所以它不能有特征值。但是，对不是方形的矩阵也有类似于方阵特征值的数，奇异值分解就是方阵的特征值与特征向量概念对一般矩阵的推广。

我们的目标是求一个 $m \times n$ 矩阵 A(其中 $m \geq n$)的如下形式的分解：

$$A = USV^t$$

其中，U 是一个 $m \times m$ 的正交矩阵，V 是一个 $n \times n$ 的正交矩阵，S 是一个 $m \times n$ 的对角矩阵，即它的非零元素仅可能是 $(S)_{ii} \equiv s_i \geq 0$，$i = 1, \cdots, n$(见图 9.2)。

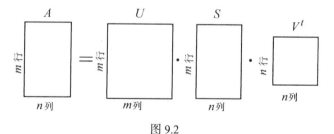

图 9.2

构造分解 $A = USV^t$ 中的 S

我们通过求 $n \times n$ 矩阵 A^tA 的特征值来构造矩阵 S。这些特征值都是非负的实数，我们将它们从大到小排序，并把它们记为

$$s_1^2 \geq s_2^2 \geq \cdots \geq s_k^2 \geq s_{k+1} = \cdots = s_n = 0$$

即，我们用 s_k^2 来表示 A^tA 的最小非零特征值。A^tA 的这些特征值的正平方根就是 S 的对角元素，它们称为 A 的奇异值。于是，

$$S = \begin{bmatrix} s_1 & 0 & \cdots & 0 \\ 0 & s_2 & \ddots & \vdots \\ \vdots & \ddots & \ddots & 0 \\ 0 & \cdots & 0 & s_n \\ 0 & \cdots & \cdots & 0 \\ \vdots & & & \vdots \\ 0 & \cdots & \cdots & 0 \end{bmatrix}$$

其中，当 $k < i \leq n$ 时，$s_i = 0$。

定义 9.27　一个 $m \times n$ 矩阵 A 的**奇异值**就是 $n \times n$ 对称矩阵 $A^t A$ 的非零特征值的正平方根。　■

例 1　求下面 5×3 矩阵的奇异值:

$$A = \begin{bmatrix} 1 & 0 & 1 \\ 0 & 1 & 0 \\ 0 & 1 & 1 \\ 0 & 1 & 0 \\ 1 & 1 & 0 \end{bmatrix}$$

解　我们有

$$A^t = \begin{bmatrix} 1 & 0 & 0 & 0 & 1 \\ 0 & 1 & 1 & 1 & 1 \\ 1 & 0 & 1 & 0 & 0 \end{bmatrix}, \quad \text{所以} \quad A^t A = \begin{bmatrix} 2 & 1 & 1 \\ 1 & 4 & 1 \\ 1 & 1 & 2 \end{bmatrix}$$

矩阵 $A^t A$ 的特征多项式为

$$\rho(A^t A) = \lambda^3 - 8\lambda^2 + 17\lambda - 10 = (\lambda - 5)(\lambda - 2)(\lambda - 1)$$

所以矩阵 $A^t A$ 的特征值为 $\lambda_1 = s_1^2 = 5, \lambda_2 = s_2^2 = 2$ 和 $\lambda_3 = s_3^2 = 1$。于是, A 的奇异值是 $s_1 = \sqrt{5}, s_2 = \sqrt{2}$ 和 $s_3 = 1$, 在 A 的奇异值分解中, 我们有

$$S = \begin{bmatrix} \sqrt{5} & 0 & 0 \\ 0 & \sqrt{2} & 0 \\ 0 & 0 & 1 \\ 0 & 0 & 0 \\ 0 & 0 & 0 \end{bmatrix}$$
　■

当 A 是 $n \times n$ 的对称矩阵时, 所有的 s_i^2 都是 $A^2 = A^t A$ 的特征值, 也是 A 的特征值的平方(见 7.2 节习题 17), 因此在这种情形下, 奇异值就是 A 的特征值的绝对值。还有更特殊的情形: 如果 A 是正定的(或者是非负定的), 则 A 的特征值和奇异值相同。

构造分解 $A = USV^t$ 中的 V

因为 $n \times n$ 矩阵 $A^t A$ 是对称的, 所以根据 9.2 节中的定理 9.16, 我们有分解

$$A^t A = V D V^t$$

其中, D 是对角矩阵, 它的对角元素是 $A^t A$ 的特征值; V 是正交矩阵, 它的第 i 列是对应于位于 D 的第 i 个对角元素的特征值的特征向量, 并且其 l_2 范数为 1。具体的对角矩阵依赖于对角线上的特征值的顺序。我们可以选取 D 使得其对角元素按降序排列。$n \times n$ 正交矩阵 V 的列向量记为 $\mathbf{v}_1^t, \mathbf{v}_2^t, \cdots, \mathbf{v}_n^t$, 它是相应于这些特征值的标准正交的特征向量。$A^t A$ 的多重特征值允许相应的特征向量有多种选择, 因此, 虽然 D 是唯一的, 但 V 有可能不唯一。尽管如此, 但我们仍然可以选取这样的 V, 因为 $A^t A$ 的所有特征值都是非负的, 对每个 $1 \leqslant i \leqslant n$, 都有 $d_{ii} = s_i^2$。

构造分解 $A = USV^t$ 中的 U

为了构造 $m \times m$ 矩阵 U, 首先考虑非零值 $s_1 \geqslant s_2 \geqslant \cdots \geqslant s_k > 0$ 以及 V 中相应的列 $\mathbf{v}_1, \mathbf{v}_2, \cdots, \mathbf{v}_k$。我们定义

$$\mathbf{u}_i = \frac{1}{s_i} A \mathbf{v}_i, \qquad i = 1, 2, \cdots, k$$

我们用这些向量作为 U 的前 k 列。因为 A 是一个 $m \times n$ 矩阵, 向量 $\mathbf{v}_i$ 是 $n \times 1$ 的, 因此向量 $\mathbf{u}_i$ 是 $m \times 1$ 的, 这正是我们所需要的。此外, 对每个 $1 \leqslant i \leqslant k$ 和 $1 \leqslant j \leqslant k$, 向量 $\mathbf{v}_1, \mathbf{v}_2, \cdots, \mathbf{v}_n$ 是 $A^t A$ 的特征向量, 因此形成了一个标准正交集, 即

$$\mathbf{u}_i^t \mathbf{u}_j = \left(\frac{1}{s_i} A\mathbf{v}_i\right)^t \frac{1}{s_j} A\mathbf{v}_j = \frac{1}{s_i s_j}\mathbf{v}_i^t A^t A\mathbf{v}_j = \frac{1}{s_i s_j}\mathbf{v}_i^t s_j^2 \mathbf{v}_j = \frac{s_j}{s_i}\mathbf{v}_i^t \mathbf{v}_j = \begin{cases} 0, & \text{若 } i \neq j \\ 1, & \text{若 } i = j \end{cases}$$

于是，U 的前 k 列形成了 $\mathbb{R}^m$ 中的标准正交集。但是，我们还需要 $m-k$ 个向量来作为 U 的其他列。因此，我们首先要找到 $m-k$ 个向量，它们和前面的 k 个向量线性无关，接着用 Gram-Schmidt 正交化过程来得到所需的向量。

矩阵 U 将不唯一，除非 $k=m$，且 $A^t A$ 的所有特征向量是唯一的。这种不唯一性无关大碍，我们只需要这样一个矩阵 U 即可。

证明分解 $A = USV^t$

为了证明上述过程给出的确实就是分解 $A = USV^t$，首先回顾一个正交矩阵的转置也是它的逆（参见 9.1 节定理 9.10 的 (i)）。为了证明 $A = USV^t$，可以等价地证明 $AV = US$。

向量 $\mathbf{v}_1, \mathbf{v}_2, \cdots, \mathbf{v}_n$ 形成了 $\mathbb{R}^n$ 中的一组基，$i = 1, \cdots, k$，$A\mathbf{v}_i = s_i \mathbf{u}_i$。而当 $i = k+1, \cdots, n$ 时，则有 $A\mathbf{v}_i = \mathbf{0}$。只有 U 的前 k 列产生了乘积 US 中的非零元素，因此有

$$AV = A[\mathbf{v}_1\ \mathbf{v}_2\ \cdots\ \mathbf{v}_k\ \mathbf{v}_{k+1}\ \cdots\ \mathbf{v}_n]$$
$$= [A\mathbf{v}_1\ A\mathbf{v}_2\ \cdots\ A\mathbf{v}_k\ A\mathbf{v}_{k+1}\ \cdots\ A\mathbf{v}_n]$$
$$= [s_1\mathbf{u}_1\ s_2\mathbf{u}_2\ \cdots s_k\mathbf{u}_k\ \mathbf{0}\ \cdots\mathbf{0}]$$
$$= [\mathbf{u}_1\ \mathbf{u}_2\ \cdots\mathbf{u}_k\ \mathbf{0}\ \cdots\mathbf{0}] \begin{bmatrix} s_1 & 0 & \cdots & 0 & 0 & \cdots & 0 \\ 0 & \ddots & \ddots & \vdots & \vdots & & \vdots \\ \vdots & \ddots & \ddots & \vdots & \vdots & & \vdots \\ 0 & \cdots & 0 & s_k & 0 & \cdots & 0 \\ 0 & \cdots & \cdots & 0 & 0 & \cdots & 0 \\ \vdots & & & \vdots & \vdots & & \vdots \\ 0 & \cdots & \cdots & 0 & 0 & \cdots & 0 \end{bmatrix} = US$$

这样就完成了 A 的奇异值分解的构造。

例 2　求下面 5×3 矩阵的奇异值分解：

$$A = \begin{bmatrix} 1 & 0 & 1 \\ 0 & 1 & 0 \\ 0 & 1 & 1 \\ 0 & 1 & 0 \\ 1 & 1 & 0 \end{bmatrix}$$

解　在例 1 中我们看到 A 有奇异值 $s_1 = \sqrt{5}, s_2 = \sqrt{2}, s_3 = 1$，所以，

$$S = \begin{bmatrix} \sqrt{5} & 0 & 0 \\ 0 & \sqrt{2} & 0 \\ 0 & 0 & 1 \\ 0 & 0 & 0 \\ 0 & 0 & 0 \end{bmatrix}$$

矩阵 $A^t A$ 相应于特征值 $s_1 = \sqrt{5}, s_2 = \sqrt{2}$ 和 $s_3 = 1$ 的特征向量分别是 $(1,2,1)^t$，$(1,-1,1)^t$ 和 $(-1,0,1)^t$（见习题 5）。标准化这些向量并用它们作为矩阵 V 的列，得到

$$V = \begin{bmatrix} \frac{\sqrt{6}}{6} & \frac{\sqrt{3}}{3} & -\frac{\sqrt{2}}{2} \\ \frac{\sqrt{6}}{3} & -\frac{\sqrt{3}}{3} & 0 \\ \frac{\sqrt{6}}{6} & \frac{\sqrt{3}}{3} & \frac{\sqrt{2}}{2} \end{bmatrix} \quad \text{和} \quad V^t = \begin{bmatrix} \frac{\sqrt{6}}{6} & \frac{\sqrt{6}}{3} & \frac{\sqrt{6}}{6} \\ \frac{\sqrt{3}}{3} & -\frac{\sqrt{3}}{3} & \frac{\sqrt{3}}{3} \\ -\frac{\sqrt{2}}{2} & 0 & \frac{\sqrt{2}}{2} \end{bmatrix}$$

于是，U 的前三列为

$$\mathbf{u}_1 = \frac{1}{\sqrt{5}} \cdot A \left(\frac{\sqrt{6}}{6}, \frac{\sqrt{6}}{3}, \frac{\sqrt{6}}{6} \right)^t = \left(\frac{\sqrt{30}}{15}, \frac{\sqrt{30}}{15}, \frac{\sqrt{30}}{10}, \frac{\sqrt{30}}{15}, \frac{\sqrt{30}}{10} \right)^t,$$

$$\mathbf{u}_2 = \frac{1}{\sqrt{2}} \cdot A \left(\frac{\sqrt{3}}{3}, -\frac{\sqrt{3}}{3}, \frac{\sqrt{3}}{3} \right)^t = \left(\frac{\sqrt{6}}{3}, -\frac{\sqrt{6}}{6}, 0, -\frac{\sqrt{6}}{6}, 0 \right)^t,$$

$$\mathbf{u}_3 = 1 \cdot A \left(-\frac{\sqrt{2}}{2}, 0, \frac{\sqrt{2}}{2} \right)^t = \left(0, 0, \frac{\sqrt{2}}{2}, 0, -\frac{\sqrt{2}}{2} \right)^t$$

为了得到矩阵 U 的其余两列，我们首先需要两个向量 $\mathbf{x}_4$ 和 $\mathbf{x}_5$ 使得 $\{\mathbf{u}_1, \mathbf{u}_2, \mathbf{u}_3, \mathbf{x}_4, \mathbf{x}_5\}$ 是线性无关集。接下来我们用 Gram-Schmidt 过程得到 $\mathbf{u}_4$ 和 $\mathbf{u}_5$ 使得 $\{\mathbf{u}_1, \mathbf{u}_2, \mathbf{u}_3, \mathbf{u}_4, \mathbf{u}_5\}$ 是一个正交集。满足线性无关以及正交性的两个向量是

$$\mathbf{u}_4 = (1, 1, -1, 1, -1)^t \quad 和 \quad \mathbf{u}_5 = (0, 1, 0, -1, 0)^t$$

标准化向量 $\mathbf{u}_i$，$i = 1,2,3,4,5$，得到矩阵 U 和奇异值分解为

$$A = USV^t = \begin{bmatrix} \frac{\sqrt{30}}{15} & \frac{\sqrt{6}}{3} & 0 & \frac{\sqrt{5}}{5} & 0 \\ \frac{\sqrt{30}}{15} & -\frac{\sqrt{6}}{6} & 0 & \frac{\sqrt{5}}{5} & \frac{\sqrt{2}}{2} \\ \frac{\sqrt{30}}{10} & 0 & \frac{\sqrt{2}}{2} & -\frac{\sqrt{5}}{5} & 0 \\ \frac{\sqrt{30}}{15} & -\frac{\sqrt{6}}{6} & 0 & \frac{\sqrt{5}}{5} & -\frac{\sqrt{2}}{2} \\ \frac{\sqrt{30}}{10} & 0 & -\frac{\sqrt{2}}{2} & -\frac{\sqrt{5}}{5} & 0 \end{bmatrix} \begin{bmatrix} \sqrt{5} & 0 & 0 \\ 0 & \sqrt{2} & 0 \\ 0 & 0 & 1 \\ 0 & 0 & 0 \\ 0 & 0 & 0 \end{bmatrix}$$

$$\times \begin{bmatrix} \frac{\sqrt{6}}{6} & \frac{\sqrt{6}}{3} & \frac{\sqrt{6}}{6} \\ \frac{\sqrt{3}}{3} & -\frac{\sqrt{3}}{3} & \frac{\sqrt{3}}{3} \\ -\frac{\sqrt{2}}{2} & 0 & \frac{\sqrt{2}}{2} \end{bmatrix}$$

■

例 2 中较为困难的步骤是需要确定另外的两个向量 $\mathbf{x}_4$ 和 $\mathbf{x}_5$，它们形成一个线性无关集，我们可以在这个集合上使用 Gram-Schmidt 过程。我们将考虑另一个简单的方法。

求 U 的另一种方法

定理 9.26 中的 (v) 告诉我们矩阵 A^tA 的非零特征值与矩阵 AA^t 的相同。而且，对称矩阵 A^tA 和 AA^t 相应的特征向量分别形成了 $\mathbb{R}^n$ 和 $\mathbb{R}^m$ 的完全的标准正交子集。于是正如上面所描述的，矩阵 A^tA 的 n 个特征向量的标准正交集形成了 V 的列，同样，矩阵 AA^t 的 m 个特征向量的标准正交集形成了 U 的列。

总之，为了求 $m \times n$ 矩阵 A 的奇异值分解，我们能够：

● 求出对称矩阵 A^tA 的所有特征值 $s_1^2 \geqslant s_2^2 \geqslant \cdots \geqslant s_k^2 \geqslant s_{k+1} = \cdots = s_n = 0$，并将它们的正平方根 s_i^2 作为 $m \times n$ 矩阵 S 的对角元素 $(S)_{ii}$。

● 求出矩阵 A^tA 的一组标准正交的特征向量 $\{\mathbf{v}_1, \mathbf{v}_2, \cdots, \mathbf{v}_n\}$，它们与前面的特征值对应，并用这些向量为列构造 $n \times n$ 矩阵的正交矩阵 V。

● 求出矩阵 AA^t 相应于特征值的一组标准正交的特征向量 $\{\mathbf{u}_1, \mathbf{u}_2, \cdots, \mathbf{u}_m\}$，并用这些向量为列构造 $m \times m$ 矩阵的正交矩阵 U。

于是，就得到了 A 的奇异值分解 $A = USV^t$。

例 3　考虑下面的 5×3 矩阵：

$$A = \begin{bmatrix} 1 & 0 & 1 \\ 0 & 1 & 0 \\ 0 & 1 & 1 \\ 0 & 1 & 0 \\ 1 & 1 & 0 \end{bmatrix}$$

通过 AA^t 的特征向量来构造 U，并求它的奇异值分解。

解　我们有

$$AA^t = \begin{bmatrix} 1 & 0 & 1 \\ 0 & 1 & 0 \\ 0 & 1 & 1 \\ 0 & 1 & 0 \\ 1 & 1 & 0 \end{bmatrix} \begin{bmatrix} 1 & 0 & 0 & 0 & 1 \\ 0 & 1 & 1 & 1 & 1 \\ 1 & 0 & 1 & 0 & 0 \end{bmatrix} = \begin{bmatrix} 2 & 0 & 1 & 0 & 1 \\ 0 & 1 & 1 & 1 & 1 \\ 1 & 1 & 2 & 1 & 1 \\ 0 & 1 & 1 & 1 & 1 \\ 1 & 1 & 1 & 1 & 2 \end{bmatrix}$$

它和 A^tA 有相同的非零特征值，即 $\lambda_1 = 5, \lambda_2 = 2$ 和 $\lambda_3 = 1$，此外还有 $\lambda_4 = 0$ 和 $\lambda_5 = 0$。相应于这些特征值的特征向量分别是

$$\mathbf{x}_1 = (2, 2, 3, 2, 3)^t, \quad \mathbf{x}_2 = (2, -1, 0, -1, 0)^t,$$
$$\mathbf{x}_3 = (0, 0, 1, 0, -1)^t, \quad \mathbf{x}_4 = (1, 2, -1, 0, -1)^t$$

以及 $\mathbf{x}_5 = (0, 1, 0, -1, 0)^t$。

因为 $\{\mathbf{x}_1, \mathbf{x}_2, \mathbf{x}_3, \mathbf{x}_4\}$ 和 $\{\mathbf{x}_1, \mathbf{x}_2, \mathbf{x}_3, \mathbf{x}_5\}$ 都是属于对称矩阵 AA^t 的不同特征值的特征向量，所以都是正交集。但是，$\mathbf{x}_4$ 与 $\mathbf{x}_5$ 并不正交。我们将保留 $\mathbf{x}_4$，用它来构造 U，并确定正交集中需要的第五个向量。为此，我们采用定理 9.8 给出的 Gram-Schmidt 正交化过程。利用定理中的记号，则有

$$\mathbf{v}_1 = \mathbf{x}_1, \mathbf{v}_2 = \mathbf{x}_2, \mathbf{v}_3 = \mathbf{x}_3, \mathbf{v}_4 = \mathbf{x}_4$$

因为除 $\mathbf{x}_5$ 外，向量 $\mathbf{x}_4$ 与其他的向量都正交，所以有

$$\mathbf{v}_5 = \mathbf{x}_5 - \frac{\mathbf{v}_4^t \mathbf{x}_5}{\mathbf{v}_4^t \mathbf{v}_4} \mathbf{v}$$

$$= (0, 1, 0, -1, 0)^t - \frac{(1, 2, -1, 0, -1) \cdot (0, 1, 0, -1, 0)^t}{\|(1, 2, -1, 0, -1)^t\|_2^2} (1, 2, -1, 0, -1)$$

$$= (0, 1, 0, -1, 0)^t - \frac{2}{7}(1, 2, -1, 0, -1)^t = -\frac{1}{7}(2, -3, -2, 7, -2)^t$$

很容易验证 $\mathbf{v}_5$ 与 $\mathbf{v}_4 = \mathbf{x}_4$ 向量正交，它也与集合 $\{\mathbf{v}_1, \mathbf{v}_2, \mathbf{v}_3\}$ 中的向量正交，这是因为它是向量 $\mathbf{x}_4$ 和 $\mathbf{x}_5$ 的线性组合。标准化这些向量，并以它们为列就构造出奇异值分解中的矩阵 U。于是，

$$U = [\mathbf{u}_1, \mathbf{u}_2, \mathbf{u}_3, \mathbf{u}_4, \mathbf{u}_5] = \begin{bmatrix} \frac{\sqrt{30}}{15} & \frac{\sqrt{6}}{3} & 0 & \frac{\sqrt{7}}{7} & \frac{\sqrt{70}}{35} \\ \frac{\sqrt{30}}{15} & -\frac{\sqrt{6}}{6} & 0 & \frac{2\sqrt{7}}{7} & -\frac{3\sqrt{70}}{70} \\ \frac{\sqrt{30}}{10} & 0 & \frac{\sqrt{2}}{2} & -\frac{\sqrt{7}}{7} & -\frac{\sqrt{70}}{35} \\ \frac{\sqrt{30}}{15} & -\frac{\sqrt{6}}{6} & 0 & 0 & \frac{\sqrt{70}}{10} \\ \frac{\sqrt{30}}{10} & 0 & -\frac{\sqrt{2}}{2} & -\frac{\sqrt{7}}{7} & -\frac{\sqrt{70}}{35} \end{bmatrix}$$

这个 U 与例 2 中的并不相同，但它也给出了 A 的奇异值分解 $A = USV^t$，其中的 S 和 V 与例 2 中的相同。　　　　　　　　　　　　　　　　　　　　　　　　　　　■

最小二乘逼近

奇异值分解在许多领域都有应用，其中之一是用于在数据拟合中求最小二乘多项式。设 A 是一个 $m \times n$ 矩阵，其中 $m > n$，而 $\mathbf{b}$ 是 $\mathbb{R}^m$ 中的一个向量。最小二乘法的目标是在 $\mathbb{R}^n$ 中求向量 $\mathbf{x}$，使得量 $\|A\mathbf{x} - \mathbf{b}\|_2$ 达到最小。

假设 A 的奇异值分解是已知的，即

$$A = U S V^t$$

其中，U 是一个 $m \times m$ 的正交矩阵，V 是一个 $n \times n$ 的正交矩阵，S 是一个 $m \times n$ 的对角矩阵，它的对角元素是 A 的奇异值，按照降序排列，其他元素是零。因为 U 和 V 都是正交矩阵，我们有 $U^{-1} = U^t$，$V^{-1} = V^t$，由 9.2 节中定理 9.10 的 (iii) 可知，U 和 V 都是 l_2 保范的。于是，

$$||A\mathbf{x} - \mathbf{b}||_2 = ||U S V^t \mathbf{x} - U U^t \mathbf{b}||_2 = ||S V^t \mathbf{x} - U^t \mathbf{b}||_2$$

令 $\mathbf{z} = V^t \mathbf{x}$ 和 $\mathbf{c} = U^t \mathbf{b}$，则

$$||A\mathbf{x} - \mathbf{b}||_2 = ||(s_1 z_1 - c_1, s_2 z_2 - c_2, \cdots, s_k z_k - c_k, -c_{k+1}, \cdots, -c_m)^t||_2$$

$$= \left\{ \sum_{i=1}^{k} (s_i z_i - c_i)^2 + \sum_{i=k+1}^{m} (c_i)^2 \right\}^{1/2}$$

当向量 $\mathbf{z}$ 如下选取时范数达到最小：

$$z_i = \begin{cases} \dfrac{c_i}{s_i}, & \text{当 } i \leqslant k \text{ 时}, \\[2mm] \text{任意}, & \text{当 } k < i \leqslant n \text{时} \end{cases}$$

因为向量 $\mathbf{c} = U^t \mathbf{b}$ 和 $\mathbf{x} = V\mathbf{z}$ 都非常容易计算，所以最小二乘解是非常容易得到的。

例 4　对表 9.5 中给出的数据，利用奇异值分解方法，计算次数为 2 的最小二乘多项式。

解　像 8.1 节例 2 一样，这个问题需要解正规方程。这里首先需要确定 A、$\mathbf{x}$ 和 $\mathbf{b}$ 的适当形式。在 8.1 节的例 2 中，问题描述成求 a_0、a_1 和 a_2，使得

$$P_2(x) = a_0 + a_1 x + a_2 x^2$$

为了写成矩阵的形式，记

表 9.5

i	x_i	y_i
1	0	1.0000
2	0.25	1.2840
3	0.50	1.6487
4	0.75	2.1170
5	1.00	2.7183

$$\mathbf{x} = \begin{bmatrix} a_0 \\ a_1 \\ a_2 \end{bmatrix}, \quad \mathbf{b} = \begin{bmatrix} y_0 \\ y_1 \\ y_2 \\ y_3 \\ y_4 \end{bmatrix} = \begin{bmatrix} 1.0000 \\ 1.2840 \\ 1.6487 \\ 2.1170 \\ 2.7183 \end{bmatrix},$$

$$A = \begin{bmatrix} 1 & x_0 & x_0^2 \\ 1 & x_1 & x_1^2 \\ 1 & x_2 & x_2^2 \\ 1 & x_3 & x_3^2 \\ 1 & x_4 & x_4^2 \end{bmatrix} = \begin{bmatrix} 1 & 0 & 0 \\ 1 & 0.25 & 0.0625 \\ 1 & 0.5 & 0.25 \\ 1 & 0.75 & 0.5625 \\ 1 & 1 & 1 \end{bmatrix}$$

矩阵 A 的奇异值分解为 $A = U S V^t$，其中

$$U = \begin{bmatrix} -0.2945 & -0.6327 & 0.6314 & -0.0143 & -0.3378 \\ -0.3466 & -0.4550 & -0.2104 & 0.2555 & 0.7505 \\ -0.4159 & -0.1942 & -0.5244 & -0.6809 & -0.2250 \\ -0.5025 & 0.1497 & -0.3107 & 0.6524 & -0.4505 \\ -0.6063 & 0.5767 & 0.4308 & -0.2127 & 0.2628 \end{bmatrix},$$

$$S = \begin{bmatrix} 2.7117 & 0 & 0 \\ 0 & 0.9371 & 0 \\ 0 & 0 & 0.1627 \\ 0 & 0 & 0 \\ 0 & 0 & 0 \end{bmatrix}, \quad V^t = \begin{bmatrix} -0.7987 & -0.4712 & -0.3742 \\ -0.5929 & 0.5102 & 0.6231 \\ 0.1027 & -0.7195 & 0.6869 \end{bmatrix}$$

所以，

$$\mathbf{c} = U^t \begin{bmatrix} y_0 \\ y_1 \\ y_2 \\ y_3 \\ y_4 \end{bmatrix} = \begin{bmatrix} -0.2945 & -0.6327 & 0.6314 & -0.0143 & -0.3378 \\ -0.3466 & -0.4550 & -0.2104 & 0.2555 & 0.7505 \\ -0.4159 & -0.1942 & -0.5244 & -0.6809 & -0.2250 \\ -0.5025 & 0.1497 & -0.3107 & 0.6524 & -0.4505 \\ -0.6063 & 0.5767 & 0.4308 & -0.2127 & 0.2628 \end{bmatrix}^t \begin{bmatrix} 1 \\ 1.284 \\ 1.6487 \\ 2.117 \\ 2.7183 \end{bmatrix}$$

$$= \begin{bmatrix} -4.1372 \\ 0.3473 \\ 0.0099 \\ -0.0059 \\ 0.0155 \end{bmatrix}$$

$\mathbf{z}$ 的分量为

$$z_1 = \frac{c_1}{s_1} = \frac{-4.1372}{2.7117} = -1.526, \quad z_2 = \frac{c_2}{s_2} = \frac{0.3473}{0.9371} = 0.3706,$$

$$z_3 = \frac{c_3}{s_3} = \frac{0.0099}{0.1627} = 0.0609$$

因此，最小二乘多项式 $P_2(x)$ 的系数为

$$\begin{bmatrix} a_0 \\ a_1 \\ a_2 \end{bmatrix} = \mathbf{x} = V\mathbf{z} = \begin{bmatrix} -0.7987 & -0.5929 & 0.1027 \\ -0.4712 & 0.5102 & -0.7195 \\ -0.3742 & 0.6231 & 0.6869 \end{bmatrix} \begin{bmatrix} -1.526 \\ 0.3706 \\ 0.0609 \end{bmatrix} = \begin{bmatrix} 1.005 \\ 0.8642 \\ 0.8437 \end{bmatrix}$$

它们与 8.1 节例 2 中的结果一致。用这些值得到的最小二乘误差同样也是用 $\mathbf{c}$ 中的最后两个分量得到的误差，为

$$\|A\mathbf{x} - \mathbf{b}\|_2 = \sqrt{c_4^2 + c_5^2} = \sqrt{(-0.0059)^2 + (0.0155)^2} = 0.0165 \qquad ■$$

其他应用

　　奇异值分解在许多应用中之所以重要，是因为它让我们得到了一个 $m \times n$ 矩阵的最重要特征，而使用的矩阵规模通常都是非常小的。因为列在 S 的对角线上的奇异值是降序排列的，而且只有前 k 行及列非零，这就得到了矩阵 A 的最好的可能近似。为了说明这点，我们绘制了图 9.3，它显示了 $m \times n$ 矩阵 A 的奇异值分解。

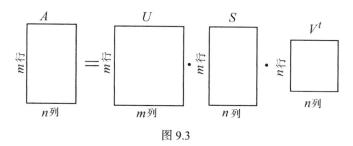

图 9.3

　　可以将 $n \times n$ 矩阵 S 替换成 $k \times k$ 矩阵 S_k，它包含了最重要的奇异值，就是那些非零的奇异值，或者还不包括那些非常小的奇异值。

　　分别再确定相应的 $k \times n$ 矩阵 U_k 和 $m \times k$ 矩阵 V_k^t，根据奇异值分解的过程，这由图 9.4 中的阴影部分来显示。

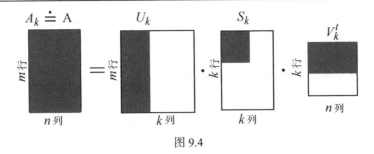

图 9.4

新的矩阵 $A_k = U_k S_k V_k^t$ 的大小仍然是 $m \times n$，并且需要 $m \cdot n$ 个存储单元来表示它。但是，在分解后的形式里，存储要求为：U_k 是 mk，S_k 是 k，V_k^t 是 $n \cdot k$，总共是 $k(m+n+1)$。

如果假设 $m = 2n$，$k = n/3$，则原矩阵 A 包含 $mn = 2n^2$ 个元素需要存储，但是，分解后产生的 A_k 仅包含 U_k 的 $mk = 2n^2/3$ 个、S_k 的 k 个和 V_k^t 的 $nk = n^2/3$ 个元素需要存储，它们的总和是 $(n/3)(3n^2+1)$ 个。这大约节约了 50% 的存储空间，我们也称之为**数据压缩**。

示例　在例 2 中，我们已经得到了奇异值分解：

$$A = U S V^t = \begin{bmatrix} \frac{\sqrt{30}}{15} & \frac{\sqrt{6}}{3} & 0 & \frac{\sqrt{5}}{5} & 0 \\ \frac{\sqrt{30}}{15} & -\frac{\sqrt{6}}{6} & 0 & \frac{\sqrt{5}}{5} & \frac{\sqrt{2}}{2} \\ \frac{\sqrt{30}}{10} & 0 & \frac{\sqrt{2}}{2} & -\frac{\sqrt{5}}{5} & 0 \\ \frac{\sqrt{30}}{15} & -\frac{\sqrt{6}}{6} & 0 & \frac{\sqrt{5}}{5} & -\frac{\sqrt{2}}{2} \\ \frac{\sqrt{30}}{10} & 0 & -\frac{\sqrt{2}}{2} & -\frac{\sqrt{5}}{5} & 0 \end{bmatrix} \begin{bmatrix} \sqrt{5} & 0 & 0 \\ 0 & \sqrt{2} & 0 \\ 0 & 0 & 1 \\ 0 & 0 & 0 \\ 0 & 0 & 0 \end{bmatrix} \begin{bmatrix} \frac{\sqrt{6}}{6} & \frac{\sqrt{6}}{3} & \frac{\sqrt{6}}{6} \\ \frac{\sqrt{3}}{3} & -\frac{\sqrt{3}}{3} & \frac{\sqrt{3}}{3} \\ -\frac{\sqrt{2}}{2} & 0 & \frac{\sqrt{2}}{2} \end{bmatrix}$$

考虑与这个分解相对应的约化矩阵：

$$U_3 = \begin{bmatrix} \frac{\sqrt{30}}{15} & \frac{\sqrt{6}}{3} & 0 \\ \frac{\sqrt{30}}{15} & -\frac{\sqrt{6}}{6} & 0 \\ \frac{\sqrt{30}}{10} & 0 & \frac{\sqrt{2}}{2} \\ \frac{\sqrt{30}}{15} & -\frac{\sqrt{6}}{6} & 0 \\ \frac{\sqrt{30}}{10} & 0 & -\frac{\sqrt{2}}{2} \end{bmatrix}, \quad S_3 = \begin{bmatrix} \sqrt{5} & 0 & 0 \\ 0 & \sqrt{2} & 0 \\ 0 & 0 & 1 \end{bmatrix},$$

$$V_3^t = \begin{bmatrix} \frac{\sqrt{6}}{6} & \frac{\sqrt{6}}{3} & \frac{\sqrt{6}}{6} \\ \frac{\sqrt{3}}{3} & -\frac{\sqrt{3}}{3} & \frac{\sqrt{3}}{3} \\ -\frac{\sqrt{2}}{2} & 0 & \frac{\sqrt{2}}{2} \end{bmatrix}$$

于是有

$$S_3 V_3^t = \begin{bmatrix} \frac{\sqrt{30}}{6} & \frac{\sqrt{30}}{3} & \frac{\sqrt{30}}{6} \\ \frac{\sqrt{6}}{3} & -\frac{\sqrt{6}}{3} & \frac{\sqrt{6}}{3} \\ -\frac{\sqrt{2}}{2} & 0 & \frac{\sqrt{2}}{2} \end{bmatrix} \quad \text{和} \quad A_3 = U_3 S_3 V_3^t = \begin{bmatrix} 1 & 0 & 1 \\ 0 & 1 & 0 \\ 0 & 1 & 1 \\ 0 & 1 & 0 \\ 1 & 1 & 0 \end{bmatrix} \quad ■$$

因为示例中的运算都是精确的，所以矩阵 A_3 和原矩阵 A 是完全相等的。通常情况下都是使用有限位数字算术，因此无法期望二者完全相同。我们只是希望数据压缩后的矩阵 A_k 和原矩阵 A 没有重大的差异，而这与矩阵 A 的奇异值的相对大小有关。当 A 的秩是 k 时，这不会变坏，因为原矩阵 A 只有 k 行是线性无关的。理论上讲，矩阵 A 能够化简成一个它的后 $m-k$ 行或后 $n-k$ 列全为零元素的矩阵。当 k 比原矩阵 A 的秩小时，A_k 将不同于 A，但这常常不是有害的。

考虑当 A 是灰度照片中的像素矩阵的情形，也许该照片来自远距离拍摄，例如卫星拍摄的地球照片的一部分，照片很可能包含噪声，也就是说，数据并不真正代表图像，而是代表了被大气粒子以及镜头的质量问题和复制过程等因素污损的图像。噪声数据是和 A 中数据混合在一起的，但我们期望它比真实图像小很多。我们期望大的奇异值代表了真实图像，而那些小的接近于零的奇异值则是噪声的贡献。通过进行奇异值分解，它只保留那些高于某一阈值的奇异值，这样我们就有可能消除噪声，而实际上得到一个比原矩阵小且更真实的图像(更详细的内容请参见[AP]，尤其是图 3)。

奇异值的其他重要应用还包括有效计算方阵的条件数(见习题 19)，有效计算一个矩阵的秩，以及消除信号噪声。关于这个主题的更多内容以及奇异值分解的几何解释，请参见 Kalman 的综述性论文[Ka]以及其中的参考文献。该理论的更完整和更广泛的研究，请参考 Golub 和 Van Loan[GV]。

习题 9.6

1. 求下列矩阵的奇异值。

   a. $A = \begin{bmatrix} 2 & 1 \\ 1 & 0 \end{bmatrix}$

   b. $A = \begin{bmatrix} 2 & 1 \\ 1 & 1 \\ 0 & 1 \end{bmatrix}$

   c. $A = \begin{bmatrix} 2 & 1 \\ -1 & 1 \\ 1 & 1 \\ 2 & -1 \end{bmatrix}$

   d. $A = \begin{bmatrix} 1 & 1 & 0 \\ -1 & 0 & 1 \\ 0 & 1 & -1 \\ 1 & 1 & -1 \end{bmatrix}$

2. 求下列矩阵的奇异值。

   a. $A = \begin{bmatrix} -1 & 1 \\ 1 & 1 \end{bmatrix}$

   b. $A = \begin{bmatrix} 1 & 1 & 0 \\ 1 & 0 & 1 \\ 0 & 1 & 1 \end{bmatrix}$

   c. $A = \begin{bmatrix} 1 & -1 \\ 1 & 1 \\ 0 & 1 \\ 1 & 0 \\ -1 & 1 \end{bmatrix}$

   d. $A = \begin{bmatrix} 0 & 1 & 1 \\ 0 & 1 & 0 \\ 1 & 1 & 0 \\ 0 & 1 & 0 \\ 1 & 0 & 1 \end{bmatrix}$

3. 求习题 1 中矩阵的奇异值分解。

4. 求习题 2 中矩阵的奇异值分解。

5. 设 A 是例 2 中给出的矩阵。证明 $(1,2,1)^t$，$(1,-1,1)^t$ 以及 $(-1,0,1)^t$ 分别是矩阵 A^tA 对应于特征值 $\lambda_1 = 5$，$\lambda_2 = 2$ 和 $\lambda_3 = 1$ 的特征向量。

应用型习题

6. 给出如下数据：

x_i	1.0	2.0	3.0	4.0	5.0
y_i	1.3	3.5	4.2	5.0	7.0

   a. 用奇异值分解方法来计算次数为 1 的最小二乘多项式逼近。

   b. 用奇异值分解方法来计算次数为 2 的最小二乘多项式逼近。

7. 给出如下数据：

x_i	1.0	1.1	1.3	1.5	1.9	2.1
y_i	1.84	1.96	2.21	2.45	2.94	3.18

   a. 用奇异值分解方法来计算次数为 2 的最小二乘多项式逼近。

   b. 用奇异值分解方法来计算次数为 3 的最小二乘多项式逼近。

8. 利用大堡礁抽样的部分数据，P. Sale 和 R. Dybdahl[SD]进行了线性最小二乘多项式拟合，得到了鱼的数量和鱼种类的数量之间的关系。该数据列于下表，是经过两年的时间周期采集到的。设 x 是样品中鱼的数量，而 y 是样品中鱼的种类的数量。

x	y	x	y	x	y
13	11	29	12	60	14
15	10	30	14	62	21
16	11	31	16	64	21
21	12	36	17	70	24
22	12	40	13	72	17
23	13	42	14	100	23
25	13	55	22	130	34

对这些数据，计算线性最小二乘多项式。

9. 下面的数据是美国参议院反垄断委员会给出的，它比较了不同类型车辆的事故存活率特征。求出逼近这些数据的 2 次最小二乘多项式。(表中数据是造成严重或最严重致命伤害事故的车辆的百分比。)

类型	平均重量	发生事故的百分比
1. 国产豪华型	4800 lb	3.1
2. 国产中型	3700 lb	4.0
3. 国产经济型	3400 lb	5.2
4. 国产紧凑型	2800 lb	6.4
5. 进口紧凑型	1900 lb	9.6

理论型习题

10. 假设 A 是一个 $m \times n$ 矩阵。证明：$\text{Rank}(A)$ 与 $\text{Rank}(A^t)$ 相同。

11. 证明：$\text{Nullity}(A) = \text{Nullity}(A^t)$，当且仅当 A 是方阵。

12. 设 A 的奇异值分解是 $A = USV^t$。给出 A^t 的奇异值分解并证明之。

13. 设 A 的奇异值分解是 $A = USV^t$。证明：$\text{Rank}(A) = \text{Rank}(S)$。

14. 设 $m \times n$ 矩阵 A 的奇异值分解是 $A = USV^t$。用 $\text{Rank}(S)$ 来表示 $\text{Nullity}(A)$。

15. 设 $n \times n$ 矩阵 A 的奇异值分解是 $A = USV^t$。证明：A^{-1} 存在，当且仅当 S^{-1} 存在。如果 A 的逆存在，给出 A^{-1} 的奇异值分解。

16. 定理 9.26 的 (ii) 说明 $\text{Nullity}(A) = \text{Nullity}(A^tA)$。请问 $\text{Nullity}(A) = \text{Nullity}(AA^t)$ 也成立吗？

17. 定理 9.26 的 (iii) 说明 $\text{Rank}(A) = \text{Rank}(A^tA)$。请问 $\text{Rank}(A) = \text{Rank}(AA^t)$ 也成立吗？

18. 证明：如果 A 是一个 $m \times n$ 矩阵，P 是一个 $n \times n$ 正交矩阵，则 AP 和 A 有相同的奇异值。

19. 证明：如果 A 是一个 $n \times n$ 非奇异矩阵，它的奇异值为 $s_1, s_2, \cdots, s_n$，则 A 的 l_2 条件数是 $K_2(A) = (s_1/s_n)^2$。

20. 利用习题 19 的结论计算习题 1 和习题 2 中非奇异方阵的条件数。

讨论问题

1. 一个线性方程组 $A\mathbf{x} = b$，如果它的方程数目多于未知元的数目，则称之为超定线性方程组。当一个超定线性方程组的解存在时，如何使用奇异值分解来求解此方程组？

2. 在许多应用中，奇异值分解的重要性是因为我们能用一个规模很小的矩阵来表现 $m \times n$ 矩阵的最重要特征。找出更多该方法应用的例子。

3. 提供一些关于最小二乘逼近如何用于不同领域的例子。例如，你可以选取诸如电学、计算机工程、统计学和经济学等领域中的例子。

9.7 数值软件

IMSL 程序库和 NAG 程序库中的子程序，以及 Netlib 和 MATLAB、Maple、Mathematica 等大型商业软件，都是以 1.4 节讨论过的 EISPACK 和 LAPACK 软件包为基础的。通常，这些子程序能够将一个矩阵变换为某种合适的形式，它用于 QR 方法或者它的某个修正，如 QL 方法。这些子程序近似求出矩阵所有的特征值以及它们对应的特征向量。非对称矩阵通常被施以平衡法，从而使得每行元素的和与每列元素的和几乎相等。接下来使用 Householder 方法产生一个相似的上 Hessenberg 矩阵，这样就可以使用 QR 方法或者 QL 方法来计算特征值了。也有子程序可以求矩阵的 Schur 分解 $S D S^t$，其中 S 是正交矩阵，D 是对角矩阵，而 A 的所有特征值就位于 D 的对角线上，而相应的特征向量也能求出。对于一个对称矩阵，可以先计算一个相似的三对角矩阵，之后使用 QR 方法或者 QL 方法来求解特征值及其特征向量。

有一些专门的子程序用来求指定某范围内的所有特征值，或者只求最大及最小特征值。也有一些子程序是专门用来求特征值逼近的精度以及所使用方法对舍入误差的敏感性的。

MATLAB 的一个子程序基于隐式重启的 Arnoldi 方法，可以计算预先选定数目的特征值和特征向量，该方法是由 Sorensen 提出的[So]。在 Netlib 中包含了一个软件包，它能够求解大型稀疏矩阵的特征值问题，该子程序也采用隐式重启的 Arnoldi 方法。隐式重启的 Arnoldi 方法是一个 Krylov 子空间方法，该方法产生一个子空间序列，它们收敛到包含特征值的一个子空间。

讨论问题

1. 概述在 GSL 软件库中实施 SVD 的过程。
2. 简述 Apache Mahout 项目，并讨论它对 SVD 实施的意义。

关键概念

Geršgorin 圆盘	奇异值	QR 算法
正交矩阵	分解	标准正交向量
对称矩阵	正交向量	幂法
抽取法	相似变换	反幂法
Householder 方法	对称的幂法	Householder 变换
奇异值	Wielandt 抽取法	旋转矩阵

本章回顾

本章中讨论的主题是特征值与特征向量的近似求法，其首先是用一些方法将任意矩阵进行分解，分解的结果用于后续的近似方法中。

Geršgorin 圆盘给出了一个粗糙的近似，它实际上指出了一个矩阵的特征值的范围。幂法可以用来求任意一个矩阵 A 的最大特征值及其相对应的特征向量，如果矩阵 A 是对称的，对称的幂法可以更快地找到最大特征值及其对应的特征向量。给定一个数，反幂法用来求离这个数最近的特征值及其相对应的特征向量。一旦某特征值用某种其他方法计算得到之后，该方法也常常用来改进这个近似特征值并计算特征向量。

抽取法，如 Wielandt 抽取法，当最大特征值已经知道后，用来求其他的特征值。这些方法由于受到质疑舍入误差的影响，所以仅用来求较少的几个特征值。应该使用反幂法来改进用抽取法得到的近似特征值的精度。

基于相似变换的方法，如 Householder 方法，用来将一个对称矩阵变换成相似的三对角矩阵(或者，如果矩阵是非对称的，则变换后的矩阵是上 Hessenberg 矩阵)。接着就可以将像 QR 方法那样的技术用到三对角矩阵(或者上 Hessenberg 矩阵)，从而得到所有特征值的近似值，而相应的特征向量可以通过迭代方法来计算，如反幂法，或者修正的 QR 方法等，它们也能求所有的特征向量。我们将讨论限制在对称矩阵的情形，给出的 QR 方法也仅限于求对称矩阵的特征值。

奇异值分解在 9.6 节讨论，它用于将一个 $m \times n$ 矩阵分解成 USV^t 的形式，其中，U 是一个 $m \times m$ 的正交矩阵，V 是一个 $n \times n$ 的正交矩阵，S 是一个 $m \times n$ 的对角矩阵，即只有主对角线上的元素才可能不是零。这种分解有着很重要的应用，如图像处理、数据压缩、在求解最小二乘逼近时的超定方程组等。奇异值分解需要计算特征值和特征向量，因此用它来作为本章的结束是合适的。

Wilkinson[Wil2]和 Wilkinson 与 Reinsch[WR]的专著是研究矩阵特征值问题的经典著作。Stewart[Stew2]的书是一本非常好的讨论一般问题的书籍，Parlett[Par]的书只是针对对称矩阵的，而非对称问题的研究可以在 Saad[Sa1]的书中找到。

第 10 章　非线性方程组数值解

引言

　　在一块坚硬地基上有一片松软的、均匀的土壤，欲把一个大重物压到土壤中所需的压力可以通过将小的物体压入同质土壤的压力来测算。具体讲，设有一半径为 r 的圆形平板，将其压入软土中深 d 处，其中坚硬地基离地表的距离 $D > d$，此时所需的压力 p 可以用下面的方程来近似：

$$p = k_1 e^{k_2 r} + k_3 r$$

其中，k_1，k_2 和 k_3 是常数，它们依赖于 d 和土壤的均匀性，但不依赖于圆盘的半径。

　　该方程中有 3 个未知常数，因此我们采用 3 个不同半径的小的圆盘并将它们压入相同的深度，通过这种方式来确定要求支撑一个重物所需圆盘的最小半径。将能够达到所要求深度的负荷的重量记录下来，如下图所示。

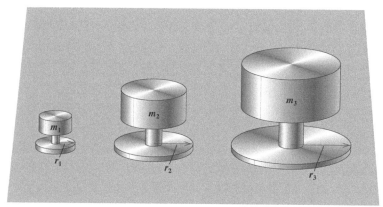

　　这样就得到了关于 3 个未知量 k_1，k_2 和 k_3 的 3 个非线性方程：

$$m_1 = k_1 e^{k_2 r_1} + k_3 r_1,$$

$$m_2 = k_1 e^{k_2 r_2} + k_3 r_2,$$

$$m_3 = k_1 e^{k_2 r_3} + k_3 r_3$$

当方程组是非线性时，通常需要采用数值方法来求解方程组。10.2 节习题 10 涉及这里所述类型方程的一个应用。

　　求解非线性方程组的问题时，通常都会用线性方程组的解来近似非线性方程组的解，这样可以避免求解非线性方程组。当这样做的结果并不能令人满意时，才考虑直接求解。最直接的方法是将第 2 章求解单变量非线性方程的方法改进成多变量与向量的情形。

　　第 2 章采用的主要工具是 Newton 法，这是一个二阶收敛的方法。这也是我们第一个修改用来求解非线性方程组的方法。当 Newton 法被修改成可以求解非线性方程组的情形时，应用起来代价非常昂贵。在 10.3 节，我们将介绍如何修改割线法用以代替 Newton 法，从而更方便使用，但却失去了 Newton 法的极端快速的收敛性。

　　10.4 节讨论了最速下降法，它只是线性收敛的，但它对初始值选取的要求比较宽松。它也常常被用来求 Newton 法或者拟 Newton 法的初始值。

在 10.5 节，我们将介绍延拓法。该方法使用一个参数将一个容易求解的问题的解连续变换成原非线性问题的解。

本章中很多理论结果的证明都被略去，因为涉及的方法通常都在高等微积分中研究过。这方面比较好的参考文献是 Ortega 的著作——*Numerical Analysis — A Second Course*[Or2]。更全面的参考文献是[OR]。

10.1　多元函数的不动点

考虑具有如下形式的非线性方程组：

$$
\begin{aligned}
f_1(x_1, x_2, \cdots, x_n) &= 0 \\
f_2(x_1, x_2, \cdots, x_n) &= 0 \\
&\vdots \qquad\qquad\vdots \\
f_n(x_1, x_2, \cdots, x_n) &= 0
\end{aligned}
\tag{10.1}
$$

其中每个函数 f_i 可以看成一个映射，它将 n 维空间 $\mathbb{R}^n$ 中的向量 $\mathbf{x} = (x_1, x_2, \cdots, x_n)^t$ 映射到实直线 $\mathbb{R}$。当 $n = 2$ 时，非线性方程组的几何意义如图 10.1 所示。

通过定义一个 $\mathbb{R}^n$ 到 $\mathbb{R}^n$ 的函数（映射）$\mathbf{F}$：

$$
\mathbf{F}(x_1, x_2, \cdots, x_n) = (f_1(x_1, x_2, \cdots, x_n), f_2(x_1, x_2, \cdots, x_n), \cdots, f_n(x_1, x_2, \cdots, x_n))^t
$$

如果用向量记号来表示 n 个变量 $x_1, x_2, \cdots, x_n$，则可以把非线性方程组 (10.1) 表示成下面的形式：

$$
\mathbf{F}(\mathbf{x}) = \mathbf{0}
\tag{10.2}
$$

函数 $f_1, f_2, \cdots, f_n$ 叫作 $\mathbf{F}$ 的**坐标函数**。

例 1　将下面 3×3 非线性方程组

$$
3x_1 - \cos(x_2 x_3) - \frac{1}{2} = 0,
$$
$$
x_1^2 - 81(x_2 + 0.1)^2 + \sin x_3 + 1.06 = 0,
$$
$$
e^{-x_1 x_2} + 20x_3 + \frac{10\pi - 3}{3} = 0
$$

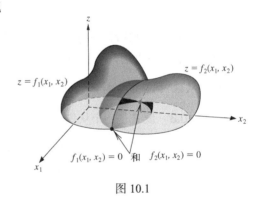

图 10.1

写成式 (10.2) 的形式。

解　定义从 $\mathbb{R}^3$ 到 $\mathbb{R}$ 的 3 个坐标函数 f_1, f_2 和 f_3 为

$$
f_1(x_1, x_2, x_3) = 3x_1 - \cos(x_2 x_3) - \frac{1}{2},
$$
$$
f_2(x_1, x_2, x_3) = x_1^2 - 81(x_2 + 0.1)^2 + \sin x_3 + 1.06,
$$
$$
f_3(x_1, x_2, x_3) = e^{-x_1 x_2} + 20x_3 + \frac{10\pi - 3}{3}
$$

因此，定义从 $\mathbb{R}^3$ 到 $\mathbb{R}^3$ 的函数 $\mathbf{F}$ 为

$$
\begin{aligned}
\mathbf{F}(\mathbf{x}) &= \mathbf{F}(x_1, x_2, x_3) \\
&= (f_1(x_1, x_2, x_3), f_2(x_1, x_2, x_3), f_3(x_1, x_2, x_3))^t \\
&= \left(3x_1 - \cos(x_2 x_3) - \frac{1}{2}, x_1^2 - 81(x_2 + 0.1)^2 \right. \\
&\qquad \left. + \sin x_3 + 1.06, e^{-x_1 x_2} + 20x_3 + \frac{10\pi - 3}{3} \right)^t
\end{aligned}
$$

在讨论形如式(10.1)或式(10.2)的非线性方程组的解之前，我们需要了解一些关于从 $\mathbb{R}^n$ 到 $\mathbb{R}^n$ 的函数的连续性和可微性的概念和结论。虽然这些概念和结论也能直接给出(见习题 14)，但是我们这里选择采用更具有理论难度的方式，来叙述从 $\mathbb{R}^n$ 到 $\mathbb{R}$ 的函数的连续性以及极限等相关概念。

定义 10.1 设 f 是一个定义在 $D \subset \mathbb{R}^n$ 上的函数，它将 D 映射到 $\mathbb{R}$。若函数 f 满足：对任意给定的数 $\varepsilon > 0$，存在数 $\delta > 0$，使得对所有满足

$$0 < ||\mathbf{x} - \mathbf{x}_0|| < \delta$$

的 $\mathbf{x}$，只要 $\mathbf{x} \in D$，就有

$$|f(\mathbf{x}) - L| < \varepsilon$$

则称函数 f 在 $\mathbf{x}_0$ 处有**极限** L，并记为

$$\lim_{\mathbf{x} \to \mathbf{x}_0} f(\mathbf{x}) = L$$

就像 7.1 节讨论的那样，极限的存在性与选取的具体范数无关。可以采用任何方便的方法来选取范数以满足该定义的条件。δ 的具体取值与范数的选取有关,但是 δ 的存在性却与范数的选取无关。

极限的概念允许我们来定义从 $\mathbb{R}^n$ 到 $\mathbb{R}$ 的函数的连续性。虽然可以使用各种不同的范数，但是函数的连续性也与范数的具体选取无关。

定义 10.2 设 f 是一个从集合 $D \subset \mathbb{R}^n$ 到 $\mathbb{R}$ 的函数。假设极限 $\lim_{\mathbf{x} \to \mathbf{x}_0} f(\mathbf{x})$ 存在，并且满足

$$\lim_{\mathbf{x} \to \mathbf{x}_0} f(\mathbf{x}) = f(\mathbf{x}_0)$$

则称 f 在点 $\mathbf{x}_0 \in D$ 处**连续**。更进一步，如果 f 在集合 D 的每一点处都连续，则称 f 在集合 D 上连续。这个概念也可以用符号 $f \in C(D)$ 来表示。

通过从 $\mathbb{R}^n$ 到 $\mathbb{R}$ 的坐标函数，我们可以定义从 $\mathbb{R}^n$ 到 $\mathbb{R}^n$ 的函数的极限和连续性概念。

定义 10.3 设 $\mathbf{F}$ 是一个从集合 $D \subset \mathbb{R}^n$ 到 $\mathbb{R}^n$ 的函数，它具有如下形式：

$$\mathbf{F}(\mathbf{x}) = (f_1(\mathbf{x}), f_2(\mathbf{x}), \cdots, f_n(\mathbf{x}))^t$$

其中，对每个 i，函数 f_i 是从 $\mathbb{R}^n$ 到 $\mathbb{R}$ 的一个映射。我们定义：

$$\lim_{\mathbf{x} \to \mathbf{x}_0} \mathbf{F}(\mathbf{x}) = \mathbf{L} = (L_1, L_2, \cdots, L_n)^t$$

当且仅当对每个 $i = 1, 2, \cdots, n$，有 $\lim_{\mathbf{x} \to \mathbf{x}_0} f_i(\mathbf{x}) = L_i$。

函数 $\mathbf{F}$ 如果满足 $\lim_{\mathbf{x} \to \mathbf{x}_0} \mathbf{F}(\mathbf{x})$ 和 $\lim_{\mathbf{x} \to \mathbf{x}_0} \mathbf{F}(\mathbf{x}) = \mathbf{F}(\mathbf{x}_0)$，则称 $\mathbf{F}$ 在 $\mathbf{x}_0 \in D$ 处**连续**。另外，如果 $\mathbf{F}$ 在集合 D 的每一点 $\mathbf{x}$ 处都连续，则称 $\mathbf{F}$ 在集合 D 上**连续**。这个概念可以用 $\mathbf{F} \in C(D)$ 表达。

对于从 $\mathbb{R}$ 到 $\mathbb{R}$ 的函数，如果它是可微的，则可以证明它是连续的(见定理 1.6)。虽然该定理已经将导数概念推广到多元函数的情形，但是对于多元函数的微分(或全微分)概念，因为太过复杂，我们这里不做讨论。这里只给出下面的结论，它是关于 n 元函数在一个给定点处偏导数与连续性之间关系的结果。

定理 10.4 设 f 是一个从 $D \subset \mathbb{R}^n$ 到 $\mathbb{R}$ 的函数，$\mathbf{x}_0 \in D$。假设 f 的所有偏导数存在，并且有常数 $\delta > 0$ 和 $K > 0$，使得只要 $\|\mathbf{x} - \mathbf{x}_0\| < \delta$ 和 $\mathbf{x} \in D$，就有

$$\left| \frac{\partial f(\mathbf{x})}{\partial x_j} \right| \leq K, \quad \text{对每个 } j = 1, 2, \cdots, n$$

则 f 在点 $\mathbf{x}_0$ 处连续。

$\mathbb{R}^n$ 中的不动点

在第 2 章，我们首先将求解方程 $f(x)=0$ 的问题转变成等价的不动点问题 $x=g(x)$，然后得到求解方程的迭代法。本章将针对从 $\mathbb{R}^n$ 到 $\mathbb{R}^n$ 的函数考虑类似的方法。

定义 10.5　一个从 $D \subset \mathbb{R}^n$ 到 $\mathbb{R}^n$ 的函数 $\mathbf{G}$，如果有一个点 $\mathbf{p} \in D$ 使得 $\mathbf{G}(\mathbf{p})=\mathbf{p}$，则称它有一个不动点。　　■

下面的结论是不动点定理 2.4 在 n 维情形的推广。该定理是压缩映射定理的特殊情形，其证明可在文献 [Or2],p.153 中找到。

定理 10.6　设 $D=\{(x_1,x_2,\cdots,x_n)^t \mid a_i \leqslant x_i \leqslant b_i,\ i=1,2,\cdots,n\}$，其中 $a_1,a_2,\cdots,a_n$ 和 $b_1,b_2,\cdots,b_n$ 是一些常数。假设 $\mathbf{G}$ 是一个从 $D \subset \mathbb{R}^n$ 到 $\mathbb{R}^n$ 的函数，并且满足当 $\mathbf{x} \in D$ 时有 $\mathbf{G}(\mathbf{x}) \in D$，则 $\mathbf{G}$ 在 D 中有一个不动点。

更进一步，如果假设 $\mathbf{G}$ 的所有分量函数都有连续的偏导数，并且存在常数 $K<1$，使得对每个 $j=1,2,\cdots,n$，以及每个分量函数 g_i，只要 $\mathbf{x} \in D$，就有

$$\left| \frac{\partial g_i(\mathbf{x})}{\partial x_j} \right| \leqslant \frac{K}{n}, \qquad 每当\ \mathbf{x} \in D$$

则从 D 中任意选取的点 $\mathbf{x}^{(0)}$ 出发，由下式

$$\mathbf{x}^{(k)}=G(\mathbf{x}^{(k-1)}), \qquad 对每个\ k \geqslant 1$$

定义的不动点序列 $\{\mathbf{x}^{(k)}\}_{k=0}^{\infty}$，收敛到唯一的不动点 $\mathbf{p} \in D$，且有

$$\left\| \mathbf{x}^{(k)}-\mathbf{p} \right\|_{\infty} \leqslant \frac{K^k}{1-K} \left\| \mathbf{x}^{(1)}-\mathbf{x}^{(0)} \right\|_{\infty} \tag{10.3}　■$$

例 2　通过从第 i 个方程中解出 x_i，将下面的非线性方程组

$$3x_1 - \cos(x_2 x_3) - \frac{1}{2}=0,$$

$$x_1^2 - 81(x_2+0.1)^2 + \sin x_3 + 1.06=0,$$

$$e^{-x_1 x_2} + 20x_3 + \frac{10\pi - 3}{3}=0$$

写成不动点的形式 $\mathbf{x}=\mathbf{G}(\mathbf{x})$。证明该方程组有唯一解位于区域

$$D=\{(x_1,x_2,x_3)^t \mid -1 \leqslant x_i \leqslant 1, \quad 对每个\ i=1,2,3\}$$

并从初始值 $\mathbf{x}^{(0)}=(0.1,0.1,-0.1)^t$ 出发进行迭代，直到 l_∞ 范数达到 10^{-5} 的精度。

解　从第 i 个方程中解出 x_i 得到下面的不动点问题：

$$x_1 = \frac{1}{3}\cos(x_2 x_3) + \frac{1}{6},$$

$$x_2 = \frac{1}{9}\sqrt{x_1^2 + \sin x_3 + 1.06} - 0.1, \tag{10.4}$$

$$x_3 = -\frac{1}{20}e^{-x_1 x_2} - \frac{10\pi - 3}{60}$$

通过定义 $\mathbf{G}(\mathbf{x})=(g_1(\mathbf{x}),g_2(\mathbf{x}),g_3(\mathbf{x}))^t$ 令 $\mathbf{G}:\mathbb{R}^3 \to \mathbb{R}^3$，其中，

$$g_1(x_1, x_2, x_3) = \frac{1}{3}\cos(x_2 x_3) + \frac{1}{6},$$

$$g_2(x_1, x_2, x_3) = \frac{1}{9}\sqrt{x_1^2 + \sin x_3 + 1.06} - 0.1,$$

$$g_3(x_1, x_2, x_3) = -\frac{1}{20}e^{-x_1 x_2} - \frac{10\pi - 3}{60}$$

由定理 10.4 和定理 10.6 可以证明 **G** 有唯一的不动点，它位于

$$D = \{(x_1, x_2, x_3)^t \mid -1 \leqslant x_i \leqslant 1, \qquad 对每个 \ i = 1, 2, 3\}$$

对 D 中的 $\mathbf{x} = (x_1, x_2, x_3)^t$，

$$|g_1(x_1, x_2, x_3)| \leqslant \frac{1}{3}|\cos(x_2 x_3)| + \frac{1}{6} \leqslant 0.50,$$

$$|g_2(x_1, x_2, x_3)| = \left|\frac{1}{9}\sqrt{x_1^2 + \sin x_3 + 1.06} - 0.1\right| \leqslant \frac{1}{9}\sqrt{1 + \sin 1 + 1.06} - 0.1 < 0.09$$

以及

$$|g_3(x_1, x_2, x_3)| = \frac{1}{20}e^{-x_1 x_2} + \frac{10\pi - 3}{60} \leqslant \frac{1}{20}e + \frac{10\pi - 3}{60} < 0.61$$

因此，对每个 $i = 1, 2, 3$，有

$$-1 \leqslant g_i(x_1, x_2, x_3) \leqslant 1$$

于是，只要 $\mathbf{x} \in D$ 就有 $\mathbf{G}(\mathbf{x}) \in D$。

计算 D 上各个偏导数的界得出

$$\left|\frac{\partial g_1}{\partial x_1}\right| = 0, \qquad \left|\frac{\partial g_2}{\partial x_2}\right| = 0, \qquad \left|\frac{\partial g_3}{\partial x_3}\right| = 0$$

以及

$$\left|\frac{\partial g_1}{\partial x_2}\right| \leqslant \frac{1}{3}|x_3| \cdot |\sin x_2 x_3| \leqslant \frac{1}{3}\sin 1 < 0.281, \quad \left|\frac{\partial g_1}{\partial x_3}\right| \leqslant \frac{1}{3}|x_2| \cdot |\sin x_2 x_3| \leqslant \frac{1}{3}\sin 1 < 0.281,$$

$$\left|\frac{\partial g_2}{\partial x_1}\right| = \frac{|x_1|}{9\sqrt{x_1^2 + \sin x_3 + 1.06}} < \frac{1}{9\sqrt{0.218}} < 0.238,$$

$$\left|\frac{\partial g_2}{\partial x_3}\right| = \frac{|\cos x_3|}{18\sqrt{x_1^2 + \sin x_3 + 1.06}} < \frac{1}{18\sqrt{0.218}} < 0.119,$$

$$\left|\frac{\partial g_3}{\partial x_1}\right| = \frac{|x_2|}{20}e^{-x_1 x_2} \leqslant \frac{1}{20}e < 0.14, \qquad \left|\frac{\partial g_3}{\partial x_2}\right| = \frac{|x_1|}{20}e^{-x_1 x_2} \leqslant \frac{1}{20}e < 0.14$$

因为 g_1, g_2 和 g_3 的偏导数在 D 上都有界，所以由定理 10.4 可以推出这些函数在 D 上都连续，从而 **G** 在 D 上连续。而且，对每个 $\mathbf{x} \in D$，下式成立：

$$\left|\frac{\partial g_i(\mathbf{x})}{\partial x_j}\right| \leqslant 0.281, \qquad 对每个 \ i = 1, 2, 3 \ 和 \ j = 1, 2, 3$$

定理 10.6 的第二部分的条件也成立，其中 $K = 3(0.281) = 0.843$。

用同样的方法可以证明对每个 $i = 1, 2, 3$ 和 $j = 1, 2, 3$，$\partial g_i / \partial x_j$ 在 D 上连续 (这是习题 13 中要考虑的问题)。从而，**G** 在 D 上有唯一的不动点，非线性方程组在 D 中有唯一解。

注意：**G** 在 D 内有唯一的不动点并不意味着原方程组的解在该区域内唯一，这是因为方程 (10.4) 中 x_2 的选取涉及求平方根。习题中的 5(d) 分析了如果在上述步骤中用负平方根来替代时的情形。

为了近似求不动点 **p**, 我们选取 $\mathbf{x}(0) = (0.1, 0.1, -0.1)^t$。由此产生的向量序列为

$$x_1^{(k)} = \frac{1}{3}\cos x_2^{(k-1)} x_3^{(k-1)} + \frac{1}{6},$$

$$x_2^{(k)} = \frac{1}{9}\sqrt{\left(x_1^{(k-1)}\right)^2 + \sin x_3^{(k-1)} + 1.06} - 0.1,$$

$$x_3^{(k)} = -\frac{1}{20}\mathrm{e}^{-x_1^{(k-1)} x_2^{(k-1)}} - \frac{10\pi - 3}{60}$$

它收敛到方程组(10.4)的唯一解。表 10.1 给出了直到满足以下误差限的前几步迭代结果:

$$\left\|\mathbf{x}^{(k)} - \mathbf{x}^{(k-1)}\right\|_\infty < 10^{-5}$$

表 10.1

k	$x_1^{(k)}$	$x_2^{(k)}$	$x_3^{(k)}$	$\left\|\mathbf{x}^{(k)} - \mathbf{x}^{(k-1)}\right\|_\infty$
0	0.10000000	0.10000000	-0.10000000	
1	0.49998333	0.00944115	-0.52310127	0.423
2	0.49999593	0.00002557	-0.52336331	9.4×10^{-3}
3	0.50000000	0.00001234	-0.52359814	2.3×10^{-4}
4	0.50000000	0.00000003	-0.52359847	1.2×10^{-5}
5	0.50000000	0.00000002	-0.52359877	3.1×10^{-7}

在前面的例子中, 我们可以使用误差界公式(10.3), 其中取 $K = 0.843$, 此时给出的结果为

$$\|\mathbf{x}^{(5)} - \mathbf{p}\|_\infty \leqslant \frac{(0.843)^5}{1 - 0.843}(0.423) < 1.15$$

它并没有给出 $\mathbf{x}^{(5)}$ 的真实精度。因为真实解是

$$\mathbf{p} = \left(0.5, 0, -\frac{\pi}{6}\right)^t \approx (0.5, 0, -0.5235987757)^t, \text{所以有} \|\mathbf{x}^{(5)} - \mathbf{p}\|_\infty \leqslant 2 \times 10^{-8}$$

加速收敛

加速不动点迭代收敛的方法之一是使用最新的近似 $x_1^{(k)}, \cdots, x_{i-1}^{(k)}$ 代替 $x_1^{(k-1)}, \cdots, x_{i-1}^{(k-1)}$ 来计算 $x_i^{(k)}$, 这和线性方程组中的 Gauss-Seidel 方法一样。上面例子中问题的分量方程则会变为

$$x_1^{(k)} = \frac{1}{3}\cos\left(x_2^{(k-1)} x_3^{(k-1)}\right) + \frac{1}{6},$$

$$x_2^{(k)} = \frac{1}{9}\sqrt{\left(x_1^{(k)}\right)^2 + \sin x_3^{(k-1)} + 1.06} - 0.1,$$

$$x_3^{(k)} = -\frac{1}{20}\mathrm{e}^{-x_1^{(k)} x_2^{(k)}} - \frac{10\pi - 3}{60}$$

使用初始 $\mathbf{x}^{(0)} = (0.1, 0.1, -0.1)^t$, 计算的结果列于表 10.2 中。

表 10.2

k	$x_1^{(k)}$	$x_2^{(k)}$	$x_3^{(k)}$	$\left\|\mathbf{x}^{(k)} - \mathbf{x}^{(k-1)}\right\|_\infty$
0	0.10000000	0.10000000	-0.10000000	
1	0.49998333	0.02222979	-0.52304613	0.423
2	0.49997747	0.00002815	-0.52359807	2.2×10^{-2}
3	0.50000000	0.00000004	-0.52359877	2.8×10^{-5}
4	0.50000000	0.00000000	-0.52359877	3.8×10^{-8}

迭代到 $\mathbf{x}^{(4)}$, 它的精度按 L_∞ 范数计算已经达到 10^{-7}, 因此在这个例子中使用 Gauss-Seidel 方法确实加快了收敛速度。然而, 这个方法并不总是能加快收敛速度的。

习题 10.1

1. 非线性方程组

$$-x_1(x_1 + 1) + 2x_2 = 18, \quad (x_1 - 1)^2 + (x_2 - 6)^2 = 25$$

有两个解。

a. 用绘图的方法近似求这两个解。

b. 将(a)中的值作为初始值，选取一个适当的不动点迭代来计算方程组的解，使其按 l_∞ 范数计算的误差小于 10^{-5}。

2. 非线性方程组

$$x_2^2 - x_1^2 + 4x_1 - 2 = 0, \quad x_1^2 + 3x_2^2 - 4 = 0$$

有两个解。

a. 用绘图的方法近似求这两个解。

b. 将(a)中的值作为初始值，选取一个适当的不动点迭代来计算方程组的解，使其按 l_∞ 范数计算的误差小于 10^{-5}。

3. 非线性方程组

$$x_1^2 - 10x_1 + x_2^2 + 8 = 0, \quad x_1 x_2^2 + x_1 - 10x_2 + 8 = 0$$

可以转化为不动点问题

$$x_1 = g_1(x_1, x_2) = \frac{x_1^2 + x_2^2 + 8}{10}, \quad x_2 = g_1(x_1, x_2) = \frac{x_1 x_2^2 + x_1 + 8}{10}$$

a. 用定理 10.6 证明：$\mathbf{G} = (g_1, g_2)^t$ 将 $D \subset \mathbb{R}^2$ 映射到 $\mathbb{R}^2$，并且有唯一的不动点，该不动点位于

$$D = \{(x_1, x_2)^t \mid 0 \leqslant x_1, x_2 \leqslant 1.5\}$$

b. 用不动点迭代近似求解方程，使其按 l_∞ 范数计算的误差小于 10^{-5}。

c. 使用 Gauss-Seidel 方法能加快收敛速度吗？

4. 非线性方程组

$$5x_1^2 - x_2^2 = 0, \quad x_2 - 0.25(\sin x_1 + \cos x_2) = 0$$

在 $\left(\frac{1}{4}, \frac{1}{4}\right)^t$ 附近有一个解。

a. 求一个函数 $\mathbf{G}$ 和 $\mathbb{R}^2$ 中的一个集合 D，使得 $\mathbf{G}: D \to \mathbb{R}^2$，并且 $\mathbf{G}$ 在 D 内有唯一的不动点。

b. 用不动点迭代近似求解方程，使其按 l_∞ 范数计算的误差小于 10^{-5}。

c. 使用 Gauss-Seidel 方法能加快收敛速度吗？

5. 对下列情形，利用定理 10.6 证明：$\mathbf{G}: D \subset \mathbb{R}^3 \to \mathbb{R}^3$ 在 D 内有唯一的不动点。用不动点迭代近似求解方程，使其按 l_∞ 范数计算的误差小于 10^{-5}。

a. $\mathbf{G}(x_1, x_2, x_3) = \left(\dfrac{\cos(x_2 x_3) + 0.5}{3}, \dfrac{1}{25} \sqrt{x_1^2 + 0.3125} - 0.03, \right.$

$$\left. -\frac{1}{20} e^{-x_1 x_2} - \frac{10\pi - 3}{60} \right)^t;$$

$$D = \{(x_1, x_2, x_3)^t \mid -1 \leqslant x_i \leqslant 1, i = 1, 2, 3\}$$

b. $\mathbf{G}(x_1, x_2, x_3) = \left(\dfrac{13 - x_2^2 + 4x_3}{15}, \dfrac{11 + x_3 - x_1^2}{10}, \dfrac{22 + x_2^3}{25} \right);$

$$D = \{(x_1, x_2, x_3)^t \mid 0 \leqslant x_1 \leqslant 1.5, i = 1, 2, 3\}$$

c.　$\mathbf{G}(x_1, x_2, x_3) = (1 - \cos(x_1 x_2 x_3),\ 1 - (1 - x_1)^{1/4} - 0.05 x_3^2 + 0.15 x_3,\ x_1^2$

$\qquad + 0.1 x_2^2 - 0.01 x_2 + 1)^t$;

$\qquad D = \{(x_1, x_2, x_3)^t \mid -0.1 \leqslant x_1 \leqslant 0.1,\ -0.1 \leqslant x_2 \leqslant 0.3,\ 0.5 \leqslant x_3 \leqslant 1.1\}$

d.　$\mathbf{G}(x_1, x_2, x_3) = \left(\dfrac{1}{3} \cos(x_2 x_3) + \dfrac{1}{6},\ -\dfrac{1}{9} \sqrt{x_1^2 + \sin x_3 + 1.06} - 0.1, \right.$

$\qquad \left. -\dfrac{1}{20} e^{-x_1 x_2} - \dfrac{10\pi - 3}{60} \right)^t$;

$\qquad D = \{(x_1, x_2, x_3)^t \mid -1 \leqslant x_i \leqslant 1,\ i = 1, 2, 3\}$

6. 用不动点迭代求下列非线性方程组的近似解，使其按 l_∞ 范数计算的误差小于 10^{-5}。

a.　$x_1^2 + x_2^2 - x_1 = 0$,　　　　　　　　　　b.　$\qquad 3 x_1^2 - x_2^2 = 0$,

　　$x_1^2 - x_2^2 - x_2 = 0$　　　　　　　　　　　　$3 x_1 x_2^2 - x_1^3 - 1 = 0$

c.　$\qquad x_1^2 + x_2 - 37 = 0$,　　　　　　　d.　$x_1^2 + 2 x_2^2 - x_2 - 2 x_3 = 0$,

　　　$x_1 - x_2^2 - 5 = 0$,　　　　　　　　　　　　$x_1^2 - 8 x_2^2 + 10 x_3 = 0$,

　　　$x_1 + x_2 + x_3 - 3 = 0$　　　　　　　　　　$\dfrac{x_1^2}{7 x_2 x_3} - 1 = 0$

7. 使用 Gauss-Seidel 方法近似计算习题 5 中的不动点，使其按 l_∞ 范数计算的误差小于 10^{-5}。

8. 用 Gauss-Seidel 方法重做习题 6。

应用型习题

9. 在 5.9 节习题 6 中，我们考虑了预测依赖于同种食物的两个竞争生物种群数量的变化。在这个问题中，我们假设生物种群数量的变化可以通过求解下面的微分方程组来预测：

$$\frac{\mathrm{d}x_1(t)}{\mathrm{d}t} = x_1(t)(4 - 0.0003 x_1(t) - 0.0004 x_2(t))$$

和

$$\frac{\mathrm{d}x_2(t)}{\mathrm{d}t} = x_2(t)(2 - 0.0002 x_1(t) - 0.0001 x_2(t))$$

在本题中，我们希望考虑两个种群数量的平衡点。数学上种群数量的平衡点必须同时满足下面的方程：

$$\frac{\mathrm{d}x_1(t)}{\mathrm{d}t} = 0 \ \text{和} \ \frac{\mathrm{d}x_2(t)}{\mathrm{d}t} = 0$$

这可能有两种情形发生：其一是第一个种群灭绝的同时第二个种群的数量达到 20 000，其二是第二个种群灭绝的同时第一个种群的数量达到 13 333。请问还有可能在其他的情况下达到平衡吗？

10. 3 个竞争种群数量的动态变化可由下面的方程刻画：

$$\frac{\mathrm{d}x_i(t)}{\mathrm{d}t} = r_i x_i(t) \left[1 - \sum_{i=1}^{3} \alpha_{ij} x_j(t) \right]$$

其中 $i = 1, 2, 3$，第 i 个种群在时间 t 的数量为 $x_i(t)$。第 i 个种群的增长率是 r_i，而 α_{ij} 表示第 j 个种群对第 i 个种群增长率的影响程度。假设 3 个种群的增长率都等于 r，通过适当的变换可以使得 $r = 1$。另外，我们假设种群 2 影响种群 1 的程度和种群 3 影响种群 2 的程度相同，也和种群 1 影响种群 3 的程度相同，从而有 $\alpha_{12} = \alpha_{23} = \alpha_{31}$，它们都等于 α，类似地，$\alpha_{21} = \alpha_{32} = \alpha_{13} = \beta$。可通过种群数量的标准化使得 $\alpha_{ii} = 1$。这样就产生了下面的微分方程组：

$$x_1'(t) = x_1(t) \left[1 - x_1(t) - \alpha x_2(t) - \beta x_3(t) \right],$$

$$x_2'(t) = x_2(t) \left[1 - x_2(t) - \beta x_1(t) - \alpha x_3(t) \right],$$

$$x_3'(t) = x_3(t) \left[1 - x_3(t) - \alpha x_1(t) - \beta x_2(t) \right]$$

如果 $\alpha = 0.3$ 且 $\beta = 0.6$，求该种群数量 $x_1(t), x_2(t), x_3(t)$ 的一个稳态解（$x_1'(t) = x_2'(t) = x_3'(t) = 0$），要求该稳态解在集合 $0.5 \leqslant x_1(t) \leqslant 1$，$0 \leqslant x_2(t) \leqslant 1$ 和 $0.5 \leqslant x_3(t) \leqslant 1$ 内。

理论型习题

11. 函数 $\mathbf{F}:\mathbb{R}^3 \to \mathbb{R}^3$ 定义如下:

$$\mathbf{F}(x_1, x_2, x_3) = (x_1 + 2x_3, x_1\cos x_2, x_2^2 + x_3)^t$$

   证明该函数在 $\mathbb{R}^3$ 的每一点都连续。

12. 给出函数 $\mathbf{F}:\mathbb{R}^2 \to \mathbb{R}^2$ 的一个例子,该函数在 $\mathbb{R}^2$ 中除 $(1,0)$ 之外的每一点都连续。

13. 证明例 2 中函数的一阶偏导数在 D 上连续。

14. 证明:函数 $\mathbf{F}$ 将 $D \subset \mathbb{R}^n$ 映射到 $\mathbb{R}^n$ 且在 $\mathbf{x}_0 \in D$ 处连续,前提是对于任何的给定 $\varepsilon > 0$,存在 $\delta > 0$,它满足对任意的向量范数 $\|\cdot\|$,只要 $\mathbf{x} \in D$ 且 $\|\mathbf{x} - \mathbf{x}_0\| < \delta$,就有

$$\|\mathbf{F}(\mathbf{x}) - \mathbf{F}(\mathbf{x}_0)\| < \varepsilon$$

15. 设 A 是一个 $n \times n$ 的矩阵,$\mathbf{F}$ 是从 $\mathbb{R}^n$ 到 $\mathbb{R}^n$ 的函数,它定义为 $\mathbf{F}(\mathbf{x}) = A\mathbf{x}$。利用习题 14 的结论证明 $\mathbf{F}$ 在 $\mathbb{R}^n$ 上连续。

讨论问题

1. 在第 2 章,为了求解方程 $f(x) = 0$,通过先把该方程转化为不动点问题 $x \equiv g(x)$ 而得到了一个迭代过程。本章介绍的方法与之类似。请问 Müller 方法是否可以用相同的方式来转化?

2. 在第 2 章,为了求解方程 $f(x) = 0$,通过先把该方程转化为不动点问题 $x \equiv g(x)$ 而得到了一个迭代过程。本章介绍的方法与之类似。请问割线法是否可以用相同的方式来转化?

10.2　Newton 法

　　10.1 节例 2 中通过从 3 个方程中解出 3 个变量 x_1, x_2 和 x_3,将问题转化成一个收敛的不动点问题。但是,通常很难找到所有变量的显式表示。本节中,我们考虑能够在更一般情况下实现转化的算法。

　　在一维情形下,为了构造合适的不动点迭代方法,我们发现满足下式的函数 ϕ

$$g(x) = x - \phi(x)f(x)$$

二阶收敛到函数 g 的不动点 p(见 2.4 节)。从这个条件中,如果选取 $\phi(x) = 1/f'(x)$ 并假设 $f'(x) \neq 0$,则可推导出 Newton 法。

　　类似地在 n 维情形下涉及矩阵

$$A(\mathbf{x}) = \begin{bmatrix} a_{11}(\mathbf{x}) & a_{12}(\mathbf{x}) & \cdots & a_{1n}(\mathbf{x}) \\ a_{21}(\mathbf{x}) & a_{22}(\mathbf{x}) & \cdots & a_{2n}(\mathbf{x}) \\ \vdots & \vdots & & \vdots \\ a_{n1}(\mathbf{x}) & a_{n2}(\mathbf{x}) & \cdots & a_{nn}(\mathbf{x}) \end{bmatrix} \tag{10.5}$$

其中每一个元素 $a_{ij}(\mathbf{x})$ 都是从 $\mathbb{R}^n$ 到 $\mathbb{R}$ 的函数。这要求矩阵 $A(\mathbf{x})$ 的选取要满足:假设 $A(\mathbf{x})$ 在 $\mathbf{G}$ 的不动点 $\mathbf{p}$ 处是非奇异的,则

$$\mathbf{G}(\mathbf{x}) = \mathbf{x} - A(\mathbf{x})^{-1}\mathbf{F}(\mathbf{x})$$

二阶收敛到 $\mathbf{F}(\mathbf{x}) = \mathbf{0}$ 的解。

　　下面的定理与定理 2.8 并行,其证明要求把 $\mathbf{G}$ 在 $\mathbf{p}$ 点处表示成 n 个变量的 Taylor 级数。

定理 10.7　设 $\mathbf{p}$ 是 $\mathbf{G}(\mathbf{x}) = \mathbf{x}$ 的一个解。假设存在一个数 $\delta > 0$,它满足下面的条件:

(i) 对每个 $i = 1, 2, \cdots, n$ 和 $j = 1, 2, \cdots, n$,$\partial g_i / \partial x_j$ 在 $N_\delta = \{\mathbf{x} \mid \|\mathbf{x} - \mathbf{p}\| < \delta\}$ 上连续;

(ii) 对每个 $i = 1, 2, \cdots, n$,$j = 1, 2, \cdots, n$ 和 $k = 1, 2, \cdots, n$,只要 $\mathbf{x} \in N_\delta$,则 $\partial^2 g_i(\mathbf{x}) / (\partial x_j \partial x_k)$ 连续,并

且对某个常数 M，$|\partial^2 g_i(\mathbf{x})/(\partial x_j \partial x_k)| \leqslant M$ 连续；

(iii) 对每个 $i = 1,2,\cdots,n$ 和 $k = 1,2,\cdots,n$，$\partial g_i(\mathbf{p})/\partial x_k = 0$ 成立。

则存在一个数 $\hat{\delta} \leqslant \delta$，使得对任意选取的初始值 $\mathbf{x}^{(0)}$，只要满足 $\|\mathbf{x}^{(0)} - \mathbf{p}\| < \delta$，由迭代产生的序列 $\mathbf{x}^{(k)} = \mathbf{G}(\mathbf{x}^{(k-1)})$ 就二阶收敛到 $\mathbf{p}$。并且还有

$$\|\mathbf{x}^{(k)} - \mathbf{p}\|_\infty \leqslant \frac{n^2 M}{2} \|\mathbf{x}^{(k-1)} - \mathbf{p}\|_\infty^2, \text{对每个 } k \geqslant 1 \qquad ■$$

为了能够使用定理 10.7，假设 $A(\mathbf{x})$ 是一个从 $\mathbb{R}^n$ 到 $\mathbb{R}$ 的 $n \times n$ 的函数矩阵，它具有式 (10.5) 的形式，它的元素在后面将会具体给出。另外还假设 $A(\mathbf{x})$ 在 $\mathbf{F}(\mathbf{x}) = \mathbf{0}$ 的解 $\mathbf{p}$ 附近是非奇异的，并用 $b_{ij}(\mathbf{x})$ 表示其逆矩阵 $A(\mathbf{x})^{-1}$ 的第 i 行第 j 列元素。

对 $\mathbf{G}(\mathbf{x}) = \mathbf{x} - A(\mathbf{x})^{-1} \mathbf{F}(\mathbf{x})$，我们有 $g_i(\mathbf{x}) = x_i - \sum_{j=1}^{n} b_{ij}(\mathbf{x}) f_j(\mathbf{x})$，因此

$$\frac{\partial g_i}{\partial x_k}(\mathbf{x}) = \begin{cases} 1 - \sum_{j=1}^{n} \left(b_{ij}(\mathbf{x}) \dfrac{\partial f_j}{\partial x_k}(\mathbf{x}) + \dfrac{\partial b_{ij}}{\partial x_k}(\mathbf{x}) f_j(\mathbf{x}) \right), & \text{若 } i = k \\ - \sum_{j=1}^{n} \left(b_{ij}(\mathbf{x}) \dfrac{\partial f_j}{\partial x_k}(\mathbf{x}) + \dfrac{\partial b_{ij}}{\partial x_k}(\mathbf{x}) f_j(\mathbf{x}) \right), & \text{若 } i \neq k \end{cases}$$

定理 10.7 意味着我们需要：对每个 $i = 1,2,\cdots,n$ 和 $k = 1,2,\cdots,n$，$\partial g_i(\mathbf{p})/\partial x_k = 0$。这意味着当 $i = k$ 时，

$$0 = 1 - \sum_{j=1}^{n} b_{ij}(\mathbf{p}) \frac{\partial f_j}{\partial x_i}(\mathbf{p})$$

即

$$\sum_{j=1}^{n} b_{ij}(\mathbf{p}) \frac{\partial f_j}{\partial x_i}(\mathbf{p}) = 1 \qquad (10.6)$$

当 $k \neq i$ 时，

$$0 = - \sum_{j=1}^{n} b_{ij}(\mathbf{p}) \frac{\partial f_j}{\partial x_k}(\mathbf{p})$$

所以

$$\sum_{j=1}^{n} b_{ij}(\mathbf{p}) \frac{\partial f_j}{\partial x_k}(\mathbf{p}) = 0 \qquad (10.7)$$

雅可比（Jacobian）矩阵

定义矩阵 $J(\mathbf{x})$ 如下：

$$J(\mathbf{x}) = \begin{bmatrix} \dfrac{\partial f_1}{\partial x_1}(\mathbf{x}) & \dfrac{\partial f_1}{\partial x_2}(\mathbf{x}) & \cdots & \dfrac{\partial f_1}{\partial x_n}(\mathbf{x}) \\ \dfrac{\partial f_2}{\partial x_1}(\mathbf{x}) & \dfrac{\partial f_2}{\partial x_2}(\mathbf{x}) & \cdots & \dfrac{\partial f_2}{\partial x_n}(\mathbf{x}) \\ \vdots & \vdots & & \vdots \\ \dfrac{\partial f_n}{\partial x_1}(\mathbf{x}) & \dfrac{\partial f_n}{\partial x_2}(\mathbf{x}) & \cdots & \dfrac{\partial f_n}{\partial x_n}(\mathbf{x}) \end{bmatrix} \qquad (10.8)$$

于是条件式 (10.6) 和式 (10.7) 要求

$$A(\mathbf{p})^{-1} J(\mathbf{p}) = I, \text{即单位矩阵，因此 } A(\mathbf{p}) = J(\mathbf{p})$$

从而，$A(\mathbf{x})$ 的一个合适的选取是 $A(\mathbf{x}) = J(\mathbf{x})$，因为这样的选取满足定理 10.7 的条件 (iii)。因此，函数 **G** 就定义为

$$\mathbf{G}(\mathbf{x}) = \mathbf{x} - J(\mathbf{x})^{-1}\mathbf{F}(\mathbf{x})$$

而相应的不动点迭代为：从初始值 $\mathbf{x}^{(0)}$ 出发，对 $k \geqslant 1$，有

$$\mathbf{x}^{(k)} = \mathbf{G}(\mathbf{x}^{(k-1)}) = \mathbf{x}^{(k-1)} - J(\mathbf{x}^{(k-1)})^{-1}\mathbf{F}(\mathbf{x}^{(k-1)}) \tag{10.9}$$

这叫作非线性方程组的 **Newton 法**，一般情形下，只有选取的初始值足够好，并且 $J(\mathbf{p})^{-1}$ 存在，Newton 法才能够产生二阶收敛。矩阵 $J(\mathbf{x})$ 称为雅可比矩阵，在分析中有非常多的应用，其中读者可能比较熟悉的一个应用例子就是在多重积分中需要变换积分区域时会用到它。

Newton 法的一个缺点是在每一步迭代中都需要计算矩阵 $J(\mathbf{x})$ 的逆。实践中通常都想办法避免计算 $J(\mathbf{x})^{-1}$，办法之一就是采用两步方法：第一步，求一个向量 $\mathbf{y}$ 使得它满足 $J(\mathbf{x}^{(k-1)})\mathbf{y} = -\mathbf{F}(\mathbf{x}^{(k-1)})$；第二步，将 $\mathbf{y}$ 加到 $\mathbf{x}^{(k-1)}$ 上，得到新的 $\mathbf{x}^{(k)}$。算法 10.1 就使用了这个两步方法。

算法 10.1　非线性方程组的 Newton 法

求解非线性方程组 $\mathbf{F}(\mathbf{x}) = \mathbf{0}$，给定初始值 $\mathbf{x}$。

输入　方程和未知元的数目 n；初始值 $\mathbf{x} = (x_1, \cdots, x_n)^t$；误差限 TOL；最大迭代步数 N；

输出　近似解 $\mathbf{x} = (x_1, \cdots, x_n)^t$ 或超出最大迭代步数的信息。

Step 1　Set $k = 1$.

Step 2　While ($k \leqslant N$) do Steps 3–7.

　　　Step 3　计算 $\mathbf{F}(\mathbf{x})$ 和 $J(\mathbf{x})$，其中 $J(\mathbf{x})_{i,j} = (\partial f_i(\mathbf{x})/\partial x_j)$，　$1 \leqslant i, j \leqslant n$.

　　　Step 4　解 $n \times n$ 方程组 $J(\mathbf{x})\mathbf{y} = -\mathbf{F}(\mathbf{x})$.

　　　Step 5　Set $\mathbf{x} = \mathbf{x} + \mathbf{y}$.

　　　Step 6　If $\|\mathbf{y}\| < TOL$ then OUTPUT ($\mathbf{x}$);
　　　　　　　　　(算法成功)
　　　　　　　　　STOP.

　　　Step 7　Set $k = k + 1$.

Step 8　OUTPUT ('Maximum number of iterations exceeded');
　　　　　(算法失败)
　　　　　STOP. ∎

例 1　10.1 节例 2 中的非线性方程组

$$3x_1 - \cos(x_2 x_3) - \frac{1}{2} = 0,$$
$$x_1^2 - 81(x_2 + 0.1)^2 + \sin x_3 + 1.06 = 0,$$
$$e^{-x_1 x_2} + 20x_3 + \frac{10\pi - 3}{3} = 0$$

有近似解 $(0.5, 0, -0.52359877)^t$。用 Newton 法取初始值 $\mathbf{x}^{(0)} = (0.1, 0.1, -0.1)^t$ 来解此问题。

解　定义

$$\mathbf{F}(x_1, x_2, x_3) = (f_1(x_1, x_2, x_3), f_2(x_1, x_2, x_3), f_3(x_1, x_2, x_3))^t$$

其中，

$$f_1(x_1, x_2, x_3) = 3x_1 - \cos(x_2 x_3) - \frac{1}{2},$$

$$f_2(x_1, x_2, x_3) = x_1^2 - 81(x_2 + 0.1)^2 + \sin x_3 + 1.06$$

和

$$f_3(x_1, x_2, x_3) = e^{-x_1 x_2} + 20x_3 + \frac{10\pi - 3}{3}$$

该方程组的雅可比矩阵 $J(\mathbf{x})$ 为

$$J(x_1, x_2, x_3) = \begin{bmatrix} 3 & x_3 \sin x_2 x_3 & x_2 \sin x_2 x_3 \\ 2x_1 & -162(x_2 + 0.1) & \cos x_3 \\ -x_2 e^{-x_1 x_2} & -x_1 e^{-x_1 x_2} & 20 \end{bmatrix}$$

取 $\mathbf{x}^{(0)} = (0.1, 0.1, -0.1)^t$，则 $\mathbf{F}(\mathbf{x}^{(0)}) = (-0.199995, -2.269833417, 8.462025346)^t$，以及

$$J(\mathbf{x}^{(0)}) = \begin{bmatrix} 3 & 9.999833334 \times 10^{-4} & 9.999833334 \times 10^{-4} \\ 0.2 & -32.4 & 0.9950041653 \\ -0.09900498337 & -0.09900498337 & 20 \end{bmatrix}$$

求解线性方程组 $J(\mathbf{x}^{(0)})\mathbf{y}^{(0)} = -\mathbf{F}(\mathbf{x}^{(0)})$，得到

$$\mathbf{y}^{(0)} = \begin{bmatrix} 0.3998696728 \\ -0.08053315147 \\ -0.4215204718 \end{bmatrix} \quad 和 \quad \mathbf{x}^{(1)} = \mathbf{x}^{(0)} + \mathbf{y}^{(0)} = \begin{bmatrix} 0.4998696782 \\ 0.01946684853 \\ -0.5215204718 \end{bmatrix}$$

对 $k = 2, 3, \cdots$ 继续上面的步骤，则有

$$\begin{bmatrix} x_1^{(k)} \\ x_2^{(k)} \\ x_3^{(k)} \end{bmatrix} = \begin{bmatrix} x_1^{(k-1)} \\ x_2^{(k-1)} \\ x_3^{(k-1)} \end{bmatrix} + \begin{bmatrix} y_1^{(k-1)} \\ y_2^{(k-1)} \\ y_3^{(k-1)} \end{bmatrix}$$

其中，

$$\begin{bmatrix} y_1^{(k-1)} \\ y_2^{(k-1)} \\ y_3^{(k-1)} \end{bmatrix} = -\left(J\left(x_1^{(k-1)}, x_2^{(k-1)}, x_3^{(k-1)} \right) \right)^{-1} \mathbf{F}\left(x_1^{(k-1)}, x_2^{(k-1)}, x_3^{(k-1)} \right)$$

这样，在第 k 步，必须求解线性方程组 $J(\mathbf{x}^{(k-1)})\mathbf{y}^{(k-1)} = -\mathbf{F}(\mathbf{x}^{(k-1)})$，其中

$$J\left(\mathbf{x}^{(k-1)} \right) = \begin{bmatrix} 3 & x_3^{(k-1)} \sin x_2^{(k-1)} x_3^{(k-1)} & x_2^{(k-1)} \sin x_2^{(k-1)} x_3^{(k-1)} \\ 2x_1^{(k-1)} & -162\left(x_2^{(k-1)} + 0.1 \right) & \cos x_3^{(k-1)} \\ -x_2^{(k-1)} e^{-x_1^{(k-1)} x_2^{(k-1)}} & -x_1^{(k-1)} e^{-x_1^{(k-1)} x_2^{(k-1)}} & 20 \end{bmatrix}$$

$$\mathbf{y}^{(k-1)} = \begin{bmatrix} y_1^{(k-1)} \\ y_2^{(k-1)} \\ y_3^{(k-1)} \end{bmatrix}$$

和

$$\mathbf{F}\left(\mathbf{x}^{(k-1)} \right) = \begin{bmatrix} 3x_1^{(k-1)} - \cos x_2^{(k-1)} x_3^{(k-1)} - \frac{1}{2} \\ \left(x_1^{(k-1)} \right)^2 - 81\left(x_2^{(k-1)} + 0.1 \right)^2 + \sin x_3^{(k-1)} + 1.06 \\ e^{-x_1^{(k-1)} x_2^{(k-1)}} + 20x_3^{(k-1)} + \frac{10\pi - 3}{3} \end{bmatrix}$$

这个迭代过程产生的部分结果列于表 10.3 中。

表 10.3

k	$x_1^{(k)}$	$x_2^{(k)}$	$x_3^{(k)}$	$\|\mathbf{x}^{(k)} - \mathbf{x}^{(k-1)}\|_\infty$
0	0.1000000000	0.1000000000	-0.1000000000	
1	0.4998696728	0.0194668485	-0.5215204718	0.4215204718
2	0.5000142403	0.0015885914	-0.5235569638	1.788×10^{-2}
3	0.5000000113	0.0000124448	-0.5235984500	1.576×10^{-3}
4	0.5000000000	8.516×10^{-10}	-0.5235987755	1.244×10^{-5}
5	0.5000000000	-1.375×10^{-11}	-0.5235987756	8.654×10^{-10}

前面的例子说明：如果初始值比较靠近真实解，Newton 法能非常迅速地收敛。但是，并不总是能够容易地得到比较好的初始值，另外，该方法在实施时计算量相对来说是比较大的。在下一节中，我们将介绍如何克服 Newton 法的后一种缺陷。通常，好的初始值可以通过最速下降法来求出，这将在 10.4 节讨论。

习题 10.2

1. 对下面每个非线性方程组，取初始值 $\mathbf{x}^{(0)} = \mathbf{0}$，用 Newton 法计算 $\mathbf{x}^{(2)}$。

   a. $4x_1^2 - 20x_1 + \dfrac{1}{4}x_2^2 + 8 = 0,$

   　 $\dfrac{1}{2}x_1 x_2^2 + 2x_1 - 5x_2 + 8 = 0$

   b. 　　　　　$\sin(4\pi x_1 x_2) - 2x_2 - x_1 = 0,$

   　 $\left(\dfrac{4\pi - 1}{4\pi}\right)(\mathrm{e}^{2x_1} - \mathrm{e}) + 4\mathrm{e}x_2^2 - 2\mathrm{e}x_1 = 0$

   c. 　　$x_1(1 - x_1) + 4x_2 = 12,$

   　 $(x_1 - 2)^2 + (2x_2 - 3)^2 = 25$

   d. 　　　　　　$5x_1^2 - x_2^2 = 0,$

   　 $x_2 - 0.25(\sin x_1 + \cos x_2) = 0$

2. 对下面每个非线性方程组，取初始值 $\mathbf{x}^{(0)} = \mathbf{0}$，用 Newton 法计算 $\mathbf{x}^{(2)}$。

   a. 　　$3x_1 - \cos(x_2 x_3) - \dfrac{1}{2} = 0,$

   　 $4x_1^2 - 625x_2^2 + 2x_2 - 1 = 0,$

   　 $\mathrm{e}^{-x_1 x_2} + 20x_3 + \dfrac{10\pi - 3}{3} = 0$

   b. 　　$x_1^2 + x_2 - 37 = 0,$

   　 $x_1 - x_2^2 - 5 = 0,$

   　 $x_1 + x_2 + x_3 - 3 = 0$

   c. $15x_1 + x_2^2 - 4x_3 = 13,$

   　 $x_1^2 + 10x_2 - x_3 = 11,$

   　 $x_2^3 - 25x_3 = -22$

   d. $10x_1 - 2x_2^2 + x_2 - 2x_3 - 5 = 0,$

   　 $8x_2^2 + 4x_3^2 - 9 = 0,$

   　 $8x_2 x_3 + 4 = 0$

3. 用你的 CAS 图像设备或者计算器来近似求解下列非线性方程组。

   a. $4x_1^2 - 20x_1 + \dfrac{1}{4}x_2^2 + 8 = 0,$

   　 $\dfrac{1}{2}x_1 x_2^2 + 2x_1 - 5x_2 + 8 = 0$

   b. 　　　　　$\sin(4\pi x_1 x_2) - 2x_2 - x_1 = 0,$

   　 $\left(\dfrac{4\pi - 1}{4\pi}\right)(\mathrm{e}^{2x_1} - \mathrm{e}) + 4\mathrm{e}x_2^2 - 2\mathrm{e}x_1 = 0$

   c. 　　$x_1(1 - x_1) + 4x_2 = 12,$

   　 $(x_1 - 2)^2 + (2x_2 - 3)^2 = 25$

   d. 　　　　　　$5x_1^2 - x_2^2 = 0,$

   　 $x_2 - 0.25(\sin x_1 + \cos x_2) = 0$

4. 用你的 CAS 图像设备或者计算器来近似求解下列非线性方程组。

   a. 　　$3x_1 - \cos(x_2 x_3) - \dfrac{1}{2} = 0,$

   　 $4x_1^2 - 625x_2^2 + 2x_2 - 1 = 0,$

   　 $\mathrm{e}^{-x_1 x_2} + 20x_3 + \dfrac{10\pi - 3}{3} = 0$

   　 $-1 \leqslant x_1 \leqslant 1, -1 \leqslant x_2 \leqslant 1, -1 \leqslant x_3 \leqslant 1$

   b. 　　$x_1^2 + x_2 - 37 = 0,$

   　 $x_1 - x_2^2 - 5 = 0,$

   　 $x_1 + x_2 + x_3 - 3 = 0$

   　 $-4 \leqslant x_1 \leqslant 8, -2 \leqslant x_2 \leqslant 2, -6 \leqslant x_3 \leqslant 0$

   c. $15x_1 + x_2^2 - 4x_3 = 13,$

   　 $x_1^2 + 10x_2 - x_3 = 11,$

   　 $x_2^3 - 25x_3 = -22$

   　 $0 \leqslant x_1 \leqslant 2, 0 \leqslant x_2 \leqslant 2, 0 \leqslant x_3 \leqslant 2$

   　 和 $0 \leqslant x_1 \leqslant 2, 0 \leqslant x_2 \leqslant 2, -2 \leqslant x_3 \leqslant 0$

   d. $10x_1 - 2x_2^2 + x_2 - 2x_3 - 5 = 0,$

   　 $8x_2^2 + 4x_3^2 - 9 = 0,$

   　 $8x_2 x_3 + 4 = 0$

   　 $0 \leqslant x_1 \leqslant 2, -2 \leqslant x_2 \leqslant 0, 0 \leqslant x_3 \leqslant 2$

5. 将习题 3 中得到的近似值作为初始值来使用 Newton 法。迭代直到满足 $\left\| \mathbf{x}^{(k)} - \mathbf{x}^{(k-1)} \right\|_{\infty} < 10^{-6}$。

6. 将习题 4 中得到的近似值作为初始值来使用 Newton 法。迭代直到满足 $\left\| \mathbf{x}^{(k)} - \mathbf{x}^{(k-1)} \right\|_{\infty} < 10^{-6}$。

7. 用 Newton 法求下列非线性方程组在给定区域上的近似解。迭代直到满足 $\left\| \mathbf{x}^{(k)} - \mathbf{x}^{(k-1)} \right\|_{\infty} < 10^{-6}$。

a.
$$3x_1^2 - x_2^2 = 0,$$
$$3x_1 x_2^2 - x_1^3 - 1 = 0$$
采用 $\mathbf{x}^{(0)} = (1, 1)^t$

b.
$$\ln(x_1^2 + x_2^2) - \sin(x_1 x_2) = \ln 2 + \ln \pi,$$
$$e^{x_1 - x_2} + \cos(x_1 x_2) = 0.$$
采用 $\mathbf{x}^{(0)} = (2, 2)^t$

c.
$$x_1^3 + x_1^2 x_2 - x_1 x_3 + 6 = 0,$$
$$e^{x_1} + e^{x_2} - x_3 = 0,$$
$$x_2^2 - 2x_1 x_3 = 4$$
采用 $\mathbf{x}^{(0)} = (-1, -2, 1)^t$

d.
$$6x_1 - 2\cos(x_2 x_3) - 1 = 0,$$
$$9x_2 + \sqrt{x_1^2 + \sin x_3 + 1.06} + 0.9 = 0,$$
$$60x_3 + 3e^{-x_1 x_2} + 10\pi - 3 = 0$$
采用 $\mathbf{x}^{(0)} = (0, 0, 0)^t$

8. 下面的非线性方程组有 6 个解：
$$4x_1 - x_2 + x_3 = x_1 x_4,$$
$$x_1 - 2x_2 + 3x_3 = x_3 x_4,$$
$$-x_1 + 3x_2 - 2x_3 = x_2 x_4,$$
$$x_1^2 + x_2^2 + x_3^2 = 1$$

a. 证明：如果 $(x_1, x_2, x_3, x_4)^t$ 是一个解，则 $(-x_1, -x_2, -x_3, x_4)^t$ 也是一个解。

b. 用 3 次 Newton 法来近似求所有的解。迭代直到满足 $\left\| \mathbf{x}^{(k)} - \mathbf{x}^{(k-1)} \right\|_{\infty} < 10^{-5}$。

9. 非线性方程组
$$3x_1 - \cos(x_2 x_3) - \frac{1}{2} = 0,$$
$$x_1^2 - 625x_2^2 - \frac{1}{4} = 0,$$
$$e^{-x_1 x_2} + 20x_3 + \frac{10\pi - 3}{3} = 0$$

在其解处的雅可比矩阵是奇异的。取初始值 $\mathbf{x}^{(0)} = (1, 1, -1)^t$，用 Newton 法近似求其解。注意：迭代的收敛速度也许会变慢，或者迭代在合理的迭代步数内可能不收敛。

应用型习题

10. 在一块坚硬地基上有一片松软的、均匀的土壤，欲把一个大重物压到土壤中所需的压力可以通过将小的物体压入同质土壤的压力来测算。更具体讲，设有一半径为 r 的圆形平板，将其压入软土中深 d 处，其中坚硬地基离地表的距离 $D > d$，此时所需的压力 p 可以用下面的方程来近似：
$$p = k_1 e^{k_2 r} + k_3 r$$
其中，k_1, k_2 和 k_3 是常数，$k_2 > 0$，它们依赖于 d 和土壤的均匀性，但不依赖于圆盘的半径。（参见 [Bek], pp.89~94。）

a. 假设半径为 1 in 的圆盘压入土壤 1 ft 需要的压力为 10 lb/in^2，半径为 2 in 的圆盘压入土壤 1 ft 需要的压力为 12 lb/in^2，半径为 3 ft 的圆盘压入土壤 1 ft 需要的压力为 15 lb/in^2，求 k_1, k_2 和 k_3 的值（假设松土的厚度超过 1 ft）。

b. 用 (a) 中计算的结果，欲使一个重 500 lb 的物体保持在这片土壤中（进入土壤的深度不超过 1 ft），该物体底部的圆盘的最小半径应该是多少？

11. 在计算重力流卸料槽的形状时需要最小化颗粒物流的过渡时间，C. Chiarella, W. Charlton 和 A. W. Roberts[CCR] 用 Newton 法求解下面的方程：

(i) $f_n(\theta_1, \cdots, \theta_N) = \dfrac{\sin \theta_{n+1}}{v_{n+1}}(1 - \mu w_{n+1}) - \dfrac{\sin \theta_n}{v_n}(1 - \mu w_n) = 0$, 对每个 $n = 1, 2, \cdots, N - 1$

(ii) $f_N(\theta_1, \cdots, \theta_N) = \Delta y \sum_{i=1}^{N} \tan \theta_i - X = 0$, 其中

a. $v_n^2 = v_0^2 + 2gn\Delta y - 2\mu\Delta y \sum_{j=1}^n \dfrac{1}{\cos\theta_j}$,　对每个 $n = 1, 2, \cdots, N$

b. $w_n = -\Delta y v_n \sum_{i=1}^N \dfrac{1}{v_i^3\cos\theta_i}$,　对每个 $n = 1, 2, \cdots, N$

常数 v_0 是颗粒物的初始速度，X 是卸料槽末端的 x 坐标，μ 是摩擦力，N 是卸料槽的数目，$g = 32.17$ ft/s^2 是重力常数。变量 θ_i 表示第 i 个卸料槽与竖直方向的夹角，如下图所示，v_i 是第 i 个卸料槽中颗粒的速度。当 $\mu = 0$，$X = 2$，$\Delta y = 0.2$，$N = 20$ 和 $v_0 = 0$ 时，从 (i) 和 (ii) 中近似求解 $\theta = (\theta_1, \cdots, \theta_N)^t$，其中 v_n 和 w_n 的值直接从 (a) 和 (b) 中计算得出。迭代直到满足 $\left\| \theta^{(k)} - \theta^{(k-1)} \right\|_\infty < 10^{-2}$。

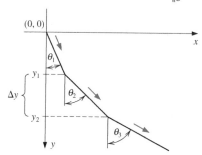

12. 在一个有趣的生物实验中(参见[Schr2])，人们关心的是使得不同种类的水螅能够不缩短寿命存活的最高水温 X_M。寻求最高水温的方法之一是在一些实验数据上使用最小二乘法来拟合关系式 $f(x) = y = a/(x-b)^c$。坐标 x 的值代表数据中的水温，常数 b 是 f 曲线的渐近线，用这种方法来近似 X_M。

a. 证明选取 a, b 和 c，使得 $\sum_{i=1}^n \left[w_i y_i - \dfrac{a}{(x_i - b)^c} \right]^2$ 达到最小，可以简化为求解非线性方程组：

$$a = \sum_{i=1}^n \frac{w_i y_i}{(x_i - b)^c} \bigg/ \sum_{i=1}^n \frac{1}{(x_i - b)^{2c}},$$

$$0 = \sum_{i=1}^n \frac{w_i y_i}{(x_i - b)^c} \cdot \sum_{i=1}^n \frac{1}{(x_i - b)^{2c+1}} - \sum_{i=1}^n \frac{w_i y_i}{(x_i - b)^{c+1}} \cdot \sum_{i=1}^n \frac{1}{(x_i - b)^{2c}},$$

$$0 = \sum_{i=1}^n \frac{w_i y_i}{(x_i - b)^c} \cdot \sum_{i=1}^n \frac{\ln(x_i - b)}{(x_i - b)^{2c}} - \sum_{i=1}^n \frac{w_i y_i \ln(x_i - b)}{(x_i - b)^c} \cdot \sum_{i=1}^n \frac{1}{(x_i - b)^{2c}}$$

b. 用下表中的数据来求解非线性方程组，其中权重 $w_i = \ln y_i$。

i	1	2	3	4
y_i	2.40	3.80	4.75	21.60
x_i	31.8	31.5	31.2	30.2

理论型习题

13. 证明，当 $n = 1$ 时，式 (10.9) 给出的 Newton 法就简化成 2.3 节给出的 Newton 法。

14. 当 A 是一个非奇异矩阵时，用于线性方程组 $A\mathbf{x} = \mathbf{b}$

$$a_{11}x_1 + a_{12}x_2 + \cdots + a_{1n}x_n = b_1,$$
$$a_{21}x_1 + a_{22}x_2 + \cdots + a_{2n}x_n = b_2,$$
$$\vdots$$
$$a_{n1}x_1 + a_{n2}x_2 + \cdots + a_{nn}x_n = b_n$$

的 Newton 法简化成了什么？

讨论问题

1. 在讨论非线性方程组的 Newton 法时，经常会遇到术语"强迫项"。它是什么意思呢？为什么说它很重要？

2. 非精确的 Newton 法广泛用于求解非线性方程组。该方法开始时强迫项应该选取得相对大，而在迭代过程中它会取得较小。请讨论这是如何做到的。

3. 求解非线性方程组的 Newton 法对任意选取的初始值都收敛吗？为什么？

10.3　拟 Newton 法

求解非线性方程组的 Newton 法的重大缺点是：在每步迭代时都需要计算一个雅可比矩阵并求解关于这个矩阵的一个 $n\times n$ 的线性方程组。考虑到 Newton 法完成每一步迭代需要的计算量，形如 $\mathbf{F}(\mathbf{x})=\mathbf{0}$ 的非线性方程组包含 n 个方程，它的雅可比矩阵需要求 $\mathbf{F}$ 的 n 个分量的 n^2 个偏导数及其值。在大多数情形下，即使有更好用的广为流传的符号计算系统，如 Maple、Mathematica 和 MATLAB 等，然而精确求出这些偏导数也是不方便的。

因为精确求出这些偏导数并不实际，所以我们使用有限差分来近似它们。例如，

$$\frac{\partial f_j}{\partial x_k}(\mathbf{x}^{(i)}) \approx \frac{f_j(\mathbf{x}^{(i)} + \mathbf{e}_k h) - f_j(\mathbf{x}^{(i)})}{h} \tag{10.10}$$

其中，h 是绝对值较小的数；$\mathbf{e}_k$ 是单位向量，它只有第 k 个坐标元素为 1，其余元素都是零。然而，这种近似仍然需要至少 n^2 次标量函数的求值，并没有减少总的计算量，一般情形下需要 $O(n^3)$ 的计算量来近似求雅可比矩阵。

一次迭代所需的总的计算量至少是 n^2+n 次标量函数的求值（雅可比矩阵近似求值需要 n^2 次，函数 $\mathbf{F}$ 的求值需要 n 次），另外还要加上求解线性方程组的 $O(n^3)$ 次算术运算。除非 n 的值相对比较小并且函数求值较为容易，否则总的计算量是相当大的。

本节中，我们考虑将割线法推广到非线性方程组的情形，该方法叫作 Broyden 方法（参见 [Broy]）。该方法在每次迭代中只需要 n 次标量函数的求值，同时也将算术运算的次数减少到 $O(n^2)$。该方法属于一类叫最小更新割线的方法，它也产生了**拟 Newton 法**。这些方法将 Newton 法的每次迭代中的雅可比矩阵替换为近似的易于更新的值。

拟 Newton 法的缺点是失去了 Newton 法的二阶收敛特征，取而代之的是**超线性收敛**。这意味着

$$\lim_{i\to\infty} \frac{\left\| \mathbf{x}^{(i+1)} - \mathbf{p} \right\|}{\left\| \mathbf{x}^{(i)} - \mathbf{p} \right\|} = 0$$

其中，$\mathbf{p}$ 表示方程 $\mathbf{F}(\mathbf{x})=\mathbf{0}$ 的解，$\mathbf{x}^{(i)}$ 和 $\mathbf{x}^{(i+1)}$ 是 $\mathbf{p}$ 的两个相邻的近似值。

在大多数应用中，用减少到超线性收敛的代价来换取计算量的减少，这种权衡是不可接受的。跟 Newton 法相比，拟 Newton 法的另外一个缺点是它不能自校正。Newton 法通常会通过相继的迭代来校正舍入误差，但 Broyden 方法则不会，除非方法中结合了其他特殊的技术。

为了说明 Broyden 方法，首先假设给定了初始值 $\mathbf{x}^{(0)}$，它是 $\mathbf{F}(\mathbf{x})=\mathbf{0}$ 的解 $\mathbf{p}$ 的第一个近似。我们用 Newton 法来计算下一个近似 $\mathbf{x}^{(1)}$。如果精确计算 $J(\mathbf{x}^{(0)})$ 并不方便，我们使用式 (10.10) 给出的差分方程来近似偏导数。然而，接下来进行 $\mathbf{x}^{(2)}$ 的计算时，我们不再使用 Newton 法，而是对单个非线性方程使用割线法。对单个非线性方程，割线法用近似值

$$f'(x_1) \approx \frac{f(x_1) - f(x_0)}{x_1 - x_0}$$

来代替 $f'(x_1)$。

对于非线性方程组，$\mathbf{x}^{(1)}-\mathbf{x}^{(0)}$是一个向量，因此它们相对应的商是没有定义的。然而，我们用矩阵A_1来代替非线性方程组的Newton法中的矩阵$J(\mathbf{x}^{(1)})$，其中A_1满足下面的条件：

$$A_1\left(\mathbf{x}^{(1)}-\mathbf{x}^{(0)}\right)=\mathbf{F}\left(\mathbf{x}^{(1)}\right)-\mathbf{F}\left(\mathbf{x}^{(0)}\right) \tag{10.11}$$

该方法仍然能够类似地进行下去。

在$\mathbb{R}^n$中的任何非零向量都可以写成向量$\mathbf{x}^{(1)}-\mathbf{x}^{(0)}$和它的正交补的线性组合（见习题10），因此可以唯一确定矩阵A_1。我们也必须说明它是如何作用到$\mathbf{x}^{(1)}-\mathbf{x}^{(0)}$的正交补上的。因为没有关于$\mathbf{F}$在$\mathbf{x}^{(1)}-\mathbf{x}^{(0)}$的正交方向上的变化，所以我们指定在这个方向上没有变化，即，

$$A_1\mathbf{z}=J(\mathbf{x}^{(0)})\mathbf{z}, \quad \text{每当}\left(\mathbf{x}^{(1)}-\mathbf{x}^{(0)}\right)^t\mathbf{z}=0 \tag{10.12}$$

这样，任何正交于$\mathbf{x}^{(1)}-\mathbf{x}^{(0)}$的向量都不受$J(\mathbf{x}^{(0)})$和$A_1$更新的影响，这两个矩阵分别用于计算$\mathbf{x}^{(1)}$和$\mathbf{x}^{(2)}$。

条件式(10.11)和式(10.12)可以唯一确定A_1（参见[DM]），这是因为

$$A_1=J(\mathbf{x}^{(0)})+\frac{\left[\mathbf{F}\left(\mathbf{x}^{(1)}\right)-\mathbf{F}\left(\mathbf{x}^{(0)}\right)-J(\mathbf{x}^{(0)})\left(\mathbf{x}^{(1)}-\mathbf{x}^{(0)}\right)\right]\left(\mathbf{x}^{(1)}-\mathbf{x}^{(0)}\right)^t}{\left\|\mathbf{x}^{(1)}-\mathbf{x}^{(0)}\right\|_2^2}$$

也正是这个矩阵替代了矩阵$J(\mathbf{x}^{(1)})$用于计算$\mathbf{x}^{(2)}$，公式如下：

$$\mathbf{x}^{(2)}=\mathbf{x}^{(1)}-A_1^{-1}\mathbf{F}\left(\mathbf{x}^{(1)}\right)$$

一旦$\mathbf{x}^{(2)}$被确定，就重复使用该方法来计算$\mathbf{x}^{(3)}$，分别用A_1来替代$A_0\equiv J(\mathbf{x}^{(0)})$，用$\mathbf{x}^{(2)}$和$\mathbf{x}^{(1)}$来替代$\mathbf{x}^{(1)}$和$\mathbf{x}^{(0)}$。

一般情形下，一旦$\mathbf{x}^{(i)}$被确定，$\mathbf{x}^{(i+1)}$则由下面的公式计算：

$$A_i=A_{i-1}+\frac{\mathbf{y}_i-A_{i-1}\mathbf{s}_i}{\|\mathbf{s}_i\|_2^2}\mathbf{s}_i^t \tag{10.13}$$

和

$$\mathbf{x}^{(i+1)}=\mathbf{x}^{(i)}-A_i^{-1}\mathbf{F}\left(\mathbf{x}^{(i)}\right) \tag{10.14}$$

其中符号$\mathbf{y}_i=\mathbf{F}(\mathbf{x}^{(i)})-\mathbf{F}(\mathbf{x}^{(i-1)})$和$\mathbf{s}_i=\mathbf{x}^{(i)}-\mathbf{x}^{(i-1)}$被引入用来简化方程。

如果方法使用式(10.13)和式(10.14)来实现，则需要的标量函数求值运算从n^2+n减少为n（这些是用来求$\mathbf{F}(\mathbf{x}^{(i)})$的），但是仍然需要$O(n^3)$次运算来求解$n\times n$的线性方程组（见算法10.1的Step 4）：

$$A_i\mathbf{s}_{i+1}=-\mathbf{F}\left(\mathbf{x}^{(i)}\right) \tag{10.15}$$

按这种模式来使用该方法可能并不合理，因为Newton法的二次收敛下降为超线性收敛。

Sherman-Morrison 公式

利用矩阵求逆的Sherman-Morrison公式（参见[DM]，p.55），可以使算法得到重大的改进。该公式的证明留作习题11和习题12。

定理10.8（Sherman-Morrison公式） 假设A是一个非奇异矩阵，$\mathbf{x}$和$\mathbf{y}$是向量并满足$\mathbf{y}^tA^{-1}\mathbf{x}\neq-1$，则矩阵$A+\mathbf{x}\mathbf{y}^t$是非奇异的，其逆为

$$\left(A+\mathbf{x}\mathbf{y}^t\right)^{-1}=A^{-1}-\frac{A^{-1}\mathbf{x}\mathbf{y}^tA^{-1}}{1+\mathbf{y}^tA^{-1}\mathbf{x}} \qquad\blacksquare$$

利用Sherman-Morrison公式，A_i^{-1}可以直接从A_{i-1}^{-1}来计算，从而省去了每步迭代都要求矩阵的逆的运算。

令$A=A_{i-1}$，$\mathbf{x}=(\mathbf{y}_i-A_{i-1}\mathbf{s}_i)/\|\mathbf{s}_i\|_2^2$，在式(10.13)中取$\mathbf{y}=\mathbf{s}_i$得到

$$A_i^{-1} = \left(A_{i-1} + \frac{\mathbf{y}_i - A_{i-1}\mathbf{s}_i}{||\mathbf{s}_i||_2^2}\mathbf{s}_i^t \right)^{-1}$$

$$= A_{i-1}^{-1} - \frac{A_{i-1}^{-1} \left(\frac{\mathbf{y}_i - A_{i-1}\mathbf{s}_i}{||\mathbf{s}_i||_2^2}\mathbf{s}_i^t \right) A_{i-1}^{-1}}{1 + \mathbf{s}_i^t A_{i-1}^{-1} \left(\dfrac{\mathbf{y}_i - A_{i-1}\mathbf{s}_i}{||\mathbf{s}_i||_2^2} \right)}$$

$$= A_{i-1}^{-1} - \frac{\left(A_{i-1}^{-1} y_i - \mathbf{s}_i \right) \mathbf{s}_i^t A_{i-1}^{-1}}{||\mathbf{s}_i||_2^2 + \mathbf{s}_i^t A_{i-1}^{-1} \mathbf{y}_i - ||\mathbf{s}_i||_2^2}$$

所以

$$A_i^{-1} = A_{i-1}^{-1} + \frac{\left(\mathbf{s}_i - A_{i-1}^{-1}\mathbf{y}_i \right) \mathbf{s}_i^t A_{i-1}^{-1}}{\mathbf{s}_i^t A_{i-1}^{-1} \mathbf{y}_i} \tag{10.16}$$

这样在每一步中的计算只涉及矩阵与向量的乘法运算，因此要求 $O(n^2)$ 次算术运算，避免了 A_i 的计算，同时也避开了线性方程组 (10.15) 的求解。

算法 10.2 利用上述技巧，将式 (10.16) 合并到迭代式 (10.14) 中。

算法 10.2　Broyden 方法

给定初始值 $\mathbf{x}$，求解非线性方程组 $\mathbf{F}(\mathbf{x}) = \mathbf{0}$。

输入　方程及未知元数目 n；初始值 $\mathbf{x} = (x_1, \cdots, x_n)^t$；误差限 TOL；最大迭代步数 N。

输出　近似解 $\mathbf{x} = (x_1, \cdots, x_n)^t$；或者超出最大迭代步数的信息。

Step 1　Set $A_0 = J(\mathbf{x})$ 其中 $J(\mathbf{x})_{i,j} = \frac{\partial f_i}{\partial x_j}(\mathbf{x})$，$1 \leqslant i, j \leqslant n$；
　　　　$\mathbf{v} = \mathbf{F}(\mathbf{x})$.　（注：$\mathbf{v} = \mathbf{F}(\mathbf{x}^{(0)})$ ）

Step 2　Set $A = A_0^{-1}$.　（用 Gaussian 消去法）

Step 3　Set $\mathbf{s} = -A\mathbf{v}$；　（注：$\mathbf{s} = \mathbf{s}_1$ ）
　　　　$\mathbf{x} = \mathbf{x} + \mathbf{s}$；　（注：$\mathbf{x} = \mathbf{x}^{(1)}$ ）
　　　　$k = 2$.

Step 4　While $(k \leqslant N)$ do Step 5 ~ 13.

　　Step 5　Set $\mathbf{w} = \mathbf{v}$；　（存储 $\mathbf{v}$）
　　　　　　$\mathbf{v} = \mathbf{F}(\mathbf{x})$；　（注：$\mathbf{v} = \mathbf{F}(\mathbf{x}^{(k)})$ ）
　　　　　　$\mathbf{y} = \mathbf{v} - \mathbf{w}$.　（注：$\mathbf{y} = \mathbf{y}_k$ ）

　　Step 6　Set $\mathbf{z} = -A\mathbf{y}$.　（注：$\mathbf{z} = -A_{k-1}^{-1}\mathbf{y}_k$ ）

　　Step 7　Set $p = -\mathbf{s}^t\mathbf{z}$.　（注：$p = \mathbf{s}_k^t A_{k-1}^{-1}\mathbf{y}_k$ ）

　　Step 8　Set $\mathbf{u}^t = \mathbf{s}^t A$.

　　Step 9　Set $A = A + \frac{1}{p}(\mathbf{s} + \mathbf{z})\mathbf{u}^t$.　（注：$A = A_k^{-1}$ ）

　　Step 10　Set $\mathbf{s} = -A\mathbf{v}$.　（注：$\mathbf{s} = -A_k^{-1}\mathbf{F}(\mathbf{x}^{(k)})$ ）

　　Step 11　Set $\mathbf{x} = \mathbf{x} + \mathbf{s}$.　（注：$\mathbf{x} = \mathbf{x}^{(k+1)}$ ）

　　Step 12　If $||\mathbf{s}|| < TOL$ then OUTPUT $(\mathbf{x})$；
　　　　　　　　　　　　（算法成功）
　　　　　　　　　　　　STOP.

　　Step 13　Set $k = k + 1$.

Step 14　OUTPUT ('Maximum number of iterations exceeded')；
　　　　　（算法失败）
　　　　　STOP.

例 1   取初始值 $\mathbf{x}^{(0)} = (0.1, 0.1, -0.1)^t$，用 Broyden 方法求解下面的非线性方程组：

$$3x_1 - \cos(x_2 x_3) - \frac{1}{2} = 0,$$

$$x_1^2 - 81(x_2 + 0.1)^2 + \sin x_3 + 1.06 = 0,$$

$$e^{-x_1 x_2} + 20x_3 + \frac{10\pi - 3}{3} = 0$$

解   在 10.2 节的例 1 中我们使用了 Newton 法来求解这个方程组。该方程组的雅可比矩阵为

$$J(x_1, x_2, x_3) = \begin{bmatrix} 3 & x_3 \sin x_2 x_3 & x_2 \sin x_2 x_3 \\ 2x_1 & -162(x_2 + 0.1) & \cos x_3 \\ -x_2 e^{-x_1 x_2} & -x_1 e^{-x_1 x_2} & 20 \end{bmatrix}$$

令 $\mathbf{x}^{(0)} = (0.1, 0.1, -0.1)^t$，以及

$$\mathbf{F}(x_1, x_2, x_3) = (f_1(x_1, x_2, x_3), f_2(x_1, x_2, x_3), f_3(x_1, x_2, x_3))^t$$

其中，

$$f_1(x_1, x_2, x_3) = 3x_1 - \cos(x_2 x_3) - \frac{1}{2},$$

$$f_2(x_1, x_2, x_3) = x_1^2 - 81(x_2 + 0.1)^2 + \sin x_3 + 1.06$$

和

$$f_3(x_1, x_2, x_3) = e^{-x_1 x_2} + 20x_3 + \frac{10\pi - 3}{3}$$

于是，

$$\mathbf{F}\left(\mathbf{x}^{(0)}\right) = \begin{bmatrix} -1.199950 \\ -2.269833 \\ 8.462025 \end{bmatrix}$$

因为

$$A_0 = J\left(x_1^{(0)}, x_2^{(0)}, x_3^{(0)}\right)$$

$$= \begin{bmatrix} 3 & 9.999833 \times 10^{-4} & -9.999833 \times 10^{-4} \\ 0.2 & -32.4 & 0.9950042 \\ -9.900498 \times 10^{-2} & -9.900498 \times 10^{-2} & 20 \end{bmatrix}$$

我们有

$$A_0^{-1} = J\left(x_1^{(0)}, x_2^{(0)}, x_3^{(0)}\right)^{-1}$$

$$= \begin{bmatrix} 0.3333332 & 1.023852 \times 10^{-5} & 1.615701 \times 10^{-5} \\ 2.108607 \times 10^{-3} & -3.086883 \times 10^{-2} & 1.535836 \times 10^{-3} \\ 1.660520 \times 10^{-3} & -1.527577 \times 10^{-4} & 5.000768 \times 10^{-2} \end{bmatrix}$$

所以，

$$\mathbf{x}^{(1)} = \mathbf{x}^{(0)} - A_0^{-1} \mathbf{F}\left(\mathbf{x}^{(0)}\right) = \begin{bmatrix} 0.4998697 \\ 1.946685 \times 10^{-2} \\ -0.5215205 \end{bmatrix},$$

$$\mathbf{F}\left(\mathbf{x}^{(1)}\right) = \begin{bmatrix} -3.394465 \times 10^{-4} \\ -0.3443879 \\ 3.188238 \times 10^{-2} \end{bmatrix},$$

$$\mathbf{y}_1 = \mathbf{F}\left(\mathbf{x}^{(1)}\right) - \mathbf{F}\left(\mathbf{x}^{(0)}\right) = \begin{bmatrix} 1.199611 \\ 1.925445 \\ -8.430143 \end{bmatrix},$$

$$\mathbf{s}_1 = \begin{bmatrix} 0.3998697 \\ -8.053315 \times 10^{-2} \\ -0.4215204 \end{bmatrix},$$

$$\mathbf{s}_1^t A_0^{-1} \mathbf{y}_1 = 0.3424604,$$

$$A_1^{-1} = A_0^{-1} + (1/0.3424604)\left[\left(\mathbf{s}_1 - A_0^{-1}\mathbf{y}_1\right)\mathbf{s}_1^t A_0^{-1}\right]$$

$$= \begin{bmatrix} 0.3333781 & 1.11050 \times 10^{-5} & 8.967344 \times 10^{-6} \\ -2.021270 \times 10^{-3} & -3.094849 \times 10^{-2} & 2.196906 \times 10^{-3} \\ 1.022214 \times 10^{-3} & -1.650709 \times 10^{-4} & 5.010986 \times 10^{-2} \end{bmatrix}$$

以及

$$\mathbf{x}^{(2)} = \mathbf{x}^{(1)} - A_1^{-1}\mathbf{F}\left(\mathbf{x}^{(1)}\right) = \begin{bmatrix} 0.4999863 \\ 8.737833 \times 10^{-3} \\ -0.5231746 \end{bmatrix}$$

其他的迭代列于表 10.4 中。Broyden 方法的第五次迭代的误差略逊于前一节结束时给出的例子中 Newton 法的第四次迭代。

表 10.4

k	$x_1^{(k)}$	$x_2^{(k)}$	$x_3^{(k)}$	$\|\mathbf{x}^{(k)} - \mathbf{x}^{(k-1)}\|_2$
3	0.5000066	8.672157×10^{-4}	-0.5236918	7.88×10^{-3}
4	0.5000003	6.083352×10^{-5}	-0.5235954	8.12×10^{-4}
5	0.5000000	-1.448889×10^{-6}	-0.5235989	6.24×10^{-5}
6	0.5000000	6.059030×10^{-9}	-0.5235988	1.50×10^{-6}

这些方法在极大地减少了函数求值运算之后仍然能够保持二阶收敛。该类型的方法最早由 Broyden 提出[Brow,K]。常用的这种类型的方法的综述和比较可在文献[MC]中找到，一般情况下，与 Broyden 方法相比，其他方法都难以有效地实现。

习题 10.3

1. 对下列非线性方程组，用 Broyden 方法来计算 $\mathbf{x}^{(2)}$。

   a. $4x_1^2 - 20x_1 + \frac{1}{4}x_2^2 + 8 = 0,$

   　$\frac{1}{2}x_1 x_2^2 + 2x_1 - 5x_2 + 8 = 0.$

   　采用 $\mathbf{x}^{(0)} = (0, 0)^t$

   b. $\sin(4\pi x_1 x_2) - 2x_2 - x_1 = 0,$

   　$\left(\frac{4\pi - 1}{4\pi}\right)(e^{2x_1} - e) + 4ex_2^2 - 2ex_1 = 0$

   　采用 $\mathbf{x}^{(0)} = (0, 0)^t$

   c. $3x_1^2 - x_2^2 = 0,$

   　$3x_1 x_2^2 - x_1^3 - 1 = 0.$

   　采用 $\mathbf{x}^{(0)} = (1, 1)^t$

   d. $\ln(x_1^2 + x_2^2) - \sin(x_1 x_2) = \ln 2 + \ln \pi,$

   　$e^{x_1 - x_2} + \cos(x_1 x_2) = 0$

   　采用 $\mathbf{x}^{(0)} = (2, 2)^t$

2. 对下列非线性方程组，用 Broyden 方法来计算 $\mathbf{x}^{(2)}$。

   a. $3x_1 - \cos(x_2 x_3) - \frac{1}{2} = 0,$

   　$4x_1^2 - 625x_2^2 + 2x_2 - 1 = 0,$

   　$e^{-x_1 x_2} + 20x_3 + \frac{10\pi - 3}{3} = 0$

   　采用 $\mathbf{x}^{(0)} = (0, 0, 0)^t$

   b. $x_1^2 + x_2 - 37 = 0,$

   　$x_1 - x_2^2 - 5 = 0,$

   　$x_1 + x_2 + x_3 - 3 = 0$

   　采用 $\mathbf{x}^{(0)} = (0, 0, 0)^t$

c.　　$x_1^3 + x_1^2 x_2 - x_1 x_3 + 6 = 0,$　　　　　　d.　　　　　$6x_1 - 2\cos(x_2 x_3) - 1 = 0,$

　　　　$e^{x_1} + e^{x_2} - x_3 = 0,$　　　　　　　　　$9x_2 + \sqrt{x_1^2 + \sin x_3 + 1.06} + 0.9 = 0,$

　　　　$x_2^2 - 2x_1 x_3 = 4$　　　　　　　　　　　　$60x_3 + 3e^{-x_1 x_2} + 10\pi - 3 = 0$

　　　　采用 $\mathbf{x}^{(0)} = (-1, -2, 1)^t$　　　　　　采用 $\mathbf{x}^{(0)} = (0, 0, 0)^t$

3. 对下列初始值 $\mathbf{x}^{(0)}$，用 Broyden 方法来近似求解习题 1 中的非线性方程组。

　　a.　$(0,0)^t$　　　　　　b.　$(0,0)^t$　　　　　　c.　$(1,1)^t$　　　　　　d.　$(2,2)^t$

4. 对下列初始值 $\mathbf{x}^{(0)}$，用 Broyden 方法来近似求解习题 2 中的非线性方程组。

　　a.　$(1,1,1)^t$　　　　　b.　$(2,1,-1)^t$　　　　　c.　$(-1,-2,1)^t$　　　　d.　$(0,0,0)^t$

5. 用 Broyden 方法来近似下列的非线性方程组，迭代直到误差满足 $\|\mathbf{x}^{(k)} - \mathbf{x}^{(k-1)}\|_\infty < 10^{-6}$。

　　a.　　　$x_1(1 - x_1) + 4x_2 = 12,$　　　　　b.　　　　　　$5x_1^2 - x_2^2 = 0,$

　　　　$(x_1 - 2)^2 + (2x_2 - 3)^2 = 25$　　　　　$x_2 - 0.25(\sin x_1 + \cos x_2) = 0$

　　c.　$15x_1 + x_2^2 - 4x_3 = 13,$　　　　　　d.　$10x_1 - 2x_2^2 + x_2 - 2x_3 - 5 = 0,$

　　　　$x_1^2 + 10x_2 - x_3 = 11,$　　　　　　　　$8x_2^2 + 4x_3^2 - 9 = 0,$

　　　　$x_2^3 - 25x_3 = -22$　　　　　　　　　　　$8x_2 x_3 + 4 = 0$

6. 非线性方程组

$$4x_1 - x_2 + x_3 = x_1 x_4,$$

$$-x_1 + 3x_2 - 2x_3 = x_2 x_4,$$

$$x_1 - 2x_2 + 3x_3 = x_3 x_4,$$

$$x_1^2 + x_2^2 + x_3^2 = 1$$

有 6 个解。

　　a. 证明：如果 $(x_1, x_2, x_3, x_4)^t$ 是一个解，则 $(-x_1, -x_2, -x_3, x_4)^t$ 也是一个解。

　　b. 用 Broyden 方法来近似这个非线性方程组的每个解，迭代直到误差满足 $\|\mathbf{x}^{(k)} - \mathbf{x}^{(k-1)}\|_\infty < 10^{-5}$。

7. 非线性方程组

$$3x_1 - \cos(x_2 x_3) - \frac{1}{2} = 0, \quad x_1^2 - 625x_2^2 - \frac{1}{4} = 0, \quad e^{-x_1 x_2} + 20x_3 + \frac{10\pi - 3}{3} = 0$$

在其解处有一个奇异的雅可比矩阵。取初始值为 $\mathbf{x}^{(0)} = (1,1,-1)^t$，用 Broyden 方法来求解该方程组。
注意：在合理的迭代步数之内收敛也许会变慢或者根本就不收敛。

应用型习题

8. 3 个竞争的种群的数量动态变化可由下面的方程描述：

$$\frac{dx_i(t)}{dt} = r_i x_i(t) \left[1 - \sum_{i=1}^{3} \alpha_{ij} x_j(t) \right], \quad \text{对每个 } i = 1,2,3$$

第 i 个种群在时间 t 时的数量为 $x_i(t)$，第 i 个种群的增长率是 r_i，而 α_{ij} 表示第 j 个种群对第 i 个种群增长率的影响程度。假设 3 个种群的增长率都等于 r，通过适当变换我们可以使 $r = 1$。另外，假设种群 2 影响种群 1 的程度和种群 3 影响种群 2 的程度相同，也和种群 1 影响种群 3 的程度相同，因而有 $\alpha_{12} = \alpha_{23} = \alpha_{31}$，令它们都等于 α，类似地，$\alpha_{21} = \alpha_{32} = \alpha_{13} = \beta$，可通过种群数量的标准化使得所有 $\alpha_{ii} = 1$。这样就产生了下面的微分方程组：

$$x_1'(t) = x_1(t) \left[1 - x_1(t) - \alpha x_2(t) - \beta x_3(t) \right],$$

$$x_2'(t) = x_2(t) \left[1 - x_2(t) - \beta x_1(t) - \alpha x_3(t) \right],$$

$$x_3'(t) = x_3(t) \left[1 - x_3(t) - \alpha x_1(t) - \beta x_2(t) \right]$$

如果 $\alpha = 0.5$ 和 $\beta = 0.25$，利用 Broyden 方法在集合 $\{(x_1, x_2, x_3) \mid 0 \le x_1(t) \le 1, 0.25 \le x_2(t) \le 1, 0.25 \le x_3(t) \le 1\}$ 中求它的一个稳定解（$x_1'(t) = x_2'(t) = x_3'(t) = 0$）。

9. 8.1 节习题 13 中讨论的问题是确定一个形如 $R = bw^a$ 的指数最小二乘关系式，它描述了中等大小的斯芬克斯娥的体重与呼吸之间的依赖关系。在这个习题中，问题被转化成 log-log 的关系，而在 (c) 中引入了二次项来改进近似。我们这里直接使用 8.1 节习题 13 中列出的数据通过最小化 $\sum_{i=1}^{n} (R_i - bw_i^a)^2$ 来确定常数 a 和 b。计算这样做的逼近结果的误差，并将它们与前面的结果进行比较。

理论型习题

10. 证明：如果 $\mathbf{0} \neq \mathbf{y} \in \mathbb{R}^n$，且 $\mathbf{z} \in \mathbb{R}^n$，则 $\mathbf{z} = \mathbf{z}_1 + \mathbf{z}_2$，其中 $\mathbf{z}_1 = (\mathbf{y}^t\mathbf{z} / \|\mathbf{y}\|_2^2)\mathbf{y}$ 平行于 $\mathbf{y}$ 而 $\mathbf{z}_2$ 正交于 $\mathbf{y}$。

11. 证明：如果 $\mathbf{u}, \mathbf{v} \in \mathbb{R}^n$，则 $\det(I + \mathbf{u}\mathbf{v}^t) = 1 + \mathbf{v}^t\mathbf{u}$。

12. a. 利用习题 11 的结论证明：如果 A^{-1} 存在，且 $\mathbf{x}, \mathbf{y} \in \mathbb{R}^n$，则当且仅当 $\mathbf{y}^t A^{-1}\mathbf{x} \neq -1$ 时，$(A + \mathbf{x}\mathbf{y}^t)^{-1}$ 存在。

 b. 通过右乘 $A + \mathbf{x}\mathbf{y}^t$，证明：当 $\mathbf{y}^t A^{-1}\mathbf{x} \neq -1$ 时，有

$$(A + \mathbf{x}\mathbf{y}^t)^{-1} = A^{-1} - \frac{A^{-1}\mathbf{x}\mathbf{y}^t A^{-1}}{1 + \mathbf{y}^t A^{-1}\mathbf{x}}$$

讨论问题

1. 求解大型非线性方程组的拟 Newton 法中，最著名的通用软件都是基于秩一修正公式的。例如，BGM、BBM、COLUM 以及 ICUM。这些修正公式是怎样实现的呢？

2. 当 A 已经有一个分解时，Sherman-Morrison 公式描述了 $A + uvT$ 的解。什么是 Sherman-Morrison-Woodbury 公式？它的特异之处是什么？

10.4　最速下降法

求解非线性方程组的 Newton 法和拟 Newton 法的优点是一旦给出了足够精确的初始值，其收敛速度是很快的，它们的缺点是需要足够好的初始值来保证收敛性。本节介绍的**最速下降法**只有线性的收敛速度，但它通常总是收敛的，即使初始值的近似非常差。于是，该方法通常用于寻找 Newton 类型方法的足够精确的初始值，这很像二分法在单个方程中的情形。

最速下降法求解一个形如 $g : \mathbb{R}^n \to \mathbb{R}$ 的多变量函数的局部最小值。该方法除了作为求解非线性方程组的初始值方法外，还具有很好的应用价值。（若干其他应用将在习题中体现。）

求一个从 $\mathbb{R}^n$ 到 $\mathbb{R}$ 的函数的最小值与求解非线性方程组之间的联系归于这样一个事实：如下形式的非线性方程组

$$f_1(x_1, x_2, \cdots, x_n) = 0,$$
$$f_2(x_1, x_2, \cdots, x_n) = 0,$$
$$\vdots \qquad\qquad \vdots$$
$$f_n(x_1, x_2, \cdots, x_n) = 0$$

有一个解 $\mathbf{x} = (x_1, x_2, \cdots, x_n)^t$ 恰好意味着由下式定义的函数 g

$$g(x_1, x_2, \cdots, x_n) = \sum_{i=1}^{n} [f_i(x_1, x_2, \cdots, x_n)]^2$$

有一个最小值 0。

用于求任意一个从 $\mathbb{R}^n$ 到 $\mathbb{R}$ 的函数 g 的局部最小值的最速下降法可以直观地描述为

1. 求 g 在 $\mathbf{x}^{(0)} = \left(x_1^{(0)}, x_2^{(0)}, \cdots, x_n^{(0)} \right)^t$ 初始值处的函数值。
2. 确定一个方向，使得从 $\mathbf{x}^{(0)}$ 出发沿该方向前进时函数 g 的值下降。
3. 沿这个方向移动合适的距离得到新的近似值 $\mathbf{x}^{(1)}$。
4. 用 $\mathbf{x}^{(1)}$ 代替 $\mathbf{x}^{(0)}$ 重复步骤 1~3。

函数的梯度

在描述如何选取正确的方向以及沿这个方向移动多大距离合适等问题之前，我们需要回顾一下一些微积分的结果。极值定理 1.9 说明一个可微的单变量函数只有当其导数为零时才可能达到局部最小值。为了将这个结论推广到多变量的情形，我们需要下面的定义。

定义 10.9   设函数 $g : \mathbb{R}^n \to \mathbb{R}$，函数 g 在点 $\mathbf{x} = (x_1, x_2, \cdots, x_n)^t$ 处的**梯度**记为 $\nabla g(\mathbf{x})$，定义如下：

$$\nabla g(\mathbf{x}) = \left(\frac{\partial g}{\partial x_1}(\mathbf{x}), \frac{\partial g}{\partial x_2}(\mathbf{x}), \cdots, \frac{\partial g}{\partial x_n}(\mathbf{x}) \right)^t \qquad \blacksquare$$

多元函数的梯度概念类似于一元函数的导数概念，一个可微的多元函数只有当其梯度在 $\mathbf{x}$ 处为零向量时才可能在该点处达到局部最小值。梯度概念还具有与多元函数最小化问题相关的其他重要性质。假设 $\mathbf{v} = (v_1, v_2, \cdots, v_n)^t$ 是 $\mathbb{R}^n$ 中的一个单位向量，即

$$\|\mathbf{v}\|_2^2 = \sum_{i=1}^n v_i^2 = 1$$

函数 g 在 $\mathbf{x}$ 处沿着 $\mathbf{v}$ 的方向的方向导数可以测量函数 g 的值相对于自变量沿 $\mathbf{v}$ 的变化率，其定义为

$$D_{\mathbf{v}} g(\mathbf{x}) = \lim_{h \to 0} \frac{1}{h} [g(\mathbf{x} + h\mathbf{v}) - g(\mathbf{x})] = \mathbf{v}^t \cdot \nabla g(\mathbf{x})$$

若 g 是可微的，假设 $\nabla g(\mathbf{x}) \neq \mathbf{0}$，只有当 $\mathbf{v}$ 平行于 $\nabla g(\mathbf{x})$ 时方向导数才达到了最大值。于是函数 g 在 $\mathbf{x}$ 处的函数值下降最快的方向就是 $-\nabla g(\mathbf{x})$。图 10.2 说明了当 g 是一个二元函数时的情形。

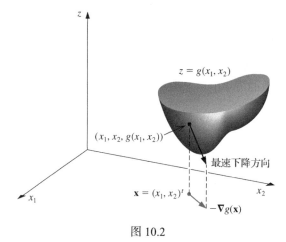

图 10.2

我们的目标是将 $g(\mathbf{x})$ 减小到它的最小值零，因此合适的选择是从 $\mathbf{x}^{(0)}$ 出发沿着使 $g(\mathbf{x})$ 下降得最快的方向移动而得到 $\mathbf{x}^{(1)}$。因此，我们令

$$\mathbf{x}^{(1)} = \mathbf{x}^{(0)} - \alpha \nabla g\left(\mathbf{x}^{(0)} \right), \qquad \text{其中 } \alpha > 0 \text{ 是某个常数} \tag{10.17}$$

现在问题转化为求合适的 α 值，使得 $g(\mathbf{x}^{(1)})$ 的值远比 $g(\mathbf{x}^{(0)})$ 的值小。

为了得到合适的 α 值，我们考虑一元函数：

$$h(\alpha) = g\left(\mathbf{x}^{(0)} - \alpha \nabla g\left(\mathbf{x}^{(0)}\right)\right) \tag{10.18}$$

方程 (10.17) 中需要的 α 值就是使得 h 最小的值。

直接求 h 的最小值需要对 h 求导，之后再求一个方程的根从而确定 h 的临界值，这个方法通常代价很高。取而代之的方法是，我们先选取 3 个数 $\alpha_1 < \alpha_2 < \alpha_3$，希望它们接近于 $h(\alpha)$ 的最小值。接下来构造一个在这 3 个点 α_1、α_2 和 α_3 处的 h 的二次插值多项式 $P(x)$。这个二次插值多项式的最小值是很容易得到的，我们可以使用 2.6 节中用到的 Müller 方法。

我们定义 $\hat{\alpha}$，它在 $[\alpha_1, \alpha_3]$ 内，使得 $P(\hat{\alpha})$ 是 $[\alpha_1, \alpha_3]$ 在该区间内的最小值，并用 $P(\hat{\alpha})$ 来作为 $h(\alpha)$ 的近似值。这样，$\hat{\alpha}$ 用于确定 g 的近似最小值的新的迭代：

$$\mathbf{x}^{(1)} = \mathbf{x}^{(0)} - \hat{\alpha} \nabla g\left(\mathbf{x}^{(0)}\right)$$

因为 $g\left(\mathbf{x}^{(0)}\right)$ 的值是已知的，所以为了使运算量最小，我们首先选取 $\alpha_1 = 0$。接下来寻找一个数 α_3 使得 $h(\alpha_3) < h(\alpha_1)$。（因为 α_1 没有达到 h 的最小值，因此这样的 α_3 是存在的。）最后，α_2 选为 $\alpha_3 / 2$。

P 在区间 $[\alpha_1, \alpha_3]$ 内的最小值只有可能在它的临界点或者区间的右端点 α_3 处达到，这是因为我们已经假设 $P(\alpha_3) = h(\alpha_3) < h(\alpha_1) = P(\alpha_1)$。因为 $P(x)$ 是一个二次多项式，因此它的临界点可以通过解线性方程得到。

例 1 取 $\mathbf{x}^{(0)} = (0,0,0)^t$，用最速下降法求下面非线性方程组的一个合理的初始值近似。

$$f_1(x_1, x_2, x_3) = 3x_1 - \cos(x_2 x_3) - \frac{1}{2} = 0,$$

$$f_2(x_1, x_2, x_3) = x_1^2 - 81(x_2 + 0.1)^2 + \sin x_3 + 1.06 = 0,$$

$$f_3(x_1, x_2, x_3) = e^{-x_1 x_2} + 20x_3 + \frac{10\pi - 3}{3} = 0$$

解 令 $g(x_1, x_2, x_3) = [f_1(x_1, x_2, x_3)]^2 + [f_2(x_1, x_2, x_3)]^2 + [f_3(x_1, x_2, x_3)]^2$，则

$$\begin{aligned}
\nabla g(x_1, x_2, x_3) \equiv \nabla g(\mathbf{x}) &= \left(2f_1(\mathbf{x})\frac{\partial f_1}{\partial x_1}(\mathbf{x}) + 2f_2(\mathbf{x})\frac{\partial f_2}{\partial x_1}(\mathbf{x}) + 2f_3(\mathbf{x})\frac{\partial f_3}{\partial x_1}(\mathbf{x}), \right.\\
&\qquad 2f_1(\mathbf{x})\frac{\partial f_1}{\partial x_2}(\mathbf{x}) + 2f_2(\mathbf{x})\frac{\partial f_2}{\partial x_2}(\mathbf{x}) + 2f_3(\mathbf{x})\frac{\partial f_3}{\partial x_2}(\mathbf{x}),\\
&\qquad \left. 2f_1(\mathbf{x})\frac{\partial f_1}{\partial x_3}(\mathbf{x}) + 2f_2(\mathbf{x})\frac{\partial f_2}{\partial x_3}(\mathbf{x}) + 2f_3(\mathbf{x})\frac{\partial f_3}{\partial x_3}(\mathbf{x}) \right)\\
&= 2\mathbf{J}(\mathbf{x})^t \mathbf{F}(\mathbf{x})
\end{aligned}$$

对 $\mathbf{x}^{(0)} = (0,0,0)^t$，我们有

$$g\left(\mathbf{x}^{(0)}\right) = 111.975 \quad \text{和} \quad z_0 = \|\nabla g\left(\mathbf{x}^{(0)}\right)\|_2 = 419.554$$

设

$$\mathbf{z} = \frac{1}{z_0}\nabla g\left(\mathbf{x}^{(0)}\right) = (-0.0214514, -0.0193062, 0.999583)^t$$

取 $\alpha_1 = 0$，我们有 $g_1 = g(\mathbf{x}^{(0)} - \alpha_1 \mathbf{z}) = g(\mathbf{x}^{(0)}) = 111.975$。我们任意取 $\alpha_3 = 1$，从而有

$$g_3 = g\left(\mathbf{x}^{(0)} - \alpha_3 \mathbf{z}\right) = 93.5649$$

因为 $g_3 < g_1$，所以接受这个 α_3，并取 $\alpha_2 = \alpha_3 / 2 = 0.5$。从而有

$$g_2 = g\left(\mathbf{x}^{(0)} - \alpha_2 \mathbf{z}\right) = 2.53557$$

现在我们求一个二次多项式,它插值了数据点$(0,111.975)$,$(1,93.5649)$和$(0.5,2.53557)$。为此,最方便的方法是采用 Newton 向前差分公式,它具有下面的形式:

$$P(\alpha) = g_1 + h_1\alpha + h_3\alpha(\alpha - \alpha_2)$$

它在点 $\alpha_1 = 0, \alpha_2 = 0.5$ 和 $\alpha_3 = 1$ 上插值了函数

$$g\left(\mathbf{x}^{(0)} - \alpha\nabla g\left(\mathbf{x}^{(0)}\right)\right) = g\left(\mathbf{x}^{(0)} - \alpha\mathbf{z}\right)$$

详细数据如下:

$$\alpha_1 = 0, \qquad g_1 = 111.975,$$

$$\alpha_2 = 0.5, \quad g_2 = 2.53557, \quad h_1 = \frac{g_2 - g_1}{\alpha_2 - \alpha_1} = -218.878,$$

$$\alpha_3 = 1, \quad g_3 = 93.5649, \quad h_2 = \frac{g_3 - g_2}{\alpha_3 - \alpha_2} = 182.059, \qquad h_3 = \frac{h_2 - h_1}{\alpha_3 - \alpha_1} = 400.937$$

于是得到

$$P(\alpha) = 111.975 - 218.878\alpha + 400.937\alpha(\alpha - 0.5)$$

计算可得当 $\alpha = \alpha_0 = 0.522959$ 时 $P'(\alpha) = 0$。因为 $g_0 = g(\mathbf{x}^{(0)} - \alpha_0\mathbf{z}) = 2.32762$ 比 g_1 和 g_3 小,我们取

$$\mathbf{x}^{(1)} = \mathbf{x}^{(0)} - \alpha_0\mathbf{z} = \mathbf{x}^{(0)} - 0.522959\mathbf{z} = (0.0112182, 0.0100964, -0.522741)^t$$

则

$$g\left(\mathbf{x}^{(1)}\right) = 2.32762$$

表 10.5 包括了剩余的结果。这个非线性方程组的真实解为 $(0.5, 0, -0.5235988)^t$,因此 $\mathbf{x}^{(2)}$ 很可能作为 Newton 方法或者 Broyden 方法的初始值已经足够合适了。因为最速下降法在 70 步迭代之后的误差是 $\|\mathbf{x}^{(k)} - \mathbf{x}\|_\infty < 0.01$,所以在得到 $\mathbf{x}^{(2)}$ 之后就需要使用其他更快速收敛的方法了。

表 10.5

k	$x_1^{(k)}$	$x_2^{(k)}$	$x_3^{(k)}$	$g(x_1^{(k)}, x_2^{(k)}, x_3^{(k)})$
2	0.137860	-0.205453	-0.522059	1.27406
3	0.266959	0.00551102	-0.558494	1.06813
4	0.272734	-0.00811751	-0.522006	0.468309
5	0.308689	-0.0204026	-0.533112	0.381087
6	0.314308	-0.0147046	-0.520923	0.318837
7	0.324267	-0.00852549	-0.528431	0.287024

算法 10.3 用最速下降法来求函数 g 的近似最小值。在迭代开始时,预先取 α_1 的值为 0,α_3 的值为 1。如果 $h(\alpha_3) \geq h(\alpha_1)$,则将 α_3 的值重新设置成它的一半,继续下去,直到 α_3 的值满足 $h(\alpha_3) < h(\alpha_1)$ 为止,最后就有某个 k,使得 $\alpha_3 = 2^{-k}$。

为了将这个方法用于求解非线性方程组

$$f_1(x_1, x_2, \cdots, x_n) = 0,$$

$$f_2(x_1, x_2, \cdots, x_n) = 0,$$

$$\vdots \qquad \qquad \vdots$$

$$f_n(x_1, x_2, \cdots, x_n) = 0$$

我们只需简单地将 g 换为 $\sum_{i=1}^{n} f_i^2$。

算法 10.3 最速下降法

求最小化问题

$$g(\mathbf{p}) = \min_{\mathbf{x} \in \mathbb{R}^n} g(\mathbf{x})$$

的近似解 $\mathbf{p}$, 给定初始值 $\mathbf{x}$。

　　输入　变量数目 n; 初始值 $\mathbf{x} = (x_1, \cdots, x_n)^t$; 误差限 TOL; 最大迭代步数 N。

　　输出　近似解 $\mathbf{x} = (x_1, \cdots, x_n)^t$, 或者出错信息。

Step 1　Set $k = 1$.

Step 2　While $(k \leqslant N)$ do Steps 3–15.

　　Step 3　Set $g_1 = g(x_1, \cdots, x_n)$;　（注: $g_1 = g\left(\mathbf{x}^{(k)}\right)$）
　　　　　　$\mathbf{z} = \nabla g(x_1, \cdots, x_n)$;　（注: $\mathbf{z} = \nabla g\left(\mathbf{x}^{(k)}\right)$）
　　　　　　$z_0 = \|\mathbf{z}\|_2$.

　　Step 4　If $z_0 = 0$ then OUTPUT ('Zero gradient');
　　　　　　　　　　　OUTPUT $(x_1, \cdots, x_n, g_1)$;
　　　　　　　　　　　（算法完成, 得到一个最小值）
　　　　　　　　　　　STOP.

　　Step 5　Set $\mathbf{z} = \mathbf{z}/z_0$;　（化 $\mathbf{z}$ 为单位向量）
　　　　　　$\alpha_1 = 0$;
　　　　　　$\alpha_3 = 1$;
　　　　　　$g_3 = g(\mathbf{x} - \alpha_3 \mathbf{z})$.

　　Step 6　While $(g_3 \geqslant g_1)$ do Steps 7 and 8.

　　　　Step 7　Set $\alpha_3 = \alpha_3/2$;
　　　　　　　　$g_3 = g(\mathbf{x} - \alpha_3 \mathbf{z})$.

　　　　Step 8　If $\alpha_3 < TOL/2$ then
　　　　　　　　OUTPUT ('No likely improvement');
　　　　　　　　OUTPUT $(x_1, \cdots, x_n, g_1)$;
　　　　　　　　（算法完成, 得到一个最小值）
　　　　　　　　STOP.

　　Step 9　Set $\alpha_2 = \alpha_3/2$;
　　　　　　$g_2 = g(\mathbf{x} - \alpha_2 \mathbf{z})$.

　　Step 10　Set $h_1 = (g_2 - g_1)/\alpha_2$;
　　　　　　　$h_2 = (g_3 - g_2)/(\alpha_3 - \alpha_2)$;
　　　　　　　$h_3 = (h_2 - h_1)/\alpha_3$.
　　　　　　　（注: 牛顿向前差分公式用来计算二次插值多项式
　　　　　　　$P(\alpha) = g_1 + h_1\alpha + h_3\alpha(\alpha - \alpha_2)$, 插值节点为
　　　　　　　$\alpha = 0, \alpha = \alpha_2, \alpha = \alpha_3$, 被插值函数为 $h(\alpha)$）

　　Step 11　Set $\alpha_0 = 0.5(\alpha_2 - h_1/h_3)$;　（$P$ 的临界点为 α_0）
　　　　　　　$g_0 = g(\mathbf{x} - \alpha_0 \mathbf{z})$.

　　Step 12　在 $\{\alpha_0, \alpha_3\}$ 中求 α 使得 $g = g(\mathbf{x} - \alpha\mathbf{z}) = \min\{g_0, g_3\}$.

　　Step 13　Set $\mathbf{x} = \mathbf{x} - \alpha\mathbf{z}$.

　　Step 14　If $|g - g_1| < TOL$ then
　　　　　　　OUTPUT $(x_1, \cdots, x_n, g)$;
　　　　　　　（算法成功）
　　　　　　　STOP.

　　Step 15　Set $k = k + 1$.

Step 16　OUTPUT ('Maximum iterations exceeded');　.
　　　　　（算法失败）
　　　　　STOP.

最速下降法有许多不同的版本，其中一些涉及更复杂的确定 α 值的方法，它们得到了由方程(10.18)给出的单变量函数 h 的最小值。另一些方法涉及用多维 Taylor 多项式来代替原多变量函数 g，并最小化该多项式来代替 g。虽然有某些方法的优点超过了本节给出的方法，但通常来说，所有的最速下降法都是线性收敛的，且其收敛都不依赖于初始值的选取。有时这些方法也可能收敛到函数 g 的其他绝对最小值。

关于最速下降法更加完整的讨论可以参见文献[OR]或[RR]。

习题 10.4

1. 用最速下降法，取误差限 $TOL = 0.05$，求下列非线性方程组的近似解。

   a. $4x_1^2 - 20x_1 + \dfrac{1}{4}x_2^2 + 8 = 0$,   b. $3x_1^2 - x_2^2 = 0$,

   $\dfrac{1}{2}x_1x_2^2 + 2x_1 - 5x_2 + 8 = 0$ $3x_1x_2^2 - x_1^3 - 1 = 0$

   c. $\ln(x_1^2 + x_2^2) - \sin(x_1x_2) = \ln 2 + \ln \pi$,   d. $\sin(4\pi x_1 x_2) - 2x_2 - x_1 = 0$,

   $e^{x_1-x_2} + \cos(x_1x_2) = 0$ $\left(\dfrac{4\pi - 1}{4\pi}\right)(e^{2x_1} - e) + 4ex_2^2 - 2ex_1 = 0$

2. 用最速下降法，取误差限 $TOL = 0.05$，求下列非线性方程组的近似解。

   a. $15x_1 + x_2^2 - 4x_3 = 13$,   b. $10x_1 - 2x_2^2 + x_2 - 2x_3 - 5 = 0$,

   $x_1^2 + 10x_2 - x_3 = 11$, $8x_2^2 + 4x_3^2 - 9 = 0$,

   $x_2^3 - 25x_3 = -22$ $8x_2x_3 + 4 = 0$

   c. $x_1^3 + x_1^2x_2 - x_1x_3 + 6 = 0$,   d. $x_1 + \cos(x_1x_2x_3) - 1 = 0$,

   $e^{x_1} + e^{x_2} - x_3 = 0$, $(1 - x_1)^{1/4} + x_2 + 0.05x_3^2 - 0.15x_3 - 1 = 0$,

   $x_2^2 - 2x_1x_3 = 4$ $-x_1^2 - 0.1x_2^2 + 0.01x_2 + x_3 - 1 = 0$

3. 用习题 1 的结果和 Newton 法求习题 1 中非线性方程组的近似解，要求精确到 10^{-6}。

4. 用习题 2 的结果和 Newton 法求习题 2 中非线性方程组的近似解，要求精确到 10^{-6}。

5. 用最速下降法求下列函数的最小值，要求精确到 0.005。

   a. $g(x_1, x_2) = \cos(x_1 + x_2) + \sin x_1 + \cos x_2$

   b. $g(x_1, x_2) = 100(x_1^2 - x_2)^2 + (1 - x_1)^2$

   c. $g(x_1, x_2, x_3) = x_1^2 + 2x_2^2 + x_3^2 - 2x_1x_2 + 2x_1 - 2.5x_2 - x_3 + 2$

   d. $g(x_1, x_2, x_3) = x_1^4 + 2x_2^4 + 3x_3^4 + 1.01$

应用型习题

6. 10.2 节中的习题 12 涉及一个生物实验，目的是确定使得不同种类的水蟥能够不缩短寿命存活的最高水温。在那个习题中，用 Newton 法来近似求 a, b 和 c 以最小化下面的函数：

$$\sum_{i=1}^{4}\left[y_i \ln y_i - \frac{a}{(x_i - b)^c}\right]^2$$

提供的数据列于下表：

i	1	2	3	4
y_i	2.40	3.80	4.75	21.60
x_i	31.8	31.5	31.2	30.2

用最速下降法求 a, b 和 c，要求精确到 0.05。

7. 随着年龄的增长，人们往往不知道他们的钱会不会够用。下表中的数据代表你的钱将维持到某个年龄的概率。

x_i	75	80	85	90	95
y_i	100%	99%	83.3%	61.2%	41.2%

表中数据是基于每年投资 1.9%，直到 65 岁退休，每年返还 6%，考虑通货膨胀率为 2.5%，初始收回 4% 的投资组合，每年随着通货膨胀而增加。假设数据能用函数 $y = bx^a$ 来近似表示。

a. 用最速下降法求使得函数 $g(a,b) = \sum_{i=1}^{5}[y_i - bx_i^a]^2$ 达到最小的 a 和 b。

b. 用 8.1 节给出的方法，使用方程 $\ln y = \ln b + a \ln x$ 将数据拟合变为线性数据拟合来求解。

c. (a) 和 (b) 中哪一个的误差 $E = \sum_{i=1}^{5}[y_i - bx_i^a]^2$ 更小？

d. 预测当年龄为 100 岁时的近似结果。

理论型习题

8. a. 证明二次多项式

$$P(\alpha) = g_1 + h_1\alpha + h_3\alpha(\alpha - \alpha_2)$$

是式 (10.18) 中定义的函数 h

$$h(\alpha) = g\left(\mathbf{x}^{(0)} - \alpha\nabla g(\mathbf{x}^{(0)})\right)$$

在 $\alpha = 0$，α_2 和 α_3 上的插值多项式。

b. 证明 P 的临界点是

$$\alpha_0 = \frac{1}{2}\left(\alpha_2 - \frac{h_1}{h_3}\right)$$

讨论问题

1. 在最速下降法中，人们建议修正原始步长，因为它导致该方法收敛速度很慢。Barzilai 和 Borwein 首次给出了新的步长。讨论他们的方法。

2. 如果问题对扰动是敏感的，最速下降法可产生较大的残差，甚至可能得出不正确的近似解。修正的最速下降法对病态问题不敏感。讨论为什么会这样。

10.5　同伦延拓法

非线性方程组的**同伦延拓法**将问题嵌入到一系列类似问题的求解中。具体地讲，为了求解下面的非线性方程组

$$\mathbf{F}(\mathbf{x}) = \mathbf{0}$$

它有一个未知的解 $\mathbf{x}^*$，我们考虑一个用一个参数 λ 描述的问题族，其中参数的值位于 [0,1]。相应于参数 $\lambda = 0$ 的问题有一个已知的解 $\mathbf{x}(0)$，而相应于参数 $\lambda = 1$ 的问题的解未知，它就是我们需要的解 $\mathbf{x}(1) \equiv \mathbf{x}^*$。

例如，假设 $\mathbf{x}(0)$ 是 $\mathbf{F}(\mathbf{x}^*) = \mathbf{0}$ 的解的一个初始近似。定义：

$$\mathbf{G} : [0, 1] \times \mathbb{R}^n \to \mathbb{R}^n$$

其中，

$$\mathbf{G}(\lambda, \mathbf{x}) = \lambda\mathbf{F}(\mathbf{x}) + (1 - \lambda)[\mathbf{F}(\mathbf{x}) - \mathbf{F}(\mathbf{x}(0))] = \mathbf{F}(\mathbf{x}) + (\lambda - 1)\mathbf{F}(\mathbf{x}(0)) \tag{10.19}$$

我们将要对不同的 λ 值来确定方程

$$\mathbf{G}(\lambda, \mathbf{x}) = \mathbf{0}$$

的解。当 $\lambda = 0$ 时，这个方程假设有如下形式：

$$0 = G(0, x) = F(x) - F(x(0))$$

于是 $x(0)$ 就是一个解。当 $\lambda = 1$ 时，这个方程假设有如下形式：

$$0 = G(1, x) = F(x)$$

于是 $x(1) = x^*$ 就是一个解。

带有参数 λ 的函数 G 定义了一族函数，它们能从已知的值 $x(0)$ 到达解 $x(1) = x^*$。函数 G 被称为函数 $G(0, x) = F(x) - F(x(0))$ 与 $G(1, x) = F(x)$ 之间的一个**同伦**。

延拓法

一个**延拓**问题是：

● 确定一条从 $G(0, x) = 0$ 的已知解 $x(0)$ 到 $G(1, x) = 0$ 的未知解 $x(1) = x^*$ 的路径，即 $F(x) = 0$ 的解。

我们首先假设对每个 $\lambda \in [0, 1]$，$x(\lambda)$ 是方程

$$G(\lambda, x) = 0 \tag{10.20}$$

的唯一解。集合 $\{x(\lambda) | 0 \leqslant \lambda \leqslant 1\}$ 可以看作 $\mathbb{R}^n$ 中从 $x(0)$ 到 $x(1) = x^*$ 的一条参数曲线。延拓法寻求沿着曲线的一系列步骤 $\{x(\lambda_k)\}_{k=0}^m$，其中 $\lambda_0 = 0 < \lambda_1 < \cdots < \lambda_m = 1$。

如果 $\lambda \to x(\lambda)$ 的函数和 G 都是可微的，则关于 λ 对式 (10.20) 求微分得到

$$0 = \frac{\partial G(\lambda, x(\lambda))}{\partial \lambda} + \frac{\partial G(\lambda, x(\lambda))}{\partial x} x'(\lambda)$$

解出 $x'(\lambda)$ 得到

$$x'(\lambda) = -\left[\frac{\partial G(\lambda, x(\lambda))}{\partial x}\right]^{-1} \frac{\partial G(\lambda, x(\lambda))}{\partial \lambda}$$

这是一个带初始条件 $x(0)$ 的微分方程组。

因为

$$G(\lambda, x(\lambda)) = F(x(\lambda)) + (\lambda - 1)F(x(0))$$

所以我们可以确定雅可比矩阵

$$\frac{\partial G}{\partial x}(\lambda, x(\lambda)) = \begin{bmatrix} \dfrac{\partial f_1}{\partial x_1}(x(\lambda)) & \dfrac{\partial f_1}{\partial x_2}(x(\lambda)) & \ldots & \dfrac{\partial f_1}{\partial x_n}(x(\lambda)) \\ \dfrac{\partial f_2}{\partial x_1}(x(\lambda)) & \dfrac{\partial f_2}{\partial x_2}(x(\lambda)) & \ldots & \dfrac{\partial f_2}{\partial x_n}(x(\lambda)) \\ \vdots & \vdots & & \vdots \\ \dfrac{\partial f_n}{\partial x_1}(x(\lambda)) & \dfrac{\partial f_n}{\partial x_2}(x(\lambda)) & \ldots & \dfrac{\partial f_n}{\partial x_n}(x(\lambda)) \end{bmatrix} = J(x(\lambda))$$

和

$$\frac{\partial G(\lambda, x(\lambda))}{\partial \lambda} = F(x(0))$$

因此，微分方程组变成

$$x'(\lambda) = -[J(x(\lambda))]^{-1}F(x(0)), \qquad 0 \leqslant \lambda \leqslant 1 \tag{10.21}$$

初始条件为 $x(0)$。下面的定理(参见[OR], pp.230-231)给出了保证延拓法可行的条件。

定理 10.10 设 $F(x)$ 对 $x \in \mathbb{R}^n$ 是连续可微的。假设雅可比矩阵 $J(x)$ 对所有 $x \in \mathbb{R}^n$ 是非奇异的，

且存在常数 M，使得对 $\mathbf{x} \in \mathbb{R}^n$，$\|J(\mathbf{x})^{-1}\| \leqslant M$。那么，对所有 $\mathbb{R}^n$ 中的 $\mathbf{x}(0)$，存在唯一解 $\mathbf{x}(\lambda)$ 满足方程

$$\mathbf{G}(\lambda, \mathbf{x}(\lambda)) = \mathbf{0}$$

其中 $\lambda \in [0,1]$。并且 $\mathbf{x}(\lambda)$ 是连续可微的，其导数为

$$\mathbf{x}'(\lambda) = -J(\mathbf{x}(\lambda))^{-1}\mathbf{F}(\mathbf{x}(0)), \qquad \text{对每个}\ \lambda \in [0, 1] \qquad \blacksquare$$

下面的示例说明与非线性方程组相关联的微分方程组的形式。

示例　考虑非线性方程组：

$$f_1(x_1, x_2, x_3) = 3x_1 - \cos(x_2 x_3) - 0.5 = 0,$$

$$f_2(x_1, x_2, x_3) = x_1^2 - 81(x_2 + 0.1)^2 + \sin x_3 + 1.06 = 0,$$

$$f_3(x_1, x_2, x_3) = e^{-x_1 x_2} + 20x_3 + \frac{10\pi - 3}{3} = 0$$

它的雅可比矩阵为

$$J(\mathbf{x}) = \begin{bmatrix} 3 & x_3 \sin x_2 x_3 & x_2 \sin x_2 x_3 \\ 2x_1 & -162(x_2 + 0.1) & \cos x_3 \\ -x_2 e^{-x_1 x_2} & -x_1 e^{-x_1 x_2} & 20 \end{bmatrix}$$

令 $\mathbf{x}(0) = (0,0,0)^t$，则

$$\mathbf{F}(\mathbf{x}(0)) = \begin{bmatrix} -1.5 \\ 0.25 \\ 10\pi/3 \end{bmatrix}$$

微分方程组为

$$\begin{bmatrix} x_1'(\lambda) \\ x_2'(\lambda) \\ x_3'(\lambda) \end{bmatrix} = -\begin{bmatrix} 3 & x_3 \sin x_2 x_3 & x_2 \sin x_2 x_3 \\ 2x_1 & -162(x_2 + 0.1) & \cos x_3 \\ -x_2 e^{-x_1 x_2} & -x_1 e^{-x_1 x_2} & 20 \end{bmatrix}^{-1} \begin{bmatrix} -1.5 \\ 0.25 \\ 10\pi/3 \end{bmatrix} \qquad \blacksquare$$

一般来说，延拓法中需要求解的微分方程组具有如下形式：

$$\frac{\mathrm{d}x_1}{\mathrm{d}\lambda} = \phi_1(\lambda, x_1, x_2, \cdots, x_n),$$

$$\frac{\mathrm{d}x_2}{\mathrm{d}\lambda} = \phi_2(\lambda, x_1, x_2, \cdots, x_n),$$

$$\vdots$$

$$\frac{\mathrm{d}x_n}{\mathrm{d}\lambda} = \phi_n(\lambda, x_1, x_2, \cdots, x_n)$$

其中，

$$\begin{bmatrix} \phi_1(\lambda, x_1, \cdots, x_n) \\ \phi_2(\lambda, x_1, \cdots, x_n) \\ \vdots \\ \phi_n(\lambda, x_1, \cdots, x_n) \end{bmatrix} = -J(x_1, \cdots, x_n)^{-1} \begin{bmatrix} f_1(\mathbf{x}(0)) \\ f_2(\mathbf{x}(0)) \\ \vdots \\ f_n(\mathbf{x}(0)) \end{bmatrix} \qquad (10.22)$$

用 4 阶 Runge-Kutta 方法来解这个方程组，我们首先选一个整数 $N > 0$，令 $h = (1-0)/N$。使用下面的网格将区间 $[0,1]$ 分裂成 N 个子区间：

$$\lambda_j = jh, \qquad \text{对每个}\ j = 0, 1, \cdots, N$$

我们使用符号 w_{ij} 来表示所有 $x_i(\lambda_j)$ 的近似值，其中 $j=0,1,2,\cdots,N$，$i=1,2,\cdots,n$，而初始条件为

$$w_{1,0}=x_1(0),\quad w_{2,0}=x_2(0),\quad\cdots,\quad w_{n,0}=x_n(0)$$

假设 $w_{1,j},w_{2,j},\cdots,w_{n,j}$ 已经得到，我们用下面的方程来计算 $w_{1,j+1},w_{2,j+1},\cdots,w_{n,j+1}$：

$$k_{1,i}=h\phi_i(\lambda_j,w_{1,j},w_{2,j},\cdots,w_{n,j}),\qquad 对每个 \ i=1,2,\cdots,n;$$

$$k_{2,i}=h\phi_i\left(\lambda_j+\frac{h}{2},w_{1,j}+\frac{1}{2}k_{1,1},\cdots,w_{n,j}+\frac{1}{2}k_{1,n}\right),\quad 对每个 \ i=1,2,\cdots,n;$$

$$k_{3,i}=h\phi_i\left(\lambda_j+\frac{h}{2},w_{1,j}+\frac{1}{2}k_{2,1},\cdots,w_{n,j}+\frac{1}{2}k_{2,n}\right),\quad 对每个 \ i=1,2,\cdots,n;$$

$$k_{4,i}=h\phi_i(\lambda_j+h,w_{1,j}+k_{3,1},w_{2,j}+k_{3,2},\cdots,w_{n,j}+k_{3,n}),\quad 对每个 \ i=1,2,\cdots,n$$

最后，

$$w_{i,j+1}=w_{i,j}+\frac{1}{6}\left(k_{1,i}+2k_{2,i}+2k_{3,i}+k_{4,i}\right),\quad 对每个 \ i=1,2,\cdots,n$$

可以利用向量符号

$$\mathbf{k}_1=\begin{bmatrix}k_{1,1}\\k_{1,2}\\\vdots\\k_{1,n}\end{bmatrix},\ \mathbf{k}_2=\begin{bmatrix}k_{2,1}\\k_{2,2}\\\vdots\\k_{2,n}\end{bmatrix},\ \mathbf{k}_3=\begin{bmatrix}k_{3,1}\\k_{3,2}\\\vdots\\k_{3,n}\end{bmatrix},\ \mathbf{k}_4=\begin{bmatrix}k_{4,1}\\k_{4,2}\\\vdots\\k_{4,n}\end{bmatrix},\ \mathbf{w}_j=\begin{bmatrix}w_{1,j}\\w_{2,j}\\\vdots\\w_{n,j}\end{bmatrix}$$

来简化公式。于是由方程（10.22）得到 $\mathbf{x}(0)=\mathbf{x}(\lambda_0)=\mathbf{w}_0$，而且对 $j=0,1,\cdots,N$，

$$\mathbf{k}_1=h\begin{bmatrix}\phi_1(\lambda_j,w_{1,j},\cdots,w_{n,j})\\\phi_2(\lambda_j,w_{1,j},\cdots,w_{n,j})\\\vdots\\\phi_n(\lambda_j,w_{1,j},\cdots,w_{n,j})\end{bmatrix}=h\left[-J(w_{1,j},\cdots,w_{n,j})\right]^{-1}\mathbf{F}(\mathbf{x}(0))$$

$$=h\left[-J(\mathbf{w}_j)\right]^{-1}\mathbf{F}(\mathbf{x}(0)),$$

$$\mathbf{k}_2=h\left[-J\left(\mathbf{w}_j+\frac{1}{2}\mathbf{k}_1\right)\right]^{-1}\mathbf{F}(\mathbf{x}(0)),$$

$$\mathbf{k}_3=h\left[-J\left(\mathbf{w}_j+\frac{1}{2}\mathbf{k}_2\right)\right]^{-1}\mathbf{F}(\mathbf{x}(0)),$$

$$\mathbf{k}_4=h\left[-J\left(\mathbf{w}_j+\mathbf{k}_3\right)\right]^{-1}\mathbf{F}(\mathbf{x}(0)),$$

以及

$$\mathbf{x}(\lambda_{j+1})=\mathbf{x}(\lambda_j)+\frac{1}{6}(\mathbf{k}_1+2\mathbf{k}_2+2\mathbf{k}_3+\mathbf{k}_4)=\mathbf{w}_j+\frac{1}{6}(\mathbf{k}_1+2\mathbf{k}_2+2\mathbf{k}_3+\mathbf{k}_4)$$

最后，$\mathbf{x}(\lambda_n)=\mathbf{x}(1)$ 就是我们对 $\mathbf{x}^*$ 的近似。

例1　取初始值 $\mathbf{x}(0)=(0,0,0)^t$，利用延拓法近似求解下面的方程组：

$$f_1(x_1,x_2,x_3)=3x_1-\cos(x_2x_3)-0.5=0,$$

$$f_2(x_1,x_2,x_3)=x_1^2-81(x_2+0.1)^2+\sin x_3+1.06=0,$$

$$f_3(x_1,x_2,x_3)=e^{-x_1x_2}+20x_3+\frac{10\pi-3}{3}=0$$

解　雅可比矩阵为

$$J(\mathbf{x}) = \begin{bmatrix} 3 & x_3 \sin x_2 x_3 & x_2 \sin x_2 x_3 \\ 2x_1 & -162(x_2 + 0.1) & \cos x_3 \\ -x_2 e^{-x_1 x_2} & -x_1 e^{-x_1 x_2} & 20 \end{bmatrix}$$

且有

$$F(\mathbf{x}(0)) = (-1.5, 0.25, 10\pi/3)^t$$

取 $N = 4$ 以及 $h = 0.25$，则有

$$\mathbf{k}_1 = h[-J(\mathbf{x}^{(0)})]^{-1} F(\mathbf{x}(0)) = 0.25 \begin{bmatrix} 3 & 0 & 0 \\ 0 & -16.2 & 1 \\ 0 & 0 & 20 \end{bmatrix}^{-1} \begin{bmatrix} -1.5 \\ 0.25 \\ 10\pi/3 \end{bmatrix}$$

$$= (0.125, -0.004222203325, -0.1308996939)^t,$$

$$\mathbf{k}_2 = h[-J(0.0625, -0.002111101663, -0.06544984695)]^{-1}(-1.5, 0.25, 10\pi/3)^t$$

$$= 0.25 \begin{bmatrix} 3 & -0.9043289149 \times 10^{-5} & -0.2916936196 \times 10^{-6} \\ 0.125 & -15.85800153 & 0.9978589232 \\ 0.002111380229 & -0.06250824706 & 20 \end{bmatrix}^{-1} \begin{bmatrix} -1.5 \\ 0.25 \\ 10\pi/3 \end{bmatrix}$$

$$= (0.1249999773, -0.003311761993, -0.1309232406)^t,$$

$$\mathbf{k}_3 = h[-J(0.06249998865, -0.001655880997, -0.0654616203)]^{-1}(-1.5, 0.25, 10\pi/3)^t$$

$$= (0.1249999844, -0.003296244825, -0.130920346)^t,$$

$$\mathbf{k}_4 = h[-J(0.1249999844, -0.003296244825, -0.130920346)]^{-1}(-1.5, 0.25, 10\pi/3)^t$$

$$= (0.1249998945, -0.00230206762, -0.1309346977)^t$$

和

$$\mathbf{x}(\lambda_1) = \mathbf{w}_1 = \mathbf{w}_0 + \frac{1}{6}(\mathbf{k}_1 + 2\mathbf{k}_2 + 2\mathbf{k}_3 + \mathbf{k}_4)$$

$$= (0.1249999697, -0.00329004743, -0.1309202608)^t$$

继续下去，我们有

$$\mathbf{x}(\lambda_2) = \mathbf{w}_2 = (0.2499997679, -0.004507400128, -0.2618557619)^t,$$

$$\mathbf{x}(\lambda_3) = \mathbf{w}_3 = (0.3749996956, -0.003430352103, -0.3927634423)^t$$

和

$$\mathbf{x}(\lambda_4) = \mathbf{x}(1) = \mathbf{w}_4 = (0.4999999954, 0.126782 \times 10^{-7}, -0.5235987758)^t$$

由于精确解是 $(0.5, 0, -0.52359877)^t$，所以这些结果已经非常精确了。 ∎

　　注意，在 Runge-Kutta 方法中，迭代类似于

$$\mathbf{k}_i = h[-J(\mathbf{x}(\lambda_i) + \alpha_{i-1}\mathbf{k}_{i-1})]^{-1}\mathbf{F}(\mathbf{x}(0))$$

它可以写成求解下面的线性方程组：

$$J(\mathbf{x}(\lambda_i) + \alpha_{i-1}\mathbf{k}_{i-1})\,\mathbf{k}_i = -h\mathbf{F}(\mathbf{x}(0))$$

因此在 4 阶 Runge-Kutta 方法中，计算每个 $\mathbf{w}_j$ 需要求解 4 个方程组，它们分别对应于计算 $\mathbf{k}_1, \mathbf{k}_2, \mathbf{k}_3$ 和 $\mathbf{k}_4$，从而 N 步迭代需要求解 $4N$ 个线性方程组，相比之下，Newton 法在每次迭代中只要求解一个线性方程组。可以粗略地认为 Runge-Kutta 方法每步的计算量相当于 Newton 法的 4 次迭代的计算量。

　　也可以选择使用 2 阶 Runge-Kutta 方法，如改进的 Euler 方法，甚至是 Euler 方法，这样可以

减少需要求解的线性方程组的数目。另外也可采用更小的 N 值来减少求解的线性方程组的数目。下面通过示例对这些方法进行比较。

　　示例　表 10.6 中总结了 Euler 方法、中点方法和 4 阶 Runge-Kutta 方法用于前面例子的情形，它们都取同样的初始值 $\mathbf{x}(0) = (0,0,0)^t$。表中最右边一列给出了需要求解的线性方程组的数目。

表 10.6

方法	N	$\mathbf{x}(1)$	线性方程组数目
Euler 方法	1	$(0.5, -0.0168888133, -0.5235987755)^t$	1
Euler 方法	4	$(0.499999379, -0.004309160698, -0.523679652)^t$	4
中点方法	1	$(0.4999966628, -0.00040240435, -0.523815371)^t$	2
中点方法	4	$(0.500000066, -0.00001760089, -0.5236127761)^t$	8
Runge-Kutta 方法	1	$(0.4999989843, -0.1676151 \times 10^{-5}, -0.5235989561)^t$	4
Runge-Kutta 方法	4	$(0.4999999954, 0.126782 \times 10^{-7}, -0.5235987758)^t$	16

　　延拓法可以作为一个独立的方法使用，它并不要求选取的 $\mathbf{x}(0)$ 特别好。然而，它也可以用于给出 Newton 法和 Broyden 方法的初始值。例如，例 2 中使用 Euler 方法在 $N = 2$ 时结果已经足够精确，将这个结果用作 Newton 法和 Broyden 方法的初始值比起继续使用延拓法更为合理有效，因为延拓法需要更多的计算。算法 10.4 是延拓法的一个实现。

算法 10.4　延拓法

　　求解非线性方程组 $\mathbf{F}(\mathbf{x}) = \mathbf{0}$，给定初始值 $\mathbf{x}$。

　　输入　方程及未知元数目 n；整数 $N > 0$；初始值 $\mathbf{x} = (x_1, x_2, \cdots, x_n)^t$

　　输出　近似解 $\mathbf{x} = (x_1, x_2, \cdots, x_n)^t$

　Step 1　Set $h = 1/N$;
　　　　　　$\mathbf{b} = -h\mathbf{F}(\mathbf{x})$.

　Step 2　For $i = 1, 2, \cdots, N$ do Steps 3–7.

　　　Step 3　Set $A = J(\mathbf{x})$;
　　　　　　　解线性方程组 $A\mathbf{k}_1 = \mathbf{b}$.

　　　Step 4　Set $A = J(\mathbf{x} + \frac{1}{2}\mathbf{k}_1)$;
　　　　　　　解线性方程组 $A\mathbf{k}_2 = \mathbf{b}$.

　　　Step 5　Set $A = J(\mathbf{x} + \frac{1}{2}\mathbf{k}_2)$;
　　　　　　　解线性方程组 $A\mathbf{k}_3 = \mathbf{b}$.

　　　Step 6　Set $A = J(\mathbf{x} + \mathbf{k}_3)$;
　　　　　　　解线性方程组 $A\mathbf{k}_3 = \mathbf{b}$.

　　　Step 7　Set $\mathbf{x} = \mathbf{x} + (\mathbf{k}_1 + 2\mathbf{k}_2 + 2\mathbf{k}_3 + \mathbf{k}_4)/6$.

　Step 8　OUTPUT $(x_1, x_2, \cdots, x_n)$;
　　　　　　STOP.

习题 10.5

　　1. 非线性方程组

$$f_1(x_1, x_2) = x_1^2 - x_2^2 + 2x_2 = 0, \quad f_2(x_1, x_2) = 2x_1 + x_2^2 - 6 = 0$$

　　有两个解 $(0.625204094, 2.179355825)^t$ 和 $(2.109511920, -1.334532188)^t$。分别使用下列初始值，并用延拓法和 $N = 2$ 的 Euler 方法来近似求该方程的解

　　a. $\mathbf{x}^{(0)} = (0,0)^t$　　　　　　　　b. $\mathbf{x}^{(0)} = (1,1)^t$　　　　　　　　c. $\mathbf{x}^{(0)} = (3,-2)^t$

2. 改用 $N = 1$ 的 4 阶 Runge-Kutta 方法重做习题 1。

3. 将延拓法和 $N = 2$ 的 Euler 方法用于下列非线性方程组。

a. $4x_1^2 - 20x_1 + \dfrac{1}{4}x_2^2 + 8 = 0,$

　 $\dfrac{1}{2}x_1x_2^2 + 2x_1 - 5x_2 + 8 = 0$

b. 　　　　 $\sin(4\pi x_1 x_2) - 2x_2 - x_1 = 0,$

　 $\left(\dfrac{4\pi - 1}{4\pi}\right)(e^{2x_1} - e) + 4ex_2^2 - 2ex_1 = 0$

c. 　　 $3x_1 - \cos(x_2 x_3) - \dfrac{1}{2} = 0,$

　 $4x_1^2 - 625x_2^2 + 2x_2 - 1 = 0,$

　 $e^{-x_1 x_2} + 20x_3 + \dfrac{10\pi - 3}{3} = 0$

d. 　　 $x_1^2 + x_2 - 37 = 0,$

　　 $x_1 - x_2^2 - 5 = 0,$

　 $x_1 + x_2 + x_3 - 3 = 0$

4. 将延拓法和 $N = 1$ 的 4 阶 Runge-Kutta 方法用于下列非线性方程组，初始值取 $\mathbf{x}(0) = \mathbf{0}$。这里得到的结果可以和 Newton 法进行比较吗？或者它们适合作为 Newton 法的初值吗？

a. 　　 $x_1(1 - x_1) + 4x_2 = 12,$

　 $(x_1 - 2)^2 + (2x_2 - 3)^2 = 25.$
　 对比 10.2(5c)

b. 　　　　 $5x_1^2 - x_2^2 = 0,$

　 $x_2 - 0.25(\sin x_1 + \cos x_2) = 0.$
　 对比 10.2(5d)

c. 　 $15x_1 + x_2^2 - 4x_3 = 13,$

　 $x_1^2 + 10x_2 - x_3 = 11.$
　　 $x_2^3 - 25x_3 = -22$
　 对比 10.2(6c)

d. 　 $10x_1 - 2x_2^2 + x_2 - 2x_3 - 5 = 0,$

　　 $8x_2^2 + 4x_3^2 - 9 = 0.$
　　 $8x_2x_3 + 4 = 0$
　 对比 10.2(6d)

5. 将下列结果为初始值重做习题 4。

a. 来自 10.2(3c)

b. 来自 10.2(3d)

c. 来自 10.2(4c)

d. 来自 10.2(4d)

6. 将延拓法和 $N = 1$ 的 4 阶 Runge-Kutta 方法用于 10.2 节的习题 7。这里得到的结果和前面得到的结果一样好吗？

7. 取 $N = 2$ 重做习题 5。

8. 用延拓法和 $N = 1$ 的 4 阶 Runge-Kutta 方法重做 10.2 节的习题 8。

9. 用延拓法和 $N = 2$ 的 4 阶 Runge-Kutta 方法重做 10.2 节的习题 9。

应用型习题

10. 在计算重力流卸料槽的形状时需要最小化颗粒物卸流的过渡时间，C. Chiarella、W. Charlton 和 A. W. Roberts[CCR] 用 Newton 法求解下面的方程：

(i) $f_n(\theta_1, \cdots, \theta_N) = \dfrac{\sin\theta_{n+1}}{v_{n+1}}(1 - \mu w_{n+1}) - \dfrac{\sin\theta_n}{v_n}(1 - \mu w_n) = 0,\ n = 1, 2, \cdots, N - 1$

(ii) $f_N(\theta_1, \cdots, \theta_N) = \Delta y \sum_{i=1}^{N} \tan\theta_i - X = 0,$ 其中，

a. $v_n^2 = v_0^2 + 2gn\Delta y - 2\mu\Delta y \sum_{j=1}^{n} \dfrac{1}{\cos\theta_j},\ n = 1, 2, \cdots, N$

b. $w_n = -\Delta y v_n \sum_{i=1}^{N} \dfrac{1}{v_i^3 \cos\theta_i},\ n = 1, 2, \cdots, N$

常数 v_0 是颗粒物的初始速度，X 是卸料槽末端的 x 坐标，μ 是摩擦力，N 是卸料槽的数目，$g = 32.17$ ft/s^2 是重力常数。变量 θ_i 表示第 i 个卸料槽与竖直方向的夹角，如下图所示，v_i 是第 i 个卸料槽中颗粒的速度。当 $\mu = 0$，$X = 2$，$\Delta y = 0.2$，$N = 20$ 和 $v_0 = 0$ 时，从 (i) 和 (ii) 中求解 $\theta = (\theta_1, \cdots, \theta_N)^t$，其中 v_n 和 w_n 的值直接从 (a) 和 (b) 中计算得出。迭代直到满足 $\|\theta^{(k)} - \theta^{(k-1)}\|_\infty < 10^{-2}$。

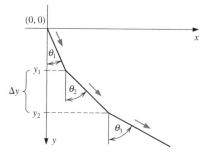

11. 3 个竞争的种群的数量动态变化可由下面的方程描述：

$$\frac{\mathrm{d}x_i(t)}{\mathrm{d}t} = r_i x_i(t)\left[1 - \sum_{i=1}^{3}\alpha_{ij}x_j(t)\right], \quad i = 1,2,3$$

第 i 个种群在时间 t 时的数量为 $x_i(t)$，第 i 个种群的增长率是 r_i，而 α_{ij} 表示第 j 个种群对第 i 个种群增长率的影响程度。假设 3 个种群的增长率都等于 r，通过适当变换可以使 $r=1$。另外，假设种群 2 影响种群 1 的程度和种群 3 影响种群 2 的程度相同，也和种群 1 影响种群 3 的程度相同，从而有 $\alpha_{12} = \alpha_{23} = \alpha_{31}$ 并取它们的值为 α，同样假设 $\alpha_{21} = \alpha_{32} = \alpha_{13} = \beta$，$\alpha_{ii} = 1$。这样就产生了下面的微分方程组：

$$x_1'(t) = x_1(t)\left[1 - x_1(t) - \alpha x_2(t) - \beta x_3(t)\right]$$
$$x_2'(t) = x_2(t)\left[1 - x_2(t) - \beta x_1(t) - \alpha x_3(t)\right]$$
$$x_3'(t) = x_3(t)\left[1 - x_3(t) - \alpha x_1(t) - \beta x_2(t)\right]$$

如果 $\alpha = 0.5$ 和 $\beta = 0.25$，利用 Broyden 方法在集合 $\{(x_1,x_2,x_3)|0 \leqslant x_1(t) \leqslant 1, 0.25 \leqslant x_2(t) \leqslant 1, 0.25 \leqslant x_3(t) \leqslant 1\}$ 中求它的一个稳定解（$x_1'(t) = x_2'(t) = x_3'(t) = 0$）。

理论型习题

12. 证明：合并延拓法和 $N=1$ 的 Euler 方法得到的结果与 Newton 法首次迭代的结果相同，即取 $\mathbf{x}(0) = \mathbf{x}^{(0)}$，我们总有 $\mathbf{x}(1) = \mathbf{x}^{(1)}$。

13. 证明：将同伦

$$G(\lambda, \mathbf{x}) = F(\mathbf{x}) - \mathrm{e}^{-\lambda}F(\mathbf{x}(0))$$

用于合并延拓法和 $h=1$ 的 Euler 方法得到的结果与 Newton 法首次迭代的结果相同，即任意取 $\mathbf{x}(0) = \mathbf{x}^{(0)}$，我们总有 $\mathbf{x}(1) = \mathbf{x}^{(1)}$。

14. 将延拓法和 4 阶 Runge-Kutta 方法的结合算法简记为 CMRK4。完成习题 4～习题 9 之后回答下面的问题。

  a. $N=1$ 的 CMRK4 算法可以和 Newton 法进行比较吗？用前面习题的结果来验证你的答案。

  b. $N=1$ 的 CMRK4 算法应该用作获得 Newton 法的初始值的一种手段吗？用前面习题的结果来验证你的答案。

  c. 换成 $N=2$ 重做(a)。

  d. 换成 $N=2$ 重做(b)。

讨论问题

1. 概述 GMRES 方法。它与本章中的迭代方法有什么不同？

2. 前面提到过延拓法可以作为一个独立的方法使用，它并不要求选取的初始值特别好。怎样将该方法和 Newton 法结合使用，从而得到更好的近似解？

3. 前面提到过延拓法可以作为一个独立的方法使用，它并不要求选取的初始值特别好。怎样将该方法和 Broyden 方法结合使用，从而得到更好的近似解？

10.6　数值软件

Netlib 库中的 Hompack 软件包使用了若干同伦方法来求解非线性方程组。

在函数库 IMSL 和 NAG 中求解非线性方程组的方法是 Levenberg-Marquardt 方法，该方法是 Newton 法和最速下降法的加权平均。权重开始倾向于最速下降法，直到检测到收敛之后，权重就倾向于收敛更迅速的 Newton 法。在其他子程序中，可以采用有限差分方法或用户自己定义的子函数来计算雅可比矩阵。

讨论问题

1. Netlib 库中的 Hompack 软件包使用了若干同伦方法来求解非线性方程组。讨论其中的一种方法。
2. Levenberg-Marquardt 方法是 Newton 法和最速下降法的加权平均。详细讨论怎样得到加权平均并解释收敛率。

关键概念

坐标函数	连续性	不动点
雅可比矩阵	Newton 法	拟 Newton 法
Sherman-Morrison 公式	Broyden 方法	梯度函数
方向导数	最速下降法	同伦法
延拓法		

本章回顾

在本章中，我们考虑了非线性方程组

$$f_1(x_1, x_2, \cdots, x_n) = 0,$$
$$f_2(x_1, x_2, \cdots, x_n) = 0,$$
$$\vdots$$
$$f_n(x_1, x_2, \cdots, x_n) = 0$$

的近似解法。Newton 法需要一个好的初始值 $\{x_1^{(0)}, x_2^{(0)}, \cdots, x_n^{(0)}\}$，它产生一个序列：

$$\mathbf{x}^{(k)} = \mathbf{x}^{(k-1)} - J(\mathbf{x}^{(k-1)})^{-1} \mathbf{F}(\mathbf{x}^{(k-1)})$$

如果 $\mathbf{p}^{(0)}$ 足够靠近 $\mathbf{p}$，该序列快速收敛到一个解 $\mathbf{x}$。但是，Newton 法在每一步需要近似求 n^2 个偏导数和一个 $n \times n$ 的线性方程组，每个线性方程组的求解需要 $O(n^3)$ 次运算。

在没有明显降低收敛速度的情况下，Broyden 方法减少了每步迭代的计算量。其技巧是将雅可比矩阵 J 用另一个矩阵 A_{k-1} 来替代，这个矩阵的逆在每步中直接计算。这样的结果是将运算量从 $O(n^3)$ 降到了 $O(n^2)$。而且，在每一步迭代中只需求标量函数 f_i 的值，节省了 n^2 次标量函数的求值运算。但是，Broyden 方法也需要一个好的初始值。

为了得到 Newton 法或 Broyden 方法需要的初始值，我们介绍了最速下降法。虽然最速下降法不能得到快速收敛的序列，但它却不需要好的初始值。我们用最速下降法近似求一个多元函数的最小值。在我们的应用中，选取

$$g(x_1, x_2, \cdots, x_n) = \sum_{i=1}^{n} [f_i(x_1, x_2, \cdots, x_n)]^2$$

函数 g 的最小值为 0，它在函数 f_i 的零点处达到最小值。

同伦和延拓法也用于求解非线性方程组，它们是当前研究的主题(参见[AG])。在这些方法中，给出的问题

$$\mathbf{F}(\mathbf{x}) = \mathbf{0}$$

被嵌入到一个单参数的问题族(family)，该参数为 λ，并假设它属于[0,1]。原问题对应于参数 $\lambda = 1$，对应于参数 $\lambda = 0$ 的问题的解是已知的。例如，下面的问题集(set)

$$G(\lambda, \mathbf{x}) = \lambda\mathbf{F}(\mathbf{x}) + (1 - \lambda)(\mathbf{F}(\mathbf{x}) - \mathbf{F}(\mathbf{x_0})) = \mathbf{0}, \qquad 0 \leqslant \lambda \leqslant 1$$

具有不动点 $\mathbf{x}_0 \in \mathbb{R}^n$，它形成了一个同伦。当 $\lambda = 0$ 时，其解是 $\mathbf{x}(\lambda = 0) = \mathbf{x}_0$。原问题的解对应于 $\mathbf{x}(\lambda = 1)$。

延拓法试图通过求解对应于 $\lambda_0 = 0 < \lambda_1 < \lambda_2 < \cdots < \lambda_m = 1$ 的一系列问题来得到 $\mathbf{x}(\lambda = 1)$。问题

$$\lambda_i\mathbf{F}(\mathbf{x}) + (1 - \lambda_i)(\mathbf{F}(\mathbf{x}) - \mathbf{F}(\mathbf{x_0})) = \mathbf{0}$$

的解的初始近似可以是 $\mathbf{x}(\lambda = \lambda_{i-1})$，它是下面问题的解：

$$\lambda_{i-1}\mathbf{F}(\mathbf{x}) + (1 - \lambda_{i-1})(\mathbf{F}(\mathbf{x}) - \mathbf{F}(\mathbf{x_0})) = \mathbf{0}$$

关于非线性方程组的近似解法的全面论述可以参考 Ortega 和 Rheinbolt[OR]，以及 Dennis 和 Schnabel[DenS]的著述。关于迭代方法的最新进展可以在 Argyros 和 Szidarovszky[AS]中找到。关于延拓法的更多信息可参阅 Allgower 和 Georg[AG]。

第11章 常微分方程边值问题

引言

土木工程中的一个常见问题是矩形截面梁在均匀荷载作用下的弯曲问题，同时梁的末端被支撑使之不再继续偏离。

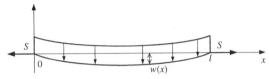

假设 l, q, E, S 和 I 分别表示梁的长度、均匀荷载的强度、弹性模量、末端的应力以及中心转动惯量。近似刻画实际物理状况的微分方程具有下面的形式：

$$\frac{\mathrm{d}^2 w}{\mathrm{d} x^2}(x) = \frac{S}{EI}w(x) + \frac{qx}{2EI}(x - l)$$

其中，$w(x)$ 是距梁的左端 x 处的偏移量。因为在梁的两个端点没有偏移，所以有两个边界条件：

$$w(0) = 0 \quad \text{和} \quad w(l) = 0$$

当梁的厚度均匀时，乘积 EI 是一个常数。在这种情形下，方程的精确解是很容易得到的；当梁的厚度不均匀时，转动惯量 I 是一个关于 x 的函数，方程必须通过近似方法来求解。这种类型的问题将出现在 11.3 节的习题 7、11.4 节的习题 6 及 11.5 节的习题 7 中。

第 5 章中的微分方程是一阶的，只需要满足一个初始条件。在第 5 章的稍后部分，我们看到了将该方法推广到方程组以及高阶方程的情形，但是所有的定解条件都是加在相同的端点上的，因此这些都是初值问题。在本章中，我们将要讨论边值问题的**近似解**，其中微分方程的定解条件是加在不同的点上的。对一阶微分方程而言，因为只需要一个定解条件，因此初值问题和边值问题是没有差异的。在本章中我们将考虑二阶方程的两点边值问题。

在多个点上强加定解条件的微分方程所对应的物理问题大多数都是依赖于空间而不依赖于时间的。本章中的两点边值问题包含一个如下形式的二阶微分方程：

$$y'' = f(x, y, y'), \qquad a \leqslant x \leqslant b \tag{11.1}$$

以及边值条件：

$$y(a) = \alpha \quad \text{和} \quad y(b) = \beta \tag{11.2}$$

11.1 线性打靶法

下面的定理给出了保证二阶边值问题的解的存在性和唯一性的一般条件。该定理的证明可在文献[Keller,H]中找到。

定理 11.1 假设边值问题

$$y'' = f(x, y, y'), \text{ 其中 } a \leqslant x \leqslant b, \text{ 且 } y(a) = \alpha \text{ 和 } y(b) = \beta$$

中的函数 f 在集合

$$D = \{(x, y, y') \mid 其中\, a \leqslant x \leqslant b, 且\, -\infty < y < \infty\, 和\, -\infty < y' < \infty\}$$

上是连续的,并且偏导数 f_y 和 $f_{y'}$ 在 D 上也是连续的。如果

(i) 对所有 $(x, y, y') \in D$,有 $f_y(x, y, y') > 0$;

(ii) 存在一个常数 M,使得

$$对所有 (x, y, y') \in D,有 \left| f_{y'}(x, y, y') \right| \leqslant M$$

则边值问题有唯一解。   ■

例 1 用定理 11.1 证明边值问题

$$y'' + \mathrm{e}^{-xy} + \sin y' = 0,\ 其中\, 1 \leqslant x \leqslant 2,\ 且\ \ y(1) = y(2) = 0$$

有唯一解。

解 我们有

$$f(x, y, y') = -\mathrm{e}^{-xy} - \sin y'$$

因此,对所有 $[1,2]$ 中的 x,下式成立:

$$f_y(x, y, y') = x\mathrm{e}^{-xy} > 0 \quad 和 \quad \left| f_{y'}(x, y, y') \right| = |-\cos y'| \leqslant 1$$

故而问题有唯一解。   ■

线性边值问题

若存在函数 $p(x)$、$q(x)$ 和 $r(x)$ 使得

$$f(x, y, y') = p(x)y' + q(x)y + r(x)$$

则微分方程

$$y'' = f(x, y, y')$$

是线性的。这种类型的问题经常出现,而在这种情形下,定理 11.1 可以被简化。

推论 11.2 假设线性边值问题

$$y'' = p(x)y' + q(x)y + r(x), \quad a \leqslant x \leqslant b, 且\, y(a) = \alpha\, 和\, y(b) = \beta$$

满足

(i) $p(x)$、$q(x)$ 和 $r(x)$ 在 $[a,b]$ 上连续;

(ii) 在 $[a,b]$ 上 $q(x) > 0$。

则边值问题有唯一解。   ■

为了近似计算这个线性问题的唯一解,我们先考虑初值问题:

$$y'' = p(x)y' + q(x)y + r(x), \quad 其中\, a \leqslant x \leqslant b, \quad y(a) = \alpha, \quad y'(a) = 0 \tag{11.3}$$

和

$$y'' = p(x)y' + q(x)y, \quad 其中\, a \leqslant x \leqslant b, \quad y(a) = 0, \quad y'(a) = 1 \tag{11.4}$$

5.9 节的定理 5.17 保证了在推论 11.2 的假设下两个问题都有唯一解。

用 $y_1(x)$ 表示方程 (11.3) 的解,$y_2(x)$ 表示方程 (11.4) 的解。假设 $y_2(b) \neq 0$(如果 $y_2(b) = 0$,则会与推论 11.2 的假设矛盾,见习题 8)。定义:

$$y(x) = y_1(x) + \frac{\beta - y_1(b)}{y_2(b)} y_2(x) \tag{11.5}$$

则 $y(x)$ 是线性边值问题[方程(11.3)]的解。为此，首先可得

$$y'(x) = y'_1(x) + \frac{\beta - y_1(b)}{y_2(b)} y'_2(x)$$

和

$$y''(x) = y''_1(x) + \frac{\beta - y_1(b)}{y_2(b)} y''_2(x)$$

将 $y''_1(x)$ 和 $y''_2(x)$ 代入这个方程得到

$$y'' = p(x)y'_1 + q(x)y_1 + r(x) + \frac{\beta - y_1(b)}{y_2(b)} \left(p(x)y'_2 + q(x)y_2 \right)$$

$$= p(x) \left(y'_1 + \frac{\beta - y_1(b)}{y_2(b)} y'_2 \right) + q(x) \left(y_1 + \frac{\beta - y_1(b)}{y_2(b)} y_2 \right) + r(x)$$

$$= p(x)y'(x) + q(x)y(x) + r(x)$$

并且有

$$y(a) = y_1(a) + \frac{\beta - y_1(b)}{y_2(b)} y_2(a) = \alpha + \frac{\beta - y_1(b)}{y_2(b)} \cdot 0 = \alpha$$

以及

$$y(b) = y_1(b) + \frac{\beta - y_1(b)}{y_2(b)} y_2(b) = y_1(b) + \beta - y_1(b) = \beta$$

线性打靶

线性方程的打靶法是将线性边值问题的求解用两个线性初值问题[方程(11.3)和方程(11.4)]的求解来替换。第 5 章中的数值方法都能用来近似求解 $y_1(x)$ 和 $y_2(x)$，一旦求出了它们的近似解，就可以用式(11.5)来近似计算边值问题的解。在几何上，这个方法可以用图 11.1 来解释。

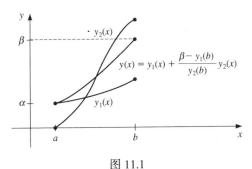

图 11.1

算法 11.1 用四阶 Runge-Kutta 方法来近似求解 $y_1(x)$ 和 $y_2(x)$，但也可以使用其他初值问题的近似解法来替换其中的 Step 4(步骤 4)。

首先，我们将方程(11.3)写成由两个线性方程组成的方程组。令 $z_1(x) = y(x)$ 和 $z_2(x) = y'(x)$，则

$$z'_1(x) = z_2(x)$$

$$z'_2(x) = p(x)z_2(x) + q(x)z_1(x) + r(x)$$

其中，$a \leq x \leq b$，并且 $z_1(a) = \alpha$ 和 $z_2(a) = 0$。类似地，接下来将方程(11.4)写成线性方程组。令 $z_3(x) = y(x)$ 和 $z_4(x) = y'(x)$，则

$$z_3'(x) = z_4(x)$$

$$z_4'(x) = p(x)z_4(x) + q(x)z_3(x)$$

其中，$a \leqslant x \leqslant b$，并且 $z_3(a) = 0$ 和 $z_4(a) = 1$。该算法中计算得到的近似值为

$$u_{1,i} \approx z_1(x_i) = y_1(x_i), \quad u_{2,i} \approx z_2(x_i) = y_1'(x_i)$$

和

$$v_{1,i} \approx z_3(x_i) = y_2(x_i), \quad v_{2,i} \approx z_4(x_i) = y_2'(x_i)$$

最终的近似值是

$$w_{1,i} = u_{1,i} + \frac{\beta - u_{1,N}}{v_{1,N}} v_{1,i} \approx y_1(x_i)$$

和

$$w_{2,i} = u_{2,i} + \frac{\beta - u_{1,N}}{v_{1,N}} v_{2,i} \approx y_1'(x_i)$$

该算法还具有这样的特征：它在得到边值问题的解的同时还得到了解的一阶导数。该算法的使用并不限于那些满足推论 11.2 的假设条件的问题，在实践中该算法对很多不满足这些条件的问题仍然很有效。习题 4 给出了一个这样的例子。

算法 11.1 线性打靶法

近似求解边值问题：

$$-y'' + p(x)y' + q(x)y + r(x) = 0, \quad \text{其中} a \leqslant x \leqslant b, \text{且} y(a) = \alpha \text{和} y(b) = \beta$$

（注意：方程(11.3)和方程(11.4)都被改写成一阶方程组的形式来求解。）

输入 端点 a, b；边值条件 α, β；子区间的数目 N。

输出 对每个 $i = 0, 1, \cdots, N$，$y(x_i)$ 的近似值 $w_{1,i}, y(x_i)$ 的近似值 $w_{2,i}$。

Step 1 Set $h = (b - a)/N$;
　　　　$u_{1,0} = \alpha$;
　　　　$u_{2,0} = 0$;
　　　　$v_{1,0} = 0$;
　　　　$v_{2,0} = 1$.

Step 2 For $i = 0, \cdots, N - 1$ do Steps 3 and 4.
　　　　（方程组的Rung-Kutta方法用于Step 3和Step 4.）

Step 3 Set $x = a + ih$.

Step 4 Set $k_{1,1} = hu_{2,i}$;
　　　　$k_{1,2} = h\left[p(x)u_{2,i} + q(x)u_{1,i} + r(x)\right]$;
　　　　$k_{2,1} = h\left[u_{2,i} + \frac{1}{2}k_{1,2}\right]$;
　　　　$k_{2,2} = h\left[p(x + h/2)\left(u_{2,i} + \frac{1}{2}k_{1,2}\right)\right.$
　　　　　　　　$\left. + q(x + h/2)\left(u_{1,i} + \frac{1}{2}k_{1,1}\right) + r(x + h/2)\right]$;
　　　　$k_{3,1} = h\left[u_{2,i} + \frac{1}{2}k_{2,2}\right]$;
　　　　$k_{3,2} = h\left[p(x + h/2)\left(u_{2,i} + \frac{1}{2}k_{2,2}\right)\right.$
　　　　　　　　$\left. + q(x + h/2)(u_{1,i} + \frac{1}{2}k_{2,1}) + r(x + h/2)\right]$;
　　　　$k_{4,1} = h\left[u_{2,i} + k_{3,2}\right]$;
　　　　$k_{4,2} = h\left[p(x + h)(u_{2,i} + k_{3,2}) + q(x + h)(u_{1,i} + k_{3,1}) + r(x + h)\right]$;

$$u_{1,i+1} = u_{1,i} + \frac{1}{6} \left[k_{1,1} + 2k_{2,1} + 2k_{3,1} + k_{4,1} \right];$$

$$u_{2,i+1} = u_{2,i} + \frac{1}{6} \left[k_{1,2} + 2k_{2,2} + 2k_{3,2} + k_{4,2} \right];$$

$$k'_{1,1} = h v_{2,i};$$

$$k'_{1,2} = h \left[p(x)v_{2,i} + q(x)v_{1,i} \right];$$

$$k'_{2,1} = h \left[v_{2,i} + \tfrac{1}{2}k'_{1,2} \right];$$

$$k'_{2,2} = h \left[p(x + h/2) \left(v_{2,i} + \tfrac{1}{2}k'_{1,2} \right) + q(x + h/2) \left(v_{1,i} + \tfrac{1}{2}k'_{1,1} \right) \right];$$

$$k'_{3,1} = h \left[v_{2,i} + \tfrac{1}{2}k'_{2,2} \right];$$

$$k'_{3,2} = h \left[p(x + h/2) \left(v_{2,i} + \tfrac{1}{2}k'_{2,2} \right) + q(x + h/2) \left(v_{1,i} + \tfrac{1}{2}k'_{2,1} \right) \right];$$

$$k'_{4,1} = h \left[v_{2,i} + k'_{3,2} \right];$$

$$k'_{4,2} = h \left[p(x + h)(v_{2,i} + k'_{3,2}) + q(x + h)(v_{1,i} + k'_{3,1}) \right];$$

$$v_{1,i+1} = v_{1,i} + \frac{1}{6} \left[k'_{1,1} + 2k'_{2,1} + 2k'_{3,1} + k'_{4,1} \right];$$

$$v_{2,i+1} = v_{2,i} + \frac{1}{6} \left[k'_{1,2} + 2k'_{2,2} + 2k'_{3,2} + k'_{4,2} \right].$$

Step 5 Set $w_{1,0} = \alpha$;
$$w_{2,0} = \frac{\beta - u_{1,N}}{v_{1,N}};$$
OUTPUT $(a, w_{1,0}, w_{2,0})$.

Step 6 For $i = 1, \cdots, N$
set $W1 = u_{1,i} + w_{2,0}v_{1,i}$;
$W2 = u_{2,i} + w_{2,0}v_{2,i}$;
$x = a + ih$;
OUTPUT $(x, W1, W2)$. （输出是 $x_i, w_{1,i}, w_{2,i}$）

Step 7 STOP. （算法完成） ■

例 2 近似求解下面的边值问题，取 $N = 10$ 并采用线性打靶法。
$$y'' = -\frac{2}{x}y' + \frac{2}{x^2}y + \frac{\sin(\ln x)}{x^2}, \quad 1 \leqslant x \leqslant 2, \text{且} y(1) = 1 \text{和} y(2) = 2$$

将结果与下面的真实解进行对比：
$$y = c_1 x + \frac{c_2}{x^2} - \frac{3}{10}\sin(\ln x) - \frac{1}{10}\cos(\ln x)$$

其中，
$$c_2 = \frac{1}{70}[8 - 12\sin(\ln 2) - 4\cos(\ln 2)] \approx -0.03920701320$$

和
$$c_1 = \frac{11}{10} - c_2 \approx 1.1392070132$$

解 将算法 11.1 用于该问题时要近似求解下面的初值问题：
$$y_1'' = -\frac{2}{x}y_1' + \frac{2}{x^2}y_1 + \frac{\sin(\ln x)}{x^2}, \quad 1 \leqslant x \leqslant 2, \text{且} y_1(1) = 1 \text{和} y_1'(1) = 0$$
$$y_2'' = -\frac{2}{x}y_2' + \frac{2}{x^2}y_2, \quad 1 \leqslant x \leqslant 2, \text{且} y_2(1) = 0 \text{和} y_2'(1) = 1$$

取 $N = 10$，$h = 0.1$，采用算法 11.1 得出的计算结果列于表 11.1 中。表中 $u_{1,i}$ 是 $y_1(x_i)$ 的近似值，$v_{1,i}$ 是 $y_2(x_i)$ 的近似值，而 w_i 是下式的近似值：
$$y(x_i) = y_1(x_i) + \frac{2 - y_1(2)}{y_2(2)}y_2(x_i)$$

表 11.1

x_i	$u_{1,i} \approx y_1(x_i)$	$v_{1,i} \approx y_2(x_i)$	$w_i \approx y(x_i)$	$y(x_i)$	$\|y(x_i) - w_i\|$
1.0	1.00000000	0.00000000	1.00000000	1.00000000	
1.1	1.00896058	0.09117986	1.09262917	1.09262930	1.43×10^{-7}
1.2	1.03245472	0.16851175	1.18708471	1.18708484	1.34×10^{-7}
1.3	1.06674375	0.23608704	1.28338227	1.28338236	9.78×10^{-8}
1.4	1.10928795	0.29659067	1.38144589	1.38144595	6.02×10^{-8}
1.5	1.15830000	0.35184379	1.48115939	1.48115942	3.06×10^{-8}
1.6	1.21248372	0.40311695	1.58239245	1.58239246	1.08×10^{-8}
1.7	1.27087454	0.45131840	1.68501396	1.68501396	5.43×10^{-10}
1.8	1.33273851	0.49711137	1.78889854	1.78889853	5.05×10^{-9}
1.9	1.39750618	0.54098928	1.89392951	1.89392951	4.41×10^{-9}
2.0	1.46472815	0.58332538	2.00000000	2.00000000	

本例中的结果有很高的精度, 这是因为使用了四阶 Runge-Kutta 方法。用该方法求解初值问题可达到 $O(h^4)$ 的精度。遗憾的是, 由于舍入误差的存在, 该方法存在一些问题。

减少舍入误差

如果随着 x 从 a 到 b 增加时 $y_1(x)$ 迅速增加, 就会产生舍入误差的问题。在这种情形下, $u_{1,N} \approx y_1(b)$ 比较大, 而且如果 β 与 $u_{1,N}$ 相比较小, 则 $w_{2,0} = (\beta - u_{1,N})/v_{1,N}$ 项近似地为 $-u_{1,N}/v_{1,N}$。在算法的 Step 6 中, 计算变为

$$W1 = u_{1,i} + w_{2,0}v_{1,i} \approx u_{1,i} - \left(\frac{u_{1,N}}{v_{1,N}}\right)v_{1,i},$$

$$W2 = u_{2,i} + w_{2,0}v_{2,i} \approx u_{2,i} - \left(\frac{u_{1,N}}{v_{1,N}}\right)v_{2,i}$$

因为有些位的数字被消去, 从而很可能损失有效数字。但是, 因为 $u_{1,i}$ 是 $y_1(x_i)$ 的近似, 而 y_1 又容易检测, 如果从 a 到 b 的变化中 $u_{1,i}$ 迅速增加, 则在打靶法中可以采用从 $x_0 = b$ 到 $x_N = a$ 的反向方法。这样就将需要求解的初值问题变为

$$y'' = p(x)y' + q(x)y + r(x), \quad a \leqslant x \leqslant b, \text{且 } y(b) = \beta \text{ 和 } y'(b) = 0$$

和

$$y'' = p(x)y' + q(x)y, \quad a \leqslant x \leqslant b, \text{且 } y(b) = 0 \text{ 和 } y'(b) = 1$$

如果采用反向打靶法仍然损失有效数字, 并且增加数字位数也不能产生更高的精度, 则必须使用其他技巧。有些技巧将在本章后面介绍。但是, 一般情况下, 对每个 $i = 0, 1, \cdots, N$, 如果 $u_{1,i}$ 和 $v_{1,i}$ 分别是 $y_1(x_i)$ 和 $y_2(x_i)$ 的 $O(h^n)$ 阶近似, 那么 $w_{1,i}$ 也是 $y(x_i)$ 的 $O(h^n)$ 阶近似。特别是有

$$|w_{1,i} - y(x_i)| \leqslant Kh^n\left|1 + \frac{v_{1,i}}{v_{1,N}}\right|$$

其中 K 是某个常数(参见[IK], p.426)。

习题 11.1

1. 边值问题

$$y'' = 4(y - x), \quad 0 \leqslant x \leqslant 1, \quad y(0) = 0, \quad y(1) = 2$$

有精确解 $y(x) = e^2(e^4 - 1)^{-1}(e^{2x} - e^{-2x}) + x$。对下列步长用线性打靶法来求解该问题并将结果与真实值进行比较。

a. 取 $h = \dfrac{1}{2}$ b. 取 $h = \dfrac{1}{4}$

2. 边值问题

$$y'' = y' + 2y + \cos x, \quad 0 \leqslant x \leqslant \frac{\pi}{2}, \quad y(0) = -0.3, \quad y\left(\frac{\pi}{2}\right) = -0.1$$

有精确解 $y(x) = -\dfrac{1}{10}(\sin x + 3\cos x)$。对下列步长用线性打靶法来求解该问题并将结果与真实值进行比较。

  a. 取 $h = \dfrac{\pi}{4}$ b. 取 $h = \dfrac{\pi}{8}$

3. 用线性打靶法来近似求解下列问题。

  a. $y'' = -3y' + 2y + 2x + 3, \ 0 \leqslant x \leqslant 1, \ y(0) = 2, \ y(1) = 1$；取 $h = 0.1$。

  b. $y'' = -4x^{-1}y' - 2x^{-2}y + 2x^{-2}\ln x, \ 1 \leqslant x \leqslant 2, \ y(1) = -\dfrac{1}{2}, \ y(2) = \ln 2$；取 $h = 0.05$。

  c. $y'' = -(x+1)y' + 2y + (1-x^2)\mathrm{e}^{-x}, \ 0 \leqslant x \leqslant 1, \ y(0) = -1, \ y(1) = 0$；取 $h = 0.1$。

  d. $y'' = x^{-1}y' + 3x^{-2}y + x^{-1}\ln x - 1, \ 1 \leqslant x \leqslant 2, \ y(1) = y(2) = 0$；取 $h = 0.1$。

4. 下列边值问题中，虽然 $q(x) < 0$，但是它们存在唯一解并且已给出。用线性打靶法来求解下列问题并将结果与真实值进行比较。

  a. $y'' + y = 0, 0 \leqslant x \leqslant \dfrac{\pi}{4}, y(0) = 1, y\left(\dfrac{\pi}{4}\right) = 1$；取 $h = \dfrac{\pi}{20}$；精确解 $y(x) = \cos x + (\sqrt{2}-1)\sin x$

  b. $y'' + 4y = \cos x, 0 \leqslant x \leqslant \dfrac{\pi}{4}, \ y(0) = 0, \ y\left(\dfrac{\pi}{4}\right) = 0$；取 $h = \dfrac{\pi}{20}$；精确解 $y(x) = -\dfrac{1}{3}\cos 2x - \dfrac{\sqrt{2}}{6}\sin 2x + \dfrac{1}{3}\cos x$

  c. $y'' = -4x^{-1}y' - 2x^{-2}y + 2x^{-2}\ln x, 1 \leqslant x \leqslant 2, y(1) = \dfrac{1}{2}, y(2) = \ln 2$；取 $h = 0.05$；精确解 $y(x) = 4x^{-1} - 2x^{-2} + \ln x - 3/2$

  d. $y'' = 2y' - y + x\mathrm{e}^x - x, 0 \leqslant x \leqslant 2, y(0) = 0, y(2) = -4$；取 $h = 0.2$；精确解 $y(x) = \dfrac{1}{6}x^3\mathrm{e}^x - \dfrac{5}{3}x\mathrm{e}^x + 2\mathrm{e}^x - x - 2$

5. 对下面的边值问题，用线性打靶法来近似求解 $y = \mathrm{e}^{-10x}$：

$$y'' = 100y, \quad 0 \leqslant x \leqslant 1, \quad y(0) = 1, \quad y(1) = \mathrm{e}^{-10}$$

分别取 $h = 0.01$ 和 $h = 0.05$。

应用型习题

6. 设 u 表示两个半径分别为 R_1 和 R_2 $(R_1 < R_2)$ 的同心金属球之间的静电势。内部金属球上的电势保持为常数 V_1 伏特，外部金属球上的电势为 0 伏特。两球中间区域上的电势由 Laplace 方程来描述，在这种特殊情形下，该方程可以简化为

$$\frac{\mathrm{d}^2 u}{\mathrm{d}r^2} + \frac{2}{r}\frac{\mathrm{d}u}{\mathrm{d}r} = 0, \quad R_1 \leqslant r \leqslant R_2, \quad u(R_1) = V_1, \quad u(R_2) = 0$$

假设 $R_1 = 2$ 英寸，$R_2 = 4$ 英寸，$V_1 = 110$ 伏特。

  a. 用线性打靶法来近似求 $u(3)$。

  b. 将 (a) 中的计算结果与真实值 $u(3)$ 进行对比，其中，

$$u(r) = \frac{V_1 R_1}{r}\left(\frac{R_2 - r}{R_2 - R_1}\right)$$

理论型习题

7. 将二阶初值问题[方程(11.3)和方程(11.4)]写成一阶方程组，并推导方程组的四阶 Runge-Kutta 方法所需用的方程。

8. 在推论 11.2 的假设下，证明：如果 y_2 是方程 $y'' = p(x)y' + q(x)y$ 满足边值条件 $y_2(a) = 0$ 和 $y_2(b) = 0$ 的解，则 $y_2 \equiv 0$。

9. 考虑边值问题：

$$y'' + y = 0, \quad 0 \leqslant x \leqslant b, \quad y(0) = 0, \quad y(b) = B$$

选取 b 和 B 使得边值问题满足：

a. 无解　　　　　　　　b. 只有一个解　　　　　　　　c. 有无穷多解

10. 尝试将习题 9 用于下面的边值问题：

$$y'' - y = 0, \quad 0 \leqslant x \leqslant b, \quad y(0) = 0, \quad y(b) = B$$

请问会发生什么？这两个问题是如何与推论 11.2 相关的？

讨论问题

1. 基于带监控的连续的 Runge-Kutta 方法求解相对应的初值问题的打靶法来求解边值问题很可能会比线性打靶法得到更好的精度，这是为什么？

2. 多重打靶法是求解 BVODE 问题使用最为广泛的数值方法之一。并行算法是能同时在多个不同的处理器上实施并最后将结果合并的算法。可以基于多重打靶法并使用并行算法来求解 BVODE 问题吗？

3. 为什么定理 11.1 中保证 BVP 的解存在的条件在使用数值方法之前必须检验？

4. 线性打靶法稳定吗？为什么？

11.2　非线性问题的打靶法

对于下面的非线性二阶边值问题

$$y'' = f(x, y, y'), \quad a \leqslant x \leqslant b, \text{且} y(a) = \alpha \text{和} y'(b) = \beta \tag{11.6}$$

其打靶法类似于线性打靶法，但非线性问题的解不能表示成两个初值问题的解的线性组合。作为替代，我们用一系列包含参数 t 的初值问题的近似解来逼近边值问题的解。这些初值问题具有以下形式：

$$y'' = f(x, y, y'), \quad a \leqslant x \leqslant b, \text{且} y(a) = \alpha \text{和} y'(a) = t \tag{11.7}$$

我们通过选取 $t = t_k$，使得它们满足

$$\lim_{k \to \infty} y(b, t_k) = y(b) = \beta$$

其中，$y(x, t_k)$ 是初值问题[方程(11.7)]在 $t = t_k$ 时的解，$y(x)$ 是边值问题[方程(11.6)]的解。

这个方法被称为"打靶"法，这是因为该方法类似于射击命中静态目标的过程(见图 11.2)。我们从选取参数 t_0 开始，它确定了从点 (a, α) 出发，沿着下面初值问题的解的曲线射击目标所达到的初始高度：

$$y'' = f(x, y, y'), \quad a \leqslant x \leqslant b, \text{且} y(a) = \alpha \text{和} y'(a) = t_0$$

如果 $y(b, t_0)$ 不够靠近 β，则可以通过选取参数 t_1, t_2 等来校正我们的近似，直到 $y(b, t_k)$ 充分靠近 β 为止(见图 11.3)。

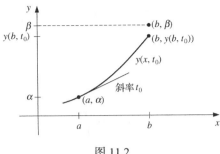

图 11.2

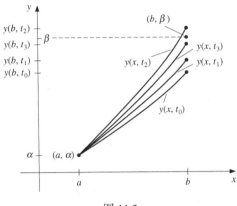

图 11.3

为了确定参数 t_k 的值，假设形如式(11.6)的边值问题满足定理 11.1 的假设。如果 $y(x, t)$ 为初值问题[式(11.7)]的解，则我们接下来确定 t 以使得

$$y(b, t) - \beta = 0 \tag{11.8}$$

这是一个关于变量 t 的非线性方程。这类问题的求解在第 2 章中讨论过，可以使用其中的各种方法。

假设使用割线法求解这个问题，我们需要选取初始值 t_0 和 t_1，然后通过下面的公式产生序列的其余项：

$$t_k = t_{k-1} - \frac{(y(b, t_{k-1}) - \beta)(t_{k-1} - t_{k-2})}{y(b, t_{k-1}) - y(b, t_{k-2})}, \quad k = 2, 3, \cdots$$

Newton 迭代

如果使用更强健的 Newton 法来产生序列 $\{t_k\}$，则只需要一个初始近似 t_0。但是，其迭代具有下面的形式：

$$t_k = t_{k-1} - \frac{y(b, t_{k-1}) - \beta}{\dfrac{\mathrm{d}y}{\mathrm{d}t}(b, t_{k-1})} \tag{11.9}$$

它要求预先知道 $(\mathrm{d}y/\mathrm{d}t)(b, t_{k-1})$。这就出现了一个困难，因为 $y(b, t)$ 的显式表达式是未知的，我们只知道离散值 $y(b, t_0), y(b, t_1), \cdots, y(b, t_{k-1})$。

假设我们将初值问题[式(11.7)]重新写成下面的形式：

$$y''(x, t) = f(x, y(x, t), y'(x, t)), \quad a \leqslant x \leqslant b, \text{且} y(a, t) = \alpha \text{和} y'(a, t) = t \tag{11.10}$$

这里我们强调了其解对 x 和参数 t 的依赖性，我们仍然保留使用撇号来表示关于 x 的导数。我们需

要确定当 $t = t_{k-1}$ 时的 $(\mathrm{d}y/\mathrm{d}t)(b,t)$，为此，先对式(11.10)的 t 求偏导数，从而有

$$\frac{\partial y''}{\partial t}(x,t) = \frac{\partial f}{\partial t}(x, y(x,t), y'(x,t))$$

$$= \frac{\partial f}{\partial x}(x, y(x,t), y'(x,t))\frac{\partial x}{\partial t} + \frac{\partial f}{\partial y}(x, y(x,t), y'(x,t))\frac{\partial y}{\partial t}(x,t)$$

$$+ \frac{\partial f}{\partial y'}(x, y(x,t), y'(x,t))\frac{\partial y'}{\partial t}(x,t)$$

因为 x 和 t 是相互独立的，所以有 $\partial x/\partial t = 0$，因此方程简化为

$$\frac{\partial y''}{\partial t}(x,t) = \frac{\partial f}{\partial y}(x, y(x,t), y'(x,t))\frac{\partial y}{\partial t}(x,t) + \frac{\partial f}{\partial y'}(x, y(x,t), y'(x,t))\frac{\partial y'}{\partial t}(x,t) \qquad (11.11)$$

其中 $a \leqslant x \leqslant b$。初值条件变为

$$\frac{\partial y}{\partial t}(a,t) = 0 \quad 和 \quad \frac{\partial y'}{\partial t}(a,t) = 1$$

如果我们用 $z(x,t)$ 表示 $(\partial y/\partial t)(x,t)$ 以简化符号，并假设关于 x 和 t 的导数可以交换顺序，则带初值条件的方程(11.11)变为初值问题：

$$z''(x,t) = \frac{\partial f}{\partial y}(x, y, y')z(x,t) + \frac{\partial f}{\partial y'}(x, y, y')z'(x,t), \quad a \leqslant x \leqslant b \qquad (11.12)$$

其中，$z(a,t) = 0$，$z'(a,t) = 1$。

因此在每一步迭代中 Newton 法就需要求解两个初值问题，即方程(11.10)和方程(11.12)。这样，由方程(11.9)可得

$$t_k = t_{k-1} - \frac{y(b, t_{k-1}) - \beta}{z(b, t_{k-1})} \qquad (11.13)$$

当然，这些初值问题没有一个是可以精确求解的，这些问题的解可以用第 5 章中介绍的方法来近似求得。算法 11.2 使用四阶 Runge-Kutta 方法近似求 Newton 法中所需求的所有解。一个使用割线法的类似方法见习题 6。

算法 11.2   基于 Newton 法的非线性打靶法

近似求解非线性边值问题：

$$y'' = f(x, y, y'), \quad a \leqslant x \leqslant b, 且 y(a) = \alpha 和 y(b) = \beta$$

（注意：方程(11.10)和方程(11.12)被写成了一阶方程组的形式来求解。）

输入   端点 a, b；边界条件 α, β；子区间数目 $N \geqslant 2$；误差限 TOL；最大迭代步数 M。

输出   对每个 $i = 0, 1, \cdots, N$，$y(x_i)$ 的近似值 $w_{1,i}$；$y'(x_i)$ 的近似值 $w_{2,i}$；或者超过最大迭代步数的信息。

Step 1   Set $h = (b - a)/N$;
               $k = 1$;
               $TK = (\beta - \alpha)/(b - a)$.   （注：$TK$ 也可作为输入）

Step 2   While $(k \leqslant M)$ do Steps 3–10.

Step 3   Set $w_{1,0} = \alpha$;
               $w_{2,0} = TK$;
               $u_1 = 0$;
               $u_2 = 1$.

Step 4   For $i = 1, \cdots, N$ do Steps 5 and 6.
               （方程组的 Runge-Kutta 方法用于 Step 5 和 Step 6）

Step 5　Set $x = a + (i-1)h$.

Step 6　Set $k_{1,1} = hw_{2,i-1}$;

$k_{1,2} = hf(x, w_{1,i-1}, w_{2,i-1})$;

$k_{2,1} = h\left(w_{2,i-1} + \frac{1}{2}k_{1,2}\right)$;

$k_{2,2} = hf\left(x + h/2, w_{1,i-1} + \frac{1}{2}k_{1,1}, w_{2,i-1} + \frac{1}{2}k_{1,2}\right)$;

$k_{3,1} = h\left(w_{2,i-1} + \frac{1}{2}k_{2,2}\right)$;

$k_{3,2} = hf\left(x + h/2, w_{1,i-1} + \frac{1}{2}k_{2,1}, w_{2,i-1} + \frac{1}{2}k_{2,2}\right)$;

$k_{4,1} = h(w_{2,i-1} + k_{3,2})$;

$k_{4,2} = hf(x + h, w_{1,i-1} + k_{3,1}, w_{2,i-1} + k_{3,2})$;

$w_{1,i} = w_{1,i-1} + (k_{1,1} + 2k_{2,1} + 2k_{3,1} + k_{4,1})/6$;

$w_{2,i} = w_{2,i-1} + (k_{1,2} + 2k_{2,2} + 2k_{3,2} + k_{4,2})/6$;

$k'_{1,1} = hu_2$;

$k'_{1,2} = h[f_y(x, w_{1,i-1}, w_{2,i-1})u_1$
$\qquad + f_{y'}(x, w_{1,i-1}, w_{2,i-1})u_2]$;

$k'_{2,1} = h\left[u_2 + \frac{1}{2}k'_{1,2}\right]$;

$k'_{2,2} = h\left[f_y(x + h/2, w_{1,i-1}, w_{2,i-1})\left(u_1 + \frac{1}{2}k'_{1,1}\right)\right.$
$\qquad \left. + f_{y'}(x + h/2, w_{1,i-1}, w_{2,i-1})\left(u_2 + \frac{1}{2}k'_{1,2}\right)\right]$;

$k'_{3,1} = h\left(u_2 + \frac{1}{2}k'_{2,2}\right)$;

$k'_{3,2} = h\left[f_y(x + h/2, w_{1,i-1}, w_{2,i-1})\left(u_1 + \frac{1}{2}k'_{2,1}\right)\right.$
$\qquad \left. + f_{y'}(x + h/2, w_{1,i-1}, w_{2,i-1})\left(u_2 + \frac{1}{2}k'_{2,2}\right)\right]$;

$k'_{4,1} = h(u_2 + k'_{3,2})$;

$k'_{4,2} = h\left[f_y(x + h, w_{1,i-1}, w_{2,i-1})\left(u_1 + k'_{3,1}\right)\right.$
$\qquad \left. + f_{y'}(x + h, w_{1,i-1}, w_{2,i-1})\left(u_2 + k'_{3,2}\right)\right]$;

$u_1 = u_1 + \frac{1}{6}[k'_{1,1} + 2k'_{2,1} + 2k'_{3,1} + k'_{4,1}]$;

$u_2 = u_2 + \frac{1}{6}[k'_{1,2} + 2k'_{2,2} + 2k'_{3,2} + k'_{4,2}]$.

Step 7　If $|w_{1,N} - \beta| \le TOL$ then do Steps 8 and 9.

Step 8　For $i = 0, 1, \cdots, N$
　　　　set $x = a + ih$;
　　　　OUTPUT $(x, w_{1,i}, w_{2,i})$.

Step 9　(算法完成)
　　　　STOP.

Step 10　Set $TK = TK - \dfrac{w_{1,N} - \beta}{u_1}$;
　　　　(将Newton法用于计算TK)
　　　　$k = k + 1$.

Step 11　OUTPUT ('Maximum number of iterations exceeded');
　　　　(算法失败)
　　　　STOP.　　　　　　　　　　　　　　　　　　　■

　　在 Step 1 中选择的值 $t_0 = TK$ 是通过点 (a, α) 和 (b, β) 的直线的斜率。如果该问题满足定理 11.1 的假设，则任意选取的 t_0 都能收敛，但是一种好的选择会改进收敛，该方法甚至对许多不满足这些假设的问题都能收敛。习题 3(d) 给出了一个这样的例子。

例 1 将基于 Newton 法的打靶法用于下面的边值问题:

$$y'' = \frac{1}{8}(32 + 2x^3 - yy'), \quad 1 \leqslant x \leqslant 3, 且 y(1) = 17 和 y(3) = \frac{43}{3}$$

取 $N = 20$,$M = 10$,$TOL = 10^{-5}$,并将计算结果与精确值 $y(x) = x^2 + 16/x$ 进行比较。

解 在每次迭代中,我们需要近似求解下面两个初值问题:

$$y'' = \frac{1}{8}(32 + 2x^3 - yy'), \quad 1 \leqslant x \leqslant 3, 且 y(1) = 17 和 y'(1) = t_k$$

以及

$$z'' = \frac{\partial f}{\partial y}z + \frac{\partial f}{\partial y'}z' = -\frac{1}{8}(y'z + yz'), \quad 1 \leqslant x \leqslant 3, 且 z(1) = 0 和 z'(1) = 1$$

如果在算法 11.2 中采用停机判断要求:

$$|w_{1,N}(t_k) - y(3)| \leqslant 10^{-5}$$

则我们需要四次迭代,此时 $t_4 = -14.000203$。对 t 的这个值得到的结果列于表 11.2 中。

表 11.2

x_i	$w_{1,i}$	$y(x_i)$	$|w_{1,i} - y(x_i)|$
1.0	17.000000	17.000000	
1.1	15.755495	15.755455	4.06×10^{-5}
1.2	14.773389	14.773333	5.60×10^{-5}
1.3	13.997752	13.997692	5.94×10^{-5}
1.4	13.388629	13.388571	5.71×10^{-5}
1.5	12.916719	12.916667	5.23×10^{-5}
1.6	12.560046	12.560000	4.64×10^{-5}
1.7	12.301805	12.301765	4.02×10^{-5}
1.8	12.128923	12.128889	3.14×10^{-5}
1.9	12.031081	12.031053	2.84×10^{-5}
2.0	12.000023	12.000000	2.32×10^{-5}
2.1	12.029066	12.029048	1.84×10^{-5}
2.2	12.112741	12.112727	1.40×10^{-5}
2.3	12.246532	12.246522	1.01×10^{-5}
2.4	12.426673	12.426667	6.68×10^{-6}
2.5	12.650004	12.650000	3.61×10^{-6}
2.6	12.913847	12.913845	9.17×10^{-7}
2.7	13.215924	13.215926	1.43×10^{-6}
2.8	13.554282	13.554286	3.46×10^{-6}
2.9	13.927236	13.927241	5.21×10^{-6}
3.0	14.333327	14.333333	6.69×10^{-6}

虽然在打靶法中用到的 Newton 法需要求解另一个初值问题,然而一般情况下它比割线法收敛得更快。但是,这两种方法都是局部收敛的,因为它们都需要很好的初始近似值。

关于非线性问题的打靶法的收敛性问题,更一般的讨论可参阅 Keller 的专著[Keller,H]。在其他一些参考文献中也讨论了更一般的边值问题。值得一提的是,非线性问题的打靶法对舍入误差及其敏感,特别是求解 $y(x)$ 和 $z(x,t)$ 在[a,b]内随 x 迅速增加的情形。

习题 11.2

1. 取 $h = 0.5$,用非线性打靶法近似求解下面的边值问题:

$$y'' = -(y')^2 - y + \ln x, \quad 1 \leqslant x \leqslant 2, \quad y(1) = 0, \quad y(2) = \ln 2$$

将得到的结果与精确值 $y = \ln x$ 进行对比。

2. 取 $h = 0.25$,用非线性打靶法近似求解下面的边值问题:

$$y'' = 2y^3, \quad -1 \leqslant x \leqslant 0, \quad y(-1) = \frac{1}{2}, \quad y(0) = \frac{1}{3}$$

将得到的结果与精确值 $y = 1/(x+3)$ 进行对比。

3. 取 $TOL = 10^{-4}$，用非线性打靶法近似求解下列边值问题。将得到的结果与题中给出的精确解进行对比。

    a. $y'' = -e^{-2y}, 1 \leqslant x \leqslant 2, y(1) = 0, y(2) = \ln 2$; 取 $N = 10$; 精确解 $y(x) = \ln x$

    b. $y'' = y' \cos x - y \ln y, 0 \leqslant x \leqslant \dfrac{\pi}{2}, y(0) = 1, y\left(\dfrac{\pi}{2}\right) = e$; 取 $N = 10$; 精确解 $y(x) = e^{\sin x}$

    c. $y'' = -(2(y')^3 + y^2 y') \sec x, \dfrac{\pi}{4} \leqslant x \leqslant \dfrac{\pi}{3}, y\left(\dfrac{\pi}{4}\right) = 2^{-1/4}, y\left(\dfrac{\pi}{3}\right) = \dfrac{1}{2}\sqrt[4]{12}$; 取 $N = 5$; 精确解 $y(x) = \sqrt{\sin x}$

    d. $y'' = \dfrac{1}{2}(1 - (y')^2 - y \sin x), 0 \leqslant x \leqslant \pi, y(0) = 2, y(\pi) = 2$; 取 $N = 20$; 精确解 $y(x) = 2 + \sin x$

4. 取 $TOL = 10^{-4}$，用非线性打靶法近似求解下列边值问题。将得到的结果与题中给出的精确解进行对比。

    a. $y'' = y^3 - yy', 1 \leqslant x \leqslant 2, y(1) = \dfrac{1}{2}, y(2) = \dfrac{1}{3}$; 取 $h = 0.1$; 精确解 $y(x) = (x+1)^{-1}$

    b. $y'' = 2y^3 - 6y - 2x^3, 1 \leqslant x \leqslant 2, y(1) = 2, y(2) = \dfrac{5}{2}$; 取 $h = 0.1$; 精确解 $y(x) = x + x^{-1}$

    c. $y'' = y' + 2(y - \ln x)^3 - x^{-1}, \ 2 \leqslant x \leqslant 3, \ y(2) = \dfrac{1}{2} + \ln 2, \ y(3) = \dfrac{1}{3} + \ln 3$; 取 $h = 0.1$; 精确解 $y(x) = x^{-1}$
    $+ \ln x$

    d. $y'' = 2(y')^2 x^{-3} - 9y^2 x^{-5} + 4x, 1 \leqslant x \leqslant 2, y(1) = 0, y(2) = \ln 256$; 取 $h = 0.05$; 精确解 $y(x) = x^3 \ln x$

应用型习题

5. 樊登破（Van der Pol）方程

$$y'' - \mu(y^2 - 1)y' + y = 0, \quad \mu > 0$$

刻画了 3 个元件控制真空管中的电流流动。取 $\mu = 1/2$，$y(0) = 0$，$y(2) = 1$。求 $t = 0.2i, 1 \leqslant i \leqslant 9$ 时 $y(t)$ 的近似解。

理论型习题

6. a. 修改算法 11.2，用割线法替换其中的 Newton 法。取 $t_0 = (\beta - \alpha)/(b - a)$ 和 $t_1 = t_0 + (\beta - y(b, t_0))/(b - a)$ 。

    b. 利用 (a) 中推导的使用割线法的算法重做习题 4(a) 和习题 4(c)。

讨论问题

1. 可以将显式 Euler 方法和 Newton 法相结合来求解非线性两点边值问题吗？
2. 将简单打靶法和多重打靶法结合起来可以得到改进的打靶法。这种类型的方法有什么优缺点？
3. 非线性打靶法稳定吗？为什么？

11.3　线性问题的有限差分方法

边值问题的线性或非线性打靶法很可能发生不稳定的问题，本节将要讨论的方法具有很好的稳定特性，但一般情况下如果要达到某个要求的精度，该方法需要更多的计算量。

使用有限差分来求解边值问题的方法都使用适当的差商公式来替代微分方程中出现的导数，这些差商公式曾经在 4.1 节讨论过。选取特殊的差商公式以及步长 h 来保证截断误差具有一个具体的阶。但是，h 不能取得太小，因为导数的近似公式一般来说是不稳定的。

离散近似

考虑下面的二阶线性边值问题:

$$y'' = p(x)y' + q(x)y + r(x), \quad 其中 a \leqslant x \leqslant b, \quad y(a) = \alpha 和 y(b) = \beta \tag{11.14}$$

有限差分方法要求使用差商来近似 y' 和 y''。首先,我们选择一个整数 $N > 0$,并将区间 $[a, b]$ 分成 $(N+1)$ 个相等的子区间,它们的端点分别为 $x_i = a+ih$, $i = 0, 1, \cdots, N+1$, 其中 $h = (b-a)/(N+1)$。这样的步长 h 选取只是为了方便应用第 6 章中的矩阵算法,它能够求解 $N \times N$ 的线性方程组。

在内网格点 $x_i, i = 1, 2, \cdots, N$ 上,微分方程近似为

$$y''(x_i) = p(x_i)y'(x_i) + q(x_i)y(x_i) + r(x_i) \tag{11.15}$$

将 y 在 x_i 处展开成三次 Taylor 多项式并在 x_{i+1} 和 x_{i-1} 处求值,在 $y \in C^4[x_{i-1}, x_{i+1}]$ 的假设下,我们有

$$y(x_{i+1}) = y(x_i + h) = y(x_i) + hy'(x_i) + \frac{h^2}{2}y''(x_i) + \frac{h^3}{6}y'''(x_i) + \frac{h^4}{24}y^{(4)}(\xi_i^+)$$

其中 ξ_i^+ 位于 (x_i, x_{i+1}) 内,以及

$$y(x_{i-1}) = y(x_i - h) = y(x_i) - hy'(x_i) + \frac{h^2}{2}y''(x_i) - \frac{h^3}{6}y'''(x_i) + \frac{h^4}{24}y^{(4)}(\xi_i^-)$$

其中 ξ_i^- 位于 (x_{i-1}, x_i) 内。如果把这些方程相加,则有

$$y(x_{i+1}) + y(x_{i-1}) = 2y(x_i) + h^2 y''(x_i) + \frac{h^4}{24}[y^{(4)}(\xi_i^+) + y^{(4)}(\xi_i^-)]$$

从中解出 $y''(x_i)$,得到

$$y''(x_i) = \frac{1}{h^2}[y(x_{i+1}) - 2y(x_i) + y(x_{i-1})] - \frac{h^2}{24}[y^{(4)}(\xi_i^+) + y^{(4)}(\xi_i^-)]$$

利用中值定理 1.11 来简化误差项得到

$$y''(x_i) = \frac{1}{h^2}[y(x_{i+1}) - 2y(x_i) + y(x_{i-1})] - \frac{h^2}{12}y^{(4)}(\xi_i) \tag{11.16}$$

其中 ξ_i 位于 (x_{i-1}, x_{i+1}) 内。这个公式叫作 $y''(x_i)$ 的**中心差分公式**。

类似地有 $y'(x_i)$ 的中心差分公式(详见 4.1 节):

$$y'(x_i) = \frac{1}{2h}[y(x_{i+1}) - y(x_{i-1})] - \frac{h^2}{6}y'''(\eta_i) \tag{11.17}$$

其中 η_i 位于 (x_{i-1}, x_{i+1}) 内。

在方程 (11.15) 中使用这些中心差分公式就得到下面的方程:

$$\frac{y(x_{i+1}) - 2y(x_i) + y(x_{i-1})}{h^2} = p(x_i)\left[\frac{y(x_{i+1}) - y(x_{i-1})}{2h}\right] + q(x_i)y(x_i)$$

$$+ r(x_i) - \frac{h^2}{12}\left[2p(x_i)y'''(\eta_i) - y^{(4)}(\xi_i)\right]$$

利用截断误差为 $O(h^2)$ 的有限差分公式得到的上述方程,再加上边界条件 $y(a) = \alpha$ 和 $y(b) = \beta$ 就产生了有限差分方法,它是这样一个线性方程组:

$$w_0 = \alpha, \qquad w_{N+1} = \beta$$

和

$$\left(\frac{-w_{i+1} + 2w_i - w_{i-1}}{h^2}\right) + p(x_i)\left(\frac{w_{i+1} - w_{i-1}}{2h}\right) + q(x_i)w_i = -r(x_i) \tag{11.18}$$

其中 $i = 1, 2, \cdots, N$。

我们接下来将方程(11.18)写成以下形式:

$$-\left(1+\frac{h}{2}p(x_i)\right)w_{i-1}+\left(2+h^2q(x_i)\right)w_i-\left(1-\frac{h}{2}p(x_i)\right)w_{i+1}=-h^2r(x_i)$$

最终的线性方程组可以表示成 $N \times N$ 三对角矩阵的情形, 即

$$A\mathbf{w}=\mathbf{b} \tag{11.19}$$

其中,

$$A=\begin{bmatrix} 2+h^2q(x_1) & -1+\dfrac{h}{2}p(x_1) & 0 & \cdots\cdots\cdots\cdots\cdots & 0 \\ -1-\dfrac{h}{2}p(x_2) & 2+h^2q(x_2) & -1+\dfrac{h}{2}p(x_2) & & \vdots \\ 0 & & & & 0 \\ & & & & -1+\dfrac{h}{2}p(x_{N-1}) \\ 0 & \cdots\cdots\cdots\cdots 0 & -1-\dfrac{h}{2}p(x_N) & \cdots & 2+h^2q(x_N) \end{bmatrix}$$

$$\mathbf{w}=\begin{bmatrix} w_1 \\ w_2 \\ \vdots \\ w_{N-1} \\ w_N \end{bmatrix},\qquad \mathbf{b}=\begin{bmatrix} -h^2r(x_1)+\left(1+\dfrac{h}{2}p(x_1)\right)w_0 \\ -h^2r(x_2) \\ \vdots \\ -h^2r(x_{N-1}) \\ -h^2r(x_N)+\left(1-\dfrac{h}{2}p(x_N)\right)w_{N+1} \end{bmatrix}$$

下面的定理给出了三对角线性方程组(11.19)具有唯一解的条件。它的证明是定理 6.31 的结果, 我们将在习题 9 中讨论。

定理 11.3　假设 p, q 和 r 在$[a, b]$上连续。如果在$[a, b]$上 $q(x) \geqslant 0$, 则只要 $h < 2/L$, 三对角线性方程组(11.19)就有唯一解, 其中 $L = \max_{a \leqslant x \leqslant b}|p(x)|$。 ∎

应该注意到定理 11.3 中的假设保证了边值问题[式(11.14)]具有唯一解, 但并不能保证这个唯一解 $y \in C^4[a, b]$。我们需要确定 $y^{(4)}$ 在$[a, b]$上连续来保证截断误差的阶是 $O(h^2)$。

算法 11.3 实现了线性有限差分方法。

算法 11.3　线性有限差分

近似求解边值问题:

$$y''=p(x)y'+q(x)y+r(x),\quad a \leqslant x \leqslant b,\text{且}y(a)=\alpha\text{和}y(b)=\beta$$

输入　端点 a, b; 边界条件 α, β; 整数 $N \geqslant 2$。

输出　对每个 $i = 0,1,\cdots,N+1$, $y(x_i)$ 的近似值 w_i。

Step 1　Set $h = (b-a)/(N+1)$;
　　　　　$x = a + h$;
　　　　　$a_1 = 2 + h^2q(x)$;
　　　　　$b_1 = -1 + (h/2)p(x)$;
　　　　　$d_1 = -h^2r(x) + (1+(h/2)p(x))\alpha$.

Step 2　For $i = 2,\cdots,N-1$
　　　　　set $x = a + ih$;
　　　　　　$a_i = 2 + h^2q(x)$;

$$b_i = -1 + (h/2)p(x);$$
$$c_i = -1 - (h/2)p(x);$$
$$d_i = -h^2 r(x).$$

Step 3　Set $x = b - h$;
$$a_N = 2 + h^2 q(x);$$
$$c_N = -1 - (h/2)p(x);$$
$$d_N = -h^2 r(x) + (1 - (h/2)p(x))\beta.$$

Step 4　Set $l_1 = a_1$;　(Steps 4–8利用算法6.7来求解三对角方程组)
$$u_1 = b_1/a_1;$$
$$z_1 = d_1/l_1.$$

Step 5　For $i = 2, \cdots, N - 1$ set $l_i = a_i - c_i u_{i-1}$;
$$u_i = b_i/l_i;$$
$$z_i = (d_i - c_i z_{i-1})/l_i.$$

Step 6　Set $l_N = a_N - c_N u_{N-1}$;
$$z_N = (d_N - c_N z_{N-1})/l_N.$$

Step 7　Set $w_0 = \alpha$;
$$w_{N+1} = \beta.$$
$$w_N = z_N.$$

Step 8　For $i = N - 1, \cdots, 1$ set $w_i = z_i - u_i w_{i+1}$.

Step 9　For $i = 0, \cdots, N + 1$ set $x = a + ih$;
$$\text{OUTPUT } (x, w_i).$$

Step 10　STOP. (算法完成)　　　　　　　　　　　　　　　　　■

例1　取 $N = 9$，用算法 11.3 近似求解下面的线性边值问题：
$$y'' = -\frac{2}{x}y' + \frac{2}{x^2}y + \frac{\sin(\ln x)}{x^2}, \quad 1 \leqslant x \leqslant 2, \text{且 } y(1) = 1 \text{和} y(2) = 2$$

并将得到的结果与 11.1 节例 2 的打靶法得到的结果进行对比。

解　在这个例子中，取 $N = 9$，所以 $h = 0.1$，我们与 11.1 节例 2 有相同的步长。全部计算结果列于表 11.3 中。

表 11.3

x_i	w_i	$y(x_i)$	$|w_i - y(x_i)|$
1.0	1.00000000	1.00000000	
1.1	1.09260052	1.09262930	2.88×10^{-5}
1.2	1.18704313	1.18708484	4.17×10^{-5}
1.3	1.28333687	1.28338236	4.55×10^{-5}
1.4	1.38140205	1.38144595	4.39×10^{-5}
1.5	1.48112026	1.48115942	3.92×10^{-5}
1.6	1.58235990	1.58239246	3.26×10^{-5}
1.7	1.68498902	1.68501396	2.49×10^{-5}
1.8	1.78888175	1.78889853	1.68×10^{-5}
1.9	1.89392110	1.89392951	8.41×10^{-6}
2.0	2.00000000	2.00000000	

与 11.1 节例 2 的打靶法的结果相比，这些结果的精度很低。这是因为 11.1 节中使用的 Runge-Kutta 方法具有局部截断误差 $O(h^4)$，而该例中的有限差分方法的局部截断误差为 $O(h^2)$。　■

为了得到更高精度的有限差分方法，我们可以使用多种不同的技巧。用五阶 Taylor 级数来近似 $y''(x_i)$ 和 $y'(x_i)$ 可以产生 h^4 的局部截断误差。但是，这个方法需要更多的点，即不仅需要 $y(x_{i+1})$ 和 $y(x_{i-1})$，而且还需要 $y(x_{i+2})$ 和 $y(x_{i-2})$，从而在近似公式中用它们来逼近 $y''(x_i)$ 和 $y'(x_i)$。这将产生困难，因为当 $i = 0$ 时，我们并不知道 w_{-1}，同时当 $i = N$ 时，我们也不知道 w_{N+2}。此外，得到的与方程(11.19)类似的线性方程组的系数矩阵也不是三对角矩阵，因此求解该方程组需要更多的计算量。

使用 Richardson 外推法

一般情形下可以通过缩减步长来获得更为满意的精度，而不是使用具有高阶截断误差的有限差分方法。另外，也可以有效地使用 Richardson 外推法，因为在 y 足够可微的情形下，误差项能够表示成 h 的偶数次幂的形式，其中的常数与 h 无关(参见[Keller,H],p.81)。

习题 10 给出了截断误差的形式，从而为合理地使用外推法提供了依据。

例 2　利用 Richardson 外推法近似求解边值问题：
$$y'' = -\frac{2}{x}y' + \frac{2}{x^2}y + \frac{\sin(\ln x)}{x^2}, \quad 1 \leq x \leq 2, \text{且} y(1) = 1\text{和} y(2) = 2$$

取 $h = 0.1, 0.05$ 和 0.025。

解　我们将结果列于表 11.4 中。第一次外推是
$$\text{Ext}_{1i} = \frac{4w_i(h = 0.05) - w_i(h = 0.1)}{3}$$

第二次外推是
$$\text{Ext}_{2i} = \frac{4w_i(h = 0.025) - w_i(h = 0.05)}{3}$$

最后一次外推是
$$\text{Ext}_{3i} = \frac{16\text{Ext}_{2i} - \text{Ext}_{1i}}{15}$$

表 11.4

x_i	$w_i(h = 0.05)$	$w_i(h = 0.025)$	Ext_{1i}	Ext_{2i}	Ext_{3i}
1.0	1.00000000	1.00000000	1.00000000	1.00000000	1.00000000
1.1	1.09262207	1.09262749	1.09262925	1.09262930	1.09262930
1.2	1.18707436	1.18708222	1.18708477	1.18708484	1.18708484
1.3	1.28337094	1.28337950	1.28338230	1.28338236	1.28338236
1.4	1.38143493	1.38144319	1.38144589	1.38144595	1.38144595
1.5	1.48114959	1.48115696	1.48115937	1.48115941	1.48115942
1.6	1.58238429	1.58239042	1.58239242	1.58239246	1.58239246
1.7	1.68500770	1.68501240	1.68501393	1.68501396	1.68501396
1.8	1.78889432	1.78889748	1.78889852	1.78889853	1.78889853
1.9	1.89392740	1.89392898	1.89392950	1.89392951	1.89392951
2.0	2.00000000	2.00000000	2.00000000	2.00000000	2.00000000

为了不致使表过大，$w_i(h = 0.1)$ 的值在表中被略去，实际上它们列于表 11.3 中。对 $w_i(h = 0.025)$ 的结果已经精确到 3×10^{-6}。但是，Ext_{3i} 的值仅精确到表中所列位数。事实上，如果使用的数字位数足够长，在这些网格点上的近似值能够达到 6.3×10^{-11} 的最大精度，这是非常显著的改进。■

习题 11.3

1. 边值问题
$$y'' = 4(y - x), \quad 0 \leq x \leq 1, \quad y(0) = 0, \quad y(1) = 2$$
有精确解 $y(x) = e^2(e^4 - 1)^{-1}(e^{2x} - e^{-2x}) + x$。取下列步长，用线性有限差分方法来近似求解，并将结果与实际值进行比较。

a．$h = \dfrac{1}{2}$ b．$h = \dfrac{1}{4}$

c．用外推法近似求 $y(1/2)$

2．边值问题

$$y'' = y' + 2y + \cos x, \quad 0 \leqslant x \leqslant \frac{\pi}{2}, \quad y(0) = -0.3, \quad y\left(\frac{\pi}{2}\right) = -0.1$$

有精确解 $y(x) = -\dfrac{1}{10}(\sin x + 3\cos x)$。取下列步长，用线性有限差分方法来近似求解，并将结果与实际值进行比较。

a．$h = \dfrac{\pi}{4}$ b．$h = \dfrac{\pi}{8}$

c．用外推法近似求 $y(\pi/4)$

3．用线性有限差分算法近似求解下列边值问题。

    a．$y'' = -3y' + 2y + 2x + 3, \ 0 \leqslant x \leqslant 1, \ y(0) = 2, \ y(1) = 1$；取 $h = 0.1$

    b．$y'' = -4x^{-1}y' + 2x^{-2}y - 2x^{-2}\ln x, \ 1 \leqslant x \leqslant 2, \ y(1) = -\dfrac{1}{2}, \ y(2) = \ln 2$；取 $h = 0.05$

    c．$y'' = -(x+1)y' + 2y + (1 - x^2)e^{-x}, \ 0 \leqslant x \leqslant 1, \ y(0) = -1, \ y(1) = 0$；取 $h = 0.1$

    d．$y'' = x^{-1}y' + 3x^{-2}y + x^{-1}\ln x - 1, \ 1 \leqslant x \leqslant 2, \ y(1) = y(2) = 0$；取 $h = 0.1$

4．在下面的边值问题中，虽然都有 $q(x) < 0$，但是它们都存在唯一解且已经在题目中给出。用线性有限差分算法近似求解这些边值问题，并将近似解与精确解进行比较。

    a．$y'' + y = 0, 0 \leqslant x \leqslant \dfrac{\pi}{4}, y(0) = 1, y\left(\dfrac{\pi}{4}\right) = 1$；取 $h = \dfrac{\pi}{20}$；精确解 $y(x) = \cos x + (\sqrt{2} - 1)\sin x$

    b．$y'' + 4y = \cos x, 0 \leqslant x \leqslant \dfrac{\pi}{4}, \ y(0) = 0, \ y\left(\dfrac{\pi}{4}\right) = 0$；取 $h = \dfrac{\pi}{20}$；精确解 $y(x) = -\dfrac{1}{3}\cos 2x - \dfrac{\sqrt{2}}{6}\sin 2x + \dfrac{1}{3}\cos x$

    c．$y'' = -4x^{-1}y' - 2x^{-2}y + 2x^{-2}\ln x, y(1) = \dfrac{1}{2}, y(2) = \ln 2$；取 $h = 0.05$；精确解 $y(x) = 4x^{-1} - 2x^{-2} + \ln x - 3/2$

    d．$y'' = 2y' - y + xe^x - x, 0 \leqslant x \leqslant 2, y(0) = 0, y(2) = -4$；取 $h = 0.2$；精确解 $y(x) = \dfrac{1}{6}x^3 e^x - \dfrac{5}{3}xe^x + 2e^x - x - 2$

5．用线性有限差分算法近似求边值问题：

$$y'' = 100y, \quad 0 \leqslant x \leqslant 1, \quad y(0) = 1, \quad y(1) = e^{-10}$$

其精确解为 $y = e^{-10x}$。分别取 $h = 0.1$ 和 $h = 0.05$，你能解释得到的结果吗？

6．用例 2 中讨论的外推法重做习题 3(a) 和习题 3(b)。

应用型习题

7．本章引言中的例子讨论了末端支撑的梁在均匀荷载下的形变问题。该物理问题由下面的边值问题来刻画：

$$\frac{\mathrm{d}^2 w}{\mathrm{d}x^2} = \frac{S}{EI}w + \frac{qx}{2EI}(x - l), \quad 0 < x < l$$

其中边界条件为 $w(0) = 0$ 和 $w(l) = 0$。

假设梁是 W10-型钢 I-梁，它具有下面的特征：长度 $l = 120$ in，均匀荷载强度 $q = 100$ lb/ft，弹性模量 $E = 3.0 \times 10^7$ lb/in^2，末端的应力 $S = 1000$ lb，惯性中心距 $I = 625$ in^4。

　　a．在每 6 in 处近似求梁的形变。

　　b．问题的精确解为

$$w(x) = c_1 e^{ax} + c_2 e^{-ax} + b(x-l)x + c$$

其中，$c_1 = 7.7042537 \times 10^4$，$c_2 = 7.9207462 \times 10^4$，$a = 2.3094010 \times 10^{-4}$，$b = -4.1666666 \times 10^{-3}$ 和 $c = -1.5625 \times 10^5$。请问在区间上的最大误差小于 0.2 in 吗？

　　c．法律规定 $\max_{0 < x < l} w(x) < 1/300$。请问这个梁满足该要求吗？

8．在轴向拉伸力作用下，具有均匀载荷的长矩形板的形变由二阶微分方程刻画。设 S 表示轴向力，q 是均匀载荷强度。沿着基本长度的形变 W 由下式给出：

$$W''(x) - \frac{S}{D} W(x) = \frac{-ql}{2D} x + \frac{q}{2D} x^2, \quad 0 \le x \le l, \ W(0) = W(l) = 0$$

其中，l 是板的长度，D 是板的抗弯刚度。取 $q = 200 \text{ lb/in}^2$，$S = 100 \text{ lb/in}$，$D = 8.8 \times 10^7 \text{ lb/in}$，$l = 50 \text{ in}$。近似求每 1 in 处的形变量。

理论型习题

9．证明定理 11.3。[提示：为了使用定理 6.31，首先证明由 $\left| \frac{h}{2} p(x_i) \right| < 1$ 可推出 $\left| -1 - \frac{h}{2} p(x_i) \right| + \left| -1 + \frac{h}{2} p(x_i) \right| = 2$。]

10．假设存在某个数 w 使得在 $[a, b]$ 上 $q(x) \ge w > 0$，如果 $y \in C^6[a, b]$，且 $w_0, w_1, \cdots, w_{N+1}$ 满足方程（11.18），则

$$w_i - y(x_i) = Ah^2 + O(h^4)$$

其中 A 与 h 无关。

讨论问题

1．使用向前差分或向后差分公式来代替中心差分公式会产生什么效果？

2．将高阶差商用于有限差分方法中的导数能够提高精度吗？这样做会产生什么效果？

3．什么是减法抵消？

11.4　非线性问题的有限差分方法

考虑一般的非线性边值问题：

$$y'' = f(x, y, y'), \quad a \le x \le b, \text{且} y(a) = \alpha \text{ 和} y(b) = \beta$$

它的有限差分方法类似于 11.3 节中线性问题使用的方法，但是这里的方程组不再是线性的，因此需要使用迭代方法来求解。

由于方法的需要，我们总是假设 f 满足下面 3 个条件：

(1) f 以及它的两个偏导数 f_y 和 $f_{y'}$ 在下面的区域上都连续：

$$D = \{(x, y, y') \mid a \le x \le b, \text{且} -\infty < y < \infty \text{ 和} -\infty < y' < \infty\}$$

(2) 存在某个 $\delta > 0$，使得在 D 上 $f_y(x, y, y') \ge \delta$；

(3) 存在常数 k 和 L，使得

$$k = \max_{(x, y, y') \in D} |f_y(x, y, y')| \quad \text{和} \quad L = \max_{(x, y, y') \in D} |f_{y'}(x, y, y')|$$

根据定理 11.1，这些条件保证了存在唯一解。

像线性情形一样，我们将区间[a,b]分成 N+1 个相等的子区间，这些子区间的端点为 $x_i = a+ih$，$i = 0,1,\cdots,N+1$。假设精确解的四阶导数有界，这样我们就可以将下面每个方程中的导数 $y''(x_i)$ 和 $y'(x_i)$ 分别用方程(11.16)和方程(11.17)给出的中心差分公式来替代：

$$y''(x_i) = f(x_i, y(x_i), y'(x_i))$$

从而得到

$$\frac{y(x_{i+1}) - 2y(x_i) + y(x_{i-1})}{h^2} = f\left(x_i, y(x_i), \frac{y(x_{i+1}) - y(x_{i-1})}{2h} - \frac{h^2}{6}y'''(\eta_i)\right) + \frac{h^2}{12}y^{(4)}(\xi_i),$$

$$\text{对每个 } i = 1, 2, \cdots, N$$

其中 ξ_i 和 η_i 位于区间 (x_{i-1}, x_{i+1}) 内。

类似于线性的情形，通过去掉误差项并利用边界条件可得到有限差分方法：

$$w_0 = \alpha, \quad w_{N+1} = \beta$$

和

$$-\frac{w_{i+1} - 2w_i + w_{i-1}}{h^2} + f\left(x_i, w_i, \frac{w_{i+1} - w_{i-1}}{2h}\right) = 0$$

其中 $i = 1,2,\cdots,N$。

从上述方法中得到的非线性 $N \times N$ 方程组为

$$2w_1 - w_2 + h^2 f\left(x_1, w_1, \frac{w_2 - \alpha}{2h}\right) - \alpha = 0,$$

$$-w_1 + 2w_2 - w_3 + h^2 f\left(x_2, w_2, \frac{w_3 - w_1}{2h}\right) = 0,$$

$$\vdots$$

$$-w_{N-2} + 2w_{N-1} - w_N + h^2 f\left(x_{N-1}, w_{N-1}, \frac{w_N - w_{N-2}}{2h}\right) = 0,$$

$$-w_{N-1} + 2w_N + h^2 f\left(x_N, w_N, \frac{\beta - w_{N-1}}{2h}\right) - \beta = 0 \qquad (11.20)$$

如果假设 $h < 2/L$，则方程组具有唯一解，参见[Keller,H],p.86 及习题 7。

Newton 迭代方法

我们用 10.2 节中讨论过的非线性方程组的 Newton 法来近似求解这个方程组。假设初始值 $(w_1^{(0)}, w_2^{(0)}, \cdots, w_N^{(0)})^t$ 充分靠近解 $(w_1, w_2, \cdots, w_N)^t$，并且方程组的雅可比矩阵是非奇异的，则由 Newton 法产生的迭代序列 $(w_1^{(k)}, w_2^{(k)}, \cdots, w_N^{(k)})^t$ 收敛到方程组(11.20)的解。对于非线性方程组(11.20)，雅可比矩阵 $J(w_1, \cdots, w_N)$ 是三对角的，其位于 (i, j) 的元素为

$$J(w_1, \cdots, w_N)_{ij} = \begin{cases} -1 + \dfrac{h}{2}f_{y'}\left(x_i, w_i, \dfrac{w_{i+1} - w_{i-1}}{2h}\right), & i = j-1 \text{ 和 } j = 2, \cdots, N, \\[3mm] 2 + h^2 f_y\left(x_i, w_i, \dfrac{w_{i+1} - w_{i-1}}{2h}\right), & i = j \text{ 和 } j = 1, \cdots, N, \\[3mm] -1 - \dfrac{h}{2}f_{y'}\left(x_i, w_i, \dfrac{w_{i+1} - w_{i-1}}{2h}\right), & i = j+1 \text{ 和 } j = 1, \cdots, N-1 \end{cases}$$

其中，$w_0 = \alpha$，$w_{N+1} = \beta$。

在每次迭代中，非线性方程组的 Newton 法需要从 $N \times N$ 的线性方程组

$$J(w_1, \cdots, w_N)(v_1, \cdots, v_n)^t$$

$$= -\left(2w_1 - w_2 - \alpha + h^2 f\left(x_1, w_1, \frac{w_2 - \alpha}{2h}\right),\right.$$

$$- w_1 + 2w_2 - w_3 + h^2 f\left(x_2, w_2, \frac{w_3 - w_1}{2h}\right), \cdots,$$

$$- w_{N-2} + 2w_{N-1} - w_N + h^2 f\left(x_{N-1}, w_{N-1}, \frac{w_N - w_{N-2}}{2h}\right),$$

$$\left. - w_{N-1} + 2w_N + h^2 f\left(x_N, w_N, \frac{\beta - w_{N-1}}{2h}\right) - \beta\right)^t$$

中解出 $v_1, v_2, \cdots, v_N$，从而计算

$$w_i^{(k)} = w_i^{(k-1)} + v_i, \quad i = 1, 2, \cdots, N$$

因为 J 是三对角的，所以这并不像初看起来那样难以对付。尤其是可以使用的 Crout 分解算法 6.7。该过程详述于算法 11.4 中。

算法 11.4　非线性有限差分方法

近似求解非线性边值问题

$$y'' = f(x, y, y'), \quad a \le x \le b, \text{且} y(a) = \alpha \text{和} y(b) = \beta$$

输入　端点 a, b；边界条件 α, β；整数 $N \ge 2$；误差限 TOL；最大迭代步数 M。

输出　对每个 $i = 0, 1, \cdots, N+1, y(x_i)$ 的近似值 w_i 或者超过最大迭代步数的信息。

Step 1　Set $h = (b - a)/(N + 1)$;
　　　　　$w_0 = \alpha$;
　　　　　$w_{N+1} = \beta$.

Step 2　For $i = 1, \cdots, N$ set $w_i = \alpha + i\left(\dfrac{\beta - \alpha}{b - a}\right)h$.

Step 3　Set $k = 1$.

Step 4　While $k \le M$ do Steps 5–16.

　　Step 5　Set $x = a + h$;
　　　　　　$t = (w_2 - \alpha)/(2h)$;
　　　　　　$a_1 = 2 + h^2 f_y(x, w_1, t)$;
　　　　　　$b_1 = -1 + (h/2)f_{y'}(x, w_1, t)$;
　　　　　　$d_1 = -\left(2w_1 - w_2 - \alpha + h^2 f(x, w_1, t)\right)$.

　　Step 6　For $i = 2, \cdots, N - 1$
　　　　　　set $x = a + ih$;
　　　　　　　$t = (w_{i+1} - w_{i-1})/(2h)$;
　　　　　　　$a_i = 2 + h^2 f_y(x, w_i, t)$;
　　　　　　　$b_i = -1 + (h/2)f_{y'}(x, w_i, t)$;
　　　　　　　$c_i = -1 - (h/2)f_{y'}(x, w_i, t)$;
　　　　　　　$d_i = -\left(2w_i - w_{i+1} - w_{i-1} + h^2 f(x, w_i, t)\right)$.

　　Step 7　Set $x = b - h$;
　　　　　　$t = (\beta - w_{N-1})/(2h)$;
　　　　　　$a_N = 2 + h^2 f_y(x, w_N, t)$;
　　　　　　$c_N = -1 - (h/2)f_{y'}(x, w_N, t)$;
　　　　　　$d_N = -\left(2w_N - w_{N-1} - \beta + h^2 f(x, w_N, t)\right)$.

Step 8 Set $l_1 = a_1$;   (Steps 8-12用算法6.7求解三对角线性方程组)
$$u_1 = b_1/a_1;$$
$$z_1 = d_1/l_1.$$

Step 9 For $i = 2, \cdots, N-1$ set $l_i = a_i - c_i u_{i-1}$;
$$u_i = b_i/l_i;$$
$$z_i = (d_i - c_i z_{i-1})/l_i.$$

Step 10 Set $l_N = a_N - c_N u_{N-1}$;
$$z_N = (d_N - c_N z_{N-1})/l_N.$$

Step 11 Set $v_N = z_N$;
$$w_N = w_N + v_N.$$

Step 12 For $i = N-1, \cdots, 1$ set $v_i = z_i - u_i v_{i+1}$;
$$w_i = w_i + v_i.$$

Step 13 If $\|\mathbf{v}\| \leqslant TOL$ then do Step 14 and 15.

    Step 14 For $i = 0, \cdots, N+1$ set $x = a + ih$;
                   OUTPUT (x, w_i).

    Step 15 STOP.   (算法成功)

Step 16 Set $k = k+1$.

Step 17 OUTPUT ('Maximum number of iterations exceeded');
(算法失败)
STOP. ■

可以证明(参见[IK], p.433), 非线性有限差分方法是 $O(h^2)$ 阶的。

当不能证明问题满足本节开始时给出的条件(1)、(2)和(3)时, 该算法需要一个好的初始近似, 因此应该具体设定迭代数的最大值, 如果执行过程中超过了这个值, 就需要考虑一个新的初始近似, 或者减小步长。除非知道其他不一致的信息, 我们在程序开始时合理地假设解为线性的。于是, Step 2 中得到的 w_i 的初始近似 $w_i^{(0)}$, $i = 1, 2, \cdots, N$, 就是过已知的两个端点 (a, α) 和 (b, β) 的直线在 x_i 处的值。

例1 应用算法11.4, 取 $h = 0.1$, 近似求解下面非线性边值问题:

$$y'' = \frac{1}{8}(32 + 2x^3 - yy'), \quad 1 \leqslant x \leqslant 3,$$

$$且 y(1) = 17 和 y(3) = \frac{43}{3}$$

并将得到的结果与11.2节例1的结果进行比较。

解 在算法 11.4 中使用的终止程序是一直迭代直到相继两个迭代值之差不超过 10^{-8}, 这需要 4 次迭代就能达到, 得到的结果列于表11.5中。用算法 11.4 得到的结果不如用非线性打靶法得到的结果精确, 后者列于表的中间一列(第3列), 它们达到了 10^{-5} 的精度。

表 11.5

x_i	w_i	$y(x_i)$	$|w_i - y(x_i)|$
1.0	17.000000	17.000000	
1.1	15.754503	15.755455	9.520×10^{-4}
1.2	14.771740	14.773333	1.594×10^{-3}
1.3	13.995677	13.997692	2.015×10^{-3}
1.4	13.386297	13.388571	2.275×10^{-3}
1.5	12.914252	12.916667	2.414×10^{-3}
1.6	12.557538	12.560000	2.462×10^{-3}
1.7	12.299326	12.301765	2.438×10^{-3}
1.8	12.126529	12.128889	2.360×10^{-3}
1.9	12.028814	12.031053	2.239×10^{-3}
2.0	11.997915	12.000000	2.085×10^{-3}
2.1	12.027142	12.029048	1.905×10^{-3}
2.2	12.111020	12.112727	1.707×10^{-3}
2.3	12.245025	12.246522	1.497×10^{-3}
2.4	12.425388	12.426667	1.278×10^{-3}
2.5	12.648944	12.650000	1.056×10^{-3}
2.6	12.913013	12.913846	8.335×10^{-4}
2.7	13.215312	13.215926	6.142×10^{-4}
2.8	13.553885	13.554286	4.006×10^{-4}
2.9	13.927046	13.927241	1.953×10^{-4}
3.0	14.333333	14.333333	

使用 Richardson 外推法

Richardson 外推法可以用到非线性有限差分方法中，表 11.6 中列出了对上述例子使用外推法的结果，其中分别取 $h = 0.1, 0.05$ 和 0.025，每种情形都使用了 4 次迭代。为了不致使表太大，表中略去了 $w_i(h = 0.1)$ 的值，但这些值可以在表 11.5 中找到。表中 $w_i(h = 0.25)$ 的值精确到 1.5×10^{-5}，但 Ext_{3i} 的所有值都精确到所列出的位数，实际最大误差为 3.68×10^{-10}。

表 11.6

x_i	$w_i(h = 0.05)$	$w_i(h = 0.025)$	Ext_{1i}	Ext_{2i}	Ext_{3i}
1.0	17.00000000	17.00000000	17.00000000	17.00000000	17.00000000
1.1	15.75521721	15.75539525	15.75545543	15.75545460	15.75545455
1.2	14.77293601	14.77323407	14.77333479	14.77333342	14.77333333
1.3	13.99718996	13.99756690	13.99769413	13.99769242	13.99769231
1.4	13.38800424	13.38842973	13.38857346	13.38857156	13.38857143
1.5	12.91606471	12.91651628	12.91666881	12.91666680	12.91666667
1.6	12.55938618	12.55984665	12.56000217	12.56000014	12.56000000
1.7	12.30115670	12.30161280	12.30176684	12.30176484	12.30176471
1.8	12.12830042	12.12874287	12.12899094	12.12888902	12.12888889
1.9	12.03049438	12.03091316	12.03105457	12.03105275	12.03105263
2.0	11.99948020	11.99987013	12.00000179	12.00000011	12.00000000
2.1	12.02857252	12.02892892	12.02902924	12.02904772	12.02904762
2.2	12.11230149	12.11262089	12.11272872	12.11272736	12.11272727
2.3	12.24614846	12.24642848	12.24652299	12.24652182	12.24652174
2.4	12.42634789	12.42658702	12.42666773	12.42666673	12.42666667
2.5	12.64973666	12.64993420	12.65000086	12.65000005	12.65000000
2.6	12.91362828	12.91379422	12.91384683	12.91384620	12.91384615
2.7	13.21577275	13.21588765	13.21592641	13.21592596	13.21592593
2.8	13.55418579	13.55426075	13.55428603	13.55428573	13.55428571
2.9	13.92719268	13.92722921	13.92724153	13.92724139	13.92724138
3.0	14.33333333	14.33333333	14.33333333	14.33333333	14.33333333

习题 11.4

1. 取 $h = 0.5$，用非线性有限差分方法近似求解下面的边值问题：
$$y'' = -(y')^2 - y + \ln x, \quad 1 \leqslant x \leqslant 2, \quad y(1) = 0, \quad y(2) = \ln 2$$
将得到的结果与精确解 $y = \ln x$ 进行比较。

2. 取 $h = 0.25$，用非线性有限差分方法近似求解下面的边值问题：
$$y'' = 2y^3, \quad -1 \leqslant x \leqslant 0, \quad y(-1) = \frac{1}{2}, \quad y(0) = \frac{1}{3}$$
将得到的结果与精确解 $y = 1/(x+3)$ 进行比较。

3. 取误差限 $TOL = 10^{-4}$，用非线性有限差分方法近似求解下列边值问题。题目中已经给出了精确解，将你的结果与之进行比较。

   a. $y'' = -e^{-2y}, 1 \leqslant x \leqslant 2, y(1) = 0, y(2) = \ln 2$; 取 $N = 9$ ；精确解 $y(x) = \ln x$

   b. $y'' = y' \cos x - y \ln y, 0 \leqslant x \leqslant \frac{\pi}{2}, y(0) = 1, y\left(\frac{\pi}{2}\right) = e$; 取 $N = 9$ ；精确解 $y(x) = e^{\sin x}$

   c. $y'' = -(2(y')^3 + y^2 y') \sec x, \frac{\pi}{4} \leqslant x \leqslant \frac{\pi}{3}, y\left(\frac{\pi}{4}\right) = 2^{-1/4}, y\left(\frac{\pi}{3}\right) = \frac{1}{2}\sqrt[4]{12}$; 取 $N = 4$ ；精确解 $y(x) = \sqrt{\sin x}$

   d. $y'' = \frac{1}{2}(1 - (y')^2 - y \sin x), 0 \leqslant x \leqslant \pi, y(0) = 2, y(\pi) = 2$; 取 $N = 19$ ；精确解 $y(x) = 2 + \sin x$

4. 取误差限 $TOL = 10^{-4}$，用非线性有限差分方法近似求解下列边值问题。题目中已经给出了精确解，将你的结果与之进行比较。

a. $y'' = y^3 - yy', 1 \leqslant x \leqslant 2, y(1) = \dfrac{1}{2}, y(2) = \dfrac{1}{3}$; 取 $h = 0.1$; 精确解 $y(x) = (x+1)^{-1}$

b. $y'' = 2y^3 - 6y - 2x^3, 1 \leqslant x \leqslant 2, y(1) = 2, y(2) = \dfrac{5}{2}$; 取 $h = 0.1$; 精确解 $y(x) = x + x^{-1}$

c. $y'' = y' + 2(y - \ln x)^3 - x^{-1}, \ 2 \leqslant x \leqslant 3, \ y(2) = \dfrac{1}{2} + \ln 2, \ y(3) = \dfrac{1}{3} + \ln 3$; 取 $h = 0.1$; 精确解 $y(x) = x^{-1}$ $+ \ln x$

d. $y'' = (y')^2 x^{-3} - 9y^2 x^{-5} + 4x, 1 \leqslant x \leqslant 2, y(1) = 0, y(2) = \ln 256$; 取 $h = 0.05$; 精确解 $y(x) = x^3 \ln x$

5. 用外推法重做习题 4(a) 和习题 4(b)。

应用型习题

6. 在 11.3 节习题 7 中，近似计算了末端支撑的梁在均匀荷载下的形变量。用另一种更合适的曲率表示可以得到下面的微分方程：

$$[1 + (w'(x))^2]^{-3/2} w''(x) = \dfrac{S}{EI} w(x) + \dfrac{qx}{2EI}(x - l), \quad 0 < x < l$$

近似计算每隔 6 in 处梁的形变 $w(x)$，并将得到的结果与 11.3 节习题 7 的结果进行比较。

理论型习题

7. 证明在本节开始时给出的假设能保证雅可比矩阵 J 当 $h < 2/L$ 时是非奇异的。

讨论问题

1. 对 y 使用向前差分或向后差分公式来代替中心差分公式能够产生什么效果？
2. 在有限差分方法中可以使用高阶差分公式来改进精度吗？这样做会产生什么效果？

11.5 Rayleigh-Ritz 方法

近似求解边值问题的打靶法是将一个边值问题替换成两个初值问题来求解。有限差分方法将连续的微分算子用离散的差分算子来替代。而 Rayleigh-Ritz 方法是一种基于变分公式的完全不同的第三种解决问题的方法。首先将边值问题重新组织为从满足边界条件的充分可微的函数集合里寻找最优化问题的解，最优化问题具体为一个积分的最小值。然后将可行函数集(set of feasible functions)缩减，近似求解从缩减后的可行函数集中来选取，它使得积分值达到最小。这样就给出了原边值问题的近似解。

为了详细描述 Rayleigh-Ritz 方法，我们考虑近似求解梁应力分析中的线性两点边值问题。这个边值问题由下面的微分方程来描述：

$$-\dfrac{\mathrm{d}}{\mathrm{d}x}\left(p(x)\dfrac{\mathrm{d}y}{\mathrm{d}x}\right) + q(x)y = f(x), \qquad 0 \leqslant x \leqslant 1 \tag{11.21}$$

其边界条件为

$$y(0) = y(1) = 0 \tag{11.22}$$

这个微分方程描述了长度为 1 的梁的形变 $y(x)$，它具有变化的横截面，用函数 $q(x)$ 表示。梁的形变是由于施加了应力 $p(x)$ 和 $f(x)$。更一般的边界条件在习题 9 和习题 12 中考虑。

在后面的讨论中，我们假设 $p \in C^1[0,1]$，$q, f \in C[0,1]$。进一步假设存在常数 $\delta > 0$，使得

$$p(x) \geqslant \delta, \text{以及} \ \ q(x) \geqslant 0, \text{，对每个} \ x \in [0,1]$$

这些假设能够充分保证方程(11.21)和方程(11.22)给出的边值问题具有唯一解(参见[BSW])。

变分问题

就像描述许多物理现象的边值问题一样，梁的振动方程的解也满足一个积分最小化变分属性。设计梁的振动方程的 Rayleigh-Ritz 方法的基础是变分原理，即方程的解被刻画为一个积分在集合 $C_0^2[0,1]$ 上的最小值，集合 $C_0^2[0,1]$ 表示那些 $C^2[0,1]$ 中满足性质 $u(0)=u(1)=0$ 的所有函数。下面的定理给出了具体说明。

定理 11.4　设 $p\in C^1[0,1]$，$q,f\in C[0,1]$，且满足

$$p(x)\geqslant\delta>0,\quad q(x)\geqslant0,\quad 0\leqslant x\leqslant1$$

函数 $y\in C_0^2[0,1]$ 是微分方程

$$-\frac{\mathrm{d}}{\mathrm{d}x}\left(p(x)\frac{\mathrm{d}y}{\mathrm{d}x}\right)+q(x)y=f(x),0\leqslant x\leqslant1 \tag{11.23}$$

的唯一解，当且仅当 $y\in C_0^2[0,1]$ 是下面积分的唯一最小值：

$$I[u]=\int_0^1\{p(x)[u'(x)]^2+q(x)[u(x)]^2-2f(x)u(x)\}\,\mathrm{d}x \tag{11.24} \blacksquare$$

该定理的证明可以在文献[Shu1]，pp.88–89 中找到。证明分为 3 步，第一步是证明如果一个函数 y 是方程(11.23)的一个解，当且仅当它满足方程

- $$\int_0^1 f(x)u(x)\mathrm{d}x=\int_0^1 p(x)y'(x)u'(x)+q(x)y(x)u(x)\mathrm{d}x \tag{11.25}$$

  对所有 $u\in C_0^2[0,1]$。

- 第二步是证明 $y\in C_0^2[0,1]$ 是方程(11.24)的一个解，当且仅当对所有 $u\in C_0^2[0,1]$，方程(11.25)成立。

- 最后一步是证明方程(11.25)有唯一解。这个唯一解也是方程(11.24)及方程(11.23)的解，所以方程(11.23)和方程(11.24)的解相同。

Rayleigh-Ritz 方法通过在一个比 $C_0^2[0,1]$ 更小的函数空间上最小化上述积分而得到近似解 y，这个更小的函数空间由一组确定的基函数 $\phi_1,\phi_2,\cdots,\phi_n$ 的所有线性组合构成。这些基函数是线性无关的，并且满足

$$\phi_i(0)=\phi_i(1)=0,\qquad 对每个 i=1,2,\cdots,n$$

对方程(11.23)的解 $y(x)$ 的近似 $\phi(x)=\sum_{i=1}^n c_i\phi_i(x)$ 就通过求常数 $c_1,c_2,\cdots,c_n$ 使得积分 $I\left[\sum_{i=1}^n c_i\phi_i\right]$ 达到最小而得到。

由方程(11.24)，有

$$\begin{aligned}I[\phi]&=I\left[\sum_{i=1}^n c_i\phi_i\right]\\&=\int_0^1\left\{p(x)\left[\sum_{i=1}^n c_i\phi_i'(x)\right]^2+q(x)\left[\sum_{i=1}^n c_i\phi_i(x)\right]^2-2f(x)\sum_{i=1}^n c_i\phi_i(x)\right\}\mathrm{d}x\end{aligned} \tag{11.26}$$

要得到最小值，把 I 看成 $c_1,c_2,\cdots,c_n$ 的函数，则有

$$\frac{\partial I}{\partial c_j}=0, 对每个 i=1,2,\cdots,n \tag{11.27}$$

对方程(11.26)求导得到

$$\frac{\partial I}{\partial c_j} = \int_0^1 \left\{ 2p(x) \sum_{i=1}^n c_i \phi_i'(x) \phi_j'(x) + 2q(x) \sum_{i=1}^n c_i \phi_i(x) \phi_j(x) - 2f(x)\phi_j(x) \right\} \mathrm{d}x$$

代入方程(11.27)得到

$$0 = \sum_{i=1}^n \left[\int_0^1 \{ p(x)\phi_i'(x)\phi_j'(x) + q(x)\phi_i(x)\phi_j(x) \} \, \mathrm{d}x \right] c_i - \int_0^1 f(x)\phi_j(x) \, \mathrm{d}x \qquad (11.28)$$

其中 $j = 1, 2, \cdots, n$。

由式(11.28)描述的正规方程产生一个 $n \times n$ 的线性方程组 $A\mathbf{c} = \mathbf{b}$，其未知量是 $c_1, c_2, \cdots, c_n$，而系数矩阵 A 是对称的，其元素为

$$a_{ij} = \int_0^1 [p(x)\phi_i'(x)\phi_j'(x) + q(x)\phi_i(x)\phi_j(x)] \, \mathrm{d}x$$

右端项 $\mathbf{b}$ 定义为

$$b_i = \int_0^1 f(x)\phi_i(x) \, \mathrm{d}x$$

分片线性基函数

最简单的基函数是分片线性多项式。首先通过选取点 $x_0, x_1, \cdots, x_{n+1}$ 将区间[0,1]进行划分，即

$$0 = x_0 < x_1 < \cdots < x_n < x_{n+1} = 1$$

令 $h_i = x_{i+1} - x_i$，$i = 0, 1, 2, \cdots, n$，我们定义基函数 $\phi_1(x), \phi_2(x), \cdots, \phi_n(x)$ 为

$$\phi_i(x) = \begin{cases} 0, & \text{若 } 0 \leqslant x \leqslant x_{i-1} \\[2mm] \dfrac{1}{h_{i-1}}(x - x_{i-1}), & \text{若 } x_{i-1} < x \leqslant x_i \\[2mm] \dfrac{1}{h_i}(x_{i+1} - x), & \text{若 } x_i < x \leqslant x_{i+1} \\[2mm] 0, & \text{若 } x_{i+1} < x \leqslant 1 \end{cases} \qquad (11.29)$$

其中 $i = 1, 2, \cdots, n$(见图 11.4)。

习题 13 表明基函数是线性无关的。

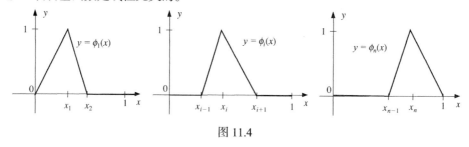

图 11.4

函数 ϕ_i 是分片线性的，因此它的导数 ϕ_i' 是不连续的，在区间 (x_j, x_{j+1})，$j = 0, 1, \cdots, n$ 上是常数，即

$$\phi_i'(x) = \begin{cases} 0, & \text{若 } 0 < x < x_{i-1} \\[2mm] \dfrac{1}{h_{i-1}}, & \text{若 } x_{i-1} < x < x_i \\[2mm] -\dfrac{1}{h_i}, & \text{若 } x_i < x < x_{i+1} \\[2mm] 0, & \text{若 } x_{i+1} < x < 1 \end{cases} \qquad (11.30)$$

其中 $i = 1,2,\cdots,n$。

因为 ϕ_i 和 ϕ_i' 只在区间 (x_{i-1}, x_{i+1}) 上非零，所以

$$\phi_i(x)\phi_j(x) \equiv 0 \quad \text{和} \quad \phi_i'(x)\phi_j'(x) \equiv 0$$

除非 j 是 $i-1,i$ 或者 $i+1$。于是，方程(11.28)给出的线性方程组就简化为一个 $n \times n$ 的三对角线性方程组。A 中的非零元素是

$$a_{ii} = \int_0^1 \left\{ p(x)[\phi_i'(x)]^2 + q(x)[\phi_i(x)]^2 \right\} \, \mathrm{d}x$$

$$= \left(\frac{1}{h_{i-1}} \right)^2 \int_{x_{i-1}}^{x_i} p(x) \, \mathrm{d}x + \left(\frac{-1}{h_i} \right)^2 \int_{x_i}^{x_{i+1}} p(x) \, \mathrm{d}x$$

$$+ \left(\frac{1}{h_{i-1}} \right)^2 \int_{x_{i-1}}^{x_i} (x - x_{i-1})^2 q(x) \, \mathrm{d}x + \left(\frac{1}{h_i} \right)^2 \int_{x_i}^{x_{i+1}} (x_{i+1} - x)^2 q(x) \, \mathrm{d}x$$

其中 $i = 1,2,\cdots,n$；

$$a_{i,i+1} = \int_0^1 \left\{ p(x)\phi_i'(x)\phi_{i+1}'(x) + q(x)\phi_i(x)\phi_{i+1}(x) \right\} \, \mathrm{d}x$$

$$= -\left(\frac{1}{h_i} \right)^2 \int_{x_i}^{x_{i+1}} p(x) \, \mathrm{d}x + \left(\frac{1}{h_i} \right)^2 \int_{x_i}^{x_{i+1}} (x_{i+1} - x)(x - x_i) q(x) \, \mathrm{d}x$$

其中 $i = 1,2,\cdots,n-1$；

$$a_{i,i-1} = \int_0^1 \left\{ p(x)\phi_i'(x)\phi_{i-1}'(x) + q(x)\phi_i(x)\phi_{i-1}(x) \right\} \, \mathrm{d}x$$

$$= -\left(\frac{1}{h_{i-1}} \right)^2 \int_{x_{i-1}}^{x_i} p(x) \, \mathrm{d}x + \left(\frac{1}{h_{i-1}} \right)^2 \int_{x_{i-1}}^{x_i} (x_i - x)(x - x_{i-1}) q(x) \, \mathrm{d}x$$

其中 $i = 2,\cdots,n$。右端项 $\mathbf{b}$ 中的元素为

$$b_i = \int_0^1 f(x)\phi_i(x) \, \mathrm{d}x = \frac{1}{h_{i-1}} \int_{x_{i-1}}^{x_i} (x - x_{i-1}) f(x) \, \mathrm{d}x + \frac{1}{h_i} \int_{x_i}^{x_{i+1}} (x_{i+1} - x) f(x) \, \mathrm{d}x$$

其中 $i = 1,2,\cdots,n$。

需要计算的有 6 种类型的积分：

$$Q_{1,i} = \left(\frac{1}{h_i} \right)^2 \int_{x_i}^{x_{i+1}} (x_{i+1} - x)(x - x_i) q(x) \, \mathrm{d}x, \quad \text{对每个 } i = 1,2,\cdots,n-1$$

$$Q_{2,i} = \left(\frac{1}{h_{i-1}} \right)^2 \int_{x_{i-1}}^{x_i} (x - x_{i-1})^2 q(x) \, \mathrm{d}x, \quad \text{对每个 } i = 1,2,\cdots,n$$

$$Q_{3,i} = \left(\frac{1}{h_i} \right)^2 \int_{x_i}^{x_{i+1}} (x_{i+1} - x)^2 q(x) \, \mathrm{d}x, \quad \text{对每个 } i = 1,2,\cdots,n$$

$$Q_{4,i} = \left(\frac{1}{h_{i-1}} \right)^2 \int_{x_{i-1}}^{x_i} p(x) \, \mathrm{d}x, \quad \text{对每个 } i = 1,2,\cdots,n+1$$

$$Q_{5,i} = \frac{1}{h_{i-1}} \int_{x_{i-1}}^{x_i} (x - x_{i-1}) f(x) \, \mathrm{d}x, \quad \text{对每个 } i = 1,2,\cdots,n$$

以及

$$Q_{6,i} = \frac{1}{h_i} \int_{x_i}^{x_{i+1}} (x_{i+1} - x) f(x) \, \mathrm{d}x, \quad \text{对每个 } i = 1,2,\cdots,n$$

线性方程组 $A\mathbf{c} = \mathbf{b}$ 中的矩阵 A 以及向量 $\mathbf{b}$ 的元素为

$$a_{i,i} = Q_{4,i} + Q_{4,i+1} + Q_{2,i} + Q_{3,i}, \quad \text{对每个 } i = 1,2,\cdots,n$$

$$a_{i,i+1} = -Q_{4,i+1} + Q_{1,i}, \quad \text{对每个 } i = 1,2,\cdots,n-1$$

$$a_{i,i-1} = -Q_{4,i} + Q_{1,i-1}, \quad \text{对每个 } i = 2,\cdots,n+1$$

和

$$b_i = Q_{5,i} + Q_{6,i}, \text{ 对每个 } i = 1,2,\cdots,n$$

向量 $\mathbf{c}$ 中的元素是未知的系数 $c_1,c_2,\cdots,c_n$, 利用这些系数, Rayleigh-Ritz 方法能够重构近似解 ϕ 为 $\phi(x) = \displaystyle\sum_{i=1}^{n} c_i \phi_i(x)$。

为了使用这个方法, 需要求 $6n$ 个积分的值, 它们可以直接计算, 也可以用求积公式(如复合 Simpson 公式等)来计算。

求这些积分的另一种方法是先把被积函数 p,q 和 f 用分片线性插值多项式来逼近, 然后将这些逼近结果进行积分。例如, 考虑积分 $Q_{1,i}$, 它的被积函数 q 的分片线性插值是

$$P_q(x) = \sum_{i=0}^{n+1} q(x_i)\phi_i(x)$$

其中 $\phi_1,\cdots,\phi_n$ 由式 (11.30) 来定义, 而

$$\phi_0(x) = \begin{cases} \dfrac{x_1 - x}{x_1}, & \text{若 } 0 \leqslant x \leqslant x_1 \\ 0, & \text{否则} \end{cases} \qquad \text{和} \qquad \phi_{n+1}(x) = \begin{cases} \dfrac{x - x_n}{1 - x_n}, & \text{若 } x_n \leqslant x \leqslant 1 \\ 0, & \text{否则} \end{cases}$$

积分区间是 $[x_i, x_{i+1}]$, 因此分片多项式 $P_q(x)$ 简化为

$$P_q(x) = q(x_i)\phi_i(x) + q(x_{i+1})\phi_{i+1}(x)$$

这是一个一次的插值多项式, 在 3.1 节中讨论过。利用定理 3.3, 假设 $q \in C^2[x_i, x_{i+1}]$, 则可以得到

$$|q(x) - P_q(x)| = O(h_i^2), \quad x_i \leqslant x \leqslant x_{i+1}$$

对 $i = 1,2,\cdots,n-1$, 积分 $Q_{1,i}$ 的近似值通过积分被积函数的近似值得到:

$$Q_{1,i} = \left(\frac{1}{h_i}\right)^2 \int_{x_i}^{x_{i+1}} (x_{i+1} - x)(x - x_i) q(x) \, \mathrm{d}x$$

$$\approx \left(\frac{1}{h_i}\right)^2 \int_{x_i}^{x_{i+1}} (x_{i+1} - x)(x - x_i) \left[\frac{q(x_i)(x_{i+1} - x)}{h_i} + \frac{q(x_{i+1})(x - x_i)}{h_i}\right] \mathrm{d}x$$

$$= \frac{h_i}{12}[q(x_i) + q(x_{i+1})]$$

进而, 如果 $q \in C^2[x_i, x_{i+1}]$, 则

$$\left| Q_{1,i} - \frac{h_i}{12}[q(x_i) + q(x_{i+1})] \right| = O(h_i^3)$$

类似地可以推导出其他积分的近似表达式, 它们是

$$Q_{2,i} \approx \frac{h_{i-1}}{12}[3q(x_i) + q(x_{i-1})], \qquad Q_{3,i} \approx \frac{h_i}{12}[3q(x_i) + q(x_{i+1})],$$

$$Q_{4,i} \approx \frac{1}{2h_{i-1}}[p(x_i) + p(x_{i-1})], \qquad Q_{5,i} \approx \frac{h_{i-1}}{6}[2f(x_i) + f(x_{i-1})],$$

和

$$Q_{6,i} \approx \frac{h_i}{6}[2f(x_i) + f(x_{i+1})]$$

算法 11.5 建立了三对角线性方程组并结合 Crout 分解算法 6.7 来求解方程组。积分 $Q_{1,i}, \cdots, Q_{6,i}$ 可以用前面提到的任何一种方法来计算。

算法 11.5   分片线性 Rayleigh-Ritz 方法

近似求解边值问题:

$$-\frac{\mathrm{d}}{\mathrm{d}x}\left(p(x)\frac{\mathrm{d}y}{\mathrm{d}x}\right) + q(x)y = f(x), \quad 0 \leqslant x \leqslant 1, \text{且} y(0)=0 \text{和} y(1)=0$$

使用分片线性函数:

$$\phi(x) = \sum_{i=1}^{n} c_i \phi_i(x)$$

输入   整数 $n \geqslant 1$; 点 $x_0 = 0 < x_1 < \cdots < x_n < x_{n+1} = 1$。

输出   系数 $c_1, c_2, \cdots, c_n$。

Step 1   For $i = 0, \cdots, n$, set $h_i = x_{i+1} - x_i$.

Step 2   For $i = 1, \cdots, n$, 利用下式来定义分片线性基函数

$$\phi_i(x) = \begin{cases} 0, & 0 \leqslant x \leqslant x_{i-1}, \\ \dfrac{x - x_{i-1}}{h_{i-1}}, & x_{i-1} < x \leqslant x_i, \\ \dfrac{x_{i+1} - x}{h_i}, & x_i < x \leqslant x_{i+1}, \\ 0, & x_{i+1} < x \leqslant 1 \end{cases}$$

Step 3   对每个 $i = 1, 2, \cdots, n-1$ 计算 $Q_{1,i}, Q_{2,i}, Q_{3,i}, Q_{4,i}, Q_{5,i}, Q_{6,i}$; 计算 $Q_{2,n}, Q_{3,n}, Q_{4,n}, Q_{4,n+1}, Q_{5,n}, Q_{6,n}$。

Step 4   For each $i = 1, 2, \cdots, n-1$, set $\alpha_i = Q_{4,i} + Q_{4,i+1} + Q_{2,i} + Q_{3,i}$;
$\beta_i = Q_{1,i} - Q_{4,i+1}$;
$b_i = Q_{5,i} + Q_{6,i}$.

Step 5   Set $\alpha_n = Q_{4,n} + Q_{4,n+1} + Q_{2,n} + Q_{3,n}$;
$b_n = Q_{5,n} + Q_{6,n}$.

Step 6   Set $a_1 = \alpha_1$;   (Steps 6-10 使用算法 6.7 来求解对称的三对角线性方程组)
$\zeta_1 = \beta_1/\alpha_1$;
$z_1 = b_1/a_1$.

Step 7   For $i = 2, \cdots, n-1$ set $a_i = \alpha_i - \beta_{i-1}\zeta_{i-1}$;
$\zeta_i = \beta_i/a_i$;
$z_i = (b_i - \beta_{i-1}z_{i-1})/a_i$.

Step 8   Set $a_n = \alpha_n - \beta_{n-1}\zeta_{n-1}$;
$z_n = (b_n - \beta_{n-1}z_{n-1})/a_n$.

Step 9   Set $c_n = z_n$;
OUTPUT (c_n).

Step 10   For $i = n-1, \cdots, 1$ set $c_i = z_i - \zeta_i c_{i+1}$;
OUTPUT (c_i).

Step 11   STOP. (算法完成)   ■

下面是采用算法 11.5 的一个示例。因为这个例子的特殊性质,Step 3~Stet 5 中的积分都是直接计算的。

示例　考虑边值问题

$$-y'' + \pi^2 y = 2\pi^2 \sin(\pi x), \quad 0 \leqslant x \leqslant 1, \text{且} y(0) = y(1) = 0$$

令 $h_i = h = 0.1$，于是 $x_i = 0.1i$，对每个 $i = 0,1,\cdots,9$。需要计算的积分是

$$Q_{1,i} = 100 \int_{0.1i}^{0.1i+0.1} (0.1i + 0.1 - x)(x - 0.1i)\pi^2 \, \mathrm{d}x = \frac{\pi^2}{60},$$

$$Q_{2,i} = 100 \int_{0.1i-0.1}^{0.1i} (x - 0.1i + 0.1)^2 \pi^2 \, \mathrm{d}x = \frac{\pi^2}{30},$$

$$Q_{3,i} = 100 \int_{0.1i}^{0.1i+0.1} (0.1i + 0.1 - x)^2 \pi^2 \, \mathrm{d}x = \frac{\pi^2}{30},$$

$$Q_{4,i} = 100 \int_{0.1i-0.1}^{0.1i} \mathrm{d}x = 10,$$

$$Q_{5,i} = 10 \int_{0.1i-0.1}^{0.1i} (x - 0.1i + 0.1)2\pi^2 \sin \pi x \, \mathrm{d}x$$

$$= -2\pi \cos 0.1\pi i + 20[\sin(0.1\pi i) - \sin((0.1i - 0.1)\pi)]$$

以及

$$Q_{6,i} = 10 \int_{0.1i}^{0.1i+0.1} (0.1i + 0.1 - x)2\pi^2 \sin \pi x \, \mathrm{d}x$$

$$= 2\pi \cos 0.1\pi i - 20[\sin((0.1i + 0.1)\pi) - \sin(0.1\pi i)]$$

线性方程组 $A\mathbf{c} = \mathbf{b}$ 中，

$$a_{i,i} = 20 + \frac{\pi^2}{15}, \qquad \text{对每个 } i = 1, 2, \cdots, 9,$$

$$a_{i,i+1} = -10 + \frac{\pi^2}{60}, \qquad \text{对每个 } i = 1, 2, \cdots, 8,$$

$$a_{i,i-1} = -10 + \frac{\pi^2}{60}, \qquad \text{对每个 } i = 2, 3, \cdots, 9,$$

和

$$b_i = 40 \sin(0.1\pi i)[1 - \cos 0.1\pi], \qquad \text{对每个 } i = 1, 2, \cdots, 9$$

三对角线性方程组的解是

$$c_9 = 0.3102866742, \quad c_8 = 0.5902003271, \quad c_7 = 0.8123410598,$$

$$c_6 = 0.9549641893, \quad c_5 = 1.004108771, \quad c_4 = 0.9549641893,$$

$$c_3 = 0.8123410598, \quad c_2 = 0.5902003271, \quad c_1 = 0.3102866742$$

于是，分片线性近似解为

$$\phi(x) = \sum_{i=1}^{9} c_i \phi_i(x)$$

而该边值问题的实际解为 $y(x) = \sin \pi x$。表 11.7 列出了在每一个点 x_i，对每个 $i = 1,2,\cdots,9$ 处的误差。

■

可以证明由分片线性基函数给出的三对角矩阵 A 是正定的(见习题 15)，所以由定理 6.26 可知，线性方程组关于舍入误差是稳定的。在本节开始时给出的假设下，我们有

$$|\phi(x) - y(x)| = O(h^2), \quad \text{对每个} [0, 1] \text{中的} x$$

该结果的证明可参考文献 [Schul]，pp.103–104。

表 11.7

i	x_i	$\phi(x_i)$	$y(x_i)$	$|\phi(x_i) - y(x_i)|$
1	0.1	0.3102866742	0.3090169943	0.00127
2	0.2	0.5902003271	0.5877852522	0.00241
3	0.3	0.8123410598	0.8090169943	0.00332
4	0.4	0.9549641896	0.9510565162	0.00390
5	0.5	1.0041087710	1.0000000000	0.00411
6	0.6	0.9549641893	0.9510565162	0.00390
7	0.7	0.8123410598	0.8090169943	0.00332
8	0.8	0.5902003271	0.5877852522	0.00241
9	0.9	0.3102866742	0.3090169943	0.00127

B 样条基函数

使用分片线性基函数来近似求解方程(11.22)和方程(11.23)得到的解在[0,1]上连续但是不可微。更复杂的基函数要求使用属于 $C_0^2[0,1]$ 的近似解，这些基函数类似于 3.5 节讨论过的三次插值样条。

回顾一下，对一个函数 f，它在 5 个点 x_0, x_1, x_2, x_3 和 x_4 上的三次插值样条 S 的定义为

(a) $S(x)$ 在 $[x_j, x_{j+1}]$（对每个 j = 0, 1, 2, 3, 4）上是一个三次多项式，记为 $S_j(x)$；

(b) $S_j(x_j) = f(x_j)$ 且 $S_j(x_{j+1}) = f(x_{j+1})$，对每个 j = 0,1,2；

(c) $S_{j+1}(x_{j+1}) = S_j(x_{j+1})$，对每个 $j = 0,1,2$（由(b)可以推出）；

(d) $S'_{j+1}(x_{j+1}) = S'_j(x_{j+1})$，对每个 $j = 0,1,2$；

(e) $S''_{j+1}(x_{j+1}) = S''_j(x_{j+1})$，对每个 $j = 0,1,2$；

(f) 满足下面两组边界条件之一：

　　(i) $S''(x_0) = S''(x_n) = 0$（自然（或自由）边界）；

　　(ii) $S'(x_0) = f'(x_0)$ 和 $S'(x_n) = f'(x_n)$（紧固边界）。

因为解的唯一性要求(a)中常数的数目 16 等于从(b)到(f)中的条件的数目，(f)中只能有一组确定插值三次样条的边界条件。

我们这里将用作基函数的三次样条函数称为 B 样条，或者钟形样条，这些函数与插值样条不同的是(f)中的两组边界条件都满足。这要求从(b)到(e)中的某两个条件必须被放弃。因为样条在区间 $[x_0, x_4]$ 上必须有二次连续的导数，我们在插值样条的描述中删去了两个插值条件，具体是将条件(b)修改为

b. $S(x_j) = f(x_j)$，$j = 0, 2, 4$

例如，图 11.5 中定义的 B 样条 S 使用了等距节点 $x_0 = -2$, $x_1 = -1$, $x_2 = 0$, $x_3 = 1$ 和 $x_4 = 2$。它满足插值条件

b. $S(x_0) = 0$，$S(x_2) = 1$，$S(x_4) = 0$

以及下面的两组条件：

　　(i) $S''(x_0) = S''(x_4) = 0$　和　(ii) $S'(x_0) = S'(x_4) = 0$

结果得到 $S \in C_0^2(-\infty, \infty)$，它可以具体表示为

$$S(x) = \begin{cases} 0, & \text{若 } x \leqslant -2 \\ \frac{1}{4}(2+x)^3, & \text{若 } -2 \leqslant x \leqslant -1 \\ \frac{1}{4}\left[(2+x)^3 - 4(1+x)^3\right], & \text{若 } -1 < x \leqslant 0 \\ \frac{1}{4}\left[(2-x)^3 - 4(1-x)^3\right], & \text{若 } 0 < x \leqslant 1 \\ \frac{1}{4}(2-x)^3, & \text{若 } 1 < x \leqslant 2 \\ 0, & \text{若 } 2 < x \end{cases} \tag{11.31}$$

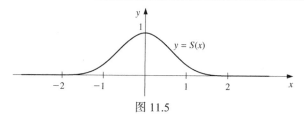

图 11.5

我们现在将用这些基本的 B 样条来构造 $C_0^2[0,1]$ 中的基函数 ϕ_i。首先选取一个正整数 n，定义 $h = 1/(n+1)$，对区间[0,1]进行划分，从而得到等距分布的节点 $x_i = ih$, $i = 0,1,\cdots, n+1$。接下来我们定义基函数 $\{\phi_i\}_{i=0}^{n+1}$ 为

$$\phi_i(x) = \begin{cases} S\left(\dfrac{x}{h}\right) - 4S\left(\dfrac{x+h}{h}\right), & \text{若 } i = 0 \\[2mm] S\left(\dfrac{x-h}{h}\right) - S\left(\dfrac{x+h}{h}\right), & \text{若 } i = 1 \\[2mm] S\left(\dfrac{x-ih}{h}\right), & \text{若 } 2 \leqslant i \leqslant n-1 \\[2mm] S\left(\dfrac{x-nh}{h}\right) - S\left(\dfrac{x-(n+2)h}{h}\right), & \text{若 } i = n \\[2mm] S\left(\dfrac{x-(n+1)h}{h}\right) - 4S\left(\dfrac{x-(n+2)h}{h}\right), & \text{若 } i = n+1 \end{cases}$$

容易证明 $\{\phi_i\}_{i=0}^{n+1}$ 是线性无关三次样条函数集并满足 $\phi_i(0) = \phi_i(1) = 0$，对每个 $i = 0,1,\cdots,n,n+1$（见习题 14）。函数 ϕ_i，$2 \leqslant i \leqslant n-1$ 的曲线见图 11.6，而函数 ϕ_0、ϕ_1、ϕ_n 和 ϕ_{n+1} 的曲线见图 11.7。

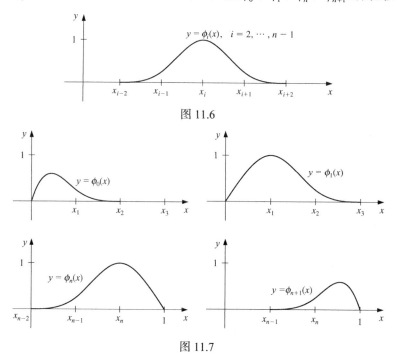

图 11.6

图 11.7

因为函数 $\phi_i(x)$ 和 $\phi_i'(x)$ 只在区间 $x \in [x_{i-2}, x_{i+2}]$ 上非零，所以 Rayleigh-Ritz 方法中的矩阵是带状矩阵，其带宽最多是 7。

$$A = \begin{bmatrix} a_{00} & a_{01} & a_{02} & a_{03} & 0 & \cdots\cdots\cdots\cdots\cdots\cdots & 0 \\ a_{10} & a_{11} & a_{12} & a_{13} & a_{14} & & \\ a_{20} & a_{21} & a_{22} & a_{23} & a_{24} & a_{25} & \\ a_{30} & a_{31} & a_{32} & a_{33} & a_{34} & a_{35} & a_{36} & & 0 \\ 0 & & & & & & & & a_{n-2,n+1} \\ \vdots & & & & & & & & a_{n-1,n+1} \\ & & & & & & & & a_{n,n+1} \\ 0 & \cdots & & \cdots 0 & a_{n+1,n-2} & a_{n+1,n-1} & a_{n+1,n} & a_{n+1,n+1} \end{bmatrix}$$

其中，

$$a_{ij} = \int_0^1 \{ p(x)\phi_i'(x)\phi_j'(x) + q(x)\phi_i(x)\phi_j(x) \}\, \mathrm{d}x$$

对每个 $i,j = 0,1,\cdots,n+1$。向量 $\mathbf{b}$ 的元素为

$$b_i = \int_0^1 f(x)\phi_i(x)\mathrm{d}x$$

矩阵 A 是正定的（见习题 16），因此线性方程组 $A\mathbf{c} = \mathbf{b}$ 可以用 Cholesky 算法 6.6 或者 Gauss 消去法来求解。算法 11.6 描述了使用 Rayleigh-Ritz 方法求解边值问题[方程（11.21）和方程（11.22）]的三次样条逼近的构造。

算法 11.6　三次样条 Rayleigh-Ritz 方法

近似求解边值问题：

$$-\frac{\mathrm{d}}{\mathrm{d}x}\left(p(x)\frac{\mathrm{d}y}{\mathrm{d}x} \right) + q(x)y = f(x), \qquad 0 \leqslant x \leqslant 1, \text{取 } y(0) = 0 \text{ 和 } y(1) = 0$$

使用三次样条函数的和：

$$\phi(x) = \sum_{i=0}^{n+1} c_i \phi_i(x)$$

输入　整数 $n \geqslant 1$。

输出　系数 $c_0, c_1, \cdots, c_{n+1}$。

Step 1　Set $h = 1/(n+1)$.

Step 2　For $i = 0, \cdots, n+1$ set $x_i = ih$.
　　　　Set $x_{-2} = x_{-1} = 0$; $x_{n+2} = x_{n+3} = 1$.

Step 3　由下式定义函数 S

$$S(x) = \begin{cases} 0, & x \leqslant -2 \\ \frac{1}{4}(2+x)^3, & -2 < x \leqslant -1 \\ \frac{1}{4}\left[(2+x)^3 - 4(1+x)^3 \right], & -1 < x \leqslant 0 \\ \frac{1}{4}\left[(2-x)^3 - 4(1-x)^3 \right], & 0 < x \leqslant 1 \\ \frac{1}{4}(2-x)^3, & 1 < x \leqslant 2 \\ 0, & 2 < x \end{cases}$$

Step 4　由下式定义三次样条基函数 $\{\phi_i\}_{i=0}^{n+1}$

$$\phi_0(x) = S\left(\frac{x}{h}\right) - 4S\left(\frac{x+h}{h}\right),$$

$$\phi_1(x) = S\left(\frac{x - x_1}{h}\right) - S\left(\frac{x + h}{h}\right),$$

$$\phi_i(x) = S\left(\frac{x - x_i}{h}\right), i = 2, \cdots, n - 1,$$

$$\phi_n(x) = S\left(\frac{x - x_n}{h}\right) - S\left(\frac{x - (n + 2)h}{h}\right),$$

$$\phi_{n+1}(x) = S\left(\frac{x - x_{n+1}}{h}\right) - 4S\left(\frac{x - (n + 2)h}{h}\right)$$

Step 5   For $i = 0, \cdots, n + 1$ do Step 6—9.
(注: Step 6和Step 9中的积分可用数值求积方法求值)

Step 6   For $j = i, i + 1, \cdots, \min\{i + 3, n + 1\}$
set $L = \max\{x_{j-2}, 0\}$;
$U = \min\{x_{i+2}, 1\}$;

$$a_{ij} = \int_L^U \left[p(x)\phi_i'(x)\phi_j'(x) + q(x)\phi_i(x)\phi_j(x)\right] \, \mathrm{d}x;$$

if $i \neq j$, then set $a_{ji} = a_{ij}$.   (因为A是对称的)

Step 7   If $i \geqslant 4$ then for $j = 0, \cdots, i - 4$ set $a_{ij} = 0$.

Step 8   If $i \leqslant n - 3$ then for $j = i + 4, \cdots, n + 1$ set $a_{ij} = 0$.

Step 9   Set $L = \max\{x_{i-2}, 0\}$;
$U = \min\{x_{i+2}, 1\}$;

$$b_i = \int_L^U f(x)\phi_i(x) \, \mathrm{d}x.$$

Step 10   解线性方程组$A\mathbf{c} = \mathbf{b}$, 其中$A = (a_{ij})$, $\mathbf{b} = (b_0, \cdots, b_{n+1})^t$ 和
$\mathbf{c} = (c_0, \cdots, c_{n+1})^t$.

Step 11   For $i = 0, \cdots, n + 1$
OUTPUT (c_i).

Step 12   STOP. (算法完成)   ■

示例   考虑边值问题:

$$-y'' + \pi^2 y = 2\pi^2 \sin(\pi x), \quad 0 \leqslant x \leqslant 1, \text{取} y(0) = y(1) = 0$$

在该示例中, 我们按照算法 11.5, 取 $h = 0.1$, 用分片线性基函数得到了问题的近似解。表 11.8 列出了采用 B 样条基函数的算法 11.6 得到的结果, 它们使用了相同的节点。

表 11.8

i	c_i	x_i	$\phi(x_i)$	$y(x_i)$	$|y(x_i) - \phi(x_i)|$
0	$0.50964361 \times 10^{-5}$	0	0.00000000	0.00000000	0.00000000
1	0.20942608	0.1	0.30901644	0.30901699	0.00000055
2	0.39835678	0.2	0.58778549	0.58778525	0.00000024
3	0.54828946	0.3	0.80901687	0.80901699	0.00000012
4	0.64455358	0.4	0.95105667	0.95105652	0.00000015
5	0.67772340	0.5	1.00000002	1.00000000	0.00000020
6	0.64455370	0.6	0.95105713	0.95105652	0.00000061
7	0.54828951	0.7	0.80901773	0.80901699	0.00000074
8	0.39835730	0.8	0.58778690	0.58778525	0.00000165
9	0.20942593	0.9	0.30901810	0.30901699	0.00000111
10	$0.74931285 \times 10^{-5}$	1.0	0.00000000	0.00000000	0.00000000

■

我们建议将 Step 6 和 Step 9 中的积分分两步来计算。第一步是用 3.5 节中介绍的方法构造函数

p, q 和 f 的三次样条插值多项式，接下来用三次样条函数的乘积或者和它的导数的乘积来近似计算积分。因为这样做时被积函数是分片多项式，所以在每个子区间上可以精确计算，之后再求和。这样做会得到非常精确的近似积分。

在本节开始时的假设能够充分保证

$$\left\{\int_0^1 |y(x) - \phi(x)|^2 \, dx \right\}^{1/2} = O(h^4), \qquad 若 0 \leqslant x \leqslant 1$$

上述结论的证明请参见[Schul],pp.107–108。

B 样条也可以定义在非等距节点上，然而详细的公式较为复杂。该方法可以参见[Schul],p.73。另外一个较为常用的基函数是分片三次 Hermite 多项式，关于该方法的详细描述也请参考[Schul],pp.24ff。

其他被大量关注的方法是 Galerkin 或者弱形式方法。对于我们一直考虑的边值问题：

$$-\frac{d}{dx}\left(p(x)\frac{dy}{dx}\right) + q(x)y = f(x), \quad 其中 0 \leqslant x \leqslant 1，取 y(0) = 0 和 y(1) = 0$$

在本节开始给出的假设下，Galerkin 方法和 Rayleigh-Ritz 方法都由方程(11.27)来确定。但是，这并不适用于任意的边值问题。讨论这两个方法的相似性及其差别，以及 Galerkin 方法的广泛应用，可参考[Schul]和[SF]。

另外一种很流行的求解边值问题的方法叫**配置法**。

这个方法先选择一组基函数 $\{\phi_1, \cdots, \phi_N\}$ 和 $[0,1]$ 内的一组数 $\{x_1, \cdots, x_n\}$，并要求近似解

$$\sum_{i=1}^N c_i \phi_i(x)$$

在每一个数 $x_j, 1 \leqslant j \leqslant n$ 上满足微分方程。另外，如果还要求 $\phi_i(0) = \phi_i(1)$，$1 \leqslant i \leqslant N$，则边界条件被自动满足。很多文献都关注数 $\{x_j\}$ 以及基函数 $\{\phi_i\}$ 的选取。较为流行的选取是让 ϕ_i 为与区间$[0,1]$的划分相对应的样条函数，而 $\{x_j\}$ 是 Gauss 类型的节点或者某一类正交多项式的零点，其被变换到合适的子区间上。

关于各种配置方法以及有限差分方法的对比请参见[Ru]。通常的结论是将采用高次样条函数的配置法和采用外推的有限差分方法进行比较。关于配置法的其他文献参见[DebS]和[LR]。

习题 11.5

1. 利用分片线性算法近似求解下面的边值问题：

$$y'' + \frac{\pi^2}{4}y = \frac{\pi^2}{16}\cos\frac{\pi}{4}x, \quad 0 \leqslant x \leqslant 1, \quad y(0) = y(1) = 0$$

取 $x_0 = 0$，$x_1 = 0.3$，$x_2 = 0.7$，$x_3 = 1$。将计算结果与精确解 $y(x) = -\frac{1}{3}\cos\frac{\pi}{2}x - \frac{\sqrt{2}}{6}\sin\frac{\pi}{2}x + \frac{1}{3}\cos\frac{\pi}{4}x$ 进行对比。

2. 利用分片线性算法近似求解下面的边值问题：

$$-\frac{d}{dx}(xy') + 4y = 4x^2 - 8x + 1, \quad 0 \leqslant x \leqslant 1, \quad y(0) = y(1) = 0$$

取 $x_0 = 0$，$x_1 = 0.4$，$x_2 = 0.8$，$x_3 = 1$。将计算结果与精确解 $y(x) = x^2 - x$ 进行对比。

3. 利用分片线性算法近似求解下列边值问题并将计算结果与精确解进行对比。

a. $-x^2y'' - 2xy' + 2y = -4x^2, 0 \leqslant x \leqslant 1, y(0) = y(1) = 0$; 取 $h = 0.1$; 精确解 $y(x) = x^2 - x$

b. $-\frac{d}{dx}(e^x y') + e^x y = x + (2-x)e^x, 0 \leqslant x \leqslant 1, y(0) = y(1) = 0$; 取 $h = 0.1$; 精确解 $y(x) = (x-1)(e^{-x} - 1)$

c．$-\dfrac{\mathrm{d}}{\mathrm{d}x}(\mathrm{e}^{-x}y')+\mathrm{e}^{-x}y=(x-1)-(x+1)\mathrm{e}^{-(x-1)},0\leqslant x\leqslant 1,y(0)=y(1)=0;$ 取 $h=0.05$ ； 精确解 $y(x)=$ $x(\mathrm{e}^x-\mathrm{e})$

d．$-(x+1)y''-y'+(x+2)y=[2-(x+1)^2]\mathrm{e}\ln 2-2\mathrm{e}^x,0\leqslant x\leqslant 1,y(0)=y(1)=0;$ 取 $h=0.05$ ； 精确解 $y(x)=\mathrm{e}^x\ln(x+1)-(\mathrm{e}\ln 2)x$

4. 取 $n=3$，用三次样条算法近似求解边值问题：

$$y''+\frac{\pi^2}{4}y=\frac{\pi^2}{16}\cos\frac{\pi}{4}x,\quad 0\leqslant x\leqslant 1,\ y(0)=0,\ y(1)=0$$

将计算结果与习题 1 中给出的精确解进行对比。

5. 取 $n=3$，用三次样条算法近似求解边值问题：

$$-\frac{\mathrm{d}}{\mathrm{d}x}(xy')+4y=4x^2-8x+1,\quad 0\leqslant x\leqslant 1,\ y(0)=0,\ y(1)=0$$

将计算结果与习题 2 中给出的精确解进行对比。

6. 用三次样条算法重做习题 3。

应用型习题

7. 本章引言中的例子考虑了以下边值问题：

$$\frac{\mathrm{d}^2 w}{\mathrm{d}x^2}=\frac{S}{EI}w+\frac{qx}{2EI}(x-l),\ 0<x<l,\ w(0)=w(l)=0$$

11.3 节中的习题 7 是用有限差分方法来求解上述问题的一个特殊例子。通过变量 $x=lz$ 可以将方程化为边值问题：

$$-\frac{\mathrm{d}^2 w}{\mathrm{d}z^2}+\frac{Sl^2}{EI}w=-\frac{ql^4}{2EI}z(z-1),\ 0<z<1,\ z(0)=z(1)=0$$

用分片线性算法重做 11.3 节习题 7。

8. 在 11.3 节习题 8 中，在轴向拉伸力和均匀载荷作用下长矩形板的形变由二阶边值问题来刻画。设 S 表示轴向拉伸力，q 表示均匀载荷的强度，沿基本长度的形变 W 满足如下方程：

$$W''(x)-\frac{S}{D}W(x)=-\frac{ql}{2D}x+\frac{q}{2D}x^2,\ 0<x<l,\ W(0)=W(l)=0$$

进行变量替换 $x=lz$ 将方程转化为下面边值问题：

$$-\frac{\mathrm{d}^2 W}{\mathrm{d}z^2}+\frac{Sl^2}{DI}W=\frac{ql^4}{2D}z-\frac{ql^4}{2D}z^2,\ 0<z<1,\ W(0)=W(1)=0$$

用三次样条 Rayleigh-Ritz 算法（Algorithm）重做 11.3 节习题 8。

理论型习题

9. 证明边值问题

$$-\frac{\mathrm{d}}{\mathrm{d}x}(p(x)y')+q(x)y=f(x),\quad 0\leqslant x\leqslant 1,\quad y(0)=\alpha,\quad y(1)=\beta$$

可以通过变量替换

$$z=y-\beta x-(1-x)\alpha$$

变换成

$$-\frac{\mathrm{d}}{\mathrm{d}x}(p(x)z')+q(x)z=F(x),\quad 0\leqslant x\leqslant 1,\quad z(0)=0,\quad z(1)=0$$

10. 利用习题 10 和分片线性算法，取 $n=9$ 来近似求解边值问题：

$$-y''+y=x,\quad 0\leqslant x\leqslant 1,\quad y(0)=1,\quad y(1)=1+\mathrm{e}^{-1}$$

11. 用三次样条算法重做习题 9。

12. 证明边值问题

$$-\frac{\mathrm{d}}{\mathrm{d}x}(p(x)y') + q(x)y = f(x), \quad a \leqslant x \leqslant b, \quad y(a) = \alpha, \quad y(b) = \beta$$

可以变换为

$$-\frac{\mathrm{d}}{\mathrm{d}w}(p(w)z') + q(w)z = F(w), \quad 0 \leqslant w \leqslant 1, \quad z(0) = 0, \quad z(1) = 0$$

利用类似于习题 9 的方法。

13. 证明分片线性基函数 $\{\phi_i\}_{i=1}^{n}$ 是线性无关的。

14. 证明三次样条基函数 $\{\phi_i\}_{i=0}^{n+1}$ 是线性无关的。

15. 证明由分片线性基函数给出的矩阵是正定的。

16. 证明由三次样条基函数给出的矩阵是正定的。

讨论问题

1. 解释配置法。配置法与 Rayleigh-Ritz 方法 (method) 有何不同?

2. 配置法与 Galerkin 方法有什么不同?

11.6　数值软件

IMSL 函数库有许多求解边值问题的子程序,既有打靶法也有有限差分方法。打靶法使用了求解相关初值问题的 Runge-Kutta-Verner 技巧。

在 NAG 函数库中也有许多求解边值问题的子程序,其中一些是基于 Runge-Kutta-Merson 初值方法的打靶法,其结合了非线性方程组的 Newton 法,还有一些是求解非线性问题的基于 Newton 法的有限差分方法,以及基于配置法的线性有限差分方法。

在 Netlib 库文件中包含了 ODE 程序包,它们可以求解线性的和非线性的两点边值问题,另外还有基于多重打靶法的子程序。

讨论问题

1. ACADO Toolkit 是基于 Runge-Kutta 方法的直接单个打靶法的求解程序。讨论这个工具箱的一些特点。

2. 详细讨论 Ejs 打靶法模型。

关键概念

线性打靶法	线性边值问题	Newton 迭代
非线性打靶法	有限差分方法	离散近似
有限差分	Richard 外推	Rayleigh-Ritz 方法
变分问题	分片线性基函数	分片线性
三次样条 Rayleigh-Ritz		

本章回顾

在本章中,我们讨论了近似求解边值问题的方法。对于线性边值问题:

$$y'' = p(x)y' + q(x)y + r(x), \quad a \leqslant x \leqslant b, \quad y(a) = \alpha, \quad y(b) = \beta$$

我们考虑了求近似解的线性打靶法和有限差分方法。打靶法使用初值方法来求解问题：

$$y'' = p(x)y' + q(x)y + r(x), \quad a \leqslant x \leqslant b, \quad 取 \, y(a) = \alpha \, 和 \, y'(a) = 0$$

和

$$y'' = p(x)y' + q(x)y, \quad a \leqslant x \leqslant b, \quad 取 \, y(a) = 0 \, 和 \, y'(a) = 1$$

这些解的一种加权平均就是线性边值问题的解，虽然在某些情况下有舍入误差的问题。

在有限差分方法中，我们将 y'' 和 y' 用它们的差分近似来代替并求解一个线性方程组。虽然近似结果可能没有打靶法那样精确，但是它们对舍入误差不敏感。高阶差分方法或者外推法都可以用来改进精度。

对于非线性边值问题：

$$y'' = f(x, y, y'), \quad a \leqslant x \leqslant b, \quad 取 \, y(a) = \alpha \, 和 \, y(b) = \beta$$

我们也考虑了这两种方法。非线性打靶法需要求解初值问题：

$$y'' = f(x, y, y'), \quad a \leqslant x \leqslant b, \quad 取 \, y(a) = \alpha \, 和 \, y'(a) = t$$

其中需要选取一个初值 t。我们通过使用 Newton 法来改进初始 t 的选取并得到近似解 $y(b, t) = \beta$。这种方法要求在每步迭代中求解两个初值问题，该方法的精度取决于使用何种方法来解这些初值问题。

非线性方程的有限差分方法使用差商代替 y'' 和 y'，得到的结果是非线性方程组，这个方程组可以使用 Newton 迭代法来求解，高阶差分或者外推法都可以用来改进精度。和打靶法相比，有限差分方法对舍入误差不敏感。

Rayleigh-Ritz-Galerkin 方法是通过近似求解下面的边值问题来介绍的：

$$-\frac{d}{dx}\left(p(x)\frac{dy}{dx}\right) + q(x)y = f(x), \quad 0 \leqslant x \leqslant 1, \quad y(0) = y(1) = 0$$

可以获得分片线性逼近或三次样条逼近。

大多数求解二阶边值问题的方法都可以推广到以下形式的边界条件：

$$\alpha_1 y(a) + \beta_1 y'(a) = \alpha \quad 和 \quad \alpha_2 y(b) + \beta_2 y'(b) = \beta$$

其中 $|\alpha_1| + |\beta_1| \neq 0$ 和 $|\alpha_2| + |\beta_2| \neq 0$，但某些方法会变得非常复杂。对这类问题有兴趣的读者建议参考专门讨论二阶边值问题的专著，例如[Keller,H]。

涉及两点边值问题数值解的更深入的问题可以参见 Keller 的著作[Keller,H]，以及 Bailey、Shampine 和 Waltman 的著作[BSW]。Roberts 和 Shipman[RS]致力于两点边值问题的打靶法，Pryce [Pr]主要关注 Sturm-Liouville 问题。Ascher、Mattheij 和 Russell[AMR]的著作全面讨论了多重打靶法和并行打靶法。

第 12 章　偏微分方程数值解

引言

　　如果物体中每个点的热导率与通过该点的热流方向无关，则该物体是各向同性的。假设 k、c 和 ρ 是 (x, y, z) 的函数，分别代表一个各向同性的物体在点 (x, y, z) 处的热导率、比热和密度，于是，物体内部的温度 $u \equiv u(x, y, z, t)$ 可以通过求解下面的偏微分方程得到：

$$\frac{\partial}{\partial x}\left(k\frac{\partial u}{\partial x}\right) + \frac{\partial}{\partial y}\left(k\frac{\partial u}{\partial y}\right) + \frac{\partial}{\partial z}\left(k\frac{\partial u}{\partial z}\right) = c\rho\frac{\partial u}{\partial t}$$

当 k、c 和 ρ 都是常数时，该方程被称为简单的三维热方程，它表示为

$$\frac{\partial^2 u}{\partial x^2} + \frac{\partial^2 u}{\partial y^2} + \frac{\partial^2 u}{\partial z^2} = \frac{c\rho}{k}\frac{\partial u}{\partial t}$$

如果物体的边界相对比较简单，该方程的解可以用傅里叶级数来表示。

　　在大多数情况下，k、c 和 ρ 并不是常数，或者物体的边界并不规范，这时偏微分方程的解必须通过近似方法来求。本章将对这种类型的方法给出简要的介绍。

椭圆型方程

　　通常偏微分方程的分类类似于圆锥曲线的分类。我们将在 12.1 节中讨论的偏微分方程包含 $u_{xx}(x, y) + u_{yy}(x, y)$，它是椭圆型方程。我们将要讨论的特殊的椭圆型方程称为 **Poisson（泊松）方程**：

$$\frac{\partial^2 u}{\partial x^2}(x, y) + \frac{\partial^2 u}{\partial y^2}(x, y) = f(x, y)$$

在这个方程中，假设 f 刻画了所讨论问题在具有边界 S 的平面区域 R 上的输入。这种类型的方程出现在与时间无关的各种类型的物理问题的研究中。例如，平面区域的热稳态分布、受重力作用的平面上一点的势能、二维不可压流体的稳态问题等。

　　如果要得到 Poisson 方程的唯一解，必须增加其他的限制条件。例如，在研究平面区域内的热稳态分布时，则要求 $f(x, y) \equiv 0$，这样得到的方程是 **Laplace（拉普拉斯）方程**：

$$\frac{\partial^2 u}{\partial x^2}(x, y) + \frac{\partial^2 u}{\partial y^2}(x, y) = 0$$

　　如果该区域内的温度由区域边界上的温度分布决定，则这种限制称为 **Dirichlet（狄利克雷）边界条件**，它表示为

$$u(x, y) = g(x, y)$$

上式对所有 S 中的 (x, y) 成立，S 是区域 R 的边界（见图 12.1）。

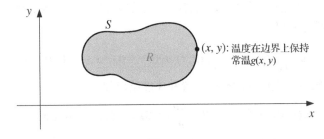

图 12.1

抛物型方程

在 12.2 节中，我们考虑一个问题的数值解，该问题涉及如下形式的偏微分方程：

$$\frac{\partial u}{\partial t}(x, t) - \alpha^2 \frac{\partial^2 u}{\partial x^2}(x, t) = 0$$

这里考虑的物理问题是热沿着一个长度为 l 的杆流动(见图 12.2)，在杆的每个截面上温度都是一致的。这要求杆的侧表面具有完美的绝热性。常数 α 与杆上的位置无关，它只由制作杆的材料的热传导性质决定。

图 12.2

对于这种类型的热流问题，最典型的限制条件之一是初始时刻杆上的温度分布

$$u(x, 0) = f(x)$$

以及杆的末端温度。例如，如果杆的末端保持了常温 U_1 和 U_2，则边界条件具有如下形式：

$$u(0, t) = U_1 \quad \text{和} \quad u(l, t) = U_2$$

另一种限制条件是杆的热分布接近于极限温度分布

$$\lim_{t \to \infty} u(x, t) = U_1 + \frac{U_2 - U_1}{l} x$$

如果假设杆是绝缘的，则没有热量流过末端，此时的边界条件为

$$\frac{\partial u}{\partial x}(0, t) = 0 \quad \text{和} \quad \frac{\partial u}{\partial x}(l, t) = 0$$

于是，没有热量从杆中流出，极限情形下杆上的温度是常数。抛物型偏微分方程在气体耗散的研究中也极其重要，事实上，在很多圈子里该方程都被称为**耗散方程**。

双曲型方程

在 12.3 节中研究的问题是一维**波方程**，它是**双曲型**偏微分方程的一个例子。假设同一水平面上在两个支座之间拉展一段长度为 l 的弹性弦(见图 12.3)。

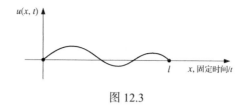

图 12.3

如果弦仅在竖直平面上振动，并且如果忽略阻尼效应且振幅不太大，则在 t 时刻点 x 处弦的竖直位移 $u(x,t)$ 满足偏微分方程：

$$\alpha^2 \frac{\partial^2 u}{\partial x^2}(x, t) - \frac{\partial^2 u}{\partial t^2}(x, t) = 0, \quad 0 < x < l \text{ 且 } 0 < t$$

为了对这个问题施加限制，假设弦的初始位置和速度给出如下：

$$u(x, 0) = f(x) \quad \text{和} \quad \frac{\partial u}{\partial t}(x, 0) = g(x), \quad 0 \leqslant x \leqslant l$$

如果弦的末端是固定的，则也有 $u(0, t) = 0$ 和 $u(l, t) = 0$。

涉及双曲型偏微分方程的其他物理问题包括一端或两端固定的梁的振动，以及有电流泄漏入地的长导线中电流的传输。

12.1　椭圆型偏微分方程

这里考虑的椭圆型偏微分方程是 Poisson 方程：

$$\nabla^2 u(x, y) \equiv \frac{\partial^2 u}{\partial x^2}(x, y) + \frac{\partial^2 u}{\partial y^2}(x, y) = f(x, y) \tag{12.1}$$

在区域 $R = \{(x, y)| a < x < b, c < y < d\}$ 上，边界条件为 $u(x, y) = g(x, y)$，$(x, y) \in S$，其中 S 表示区域 R 的边界。如果 f 和 g 在它们的定义域上是连续的，则这个方程有唯一解。

选取网格

这里采用的方法是 11.3 节中讨论过的线性边值问题的有限差分方法的二维推广。第一步是选择整数 n 和 m 来定义步长 $h = (b-a)/n$ 和 $k = (d-c)/m$。将区间$[a, b]$分成宽度为 h 的 n 等份，将区间$[c, d]$分成宽度为 k 的 m 等份（见图 12.4）。

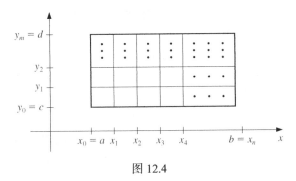

图 12.4

经过坐标为(x_i, y_j)的点水平和竖直地划线就能在矩形 R 上绘制一个网格，其中，

$$x_i = a + ih, \quad \text{对每个 } i = 0, 1, \cdots, n, \quad \text{和} \quad y_j = c + jk, \quad \text{对每个 } j = 0, 1, \cdots, m$$

直线 $x = x_i$ 和 $y = y_j$ 是网格线，它们的交点就是网格点。对网格内部的每一个网格点(x_i, y_j)，$i = 1, 2, \cdots, n-1; j = 1, 2, \cdots, m-1$，我们可以用变量 x 在 x_i 点处的 Taylor（泰勒）级数产生中心差分公式：

$$\frac{\partial^2 u}{\partial x^2}(x_i, y_j) = \frac{u(x_{i+1}, y_j) - 2u(x_i, y_j) + u(x_{i-1}, y_j)}{h^2} - \frac{h^2}{12}\frac{\partial^4 u}{\partial x^4}(\xi_i, y_j) \tag{12.2}$$

其中 $\xi_i \in (x_{i-1}, x_{i+1})$。我们也可以用变量 y 在 y_j 点处的 Taylor 级数产生中心差分公式：

$$\frac{\partial^2 u}{\partial y^2}(x_i, y_j) = \frac{u(x_i, y_{j+1}) - 2u(x_i, y_j) + u(x_i, y_{j-1})}{k^2} - \frac{k^2}{12}\frac{\partial^4 u}{\partial y^4}(x_i, \eta_j) \tag{12.3}$$

其中 $\eta_j \in (y_{j-1}, y_{j+1})$。

将这些公式用于方程(12.1)就会得到 Poisson 方程在点(x_i, y_j)处的近似表示，即

$$\frac{u(x_{i+1}, y_j) - 2u(x_i, y_j) + u(x_{i-1}, y_j)}{h^2} + \frac{u(x_i, y_{j+1}) - 2u(x_i, y_j) + u(x_i, y_{j-1})}{k^2}$$

$$= f(x_i, y_j) + \frac{h^2}{12}\frac{\partial^4 u}{\partial x^4}(\xi_i, y_j) + \frac{k^2}{12}\frac{\partial^4 u}{\partial y^4}(x_i, \eta_j)$$

边界条件为

$$u(x_0, y_j) = g(x_0, y_j) \quad 和 \quad u(x_n, y_j) = g(x_n, y_j), \quad 对每个 j = 0,1,2,\cdots,m;$$

$$u(x_i, y_0) = g(x_i, y_0) \quad 和 \quad u(x_i, y_m) = g(x_i, y_m), \quad 对每个 i = 1,2,\cdots,n-1$$

有限差分方法

采用差分方程的形式，可得到**有限差分方法**给出的结果

$$2\left[\left(\frac{h}{k}\right)^2 + 1\right] w_{ij} - (w_{i+1,j} + w_{i-1,j}) - \left(\frac{h}{k}\right)^2 (w_{i,j+1} + w_{i,j-1}) = -h^2 f(x_i, y_j) \qquad (12.4)$$

对每个 $i = 1, 2, \cdots, n-1$ 和 $j = 1, 2, \cdots, m-1$，以及

$$
\begin{aligned}
& w_{0j} = g(x_0, y_j) \quad 和 \quad w_{nj} = g(x_n, y_j), \quad 对每个 j = 0,1,\cdots,m; \\
& w_{i0} = g(x_i, y_0) \quad 和 \quad w_{im} = g(x_i, y_m), \quad 对每个 i = 1,2,\cdots,n-1
\end{aligned}
\qquad (12.5)
$$

其中 w_{ij} 是 $u(x_i, y_j)$ 的近似值。该方法的局部截断误差阶是 $O(h^2 + k^2)$。

典型方程(12.4)中包含了 $u(x, y)$ 在以下点上的近似：

$$(x_{i-1}, y_j), \quad (x_i, y_j), \quad (x_{i+1}, y_j), \quad (x_i, y_{j-1}), \quad (x_i, y_{j+1})$$

复制这部分的网格，这些点的位置(见图 12.5)显示每个方程包括围绕在 × [即点 (x_i, y_j)]周围的星形区域的近似值。

在方程(12.4)给出的系统中，我们适当地使用边界条件[即式(12.5)]的信息，也就是说，在边界网格点相邻的所有点 (x_i, y_j) 上使用。这样就得到了一个 $(n-1)(m-1) \times (n-1)(m-1)$ 的线性方程组，它的未知元就是在内部网格点上 $u(x_i, y_j)$ 的近似值 w_{ij}。

关于这些未知元的线性方程组，如果引入内部网格点的合理标号，矩阵的运算就会非常有效。这些点的一种推荐的标号(参见[Var1], p.210)是令

$$P_l = (x_i, y_j) \quad 和 \quad w_l = w_{i,j}$$

其中 $l = i + (m-1-j)(n-1)$，$i = 1, 2, \cdots, n-1$ 且 $j = 1, 2, \cdots, m-1$。这种网格点的标号顺序是从左到右及从上往下。用这种方式进行点的标号能够保证求解 w_{ij} 的线性方程组是带宽最多为 $2n-1$ 的带状矩阵。

例如，当 $n = 4$，$m = 5$ 时，按上述方法标号的网格的点如图 12.6 所示。

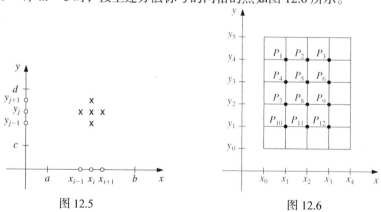

图 12.5   图 12.6

例 1 求一个尺寸为 0.5 m×0.5 m 的矩形平面金属薄板上的稳态热分布，取 $n = m = 4$。两个相邻边界的温度保持为 0℃，在其他两个边界上的温度从 0℃线性地增加到 100℃并在角点上相遇。

解 将两侧沿 x 轴和 y 轴设为零边界条件，则问题表示为

$$\frac{\partial^2 u}{\partial x^2}(x, y) + \frac{\partial^2 u}{\partial y^2}(x, y) = 0$$

其中 (x,y) 在集合 $R = \{(x,y) \mid 0 < x < 0.5, 0 < y < 0.5\}$ 内。边界条件是

$$u(0, y) = 0, \quad u(x, 0) = 0, \quad u(x, 0.5) = 200x, \quad u(0.5, y) = 200y$$

如果 $n = m = 4$，该问题的网格如图 12.7 所示，差分方程(12.4)为

$$4w_{i,j} - w_{i+1,j} - w_{i-1,j} - w_{i,j-1} - w_{i,j+1} = 0, \quad \text{对每个 } i = 1,2,3 \text{ 且 } j = 1,2,3$$

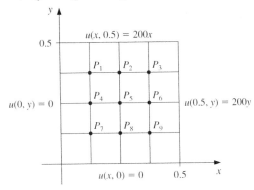

图 12.7

用标号后的内网格点 $w_i = u(P_i)$ 来表示则能够得到关于点 P_i 的方程为

$$
\begin{aligned}
P_1: & \quad 4w_1 - w_2 - w_4 = w_{0,3} + w_{1,4} \\
P_2: & \quad 4w_2 - w_3 - w_1 - w_5 = w_{2,4} \\
P_3: & \quad 4w_3 - w_2 - w_6 = w_{4,3} + w_{3,4} \\
P_4: & \quad 4w_4 - w_5 - w_1 - w_7 = w_{0,2} \\
P_5: & \quad 4w_5 - w_6 - w_4 - w_2 - w_8 = 0 \\
P_6: & \quad 4w_6 - w_5 - w_3 - w_9 = w_{4,2} \\
P_7: & \quad 4w_7 - w_8 - w_4 = w_{0,1} + w_{1,0} \\
P_8: & \quad 4w_8 - w_9 - w_7 - w_5 = w_{2,0} \\
P_9: & \quad 4w_9 - w_8 - w_6 = w_{3,0} + w_{4,1}
\end{aligned}
$$

其中方程的右端是由边界条件得到的。

实际上，边界条件意味着：

$$w_{1,0} = w_{2,0} = w_{3,0} = w_{0,1} = w_{0,2} = w_{0,3} = 0,$$

$$w_{1,4} = w_{4,1} = 25, \quad w_{2,4} = w_{4,2} = 50, \quad w_{3,4} = w_{4,3} = 75$$

于是，关于这个问题的线性方程组具有下面的形式：

$$
\begin{bmatrix}
4 & -1 & 0 & -1 & 0 & 0 & 0 & 0 & 0 \\
-1 & 4 & -1 & 0 & -1 & 0 & 0 & 0 & 0 \\
0 & -1 & 4 & 0 & 0 & -1 & 0 & 0 & 0 \\
-1 & 0 & 0 & 4 & -1 & 0 & -1 & 0 & 0 \\
0 & -1 & 0 & -1 & 4 & -1 & 0 & -1 & 0 \\
0 & 0 & -1 & 0 & -1 & 4 & 0 & 0 & -1 \\
0 & 0 & 0 & -1 & 0 & 0 & 4 & -1 & 0 \\
0 & 0 & 0 & 0 & -1 & 0 & -1 & 4 & -1 \\
0 & 0 & 0 & 0 & 0 & -1 & 0 & -1 & 4
\end{bmatrix}
\begin{bmatrix}
w_1 \\ w_2 \\ w_3 \\ w_4 \\ w_5 \\ w_6 \\ w_7 \\ w_8 \\ w_9
\end{bmatrix}
=
\begin{bmatrix}
25 \\ 50 \\ 150 \\ 0 \\ 0 \\ 50 \\ 0 \\ 0 \\ 25
\end{bmatrix}
$$

将 Gauss-Seidal 方法用于这个矩阵，可得到未知量 $w_1, w_2, \cdots, w_9$ 的值，见表 12.1。

这些答案是精确的，因为真实解是 $u(x, y) = 400xy$，它满足

$$\frac{\partial^4 u}{\partial x^4} = \frac{\partial^4 u}{\partial y^4} \equiv 0$$

而且每一步的截断误差都是零。 ∎

我们在例 1 中考虑的问题沿每个轴都具有相同的网格步长 0.125，这需要求解

表 12.1

i	w_i
1	18.75
2	37.50
3	56.25
4	12.50
5	25.00
6	37.50
7	6.25
8	12.50
9	18.75

一个 9×9 的线性方程组。这是一种简单的情形，它不会给计算带来困难(但当系数矩阵比较大时，线性方程组的求解会遇到困难)。算法 12.1 使用 Gauss-Seidal 迭代方法来求解有限差分方法得到的线性方程组，它允许在每个轴方向上采用非等距网格。

算法 12.1 Poisson 方程有限差分方法

近似求解 Poisson 方程

$$\frac{\partial^2 u}{\partial x^2}(x, y) + \frac{\partial^2 u}{\partial y^2}(x, y) = f(x, y), \quad a \leqslant x \leqslant b, \quad c \leqslant y \leqslant d$$

其满足边界条件

$$u(x, y) = g(x, y) \quad 若 x = a 或 x = b 且 c \leqslant y \leqslant d$$

和

$$u(x, y) = g(x, y) \quad 若 y = c 或 y = d 且 a \leqslant x \leqslant b$$

输入   端点 a,b,c,d; 整数 $m \geqslant 3$, $n \geqslant 3$; 误差限 TOL; 最大迭代步数 N。

输出   求解 $u(x_i, y_j)$ 的近似值 $w_{i,j}$, 对每个 $i = 1, \cdots, n-1$, 对每个 $j = 1, 2, \cdots, m-1$ 或者超出最大迭代步数的信息。

Step 1   Set $h = (b - a)/n$;
    $k = (d - c)/m$.

Step 2   For $i = 1, \cdots, n-1$ set $x_i = a + ih$.   (Step 2和Step 3构造网格点)

Step 3   For $j = 1, \cdots, m-1$ set $y_j = c + jk$.

Step 4   For $i = 1, \cdots, n-1$
    for $j = 1, \cdots, m-1$ set $w_{i,j} = 0$.

Step 5   Set $\lambda = h^2/k^2$;
    $\mu = 2(1 + \lambda)$;
    $l = 1$.

Step 6   While $l \leqslant N$ do Steps 7–20.   (Steps 7–20执行Gauss-Seidel迭代)

Step 7   Set $z = (-h^2 f(x_1, y_{m-1}) + g(a, y_{m-1}) + \lambda g(x_1, d)$
    $+ \lambda w_{1,m-2} + w_{2,m-1})/\mu$;
    $NORM = |z - w_{1,m-1}|$;
    $w_{1,m-1} = z$.

Step 8   For $i = 2, \cdots, n-2$
    set $z = (-h^2 f(x_i, y_{m-1}) + \lambda g(x_i, d) + w_{i-1,m-1}$
    $+ w_{i+1,m-1} + \lambda w_{i,m-2})/\mu$;
    if $|w_{i,m-1} - z| > NORM$ then set $NORM = |w_{i,m-1} - z|$;
    set $w_{i,m-1} = z$.

Step 9   Set $z = (-h^2 f(x_{n-1}, y_{m-1}) + g(b, y_{m-1}) + \lambda g(x_{n-1}, d)$
    $+ w_{n-2,m-1} + \lambda w_{n-1,m-2})/\mu$;
    if $|w_{n-1,m-1} - z| > NORM$ then set $NORM = |w_{n-1,m-1} - z|$;
    set $w_{n-1,m-1} = z$.

Step 10   For $j = m-2, \cdots, 2$ do Steps 11, 12, and 13.

Step 11   Set $z = (-h^2 f(x_1, y_j) + g(a, y_j) + \lambda w_{1,j+1}$
    $+ \lambda w_{1,j-1} + w_{2,j})/\mu$;
    if $|w_{1,j} - z| > NORM$ then set $NORM = |w_{1,j} - z|$;
    set $w_{1,j} = z$.

Step 12　For $i = 2, \cdots, n - 2$
set $z = (-h^2 f(x_i, y_j) + w_{i-1,j} + \lambda w_{i,j+1}$
$+ w_{i+1,j} + \lambda w_{i,j-1})/\mu$;
if $|w_{i,j} - z| > NORM$ then set $NORM = |w_{i,j} - z|$;
set $w_{i,j} = z$.

Step 13　Set $z = (-h^2 f(x_{n-1}, y_j) + g(b, y_j) + w_{n-2,j}$
$+ \lambda w_{n-1,j+1} + \lambda w_{n-1,j-1})/\mu$;
if $|w_{n-1,j} - z| > NORM$ then set $NORM = |w_{n-1,j} - z|$;
set $w_{n-1,j} = z$.

Step 14　Set $z = (-h^2 f(x_1, y_1) + g(a, y_1) + \lambda g(x_1, c) + \lambda w_{1,2} + w_{2,1})/\mu$;
if $|w_{1,1} - z| > NORM$ then set $NORM = |w_{1,1} - z|$;
set $w_{1,1} = z$.

Step 15　For $i = 2, \cdots, n - 2$
set $z = (-h^2 f(x_i, y_1) + \lambda g(x_i, c) + w_{i-1,1} + \lambda w_{i,2} + w_{i+1,1})/\mu$;
if $|w_{i,1} - z| > NORM$ then set $NORM = |w_{i,1} - z|$;
set $w_{i,1} = z$.

Step 16　Set $z = (-h^2 f(x_{n-1}, y_1) + g(b, y_1) + \lambda g(x_{n-1}, c)$
$+ w_{n-2,1} + \lambda w_{n-1,2})/\mu$;
if $|w_{n-1,1} - z| > NORM$ then set $NORM = |w_{n-1,1} - z|$;
set $w_{n-1,1} = z$.

Step 17　If $NORM \leqslant TOL$ then do Steps 18 and 19.

Step 18　For $i = 1, \cdots, n - 1$
for $j = 1, \cdots, m - 1$ OUTPUT $(x_i, y_j, w_{i,j})$.

Step 19　STOP.　　(算法成功)

Step 20　Set $l = l + 1$.

Step 21　OUTPUT ('Maximum number of iterations exceeded');
(算法失败)
STOP. ∎

虽然算法 12.1 中为了简单起见使用了 Gauss-Seidal 迭代方法，但是当线性方程组的规模比较小时 (其阶小于等于 100)，建议改用诸如 Gauss 消去法那样的直接方法，因为系数矩阵的正定性能保证关于舍入误差的稳定性。特别是 Crout 分解算法 6.7 (参见[Var1],p.221) 的推广使得求解这种线性方程组非常有效，因为系数矩阵是分块对称的三对角矩阵：

$$\begin{bmatrix} A_1 & C_1 & 0 & \cdots\cdots\cdots & 0 \\ C_1 & A_2 & C_2 & & \vdots \\ 0 & C_2 & & & \vdots \\ \vdots & & & & 0 \\ \vdots & & & & C_{m-1} \\ 0 & \cdots & 0 & C_{m-1} & A_{m-1} \end{bmatrix}$$

其中的子块大小为 $(n-1) \times (n-1)$。

选择迭代方法

对大型线性方程组，应该使用迭代方法，特别是算法 7.3 中讨论的 SOR 方法。这种情形下可以选择最优的 ω，这是因为 A 可以分解成对角部分 D，上三角部分 U 和下三角部分 L：

$$A = D - L - U$$

此时雅可比方法中的 B 为

$$B = D^{-1}(L + U)$$

于是，B 的谱半径是(参见[Var1])

$$\rho(B) = \frac{1}{2}\left[\cos\left(\frac{\pi}{m}\right) + \cos\left(\frac{\pi}{n}\right)\right]$$

从而，ω 的值为

$$\omega = \frac{2}{1 + \sqrt{1 - [\rho(B)]^2}} = \frac{4}{2 + \sqrt{4 - \left[\cos\left(\frac{\pi}{m}\right) + \cos\left(\frac{\pi}{n}\right)\right]^2}}$$

可以将分块技巧用于该算法，从而得到 SOR 方法的更快的收敛性。这些技巧的细节请参考文献 [Var1]，pp.219–223。

例 2 取 $n = 6$，$m = 5$，误差限为 10^{-10}，用 Poisson 方程有限差分方法近似求解下面的方程：

$$\frac{\partial^2 u}{\partial x^2}(x, y) + \frac{\partial^2 u}{\partial y^2}(x, y) = xe^y, \quad 0 < x < 2, \quad 0 < y < 1$$

其边界条件为

$$u(0, y) = 0, \quad u(2, y) = 2e^y, \quad 0 \leqslant y \leqslant 1,$$

$$u(x, 0) = x, \quad u(x, 1) = ex, \quad 0 \leqslant x \leqslant 2$$

将结果与精确解 $u(x,y) = xe^y$ 进行比较。

解 使用算法 12.1，取最大迭代步数 $N = 100$，得到的结果列于表 12.2 中。在 Step 17 中 Gauss-Seidal 迭代方法终止的标准是

$$\left|w_{ij}^{(l)} - w_{ij}^{(l-1)}\right| \leqslant 10^{-10}$$

其中，$i = 1, \cdots, 5$，$j = 1, \cdots, 4$。差分方程的精确解被求出，该方法在 $l = 61$ 时终止。这些结果和精确值一起列于表 12.2 中。

表 12.2

i	j	x_i	y_j	$w_{i,j}^{(61)}$	$u(x_i, y_j)$	$\left|u(x_i, y_j) - w_{i,j}^{(61)}\right|$
1	1	0.3333	0.2000	0.40726	0.40713	1.30×10^{-4}
1	2	0.3333	0.4000	0.49748	0.49727	2.08×10^{-4}
1	3	0.3333	0.6000	0.60760	0.60737	2.23×10^{-4}
1	4	0.3333	0.8000	0.74201	0.74185	1.60×10^{-4}
2	1	0.6667	0.2000	0.81452	0.81427	2.55×10^{-4}
2	2	0.6667	0.4000	0.99496	0.99455	4.08×10^{-4}
2	3	0.6667	0.6000	1.2152	1.2147	4.37×10^{-4}
2	4	0.6667	0.8000	1.4840	1.4837	3.15×10^{-4}
3	1	1.0000	0.2000	1.2218	1.2214	3.64×10^{-4}
3	2	1.0000	0.4000	1.4924	1.4918	5.80×10^{-4}
3	3	1.0000	0.6000	1.8227	1.8221	6.24×10^{-4}
3	4	1.0000	0.8000	2.2260	2.2255	4.51×10^{-4}
4	1	1.3333	0.2000	1.6290	1.6285	4.27×10^{-4}
4	2	1.3333	0.4000	1.9898	1.9891	6.79×10^{-4}
4	3	1.3333	0.6000	2.4302	2.4295	7.35×10^{-4}
4	4	1.3333	0.8000	2.9679	2.9674	5.40×10^{-4}
5	1	1.6667	0.2000	2.0360	2.0357	3.71×10^{-4}
5	2	1.6667	0.4000	2.4870	2.4864	5.84×10^{-4}
5	3	1.6667	0.6000	3.0375	3.0369	6.41×10^{-4}
5	4	1.6667	0.8000	3.7097	3.7092	4.89×10^{-4}

习题 12.1

1. 用算法 12.1 近似求解下面的椭圆型偏微分方程

$$\frac{\partial^2 u}{\partial x^2} + \frac{\partial^2 u}{\partial y^2} = 4, \qquad 0 < x < 1, \quad 0 < y < 2;$$

$$u(x, 0) = x^2, \quad u(x, 2) = (x - 2)^2, \quad 0 \leqslant x \leqslant 1;$$

$$u(0, y) = y^2, \quad u(1, y) = (y - 1)^2, \quad 0 \leqslant y \leqslant 2$$

其中取 $h = k = 1/2$，并将结果与精确解 $u(x, y) = (x-y)^2$ 进行比较。

2. 用算法 12.1 近似求解下面的椭圆型偏微分方程：

$$\frac{\partial^2 u}{\partial x^2} + \frac{\partial^2 u}{\partial y^2} = 0, \qquad 1 < x < 2, \quad 0 < y < 1;$$

$$u(x, 0) = 2 \ln x, \qquad u(x, 1) = \ln(x^2 + 1), \quad 1 \leqslant x \leqslant 2;$$

$$u(1, y) = \ln(y^2 + 1), \quad u(2, y) = \ln(y^2 + 4), \quad 0 \leqslant y \leqslant 1$$

其中取 $h = k = 1/3$，并将结果与精确解 $u(x, y) = \ln(x^2 + y^2)$ 进行比较。

3. 用算法 12.1 近似求解下列椭圆型偏微分方程：

a. $\dfrac{\partial^2 u}{\partial x^2} + \dfrac{\partial^2 u}{\partial y^2} = 0, \qquad 0 < x < 1, \quad 0 < y < 1;$

$$u(x, 0) = 0, \quad u(x, 1) = x, \qquad 0 \leqslant x \leqslant 1;$$

$$u(0, y) = 0, \quad u(1, y) = y, \qquad 0 \leqslant y \leqslant 1$$

其中取 $h = k = 0.2$，并将结果与精确解 $u(x, y) = xy$ 进行比较。

b. $\dfrac{\partial^2 u}{\partial x^2} + \dfrac{\partial^2 u}{\partial y^2} = -(\cos(x + y) + \cos(x - y)), \qquad 0 < x < \pi, \quad 0 < y < \dfrac{\pi}{2};$

$$u(0, y) = \cos y, \quad u(\pi, y) = -\cos y, \qquad 0 \leqslant y \leqslant \frac{\pi}{2},$$

$$u(x, 0) = \cos x, \quad u\left(x, \frac{\pi}{2}\right) = 0, \qquad 0 \leqslant x \leqslant \pi$$

其中取 $h = \pi/5, k = \pi/10$，并将结果与精确解 $u(x, y) = \cos x \cos y$ 进行比较。

c. $\dfrac{\partial^2 u}{\partial x^2} + \dfrac{\partial^2 u}{\partial y^2} = (x^2 + y^2) e^{xy}, \qquad 0 < x < 2, \ 0 < y < 1;$

$$u(0, y) = 1, \quad u(2, y) = e^{2y}, \qquad 0 \leqslant y \leqslant 1;$$

$$u(x, 0) = 1, \quad u(x, 1) = e^x, \qquad 0 \leqslant x \leqslant 2$$

其中取 $h = 0.2, k = 0.1$，并将结果与精确解 $u(x, y) = e^{xy}$ 进行比较。

d. $\dfrac{\partial^2 u}{\partial x^2} + \dfrac{\partial^2 u}{\partial y^2} = \dfrac{x}{y} + \dfrac{y}{x}, \qquad 1 < x < 2, \quad 1 < y < 2;$

$$u(x, 1) = x \ln x, \quad u(x, 2) = x \ln(4x^2), \qquad 1 \leqslant x \leqslant 2;$$

$$u(1, y) = y \ln y, \quad u(2, y) = 2y \ln(2y), \qquad 1 \leqslant y \leqslant 2$$

其中取 $h = k = 0.1$，并将结果与精确解 $u(x, y) = xy \ln xy$ 进行比较。

4. 取 $h_0 = 0.2, h_1 = h_0/2, h_2 = h_0/4$，利用外推法重做习题 3 (a)。

应用型习题

5. 一个同轴电缆由一根 0.1 in^2 的方形内导线和一根 0.5 in^2 的方形外导线组成。电缆截面上任意一点的电势由 Laplace 方程来描述。假设内导线的电势保持在 0 V，而外导线的电势保持在 110 V。求两根导线之间的电势，网格设为水平方向间距为 $h = 0.1 \text{ in}$，竖直方向间距为 $k = 0.1 \text{ in}$，求解区域为

$$D = \{(x,y) | 0 \leqslant x, y \leqslant 0.5\}$$

在每个网格点上近似求解 Laplace 方程，取两组边界条件，推导线性方程组并用 Gauss-Seidel 方法求解。

6. 有一个长 6 cm、宽 5 cm 的长方形银质平板，对其进行均匀加热，在每个点上的热比率是 $q = 1.5$ cal/cm$^3 \cdot$ s。设 x 表示沿平板 6 cm 长的边缘上的距离，y 表示沿平板 5 cm 宽的边缘的距离，并假设沿边缘的温度 u 保持为

$$u(x, 0) = x(6 - x), \ u(x, 5) = 0, \quad 0 \leqslant x \leqslant 6,$$

$$u(0, y) = y(5 - y), \ u(6, y) = 0, \quad 0 \leqslant y \leqslant 5$$

其中将原点设定为平板的一角，其坐标为 $(0, 0)$，而平板的边缘分别沿 x 轴和 y 轴正向放置。稳态温度 $u = u(x,y)$ 满足下面的 Poisson 方程：

$$\frac{\partial^2 u}{\partial x^2}(x, y) + \frac{\partial^2 u}{\partial y^2}(x, y) = -\frac{q}{K}, \quad 0 < x < 6, \ 0 < y < 5$$

其中 K 是热传导系数，它等于 1.04 cal/cm $\cdot$ deg $\cdot$ s。取 $h = 0.4$，$k = 1/3$，用算法 12.1 近似求解温度 $u(x,y)$。

理论型习题

7. 构造一个类似于算法 12.1 的算法，其中将求解线性方程组的 Gauss-Seidel 方法替换为具有最优松弛因子 ω 的 SOR 方法。

8. 使用习题 7 中构造的算法重做习题 3。

讨论问题

1. 书中描述了水平等距网格线和竖直等距网格线。有限差分方法中能使用步长变化的网格吗？如果能，如何实现这种网格下的算法？

2. 对于不规则形状的区域，怎样设置网格线？

3. 讨论求解椭圆问题的多重网格方法。

12.2 抛物型偏微分方程

我们这里考虑的抛物型偏微分方程是热方程，或者耗散方程：

$$\frac{\partial u}{\partial t}(x, t) = \alpha^2 \frac{\partial^2 u}{\partial x^2}(x, t), \quad 0 < x < l, \quad t > 0 \tag{12.6}$$

它满足以下条件：

$$u(0, t) = u(l, t) = 0, \quad t > 0 \quad \text{和} \quad u(x, 0) = f(x), \quad 0 \leqslant x \leqslant l$$

我们用来近似求解这个问题的方法是有限差分方法，它类似于 12.1 节中使用的方法。

首先，选择一个正整数 m 且定义沿 x 轴的步长为 $h = l/m$；然后选择一个时间步长为 k。这种情形下的网格点为 (x_i, t_j)，其中 $x_i = ih$，$i = 0,1,\cdots,m$；$t_j = jk$，$j = 0,1,\cdots$。

向前差分方法

我们用 t 点的 Taylor 级数来推导有限差分方法，得到差商：

$$\frac{\partial u}{\partial t}(x_i, t_j) = \frac{u(x_i, t_j + k) - u(x_i, t_j)}{k} - \frac{k}{2} \frac{\partial^2 u}{\partial t^2}(x_i, \mu_j) \tag{12.7}$$

其中 $\mu_j \in (t_j, t_{j+1})$，而在 x 点的 Taylor 级数产生的差商为

$$\frac{\partial^2 u}{\partial x^2}(x_i, t_j) = \frac{u(x_i + h, t_j) - 2u(x_i, t_j) + u(x_i - h, t_j)}{h^2} - \frac{h^2}{12}\frac{\partial^4 u}{\partial x^4}(\xi_i, t_j) \tag{12.8}$$

其中 $\xi_i \in (x_{i-1}, x_{i+1})$。

抛物型偏微分方程(12.6)意味着在每个内网格点 (x_i, t_j)(对每个 $i = 1, 2, \cdots, m-1$, $j = 1, 2, \cdots$)上,我们有

$$\frac{\partial u}{\partial t}(x_i, t_j) - \alpha^2 \frac{\partial^2 u}{\partial x^2}(x_i, t_j) = 0$$

于是使用差商[式(12.7)和式(12.8)]的有限差分方法为

$$\frac{w_{i,j+1} - w_{ij}}{k} - \alpha^2 \frac{w_{i+1,j} - 2w_{ij} + w_{i-1,j}}{h^2} = 0 \tag{12.9}$$

其中 w_{ij} 是 $u(x_i, t_j)$ 的近似值。

该差分方程的局部截断误差为

$$\tau_{ij} = \frac{k}{2}\frac{\partial^2 u}{\partial t^2}(x_i, \mu_j) - \alpha^2 \frac{h^2}{12}\frac{\partial^4 u}{\partial x^4}(\xi_i, t_j) \tag{12.10}$$

求解关于 $w_{i,j+1}$ 的方程得到

$$w_{i,j+1} = \left(1 - \frac{2\alpha^2 k}{h^2}\right)w_{ij} + \alpha^2 \frac{k}{h^2}(w_{i+1,j} + w_{i-1,j}) \tag{12.11}$$

其中 $i = 1, 2, \cdots, m-1$, $j = 1, 2, \cdots$。

于是有

$$w_{0,0} = f(x_0), \ w_{1,0} = f(x_1), \cdots, w_{m,0} = f(x_m)$$

我们用下式计算 t 的下一行:

$$w_{0,1} = u(0, t_1) = 0;$$

$$w_{1,1} = \left(1 - \frac{2\alpha^2 k}{h^2}\right)w_{1,0} + \alpha^2 \frac{k}{h^2}(w_{2,0} + w_{0,0});$$

$$w_{2,1} = \left(1 - \frac{2\alpha^2 k}{h^2}\right)w_{2,0} + \alpha^2 \frac{k}{h^2}(w_{3,0} + w_{1,0});$$

$$\vdots$$

$$w_{m-1,1} = \left(1 - \frac{2\alpha^2 k}{h^2}\right)w_{m-1,0} + \alpha^2 \frac{k}{h^2}(w_{m,0} + w_{m-2,0});$$

$$w_{m,1} = u(m, t_1) = 0$$

现在我们就可以用 $w_{i,1}$ 的值来计算所有 $w_{i,2}$ 的值,依次类推。

有限差分方法的明显特征是其线性方程组的系数矩阵是 $(m-1) \times (m-1)$ 的三对角矩阵,它具有如下形式:

$$A = \begin{bmatrix} (1-2\lambda) & \lambda & 0 & \cdots\cdots\cdots & 0 \\ \lambda & (1-2\lambda) & \lambda & & \vdots \\ 0 & & & & 0 \\ \vdots & & & & \lambda \\ 0 & \cdots\cdots\cdots & 0 & \lambda & (1-2\lambda) \end{bmatrix}$$

其中 $\lambda = \alpha^2 (k/h^2)$。如果令

$$\mathbf{w}^{(0)} = (f(x_1), f(x_2), \cdots, f(x_{m-1}))^t$$

和

$$\mathbf{w}^{(j)} = (w_{1j}, w_{2j}, \cdots, w_{m-1,j})^t, \qquad 对每个 j = 1,2,\cdots$$

于是，近似解由下面的方程给出：

$$\mathbf{w}^{(j)} = A\mathbf{w}^{(j-1)}, \qquad 对每个 j = 1,2,\cdots$$

因此 $\mathbf{w}^{(j)}$ 可以简单地通过 $\mathbf{w}^{(j-1)}$ 乘以矩阵得到。这个方法称为向前差分方法，图 12.8 中显示了上面一行 × 点上的近似值使用了其他 3 个点上的信息。如果偏微分方程的解关于 x 具有四阶连续的偏导数，关于 t 具有二阶连续的偏导数，则式 (12.10) 意味着该方法的阶是 $O(k+h^2)$。

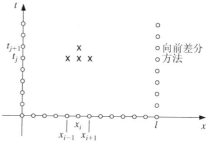

图 12.8

例 1　用步长 (a) $h = 0.1$ 和 $k = 0.0005$；(b) $h = 0.1$ 和 $k = 0.01$，近似求解热方程：

$$\frac{\partial u}{\partial t}(x,t) - \frac{\partial^2 u}{\partial x^2}(x,t) = 0, \quad 0 < x < 1, \quad 0 \leqslant t$$

其边界条件为

$$u(0,t) = u(1,t) = 0, \quad 0 < t$$

初值条件为

$$u(x,0) = \sin(\pi x), \quad 0 \leqslant x \leqslant 1$$

比较 $t = 0.5$ 时刻的近似解与精确解：

$$u(x,t) = \mathrm{e}^{-\pi^2 t}\sin(\pi x)$$

解　(a) 取 $h = 0.1, k = 0.0005$，则 $\lambda = (1)^2(0.0005/(0.1)^2) = 0.05$，利用向前差分方法和这些数据得到的结果列于表 12.3 的第三列。正如我们从表中第四列中看到的，这些结果是十分精确的。

(b) 取 $h = 0.1, k = 0.01$，则 $\lambda = (1)^2(0.01/(0.1)^2) = 1$，利用向前差分方法和这些数据得到的结果列于表 12.3 的第五列。正如我们从表中第六列中看到的，这些结果是没有价值的。

表 12.3

x_i	$u(x_i, 0.5)$	$w_{i,1000}$ $k = 0.0005$	$\|u(x_i, 0.5) - w_{i,1000}\|$	$w_{i,50}$ $k = 0.01$	$\|u(x_i, 0.5) - w_{i,50}\|$
0.0	0	0		0	
0.1	0.00222241	0.00228652	6.411×10^{-5}	8.19876×10^7	8.199×10^7
0.2	0.00422728	0.00434922	1.219×10^{-4}	-1.55719×10^8	1.557×10^8
0.3	0.00581836	0.00598619	1.678×10^{-4}	2.13833×10^8	2.138×10^8
0.4	0.00683989	0.00703719	1.973×10^{-4}	-2.50642×10^8	2.506×10^8
0.5	0.00719188	0.00739934	2.075×10^{-4}	2.62685×10^8	2.627×10^8
0.6	0.00683989	0.00703719	1.973×10^{-4}	-2.49015×10^8	2.490×10^8
0.7	0.00581836	0.00598619	1.678×10^{-4}	2.11200×10^8	2.112×10^8
0.8	0.00422728	0.00434922	1.219×10^{-4}	-1.53086×10^8	1.531×10^8
0.9	0.00222241	0.00228652	6.511×10^{-5}	8.03604×10^7	8.036×10^7
1.0	0	0		0	

稳定性的考虑

在例 1 中我们预测的截断误差是 $O(k+h^2)$ 阶，虽然当取 $h = 0.1, k = 0.0005$ 时结果正如我们预期的那样，但当取 $h = 0.1, k = 0.01$ 时情况则不是这样。为了解释这里发生的问题，我们需要探究向前有限差分方法的稳定性。

假设在表示初始数据

$$\mathbf{w}^{(0)} = \left(f(x_1),\ f(x_2),\ \cdots,\ f(x_{m-1}) \right)^t$$

时引入了误差 $e^{(0)} = (e_1^{(0)}, e_2^{(0)}, \cdots, e_{m-1}^{(0)})^t$（或者在其他某一步骤中引入了误差，选取初始数据引入误差只是为了简单起见）。在 $\mathbf{w}^{(1)}$ 中传播的误差是 $A\mathbf{e}^{(0)}$，因为

$$\mathbf{w}^{(1)} = A\left(\mathbf{w}^{(0)} + \mathbf{e}^{(0)} \right) = A\mathbf{w}^{(0)} + A\mathbf{e}^{(0)}$$

这个过程将继续下去。在第 n 步时由初始数据 $\mathbf{e}^{(0)}$ 引起的 $\mathbf{w}^{(n)}$ 中的误差是 $A^n\mathbf{e}^{(0)}$。于是，只要这些误差不随 n 的增大而增大，则该方法必然是稳定的。这意味着当且仅当对任意的初始误差 $\mathbf{e}^{(0)}$ 和任意的 n，有 $\|A^n\mathbf{e}^{(0)}\| \leqslant \|\mathbf{e}^{(0)}\|$ 时该方法才是稳定的。因此，根据定理 7.15，我们必须有 $\|A^n\| \leqslant 1$，进而要求 $\rho(A^n) = (\rho(A))^n \leqslant 1$。于是，向前差分方法是稳定的，当且仅当 $\rho(A) \leqslant 1$。

可以证明（参见习题 15）矩阵 A 的特征值是

$$\mu_i = 1 - 4\lambda \left(\sin\left(\frac{i\pi}{2m} \right) \right)^2, \quad \text{对每个 } i = 1, 2, \cdots, m-1$$

因此，稳定性条件就转化为下面的条件：

$$\rho(A) = \max_{1 \leqslant i \leqslant m-1} \left| 1 - 4\lambda \left(\sin\left(\frac{i\pi}{2m} \right) \right)^2 \right| \leqslant 1$$

进一步简化为

$$0 \leqslant \lambda \left(\sin\left(\frac{i\pi}{2m} \right) \right)^2 \leqslant \frac{1}{2}, \quad \text{对每个 } i = 1, 2, \cdots, m-1$$

于是，稳定性要求当 $h \to 0$（或者等价地，$m \to \infty$）时上面这个不等式成立。又因为

$$\lim_{m \to \infty} \left[\sin\left(\frac{(m-1)\pi}{2m} \right) \right]^2 = 1$$

从而，只有当 $0 \leqslant \lambda \leqslant \dfrac{1}{2}$ 成立时有限差分方法才是稳定的。

由定义，$\lambda = \alpha^2 (k / h^2)$，所以上述不等式要求 h 和 k 的选取满足：

$$\alpha^2 \frac{k}{h^2} \leqslant \frac{1}{2}$$

在例 1 中，我们有 $\alpha^2 = 1$，因此当 $h = 0.1$，$k = 0.0005$ 时这个条件成立。但是当 k 增加到 0.01 而 h 没有相应地增加时，比值是

$$\frac{0.01}{(0.1)^2} = 1 > \frac{1}{2}$$

于是，稳定性问题就立刻显现出来。

沿用第 5 章的术语，我们称向前差分方法是**条件稳定**的。假设条件

$$\alpha^2 \frac{k}{h^2} \leqslant \frac{1}{2}$$

成立，并假设关于解的所需的连续性条件也满足，则方法按照收敛率 $O(k + h^2)$ 收敛到方程（12.6）的解。（详细证明参见[IK], pp.502–505。）

向后差分方法

为了得到一个无条件稳定的方法，我们考虑使用隐式有限差分方法，它来自关于 $(\partial u / \partial t)$ (x_i, t_j) 的向后差商，其形式为

$$\frac{\partial u}{\partial t}(x_i, t_j) = \frac{u(x_i, t_j) - u(x_i, t_{j-1})}{k} + \frac{k}{2}\frac{\partial^2 u}{\partial t^2}(x_i, \mu_j)$$

其中 μ_j 位于区间 (t_{j-1}, t_j)。将上式和关于 $\partial^2 u / \partial x^2$ 的式 (12.8) 一起代入偏微分方程得到

$$\frac{u(x_i, t_j) - u(x_i, t_{j-1})}{k} - \alpha^2 \frac{u(x_{i+1}, t_j) - 2u(x_i, t_j) + u(x_{i-1}, t_j)}{h^2}$$

$$= -\frac{k}{2}\frac{\partial^2 u}{\partial t^2}(x_i, \mu_j) - \alpha^2 \frac{h^2}{12}\frac{\partial^4 u}{\partial x^4}(\xi_i, t_j)$$

其中 ξ_i 位于区间 (x_{i-1}, x_{i+1})。于是得到向后差分方法为

$$\frac{w_{ij} - w_{i,j-1}}{k} - \alpha^2 \frac{w_{i+1,j} - 2w_{ij} + w_{i-1,j}}{h^2} = 0 \tag{12.12}$$

其中 $i = 1, 2, \cdots, m-1; j = 1, 2, \cdots$。

向后差分方法利用网格点 (x_i, t_{j-1}), (x_{i-1}, t_j) 和 (x_{i+1}, t_j) 上的值来近似网格点 (x_i, t_j) 上的值，如图 12.9 所示。

因为这个问题相应的边界条件与初值条件给出了图中标为圆圈的网格点上的值，所以可以看到没有显式的方法能够用来求解方程 (12.12)。回顾向前差分方法（见图 12.10），在网格点 (x_{i-1}, t_{j-1}), (x_i, t_{j-1}) 和 (x_{i+1}, t_{j-1}) 上的近似值来计算网格点 (x_i, t_j) 上的近似值。因此，可以从初值条件和边界条件出发用显式方法来求近似解。

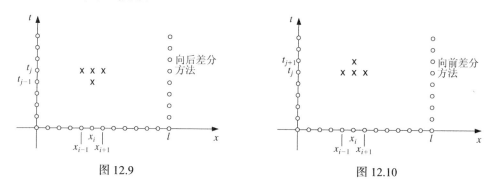

图 12.9   图 12.10

如果再一次用 λ 来表示量 $\alpha^2(k/h^2)$，则向后有限差分方法可以写为

$$(1+2\lambda)w_{ij} - \lambda w_{i+1,j} - \lambda w_{i-1,j} = w_{i,j-1}$$

其中 $i = 1, 2, \cdots, m-1; j = 1, 2, \cdots$。使用已知数据 $w_{i,0} = f(x_i)$, $i = 1, 2, \cdots, m-1$ 和 $w_{m,j} = w_{0,j} = 0$, $j = 1, 2, \cdots$，可以得到这个差分方法的矩阵表示为

$$\begin{bmatrix} (1+2\lambda) & -\lambda & 0 & \cdots & & 0 \\ -\lambda & \ddots & \ddots & \ddots & & \\ 0 & \ddots & \ddots & \ddots & & 0 \\ \vdots & \ddots & \ddots & \ddots & \ddots & -\lambda \\ 0 & \cdots & \cdots & 0 & -\lambda & (1+2\lambda) \end{bmatrix} \begin{bmatrix} w_{1,j} \\ w_{2,j} \\ \vdots \\ w_{m-1,j} \end{bmatrix} = \begin{bmatrix} w_{1,j-1} \\ w_{2,j-1} \\ \vdots \\ w_{m-1,j-1} \end{bmatrix} \tag{12.13}$$

或者 $A\mathbf{w}^{(j)} = \mathbf{w}^{(j-1)}$, $j = 1, 2, \cdots$。

于是，我们现在需要求解一个线性方程组而从 $\mathbf{w}^{(j-1)}$ 得到 $\mathbf{w}^{(j)}$。因为 $\lambda > 0$，所以矩阵 A 是严格对角占优的正定矩阵，并且还是三对角的。这样，我们就可以使用 Crout 分解算法 6.7 或者 SOR 算法 7.3 来求解方程组。算法 12.2 中使用了 Crout 分解来求解方程组 (12.13)，当 m 不是很大时这是可以接受的选择。在这个算法中，为了合理停机，我们假设时间 t 是有界的并被给定。

算法 12.2 热方程向后差分方法

近似求解抛物型偏微分方程:

$$\frac{\partial u}{\partial t}(x,t) - \alpha^2 \frac{\partial^2 u}{\partial x^2}(x,t) = 0, \quad 0 < x < l, \quad 0 < t < T$$

其满足的边界条件为

$$u(0,t) = u(l,t) = 0, \quad 0 < t < T$$

初始条件为

$$u(x,0) = f(x), \quad 0 \leqslant x \leqslant l$$

输入 端点 l; 最大时间 T; 常数 α; 整数 $m \geqslant 3$, $N \geqslant 1$。

输出 $u(x_i, t_j)$ 的近似值 $w_{i,j}$, 对每个 $i = 1, 2, \cdots, m-1; j = 1, 2, \cdots, N$。

Step 1 Set $h = l/m$;
$\qquad k = T/N$;
$\qquad \lambda = \alpha^2 k / h^2$.

Step 2 For $i = 1, \cdots, m-1$ set $w_i = f(ih)$. (初始值)
$\qquad$ (Steps 3–11 用算法 6.7 求解三对角线性方程组)

Step 3 Set $l_1 = 1 + 2\lambda$;
$\qquad u_1 = -\lambda/l_1$.

Step 4 For $i = 2, \cdots, m-2$ set $l_i = 1 + 2\lambda + \lambda u_{i-1}$;
$\qquad u_i = -\lambda/l_i$.

Step 5 Set $l_{m-1} = 1 + 2\lambda + \lambda u_{m-2}$.

Step 6 For $j = 1, \cdots, N$ do Steps 7–11.

$\qquad$ Step 7 Set $t = jk$; (当前 t_j)
$\qquad\qquad z_1 = w_1 / l_1$.

$\qquad$ Step 8 For $i = 2, \cdots, m-1$ set $z_i = (w_i + \lambda z_{i-1})/l_i$.

$\qquad$ Step 9 Set $w_{m-1} = z_{m-1}$.

$\qquad$ Step 10 For $i = m-2, \cdots, 1$ set $w_i = z_i - u_i w_{i+1}$.

$\qquad$ Step 11 OUTPUT (t); (注: $t = t_j$)
$\qquad\qquad$ For $i = 1, \cdots, m-1$ set $x = ih$;
$\qquad\qquad\qquad\qquad$ OUTPUT (x, w_i). (注: $w_i = w_{i,j}$)

Step 12 STOP. (算法完成) ∎

例 2 取 $h = 0.1, k = 0.01$, 用向后有限差分方法(算法 12.2)来近似求解热方程:

$$\frac{\partial u}{\partial t}(x,t) - \frac{\partial^2 u}{\partial x^2}(x,t) = 0, \quad 0 < x < 1, \quad 0 < t$$

其满足的限制条件为

$$u(0,t) = u(1,t) = 0, \quad 0 < t, \quad u(x,0) = \sin \pi x, \quad 0 \leqslant x \leqslant 1$$

解 这个问题在例 1 中考虑过, 当时我们选取了 $h = 0.1$, $k = 0.0005$, 得到了非常精确的结果, 但是当取 $h = 0.1$, $k = 0.01$ 时, 结果却很差。为了说明向后有限差分方法的无条件稳定性, 我们将取 $h = 0.1$, $k = 0.01$ 来计算, 并重新比较 $w_{i,50}$ 和 $u(x_i, 0.5)$, 其中 $i = 0, 1, \cdots, 10$。

计算结果列于表 12.4 中。对于同样的 h 和 k 的值, 将表 12.4 中数值与表 12.3 中第五列和第六列的数值相比可以看出向后差分方法的稳定性。

表 12.4

x_i	$w_{i,50}$	$u(x_i, 0.5)$	$|w_{i,50} - u(x_i, 0.5)|$
0.0	0	0	
0.1	0.00289802	0.00222241	6.756×10^{-4}
0.2	0.00551236	0.00422728	1.285×10^{-3}
0.3	0.00758711	0.00581836	1.769×10^{-3}
0.4	0.00891918	0.00683989	2.079×10^{-3}
0.5	0.00937818	0.00719188	2.186×10^{-3}
0.6	0.00891918	0.00683989	2.079×10^{-3}
0.7	0.00758711	0.00581836	1.769×10^{-3}
0.8	0.00551236	0.00422728	1.285×10^{-3}
0.9	0.00289802	0.00222241	6.756×10^{-4}
1.0	0	0	

　　向后差分方法没有像向前差分方法一样的稳定性问题, 其原因可以通过分析矩阵 A 的特征值来解释。对向后差分方法(见习题 16), 其特征值是

$$\mu_i = 1 + 4\lambda \left[\sin \left(\frac{i\pi}{2m} \right) \right]^2, \qquad \text{对每个 } i = 1, 2, \cdots, m-1$$

因为 $\lambda > 0$, 从而有 $\mu_i > 1$, $i = 1, 2, \cdots, m-1$。又因为 A^{-1} 的特征值是 A 的特征值的倒数, 从而 A^{-1} 的谱半径 $\rho(A^{-1}) < 1$。这意味着 A^{-1} 是一个收敛的矩阵。

　　设初始数据中的误差为 $\mathbf{e}^{(0)}$, 使用向后差分方法, 该误差会导致在第 n 步时的误差为 $(A^{-1})^n \mathbf{e}^{(0)}$。因为 A^{-1} 是收敛的, 所以

$$\lim_{n \to \infty} (A^{-1})^n \mathbf{e}^{(0)} = \mathbf{0}$$

因此, 该方法是稳定的, 它与 $\lambda = \alpha^2(k/h^2)$ 的选取无关。利用第 5 章的术语, 我们称向后差分方法是**无条件稳定**的方法。假设微分方程的解满足通常的可微性条件, 则该方法的局部截断误差阶是 $O(k+h^2)$。在这种情形下, 方法以相同的收敛率收敛到微分方程的解(参见[IK],p.508)。

　　向后差分方法的缺点来自局部截断误差的阶关于空间是 $O(h^2)$ 的, 而关于时间是 $O(k)$ 的, 这要求时间步长要比 x 轴上的区间划分小得多。显然, 局部截断误差的阶为 $O(k^2+h^2)$ 的方法是可取的。沿这个思路努力的第一步是用误差阶为 $O(k^2)$ 的差分公式来离散 $u_t(x,t)$, 从而取代前面使用的误差阶为 $O(k)$ 的公式。关于 t 在点 (x_i, t_j) 处对函数 $u(x, t)$ 进行 Taylor 展开, 并对展式在 (x_i, t_{j+1}) 和 (x_i, t_{j-1}) 求值, 然后运算得到中心差分公式:

$$\frac{\partial u}{\partial t}(x_i, t_j) = \frac{u(x_i, t_{j+1}) - u(x_i, t_{j-1})}{2k} + \frac{k^2}{6} \frac{\partial^3 u}{\partial t^3}(x_i, \mu_j)$$

其中 μ_j 位于区间 (t_{j-1}, t_{j+1})。在微分方程中利用这个公式替换时间导数项, 并用通常的差商公式(12.8)代替关于 x 的二阶导数项 $(\partial^2 u / \partial x^2)$, 可得到 **Richardson** 方法, 它由下面的公式给出:

$$\frac{w_{i,j+1} - w_{i,j-1}}{2k} - \alpha^2 \frac{w_{i+1,j} - 2w_{ij} + w_{i-1,j}}{h^2} = 0 \tag{12.14}$$

　　这个方法的局部截断误差阶为 $O(k^2+h^2)$, 但遗憾的是, 与向前差分方法一样, 它有严重的稳定性问题(见习题 11 和习题 12)。

Crank-Nicolson 方法

　　一个更有用的方法可以通过关于时间 t 的平均向前差分方法的第 j 步和向前差分方法的第 $j+1$ 步得到。向前差分方法的第 j 步为

$$\frac{w_{i,j+1} - w_{i,j}}{k} - \alpha^2 \frac{w_{i+1,j} - 2w_{i,j} + w_{i-1,j}}{h^2} = 0$$

它的局部截断误差为

$$\tau_F = \frac{k}{2} \frac{\partial^2 u}{\partial t^2}(x_i, \mu_j) + O(h^2)$$

向后差分方法的第 $j+1$ 步为

$$\frac{w_{i,j+1} - w_{i,j}}{k} - \alpha^2 \frac{w_{i+1,j+1} - 2w_{i,j+1} + w_{i-1,j+1}}{h^2} = 0$$

它的局部截断误差为

$$\tau_B = -\frac{k}{2} \frac{\partial^2 u}{\partial t^2}(x_i, \hat{u}_j) + O(h^2)$$

如果假设

$$\frac{\partial^2 u}{\partial t^2}(x_i, \hat{\mu}_j) \approx \frac{\partial^2 u}{\partial t^2}(x_i, \mu_j)$$

则平均差分方法为

$$\frac{w_{i,j+1} - w_{ij}}{k} - \frac{\alpha^2}{2}\left[\frac{w_{i+1,j} - 2w_{i,j} + w_{i-1,j}}{h^2} + \frac{w_{i+1,j+1} - 2w_{i,j+1} + w_{i-1,j+1}}{h^2}\right] = 0$$

假设通常的可微性条件被满足之后，它的局部截断误差阶为 $O(k^2+h^2)$。

该方法被称为 **Crank-Nicolson** 方法，它的矩阵形式表示为

$$A\mathbf{w}^{(j+1)} = B\mathbf{w}^{(j)}, \quad \text{对每个 } j = 0, 1, 2, \cdots \tag{12.15}$$

其中，

$$\lambda = \alpha^2 \frac{k}{h^2}, \quad \mathbf{w}^{(j)} = (w_{1,j}, w_{2,j}, \cdots, w_{m-1,j})^t$$

而矩阵 A 和 B 分别为

$$A = \begin{bmatrix} (1+\lambda) & -\frac{\lambda}{2} & 0 & \cdots & \cdots & 0 \\ -\frac{\lambda}{2} & \ddots & \ddots & \ddots & & \vdots \\ 0 & \ddots & \ddots & \ddots & \ddots & 0 \\ \vdots & \ddots & \ddots & \ddots & \ddots & -\frac{\lambda}{2} \\ 0 & \cdots & \cdots & 0 & -\frac{\lambda}{2} & (1+\lambda) \end{bmatrix}$$

和

$$B = \begin{bmatrix} (1-\lambda) & \frac{\lambda}{2} & 0 & \cdots & \cdots & 0 \\ \frac{\lambda}{2} & \ddots & \ddots & \ddots & & \vdots \\ 0 & \ddots & \ddots & \ddots & \ddots & 0 \\ \vdots & \ddots & \ddots & \ddots & \ddots & \frac{\lambda}{2} \\ 0 & \cdots & \cdots & 0 & \frac{\lambda}{2} & (1-\lambda) \end{bmatrix}$$

非奇异矩阵 A 是正定的、严格对角占优的、三对角的。既可以使用 Crout 分解算法 6.7，也可以使用 SOR 算法 7.3 从 $\mathbf{w}^{(j)}$ 求出 $\mathbf{w}^{(j+1)}$，对每个 $j = 0, 1, 2, \cdots$。算法 12.3 合并了 Crout 分解和 Crank-Nicolson 方法。和算法 12.2 一样，算法 12.3 也预先给定了求解的时间区间来作为停机标准。关于 Crank-Nicolson 方法的无条件稳定性以及收敛阶为 $O(k^2+h^2)$ 的证明可以参考 [IK], pp.508–512。图 12.11 显示了用哪些点上的值来求点 (x_i, t_{j+1}) 的近似值。

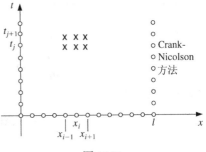

图 12.11

算法 12.3   Crank-Nicolson 方法

近似求解抛物型偏微分方程：

$$\frac{\partial u}{\partial t}(x, t) - \alpha^2 \frac{\partial^2 u}{\partial x^2}(x, t) = 0, \quad 0 < x < l, \quad 0 < t < T$$

其满足的边界条件为

$$u(0, t) = u(l, t) = 0, \quad 0 < t < T$$

初始条件为

$$u(x, 0) = f(x), \quad 0 \leqslant x \leqslant l$$

输入   端点 l；最大时间 T；常数 α；整数 $m \geqslant 3$，$N \geqslant 1$。

输出 $u(x_i, t_j)$ 的近似值 $w_{i,j}$，对每个 $i = 1, 2, \cdots, m-1$；$j = 1, 2, \cdots, N$。

Step 1   Set $h = l/m$；
$\qquad\qquad k = T/N$；
$\qquad\qquad \lambda = \alpha^2 k / h^2$；
$\qquad\qquad w_m = 0.$

Step 2   For $i = 1, \cdots, m-1$ set $w_i = f(ih)$.   (初始值.)
(Steps 3–11 用算法 6.7 求解三对角线性方程组)

Step 3   Set $l_1 = 1 + \lambda$；
$\qquad\qquad u_1 = -\lambda/(2l_1).$

Step 4   For $i = 2, \cdots, m-2$ set $l_i = 1 + \lambda + \lambda u_{i-1}/2$；
$\qquad\qquad\qquad\qquad\qquad\qquad\quad u_i = -\lambda/(2l_i).$

Step 5   Set $l_{m-1} = 1 + \lambda + \lambda u_{m-2}/2.$

Step 6   For $j = 1, \cdots, N$ do Steps 7–11.

$\qquad$**Step 7**   Set $t = jk$；   (当前 t_j)

$$z_1 = \left[(1 - \lambda) w_1 + \frac{\lambda}{2} w_2 \right] \Big/ l_1.$$

$\qquad$**Step 8**   For $i = 2, \cdots, m-1$ set

$$z_i = \left[(1 - \lambda) w_i + \frac{\lambda}{2} (w_{i+1} + w_{i-1} + z_{i-1}) \right] \Big/ l_i.$$

$\qquad$**Step 9**   Set $w_{m-1} = z_{m-1}.$

$\qquad$**Step 10**   For $i = m-2, \cdots, 1$ set $w_i = z_i - u_i w_{i+1}.$

$\qquad$**Step 11**   OUTPUT (t)；   (注：$t = t_j$)
$\qquad\qquad\qquad$ For $i = 1, \cdots, m-1$ set $x = ih$；
$\qquad\qquad\qquad\qquad\qquad\qquad\qquad$ OUTPUT (x, w_i).   (注：$w_i = w_{i,j}$)

Step 12   STOP.   (算法完成)   ∎

例 3   取 $h = 0.1$，$k = 0.01$，用 Crank-Nicolson 方法来近似求解方程：

$$\frac{\partial u}{\partial t}(x, t) - \frac{\partial^2 u}{\partial x^2}(x, t) = 0, \quad 0 < x < 1 \quad 0 < t$$

它满足的条件为

$$u(0, t) = u(1, t) = 0, \quad 0 < t$$

和

$$u(x, 0) = \sin(\pi x), \quad 0 \leqslant x \leqslant 1$$

解　取 $h = 0.1, k = 0.01$，这意味着在算法 12.3 中 $m = 10, N = 50, \lambda = 1$。回顾向前差分方法对这组参数选取得到的结果极差，而向后差分方法对这组参数选取得到的结果的精度差不多在 2×10^{-3} 以内。表 12.5 给出的结果显示 Crank-Nicolson 方法得到的结果精度更好，它是前面讨论的这些方法中最好的。

表 12.5

x_i	$w_{i,50}$	$u(x_i, 0.5)$	$|w_{i,50} - u(x_i, 0.5)|$
0.0	0	0	
0.1	0.00230512	0.00222241	8.271×10^{-5}
0.2	0.00438461	0.00422728	1.573×10^{-4}
0.3	0.00603489	0.00581836	2.165×10^{-4}
0.4	0.00709444	0.00683989	2.546×10^{-4}
0.5	0.00745954	0.00719188	2.677×10^{-4}
0.6	0.00709444	0.00683989	2.546×10^{-4}
0.7	0.00603489	0.00581836	2.165×10^{-4}
0.8	0.00438461	0.00422728	1.573×10^{-4}
0.9	0.00230512	0.00222241	8.271×10^{-5}
1.0	0	0	

■

习题 12.2

1. 用向后差分方法近似求解下面的偏微分方程。

$$\frac{\partial u}{\partial t} - \frac{\partial^2 u}{\partial x^2} = 0, \quad 0 < x < 2, \ 0 < t;$$
$$u(0, t) = u(2, t) = 0, \quad 0 < t, \quad u(x, 0) = \sin\frac{\pi}{2}x, \quad 0 \leqslant x \leqslant 2$$

取 $m = 4, T = 0.1, N = 2$。将你的结果与精确解 $u(x, t) = e^{-(\pi^2/4)t} \sin\frac{\pi}{2}x$ 进行比较。

2. 用向后差分方法近似求解下面的偏微分方程。

$$\frac{\partial u}{\partial t} - \frac{1}{16}\frac{\partial^2 u}{\partial x^2} = 0, \quad 0 < x < 1, \ 0 < t;$$
$$u(0, t) = u(1, t) = 0, \quad 0 < t, \quad u(x, 0) = 2\sin 2\pi x, \quad 0 \leqslant x \leqslant 1$$

取 $m = 3, T = 0.1, N = 2$。将你的结果与精确解 $u(x, t) = 2e^{-(\pi^2/4)t} \sin 2\pi x$ 进行比较。

3. 用 Crank-Nicolson 算法重做习题 1。

4. 用 Crank-Nicolson 算法重做习题 2。

5. 用向前差分方法近似求解下列抛物型偏微分方程。

a. $\dfrac{\partial u}{\partial t} - \dfrac{\partial^2 u}{\partial x^2} = 0, \quad 0 < x < 2, \ 0 < t;$

　　$u(0, t) = u(2, t) = 0, \quad 0 < t,$

　　$u(x, 0) = \sin 2\pi x, \quad 0 \leqslant x \leqslant 2$

先取 $h = 0.4, k = 0.1$，将 $t = 0.5$ 的近似解和精确解 $u(x, t) = e^{-4\pi^2 t} \sin 2\pi x$ 进行比较。然后取 $h = 0.4, k = 0.05$，求出近似解并将答案进行比较。

b. $\dfrac{\partial u}{\partial t} - \dfrac{\partial^2 u}{\partial x^2} = 0, \quad 0 < x < \pi, \ 0 < t;$

　　$u(0, t) = u(\pi, t) = 0, \quad 0 < t,$

　　$u(x, 0) = \sin x, \quad 0 \leqslant x \leqslant \pi$

先取 $h = \pi/10, k = 0.05$，将 $t = 0.5$ 的近似解和精确解 $u(x, t) = e^{-t} \sin x$ 进行比较。

6. 用向前差分方法近似求解下列抛物型偏微分方程。

    a. $\dfrac{\partial u}{\partial t} - \dfrac{4}{\pi^2}\dfrac{\partial^2 u}{\partial x^2} = 0, \quad 0 < x < 4,\ 0 < t;$

$$u(0,t) = u(4,t) = 0, \quad 0 < t,$$

$$u(x,0) = \sin\frac{\pi}{4}x\left(1 + 2\cos\frac{\pi}{4}x\right), \quad 0 \leqslant x \leqslant 4$$

    先取 $h = 0.2$，$k = 0.04$，将 $t = 0.4$ 的近似解和精确解 $u(x,t) = \mathrm{e}^{-t}\sin\dfrac{\pi}{2}x + \mathrm{e}^{-t/4}\sin\dfrac{\pi}{4}x$ 进行比较。

    b. $\dfrac{\partial u}{\partial t} - \dfrac{1}{\pi^2}\dfrac{\partial^2 u}{\partial x^2} = 0, \quad 0 < x < 1,\ 0 < t;$

$$u(0,t) = u(1,t) = 0, \quad 0 < t,$$

$$u(x,0) = \cos\pi\left(x - \frac{1}{2}\right), \quad 0 \leqslant x \leqslant 1$$

    先取 $h = 0.1$，$k = 0.04$，将 $t = 0.4$ 的近似解和精确解 $u(x,t) = \mathrm{e}^{-t}\cos\pi\left(x - \dfrac{1}{2}\right)$ 进行比较。

7. 用向后差分算法重做习题 5。

8. 用向后差分算法重做习题 6。

9. 用 Crank-Nicolson 算法重做习题 5。

10. 用 Crank-Nicolson 算法重做习题 6。

11. 用 Richardson 算法重做习题 5。

12. 用 Richardson 算法重做习题 6。

应用型习题

13. 恒定截面和均匀导电材料的细长杆的温度 $u(x,t)$ 由一维热方程控制。例如，如果材料通过电阻(或电流，或反应)产生热量，则热方程变为

$$\frac{\partial^2 u}{\partial x^2} + \frac{Kr}{\rho C} = K\frac{\partial u}{\partial t}, \quad 0 < x < l, \quad 0 < t$$

其中，l 是长度，ρ 是密度，C 是比热，K 是棒的热扩散率。函数 $r = r(x,t,u)$ 表示每单位体积产生的热量。假设

$$l = 1.5\ \text{cm}, \quad K = 1.04\ \text{cal/cm} \cdot \text{deg} \cdot \text{s}, \quad \rho = 10.6\ \text{g/cm}^3, \quad C = 0.056\ \text{cal/g} \cdot \text{deg}$$

以及

$$r(x,t,u) = 5.0\ \text{cal/cm}^3 \cdot \text{s}$$

如果杆的末端保持在 $0\,℃$，则

$$u(0,t) = u(l,t) = 0, \quad t > 0$$

假设初始温度的分布由下面的关系给出：

$$u(x,0) = \sin\frac{\pi x}{l}, \quad 0 \leqslant x \leqslant l$$

采用习题 17 的结果，取 $h = 0.15$，$k = 0.0225$，近似求温度分布。

14. Sagar 和 Payne[SP]分析了应力应变关系和圆柱体交替受热和冷却的材料特性并考虑了方程：

$$\frac{\partial^2 T}{\partial r^2} + \frac{1}{r}\frac{\partial T}{\partial r} = \frac{1}{4K}\frac{\partial T}{\partial t}, \quad \frac{1}{2} < r < 1,\ 0 < T$$

其中，$T = T(r,t)$ 是温度，r 是从圆柱中心出发的径向距离，t 是时间，K 是扩散系数。

    a. 考虑外径为 1 的圆柱体，给出初值和边界条件如下：

$$T(1,t) = 100 + 40t, \quad T\left(\frac{1}{2}, t\right) = t, \quad 0 \leqslant t \leqslant 10;$$

$$T(r, 0) = 200(r - 0.5), \quad 0.5 \leqslant r \leqslant 1$$

取 $K = 0.1$, $k = 0.5$, $h = \Delta r = 0.1$, 用修正的向后差分方法求 $T(r, 10)$ 的近似值。

b. 用(a)中得到的温度分布近似计算应变量:

$$I = \int_{0.5}^{1} \alpha T(r, t) r \, \mathrm{d}r$$

其中, $\alpha = 10.7$, $t = 10$。使用 $n = 5$ 的复合梯形方法。

理论型习题

15. $(m-1) \times (m-1)$ 的三对角矩阵 A 的元素为

$$a_{ij} = \begin{cases} \lambda, & j = i - 1 \text{ 或 } j = i + 1, \\ 1 - 2\lambda, & j = i, \\ 0, & \text{其他} \end{cases}$$

证明 A 的特征值为

$$\mu_i = 1 - 4\lambda \left(\sin \frac{i\pi}{2m}\right)^2, \quad \text{对每个 } i = 1, 2, \cdots, m-1$$

其相应的特征向量为 $\mathbf{v}^{(i)}$, 其中 $v_j^{(i)} = \sin \frac{ij\pi}{m}$。

16. $(m-1) \times (m-1)$ 的三对角矩阵 A 的元素为

$$a_{ij} = \begin{cases} -\lambda, & j = i - 1 \text{ 或 } j = i + 1, \\ 1 + 2\lambda, & j = i, \\ 0, & \text{其他} \end{cases}$$

其中 $\lambda > 0$。证明 A 是正定的、对角占优的, 且其特征值为

$$\mu_i = 1 + 4\lambda \left(\sin \frac{i\pi}{2m}\right)^2, \quad \text{对每个 } i = 1, 2, \cdots, m-1$$

其相应的特征向量为 $\mathbf{v}^{(i)}$, 其中 $v_j^{(i)} = \sin \frac{ij\pi}{m}$。

17. 修改算法 12.2 和算法 12.3, 使得它们能够近似求解抛物型偏微分方程:

$$\frac{\partial u}{\partial t} - \frac{\partial^2 u}{\partial x^2} = F(x), \quad 0 < x < l, \ 0 < t;$$

$$u(0, t) = u(l, t) = 0, \quad 0 < t;$$

$$u(x, 0) = f(x), \quad 0 \leqslant x \leqslant l$$

18. 用习题 17 的算法近似求解

$$\frac{\partial u}{\partial t} - \frac{\partial^2 u}{\partial x^2} = 2, \quad 0 < x < 1, \ 0 < t;$$

$$u(0, t) = u(1, t) = 0, \quad 0 < t;$$

$$u(x, 0) = \sin \pi x + x(1 - x)$$

其中, 取 $h = 0.1$, $k = 0.01$。将 $t = 0.25$ 时得到的近似结果与精确解 $u(x, t) = e^{-\pi^2 t} \sin \pi x + x(1 - x)$ 进行比较。

19. 修改算法 12.2 和算法 12.3, 使得它们能够用于近似求解偏微分方程:

$$\frac{\partial u}{\partial t} - \alpha^2 \frac{\partial^2 u}{\partial x^2} = 0, \quad 0 < x < l, \ 0 < t;$$

$$u(0, t) = \phi(t), u(l, t) = \Psi(t), \quad 0 < t;$$

$$u(x, 0) = f(x), \quad 0 \leqslant x \leqslant l$$

其中，$f(0) = \phi(0)$，$f(l) = \psi(0)$。

讨论问题

1. 描述 ADI（Alternating Direction Implicit）。
2. 有限元方法能用于抛物型方程吗？

12.3 双曲型偏微分方程

在这一节里，我们考虑**波方程**的数值求解，它是**双曲型**偏微分方程的一个例子。波方程是下面的微分方程：

$$\frac{\partial^2 u}{\partial t^2}(x, t) - \alpha^2 \frac{\partial^2 u}{\partial x^2}(x, t) = 0, \quad 0 < x < l, \quad t > 0 \tag{12.16}$$

其满足条件：

$$u(0, t) = u(l, t) = 0, \qquad t > 0,$$

$$u(x, 0) = f(x), \qquad \frac{\partial u}{\partial t}(x, 0) = g(x), \qquad 0 \leqslant x \leqslant l$$

其中 α 是与问题的物理背景有关的常数。

选择一个整数 $m > 0$，用 $h = l/m$ 来定义 x 轴上的网格点。另外，选择一个时间步长 $k > 0$。网格点 (x_i, t_j) 定义为

$$x_i = ih \quad \text{和} \quad t_j = jk, \qquad \text{对每个 } i = 0, 1, \cdots, m, \ j = 0, 1, \cdots$$

在任意一个网格内点 (x_i, t_j) 上，波方程满足

$$\frac{\partial^2 u}{\partial t^2}(x_i, t_j) - \alpha^2 \frac{\partial^2 u}{\partial x^2}(x_i, t_j) = 0 \tag{12.17}$$

差分方法通过使用中心差商公式而得到。二阶偏导数的中心差商为

$$\frac{\partial^2 u}{\partial t^2}(x_i, t_j) = \frac{u(x_i, t_{j+1}) - 2u(x_i, t_j) + u(x_i, t_{j-1})}{k^2} - \frac{k^2}{12}\frac{\partial^4 u}{\partial t^4}(x_i, \mu_j)$$

其中 $\mu_j \in (t_{j-1}, t_{j+1})$，以及

$$\frac{\partial^2 u}{\partial x^2}(x_i, t_j) = \frac{u(x_{i+1}, t_j) - 2u(x_i, t_j) + u(x_{i-1}, t_j)}{h^2} - \frac{h^2}{12}\frac{\partial^4 u}{\partial x^4}(\xi_i, t_j)$$

其中 $\xi_i \in (x_{i-1}, x_{i+1})$。将这些公式代入方程 (12.17) 得到

$$\frac{u(x_i, t_{j+1}) - 2u(x_i, t_j) + u(x_i, t_{j-1})}{k^2} - \alpha^2 \frac{u(x_{i+1}, t_j) - 2u(x_i, t_j) + u(x_{i-1}, t_j)}{h^2}$$

$$= \frac{1}{12}\left[k^2 \frac{\partial^4 u}{\partial t^4}(x_i, \mu_j) - \alpha^2 h^2 \frac{\partial^4 u}{\partial x^4}(\xi_i, t_j) \right].$$

略去误差项

$$\tau_{i,j} = \frac{1}{12}\left[k^2 \frac{\partial^4 u}{\partial t^4}(x_i, \mu_j) - \alpha^2 h^2 \frac{\partial^4 u}{\partial x^4}(\xi_i, t_j) \right] \tag{12.18}$$

得到差分方程：

$$\frac{w_{i,j+1} - 2w_{i,j} + w_{i,j-1}}{k^2} - \alpha^2 \frac{w_{i+1,j} - 2w_{i,j} + w_{i-1,j}}{h^2} = 0$$

定义 $\lambda = \alpha k / h$ ，则可以将差分方程写为

$$w_{i,j+1} - 2w_{i,j} + w_{i,j-1} - \lambda^2 w_{i+1,j} + 2\lambda^2 w_{i,j} - \lambda^2 w_{i-1,j} = 0$$

其未知量为 $w_{i,j+1}$ ，它是时间的最后一步近似值，解出后得到

$$w_{i,j+1} = 2(1 - \lambda^2)w_{i,j} + \lambda^2(w_{i+1,j} + w_{i-1,j}) - w_{i,j-1} \tag{12.19}$$

这些方程对每个 $i = 1,2,\cdots,m-1$ 和 $j = 1,2,\cdots$ 成立。由边界条件可以给出：

$$w_{0,j} = w_{m,j} = 0, \qquad \text{对每个 } j = 1,2,3,\cdots \tag{12.20}$$

而初始条件意味着

$$w_{i,0} = f(x_i), \qquad \text{对每个 } i = 1,2,\cdots,m-1 \tag{12.21}$$

将这些方程写成矩阵的形式为

$$
\begin{bmatrix} w_{1,j+1} \\ w_{2,j+1} \\ \vdots \\ w_{m-1,j+1} \end{bmatrix}
=
\begin{bmatrix}
2(1-\lambda^2) & \lambda^2 & 0 & \cdots & \cdots & 0 \\
\lambda^2 & 2(1-\lambda^2) & \lambda^2 & & & \vdots \\
0 & & & & & 0 \\
\vdots & & & & & \lambda^2 \\
0 & \cdots & \cdots & 0 & \lambda^2 & 2(1-\lambda^2)
\end{bmatrix}
\begin{bmatrix} w_{1,j} \\ w_{2,j} \\ \vdots \\ w_{m-1,j} \end{bmatrix}
-
\begin{bmatrix} w_{1,j-1} \\ w_{2,j-1} \\ \vdots \\ w_{m-1,j-1} \end{bmatrix}
\tag{12.22}
$$

由方程(12.19)及方程(12.22)可知，求第 $(j+1)$ 个时间步上的近似值需要第 j 个和第 $j-1$ 个时间步上的近似值(见图 12.12)。这产生了一个开始值问题，因为 $j = 0$ 时的值由方程(12.21)给出，但是 $j = 1$ 时的值却没有，然而它在计算 $w_{i,2}$ 的方程(12.19)时要用到，因此必须从初始速度条件中产生，该条件为

$$\frac{\partial u}{\partial t}(x,0) = g(x), \qquad 0 \leqslant x \leqslant l$$

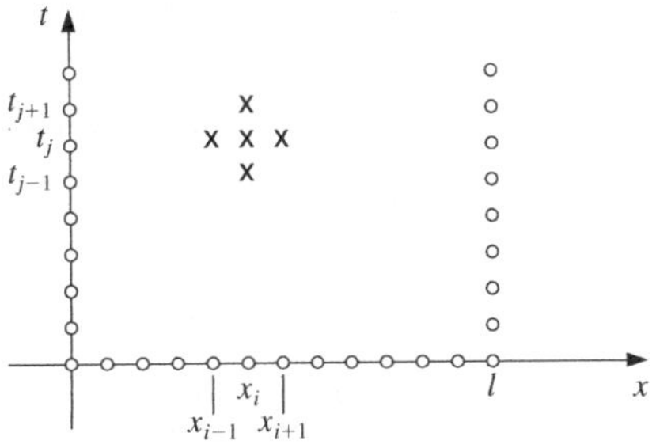

图 12.12

方法之一是将 $\partial u / \partial t$ 用向前差分近似来替代：

$$\frac{\partial u}{\partial t}(x_i, 0) = \frac{u(x_i, t_1) - u(x_i, 0)}{k} - \frac{k}{2}\frac{\partial^2 u}{\partial t^2}(x_i, \tilde{\mu}_i) \tag{12.23}$$

其中 $\tilde{\mu}_i$ 位于 $(0, t_1)$ 。从方程中解出 $u(x_i, t_1)$ 得到

$$u(x_i, t_1) = u(x_i, 0) + k\frac{\partial u}{\partial t}(x_i, 0) + \frac{k^2}{2}\frac{\partial^2 u}{\partial t^2}(x_i, \tilde{\mu}_i)$$

$$= u(x_i, 0) + kg(x_i) + \frac{k^2}{2}\frac{\partial^2 u}{\partial t^2}(x_i, \tilde{\mu}_i)$$

舍去截断项后就得到

$$w_{i,1} = w_{i,0} + kg(x_i), \qquad \text{对每个 } i = 1,\cdots,m-1 \tag{12.24}$$

但是，这个近似只有 $O(k)$ 阶的截断误差，而方程(12.18)中的截断误差却是 $O(k^2)$ 阶的。

改进初始近似

为了得到 $u(x_i,0)$ 的更好的近似，我们将 $u(x_i,t_1)$ 在时刻 t 展开成二次 Maclaurin 多项式，则

$$u(x_i, t_1) = u(x_i, 0) + k\frac{\partial u}{\partial t}(x_i, 0) + \frac{k^2}{2}\frac{\partial^2 u}{\partial t^2}(x_i, 0) + \frac{k^3}{6}\frac{\partial^3 u}{\partial t^3}(x_i, \hat{\mu}_i)$$

其中 $\tilde{\mu}_i$ 位于区间 $(0, t_1)$。如果 f'' 存在，则

$$\frac{\partial^2 u}{\partial t^2}(x_i, 0) = \alpha^2 \frac{\partial^2 u}{\partial x^2}(x_i, 0) = \alpha^2 \frac{d^2 f}{dx^2}(x_i) = \alpha^2 f''(x_i)$$

和

$$u(x_i, t_1) = u(x_i, 0) + kg(x_i) + \frac{\alpha^2 k^2}{2} f''(x_i) + \frac{k^3}{6} \frac{\partial^3 u}{\partial t^3}(x_i, \hat{\mu}_i)$$

这样就得到了一个误差为 $O(k^3)$ 阶的近似:

$$w_{i1} = w_{i0} + kg(x_i) + \frac{\alpha^2 k^2}{2} f''(x_i)$$

如果 $f \in C^4[0,1]$ 但 $f''(x_i)$ 并不容易获得，我们可以在方程 (4.9) 中使用差分方程并写为

$$f''(x_i) = \frac{f(x_{i+1}) - 2f(x_i) + f(x_{i-1})}{h^2} - \frac{h^2}{12} f^{(4)}(\tilde{\xi}_i)$$

其中 ξ_i 位于区间 (x_{i-1}, x_{i+1})。这意味着

$$u(x_i, t_1) = u(x_i, 0) + kg(x_i) + \frac{k^2 \alpha^2}{2h^2}[f(x_{i+1}) - 2f(x_i) + f(x_{i-1})] + O(k^3 + h^2 k^2)$$

因为 $\lambda = k\alpha / h$，我们将这个方程写为

$$u(x_i, t_1) = u(x_i, 0) + kg(x_i) + \frac{\lambda^2}{2}[f(x_{i+1}) - 2f(x_i) + f(x_{i-1})] + O(k^3 + h^2 k^2)$$

$$= (1 - \lambda^2) f(x_i) + \frac{\lambda^2}{2} f(x_{i+1}) + \frac{\lambda^2}{2} f(x_{i-1}) + kg(x_i) + O(k^3 + h^2 k^2)$$

于是，差分方程

$$w_{i,1} = (1 - \lambda^2) f(x_i) + \frac{\lambda^2}{2} f(x_{i+1}) + \frac{\lambda^2}{2} f(x_{i-1}) + kg(x_i) \tag{12.25}$$

可以用来计算 $w_{i,1}, i = 1, 2, \cdots, m-1$。对于后面的所有近似，我们采用方程 (12.22) 来计算。

算法 12.4 使用方程 (12.25) 来近似计算 $w_{i,1}$，尽管方程 (12.24) 也可以使用。假设时间 t 有一个上界用于停机且 $k = T/N$，其中 N 也已给定。

算法 12.4　波方程有限差分方法

近似求解波方程:

$$\frac{\partial^2 u}{\partial t^2}(x, t) - \alpha^2 \frac{\partial^2 u}{\partial x^2}(x, t) = 0, \quad 0 < x < l, \quad 0 < t < T$$

满足边界条件

$$u(0, t) = u(l, t) = 0, \quad 0 < t < T$$

以及初始条件

$$u(x, 0) = f(x), \quad \frac{\partial u}{\partial t}(x, 0) = g(x), \quad 0 \leqslant x \leqslant l$$

输入　端点 l; 最大时间 T; 常数 α; 整数 $m \geqslant 2$; $N \geqslant 2$。

输出　$u(x_i, t_j)$ 的近似值 $w_{i,j}$, 对每个 $i = 0, \cdots, m; j = 0, 1, \cdots, N$。

Step 1　Set $h = l/m$;
　　　　　　$k = T/N$;
　　　　　　$\lambda = k\alpha / h$.

Step 2　For $j = 1, \cdots, N$ set $w_{0,j} = 0$;
　　　　　　　　　　　　　　　　$w_{m,j} = 0$;

Step 3 Set $w_{0,0} = f(0)$;
        $w_{m,0} = f(l)$.

Step 4 For $i = 1, \cdots, m-1$ (对$t = 0$和$t = k$进行初始化)
        set $w_{i,0} = f(ih)$;

$$w_{i,1} = (1 - \lambda^2)f(ih) + \frac{\lambda^2}{2}[f((i+1)h) + f((i-1)h)] + kg(ih).$$

Step 5 For $j = 1, \cdots, N-1$ (执行矩阵乘法)
        for $i = 1, \cdots, m-1$
           set $w_{i,j+1} = 2(1 - \lambda^2)w_{i,j} + \lambda^2(w_{i+1,j} + w_{i-1,j}) - w_{i,j-1}$.

Step 6 For $j = 0, \cdots, N$
        set $t = jk$;
        for $i = 0, \cdots, m$
           set $x = ih$;
           OUTPUT $(x, t, w_{i,j})$.

Step 7 STOP. （算法完成）

例 1 近似求解双曲问题：

$$\frac{\partial^2 u}{\partial t^2}(x, t) - 4\frac{\partial^2 u}{\partial x^2}(x, t) = 0, \quad 0 < x < 1, \quad 0 < t$$

其边界条件为

$$u(0, t) = u(1, t) = 0, \quad 0 < t$$

初始条件为

$$u(x, 0) = \sin(\pi x), \quad 0 \leqslant x \leqslant 1 \quad 且 \quad \frac{\partial u}{\partial t}(x, 0) = 0, \quad 0 \leqslant x \leqslant 1$$

取 $h = 0.1, k = 0.05$。将得到的结果和精确解

$$u(x, t) = \sin \pi x \cos 2\pi t$$

进行对比。

解 选取 $h = 0.1$, $k = 0.05$, 因此 $\lambda = 1$, $m = 10$, $N = 20$。我们选取最大时间 $T = 1$ 并使用有限差分算法 12.4。这样得到的 $u(0.1i, 1), i = 0, 1, \cdots, 10$ 的近似值为 $w_{i,N}$, 这些结果列于表 12.6 中, 它们精确到所给位数。

表 12.6

x_i	$w_{i,20}$
0.0	0.0000000000
0.1	0.3090169944
0.2	0.5877852523
0.3	0.8090169944
0.4	0.9510565163
0.5	1.0000000000
0.6	0.9510565163
0.7	0.8090169944
0.8	0.5877852523
0.9	0.3090169944
1.0	0.0000000000

该例子中的结果是非常精确的, 它超过了截断误差 $O(k^2 + h^2)$ 的理论预测。这是因为方程的精确解是无限可微的。当这种情形发生时, Taylor 级数为

$$\frac{u(x_{i+1}, t_j) - 2u(x_i, t_j) + u(x_{i-1}, t_j)}{h^2}$$

$$= \frac{\partial^2 u}{\partial x^2}(x_i, t_j) + 2\left[\frac{h^2}{4!}\frac{\partial^4 u}{\partial x^4}(x_i, t_j) + \frac{h^4}{6!}\frac{\partial^6 u}{\partial x^6}(x_i, t_j) + \cdots\right]$$

和

$$\frac{u(x_i, t_{j+1}) - 2u(x_i, t_j) + u(x_i, t_{j-1})}{k^2}$$

$$= \frac{\partial^2 u}{\partial t^2}(x_i, t_j) + 2\left[\frac{k^2}{4!}\frac{\partial^4 u}{\partial t^4}(x_i, t_j) + \frac{h^4}{6!}\frac{\partial^6 u}{\partial t^6}(x_i, t_j) + \cdots\right]$$

因为 $u(x, t)$ 满足偏微分方程：

$$\frac{u(x_i, t_{j+1}) - 2u(x_i, t_j) + u(x_i, t_{j-1})}{k^2} - \alpha^2 \frac{u(x_{i+1}, t_j) - 2u(x_i, t_j) + u(x_{i-1}, t_j)}{h^2}$$

$$= 2\left[\frac{1}{4!}\left(k^2\frac{\partial^4 u}{\partial t^4}(x_i, t_j) - \alpha^2 h^2\frac{\partial^4 u}{\partial x^4}(x_i, t_j)\right)\right. \tag{12.26}$$

$$\left. + \frac{1}{6!}\left(k^4\frac{\partial^6 u}{\partial t^6}(x_i, t_j) - \alpha^2 h^4\frac{\partial^6 u}{\partial x^6}(x_i, t_j)\right) + \cdots\right]$$

进而，对波方程进行微分可以得到

$$k^2\frac{\partial^4 u}{\partial t^4}(x_i, t_j) = k^2\frac{\partial^2}{\partial t^2}\left[\alpha^2\frac{\partial^2 u}{\partial x^2}(x_i, t_j)\right] = \alpha^2 k^2\frac{\partial^2}{\partial x^2}\left[\frac{\partial^2 u}{\partial t^2}(x_i, t_j)\right]$$

$$= \alpha^2 k^2\frac{\partial^2}{\partial x^2}\left[\alpha^2\frac{\partial^2 u}{\partial x^2}(x_i, t_j)\right] = \alpha^4 k^2\frac{\partial^4 u}{\partial x^4}(x_i, t_j)$$

另外我们知道 $\lambda^2 = (\alpha^2 k^2 / h^2) = 1$，因此有

$$\frac{1}{4!}\left[k^2\frac{\partial^4 u}{\partial t^4}(x_i, t_j) - \alpha^2 h^2\frac{\partial^4 u}{\partial x^4}(x_i, t_j)\right] = \frac{\alpha^2}{4!}[\alpha^2 k^2 - h^2]\frac{\partial^4 u}{\partial x^4}(x_i, t_j) = 0$$

依次类推，方程(12.26)右端的所有项都是 0，这意味着局部截断误差是 0。例 1 中仅有的误差是由 $w_{i,1}$ 的近似以及舍入误差产生的。

就像在热方程的有限差分方法中一样，波方程的显式有限差分方法也存在稳定性问题。事实上，要使这个方法是稳定的必须要求 $\lambda = \alpha k / h \leqslant 1$（参见[IK]，p.489）。只要 f 和 g 充分可微，算法 12.4 描述的显式方法当 $\lambda \leqslant 1$ 时是 $O(h^2+k^2)$ 阶收敛的。关于这个结论的证明详见文献[IK],p.491。

我们这里不打算讨论隐式方法，但是需要知道的是有些隐式方法是无条件稳定的。关于这些方法的详细讨论可参考文献[Am],p.199,[Mi]或[Sm,B]。

习题 12.3

1. 用有限差分方法(算法 12.4)近似求解波方程：

$$\frac{\partial^2 u}{\partial t^2} - \frac{\partial^2 u}{\partial x^2} = 0, \quad 0 < x < 1, \quad 0 < t,$$

$$u(0, t) = u(1, t) = 0, \quad 0 < t,$$

$$u(x, 0) = \sin\pi x, \quad 0 \leqslant x \leqslant 1,$$

$$\frac{\partial u}{\partial t}(x, 0) = 0, \quad 0 \leqslant x \leqslant 1$$

取 $m = 4, N = 4, T = 1.0$。将得到的 $t = 1.0$ 的近似结果与精确解 $u(x,t) = \cos\pi t \sin\pi x$ 进行对比。

2. 用有限差分方法(算法 12.4)近似求解波方程：

$$\frac{\partial^2 u}{\partial t^2} - \frac{1}{16\pi^2}\frac{\partial^2 u}{\partial x^2} = 0, \quad 0 < x < 0.5, \, 0 < t,$$

$$u(0, t) = u(0.5, t) = 0, \quad 0 < t,$$

$$u(x, 0) = 0, \quad 0 \leqslant x \leqslant 0.5,$$

$$\frac{\partial u}{\partial t}(x, 0) = \sin 4\pi x, \quad 0 \leqslant x \leqslant 0.5$$

取 $m = 4, N = 4, T = 0.5$。将得到的 $t = 0.5$ 的近似结果与精确解 $u(x,t) = \sin t \sin 4\pi x$ 进行对比。

3. 用有限差分方法近似求解波方程：

$$\frac{\partial^2 u}{\partial t^2} - \frac{\partial^2 u}{\partial x^2} = 0, \quad 0 < x < \pi, \ 0 < t,$$

$$u(0, t) = u(\pi, t) = 0, \quad 0 < t,$$

$$u(x, 0) = \sin x, \quad 0 \leqslant x \leqslant \pi,$$

$$\frac{\partial u}{\partial t}(x, 0) = 0, \quad 0 \leqslant x \leqslant \pi$$

先取 $h = \pi/10$, $k = 0.05$，接着取 $h = \pi/20$, $k = 0.1$，最后取 $h = \pi/20$, $k = 0.05$。将得到的 $t = 0.5$ 的近似结果与精确解 $u(x,t) = \cos t \sin x$ 进行对比。

4. 在算法 12.4 的 Step 4 中使用下面的近似：

$$w_{i,1} = w_{i,0} + kg(x_i), \quad \text{对每个 } i = 1, \cdots, m-1$$

重做习题 3。

5. 用有限差分方法 (算法 12.4) 近似求解波方程：

$$\frac{\partial^2 u}{\partial t^2} - \frac{\partial^2 u}{\partial x^2} = 0, \quad 0 < x < 1, \ 0 < t,$$

$$u(0, t) = u(1, t) = 0, \quad 0 < t,$$

$$u(x, 0) = \sin 2\pi x, \quad 0 \leqslant x \leqslant 1,$$

$$\frac{\partial u}{\partial t}(x, 0) = 2\pi \sin 2\pi x, \quad 0 \leqslant x \leqslant 1$$

取 $h = 0.1$, $k = 0.1$。将得到的 $t = 0.3$ 的近似结果与精确解 $u(x,t) = \sin 2\pi x (\cos 2\pi t + \sin 2\pi t)$ 进行对比。

6. 用有限差分方法 (算法 12.4) 近似求解波方程：

$$\frac{\partial^2 u}{\partial t^2} - \frac{\partial^2 u}{\partial x^2} = 0, \quad 0 < x < 1, \ 0 < t,$$

$$u(0, t) = u(1, t) = 0, \quad 0 < t,$$

$$u(x, 0) = \begin{cases} 1, & 0 \leqslant x \leqslant \frac{1}{2}, \\ -1, & \frac{1}{2} < x \leqslant 1, \end{cases}$$

$$\frac{\partial u}{\partial t}(x, 0) = 0, \quad 0 \leqslant x \leqslant 1$$

取 $h = 0.1$, $k = 0.1$。

应用型习题

7. 风琴管内的气压 $p(x,t)$ 由以下波动方程刻画：

$$\frac{\partial^2 p}{\partial x^2} = \frac{1}{c^2} \frac{\partial^2 p}{\partial t^2}, \quad 0 < x < l, \ 0 < t$$

其中，l 是风琴管的长度，c 是一个物理常数。如果风琴管是开口的，则边界条件为

$$p(0, t) = p_0 \quad \text{和} \quad p(l, t) = p_0$$

而如果风琴管的末端 $x = l$ 是封口的，则边界条件为

$$p(0, t) = p_0 \quad \text{和} \quad \frac{\partial p}{\partial x}(l, t) = 0$$

假设 $c = 1$, $l = 1$，初始条件为

$$p(x, 0) = p_0 \cos 2\pi x \quad \text{和} \quad \frac{\partial p}{\partial t}(x, 0) = 0, \quad 0 \leqslant x \leqslant 1$$

a. 取 $h = k = 0.1$，用算法 12.4 近似求开口风琴管 $x = \frac{1}{2}$ 处的气压，其中取 $p_0 = 0.9$，且 $t = 0.5$ 及 $t = 1$。

b. 修改算法 12.4 使得它能够求解闭风琴管的气压。取 $h = k = 0.1$，近似求 $p(0.5, 0.5)$ 以及 $p(0.5, 1)$，其中 $p_0 = 0.9$。

8. 在长度为 l 的输送高频交流电的电力传输线路(称为无损耗输电线)中，其电压 V 和电流 i 之间的关系由下面的方程描述：

$$\frac{\partial^2 V}{\partial x^2} = LC \frac{\partial^2 V}{\partial t^2}, \quad 0 < x < l, \ 0 < t;$$

$$\frac{\partial^2 i}{\partial x^2} = LC \frac{\partial^2 i}{\partial t^2}, \quad 0 < x < l, \ 0 < t$$

其中，L 是单位长度电感，C 是单位长度电容。假设输电线的长度是 200 ft，常数 C 和 L 为

$$C = 0.1 \, \text{F/ft} \quad \text{和} \quad L = 0.3 \, \text{H/ft}$$

再假设电压和电流还满足关系：

$$V(0, t) = V(200, t) = 0, \quad 0 < t;$$

$$V(x, 0) = 110 \sin \frac{\pi x}{200}, \quad 0 \leqslant x \leqslant 200;$$

$$\frac{\partial V}{\partial t}(x, 0) = 0, \quad 0 \leqslant x \leqslant 200;$$

$$i(0, t) = i(200, t) = 0, \quad 0 < t;$$

$$i(x, 0) = 5.5 \cos \frac{\pi x}{200}, \quad 0 \leqslant x \leqslant 200;$$

和

$$\frac{\partial i}{\partial t}(x, 0) = 0, \quad 0 \leqslant x \leqslant 200$$

取 $h = 10, k = 0.1$，用算法 12.4 近似求 $t = 0.2$ 和 $t = 0.5$ 时的电压和电流。

讨论问题

1. 讨论双曲问题的特征线方法。
2. 是否有求解双曲问题的隐式有限差分方法？为什么要使用它们？

12.4 有限元方法简介

有限元方法类似于 11.5 节中介绍的近似求解两点边值问题的 Rayleigh-Ritz 方法。它最初是为土木工程而开发的，但是现在被广泛应用于近似求应用数学的所有领域中出现的偏微分方程的数值解。

相比有限差分方法而言，有限元方法的优势之一是问题的边界条件相对容易处理。许多物理问题都有包含导数的边界条件以及不规则形状的边界，这种类型的边界条件用有限差分方法处理起来非常困难，因为包含一阶导数的边界条件必须用差商在网格点上来近似，而不规则形状的边界又使得网格点的选取变得困难。有限元方法使用一个积分泛函的最小化来利用边界条件，因此构造过程与具体问题的边界条件无关。

在下面的讨论中，我们考虑偏微分方程：

$$\frac{\partial}{\partial x}\left(p(x, y)\frac{\partial u}{\partial x}\right) + \frac{\partial}{\partial y}\left(q(x, y)\frac{\partial u}{\partial y}\right) + r(x, y)u(x, y) = f(x, y) \tag{12.27}$$

其中 $(x, y) \in \mathcal{D}$，而 $\mathcal{D}$ 是一个平面区域，其边界为 $\mathcal{S}$。

如下形式的边界条件

$$u(x, y) = g(x, y) \tag{12.28}$$

被强加在边界的一部分 S_1 上。而在边界的剩余部分 S_2 上，其解 $u(x,y)$ 要求满足

$$p(x, y)\frac{\partial u}{\partial x}(x, y)\cos\theta_1 + q(x, y)\frac{\partial u}{\partial y}(x, y)\cos\theta_2 + g_1(x, y)u(x, y) = g_2(x, y) \tag{12.29}$$

其中 θ_1 和 θ_2 是边界上点 (x, y) 处外法向的两个方向角(参见图 12.13)。

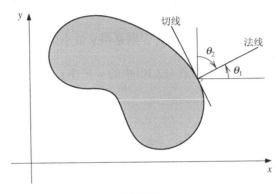

图 12.13

在固体力学及弹性力学领域中许多物理问题都会产生像方程 (12.27) 那样的偏微分方程。这种类型问题的解通常是最小化一个泛函，这个泛函涉及由问题本身确定的一类函数的积分。

假设 p, q, r, f 都在 $\mathcal{D} \cup \mathcal{S}$ 上连续，p 和 q 有连续的一阶导数，g_1 和 g_2 在 S_2 上连续，另外再假设 $p(x,y)>0, q(x,y)>0, r(x,y)\le 0, g_1(x,y)>0$。于是方程 (12.27) 的解唯一地最小化了泛函:

$$I[w] = \iint_{\mathcal{D}} \left\{ \frac{1}{2}\left[p(x, y)\left(\frac{\partial w}{\partial x}\right)^2 + q(x, y)\left(\frac{\partial w}{\partial y}\right)^2 - r(x, y)w^2 \right] + f(x, y)w \right\} \mathrm{d}x\,\mathrm{d}y$$
$$+ \int_{\mathcal{S}_2} \left\{ -g_2(x, y)w + \frac{1}{2}g_1(x, y)w^2 \right\} \mathrm{d}S \tag{12.30}$$

其中 w 是在 S_1 上满足方程 (12.28) 的所有二次连续可微的函数。有限元方法在更小的一类函数集合上通过最小化泛函 I 得到近似解，这和 11.5 节介绍的求解边值问题的 Rayleigh-Ritz 方法一样。

定义单元

有限元方法的第一步是将区域划分成有限个部分 (或者单元)，它们具有规则形状，可以是矩形，也可以是三角形(见图 12.14)。

用于逼近的函数集合通常是关于 x 和 y 的次数固定的分片多项式，它们的选取使得多项式的线性组合在整个区域上是一个连续的函数，并且是可积的，或者具有一阶或二阶连续的导数。关于 x 和 y 的线性多项式具有以下形式:

$$\phi(x, y) = a + bx + cy$$

它通常用于三角形单元，而关于 x 和 y 为双线性类型的多项式，其形如

$$\phi(x, y) = a + bx + cy + dxy$$

它通常用于矩形单元。

图 12.14

假设区域 $\mathcal{D}$ 被分成三角形单元，这些三角形单元的集合记为 D，这些三角形的顶点称为**节点**。有限元方法求解如下形式的近似：

$$\phi(x, y) = \sum_{i=1}^{m} \gamma_i \phi_i(x, y) \tag{12.31}$$

其中 $\phi_1, \phi_2, \cdots, \phi_m$ 是线性无关的分片线性多项式，$\gamma_1, \gamma_2, \cdots, \gamma_m$ 是常数。这些常数的一部分，如 $\gamma_{n+1}, \gamma_{n+2}, \cdots, \gamma_m$，被用来保证边界条件：

$$\phi(x, y) = g(x, y)$$

它们在 $\mathcal{S}_1$ 上被满足，剩余的常数，$\gamma_1, \gamma_2, \cdots, \gamma_n$，则是用来最小化泛函 $I\left[\sum_{i=1}^{m} \gamma_i \phi_i\right]$ 的。

用方程 (12.31) 给出的 $\phi(x, y)$ 代替方程 (12.30) 中的 w 产生：

$$
\begin{aligned}
I[\phi] = I\left[\sum_{i=1}^{m} \gamma_i \phi_i\right] \\
= \iint_{\mathcal{D}} \left(\frac{1}{2}\left\{ p(x, y)\left[\sum_{i=1}^{m} \gamma_i \frac{\partial \phi_i}{\partial x}(x, y)\right]^2 + q(x, y)\left[\sum_{i=1}^{m} \gamma_i \frac{\partial \phi_i}{\partial y}(x, y)\right]^2 \right. \right. \\
\left. - r(x, y)\left[\sum_{i=1}^{m} \gamma_i \phi_i(x, y)\right]^2 \right\} + f(x, y) \sum_{i=1}^{m} \gamma_i \phi_i(x, y) \right) \, dy \, dx \\
+ \int_{\mathcal{S}_2} \left\{ - g_2(x, y) \sum_{i=1}^{m} \gamma_i \phi_i(x, y) + \frac{1}{2} g_1(x, y)\left[\sum_{i=1}^{m} \gamma_i \phi_i(x, y)\right]^2 \right\} dS
\end{aligned}
\tag{12.32}
$$

将 I 看成关于 $\gamma_1, \gamma_2, \cdots, \gamma_n$ 的函数。如果是最小值点，则必须满足：

$$\frac{\partial I}{\partial \gamma_j} = 0, \quad \text{对每个 } j = 1, 2, \cdots, n$$

对式 (12.32) 求导得到

$$
\begin{aligned}
\frac{\partial I}{\partial \gamma_j} = \iint_{\mathcal{D}} \Bigg\{ & p(x, y) \sum_{i=1}^{m} \gamma_i \frac{\partial \phi_i}{\partial x}(x, y) \frac{\partial \phi_j}{\partial x}(x, y) \\
& + q(x, y) \sum_{i=1}^{m} \gamma_i \frac{\partial \phi_i}{\partial y}(x, y) \frac{\partial \phi_j}{\partial y}(x, y) \\
& - r(x, y) \sum_{i=1}^{m} \gamma_i \phi_i(x, y) \phi_j(x, y) + f(x, y) \phi_j(x, y) \Bigg\} dx \, dy \\
& + \int_{\mathcal{S}_2} \left\{ - g_2(x, y) \phi_j(x, y) + g_1(x, y) \sum_{i=1}^{m} \gamma_i \phi_i(x, y) \phi_j(x, y) \right\} dS
\end{aligned}
$$

因此，

$$
\begin{aligned}
0 = \sum_{i=1}^{m} \Bigg[& \iint_{\mathcal{D}} \Bigg\{ p(x, y) \frac{\partial \phi_i}{\partial x}(x, y) \frac{\partial \phi_j}{\partial x}(x, y) + q(x, y) \frac{\partial \phi_i}{\partial y}(x, y) \frac{\partial \phi_j}{\partial y}(x, y) \\
& - r(x, y) \phi_i(x, y) \phi_j(x, y) \Bigg\} dx \, dy \\
& + \int_{\mathcal{S}_2} g_1(x, y) \phi_i(x, y) \phi_j(x, y) \, dS \Bigg] \gamma_i \\
& + \iint_{\mathcal{D}} f(x, y) \phi_j(x, y) \, dx \, dy - \int_{\mathcal{S}_2} g_2(x, y) \phi_j(x, y) \, dS
\end{aligned}
$$

其中 $j = 1, 2, \cdots, n$。这个方程组写成矩阵向量的形式为

$$A\mathbf{c} = \mathbf{b}$$

其中 $\mathbf{c} = (\gamma_1, \gamma_2, \cdots, \gamma_n)^t$，$n \times n$ 矩阵 $A = (\alpha_{ij})$ 和向量 $\mathbf{b} = (\beta_1, \beta_2, \cdots, \beta_n)^t$ 定义如下：

$$\alpha_{ij} = \iint_{\mathcal{D}} \left[p(x, y) \frac{\partial \phi_i}{\partial x}(x, y) \frac{\partial \phi_j}{\partial x}(x, y) + q(x, y) \frac{\partial \phi_i}{\partial y}(x, y) \frac{\partial \phi_j}{\partial y}(x, y) \right.$$
$$\left. - r(x, y) \phi_i(x, y) \phi_j(x, y) \right] \mathrm{d}x\, \mathrm{d}y + \int_{\mathcal{S}_2} g_1(x, y) \phi_i(x, y) \phi_j(x, y)\, \mathrm{d}S \tag{12.33}$$

其中 $i = 1, 2, \cdots, n, j = 1, 2, \cdots, m$，且

$$\beta_i = -\iint_{\mathcal{D}} f(x, y) \phi_i(x, y)\, \mathrm{d}x\, \mathrm{d}y + \int_{\mathcal{S}_2} g_2(x, y) \phi_i(x, y)\, \mathrm{d}S - \sum_{k=n+1}^{m} \alpha_{ik} \gamma_k \tag{12.34}$$

其中 $i = 1, 2, \cdots, n$。

基函数的选择尤其重要，因为合适的选择通常可以产生正定且具有有限带宽的矩阵 A。对于二阶问题[方程 (12.27)]，我们假设 $\mathcal{D}$ 是一个多边形，从而 $\mathcal{D} = D$，并且 $\mathcal{S}$ 是一组直线。

区域的三角剖分

有限元方法的第一步是进行区域剖分。我们将区域 D 分成若干三角形 $T_1, T_2, \cdots, T_M$ 的集合，其中第 i 个三角形的 3 个顶点（或者节点）记为

$$V_j^{(i)} = \left(x_j^{(i)}, y_j^{(i)} \right), \qquad j = 1, 2, 3$$

为了简化符号，当在固定的三角形 T_i 上工作时我们将 $V_j^{(i)}$ 简记为 $V_j = (x_j, y_j)$。与每个节点 V_j 相对应，我们给出一个线性多项式：

$$N_j^{(i)}(x, y) \equiv N_j(x, y) = a_j + b_j x + c_j y, \quad \text{其中 } N_j^{(i)}(x_k, y_k) = \begin{cases} 1, & \text{若 } j = k, \\ 0, & \text{若 } j \neq k \end{cases}$$

这样就得到一个线性方程组，它具有下面的形式：

$$\begin{bmatrix} 1 & x_1 & y_1 \\ 1 & x_2 & y_2 \\ 1 & x_3 & y_3 \end{bmatrix} \begin{bmatrix} a_j \\ b_j \\ c_j \end{bmatrix} = \begin{bmatrix} 0 \\ 1 \\ 0 \end{bmatrix}$$

其中元素 1 出现在右侧向量的第 j 行（此处 $j = 2$）。

令 $E_1, \cdots, E_n$ 标记位于 $D \cup S$ 的节点。对每个节点 E_k，我们对应地给出一个在每个三角形上是线性的函数 ϕ_k，它在 E_k 处的值是 1，在其他节点处的值是 0。这样的选取使得当节点 E_k 是三角形 T_i 的顶点时，ϕ_k 在三角形 T_i 上等于 $V_j^{(i)}$。

示例 假设有限元问题包含了图 12.15 所示的三角形 T_1 和 T_2。

线性函数 $N_1^{(1)}(x, y)$ 在 $(1, 1)$ 处的值是 1，在 $(0, 0)$ 和 $(-1, 2)$ 处的值都是 0，满足

$$a_1^{(1)} + b_1^{(1)}(1) + c_1^{(1)}(1) = 1,$$
$$a_1^{(1)} + b_1^{(1)}(-1) + c_1^{(1)}(2) = 0,$$

和

$$a_1^{(1)} + b_1^{(1)}(0) + c_1^{(1)}(0) = 0$$

这个线性方程组的解是 $a_1^{(1)} = 0, b_1^{(1)} = \frac{2}{3}$ 和 $c_1^{(1)} = \frac{1}{3}$，因此，

$$N_1^{(1)}(x, y) = \frac{2}{3}x + \frac{1}{3}y$$

类似地，线性函数 $N_1^{(2)}(x, y)$ 在 $(1,1)$ 处的值是 1，在 $(0,0)$ 和 $(1,0)$ 处的值都是 0，满足

$$a_1^{(2)} + b_1^{(2)}(1) + c_1^{(2)}(1) = 1,$$
$$a_1^{(2)} + b_1^{(2)}(0) + c_1^{(2)}(0) = 0,$$

和

$$a_1^{(2)} + b_1^{(2)}(1) + c_1^{(2)}(0) = 0$$

由此可以推导出 $a_1^{(2)} = 0, b_1^{(2)} = 0$ 和 $c_1^{(2)} = 1$，因此 $N_1^{(2)}(x, y) = y$。我们注意到在 T_1 和 T_2 的共同边界上有 $N_1^{(1)}(x, y) = N_1^{(2)}(x, y)$，因为 $y = x$。

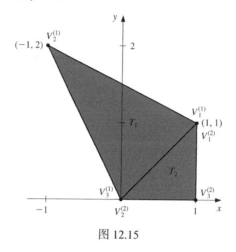

图 12.15

考虑图 12.16，即图 12.12 中的左上方。我们将对应图中的节点来产生矩阵 A 的元素。

为了简化起见，假设 E_1 是 S_1 上的一个节点，在它上面强加了边界条件 $u(x, y) = g(x, y)$。在这部分中三角形的顶点与节点之间的关系是

$$E_1 = V_3^{(1)} = V_1^{(2)}, \quad E_4 = V_2^{(2)}, \quad E_3 = V_2^{(1)} = V_3^{(2)}, \quad E_2 = V_1^{(1)}$$

因为 ϕ_1 和 ϕ_3 在 T_1 和 T_2 上都不是零，元素 $\alpha_{1,3} = \alpha_{3,1}$ 由下式计算：

$$\alpha_{1,3} = \iint_D \left[p \frac{\partial \phi_1}{\partial x} \frac{\partial \phi_3}{\partial x} + q \frac{\partial \phi_1}{\partial y} \frac{\partial \phi_3}{\partial y} - r\phi_1\phi_3 \right] dx \, dy$$

$$= \iint_{T_1} \left[p \frac{\partial \phi_1}{\partial x} \frac{\partial \phi_3}{\partial x} + q \frac{\partial \phi_1}{\partial y} \frac{\partial \phi_3}{\partial y} - r\phi_1\phi_3 \right] dx \, dy$$

$$+ \iint_{T_2} \left[p \frac{\partial \phi_1}{\partial x} \frac{\partial \phi_3}{\partial x} + q \frac{\partial \phi_1}{\partial y} \frac{\partial \phi_3}{\partial y} - r\phi_1\phi_3 \right] dx \, dy$$

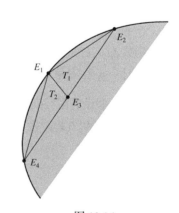

图 12.16

在三角形 T_1 上有

$$\phi_1(x, y) = N_3^{(1)}(x, y) = a_3^{(1)} + b_3^{(1)}x + c_3^{(1)}y$$

和

$$\phi_3(x, y) = N_2^{(1)}(x, y) = a_2^{(1)} + b_2^{(1)}x + c_2^{(1)}y$$

因此，对所有 (x,y) 有

$$\frac{\partial \phi_1}{\partial x} = b_3^{(1)}, \quad \frac{\partial \phi_1}{\partial y} = c_3^{(1)}, \quad \frac{\partial \phi_3}{\partial x} = b_2^{(1)}, \quad \frac{\partial \phi_3}{\partial y} = c_2^{(1)}$$

类似地，在 T_2 上有

$$\phi_1(x, y) = N_1^{(2)}(x, y) = a_1^{(2)} + b_1^{(2)}x + c_1^{(2)}y$$

和

$$\phi_3(x, y) = N_3^{(2)}(x, y) = a_3^{(2)} + b_3^{(2)}x + c_3^{(2)}y$$

因此，对所有 (x,y)

$$\frac{\partial \phi_1}{\partial x} = b_1^{(2)}, \quad \frac{\partial \phi_1}{\partial y} = c_1^{(2)}, \quad \frac{\partial \phi_3}{\partial x} = b_3^{(2)}, \quad \frac{\partial \phi_3}{\partial y} = c_3^{(2)}$$

于是，

$$
\begin{aligned}
\alpha_{1,3} = {}& b_3^{(1)}b_2^{(1)} \iint_{T_1} p \, dx \, dy + c_3^{(1)}c_2^{(1)} \iint_{T_1} q \, dx \, dy \\
& - \iint_{T_1} r\left(a_3^{(1)} + b_3^{(1)}x + c_3^{(1)}y\right)\left(a_2^{(1)} + b_2^{(1)}x + c_2^{(1)}y\right) dx \, dy \\
& + b_1^{(2)}b_3^{(2)} \iint_{T_2} p \, dx \, dy + c_1^{(2)}c_3^{(2)} \iint_{T_2} q \, dx \, dy \\
& - \iint_{T_2} r\left(a_1^{(2)} + b_1^{(2)}x + c_1^{(2)}y\right)\left(a_3^{(2)} + b_3^{(2)}x + c_3^{(2)}y\right) dx \, dy
\end{aligned}
$$

所有在 D 上的二重积分都简化为在三角形上的二重积分。通常的程序是计算三角形上所有可能的积分并累计为 A 中的正确的元素 α_{ij}。类似地，如下形式的二重积分

$$\iint_D f(x, y)\phi_i(x, y) \, dx \, dy$$

在三角形上被计算并累计为向量 $\mathbf{b}$ 中的正确的元素 β_i。例如，为了确定 β_1，我们需要计算：

$$
\begin{aligned}
-\iint_D f(x, y)\phi_1(x, y) \, dx \, dy = {}& -\iint_{T_1} f(x, y)\left[a_3^{(1)} + b_3^{(1)}x + c_3^{(1)}y\right] dx \, dy \\
& - \iint_{T_2} f(x, y)\left[a_1^{(2)} + b_1^{(2)}x + c_1^{(2)}y\right] dx \, dy
\end{aligned}
$$

因为 E_1 同时是 T_1 和 T_2 的顶点，所以 β_1 的一部分是 ϕ_1 在 T_1 上的贡献，而另一部分是 ϕ_1 在 T_2 上的贡献。另外，位于 $\mathcal{S}_2$ 的节点也有线积分加在 A 和 $\mathbf{b}$ 中的元素中。

算法 12.5 对二阶椭圆型偏微分方程实现了有限元方法。算法初始时置 A 和 $\mathbf{b}$ 中的所有元素为 0，当所有三角形单元上的积分都计算出来之后，将这些值添加到 A 和 $\mathbf{b}$ 的适当位置。

算法 12.5 有限元方法

近似求解偏微分方程：

$$\frac{\partial}{\partial x}\left(p(x, y)\frac{\partial u}{\partial x}\right) + \frac{\partial}{\partial y}\left(q(x, y)\frac{\partial u}{\partial y}\right) + r(x, y)u = f(x, y), \quad (x, y) \in D$$

它满足边界条件：

$$u(x, y) = g(x, y), \quad (x, y) \in \mathcal{S}_1$$

和

$$p(x,y)\frac{\partial u}{\partial x}(x,y)\cos\theta_1 + q(x,y)\frac{\partial u}{\partial y}(x,y)\cos\theta_2 + g_1(x,y)u(x,y) = g_2(x,y),$$

$$(x,y)\in\mathcal{S}_2$$

其中，$\mathcal{S}_1\bigcup\mathcal{S}_2$ 是 D 的边界，θ_1 和 θ_2 是边界外法向的两个方向角。

Step 0 将区域 D 剖分成三角形 $T_1,\cdots,T_M$，使得它们满足：三角形 $T_1,\cdots,T_K$ 在 $\mathcal{S}_1$ 或者 $\mathcal{S}_2$ 上没有边；（注：$K=0$ 意味着对 D 而言没有内三角形。）三角形 $T_{K+1},\cdots,T_N$ 在 $\mathcal{S}_2$ 上至少有一个边；三角形 $T_{N+1},\cdots,T_M$ 是剩余的三角形。（注：如果 $M=N$，意味着所有的三角形在 $\mathcal{S}_2$ 上都有边。）

将三角形 T_i 的 3 个顶点标记为

$$\left(x_1^{(i)},y_1^{(i)}\right),\left(x_2^{(i)},y_2^{(i)}\right),\left(x_3^{(i)},y_3^{(i)}\right)$$

标记节点 $E_1,\cdots,E_m$，其中 $E_1,\cdots,E_n$ 在 $D\cup\mathcal{S}_2$ 中，而 $E_{n+1},\cdots,E_m$ 在 $\mathcal{S}_1$ 中。

（注：$n=m$ 意味着 $\mathcal{S}_1$ 中没有节点）

输入 整数 K,N,M,n,m；顶点 $\left(x_1^{(i)},y_1^{(i)}\right),\left(x_2^{(i)},y_2^{(i)}\right),\left(x_3^{(i)},y_3^{(i)}\right)$，对每个 $i=1,2,\cdots,M$；节点 E_j，对每个 $j=1,\cdots,m$。

（注：所需要的是一个顶点 $\left(x_k^{(i)},y_k^{(i)}\right)$ 对应于一个节点 $E_j=(x_j,y_j)$ 的一种对应方式）

输出 常数 $\gamma_1,\cdots,\gamma_m$；$a_j^{(i)},b_j^{(i)},c_j^{(i)}$，对每个 $j=1,2,3$，$i=1,2,\cdots,M$。

Step 1 For $l=n+1,\cdots,m$ set $\gamma_l=g(x_l,y_l)$. （注：$E_l=(x_l,y_l)$）

Step 2 For $i=1,\cdots,n$

　　set $\beta_i=0$;

　　for $j=1,\cdots,n$ set $\alpha_{i,j}=0$.

Step 3 For $i=1,\cdots,M$

$$\text{set } \Delta_i = \det\begin{vmatrix} 1 & x_1^{(i)} & y_1^{(i)} \\ 1 & x_2^{(i)} & y_2^{(i)} \\ 1 & x_3^{(i)} & y_3^{(i)} \end{vmatrix};$$

$$a_1^{(i)}=\frac{x_2^{(i)}y_3^{(i)}-y_2^{(i)}x_3^{(i)}}{\Delta_i};\qquad b_1^{(i)}=\frac{y_2^{(i)}-y_3^{(i)}}{\Delta_i};\qquad c_1^{(i)}=\frac{x_3^{(i)}-x_2^{(i)}}{\Delta_i};$$

$$a_2^{(i)}=\frac{x_3^{(i)}y_1^{(i)}-y_3^{(i)}x_1^{(i)}}{\Delta_i};\qquad b_2^{(i)}=\frac{y_3^{(i)}-y_1^{(i)}}{\Delta_i};\qquad c_2^{(i)}=\frac{x_1^{(i)}-x_3^{(i)}}{\Delta_i};$$

$$a_3^{(i)}=\frac{x_1^{(i)}y_2^{(i)}-y_1^{(i)}x_2^{(i)}}{\Delta_i};\qquad b_3^{(i)}=\frac{y_1^{(i)}-y_2^{(i)}}{\Delta_i};\qquad c_3^{(i)}=\frac{x_2^{(i)}-x_1^{(i)}}{\Delta_i};$$

　　for $j=1,2,3$

　　　　define $N_j^{(i)}(x,y)=a_j^{(i)}+b_j^{(i)}x+c_j^{(i)}y$.

Step 4 For $i=1,\cdots,M$ (Step 4和Step 5中的积分也可以用数值积分来计算)

　　for $j=1,2,3$

　　　　for $k=1,\cdots,j$ （计算三角形上的所有二重积分）

$$\text{set } z_{j,k}^{(i)}=b_j^{(i)}b_k^{(i)}\iint_{T_i}p(x,y)\,\mathrm{d}x\,\mathrm{d}y+c_j^{(i)}c_k^{(i)}\iint_{T_i}q(x,y)\,\mathrm{d}x\,\mathrm{d}y$$

$$-\iint_{T_i}r(x,y)N_j^{(i)}(x,y)N_k^{(i)}(x,y)\,\mathrm{d}x\,\mathrm{d}y;$$

$$\text{set } H_j^{(i)}=-\iint_{T_i}f(x,y)N_j^{(i)}(x,y)\,\mathrm{d}x\,\mathrm{d}y.$$

Step 5　For $i = K+1, \cdots, N$　　(计算所有的边界积分)

for $j = 1, 2, 3$

for $k = 1, \cdots, j$

set $J_{j,k}^{(i)} = \displaystyle\int_{\mathcal{S}_2} g_1(x, y) N_j^{(i)}(x, y) N_k^{(i)}(x, y) \, \mathrm{d}S;$

set $I_j^{(i)} = \displaystyle\int_{\mathcal{S}_2} g_2(x, y) N_j^{(i)}(x, y) \, \mathrm{d}S.$

Step 6　For $i = 1, \cdots, M$ do Steps 7–12. (将每个单元上的积分装配成线性方程组)

Step 7　For $k = 1, 2, 3$ do Steps 8–12.

Step 8　Find l so that $E_l = \left(x_k^{(i)}, y_k^{(i)} \right).$

Step 9　If $k > 1$ then for $j = 1, \cdots, k-1$ do Steps 10, 11.

Step 10　Find t so that $E_t = \left(x_j^{(i)}, y_j^{(i)} \right).$

Step 11　If $l \leqslant n$ then

if $t \leqslant n$ then set $\alpha_{lt} = \alpha_{lt} + z_{k,j}^{(i)};$

$\alpha_{tl} = \alpha_{tl} + z_{k,j}^{(i)}$

else set $\beta_l = \beta_l - \gamma_t z_{k,j}^{(i)}$

else

if $t \leqslant n$ then set $\beta_t = \beta_t - \gamma_l z_{k,j}^{(i)}.$

Step 12　If $l \leqslant n$ then set $a_{ll} = \alpha_{ll} + z_{k,k}^{(i)};$

$\beta_l = \beta_l + H_k^{(i)}.$

Step 13　For $i = K+1, \cdots, N$ do Steps 14–19. (将边界积分装配到线性方程组中)

Step 14　For $k = 1, 2, 3$ do Steps 15–19.

Step 15　Find l so that $E_l = \left(x_k^{(i)}, y_k^{(i)} \right).$

Step 16　If $k > 1$ then for $j = 1, \cdots, k-1$ do Steps 17, 18.

Step 17　Find t so that $E_t = \left(x_j^{(i)}, y_j^{(i)} \right).$

Step 18　If $l \leqslant n$ then

if $t \leqslant n$ then set $\alpha_{lt} = \alpha_{lt} + J_{k,j}^{(i)};$

$\alpha_{tl} = \alpha_{tl} + J_{k,j}^{(i)}$

else set $\beta_l = \beta_l - \gamma_t J_{k,j}^{(i)}$

else

if $t \leqslant n$ then set $\beta_t = \beta_t - \gamma_l J_{k,j}^{(i)}.$

Step 19　If $l \leqslant n$ then set $\alpha_{ll} = \alpha_{ll} + J_{k,k}^{(i)};$

$\beta_l = \beta_l + I_k^{(i)}.$

Step 20　解线性方程组 $A\mathbf{c} = \mathbf{b}$, 其中 $A = (\alpha_{l,t})$, $\mathbf{b} = (\beta_l)$, $\mathbf{c} = (\gamma_t)$,
且 $1 \leqslant l \leqslant n$ 和 $1 \leqslant t \leqslant n$.

Step 21　OUTPUT $(\gamma_1, \cdots, \gamma_m)$.
(对每个 $k = 1, \cdots, m$, 如果 $E_k = \left(x_j^{(i)}, y_j^{(i)} \right)$, 令 T_i 上的 $\phi_k = N_j^{(i)}$,
则 $\phi(x, y) = \sum_{k=1}^m \gamma_k \phi_k(x, y)$ 在 $D \cup \mathcal{S}_1 \cup \mathcal{S}_2$ 上近似了 $u(x, y)$)

Step 22　For $i = 1, \cdots, M$

　　　　　 for $j = 1, 2, 3$　OUTPUT $\left(a_j^{(i)}, b_j^{(i)}, c_j^{(i)} \right)$.

Step 23　STOP.　(算法完成)　　　　　　　　　　　　　　　　■

示例　在一个二维区域 D 上的温度 $u(x, y)$ 满足 Laplace (拉普拉斯) 方程:

$$\frac{\partial^2 u}{\partial x^2}(x, y) + \frac{\partial^2 u}{\partial y^2}(x, y) = 0, \quad \text{在 } D \text{ 上}$$

考虑由图 12.17 所示的区域 D, 其边界条件给出如下:

$$u(x, y) = 4, \qquad\qquad\qquad (x, y) \in L_6 \text{ 和 } (x, y) \in L_7;$$

$$\frac{\partial u}{\partial \mathbf{n}}(x, y) = x, \qquad\qquad\qquad (x, y) \in L_2 \text{ 和 } (x, y) \in L_4;$$

$$\frac{\partial u}{\partial \mathbf{n}}(x, y) = y, \qquad\qquad\qquad (x, y) \in L_5;$$

$$\frac{\partial u}{\partial \mathbf{n}}(x, y) = \frac{x + y}{\sqrt{2}}, \qquad\qquad (x, y) \in L_1 \text{ 和 } (x, y) \in L_3$$

其中 $\partial u / \partial \mathbf{n}$ 表示沿方向 $\mathbf{n}$ 的方向导数, 而 $\mathbf{n}$ 是区域 D 中点 (x, y) 处的边界的外法向。

我们首先将区域 D 剖分成三角形, 其标号按照算法中的 Step 0 进行。例如, $\mathcal{S}_1 = L_6 \bigcup L_7$ 和 $\mathcal{S}_2 = L_1 \bigcup L_2 \bigcup L_3 \bigcup L_4 \bigcup L_5$。三角形的全部标号如图 12.18 所示。

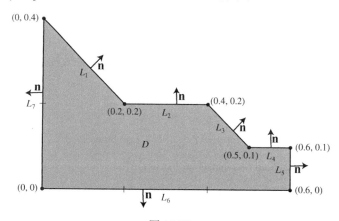

图 12.17

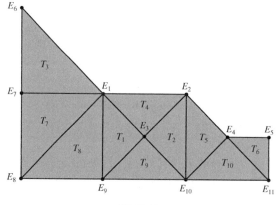

图 12.18

在 L_6 和 L_7 上的边界条件 $u(x,y) = 4$ 意味着 $\gamma_t = 4$，$t = 6, 7, \cdots, 11$，这也就是节点 E_6，$E_7, \cdots, E_{11}$。为了确定 γ_l，$l = 1, 2, \cdots, 5$ 的值，运用算法中余下的步骤，产生矩阵

$$A = \begin{bmatrix} 2.5 & 0 & -1 & 0 & 0 \\ 0 & 1.5 & -1 & -0.5 & 0 \\ -1 & -1 & 4 & 0 & 0 \\ 0 & -0.5 & 0 & 2.5 & -0.5 \\ 0 & 0 & 0 & -0.5 & 1 \end{bmatrix}$$

和向量

$$\mathbf{b} = \begin{bmatrix} 6.066\bar{6} \\ 0.063\bar{3} \\ 8.0000 \\ 6.056\bar{6} \\ 2.031\bar{6} \end{bmatrix}$$

方程 $A\mathbf{c} = \mathbf{b}$ 的解是

$$\mathbf{c} = \begin{bmatrix} \gamma_1 \\ \gamma_2 \\ \gamma_3 \\ \gamma_4 \\ \gamma_5 \end{bmatrix} = \begin{bmatrix} 4.0383 \\ 4.0782 \\ 4.0291 \\ 4.0496 \\ 4.0565 \end{bmatrix}$$

利用边界条件和这些解可以得到每个三角形单元上 Laplace 方程的近似解为

T_1：　$\phi(x, y) = 4.0383(1 - 5x + 5y) + 4.0291(-2 + 10x) + 4(2 - 5x - 5y)$，

T_2：　$\phi(x, y) = 4.0782(-2 + 5x + 5y) + 4.0291(4 - 10x) + 4(-1 + 5x - 5y)$，

T_3：　$\phi(x, y) = 4(-1 + 5y) + 4(2 - 5x - 5y) + 4.0383(5x)$，

T_4：　$\phi(x, y) = 4.0383(1 - 5x + 5y) + 4.0782(-2 + 5x + 5y) + 4.0291(2 - 10y)$，

T_5：　$\phi(x, y) = 4.0782(2 - 5x + 5y) + 4.0496(-4 + 10x) + 4(3 - 5x - 5y)$，

T_6：　$\phi(x, y) = 4.0496(6 - 10x) + 4.0565(-6 + 10x + 10y) + 4(1 - 10y)$，

T_7：　$\phi(x, y) = 4(-5x + 5y) + 4.0383(5x) + 4(1 - 5y)$，

T_8：　$\phi(x, y) = 4.0383(5y) + 4(1 - 5x) + 4(5x - 5y)$，

T_9：　$\phi(x, y) = 4.0291(10y) + 4(2 - 5x - 5y) + 4(-1 + 5x - 5y)$，

T_{10}：　$\phi(x, y) = 4.0496(10y) + 4(3 - 5x - 5y) + 4(-2 + 5x - 5y)$.

这个边值问题的精确解为 $u(x,y) = xy + 4$。表 12.7 对比了 u 和 ϕ 在 E_i（对每个 $i = 1, 2, \cdots, 5$）上的值。

表 12.7

x	y	$\phi(x, y)$	$u(x, y)$	$\lvert \phi(x, y) - u(x, y) \rvert$
0.2	0.2	4.0383	4.04	0.0017
0.4	0.2	4.0782	4.08	0.0018
0.3	0.1	4.0291	4.03	0.0009
0.5	0.1	4.0496	4.05	0.0004
0.6	0.1	4.0565	4.06	0.0035

　具有光滑系数的形如式 (12.27) 的椭圆型二阶问题，其误差通常是 $O(h^2)$，其中 h 是三角形单元的最大直径。在矩形单元上的双线性多项式基函数也能产生 $O(h^2)$ 的误差结果，其中 h 是矩形单元对角线的最大长度。其他类型的基函数也可以产生 $O(h^4)$ 的误差阶，但是构造起来比较复杂。关于有限元方法实用的误差定理很难叙述并应用，因为近似的精确度同时依赖于边界的规则性和解的连续性。

有限元方法也可以用于近似求解抛物型和双曲型偏微分方程，但是最小化过程变得更加困难。可以在论文[Fi]中找到将有限元方法应用于各种物理问题中的优点和技巧的综述。对有限元方法更进一步的讨论，可参见[SF],[ZM]或[AB]。

习题 12.4

1. 用算法 12.5 近似求解下面的偏微分方程(见下图):

$$\frac{\partial}{\partial x}\left(y^2\frac{\partial u}{\partial x}(x,y)\right) + \frac{\partial}{\partial y}\left(y^2\frac{\partial u}{\partial y}(x,y)\right) - yu(x,y) = -x, \quad (x,y) \in D,$$

$$u(x,0.5) = 2x, \quad 0 \leqslant x \leqslant 0.5, \quad u(0,y) = 0, \quad 0.5 \leqslant y \leqslant 1,$$

$$y^2\frac{\partial u}{\partial x}(x,y)\cos\theta_1 + y^2\frac{\partial u}{\partial y}(x,y)\cos\theta_2 = \frac{\sqrt{2}}{2}(y-x), \qquad (x,y) \in \mathcal{S}_2$$

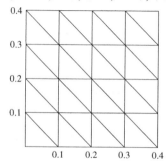

取 $M=2$; T_1 的 3 个顶点为 : $(0.0.5),(0.25,0.75),(0,1)$; T_2 的 3 个顶点为 : $(0.0.5),(0.5,0.5),(0.25,0.75)$ 。

2. 使用下面的三角形剖分重做习题 1。

$$T_1: \quad (0,0.75),\ (0,1),\ (0.25,0.75);$$
$$T_2: \quad (0.25,0.5),\ (0.25,0.75),\ (0.5,0.5);$$
$$T_3: \quad (0,0.5),\ (0,0.75),\ (0.25,0.75);$$
$$T_4: \quad (0,0.5),\ (0.25,0.5),\ (0.25,0.75)$$

3. 近似求解偏微分方程:

$$\frac{\partial^2 u}{\partial x^2}(x,y) + \frac{\partial^2 u}{\partial y^2}(x,y) - 12.5\pi^2 u(x,y) = -25\pi^2 \sin\frac{5\pi}{2}x\sin\frac{5\pi}{2}y, \quad 0 < x,\ y < 0.4$$

其满足 Dirichlet 边界条件:

$$u(x,y) = 0$$

使用有限元算法 12.5，其中的单元由下图给出。将近似解和精确解

$$u(x,y) = \sin\frac{5\pi}{2}x\sin\frac{5\pi}{2}y$$

在内网格点和点 $(0.125,0.125)$, $(0.125,0.25)$, $(0.25,0.125)$, $(0.25,0.25)$ 上进行对比。

4. 将右端函数换成 $f(x, y) = -25\pi^2 \cos\dfrac{5\pi}{2}x \cos\dfrac{5\pi}{2}y$，考虑 Neumann 边界条件：

$$\frac{\partial u}{\partial n}(x, y) = 0$$

重做习题 3。该问题的精确解为

$$u(x, y) = \cos\frac{5\pi}{2}x \cos\frac{5\pi}{2}y$$

应用型习题

5. 梯形的银盘(见下图)在每一点上以 $q = 1.5$ cal/cm^3 的速率均匀地产生热量。银盘的稳态温度 $u(x,y)$ 满足 Poisson（泊松）方程：

$$\frac{\partial^2 u}{\partial x^2}(x, y) + \frac{\partial^2 u}{\partial y^2}(x, y) = \frac{-q}{k}$$

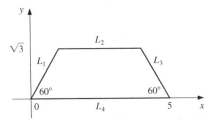

其中，k 是热传导系数，它等于 1.04 cal/cm·deg·s。假设温度在 L_2 上保持为 15℃，热量在斜边 L_1 和 L_3 上按照边界条件 $\partial u / \partial n = 4$ 损失，而在 L_4 上没有热量损失，也就是说，满足 $\partial u / \partial n = 0$。用算法 12.5 近似求银盘在点 $(1,0)$，$(4,0)$ 及 $\left(\dfrac{5}{2}, \sqrt{3}/2\right)$ 处的温度。

讨论问题

1. 用矩形单元替代三角形单元来讨论有限元方法。
2. 探讨利用应力应变建立有限元方法的工程途径。

12.5 数值软件

IMSL 函数库中有一个子程序用来求解偏微分方程：

$$\frac{\partial u}{\partial t} = F\left(x, t, u, \frac{\partial u}{\partial x}, \frac{\partial^2 u}{\partial x^2}\right)$$

其具有边界条件：

$$\alpha(x, t)u(x, t) + \beta(x, t)\frac{\partial u}{\partial x}(x, t) = \gamma(x, t)$$

该子程序是基于配置法的，该方法对每个时间 t 在 x 轴方向上使用 Gauss 点作为配置点，用三次 Hermite 样条函数作为基函数。IMSL 中的另一个子程序是求解矩形上的 Poisson 方程，其解法是基于一致网格上的二阶或四阶有限差分方法。

NAG 软件包中有许多求解偏微分方程的子程序，其中之一可以求解 xy 平面中任意区域上的 Laplace 方程，另外一个是用线（line）方法来求解单个抛物型偏微分方程。

此外还有一些专业的软件包，如 NASTRAN，它由有限元方法的代码组成。这个软件包在工程应用中非常流行。Netlib 中的 FISHPACK 软件包是用来求解可分离的椭圆型偏微分方程的。求解偏微分方程的通用代码编写起来非常困难，因为问题所定义的特定区域远比普通的几何图形复杂。关于偏微分方程的近似解法是当前非常活跃的研究领域。

讨论问题

1. 给出软件包 MUDPACK 的概述。
2. 给出软件包 Chombo 的概述。
3. 给出软件包 ReacTran 的概述。

关键概念

椭圆型方程	三角剖分	热方程
Dirichlet 边界条件	Poisson 方程	Laplace 方程
双曲型偏微分方程	抛物型偏微分方程	耗散方程
Poisson 有限差分方法	椭圆型偏微分方程	有限差分方法
向后差分方法	向前差分方法	稳定性
波方程有限差分方法	有限元方法	Crank-Nicolson 方法
节点	波方程	

本章回顾

在本章中,我们考虑了求偏微分方程近似解的方法。我们将注意力限制在 3 个例子上: Poisson 方程,它是椭圆型偏微分方程的一个例子;热方程或者耗散方程,它是抛物型偏微分方程的一个例子;波方程,它是双曲型偏微分方程的一个例子。在这 3 个例子中,我们讨论了采用有限差分方法求近似解。

矩形上的 Poisson 方程需要求解大型稀疏线性方程组,推荐使用迭代方法来求解,如 SOR 方法。对热方程我们给出了 4 种有限差分方法。向前差分方法以及 Richardson 方法都有稳定性问题,因此还介绍了向后差分方法及 Crank-Nicolson 方法。在这些隐式方法中,虽然每步迭代都需要求解三对角线性方程组,但是它们比向前差分方法及 Richardson 方法都更稳定。对波方程,有限差分方法是显式的,在时间和空间离散时也有稳定性问题。

在本章的最后一节,我们简要介绍了在多边形区域上一个自伴椭圆型偏微分方程的有限元方法。虽然对这个问题以及书中的例子,我们的方法能够适用,但对于商业应用,该方法还需要更加深入广泛的推广和改进。

我们已经给出了少量近似求解偏微分方程问题的方法,关于该主题的更多内容请参考 Lapidus 和 Pinder 的[LP]、Twizell 的[Tw]及最近的 Morton 和 Mayers 的[MM]。相关软件可参考 Rice 和 Boisvert 的[RB]和 Bank 的[Ban]。

关于有限差分方法的专著有 Strikwerda 的[Stri]、Thomas 的[Th]、Shashkov 和 Steinberg 的[ShS]、Strange 和 Fix 的[SF],以及 Zienkiewicz 和 Morgan 的[ZM],其中都包括了有限元方法的丰富内容。关于时间相关方程的问题,请参阅 Schiesser 的[Schi],以及 Gustafsson、Kreiss 和 Oliger 的[GKO]。Birkhoff 和 Lynch 的[BL],以及 Roache 的[Ro]讨论了椭圆型问题的解。

多重网格是一种迭代方法,它使用粗网格上的近似解并进行迭代得到细网格上的近似解。关于该方法的参考文献包括 Briggs 的[Brigg]、Mc Cormick 的[Mc]及 Bramble 的[Bram]。

部分习题答案

习题 1.1

1. 对每部分，在给定区间上 $f \in C[a,b]$。因为 $f(a)$ 和 $f(b)$ 是反号的，由介值定理可以得出：存在一个数 c 满足 $f(c) = 0$。

3. a. 区间 $[0,1]$ 包含了方程 $x - 2^{-x} = 0$ 的一个解

   b. 区间 $[-1,0]$ 包含了方程 $2x\cos(2x) - (x+1)^2 = 0$ 的一个解

   c. 区间 $[0,1]$ 包含了方程 $3x - e^x = 0$ 的一个解

   d. 区间 $\left[-\dfrac{3}{2}, -\dfrac{1}{2}\right]$ 包含了方程 $x + 1 - 2\sin(\pi x) = 0$ 的一个解

5. $|f(x)|$ 的最大值为：

   a. 0.4620981　　　　b. 0.8　　　　c. 5.164000　　　　d. 1.582572

7. 对每部分，$f \in C[a,b]$，f' 在 (a,b) 上存在且 $f(a) = f(b) = 0$。由 Rolle 定理可知：存在一个数 c 属于 (a,b) 且满足 $f'(c) = 0$。对 (d) 部分，可以使用 $[a,b] = [-1,0]$ 或者 $[a,b] = [0,2]$。

9. a. $P_2(x) = 0$　　　　　　　　　　b. $R_2(0.5) = 0.125$；实际误差 $= 0.125$

   c. $P_2(x) = 1 + 3(x-1) + 3(x-1)^2$　　d. $R_2(0.5) = -0.125$；实际误差 $= -0.125$

11. 因为

$$P_2(x) = 1 + x \quad \text{和} \quad R_2(x) = \frac{-2e^\xi(\sin\xi + \cos\xi)}{6}x^3$$

其中 ξ 介于 x 和 0 之间，因此可得出下面的结果：

   a. $P_2(0.5) = 1.5$ 和 $|f(0.5) - P_2(0.5)| \leqslant 0.0932$

   b. $|f(x) - P_2(x)| \leqslant 1.252$

   c. $\displaystyle\int_0^1 f(x)\,\mathrm{d}x \approx 1.5$

   d. $\left|\displaystyle\int_0^1 f(x)\,\mathrm{d}x - \int_0^1 P_2(x)\,\mathrm{d}x\right| \leqslant \int_0^1 |R_2(x)|\,\mathrm{d}x \leqslant 0.313$ 且实际误差是 0.122

13. $P_3(x) = (x-1)^2 - \dfrac{1}{2}(x-1)^3$

   a. $P_3(0.5) = 0.312500$，$f(0.5) = 0.346574$。一个误差界是 $0.291\overline{6}$，且实际误差是 0.034074

   b. 在 $[0.5, 1.5]$ 上 $|f(x) - P_3(x)| \leqslant 0.291\overline{6}$

   c. $\displaystyle\int_{0.5}^{1.5} P_3(x)\,\mathrm{d}x = 0.08\overline{3}$，$\displaystyle\int_{0.5}^{1.5}(x-1)\ln x\,\mathrm{d}x = 0.088020$

   d. 一个误差界是 $0.058\overline{3}$，且实际误差为 4.687×10^{-3}

15. $P_4(x) = x + x^3$

   a. $|f(x) - P_4(x)| \leqslant 0.012405$

   b. $\displaystyle\int_0^{0.4} P_4(x)\,\mathrm{d}x = 0.0864$，$\displaystyle\int_0^{0.4} xe^{x^2}\,\mathrm{d}x = 0.086755$

c. 8.27×10^{-4}

d. $P_4'(0.2) = 1.12$，$f'(0.2) = 1.124076$。实际误差是 4.076×10^{-3}

17. 因为 $42° = 7\pi/30$ rad，使用 $x_0 = \pi/4$，则

$$\left| R_n\left(\frac{7\pi}{30}\right) \right| \leqslant \frac{\left(\frac{\pi}{4} - \frac{7\pi}{30}\right)^{n+1}}{(n+1)!} < \frac{(0.053)^{n+1}}{(n+1)!}$$

为了使 $\left| R_n\left(\frac{7\pi}{30}\right) \right| < 10^{-6}$，取 $n = 3$ 即可。取到小数点后 7 位数字，$\cos 42° = 0.7431448$ 和

$$P_3(42°) = P_3\left(\frac{7\pi}{30}\right) = 0.7431446$$，此时实际误差是 2×10^{-7}。

19. $P_n(x) = \sum_{k=0}^{n} \frac{1}{k!} x^k$，$n \geqslant 7$

21. 最大误差的一个界是 0.0026。

23. 由于 $R_2(1) = \frac{1}{6} e^{\xi}$，其中 ξ 位于 $(0,1)$，从而有 $|E - R_2(1)| = \frac{1}{6}|1 - e^{\xi}| \leqslant \frac{1}{6}(e-1)$。

25. a. $P_n^{(k)}(x_0) = f^{(k)}(x_0)$，$k = 0, 1, \cdots, n$。$P_n$ 和 f 的形状在 x_0 处是相同的。

b. $P_2(x) = 3 + 4(x-1) + 3(x-1)^2$。

27. 首先，注意到对于 $f(x) = x - \sin x$，有 $f'(x) = 1 - \cos x \geqslant 0$，这是因为对所有的 x 值，$-1 \leqslant \cos x \leqslant 1$ 都成立。

a. 上述结论意味着 $f(x)$ 对所有的 x 值都是非减的，从而当 $x > 0$ 时 $f(x) > f(0) = 0$ 成立。于是当 $x \geqslant 0$ 时，$x \geqslant \sin x$ 和 $|\sin x| = \sin x \leqslant x = |x|$ 成立。

b. 当 $x < 0$ 时，有 $-x > 0$。因为 $\sin x$ 是奇函数，从上面结论((a)部分)可知 $\sin(-x) \leqslant (-x)$ 蕴含 $|\sin x| = -\sin x \leqslant -x = |x|$。

综上所述，对所有的实数 x，$|\sin x| \leqslant |x|$ 成立。

29. a. 因为数 $\frac{1}{2}(f(x_1) + f(x_2))$ 是 $f(x_1)$ 和 $f(x_2)$ 的平均，所以它介于 f 的这两个值之间。由介值定理 1.11 可知，存在介于 x_1 和 x_2 之间的一个数 ξ，满足

$$f(\xi) = \frac{1}{2}(f(x_1) + f(x_2)) = \frac{1}{2} f(x_1) + \frac{1}{2} f(x_2)$$

b. 设 $m = \min\{f(x_1), f(x_2)\}$ 和 $M = \max\{f(x_1), f(x_2)\}$，则有 $m \leqslant f(x_1) \leqslant M$ 和 $m \leqslant f(x_2) \leqslant M$，即

$$c_1 m \leqslant c_1 f(x_1) \leqslant c_1 M \quad \text{和} \quad c_2 m \leqslant c_2 f(x_2) \leqslant c_2 M$$

于是

$$(c_1 + c_2)m \leqslant c_1 f(x_1) + c_2 f(x_2) \leqslant (c_1 + c_2)M$$

且

$$m \leqslant \frac{c_1 f(x_1) + c_2 f(x_2)}{c_1 + c_2} \leqslant M$$

将介值定理 1.11 用于以 x_1 和 x_2 为端点的区间，则存在位于 x_1 和 x_2 之间的一个数 ξ，满足

$$f(\xi) = \frac{c_1 f(x_1) + c_2 f(x_2)}{c_1 + c_2}$$

c. 令 $f(x) = x^2 + 1$，$x_1 = 0$，$x_2 = 1$，$c_1 = 2$，且 $c_2 = -1$。则对所有的 x 值，有

$$f(x) > 0 \quad \text{和} \quad \frac{c_1 f(x_1) + c_2 f(x_2)}{c_1 + c_2} = \frac{2(1) - 1(2)}{2 - 1} = 0$$

习题 1.2

1.

	绝对误差	相对误差
a.	0.001264	4.025×10^{-4}
b.	7.346×10^{-6}	2.338×10^{-6}
c.	2.818×10^{-4}	1.037×10^{-4}
d.	2.136×10^{-4}	1.510×10^{-4}

3. 最大区间是：

a. $(149.85, 150.15)$ b. $(899.1, 900.9)$ c. $(1498.5, 1501.5)$ d. $(89.91, 90.09)$

5. 运算结果和误差分别为：

a. (i) 17/15   (ii) 1.13   (iii) 1.13   (iv) 均为 3×10^{-3}

b. (i) 4/15   (ii) 0.266   (iii) 0.266   (iv) 均为 2.5×10^{-3}

c. (i) 139/660   (ii) 0.211   (iii) 0.210   (iv) $2 \times 10^{-3}, 3 \times 10^{-3}$

d. (i) 301/660   (ii) 0.455   (iii) 0.456   (iv) $2 \times 10^{-3}, 1 \times 10^{-4}$

7.

	近似值	绝对误差	相对误差
a.	1.80	0.154	0.0786
b.	-15.1	0.0546	3.60×10^{-3}
c.	0.286	2.86×10^{-4}	10^{-3}
d.	23.9	0.058	2.42×10^{-3}

9.

	近似值	绝对误差	相对误差
a.	3.55	1.60	0.817
b.	-15.2	0.054	0.0029
c.	0.284	0.00171	0.00600
d.	23.8	0.158	0.659×10^{-2}

11.

	近似值	绝对误差	相对误差
a.	3.14557613	3.983×10^{-3}	1.268×10^{-3}
b.	3.14162103	2.838×10^{-5}	9.032×10^{-6}

13.

a. $\lim_{x \to 0} \dfrac{x \cos x - \sin x}{x - \sin x} = \lim_{x \to 0} \dfrac{-x \sin x}{1 - \cos x} = \lim_{x \to 0} \dfrac{-\sin x - x \cos x}{\sin x} = \lim_{x \to 0} \dfrac{-2 \cos x + x \sin x}{\cos x}$

     $= -2$

b. -1.941

c. $\dfrac{x\left(1 - \dfrac{1}{2} x^2\right) - \left(x - \dfrac{1}{6} x^3\right)}{x - \left(x - \dfrac{1}{6} x^3\right)} = -2$

d. (b) 中的相对误差是 0.029。(c) 中的相对误差是 0.00050。

15.

	x_1	绝对误差	相对误差	x_2	绝对误差	相对误差
a.	92.26	0.01542	1.672×10^{-4}	0.005419	6.273×10^{-7}	1.157×10^{-4}
b.	0.005421	1.264×10^{-6}	2.333×10^{-4}	-92.26	4.580×10^{-3}	4.965×10^{-5}
c.	10.98	6.875×10^{-3}	6.257×10^{-4}	0.001149	7.566×10^{-8}	6.584×10^{-5}
d.	-0.001149	7.566×10^{-8}	6.584×10^{-5}	-10.98	6.875×10^{-3}	6.257×10^{-4}

17.

	x_1 的近似值	绝对误差	相对误差		x_2 的近似值	绝对误差	相对误差
a.	92.24	0.004580	4.965×10^{-5}	**a.**	0.005418	2.373×10^{-6}	4.377×10^{-4}
b.	0.005417	2.736×10^{-6}	5.048×10^{-4}	**b.**	-92.25	5.420×10^{-3}	5.875×10^{-5}
c.	10.98	6.875×10^{-3}	6.257×10^{-4}	**c.**	0.001149	7.566×10^{-8}	6.584×10^{-5}
d.	-0.001149	7.566×10^{-8}	6.584×10^{-5}	**d.**	-10.98	6.875×10^{-3}	6.257×10^{-4}

19. 机器数等价于

    a. 3224　　　　　　　　b. -3224　　　　　　　c. 1.32421875

    d. 1.32421875000000002220446049250313080847263336181640625

21. b. 第一个公式结果为-0.00658，第二个公式结果为-0.0100。真实的三位数值为-0.0116。

23. 方程的近似解为：

    a. $x = 2.451$, $y = -1.635$　　　　　　　b. $x = 507.7$, $y = 82.00$

25. a. 嵌套形式为 $f(x) = (((1.01e^x - 4.62)e^x - 3.11)e^x + 12.2)e^x - 1.99$。

    b. -6.79

27. a. $m = 17$

    b.

$$\binom{m}{k} = \frac{m!}{k!(m-k)!} = \frac{m(m-1)\cdots(m-k-1)(m-k)!}{k!(m-k)!}$$

$$= \left(\frac{m}{k}\right)\left(\frac{m-1}{k-1}\right)\cdots\left(\frac{m-k-1}{1}\right)$$

    c. $m = 181707$

    d. $2\,597\,000$；实际误差是 1960；相对误差是 7.541×10^{-4}

29. a. 实际误差是 $|f'(\xi)\epsilon|$，相对误差是 $|f'(\xi)\epsilon| \cdot |f(x_0)|^{-1}$，其中数 ξ 介于 x_0 和 $x_0 + \epsilon$ 之间。

    b. (i) 1.4×10^{-5}; 5.1×10^{-6}；(ii) 2.7×10^{-6}; 3.2×10^{-6}

    c. (i) 1.2; 5.1×10^{-5}；(ii) 4.2×10^{-5}; 7.8×10^{-5}

习题 1.3

1. a. 近似和分别是 1.53 与 1.54。实际值是 1.549。第一种方法的有效数字舍入误差产生得早。

    b. 近似和分别是 1.16 与 1.19。实际值是 1.197。第一种方法的有效数字舍入误差产生得早。

3. a. 2000 项　　　b. 20 000 000 000 项

5. 3 项

7. 收敛率是：

    a. $O(h^2)$　　　　　b. $O(h)$　　　　　c. $O(h^2)$　　　　　d. $O(h)$

9. a. 假如 $F(h) = L + O(h^p)$，则存在常数 $k > 0$，满足

$$|F(h) - L| \leqslant kh^p$$

其中 $h > 0$ 充分小。如果 $0 < q < p$ 且 $0 < h < 1$，使得 $h^q > h^p$，于是 $kh^q > kh^p$，从而

$$|F(h) - L| \leqslant kh^q \quad 和 \quad F(h) = L + O(h^q)$$

b. 对 h 的不同次方，可得到下表中的数值：

h	h^2	h^3	h^4
0.5	0.25	0.125	0.0625
0.1	0.01	0.001	0.0001
0.01	0.0001	0.00001	10^{-8}
0.001	10^{-6}	10^{-9}	10^{-12}

最快的收敛率是 $O(h^4)$ 。

11. 因为

$$\lim_{n \to \infty} x_n = \lim_{n \to \infty} x_{n+1} = x \quad 和 \quad x_{n+1} = 1 + \frac{1}{x_n}$$

则产生

$$x = 1 + \frac{1}{x}, \quad 即 \quad x^2 - x - 1 = 0$$

由二次方程的求根公式得到

$$x = \frac{1}{2}\left(1 + \sqrt{5}\right)$$

这个数叫作黄金分割数。它频繁地出现在数学和其他科学领域。

13. $\text{SUM} = \sum_{i=1}^{n} x_i$ 。由于 $\text{SUM} = x_1$ 代替了 $\text{SUM} = 0$ 而省去了一步。问题可能发生在 $N = 0$ 时。

15. a. $n(n+1)/2$ 次乘法；$(n+2)(n-1)/2$ 次加法

　　b. $\sum_{i=1}^{n} a_i \left(\sum_{j=1}^{i} b_j \right)$ 需要 n 次乘法和 $(n+2)(n-1)/2$ 次加法

习题 2.1

1. $p_3 = 0.625$

3. 由二分法得出：

　　a. $p_7 = 0.5859$ 　　　　b. $p_8 = 3.002$ 　　　　c. $p_7 = 3.419$

5. 由二分法得出：

　　a. $p_{17} = 0.641182$ 　　　　　　　　b. $p_{17} = 0.257530$

　　c. 对于区间 $[-3, -2]$，有 $p_{17} = -2.191307$；而对于区间 $[-1, 0]$，有 $p_{17} = -0.798164$ 。

　　d. 对于区间 $[0.2, 0.3]$，有 $p_{14} = 0.297528$；而对于区间 $[1.2, 1.3]$，有 $p_{14} = 1.256622$ 。

7. a.

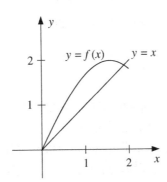

　　b. 使用区间 $[1.5, 2]$，由 (a) 得出 $p_{16} = 1.89550018$ 。

9. a.

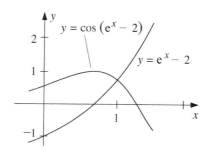

　　b. $p_{17} = 1.00762177$

11. a. 2　　　　　　　b. -2　　　　　　c. -1　　　　　　　　d. 1

13. 使用区间$[2,3]$，可近似得到 25 的立方根为 $p_{14} = 2.92401$。

15. 水的深度是 0.838 ft。

17. 一个界是 $n \geq 14$，而 $p_{14} = 1.32477$。

19. 因为 $\lim_{n\to\infty}(p_n - p_{n-1}) = \lim_{n\to\infty}1/n = 0$，所以各项之间的差趋近于 0。但是，$p_n$ 是发散的调和级数的第 n 项，从而 $\lim_{n\to\infty}p_n = \infty$。

21. 因为 $-1 < a < 0$ 且 $2 < b < 3$，所以有 $1 < a+b < 3$ 或者 $1/2 < 1/2\,(a+b) < 3/2$。进而

$$f(x) < 0, \text{ 当}-1 < x < 0 \text{ 或 } 1 < x < 2$$
$$f(x) > 0, \text{ 当 } 0 < x < 1 \text{ 或 } 2 < x < 3$$

于是就有 $a_1 = a, f(a_1) < 0, b_1 = b$ 和 $f(b_1) > 0$。

　　a. 因为 $a+b < 2$，所以 $p_1 = \dfrac{a+b}{2}$ 及 $1/2 < p_1 < 1$，从而 $f(p_1) > 0$。又因为 $a_2 = a_1 = a$ 和 $b_2 = p_1$，所以 f 在区间 $[a_2, b_2]$ 的唯一零点是 $p = 0$，故只能收敛到 0。

　　b. 因为 $a+b > 2$，所以 $p_1 = \dfrac{a+b}{2}$ 及 $1 < p_1 < 3/2$，从而 $f(p_1) < 0$。又因为 $a_2 = p_1$ 和 $b_2 = b_1 = b$，所以 f 在区间 $[a_2, b_2]$ 的唯一零点是 $p = 2$，故只能收敛到 2。

　　c. 因为 $a+b = 2$，所以 $p_1 = \dfrac{a+b}{2} = 1$ 及 $f(p_1) = 0$，从而在第一次迭代时就得到了 f 的一个零点。迭代将收敛到 $p = 1$。

习题 2.2

1. 对所考虑的 x 的值，我们有

　　a. $x = (3 + x - 2x^2)^{1/4} \Leftrightarrow x^4 = 3 + x - 2x^2 \Leftrightarrow f(x) = 0$

　　b. $x = \left(\dfrac{x + 3 - x^4}{2}\right)^{1/2} \Leftrightarrow 2x^2 = x + 3 - x^4 \Leftrightarrow f(x) = 0$

　　c. $x = \left(\dfrac{x + 3}{x^2 + 2}\right)^{1/2} \Leftrightarrow x^2(x^2 + 2) = x + 3 \Leftrightarrow f(x) = 0$

　　d. $x = \dfrac{3x^4 + 2x^2 + 3}{4x^3 + 4x - 1} \Leftrightarrow 4x^4 + 4x^2 - x = 3x^4 + 2x^2 + 3 \Leftrightarrow f(x) = 0$

3. a. 对 $2x$ 求解，然后除以 2。$p_1 = 0.5625, p_2 = 0.58898926, p_3 = 0.60216264, p_4 = 0.60917204$

　　b. 对 x^3 求解，除以 x^2。$p_1 = 0, p_2$ 没有定义。

　　c. 对 x^3 求解，除以 x，然后取正平方根，$p_1 = 0, p_2$ 没有定义。

　　d. 对 x^3 求解，然后取负立方根，$p_1 = 0, p_2 = -1, p_3 = -1.4422496, p_4 = -1.57197274$。

　　　(a) 和 (b) 很有前景。

5. 收敛速度的降序是(b),(d),(a)。序列(c)不收敛。

7. 取 $g(x) = (3x^2+3)^{1/4}$ 和 $p_0=1$，$p_6=1.94332$，精度在 0.01 之内。

9. 由于 $g'(x) = \dfrac{1}{4}\cos\dfrac{x}{2}$，因此 g 是连续的且 g' 在 $[0, 2\pi]$ 上存在。又因为只有当 $x = \pi$ 时 $g'(x) = 0$，

因此 $g(0) = g(2\pi) = \pi \leqslant g(x) \leqslant g(\pi) = \pi+\dfrac{1}{2}$ 且 $|g'(x)| \leqslant \dfrac{1}{4}$ 当 $0 \leqslant x \leqslant 2\pi$ 时成立。定理 2.3

蕴含有唯一的不动点 p 存在于区间 $[0, 2\pi]$。取 $k = \dfrac{1}{4}$ 和 $p_0 = \pi$，则有 $p_1 = \pi+\dfrac{1}{2}$。由推

论 2.5 可得

$$|p_n - p| \leqslant \frac{k^n}{1-k}|p_1 - p_0| = \frac{2}{3}\left(\frac{1}{4}\right)^n$$

为了使得界小于 0.1，只需使 $n \geqslant 4$。而当 $p_3=3.626996$ 时，精度在 0.01 之内。

11. 对于 $p_0=1.0$ 和 $g(x) = 0.5\left(x+\dfrac{3}{x}\right)$，结果为 $\sqrt{3} \approx p_4 = 1.73205$。

13. a. 取 $[0, 1]$ 和 $p_0 = 0$，结果为 $p_9 = 0.257531$。

　　b. 取 $[2.5, 3.0]$ 和 $p_0 = 2.5$，结果为 $p_{17} = 2.690650$。

　　c. 取 $[0.25, 1]$ 和 $p_0 = 0.25$，结果为 $p_{14} = 0.909999$。

　　d. 取 $[0.3, 0.7]$ 和 $p_0 = 0.3$，结果为 $p_{39} = 0.469625$。

　　e. 取 $[0.3, 0.6]$ 和 $p_0 = 0.3$，结果为 $p_{48} = 0.448059$。

　　f. 取 $[0, 1]$ 和 $p_0 = 0$，结果为 $p_6 = 0.704812$。

15. 取 $g(x) = (2x^2-10\cos x)/(3x)$，可以得到

$$p_0 = 3 \Rightarrow p_8 = 3.16193; \quad p_0 = -3 \Rightarrow p_8 = -3.16193$$

取 $g(x) = \arccos(-0.1x^2)$，可以得到

$$p_0 = 1 \Rightarrow p_{11} = 1.96882; \quad p_0 = -1 \Rightarrow p_{11} = -1.96882$$

17. 取 $g(x) = \dfrac{1}{\pi}\arcsin\left(-\dfrac{x}{2}\right)+2$，得到 $p_5 = 1.683855$。

19. 由于 g' 在 p 处连续且 $|g'(p)| > 1$，通过设 $\epsilon = |g'(p)|-1$，存在一个数 $\delta > 0$ 使得只要 $0 < |x-p| < \delta$

就有 $|g'(x) - g'(p)| < |g'(p)|-1$。因此，对于满足 $0 < |x-p| < \delta$ 的任何 x，有

$$|g'(x)| \geqslant |g'(p)| - |g'(x) - g'(p)| > |g'(p)| - (|g'(p)| - 1) = 1$$

如果 p_0 的选取满足 $0 < |p-p_0| < \delta$，利用均值定理就能得到

$$|p_1 - p| = |g(p_0) - g(p)| = |g'(\xi)||p_0 - p|$$

其中 ξ 介于 p_0 和 p 之间。于是由 $0 < |p-\xi| < \delta$ 可导出 $|p_1 - p| = |g'(\xi)||p_0 - p| > |p_0 - p|$。

21. 其中一个例子是在 $\left[\dfrac{1}{2}, 1\right]$ 上 $g(x) = \sqrt{2x-1}$。

23. a. 假设 $x_0 > \sqrt{2}$，则

$$x_1 - \sqrt{2} = g(x_0) - g\left(\sqrt{2}\right) = g'(\xi)\left(x_0 - \sqrt{2}\right)$$

其中 $\sqrt{2} < \xi < x$。于是 $x_1 - \sqrt{2} > 0$ 或 $x_1 > \sqrt{2}$，进而有

$$x_1 = \frac{x_0}{2} + \frac{1}{x_0} < \frac{x_0}{2} + \frac{1}{\sqrt{2}} = \frac{x_0 + \sqrt{2}}{2}$$

且 $\sqrt{2} < x_1 < x_0$。利用归纳法可得

$$\sqrt{2} < x_{m+1} < x_m < \cdots < x_0$$

即 $\{x_m\}$ 是单调递减的序列且有下界，从而必收敛。

设 $p = \lim_{m \to \infty} x_m$，则

$$p = \lim_{m \to \infty} \left(\frac{x_{m-1}}{2} + \frac{1}{x_{m-1}} \right) = \frac{p}{2} + \frac{1}{p}, \quad \text{因此} \quad p = \frac{p}{2} + \frac{1}{p}$$

求解可得到 $p = \pm\sqrt{2}$。又因为对所有的 m，$x_m > \sqrt{2}$ 成立，从而有极限 $\lim_{m \to \infty} x_m = \sqrt{2}$。

b. 我们有

$$0 < (x_0 - \sqrt{2})^2 = x_0^2 - 2x_0\sqrt{2} + 2$$

所以 $2x_0\sqrt{2} < x_0^2 + 2$ 且 $\sqrt{2} < \dfrac{x_0}{2} + \dfrac{1}{x_0} = x_1$。

c. 情形 1：$0 < x_0 < \sqrt{2}$，由 (b) 可知 $\sqrt{2} < x_1$。从而

$$0 < x_0 < \sqrt{2} < x_{m+1} < x_m < \cdots < x_1, \quad \text{则} \quad \lim_{m \to \infty} x_m = \sqrt{2}$$

情形 2：$x_0 = \sqrt{2}$，此时对所有的 m，$x_m = \sqrt{2}$ 成立，则 $\lim_{m \to \infty} x_m = \sqrt{2}$。

情形 3：$x_0 > \sqrt{2}$，由 (a) 可知 $\lim_{m \to \infty} x_m = \sqrt{2}$。

25. 将证明中的第二句替换为"因为 g 在 $[a,b]$ 上满足 Lipschitz 常数为 $L<1$ 的 Lipschitz 条件，所以对每个 n，下式成立：

$$|p_n - p| = |g(p_{n-1}) - g(p)| \leqslant L|p_{n-1} - p|$$

余下的证明只需将 k 替换为 L 即可，其他相同。

习题 2.3

1. $p_2 = 2.60714$

3. a. 2.45454　　　　b. 2.44444　　　　c. (b)更好。

5. a. 当取 $p_0 = 2$ 时，结果是 $p_5 = 2.69065$。　　b. 当取 $p_0 = -3$ 时，结果是 $p_3 = -2.87939$。
   c. 当取 $p_0 = 0$ 时，结果是 $p_4 = 0.73909$。　　d. 当取 $p_0 = 0$ 时，结果是 $p_3 = 0.96434$。

7. 将区间的端点用作 p_0 和 p_1，则会产生：
   a. $p_{11} = 2.69065$　　b. $p_7 = -2.87939$　　　c. $p_6 = 0.73909$　　　d. $p_5 = 0.96433$

9. 取区间的端点为初始值 p_0 和 p_1，则会产生：
   a. $p_{16} = 2.69060$　　b. $p_6 = -2.87938$　　　c. $p_7 = 0.73908$　　　d. $p_6 = 0.96433$

11. a. 牛顿法，取 $p_0 = 1.5$，得到 $p_3 = 1.51213455$。
    割线法，取 $p_0 = 1$ 和 $p_1 = 2$，得到 $p_{10} = 1.51213455$。
    试位法，取 $p_0 = 1$ 和 $p_1 = 2$，得到 $p_{17} = 1.51212954$。
    b. 牛顿法，取 $p_0 = 0.5$，得到 $p_5 = 0.976773017$。
    割线法，取 $p_0 = 0$ 和 $p_1 = 1$，得到 $p_5 = 10.976773017$。
    试位法，取 $p_0 = 0$ 和 $p_1 = 1$，得到 $p_5 = 0.976772976$。

13. a. 当 $p_0 = -1$ 和 $p_1 = 0$ 时，可得 $p_{17} = -0.04065850$；当 $p_0 = 0$ 和 $p_1 = 1$ 时，可得 $p_9 = 0.9623984$。
    b. 当 $p_0 = -1$ 和 $p_1 = 0$ 时，可得 $p_5 = -0.04065929$；当 $p_0 = 0$ 和 $p_1 = 1$ 时，可得 $p_{12} = -0.04065929$。
    c. 当 $p_0 = -0.5$ 时，可得 $p_5 = -0.04065929$；当 $p_0 = 0.5$ 时，可得 $p_{21} = 0.9623989$。

15. a. $p_0 = -10, p_{11} = -4.30624527$　　　　　b. $p_0 = -5, p_5 = -4.30624527$

c. $p_0 = -3$, $p_5 = 0.824498585$ d. $p_0 = -1$, $p_4 = -0.824498585$

e. $p_0 = 0$，由于 $f'(0) = 0$ 而不能计算 p_1 f. $p_0 = 1$, $p_4 = 0.824498585$

g. $p_0 = 3$, $p_5 = -0.824498585$ h. $p_0 = 5$, $p_5 = 4.30624527$

i. $p_0 = 10$, $p_{11} = 4.30624527$

17. 对于 $f(x) = \ln(x^2 + 1) - e^{0.4x} \cos \pi x$，有下面的根：

    a. 对于 $p_0 = -0.5$，结果是 $p_3 = -0.4341431$

    b. 对于 $p_0 = 0.5$，结果是 $p_3 = 0.4506567$

        对于 $p_0 = 1.5$，结果是 $p_3 = 1.7447381$

        对于 $p_0 = 2.5$，结果是 $p_5 = 2.2383198$

        对于 $p_0 = 3.5$，结果是 $p_4 = 3.7090412$

    c. 初始近似 $n - 0.5$ 非常合理

    d. 对于 $p_0 = 24.5$，结果是 $p_2 = 24.4998870$

19. 对于 $p_0 = 1$，$p_5 = 0.589755$。点的坐标为 $(0.589755, 0.347811)$。

21. 两个数近似为 6.512849 和 13.487151。

23. 借方最多能支付 8.10%

25. 此时有 $P_L = 265816$，$c = -0.75658125$ 和 $k = 0.045017502$。1980 年的人口数是 $P(30) = 222\,248\,320$，2010 年的人口数是 $P(60) = 252\,967\,030$。

27. 取 $p_0 = 0.5$ 和 $p_1 = 0.9$，用割线法求得 $p_5 = 0.842$。

29. a. 近似有

$$A = 17.74, \quad B = 87.21, \quad C = 9.66, \quad E = 47.47$$

利用这些数值，可以得到

$$A \sin \alpha \cos \alpha + B \sin^2 \alpha - C \cos \alpha - E \sin \alpha = 0.02$$

    b. 牛顿法的结果是 $\alpha \approx 33.2°$

31. 切线的方程是

$$y - f(p_{n-1}) = f'(p_{n-1})(x - p_{n-1})$$

为了完成问题的解答，令 $y = 0$ 并对 $x = p_n$ 求解。

习题 2.4

1. a. 对于 $p_0 = 0.5$，有 $p_{13} = 0.567135$。

    b. 对于 $p_0 = -1.5$，有 $p_{23} = -1.414325$。

    c. 对于 $p_0 = 0.5$，有 $p_{22} = 0.641166$。

    d. 对于 $p_0 = -0.5$，有 $p_{23} = -0.183274$。

3. 使用修正的牛顿法方程 (2.11) 可以得到

    a. 对于 $p_0 = 0.5$，有 $p_3 = 0.567143$。

    b. 对于 $p_0 = -1.5$，有 $p_2 = -1.414158$。

    c. 对于 $p_0 = 0.5$，有 $p_3 = 0.641274$。

    d. 对于 $p_0 = -0.5$，有 $p_5 = -0.183319$。

5. 利用初值 $p_0 = -0.5$ 的牛顿法结果为 $p_{13} = -0.169607$。利用初值 $p_0 = -0.5$ 的修正的牛顿法方程 (2.11) 结果为 $p_{11} = -0.169607$。

7. a. 对 $k > 0$，有

$$\lim_{n \to \infty} \frac{|p_{n+1} - 0|}{|p_n - 0|} = \lim_{n \to \infty} \frac{\frac{1}{(n+1)^k}}{\frac{1}{n^k}} = \lim_{n \to \infty} \left(\frac{n}{n+1} \right)^k = 1$$

故而收敛是线性的。

b. 我们需要 $N > 10^{m/k}$。

9. 典型的例子如:

    a. $p_n = 10^{-3^n}$ b. $p_n = 10^{-\alpha^n}$

11. 结论可由 $\displaystyle\lim_{n \to \infty} \frac{\left|\frac{b-a}{2^{n+1}}\right|}{\left|\frac{b-a}{2^n}\right|} = \frac{1}{2}$ 得到。

13. 如果 $\dfrac{|p_{n+1} - p|}{|p_n - p|^3} = 0.75$ 且 $|p_0 - p| = 0.5$ ，则有 $|p_n - p| = (0.75)^{(3^n - 1)/2} |p_0 - p|^{3^n}$ 。

    为了使 $|p_n - p| \leqslant 10^{-8}$ ，要求 $n \geqslant 3$ 。

习题 2.5

1. 结果列于下表中:

	a	**b**	**c**	**d**
$\hat{p}_0$	0.258684	0.907859	0.548101	0.731385
$\hat{p}_1$	0.257613	0.909568	0.547915	0.736087
$\hat{p}_2$	0.257536	0.909917	0.547847	0.737653
$\hat{p}_3$	0.257531	0.909989	0.547823	0.738469
$\hat{p}_4$	0.257530	0.910004	0.547814	0.738798
$\hat{p}_5$	0.257530	0.910007	0.547810	0.738958

3. $p_0^{(1)} = 0.826427$

5. $p_1^{(0)} = 1.5$

7. 对于 $g(x) = \sqrt{1 + \dfrac{1}{x}}$ 和 $p_0^{(0)} = 1$ ，结果为 $p_0^{(3)} = 1.32472$ 。

9. 对于 $g(x) = 0.5\left(x + \dfrac{3}{x} \right)$ 和 $p_0^{(0)} = 0.5$ ，结果为 $p_0^{(4)} = 1.73205$ 。

11. a. 对于 $g(x) = (2 - e^x + x^2)/3$ 和 $p_0^{(0)} = 0$ ，结果为 $p_0^{(3)} = 0.257530$ 。

    b. 对于 $g(x) = 0.5(\sin x + \cos x)$ 和 $p_0^{(0)} = 0$ ，结果为 $p_0^{(4)} = 0.704812$ 。

    c. 当 $p_0^{(0)} = 0.25$ 时，结果为 $p_0^{(4)} = 0.910007572$ 。

    d. 当 $p_0^{(0)} = 0.3$ 时，结果为 $p_0^{(4)} = 0.469621923$ 。

13. Aitken Δ^2 方法的结果为:

    a. $\hat{p}_{10} = 0.0\overline{45}$ b. $\hat{p}_2 = 0.0363$

15. 因为有

$$\frac{|p_{n+1} - p_n|}{|p_n - p|} = \frac{|p_{n+1} - p + p - p_n|}{|p_n - p|} = \left| \frac{p_{n+1} - p}{p_n - p} - 1 \right|$$

所以

$$\lim_{n \to \infty} \frac{|p_{n+1} - p_n|}{|p_n - p|} = \lim_{n \to \infty} \left| \frac{p_{n+1} - p}{p_n - p} - 1 \right| = 1$$

17. a. 提示: 首先证明 $p_n - p = -\dfrac{1}{(n+1)!} e^{\xi} x^{n+1}$ ，其中 ξ 介于 0 和 1 之间。

b.

n	p_n	$\hat{p}_n$
0	1	3
1	2	2.75
2	2.5	$2.7\overline{2}$
3	$2.\overline{6}$	2.71875
4	$2.708\overline{3}$	$2.718\overline{3}$
5	$2.71\overline{6}$	2.7182870
6	$2.7180\overline{5}$	2.7182823
7	2.7182539	2.7182818
8	2.7182787	2.7182818
9	2.7182815	
10	2.7182818	

习题 2.6

1. a. 对于 $p_0 = 1$，结果为 $p_{22} = 2.69065$。

   b. 对于 $p_0 = 1$，结果为 $p_5 = 0.53209$；对于 $p_0 = -1$，结果为 $p_3 = -0.65270$；对于 $p_0 = -3$，结果为 $p_3 = -2.87939$。

   c. 对于 $p_0 = 1$，结果为 $p_5 = 1.32472$。

   d. 对于 $p_0 = 1$，结果为 $p_4 = 1.12412$；对于 $p_0 = 0$，结果为 $p_8 = -0.87605$。

   e. 对于 $p_0 = 0$，结果为 $p_6 = -0.47006$；对于 $p_0 = -1$，结果为 $p_4 = -0.88533$；对于 $p_0 = -3$，结果为 $p_4 = -2.64561$。

   f. 对于 $p_0 = 0$，结果为 $p_{10} = 1.49819$。

3. 下表中列出了初始近似和近似根：

	p_0	p_1	p_2	近似根	复共轭根
a	-1	0	1	$p_7 = -0.34532 - 1.31873i$	$-0.34532 + 1.31873i$
	0	1	2	$p_6 = 2.69065$	
b	0	1	2	$p_6 = 0.53209$	
	1	2	3	$p_9 = -0.65270$	
	-2	-3	-2.5	$p_4 = -2.87939$	
c	0	1	2	$p_5 = 1.32472$	
	-2	-1	0	$p_7 = -0.66236 - 0.56228i$	$-0.66236 + 0.56228i$
d	0	1	2	$p_5 = 1.12412$	
	2	3	4	$p_{12} = -0.12403 + 1.74096i$	$-0.12403 - 1.74096i$
	-2	0	-1	$p_5 = -0.87605$	
e	0	1	2	$p_{10} = -0.88533$	
	1	0	-0.5	$p_5 = -0.47006$	
	-1	-2	-3	$p_5 = -2.64561$	
f	0	1	2	$p_6 = 1.49819$	
	-1	-2	-3	$p_{10} = -0.51363 - 1.09156i$	$-0.51363 + 1.09156i$
	1	0	-1	$p_8 = 0.26454 - 1.32837i$	$0.26454 + 1.32837i$

5. a. 根为 1.244, 8.847 和 -1.091，临界点是 0 和 6。

   b. 根为 0.5798, 1.521, 2.332 和 -2.432，临界点是 1, 2.001 和 -1.5。

7. 所有方法求得的解都是 0.23235。

9. 最小材料尺寸近似为 573.64895 cm^2。

习题 3.1

1. a. $P_1(x) = -0.148878x + 1$; $P_2(x) = -0.452592x^2 - 0.0131009x + 1$; $P_1(0.45) = 0.933005$;
   $|f(0.45) - P_1(0.45)| = 0.032558$; $P_2(0.45) = 0.902455$; $|f(0.45) - P_2(0.45)| = 0.002008$

b. $P_1(x) = 0.467251x+1$; $P_2(x) = -0.0780026x^2+0.490652x+1$; $P_1(0.45) = 1.210263$;

$|f(0.45)-P_1(0.45)| = 0.006104$; $P_2(0.45) = 1.204998$; $|f(0.45)-P_2(0.45)| = 0.000839$

c. $P_1(x) = 0.874548x$; $P_2(x) = -0.268961x^2+0.955236x$; $P_1(0.45) = 0.393546$;

$|f(0.45)-P_1(0.45)| = 0.0212983$; $P_2(0.45) = 0.375392$; $|f(0.45)-P_2(0.45)| = 0.003828$

d. $P_1(x) = 1.031121x$; $P_2(x) = 0.615092x^2+0.846593x$; $P_1(0.45) = 0.464004$;

$|f(0.45)-P_1(0.45)| = 0.019051$; $P_2(0.45) = 0.505523$; $|f(0.45)-P_2(0.45)| = 0.022468$

3. a. $\left|\dfrac{f''(\xi)}{2}(0.45-0)(0.45-0.6)\right| \leqslant 0.135$; $\left|\dfrac{f'''(\xi)}{6}(0.45-0)(0.45-0.6)(0.45-0.9)\right| \leqslant 0.00397$

b. $\left|\dfrac{f''(\xi)}{2}(0.45-0)(0.45-0.6)\right| \leqslant 0.03375$; $\left|\dfrac{f'''(\xi)}{6}(0.45-0)(0.45-0.6)(0.45-0.9)\right| \leqslant 0.001898$

c. $\left|\dfrac{f''(\xi)}{2}(0.45-0)(0.45-0.6)\right| \leqslant 0.135$; $\left|\dfrac{f'''(\xi)}{6}(0.45-0)(0.45-0.6)(0.45-0.9)\right| \leqslant 0.010125$

d. $\left|\dfrac{f''(\xi)}{2}(0.45-0)(0.45-0.6)\right| \leqslant 0.06779$; $\left|\dfrac{f'''(\xi)}{6}(0.45-0)(0.45-0.6)(0.45-0.9)\right| \leqslant 0.151$

5.

a.
n	$x_0, x_1, \cdots, x_n$	$P_n(8.4)$
1	8.3, 8.6	17.87833
2	8.3, 8.6, 8.7	17.87716
3	8.3, 8.6, 8.7, 8.1	17.87714

b.
n	$x_0, x_1, \cdots, x_n$	$P_n(-1/3)$
1	$-0.5, -0.25$	0.21504167
2	$-0.5, -0.25, 0.0$	0.16988889
3	$-0.5, -0.25, 0.0, -0.75$	0.17451852

c.
n	$x_0, x_1, \cdots, x_n$	$P_n(0.25)$
1	0.2, 0.3	-0.13869287
2	0.2, 0.3, 0.4	-0.13259734
3	0.2, 0.3, 0.4, 0.1	-0.13277477

d.
n	$x_0, x_1, \cdots, x_n$	$P_n(0.9)$
1	0.8, 1.0	0.44086280
2	0.8, 1.0, 0.7	0.43841352
3	0.8, 1.0, 0.7, 0.6	0.44198500

7.

a.
n	实际误差	误差界
1	1.180×10^{-3}	1.200×10^{-3}
2	1.367×10^{-5}	1.452×10^{-5}

b.
n	实际误差	误差界
1	4.052×10^{-2}	4.515×10^{-2}
2	4.630×10^{-3}	4.630×10^{-3}

c.
n	实际误差	误差界
1	5.921×10^{-3}	6.097×10^{-3}
2	1.746×10^{-4}	1.813×10^{-4}

d.
n	实际误差	误差界
1	2.730×10^{-3}	1.408×10^{-2}
2	5.179×10^{-3}	9.222×10^{-3}

9. $y = 4.25$

11. 结果为 $f(1.09) \approx 0.2826$。实际误差是 4.3×10^{-5}，一个误差界为 7.4×10^{-6}。产生矛盾的原因在于数据只有 4 位数字精度，使用了 4 位数字的算法。

13. a. $P_2(x) = -11.22388889x^2+3.810500000x+1$，且一个误差界为 0.11371294。

b. $P_2(x) = -0.1306344167x^2+0.8969979335x-0.63249693$，且一个误差界为 9.45762×10^{-4}。

c. $P_3(x) = 0.1970056667x^3-1.06259055x^2+2.532453189x-1.666868305$，且一个误差界为 10^{-4}。

d. $P_3(x) = -0.07932x^3-0.545506x^2+1.0065992x+1$，且一个误差界为 1.591376×10^{-3}。

15. a. 1.32436　　　b. 2.18350　　　c. 1.15277, 2.01191

d. (a)和(b)更好，原因是节点间距的不同设置。

17. 可能的最大步长是 0.004291932，因此 0.004 将是一个合理的选择。

19. a. 插值多项式是 $P_5(x) = -0.00252225x^5+0.286629x^4-10.7938x^3+157.312x^2+1642.75x+179323$。

1960 年对应于 $x = 0$，因此结果为

年份	1950	1975	2014	2020
x	-10	15	54	60
$P_5(x)$	192 539	215 526	306 211	266 161
U.S. CENSUS	150 697	215 973(EST.)	317 298(EST.)	341 000(EST.)

b. 基于 1950 年的数值,我们很难相信 1975 年、2014 年和 2020 年的估计值。事实上,1975 年的估计值和实际统计数据比较接近,但 2014 年的值则不太理想,2020 年的值完全没有意义。

21. 因为 $g'\left(\left(j+\dfrac{1}{2}\right)h\right)=0$,

$$\max|g(x)| = \max\left\{|g(jh)|,\left|g\left(\left(j+\frac{1}{2}\right)h\right)\right|,|g((j+1)h)|\right\} = \max\left(0,\frac{h^2}{4}\right)$$

所以 $|g(x)|\leqslant h^2/4$ 。

23. a. (i) $B_3(x)=x$ (ii) $B_3(x)=1$ d. $n\geqslant 250\,000$

习题 3.2

1. 近似结果与 3.1 节习题 5 的结果相同。

3. a. 结果为 $\sqrt{3}\approx P_4(1/2)=1.708\overline{3}$ b. 结果为 $\sqrt{3}\approx P_4(3)=1.690607$

    c. (a)的绝对误差大约是 0.0237,而(b)的绝对误差大约是 0.0414,所以(a)更精确。

5. $P_2=f(0.5)=4$

7. $P_{0,1,2,3}(2.5)=2.875$

9. 错误的近似是 $-f(2)/6+2f(1)/3+2/3+2f(-1)/3-f(-2)/6$,正确的近似是 $-f(2)/6+2f(1)/3+2f(-1)/3-f(-2)/6$,所以错误的近似比正确的近似大了 2/3 以上。

11. 序列的前 10 项为 0.038462, 0.333671, 0.116605, -0.371760, -0.0548919, 0.605935, 0.190249, -0.513353, -0.0668173 和 0.448335。

    因为 $f(1+\sqrt{10})=0.0545716$,所以序列看起来不收敛。

13. 改变算法 3.1 如下:

    输入 数 $y_0, y_1, \cdots, y_n$;值 $x_0, x_1, \cdots, x_n$ 分别作为 Q 的第一列 $Q_{0,0}, Q_{1,0}, \cdots, Q_{n,0}$。

    输出 表 Q,其中 $Q_{n,n}$ 近似了 $f^{-1}(0)$。

    Step 1   for $i=1, 2, \cdots, n$

                      for $j=1, 2, \cdots, i$

                      set

$$Q_{i,j} = \frac{y_i Q_{i-1,j-1} - y_{i-j} Q_{i,j-1}}{y_i - y_{i-j}}$$

习题 3.3

1. a. $P_1(x)=16.9441+3.1041(x-8.1)$;$P_1(8.4)=17.87533$;

      $P_2(x)=P_1(x)+0.06(x-8.1)(x-8.3)$;$P_2(8.4)=17.87713$;

      $P_3(x)=P_2(x)-0.00208333(x-8.1)(x-8.3)(x-8.6)$;$P_3(8.4)=17.87714$

    b. $P_1(x)=-0.1769446+1.9069687(x-0.6)$;$P_1(0.9)=0.395146$;

      $P_2(x)=P_1(x)+0.959224(x-0.6)(x-0.7)$;$P_2(0.9)=0.4526995$;

      $P_3(x)=P_2(x)-1.785741(x-0.6)(x-0.7)(x-0.8)$;$P_3(0.9)=0.4419850$

3. 在下面的方程中，我们取 $s=\dfrac{1}{h}(x-x_0)$。

　　a. $P_1(s)=-0.718125-0.0470625s;\quad P_1\left(-\dfrac{1}{3}\right)=-0.006625$

　　　　$P_2(s)=P_1(s)+0.312625s(s-1)/2;\quad P_2\left(-\dfrac{1}{3}\right)=0.1803056$

　　　　$P_3(s)=P_2(s)+0.09375s(s-1)(s-2)/6;\quad P_3\left(-\dfrac{1}{3}\right)=0.1745185$

　　b. $P_1(s)=-0.62049958+0.3365129s;\quad P_1(0.25)=-0.1157302$

　　　　$P_2(s)=P_1(s)-0.04592527s(s-1)/2;\quad P_2(0.25)=-0.1329522$

　　　　$P_3(s)=P_2(s)-0.00283891s(s-1)(s-2)/6;\quad P_3(0.25)=-0.1327748$

5. 在下面的方程中，我们取 $s=\dfrac{1}{h}(x-x_n)$。

　　a. $P_1(s)=1.101+0.7660625s;\quad f\left(-\dfrac{1}{3}\right)\approx P_1\left(-\dfrac{4}{3}\right)=0.07958333$

　　　　$P_2(s)=P_1(s)+0.406375s(s+1)/2;\quad f\left(-\dfrac{1}{3}\right)\approx P_2\left(-\dfrac{4}{3}\right)=0.1698889$

　　　　$P_3(s)=P_2(s)+0.09375s(s+1)(s+2)/6;\quad f\left(-\dfrac{1}{3}\right)\approx P_3\left(-\dfrac{4}{3}\right)=0.1745185$

　　b. $P_1(s)=0.2484244+0.2418235s;\quad f(0.25)\approx P_1(-1.5)=-0.1143108$

　　　　$P_2(s)=P_1(s)-0.04876419s(s+1)/2;\quad f(0.25)\approx P_2(-1.5)=-0.1325973$

　　　　$P_3(s)=P_2(s)-0.00283891s(s+1)(s+2)/6;\quad f(0.25)\approx P_3(-1.5)=-0.1327748$

7. a. $P_3(x)=5.3-33(x+0.1)+129.8\overline{3}(x+0.1)x-556.\overline{6}(x+0.1)x(x-0.2)$

　　b. $P_4(x)=P_3(x)+2730.243387(x+0.1)x(x-0.2)(x-0.3)$

9. a. $f(0.05)\approx 1.05126$　　　　b. $f(0.65)\approx 1.91555$　　　　c. $f(0.43)\approx 1.53725$

11. x^2 的系数是 3.5。

13. $f(0.3)$ 的近似值将增加 5.9375。

15. $\Delta^2 P(10)=1140$

17. a. 当 $x=0$ 对应于 1960 时，插值多项式是 $P_5(x)=179323+2397.4x-3.695x(x-10)+0.098\overline{3}x$
　　$(x-10)(x-20)+0.0344042x(x-10)(x-20)(x-30)-0.00252225x(x-10)(x-20)(x-30)(x-40)$。

　　　　　　　$P_5(-10)=192\,539$ 是 1950 年人口数的近似。

　　　　　　　$P_5(15)=215\,526$ 是 1975 年人口数的近似。

　　　　　　　$P_5(54)=306\,215$ 是 2014 年人口数的近似。

　　　　　　　$P_5(60)=266\,165$ 是 2020 年人口数的近似。

　　b. 基于 1950 年的值，对 1975 年、2014 年和 2020 年的近似人口数预测是不可相信的。
　　　　虽然 1975 年和 2014 年的近似值并不坏，但 2020 年的似乎不切实际。

19. 因为 $\Delta^3 f(x_0)=-6,\ \Delta^4 f(x_0)=\Delta^5 f(x_0)=0$，所以插值多项式是 3 次的。

21. 因为 $f[x_2]=f[x_0]+f[x_0,x_1](x_1-x_0)+a_2(x_2-x_0)(x_2-x_1)$，

$$a_2=\frac{f[x_2]-f[x_0]}{(x_2-x_0)(x_2-x_1)}-\frac{f[x_0,x_1]}{(x_2-x_1)}$$

所以简化为 $f[x_0,x_1,x_2]$。

23. 设 $\tilde{P}(x)=f[x_{i_0}]+\sum_{k=1}^{n}f[x_{i_0},\cdots,x_{i_k}](x-x_{i_0})\cdots(x-x_{i_k})$ 且 $\hat{P}(x)=f[x_0]+\sum_{k=1}^{n}f[x_0,\cdots,x_k](x-x_0)\cdots(x-x_k)$。多项式 $\tilde{P}(x)$ 是 $f(x)$ 在节点 $x_{i_0},\cdots,x_{i_n}$ 上的插值多项式，多项式 $\hat{P}(x)$ 是 $f(x)$ 在节点 $x_0,\cdots,x_n$ 上的插值多项式。由于两个插值节点集合是相同的，所以插值多项式是唯一的，即有 $\tilde{P}(x)=\hat{P}(x)$。多项式 $\tilde{P}(x)$ 中 x^n 的系数是 $f[x_{i_0},\cdots,x_{i_n}]$，多项式 $\hat{P}(x)$ 中 x^n 的系数是 $f[x_0,\cdots,x_n]$，于是 $f[x_{i_0},\cdots,x_{i_n}]=f[x_0,\cdots,x_n]$。

习题 3.4

1. 差分形式多项式的系数在下表中给出。例如，(a)中的多项式是

$$H_3(x)=17.56492+3.116256(x-8.3)+0.05948(x-8.3)^2-0.00202222(x-8.3)^2(x-8.6)$$

a	b	c	d
17.56492	0.22363362	-0.02475	-0.62049958
3.116256	2.1691753	0.751	3.5850208
0.05948	0.01558225	2.751	-2.1989182
-0.00202222	-3.2177925	1	-0.490447
		0	0.037205
		0	0.040475
			-0.0025277777
			0.0029629628

3. 下表给出了近似情况。

	x	近似的 $f(x)$	实际的 $f(x)$	误差
a	8.4	17.877144	17.877146	2.33×10^{-6}
b	0.9	0.44392477	0.44359244	3.3323×10^{-4}
c	$-\frac{1}{3}$	0.1745185	0.17451852	1.85×10^{-8}
d	0.25	-0.1327719	-0.13277189	5.42×10^{-9}

5. a. 结果为：$\sin 0.34\approx H_5(0.34)=0.33349$。

   b. 公式给出的误差界是 3.05×10^{-14}，但实际的误差是 2.91×10^{-6}。产生矛盾的原因在于数据只有 5 位数字精度。

   c. 结果是：$\sin 0.34\approx H_7(0.34)=0.33350$。虽然误差界是 5.4×10^{-20}，但是数据的不精确污染了计算精度。实际的结果近似精度不超过 (b) 的情形，因为 $\sin 0.34=0.333487$。

7. $H_3(1.25)=1.169080403$，误差界是 4.81×10^{-5}；$H_5(1.25)=1.169016064$，误差界是 4.43×10^{-4}。

9. $H_3(1.25)=1.169080403$，误差界是 4.81×10^{-5}；$H_5(1.25)=1.169016064$，误差界是 4.43×10^{-4}。

11. a. 假设 $P(x)$ 是满足 $P(x_k)=f'(x_k)$ 和 $P'(x_k)=f'(x_k)$ 的另外一个多项式 $k=0,\cdots,n$，且 $P(x)$ 的次数不超过 $2n+1$。令

$$D(x)=H_{2n+1}(x)-P(x)$$

则 $D(x)$ 是一个次数不超过 $2n+1$ 的多项式，且满足 $D(x_k)=0$ 和 $D'(x_k)=0$。于是每个 $k=0,1,\cdots,n$，x_k 都是 D 的一个 2 重根，从而

$$D(x)=(x-x_0)^2\cdots(x-x_n)^2Q(x)$$

即 $D(x)$ 的次数是 $2n$ 或者更大，这样就产生了矛盾。于是必须有 $Q(x)\equiv0$，从而有 $D(x)\equiv0$，故 $P(x)\equiv H_{2n+1}(x)$。

   b. 首先注意到如果 $x=x_k$ 则误差公式对任何 ξ 都成立。令 $x\neq x_k$，$k=0,\cdots,n$，定义

$$g(t)=f(t)-H_{2n+1}(t)-\frac{(t-x_0)^2\cdots(t-x_n)^2}{(x-x_0)^2\cdots(x-x_n)^2}[f(x)-H_{2n+1}(x)]$$

又因为 $g(x_k) = 0$，$k = 0, \cdots, n$ 和 $g(x) = 0$，所以 g 有 $n+2$ 个零点位于区间 $[a,b]$，由 Rolle 定理可知 g' 有 $n+1$ 个零点 $\xi_0, \cdots, \xi_n$，它们介于 $x_0, \cdots, x_n, x$ 之间，另外 $g'(x_k) = 0$，$k = 0, \cdots, n$，所以 g' 共有 $2n+2$ 个不同的零点 $\xi_0, \cdots, \xi_n, x_0, \cdots, x_n$。因为 g' 是 $2n+1$ 次可微的，由广义的 Rolle 定理可以推知存在 ξ 位于 $[a,b]$，使得 $g^{(2n+2)}(\xi) = 0$。另一方面，

$$g^{(2n+2)}(t) = f^{(2n+2)}(t) - \frac{d^{2n+2}}{dt^{2n+2}} H_{2n+1}(t) - \frac{[f(x) - H_{2n+1}(x)] \cdot (2n+2)!}{(x-x_0)^2 \cdots (x-x_n)^2}$$

且

$$0 = g^{(2n+2)}(\xi) = f^{(2n+2)}(\xi) - \frac{(2n+2)![f(x) - H_{2n+1}(x)]}{(x-x_0)^2 \cdots (x-x_n)^2}$$

这样就得到了误差公式。

习题 3.5

1. $S(x) = x$ 定义在 $[0, 2]$ 上。

3. 三次自然样条的方程是

$$S(x) = S_i(x) = a_i + b_i(x - x_i) + c_i(x - x_i)^2 + d_i(x - x_i)^3$$

其中 x 属于 $[x_i, x_{i+1}]$，系数由下表给出。

a.

i	a_i	b_i	c_i	d_i
0	17.564920	3.13410000	0.00000000	0.00000000

b.

i	a_i	b_i	c_i	d_i
0	0.22363362	2.17229175	0.00000000	0.00000000

c.

i	a_i	b_i	c_i	d_i
0	−0.02475000	1.03237500	0.00000000	6.50200000
1	0.33493750	2.25150000	4.87650000	−6.50200000

d.

i	a_i	b_i	c_i	d_i
0	−0.62049958	3.45508693	0.00000000	−8.9957933
1	−0.28398668	3.18521313	−2.69873800	−0.94630333
2	0.00660095	2.61707643	−2.98262900	9.9420966

5. 下表给出了近似情况。

a.

	x	近似的 $f(x)$	实际的 $f(x)$	误差
a	8.4	17.87833	17.877146	1.1840×10^{-3}
b	0.9	0.4408628	0.44359244	2.7296×10^{-3}
c	$-\frac{1}{3}$	0.1774144	0.17451852	2.8959×10^{-3}
d	0.25	−0.1315912	−0.13277189	1.1807×10^{-3}

b.

	x	近似的 $f'(x)$	实际的 $f'(x)$	误差
a	8.4	3.134100	3.128232	5.86829×10^{-3}
b	0.9	2.172292	2.204367	0.0320747
c	$-\frac{1}{3}$	1.574208	1.668000	0.093792
d	0.25	2.908242	2.907061	1.18057×10^{-3}

7. 紧固三次样条方程为

$$s(x) = s_i(x) = a_i + b_i(x - x_i) + c_i(x - x_i)^2 + d_i(x - x_i)^3$$

其中 x 属于 $[x_i, x_{i+1}]$，系数由下表中给出。

a.

i	a_i	b_i	c_i	d_i
0	17.564920	3.116256	0.0608667	-0.00202222

b.

i	a_i	b_i	c_i	d_i
0	0.22363362	2.1691753	0.65914075	-3.2177925

c.

i	a_i	b_i	c_i	d_i
0	-0.02475000	0.75100000	2.5010000	1.0000000
1	0.33493750	2.18900000	3.2510000	1.0000000

d.

i	a_i	b_i	c_i	d_i
0	-0.62049958	3.5850208	-2.1498407	-0.49077413
1	-0.28398668	3.1403294	-2.2970730	-0.47458360
2	0.006600950	2.6666773	-2.4394481	-0.44980146

9. a.

	x	近似的 $f(x)$	实际的 $f(x)$	误差
a	8.4	17.877152	17.877146	5.910×10^{-6}
b	0.9	0.4439248	0.44359244	3.323×10^{-4}
c	$-\frac{1}{3}$	0.17451852	0.17451852	0
d	0.25	-0.13277221	-0.13277189	3.19×10^{-7}

b.

	x	近似的 $f'(x)$	实际的 $f'(x)$	误差
a	8.4	3.128369	3.128232	1.373×10^{-4}
b	0.9	2.204470	2.204367	1.0296×10^{-4}
c	$-\frac{1}{3}$	1.668000	1.668000	0
d	0.25	2.908242	2.907061	1.18057×10^{-3}

11. $b = -1, c = -3, d = 1$

13. $a = 4, b = 4, c = -1, d = \dfrac{1}{3}$

15. f 的分片线性近似由下式给出：

$$F(x) = \begin{cases} 20(\mathrm{e}^{0.1} - 1)x + 1, & x \text{ 属于 } [0, 0.05] \\ 20(\mathrm{e}^{0.2} - \mathrm{e}^{0.1})x + 2\mathrm{e}^{0.1} - \mathrm{e}^{0.2}, & x \text{ 属于 } (0.05, 1] \end{cases}$$

且

$$\int_0^{0.1} F(x)\,\mathrm{d}x = 0.1107936 \quad \text{和} \quad \int_0^{0.1} f(x)\,\mathrm{d}x = 0.1107014$$

17. 样条的方程是

$$S(x) = S_i(x) = a_i + b_i(x - x_i) + c_i(x - x_i)^2 + d_i(x - x_i)^3$$

其中 x 属于 $[x_i, x_{i+1}]$，系数由下表给出。

x_i	a_i	b_i	c_i	d_i
0	1.0	-0.7573593	0.0	-6.627417
0.25	0.7071068	-2.0	-4.970563	6.627417
0.5	0.0	-3.242641	0.0	6.627417
0.75	-0.7071068	-2.0	4.970563	-6.627417

$\int_0^1 S(x)\mathrm{d}x = 0.000000$，$S'(0.5) = -3.24264$，$S''(0.5) = 0.0$。

19. 样条的方程是

$$s(x) = s_i(x) = a_i + b_i(x - x_i) + c_i(x - x_i)^2 + d_i(x - x_i)^3$$

其中 x 属于 $[x_i, x_{i+1}]$，系数由下表给出。

x_i	a_i	b_i	c_i	d_i
0	1.0	0.0	-5.193321	2.028118
0.25	0.7071068	-2.216388	-3.672233	4.896310
0.5	0.0	-3.134447	0.0	4.896310
0.75	-0.7071068	-2.216388	3.672233	2.028118

$\int_0^1 s(x)\mathrm{d}x = 0.000000$，$s'(0.5) = -3.13445$，$s''(0.5) = 0.0$。

21. a. 在区间 $[0, 0.05]$ 上，结果为 $s(x) = 1.000000 + 1.999999x + 1.998302x^2 + 1.401310x^3$；在区间 $(0.05, 0.1]$ 上，结果为 $s(x) = 1.105170 + 2.210340(x-0.05) + 2.208498(x-0.05)^2 + 1.548758(x-0.05)^3$。

    b. $\int_0^{0.1} s(x)\mathrm{d}x = 0.110701$

    c. 1.6×10^{-7}

    d. 在区间 $[0, 0.05]$ 上，结果为 $S(x) = 1 + 2.04811x + 22.12184x^3$；在区间 $(0.05, 0.1]$ 上，结果为 $S(x) = 1.105171 + 2.214028(x-0.05) + 3.318277(x-0.05)^2 - 22.12184(x-0.05)^3$，$S(0.02) = 1.041139$ 且 $S(0.02) = 1.040811$。

23. 样条满足如下方程：

$$s(x) = s_i(x) = a_i + b_i(x - x_i) + c_i(x - x_i)^2 + d_i(x - x_i)^3$$

其中 x 属于 $[x_i, x_{i+1}]$，系数由下表给出。

x_i	a_i	b_i	c_i	d_i
0	0	75	-0.659292	0.219764
3	225	76.9779	1.31858	-0.153761
5	383	80.4071	0.396018	-0.177237
8	623	77.9978	-1.19912	0.0799115

该样条预测了位置 $s(10) = 774.84\,\mathrm{ft}$ 和速度 $s'(10) = 74.16\,\mathrm{ft/s}$。为了找到最大速度，我们求 $s'(x)$ 的单临界点，并将 $s(x)$ 这些点上的值与端点的值进行比较。这样得到最大速度为 $s'(x) = s'(5.7448) = 80.7\,\mathrm{ft/s} = 55.02\,\mathrm{mi/h}$。55 mi/h 的速度在大约 5.5 s 时被第一次超过。

25. 样条方程如下：

$$S(x) = S_i(x) = a_i + b_i(x - x_i) + c_i(x - x_i)^2 + d_i(x - x_i)^3$$

其中 x 属于 $[x_i, x_{i+1}]$，系数由下表给出。

x_i	样条 1				样条 2			
	a_i	b_i	c_i	d_i	a_i	b_i	c_i	d_i
0	6.67	−0.44687	0	0.06176	6.67	1.6629	0	−0.00249
6	17.33	6.2237	1.1118	−0.27099	16.11	1.3943	−0.04477	−0.03251
10	42.67	2.1104	−2.1401	0.28109	18.89	−0.52442	−0.43490	0.05916
13	37.33	−3.1406	0.38974	−0.01411	15.00	−1.5365	0.09756	0.00226
17	30.10	−0.70021	0.22036	−0.02491	10.56	−0.64732	0.12473	−0.01113
20	29.31	−0.05069	−0.00386	0.00016	9.44	−0.19955	0.02453	−0.00102

27. 三个紧固样条方程具有如下形式：

$$s_i(x) = a_i + b_i(x - x_i) + c_i(x - x_i)^2 + d_i(x - x_i)^3$$

其中 x 属于 $[x_i, x_{i+1}]$，系数由下表给出。

		样条 1							样条 2			
i	x_i	$a_i = f(x_i)$	b_i	c_i	d_i	$f'(x_i)$	i	x_i	$a_i = f(x_i)$	b_i	c_i	d_i	$f'(x_i)$

i	x_i	$a_i = f(x_i)$	b_i	c_i	d_i	$f'(x_i)$
0	1	3.0	1.0	−0.347	−0.049	1.0
1	2	3.7	0.447	−0.206	0.027	
2	5	3.9	−0.074	0.033	0.342	
3	6	4.2	1.016	1.058	−0.575	
4	7	5.7	1.409	−0.665	0.156	
5	8	6.6	0.547	−0.196	0.024	
6	10	7.1	0.048	−0.053	−0.003	
7	13	6.7	−0.339	−0.076	0.006	
8	17	4.5				−0.67

i	x_i	$a_i = f(x_i)$	b_i	c_i	d_i	$f'(x_i)$
0	17	4.5	3.0	−1.101	−0.126	3.0
1	20	7.0	−0.198	0.035	−0.023	
2	23	6.1	−0.609	−0.172	0.280	
3	24	5.6	−0.111	0.669	−0.357	
4	25	5.8	0.154	−0.403	0.088	
5	27	5.2	−0.401	0.126	−2.568	
6	27.7	4.1				−4.0

			样条 3			
i	x_i	$a_i = f(x_i)$	b_i	c_i	d_i	$f'(x_i)$
0	27.7	4.1	0.330	2.262	−3.800	0.33
1	28	4.3	0.661	−1.157	0.296	
2	29	4.1	−0.765	−0.269	−0.065	
3	30	3.0				−1.5

29. 设 $f(x) = a + bx + cx^2 + dx^3$。显然，$f$ 满足定义 3.10 的属性 (a)、(c)、(d) 和 (e)，于是 f 对任意选择的节点 $x_0, \cdots, x_n$ 都是它自身的插值。因为定义 3.10 属性 (f) 的 (ii) 成立，所以 f 必定是它自己的紧固三次样条。但是，$f''(x) = 2c + 6dx$ 仅在 $x = -c/3d$ 处为 0，因此定义 3.10 的属性 (f) 的 (i) 不能在 x_0 和 x_n 处成立，从而 f 不是一个自然三次样条。

31. 在算法 3.4 的 Step 7 和算法 3.5 的 Step 8 之前插入以下步骤：

For $j = 0, 1, \cdots, n - 1$ set

$l_1 = b_j$; (注意 $l_1 = s'(x_j)$)
$l_2 = 2c_j$; (注意 $l_2 = s''(x_j)$)
OUTPUT (l_1, l_2)

Set

$l_1 = b_{n-1} + 2c_{n-1}h_{n-1} + 3d_{n-1}h_{n-1}^2$; (注意 $l_1 = s'(x_n)$)
$l_2 = 2c_{n-1} + 6d_{n-1}h_{n-1}$; (注意 $l_2 = s''(x_n)$)
OUTPUT (l_1, l_2).

33. 我们知道

$$|f(x) - F(x)| \leqslant \frac{M}{8} \max_{0 \leqslant j \leqslant n-1} |x_{j+1} - x_j|^2$$

其中 $M = \max_{a \leqslant x \leqslant b} |f''(x)|$。

习题 15 在区间 $[0, 0.1]$ 上的误差界为 $|f(x) - F(x)| \leqslant 1.53 \times 10^{-3}$，且

$$\left| \int_0^{0.1} F(x)\, \mathrm{d}x - \int_0^{0.1} \mathrm{e}^{2x}\, \mathrm{d}x \right| \le 1.53 \times 10^{-4}$$

35. $S(x) = \begin{cases} 2x - x^2, & 0 \le x \le 1 \\ 1 + (x-1)^2, & 1 \le x \le 2 \end{cases}$

习题 3.6

1. a. $x(t) = -10t^3 + 14t^2 + t$, $y(t) = -2t^3 + 3t^2 + t$

   b. $x(t) = -10t^3 + 14.5t^2 + 0.5t$, $y(t) = -3t^3 + 4.5t^2 + 0.5t$

   c. $x(t) = -10t^3 + 14t^2 + t$, $y(t) = -4t^3 + 5t^2 + t$

   d. $x(t) = -10t^3 + 13t^2 + 2t$, $y(t) = 2t$

3. a. $x(t) = -11.5t^3 + 15t^2 + 1.5t + 1$, $y(t) = -4.25t^3 + 4.5t^2 + 0.75t + 1$

   b. $x(t) = -6.25t^3 + 10.5t^2 + 0.75t + 1$, $y(t) = -3.5t^3 + 3t^2 + 1.5t + 1$

   c. 对于介于 $(0, 0)$ 和 $(4, 6)$ 之间的 t，结果为

   $$x(t) = -5t^3 + 7.5t^2 + 1.5t, \quad y(t) = -13.5t^3 + 18t^2 + 1.5t$$

   对于介于 $(4, 6)$ 和 $(6, 1)$ 之间的 t，结果为

   $$x(t) = -5.5t^3 + 6t^2 + 1.5t + 4, \quad y(t) = 4t^3 - 6t^2 - 3t + 6$$

   d. 对于介于 $(0, 0)$ 和 $(2, 1)$ 之间的 t，结果为

   $$x(t) = -5.5t^3 + 6t^2 + 1.5t, \quad y(t) = -0.5t^3 + 1.5t$$

   对于介于 $(2, 1)$ 和 $(4, 0)$ 之间的 t，结果为

   $$x(t) = -4t^3 + 3t^2 + 3t + 2, \quad y(t) = -t^3 + 1$$

   对于介于 $(4, 0)$ 和 $(6, -1)$ 之间的 t，结果为

   $$x(t) = -8.5t^3 + 13.5t^2 - 3t + 4, \quad y(t) = -3.25t^3 + 5.25t^2 - 3t$$

5. a. 用向前差分可以得出下表：

0	u_0			
0	u_0	$3(u_1 - u_0)$		
1	u_3	$u_3 - u_0$	$u_3 - 3u_1 + 2u_0$	
1	u_3	$3(u_3 - u_2)$	$2u_3 - 3u_2 + u_0$	$u_3 - 3u_2 + 3u_1 - u_0$

   因此，

   $$u(t) = u_0 + 3(u_1 - u_0)t + (u_3 - 3u_1 + 2u_0)t^2 + (u_3 - 3u_2 + 3u_1 - u_0)t^2(t-1)$$

   $$= u_0 + 3(u_1 - u_0)t + (-6u_1 + 3u_0 + 3u_2)t^2 + (u_3 - 3u_2 + 3u_1 - u_0)t^3$$

   类似地，$v(t) = v_0 + 3(v_1 - v_0)t + (3v_2 - 6v_1 + 3v_0)t^2 + (v_3 - 3v_2 + 3v_1 - v_0)t^3$

   b. 使用 Bernstein 多项式可得

   $$u(t) = u_0(1-t)^3 + 3u_1 t(1-t)^2 + 3u_2 t^2(1-t) + u_3 t^3$$

   $$= u_0 + 3(u_1 - u_0)t + (3u_2 - 6u_1 + 3u_0)t^2 + (u_3 - 3u_2 + 3u_1 - u_0)t^3$$

   类似地，

   $$v(t) = v_0(1-t)^3 + 3v_1 + (1-t)^2 + 3v_2 t^2(1-t) + v_0 t^3$$

   $$= v_0 + 3(v_1 - v_0)t + (3v_2 - 6v_1 + 3v_0)t^2 + (v_3 - 3v_2 + 3v_1 - v_0)t^3$$

习题 4.1

1. 利用向前差分公式 (4.1)，可以得到下面的近似：

   a. $f'(0.5) \approx 0.8520$, $f'(0.6) \approx 0.8520$, $f'(0.7) \approx 0.7960$

b. $f'(0.0) \approx 3.7070, f'(0.2) \approx 3.1520, f'(0.4) \approx 3.1520$

3. a.

x	实际误差	误差界
0.5	0.0255	0.0282
0.6	0.0267	0.0282
0.7	0.0312	0.0322

b.

x	实际误差	误差界
0.0	0.2930	0.3000
0.2	0.2694	0.2779
0.4	0.2602	0.2779

5. 对于表的端点，我们使用公式(4.4)。其他近似使用公式(4.5)。

    a. $f'(1.1) \approx 17.769705, f'(1.2) \approx 22.193635, f'(1.3) \approx 27.107350, f'(1.4) \approx 32.150850$

    b. $f'(8.1) \approx 3.092050, f'(8.3) \approx 3.116150, f'(8.5) \approx 3.139975, f'(8.7) \approx 3.163525$

    c. $f'(2.9) \approx 5.101375, f'(3.0) \approx 6.654785, f'(3.1) \approx 8.216330, f'(3.2) \approx 9.786010$

    d. $f'(2.0) \approx 0.13533150, f'(2.1) \approx -0.09989550, f'(2.2) \approx -0.3298960, f'(2.3) \approx -0.5546700$

7. a.

x	实际误差	误差界
1.1	0.280322	0.359033
1.2	0.147282	0.179517
1.3	0.179874	0.219262
1.4	0.378444	0.438524

b.

x	实际误差	误差界
8.1	0.00018594	0.000020322
8.3	0.00010551	0.000010161
8.5	9.116×10^{-5}	0.000009677
8.7	0.00020197	0.000019355

c.

x	实际误差	误差界
2.9	0.011956	0.0180988
3.0	0.0049251	0.00904938
3.1	0.0004765	0.00493920
3.2	0.0013745	0.00987840

d.

x	实际误差	误差界
2.0	0.00252235	0.00410304
2.1	0.00142882	0.00205152
2.2	0.00204851	0.00260034
2.3	0.00437954	0.00520068

9. 近似及其使用的公式如下：

    a. $f'(2.1) \approx 3.899344$, 式(4.7)；$f'(2.2) \approx 2.876876$, 式(4.7)；$f'(2.3) \approx 2.249704$, 式(4.6)；
       $f'(2.4) \approx 1.837756$, 式(4.6)；$f'(2.5) \approx 1.544210$, 式(4.7)；$f'(2.6) \approx 1.355496$, 式(4.7)，

    b. $f'(-3.0) \approx -5.877358$, 式(4.7)；$f'(-2.8) \approx -5.468933$, 式(4.7)；$f'(-2.6) \approx -5.059884$,
       式(4.6)；$f'(-2.4) \approx -4.650223$, 式(4.6)；$f'(-2.2) \approx -4.239911$, 式(4.7)；$f'(-2.0) \approx$
       -3.828853, 式(4.7)。

11. a.

x	实际误差	误差界
2.1	0.0242312	0.109271
2.2	0.0105138	0.0386885
2.3	0.0029352	0.0182120
2.4	0.0013262	0.00644808
2.5	0.0138323	0.109271
2.6	0.0064225	0.0386885

b.

x	实际误差	误差界
-3.0	1.55×10^{-5}	6.33×10^{-7}
-2.8	1.32×10^{-5}	6.76×10^{-7}
-2.6	7.95×10^{-7}	1.05×10^{-7}
-2.4	6.79×10^{-7}	1.13×10^{-7}
-2.2	1.28×10^{-5}	6.76×10^{-7}
-2.0	7.96×10^{-6}	6.76×10^{-7}

13. $f'(3) \approx \dfrac{1}{12}\left[f(1) - 8f(2) + 8f(4) - f(5)\right] = 0.21062$，其误差界由下式给出：

$$\max_{1 \leqslant x \leqslant 5} \frac{|f^{(5)}(x)|h^4}{30} \leqslant \frac{23}{30} = 0.7\overline{6}$$

15. 利用向前差分公式(4.1)，可以得到下面的近似：

    a. $f'(0.5) \approx 0.852, f'(0.6) \approx 0.852, f'(0.7) \approx 0.7960$

    b. $f'(0.0) \approx 3.707, f'(0.2) \approx 3.153, f'(0.4) \approx 3.153$

17. 对于表的端点，我们使用公式(4.7)。其他近似使用公式(4.6)。

    a. $f'(2.1) \approx 3.884, f'(2.2) \approx 2.896, f'(2.3) \approx 2.249, f'(2.4) \approx 1.836, f'(2.5) \approx 1.550, f'(2.6) \approx 1.348$

b. $f'(-3.0) \approx -5.883, f'(-2.8) \approx -5.467, f'(-2.6) \approx -5.059, f'(-2.4) \approx -4.650, f'(-2.2) \approx$
   $-4.208, f'(-2.0) \approx -3.875$

19. 近似是-4.8×10^{-9}，实际值$f''(0.5) = 0$，误差界为 0.35874。该方法是非常精确的，因为函数关于 $x = 0.5$ 对称。

21. a. $f'(0.2) \approx -0.1951027$ b. $f'(1.0) \approx -1.541415$ c. $f'(0.6) \approx -0.6824175$

23. 三点公式计算的结果列于下表。

时间(s)	0	3	5	8	10	13
速度(ft/s)	79	82.4	74.2	76.8	69.4	71.2

25. $f'(0.4) \approx -0.4249840$ 和 $f'(0.8) \approx -1.032772$。

27. 因为分子变成为 0，所以近似最终变为 0。

29. 因为 $e'(h) = -\varepsilon/h^2 + hM/3$，所以 $e'(h) = 0$ 成立，当且仅当 $h = \sqrt[3]{3\varepsilon/M}$。同时，当 $h < \sqrt[3]{3\varepsilon/M}$ 时，$e'(h) < 0$，且当 $h > \sqrt[3]{3\varepsilon/M}$ 时，$e'(h) > 0$，故 $e(h)$ 的绝对最小值发生在 $h = \sqrt[3]{3\varepsilon/M}$ 处。

习题 4.2

1. a. $f'(1) \approx 1.0000109$ b. $f'(0) \approx 2.0000000$
   c. $f'(1.05) \approx 2.2751459$ d. $f'(2.3) \approx -19.646799$

3. a. $f'(1) \approx 1.001$ b. $f'(0) \approx 1.999$
   c. $f'(1.05) \approx 2.283$ d. $f'(2.3) \approx -19.61$

5. $\int_0^\pi \sin x \, dx \approx 1.999999$

7. 取 $h = 0.1$，公式(4.6)变为
$$f'(2) \approx \frac{1}{1.2}\left[1.8e^{1.8} - 8\left(1.9e^{1.9}\right) + 8(2.1)e^{2.1} - 2.2e^{2.2}\right] = 22.166995$$
取 $h = 0.05$，公式(4.6)变为
$$f'(2) \approx \frac{1}{0.6}\left[1.9e^{1.9} - 8\left(1.95e^{1.95}\right) + 8(2.05)e^{2.05} - 2.1e^{2.1}\right] = 22.167157$$

9. 令 $N_2(h) = N\left(\dfrac{h}{3}\right) + \left(\dfrac{N\left(\dfrac{h}{3}\right) - N(h)}{2}\right)$ 和 $N_3(h) = N_2\left(\dfrac{h}{3}\right) + \left(\dfrac{N_2\left(\dfrac{h}{3}\right) - N_2(h)}{8}\right)$，则 $N_3(h)$ 是 M 的
$O(h^3)$ 逼近。

11. 令 $N(h) = (1+h)^{1/h}$，$N_2(h) = 2N\left(\dfrac{h}{2}\right) - N(h)$，$N_3(h) = N_2\left(\dfrac{h}{2}\right) + \dfrac{1}{3}\left(N_2\left(\dfrac{h}{2}\right) - N_2(h)\right)$。

    a. $N(0.04) = 2.665836331$，$N(0.02) = 2.691588029$，$N(0.01) = 2.704813829$。
    b. $N_2(0.04) = 2.717339727$，$N_2(0.02) = 2.718039629$。$O(h^3)$ 近似为 $N_3(0.04) = 2.718272931$。
    c. 是，因为误差分别正比于 h（对 $N(h)$）、h^2（对 $N_2(h)$）及 h^3（对 $N_3(h)$）。

13. a. 因为
$$P_{0,1}(x) = \frac{\left(x - h^2\right)N_1\left(\frac{h}{2}\right)}{\frac{h^2}{4} - h^2} + \frac{\left(x - \frac{h^2}{4}\right)N_1(h)}{h^2 - \frac{h^2}{4}}, \quad \text{所以} \quad P_{0,1}(0) = \frac{4N_1\left(\frac{h}{2}\right) - N_1(h)}{3}$$
类似地，
$$P_{1,2}(0) = \frac{4N_1\left(\frac{h}{4}\right) - N_1\left(\frac{h}{2}\right)}{3}$$

    b. 因为

$$P_{0,2}(x) = \frac{(x - h^4)\, N_2\left(\frac{h}{2}\right)}{\frac{h^4}{16} - h^4} + \frac{\left(x - \frac{h^4}{16}\right) N_2(h)}{h^4 - \frac{h^4}{16}}, \quad \text{所以 } P_{0,2}(0) = \frac{16 N_2\left(\frac{h}{2}\right) - N_2(h)}{15}$$

15. c.

k	4	8	16	32	64	128	256	512
p_k	$2\sqrt{2}$	3.0614675	3.1214452	3.1365485	3.1403312	3.1412723	3.1415138	3.1415729
P_k	4	3.3137085	3.1825979	3.1517249	3.144184	3.1422236	3.1417504	3.1416321

d. p_k 与 P_k 的值和外推的结果一起在下表中给出。

对 p_k，有

2.8284271				
3.0614675	3.1391476			
3.1214452	3.1414377	3.1415904		
3.1365485	3.1415829	3.1415926	3.1415927	
3.1403312	3.1415921	3.1415927	3.1415927	3.1415927

对 P_k，有

4				
3.3137085	3.0849447			
3.1825979	3.1388943	3.1424910		
3.1517249	3.1414339	3.1416032	3.1415891	
3.1441184	3.1415829	3.1415928	3.1415926	3.1415927

习题 4.3

1. 梯形公式近似的结果如下：

   a. 0.265625   b. -0.2678571 c. 0.228074   d. 0.1839397

   e. -0.8666667 f. -0.1777643 g. 0.2180895   h. 4.1432597

3. 误差在下表中给出：

	实际误差	误差界
a	0.071875	0.125
b	7.943×10^{-4}	9.718×10^{-4}
c	0.0358147	0.0396972
d	0.0233369	0.1666667
e	0.1326975	0.5617284
f	9.443×10^{-4}	1.0707×10^{-3}
g	0.0663431	0.0807455
h	1.554631	2.298827

5. Simpson 公式近似的结果如下：

   a. 0.1940104   b. -0.2670635 c. 0.1922453   d. 0.16240168

   e. -0.7391053 f. -0.1768216 g. 0.1513826   h. 2.5836964

7. 误差在下表中给出：

	实际误差	误差界
a	2.604×10^{-4}	2.6042×10^{-4}
b	7.14×10^{-7}	9.92×10^{-7}
c	1.406×10^{-5}	2.170×10^{-5}
d	1.7989×10^{-3}	4.1667×10^{-4}
e	5.1361×10^{-3}	0.063280
f	1.549×10^{-6}	2.095×10^{-6}
g	3.6381×10^{-4}	4.1507×10^{-4}
h	4.9322×10^{-3}	0.1302826

9. 中点公式近似的结果如下：

    a. 0.1582031 b. -0.2666667 c. 0.1743309 d. 0.1516327

    e. -0.6753247 f. -0.1768200 g. 0.1180292 h. 1.8039148

11. 误差在下表中给出：

	实际误差	误差界
a	0.0355469	0.0625
b	3.961×10^{-4}	4.859×10^{-4}
c	0.0179285	0.0198486
d	8.9701×10^{-3}	0.0833333
e	0.0564448	0.2808642
f	4.698×10^{-4}	5.353×10^{-4}
g	0.0337172	0.0403728
h	0.7847138	1.1494136

13. $f(1) = \dfrac{1}{2}$

15. 下面的近似通过式(4.23)～式(4.30)得到。

    a. $0.1024404, 0.1024598, 0.1024598, 0.1024598, 0.1024695, 0.1024663, 0.1024598, 0.1024598$

    b. $0.7853982, 0.7853982, 0.7853982, 0.7853982, 0.7853982, 0.7853982, 0.7853982, 0.7853982$

    c. $1.497171, 1.477536, 1.477529, 1.477523, 1.467719, 1.470981, 1.477512, 1.477515$

    d. $4.950000, 2.740909, 2.563393, 2.385700, 1.636364, 1.767857, 2.074893, 2.116379$

17.

i	t_i	w_i	$y(t_i)$	
(4.23)	(4.24)	(4.26)	(4.27)	(4.29)
5.43476	5.03420	5.03292	4.83393	5.03180

19. 精度是 3。

21. $c_0 = \dfrac{1}{3}, c_1 = \dfrac{4}{3}, c_2 = \dfrac{1}{3}$

23. $c_0 = \dfrac{1}{4}, c_1 = \dfrac{3}{4}, x_1 = \dfrac{2}{3}$ 给出的精度是 2。

25. 如果 $E(x^k) = 0$, $k = 0, 1, \cdots, n$, 而 $E(x^{n+1}) \neq 0$, 则取 $p_{n+1}(x) = x^{n+1}$, 有一个 $n+1$ 次多项式使得 $E(p_{n+1}(x)) \neq 0$。设 $p(x) = a_n x^n + \cdots + a_1 x + a_0$ 是任意的不超过 n 次的多项式，则有 $E(p(x)) = a_n E(x^n) + \cdots + a_1 E(x) + a_0 E(1) = 0$。反之，如果对所有次数不超过 n 的多项式都有 $E(p(x)) = 0$, 则有 $E(x^k) = 0$, $k = 0, 1, \cdots, n$。设 $p_{n+1}(x) = a_{n+1} x^{n+1} + \cdots + a_0$ 是使得 $E(p_{n+1}(x)) \neq 0$ 的 $n+1$ 次多项式，因为 $a_{n+1} \neq 0$, 则有

$$x^{n+1} = \frac{1}{a_{n+1}} p_{n+1}(x) - \frac{a_n}{a_{n+1}} x^n - \cdots - \frac{a_0}{a_{n+1}}$$

从而

$$E(x^{n+1}) = \frac{1}{a_{n+1}} E(p_{n+1}(x)) - \frac{a_n}{a_{n+1}} E(x^n) - \cdots - \frac{a_0}{a_{n+1}} E(1) = \frac{1}{a_{n+1}} E(p_{n+1}(x)) \neq 0$$

于是，求积公式的精度是 n。

27. 取 $x_{-1} = a$, $x_2 = b$ 和 $h = \dfrac{b-a}{3}$, 对于奇数 n 定理 4.3 中的公式变为

$$\int_{x_{-1}}^{x_2} f(x)\,dx = \sum_{i=0}^{1} a_i f(x_i) + \frac{h^3 f''(\xi)}{2!} \int_{-1}^{2} t(t-1)\,dt$$

所以

$$a_0 = \int_{x_{-1}}^{x_2} L_0(x)\,dx = \int_{x_{-1}}^{x_2} \frac{(x-x_1)}{(x_0-x_1)}\,dx = \frac{(x-x_1)^2}{2(x_0-x_1)}\Big|_{x_{-1}}^{x_2} = \frac{3}{2}h,$$

$$a_1 = \int_{x_{-1}}^{x_2} L_1(x)\,dx = \int_{x_{-1}}^{x_2} \frac{(x-x_0)}{(x_1-x_0)}\,dx = \frac{(x-x_0)^2}{2(x_1-x_0)}\Big|_{x_{-1}}^{x_2} = \frac{3}{2}h,$$

以及

$$\frac{h^3 f''(\xi)}{2}\int_{-1}^{2}(t^2-t)\,dt = \frac{h^3 f''(\xi)}{2}\left[\frac{1}{3}t^3 - \frac{1}{2}t^2\right]_{-1}^{2} = \frac{3h^3}{4}f''(\xi)$$

公式变为

$$\int_{x_{-1}}^{x_2} f(x)\,dx = \frac{3h}{2}[f(x_0) + f(x_1)] + \frac{3h^3}{4}f''(\xi)$$

习题 4.4

1. 复合梯形公式的结果为：
   - a. 0.639900
   - b. 31.3653
   - c. 0.784241
   - d. −6.42872
   - e. −13.5760
   - f. 0.476977
   - g. 0.605498
   - h. 0.970926

3. 复合梯形公式的结果为：
   - a. 0.6363098
   - b. 22.477713
   - c. 0.7853980
   - d. −6.274868
   - e. −14.18334
   - f. 0.4777547
   - g. 0.6043941
   - h. 0.9610554

5. 复合中点公式的结果为：
   - a. 0.633096
   - b. 11.1568
   - c. 0.786700
   - d. −6.11274
   - e. −14.9985
   - f. 0.478751
   - g. 0.602961
   - h. 0.947868

7. a. 3.15947567   b. 3.10933713   c. 3.00906003

9. $\alpha = 1.5$

11. a. 复合梯形公式要求 $h < 0.000922295$ 且 $n \geq 2168$。
    b. 复合 Simpson 公式要求 $h < 0.037658$ 且 $n \geq 54$。
    c. 复合中点公式要求 $h < 0.00065216$ 且 $n \geq 3066$。

13. a. 复合梯形公式要求 $h < 0.04382$ 且 $n \geq 46$。近似为 0.405471。
    b. 复合 Simpson 公式要求 $h < 0.44267$ 且 $n \geq 6$。近似为 0.405466。
    c. 复合中点公式要求 $h < 0.03098$ 且 $n \geq 64$。近似为 0.405460。

15. a. 因为 f, f' 和 f'' 在 0.1 和 0.2 处的右极限和左极限相同，所以函数在 [0,0.3] 上连续。但是

$$f'''(x) = \begin{cases} 6, & 0 \leq x \leq 0.1 \\ 12, & 0.1 < x \leq 0.2 \\ 12, & 0.2 < x \leq 0.3 \end{cases}$$

在 $x = 0.1$ 处间断。
    b. 结果为 0.302506，其误差界为 1.9×10^{-4}。
    c. 结果为 0.302425，它和实际的积分值一样。

17. 长度近似为 15.8655。

19. 取 $h = 0.25$ 的复合 Simpson 公式，求得的结果为 2.61972 s。

21. 长度近似为 58.47082，在复合 Simpson 公式中使用 $n = 100$。

23. 为了表明和式

$$\sum_{j=1}^{n/2} f^{(4)}(\xi_j)2h$$

是一个 Riemann 和，设 $y_i = x_{2i}$，$i = 0,1,\cdots,\dfrac{n}{2}$。则 $\Delta y_i = y_{i+1} - y_i = 2h$ 且 $y_{i-1} \leqslant \xi_i \leqslant y_i$。于是

$$\sum_{j=1}^{n/2} f^{(4)}(\xi_j)\Delta y_j = \sum_{j=1}^{n/2} f^{(4)}(\xi_j)2h$$

是积分 $\int_a^b f^{(4)}(x)\mathrm{d}x$ 的一个 Riemann 和。因此

$$E(f) = -\frac{h^5}{90}\sum_{j=1}^{n/2} f^{(4)}(\xi_j) = -\frac{h^4}{180}\left[\sum_{j=1}^{n/2} f^{(4)}(\xi_j)2h\right] \approx -\frac{h^4}{180}\int_a^b f^{(4)}(x)\,\mathrm{d}x = -\frac{h^4}{180}\left[f'''(b) - f'''(a)\right]$$

25. a. 复合梯形公式：步长 $h = 0.0069669$，误差估计是 2.541×10^{-5}。

    b. 复合 Simpson 公式：步长 $h = 0.132749$，误差估计是 3.252×10^{-5}。

    c. 复合中点公式：步长 $h = 0.0049263$，误差估计是 2.541×10^{-5}。

习题 4.5

1. Romberg 积分法计算的 $R_{3,3}$ 如下：

    a. 0.1922593   b. 0.1606105   c. −0.1768200   d. 0.08875677

    e. 2.5879685   f. −0.7341567   g. 0.6362135   h. 0.6426970

3. Romberg 积分法计算的 $R_{4,4}$ 如下：

    a. 0.1922594   b. 0.1606028   c. −0.1768200   d. 0.08875528

    e. 2.5886272   f. −0.7339728   g. 0.6362134   h. 0.6426991

5. Romberg 积分法计算的结果如下：

    a. 0.19225936，参数 $n = 4$ b. 0.16060279，参数 $n = 5$

    c. −0.17682002，参数 $n = 4$ d. 0.088755284，参数 $n = 5$

    e. 2.5886286，参数 $n = 6$ f. −0.73396918，参数 $n = 6$

    g. 0.63621335，参数 $n = 4$ h. 0.64269908，参数 $n = 5$

7. $R_{33} = 11.5246$

9. $f(2.5) \approx 0.43459$

11. $R_{31} = 5$

13. Romberg 积分法计算的结果为：

    a. 62.4373714, 57.2885616, 56.4437507, 56.2630547, 56.2187727 产生 56.2 的一个近似。

    b. 55.5722917, 56.2014707, 56.2055989, 56.2040624 产生 56.20 的一个近似。

    c. 58.3626837, 59.0773207, 59.2688746, 59.3175220, 59.3297316, 59.3327870 产生 59.330 的一个近似。

    d. 58.4220930, 58.4707174, 58.4704791, 58.4704691 产生 58.47047 的一个近似。

    e. 考虑函数的曲线图。

15. $R_{10,10} = 58.47046901$

17. 我们知道

$$R_{k,2} = \frac{4R_{k,1} - R_{k-1,1}}{3}$$

$$= \frac{1}{3}\left[R_{k-1,1} + 2h_{k-1}\sum_{i=1}^{2^{k-2}} f(a + (i-1/2))h_{k-1})\right], \qquad \text{式 (4.35)}$$

$$= \frac{1}{3}\left[\frac{h_{k-1}}{2}(f(a) + f(b)) + h_{k-1}\sum_{i=1}^{2^{k-2}-1} f(a + ih_{k-1})\right.$$

$$\left. + 2h_{k-1}\sum_{i=1}^{2^{k-2}} f(a + (i-1/2)h_{k-1})\right], \qquad \text{在式 (4.34) 中用 } k-1 \text{ 代替 } k$$

$$= \frac{1}{3}\left[h_k(f(a) + f(b)) + 2h_k\sum_{i=1}^{2^{k-2}-1} f(a + 2ih_k) + 4h_k\sum_{i=1}^{2^{k-2}} f(a + (2i-1)h)\right]$$

$$= \frac{h}{3}\left[f(a) + f(b) + 2\sum_{i=1}^{M-1} f(a + 2ih) + 4\sum_{i=1}^{M} f(a + (2i-1)h)\right]$$

其中 $h = h_k$ 且 $M = 2^{k-2}$。

19. 式 (4.35) 由下式得到：

$$R_{k,1} = \frac{h_k}{2}\left[f(a) + f(b) + 2\sum_{i=1}^{2^{k-1}-1} f(a + ih_k)\right]$$

$$= \frac{h_k}{2}\left[f(a) + f(b) + 2\sum_{i=1}^{2^{k-1}-1} f\left(a + \frac{i}{2}h_{k-1}\right)\right]$$

$$= \frac{h_k}{2}\left[f(a) + f(b) + 2\sum_{i=1}^{2^{k-1}-1} f(a + ih_{k-1}) + 2\sum_{i=1}^{2^{k-2}} f(a + (i-1/2)h_{k-1})\right]$$

$$= \frac{1}{2}\left\{\frac{h_{k-1}}{2}\left[f(a) + f(b) + 2\sum_{i=1}^{2^{k-2}-1} f(a + ih_{k-1})\right] + h_{k-1}\sum_{i=1}^{2^{k-2}} f(a + (i-1/2)h_{k-1})\right\}$$

$$= \frac{1}{2}\left[R_{k-1,1} + h_{k-1}\sum_{i=1}^{2^{k-2}} f(a + (i-1/2)h_{k-1})\right]$$

习题 4.6

1. Simpson 公式得到的结果为：

a. $S(1, 1.5) = 0.19224530$, $S(1, 1.25) = 0.039372434$, $S(1.25, 1.5) = 0.15288602$, 实际值为 0.19225935

b. $S(0, 1) = 0.16240168$, $S(0, 0.5) = 0.028861071$, $S(0.5, 1) = 0.13186140$, 实际值为 0.16060279

c. $S(0, 0.35) = -0.17682156$, $S(0, 0.175) = -0.087724382$, $S(0.175, 0.35) = -0.089095736$, 实际值为 -0.17682002

d. $S\left(0, \frac{\pi}{4}\right) = 0.087995669$, $S\left(0, \frac{\pi}{8}\right) = 0.0058315797$, $S\left(\frac{\pi}{8}, \frac{\pi}{4}\right) = 0.082877624$, 实际值为 0.088755285

3. 自适应求积结果如下：

a. 0.19226   b. 0.16072   c. -0.17682 d. 0.088709

5. 自适应求积结果如下:

    a. 108.555281   b. -1724.966983 c. -15.306308 d. -18.945949

7.

	Simpson公式	求值数目	误差	自适应求积公式	求值数目	误差
a	-0.21515695	57	6.3×10^{-6}	-0.21515062	229	1.0×10^{-8}
b	0.95135226	83	9.6×10^{-6}	0.95134257	217	1.1×10^{-7}

9. 利用自适应求积公式计算得到:

$$\int_{0.1}^{2} \sin\frac{1}{x}\, \mathrm{d}x \approx 1.1454 \quad \text{和} \quad \int_{0.1}^{2} \cos\frac{1}{x}\, \mathrm{d}x \approx 0.67378$$

11. $\displaystyle\int_{0}^{2\pi} u(t)\mathrm{d}t \approx 0.00001$

13. 对 $h = b - a$,我们知道

$$\left| T(a,b) - T\left(a, \frac{a+b}{2}\right) - T\left(\frac{a+b}{2}, b\right) \right| \approx \frac{h^3}{16}\left| f''(\mu) \right|$$

  和

$$\left| \int_{a}^{b} f(x)\, \mathrm{d}x - T\left(a, \frac{a+b}{2}\right) - T\left(\frac{a+b}{2}, b\right) \right| \approx \frac{h^3}{48}\left| f''(\mu) \right|$$

  所以

$$\left| \int_{a}^{b} f(x)\, \mathrm{d}x - T\left(a, \frac{a+b}{2}\right) - T\left(\frac{a+b}{2}, b\right) \right| \approx \frac{1}{3}\left| T(a,b) - T\left(a, \frac{a+b}{2}\right) - T\left(\frac{a+b}{2}, b\right) \right|$$

习题 4.7

1. 利用 Gauss 求积公式计算得到:

    a. 0.1922687   b. 0.1594104   c. -0.1768190 d. 0.08926302

3. 利用 Gauss 求积公式 ($n = 3$) 计算得到:

    a. 0.1922594   b. 0.1605954   c. -0.1768200 d. 0.08875385

5. 利用 Gauss 求积公式计算得到:

    a. 0.1922594   b. 0.1606028   c. -0.1768200 d. 0.08875529

7. 利用 Gauss 求积公式 ($n = 5$) 计算得到:

    a. 0.1922594   b. 0.1606028   c. -0.1768200 d. 0.08875528

9. 近似为 3.743713701,其绝对误差为 0.2226462。

11. $a = 1, b = 1, c = \dfrac{1}{3}, d = -\dfrac{1}{3}$

13. Legendre 多项式 $P_2(x)$ 和 $P_3(x)$ 为

$$P_2(x) = \frac{1}{2}\left(3x^2 - 1\right) \quad \text{和} \quad P_3(x) = \frac{1}{2}\left(5x^3 - 3x\right)$$

  所以它们的根容易验证。

  对 $n = 2$,有

$$c_1 = \int_{-1}^{1} \frac{x + 0.5773502692}{1.1547005}\, \mathrm{d}x = 1$$

  和

$$c_2 = \int_{-1}^{1} \frac{x - 0.5773502692}{-1.1547005} \, dx = 1$$

对 $n = 3$，有

$$c_1 = \int_{-1}^{1} \frac{x(x + 0.7745966692)}{1.2} \, dx = \frac{5}{9},$$

$$c_2 = \int_{-1}^{1} \frac{(x + 0.7745966692)(x - 0.7745966692)}{-0.6} \, dx = \frac{8}{9}$$

和

$$c_3 = \int_{-1}^{1} \frac{x(x - 0.7745966692)}{1.2} \, dx = \frac{5}{9}$$

习题 4.8

1. 取 $n = m = 4$，算法 4.4 的计算结果为：
   - a. 0.3115733
   - b. 0.2552526
   - c. 16.50864
   - d. 1.476684

3. 取 $n = m = 2$，算法 4.5 的计算结果为：
   - a. 0.3115733
   - b. 0.2552446
   - c. 16.50863
   - d. 1.488875

5. 分别取 $n = 4, m = 8$，$n = 8, m = 4$ 和 $n = m = 6$，算法 4.4 的计算结果为：
   - a. 0.5119875, 0.5118533, 0.5118722
   - b. 1.718857, 1.718220, 1.718385
   - c. 1.001953, 1.000122, 1.000386
   - d. 0.7838542, 0.7833659, 0.7834362
   - e. $-1.985611, -1.999182, -1.997353$
   - f. 2.004596, 2.000879, 2.000980
   - g. 0.3084277, 0.3084562, 0.3084323
   - h. $-22.61612, -19.85408, -20.14117$

7. 分别取 $n = m = 3$，$n = 3, m = 4$，$n = 4, m = 3$ 和 $n = m = 4$，算法 4.5 的计算结果为：
   - a. 0.5118655, 0.5118445, 0.5118655, 0.5118445, 2.1×10^{-5}, 1.3×10^{-7}, 2.1×10^{-5}, 1.3×10^{-7}
   - b. 1.718163, 1.718302, 1.718139, 1.718277, 1.2×10^{-4}, 2.0×10^{-5}, 1.4×10^{-4}, 4.8×10^{-6}
   - c. 1.000000, 1.000000, 1.0000000, 1.000000, 0, 0, 0, 0
   - d. 0.7833333, 0.7833333, 0.7833333, 0.7833333, 0, 0, 0, 0
   - e. $-1.991878, -2.000124, -1.991878, -2.000124$, 8.1×10^{-3}, 1.2×10^{-4}, 8.1×10^{-3}, 1.2×10^{-4}
   - f. 2.001494, 2.000080, 2.001388, 1.999984, 1.5×10^{-3}, 8×10^{-5}, 1.4×10^{-3}, 1.6×10^{-5}
   - g. 0.3084151, 0.3084145, 0.3084246, 0.3084245, 10^{-5}, 5.5×10^{-7}, 1.1×10^{-5}, 6.4×10^{-7}
   - h. $-12.74790, -21.21539, -11.83624, -20.30373$, 7.0, 1.5, 7.9, 0.564

9. 取 $n = m = 14$，算法 4.4 的计算结果为 0.1479103；取 $n = m = 4$，算法 4.5 的计算结果为 0.1506823。

11. 取 $n = m = p = 2$，算法 4.6 的计算给出的首次列出值为：
    - a. 5.204036, $e(e^{0.5} - 1)(e - 1)^2$
    - b. 0.08429784, $\frac{1}{12}$
    - c. 0.08641975, $\frac{1}{14}$
    - d. 0.09722222, $\frac{1}{12}$
    - e. 7.103932, $2 + \frac{1}{2}\pi^2$
    - f. 1.428074, $\frac{1}{2}(e^2 + 1) - e$

13. 取 $n = m = p = 4$，算法 4.6 的计算给出首次列出值。取 $n = m = p = 5$，算法 4.6 的计算给出的第二次列出值如下：
    - a. 5.206447
    - b. 0.08333333
    - c. 0.07142857

15. 近似 20.41887 要求 125 次函数求值运算。

17. 质量中心的近似为 $(\bar{x}, \bar{y})$，其中 $\bar{x} = 0.3806333$ 和 $\bar{y} = 0.3822558$。

19. 面积的近似值为 1.0402528。

习题 4.9

1. 复合 Simpson 公式的计算结果为：
    a. 0.5284163   b. 4.266654   c. 0.4329748   d. 0.8802210
3. 复合 Simpson 公式的计算结果为：
    a. 0.4112649   b. 0.2440679   c. 0.05501681   d. 0.2903746
5. 逃逸速度大约为 6.9450 mi/s。

7. a. $\int_0^\infty e^{-x} f(x) dx \approx 0.8535534 f(0.5857864) + 0.1464466 f(3.4142136)$

    b. $\int_0^\infty e^{-x} f(x) dx \approx 0.7110930 f(0.4157746) + 0.2785177 f(2.2942804) + 0.0103893 f(6.2899451)$

9. $n = 2$: 2.9865139

    $n = 3$: 2.9958198

习题 5.1

1. a. 因为 $f(t, y) = y\cos t$，求导数为 $\dfrac{\partial f}{\partial y}(t, y) = \cos t$，从而可知 f 在下面区域上关于 y 满足 $L = 1$ 的 Lipschitz 条件：
$$D = \{(t, y) | 0 \leqslant t \leqslant 1, -\infty < y < \infty\}$$
又由于 f 在 D 上连续，所以存在唯一解，其解为 $y(t) = e^{\sin t}$。

    b. 因为 $f(t, y) = \dfrac{2}{t} y + t^2 e^t$，求导数为 $\dfrac{\partial f}{\partial y} = \dfrac{2}{t}$，从而可知 f 在下面区域上关于 y 满足 $L = 2$ 的 Lipschitz 条件：
$$D = \{(t, y) | 1 \leqslant t \leqslant 2, -\infty < y < \infty\}$$
又由于 f 在 D 上连续，所以存在唯一解，其解为 $y(t) = t^2(e^t - e)$。

    c. 因为 $f(t, y) = -\dfrac{2}{t} y + t^2 e^t$，求导数为 $\dfrac{\partial f}{\partial y} = -\dfrac{2}{t}$，从而可知 f 在下面区域上关于 y 满足 $L = 2$ 的 Lipschitz 条件：
$$D = \{(t, y) | 1 \leqslant t \leqslant 2, -\infty < y < \infty\}$$
又由于 f 在 D 上连续，所以存在唯一解，其解为
$$y(t) = (t^4 e^t - 4t^3 e^t + 12t^2 e^t - 24te^t + 24e^t + (\sqrt{2} - 9)e) / t^2$$

    d. 因为 $f(t, y) = \dfrac{4t^3 y}{1 + t^4}$，求导数为 $\dfrac{\partial f}{\partial y} = \dfrac{4t^3}{1 + t^4}$，从而可知 f 在下面区域上关于 y 满足 $L = 2$ 的 Lipschitz 条件：
$$D = \{(t, y) | 0 \leqslant t \leqslant 1, -\infty < y < \infty\}$$
又由于 f 在 D 上连续，所以存在唯一解，其解为 $y(t) = 1 + t^4$。

3. a. Lipschitz 常数 $L = 1$，它是一个适定问题。
    b. Lipschitz 常数 $L = 1$，它是一个适定问题。
    c. Lipschitz 常数 $L = 1$，它是一个适定问题。

d. 因为函数 f 不满足 Lipschitz 条件，所以定理 5.6 不能使用。

5. a. 对 $y^3t+yt=2$ 求微分，得到 $3y^2y't+y^3+y't+y=0$，解出 y' 就得到原微分方程，取 $t=1$ 时 $y=1$，这就验证了初始条件。为了近似得到 $y(2)$ 的值，用牛顿法解方程 $y^3+y-1=0$，其结果为 $y(2)\approx0.6823278$。

b. 对 $y\sin t+t^2e^y+2y-1=0$ 求微分，得到 $y'\sin t+y\cos t+2te^y+t^2e^yy'+2y'=0$，解出 y' 就得到原微分方程，取 $t=1$ 时 $y=0$，这就验证了初始条件。为了近似得到 $y(2)$ 的值，用牛顿法解方程 $(2+\sin2)y+4e^y-1=0$，其结果为 $y(2)\approx-0.4946599$。

7. 设点 (t,y) 在直线上，则 $\dfrac{(y-y_1)}{(t-t_1)}=\dfrac{(y_2-y_1)}{(t_2-t_1)}$，所以 $\dfrac{(y-y_1)}{(y_2-y_1)}=\dfrac{(t-t_1)}{(t_2-t_1)}$。如果 $\lambda=\dfrac{(t-t_1)}{(t_2-t_1)}$，则 $t=(1-\lambda)t_1+\lambda t_2$。类似地，如果 $\lambda=\dfrac{(y-y_1)}{(y_2-y_1)}$，则 $y=(1-\lambda)y_1+\lambda y_2$。因此选取 $\lambda=\dfrac{(t-t_1)}{(t_2-t_1)}=\dfrac{(y-y_1)}{(y_2-y_1)}$ 是满足要求的 λ 值，且点 $(t,y)=((1-\lambda)t_1+\lambda t_2,(1-\lambda)y_1+\lambda y_2)$ 位于直线上。

9. 设 (t_1,y_1) 和 (t_2,y_2) 属于 D，其中 $a\le t_1\le b$，$a\le t_2\le b$，$-\infty<y_1<\infty$ 和 $-\infty<y_2<\infty$。对 $0\le\lambda\le1$，有 $(1-\lambda)a\le(1-\lambda)t_1\le(1-\lambda)b$ 和 $\lambda a\le\lambda t_2\le\lambda b$。因此，$a=(1-\lambda)a+\lambda a\le(1-\lambda)t_1+\lambda t_2\le(1-\lambda)b+\lambda b=b$。同理可得 $-\infty<(1-\lambda)y_1+\lambda y_2<\infty$，故 D 是凸集。

习题 5.2

1. 利用 Euler 方法得到的结果列于下表。

a.

i	t_i	w_i	$y(t_i)$
1	0.500	0.0000000	0.2836165
2	1.000	1.1204223	3.2190993

b.

i	t_i	w_i	$y(t_i)$
1	2.500	2.0000000	1.8333333
2	3.000	2.6250000	2.5000000

c.

i	t_i	w_i	$y(t_i)$
1	1.250	2.7500000	2.7789294
2	1.500	3.5500000	3.6081977
3	1.750	4.3916667	4.4793276
4	2.000	5.2690476	5.3862944

d.

i	t_i	w_i	$y(t_i)$
1	0.250	1.2500000	1.3291498
2	0.500	1.6398053	1.7304898
3	0.750	2.0242547	2.0414720
4	1.000	2.2364573	2.1179795

3.

a.

t	实际误差	误差界
0.5	0.2836165	11.3938
1.0	2.0986771	42.3654

b.

t	实际误差	误差界
2.5	0.166667	0.429570
3.0	0.125000	1.59726

c.

t	实际误差	误差界
1.25	0.0289294	0.0355032
1.50	0.0581977	0.0810902
1.75	0.0876610	0.139625
2.00	0.117247	0.214785

d.

t	实际误差
0.25	0.0791498
0.50	0.0906844
0.75	0.0172174
1.00	0.118478

对于 (d)，误差界公式 (5.10) 由于 $L=0$ 而不能使用。

5. 利用 Euler 方法得到的结果列于下表。

a.

i	t_i	w_i	$y(t_i)$
2	1.200	1.0082645	1.0149523
4	1.400	1.0385147	1.0475339
6	1.600	1.0784611	1.0884327
8	1.800	1.1232621	1.1336536
10	2.000	1.1706516	1.1812322

b.

i	t_i	w_i	$y(t_i)$
2	1.400	0.4388889	0.4896817
4	1.800	1.0520380	1.1994386
6	2.200	1.8842608	2.2135018
8	2.600	3.0028372	3.6784753
10	3.000	4.5142774	5.8741000

c.

i	t_i	w_i	$y(t_i)$
2	0.400	-1.6080000	-1.6200510
4	0.800	-1.3017370	-1.3359632
6	1.200	-1.1274909	-1.1663454
8	1.600	-1.0491191	-1.0783314
10	2.000	-1.0181518	-1.0359724

d.

i	t_i	w_i	$y(t_i)$
2	0.2	0.1083333	0.1626265
4	0.4	0.1620833	0.2051118
6	0.6	0.3455208	0.3765957
8	0.8	0.6213802	0.6461052
10	1.0	0.9803451	1.0022460

7. 习题 3 中近似值的实际误差列于下表。

a.

t	实际误差
1.2	0.0066879
1.5	0.0095942
1.7	0.0102229
2.0	0.0105806

b.

t	实际误差
1.4	0.0507928
2.0	0.2240306
2.4	0.4742818
3.0	1.3598226

c.

t	实际误差
0.4	0.0120510
1.0	0.0391546
1.4	0.0349030
2.0	0.0178206

d.

t	实际误差
0.2	0.0542931
0.5	0.0363200
0.7	0.0273054
1.0	0.0219009

9. a. 利用 Euler 方法得到的结果列于下表。

i	t_i	w_i	$y(t_i)$
1	1.1	0.271828	0.345920
5	1.5	3.18744	3.96767
6	1.6	4.62080	5.70296
9	1.9	11.7480	14.3231
10	2.0	15.3982	18.6831

b. 利用线性插值得到的近似结果列于下表。

t	近似值	$y(t)$	误差
1.04	0.108731	0.119986	0.01126
1.55	3.90412	4.78864	0.8845
1.97	14.3031	17.2793	2.976

c. $h < 0.00064$

11. a. 利用 Euler 方法得到的 $y(5) = 5.00674$ 的近似如下：

	$h = 0.2$	$h = 0.1$	$h = 0.05$
w_N	5.00377	5.00515	5.00592

b. $h = \sqrt{2 \times 10^{-6}} \approx 0.0014142$。

13. a. $1.021957 = y(1.25) \approx 1.014978$, $1.164390 = y(1.93) \approx 1.153902$

b. $1.924962 = y(2.1) \approx 1.660756$, $4.394170 = y(2.75) \approx 3.526160$

c. $-1.138277 = y(1.3) \approx -1.103618$, $-1.041267 = y(1.93) \approx -1.022283$

d. $0.3140018 = y(0.54) \approx 0.2828333$, $0.8866318 = y(0.94) \approx 0.8665521$

15. a. $h = 10^{-n/2}$

   b. 最小误差是 $10^{-n/2}(e-1)+5e10^{-n-1}$。

   c.

t	$w(h=0.1)$	$w(h=0.01)$	$y(t)$	误差 $(n=8)$
0.5	0.40951	0.39499	0.39347	1.5×10^{-4}
1.0	0.65132	0.63397	0.63212	3.1×10^{-4}

17. b. $w_{50} = 0.10430 \approx p(50)$。

   c. $p(t) = 1-0.99e^{-0.002t}$, $p(50) = 0.10421$。

习题 5.3

1. a.

t_i	w_i	$y(t_i)$
0.50	0.12500000	0.28361652
1.00	2.02323897	3.21909932

b.

t_i	w_i	$y(t_i)$
2.50	1.75000000	1.83333333
3.00	2.42578125	2.50000000

c.

t_i	w_i	$y(t_i)$
1.25	2.78125000	2.77892944
1.50	3.61250000	3.60819766
1.75	4.48541667	4.47932763
2.00	5.39404762	5.38629436

d.

t_i	w_i	$y(t_i)$
0.25	1.34375000	1.32914981
0.50	1.77218707	1.73048976
0.75	2.11067606	2.04147203
1.00	2.20164395	2.11797955

3. a.

t_i	w_i	$y(t_i)$
0.50	0.25781250	0.28361652
1.00	3.05529474	3.21909932

b.

t_i	w_i	$y(t_i)$
2.50	1.81250000	1.83333333
3.00	2.48591644	2.50000000

c.

t_i	w_i	$y(t_i)$
1.25	2.77897135	2.77892944
1.50	3.60826562	3.60819766
1.75	4.47941561	4.47932763
2.00	5.38639966	5.38629436

d.

t_i	w_i	$y(t_i)$
0.25	1.32893880	1.32914981
0.50	1.72966730	1.73048976
0.75	2.03993417	2.04147203
1.00	2.11598847	2.11797955

5. a.

		阶2	
i	t_i	w_i	$y(t_i)$
1	1.1	1.214999	1.215886
2	1.2	1.465250	1.467570

b.

		阶2	
i	t_i	w_i	$y(t_i)$
1	0.5	0.5000000	0.5158868
2	1.0	1.076858	1.091818

c.

		阶2	
i	t_i	w_i	$y(t_i)$
1	1.5	-2.000000	-1.500000
2	2.0	-1.777776	-1.333333
3	2.5	-1.585732	-1.250000
4	3.0	-1.458882	-1.200000

d.

		阶2	
i	t_i	w_i	$y(t_i)$
1	0.25	1.093750	1.087088
2	0.50	1.312319	1.289805
3	0.75	1.538468	1.513490
4	1.0	1.720480	1.701870

7. a.

		阶4	
i	t_i	w_i	$y(t_i)$
1	1.1	1.215883	1.215886
2	1.2	1.467561	1.467570

b.

		阶4	
i	t_i	w_i	$y(t_i)$
1	0.5	0.5156250	0.5158868
2	1.0	1.091267	1.091818

c.

		阶4	
i	t_i	w_i	$y(t_i)$
1	1.5	−2.000000	−1.500000
2	2.0	−1.679012	−1.333333
3	2.5	−1.484493	−1.250000
4	3.0	−1.374440	−1.200000

d.

		阶4	
i	t_i	w_i	$y(t_i)$
1	0.25	1.086426	1.087088
2	0.50	1.288245	1.289805
3	0.75	1.512576	1.513490
4	1.0	1.701494	1.701870

9. a. 利用二阶 Taylor 方法得到的近似结果列于下表。

i	t_i	w_i	$y(t_i)$
1	1.1	0.3397852	0.3459199
5	1.5	3.910985	3.967666
6	1.6	5.643081	5.720962
9	1.9	14.15268	14.32308
10	2.0	18.46999	18.68310

b. 利用线性插值得到的近似结果为 $y(1.04) \approx 0.1359139$, $y(1.55) \approx 4.777033$ 和 $y(1.97) \approx 17.17480$。实际值为 $y(1.04) = 0.1199875$, $y(1.55) = 4.788635$ 和 $y(1.97) = 17.27930$。

c. 利用四阶 Taylor 方法得到的近似结果列于下表。

i	t_i	w_i
1	1.1	0.3459127
5	1.5	3.967603
6	1.6	5.720875
9	1.9	14.32290
10	2.0	18.68287

d. 利用三次 Hermite 插值得到的近似结果为 $y(1.04) \approx 0.1199704$, $y(1.55) \approx 4.788527$ 和 $y(1.97) \approx 17.27904$。

11. 利用二阶 Taylor 方法得到的近似结果列于下表。

t_i	w_i	$y(t_i)$
5	0.5	0.5146389
10	1.0	1.249305
15	1.5	2.152599
20	2.0	2.095185

13. a. 流入与流出之差为 2 gal/min。增加 10 加仑需要 5 min。

b. 49.75556 磅盐。

习题 5.4

1. a.

t	改进的 Euler 方法	$y(t)$
0.5	0.5602111	0.2836165
1.0	5.3014898	3.2190993

b.

t	改进的 Euler 方法	$y(t)$
2.5	1.8125000	1.8333333
3.0	2.4815531	2.5000000

c.

t	改进的 Euler 方法	$y(t)$
1.25	2.7750000	2.7789294
1.50	3.6008333	3.6081977
1.75	4.4688294	4.4793276
2.00	5.3728586	5.3862944

d.

t	改进的 Euler 方法	$y(t)$
0.25	1.3199027	1.3291498
0.50	1.7070300	1.7304898
0.75	2.0053560	2.0414720
1.00	2.0770789	2.1179795

3. a.

	改进的 Euler 方法	
t_i	w_i	$y(t_i)$
1.2	1.0147137	1.0149523
1.5	1.0669093	1.0672624
1.7	1.1102751	1.1106551
2.0	1.1808345	1.1812322

b.

	改进的 Euler 方法	
t_i	w_i	$y(t_i)$
1.4	0.4850495	0.4896817
2.0	1.6384229	1.6612818
2.4	2.8250651	2.8765514
3.0	5.7075699	5.8741000

c.

	改进的 Euler 方法	
t_i	w_i	$y(t_i)$
0.4	−1.6229206	−1.6200510
1.0	−1.2442903	−1.2384058
1.4	−1.1200763	−1.1146484
2.0	−1.0391938	−1.0359724

d.

	改进的 Euler 方法	
t_i	w_i	$y(t_i)$
0.2	0.1742708	0.1626265
0.5	0.2878200	0.2773617
0.7	0.5088359	0.5000658
1.0	1.0096377	1.0022460

5. a.

t	中点方法	$y(t)$
0.5	0.2646250	0.2836165
1.0	3.1300023	3.2190993

b.

t	中点方法	$y(t)$
2.5	1.7812500	1.8333333
3.0	2.4550638	2.5000000

c.

t	中点方法	$y(t)$
1.25	2.7777778	2.7789294
1.50	3.6060606	3.6081977
1.75	4.4763015	4.4793276
2.00	5.3824398	5.3862944

d.

t	中点方法	$y(t)$
0.25	1.3337962	1.3291498
0.50	1.7422854	1.7304898
0.75	2.0596374	2.0414720
1.00	2.1385560	2.1179795

7. a.

	中点方法	
t_i	w_i	$y(t_i)$
1.2	1.0153257	1.0149523
1.5	1.0677427	1.0672624
1.7	1.1111478	1.1106551
2.0	1.1817275	1.1812322

b.

	中点方法	
t_i	w_i	$y(t_i)$
1.4	0.4861770	0.4896817
2.0	1.6438889	1.6612818
2.4	2.8364357	2.8765514
3.0	5.7386475	5.8741000

c.

	中点方法	
t_i	w_i	$y(t_i)$
0.4	−1.6192966	−1.6200510
1.0	−1.2402470	−1.2384058
1.4	−1.1175165	−1.1146484
2.0	−1.0382227	−1.0359724

d.

	中点方法	
t_i	w_i	$y(t_i)$
0.2	0.1722396	0.1626265
0.5	0.2848046	0.2773617
0.7	0.5056268	0.5000658
1.0	1.0063347	1.0022460

9. a.

	Heun 方法	
t_i	w_i	$y(t_i)$
0.50	0.2710885	0.2836165
1.00	3.1327255	3.2190993

b.

	Heun 方法	
t_i	w_i	$y(t_i)$
2.50	1.8464828	1.8333333
3.00	2.5094123	2.5000000

c.

	Heun 方法	
t_i	w_i	$y(t_i)$
1.25	2.7788462	2.7789294
1.50	3.6080529	3.6081977
1.75	4.4791319	4.4793276
2.00	5.3860533	5.3862944

d.

	Heun 方法	
t_i	w_i	$y(t_i)$
0.25	1.3295717	1.3291498
0.50	1.7310350	1.7304898
0.75	2.0417476	2.0414720
1.00	2.1176975	2.1179795

11. a.

	Heun 方法	
t_i	w_i	$y(t_i)$
1.2	1.0149305	1.0149523
1.5	1.0672363	1.0672624
1.7	1.1106289	1.1106551
2.0	1.1812064	1.1812322

b.

	Heun 方法	
t_i	w_i	$y(t_i)$
1.4	0.4895074	0.4896817
2.0	1.6602954	1.6612818
2.4	2.8741491	2.8765514
3.0	5.8652189	5.8741000

c.

	Heun 方法	
t_i	w_i	$y(t_i)$
0.4	−1.6201023	−1.6200510
1.0	−1.2383500	−1.2384058
1.4	−1.1144745	−1.1146484
2.0	−1.0357989	−1.0359724

d.

	Heun 方法	
t_i	w_i	$y(t_i)$
0.2	0.1614497	0.1626265
0.5	0.2765100	0.2773617
0.7	0.4994538	0.5000658
1.0	1.0018114	1.0022460

13. a.

	Runge-Kutta 方法	
t_i	w_i	$y(t_i)$
0.5	0.2969975	0.2836165
1.0	3.3143118	3.2190993

b.

	Runge-Kutta 方法	
t_i	w_i	$y(t_i)$
2.5	1.8333234	1.8333333
3.0	2.4999712	2.5000000

c.

	Runge-Kutta 方法	
t_i	w_i	$y(t_i)$
1.25	2.7789095	2.7789294
1.50	3.6081647	3.6081977
1.75	4.4792846	4.4793276
2.00	5.3862426	5.3862944

d.

	Runge-Kutta 方法	
t_i	w_i	$y(t_i)$
0.25	1.3291650	1.3291498
0.50	1.7305336	1.7304898
0.75	2.0415436	2.0414720
1.00	2.1180636	2.1179795

15. a.

	Runge-Kutta 方法	
t_i	w_i	$y(t_i)$
1.2	1.0149520	1.0149523
1.5	1.0672620	1.0672624
1.7	1.1106547	1.1106551
2.0	1.1812319	1.1812322

b.

	Runge-Kutta 方法	
t_i	w_i	$y(t_i)$
1.4	0.4896842	0.4896817
2.0	1.6612651	1.6612818
2.4	2.8764941	2.8765514
3.0	5.8738386	5.8741000

c.

	Runge-Kutta 方法	
t_i	w_i	$y(t_i)$
0.4	−1.6200576	−1.6200510
1.0	−1.2384307	−1.2384058
1.4	−1.1146769	−1.1146484
2.0	−1.0359922	−1.0359724

d.

	Runge-Kutta 方法	
t_i	w_i	$y(t_i)$
0.2	0.1627655	0.1626265
0.5	0.2774767	0.2773617
0.7	0.5001579	0.5000658
1.0	1.0023207	1.0022460

17. a. $1.0221167 \approx y(1.25) = 1.0219569$, $1.1640347 \approx y(1.93) = 1.1643901$

   b. $1.9086500 \approx y(2.1) = 1.9249616$, $4.3105913 \approx y(2.75) = 4.3941697$

   c. $-1.1461434 \approx y(1.3) = -1.1382768$, $-1.0454854 \approx y(1.93) = -1.0412665$

   d. $0.3271470 \approx y(0.54) = 0.3140018$, $0.8967073 \approx y(0.94) = 0.8866318$

19. a. $1.0227863 \approx y(1.25) = 1.0219569$, $1.1649247 \approx y(1.93) = 1.1643901$

   b. $1.91513749 \approx y(2.1) = 1.9249616$, $4.3312939 \approx y(2.75) = 4.3941697$

   c. $-1.1432070 \approx y(1.3) = -1.1382768$, $-1.0443743 \approx y(1.93) = -1.0412665$

   d. $0.3240839 \approx y(0.54) = 0.3140018$, $0.8934152 \approx y(0.94) = 0.8866318$

21. a. $1.02235985 \approx y(1.25) = 1.0219569$, $1.16440371 \approx y(1.93) = 1.1643901$

 b. $1.88084805 \approx y(2.1) = 1.9249616$, $4.40842612 \approx y(2.75) = 4.3941697$

 c. $-1.14034696 \approx y(1.3) = -1.1382768$, $-1.04182026 \approx y(1.93) = -1.0412665$

 d. $0.31625699 \approx y(0.54) = 0.3140018$, $0.88866134 \approx y(0.94) = 0.8866318$

23. a. $1.0223826 \approx y(1.25) = 1.0219569$, $1.1644292 \approx y(1.93) = 1.1643901$

 b. $1.9373672 \approx y(2.1) = 1.9249616$, $4.4134745 \approx y(2.75) = 4.3941697$

 c. $-1.1405252 \approx y(1.3) = -1.1382768$, $-1.0420211 \approx y(1.93) = -1.0412665$

 d. $0.31716526 \approx y(0.54) = 0.3140018$, $0.88919730 \approx y(0.94) = 0.8866318$

25. a. $1.0219569 = y(1.25) \approx 1.0219550$, $1.1643902 = y(1.93) \approx 1.1643898$

 b. $1.9249617 = y(2.10) \approx 1.9249217$, $4.3941697 = y(2.75) \approx 4.3939943$

 c. $-1.138268 = y(1.3) \approx -1.1383036$, $-1.0412666 = y(1.93) \approx -1.0412862$

 d. $0.31400184 = y(0.54) \approx 0.31410579$, $0.88663176 = y(0.94) \approx 0.88670653$

27. 在 0.2 s 内，我们大约有 KOH 的 2099 个单位。

29. 因为 $f(t, y) = -y + t + 1$，则有

$$w_i + hf\left(t_i + \frac{h}{2}, w_i + \frac{h}{2}f(t_i, w_i)\right) = w_i\left(1 - h + \frac{h^2}{2}\right) + t_i\left(h - \frac{h^2}{2}\right) + h$$

和

$$w_i + \frac{h}{2}\left[f(t_i, w_i) + f(t_{i+1}, w_i + hf(t_i, w_i))\right]$$

$$= w_i\left(1 - h + \frac{h^2}{2}\right) + t_i\left(h - \frac{h^2}{2}\right) + h$$

31. 合适的常数为

$$\alpha_1 = \delta_1 = \alpha_2 = \delta_2 = \gamma_2 = \gamma_3 = \gamma_4 = \gamma_5 = \gamma_6 = \gamma_7 = \frac{1}{2} \text{和} \alpha_3 = \delta_3 = 1$$

习题 5.5

1. 利用 Runge-Kutta-Fehlberg 算法计算的结果列于下表。

a.

i	t_i	w_i	h_i	y_i
1	0.2093900	0.0298184	0.2093900	0.0298337
3	0.5610469	0.4016438	0.1777496	0.4016860
5	0.8387744	1.5894061	0.1280905	1.5894600
7	1.0000000	3.2190497	0.0486737	3.2190993

b.

i	t_i	w_i	h_i	y_i
1	2.2500000	1.4499988	0.2500000	1.4500000
2	2.5000000	1.8333332	0.2500000	1.8333333
3	2.7500000	2.1785718	0.2500000	2.1785714
4	3.0000000	2.5000005	0.2500000	2.5000000

c.

i	t_i	w_i	h_i	y_i
1	1.2500000	2.7789299	0.2500000	2.7789294
2	1.5000000	3.6081985	0.2500000	3.6081977
3	1.7500000	4.4793288	0.2500000	4.4793276
4	2.0000000	5.3862958	0.2500000	5.3862944

d.

i	t_i	w_i	h_i	y_i
1	0.2500000	1.3291478	0.2500000	1.3291498
2	0.5000000	1.7304857	0.2500000	1.7304898
3	0.7500000	2.0414669	0.2500000	2.0414720
4	1.0000000	2.1179750	0.2500000	2.1179795

3. 利用 Runge-Kutta-Fehlberg 算法计算的结果列于下表。

a.

i	t_i	w_i	h_i	y_i
1	1.1101946	1.0051237	0.1101946	1.0051237
5	1.7470584	1.1213948	0.2180472	1.1213947
7	2.3994350	1.2795396	0.3707934	1.2795395
11	4.0000000	1.6762393	0.1014853	1.6762391

b.

i	t_i	w_i	h_i	y_i
4	1.5482238	0.7234123	0.1256486	0.7234119
7	1.8847226	1.3851234	0.1073571	1.3851226
10	2.1846024	2.1673514	0.0965027	2.1673499
16	2.6972462	4.1297939	0.0778628	4.1297904
21	3.0000000	5.8741059	0.0195070	5.8741000

c.

i	t_i	w_i	h_i	y_i
1	0.1633541	−1.8380836	0.1633541	−1.8380836
5	0.7585763	−1.3597623	0.1266248	−1.3597624
9	1.1930325	−1.1684827	0.1048224	−1.1684830
13	1.6229351	−1.0749509	0.1107510	−1.0749511
17	2.1074733	−1.0291158	0.1288897	−1.0291161
23	3.0000000	−1.0049450	0.1264618	−1.0049452

d.

i	t_i	w_i	h_i	y_i
1	0.3986051	0.3108201	0.3986051	0.3108199
3	0.9703970	0.2221189	0.2866710	0.2221186
5	1.5672905	0.1133085	0.3042087	0.1133082
8	2.0000000	0.0543454	0.0902302	0.0543455

5. a. 感染的数量是 $y(30) \approx 80295.7$。

   b. 该模型中感染数量的极限值是 $\lim_{t \to \infty} y(t) = 100\,000$。

7. Step 3 和 Step 6 必须用新的方程。Step 4 必须使用下面的方程：

$$R = \frac{1}{h}\left| -\frac{1}{160}K_1 - \frac{125}{17952}K_3 + \frac{1}{144}K_4 - \frac{12}{1955}K_5 - \frac{3}{44}K_6 + \frac{125}{11592}K_7 + \frac{43}{616}K_8 \right|$$

在 Step 8 中必须改为 $\delta = 0.871\,(TOL/R)^{1/5}$。用 Runge-Kutta-Verner 方法重做习题 3 得到的近似结果列于下表。

a.

i	t_i	w_i	h_i	y_i
1	1.42087564	1.05149775	0.42087564	1.05150868
3	2.28874724	1.25203709	0.50000000	1.25204675
5	3.28874724	1.50135401	0.50000000	1.50136369
7	4.00000000	1.67622922	0.21125276	1.67623914

b.

i	t_i	w_i	h_i	y_i
1	1.27377960	0.31440170	0.27377960	0.31440111
4	1.93610139	1.50471956	0.20716801	1.50471717
7	2.48318866	3.19129592	0.17192536	3.19129017
11	3.00000000	5.87411325	0.05925262	5.87409998

c.

i	t_i	w_i	h_i	y_i
1	0.50000000	−1.53788271	0.50000000	−1.53788284
5	1.26573379	−1.14736319	0.17746598	−1.14736283
9	1.99742532	−1.03615509	0.19229794	−1.03615478
14	3.00000000	−1.00494544	0.10525374	−1.00494525

d.

i	t_i	w_i	h_i	y_i
1	0.50000000	0.29875168	0.50000000	0.29875178
2	1.00000000	0.21662609	0.50000000	0.21662642
4	1.74337091	0.08624885	0.27203938	0.08624932
6	2.00000000	0.05434531	0.03454832	0.05434551

习题 5.6

1. 利用 Adams-Bashforth 方法得到的近似结果列于下表。

a.

t	2-step	3-step	4-step	5-step	$y(t)$
0.2	0.0268128	0.0268128	0.0268128	0.0268128	0.0268128
0.4	0.1200522	0.1507778	0.1507778	0.1507778	0.1507778
0.6	0.4153551	0.4613866	0.4960196	0.4960196	0.4960196
0.8	1.1462844	1.2512447	1.2961260	1.3308570	1.3308570
1.0	2.8241683	3.0360680	3.1461400	3.1854002	3.2190993

b.

t	2-step	3-step	4-step	5-step	$y(t)$
2.2	1.3666667	1.3666667	1.3666667	1.3666667	1.3666667
2.4	1.6750000	1.6857143	1.6857143	1.6857143	1.6857143
2.6	1.9632431	1.9794407	1.9750000	1.9750000	1.9750000
2.8	2.2323184	2.2488759	2.2423065	2.2444444	2.2444444
3.0	2.4884512	2.5051340	2.4980306	2.5011406	2.5000000

c.

t	2-step	3-step	4-step	5-step	$y(t)$
1.2	2.6187859	2.6187859	2.6187859	2.6187859	2.6187859
1.4	3.2734823	3.2710611	3.2710611	3.2710611	3.2710611
1.6	3.9567107	3.9514231	3.9520058	3.9520058	3.9520058
1.8	4.6647738	4.6569191	4.6582078	4.6580160	4.6580160
2.0	5.3949416	5.3848058	5.3866452	5.3862177	5.3862944

d.	t	2-step	3-step	4-step	5-step	$y(t)$
	0.2	1.2529306	1.2529306	1.2529306	1.2529306	1.2529306
	0.4	1.5986417	1.5712255	1.5712255	1.5712255	1.5712255
	0.6	1.9386951	1.8827238	1.8750869	1.8750869	1.8750869
	0.8	2.1766821	2.0844122	2.0698063	2.0789180	2.0789180
	1.0	2.2369407	2.1115540	2.0998117	2.1180642	2.1179795

3. 利用 Adams-Bashforth 方法得到的近似结果列于下表。

a.	t	2-step	3-step	4-step	5-step	$y(t)$
	1.2	1.0161982	1.0149520	1.0149520	1.0149520	1.0149523
	1.4	1.0497665	1.0468730	1.0477278	1.0475336	1.0475339
	1.6	1.0910204	1.0875837	1.0887567	1.0883045	1.0884327
	1.8	1.1363845	1.1327465	1.1340093	1.1334967	1.1336536
	2.0	1.1840272	1.1803057	1.1815967	1.1810689	1.1812322

b.	t	2-step	3-step	4-step	5-step	$y(t)$
	1.4	0.4867550	0.4896842	0.4896842	0.4896842	0.4896817
	1.8	1.1856931	1.1982110	1.1990422	1.1994320	1.1994386
	2.2	2.1753785	2.2079987	2.2117448	2.2134792	2.2135018
	2.6	3.5849181	3.6617484	3.6733266	3.6777236	3.6784753
	3.0	5.6491203	5.8268008	5.8589944	5.8706101	5.8741000

c.	t	2-step	3-step	4-step	5-step	$y(t)$
	0.5	−1.5357010	−1.5381988	−1.5379372	−1.5378676	−1.5378828
	1.0	−1.2374093	−1.2389605	−1.2383734	−1.2383693	−1.2384058
	1.5	−1.0952910	−1.0950952	−1.0947925	−1.0948481	−1.0948517
	2.0	−1.0366643	−1.0359996	−1.0359497	−1.0359760	−1.0359724

d.	t	2-step	3-step	4-step	5-step	$y(t)$
	0.2	0.1739041	0.1627655	0.1627655	0.1627655	0.1626265
	0.4	0.2144877	0.2026399	0.2066057	0.2052405	0.2051118
	0.6	0.3822803	0.3747011	0.3787680	0.3765206	0.3765957
	0.8	0.6491272	0.6452640	0.6487176	0.6471458	0.6461052
	1.0	1.0037415	1.0020894	1.0064121	1.0073348	1.0022460

5. 利用 Adams-Moulton 方法得到的近似结果列于下表。

a.	t_i	2-step	3-step	4-step	$y(t_i)$
	0.2	0.0268128	0.0268128	0.0268128	0.0268128
	0.4	0.1533627	0.1507778	0.1507778	0.1507778
	0.6	0.5030068	0.4979042	0.4960196	0.4960196
	0.8	1.3463142	1.3357923	1.3322919	1.3308570
	1.0	3.2512866	3.2298092	3.2227484	3.2190993

c.	t_i	2-step	3-step	4-step	$y(t_i)$
	1.2	2.6187859	2.6187859	2.6187859	2.6187859
	1.4	3.2711394	3.2710611	3.2710611	3.2710611
	1.6	3.9521454	3.9519886	3.9520058	3.9520058
	1.8	4.6582064	4.6579866	4.6580211	4.6580160
	2.0	5.3865293	5.3862558	5.3863027	5.3862944

d.	t_i	2-step	3-step	4-step	$y(t_i)$
	0.2	1.2529306	1.2529306	1.2529306	1.2529306
	0.4	1.5700866	1.5712255	1.5712255	1.5712255
	0.6	1.8738414	1.8757546	1.8750869	1.8750869
	0.8	2.0787117	2.0803067	2.0789471	2.0789180
	1.0	2.1196912	2.1199024	2.1178679	2.1179795

7. a.

t_i	w_i	$y(t_i)$
0.2	0.0269059	0.0268128
0.4	0.1510468	0.1507778
0.6	0.4966479	0.4960196
0.8	1.3408657	1.3308570
1.0	3.2450881	3.2190993

b.

t_i	w_i	$y(t_i)$
2.2	1.3666610	1.3666667
2.4	1.6857079	1.6857143
2.6	1.9749941	1.9750000
2.8	2.2446995	2.2444444
3.0	2.5003083	2.5000000

c.

t_i	w_i	$y(t_i)$
1.2	2.6187787	2.6187859
1.4	3.2710491	3.2710611
1.6	3.9519900	3.9520058
1.8	4.6579968	4.6580160
2.0	5.3862715	5.3862944

d.

t_i	w_i	$y(t_i)$
0.2	1.2529350	1.2529306
0.4	1.5712383	1.5712255
0.6	1.8751097	1.8750869
0.8	2.0796618	2.0789180
1.0	2.1192575	2.1179795

9. 利用四阶 Adams 预估校正算法得到的近似结果列于下表。

a.

t	w	$y(t)$
1.2	1.0149520	1.0149523
1.4	1.0475227	1.0475339
1.6	1.0884141	1.0884327
1.8	1.1336331	1.1336536
2.0	1.1812112	1.1812322

b.

t	w	$y(t)$
1.4	0.4896842	0.4896817
1.8	1.1994245	1.1994386
2.2	2.2134701	2.2135018
2.6	3.6784144	3.6784753
3.0	5.8739518	5.8741000

c.

t	w	$y(t)$
0.5	-1.5378788	-1.5378828
1.0	-1.2384134	-1.2384058
1.5	-1.0948609	-1.0948517
2.0	-1.0359757	-1.0359724

d.

t	w	$y(t)$
0.2	0.1627655	0.1626265
0.4	0.2048557	0.2051118
0.6	0.3762804	0.3765957
0.8	0.6458949	0.6461052
1.0	1.0021372	1.0022460

11. 利用 Milne-Simpson 预估校正方法得到的近似结果列于下表。

a.

i	t_i	w_i	$y(t_i)$
2	1.2	1.01495200	1.01495231
5	1.5	1.06725997	1.06726235
7	1.7	1.11065221	1.11065505
10	2.0	1.18122584	1.18123222

b.

i	t_i	w_i	$y(t_i)$
2	1.4	0.48968417	0.48968166
5	2.0	1.66126150	1.66128176
7	2.4	2.87648763	2.87655142
10	3.0	5.87375555	5.87409998

c.

i	t_i	w_i	$y(t_i)$
5	0.5	-1.53788255	-1.53788284
10	1.0	-1.23840789	-1.23840584
15	1.5	-1.09485532	-1.09485175
20	2.0	-1.03597247	-1.03597242

d.

i	t_i	w_i	$y(t_i)$
2	0.2	0.16276546	0.16262648
5	0.5	0.27741080	0.27736167
7	0.7	0.50008713	0.50006579
10	1.0	1.00215439	1.00224598

13. a. 取 $h = 0.01$，利用三步 Adams-Moulton 方法得到的近似结果列于下表。

i	t_i	w_i
10	0.1	1.317218
20	0.2	1.784511

b. 使用下面的终止条件，利用牛顿方法在每步中可以节省两次或三次迭代。

$$|w_i^{(k)} - w_i^{(k-1)}| \leqslant 10^{-6}$$

15. 利用新算法得到的近似结果列于下表。

a.

t_i	$w_i(p=2)$	$w_i(p=3)$	$w_i(p=4)$	$y(t_i)$
1.2	1.0149520	1.0149520	1.0149520	1.0149523
1.5	1.0672499	1.0672499	1.0672499	1.0672624
1.7	1.1106394	1.1106394	1.1106394	1.1106551
2.0	1.1812154	1.1812154	1.1812154	1.1812322

b.

t_i	$w_i(p=2)$	$w_i(p=3)$	$w_i(p=4)$	$y(t_i)$
1.4	0.4896842	0.4896842	0.4896842	0.4896817
2.0	1.6613427	1.6613509	1.6613517	1.6612818
2.4	2.8767835	2.8768112	2.8768140	2.8765514
3.0	5.8754422	5.8756045	5.8756224	5.8741000

c.

t_i	$w_i(p=2)$	$w_i(p=3)$	$w_i(p=4)$	$y(t_i)$
0.4	-1.6200494	-1.6200494	-1.6200494	-1.6200510
1.0	-1.2384104	-1.2384105	-1.2384105	-1.2384058
1.4	-1.1146533	-1.1146536	-1.1146536	-1.1146484
2.0	-1.0359139	-1.0359740	-1.0359740	-1.0359724

d.

t_i	$w_i(p=2)$	$w_i(p=3)$	$w_i(p=4)$	$y(t_i)$
0.2	0.1627655	0.1627655	0.1627655	0.1626265
0.5	0.2774037	0.2773333	0.2773468	0.2773617
0.7	0.5000772	0.5000259	0.5000356	0.5000658
1.0	1.0022473	1.0022273	1.0022311	1.0022460

17. 使用记号 $y = y(t_i), f = f(t_i, y(t_i)), f_t = f_t(t_i, y(t_i))$ ，等等，我们有

$$y + hf + \frac{h^2}{2}(f_t + ff_y) + \frac{h^3}{6}\left(f_{tt} + f_t f_y + 2ff_{yt} + ff_y^2 + f^2 f_{yy}\right)$$

$$=y + ahf + bh\left[f - h(f_t + ff_y) + \frac{h^2}{2}\left(f_{tt} + f_t f_y + 2ff_{yt} + ff_y^2 + f^2 f_{yy}\right)\right]$$

$$+ ch\left[f - 2h(f_t + ff_y) + 2h^2\left(f_{tt} + f_t f_y + 2ff_{yt} + ff_y^2 + f^2 f_{yy}\right)\right]$$

从而得到方程组

$$a + b + c = 1, \quad -b - 2c = \frac{1}{2}, \quad \frac{1}{2}b + 2c = \frac{1}{6}$$

该方程组的解为

$$a = \frac{23}{12}, \quad b = -\frac{16}{12}, \quad c = \frac{5}{12}$$

19. 我们知道

$$y(t_{i+1}) - y(t_{i-1}) = \int_{t_{i-1}}^{t_{i+1}} f(t, y(t))\,dt$$

$$=\frac{h}{3}\left[f(t_{i-1}, y(t_{i-1})) + 4f(t_i, y(t_i)) + f(t_{i+1}, y(t_{i+1}))\right] - \frac{h^5}{90}f^{(4)}(\xi, y(\xi))$$

它对应于差分方程：

$$w_{i+1} = w_{i-1} + \frac{h\left[f(t_{i-1}, w_{i-1}) + 4f(t_i, w_i) + f(t_{i+1}, w_{i+1})\right]}{3}$$

其局部截断误差为

$$\tau_{i+1}(h) = \frac{-h^4 y^{(5)}(\xi)}{90}$$

21. 元素由下面的积分计算得出：

$$k = 0 : (-1)^k \int_0^1 \binom{-s}{k}\, ds = \int_0^1 ds = 1,$$

$$k = 1 : (-1)^k \int_0^1 \binom{-s}{k}\, ds = -\int_0^1 -s\, ds = \frac{1}{2},$$

$$k = 2 : (-1)^k \int_0^1 \binom{-s}{k}\, ds = \int_0^1 \frac{s(s+1)}{2}\, ds = \frac{5}{12},$$

$$k = 3 : (-1)^k \int_0^1 \binom{-s}{k}\, ds = -\int_0^1 \frac{-s(s+1)(s+2)}{6}\, ds = \frac{3}{8},$$

$$k = 4 : (-1)^k \int_0^1 \binom{-s}{k}\, ds = \int_0^1 \frac{s(s+1)(s+2)(s+3)}{24}\, ds = \frac{251}{720},$$

$$k = 5 : (-1)^k \int_0^1 \binom{-s}{k}\, ds = -\int_0^1 -\frac{s(s+1)(s+2)(s+3)(s+4)}{120}\, ds = \frac{95}{288}$$

习题 5.7

1. 利用变步长 Adams 预估校正算法计算的结果列于下表。

a.

i	t_i	w_i	h_i	y_i
1	0.04275596	0.00096891	0.04275596	0.00096887
5	0.22491460	0.03529441	0.05389076	0.03529359
12	0.60214994	0.50174348	0.05389076	0.50171761
17	0.81943926	1.45544317	0.04345786	1.45541453
22	0.99830392	3.19605697	0.03577293	3.19602842
26	1.00000000	3.21912776	0.00042395	3.21909932

b.

i	t_i	w_i	h_i	y_i
1	2.06250000	1.12132350	0.06250000	1.12132353
5	2.31250000	1.55059834	0.06250000	1.55059524
9	2.62471924	2.00923157	0.09360962	2.00922829
13	2.99915773	2.49895243	0.09360962	2.49894707
17	3.00000000	2.50000535	0.00021057	2.50000000

c.

i	t_i	w_i	h_i	y_i
1	1.06250000	2.18941363	0.06250000	2.18941366
4	1.25000000	2.77892931	0.06250000	2.77892944
8	1.85102559	4.84179835	0.15025640	4.84180141
12	2.00000000	5.38629105	0.03724360	5.38629436

d.

i	t_i	w_i	h_i	y_i
1	0.06250000	1.06817960	0.06250000	1.06817960
5	0.31250000	1.42861668	0.06250000	1.42861361
10	0.62500000	1.90768386	0.06250000	1.90767015
13	0.81250000	2.08668486	0.06250000	2.08666541
16	1.00000000	2.11800208	0.06250000	2.11797955

3. 下表中列出了用变步长 Adams 预估校正算法计算的部分代表性结果。

a.

i	t_i	w_i	h_i	y_i
5	1.10431651	1.00463041	0.02086330	1.00463045
15	1.31294952	1.03196889	0.02086330	1.03196898
25	1.59408142	1.08714711	0.03122028	1.08714722
35	2.00846205	1.18327922	0.04824992	1.18327937
45	2.66272188	1.34525123	0.07278716	1.34525143
52	3.40193112	1.52940900	0.11107035	1.52940924
57	4.00000000	1.67623887	0.12174963	1.67623914

b.

i	t_i	w_i	h_i	y_i
5	1.18519603	0.20333499	0.03703921	0.20333497
15	1.55558810	0.73586642	0.03703921	0.73586631
25	1.92598016	1.48072467	0.03703921	1.48072442
35	2.29637222	2.51764797	0.03703921	2.51764743
45	2.65452689	3.92602442	0.03092051	3.92602332
55	2.94341188	5.50206466	0.02584049	5.50206279
61	3.00000000	5.87410206	0.00122679	5.87409998

c.

i	t_i	w_i	h_i	y_i
5	0.16854008	−1.83303780	0.03370802	−1.83303783
17	0.64833341	−1.42945306	0.05253230	−1.42945304
27	1.06742915	−1.21150951	0.04190957	−1.21150932
41	1.75380240	−1.05819340	0.06681937	−1.05819325
51	2.50124702	−1.01335240	0.07474446	−1.01335258
61	3.00000000	−1.00494507	0.01257155	−1.00494525

d.

i	t_i	w_i	h_i	y_i
5	0.28548652	0.32153668	0.05709730	0.32153674
15	0.85645955	0.24281066	0.05709730	0.24281095
20	1.35101725	0.15096743	0.09891154	0.15096772
25	1.66282314	0.09815109	0.06236118	0.09815137
29	1.91226786	0.06418555	0.06236118	0.06418579
33	2.00000000	0.05434530	0.02193303	0.05434551

5. 2 s 之后的电流大约是 $i(2) = 8.693\ \text{A}$。

7. 5 年之后的人口数是 56 751。

习题 5.8

1. 利用外推法计算得到的结果列于下表。

a.

i	t_i	w_i	h	k	y_i
1	0.25	0.04543132	0.25	3	0.04543123
2	0.50	0.28361684	0.25	3	0.28361652
3	0.75	1.05257634	0.25	4	1.05257615
4	1.00	3.21909944	0.25	4	3.21909932

b.

i	t_i	w_i	h	k	y_i
1	2.25	1.44999987	0.25	3	1.45000000
2	2.50	1.83333321	0.25	3	1.83333333
3	2.75	2.17857133	0.25	3	2.17857143
4	3.00	2.49999993	0.25	3	2.50000000

c.

i	t_i	w_i	h	k	y_i
1	1.25	2.77892942	0.25	3	2.77892944
2	1.50	3.60819763	0.25	3	3.60819766
3	1.75	4.47932759	0.25	3	4.47932763
4	2.00	5.38629431	0.25	3	5.38629436

d.

i	t_i	w_i	h	k	y_i
1	0.25	1.32914981	0.25	3	1.32914981
2	0.50	1.73048976	0.25	3	1.73048976
3	0.75	2.04147203	0.25	3	2.04147203
4	1.00	2.11797954	0.25	3	2.11797955

3. 利用外推法计算得到的结果列于下表。

a.

i	t_i	w_i	h	k	y_i
1	1.50	1.06726237	0.50	4	1.06726235
2	2.00	1.18123223	0.50	3	1.18123222
3	2.50	1.30460372	0.50	3	1.30460371
4	3.00	1.42951608	0.50	3	1.42951607
5	3.50	1.55364771	0.50	3	1.55364770
6	4.00	1.67623915	0.50	3	1.67623914

b.

i	t_i	w_i	h	k	y_i
1	1.50	0.64387537	0.50	4	0.64387533
2	2.00	1.66128182	0.50	5	1.66128176
3	2.50	3.25801550	0.50	5	3.25801536
4	3.00	5.87410027	0.50	5	5.87409998

c.

i	t_i	w_i	h	k	y_i
1	0.50	−1.53788284	0.50	4	−1.53788284
2	1.00	−1.23840584	0.50	5	−1.23840584
3	1.50	−1.09485175	0.50	5	−1.09485175
4	2.00	−1.03597242	0.50	5	−1.03597242
5	2.50	−1.01338570	0.50	5	−1.01338570
6	3.00	−1.00494526	0.50	4	−1.00494525

d.

i	t_i	w_i	h	k	y_i
1	0.50	0.29875177	0.50	4	0.29875178
2	1.00	0.21662642	0.50	4	0.21662642
3	1.50	0.12458565	0.50	4	0.12458565
4	2.00	0.05434552	0.50	4	0.05434551

5. 利用外推法预测的捕获坐标为 $(100, 145.59)$，实际坐标为 $(100, 145.59)$，所有的坐标单位都是英尺(ft)。

习题 5.9

1. 利用方程组的 Runge-Kutta 算法给出的近似结果列于下表。

a.

t_i	w_{1i}	u_{1i}	w_{2i}	u_{2i}
0.200	2.12036583	2.12500839	1.50699185	1.51158743
0.400	4.44122776	4.46511961	3.24224021	3.26598528
0.600	9.73913329	9.83235869	8.16341700	8.25629549
0.800	22.67655977	23.00263945	21.34352778	21.66887674
1.000	55.66118088	56.73748265	56.03050296	57.10536209

b.

t_i	w_{1i}	u_{1i}	w_{2i}	u_{2i}
0.500	0.95671390	0.95672798	−1.08381950	−1.08383310
1.000	1.30654440	1.30655930	−0.83295364	−0.83296776
1.500	1.34416716	1.34418117	−0.56980329	−0.56981634
2.000	1.14332436	1.14333672	−0.36936318	−0.36937457

c.

t_i	w_{1i}	u_{1i}	w_{2i}	u_{2i}	w_{3i}	u_{3i}
0.5	0.70787076	0.70828683	−1.24988663	−1.25056425	0.39884862	0.39815702
1.0	−0.33691753	−0.33650854	−3.01764179	−3.01945051	−0.29932294	−0.30116868
1.5	−2.41332734	−2.41345688	−5.40523279	−5.40844686	−0.92346873	−0.92675778
2.0	−5.89479008	−5.89590551	−8.70970537	−8.71450036	−1.32051165	−1.32544426

d.

t_i	w_{1i}	u_{1i}	w_{2i}	u_{2i}	w_{3i}	u_{3i}
0.2	1.38165297	1.38165325	1.00800000	1.00800000	−0.61833075	−0.61833075
0.5	1.90753116	1.90753184	1.12500000	1.12500000	−0.09090565	−0.09090566
0.7	2.25503524	2.25503620	1.34300000	1.34000000	0.26343971	0.26343970
1.0	2.83211921	2.83212056	2.00000000	2.00000000	0.88212058	0.88212056

3. 利用方程组的 Runge-Kutta 算法给出的近似结果列于下表。

a.

t_i	w_{1i}	y_i
0.200	0.00015352	0.00015350
0.500	0.00742968	0.00743027
0.700	0.03299617	0.03299805
1.000	0.17132224	0.17132880

b.

t_i	w_{1i}	y_i
1.200	0.96152437	0.96152583
1.500	0.77796897	0.77797237
1.700	0.59373369	0.59373830
2.000	0.27258237	0.27258872

c.

t_i	w_{1i}	y_i
1.000	3.73162695	3.73170445
2.000	11.31424573	11.31452924
3.000	34.04395688	34.04517155

d.

t_i	w_{1i}	w_{2i}
1.200	0.27273759	0.27273791
1.500	1.08849079	1.08849259
1.700	2.04353207	2.04353642
2.000	4.36156675	4.36157780

5. 预测的猎物 x_{1i} 和掠食者 x_{2i} 的数量列于下表。

i	t_i	x_{1i}	x_{2i}
10	1.0	4393	1512
20	2.0	288	3175
30	3.0	32	2042
40	4.0	25	1258

7. 单摆问题的近似计算结果列于下表。

a.

t_i	θ
1.0	-0.365903
2.0	-0.0150563

b.

t_i	θ
1.0	-0.338253
2.0	-0.0862680

9. 用方程组的四阶 Adams 预估校正算法求解习题 1 的问题得到的结果列于下表。

a.

t_i	w_{1i}	u_{1i}	w_{2i}	u_{2i}
0.200	2.12036583	2.12500839	1.50699185	1.51158743
0.400	4.44122776	4.46511961	3.24224021	3.26598528
0.600	9.73913329	9.83235869	8.16341700	8.25629549
0.800	22.52673210	23.00263945	21.20273983	21.66887674
1.000	54.81242211	56.73748265	55.20490157	57.10536209

b.

t_i	w_{1i}	u_{1i}	w_{2i}	u_{2i}
0.500	0.95675505	0.95672798	-1.08385916	-1.08383310
1.000	1.30659995	1.30655930	-0.83300571	-0.83296776
1.500	1.34420613	1.34418117	-0.56983853	-0.56981634
2.000	1.14334795	1.14333672	-0.36938396	-0.36937457

c.

t_i	w_{1i}	u_{1i}	w_{2i}	u_{2i}	w_{3i}	u_{3i}
0.5	0.70787076	0.70828683	-1.24988663	-1.25056425	0.39884862	0.39815702
1.0	-0.33691753	-0.33650854	-3.01764179	-3.01945051	-0.29932294	-0.30116868
1.5	-2.41332734	-2.41345688	-5.40523279	-5.40844686	-0.92346873	-0.92675778
2.0	-5.88968402	-5.89590551	-8.72213325	-8.71450036	-1.32972524	-1.32544426

d.

t_i	w_{1i}	u_{1i}	w_{2i}	u_{2i}	w_{3i}	u_{3i}
0.2	1.38165297	1.38165325	1.00800000	1.00800000	-0.61833075	-0.61833075
0.5	1.90752882	1.90753184	1.12500000	1.12500000	-0.09090527	-0.09090566
0.7	2.25503040	2.25503620	1.34300000	1.34300000	0.26344040	0.26343970
1.0	2.83211032	2.83212056	2.00000000	2.00000000	0.88212163	0.88212056

习题 5.10

1. 设 L 是 ϕ 的 Lipschitz 常数，则

$$u_{i+1} - v_{i+1} = u_i - v_i + h[\phi(t_i, u_i, h) - \phi(t_i, v_i, h)]$$

所以有

$$|u_{i+1} - v_{i+1}| \leqslant (1 + hL)|u_i - v_i| \leqslant (1 + hL)^{i+1}|u_0 - v_0|$$

3. 根据 5.4 节习题 32 可知:

$$\phi(t, w, h) = \frac{1}{6} f(t, w) + \frac{1}{3} f\left(t + \frac{1}{2}h, w + \frac{1}{2}hf(t, w)\right)$$

$$+ \frac{1}{3} f\left(t + \frac{1}{2}h, w + \frac{1}{2}hf\left(t + \frac{1}{2}h, w + \frac{1}{2}hf(t, w)\right)\right)$$

$$+ \frac{1}{6} f\left(t + h, w + hf\left(t + \frac{1}{2}h, w + \frac{1}{2}hf\left(t + \frac{1}{2}h, w + \frac{1}{2}hf(t, w)\right)\right)\right)$$

因此

$$\phi(t, w, 0) = \frac{1}{6} f(t, w) + \frac{1}{3} f(t, w) + \frac{1}{3} f(t, w) + \frac{1}{6} f(t, w) = f(t, w)$$

5. a. 局部截断误差是 $\tau_{i+1} = \frac{1}{4} h^3 y^{(4)}(\xi_i)$,其中 ξ_i 满足 $t_{i-2} < \xi_i < t_{i+1}$。

b. 方法是一致的,但不稳定也不收敛。

7. 方法是不稳定的。

习题 5.11

1. 利用 Euler 方法的计算结果列于下表。

a.

t_i	w_i	y_i
0.200	0.027182818	0.449328964
0.500	0.000027183	0.030197383
0.700	0.000000272	0.004991594
1.000	0.000000000	0.000335463

b.

t_i	w_i	y_i
0.200	0.373333333	0.046105213
0.500	−0.093333333	0.250015133
0.700	0.146666667	0.490000277
1.000	1.333333333	1.000000001

c.

t_i	w_i	y_i
0.500	16.47925	0.479470939
1.000	256.7930	0.841470987
1.500	4096.142	0.997494987
2.000	65523.12	0.909297427

d.

t_i	w_i	y_i
0.200	6.128259	1.000000001
0.500	−378.2574	1.000000000
0.700	−6052.063	1.000000000
1.000	387332.0	1.000000000

3. 利用四阶 Runge-Kutta 方法的计算结果列于下表。

a.

t_i	w_i	y_i
0.200	0.45881186	0.44932896
0.500	0.03181595	0.03019738
0.700	0.00537013	0.00499159
1.000	0.00037239	0.00033546

b.

t_i	w_i	y_i
0.200	0.07925926	0.04610521
0.500	0.25386145	0.25001513
0.700	0.49265127	0.49000028
1.000	1.00250560	1.00000000

c.

t_i	w_i	y_i
0.500	188.3082	0.47947094
1.000	35296.68	0.84147099
1.500	6632737	0.99749499
2.000	1246413200	0.90929743

d.

t_i	w_i	y_i
0.200	−215.7459	1.00000000
0.500	−555750.0	1.00000000
0.700	−104435653	1.00000000
1.000	−269031268010	1.00000000

5. 利用四阶 Adams 预估校正方法的计算结果列于下表。

a.

t_i	w_i	y_i
0.200	0.4588119	0.4493290
0.500	−0.0112813	0.0301974
0.700	0.0013734	0.0049916
1.000	0.0023604	0.0003355

b.

t_i	w_i	y_i
0.200	0.0792593	0.0461052
0.500	0.1554027	0.2500151
0.700	0.5507445	0.4900003
1.000	0.7278557	1.0000000

c.

t_i	w_i	y_i
.500	188.3082	0.4794709
1.000	38932.03	0.8414710
1.500	9073607	0.9974950
2.000	2115741299	0.9092974

d.

t_i	w_i	y_i
0.200	−215.7459	1.000000001
0.500	−682637.0	1.000000000
0.700	−159172736	1.000000000
1.000	−566751172258	1.000000000

7. 利用梯形算法的计算结果列于下表。

a.

t_i	w_i	k	y_i
0.200	0.39109643	2	0.44932896
0.500	0.02134361	2	0.03019738
0.700	0.00307084	2	0.00499159
1.000	0.00016759	2	0.00033546

b.

t_i	w_i	k	y_i
0.200	0.04000000	2	0.04610521
0.500	0.25000000	2	0.25001513
0.700	0.49000000	2	0.49000028
1.000	1.00000000	2	1.00000000

c.

t_i	w_i	k	y_i
0.500	0.66291133	2	0.47947094
1.000	0.87506346	2	0.84147099
1.500	1.00366141	2	0.99749499
2.000	0.91053267	2	0.90929743

d.

t_i	w_i	k	y_i
0.200	−1.07568307	4	1.00000000
0.500	−0.97868360	4	1.00000000
0.700	−0.99046408	3	1.00000000
1.000	−1.00284456	3	1.00000000

9. a.

t_i	w_{1i}	u_{1i}	w_{2i}	u_{2i}
0.100	−96.33011	0.66987648	193.6651	−0.33491554
0.200	−28226.32	0.67915383	56453.66	−0.33957692
0.300	−8214056	0.69387881	16428113	−0.34693941
0.400	−2390290586	0.71354670	4780581173	−0.35677335
0.500	−695574560790	0.73768711	1391149121600	−0.36884355

b.

t_i	w_{1i}	u_{1i}	w_{2i}	u_{2i}
0.100	0.61095960	0.66987648	−0.21708179	−0.33491554
0.200	0.66873489	0.67915383	−0.31873903	−0.33957692
0.300	0.69203679	0.69387881	−0.34325535	−0.34693941
0.400	0.71322103	0.71354670	−0.35612202	−0.35677335
0.500	0.73762953	0.73768711	−0.36872840	−0.36884355

11. 将向后 Euler 方法用于求解方程 $y' = \lambda y$，得到

$$w_{i+1} = \frac{w_i}{1 - h\lambda}$$

于是

$$Q(h\lambda) = \frac{1}{1 - h\lambda}$$

13. 用向后 Euler 方法求解习题 2 的问题得到的结果列于下表。

a.

i	t_i	w_i	k	y_i
2	0.2	1.67216224	2	1.58928220
4	0.4	1.69987544	2	1.62715998
6	0.6	1.92400672	2	1.87190587
8	0.8	2.28233119	2	2.24385657
10	1.0	2.75757631	2	2.72501978

b.

i	t_i	w_i	k	y_i
2	0.2	0.87957046	2	0.56787944
4	0.4	0.56989261	2	0.44978707
6	0.6	0.64247315	2	0.60673795
8	0.8	0.81061829	2	0.80091188
10	1.0	1.00265457	2	1.00012341

c.

i	t_i	w_i	k	y_i
1	1.25	0.55006309	2	0.51199999
3	1.75	0.19753128	2	0.18658892
5	2.25	0.09060118	2	0.08779150
7	2.75	0.04900207	2	0.04808415

d.

i	t_i	w_i	k	y_i
1	0.25	0.79711852	2	0.96217447
3	0.75	0.72203841	2	0.73168856
5	1.25	0.31248267	2	0.31532236
7	1.75	−0.17796016	2	−0.17824606

习题 6.1

1. a. 两条直线的交点即方程组的解，为 $x_1 = x_2 = 1$。

   b. 这是一条直线，从而有无穷多解，满足 $x_2 = \dfrac{3}{2} - \dfrac{1}{2}x_1$。

   c. 这是一条直线，从而有无穷多解，满足 $x_2 = -\dfrac{1}{2}x_1$。

   d. 两条直线的交点即方程组的解，为 $x_1 = \dfrac{2}{7}$ 和 $x_2 = -\dfrac{11}{7}$。

3. a. $x_1 = 1.0, x_2 = -0.98, x_3 = 2.9$

   b. $x_1 = 1.1, x_2 = -1.1, x_3 = 2.9$

5. 用 Gauss 消去法求得如下解：

   a. $x_1 = 1.1875, x_2 = 1.8125, x_3 = 0.875$，需要一次行交换

   b. $x_1 = -1, x_2 = 0, x_3 = 1$，不需要行交换

   c. $x_1 = 1.5, x_2 = 2, x_3 = -1.2, x_4 = 3$，不需要行交换

   d. 没有唯一解。

7. 用单精度算术的 Gauss 消去法求得下面的解：

   a. $x_1 = -227.0769, x_2 = 476.9231, x_3 = -177.6923$；

   b. $x_1 = 1.001291, x_2 = 1, x_3 = 1.00155$；

   c. $x_1 = -0.03174600, x_2 = 0.5952377, x_3 = -2.380951, x_4 = 2.777777$；

   d. $x_1 = 1.918129, x_2 = 1.964912, x_3 = -0.9883041, x_4 = -3.192982, x_5 = -1.134503$。

9. a. 当 $\alpha = -1/3$ 时，无解。

   b. 当 $\alpha = 1/3$ 时，有无穷多解，满足 $x_1 = x_2 + 1.5$，其中 x_2 任意。

   c. 如果 $\alpha \neq \pm 1/3$，则有如下唯一解：

   $$x_1 = \frac{3}{2(1+3\alpha)} \quad \text{和} \quad x_2 = \frac{-3}{2(1+3\alpha)}$$

11. a. 有充足的食物来满足每天的平均消费。

    b. 物种 1 增加 200，或者物种 2 增加 150，或者物种 3 增加 100，或者物种 4 增加 100。

    c. 如果不选(b)中显示的增量，物种 2 的增量可能是 650，或者物种 3 的增量是 150，或者物种 4 的增量是 150。

    d. 假设在(b)和(c)中显示的增量都不选，物种 3 的增量是 150，或者物种 4 的增量是 150。

13. 假设 $x_1', \cdots, x_n'$ 是方程组(6.1)的一个解。

    a. 新的方程组变为

    $$E_1 : a_{11}x_1 + a_{12}x_2 + \cdots + a_{1n}x_n = b_1$$
    $$\vdots$$
    $$E_i : \lambda a_{i1}x_1 + \lambda a_{i2}x_2 + \cdots + \lambda a_{in}x_n = \lambda b_i$$
    $$\vdots$$
    $$E_n : a_{n1}x_1 + a_{n2}x_2 + \cdots + a_{nn}x_n = b_n$$

    显然，$x_1', \cdots, x_n'$ 满足该方程组。反之，如果 $x_1^*, \cdots, x_n^*$ 满足新的方程组，给方程 E_i 除去 λ 就可以看出 $x_1^*, \cdots, x_n^*$ 也满足方程组(6.1)。

    b. 新的方程组变为

$$E_1 : a_{11}x_1 + a_{12}x_2 + \cdots + a_{1n}x_n = b_1$$

$$\vdots$$

$$E_i : (a_{i1} + \lambda a_{j1})x_1 + (a_{i2} + \lambda a_{j2})x_2 + \cdots + (a_{in} + \lambda a_{jn})x_n = b_i + \lambda b_j$$

$$\vdots$$

$$E_n : a_{n1}x_1 + a_{n2}x_2 + \cdots + a_{nn}x_n = b_n$$

显然，可能除第 i 个方程外，$x_1', \cdots, x_n'$ 满足其他所有方程。给方程 E_j 乘以因子 λ 得到

$$\lambda a_{j1}x_1' + \lambda a_{j2}x_2' + \cdots + \lambda a_{jn}x_n' = \lambda b_j$$

该方程减去新方程组中的方程 E_i 就得到方程组(6.1)中的对应方程。因此，$x_1', \cdots, x_n'$ 满足新方程组。反之，如果 $x_1^*, \cdots, x_n^*$ 是新方程组的一个解，则可能除第 E_j 个方程外，它满足方程组(6.1)的所有其他方程。给新方程组的方程 E_j 乘以 $-\lambda$ 得到方程

$$-\lambda a_{j1}x_1^* - \lambda a_{j2}x_2^* - \cdots - \lambda a_{jn}x_n^* = -\lambda b_j$$

把它加到新方程组的方程 E_i 上就得到方程组(6.1)的方程 E_i。于是，$x_1^*, \cdots, x_n^*$ 也是方程组(6.1)的一个解。

c. 新方程组和旧方程组满足相同的解，因此它们有相同的解集。

15. 用 Gauss-Jordan 方法求得的解如下：

    a. $x_1 = 0.98, x_2 = -0.98, x_3 = 2.9$　　　　b. $x_1 = 1.1, x_2 = -1.0, x_3 = 2.9$

17. b. 该习题的解答列于下表(缩写 M/D 和 A/S 分别表示乘法/除法和加法/减法)。

	Gaussian 消去法		Gauss-Jordan 方法	
n	M/D	A/S	M/D	A/S
3	17	11	21	12
10	430	375	595	495
50	44150	42875	64975	62475
100	343300	338250	509950	499950

19. 用 Gauss 消去-Gauss-Jordan 混合方法求得的解如下：

    a. $x_1 = 1.0, x_2 = -0.98, x_3 = 2.9$　　　　b. $x_1 = 1.0, x_2 = -1.0, x_3 = 2.9$

习题 6.2

1. a. 无。　　b. 交换第 2 行和第 3 行　　c. 无　　　　d. 交换第 1 行和第 2 行

3. a. 交换第 1 行和第 2 行　　　　b. 交换第 1 行和第 3 行

    c. 先交换第 1 行和第 2 行, 再交换第 2 行和第 3 行　　d. 交换第 1 行和第 2 行

5. a. 先交换第 1 行和第 3 行, 再交换第 2 行和第 3 行

    b. 交换第 2 行和第 3 行

    c. 交换第 2 行和第 3 行

    d. 先交换第 1 行和第 3 行, 再交换第 2 行和第 3 行

7. a. 先交换第 1 行和第 2 行、第 1 列和第 3 列, 再交换第 2 行和第 3 行、第 2 列和第 3 列

    b. 先交换第 1 行和第 2 行、第 1 列和第 3 列, 再交换第 2 行和第 3 行

    c. 先交换第 1 行和第 2 行、第 1 列和第 3 列, 再交换第 2 行和第 3 行

    d. 先交换第 1 行和第 2 行、第 1 列和第 2 列, 再交换第 2 行和第 3 行、第 2 列和第 3 列

9. 用 Gauss 消去法和三位截断算术求得的结果如下。

    a. $x_1 = 30.0, x_2 = 0.990$　　　　　　b. $x_1 = 0.00, x_2 = 10.0, x_3 = 0.142$

c. $x_1 = 0.206, x_2 = 0.0154, x_3 = -0.0156, x_4 = -0.716$ d. $x_1 = 0.828, x_2 = -3.32, x_3 = 0.153, x_4 = 4.91$

11. 用 Gauss 消去法和三位舍入算术求得的结果如下。

    a. $x_1 = -10.0, x_2 = 1.01$ b. $x_1 = 0.00, x_2 = 10.0, x_3 = 0.143$

    c. $x_1 = 0.185, x_2 = 0.0103, x_3 = -0.0200, x_4 = -1.12$ d. $x_1 = 0.799, x_2 = -3.12, x_3 = 0.151, x_4 = 4.56$

13. 用列主元的 Gauss 消去法和三位截断算术求得的结果如下。

    a. $x_1 = 10.0, x_2 = 1.00$ b. $x_1 = -0.163, x_2 = 9.98, x_3 = 0.142$

    c. $x_1 = 0.177, x_2 = -0.0072, x_3 = -0.0208, x_4 = -1.18$ d. $x_1 = 0.777, x_2 = -3.10, x_3 = 0.161, x_4 = 4.50$

15. 用列主元的 Gauss 消去法和三位舍入算术求得的结果如下。

    a. $x_1 = 10.0, x_2 = 1.00$ b. $x_1 = 0.00, x_2 = 10.0, x_3 = 0.143$

    c. $x_1 = 0.178, x_2 = 0.0127, x_3 = -0.0204, x_4 = -1.16$ d. $x_1 = 0.845, x_2 = -3.37, x_3 = 0.182, x_4 = 5.07$

17. 用标度化列主元的 Gauss 消去法和三位截断算术求得的结果如下。

    a. $x_1 = 10.0, x_2 = 1.00$ b. $x_1 = -0.163, x_2 = 9.98, x_3 = 0.142$

    c. $x_1 = 0.171, x_2 = 0.0102, x_3 = -0.0217, x_4 = -1.27$ d. $x_1 = 0.687, x_2 = -2.66, x_3 = 0.117, x_4 = 3.59$

19. 用标度化列主元的 Gauss 消去法和三位舍入算术求得的结果如下。

    a. $x_1 = 10.0, x_2 = 1.00$ b. $x_1 = 0.00, x_2 = 10.0, x_3 = 0.143$

    c. $x_1 = 0.180, x_2 = 0.0128, x_3 = -0.0200, x_4 = -1.13$ d. $x_1 = 0.783, x_2 = -3.12, x_3 = 0.147, x_4 = 4.53$

21. a. $x_1 = 9.98, x_2 = 1.00$ b. $x_1 = 0.0724, x_2 = 10.0, x_3 = 0.0952$

    c. $x_1 = 0.161, x_2 = 0.0125, x_3 = -0.0232, x_4 = -1.42$ d. $x_1 = 0.719, x_2 = -2.86, x_3 = 0.146, x_4 = 4.00$

23. a. $x_1 = 10.0, x_2 = 1.00$ b. $x_1 = 0.00, x_2 = 10.0, x_3 = 0.143$

    c. $x_1 = 0.179, x_2 = 0.0127, x_3 = -0.0203, x_4 = -1.15$ d. $x_1 = 0.874, x_2 = -3.49, x_3 = 0.192, x_4 = 5.33$

25. b. $i_1 = 2.43478 \text{ A}, i_2 = 4.53846 \text{ A}, i_3 = -0.23077 \text{ A}$

    c. $i_1 = 23.0 \text{ A}, i_2 = 6.54 \text{ A}, i_3 = 2.97 \text{ A}$

    d. 真实的 (c) $i_1 = 9.53 \text{ A}, i_2 = 6.56 \text{ A}, i_3 = 2.97 \text{ A}$。带主元 $i_1 = 9.52 \text{ A}, i_2 = 6.55 \text{ A}, i_3 = 2.97 \text{ A}$。

习题 6.3

1. a. $\begin{bmatrix} 4 \\ -18 \end{bmatrix}$ b. $\begin{bmatrix} 0 \\ 0 \end{bmatrix}$ c. $\begin{bmatrix} 4 \\ 3 \\ 7 \end{bmatrix}$ d. $\begin{bmatrix} 0 & 7 & -16 \end{bmatrix}$

3. a. $\begin{bmatrix} -4 & 10 \\ 1 & 15 \end{bmatrix}$ b. $\begin{bmatrix} 11 & 4 & -8 \\ 6 & 13 & -12 \end{bmatrix}$ c. $\begin{bmatrix} -1 & 5 & -3 \\ 3 & 4 & -11 \\ -6 & -7 & -4 \end{bmatrix}$ d. $\begin{bmatrix} -2 & 1 \\ -14 & 7 \\ 6 & 1 \end{bmatrix}$

5. a. 矩阵是奇异的   b. $\begin{bmatrix} -\frac{1}{4} & \frac{1}{4} & \frac{1}{4} \\ \frac{5}{8} & -\frac{1}{8} & -\frac{1}{8} \\ \frac{1}{8} & -\frac{5}{8} & \frac{3}{8} \end{bmatrix}$ c. 矩阵是奇异的   d. $\begin{bmatrix} \frac{1}{4} & 0 & 0 & 0 \\ -\frac{3}{14} & \frac{1}{7} & 0 & 0 \\ \frac{3}{28} & -\frac{11}{7} & 1 & 0 \\ -\frac{1}{2} & 1 & -1 & 1 \end{bmatrix}$

7. 在 (a) 和 (b) 中的线性方程组的解从左到右为

$$x_1 = 3, x_2 = -6, x_3 = -2, x_4 = -1 \text{ 和 } x_1 = x_2 = x_3 = x_4 = 1$$

9. 不，因为乘积 $A_{ij}B_{jk}$，$1 \le i, j, k \le 2$ 不能实现。

下面是充分必要条件。

a. 矩阵 A 的列数等于矩阵 B 的行数。

b. 矩阵 A 的竖直行数等于矩阵 B 的水平行数。

c. 矩阵 A 的竖直行数等于矩阵 B 的水平行数。

11. a. $A^2 = \begin{bmatrix} 0 & 2 & 0 \\ 0 & 0 & 3 \\ \frac{1}{6} & 0 & 0 \end{bmatrix}$, $A^3 = \begin{bmatrix} 1 & 0 & 0 \\ 0 & 1 & 0 \\ 0 & 0 & 1 \end{bmatrix}$, $A^4 = A$, $A^5 = A^2$, $A^6 = I, \cdots$

b.

	第1年	第2年	第3年	第4年
年龄组1	6000	36000	12000	6000
年龄组2	6000	3000	18000	6000
年龄组3	6000	2000	1000	6000

c. $$A^{-1} = \begin{bmatrix} 0 & 2 & 0 \\ 0 & 0 & 3 \\ \frac{1}{6} & 0 & 0 \end{bmatrix}$$

第 i,j 元素表示孕育一只年龄为 j 的甲虫需要年龄为 i 的甲虫的数量。

13. a. 假设 $\tilde{A}$ 和 $\hat{A}$ 都是 A 的逆，则有 $A\tilde{A} = \tilde{A}A = I$ 且 $A\hat{A} = \hat{A}A = I$，于是

$$\tilde{A} = \tilde{A}I = \tilde{A}(A\hat{A}) = (\tilde{A}A)\hat{A} = I\hat{A} = \hat{A}$$

b. 因为 $(AB)(B^{-1}A^{-1}) = A(BB^{-1})A^{-1} = AIA^{-1} = AA^{-1} = I$ 和 $(B^{-1}A^{-1})(AB) = B^{-1}(A^{-1}A)B = B^{-1}IB = B^{-1}B = I$，所以根据逆的唯一性得到 $(AB)^{-1} = B^{-1}A^{-1}$。

c. 因为 $A^{-1}A = AA^{-1} = I$，所以 A^{-1} 是非奇异的。又因为逆是唯一的，则有 $(A^{-1})^{-1} = A$。

15. a. 易知

$$\begin{bmatrix} 7 & 4 & 4 & 0 \\ -6 & -3 & -6 & 0 \\ 0 & 0 & 3 & 0 \\ 0 & 0 & 0 & 1 \end{bmatrix} \begin{bmatrix} 2(x_0 - x_1) + \alpha_0 + \alpha_1 \\ 3(x_1 - x_0) - \alpha_1 - 2\alpha_0 \\ \alpha_0 \\ x_0 \end{bmatrix} = \begin{bmatrix} 2(x_0 - x_1) + 3\alpha_0 + 3\alpha_1 \\ 3(x_1 - x_0) - 3\alpha_1 - 6\alpha_0 \\ 3\alpha_0 \\ x_0 \end{bmatrix}$$

b. $B = A^{-1} = \begin{bmatrix} -1 & -\frac{4}{3} & -\frac{4}{3} & 0 \\ 2 & \frac{7}{3} & 2 & 0 \\ 0 & 0 & \frac{1}{3} & 0 \\ 0 & 0 & 0 & 1 \end{bmatrix}$

17. 答案和习题 5 的一样。

习题 6.4

1. 矩阵的行列式为：

   a. -8 b. 14 c. 0 d. 3

3. 答案和习题 1 的一样。

5. $\alpha = -\frac{2}{3}$ 和 $\alpha = 2$

7. $\alpha = -5$

9. a. $\bar{x} = x_1 + \mathrm{i}x_2 = re^{\mathrm{i}\alpha}$，其中 $r = \sqrt{x_1^2 + x_2^2}$, $\alpha = \arctan\frac{x_2}{x_1}$。于是

$$R_\theta \bar{x} = \begin{bmatrix} \cos\theta & -\sin\theta \\ \sin\theta & \cos\theta \end{bmatrix} \begin{bmatrix} x_1 \\ x_2 \end{bmatrix} = \begin{bmatrix} x_1\cos\theta - x_2\sin\theta \\ x_1\sin\theta + x_2\cos\theta \end{bmatrix}$$。但是

$$\bar{y} = re^{\mathrm{i}(\alpha+\theta)} = r(\cos(\alpha+\theta) + \mathrm{i}\sin(\alpha+\theta)) = (x_1\cos\theta - x_2\sin\theta) + \mathrm{i}(x_2\cos\theta - x_1\sin\theta) = y_1 + \mathrm{i}y_2,$$

且 $\bar{y} = R_0\bar{x}$

b. $R_\theta^{-1} = \begin{bmatrix} \cos\theta & -\sin\theta \\ \sin\theta & \cos\theta \end{bmatrix}^{-1} = R_{-\theta}$

c. $R_{\frac{\pi}{6}} \bar{x} = \begin{bmatrix} \dfrac{1}{2}\sqrt{3}-1 \\ \sqrt{3}+\dfrac{1}{2} \end{bmatrix}$ 和 $R_{-\frac{\pi}{6}} \bar{x} = \begin{bmatrix} \dfrac{1}{2}\sqrt{3}+1 \\ \sqrt{3}-\dfrac{1}{2} \end{bmatrix}$

d. $\det R_\theta = \det R_\theta^{-1} = 1$

11. a. $\det A = 0$

　　b. 如果 $\det A \neq 0$，则方程组有唯一解 $(0,0,0,0)^t$，该解无意义。

　　c. $x_1 = \dfrac{1}{2}x_4$，$x_2 = x_4$，$x_3 = \dfrac{1}{2}x_4$，x_4 是任意正偶整数。

13. 设

$$A = \begin{bmatrix} a_{11} & a_{12} & a_{13} \\ a_{21} & a_{22} & a_{23} \\ a_{31} & a_{32} & a_{33} \end{bmatrix} \quad 和 \quad \tilde{A} = \begin{bmatrix} a_{21} & a_{22} & a_{23} \\ a_{11} & a_{12} & a_{13} \\ a_{31} & a_{32} & a_{33} \end{bmatrix}$$

沿第三列展开得到

$$\det A = a_{31} \det \begin{bmatrix} a_{12} & a_{13} \\ a_{22} & a_{23} \end{bmatrix} - a_{32} \det \begin{bmatrix} a_{11} & a_{13} \\ a_{21} & a_{23} \end{bmatrix} + a_{33} \det \begin{bmatrix} a_{11} & a_{12} \\ a_{21} & a_{22} \end{bmatrix}$$

$$= a_{31}(a_{12}a_{23} - a_{13}a_{22}) - a_{32}(a_{11}a_{23} - a_{13}a_{21}) + a_{33}(a_{11}a_{22} - a_{12}a_{21})$$

和

$$\det \tilde{A} = a_{31} \det \begin{bmatrix} a_{22} & a_{23} \\ a_{12} & a_{13} \end{bmatrix} - a_{32} \det \begin{bmatrix} a_{21} & a_{23} \\ a_{11} & a_{13} \end{bmatrix} + a_{33} \det \begin{bmatrix} a_{21} & a_{22} \\ a_{11} & a_{12} \end{bmatrix}$$

$$= a_{31}(a_{13}a_{22} - a_{12}a_{23}) - a_{32}(a_{13}a_{21} - a_{11}a_{23}) + a_{33}(a_{12}a_{21} - a_{11}a_{22}) = -\det A$$

其他两种情形类似。

15. a. 解是 $x_1 = 0$，$x_2 = 10$ 和 $x_3 = 26$。

　　b. 因为 $D_1 = -1$，$D_2 = 3$，$D_3 = 7$ 和 $D = 0$，所以方程组无解。

　　c. 因为 $D_1 = D_2 = D_3 = D = 0$，所以方程组有无穷多解。

　　d. Cramer 法则需要 39 次乘法/除法和 20 次加法/减法运算。

习题 6.5

1. a. $x_1 = -3, x_2 = 3, x_3 = 1$　　　　　　b. $x_1 = \frac{1}{2}, x_2 = -\frac{9}{2}, x_3 = \frac{7}{2}$

3. a. $P = \begin{bmatrix} 1 & 0 & 0 \\ 0 & 0 & 1 \\ 0 & 1 & 0 \end{bmatrix}$　b. $P = \begin{bmatrix} 0 & 1 & 0 \\ 1 & 0 & 0 \\ 0 & 0 & 1 \end{bmatrix}$　c. $P = \begin{bmatrix} 1 & 0 & 0 & 0 \\ 0 & 0 & 1 & 0 \\ 0 & 1 & 0 & 0 \\ 0 & 0 & 0 & 1 \end{bmatrix}$　d. $P = \begin{bmatrix} 0 & 0 & 1 & 0 \\ 0 & 1 & 0 & 0 \\ 0 & 0 & 0 & 1 \\ 1 & 0 & 0 & 0 \end{bmatrix}$

5. a. $L = \begin{bmatrix} 1 & 0 & 0 \\ 1.5 & 1 & 0 \\ 1.5 & 1 & 1 \end{bmatrix}$ 和 $U = \begin{bmatrix} 2 & -1 & 1 \\ 0 & 4.5 & 7.5 \\ 0 & 0 & -4 \end{bmatrix}$

　　b. $L = \begin{bmatrix} 1 & 0 & 0 \\ -2.106719 & 1 & 0 \\ 3.067193 & 1.197756 & 1 \end{bmatrix}$ 和 $U = \begin{bmatrix} 1.012 & -2.132 & 3.104 \\ 0 & -0.3955257 & -0.4737443 \\ 0 & 0 & -8.939141 \end{bmatrix}$

　　c. $L = \begin{bmatrix} 1 & 0 & 0 & 0 \\ 0.5 & 1 & 0 & 0 \\ 0 & -2 & 1 & 0 \\ 1 & -1.33333 & 2 & 1 \end{bmatrix}$ 和 $U = \begin{bmatrix} 2 & 0 & 0 & 0 \\ 0 & 1.5 & 0 & 0 \\ 0 & 0 & 0.5 & 0 \\ 0 & 0 & 0 & 1 \end{bmatrix}$

d. $L = \begin{bmatrix} 1 & 0 & 0 & 0 \\ -1.849190 & 1 & 0 & 0 \\ -0.4596433 & -0.2501219 & 1 & 0 \\ 2.768661 & -0.3079435 & -5.352283 & 1 \end{bmatrix}$ 和

$$U = \begin{bmatrix} 2.175600 & 4.023099 & -2.173199 & 5.196700 \\ 0 & 13.43947 & -4.018660 & 10.80698 \\ 0 & 0 & -0.8929510 & 5.091692 \\ 0 & 0 & 0 & 12.03614 \end{bmatrix}$$

7. a. $x_1 = 1, x_2 = 2, x_3 = -1$

b. $x_1 = 1, x_2 = 1, x_3 = 1$

c. $x_1 = 1.5, x_2 = 2, x_3 = -1.199998, x_4 = 3$

d. $x_1 = 2.939851, x_2 = 0.07067770, x_3 = 5.677735, x_4 = 4.379812$

9. a. $P^t LU = \begin{bmatrix} 0 & 1 & 0 \\ 1 & 0 & 0 \\ 0 & 0 & 1 \end{bmatrix} \begin{bmatrix} 1 & 0 & 0 \\ 0 & 1 & 0 \\ 0 & -\frac{1}{2} & 1 \end{bmatrix} \begin{bmatrix} 1 & 1 & -1 \\ 0 & 2 & 3 \\ 0 & 0 & \frac{5}{2} \end{bmatrix}$

b. $P^t LU = \begin{bmatrix} 1 & 0 & 0 \\ 0 & 0 & 1 \\ 0 & 1 & 0 \end{bmatrix} \begin{bmatrix} 1 & 0 & 0 \\ 2 & 1 & 0 \\ 1 & 0 & 1 \end{bmatrix} \begin{bmatrix} 1 & 2 & -1 \\ 0 & -5 & 6 \\ 0 & 0 & 4 \end{bmatrix}$

11. a. $A = PLU = \begin{bmatrix} 0 & 1 & 0 & 0 \\ 1 & 0 & 0 & 0 \\ 0 & 0 & 1 & 0 \\ 0 & 0 & 0 & 1 \end{bmatrix} \begin{bmatrix} 1 & 0 & 0 & 0 \\ 0 & 1 & 0 & 0 \\ 0 & 2 & 1 & 0 \\ 0 & 0 & -\frac{1}{4} & 1 \end{bmatrix} \begin{bmatrix} \frac{1}{2} & 0 & 0 & 0 \\ 0 & \frac{1}{8} & -\frac{1}{4} & \frac{1}{2} \\ 0 & 0 & -\frac{1}{2} & -1 \\ 0 & 0 & 0 & -\frac{1}{4} \end{bmatrix}$，初始种群数量

一定是 $(200, 200, 200, 200)^t$。

b. 初始种群数量一定是 $(200, 400, 800, -300)^t$。负元素意味着 1 年后的种群数量在每个年龄段上都不是 100 个雌性。

13. a. 为了计算 $P^t LU$，需要 $\frac{1}{3}n^3 - \frac{1}{3}n$ 次乘法/除法和 $\frac{1}{3}n^3 - \frac{1}{2}n^2 + \frac{1}{6}n$ 次加法/减法运算。

b. 如果 $\tilde{P}$ 只是将 P 进行简单的行交换而得来，则 $\det\tilde{P} = -\det P$。于是，如果 $\tilde{P}$ 是 P 通过 k 次行交换而得来的，则 $\tilde{P} = (-1)^k \det P$ 成立。

c. 与 (a) 相比额外只需 $n-1$ 次乘法运算。

d. 我们有 $\det A = -741$。分解因子和计算 $\det A$ 需要 75 次乘法/除法和 55 次加法/减法运算。

习题 6.6

1. a. 唯一的对称矩阵是 (a)　　　　　　　b. 所有矩阵都是非奇异的。

c. 矩阵 (a) 和 (b) 是严格对角占优的　　d. 唯一的正定矩阵是 (a)

3. a.

$$L = \begin{bmatrix} 1 & 0 & 0 \\ -\frac{1}{2} & 1 & 0 \\ 0 & -\frac{2}{3} & 1 \end{bmatrix}, \quad D = \begin{bmatrix} 2 & 0 & 0 \\ 0 & \frac{3}{2} & 0 \\ 0 & 0 & \frac{4}{3} \end{bmatrix}$$

b.

$$L = \begin{bmatrix} 1.0 & 0.0 & 0.0 & 0.0 \\ 0.25 & 1.0 & 0.0 & 0.0 \\ 0.25 & -0.45454545 & 1.0 & 0.0 \\ 0.25 & 0.27272727 & 0.076923077 & 1.0 \end{bmatrix}$$

$$D = \begin{bmatrix} 4.0 & 0.0 & 0.0 & 0.0 \\ 0.0 & 2.75 & 0.0 & 0.0 \\ 0.0 & 0.0 & 1.1818182 & 0.0 \\ 0.0 & 0.0 & 0.0 & 1.5384615 \end{bmatrix}$$

c.

$$L = \begin{bmatrix} 1.0 & 0.0 & 0.0 & 0.0 \\ 0.25 & 1.0 & 0.0 & 0.0 \\ -0.25 & -0.27272727 & 1.0 & 0.0 \\ 0.0 & 0.0 & 0.44 & 1.0 \end{bmatrix},$$

$$D = \begin{bmatrix} 4.0 & 0.0 & 0.0 & 0.0 \\ 0.0 & 2.75 & 0.0 & 0.0 \\ 0.0 & 0.0 & 4.5454545 & 0.0 \\ 0.0 & 0.0 & 0.0 & 3.12 \end{bmatrix}$$

d.

$$L = \begin{bmatrix} 1.0 & 0.0 & 0.0 & 0.0 \\ 0.33333333 & 1.0 & 0.0 & 0.0 \\ 0.16666667 & 0.2 & 1.0 & 0.0 \\ -0.16666667 & 0.1 & -0.24324324 & 1.0 \end{bmatrix},$$

$$D = \begin{bmatrix} 6.0 & 0.0 & 0.0 & 0.0 \\ 0.0 & 3.3333333 & 0.0 & 0.0 \\ 0.0 & 0.0 & 3.7 & 0.0 \\ 0.0 & 0.0 & 0.0 & 2.5810811 \end{bmatrix}$$

5. 用 Choleski 算法计算的结果如下:

a. $L = \begin{bmatrix} 1.414213 & 0 & 0 \\ -0.7071069 & 1.224743 & 0 \\ 0 & -0.8164972 & 1.154699 \end{bmatrix}$

b. $L = \begin{bmatrix} 2 & 0 & 0 & 0 \\ 0.5 & 1.658311 & 0 & 0 \\ 0.5 & -0.7537785 & 1.087113 & 0 \\ 0.5 & 0.4522671 & 0.08362442 & 1.240346 \end{bmatrix}$

c. $L = \begin{bmatrix} 2 & 0 & 0 & 0 \\ 0.5 & 1.658311 & 0 & 0 \\ -0.5 & -0.4522671 & 2.132006 & 0 \\ 0 & 0 & 0.9380833 & 1.766351 \end{bmatrix}$

d. $L = \begin{bmatrix} 2.449489 & 0 & 0 & 0 \\ 0.8164966 & 1.825741 & 0 & 0 \\ 0.4082483 & 0.3651483 & 1.923538 & 0 \\ -0.4082483 & 0.1825741 & -0.4678876 & 1.606574 \end{bmatrix}$

7. 用改进的分解算法计算的结果如下:

a. $x_1 = 1, x_2 = -1, x_3 = 0$

b. $x_1 = 0.2, x_2 = -0.2, x_3 = -0.2, x_4 = 0.25$

c. $x_1 = 1, x_2 = 2, x_3 = -1, x_4 = 2$

d. $x_1 = -0.8586387, x_2 = 2.418848, x_3 = -0.9581152, x_4 = -1.272251$

9. 用改进的 Choleski 算法计算的结果如下：

    a. $x_1 = 1, x_2 = -1, x_3 = 0$

    b. $x_1 = 0.2, x_2 = -0.2, x_3 = -0.2, x_4 = 0.25$

    c. $x_1 = 1, x_2 = 2, x_3 = -1, x_4 = 2$

    d. $x_1 = -0.85863874, x_2 = 2.4188482, x_3 = -0.95811518, x_4 = -1.2722513$

11. 用 Crout 分解算法计算的结果如下：

    a. $x_1 = 0.5, x_2 = 0.5, x_3 = 1$

    b. $x_1 = -0.9999995, x_2 = 1.999999, x_3 = 1$

    c. $x_1 = 1, x_2 = -1, x_3 = 0$

    d. $x_1 = -0.09357798, x_2 = 1.587156, x_3 = -1.167431, x_4 = 0.5412844$

13. 结果为：$x_i = 1$，$i = 1, \cdots, 10$。

15. 只有 (d) 中的矩阵是正定的。

17. $-2 < \alpha < \dfrac{3}{2}$

19. $0 < \beta < 1$ 和 $3 < \alpha < 5 - \beta$

21. a. 因为 $\det A = 3\alpha - 2\beta$，所以 A 是奇异的充要条件是 $\alpha = 2\beta/3$。

    b. $|\alpha| > 1, |\beta| < 1$

    c. $\beta = 1$

    d. $\alpha > \dfrac{2}{3}, \beta = 1$

23. $i_1 = 0.6785047, i_2 = 0.4214953, i_3 = 0.2570093, i_4 = 0.1542056, i_5 = 0.1028037$

25. a. 不是。例如，考虑 $\begin{bmatrix} 1 & 0 \\ 0 & 1 \end{bmatrix}$。

    b. 是的，因为 $A = A^t$。

    c. 是的，因为 $\mathbf{x}^t(A+B)\mathbf{x} = \mathbf{x}^t A\mathbf{x} + \mathbf{x}^t B\mathbf{x}$。

    d. 是的，因为 $\mathbf{x}^t A^2 \mathbf{x} = \mathbf{x}^t A^t A\mathbf{x} = (A\mathbf{x})^t(A\mathbf{x}) \geqslant 0$，且 A 是非奇异的，所以等式只有当 $\mathbf{x} = 0$ 时成立。

    e. 不是。例如，考虑 $A = \begin{bmatrix} 1 & 0 \\ 0 & 1 \end{bmatrix}$ 和 $B = \begin{bmatrix} 10 & 0 \\ 0 & 10 \end{bmatrix}$。

27. 一个例子是 $A = \begin{bmatrix} 1.0 & 0.2 \\ 0.1 & 1.0 \end{bmatrix}$。

29. Crout 分解算法可被重写为：

    Step 1   Set $l_1 = a_1$; $u_1 = c_1/l_1$。

    Step 2   For $i = 2, \cdots, n-1$ set $l_i = a_i - b_i u_{i-1}$; $u_i = c_i/l_i$。

    Step 3   Set $l_n = a_n - b_n u_{n-1}$。

    Step 4   Set $z_1 = d_1/l_1$。

    Step 5   For $i = 2, \cdots, n$ set $z_i = (d_i - b_i z_{i-1})/l_i$。

    Step 6   Set $x_n = z_n$。

    Step 7   For $i = n-1, \cdots, 1$ set $x_i = z_i - u_i x_{i+1}$。

    Step 8   OUTPUT $(x_1, \cdots, x_n)$;

                      STOP。

31. Crout 分解算法需要 $5n-4$ 次乘法/除法和 $3n-3$ 次加法/减法运算。

习题 7.1

1. a. 我们有 $\|\mathbf{x}\|_{\infty} = 4$ 和 $\|\mathbf{x}\|_2 = 5.220153$。

   b. 我们有 $\|\mathbf{x}\|_{\infty} = 4$ 和 $\|\mathbf{x}\|_2 = 5.477226$。

   c. 我们有 $\|\mathbf{x}\|_{\infty} = 2^k$ 和 $\|\mathbf{x}\|_2 = (1+4^k)^{1/2}$。

   d. 我们有 $\|\mathbf{x}\|_{\infty} = 4/(k+1)$ 和 $\|\mathbf{x}\|_2 = (16/(k+1)^2 + 4/k^4 + k^4 e^{-2k})^{1/2}$。

3. a. 我们有 $\lim_{k\to\infty} \mathbf{x}^{(k)} = (0,0,0)^t$。

   b. 我们有 $\lim_{k\to\infty} \mathbf{x}^{(k)} = (0,1,3)^t$。

   c. 我们有 $\lim_{k\to\infty} \mathbf{x}^{(k)} = \left(0,0,\dfrac{1}{2}\right)^t$。

   d. 我们有 $\lim_{k\to\infty} \mathbf{x}^{(k)} = (1,-1,1)^t$。

5. 可计算得到 l_{∞} 范数如下：

   a. 25　　　　　　　　b. 16　　　　　　　　c. 4　　　　　　　　d. 12

7. a. 我们有 $\| \mathbf{x} - \hat{\mathbf{x}} \|_{\infty} = 8.57 \times 10^{-4}$ 和 $\| A\hat{\mathbf{x}} - \mathbf{b} \|_{\infty} = 2.06 \times 10^{-4}$。

   b. 我们有 $\| \mathbf{x} - \hat{\mathbf{x}} \|_{\infty} = 0.90$ 和 $\| A\hat{\mathbf{x}} - \mathbf{b} \|_{\infty} = 0.27$。

   c. 我们有 $\| \mathbf{x} - \hat{\mathbf{x}} \|_{\infty} = 0.5$ 和 $\| A\hat{\mathbf{x}} - \mathbf{b} \|_{\infty} = 0.3$。

   d. 我们有 $\| \mathbf{x} - \hat{\mathbf{x}} \|_{\infty} = 6.55 \times 10^{-2}$ 和 $\| A\hat{\mathbf{x}} - \mathbf{b} \|_{\infty} = 0.32$。

9. a. 因为 $\| \mathbf{x} \|_1 = \sum_{i=1}^{n} |x_i| \geqslant 0$，其中等式当且仅当 $x_i = 0$ 时成立，所以定义 7.1 中的性质 (i) 和 (ii) 成立。另外，

$$\|\alpha \mathbf{x}\|_1 = \sum_{i=1}^{n} |\alpha x_i| = \sum_{i=1}^{n} |\alpha||x_i| = |\alpha| \sum_{i=1}^{n} |x_i| = |\alpha| \|\mathbf{x}\|_1$$

所以性质 (iii) 成立。

最后，

$$\|\mathbf{x} + \mathbf{y}\|_1 = \sum_{i=1}^{n} |x_i + y_i| \leqslant \sum_{i=1}^{n} (|x_i| + |y_i|) = \sum_{i=1}^{n} |x_i| + \sum_{i=1}^{n} |y_i| = \|\mathbf{x}\|_1 + \|\mathbf{y}\|_1$$

故性质 (iv) 也成立。

   b. (1a) 8.5　　　(1b) 10　　　(1c) $|\sin k| + |\cos k| + e^k$　　　(1d) $4/(k+1) + 2/k^2 + k^2 e^{-k}$

   c. 我们知道

$$\|\mathbf{x}\|_1^2 = \left(\sum_{i=1}^{n} |x_i|\right)^2 = (|x_1| + |x_2| + \cdots + |x_n|)^2$$

$$\geqslant |x_1|^2 + |x_2|^2 + \cdots + |x_n|^2 = \sum_{i=1}^{n} |x_i|^2 = \|\mathbf{x}\|_2^2$$

于是，$\| \mathbf{x} \|_1 \geqslant \| \mathbf{x} \|_2$。

11. 令 $A = \begin{bmatrix} 1 & 1 \\ 0 & 1 \end{bmatrix}$ 且 $B = \begin{bmatrix} 1 & 0 \\ 1 & 1 \end{bmatrix}$。于是 $\|AB\|_{\otimes} = 2$，但 $\|A\|_{\otimes} \cdot \|B\|_{\otimes} = 1$。

13. b. 我们有

   5a. $\|A\|_F = \sqrt{326}$

   5b. $\|A\|_F = \sqrt{326}$

   5c. $\|A\|_F = 4$

   5d. $\|A\|_F = \sqrt{148}$

15. 结论 $\|\mathbf{x}\| \geqslant 0$ 容易证明。而当且仅当 $\|\mathbf{x}\| = 0$ 时 $\mathbf{x} = \mathbf{0}$ 成立可由正定的定义得到。另外，

$$\|\alpha\mathbf{x}\| = \left[(\alpha\mathbf{x}^t)\,S(\alpha\mathbf{x})\right]^{\frac{1}{2}} = \left[\alpha^2\mathbf{x}^t S\mathbf{x}\right]^{\frac{1}{2}} = |\alpha|\,(\mathbf{x}^t S\mathbf{x})^{\frac{1}{2}} = |\alpha|\|\mathbf{x}\|$$

考虑 Cholesky 分解，设 $S = LL^t$，则

$$\mathbf{x}^t S\mathbf{y} = \mathbf{x}^t LL^t\mathbf{y} = \left(L^t\mathbf{x}\right)^t\left(L^t\mathbf{y}\right)$$

$$\leqslant \left[\left(L^t\mathbf{x}\right)^t\left(L^t\mathbf{x}\right)\right]^{1/2}\left[\left(L^t\mathbf{y}\right)^t\left(L^t\mathbf{y}\right)\right]^{1/2}$$

$$= \left(\mathbf{x}^t LL^t\mathbf{x}\right)^{1/2}\left(\mathbf{y}^t LL^t\mathbf{y}\right)^{1/2} = \left(\mathbf{x}^t S\mathbf{x}\right)^{1/2}\left(\mathbf{y}^t S\mathbf{y}\right)^{1/2}$$

于是

$$\|\mathbf{x} + \mathbf{y}\|^2 = \left[(\mathbf{x}+\mathbf{y})^t\,S\,(\mathbf{x}+\mathbf{y})\right] = \left[\mathbf{x}^t S\mathbf{x} + \mathbf{y}^t S\mathbf{x} + \mathbf{x}^t S\mathbf{y} + \mathbf{y}^t S\mathbf{y}\right]$$

$$\leqslant \mathbf{x}^t S\mathbf{x} + 2\left(\mathbf{x}^t S\mathbf{x}\right)^{1/2}\left(\mathbf{y}^t S\mathbf{y}\right)^{1/2} + \left(\mathbf{y}^t S\mathbf{y}\right)^{1/2}$$

$$= \mathbf{x}^t S\mathbf{x} + 2\|\mathbf{x}\|\|\mathbf{y}\| + \mathbf{y}^t S\mathbf{y} = (\|\mathbf{x}\| + \|\mathbf{y}\|)^2$$

这样就证明了定义中的性质 (i) ~ (iv)。

17. 证明 (i) 成立并不困难。如果 $\|A\| = 0$，则 $\|A\mathbf{x}\| = 0$ 对所有满足 $\|\mathbf{x}\| = 1$ 的向量 $\mathbf{x}$ 成立。相继使用 $\mathbf{x} = (1,0,\cdots,0)^t$，$\mathbf{x} = (0,1,0,\cdots,0)^t$，$\cdots$，$\mathbf{x} = (0,\cdots,0,1)^t$，可推出 A 的每一列都是零。从而得到：$\|A\| = 0$，当且仅当 $A = 0$。进一步，因为

$$\|\alpha A\| = \max_{\|\mathbf{x}\|=1}\|(\alpha A\mathbf{x})\| = |\alpha|\max_{\|\mathbf{x}\|=1}\|A\mathbf{x}\| = |\alpha|\cdot\|A\|$$

$$\|A + B\| = \max_{\|\mathbf{x}\|=1}\|(A+B)\mathbf{x}\| \leqslant \max_{\|\mathbf{x}\|=1}(\|A\mathbf{x}\| + \|B\mathbf{x}\|)$$

所以

$$\|A + B\| \leqslant \max_{\|\mathbf{x}\|=1}\|A\mathbf{x}\| + \max_{\|\mathbf{x}\|=1}\|B\mathbf{x}\| = \|A\| + \|B\|$$

且

$$\|AB\| = \max_{\|\mathbf{x}\|=1}\|(AB)\mathbf{x}\| = \max_{\|\mathbf{x}\|=1}\|A(B\mathbf{x})\|$$

从而有

$$\|AB\| \leqslant \max_{\|\mathbf{x}\|=1}\|A\|\,\|B\mathbf{x}\| = \|A\|\max_{\|\mathbf{x}\|=1}\|B\mathbf{x}\| = \|A\|\,\|B\|$$

19. 首先注意到：如果将 $\mathbf{x}$ 替换为任何满足 $|x_i| = |\hat{x}_i|$ 的向量 $\hat{\mathbf{x}}$，其中 $i = 1, 2, \cdots, n$，不等式的右边并不改变。于是选择新的向量 $\hat{\mathbf{x}}$，使得对每个 i，$\hat{x}_i, y_i \geqslant 0$ 成立，然后将不等式用于 $\hat{\mathbf{x}}$ 和 $\mathbf{y}$。

习题 7.2

1. a. 属于特征值 $\lambda_1 = 3$ 的一个特征向量为 $\mathbf{x}_1 = (1, -1)^t$，属于特征值 $\lambda_2 = 1$ 的一个特征向量为 $\mathbf{x}_2 = (1, 1)^t$。

   b. 属于特征值 $\lambda_1 = \dfrac{1+\sqrt{5}}{2}$ 的一个特征向量为 $\mathbf{x} = \left(1, \dfrac{1+\sqrt{5}}{2}\right)^t$，属于特征值 $\lambda_2 = \dfrac{1-\sqrt{5}}{2}$ 的一个特征向量为 $\mathbf{x} = \left(1, \dfrac{1-\sqrt{5}}{2}\right)^t$。

   c. 属于特征值 $\lambda_1 = \dfrac{1}{2}$ 的一个特征向量为 $\mathbf{x}_1 = (1, 1)^t$，属于特征值 $\lambda_1 = -\dfrac{1}{2}$ 的一个特征向量为 $\mathbf{x}_2 = (1, -1)^t$。

   d. 属于特征值 $\lambda_1 = \lambda_2 = 3$ 的特征向量为 $\mathbf{x}_1 = (0, 0, 1)^t$ 和 $\mathbf{x}_2 = (1, 1, 0)^t$，属于特征值 $\lambda_3 = 1$ 的一个特征向量为 $\mathbf{x}_3 = (-1, 1, 0)^t$。

e. 属于特征值 $\lambda_1 = 7$ 的一个特征向量为 $\mathbf{x}_1 = (1, 4, 4)^t$，属于特征值 $\lambda_2 = 3$ 的一个特征向量为 $\mathbf{x}_2 = (1, 2, 0)^t$，属于特征值 $\lambda_3 = -1$ 的一个特征向量为 $\mathbf{x}_3 = (1, 0, 0)^t$。

f. 属于特征值 $\lambda_1 = 5$ 的一个特征向量为 $\mathbf{x}_1 = (1, 2, 1)^t$，属于特征值 $\lambda_2 = \lambda_3 = 1$ 的特征向量为 $\mathbf{x}_2 = (-1, 0, 1)^t$ 和 $\mathbf{x}_3 = (-1, 1, 0)^t$。

3. a. 属于特征值 $\lambda_1 = 2 + \sqrt{2}\mathrm{i}$ 和 $\lambda_2 = 2 - \sqrt{2}\mathrm{i}$ 的特征向量分别为 $\mathbf{x}_1 = (-\sqrt{2}\mathrm{i}, 1)^t$ 和 $\mathbf{x}_2 = (\sqrt{2}\mathrm{i}, 1)^t$。

b. 属于特征值 $\lambda_1 = (3 + \sqrt{7}\mathrm{i})/2$ 和 $\lambda_2 = (3 - \sqrt{7}\mathrm{i})/2$ 的特征向量分别为 $\mathbf{x}_1 = ((1 - \sqrt{7}\mathrm{i})/2, 1)^t$ 和 $\mathbf{x}_2 = ((1 + \sqrt{7}\mathrm{i})/2, 1)^t$。

5. a. 3   b. $\dfrac{1 + \sqrt{5}}{2}$ c. $\dfrac{1}{2}$ d. 3   e. 7   f. 5

7. 只有 1(c) 中的矩阵是收敛的。

9. a. 3   b. 1.618034   c. 0.5   d. 3   e. 8.224257   f. 5.203527

11. 因为

$$A_1^k = \begin{bmatrix} 1 & 0 \\ \frac{2^k - 1}{2^{k+1}} & 2^{-k} \end{bmatrix}, \quad \text{所以有} \lim_{k \to \infty} A_1^k = \begin{bmatrix} 1 & 0 \\ \frac{1}{2} & 0 \end{bmatrix}。$$

又因为

$$A_2^k = \begin{bmatrix} 2^{-k} & 0 \\ \frac{16k}{2^{k-1}} & 2^{-k} \end{bmatrix}, \quad \text{所以有} \lim_{k \to \infty} A_2^k = \begin{bmatrix} 0 & 0 \\ 0 & 0 \end{bmatrix}。$$

13. a. 我们有实特征值 $\lambda = 1$，其特征向量为 $\mathbf{x} = (6, 3, 1)^t$。

b. 选择向量 $(6, 3, 1)^t$ 的任意倍数。

15. 设 A 是一个 $n \times n$ 矩阵。按照第一行展开得到特征多项式为

$$p(\lambda) = \det(A - \lambda I) = (a_{11} - \lambda)M_{11} + \sum_{j=2}^{n} (-1)^{j+1} a_{1j} M_{1j}$$

行列式 M_{1j} 有如下形式：

$$M_{1j} = \det \begin{bmatrix} a_{21} & a_{22} - \lambda & \cdots & a_{2,j-1} & a_{2,j+1} & \cdots & a_{2n} \\ a_{31} & a_{32} & & a_{3,j-1} & a_{3,j+1} & \cdots & a_{3n} \\ \vdots & \vdots & \ddots & \vdots & \vdots & \ddots & \vdots \\ a_{j-1,1} & a_{j-1,2} & \cdots & a_{j-1,j-1} - \lambda & a_{j-1,j+1} & \cdots & a_{j-1,n} \\ a_{j,1} & a_{j,2} & & a_{j,j-1} & a_{j,j+1} & & a_{j,n} \\ a_{j+1,1} & a_{j+1,2} & & a_{j+1,j-1} & a_{j+1,j+1} - \lambda & \cdots & a_{j+1,n} \\ \vdots & \vdots & \ddots & \vdots & \vdots & \ddots & \vdots \\ a_{n1} & a_{n2} & \cdots & a_{n,j-1} & a_{n,j+1} & \cdots & a_{nn} - \lambda \end{bmatrix}, \quad j = 2, \cdots, n$$

注意到每个 M_{1j} 有 $n - 2$ 个形如 $a_{ii} - \lambda$ 的元素，故

$$p(\lambda) = \det(A - \lambda I) = (a_{11} - \lambda) M_{11} + [\text{次数小于等于 } n - 2 \text{ 的项}]$$

因为

$$M_{11} = \det \begin{bmatrix} a_{22} - \lambda & a_{23} & \cdots & \cdots & a_{2n} \\ a_{32} & a_{33} - \lambda & \ddots & & \vdots \\ \vdots & \ddots & \ddots & \ddots & \vdots \\ \vdots & & \ddots & \ddots & a_{n-1,n} \\ a_{n2} & \cdots & \cdots & a_{n,n-1} & a_{nn} - \lambda \end{bmatrix}$$

和 $\det(A - \lambda I)$ 有相同的形式，于是不断重复应用上述过程就得到

$$p(\lambda) = (a_{11} - \lambda)(a_{22} - \lambda)\cdots(a_{nn} - \lambda) + \{\text{关于}\lambda\text{的次数小于等于}n{-}2\text{ 的项}\}$$

从而，$p(\lambda)$ 是一个 n 次多项式。

17. a. $\det(A - \lambda I) = \det((A - \lambda I)^t) = \det(A^t - \lambda I)$

b. 如果 $A\mathbf{x} = \lambda\mathbf{x}$，则 $A^2\mathbf{x} = \lambda A\mathbf{x} = \lambda^2\mathbf{x}$，利用归纳法可得出 $A^k\mathbf{x} = \lambda^k\mathbf{x}$。

c. 如果 $A\mathbf{x} = \lambda\mathbf{x}$ 且 A^{-1} 存在，则 $\mathbf{x} = \lambda A^{-1}\mathbf{x}$。利用习题 16(b)，因为 $\lambda \neq 0$，所以 $\dfrac{1}{\lambda}\mathbf{x} = A^{-1}\mathbf{x}$。

d. 因为 $A^{-1}\mathbf{x} = \dfrac{1}{\lambda}\mathbf{x}$，所以有 $(A^{-1})^2\mathbf{x} = \dfrac{1}{\lambda}A^{-1}\mathbf{x} = \dfrac{1}{\lambda^2}\mathbf{x}$。利用数学归纳法可得

$$(A^{-1})^k\mathbf{x} = \frac{1}{\lambda^k}\mathbf{x}$$

e. 如果 $A\mathbf{x} = \lambda\mathbf{x}$，则

$$q(A)\mathbf{x} = q_0\mathbf{x} + q_1 A\mathbf{x} + \cdots + q_k A^k\mathbf{x} = q_0\mathbf{x} + q_1\lambda\mathbf{x} + \cdots + q_k\lambda^k\mathbf{x} = q(\lambda)\mathbf{x}$$

f. 设 $A - \alpha I$ 非奇异。因为 $A\mathbf{x} = \lambda\mathbf{x}$，

$$(A - \alpha I)\mathbf{x} = A\mathbf{x} - \alpha I\mathbf{x} = \lambda\mathbf{x} - \alpha\mathbf{x} = (\lambda - \alpha)\mathbf{x}$$

所以

$$\frac{1}{\lambda - \alpha}\mathbf{x} = (A - \alpha I)^{-1}\mathbf{x}$$

19. 考虑

$$A = \begin{bmatrix} 1 & 1 \\ 0 & 1 \end{bmatrix} \quad \text{和} \quad B = \begin{bmatrix} 1 & 0 \\ 1 & 1 \end{bmatrix}$$

此时有 $\rho(A) = \rho(B) = 1$ 和 $\rho(A + B) = 3$。

习题 7.3

1. 用 Jacobi 方法 2 次迭代可得到下面的结果。
   a. $(0.1428571, -0.3571429, 0.4285714)^t$
   b. $(0.97, 0.91, 0.74)^t$
   c. $(-0.65, 1.65, -0.4, -2.475)^t$
   d. $(1.325, -1.6, 1.6, 1.675, 2.425)^t$

3. 用 Gauss-Seidel 方法的 2 次迭代可得到下面的结果。
   a. $\mathbf{x}^{(2)} = (0.1111111, -0.2222222, 0.6190476)^t$
   b. $\mathbf{x}^{(2)} = (0.979, 0.9495, 0.7899)^t$
   c. $\mathbf{x}^{(2)} = (-0.5, 2.64, -0.336875, -2.267375)^t$
   d. $\mathbf{x}^{(2)} = (1.189063, -1.521354, 1.862396, 1.882526, 2.255645)^t$

5. 用 Jacobi 方法得到下面的结果。
   a. $\mathbf{x}^{(8)} = (0.0351008, -0.2366338, 0.6581273)^t$
   b. $\mathbf{x}^{(6)} = (0.9957250, 0.9577750, 0.7914500)^t$
   c. $\mathbf{x}^{(21)} = (-0.7971058, 2.7951707, -0.2593958, -2.2517930)^t$
   d. $\mathbf{x}^{(12)} = (0.7870883, -1.003036, 1.866048, 1.912449, 1.985707)^t$

7. 用 Gauss-Seidel 方法得到下面的结果。
    a. $\mathbf{x}^{(6)} = (0.03535107, -0.2367886, 0.6577590)^t$
    b. $\mathbf{x}^{(4)} = (0.9957475, 0.9578738, 0.7915748)^t$
    c. $\mathbf{x}^{(10)} = (-0.7973091, 2.794982, -0.2589884, -2.251798)^t$
    d. $\mathbf{x}^{(7)} = (0.7866825, -1.002719, 1.866283, 1.912562, 1.989790)^t$

9. a.
$$T_j = \begin{bmatrix} 0 & \frac{1}{2} & -\frac{1}{2} \\ -1 & 0 & -1 \\ \frac{1}{2} & \frac{1}{2} & 0 \end{bmatrix} \text{ 和 } \det(\lambda I - T_j) = \lambda^3 + \frac{5}{4}x$$

   于是，T_j 的特征值是 0 和 $\pm\frac{\sqrt{5}}{2}i$，所以 $\rho(T_j) = \frac{\sqrt{5}}{2} > 1$。

   b. $\mathbf{x}^{(25)} = (-20.827873, 2.0000000, -22.827873)^t$

   c.
$$T_g = \begin{bmatrix} 0 & \frac{1}{2} & -\frac{1}{2} \\ 0 & -\frac{1}{2} & -\frac{1}{2} \\ 0 & 0 & -\frac{1}{2} \end{bmatrix} \text{ 和 } \det(\lambda I - T_g) = \lambda \left(\lambda + \frac{1}{2}\right)^2$$

   于是，T_g 的特征值为 0，$-1/2$ 和 $-1/2$，所以有 $\rho(T_g) = 1/2$。

   d. $\mathbf{x}^{(23)} = (1.0000023, 1.9999975, -1.0000001)^t$ 关于 l_∞ 范数在 10^{-5} 之内。

11. a. A 不是严格对角占优的。

   b.
$$T_g = \begin{bmatrix} 0 & 0 & 1 \\ 0 & 0 & 0.75 \\ 0 & 0 & -0.625 \end{bmatrix} \text{ 和 } \rho(T_g) = 0.625$$

   c. 取初始 $\mathbf{x}^{(0)} = (0, 0, 0)^t$，$\mathbf{x}^{(13)} = (0.89751310, -0.80186518, 0.7015543)^t$。

   d. $\rho(T_g) = 1.375$。因为 T_g 是不收敛的，所以 Gauss-Seidel 方法不收敛。

13. 该习题的解答列在习题 7.4 的第 9 题中，其他的结果由 7.4 节的方法给出。

15. a. 方程组被重排使得所有的 $a_{ii} \neq 0$，$i = 1, 2, \cdots, 8$。

   b. (i) $F_1 \approx -0.00265$
       $F_2 \approx -6339.745$
       $F_3 \approx -3660.255$
       $f_1 \approx -8965.753$
       $f_2 \approx 6339.748$
       $f_3 \approx 10000$
       $f_4 \approx -7320.507$
       $f_5 \approx 6339.748$
       Jacobi 迭代方法需要 57 次迭代。

   (ii) $F_1 \approx -0.003621$
       $F_2 \approx -6339.745$
       $F_3 \approx -3660.253$
       $f_1 \approx -8965.756$
       $f_2 \approx 6339.745$
       $f_3 \approx 10000$
       $f_4 \approx -7320.509$
       $f_5 \approx 6339.747$

Gauss-Seidel 方法需要 30 次迭代。

17. 矩阵 $T_j = (t_{ik})$ 的元素由下式给出：

$$t_{ik} = \begin{cases} 0, & i = k, \text{ 若 } 1 \leqslant i \leqslant n \text{ 且 } 1 \leqslant k \leqslant n \\ -\dfrac{a_{ik}}{a_{ii}}, & i \neq k, \text{ 若 } 1 \leqslant i \leqslant n \text{ 且 } 1 \leqslant k \leqslant n \end{cases}$$

因为 A 是严格对角占优的，所以

$$\|T_j\|_\infty = \max_{1 \leqslant i \leqslant n} \sum_{\substack{k=1 \\ k \neq i}}^{n} \left| \frac{a_{ik}}{a_{ii}} \right| < 1$$

19. a. 因为 A 是正定的，$a_{ii} > 0$，$1 \leqslant i \leqslant n$，且 A 是对称的。所以 A 可以写成 $A = D - L - L^t$，其中 D 是对角的，且满足 $d_{ii} > 0$，L 是下三角的。下三角矩阵 $D - L$ 的对角线具有正元素 $d_{11} = a_{11}$，$d_{22} = a_{22}, \cdots, d_{nn} = a_{nn}$，因此 $(D-L)^{-1}$ 存在。

b. 因为 A 是对称的，则

$$P^t = \left(A - T_g^t A T_g \right)^t = A^t - T_g^t A^t T_g = A - T_g^t A T_g = P$$

所以 P 是对称的。

c. 因为 $T_g = (D-L)^{-1} L^t$，所以

$$(D-L)T_g = L^t = D - L - D + L + L^t = (D-L) - (D-L-L^t) = (D-L) - A$$

又因为 $(D-L)^{-1}$ 存在，从而有 $T_g = I - (D-L)^{-1} A$。

d. 因为 $Q = (D-L)^{-1} A$，所以有 $T_g = I - Q$。注意到 Q^{-1} 存在，由 P 的定义可知：

$$\begin{aligned} P &= A - T_g^t A T_g = A - \left[I - (D-L)^{-1} A \right]^t A \left[I - (D-L)^{-1} A \right] \\ &= A - [I - Q]^t A [I - Q] = A - (I - Q^t) A (I - Q) \\ &= A - (A - Q^t A)(I - Q) = A - (A - Q^t A - AQ + Q^t A Q) \\ &= Q^t A + AQ - Q^t A Q = Q^t \left[A + (Q^t)^{-1} AQ - AQ \right] \\ &= Q^t \left[AQ^{-1} + (Q^t)^{-1} A - A \right] Q \end{aligned}$$

e. 因为

$$AQ^{-1} = A \left[A^{-1}(D-L) \right] = D - L \text{ 和 } (Q^t)^{-1} A = D - L^t$$

我们有

$$AQ^{-1} + (Q^t)^{-1} A - A = D - L + D - L^t - (D - L - L^t) = D$$

于是

$$P = Q^t \left[AQ^{-1} + (Q^t)^{-1} A - A \right] Q = Q^t D Q$$

所以，对 $\mathbf{x} \in \mathbb{R}^n$，我们有 $\mathbf{x}^t P \mathbf{x} = \mathbf{x}^t Q^t D Q \mathbf{x} = (Q\mathbf{x})^t D (Q\mathbf{x})$。

由于 D 是正对角矩阵，$(Q\mathbf{x})^t D (Q\mathbf{x}) \geqslant 0$，除非 $Q\mathbf{x} = \mathbf{0}$。然而，Q 是非奇异的，所以 $Q\mathbf{x} = \mathbf{0}$ 当且仅当 $\mathbf{x} = \mathbf{0}$。因此 P 是正定的。

f. 设 λ 是 T_g 的一个特征值，其对应的特征向量是 $\mathbf{x} \neq \mathbf{0}$。因为 $\mathbf{x}^t P \mathbf{x} > 0$，

$$\mathbf{x}^t \left[A - T_g^t A T_g \right] \mathbf{x} > 0$$

且

$$\mathbf{x}^t A \mathbf{x} - \mathbf{x}^t T_g^t A T_g \mathbf{x} > 0$$

又因为 $T_g\mathbf{x} = \lambda\mathbf{x}$，我们有 $\mathbf{x}^t T_g^t = \lambda\mathbf{x}^t$，于是

$$\left(1 - \lambda^2\right)\mathbf{x}^t A x = \mathbf{x}^t A x - \lambda^2 \mathbf{x}^t A x > 0$$

最后因为 A 是正定的，$1 - \lambda^2 > 0$ 且 $\lambda^2 < 1$，从而 $|\lambda| < 1$。

　　g. 对 T_g 的任意一个特征值 λ，我们有 $|\lambda| < 1$。这意味着 $\rho(T_g) < 1$ 且 T_g 是收敛的。

习题 7.4

1. 用 SOR 方法 2 次迭代得到下面的结果。
   a. $(-0.0173714, -0.1829986, 0.6680503)^t$
   b. $(0.9876790, 0.9784935, 0.7899328)^t$
   c. $(-0.71885, 2.818822, -0.2809726, -2.235422)^t$
   d. $(1.079675, -1.260654, 2.042489, 1.995373, 2.049536)^t$

3. 用 $\omega = 1.3$ 的 SOR 方法 2 次迭代得到下面的结果。
   a. $\mathbf{x}^{(2)} = (-0.1040103, -0.1331814, 0.6774997)^t$
   b. $\mathbf{x}^{(2)} = (0.957073, 0.9903875, 0.7206569)^t$
   c. $\mathbf{x}^{(2)} = (-1.23695, 3.228752, -0.1523888, -2.041266)^t$
   d. $\mathbf{x}^{(2)} = (0.7064258, -0.4103876, 2.417063, 2.251955, 1.061507)^t$

5. 用 SOR 方法得到下面的结果。
   a. $\mathbf{x}^{(11)} = (0.03544356, -0.23718333, 0.65788317)^t$
   b. $\mathbf{x}^{(7)} = (0.9958341, 0.9579041, 0.7915756)^t$
   c. $\mathbf{x}^{(8)} = (-0.7976009, 2.795288, -0.2588293, -2.251768)^t$
   d. $\mathbf{x}^{(10)} = (0.7866310, -1.002807, 1.866530, 1.912645, 1.989792)^t$

7. 三对角矩阵在 (b) 和 (c) 中。
   (9b)：对 $\omega = 1.012823$ 有 $\mathbf{x}^{(4)} = (0.9957846, 0.9578935, 0.7915788)^t$。
   (9c)：对 $\omega = 1.153499$ 有 $\mathbf{x}^{(7)} = (-0.7977651, 2.795343, -0.2588021, -2.251760)^t$。

9.

	Jacobi 方法 33次 迭代	Gauss-Seidel 方法 8次 迭代	SOR 方法 $(\omega = 1.2)$ 13次 迭代
x_1	1.53873501	1.53873270	1.53873549
x_2	0.73142167	0.73141966	0.73142226
x_3	0.10797136	0.10796931	0.10797063
x_4	0.17328530	0.17328340	0.17328480
x_5	0.04055865	0.04055595	0.04055737
x_6	0.08525019	0.08524787	0.08524925
x_7	0.16645040	0.16644711	0.16644868
x_8	0.12198156	0.12197878	0.12198026
x_9	0.10125265	0.10124911	0.10125043
x_{10}	0.09045966	0.09045662	0.09045793
x_{11}	0.07203172	0.07202785	0.07202912
x_{12}	0.07026597	0.07026266	0.07026392
x_{13}	0.06875835	0.06875421	0.06875546
x_{14}	0.06324659	0.06324307	0.06324429
x_{15}	0.05971510	0.05971083	0.05971200
x_{16}	0.05571199	0.05570834	0.05570949
x_{17}	0.05187851	0.05187416	0.05187529
x_{18}	0.04924911	0.04924537	0.04924648
x_{19}	0.04678213	0.04677776	0.04677885

（续）

	Jacobi 方法 33次 迭代	Gauss-Seidel 方法 8次 迭代	SOR 方法 $(\omega = 1.2)$ 13次 迭代
x_{20}	0.04448679	0.04448303	0.04448409
x_{21}	0.04246924	0.04246493	0.04246597
x_{22}	0.04053818	0.04053444	0.04053546
x_{23}	0.03877273	0.03876852	0.03876952
x_{24}	0.03718190	0.03717822	0.03717920
x_{25}	0.03570858	0.03570451	0.03570548
x_{26}	0.03435107	0.03434748	0.03434844
x_{27}	0.03309542	0.03309152	0.03309246
x_{28}	0.03192212	0.03191866	0.03191958
x_{29}	0.03083007	0.03082637	0.03082727
x_{30}	0.02980997	0.02980666	0.02980755
x_{31}	0.02885510	0.02885160	0.02885248
x_{32}	0.02795937	0.02795621	0.02795707
x_{33}	0.02711787	0.02711458	0.02711543
x_{34}	0.02632478	0.02632179	0.02632262
x_{35}	0.02557705	0.02557397	0.02557479
x_{36}	0.02487017	0.02486733	0.02486814
x_{37}	0.02420147	0.02419858	0.02419938
x_{38}	0.02356750	0.02356482	0.02356560
x_{39}	0.02296603	0.02296333	0.02296410
x_{40}	0.02239424	0.02239171	0.02239247
x_{41}	0.02185033	0.02184781	0.02184855
x_{42}	0.02133203	0.02132965	0.02133038
x_{43}	0.02083782	0.02083545	0.02083615
x_{44}	0.02036585	0.02036360	0.02036429
x_{45}	0.01991483	0.01991261	0.01991324
x_{46}	0.01948325	0.01948113	0.01948175
x_{47}	0.01907002	0.01906793	0.01906846
x_{48}	0.01867387	0.01867187	0.01867239
x_{49}	0.01829386	0.01829190	0.01829233
x_{50}	0.71792896	0.01792707	0.01792749
x_{51}	0.01757833	0.01757648	0.01757683
x_{52}	0.01724113	0.01723933	0.01723968
x_{53}	0.01691660	0.01691487	0.01691517
x_{54}	0.01660406	0.01660237	0.01660267
x_{55}	0.01630279	0.01630127	0.01630146
x_{56}	0.01601230	0.01601082	0.01601101
x_{57}	0.01573198	0.01573087	0.01573077
x_{58}	0.01546129	0.01546020	0.01546010
x_{59}	0.01519990	0.01519909	0.01519878
x_{60}	0.01494704	0.01494626	0.01494595
x_{61}	0.01470181	0.01470085	0.01470077
x_{62}	0.01446510	0.01446417	0.01446409
x_{63}	0.01423556	0.01423437	0.01423461
x_{64}	0.01401350	0.01401233	0.01401256
x_{65}	0.01380328	0.01380234	0.01380242
x_{66}	0.01359448	0.01359356	0.01359363
x_{67}	0.01338495	0.01338434	0.01338418
x_{68}	0.01318840	0.01318780	0.01318765
x_{69}	0.01297174	0.01297109	0.01297107
x_{70}	0.01278663	0.01278598	0.01278597
x_{71}	0.01270328	0.01270263	0.01270271
x_{72}	0.01252719	0.01252656	0.01252663
x_{73}	0.01237700	0.01237656	0.01237654
x_{74}	0.01221009	0.01220965	0.01220963
x_{75}	0.01129043	0.01129009	0.01129008

(续)

	Jacobi 方法 33次 迭代	Gauss-Seidel 方法 8次 迭代	SOR 方法 ($\omega = 1.2$) 13次 迭代
x_{76}	0.01114138	0.01114104	0.01114102
x_{77}	0.01217337	0.01217312	0.01217313
x_{78}	0.01201771	0.01201746	0.01201746
x_{79}	0.01542910	0.01542896	0.01542896
x_{80}	0.01523810	0.01523796	0.01523796

11. a. 已知 $P_0 = 1$，所以方程 $P_1 = \frac{1}{2}P_0 + \frac{1}{2}P_2$ 变为 $P_1 - \frac{1}{2}P_2 = \frac{1}{2}$。因为 $P_i = \frac{1}{2}P_{i-1} + \frac{1}{2}P_{i+1}$，从而

得到 $-\frac{1}{2}P_{i-1} + P_i + \frac{1}{2}P_{i+1} = 0$，$i = 1, \cdots, n-2$。最后因为 $P_n = 0$ 和 $P_{n-1} = \frac{1}{2}P_{n-2} + \frac{1}{2}P_n$，我

们有 $-\frac{1}{2}P_{n-2} + P_{i-1} = 0$。这就给出了线性方程组。

b. 解向量是

$(0.90906840, 0.81814162, 0.72722042, 0.63630504, 0.54539520, 0.45449021,$

$0.36358911, 0.18179385, 0.27269073, 0.90897290)^t$

使用了 62 次迭代，其中 $n = 10$，$w = 1.25$，l_∞ 范数意义下的误差限是 10^{-5}。

c. 方程是 $P_i = \alpha P_{i-1} + (1-\alpha)P_{i+1}$，$i = 1, 2, \cdots, n-1$，线性方程组为

$$\begin{bmatrix} 1 & -(1-\alpha) & 0 & \cdots\cdots & 0 & 0 \\ -\alpha & 1 & -(1-\alpha) & & & \\ 0 & -\alpha & 1 & & & 0 \\ & & & & & \\ & & & -\alpha & 1 & -(1-\alpha) \\ 0 & \cdots\cdots\cdots & 0 & -\alpha & 1 \end{bmatrix} \begin{bmatrix} P_1 \\ P_2 \\ \vdots \\ \vdots \\ \vdots \\ P_{n-1} \end{bmatrix} = \begin{bmatrix} \alpha \\ 0 \\ \vdots \\ \vdots \\ \vdots \\ 0 \end{bmatrix}$$

d. 解向量是 $(0.49973968, 0.24961354, 0.1245773, 0.62031557, 0.30770075, 0.15140201,$
$0.73256883, 0.14651284, 0.34186112, 0.48838809)^t$，使用了 21 次迭代，其中 $n = 10$，
$w = 1.25$，l_∞ 范数意义下的误差限是 10^{-5}。

13. 设 $\lambda_1, \cdots, \lambda_n$ 是 T_ω 的特征值，则

$$\prod_{i=1}^{n} \lambda_i = \det T_\omega = \det\left((D - \omega L)^{-1}[(1-\omega)D + \omega U]\right)$$

$$= \det(D - \omega L)^{-1} \det((1-\omega)D + \omega U) = \det\left(D^{-1}\right) \det((1-\omega)D)$$

$$= \left(\frac{1}{(a_{11}a_{22}\ldots a_{nn})}\right)\left((1-\omega)^n a_{11}a_{22}\ldots a_{nn}\right) = (1-\omega)^n$$

于是

$$\rho(T_\omega) = \max_{1 \leqslant i \leqslant n} |\lambda_i| \geqslant |\omega - 1|$$

且 $|\omega - 1| < 1$ 当且仅当 $0 < \omega < 2$。

习题 7.5

1. $\|\cdot\|_\infty$ 条件数是：

a. 50   b. 241.37   c. 600 002   d. 339 866

3.

	$\|\mathbf{x} - \hat{\mathbf{x}}\|_\infty$	$K_\infty(A)\|\mathbf{b} - A\hat{\mathbf{x}}\|_\infty / \|A\|_\infty$
a	8.571429×10^{-4}	1.238095×10^{-2}
b	0.1	3.832060
c	0.04	0.8
d	20	1.152440×10^5

5. Gauss 消去法和迭代精化得出的结果如下。

   a. (i) $(-10.0, 1.01)^t$, (ii) $(10.0, 1.00)^t$

   b. (i) $(12.0, 0.499, -1.98)^t$, (ii) $(1.00, 0.500, -1.00)^t$

   c. (i) $(0.185, 0.0103, -0.0200, -1.12)^t$, (ii) $(0.177, 0.0127, -0.0207, -1.18)^t$

   d. (i) $(0.799, -3.12, 0.151, 4.56)^t$, (ii) $(0.758, -3.00, 0.159, 4.30)^t$

7. 因为 $K_\infty = 60002$，所以矩阵是病条件的。我们有 $\tilde{\mathbf{x}} = (-1.0000, 2.0000)^t$。

9. a. $K_\infty(H^{(4)}) = 28\,375$

   b. $K_\infty(H^{(5)}) = 943\,656$

   c. 实际解是 $\mathbf{x} = (-124, 1560, -3960, 2660)^t$

     近似解是 $\tilde{\mathbf{x}} = (-124.2, 1563.8, -3971.8, 2668.8)^t$；$\|\mathbf{x} - \tilde{\mathbf{x}}\|_\infty = 11.8$；$\dfrac{\|\mathbf{x} - \tilde{\mathbf{x}}\|_\infty}{\|\mathbf{x}\|_\infty} = 0.02980$；

$$\frac{K_\infty(A)}{1 - K_\infty(A)\left(\frac{\|\delta A\|_\infty}{\|A\|_\infty}\right)}\left[\frac{\|\delta b\|_\infty}{\|b\|_\infty} + \frac{\|\delta A\|_\infty}{\|A\|_\infty}\right] = \frac{28375}{1 - 28375\left(\frac{6.\overline{6} \times 10^{-6}}{2.08\overline{3}}\right)}\left[0 + \frac{6.\overline{6} \times 10^{-6}}{2.08\overline{3}}\right]$$

$$= 0.09987$$

11. 对任何向量 $\mathbf{x}$，我们有

$$\|\mathbf{x}\| = \|A^{-1}A\mathbf{x}\| \leqslant \|A^{-1}\|\,\|A\mathbf{x}\|, \quad \text{所以} \quad \|A\mathbf{x}\| \geqslant \frac{\|\mathbf{x}\|}{\|A^{-1}\|}$$

设 $\mathbf{x} \neq \mathbf{0}$ 满足 $\|\mathbf{x}\| = 1$ 和 $B\mathbf{x} = \mathbf{0}$，于是

$$\|(A - B)\mathbf{x}\| = \|A\mathbf{x}\| \geqslant \frac{\|\mathbf{x}\|}{\|A^{-1}\|}$$

和

$$\frac{\|(A - B)\mathbf{x}\|}{\|A\|} \geqslant \frac{1}{\|A^{-1}\|\,\|A\|} = \frac{1}{K(A)}$$

又因为 $\|\mathbf{x}\| = 1$，

$$\|(A - B)\mathbf{x}\| \leqslant \|A - B\|\,\|\mathbf{x}\| = \|A - B\| \quad \text{和} \quad \frac{\|A - B\|}{\|A\|} \geqslant \frac{1}{K(A)}$$

习题 7.6

1. a. $(0.18, 0.13)^t$ b. $(0.19, 0.10)^t$

   c. 由于在共轭梯度法中 $\mathbf{v}^{(2)} = (0, 0)^t$，因此 Gauss 消去法给出了最好的答案。

   d. $(0.13, 0.21)^t$。虽然 $\mathbf{v}^{(2)} \neq \mathbf{0}$，但没有改进。

3. a. $(1.00, -1.00, 1.00)^t$

   b. $(0.827, 0.0453, -0.0357)^t$

   c. 列主元和标度化列主元都给出 $(1.00, -1.00, 1.00)^t$

   d. $(0.776, 0.238, -0.185)^t$

(3b) 的残差是 $(-0.0004, -0.0038, 0.0037)^t$，而 (3d) 的残差是 $(0.0022, -0.0038, 0.0024)^t$。看不出明显的改进。由于矩阵乘法数量的增加，舍入误差更占优势。

5. a. $\mathbf{x}^{(2)} = (0.1535933456, -0.1697932117, 0.5901172091)^t$, $\|\mathbf{r}^{(2)}\|_\infty = 0.221$

   b. $\mathbf{x}^{(2)} = (0.9993129510, 0.9642734456, 0.7784266575)^t$, $\|\mathbf{r}^{(2)}\|_\infty = 0.144$

   c. $\mathbf{x}^{(2)} = (-0.7290954114, 2.515782452, -0.6788904058, -2.331943982)^t$, $\|\mathbf{r}^{(2)}\|_\infty = 2.2$

   d. $\mathbf{x}^{(2)} = (-0.7071108901, -0.0954748881, -0.3441074093, 0.5256091497)^t$, $\|\mathbf{r}^{(2)}\|_\infty = 0.39$

   e. $\mathbf{x}^{(2)} = (0.5335968381, 0.9367588935, 1.339920949, 1.743083004, 1.743083004)^t$, $\|\mathbf{r}^{(2)}\|_\infty = 1.3$

   f. $\mathbf{x}^{(2)} = (0.35714286, 1.42857143, 0.35714286, 1.57142857, 0.28571429, 1.57142857)^t$, $\|\mathbf{r}^{(2)}\|_\infty = 0$

7. a. $\mathbf{x}^{(3)} = (0.06185567013, -0.1958762887, 0.6185567010)^t$, $\|\mathbf{r}^{(3)}\|_\infty = 0.4 \times 10^{-9}$

   b. $\mathbf{x}^{(3)} = (0.9957894738, 0.9578947369, 0.7915789474)^t$, $\|\mathbf{r}^{(3)}\|_\infty = 0.1 \times 10^{-9}$

   c. $\mathbf{x}^{(4)} = (-0.7976470579, 2.795294120, -0.2588235305, -2.251764706)^t$, $\|\mathbf{r}^{(4)}\|_\infty = 0.39 \times 10^{-7}$

   d. $\mathbf{x}^{(4)} = (-0.7534246575, 0.04109589039, -0.2808219179, 0.6917808219)^t$, $\|\mathbf{r}^{(4)}\|_\infty = 0.11 \times 10^{-9}$

   e. $\mathbf{x}^{(5)} = (0.4516129032, 0.7096774197, 1.677419355, 1.741935483, 1.806451613)^t$, $\|\mathbf{r}^{(5)}\|_\infty = 0.2 \times 10^{-9}$

   f. $\mathbf{x}^{(2)} = (0.35714286, 1.42857143, 0.35714286, 1.57142857, 0.28571429, 1.57142857)^t$, $\|\mathbf{r}^{(2)}\|_\infty = 0$

9. a.

	Jacobi 方法 49次 迭代	Gauss-Seidel 方法 28次 迭代	SOR方法($\omega = 1.3$) 13次 迭代	共轭梯度法 9次 迭代
x_1	0.93406183	0.93406917	0.93407584	0.93407713
x_2	0.97473885	0.97475285	0.97476180	0.97476363
x_3	1.10688692	1.10690302	1.10691093	1.10691243
x_4	1.42346150	1.42347226	1.42347591	1.42347699
x_5	0.85931331	0.85932730	0.85933633	0.85933790
x_6	0.80688119	0.80690725	0.80691961	0.80692197
x_7	0.85367746	0.85370564	0.85371536	0.85372011
x_8	1.10688692	1.10690579	1.10691075	1.10691250
x_9	0.87672774	0.87674384	0.87675177	0.87675250
x_{10}	0.80424512	0.80427330	0.80428301	0.80428524
x_{11}	0.80688119	0.80691173	0.80691989	0.80692252
x_{12}	0.97473885	0.97475850	0.97476265	0.97476392
x_{13}	0.93003466	0.93004542	0.93004899	0.93004987
x_{14}	0.87672774	0.87674661	0.87675155	0.87675298
x_{15}	0.85931331	0.85933296	0.85933709	0.85933979
x_{16}	0.93406183	0.93407462	0.93407672	0.93407768

   b.

	Jacobi 方法 60次 迭代	Gauss-Seidel 方法 35次 迭代	SOR方法($\omega = 1.2$) 23次 迭代	共轭梯度法 11次 迭代
x_1	0.39668038	0.39668651	0.39668915	0.39669775
x_2	0.07175540	0.07176830	0.07177348	0.07178516
x_3	-0.23080396	-0.23078609	-0.23077981	-0.23076923
x_4	0.24549277	0.24550989	0.24551535	0.24552253
x_5	0.83405412	0.83406516	0.83406823	0.83407148
x_6	0.51497606	0.51498897	0.51499414	0.51500583
x_7	0.12116003	0.12118683	0.12119625	0.12121212
x_8	-0.24044414	-0.24040991	-0.24039898	-0.24038462
x_9	0.37873579	0.37876891	0.37877812	0.37878788
x_{10}	1.09073364	1.09075392	1.09075899	1.09076341
x_{11}	0.54207872	0.54209658	0.54210286	0.54211344
x_{12}	0.13838259	0.13841682	0.13842774	0.13844211
x_{13}	-0.23083868	-0.23079452	-0.23078224	-0.23076923
x_{14}	0.41919067	0.41923122	0.41924136	0.41925019
x_{15}	1.15015953	1.15018477	1.15019025	1.15019425
x_{16}	0.51497606	0.51499318	0.51499864	0.51500583
x_{17}	0.12116003	0.12119315	0.12120236	0.12121212

（续）

	Jacobi 方法 60次 迭代	Gauss-Seidel 方法 35次 迭代	SOR方法 ($\omega = 1.2$) 23次 迭代	共轭梯度法 11次 迭代
x_{18}	−0.24044414	−0.24040359	−0.24039345	−0.24038462
x_{19}	0.37873579	0.37877365	0.37878188	0.37878788
x_{20}	1.09073364	1.09075629	1.09076069	1.09076341
x_{21}	0.39668038	0.39669142	0.39669440	0.39669775
x_{22}	0.07175540	0.07177567	0.07178074	0.07178516
x_{23}	−0.23080396	−0.23077872	−0.23077323	−0.23076923
x_{24}	0.24549277	0.24551542	0.24551982	0.24552253
x_{25}	0.83405412	0.83406793	0.83407025	0.83407148

c.

	Jacobi 方法 15次 迭代	Gauss-Seidel 方法 9次 迭代	SOR方法 ($\omega = 1.1$) 8次 迭代	共轭梯度法 8次 迭代
x_1	−3.07611424	−3.07611739	−3.07611796	−3.07611794
x_2	−1.65223176	−1.65223563	−1.65223579	−1.65223582
x_3	−0.53282391	−0.53282528	−0.53282531	−0.53282528
x_4	−0.04471548	−0.04471608	−0.04471609	−0.04471604
x_5	0.17509673	0.17509661	0.17509661	0.17509661
x_6	0.29568226	0.29568223	0.29568223	0.29568218
x_7	0.37309012	0.37309011	0.37309011	0.37309011
x_8	0.42757934	0.42757934	0.42757934	0.42757927
x_9	0.46817927	0.46817927	0.46817927	0.46817927
x_{10}	0.49964748	0.49964748	0.49964748	0.49964748
x_{11}	0.52477026	0.52477026	0.52477026	0.52477027
x_{12}	0.54529835	0.54529835	0.54529835	0.54529836
x_{13}	0.56239007	0.56239007	0.56239007	0.56239009
x_{14}	0.57684345	0.57684345	0.57684345	0.57684347
x_{15}	0.58922662	0.58922662	0.58922662	0.58922664
x_{16}	0.59995522	0.59995522	0.59995522	0.59995523
x_{17}	0.60934045	0.60934045	0.60934045	0.60934045
x_{18}	0.61761997	0.61761997	0.61761997	0.61761998
x_{19}	0.62497846	0.62497846	0.62497846	0.62497847
x_{20}	0.63156161	0.63156161	0.63156161	0.63156161
x_{21}	0.63748588	0.63748588	0.63748588	0.63748588
x_{22}	0.64284553	0.64284553	0.64284553	0.64284553
x_{23}	0.64771764	0.64771764	0.64771764	0.64771764
x_{24}	0.65216585	0.65216585	0.65216585	0.65216585
x_{25}	0.65624320	0.65624320	0.65624320	0.65624320
x_{26}	0.65999423	0.65999423	0.65999423	0.65999422
x_{27}	0.66345660	0.66345660	0.66345660	0.66345660
x_{28}	0.66666242	0.66666242	0.66666242	0.66666242
x_{29}	0.66963919	0.66963919	0.66963919	0.66963919
x_{30}	0.67241061	0.67241061	0.67241061	0.67241060
x_{31}	0.67499722	0.67499722	0.67499722	0.67499721
x_{32}	0.67741692	0.67741692	0.67741691	0.67741691
x_{33}	0.67968535	0.67968535	0.67968535	0.67968535
x_{34}	0.68181628	0.68181628	0.68181628	0.68181628
x_{35}	0.68382184	0.68382184	0.68382184	0.68382184
x_{36}	0.68571278	0.68571278	0.68571278	0.68571278
x_{37}	0.68749864	0.68749864	0.68749864	0.68749864
x_{38}	0.68918652	0.68918652	0.68918652	0.68918652
x_{39}	0.69067718	0.69067718	0.69067718	0.69067717
x_{40}	0.68363346	0.68363346	0.68363346	0.68363349

11. a.

解	残差
2.55613420	0.00668246
4.09171393	−0.00533953
4.60840390	−0.01739814
3.64309950	−0.03171624
5.13950533	0.01308093
7.19697808	−0.02081095
7.68140405	−0.04593118
5.93227784	0.01692180
5.81798997	0.04414014
5.85447806	0.03319707
5.94202521	−0.00099947
4.42152959	−0.00072826
3.32211695	0.02363822
4.49411604	0.00982052
4.80968966	0.00846967
3.81108707	−0.01312902

方法 6 次迭代后收敛，其 l_∞ 误差限为 5.00×10^{-2}，且 $\| \mathbf{r}^{(6)} \|_\infty = 0.046$。

b.

解	残差
2.55613420	0.00668246
4.09171393	−0.00533953
4.60840390	−0.01739814
3.64309950	−0.03171624
5.13950533	0.01308093
7.19697808	−0.02081095
7.68140405	−0.04593118
5.93227784	0.01692180
5.81798996	0.04414047
5.85447805	0.03319706
5.94202521	−0.00099947
4.42152959	−0.00072826
3.32211694	0.02363822
4.49411603	0.00982052
4.80968966	0.00846967
3.81108707	−0.01312902

方法 6 次迭代后收敛，其 l_∞ 误差限为 5.00×10^{-2}，且 $\| \mathbf{r}^{(6)} \|_\infty = 0.046$。

c. 所有的误差限导致相同的收敛结果。

13. a. 已知 $P_0 = 1$，所以方程 $P_1 = \frac{1}{2}P_0 + \frac{1}{2}P_2$ 变为 $P_1 - \frac{1}{2}P_2 = \frac{1}{2}$。因为 $P_i = \frac{1}{2}P_{i-1} + \frac{1}{2}P_{i+1}$，我们

得到 $-\frac{1}{2}P_{i-1} + P_i + \frac{1}{2}P_{i+1} = 0$，$i = 1, \cdots, n-2$。最后，因为 $P_n = 0$ 和 $P_{n-1} = \frac{1}{2}P_{i-2} + \frac{1}{2}P_n$，

我们有 $-\frac{1}{2}P_{n-2} + P_{i-1} = 0$。这就给出了线性方程组，它含有一个正定矩阵 A。

b. 对 $n = 10$，解向量是 $(0.909009091, 0.81818182, 0.72727273, 0, 63636364, 0.54545455,$ $0.45454545, 0.36363636, 0.27272727, 0.18181818, 0.09090909)^t$，该解使用了 10 次迭代，$C^{-1} = I$，$l_\infty$ 范数意义下的误差限是 10^{-5}。

c. 得到的矩阵不是正定的，所以方法失败。

d. 方法失败。

15. a. 设 A 是一个对称正定矩阵，$\{ \mathbf{v}^{(1)}, \cdots, \mathbf{v}^{(n)} \}$ 是一个非零的 A-正交向量集。即如果 $i \neq j$，就有

$\langle \mathbf{v}^{(i)}, A\mathbf{v}^{(j)} \rangle = 0$。假设

$$c_1\mathbf{v}^{(1)} + c_2\mathbf{v}^{(2)} + \cdots + c_n\mathbf{v}^{(n)} = \mathbf{0}$$

其中 c_i 不全为零。再假设 k 是满足 $c_k \neq 0$ 的最小整数。于是

$$c_k\mathbf{v}^{(k)} + c_{k+1}\mathbf{v}^{(k+1)} + \cdots + c_n\mathbf{v}^{(n)} = \mathbf{0}$$

解出 $\mathbf{v}^{(k)}$ 得到

$$\mathbf{v}^{(k)} = -\frac{c_{k+1}}{c_k}\mathbf{v}^{(k+1)} - \cdots - \frac{c_n}{c_k}\mathbf{v}^{(n)}$$

乘以 A 有

$$A\mathbf{v}^{(k)} = -\frac{c_{k+1}}{c_k}A\mathbf{v}^{(k+1)} - \cdots - \frac{c_n}{c_k}A\mathbf{v}^{(n)}$$

所以

$$(\mathbf{v}^{(k)})^t A\mathbf{v}^{(k)} = -\frac{c_{k+1}}{c_k}(\mathbf{v}^{(k)})^t A\mathbf{v}^{(k+1)} - \cdots - \frac{c_n}{c_k}(\mathbf{v}^{(k)t}) A\mathbf{v}^{(n)}$$

$$= -\frac{c_{k+1}}{c_k}\langle \mathbf{v}^{(k)}, A\mathbf{v}^{(k+1)} \rangle - \cdots - \frac{c_n}{c_k}\langle \mathbf{v}^{(k)}, A\mathbf{v}^{(n)} \rangle$$

$$= -\frac{c_{k+1}}{c_k} \cdot 0 - \cdots - \frac{c_n}{c_k} \cdot 0$$

因为 A 是正定的，所以 $\mathbf{v}^{(k)} = \mathbf{0}$。这是一个矛盾，故所有的 c_i 都必定是零，向量集 $\{\mathbf{v}^{(1)}, \cdots, \mathbf{v}^{(n)}\}$ 线性无关。

b. 设 $\{\mathbf{v}^{(1)}, \cdots, \mathbf{v}^{(n)}\}$ 是一个非零关于对称正定矩阵 A 的 A-正交向量集，并设 $\mathbf{z}$ 正交于 $\mathbf{v}^{(i)}$，$i = 1, \cdots, n$。根据 (a)，向量集 $\{\mathbf{v}^{(1)}, \cdots, \mathbf{v}^{(n)}\}$ 线性无关，从而存在常数 $\beta_1, \cdots, \beta_n$ 使得

$$\mathbf{z} = \sum_{i=1}^{n} \beta_i \mathbf{v}^{(i)}$$

因为

$$\langle \mathbf{z}, \mathbf{z} \rangle = \mathbf{z}^t \mathbf{z} = \sum_{i=1}^{n} \beta_i \mathbf{z}^t \mathbf{v}^{(i)} = \sum_{i=1}^{n} \beta_i \cdot 0 = 0$$

根据定理 7.30 中的 (v) 就可得出 $\mathbf{z} = \mathbf{0}$。

17. 如果 A 是正定矩阵，它的特征值是 $0 < \lambda_1 \leqslant \cdots \leqslant \lambda_n$，则 $\| A \|_2 = \lambda_n$ 且 $\| A^{-1} \|_2 = \dfrac{1}{\lambda_1}$，所以

$K_2(A) = \lambda_n / \lambda_1$。

对于例 3 中的矩阵 A，我们有

$$K_2(A) = \frac{\lambda_5}{\lambda_1} = \frac{700.031}{0.0570737} = 12265.2$$

且矩阵 AH 有

$$K_2(AH) = \frac{\lambda_5}{\lambda_1} = \frac{1.88052}{0.156370} = 12.0261$$

习题 8.1

1. 线性最小二乘多项式是 $1.70784x + 0.89968$。

3. 最小二乘多项式和它们的误差分别是：$0.6208950 + 1.219621x$ 和 $E = 2.719 \times 10^{-5}$；$0.5965807 + 1.253293x - 0.01085343x^2$ 和 $E = 1.801 \times 10^{-5}$；$0.6290193 + 1.185010x + 0.03533252x^2 - 0.01004723x^3$ 和 $E = 1.741 \times 10^{-5}$。

5. a. 线性最小二乘多项式是 $72.0845x - 194.138$，误差是 329。

　 b. 二次的最小二乘多项式是 $6.61821x^2 - 1.14352x + 1.23556$，误差是 1.44×10^{-3}。

  c. 三次的最小二乘多项式是$-0.0136742x^3+6.84557x^2-2.37919x+3.42904$，误差是$5.27\times10^{-4}$。

  d. 形如be^{ax}的最小二乘近似是$24.2588e^{0.372382x}$，误差是418。

  e. 形如bx^a的最小二乘近似是$6.23903x^{2.01954}$，误差是0.00703。

7．a. $k=0.8996$，$E(k)=0.295$

  b. $k=0.9052$，$E(k)=0.128$。(b)最好地拟合了全部实验数据。

9．点平均的最小二乘直线是：0.101(ACT 成绩)$+0.487$。

11．线性最小二乘多项式是$y\approx0.17952x+8.2084$。

13．a. $\ln R=\ln1.304+0.5756\ln W$ b. $E=25.25$

  c. $\ln R=\ln1.051+0.7006\ln W+0.06695(\ln W)^2$ d. $E=\sum_{i=1}^{37}\left(R_i-bW_i^a e^{c(\ln W_i)^2}\right)^2=20.30$

习题 8.2

1．线性最小二乘近似为：

  a. $P_1(x)=1.833333+4x$ b. $P_1(x)=-1.600003+3.600003x$

  c. $P_1(x)=1.140981-0.2958375x$ d. $P_1(x)=0.1945267+3.000001x$

  e. $P_1(x)=0.6109245+0.09167105x$ f. $P_1(x)=-1.861455+1.666667x$

3．二次的最小二乘近似为：

  a. $P_2(x)=2.000002+2.999991x+1.000009x^2$

  b. $P_2(x)=0.4000163-2.400054x+3.000028x^2$

  c. $P_2(x)=1.723551-0.9313682x+0.1588827x^2$

  d. $P_2(x)=1.167179+0.08204442x+1.458979x^2$

  e. $P_2(x)=0.4880058+0.8291830x-0.7375119x^2$

  f. $P_2(x)=-0.9089523+0.6275723x+0.2597736x^2$

5．a. 0.3427×10^{-9} b. 0.0457142 c. 0.000358354

  d. 0.0106445 e. 0.0000134621 f. 0.0000967795

7．Gram-Schmidt 过程产生下面的多项式集合：

  a. $\phi_0(x)=1,\phi_1(x)=x-0.5$, $\phi_2(x)=x^2-x+\frac{1}{6}$, $\phi_3(x)=x^3-1.5x^2+0.6x-0.05$

  b. $\phi_0(x)=1,\phi_1(x)=x-1$, $\phi_2(x)=x^2-2x+\frac{2}{3}$, $\phi_3(x)=x^3-3x^2+\frac{12}{5}x-\frac{2}{5}$

  c. $\phi_0(x)=1,\phi_1(x)=x-2$, $\phi_2(x)=x^2-4x+\frac{11}{3}$, $\phi_3(x)=x^3-6x^2+11.4x-6.8$

9．二次的最小二乘多项式是：

  a. $P_2(x)=3.833333\phi_0(x)+4\phi_1(x)+0.9999998\phi_2(x)$

  b. $P_2(x)=2\phi_0(x)+3.6\phi_1(x)+3\phi_2(x)+\phi_3(x)$

  c. $P_2(x)=0.5493061\phi_0(x)-0.2958369\phi_1(x)+0.1588785\phi_2(x)+0.013771507\phi_3(x)$

  d. $P_2(x)=3.194528\phi_0(x)+3\phi_1(x)+1.458960\phi_2(x)+0.4787957\phi_3(x)$

  e. $P_2(x)=0.6567600\phi_0(x)+0.09167105\phi_1(x)-0.73751218\phi_2(x)-0.18769253\phi_3(x)$

  f. $P_2(x)=1.471878\phi_0(x)+1.666667\phi_1(x)+0.2597705\phi_2(x)+0.059387393\phi_3(x)$

11．Laguerre 多项式是$L_1(x)=x-1$，$L_2(x)=x^2-4x+2$ 和 $L_3(x)=x^3-9x^2+18x-6$。

13．设$\{\phi_0(x),\phi_1(x),\cdots,\phi_n(x)\}$是$\prod_n$中的一个线性无关的多项式集合。对每个 $i=0,1,\cdots,n$，令

$$\phi_i(x)=\sum_{k=0}^n b_{ki}x^k。$$ 再设$Q(x)=\sum_{k=0}^n a_k x^k\in\prod_n$。我们想找到常数 $c_0,\cdots,c_n$，使得

$$Q(x)=\sum_{i=0}^n c_i\phi_i(x)$$

这个方程可以写为

$$\sum_{k=0}^{n} a_k x^k = \sum_{i=0}^{n} c_i \left(\sum_{k=0}^{n} b_{ki} x^k \right)$$

所以，我们同时有

$$\sum_{k=0}^{n} a_k x^k = \sum_{k=0}^{n} \left(\sum_{i=0}^{n} c_i b_{ki} \right) x^k \quad \text{和} \quad \sum_{k=0}^{n} a_k x^k = \sum_{k=0}^{n} \left(\sum_{i=0}^{n} b_{ki} c_i \right) x^k$$

又因为 $\{1, x, \cdots, x^n\}$ 是线性无关的，因此对每个 $k = 0, \cdots, n$，下式成立：

$$\sum_{i=0}^{n} b_{ki} c_i = a_k$$

它可以写成线性方程组：

$$\begin{bmatrix} b_{01} & b_{02} & \cdots & b_{0n} \\ b_{11} & b_{12} & \cdots & b_{1n} \\ \vdots & \vdots & & \vdots \\ b_{n1} & b_{n2} & \cdots & b_{nn} \end{bmatrix} \begin{bmatrix} c_0 \\ c_1 \\ \vdots \\ c_n \end{bmatrix} = \begin{bmatrix} a_0 \\ a_1 \\ \vdots \\ a_n \end{bmatrix}$$

这个线性方程组必定有唯一解 $\{c_0, c_1, \cdots, c_n\}$，要么存在另一组非零常数 $\{c_0', c_1', \cdots, c_n'\}$，使得

$$\begin{bmatrix} b_{01} & \cdots & b_{0n} \\ \vdots & & \vdots \\ b_{n1} & \cdots & b_{nn} \end{bmatrix} \begin{bmatrix} c_0' \\ \vdots \\ c_n' \end{bmatrix} = \begin{bmatrix} 0 \\ \vdots \\ 0 \end{bmatrix}$$

于是

$$c_0' \phi_0(x) + c_1' \phi_1(x) + \cdots + c_n' \phi_n(x) = \sum_{k=0}^{n} 0 x^k = 0$$

这与集合 $\{\phi_0, \cdots, \phi_n\}$ 线性无关矛盾。故存在唯一的一组常数 $\{c_0, \cdots, c_n\}$，使得

$$Q(x) = c_0 \phi_0(x) + c_1 \phi_1(x) + \cdots + c_n \phi_n(x)$$

15. 正规方程是

$$\sum_{k=0}^{n} a_k \int_a^b x^{j+k} \mathrm{d}x = \int_a^b x^j f(x) \mathrm{d}x, \quad j = 0, \cdots, n$$

令

$$b_{jk} = \int_a^b x^{j+k} \mathrm{d}x, \quad j = 0, \cdots, n \text{ 和 } k = 0, \cdots, n$$

并记 $B = (b_{jk})$。更进一步令

$$\mathbf{a} = (a_0, \cdots, a_n)^t \quad \text{和} \quad \mathbf{g} = \left(\int_a^b f(x) \mathrm{d}x, \cdots, \int_a^b x^n f(x) \, \mathrm{d}x \right)^t$$

则正规方程产生了线性方程组 $B\mathbf{a} = \mathbf{g}$。

为了说明正规方程有唯一解，只需证明当 $f \equiv 0$ 时必然有 $\mathbf{a} = \mathbf{0}$。如果 $f \equiv 0$，则

$$\sum_{k=0}^{n} a_k \int_a^b x^{j+k} \mathrm{d}x = 0, \quad j = 0, \cdots, n \quad \text{和} \quad \sum_{k=0}^{n} a_j a_k \int_a^b x^{j+k} \mathrm{d}x = 0, \quad j = 0, \cdots, n$$

对变量 j 求和得到

$$\sum_{j=0}^{n} \sum_{k=0}^{n} a_j a_k \int_a^b x^{j+k} \mathrm{d}x = 0$$

即

$$\int_a^b \sum_{j=0}^{n} \sum_{k=0}^{n} a_j x^j a_k x^k \mathrm{d}x = 0 \quad \text{和} \quad \int_a^b \left(\sum_{j=0}^{n} a_j x^j \right)^2 \mathrm{d}x = 0$$

定义 $P(x) = a_0 + a_1 x + \cdots + a_n x^n$，则 $\int_a^b [P(x)]^2 \, \mathrm{d}x = 0$ 且 $P(x) \equiv 0$，这意味着 $a_0 = a_1 = \cdots = a_n = 0$，所以就有 $\mathbf{a} = \mathbf{0}$。因此，矩阵 B 是非奇异的，正规方程具有唯一解。

习题 8.3

1. 二次插值多项式为：

   a. $P_2(x) = 2.377443 + 1.590534(x - 0.8660254) + 0.5320418(x - 0.8660254)x$

   b. $P_2(x) = 0.7617600 + 0.8796047(x - 0.8660254)$

   c. $P_2(x) = 1.052926 + 0.4154370(x - 0.8660254) - 0.1384262x(x - 0.8660254)$

   d. $P_2(x) = 0.5625 + 0.649519(x - 0.8660254) + 0.75x(x - 0.8660254)$

3. 习题 1 中多项式的最大误差界为：

   a. 0.1132617 b. 0.04166667 c. 0.08333333 d. 1.000000

5. 以 $\tilde{T}_3$ 的零点为插值节点的二次插值多项式为：

   a. $P_2(x) = 0.3489153 - 0.1744576(x - 2.866025) + 0.1538462(x - 2.866025)(x - 2)$

   b. $P_2(x) = 0.1547375 - 0.2461152(x - 1.866025) + 0.1957273(x - 1.866025)(x - 1)$

   c. $P_2(x) = 0.6166200 - 0.2370869(x - 0.9330127) - 0.7427732(x - 0.9330127)(x - 0.5)$

   d. $P_2(x) = 3.0177125 + 1.883800(x - 2.866025) + 0.2584625(x - 2.866025)(x - 2)$

7. 三次多项式 $\dfrac{383}{384}x - \dfrac{5}{32}x^3$ 近似 $\sin x$ 其误差最多是 7.19×10^{-4}。

9. a. $n = 1 : \det T_1 = x$

   b. $n = 2 : \det T_2 = \det \begin{pmatrix} x & 1 \\ 1 & 2x \end{pmatrix} = 2x^2 - 1$

   c. $n = 3 : \det T_3 = \det \begin{pmatrix} x & 1 & 0 \\ 1 & 2x & 1 \\ 0 & 1 & 2x \end{pmatrix} = x \det \begin{pmatrix} 2x & 1 \\ 1 & 2x \end{pmatrix} - \det \begin{pmatrix} 1 & 1 \\ 0 & 2x \end{pmatrix} = x(4x^2 - 1) - 2x = 4x^3 - 3x$

11. 变量替换 $x = \cos\theta$ 可以产生

$$\int_{-1}^1 \frac{T_n^2(x)}{\sqrt{1-x^2}} \, \mathrm{d}x = \int_{-1}^1 \frac{[\cos(n \arccos x)]^2}{\sqrt{1-x^2}} \, \mathrm{d}x = \int_0^\pi (\cos(n\theta))^2 \, \mathrm{d}x = \frac{\pi}{2}$$

13. 本节中（见方程 (8.13)）说明 $T_n'(x)$ 的零点是 $x_k' = \cos(k\pi/n)$，$k = 1, \cdots, n-1$。因为 $x_0' = \cos(0) = 1$，$x_n' = \cos(\pi) = -1$，以及所有的余弦值都位于区间 $[-1,1]$，于是只剩下证明这些零点是不同的即可。这是因为对每个 $k = 1, \cdots, n-1$，我们有 x_k' 位于区间 $(0, \pi)$，并且在这个区间上有 $D_x \cos(x) = -\sin x < 0$。结果 $T_n'(x)$ 在 $(0, \pi)$ 上是一一对应的，所以 $T_n'(x)$ 的这 $n-1$ 个零点是不同的。

习题 8.4

1. 对 $f(x) = e^{2x}$ 的二次 Padé 逼近为：

$$n = 2, m = 0 : r_{2,0}(x) = 1 + 2x + 2x^2$$

$$n = 1, m = 1 : r_{1,1}(x) = (1 + x)/(1 - x)$$

$$n = 0, m = 2 : r_{0,2}(x) = (1 - 2x + 2x^2)^{-1}$$

i	x_i	$f(x_i)$	$r_{2,0}(x_i)$	$r_{1,1}(x_i)$	$r_{0,2}(x_i)$
1	0.2	1.4918	1.4800	1.5000	1.4706
2	0.4	2.2255	2.1200	2.3333	1.9231
3	0.6	3.3201	2.9200	4.0000	1.9231
4	0.8	4.9530	3.8800	9.0000	1.4706
5	1.0	7.3891	5.0000	无定义	1.0000

3. $r_{2,3}(x) = \left(1 + \dfrac{2}{5}x + \dfrac{1}{20}x^2\right)\bigg/\left(1 - \dfrac{3}{5}x + \dfrac{3}{20}x^2 - \dfrac{1}{60}x^3\right)$

i	x_i	$f(x_i)$	$r_{2,3}(x_i)$
1	0.2	1.22140276	1.22140277
2	0.4	1.49182470	1.49182561
3	0.6	1.82211880	1.82213210
4	0.8	2.22554093	2.22563652
5	1.0	2.71828183	2.71875000

5. $r_{3,3}(x) = \left(x - \dfrac{7}{60}x^3\right)\bigg/\left(1 + \dfrac{1}{20}x^2\right)$

i	x_i	$f(x_i)$	六次MacLaurin多项式	$r_{3,3}(x_i)$
0	0.0	0.00000000	0.00000000	0.00000000
1	0.1	0.09983342	0.09966675	0.09938640
2	0.2	0.19866933	0.19733600	0.19709571
3	0.3	0.29552021	0.29102025	0.29246305
4	0.4	0.38941834	0.37875200	0.38483660
5	0.5	0.47942554	0.45859375	0.47357724

7. 五次 Padé 逼近为:

a. $r_{0,5}(x) = \left(1 + x + \dfrac{1}{2}x^2 + \dfrac{1}{6}x^3 + \dfrac{1}{24}x^4 + \dfrac{1}{120}x^5\right)^{-1}$

b. $r_{1,4}(x) = \left(1 - \dfrac{1}{5}x\right)\bigg/\left(1 + \dfrac{4}{5}x + \dfrac{3}{10}x^2 + \dfrac{1}{15}x^3 + \dfrac{1}{120}x^4\right)$

c. $r_{3,2}(x) = \left(1 - \dfrac{3}{5}x + \dfrac{3}{20}x^2 - \dfrac{1}{60}x^3\right)\bigg/\left(1 + \dfrac{2}{5}x + \dfrac{1}{20}x^2\right)$

d. $r_{4,1}(x) = \left(1 - \dfrac{4}{5}x + \dfrac{3}{10}x^2 - \dfrac{1}{15}x^3 + \dfrac{1}{120}x^4\right)\bigg/\left(1 + \dfrac{1}{5}x\right)$

i	x_i	$f(x_i)$	$r_{0,5}(x_i)$	$r_{1,4}(x_i)$	$r_{2,3}(x_i)$	$r_{4,1}(x_i)$
1	0.2	0.81873075	0.81873081	0.81873074	0.81873075	0.81873077
2	0.4	0.67032005	0.67032276	0.67031942	0.67031963	0.67032099
3	0.6	0.54881164	0.54883296	0.54880635	0.54880763	0.54882143
4	0.8	0.44932896	0.44941181	0.44930678	0.44930966	0.44937931
5	1.0	0.36787944	0.36809816	0.36781609	0.36781609	0.36805556

9. $r_{T_{2,0}}(x) = (1.266066T_0(x) - 1.130318T_1(x) + 0.2714953T_2(x))/T_0(x)$

$r_{T_{1,1}}(x) = (0.9945705T_0(x) - 0.4569046T_1(x))/(T_0(x) + 0.48038745T_1(x))$

$r_{T_{0,2}}(x) = 0.7940220T_0(x)/(T_0(x) + 0.8778575T_1(x) + 0.1774266T_2(x))$

i	x_i	$f(x_i)$	$r_{T_{2,0}}(x_i)$	$r_{T_{1,1}}(x_i)$	$r_{T_{0,2}}(x_i)$
1	0.25	0.77880078	0.74592811	0.78595377	0.74610974
2	0.50	0.60653066	0.56515935	0.61774075	0.58807059
3	1.00	0.36787944	0.40724330	0.36319269	0.38633199

11. $r_{T2,2}(x) = \dfrac{0.91747T_1(x)}{T_0(x) + 0.088914T_2(x)}$

i	x_i	$f(x_i)$	$r_{T_{2,2}}(x_i)$
0	0.00	0.00000000	0.00000000
1	0.10	0.09983342	0.09093843
2	0.20	0.19866933	0.18028797
3	0.30	0.29552021	0.26808992
4	0.40	0.38941834	0.35438412

13. a. $e^x = e^{M\ln\sqrt{10}+s} = e^{M\ln\sqrt{10}}e^s = e^{\ln 10^{\frac{M}{2}}}e^s = 10^{\frac{M}{2}}e^s$

b. $e^s \approx \left(1+\dfrac{1}{2}s+\dfrac{1}{10}s^2+\dfrac{1}{120}s^3\right)\bigg/\left(1-\dfrac{1}{2}s+\dfrac{1}{10}s^2-\dfrac{1}{120}s^3\right)$，$|$误差$| \leqslant 3.75\times10^{-7}$。

c. 令 $M = \text{round}(0.8685889638x)$，$s = x - M/(0.8685889638)$ 和 $\hat{f} = \left(1+\dfrac{1}{2}s+\dfrac{1}{10}s^2+\dfrac{1}{120}s^3\right)\bigg/$

$\left(1-\dfrac{1}{2}s+\dfrac{1}{10}s^2-\dfrac{1}{120}s^3\right)$，则 $f = (3.16227766)^M\hat{f}$。

习题 8.5

1. $S_2(x) = \dfrac{\pi^2}{3} - 4\cos x + \cos 2x$

3. $S_3(x) = 3.676078 - 3.676078\cos x + 1.470431\cos 2x - 0.7352156\cos 3x + 3.676078\sin x - 2.940862\sin 2x$

5. $S_n(x) = \dfrac{1}{2} + \dfrac{1}{\pi}\sum_{k=1}^{n-1}\dfrac{1-(-1)^k}{k}\sin kx$

7. 最小二乘三角多项式为：

a. $S_2(x) = \cos 2x$

b. $S_2(x) = 0$

c. $S_3(x) = 1.566453 + 0.5886815\cos x - 0.2700642\cos 2x + 0.2175679\cos 3x + 0.8341640\sin x - 0.3097866\sin 2x$

d. $S_3(x) = -2.046326 + 3.883872\cos x - 2.320482\cos 2x + 0.7310818\cos 3x$

9. 最小二乘三角多项式为 $S_3(x) = -0.4968929 + 0.2391965\cos x + 1.515393\cos 2x + 0.2391965\cos 3x - 1.150649\sin x$，其误差为 $E(S_3) = 7.271197$。

11. 最小二乘三角多项式及其误差分别为：

a. $S_3(x) = -0.08676065 - 1.446416\cos\pi(x-3) - 1.617554\cos 2\pi(x-3) + 3.980729\cos 3\pi(x-3)$
$-2.154320\sin\pi(x-3) + 3.907451\sin 2\pi(x-3)$ 和 $E(S_3) = 210.90453$

b. $S_4(x) = -0.0867607 - 1.446416\cos\pi(x-3) - 1.617554\cos 2\pi(x-3) + 3.980729\cos 3\pi(x-3)$
$-2.354088\cos 4\pi(x-3) - 2.154320\sin\pi(x-3) + 3.907451\sin 2\pi(x-3) - 1.166181\sin 3\pi(x-3)$
和 $E(S_4) = 169.4943$

13. a. $T_4(x) = 15543.19 + 141.1964\cos\left(\dfrac{2}{15}\pi t - \pi\right) - 203.4015\cos\left(\dfrac{4}{15}\pi t - 4\pi\right) + 274.6943\cos\left(\dfrac{2}{5}\pi t - 6\pi\right)$

$-210.75\cos\left(\dfrac{8}{15}\pi t - 4\pi\right) + 716.5316\sin\left(\dfrac{2}{15}\pi t - \pi\right) - 286.7289\sin\left(\dfrac{4}{15}\pi t - 2\pi\right)$

$+453.1107\sin\left(\dfrac{2}{5}\pi t - 3\pi\right)$

b. 2013 年 4 月 8 日，相应于 $t = 1.27$ 和 $P_4(1.27) = 14374$；2014 年 4 月 8 日，相应于 $t = 13.27$ 和 $P_4(13.27) = 16906$。

c. $|14374-14613| = 239$ 和 $|16906-16256| = 650$。它们看起来都是相对误差在 3% 以内的好的近似。

d. 2014 年 6 月 17 日，对应于 $t = 15.57$ 和 $P_4(15.57) = 14298$。因为实际的数值接近 16808，所以该近似相差太远。

15. 设 $f(-x) = -f(x)$。积分 $\int_{-a}^{0} f(x)\mathrm{d}x$ 在变量替换 $t = -x$ 之下变为

$$-\int_{a}^{0} f(-t)\ \mathrm{d}t = \int_{0}^{a} f(-t)\ \mathrm{d}t = -\int_{0}^{a} f(t)\ \mathrm{d}t = -\int_{0}^{a} f(x)\ \mathrm{d}x$$

于是有

$$\int_{-a}^{a} f(x)\ \mathrm{d}x = \int_{-a}^{0} f(x)\ \mathrm{d}x + \int_{0}^{a} f(x)\ \mathrm{d}x = -\int_{0}^{a} f(x)\ \mathrm{d}x + \int_{0}^{a} f(x)\ \mathrm{d}x = 0$$

17. 下面的积分建立了正交性。

$$\int_{-\pi}^{\pi} [\phi_0(x)]^2\ \mathrm{d}x = \frac{1}{2}\int_{-\pi}^{\pi}\ \mathrm{d}x = \pi,$$

$$\int_{-\pi}^{\pi} [\phi_k(x)]^2\ \mathrm{d}x = \int_{-\pi}^{\pi} (\cos kx)^2\ \mathrm{d}x = \int_{-\pi}^{\pi} \left[\frac{1}{2} + \frac{1}{2}\cos 2kx\right]\ \mathrm{d}x = \pi + \left[\frac{1}{4k}\sin 2kx\right]_{-\pi}^{\pi} = \pi,$$

$$\int_{-\pi}^{\pi} [\phi_{n+k}(x)]^2\ \mathrm{d}x = \int_{-\pi}^{\pi} (\sin kx)^2\ \mathrm{d}x = \int_{-\pi}^{\pi} \left[\frac{1}{2} - \frac{1}{2}\cos 2kx\right]\ \mathrm{d}x = \pi - \left[\frac{1}{4k}\sin 2kx\right]_{-\pi}^{\pi} = \pi,$$

$$\int_{-\pi}^{\pi} \phi_k(x)\phi_0(x)\ \mathrm{d}x = \frac{1}{2}\int_{-\pi}^{\pi} \cos kx\ \mathrm{d}x = \left[\frac{1}{2k}\sin kx\right]_{-\pi}^{\pi} = 0,$$

$$\int_{-\pi}^{\pi} \phi_{n+k}(x)\phi_0(x)\ \mathrm{d}x = \frac{1}{2}\int_{-\pi}^{\pi} \sin kx\ \mathrm{d}x = \left[\frac{-1}{2k}\cos kx\right]_{-\pi}^{\pi} = \frac{-1}{2k}[\cos k\pi - \cos(-k\pi)] = 0,$$

$$\int_{-\pi}^{\pi} \phi_k(x)\phi_j(x)\ \mathrm{d}x = \int_{-\pi}^{\pi} \cos kx \cos jx\mathrm{d}x = \frac{1}{2}\int_{-\pi}^{\pi} [\cos(k+j)x + \cos(k-j)x]\ \mathrm{d}x = 0,$$

$$\int_{-\pi}^{\pi} \phi_{n+k}(x)\phi_{n+j}(x)\ \mathrm{d}x = \int_{-\pi}^{\pi} \sin kx \sin jx\ \mathrm{d}x = \frac{1}{2}\int_{-\pi}^{\pi} [\cos(k-j)x - \cos(k+j)x]\mathrm{d}x = 0,$$

$$\int_{-\pi}^{\pi} \phi_k(x)\phi_{n+j}(x)\ \mathrm{d}x = \int_{-\pi}^{\pi} \cos kx \sin jx\ \mathrm{d}x = \frac{1}{2}\int_{-\pi}^{\pi} [\sin(k+j)x - \sin(k-j)x]\mathrm{d}x = 0$$

19. 为了计算系数 b_k 所使用的运算几乎是相同的，除了在余弦级数中额外的常数项 a_0。在这种情形下，

$$0 = \frac{\partial E}{\partial a_0} = 2\sum_{j=0}^{2m-1} [y_j - S_n(x_j)](-1/2) = \sum_{j=0}^{2m-1} y_j - \sum_{j=0}^{2m-1}\left(\frac{a_0}{2} + a_n \cos nx_j + \sum_{k=1}^{n-1}(a_k\cos kx_j + b_k\sin kx_j)\right)$$

正交性意味着在第二个和式中只剩下了常数项，即

$$0 = \sum_{j=0}^{2m-1} y_j - \frac{a_0}{2}(2m), \text{这样就可得出 } a_0 = \frac{1}{m}\sum_{j=0}^{2m-1} y_j$$

习题 8.6

1. 三角插值多项式为：
   a. $S_2(x) = -12.33701 + 4.934802\cos x - 2.467401\cos 2x + 4.934802\sin x$
   b. $S_2(x) = -6.168503 + 9.869604\cos x - 3.701102\cos 2x + 4.934802\sin x$
   c. $S_2(x) = 1.570796 - 1.570796\cos x$
   d. $S_2(x) = -0.5 - 0.5\cos 2x + \sin x$

3. 快速傅里叶变换算法可以求出下面的三角插值多项式。
   a. $S_4(x) = -11.10331 + 2.467401\cos x - 2.467401\cos 2x + 2.467401\cos 3x - 1.233701\cos 4x + 5.956833\sin x - 2.467401\sin 2x + 1.022030\sin 3x$
   b. $S_4(x) = 1.570796 - 1.340759\cos x - 0.2300378\cos 3x$

c. $S_4(x) = -0.1264264+0.2602724 \cos x-0.3011140 \cos 2x+1.121372 \cos 3x+0.04589648 \cos 4x-$
$0.1022190 \sin x +0.2754062 \sin 2x-2.052955 \sin 3x$

d. $S_4(x) = -0.1526819+0.04754278 \cos x+0.6862114 \cos 2x-1.216913 \cos 3x+1.176143 \cos 4x-$
$0.8179387 \sin x +0.1802450 \sin 2x+0.2753402 \sin 3x$

5.

	近似值	实际值
a.	-69.76415	-62.01255
b.	9.869602	9.869604
c.	-0.7943605	-0.2739383
d.	-0.9593287	-0.9557781

7. b_j 项全是零。a_j 项如下：

$$a_0 = -4.0008033 \qquad a_1 = 3.7906715 \qquad a_2 = -2.2230259 \qquad a_3 = 0.6258042$$
$$a_4 = -0.3030271 \qquad a_5 = 0.1813613 \qquad a_6 = -0.1216231 \qquad a_7 = 0.0876136$$
$$a_8 = -0.0663172 \qquad a_9 = 0.0520612 \qquad a_{10} = -0.0420333 \qquad a_{11} = 0.0347040$$
$$a_{12} = -0.0291807 \qquad a_{13} = 0.0249129 \qquad a_{14} = -0.0215458 \qquad a_{15} = 0.0188421$$
$$a_{16} = -0.0166380 \qquad a_{17} = 0.0148174 \qquad a_{18} = -0.0132962 \qquad a_{19} = 0.0120123$$
$$a_{20} = -0.0109189 \qquad a_{21} = 0.0099801 \qquad a_{22} = -0.0091683 \qquad a_{23} = 0.0084617$$
$$a_{24} = -0.0078430 \qquad a_{25} = 0.0072984 \qquad a_{26} = -0.0068167 \qquad a_{27} = 0.0063887$$
$$a_{28} = -0.0060069 \qquad a_{29} = 0.0056650 \qquad a_{30} = -0.0053578 \qquad a_{31} = 0.0050810$$
$$a_{32} = -0.0048308 \qquad a_{33} = 0.0046040 \qquad a_{34} = -0.0043981 \qquad a_{35} = 0.0042107$$
$$a_{36} = -0.0040398 \qquad a_{37} = 0.0038837 \qquad a_{38} = -0.0037409 \qquad a_{39} = 0.0036102$$
$$a_{40} = -0.0034903 \qquad a_{41} = 0.0033803 \qquad a_{42} = -0.0032793 \qquad a_{43} = 0.0031866$$
$$a_{44} = -0.0031015 \qquad a_{45} = 0.0030233 \qquad a_{46} = -0.0029516 \qquad a_{47} = 0.0028858$$
$$a_{48} = -0.0028256 \qquad a_{49} = 0.0027705 \qquad a_{50} = -0.0027203 \qquad a_{51} = 0.0026747$$
$$a_{52} = -0.0026333 \qquad a_{53} = 0.0025960 \qquad a_{54} = -0.0025626 \qquad a_{55} = 0.0025328$$
$$a_{56} = -0.0025066 \qquad a_{57} = 0.0024837 \qquad a_{58} = -0.0024642 \qquad a_{59} = 0.0024478$$
$$a_{60} = -0.0024345 \qquad a_{61} = 0.0024242 \qquad a_{62} = -0.0024169 \qquad a_{63} = 0.0024125$$

9. a. 三角插值多项式是

$$S(x) = \frac{31086.25}{2} - \frac{240.25}{2}\cos(\pi x - 8\pi) + 141.0809\cos\left(\frac{\pi}{8}x - \pi\right) - 203.4989\cos\left(\frac{\pi}{4}x - 2\pi\right) +$$

$$274.6464\cos\left(\frac{3\pi}{8}x - 3\pi\right) - 210.75\cos\left(\frac{\pi}{2}x - 4\pi\right) + 104.2019\cos\left(\frac{5\pi}{8}x - 5\pi\right) -$$

$$155.7601\cos\left(\frac{3\pi}{4}x - 6\pi\right) + 243.0707\cos\left(\frac{7\pi}{8}x - 7\pi\right) + 716.5795\sin\left(\frac{\pi}{8}x - \pi\right) -$$

$$286.6405\sin\left(\frac{\pi}{4}x - 2\pi\right) + 453.2262\sin\left(\frac{3\pi}{8}x - 3\pi\right) + 22.5\sin\left(\frac{\pi}{2}x - 4\pi\right) +$$

$$138.9449\sin\left(\frac{5\pi}{8}x - 5\pi\right) - 223.8905\sin\left(\frac{3\pi}{4}x - 6\pi\right) - 194.2018\sin\left(\frac{7\pi}{8}x - 7\pi\right)$$

b. 2013 年 4 月 8 日，相应于 $x = 1.27$ 和 $S(1.27) = 14721$；2014 年 4 月 8 日，相应于 $x = 13.27$ 和 $S(13.27) = 16323$。

c. $|14613-14721| = 108$，其相对误差为 0.00734；$|16256-16323| = 67$，其相对误差为 0.00412。从相对误差看近似并不坏。

d. 2014 年 6 月 17 日，相应于 $x = 15.57$，预测值为 $S(15.57) = 15073$。实际值接近 16808，相比之下近似并不好。

11. 从方程(8.28)可得

$$c_k = \sum_{j=0}^{2m-1} y_j \mathrm{e}^{\frac{\pi i j k}{m}} = \sum_{j=0}^{2m-1} y_j (\zeta)^{jk} = \sum_{j=0}^{2m-1} y_j \left(\zeta^k\right)^j$$

从而有

$$c_k = \left(1, \zeta^k, \zeta^{2k}, \cdots, \zeta^{(2m-1)k}\right)^t \begin{bmatrix} y_0 \\ y_1 \\ \vdots \\ y_{2m-1} \end{bmatrix}$$

于是可得到结果。

习题 9.1

1. a. 特征值及其所属的特征向量是 $\lambda_1 = 2, \mathbf{v}^{(1)} = (1,0,0)^t$; $\lambda_2 = 1, \mathbf{v}^{(2)} = (0,2,1)^t$ 和 $\lambda_3 = -1, \mathbf{v}^{(3)} = (-1,1,1)^t$。集合是线性无关的。

   b. 特征值及其所属的特征向量是 $\lambda_1 = 2, \mathbf{v}^{(1)} = (0,1,0)^t$; $\lambda_2 = 3, \mathbf{v}^{(2)} = (1,0,1)^t$ 和 $\lambda_3 = 1, \mathbf{v}^{(3)} = (1,0,-1)^t$。集合是线性无关的。

   c. 特征值及其所属的特征向量是 $\lambda_1 = 1, \mathbf{v}^{(1)} = (0,-1,1)^t$; $\lambda_2 = 1+\sqrt{2}, \mathbf{v}^{(2)} = (\sqrt{2},1,1)^t$ 和 $\lambda_3 = 1-\sqrt{2}, \mathbf{v}^{(3)} = (-\sqrt{2},1,1)^t$。集合是线性无关的。

   d. 特征值及其所属的特征向量是 $\lambda_1 = \lambda_2 = 2, \mathbf{v}^{(1)} = \mathbf{v}^{(2)} = (1,0,0)^t$; $\lambda_3 = 3$ 和 $\mathbf{v}^{(3)} = (0,1,1)^t$。只有两个是线性无关的特征向量。

3. a. 3 个特征值位于集合 $\{\lambda \mid |\lambda| \leqslant 2\} \bigcup \{\lambda \mid |\lambda - 2| \leqslant 2\}$ 内，所以 $\rho(A) \leqslant 4$。

   b. 3 个特征值位于集合 $\{\lambda \mid |\lambda - 4| \leqslant 2\}$ 内，所以 $\rho(A) \leqslant 6$。

   c. 3 个实特征值满足 $0 \leqslant \lambda \leqslant 6$，所以 $\rho(A) \leqslant 6$。

   d. 3 个实特征值满足 $1.25 \leqslant \lambda \leqslant 8.25$，所以 $1.25 \leqslant \rho(A) \leqslant 8.25$。

5. 因为有 $-2\mathbf{v}_1 + 7\mathbf{v}_2 - 3\mathbf{v}_3 = \mathbf{0}$，所以 3 个向量是线性相关的。

7. a. (i) $\mathbf{0} = c_1(1,1)^t + c_2(-2,1)^t$ 蕴含 $\begin{bmatrix} 1 & -2 \\ 1 & 1 \end{bmatrix} \begin{bmatrix} c_1 \\ c_2 \end{bmatrix} = \begin{bmatrix} 0 \\ 0 \end{bmatrix}$，但是 $\det \begin{bmatrix} 1 & -2 \\ 1 & 1 \end{bmatrix} = 3 \neq 0$，所以由定理 6.7，有 $c_1 = c_2 = 0$。

   (ii) $\{(1,1)^t, (-3/2, 3/2)^t\}$

   (iii) $\{(\sqrt{2}/2, \sqrt{2}/2)^t, (-\sqrt{2}/2, \sqrt{2}/2)^t\}$

   b. (i) 因为这个矩阵的行列式是 $-2 \neq 0$，所以 $\{(1,1,0)^t, (1,0,1)^t, (0,1,1)^t\}$ 是线性无关的集合。

   (ii) $\{(1,1,0)^t, (1/2,-1/2,1)^t, (-2/3,2/3,2/3)^t\}$

   (iii) $\{(\sqrt{2}/2, \sqrt{2}/2, 0)^t, (\sqrt{6}/6, -\sqrt{6}/6, \sqrt{6}/3)^t, (-\sqrt{3}/3, \sqrt{3}/3, \sqrt{3}/3)^t\}$

   c. (i) 如果 $\mathbf{0} = c_1(1,1,1,1)^t + c_2(0,2,2,2)^t + c_3(1,0,0,1)^t$，则有

   $(E_1): c_1 + c_3 = 0$,　$(E_2): c_1 + 2c_2 = 0$,　$(E_3): c_1 + 2c_2 = 0$,　$(E_4): c_1 + 2c_2 + c_3 = 0$

   从 (E_4) 中减去 (E_3) 就得到 $c_3 = 0$。于是，由 (E_1) 可以得出 $c_1 = 0$，由 (E_2) 可以得出 $c_2 = 0$。因此，这些向量线性无关。

   (ii) $\{(1,1,1,1)^t, (-3/2,1/2,1/2,1/2)^t, (0,-1/3,-1/3,2/3)^t\}$

   (iii) $\{(1/2,1/2,1/2,1/2)^t, (-\sqrt{3}/2, \sqrt{3}/6, \sqrt{3}/6, \sqrt{3}/6)^t, (0, -\sqrt{6}/6, -\sqrt{6}/6, \sqrt{6}/3)^t\}$

   d. (i) 如果 A 是列由向量 $\mathbf{v}_1, \mathbf{v}_2, \mathbf{v}_3, \mathbf{v}_4, \mathbf{v}_5$ 组成的矩阵，则 $A = 60 \neq 0$，于是这些向量是线性无关的。

(ii) $\{(2,2,3,2,3)^t,(2,-1,0,-1,0)^t,(0,0,1,0,-1)^t,(1,2,-1,0,-1)^t,(-2/7,3/7,2/7,-1,2/7)^t\}$

(iii) $\{(\sqrt{30}/15,\sqrt{30}/15,\sqrt{30}/10,\sqrt{30}/15,\sqrt{30}/10)^t,(\sqrt{6}/3,-\sqrt{6}/6,0,-\sqrt{6}/6,0)^t,(0,0,\sqrt{2}/2,0,-\sqrt{2}/2)^t,(\sqrt{7}/7,2\sqrt{7}/7,-\sqrt{7}/7,0,-\sqrt{7}/7,)^t,(-\sqrt{70}/35,3\sqrt{70}/70,\sqrt{70}/35,-\sqrt{70}/10,\sqrt{70}/35)^t\}$

9. a. 设 μ 是 A 的特征值。因为 A 是对称的，所以 μ 是实数。再由定理 9.13 可知 $0 \le \mu \le 4$。$A-4I$ 的特征值是 $\mu-4$，于是

$$\rho(A-4I) = \max|\mu-4| = \max(4-\mu) = 4 - \min\mu = 4 - \lambda = |\lambda - 4|$$

   b. 因为 $A-4I$ 的特征值是 -3.618034，-2.618034，-1.381966 和 -0.381966，所以有 $\rho(A-4I) = 3.618034$ 和 $\lambda = 0.381966$。一个特征向量是 $(0.618034, 1, 1, 0.618034)^t$。

   c. 如同 (a)，$0 \le \mu \le 6$，所以有 $|\lambda - 6| = \rho(B-6I)$。

   d. 因为 $B-6I$ 的特征值是 -5.2360673，-4，-2 和 -0.76393202，所以有 $\rho(B-6I) = 5.2360673$ 和 $\lambda = 0.7639327$。一个特征向量是 $(0.61803395, 1, 1, 0.6180395)^t$。

11. 如果 $c_1\mathbf{v}_1+\cdots+c_k\mathbf{v}_k = \mathbf{0}$，则对任何 j，当 $1 \le j \le k$ 时，有 $c_1\mathbf{v}_j^t\mathbf{v}_1+\cdots+c_k\mathbf{v}_j^t\mathbf{v}_k = \mathbf{0}$。另一方面由正交性可知，当 $c_i\mathbf{v}_j^t\mathbf{v}_i = 0$ 时，$i \ne j$，故 $c_i\mathbf{v}_j^t\mathbf{v}_j = 0$，又因为 $\mathbf{v}_j^t\mathbf{v}_j \ne 0$，所以有 $c_j = 0$。

13. 因为 $\{\mathbf{v}_i\}_{i=1}^n$ 在 $\mathbb{R}^n$ 中线性无关，则存在常数 $c_1,\cdots,c_n$，使得

$$\mathbf{x} = c_1\mathbf{v}_1 + \cdots + c_n\mathbf{v}_n$$

因此，对任意 k，当 $1 \le k \le n$ 时，有 $\mathbf{v}_k^t\mathbf{x} = c_1\mathbf{v}_k^t\mathbf{v}_1+\cdots+c_n\mathbf{v}_k^t\mathbf{v}_n = c_k\mathbf{v}_k^t\mathbf{v}_k = c_k$。

15. 一个严格对角占优的矩阵其对角线元素的绝对值大于该行所有其他元素的绝对值之和。于是，每个 Geršgorin 圆盘中心到原点的距离大于该圆盘的半径。从而所有圆盘都不包含原点。故 0 不是这个矩阵的特征值，该矩阵是非奇异的。

习题 9.2

1. 在每个例子中，我们将比较矩阵 A 和矩阵 B 的特征多项式，分别记为 $p(A)$ 和 $p(B)$。如果两个矩阵是相似的，则它们的特征多项式一定相同。

   a. $p(A) = x^2 - 4x + 3 \ne x^2 - 2x - 3 = p(B)$

   b. $p(A) = x^2 - 5x + 6 \ne x^2 - 6x + 6 = p(B)$

   c. $p(A) = x^3 - 4x^2 + 5x - 2 \ne x^3 - 4x^2 + 5x - 6 = p(B)$

   d. $p(A) = x^3 - 5x^2 + 12x - 11 \ne x^3 - 4x^2 + 4x + 11 = p(B)$

3. 在每种情形下，$A^3 = (PDP^{(-1)})(PDP^{(-1)})(PDP^{(-1)}) = PD^3P^{(-1)}$ 都成立。

   a. $\begin{bmatrix} \frac{26}{5} & -\frac{14}{5} \\ -\frac{21}{5} & \frac{19}{5} \end{bmatrix}$
   b. $\begin{bmatrix} 1 & 9 \\ 0 & -8 \end{bmatrix}$
   c. $\begin{bmatrix} \frac{9}{5} & -\frac{8}{5} & \frac{7}{5} \\ \frac{4}{5} & -\frac{3}{5} & \frac{2}{5} \\ -\frac{2}{5} & \frac{4}{5} & -\frac{6}{5} \end{bmatrix}$
   d. $\begin{bmatrix} 8 & 0 & 0 \\ 0 & 8 & 0 \\ 0 & 0 & 8 \end{bmatrix}$

5. 它们都可以对角化，其中 P 和 D 如下。

   a. $P = \begin{bmatrix} -1 & \frac{1}{4} \\ 1 & 1 \end{bmatrix}$ 和 $D = \begin{bmatrix} 5 & 0 \\ 0 & 0 \end{bmatrix}$

   b. $P = \begin{bmatrix} 1 & -1 \\ 1 & 1 \end{bmatrix}$ 和 $D = \begin{bmatrix} 1 & 0 \\ 0 & 3 \end{bmatrix}$

   c. $P = \begin{bmatrix} 1 & -1 & 0 \\ 0 & 0 & 1 \\ 1 & 1 & 0 \end{bmatrix}$ 和 $D = \begin{bmatrix} 3 & 0 & 0 \\ 0 & 1 & 0 \\ 0 & 0 & 1 \end{bmatrix}$

$$d. \quad P = \begin{bmatrix} \sqrt{2} & -\sqrt{2} & 0 \\ 1 & 1 & -1 \\ 1 & 1 & 1 \end{bmatrix} \text{和} D = \begin{bmatrix} 1+\sqrt{2} & 0 & 0 \\ 0 & 1-\sqrt{2} & 0 \\ 0 & 0 & 1 \end{bmatrix}$$

7. 除了 (d)，所有的矩阵都有 3 个线性无关的特征向量。(d) 中的矩阵只有两个线性无关的特征向量。每种情形下可选取 P 如下。

a. $\begin{bmatrix} -1 & 0 & 1 \\ 1 & 2 & 0 \\ 1 & 1 & 0 \end{bmatrix}$
b. $\begin{bmatrix} 0 & -1 & 1 \\ 1 & 0 & 0 \\ 0 & 1 & 1 \end{bmatrix}$
c. $\begin{bmatrix} 0 & \sqrt{2} & -\sqrt{2} \\ -1 & 1 & 1 \\ 1 & 1 & 1 \end{bmatrix}$

9. 只有 (a) 和 (c) 中的矩阵是正定的。

a. $Q = \begin{bmatrix} -\frac{\sqrt{2}}{2} & \frac{\sqrt{2}}{2} \\ \frac{\sqrt{2}}{2} & \frac{\sqrt{2}}{2} \end{bmatrix}$ 和 $D = \begin{bmatrix} 1 & 0 \\ 0 & 3 \end{bmatrix}$
b. $Q = \begin{bmatrix} \frac{\sqrt{2}}{2} & 0 & -\frac{\sqrt{2}}{2} \\ 0 & 1 & 0 \\ \frac{\sqrt{2}}{2} & 0 & \frac{\sqrt{2}}{2} \end{bmatrix}$ 和 $D = \begin{bmatrix} 3 & 0 & 0 \\ 0 & 2 & 0 \\ 0 & 0 & 1 \end{bmatrix}$

11. 所有情形的矩阵都没有 3 个线性无关的特征向量。

 a. 因为 $\det(A) = 12$，所以 A 是非奇异的。 b. 因为 $\det(A) = -1$，所以 A 是非奇异的。
 c. 因为 $\det(A) = 12$，所以 A 是非奇异的。 d. 因为 $\det(A) = 1$，所以 A 是非奇异的。

13. 矩阵 A 的重数为 1 的特征值 $\lambda_1 = 3$ 对应的特征向量是 $\mathbf{s}_1 = (0,1,1)^t$，重数为 2 的特征值 $\lambda_2 = 2$ 对应两个线性无关的特征向量，$\mathbf{s}_2 = (1,1,0)^t$ 和 $\mathbf{s}_3 = (-2,0,1)^t$。设 $S_1 = \{\mathbf{s}_1, \mathbf{s}_2, \mathbf{s}_3\}$，$S_2 = \{\mathbf{s}_2, \mathbf{s}_1, \mathbf{s}_3\}$ 和 $S_3 = \{\mathbf{s}_2, \mathbf{s}_3, \mathbf{s}_1\}$，则 $A = S_1^{-1} D_1 S_1 = S_2^{-1} D_2 S_2 = S_3^{-1} D_3 S_3$，所以 A 相似于 D_1, D_2 和 D_3。

15. a. 特征值及其对应的特征向量是
$$\lambda_1 = 5.307857563, \quad (0.59020967, 0.51643129, 0.62044441)^t$$
$$\lambda_2 = -0.4213112993, \quad (0.77264234, -0.13876278, -0.61949069)^t$$
$$\lambda_3 = -0.1365462647, \quad (0.23382978, -0.84501102, 0.48091581)^t$$

 b. 因为 $\lambda_2 < 0$ 和 $\lambda_3 < 0$，所以 A 不是正定的。

17. 因为 A 相似于 B 且 B 相似于 C，所以存在可逆矩阵 S 和 T，使得 $A = S^{-1} B S$ 和 $B = T^{-1} C T$。于是由下式可以知道 A 相似于 C：

$$A = S^{-1} B S = S^{-1}(T^{-1} C T) S = (S^{-1} T^{-1}) C (T S) = (T S)^{-1} C (T S)$$

19. a. 设 Q 的列由向量 $\mathbf{q}_1, \mathbf{q}_2, \cdots, \mathbf{q}_n$ 组成，它同时是 Q^t 的行。因为 Q 是正交的，则 $(\mathbf{q}_i)^t \cdot \mathbf{q}_j$ 当 $i \neq j$ 时为 0，当 $i = j$ 时为 1。但是 $Q^t Q$ 的第 ij 项元素是 $(\mathbf{q}_i)^t \cdot \mathbf{q}_j$，故 $Q^t Q = I$，从而 $Q^t = Q^{-1}$。

 b. 由定理 9.10 的 (i)，我们知道 $Q^t Q = I$，所以

$$(Q\mathbf{x})^t (Q\mathbf{y}) = (\mathbf{x}^t Q^t)(Q\mathbf{y}) = \mathbf{x}^t (Q^t Q) \mathbf{y} = \mathbf{x}^t (I) \mathbf{y} = \mathbf{x}^t \mathbf{y}$$

 c. 再由定理 9.10 的 (ii) 中用 $\mathbf{x}$ 代替 $\mathbf{y}$ 就得到

$$\|Q\mathbf{x}\|_2^2 = (Q\mathbf{x})^t (Q\mathbf{x}) = \mathbf{x}^t \mathbf{x} = \|\mathbf{x}\|_2^2$$

习题 9.3

1. 近似特征值和近似特征向量为

 a. $\mu^{(3)} = 3.666667$, $\mathbf{x}^{(3)} = (0.9772727, 0.9318182, 1)^t$
 b. $\mu^{(3)} = 2.000000$, $\mathbf{x}^{(3)} = (1, 1, 0.5)^t$
 c. $\mu^{(3)} = 5.000000$, $\mathbf{x}^{(3)} = (-0.2578947, 1, -0.2842105)^t$
 d. $\mu^{(3)} = 5.038462$, $\mathbf{x}^{(3)} = (1, 0.2213741, 0.3893130, 0.4045802)^t$

3. 近似特征值和近似特征向量为

 a. $\mu^{(3)} = 1.027730$, $\mathbf{x}^{(3)} = (-0.1889082, 1, -0.7833622)^t$

b. $\mu^{(3)} = -0.4166667,\quad \mathbf{x}^{(3)} = (1, -0.75, -0.6666667)^t$

c. $\mu^{(3)} = 17.64493,\quad \mathbf{x}^{(3)} = (-0.3805794, -0.09079132, 1)^t$

d. $\mu^{(3)} = 1.378684,\quad \mathbf{x}^{(3)} = (-0.3690277, -0.2522880, 0.2077438, 1)^t$

5. 近似特征值和近似特征向量为

   a. $\mu^{(3)} = 3.959538,\quad \mathbf{x}^{(3)} = (0.5816124, 0.5545606, 0.5951383)^t$

   b. $\mu^{(3)} = 2.0000000,\quad \mathbf{x}^{(3)} = (-0.6666667, -0.6666667, -0.3333333)^t$

   c. $\mu^{(3)} = 7.189567,\quad \mathbf{x}^{(3)} = (0.5995308, 0.7367472, 0.3126762)^t$

   d. $\mu^{(3)} = 6.037037,\quad \mathbf{x}^{(3)} = (0.5073714, 0.4878571, -0.6634857, -0.2536857)^t$

7. 近似特征值和近似特征向量为

   a. $\lambda_1 \approx \mu^{(9)} = 3.999908,\quad \mathbf{x}^{(9)} = (0.9999943, 0.9999828, 1)^t$

   b. $\lambda_1 \approx \mu^{(13)} = 2.414214,\quad \mathbf{x}^{(13)} = (1, 0.7071429, 0.7070707)^t$

   c. $\lambda_1 \approx \mu^{(9)} = 5.124749,\quad \mathbf{x}^{(9)} = (-0.2424476, 1, -0.3199733)^t$.

   d. $\lambda_1 \approx \mu^{(24)} = 5.235861,\quad \mathbf{x}^{(24)} = (1, 0.6178361, 0.1181667, 0.4999220)^t$

9. a. $\mu^{(9)} = 1.00001523$ 和 $\mathbf{x}^{(9)} = (-0.19999391, 1, -0.79999087)^t$

   b. $\mu^{(12)} = -0.41421356$ 和 $\mathbf{x}^{(12)} = (1, -0.70709184, -0.707121720)^t$

   c. 该方法在 25 次迭代后不收敛。但是，可收敛到 $\mu^{(42)} = 1.63663642$ 与 $\mathbf{x}^{(42)} = (-0.57068151, 0.3633658, 1)^t$。

   d. $\mu^{(9)} = 1.38195929$ 和 $\mathbf{x}^{(9)} = (-0.38194003, -0.23610068, 0.23601909, 1)^t$

11. 近似特征值和近似特征向量为

    a. $\mu^{(8)} = 4.0000000,\quad \mathbf{x}^{(8)} = (0.5773547, 0.5773282, 0.5773679)^t$

    b. $\mu^{(13)} = 2.414214,\quad \mathbf{x}^{(13)} = (-0.7071068, -0.5000255, -0.4999745)^t$

    c. $\mu^{(16)} = 7.223663,\quad \mathbf{x}^{(16)} = (0.6247845, 0.7204271, 0.3010466)^t$

    d. $\mu^{(20)} = 7.086130,\quad \mathbf{x}^{(20)} = (0.3325999, 0.2671862, -0.7590108, -0.4918246)^t$

13. 近似特征值和近似特征向量为

    a. $\lambda_2 \approx \mu^{(1)} = 1.000000,\quad \mathbf{x}^{(1)} = (-2.999908, 2.999908, 0)^t$

    b. $\lambda_2 \approx \mu^{(1)} = 1.000000,\quad \mathbf{x}^{(1)} = (0, -1.414214, 1.414214)^t$

    c. $\lambda_2 \approx \mu^{(6)} = 1.636734,\quad \mathbf{x}^{(6)} = (1.783218, -1.135350, -3.124733)^t$

    d. $\lambda_2 \approx \mu^{(10)} = 3.618177,\quad \mathbf{x}^{(10)} = (0.7236390, -1.170573, 1.170675, -0.2763374)^t$

15. 近似特征值和近似特征向量为

    a. $\mu^{(8)} = 4.000001,\quad \mathbf{x}^{(8)} = (0.9999773, 0.99993134, 1)^t$

    b. 由于分母为零，所以该方法失败。

    c. $\mu^{(7)} = 5.124890,\quad \mathbf{x}^{(7)} = (-0.2425938, 1, -0.3196351)^t$

    d. $\mu^{(15)} = 5.236112,\quad \mathbf{x}^{(15)} = (1, 0.6125369, 0.1217216, 0.4978318)^t$

17. a. 对所有的特征值 λ，我们有 $|\lambda| \leqslant 6$。

    b. 近似特征值和近似特征向量为 $\mu^{(133)} = 0.69766854$，$\mathbf{x}^{(133)} = (1, 0.7166727, 0.2568099, 0.04601217)^t$

    c. 特征多项式是 $P(\lambda) = \lambda^4 - \dfrac{1}{4}\lambda - \dfrac{1}{16}$，特征值是 $\lambda_1 = 0.6976684972$, $\lambda_2 = -0.2301775942 + 0.56965884i$, $\lambda_3 = -0.2301775942 - 0.56965884i$ 和 $\lambda_4 = -0.237313308$。

    d. 因为 A 是收敛的，所以甲虫的数量应该趋于零。

19. 用反幂法，取 $\mathbf{x}^{(0)} = (1, 0, 0, 1, 0, 0, 1, 0, 0, 1)^t$ 和 $q = 0$，可得到下面的结果：

    a. $\mu^{(49)} = 1.0201926$，故 $\rho(A^{-1}) \approx 1/\mu^{(49)} = 0.9802071$

b. $\mu^{(30)} = 1.0404568$, 故 $\rho(A^{-1}) \approx 1/\mu^{(30)} = 0.9611163$

c. $\mu^{(22)} = 1.0606974$, 故 $\rho(A^{-1}) \approx 1/\mu^{(22)} = 0.9427760$

对所有 $\left[\dfrac{1}{4}, \dfrac{3}{4}\right]$ 中的 α ，该方法是稳定的。

21. 构造 $A^{-1}B$，并用幂法取 $\mathbf{x}^{(0)} = (1,0,0,1,0,0,1,0,0,1)^t$ 可得到下面的结果：

 a. 谱半径大约是 $\mu^{(46)} = 0.9800021$

 b. 谱半径大约是 $\mu^{(25)} = 0.9603543$

 c. 谱半径大约是 $\mu^{(18)} = 0.9410754$

23. 近似特征值和近似特征向量为

 a. $\mu^{(2)} = 1.000000$， $\mathbf{x}^{(2)} = (0.1542373, -0.7715828, 0.6171474)^t$

 b. $\mu^{(13)} = 1.000000$， $\mathbf{x}^{(13)} = (0.00007432, -0.7070723, 0.7071413)^t$

 c. $\mu^{(14)} = 4.961699$， $\mathbf{x}^{(14)} = (-0.4814472, 0.05180473, 0.8749428)^t$

 d. $\mu^{(17)} = 4.428007$， $\mathbf{x}^{(17)} = (0.7194230, 0.4231908, 0.1153589, 0.5385466)^t$

25. 由于

$$\mathbf{x}^t = \frac{1}{\lambda_1 v_i^{(1)}}(a_{i1}, a_{i2}, \cdots, a_{in})$$

故 B 的第 i 行为

$$(a_{i1}, a_{i2}, \cdots, a_{in}) - \frac{\lambda_1}{\lambda_1 v_i^{(1)}}\left(v_i^{(1)} a_{i1}, v_i^{(1)} a_{i2}, \cdots, v_i^{(1)} a_{in}\right) = \mathbf{0}$$

习题 9.4

1. 利用 Householder 方法得到下面的三对角矩阵：

a.
$$\begin{bmatrix} 12.00000 & -10.77033 & 0.0 \\ -10.77033 & 3.862069 & 5.344828 \\ 0.0 & 5.344828 & 7.137931 \end{bmatrix}$$
b.
$$\begin{bmatrix} 2.0000000 & 1.414214 & 0.0 \\ 1.414214 & 1.000000 & 0.0 \\ 0.0 & 0.0 & 3.0 \end{bmatrix}$$

c.
$$\begin{bmatrix} 1.0000000 & -1.414214 & 0.0 \\ -1.414214 & 1.000000 & 0.0 \\ 0.0 & 0.0 & 1.000000 \end{bmatrix}$$
d.
$$\begin{bmatrix} 4.750000 & -2.263846 & 0.0 \\ -2.263846 & 4.475610 & -1.219512 \\ 0.0 & -1.219512 & 5.024390 \end{bmatrix}$$

3. 利用 Householder 方法得到下面的上 Hessenberg 矩阵：

a.
$$\begin{bmatrix} 2.0000000 & 2.8284271 & 1.4142136 \\ -2.8284271 & 1.0000000 & 2.0000000 \\ 0.0000000 & 2.0000000 & 3.0000000 \end{bmatrix}$$

b.
$$\begin{bmatrix} -1.0000000 & -3.0655513 & 0.0000000 \\ -3.6055513 & -0.23076923 & 3.1538462 \\ 0.0000000 & 0.15384615 & 2.2307692 \end{bmatrix}$$

c.
$$\begin{bmatrix} 5.0000000 & 4.9497475 & -1.4320780 & -1.5649769 \\ -1.4142136 & -2.0000000 & -2.4855515 & 1.8226448 \\ 0.0000000 & -5.4313902 & -1.4237288 & -2.6486542 \\ 0.0000000 & 0.0000000 & 1.5939865 & 5.4237288 \end{bmatrix}$$

d.
$$\begin{bmatrix} 4.0000000 & 1.7320508 & 0.0000000 & 0.0000000 \\ 1.7320508 & 2.3333333 & 0.23570226 & 0.40824829 \\ 0.0000000 & -0.47140452 & 4.6666667 & -0.57735027 \\ 0.0000000 & 0.0000000 & 0.0000000 & 5.0000000 \end{bmatrix}$$

习题 9.5

1. 用无位移的 QR 方法，两次迭代得到的矩阵如下。

a. $A^{(3)} = \begin{bmatrix} 3.142857 & -0.559397 & 0.0 \\ -0.559397 & 2.248447 & -0.187848 \\ 0.0 & -0.187848 & 0.608696 \end{bmatrix}$

b. $A^{(3)} = \begin{bmatrix} 4.549020 & 1.206958 & 0.0 \\ 1.206958 & 3.519688 & 0.000725 \\ 0.0 & 0.000725 & -0.068708 \end{bmatrix}$

c. $A^{(3)} = \begin{bmatrix} 4.592920 & -0.472934 & 0.0 \\ -0.472934 & 3.108760 & -0.232083 \\ 0.0 & -0.232083 & 1.298319 \end{bmatrix}$

d. $A^{(3)} = \begin{bmatrix} 3.071429 & 0.855352 & 0.0 & 0.0 \\ 0.855352 & 3.314192 & -1.161046 & 0.0 \\ 0.0 & -1.161046 & 3.331770 & 0.268898 \\ 0.0 & 0.0 & 0.268898 & 0.282609 \end{bmatrix}$

e. $A^{(3)} = \begin{bmatrix} -3.607843 & 0.612882 & 0.0 & 0.0 \\ 0.612882 & -1.395227 & -1.111027 & 0.0 \\ 0 & -1.111027 & 3.133919 & 0.346353 \\ 0.0 & 0.0 & 0.346353 & 0.869151 \end{bmatrix}$

f. $A^{(3)} = \begin{bmatrix} 1.013260 & 0.279065 & 0.0 & 0.0 \\ 0.279065 & 0.696255 & 0.107448 & 0.0 \\ 0.0 & 0.107448 & 0.843061 & 0.310832 \\ 0.0 & 0.0 & 0.310832 & 0.317424 \end{bmatrix}$

3. 习题 1 中的矩阵有下面的近似特征值，精度在 10^{-5} 之内。

a. 3.414214, 2.000000, 0.58578644   b. -0.06870782, 5.346462, 2.722246

c. 1.267949, 4.732051, 3.000000   d. 4.745281, 3.177283, 1.822717, 0.2547188

e. 3.438803, 0.8275517, -1.488068, -3.778287 f. 0.9948440, 1.189091, 0.5238224, 0.1922421

5. 习题 1 中的矩阵有下面的近似特征向量，精度在 10^{-5} 之内。

a. $(-0.7071067, 1, -0.7071067)^t$, $(1, 0, -1)^t$, $(0.7071068, 1, 0.7071068)^t$

b. $(0.1741299, -0.5343539, 1)^t$, $(0.4261735, 1, 0.4601443)^t$, $(1, -0.2777544, -0.3225491)^t$

c. $(0.2679492, 0.7320508, 1)^t$, $(1, -0.7320508, 0.2679492)^t$, $(1, 1, -1)^t$

d. $(-0.08029447, -0.3007254, 0.7452812, 1)^t$, $(0.4592880, 1, -0.7179949, 0.8727118)^t$, $(0.8727118, 0.7179949, 1, -0.4592880)^t$, $(1, -0.7452812, -0.3007254, 0.08029447)^t$

e. $(-0.01289861, -0.07015299, 0.4388026, 1)^t$, $(-0.1018060, -0.2878618, 1, -0.4603102)^t$, $(1, 0.5119322, 0.2259932, -0.05035423)^t$, $(-0.5623391, 1, 0.2159474, -0.03185871)^t$

f. $(-0.1520150, -0.3008950, -0.05155956, 1)^t$, $(0.3627966, 1, 0.7459807, 0.3945081)^t$, $(1, 0.09528962, -0.6907921, 0.1450703)^t$, $(0.8029403, -0.9884448, 1, -0.1237995)^t$

7. a. 精度在 10^{-5} 之内的特征值是 2.618034, 3.618034, 1.381966 和 0.3819660。

b. 用 p 和 ρ 表示的特征值为 $-65.45085p/\rho$, $-90.45085p/\rho$, $-34.54915p/\rho$ 和 $-9.549150p/\rho$。

9. 实际的特征值如下：

a. 当 $\alpha = 1/4$ 时，它们是 0.97974649, 0.92062677, 0.82743037, 0.70770751, 0.57115742, 0.42884258, 0.29229249, 0.17256963, 0.07937323 和 0.02025351。

b. 当 $\alpha = 1/2$ 时，它们是 0.95949297, 0.84125353, 0.65486073, 0.41541501, 0.14231484, -0.14231484, -0.41541501, -0.65486073, -0.84125353 和 -0.95949297。

c. 当 $\alpha = 3/4$ 时，它们是 0.93923946, 0.76188030, 0.48229110, 0.12312252, -0.28652774, -0.71347226, -1.12312252, -1.48229110, -1.76188030 和 -1.93923946。对应于 $\alpha \leqslant \dfrac{1}{2}$，该方法看起来是稳定的。

11. a. 设
$$P = \begin{bmatrix} \cos\theta & -\sin\theta \\ \sin\theta & \cos\theta \end{bmatrix}$$
和 $\mathbf{y} = P\mathbf{x}$。可以证明 $\|\mathbf{x}\|_2 = \|\mathbf{y}\|_2$。利用关系 $x_1 + \mathrm{i}x_2 = re^{\mathrm{i}\alpha}$，其中 $r = \|\mathbf{x}\|_2$ 和 $\alpha = \arctan(x_2/x_1)$，则 $y_1 + \mathrm{i}y_2 = re^{\mathrm{i}(\alpha+\theta)}$。

b. 设 $\mathbf{x} = (1,0)^t$ 和 $\theta = \pi/4$。

13. 设 $C = RQ$，其中 R 是上三角矩阵，Q 是上 Hessenberg 矩阵，则 $c_{ij} = \sum_{k=1}^{n} r_{ik}q_{kj}$。因为 R 是上三角矩阵，则有当 $k < i$ 时 $r_{ik} = 0$，因此 $c_{ij} = \sum_{k=i}^{n} r_{ik}q_{kj}$。又因为 Q 是上 Hessenberg 矩阵，则当 $k > j+1$ 时有 $q_{kj} = 0$，从而 $c_{ij} = \sum_{k=i}^{j+1} r_{ik}q_{kj}$。如果 $i > j+1$，则和为零。于是当 $i \geq j+2$ 时 $c_{ij} = 0$。这意味着 C 是一个上 Hessenberg 矩阵。

15. 输入：维数 n，矩阵 $A = (a_{ij})$，误差限 TOL，最大迭代次数 N。

输出：A 的特征值 $\lambda_1, \cdots, \lambda_n$，或者超出最大迭代次数的信息。

Step 1　Set $FLAG = 1$; $k1 = 1$.

Step 2　While $(FLAG = 1)$ do Steps 3–10

Step 3　For $i = 2, \cdots, n$ do Steps 4–8.

Step 4　For $j = 1, \cdots, i-1$ do Steps 5–8.

Step 5　If $a_{ii} = a_{jj}$　then set
$$\mathrm{CO} = 0.5\sqrt{2};$$
$$\mathrm{SI} = \mathrm{CO}$$
else set
$$b = |a_{ii} - a_{jj}|;$$
$$c = 2a_{ij}\,\mathrm{sign}(a_{ii} - a_{jj});$$
$$\mathrm{CO} = 0.5\left(1 + b/\left(c^2 + b^2\right)^{\frac{1}{2}}\right)^{\frac{1}{2}};$$
$$\mathrm{SI} = 0.5c/\left(CO\left(c^2 + b^2\right)^{\frac{1}{2}}\right).$$

Step 6　For $k = 1, \cdots, n$
if $(k \neq i)$ and $(k \neq j)$ then
set $x = a_{k,j}$;
$y = a_{k,i}$;
$a_{k,j} = \mathrm{CO}\cdot x + \mathrm{SI}\cdot y$;
$a_{k,i} = \mathrm{CO}\cdot y + \mathrm{SI}\cdot x$;
$x = a_{j,k}$;
$y = a_{i,k}$;
$a_{j,k} = \mathrm{CO}\cdot x + \mathrm{SI}\cdot y$;
$a_{i,k} = \mathrm{CO}\cdot y - \mathrm{SI}\cdot x$.

Step 7　Set $x = a_{j,j}$;
$y = a_{i,i}$;
$a_{j,j} = \mathrm{CO}\cdot\mathrm{CO}\cdot x + 2\cdot\mathrm{SI}\cdot CO\cdot a_{j,i} + \mathrm{SI}\cdot\mathrm{SI}\cdot y$;
$a_{i,i} = \mathrm{SI}\cdot\mathrm{SI}\cdot x - 2\cdot\mathrm{SI}\cdot\mathrm{CO}\cdot a_{i,j} + \mathrm{CO}\cdot\mathrm{CO}\cdot y$.

Step 8　Set $a_{i,j} = 0$; $a_{j,i} = 0$.

Step 9　Set
$$s = \sum_{i=1}^{n}\sum_{\substack{j=1 \\ j\neq i}}^{n}|a_{ij}|.$$

Step 10　If $s < TOL$　then for $i = 1, \cdots, n$　set
$\lambda_i = a_{ii}$;
OUTPUT $(\lambda_1, \cdots, \lambda_n)$;
set $FLAG = 0$.
else set $k1 = k1 + 1$;
if $k1 > N$ then set $FLAG = 0$.

Step 11　If $k1 > N$ then
OUTPUT ('Maximum number of iterations exceeded');
STOP.

习题 9.6

1. a. $s_1 = 1 + \sqrt{2}$, $s_2 = -1 + \sqrt{2}$ b. $s_1 = 2.676243$, $s_2 = 0.9152717$

  c. $s_1 = 3.162278$, $s_2 = 2$ d. $s_1 = 2.645751$, $s_2 = 1$, $s_3 = 1$

3. a.

$$U = \begin{bmatrix} -0.923880 & -0.382683 \\ -0.3826831 & 0.923880 \end{bmatrix}, \quad S = \begin{bmatrix} 2.414214 & 0 \\ 0 & 0.414214 \end{bmatrix},$$

$$V^t = \begin{bmatrix} -0.923880 & -0.382683 \\ -0.382683 & 0.923880 \end{bmatrix}$$

  b.

$$U = \begin{bmatrix} 0.8247362 & -0.3913356 & 0.4082483 \\ 0.5216090 & 0.2475023 & -0.8164966 \\ 0.2184817 & 0.8863403 & 0.4082483 \end{bmatrix}, \quad S = \begin{bmatrix} 2.676243 & 0 \\ 0 & 0.9152717 \\ 0 & 0 \end{bmatrix},$$

$$V^t = \begin{bmatrix} 0.8112422 & 0.5847103 \\ -0.5847103 & 0.8112422 \end{bmatrix}$$

  c.

$$U = \begin{bmatrix} -0.632456 & -0.500000 & -0.5 & 0.3162278 \\ 0.316228 & -0.500000 & 0.5 & 0.6324555 \\ -0.316228 & -0.500000 & 0.5 & -0.6324555 \\ -0.632456 & 0.500000 & 0.5 & 0.3162278 \end{bmatrix}, \quad S = \begin{bmatrix} 3.162278 & 0 \\ 0 & 2 \\ 0 & 0 \\ 0 & 0 \end{bmatrix},$$

$$V^t = \begin{bmatrix} -1 & 0 \\ 0 & -1 \end{bmatrix}$$

  d.

$$U = \begin{bmatrix} -0.436436 & 0.707107 & 0.408248 & -0.377964 \\ 0.436436 & 0.707107 & -0.408248 & 0.377964 \\ -0.436436 & 0 & -0.816497 & -0.377964 \\ -0.654654 & 0 & 0 & 0.755929 \end{bmatrix}, \quad S = \begin{bmatrix} 2.645751 & 0 & 0 \\ 0 & 1 & 0 \\ 0 & 0 & 1 \\ 0 & 0 & 0 \end{bmatrix},$$

$$V^t = \begin{bmatrix} -0.577350 & -0.577350 & 0.577350 \\ 0 & 0.707107 & 0.707107 \\ 0.816497 & -0.408248 & 0.408248 \end{bmatrix}$$

5. 对于例 2 中的矩阵 A, 我们有

$$A^t A = \begin{bmatrix} 1 & 0 & 0 & 0 & 1 \\ 0 & 1 & 1 & 1 & 1 \\ 1 & 0 & 1 & 0 & 0 \end{bmatrix} \begin{bmatrix} 1 & 0 & 1 \\ 0 & 1 & 0 \\ 0 & 1 & 1 \\ 0 & 1 & 0 \\ 1 & 1 & 0 \end{bmatrix} = \begin{bmatrix} 2 & 1 & 1 \\ 1 & 4 & 1 \\ 1 & 1 & 2 \end{bmatrix}$$

因此 $A^t A (1, 2, 1)^t = (5, 10, 5)^t = 5(1, 2, 1)^t$, $A^t A(1, -1, 1)^t = (2, -2, 2)^t = 2(1, -1, 1)^t$ 和 $A^t A(-1, 0, 1)^t = (-1, 0, 1)^t$。

7. a. 使用表中的值构造

$$\mathbf{b} = \begin{bmatrix} y_0 \\ y_1 \\ y_2 \\ y_3 \\ y_4 \\ y_5 \end{bmatrix} = \begin{bmatrix} 1.84 \\ 1.96 \\ 2.21 \\ 2.45 \\ 2.94 \\ 3.18 \end{bmatrix}, \quad A = \begin{bmatrix} 1 & x_0 & x_0^2 \\ 1 & x_1 & x_1^2 \\ 1 & x_2 & x_2^2 \\ 1 & x_3 & x_3^2 \\ 1 & x_4 & x_4^2 \\ 1 & x_5 & x_5^2 \end{bmatrix} = \begin{bmatrix} 1 & 1.0 & 1.0 \\ 1 & 1.1 & 1.21 \\ 1 & 1.3 & 1.69 \\ 1 & 1.5 & 2.25 \\ 1 & 1.9 & 3.61 \\ 1 & 2.1 & 4.41 \end{bmatrix}$$

矩阵 A 有奇异值分解 $A = USV^t$, 其中,

$$U = \begin{bmatrix} -0.203339 & -0.550828 & 0.554024 & 0.055615 & -0.177253 & -0.560167 \\ -0.231651 & -0.498430 & 0.185618 & 0.165198 & 0.510822 & 0.612553 \\ -0.294632 & -0.369258 & -0.337742 & -0.711511 & -0.353683 & 0.177288 \\ -0.366088 & -0.20758 & -0.576499 & 0.642950 & -0.264204 & -0.085730 \\ -0.534426 & 0.213281 & -0.200202 & -0.214678 & 0.628127 & -0.433808 \\ -0.631309 & 0.472467 & 0.414851 & 0.062426 & -0.343809 & 0.289864 \end{bmatrix},$$

$$S = \begin{bmatrix} 7.844127 & 0 & 0 \\ 0 & 1.223790 & 0 \\ 0 & 0 & 0.070094 \\ 0 & 0 & 0 \\ 0 & 0 & 0 \end{bmatrix}, \quad V^t = \begin{bmatrix} -0.288298 & -0.475702 & -0.831018 \\ -0.768392 & -0.402924 & 0.497218 \\ 0.571365 & -0.781895 & 0.249363 \end{bmatrix}$$

所以

$$\mathbf{c} = U^t \mathbf{b} = \begin{bmatrix} -5.955009 \\ -1.185591 \\ -0.044985 \\ -0.003732 \\ -0.000493 \\ -0.001963 \end{bmatrix}$$

$\mathbf{z}$ 的分量为

$$z_1 = \frac{c_1}{s_1} = \frac{-5.955009}{7.844127} = -0.759168, \quad z_2 = \frac{c_2}{s_2} = \frac{-1.185591}{1.223790} = -0.968786,$$

$$z_3 = \frac{c_3}{s_3} = \frac{-0.044985}{0.070094} = -0.641784$$

这样就给出了最小二乘多项式 $P_2(x) = a_0 + a_1 x + a_2 x^2$ 的系数为

$$\begin{bmatrix} a_0 \\ a_1 \\ a_2 \end{bmatrix} = \mathbf{x} = V\mathbf{z} = \begin{bmatrix} 0.596581 \\ 1.253293 \\ -0.010853 \end{bmatrix}$$

利用这些值得到的最小二乘可以计算 $\mathbf{c}$ 的后三个分量的误差，为

$$\|A\mathbf{x} - \mathbf{b}\|_2 = \sqrt{c_4^2 + c_5^2 + c_6^2} = \sqrt{(-0.003732)^2 + (-0.000493)^2 + (-0.001963)^2} = 0.004244$$

b. 使用表中的值构造

$$\mathbf{b} = \begin{bmatrix} y_0 \\ y_1 \\ y_2 \\ y_3 \\ y_4 \\ y_5 \end{bmatrix} = \begin{bmatrix} 1.84 \\ 1.96 \\ 2.21 \\ 2.45 \\ 2.94 \\ 3.18 \end{bmatrix}, \quad A = \begin{bmatrix} 1 & x_0 & x_0^2 & x_0^3 \\ 1 & x_1 & x_1^2 & x_1^3 \\ 1 & x_2 & x_2^2 & x_2^3 \\ 1 & x_3 & x_3^2 & x_3^3 \\ 1 & x_4 & x_4^2 & x_4^3 \\ 1 & x_5 & x_5^2 & x_5^3 \end{bmatrix} = \begin{bmatrix} 1 & 1.0 & 1.0 & 1.0 \\ 1 & 1.1 & 1.21 & 1.331 \\ 1 & 1.3 & 1.69 & 2.197 \\ 1 & 1.5 & 2.25 & 3.375 \\ 1 & 1.9 & 3.61 & 6.859 \\ 1 & 2.1 & 4.41 & 9.261 \end{bmatrix}$$

矩阵 A 有奇异值分解 $A = USV^t$，其中，

$$U = \begin{bmatrix} -0.116086 & -0.514623 & 0.569113 & -0.437866 & -0.381082 & 0.246672 \\ -0.143614 & -0.503586 & 0.266325 & 0.184510 & 0.535306 & 0.578144 \\ -0.212441 & -0.448121 & -0.238475 & 0.48499 & 0.180600 & -0.655247 \\ -0.301963 & -0.339923 & -0.549619 & 0.038581 & -0.573591 & 0.400867 \\ -0.554303 & 0.074101 & -0.306350 & -0.636776 & 0.417792 & -0.115640 \\ -0.722727 & 0.399642 & 0.390359 & 0.363368 & -0.179026 & 0.038548 \end{bmatrix},$$

$$S = \begin{bmatrix} 14.506808 & 0 & 0 & 0 \\ 0 & 2.084909 & 0 & 0 \\ 0 & 0 & 0.198760 & 0 \\ 0 & 0 & 0 & 0.868328 \\ 0 & 0 & 0 & 0 \end{bmatrix},$$

$$V^t = \begin{bmatrix} -0.141391 & -0.246373 & -0.449207 & -0.847067 \\ -0.639122 & -0.566437 & -0.295547 & 0.428163 \\ 0.660862 & -0.174510 & -0.667840 & 0.294610 \\ -0.367142 & 0.766807 & -0.514640 & 0.111173 \end{bmatrix}$$

所以

$$\mathbf{c} = U^t \mathbf{b} = \begin{bmatrix} -5.632309 \\ -2.268376 \\ 0.036241 \\ 0.005717 \\ -0.000845 \\ -0.004086 \end{bmatrix}$$

$\mathbf{z}$ 的分量为

$$z_1 = \frac{c_1}{s_1} = \frac{-5.632309}{14.506808} = -0.388253, \qquad z_2 = \frac{c_2}{s_2} = \frac{-2.268376}{2.084909} = -1.087998,$$

$$z_3 = \frac{c_3}{s_3} = \frac{0.036241}{0.198760} = 0.182336, \qquad z_4 = \frac{c_4}{s_4} = \frac{0.005717}{0.868328} = 0.65843$$

这样就给出了最小二乘多项式 $P_2(x) = a_0 + a_1 x + a_2 x^2 + a_3 x^3$ 的系数为

$$\begin{bmatrix} a_0 \\ a_1 \\ a_2 \\ a_3 \end{bmatrix} = \mathbf{x} = V\mathbf{z} = \begin{bmatrix} 0.629019 \\ 1.185010 \\ 0.035333 \\ -0.010047 \end{bmatrix}$$

利用这些值得到的最小二乘可以计算 $\mathbf{c}$ 的后三个分量的误差，为

$$\|A\mathbf{x} - \mathbf{b}\|_2 = \sqrt{c_5^2 + c_6^2} = \sqrt{(-0.000845)^2 + (-0.004086)^2} = 0.004172$$

9. $P_2(x) = 19.691025 - 0.0065112585x + 6.3494753 \times 10^{-7} x^2$。最小二乘误差是 0.42690171。

11. 设 A 是一个 $m \times n$ 矩阵，由定理 9.25 可知 Rank(A) = Rank(A^t)，所以有 Nullity(A) = n−Rank(A) 和 Nullity(A^t) = m−Rank(A^t) = m−Rank(A)。于是，Nullity(A) = Nullity(A^t)，当且仅当 $n = m$。

13. Rank(S) 是矩阵 S 的对角线上非零元素的个数，它相应于矩阵 $A^t A$ 的非零特征值(按重数计算)的个数。因此，Rank(S) = Rank$(A^t A)$，并由定理 9.26 的 (ii) 可知它与 Rank(A) 相同。

15. 因为 $U^{-1} = U^t$ 和 $V^{-1} = V^t$ 都存在，所以 $A = USV^t$ 蕴含 $A^{-1} = (USV^t)^{-1} = VS^{-1}U^t$ 成立，当且仅当 S^{-1} 存在。

17. 是。由定理 9.25 可知 Rank$(A^t A)$ = Rank$((A^t A)^t)$ = Rank(AA^t)。应用定理 9.25 的第 (iii) 部分就可以得到 Rank(AA^t) = Rank$(A^t A)$ = Rank(A)。

19. 如果 $n \times n$ 矩阵 A 有奇异值 $s_1 \geq s_2 \geq \cdots \geq s_n > 0$，则 $\|A\|_2 = \sqrt{\rho(A^t A)} = s_1$。另外，$A^{-1}$ 的奇异值为 $\frac{1}{s_n} \geq \cdots \geq \frac{1}{s_2} \geq \frac{1}{s_1} > 0$，因此 $\|A^{-1}\|_2 = \sqrt{\frac{1}{s_n^2}} = \frac{1}{s_n}$。故 $K_2(A) = \|A\|_2 \cdot \|A^{-1}\|_2 = s_1/s_n$。

习题 10.1

1. 方程组的解在 $(-1.5, 10.5)$ 和 $(2, 11)$ 附近。

a. 给出的图形如下图所示。

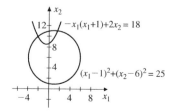

b. 使用

$$\mathbf{G}_1(\mathbf{x}) = \left(-0.5 + \sqrt{2x_2 - 17.75},\, 6 + \sqrt{25 - (x_1 - 1)^2}\right)^t$$

和

$$\mathbf{G}_2(\mathbf{x}) = \left(-0.5 - \sqrt{2x_2 - 17.75},\, 6 + \sqrt{25 - (x_1 - 1)^2}\right)^t$$

对 $\mathbf{G}_1(\mathbf{x})$，取 $\mathbf{x}^{(0)} = (2, 11)^t$，有 $\mathbf{x}^{(9)} = (1.5469466, 10.969994)^t$；对 $\mathbf{G}_2(\mathbf{x})$，取 $\mathbf{x}^{(0)} = (-1.5, 10.5)$，有 $\mathbf{x}^{(34)} = (-2.000003, 9.999996)^t$。

3. b. 取 $\mathbf{x}^{(0)} = (0, 0)^t$ 和误差限 10^{-5}，有 $\mathbf{x}^{(13)} = (0.9999973, 0.9999973)^t$。

   c. 取 $\mathbf{x}^{(0)} = (0, 0)^t$ 和误差限 10^{-5}，有 $\mathbf{x}^{(11)} = (0.9999984, 0.9999991)^t$。

5. a. 取 $\mathbf{x}^{(0)} = (1, 1, 1)^t$，有 $\mathbf{x}^{(5)} = (5.0000000, 0.0000000, -0.5235988)^t$。

   b. 取 $\mathbf{x}^{(0)} = (1, 1, 1)^t$，有 $\mathbf{x}^{(9)} = (1.0364011, 1.0857072, 0.93119113)^t$。

   c. 取 $\mathbf{x}^{(0)} = (0, 0, 0.5)^t$，有 $\mathbf{x}^{(5)} = (0.00000000, 0.09999999, 1.0000000)^t$。

   d. 取 $\mathbf{x}^{(0)} = (0, 0, 0)^t$，有 $\mathbf{x}^{(5)} = (0.49814471, -0.19960600, -0.52882595)^t$。

7. a. 取 $\mathbf{x}^{(0)} = (1, 1, 1)^t$，有 $\mathbf{x}^{(3)} = (0.5000000, 0, -0.5235988)^t$。

   b. 取 $\mathbf{x}^{(0)} = (1, 1, 1)^t$，有 $\mathbf{x}^{(4)} = (1.036400, 1.085707, 0.9311914)^t$。

   c. 取 $\mathbf{x}^{(0)} = (0, 0, 0)^t$，有 $\mathbf{x}^{(3)} = (0, 0.1000000, 1.0000000)^t$。

   d. 取 $\mathbf{x}^{(0)} = (0, 0, 0)^t$，有 $\mathbf{x}^{(4)} = (0.4981447, -0.1996059, -0.5288260)^t$。

9. 当 $x_1 = 8000$ 和 $x_2 = 4000$ 时有稳定解。

11. 使用定理 10.5。

13. 对每个偏导数使用定理 10.5。

15. 在这种情况下对任何矩阵范数，都有

$$\|\mathbf{F}(\mathbf{x}) - \mathbf{F}(\mathbf{x}_0)\| = \|A\mathbf{x} - A\mathbf{x}_0\| = \|A(\mathbf{x} - \mathbf{x}_0)\| \leqslant \|A\| \cdot \|\mathbf{x} - \mathbf{x}_0\|$$

结果可由选取 $\delta = \varepsilon/\|A\|$ 并假设 $\|A\| \neq 0$ 得到。当 $\|A\| = 0$ 时，δ 可以任意选取，因为 A 是零矩阵。

习题 10.2

1. a. $\mathbf{x}^{(2)} = (0.4958936, 1.983423)^t$
   b. $\mathbf{x}^{(2)} = (-0.5131616, -0.01837622)^t$
   c. $\mathbf{x}^{(2)} = (-23.942626, 7.6086797)^t$
   d. 无法计算出 $\mathbf{x}^{(1)}$，因为 $J(0)$ 是奇异的。

3. a. $(0.5, 0.2)^t$ 和 $(1.1, 6.1)^t$
   b. $(-0.35, 0.05)^t$，$(0.2, -0.45)^t$，$(0.4, -0.5)^t$ 和 $(1, -0.3)^t$
   c. $(-1, 3.5)^t$，$(2.5, 4)^t$
   d. $(0.11, 0.27)^t$

5. a. 取 $\mathbf{x}^{(0)} = (0.5, 2)^t$，$\mathbf{x}^{(3)} = (0.5, 2)^t$；取 $\mathbf{x}^{(0)} = (1.1, 6.1)$，$\mathbf{x}^{(3)} = (1.0967197, 6.0409329)^t$
   b. 取 $\mathbf{x}^{(0)} = (-0.35, 0.05)^t$，$\mathbf{x}^{(3)} = (-0.37369822, 0.056266490)^t$
      取 $\mathbf{x}^{(0)} = (0.2, -0.45)^t$，$\mathbf{x}^{(4)} = (0.14783924, -0.43617762)^t$
      取 $\mathbf{x}^{(0)} = (0.4, -0.5)^t$，$\mathbf{x}^{(3)} = (0.40809566, -0.49262939)^t$
      取 $\mathbf{x}^{(0)} = (1, -0.3)^t$，$\mathbf{x}^{(4)} = (1.0330715, -0.27996184)^t$
   c. 取 $\mathbf{x}^{(0)} = (-1, 3.5)^t$，$\mathbf{x}^{(1)} = (-1, 3.5)^t$ 和 $\mathbf{x}^{(0)} = (2.5, 4)^t$，$\mathbf{x}^{(3)} = (2.546947, 3.984998)^t$
   d. 取 $\mathbf{x}^{(0)} = (0.11, 0.27)^t$，$\mathbf{x}^{(6)} = (0.1212419, 0.2711051)^t$

7. a. $\mathbf{x}^{(5)} = (0.5000000, 0.8660254)^t$
   b. $\mathbf{x}^{(6)} = (1.772454, 1.772454)^t$
   c. $\mathbf{x}^{(5)} = (-1.456043, -1.664230, 0.4224934)^t$
   d. $\mathbf{x}^{(4)} = (0.4981447, -0.1996059, -0.5288260)^t$

9. 取 $\mathbf{x}^{(0)} = (1, 1-1)^t$ 和 $TOL = 10^{-6}$，我们有 $\mathbf{x}^{(20)} = (0.5, 9.5 \times 10^{-7}, -0.5235988)^t$。

11. 对每个 $i = 1, 2, \cdots, 20$，取 $\theta_i^{(0)} = 1$，就可以得到下面的结果：

i	1	2	3	4	5	6	
$\theta_i^{(5)}$	0.14062	0.19954	0.24522	0.28413	0.31878	0.35045	

i	7	8	9	10	11	12	13
$\theta_i^{(5)}$	0.37990	0.40763	0.43398	0.45920	0.48348	0.50697	0.52980

i	14	15	16	17	18	19	20
$\theta_i^{(5)}$	0.55205	0.57382	0.59516	0.61615	0.63683	0.65726	0.67746

13. 当维数 n 为 1 时，$\mathbf{F}(\mathbf{x})$ 是数量值函数 $f(\mathbf{x}) = f_1(\mathbf{x})$ 且向量 $\mathbf{x}$ 只有一个分量 $x_1 = x$。在这种情形下，Jacobian 矩阵 $J(\mathbf{x})$ 简化为 1×1 的矩阵 $\left[\dfrac{\partial f_1}{\partial x_1}(\mathbf{x}) \right] = f'(\mathbf{x}) = f'(x)$。于是，向量方程，

$$\mathbf{x}^{(k)} = \mathbf{x}^{(k-1)} - J(\mathbf{x}^{(k-1)})^{-1} \mathbf{F}(\mathbf{x}^{(k-1)})$$

变成了数量方程

$$x_k = x_{k-1} - f(x_{k-1})^{-1} f(x_{k-1}) = x_{k-1} - \frac{f(x_{k-1})}{f'(x_{k-1})}$$

习题 10.3

1. a. $\mathbf{x}^{(2)} = (0.4777920, 1.927557)^t$
   b. $\mathbf{x}^{(2)} = (-0.3250070, -0.1386967)^t$
   c. $\mathbf{x}^{(2)} = (0.52293721, 0.82434906)^t$
   d. $\mathbf{x}^{(2)} = (1.77949990, 1.74339606)^t$

3. a. $\mathbf{x}^{(8)} = (0.5, 2)^t$
   b. $\mathbf{x}^{(9)} = (-0.3736982, 0.05626649)^t$
   c. $\mathbf{x}^{(9)} = (0.5, 0.8660254)^t$
   d. $\mathbf{x}^{(8)} = (1.772454, 1.772454)^t$

5. a. 取 $\mathbf{x}^{(0)} = (2.5, 4)^t$，有 $\mathbf{x}^{(3)} = (2.546947, 3.984998)^t$。
   b. 取 $\mathbf{x}^{(0)} = (0.11, 0.27)^t$，有 $\mathbf{x}^{(4)} = (0.1212419, 0.2711052)^t$。
   c. 取 $\mathbf{x}^{(0)} = (1, 1, 1)^t$，有 $\mathbf{x}^{(3)} = (1.036401, 1.085707, 0.9311914)^t$。
   d. 取 $\mathbf{x}^{(0)} = (1, -1, 1)^t$，有 $\mathbf{x}^{(8)} = (0.9, -1, 0.5)^t$；取 $\mathbf{x}^{(0)} = (1, 1, -1)^t$，有 $\mathbf{x}^{(8)} = (0.5, 1, -0.5)^t$。

7. 取 $\mathbf{x}^{(0)} = (1, 1, -1)^t$，有 $\mathbf{x}^{(56)} = (0.5000591, 0.01057235, -0.5224818)^t$。

9. 取 $\mathbf{x}^{(0)} = (0.75, 1.25)^t$，有 $\mathbf{x}^{(4)} = (0.7501948, 1.184712)^t$。从而 $a = 0.7501948$，$b = 1.184712$，误差是 19.796。

11. 设 λ 是矩阵 $M = (I + \mathbf{u}\mathbf{v}^t)$ 的特征值，它对应的特征向量是 $\mathbf{x} \neq \mathbf{0}$。可知 $\lambda \mathbf{x} = M\mathbf{x} = (I + \mathbf{u}\mathbf{v}^t)\mathbf{x} = \mathbf{x} + (\mathbf{v}^t \mathbf{x})\mathbf{u}$，所以 $(\lambda - 1)\mathbf{x} = (\mathbf{v}^t \mathbf{x})\mathbf{u}$。如果 $\lambda = 1$，则 $\mathbf{v}^t \mathbf{x} = 0$，于是 $\lambda = 1$ 是 M 的 $n-1$ 重特征值，其特征向量为 $\mathbf{x}^{(1)}, \cdots, \mathbf{x}^{(n-1)}$，并满足 $\mathbf{v}^t \mathbf{x}^{(j)} = 0$，对 $j = 1, \cdots, n-1$ 成立。假设 $\lambda \neq 1$，这意味着 $\mathbf{x}$ 和 $\mathbf{u}$ 是平行的，从而可以令 $\mathbf{x} = \alpha\mathbf{u}$，则 $(\lambda - 1)\alpha\mathbf{u} = (\mathbf{v}^t(\alpha\mathbf{u}))\mathbf{u}$，即有 $\alpha(\lambda - 1)\mathbf{u} = \alpha(\mathbf{v}^t\mathbf{u})\mathbf{u}$，其蕴含 $\lambda - 1 = \mathbf{v}^t\mathbf{u}$ 或者 $\lambda = 1 + \mathbf{v}^t\mathbf{u}$。综上所述，$M$ 有特征值 λ_i，$1 \leqslant i \leqslant n$，其中当 $i = 1, \cdots, n-1$ 时，$\lambda_i = 1$ 和 $\lambda_n = 1 + \mathbf{v}^t\mathbf{u}$。又因为 $\det M = \prod_{i=1}^{n} \lambda_i$，于是有 $\det M = 1 + \mathbf{v}^t\mathbf{u}$。

习题 10.4

1. a. 取 $\mathbf{x}^{(0)} = (0, 0)^t$，有 $\mathbf{x}^{(11)} = (0.4943541, 1.948040)^t$。

b. 取 $\mathbf{x}^{(0)} = (1, 1)^t$, 有 $\mathbf{x}^{(2)} = (0.4970073, 0.8644143)^t$。

c. 取 $\mathbf{x}^{(0)} = (2, 2)^t$, 有 $\mathbf{x}^{(1)} = (1.736083, 1.804428)^t$。

d. 取 $\mathbf{x}^{(0)} = (0, 0)^t$, 有 $\mathbf{x}^{(2)} = (-0.3610092, 0.05788368)^t$。

3. a. $\mathbf{x}^{(3)} = (0.5, 2)^t$ 　　　　b. $\mathbf{x}^{(3)} = (0.5, 0.8660254)^t$

  c. $\mathbf{x}^{(4)} = (1.772454, 1.772454)^t$ 　　　　d. $\mathbf{x}^{(3)} = (-0.3736982, 0.05626649)^t$

5. a. 取 $\mathbf{x}^{(0)} = (0, 0)^t$, $g(3.3231994, 0.11633359) = -0.14331228$, 用 2 次迭代

  b. 取 $\mathbf{x}^{(0)} = (0, 0)^t$, $g(0.43030383, 0.18006958) = 0.32714638$, 用 38 次迭代

  c. 取 $\mathbf{x}^{(0)} = (0, 0, 0)^t$, $g(-0.66340113, 0.31453697, 0.50007629) = 0.69215167$, 用 5 次迭代

  d. 取 $\mathbf{x}^{(0)} = (0.5, 0.5, 0.5)^t$, $g(-0.03338762, 0.00401587, -0.00093451) = 1.01000124$, 用 3 次迭代

7. a. $b = 1.5120985$, $a = 0.87739838$ 　　　　b. $b = 21.014867$, $a = -3.7673246$

  c. (b) 　　　　d. (a)中预测 86%; (b)中预测 39%

习题 10.5

1. a. $(3, -2.25)^t$ 　　　b. $(0.42105263, 2.6184211)^t$ 　　　c. $(2.173110, -1.3627731)^t$

3. 所有各部分都使用 $\mathbf{x}^{(0)} = \mathbf{0}$, 结果如下:

  a. $(0.44006047, 1.8279835)^t$ 　　　　b. $(-0.41342613, 0.096669468)^t$

  c. $(0.49858909, 0.24999091, -0.52067978)^t$ 　　d. $(6.1935484, 18.532258, -21.725806)^t$

5. a. 取 $\mathbf{x}^{(0)} = (-1, 3.5)^t$, 结果是 $(-1, 3.5)^t$; 取 $\mathbf{x}^{(0)} = (2.5, 4)^t$, 结果是 $(-1, 3.5)^t$。

  b. 取 $\mathbf{x}^{(0)} = (0.11, 0.27)^t$, 结果是 $(0.12124195, 0.27110516)^t$。

  c. 取 $\mathbf{x}^{(0)} = (1, 1, 1)^t$, 结果是 $(1.03640047, 1.08570655, 0.93119144)^t$。

  d. 取 $\mathbf{x}^{(0)} = (1, -1, 1)^t$, 结果是 $(0.90016074, -1.00238008, 0.496610937)^t$; 取 $\mathbf{x}^{(0)} = (1, 1, -1)^t$, 结果是 $(0.50104035, 1.00238008, -0.49661093)^t$。

7. a. 取 $\mathbf{x}^{(0)} = (-1, 3.5)^t$, 结果是 $(-1, 3.5)^t$; 取 $\mathbf{x}^{(0)} = (2.5, 4)^t$, 结果是 $(2.5469465, 3.9849975)^t$。

  b. 取 $\mathbf{x}^{(0)} = (0.11, 0.27)^t$, 结果是 $(0.12124191, 0.27110516)^t$。

  c. 取 $\mathbf{x}^{(0)} = (1, 1, 1)^t$, 结果是 $(1.03640047, 1.08570655, 0.93119144)^t$。

  d. 取 $\mathbf{x}^{(0)} = (1, -1, 1)^t$, 结果是 $(0.90015964, -1.00021826, 0.49968944)^t$; 取 $\mathbf{x}^{(0)} = (1, 1, -1)^t$, 结果是 $(0.5009653, 1.00021826, -0.49968944)^t$。

9. $(0.50024553, 0.078230039, -0.52156996)^t$。

11. 取 $\mathbf{x}^{(0)} = (0.75, 0.5, 0.75)^t$, 则 $\mathbf{x}^{(2)} = (0.52629469, 0.52635099, 0.52621592)^t$。

13. 对每个 λ, 有

$$0 = G(\lambda, \mathbf{x}(\lambda)) = F(\mathbf{x}(\lambda)) - e^{-\lambda} F(\mathbf{x}(0))$$

所以

$$0 = \frac{\partial F(\mathbf{x}(\lambda))}{\partial \mathbf{x}} \frac{d\mathbf{x}}{d\lambda} + e^{-\lambda} F(\mathbf{x}(0)) = J(\mathbf{x}(\lambda))\mathbf{x}'(\lambda) + e^{-\lambda} F(\mathbf{x}(0))$$

和

$$J(\mathbf{x}(\lambda))\mathbf{x}'(\lambda) = -e^{-\lambda} F(\mathbf{x}(0)) = -F(\mathbf{x}(0))$$

于是

$$\mathbf{x}'(\lambda) = -J(\mathbf{x}(\lambda))^{-1} F(\mathbf{x}(0))$$

取 $N = 1$, 有 $h = 1$, 从而

$$\mathbf{x}(1) = \mathbf{x}(0) - J(\mathbf{x}(0))^{-1} F(\mathbf{x}(0))$$

然而，用牛顿法可得

$$\mathbf{x}^{(1)} = \mathbf{x}^{(0)} - J(\mathbf{x}^{(0)})^{-1} F(\mathbf{x}^{(0)})$$

因为 $\mathbf{x}(0) = \mathbf{x}^{(0)}$，所以有 $\mathbf{x}(1) = \mathbf{x}^{(1)}$。

习题 11.1

1. 用线性打靶法得到的结果列于下表。

a.

i	x_i	w_{1i}	$y(x_i)$
1	0.5	0.82432432	0.82402714

b.

i	x_i	w_{1i}	$y(x_i)$
1	0.25	0.3937095	0.3936767
2	0.50	0.8240948	0.8240271
3	0.75	1.337160	1.337086

3. 用线性打靶法得到的结果列于下表。

a.

i	x_i	w_{1i}	$y(x_i)$
3	0.3	0.7833204	0.7831923
6	0.6	0.6023521	0.6022801
9	0.9	0.8568906	0.8568760

b.

i	x_i	w_{1i}	$y(x_i)$
5	1.25	0.1676179	0.1676243
10	1.50	0.4581901	0.4581935
15	1.75	0.6077718	0.6077740

c.

i	x_i	w_{1i}	$y(x_i)$
3	0.3	−0.5185754	−0.5185728
6	0.6	−0.2195271	−0.2195247
9	0.9	−0.0406577	−0.0406570

d.

i	x_i	w_{1i}	$y(x_i)$
3	1.3	0.0655336	0.06553420
6	1.6	0.0774590	0.07745947
9	1.9	0.0305619	0.03056208

5. 取 $h = 0.05$ 的线性打靶法得到的结果如下。

i	x_i	w_{1i}
6	0.3	0.04990547
10	0.5	0.00673795
16	0.8	0.00033755

取 $h = 0.1$ 的线性打靶法得到的结果如下。

i	x_i	w_{1i}
3	0.3	0.05273437
5	0.5	0.00741571
8	0.8	0.00038976

7. 对于方程(11.3)，设 $u_1(x) = y$ 和 $u_2(x) = y'$，则

$$u_1'(x) = u_2(x), \quad a \leqslant x \leqslant b, \quad u_1(a) = \alpha$$

和

$$u_2'(x) = p(x)u_2(x) + q(x)u_1(x) + r(x), \quad a \leqslant x \leqslant b, \quad u_2(a) = 0$$

对于方程(11.4)，设 $v_1(x) = y$ 和 $v_2(x) = y'$，则

$$v_1'(x) = v_2(x), \quad a \leqslant x \leqslant b, \quad v_1(a) = 0$$

和

$$v_2'(x) = p(x)v_2(x) + q(x)v_1(x), \quad a \leqslant x \leqslant b, \quad v_2(a) = 1$$

用记号 $u_{1,i} = u_1(x_i)$，$u_{2,i} = u_2(x_i)$，$v_{1,i} = v_1(x_i)$ 和 $v_{2,i} = v_2(x_i)$ 得到算法 11.1 中 Step 4 中的方程。

9. a. 如果 b 是 π 的整数倍且 $B \neq 0$，则无解。

b. 只要 b 不是 π 的整数倍，则存在唯一解。

c. 如果 b 是 π 的整数倍且 $B = 0$，则有无穷多解。

习题 11.2

1. 用非线性打靶法得到 $w_1 = 0.405505 \approx \ln 1.5 = 0.405465$。

3. 用非线性打靶法得到的结果见下表。

a.

i	x_i	w_{1i}	$y(x_i)$	w_{2i}
2	1.20000000	0.18232094	0.18232156	0.83333370
4	1.40000000	0.33647129	0.33647224	0.71428547
6	1.60000000	0.47000243	0.47000363	0.62499939
8	1.80000000	0.58778522	0.58778666	0.55555468

第 4 次迭代后收敛且 $t = 1.0000017$。

b.

i	x_i	w_{1i}	$y(x_i)$	w_{2i}
2	0.31415927	1.36209813	1.36208552	1.29545926
4	0.62831853	1.80002060	1.79999746	1.45626846
6	0.94247780	2.24572329	2.24569937	1.32001776
8	1.25663706	2.58845757	2.58844295	0.79988757

第 4 次迭代后收敛且 $t = 1.0000301$。

c.

i	x_i	w_{1i}	$y(x_i)$	w_{2i}
1	0.83775804	0.86205941	0.86205848	0.38811718
2	0.89011792	0.88156057	0.88155882	0.35695076
3	0.94247780	0.89945618	0.89945372	0.32675844
4	0.99483767	0.91579268	0.91578959	0.29737141

第 3 次迭代后收敛且 $t = 0.42046725$。

d.

i	x_i	w_{1i}	$y(x_i)$	w_{2i}
4	0.62831853	2.58784539	2.58778525	0.80908243
8	1.25663706	2.95114591	2.95105652	0.30904693
12	1.88495559	2.95115520	2.95105652	−0.30901625
16	2.51327412	2.58787536	2.58778525	−0.80904433

第 6 次迭代后收敛且 $t = 1.0001253$。

5.

i	x_i	w_{1i}	w_{2i}
3	0.6	0.71682963	0.92122169
5	1.0	1.00884285	0.53467944
8	1.6	1.13844628	−0.11915193

习题 11.3

1. 线性有限差分算法给出的结果如下。

a.

i	x_i	w_{1i}	$y(x_i)$
1	0.5	0.83333333	0.82402714

b.

i	x_i	w_{1i}	$y(x_i)$
1	0.25	0.39512472	0.39367669
2	0.5	0.82653061	0.82402714
3	0.75	1.33956916	1.33708613

c. $\dfrac{4(0.82653061) - 0.83333333}{3} = 0.82426304$

3. 线性有限差分算法给出的结果如下。

a.

i	x_i	w_i	$y(x_i)$
2	0.2	1.018096	1.0221404
5	0.5	0.5942743	0.59713617
7	0.7	0.6514520	0.65290384

b.

i	x_i	w_i	$y(x_i)$
5	1.25	0.16797186	0.16762427
10	1.50	0.45842388	0.45819349
15	1.75	0.60787334	0.60777401

c.

i	x_i	w_{1i}	$y(x_i)$
3	0.3	-0.5183084	-0.5185728
6	0.6	-0.2192657	-0.2195247
9	0.9	-0.0405748	-0.04065697

d.

i	x_i	w_{1i}	$y(x_i)$
3	1.3	0.0654387	0.0655342
6	1.6	0.0773936	0.0774595
9	1.9	0.0305465	0.0305621

5. 线性有限差分算法给出的结果列于下表。

i	x_i	$w_i(h=0.1)$	i	x_i	$w_i(h=0.05)$
3	0.3	0.05572807	6	0.3	0.05132396
6	0.6	0.00310518	12	0.6	0.00263406
9	0.9	0.00016516	18	0.9	0.00013340

7. a. 形变的近似值列于下表。

i	x_i	w_{1i}
5	30	0.0102808
10	60	0.0144277
15	90	0.0102808

b. 是。

c. 是。在 $x=60$ 处达到最大形变。精确解在误差限之内，但近似解不是。

9. 首先，我们有

$$\left|\frac{h}{2}p(x_i)\right| \leqslant \frac{hL}{2} < 1$$

所以

$$\left|-1-\frac{h}{2}p(x_i)\right| = 1+\frac{h}{2}p(x_i) \text{ 和 } \left|-1+\frac{h}{2}p(x_i)\right| = 1-\frac{h}{2}p(x_i)$$

故下式成立：

$$\left|-1-\frac{h}{2}p(x_i)\right| + \left|-1+\frac{h}{2}p(x_i)\right| = 2 \leqslant 2+h^2q(x_i)$$

其中，$z \leqslant i \leqslant N-1$。

由于

$$\left|-1+\frac{h}{2}p(x_1)\right| < 2 \leqslant 2+h^2q(x_1) \text{ 和 } \left|-1-\frac{h}{2}p(x_N)\right| < 2 \leqslant 2+h^2q(x_N)$$

由定理 6.31 可知线性方程组 (11.19) 有唯一解。

习题 11.4

1. 非线性有限差分算法给出的结果如下。

i	x_i	w_i	$y(x_i)$
1	1.5	0.4067967	0.4054651

3. 非线性有限差分算法给出的结果见下表。

a.

i	x_i	w_i	$y(x_i)$
2	1.20000000	0.18220299	0.18232156
4	1.40000000	0.33632929	0.33647224
6	1.60000000	0.46988413	0.47000363
8	1.80000000	0.58771808	0.58778666

第 3 次迭代收敛

b.

i	x_i	w_i	$y(x_i)$
2	0.31415927	1.36244080	1.36208552
4	0.62831853	1.80138559	1.79999746
6	0.94247780	2.24819259	2.24569937
8	1.25663706	2.59083695	2.58844295

第 3 次迭代收敛

c.

i	x_i	w_i	$y(x_i)$
1	0.83775804	0.86205907	0.86205848
2	0.89011792	0.88155964	0.88155882
3	0.94247780	0.89945447	0.89945372
4	0.99483767	0.91579005	0.91578959

第 2 次迭代收敛

d.

i	x_i	w_i	$y(x_i)$
4	0.62831853	2.58932301	2.58778525
8	1.25663706	2.95378037	2.95105652
12	1.88495559	2.95378037	2.95105652
16	2.51327412	2.58932301	2.58778525

第 4 次迭代收敛

5. b. 对习题 4(a)

x_i	$w_i(h=0.2)$	$w_i(h=0.1)$	$w_i(h=0.05)$	$EXT_{1,i}$	$EXT_{2,i}$	$EXT_{3,i}$
1.2	0.45458862	0.45455753	0.45454935	0.45454717	0.45454662	0.45454659
1.4	0.41672067	0.41668202	0.41667179	0.41666914	0.41666838	0.41666833
1.6	0.38466137	0.38462855	0.38461984	0.38461761	0.38461694	0.38461689
1.8	0.35716943	0.35715045	0.35714542	0.35714412	0.35714374	0.35714372

对习题 4(c)

x_i	$w_i(h=0.2)$	$w_i(h=0.1)$	$w_i(h=0.05)$	$EXT_{1,i}$	$EXT_{2,i}$	$EXT_{3,i}$
1.2	2.0340273	2.0335158	2.0333796	2.0333453	2.0333342	2.0333334
1.4	2.1148732	2.1144386	2.1143243	2.1142937	2.1142863	2.1142858
1.6	2.2253630	2.2250937	2.2250236	2.2250039	2.2250003	2.2250000
1.8	2.3557284	2.3556001	2.3555668	2.3555573	2.3555556	2.3355556

7. Jacobian 矩阵 $J = (a_{i,j})$ 是三对角的，它的元素由式 (11.21) 给出。所以

$$a_{1,1} = 2 + h^2 f_y\left(x_1, w_1, \frac{1}{2h}(w_2 - \alpha)\right),$$

$$a_{1,2} = -1 + \frac{h}{2} f_{y'}\left(x_1, w_1, \frac{1}{2h}(w_2 - \alpha)\right),$$

$$a_{i,i-1} = -1 - \frac{h}{2} f_{y'}\left(x_i, w_i, \frac{1}{2h}(w_{i+1} - w_{i-1})\right), \qquad 2 \leqslant i \leqslant N-1$$

$$a_{i,i} = 2 + h^2 f_y\left(x_i, w_i, \frac{1}{2h}(w_{i+1} - w_{i-1})\right), \qquad 2 \leqslant i \leqslant N-1$$

$$a_{i,i+1} = -1 + \frac{h}{2} f_{y'}\left(x_i, w_i, \frac{1}{2h}(w_{i+1} - w_{i-1})\right), \qquad 2 \leqslant i \leqslant N-1$$

$$a_{N,N-1} = -1 - \frac{h}{2} f_{y'}\left(x_N, w_N, \frac{1}{2h}(\beta - w_{N-1})\right),$$

$$a_{N,N} = 2 + h^2 f_y\left(x_N, w_N, \frac{1}{2h}(\beta - w_{N-1})\right)$$

于是，$|a_{i,i}| \geqslant 2 + h^2 \delta$，$i = 1, \cdots, N$。因为 $|f_{y'}(x, y, y')| \leqslant L$ 且 $h < 2L$，

$$\left| \frac{h}{2} f_{y'}(x, y, y') \right| \leqslant \frac{hL}{2} < 1$$

所以

$$|a_{1,2}| = \left| -1 + \frac{h}{2} f_{y'}\left(x_1, w_1, \frac{1}{2h}(w_2 - \alpha)\right) \right| < 2 < |a_{1,1}|$$

$$|a_{i,i-1}| + |a_{i,i+1}| = -a_{i,i-1} - a_{i,i+1}$$

$$= 1 + \frac{h}{2} f_{y'}\left(x_i, w_i, \frac{1}{2h}(w_{i+1} - w_{i-1})\right) + 1 - \frac{h}{2} f_{y'}\left(x_i, w_i, \frac{1}{2h}(w_{i+1} - w_{i-1})\right)$$

$$= 2 \leqslant |a_{i,i}|,$$

以及

$$|a_{N,N-1}| = -a_{N,N-1} = 1 + \frac{h}{2} f_{y'}\left(x_N, w_N, \frac{1}{2h}(\beta - w_{N-1})\right) < 2 < |a_{N,N}|$$

由定理 6.31 可知，矩阵 J 是非奇异的。

习题 11.5

1. 利用分片线性算法得到的结果为 $\phi(x) = -0.07713274\phi_1(x) - 0.07442678\phi_2(x)$。实际值为
   $y(x_1) = -0.07988545$ 和 $y(x_2) = -0.07712903$。

3. 利用分片线性算法得到的结果见下表。

a.

i	x_i	$\phi(x_i)$	$y(x_i)$
3	0.3	-0.212333	-0.21
6	0.6	-0.241333	-0.24
9	0.9	-0.090333	-0.09

b.

i	x_i	$\phi(x_i)$	$y(x_i)$
3	0.3	0.1815138	0.1814273
6	0.6	0.1805502	0.1804753
9	0.9	0.05936468	0.05934303

c.

i	x_i	$\phi(x_i)$	$y(x_i)$
5	0.25	-0.3585989	-0.3585641
10	0.50	-0.5348383	-0.5347803
15	0.75	-0.4510165	-0.4509614

d.

i	x_i	$\phi(x_i)$	$y(x_i)$
5	0.25	-0.1846134	-0.1845204
10	0.50	-0.2737099	-0.2735857
15	0.75	-0.2285169	-0.2284204

5. 利用三次样条算法得到的结果见下表。

i	x_i	$\phi(x_i)$	y_i
1	0.25	-0.1875	-0.1875
2	0.5	-0.25	-0.25
3	0.75	-0.1875	-0.1875

7. 利用分片线性算法得到的结果见下表。

i	x_i	$\phi(x_i)$	$w(x_i)$
4	24	0.00071265	0.0007
8	48	0.0011427	0.0011
10	60	0.00119991	0.0012
16	96	0.00071265	0.0007

9. 设 $z(x) = y(x) - \beta x - \alpha(1-x)$，我们有
   $$z(0) = y(0) - \alpha = \alpha - \alpha = 0 \text{ 和 } z(1) = y(1) - \beta = \beta - \beta = 0$$
   并且，$z'(x) = y'(x) - \beta + \alpha$。于是
   $$y(x) = z(x) + \beta x + \alpha(1-x) \quad \text{和} \quad y'(x) = z'(x) + \beta - \alpha$$
   将 y 和 y' 代入方程得到
   $$-\frac{\mathrm{d}}{\mathrm{d}x}(p(x)z' + p(x)(\beta - \alpha)) + q(x)(z + \beta x + \alpha(1-x)) = f(x)$$
   简化后得到微分方程：
   $$-\frac{\mathrm{d}}{\mathrm{d}x}(p(x)z') + q(x)z = f(x) + (\beta - \alpha)p'(x) - [\beta x + \alpha(1-x)]q(x)$$

11. 利用三次样条算法得到的结果见下表。

x_i	$\phi_i(x)$	$y(x_i)$
0.3	1.0408183	1.0408182
0.5	1.1065307	1.1065301
0.9	1.3065697	1.3065697

13. 如果 $\sum_{i=1}^{n} c_i\phi_i(x) = 0$ 对所有 $0 \leqslant x \leqslant 1$ 成立，则对任何 j，有 $\sum_{i=1}^{n} c_i\phi_i(x_j) = 0$。

但是

$$\phi_i(x_j) = \begin{cases} 0, & i \neq j \\ 1, & i = j \end{cases}$$

所以 $c_j\phi_j(x_j) = c_j = 0$。于是，这些函数线性无关。

15. 设 $\mathbf{c} = (c_1, \cdots, c_n)^t$ 是任意向量并且 $\phi(x) = \sum_{j=1}^n c_j\phi_j(x)$，则

$$
\begin{aligned}
\mathbf{c}^t A \mathbf{c} &= \sum_{i=1}^n \sum_{j=1}^n a_{ij} c_i c_j = \sum_{i=1}^n \sum_{j=i-1}^{i+1} a_{ij} c_i c_j \\
&= \sum_{i=1}^n \Bigg[\int_0^1 \{ p(x) c_i \phi_i'(x) c_{i-1} \phi_{i-1}'(x) + q(x) c_i \phi_i(x) c_{i-1} \phi_{i-1}(x) \} \, \mathrm{d}x \\
&\quad + \int_0^1 \{ p(x) c_i^2 [\phi_i'(x)]^2 + q(x) c_i^2 [\phi_i'(x)]^2 \} \, \mathrm{d}x \\
&\quad + \int_0^1 \{ p(x) c_i \phi_i'(x) c_{i+1} \phi_{i+1}'(x) + q(x) c_i \phi_i(x) c_{i+1} \phi_{i+1}(x) \} \, \mathrm{d}x \Bigg] \\
&= \int_0^1 \{ p(x) [\phi'(x)]^2 + q(x) [\phi(x)]^2 \} \, \mathrm{d}x
\end{aligned}
$$

所以 $\mathbf{c}^t A \mathbf{c} \geq 0$ 且等式成立，当且仅当 $\mathbf{c} = \mathbf{0}$。又因为 A 是对称的，所以 A 是正定的。

习题 12.1

1. 用 Poisson 方程有限差分算法得到的结果见下表。

i	j	x_i	y_j	$w_{i,j}$	$u(x_i, y_j)$
1	1	0.5	0.5	0.0	0
1	2	0.5	1.0	0.25	0.25
1	3	0.5	1.5	1.0	1

3. 用 Poisson 方程有限差分算法得到的结果见下表。

a. 需要 30 次迭代

i	j	x_i	y_j	$w_{i,j}$	$u(x_i, y_j)$
2	2	0.4	0.4	0.1599988	0.16
2	4	0.4	0.8	0.3199988	0.32
4	2	0.8	0.4	0.3199995	0.32
4	4	0.8	0.8	0.6399996	0.64

b. 需要 29 次迭代

i	j	x_i	y_j	$w_{i,j}$	$u(x_i, y_j)$
2	1	1.256637	0.3141593	0.2951855	0.2938926
2	3	1.256637	0.9424778	0.1830822	0.1816356
4	1	2.513274	0.3141593	−0.7721948	−0.7694209
4	3	2.513274	0.9424778	−0.4785169	−0.4755283

c. 需要 126 次迭代

i	j	x_i	y_j	$w_{i,j}$	$u(x_i, y_j)$
4	3	0.8	0.3	1.2714468	1.2712492
4	7	0.8	0.7	1.7509414	1.7506725
8	3	1.6	0.3	1.6167917	1.6160744
8	7	1.6	0.7	3.0659184	3.0648542

d. 需要 127 次迭代

i	j	x_i	y_j	$w_{i,j}$	$u(x_i, y_j)$
2	2	1.2	1.2	0.5251533	0.5250861
4	4	1.4	1.4	1.3190830	1.3189712
6	6	1.6	1.6	2.4065150	2.4064186
8	8	1.8	1.8	3.8088995	3.8088576

5. 在特定点上的近似电势见下表。

i	j	x_i	y_j	$w_{i,j}$
1	4	0.1	0.4	88
2	1	0.2	0.1	66
4	2	0.4	0.2	66

7. 为了嵌入 SOR 方法，对算法 12.1 做如下改变：

Step 1　set $h = (b-a)/n$;

$$k = (d-c)/m;$$

$$\omega = 4/\left(2 + \sqrt{4 - (\cos \pi/m)^2 - (\cos \pi/n)^2}\right);$$

$$\omega_0 = 1 - w;$$

在 Step 7,8,9,11,12,13,14,15 和 16 每一步之后，

$$\text{set} \ldots$$

插入

set $E = w_{\alpha,\beta} - z$;

if $(|E| > \text{NORM})$ then set $\text{NORM} = |E|$;

set $w_{\alpha,\beta} = \omega_0 E + z.$

其中 α 和 β 依赖于改变后的步骤。

习题 12.2

1. 用热方程向后差分方法得到的结果见下表。

a.

i	j	x_i	t_j	w_{ij}	$u(x_i, t_j)$
1	1	0.5	0.05	0.632952	0.652037
2	1	1.0	0.05	0.895129	0.883937
3	1	1.5	0.05	0.632952	0.625037
1	2	0.5	0.1	0.566574	0.552493
2	2	1.0	0.1	0.801256	0.781344
3	2	1.5	0.1	0.566574	0.552493

3. 用 Crank-Nicolson 算法得到如下结果。

a.

i	j	x_i	t_j	w_{ij}	$u(x_i, t_j)$
1	1	0.5	0.05	0.628848	0.652037
2	1	1.0	0.05	0.889326	0.883937
3	1	1.5	0.05	0.628848	0.625037
1	2	0.5	0.1	0.559251	0.552493
2	2	1.0	0.1	0.790901	0.781344
3	2	1.5	0.1	0.559252	0.552493

5. 用向前差分方法得到如下结果。

a. 对 $h = 0.4$ 和 $k = 0.1$：

i	j	x_i	t_j	w_{ij}	$u(x_i, t_j)$
2	5	0.8	0.5	3.035630	0
3	5	1.2	0.5	-3.035630	0
4	5	1.6	0.5	1.876122	0

对 $h = 0.4$ 和 $k = 0.05$：

i	j	x_i	t_j	w_{ij}	$u(x_i, t_j)$
2	10	0.8	0.5	0	0
3	10	1.2	0.5	0	0
4	10	1.6	0.5	0	0

b. 对 $h = \dfrac{\pi}{10}$ 和 $k = 0.05$：

i	j	x_i	t_j	w_{ij}	$u(x_i, t_j)$
3	10	0.94247780	0.5	0.4926589	0.4906936
6	10	1.88495559	0.5	0.5791553	0.5768449
9	10	2.82743339	0.5	0.1881790	0.1874283

7. a. 对 $h = 0.4$ 和 $k = 0.1$:

i	j	x_i	t_j	$w_{i,j}$	$u(x_i, t_j)$
2	5	0.8	0.5	-0.00258	0
3	5	1.2	0.5	0.00258	0
4	5	1.6	0.5	-0.00159	0

对 $h = 0.4$ 和 $k = 0.05$:

i	j	x_i	t_j	$w_{i,j}$	$u(x_i, t_j)$
2	10	0.8	0.5	-4.93×10^{-4}	0
3	10	1.2	0.5	4.93×10^{-4}	0
4	10	1.6	0.5	-3.05×10^{-4}	0

b. 对 $h = \dfrac{\pi}{10}$ 和 $k = 0.05$:

i	j	x_i	t_j	$w_{i,j}$	$u(x_i, t_j)$
3	10	0.94247780	0.5	0.4986092	0.4906936
6	10	1.88495559	0.5	0.5861503	0.5768449
9	10	2.82743339	0.5	0.1904518	0.1874283

9. 用 Crank-Nicolson 算法得到如下结果。

a. 对 $h = 0.4$ 和 $k = 0.1$:

i	j	x_i	t_j	w_{ij}	$u(x_i, t_j)$
2	5	0.8	0.5	8.2×10^{-7}	0
3	5	1.2	0.5	-8.2×10^{-7}	0
4	5	1.6	0.5	5.1×10^{-7}	0

对 $h = 0.4$ 和 $k = 0.05$:

i	j	x_i	t_j	w_{ij}	$u(x_i, t_j)$
2	10	0.8	0.5	-2.6×10^{-6}	0
3	10	1.2	0.5	2.6×10^{-6}	0
4	10	1.6	0.5	-1.6×10^{-6}	0

b. 对 $h = \dfrac{\pi}{10}$ 和 $k = 0.05$:

i	j	x_i	t_j	w_{ij}	$u(x_i, t_j)$
3	10	0.94247780	0.5	0.4926589	0.4906936
6	10	1.88495559	0.5	0.5791553	0.5768449
9	10	2.82743339	0.5	0.1881790	0.1874283

11. a. 使用 $h = 0.4$ 和 $k = 0.1$ 得到的结果无意义。使用 $h = 0.4$ 和 $k = 0.05$ 也得到无意义的答案。取 $h = 0.4$ 和 $k = 0.005$，得到如下结果：

i	j	x_i	t_j	w_{ij}
1	100	0.4	0.5	-165.405
2	100	0.8	0.5	267.613
3	100	1.2	0.5	-267.613
4	100	1.6	0.5	165.405

b.

i	j	x_i	t_j	$w(x_{ij})$
3	10	0.94247780	0.5	0.46783396
6	10	1.8849556	0.5	0.54995267
9	10	2.8274334	0.5	0.17871220

13. a. 在特定点上的近似温度列于下表:

i	j	r_i	t_j	$w_{i,j}$
1	20	0.6	10	137.6753
2	20	0.7	10	245.9678
3	20	0.8	10	340.2862
4	20	0.9	10	424.1537

b. 拉力近似为 $I = 1242.537$。

15. 我们有

$$a_{11}v_1^{(i)} + a_{12}v_2^{(i)} = (1 - 2\lambda)\sin\frac{i\pi}{m} + \lambda\sin\frac{2\pi i}{m}$$

和

$$\mu_i v_1^{(i)} = \left[1 - 4\lambda\left(\sin\frac{i\pi}{2m}\right)^2\right]\sin\frac{i\pi}{m} = \left[1 - 4\lambda\left(\sin\frac{i\pi}{2m}\right)^2\right]\left(2\sin\frac{i\pi}{2m}\cos\frac{i\pi}{2m}\right)$$

$$= 2\sin\frac{i\pi}{2m}\cos\frac{i\pi}{2m} - 8\lambda\left(\sin\frac{i\pi}{2m}\right)^3\cos\frac{i\pi}{2m}$$

然而,

$$(1 - 2\lambda)\sin\frac{i\pi}{m} + \lambda\sin\frac{2\pi i}{m} = 2(1 - 2\lambda)\sin\frac{i\pi}{2m}\cos\frac{i\pi}{2m} + 2\lambda\sin\frac{i\pi}{m}\cos\frac{i\pi}{m}$$

$$= 2(1 - 2\lambda)\sin\frac{i\pi}{2m}\cos\frac{i\pi}{2m}$$

$$+ 2\lambda\left[2\sin\frac{i\pi}{2m}\cos\frac{i\pi}{2m}\right]\left[1 - 2\left(\sin\frac{i\pi}{2m}\right)^2\right]$$

$$= 2\sin\frac{i\pi}{2m}\cos\frac{i\pi}{2m} - 8\lambda\cos\frac{i\pi}{2m}\left[\sin\frac{i\pi}{2m}\right]^3$$

于是有

$$a_{11}v_1^{(i)} + a_{12}v_2^{(i)} = \mu_i v_1^{(i)}$$

进而有

$$a_{j,j-1}v_{j-1}^{(i)} + a_{j,j}v_j^{(i)} + a_{j,j+1}v_{j+1}^{(i)} = \lambda\sin\frac{i(j-1)\pi}{m} + (1 - 2\lambda)\sin\frac{ij\pi}{m} + \lambda\sin\frac{i(j+1)\pi}{m}$$

$$= \lambda\left(\sin\frac{ij\pi}{m}\cos\frac{i\pi}{m} - \sin\frac{i\pi}{m}\cos\frac{ij\pi}{m}\right) + (1 - 2\lambda)\sin\frac{ij\pi}{m}$$

$$+ \lambda\left(\sin\frac{ij\pi}{m}\cos\frac{i\pi}{m} + \sin\frac{i\pi}{m}\cos\frac{ij\pi}{m}\right)$$

$$= \sin \frac{ij\pi}{m} - 2\lambda \sin \frac{ij\pi}{m} + 2\lambda \sin \frac{ij\pi}{m} \cos \frac{i\pi}{m}$$

$$= \sin \frac{ij\pi}{m} + 2\lambda \sin \frac{ij\pi}{m} \left(\cos \frac{i\pi}{m} - 1 \right)$$

和

$$\mu_i v_j^{(i)} = \left[1 - 4\lambda \left(\sin \frac{i\pi}{2m} \right)^2 \right] \sin \frac{ij\pi}{m} = \left[1 - 4\lambda \left(\frac{1}{2} - \frac{1}{2} \cos \frac{i\pi}{m} \right) \right] \sin \frac{ij\pi}{m}$$

$$= \left[1 + 2\lambda \left(\cos \frac{i\pi}{m} - 1 \right) \right] \sin \frac{ij\pi}{m}$$

所以

$$a_{j,j-1} v_{j-1}^{(i)} + a_{j,j} v_j^{(i)} + a_{j,j+1} v_{j+1}^{(i)} = \mu_i v_j^{(i)}$$

类似地,

$$a_{m-2,m-1} v_{m-2}^{(i)} + a_{m-1,m-1} v_{m-1}^{(i)} = \mu_i v_{m-1}^{(i)}$$

故 $A\mathbf{v}^{(i)} = \mu_i \mathbf{v}^{(i)}$。

17. 对算法 12.2,做如下改动:

Step 7 Set

$$t = jk;$$
$$z_1 = (w_1 + kF(h))/l_1$$

Step 8 For $i = 2, \cdots, m-1$ set

$$z_i = (w_i + kF(ih) + \lambda z_{i-1})/l_i$$

对算法 12.3,做如下改动:

Step 7 Set

$$t = jk;$$
$$z_1 = \left[(1-\lambda)w_1 + \frac{\lambda}{2} w_2 + kF(h) \right] \Big/ l_1$$

Step 8 For $i = 2, \cdots, m-1$ set

$$z_i = \left[(1-\lambda)w_i + \frac{\lambda}{2} (w_{i+1} + w_{i-1} + z_{i-1}) + kF(ih) \right] \Big/ l_i$$

19. 对算法 12.2,做如下改动:

Step 7 Set
$$t = jk;$$
$$w_0 = \phi(t);$$
$$z_1 = (w_1 + \lambda w_0)/l_1.$$
$$w_m = \psi(t).$$

Step 8 For $i = 2, \cdots, m-2$ set
$$z_i = (w_i + \lambda z_{i-1})/l_i;$$
　　　Set
$$z_{m-1} = (w_{m-1} + \lambda w_m + \lambda z_{m-2})/l_{m-1}.$$

Step 11 OUTPUT (t);
　　　For $i = 0, \cdots, m$ set $x = ih$;
　　　OUTPUT (x, w_i).

对算法 12.3,做如下改动:

Step 1 Set
$$h = l/m;$$
$$k = T/N;$$

$$\lambda = \alpha^2 k / h^2;$$
$$w_m = \psi(0);$$
$$w_0 = \phi(0).$$

Step 7   Set

$$t = jk;$$
$$z_1 = \left[(1-\lambda)w_1 + \tfrac{\lambda}{2}w_2 + \tfrac{\lambda}{2}w_0 + \tfrac{\lambda}{2}\phi(t)\right]/l_1;$$
$$w_0 = \phi(t).$$

Step 8   For $i = 2, \cdots, m-2$ set

$$z_i = \left[(1-\lambda)w_i + \tfrac{\lambda}{2}(w_{i+1} + w_{i-1} + z_{i-1})\right]/l_i;$$

Set

$$z_{m-1} = \left[(1-\lambda)w_{m-1} + \tfrac{\lambda}{2}(w_m + w_{m-2} + z_{m-2} + \psi(t))\right]/l_{m-1};$$
$$w_m = \psi(t).$$

Step 11   OUTPUT (t);
For $i = 0, \cdots, m$ set $x = ih$;
OUTPUT (x, w_i).

习题 12.3

1. 用波方程有限差分方法的计算结果如下。

i	j	x_i	t_j	w_{ij}	$u(x_i, t_j)$
2	4	0.25	1.0	-0.7071068	-0.7071068
3	4	0.50	1.0	-1.0000000	-1.0000000
4	4	0.75	1.0	-0.7071068	-0.7071068

3. 用波方程有限差分方法，参数取为 $h = \dfrac{\pi}{10}$ 和 $k = 0.05$，其计算结果如下。

i	j	x_i	t_j	w_{ij}	$u(x_i, t_j)$
2	10	$\frac{\pi}{5}$	0.5	0.5163933	0.5158301
5	10	$\frac{\pi}{2}$	0.5	0.8785407	0.8775826
8	10	$\frac{4\pi}{5}$	0.5	0.5163933	0.5158301

用波方程有限差分方法，参数取为 $h = \dfrac{\pi}{20}$ 和 $k = 0.1$，其计算结果如下。

i	j	x_i	t_j	w_{ij}
4	5	$\frac{\pi}{5}$	0.5	0.5159163
10	5	$\frac{\pi}{2}$	0.5	0.8777292
16	5	$\frac{4\pi}{5}$	0.5	0.5159163

用波方程有限差分方法，参数取为 $h = \dfrac{\pi}{20}$ 和 $k = 0.05$，其计算结果如下。

i	j	x_i	t_j	w_{ij}
4	10	$\frac{\pi}{5}$	0.5	0.5159602
10	10	$\frac{\pi}{2}$	0.5	0.8778039
16	10	$\frac{4\pi}{5}$	0.5	0.5159602

5. 用波方程有限差分方法的计算结果如下。

i	j	x_i	t_j	w_{ij}	$u(x_i, t_j)$
2	3	0.2	0.3	0.6729902	0.61061587
5	3	0.5	0.3	0	0
8	3	0.8	0.3	-0.6729902	-0.61061587

7. a. 开风琴管的空气压力是 $p(0.5, 0.5) \approx 0.9$ 和 $p(0.5, 1.0) \approx 2.7$。

b. 闭风琴管的空气压力是 $p(0.5, 0.5) \approx 0.9$ 和 $p(0.5, 1.0) \approx 0.9187927$。

习题 12.4

1. 对于 $E_1 = (0.25, 0.75)$，$E_2 = (0, 1)$，$E_3 = (0.5, 0.5)$ 和 $E_4 = (0, 0.5)$，基函数是

$$\phi_1(x, y) = \begin{cases} 4x, & \text{在 } T_1 \text{上} \\ -2 + 4y, & \text{在 } T_2 \text{上} \end{cases}$$

$$\phi_2(x, y) = \begin{cases} -1 - 2x + 2y, & \text{在 } T_1 \text{上} \\ 0, & \text{在 } T_2 \text{上} \end{cases}$$

$$\phi_3(x, y) = \begin{cases} 0, & \text{在 } T_1 \text{上} \\ 1 + 2x - 2y, & \text{在 } T_2 \text{上} \end{cases}$$

$$\phi_4(x, y) = \begin{cases} 2 - 2x - 2y, & \text{在 } T_1 \text{上} \\ 2 - 2x - 2y, & \text{在 } T_2 \text{上} \end{cases}$$

且 $\gamma_1 = 0.323825$, $\gamma_2 = 0$, $\gamma_3 = 1.0000$ 和 $\gamma_4 = 0$。

3. 用有限差分方法，参数分别取为 $K = 8$, $N = 8$, $M = 32$, $n = 9$, $m = 25$ 和 $NL = 0$，计算得到的结果如下，其中标记如图所示。

$$\gamma_1 = 0.511023$$
$$\gamma_2 = 0.720476$$
$$\gamma_3 = 0.507899$$
$$\gamma_4 = 0.720476$$
$$\gamma_5 = 1.01885$$
$$\gamma_6 = 0.720476$$
$$\gamma_7 = 0.507896$$
$$\gamma_8 = 0.720476$$
$$\gamma_9 = 0.511023$$
$$\gamma_i = 0, \quad 10 \leqslant i \leqslant 25$$
$$u(0.125, 0.125) \approx 0.614187$$
$$u(0.125, 0.25) \approx 0.690343$$
$$u(0.25, 0.125) \approx 0.690343$$
$$u(0.25, 0.25) \approx 0.720476$$

5. 用有限差分方法，参数分别取为 $K=0, N=12, M=32, n=20, m=27$ 和 $NL=14$，计算得到的结果如下，其中标记如图所示。

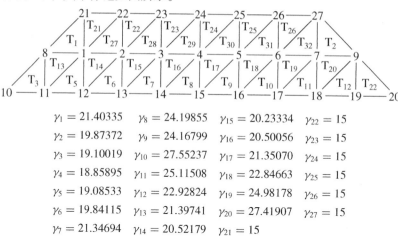

$\gamma_1 = 21.40335 \qquad \gamma_8 = 24.19855 \qquad \gamma_{15} = 20.23334 \qquad \gamma_{22} = 15$

$\gamma_2 = 19.87372 \qquad \gamma_9 = 24.16799 \qquad \gamma_{16} = 20.50056 \qquad \gamma_{23} = 15$

$\gamma_3 = 19.10019 \qquad \gamma_{10} = 27.55237 \qquad \gamma_{17} = 21.35070 \qquad \gamma_{24} = 15$

$\gamma_4 = 18.85895 \qquad \gamma_{11} = 25.11508 \qquad \gamma_{18} = 22.84663 \qquad \gamma_{25} = 15$

$\gamma_5 = 19.08533 \qquad \gamma_{12} = 22.92824 \qquad \gamma_{19} = 24.98178 \qquad \gamma_{26} = 15$

$\gamma_6 = 19.84115 \qquad \gamma_{13} = 21.39741 \qquad \gamma_{20} = 27.41907 \qquad \gamma_{27} = 15$

$\gamma_7 = 21.34694 \qquad \gamma_{14} = 20.52179 \qquad \gamma_{21} = 15$

$$u(1, 0) \approx 22.92824$$

$$u(4, 0) \approx 22.84663$$

$$u\left(\frac{5}{2}, \frac{\sqrt{3}}{2}\right) \approx 18.85895$$

参 考 文 献

[AHU] Aho, A. V., J. E. Hopcroft, and J. D. Ullman, *The design and analysis of computer algorithms*, Addison-Wesley, Reading, MA, 1974, 470 pp. QA76.6.A36

[Ai] Aitken, A. C. *On interpolation by iteration of proportional parts, without the use of differences*. Proc. Edinburgh Math. Soc. 3(2): 56-76 (1932) QA1.E23

[AG] Allgower, E. and K. Georg, *Numerical continuation methods: an introduction*, Springer-Verlag, New York, 1990, 388 pp. QA377.A56

[AM] Arnold, M. (n.d.). Order of Convergence. Retrieved from http://www.uark.edu/misc/arnold/public_html/4363/OrderConv.pdf

[Am] Ames, W. F., *Numerical methods for partial differential equations*, (Third edition), Academic Press, New York, 1992, 451 pp. QA374.A46

[AP] Andrews, H. C. and C. L. Patterson, *Outer product expansions and their uses in digital image processing*, American Mathematical Monthly **82**, No. 1 (1975), 1–13, QA1.A515

[AS] Argyros, I. K. and F. Szidarovszky, *The theory and applications of iteration methods*, CRC Press, Boca Raton, FL, 1993, 355 pp. QA297.8.A74

[AMR] Ascher, U. M., R. M. M. Mattheij, and R. D. Russell, *Numerical solution of boundary value problems for ordinary differential equations*, Prentice-Hall, Englewood Cliffs, NJ, 1988, 595 pp. QA379.A83

[Ax] Axelsson, O., *Iterative solution methods*, Cambridge University Press, New York, 1994, 654 pp. QA297.8.A94

[AB] Axelsson, O. and V. A. Barker, *Finite element solution of boundary value problems: theory and computation*, Academic Press, Orlando, FL, 1984, 432 pp. QA379.A9

[BA] A. Bogomolny, Emergence of Chaos from Interactive Mathematics Miscellany and Puzzles. http://www.cut-the-knot.org/blue/chaos.shtml, Accessed 02 October 2014

[Ba1] Bailey, N. T. J., *The mathematical approach to biology and medicine*, John Wiley & Sons, New York, 1967, 269 pp. QH324.B28

[Ba2] Bailey, N. T. J., *The mathematical theory of epidemics*, Hafner, New York, 1957, 194 pp. RA625.B3

[Ba3] Bruton, A., Conway, J., & Holgate, S. (2000, February). A Comparison of Iterative Methods for the Solution of Non-Linear Systems of equations. Retrieved from http://www.slideshare.net/ analisedecurvas/reliability-what-is-it-and-how-is-it-measured

[BSW] Bailey, P. B., L. F. Shampine, and P. E. Waltman, *Nonlinear two-point boundary-value problems*, Academic Press, New York, 1968, 171 pp. QA372.B27

[Ban] Bank, R. E., *PLTMG, A software package for solving elliptic partial differential equations: Users' Guide 7.0*, SIAM Publications, Philadelphia, PA, 1994, 128 pp. QA377.B26

[Barr] Barrett, R., et al., *Templates for the solution of linear systems: building blocks for iterative methods*, SIAM Publications, Philadelphia, PA, 1994, 112 pp. QA297.8.T45

[Bart] Bartle, R. G., *The elements of real analysis*, (Second edition), John Wiley & Sons, New York, 1976, 480 pp. QA300.B29

[Bek] Bekker, M. G., *Introduction to terrain vehicle systems*, University of Michigan Press, Ann Arbor, MI, 1969, 846 pp. TL243.B39

[Ber] Bernadelli, H., *Population waves*, Journal of the Burma Research Society **31** (1941), 1–18, DS527.B85

[BD] Birkhoff, G. and C. De Boor, *Error bounds for spline interpolation*, Journal of Mathematics and Mechanics **13** (1964), 827–836, QA1.J975

[BL] Birkhoff, G. and R. E. Lynch, *Numerical solution of elliptic problems*, SIAM Publications, Philadelphia, PA, 1984, 319 pp. QA377.B57

[BiR] Birkhoff, G. and G. Rota, *Ordinary differential equations*, (Fourth edition), John Wiley & Sons, New York, 1989, 399 pp. QA372.B57

[BP] Botha, J. F. and G. F. Pinder, *Fundamental concepts in the numerical solution of differential equations*, Wiley-Interscience, New York, 1983, 202 pp. QA374.B74

[Brac] Bracewell, R., *The Fourier transform and its application*, (Third edition), McGraw-Hill, New York, 2000, 616 pp. QA403.5.B7

[Bram] Bramble, J.H., *Multigrid methods*, John Wiley & Sons, New York, 1993, 161 pp. QA377.B73

[Bre] Brent, R., *Algorithms for minimization without derivatives*, Prentice-Hall, Englewood Cliffs, NJ, 1973, 195 pp. QA402.5.B74

[Brigg] Briggs, W. L., *A multigrid tutorial*, SIAM Publications, Philadelphia, PA, 1987, 88 pp. QA377.B75

[BH] Briggs, W. L. and V. E. Henson, *The DFT: an owner's manual for the discrete Fourier transform*, SIAM Publications, Philadelphia, PA, 1995, 434 pp. QA403.5.B75

[Brigh] Brigham, E. O., *The fast Fourier transform*, Prentice-Hall, Englewood Cliffs, NJ, 1974, 252 pp. QA403.B74

[Brow,K] Brown, K. M., *A quadratically convergent Newton-like method based upon Gaussian elimination*, SIAM Journal on Numerical Analysis **6**, No. 4 (1969), 560–569, QA297.A1S2

[Brow,W] Brown, W. S., *A simple but realistic model of floating point computation*, ACM transactions of Mathematical Software **7** (1981), 445–480, QA76.A8

[Broy] Broyden, C. G., *A class of methods for solving nonlinear simultaneous equations*, Mathematics of Computation **19** (1965), 577–593, QA1.M4144

[BS1] Bulirsch R. and J. Stoer, *Numerical treatment of ordinary differential equations by extrapolation methods*, Numerische Mathematik **8** (1966), 1–13, QA241.N9

[BS2] Bulirsch, R. and J. Stoer, *Fehlerabschätzungen und extrapolation mit rationalen Funktionen bei Verfahren von Richardson-typus*, Numerische Mathematik **6** (1964), 413–427, QA241.N9

[BS3] Bulirsch, R. and J. Stoer, *Asymptotic upper and lower bounds for results of extrapolation methods*, Numerische Mathematik **8** (1966), 93–104, QA241.N9

[BuR] Bunch, J. R. and D. J. Rose (eds.), *Sparse matrix computations* (Proceedings of a conference held at Argonne National Laboratories, September 9–11, 1975), Academic Press, New York, 1976, 453 pp. QA188.S9

[BFR] Burden, R. L., J. D. Faires, and A. C. Reynolds, *Numerical Analysis*, (Second edition), Prindle, Weber & Schmidt, Boston, MA, 1981, 598 pp. QA297.B84

[Bur] Burrage, K., 1995, *Parallel and sequential methods for ordinary differential equations*, Oxford University Press, New York, 446 pp. QA372.B883

[But] Butcher, J. C., *The non-existence of ten-stage eighth-order explicit Runge-Kutta methods*, BIT **25** (1985), 521–542, QA76.N62

[CF] Chaitin-Chatelin, F. and Fraysse, V., *Lectures on finite precision computations*, SIAM Publications, Philadelphia, PA, 1996, 235 pp. QA297.C417

[CGGG] Char, B. W., K. O. Geddes, W. M. Gentlemen, and G. H. Gonnet, *The design of Maple: A compact, portable, and powerful computer algebra system*, Computer Algebra. Lecture Notes in Computer Science No. 162, (J. A. Van Hulzen, ed.), Springer-Verlag, Berlin, 1983, 101–115 pp. QA155.7 E4 E85

[CCR] Chiarella, C., W. Charlton, and A. W. Roberts, *Optimum chute profiles in gravity flow of granular materials: a discrete segment solution method*, Transactions of the ASME, Journal of Engineering for Industry Series B **97** (1975), 10–13, TJ1.A712

[Ch] Cheney, E. W., *Introduction to approximation theory*, McGraw-Hill, New York, 1966, 259 pp. QA221.C47

[CC] Clenshaw, C. W. and C. W. Curtis, *A method for numerical integration on an automatic computer*, Numerische Mathematik **2** (1960), 197–205, QA241.N9

[CW] Cody, W. J. and W. Waite, *Software manual for the elementary functions*, Prentice-Hall, Englewood Cliffs, NJ, 1980, 269 pp. QA331.C635

[CV] Coleman, T. F. and C. Van Loan, *Handbook for matrix computations*, SIAM Publications, Philadelphia, PA, 1988, 264 pp. QA188.C65

[CT] Cooley, J. W. and J. W. Tukey, *An algorithm for the machine calculation of complex Fourier series*, Mathematics of Computation **19**, No. 90 (1965), 297–301, QA1.M4144

[CLRS] Cormen, T. H., C. E. Leiserson, R. I. Rivest, C. Stein, *Introduction to algorithms*, (Second Edition) The MIT Press, Cambridge MA, 2001, 1180 pp. QA76.66.I5858

[Co] Cowell, W. (ed.), *Sources and development of mathematical software*, Prentice-Hall, Englewood Cliffs, NJ, 1984, 404 pp. QA76.95.S68

[CN] Crank, J. and P Nicolson. *A practical method for numerical evaluation of solutions of partial differential equations of the heat-conduction type*, Proc. Cambridge Philos. Soc. 43 (1947), 0–67, Q41.C17

[DaB] Dahlquist, G. and Å. Björck (Translated by N. Anderson), *Numerical methods*, Prentice-Hall, Englewood Cliffs, NJ, 1974, 573 pp. QA297.D3313

[Da] Davis, P. J., *Interpolation and approximation*, Dover, New York, 1975, 393 pp. QA221.D33

[DR] Davis, P. J. and P. Rabinowitz, *Methods of numerical integration*, (Second edition), Academic Press, New York, 1984, 612 pp. QA299.3.D28

[Deb1] De Boor, C., *On calculating with B-splines*, Journal of Approximation Theory, **6**, (1972), 50–62, QA221.J63

[Deb2] De Boor, C., *A practical guide to splines*, Springer-Verlag, New York, 1978, 392 pp. QA1.A647 vol. 27

[DebS] De Boor, C. and B. Swartz, *Collocation at Gaussian points*, SIAM Journal on Numerical Analysis **10**, No. 4 (1973), 582–606, QA297.A1S2

[DG] DeFranza, J. and D. Gagliardi, *Introduction to linear algebra*, McGraw-Hill, New York, 2009, 488 pp. QA184.2.D44

[DM] Dennis, J. E., Jr. and J. J. Moré, *Quasi-Newton methods, motivation and theory*, SIAM Review **19**, No. 1 (1977), 46–89, QA1.S2

[DenS] Dennis, J. E., Jr. and R. B. Schnabel, *Numerical methods for unconstrained optimization and nonlinear equations*, Prentice-Hall, Englewood Cliffs, NJ, 1983, 378 pp. QA402.5.D44

[Di] Dierckx, P., *Curve and surface fitting with splines*, Oxford University Press, New York, 1993, 285 pp. QA297.6.D54

[DBMS] Dongarra, J. J., J. R. Bunch, C. B. Moler, and G. W. Stewart, *LINPACK users guide*, SIAM Publications, Philadephia, PA, 1979, 367 pp. QA214.L56

[DRW]　Dongarra, J. J., T. Rowan, and R. Wade, *Software distributions using Xnetlib*, ACM Transactions on Mathematical Software **21**, No. 1 (1995), 79–88 QA76.6.A8

[DW]　Dongarra, J. and D. W. Walker, *Software libraries for linear algebra computation on high performance computers*, SIAM Review **37**, No. 2 (1995), 151–180 QA1.S2

[Do]　Dormand, J. R., *Numerical methods for differential equations: a computational approach*, CRC Press, Boca Raton, FL, 1996, 368 pp. QA372.D67

[DoB]　Dorn, G. L. and A. B. Burdick, *On the recombinational structure of complementation relationships in the m-dy complex of the* Drosophila melanogaster, Genetics **47** (1962), 503–518, QH431.G43

[E]　Engels, H., *Numerical quadrature and cubature*, Academic Press, New York, 1980, 441 pp. QA299.3.E5

[EM]　Euler's Method. (2010). Retrieved from http://www.mathscoop.com/calculus/differential-equations/euler-method.php

[Fe]　Fehlberg, E., *Klassische Runge-Kutta Formeln vierter und niedrigerer Ordnung mit Schrittweiten-Kontrolle und ihre Anwendung auf Wärmeleitungsprobleme*, Computing **6** (1970), 61–71, QA76.C777

[Fi]　Fix, G., *A survey of numerical methods for selected problems in continuum mechanics*, Proceedings of a Conference on Numerical Methods of Ocean Circulation, National Academy of Sciences (1975), 268–283, Q11.N26

[FVFH]　Foley, J., A. van Dam, S. Feiner, and J. Hughes *Computer graphics: principles and practice*, (Second Edition), Addison-Wesley, Reading, MA, 1996, 1175 pp. T385 .C5735

[FM]　Forsythe, G. E. and C. B. Moler, *Computer solution of linear algebraic systems*, Prentice-Hall, Englewood Cliffs, NJ, 1967, 148 pp. QA297.F57

[Fr]　Francis, J. G. F., *The QR transformation*, Computer Journal **4** (1961–2), Part I, 265–271; Part II, 332–345, QA76.C57

[Fu]　Fulks, W., *Advanced calculus*, (Third edition), John Wiley & Sons, New York, 1978, 731 pp. QA303.F954

[Gar]　Garbow, B. S., et al., *Matrix eigensystem routines: EISPACK guide extension*, Springer-Verlag, New York, 1977, 343 pp. QA193.M38

[Gea1]　Gear, C. W., *Numerical initial-value problems in ordinary differential equations*, Prentice-Hall, Englewood Cliffs, NJ, 1971, 253 pp. QA372.G4

[Gea2]　Gear, C. W., *Numerical solution of ordinary differential equations: Is there anything left to do?*, SIAM Review **23**, No. 1 (1981), 10–24, QA1.S2

[Ger]　Geršgorin, S. A. *Über die Abgrenzung der Eigenwerte einer Matrix*. Dokl. Akad. Nauk.(A), Otd. Fiz-Mat. Nauk. (1931), 749–754, QA1.A3493

[Gl]　Goadrich, L. (2006, February 2). Introduction to Numerical Methods cs412-1. Retrieved from http://pages.cs.wisc.edu/ goadl/cs412/examples/chaosNR.pdf

[GL]　George, A. and J. W. Liu, *Computer solution of large sparse positive definite systems*, Prentice-Hall, Englewood Cliffs, NJ, 1981, 324 pp. QA188.G46

[Goldb]　Goldberg, D., *What every scientist should know about floating-point arithmetic*, ACM Computing Surveys **23**, No. 1 (1991), 5–48, QA76.5.A1

[Golds]　Goldstine, H. H. *A History of Numerical Analysis from the 16th through the 19th Centuries*. Springer-Verlag, 348 pp. QA297.G64

[GK]　Golub, G.H. and W. Kahan, *Calculating the singular values and pseudo-inverse of a matrix*, SIAM Journal on Numerical Analysis 2, Ser. B (1965) 205–224, QA297.A1S2

[GO]　Golub, G. H. and J. M. Ortega, *Scientific computing: an introduction with parallel computing*, Academic Press, Boston, MA, 1993, 442 pp. QA76.58.G64

[GR]　Golub, G. H. and C. Reinsch, *Singular value decomposition and least squares solutions*, Numerische Mathematik **14** (1970) 403–420, QA241.N9

[GV]　Golub, G. H. and C. F. Van Loan, *Matrix computations*, (Third edition), Johns Hopkins University Press, Baltimore, MD, 1996, 694 pp. QA188.G65

[Gr]　Gragg, W. B., *On extrapolation algorithms for ordinary initial-value problems*, SIAM Journal on Numerical Analysis 2 (1965), 384–403, QA297.A1S2

[GKO]　Gustafsson, B., H. Kreiss, and J. Oliger, *Time dependent problems and difference methods*, John Wiley & Sons, New York, 1995, 642 pp. QA374.G974

[Hac]　Hackbusch, W., *Iterative solution of large sparse systems of equations*, Springer-Verlag, New York, 1994, 429 pp. QA1.A647 vol. 95

[HY]　Hageman, L. A. and D. M. Young, *Applied iterative methods*, Academic Press, New York, 1981, 386 pp. QA297.8.H34

[HNW1]　Hairer, E., S. P. Nörsett, and G. Wanner, *Solving ordinary differential equations. Vol. 1: Nonstiff equations*, (Second revised edition), Springer-Verlag, Berlin, 1993, 519 pp. QA372.H16

[HNW2]　Hairer, E., S. P. Nörsett, and G. Wanner, *Solving ordinary differential equations. Vol. 2: Stiff and differential-algebraic problems*, (Second revised edition), Springer, Berlin, 1996, 614 pp. QA372.H16

[Ham]　Hamming, R. W., *Numerical methods for scientists and engineers*, (Second edition), McGraw-Hill, New York, 1973, 721 pp. QA297.H28

[He1]　Henrici, P., *Discrete variable methods in ordinary differential equations*, John Wiley & Sons, New York, 1962, 407 pp. QA372.H48

[He2]　Henrici, P., *Elements of numerical analysis*, John Wiley & Sons, New York, 1964, 328 pp. QA297.H54

[HS]　Hestenes, M. R. and E. Steifel, *Conjugate gradient methods in optimization*, Journal of Research of the National Bureau of Standards **49**, (1952), 409–436, Q1.N34

[Heu]   Heun, K., *Neue methode zur approximativen integration der differntialqleichungen einer unabhängigen veränderlichen*, Zeitschrift für Mathematik und Physik, **45**, (1900), 23–38, QA1.Z48

[Hild]   Hildebrand, F. B., *Introduction to numerical analysis*, (Second edition), McGraw-Hill, New York, 1974, 669 pp. QA297.H54

[Hill]   Hill, F. S., Jr., *Computer graphics: using openGL*, (Second edition), Prentice-Hall, Englewood Cliffs, NJ, 2001, 922 pp. T385.H549

[Ho]   Householder, A. S., *The numerical treatment of a single nonlinear equation*, McGraw-Hill, New York, 1970, 216 pp. QA218.H68

[IK]   Issacson, E. and H. B. Keller, *Analysis of numerical methods*, John Wiley & Sons, New York, 1966, 541 pp. QA297.I8

[JT]   Jenkins, M. A. and J. F. Traub, *A three-stage algorithm for real polynomials using quadratic iteration*, SIAM Journal on Numerical Analysis **7**, No. 4 (1970), 545–566, QA297.A1S2

[JN]   Jamil, N. (2013, June). A Comparison of Iterative Methods for the Solution of Non-Linear Systems of equations. Retrieved from http://ijes.info/3/2/42543201.pdf

[Joh]   Johnston, R. L., *Numerical methods: a software approach*, John Wiley & Sons, New York, 1982, 276 pp. QA297.J64

[Joy]   Joyce, D. C., *Survey of extrapolation processes in numerical analysis*, SIAM Review **13**, No. 4 (1971), 435–490, QA1.S2

[Ka]   Kalman, D., *A singularly valuable decomposition: The SVD of a matrix*, The College Mathematics Journal, vol. 27 (1996), 2–23, QA11.A1 T9.

[KE]   Keener, J., *The Mathematics of Ranking Schemes or Should Utah Be Ranked in the Top 25?*, The College Mathematics Journal, vol. 27 (1996), 2–23, QA11.A1 T9.

[KE1]   Keener, J., *The Perron-Frobenius Theorem and the Ranking of Football Teams*, SIAM Review, vol. 35, No. 1 (1993), 80–93, QA1.S2.

[Keller,H] Keller, H. B., *Numerical methods for two-point boundary-value problems*, Blaisdell, Waltham, MA, 1968, 184 pp. QA372.K42

[Keller,J] Keller, J. B., *Probability of a shutout in racquetball*, SIAM Review **26**, No. 2 (1984), 267–268, QA1.S2

[Kelley]   Kelley, C. T., *Iterative methods for linear and nonlinear equations*, SIAM Publications, Philadelphia, PA, 1995, 165 pp. QA297.8.K45

[Ko]   Köckler, N., *Numerical methods and scientific computing: using software libraries for problem solving*, Oxford University Press, New York, 1994, 328 pp. TA345.K653

[Lam]   Lambert, J. D., *The initial value problem for ordinary differential equations. The state of art in numerical analysis* (D. Jacobs, ed.), Academic Press, New York, 1977, 451–501 pp. QA297.C646

[LP]   Lapidus, L. and G. F. Pinder, *Numerical solution of partial differential equations in science and engineering*, John Wiley & Sons, New York, 1982, 677 pp. Q172.L36

[Lar]   Larson, H. J., *Introduction to probability theory and statistical inference*, (Third edition), John Wiley & Sons, New York, 1982, 637 pp. QA273.L352

[Lau]   Laufer, H. B., *Discrete mathematics and applied modern algebra*, PWS-Kent Publishing, Boston, MA, 1984, 538 pp. QA162.L38

[LH]   Lawson, C. L. and R. J. Hanson, *Solving least squares problems*, SIAM Publications, Philadelphia, PA, 1995, 337 pp. QA275.L38

[Lo1]   Lotka, A.J., *Relation between birth rates and death rates*, Science, **26** (1907), 121–130 Q1

[Lo2]   Lotka, A.J., *Natural selection as a physical principle*, Science, Proc. Natl. Acad. Sci., **8** (1922), 151–154 Q11.N26

[LR]   Lucas, T. R. and G. W. Reddien, Jr., *Some collocation methods for nonlinear boundary value problems*, SIAM Journal on Numerical Analysis **9**, No. 2 (1972), 341–356, QA297.A1S2

[Lu]   Luenberger, D. G., *Linear and nonlinear programming*, (Second edition), Addison-Wesley, Reading, MA, 1984, 245 pp. T57.7L8

[Mc]   McCormick, S. F., *Multigrid methods*, SIAM Publications, Philadelphia, PA, 1987, 282 pp. QA374.M84

[Mi]   Mitchell, A. R., *Computation methods in partial differential equations*, John Wiley & Sons, New York, 1969, 255 pp. QA374.M68

[Mo]   Moler, C. B., *Demonstration of a matrix laboratory. Lecture notes in mathematics* (J. P. Hennart, ed.), Springer-Verlag, Berlin, 1982, 84–98

[MC]   Moré J. J. and M. Y. Cosnard, *Numerical solution of nonlinear equations*, ACM Transactions on Mathematical Software **5**, No. 1 (1979), 64–85, QA76.6.A8

[MM]   Morton, K. W. and D. F. Mayers, *Numerical solution of partial differential equations: an introduction*, Cambridge University Press, New York, 1994, 227 pp. QA377.M69

[Mu]   Müller, D. E., *A method for solving algebraic equations using an automatic computer*, Mathematical Tables and Other Aids to Computation **10** (1956), 208–215, QA47.M29

[N]   Neville, E.H. *Iterative Interpolation*, J. Indian Math Soc. 20: 87-120 (1934)

[ND]   Noble, B. and J. W. Daniel, *Applied linear algebra*, (Third edition), Prentice-Hall, Englewood Cliffs, NJ, 1988, 521 pp. QA184.N6

[Or1]   Ortega, J. M., *Introduction to parallel and vector solution of linear systems*, Plenum Press, New York, 1988, 305 pp. QA218.O78

[Or2]   Ortega, J. M., *Numerical analysis; a second course*, Academic Press, New York, 1972, 201 pp. QA297.O78

[OP]   Ortega, J. M. and W. G. Poole, Jr., *An introduction to numerical methods for differential equations*, Pitman Publishing, Marshfield, MA, 1981, 329 pp. QA371.O65

[OR] Ortega, J. M. and W. C. Rheinboldt, *Iterative solution of nonlinear equations in several variables*, Academic Press, New York, 1970, 572 pp. QA297.8.O77

[Os] Ostrowski, A. M., *Solution of equations and systems of equations*, (Second edition), Academic Press, New York, 1966, 338 pp. QA3.P8 vol. 9

[Par] Parlett, B. N., *The symmetric eigenvalue problem*, Prentice-Hall, Englewood Cliffs, NJ, 1980, 348 pp. QA188.P37

[Pat] Patterson, T. N. L., *The optimum addition of points to quadrature formulae*, Mathematics of Computation **22**, No. 104 (1968), 847–856, QA1.M4144

[PF] Phillips, C. and T. L. Freeman, *Parallel numerical algorithms*, Prentice-Hall, New York, 1992, 315 pp. QA76.9.A43 F74

[Ph] Phillips, J., *The NAG Library: a beginner's guide*, Clarendon Press, Oxford, 1986, 245 pp. QA297.P35

[PDUK] Piessens, R., E. de Doncker-Kapenga, C. W. Überhuber, and D. K. Kahaner, *QUADPACK: a subroutine package for automatic integration*, Springer-Verlag, New York, 1983, 301 pp. QA299.3.Q36

[Pi] Pissanetzky, S., *Sparse matrix technology*, Academic Press, New York, 1984, 321 pp. QA188.P57

[Poo] Poole, , *Linear algebra: A modern introduction*, (Second Edition), Thomson Brooks/Cole, Belmont CA, 2006, 712 pp. QA184.2.P66

[Pow] Powell, M. J. D., *Approximation theory and methods*, Cambridge University Press, Cambridge, 1981, 339 pp. QA221.P65

[Pr] Pryce, J. D., *Numerical solution of Sturm-Liouville problems*, Oxford University Press, New York, 1993, 322 pp. QA379.P79

[RR] Ralston, A. and P. Rabinowitz, *A first course in numerical analysis*, (Second edition), McGraw-Hill, New York, 1978, 556 pp. QA297.R3

[Ra] Rashevsky, N., *Looking at history through mathematics*, Massachusetts Institute of Technology Press, Cambridge, MA, 1968, 199 pp. D16.25.R3

[RB] Rice, J. R. and R. F. Boisvert, *Solving elliptic problems using ELLPACK*, Springer-Verlag, New York, 1985, 497 pp. QA377.R53

[RG] Richardson, L. F. and J. A. Gaunt, *The deferred approach to the limit*, Philosophical Transactions of the Royal Society of London **226A** (1927), 299–361, Q41.L82

[Ri] Ritz, W.,*Über eine neue methode zur lösung gewisser variationsprobleme der mathematischen physik*, Journal für die reine und angewandte Mathematik, **135** (1909), pp. 1–61, QA1.J95

[Ro] Roache, P. J., *Elliptic marching methods and domain decomposition*, CRC Press, Boca Raton, FL, 1995, 190 pp. QA377.R63

[RS] Roberts, S. and J. Shipman, *Two-point boundary value problems: shooting methods*, Elsevier, New York, 1972, 269 pp. QA372.R76

[RW] Rose, D. J. and R. A. Willoughby (eds.), *Sparse matrices and their applications* (Proceedings of a conference held at IBM Research, New York, September 9–10, 1971. 215 pp.), Plenum Press, New York, 1972, QA263.S94

[Ru] Russell, R. D., *A comparison of collocation and finite differences for two-point boundary value problems*, SIAM Journal on Numerical Analysis **14**, No. 1 (1977), 19–39, QA297.A1S2

[Sa1] Saad, Y., *Numerical methods for large eigenvalue problems*, Halsted Press, New York, 1992, 346 pp. QA188.S18

[Sa2] Saad, Y., *Iterative methods for sparse linear systems*, (Second Edition), SIAM, Philadelphia, PA, 2003, 528 pp. QA188.S17

[SaS] Saff, E. B. and A. D. Snider, *Fundamentals of complex analysis for mathematics, science, and engineering*, (Third edition), Prentice-Hall, Upper Saddle River, NJ, 2003, 511 pp. QA300.S18

[SP] Sagar, V. and D. J. Payne, *Incremental collapse of thick-walled circular cylinders under steady axial tension and torsion loads and cyclic transient heating*, Journal of the Mechanics and Physics of Solids **21**, No. 1 (1975), 39–54, TA350.J68

[SD] Sale, P. F. and R. Dybdahl, *Determinants of community structure for coral-reef fishes in experimental habitat*, Ecology **56** (1975), 1343–1355, QH540.E3

[Sche] Schendel, U., *Introduction to numerical methods for parallel computers*, (Translated by B.W. Conolly), Halsted Press, New York, 1984, 151 pp. QA297.S3813

[Schi] Schiesser, W. E., *Computational mathematics in engineering and applied science: ODE's, DAE's, and PDE's*, CRC Press, Boca Raton, FL, 1994, 587 pp. TA347.D45 S34

[Scho] Schoenberg, I. J., *Contributions to the problem of approximation of equidistant data by analytic functions*, Quarterly of Applied Mathematics **4**, (1946), Part A, 45–99; Part B, 112–141, QA1.A26

[Schr1] Schroeder, L. A., *Energy budget of the larvae of the moth* Pachysphinx modesta, Oikos **24** (1973), 278–281, QH540.O35

[Schr2] Schroeder, L. A., *Thermal tolerances and acclimation of two species of hydras*, Limnology and Oceanography **26**, No. 4 (1981), 690–696, GC1.L5

[Schul] Schultz, M. H., *Spline analysis*, Prentice-Hall, Englewood Cliffs, NJ, 1973, 156 pp. QA211.S33

[Schum] Schumaker, L. L., *Spline functions: basic theory*, Wiley-Interscience, New York, 1981, 553 pp. QA224.S33

[Schw] Schwartzman, S., *The words of mathematics*, The Mathematical Association of America, Washington, 1994, 261 pp. QA5 .S375

[Se] Searle, S. R., *Matrix algebra for the biological sciences*, John Wiley & Sons, New York, 1966, 296 pp. QH324.S439

[SH] Secrist, D. A. and R. W. Hornbeck, *An analysis of heat transfer and fade in disk brakes*, Transactions of the ASME, Journal of Engineering for Industry Series B **98** No. 2 (1976), 385–390, TJ1.A712

[Sh] Shampine, L. F., *Numerical solution of ordinary differential equations*, Chapman & Hall, New York, 1994, 484 pp. QA372.S417

[SGe] Shampine, L. F. and C. W. Gear, *A user's view of solving stiff ordinary differential equations*, SIAM Review **21**, No. 1 (1979), 1–17, QA1.S2

[ShS] Shashkov, M. and S. Steinberg, *Conservative finite-difference methods on general grids*, CRC Press, Boca Raton, FL, 1996, 359 pp. QA431.S484

[Si] Singh, V. P., *Investigations of attentuation and internal friction of rocks by ultrasonics*, International Journal of Rock Mechanics and Mining Sciences (1976), 69–72, TA706.I45

[SJ] Sloan, I. H. and S. Joe, *Lattice methods for multiple integration*, Oxford University Press, New York, 1994, 239 pp. QA311.S56

[Sm,B] Smith, B. T., et al., *Matrix eigensystem routines: EISPACK guide*, (Second edition), Springer-Verlag, New York, 1976, 551 pp. QA193.M37

[Sm,G] Smith, G. D., *Numerical solution of partial differential equations*, Oxford University Press, New York, 1965, 179 pp. QA377.S59

[So] Sorenson, D. C., *Implicitly restarted Arnoldi/Lanczos methods for large scale eigenvalue calculations*, *Parallel numerical algorithms* (David E. Keyes, Ahmed Sameh and V. Vankatakrishan, eds.), Kluwer Academic Publishers, Dordrecht, 1997, 119-166 QA76.9.A43 P35

[Stee] Steele, J. Michael, *The Cauchy-Schwarz Master Class*, Cambridge University Press, 2004, 306 pp. QA295.S78

[Stet] Stetter, H. J., *Analysis of discretization methods for ordinary differential equations. From tracts in natural philosophy*, Springer-Verlag, New York, 1973, 388 pp. QA372.S84

[Stew1] Stewart, G. W., *Afternotes on numerical analysis*, SIAM Publications, Philadelphia, PA, 1996, 200 pp. QA297.S785

[Stew2] Stewart, G. W., *Introduction to matrix computations*, Academic Press, New York, 1973, 441 pp. QA188.S7

[Stew3] Stewart, G. W., *On the early history of the singular value decomposition*. http://www.lib.umd.edu/drum/bitstream/1903/566/4/CS-TR-2855.pdf

[SF] Strang, W. G. and G. J. Fix, *An analysis of the finite element method*, Prentice-Hall, Englewood Cliffs, NJ, 1973, 306 pp. TA335.S77

[Stri] Strikwerda, J. C., *Finite difference schemes and partial differential equations*, (second Edition), SIAM Publications, Philadelphia, PA, 2004, 435 pp. QA374.S88

[Stro] Stroud, A. H., *Approximate calculation of multiple integrals*, Prentice-Hall, Englewood Cliffs, NJ, 1971, 431 pp. QA311.S85

[StS] Stroud, A. H. and D. Secrest, *Gaussian quadrature formulas*, Prentice-Hall, Englewood Cliffs, NJ, 1966, 374 pp. QA299.4.G4 S7

[Sz] Szüsz, P., *Math bite*, Mathematics Magazine **68**, No. 2, 1995, 97, QA1.N28

[Th] Thomas, J. W., *Numerical partial differential equations*, Springer-Verlag, New York, 1998, 445 pp. QA377.T495

[TCMT] Turner, M. J., R. W. Clough, H. C. Martin, and L. J. Topp, *Stiffness and deflection of complex structures*, Journal of the Aeronautical Sciences, **23**, (1956), 805–824, TL501.I522

[Tr] Traub, J. F., *Iterative methods for the solution of equations*, Prentice-Hall, Englewood Cliffs, NJ, 1964, 310 pp. QA297.T7

[Tw] Twizell, E. H., *Computational methods for partial differential equations*, Ellis Horwood Ltd., Chichester, West Sussex, England, 1984, 276 pp. QA377.T95

[Van] Van Loan, C. F., *Computational frameworks for the fast Fourier transform*, SIAM Publications, Philadelphia, PA, 1992, 273 pp. QA403.5.V35

[Var1] Varga, R. S., *Matrix iterative analysis*, (Second edition), Springer, New York, 2000, 358 pp. QA263.V3

[Var2] Varga, R. S., *Geršgorin and his circles*, Springer, New York, 2004, 226 pp. QA184.V37

[Ve] Verner, J. H., *Explicit Runge-Kutta methods with estimates of the local trucation error*, SIAM Journal on Numerical Analysis **15**, No. 4 (1978), 772–790, QA297.A1S2

[Vo] Volterra, V., *Variazioni e fluttuazioni del numero d'individui in specie animali conviventi*, Mem. Acad. Lineci Roma, **2**, (1926), 31–113, QA297.A1S2

[We] Wendroff, B., *Theoretical numerical analysis*, Academic Press, New York, 1966, 239 pp. QA297.W43

[Wil1] Wilkinson, J. H., *Rounding errors in algebraic processes*, Prentice-Hall, Englewood Cliffs, NJ, 1963, 161 pp. QA76.5.W53

[Wil2] Wilkinson, J. H., *The algebraic eigenvalue problem*, Clarendon Press, Oxford, 1965, 662 pp. QA218.W5

[WR] Wilkinson, J. H. and C. Reinsch (eds.), *Handbook for automatic computation. Vol. 2: Linear algebra*, Springer-Verlag, New York, 1971, 439 pp. QA251.W67

[Win] Winograd, S., *On computing the discrete Fourier transform*, Mathematics of Computation **32** (1978), 175–199, QA1.M4144

[Y] Young, D. M., *Iterative solution of large linear systems*, Academic Press, New York, 1971, 570 pp. QA195.Y68

[YG] Young, D. M. and R. T. Gregory, *A survey of numerical mathematics. Vol. 1*, Addison-Wesley, Reading, MA, 1972, 533 pp. QA297.Y63

[YY] Yuan, Y. (2014). The Gauss Algorithm for Linear Equations in Documenta Mathematica · Extra Volume ISMP (2012) 9–14. Retrieved from http://www.math.uiuc.edu/documenta/vol-ismp/10_yuan-ya-xiang.pdf

[ZM] Zienkiewicz, O. C. and K. Morgan, *Finite elements and approximation*, John Wiley & Sons, New York, 1983, 328 pp. QA297.5.Z53

符 号 表

$C(X)$	在 X 上定义的所有连续函数的集合
$\mathbb{R}$	实数集
$C^n(X)$	在 X 上定义的 n 次连续可导的所有函数的集合
$C^\infty(X)$	在 X 上定义的无穷次连续可导的所有函数的集合
$0.\bar{3}$	数字 3 无限循环的小数
$fl(y)$	实数 y 的浮点型
$O(\cdot)$	收敛阶
$\lfloor\ \rfloor$	floor 函数，$\lfloor x \rfloor$ 表示小于或等于 x 的最大整数
$\lceil\ \rceil$	ceiling 函数，$\lceil x \rceil$ 表示大于或等于 x 的最小整数
$\mathrm{sgn}(x)$	数 x 的符号：当 $x>0$ 时为 1，当 $x<0$ 时为 -1
Δ	向前差分
$\bar{z}$	复数 z 的共轭复数
$\begin{pmatrix} n \\ k \end{pmatrix}$	第 k 个 n 次二项式系数
$f[\cdot]$	函数 f 的差商
∇	向后差分
$\mathbb{R}^n$	有序的实数 n 元组集合
τ_i	第 i 步的局部截断误差
$\rightarrow$	方程替换
$\leftrightarrow$	方程交换
(a_{ij})	第 i 行第 j 列元素为 a_{ij} 的矩阵
$\mathbf{x}$	列向量或 $\mathbb{R}^n$ 中的元素
$[A, \mathbf{b}]$	增广矩阵
O	所有元素为零的矩阵
δ_{ij}	当 $i=j$ 时为 1，当 $i \neq j$ 时为 0
I_n	$n \times n$ 单位矩阵
A^{-1}	矩阵 A 的逆矩阵
A^t	矩阵 A 的转置矩阵
M_{ij}	矩阵的余子式
$\det A$	矩阵 A 的行列式
$\mathbf{0}$	零向量（所有元素都为 $\mathbf{0}$ 的向量）
$\|\mathbf{x}\|$	向量 $\mathbf{x}$ 的任意一种范数
$\|\mathbf{x}\|_2$	向量 $\mathbf{x}$ 的 l_2 范数
$\|\mathbf{x}\|_\infty$	向量 $\mathbf{x}$ 的 l_∞ 范数
$\|A\|$	矩阵 A 的任意一种范数

$\|A\|_2$	矩阵 A 的 l_2 范数
$\|A\|_\infty$	矩阵 A 的 l_∞ 范数
$\rho(A)$	矩阵 A 的谱半径
$K(A)$	矩阵 A 的条件数
$\langle \mathbf{x}, \mathbf{y} \rangle$	n 维向量 $\mathbf{x}$ 和 $\mathbf{y}$ 的内积
Π_n	所有次数小于等于 n 的多项式构成的集合
$\tilde{\Pi}_n$	所有次数等于 n 的首一多项式构成的集合
$\mathcal{T}_n$	所有次数小于等于 n 的三角多项式构成的集合
$\mathcal{C}$	复数集
$\mathbf{F}$	从 $\mathbb{R}^n$ 到 $\mathbb{R}^n$ 的函数
$A(\mathbf{x})$	元素为从 $\mathbb{R}^n$ 到 $\mathbb{R}$ 的函数的矩阵
$J(\mathbf{x})$	雅可比矩阵
∇g	函数 g 的梯度

三 角 函 数

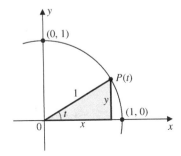

$$\sin t = y \qquad \cos t = x$$

$$\tan t = \frac{\sin t}{\cos t} \qquad \cot t = \frac{\cos t}{\sin t}$$

$$\sec t = \frac{1}{\cos t} \qquad \csc t = \frac{1}{\sin t}$$

$$(\sin t)^2 + (\cos t)^2 = 1$$

$$\sin(t_1 \pm t_2) = \sin t_1 \cos t_2 \pm \cos t_1 \sin t_2$$

$$\cos(t_1 \pm t_2) = \cos t_1 \cos t_2 \mp \sin t_1 \sin t_2$$

$$\sin t_1 \sin t_2 = \frac{1}{2}[\cos(t_1 - t_2) - \cos(t_1 + t_2)]$$

$$\cos t_1 \cos t_2 = \frac{1}{2}[\cos(t_1 - t_2) + \cos(t_1 + t_2)]$$

$$\sin t_1 \cos t_2 = \frac{1}{2}[\sin(t_1 - t_2) + \sin(t_1 + t_2)]$$

正弦定理：$\dfrac{\sin \alpha}{\alpha} = \dfrac{\sin \beta}{\beta} = \dfrac{\sin \gamma}{\gamma}$

余弦定理：$c^2 = a^2 + b^2 - 2ab \cos \gamma$

常 用 数 列

$$\sin t = \sum_{n=0}^{\infty} \frac{(-1)^n t^{2n+1}}{(2n+1)!} = t - \frac{t^3}{3!} + \frac{t^5}{5!} - \cdots \qquad \mathrm{e}^t = \sum_{n=0}^{\infty} \frac{t^n}{n!} = 1 + t + \frac{t^2}{2!} + \frac{t^3}{3!} + \cdots$$

$$\cos t = \sum_{n=0}^{\infty} \frac{(-1)^n t^{2n}}{(2n)!} = 1 - \frac{t^2}{2!} + \frac{t^4}{4!} - \cdots \qquad \frac{1}{1-t} = \sum_{n=0}^{\infty} t^n = 1 + t + t^2 + \cdots, \qquad |t| < 1$$

希腊字母表

Alpha	A	α	Eta	H	η	Nu	N	ν	Tau	T	τ
Beta	B	β	Theta	Θ	θ	Xi	Ξ	ξ	Upsilon	Υ	υ
Gamma	Γ	γ	Iota	I	ι	Omicron	O	o	Phi	Φ	ϕ
Delta	Δ	δ	Kappa	K	κ	Pi	Π	π	Chi	X	χ
Epsilon	E	ϵ	Lambda	Λ	λ	Rho	P	ρ	Psi	Ψ	ψ
Zeta	Z	ζ	Mu	M	μ	Sigma	Σ	σ	Omega	Ω	ω

常用函数曲线图

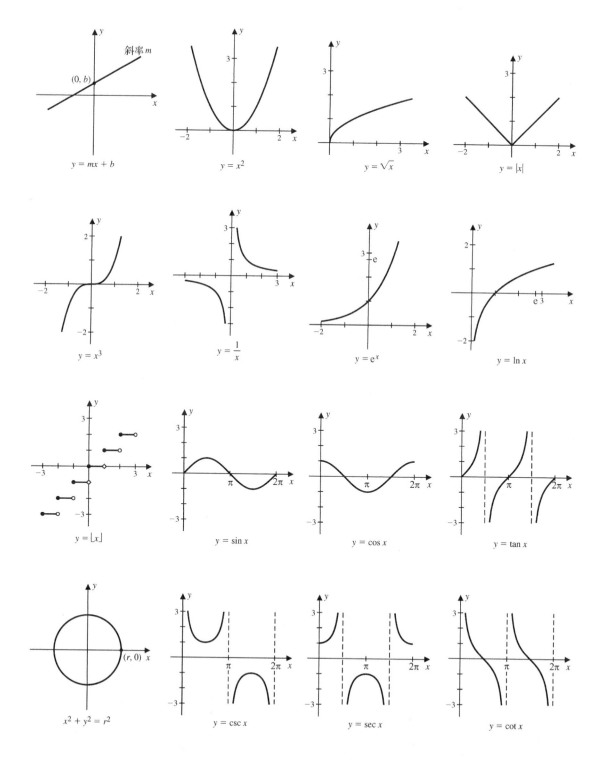